Louis D. Tarmin

buch^{MAT}2.S

728 Aufgaben mit Bearbeitungen zu buch^{MAT}2

Version 2 (2007)

D1689896

buch^XVerlag Berlin

Ein Mann hatte einen trefflichen Bogen von Ebenholz, mit dem er sehr weit und sehr sicher schoss und den er ungemein wert hielt. Einst aber, als er ihn aufmerksam betrachtete, sprach er: Ein wenig zu plump bist du doch! Alle deine Zierde ist die Glätte. Schade! – Doch dem ist abzuhelfen, fiel ihm ein. Ich will hingehen und den besten Künstler Bilder in den Bogen schnitzen lassen. – Er ging hin und der Künstler schnitzte eine ganze Jagd auf den Bogen, und was hätte sich besser auf einem Bogen geschickt als eine Jagd?

Der Mann war voller Freuden. „Du verdienst diese Zieraten, mein lieber Bogen!" – Indem will er ihn versuchen, er spannt, und der Bogen – zerbricht.

Gotthold Ephraim Lessing (1729 - 1781)

Bibliographische Information Der Deutschen Bibliothek

Die Deutsche Bibliothek verzeichnet diese Publikation in der Deutschen Nationalbibliographie; detaillierte bibliographische Daten sind im Internet über http://dnb.ddb.de abrufbar.

Das Buch mit allen seinen Teilen ist urheberrechtlich geschützt. Jede Verwertung – auch außerhalb der engen Grenzen des Urheberrechtsgesetzes – ist ohne Zustimmung des Copyright-Inhabers unzulässig. Das gilt besonders für Vervielfältigungen, Übersetzungen, Mikroverfilmungen sowie Einspeicherungen, Verarbeitungen und Verbreitungen in elektronischen Medien.

© BUCH^{X}VERLAG BERLIN · 2007 · Anschrift: Kurfürstendamm 59, 10707 Berlin

Herstellung: Books on Demand GmbH · 22848 Norderstedt

ISBN 978-3-934671-43-0

Vorwort BUCH^{MAT}2.S

> Die Art, wie Johann Bernoulli, noch ohne alle Methode, bloß durch seine geometrische *Phantasie* die Aufgabe mit einem Blick löst, und wie er das zufällig schon Bekannte hierbei zu benutzen weiß, ist wirklich bemerkenswert und wunderbar schön. Wir erkennen in Johann Bernoulli eine wahre auf dem Gebiet der Naturwissenschaft tätige Künstlernatur. ... Auch Jakob Bernoulli löste dieselbe Aufgabe, wenngleich in vielmehr schwerfälliger Weise. Dafür unterließ er aber nicht, die allgemeine Methode ... mit großer Gründlichkeit zu entwickeln. Wir finden so in den beiden Brüdern die beiden Seiten des wissenschaftlichen Talents.
> *Ernst Mach (1836 - 1916)*

Bücher mit Aufgaben zur Analysis von Funktionen $T \longrightarrow \mathbb{R}$ (mit jeweils geeigneten Teilmengen $T \subset \mathbb{R}$) gleichen immer einem Strauß bunter Wiesenblumen – eine Wiese im Kleinen, ebenso vielfältig, gesammelt mit der Absicht zu ordnen, aber: na ja. Das liegt einerseits daran, daß sich die sachliche Zusammengehörigkeit der grundlegenden Theorien von Folgen und Reihen und den darauf aufbauenden Theorien der Stetigen, Differenzierbaren und Integrierbaren Funktionen nicht immer auch in Einzelthemen und -fragen widerspiegelt, eher als Kaleidoskp erscheint, ist andererseits aber auch darin begründet, daß möglichst viele Intensitätsgrade (Anforderungsbereiche) erfaßt werden sollen. Schließlich sollen auch sogenannte Anwendungsaufgaben ihren angemessenen Platz finden.

Die Mehrzahl der Aufgaben ist den einzelnen Abschnitten der anderen Bände von BUCH^{MAT}2 zugeordnet, womit fast durchweg ein direkter Bezug zu den jeweiligen Themen (sowie Begriffen und Methoden) gemeint ist. Dabei werden aber häufig (wie es der Struktur und dem Bau des gesamten Textes entspricht) Inhalte/Kenntnisse zuvor behandelter Sachverhalte aufgegriffen, insbesondere spielen dabei auch die Abschnitte von Themen BUCH^{MAT}1 eine Rolle, vor allem bei dem Umgang mit Funktionen, Funktionstypen und den ihnen zugeordneten Gleichungen.

Zur vorliegenden Version 2 von BUCH^{MAT}2.S: Alle Aufgaben der Version 1 wurden beibehalten, gelegentlich aber mit neuen oder zumindest umformulierten Bearbeitungen (hinsichtlich der argumentativen Klarheit) versehen. Weiterhin wurde die Anzahl der Fehler verkleinert (wobei eine diesbezügliche Konvergenz gegen Null wohl stets eine echte Antitonie darstellen wird). Das sind aber die eher unscheinbaren Neuerungen, auffälliger ist: *Das Buch ist deutlich dicker geworden*, neue Aufgaben(teile) mit Bearbeitungen sind hinzugekommen und zwar mit deutlichem Akzent auf anwendungsbezogene Inhalte (insbesondere Beispiele zu ökonomischen und physikalischen Funktionen).

Der Begriff *Anwendungsbezug* ist bei diesem Typ von Aufgaben (neben dem, was man als klassische mathematische Aufgabe bezeichnen kann) – so jedenfalls stellt der Autor sich das vor – im idealen Falle eine Verzahnung, ein *Zusammenspiel des Modellierens mathematischer Ideen und Methoden mit dem Modellieren/Mathematisieren des konkreten Anlasses*. Dabei soll - wenn die Aufgabe nicht mit offenem Ergebnis gemeint ist – die Formulierung der Aufgabe zugleich eine *zielgerichtete sowie zielerreichbare Führung* beinhalten (insgesamt also ein gar nicht so einfaches Unterfangen, das ja auch nicht immer gelingt, gelegentlich auch mißlingt, aber Absicht und Ziel sollten schon deutlich sein).

Eine zentrale Anwendung der Analysis von Funktionen $T \longrightarrow \mathbb{R}$ sind die sogenannten *Funktionsuntersuchungen* (etwas anzüglich auch: Kurvendiskussionen), also Untersuchungen (zu entweder vorgegebenen oder nach bestimmten Rahmenbedingungen eigens zu konstruierenden Funktionen) hinsichtlich besonderer Punkte und Eigenschaften (mit Analysis etwa Pole, Lücken, Extrema und Wendepunkte, ohne Analysis etwa Nullstellen, Symmetrie- und Monotonie-Eigenschaften, aber auch Polstellen und Lücken). Diese Unterrichtsinhalte sowohl in der Schule als auch im Studium haben seit jeher Freunde und Gegner, seit es hinlänglich ausreichende (aber doch ziemlich dürftige) Computer-Programme dazu gibt, allerdings immer mehr Gegner. Dazu die folgenden Bemerkungen:

1. Aufgaben zu Funktionsuntersuchungen haben insofern einen guten didaktischen Sinn, als an und mit ihnen ein zunehmender Grad an Komplexität von Aufgabenstellung und Bearbeitung erklärt und geübt werden kann. Die Aufgabe, möglichst viele typische Verhaltensweisen einer Funktion oder einer Klasse von Funktionen (mit den jeweils zur Verfügung stehenden Untersuchungswerkzeugen) zu ermitteln, wird

zunächst in kleinen Häppchen, dann in zunehmend umfassenderen Formulierungen serviert, um so ein wesentliches Ziel *allgemeiner Bildung* in den Blick zu nehmen: Selbständigkeit in der Strukturierung (Zerlegung, Bearbeitung, Zusammenbau) komplexerer Sachverhalte. Daß das hier nun gerade an mathematischen Inhalten versucht wird, ist unter diesem Gesichtspunkt eher Nebensache.

2. Funktionsuntersuchungen – wenn sie lediglich auf numerische Ergebnisse aus sind – üben zwar das Rechnen mit Funktionswerten (als Zahlen auch mit Rechenregeln), werden häufig nach Art von (schon bekannten) Kochrezepten absolviert und insofern auch bald langweilig. Das führt dann auch naheliegenderweise dazu, für solche Untersuchungen mehr und mehr Computer-Programme zu nutzen, die neben Berechnungsergebnissen (meist Näherungen) auch graphische Darstellungen der Funktionen erzeugen. Nichts dagegen – wenn man weiß, was man da tut, das heißt, wenn man in der Lage ist, solche technisch erzeugten Produkte kontrollieren zu können.

Das heißt aber wiederum: Man muß sowohl die der Sache zugrunde liegende mathematische Theorie als auch das ausführende Programm kennen. (Bekanntlich sind solche Programme de facto zumeist und prinzipiell nie korrekt (etwa bei Zoom-Effekten kritischer Stellen graphischer Darstellungen) und meist gewollt oder ungewollt ungenau (etwa Ort, Art und Fortpflanzung von Rundungsabweichungen).) Kennt man nur die Theorie, kann man (aber in jedem Einzelfall) Programm-Ergebnisse wenigstens numerisch prüfen. Erst wenn man darüber hinaus auch das Programm kennt, kann man auch die Güte der Programm-Ergebnisse einschätzen. Aber das ist eher eine konjunktivische Angelegenheit (eine bei Informatikern sehr beliebte Frage ist denn auch: Versteht hier jemand das Programm?). Kennt man weder das eine noch das andere, kann man nicht einmal erkennen, ob eine Näherung Funktionswert einer Wurzel oder eines Logarithmus' ist, dann war ohnehin alle Mühe vergebens.

3. Expressis verbis sind die Aufgaben zu Funktionsuntersuchungen hinsichtlich der Forderung (Klausuren, Prüfungen) formuliert, eindeutige, fest umrissene Arbeitsaufträge darzustellen. Außerhalb solcher sozusagen justitiabler Bereiche sollte man mit den einzelnen Aufgabenteilen mehr spielerisch umgehen, etwa fragen und beantworten, warum (also Gründe nennen) in einer Aufgabe diese oder jene, in vergleichbaren Zusammenhängen gestellte Einzelfrage hier nicht genannt ist. Kurz: Der Leser/Bearbeiter sollte sich auch als Konstrukteur verstehen, Aufgaben variieren, ergänzen, numerische Grenzen aufspüren. So erst hat man eine Aufgabe als Thema verstanden, nicht bloß punktweise abgearbeitet.

Schließlich sei noch an die ausführlicher formulierte (begründete) Bitte aus dem Vorwort zu BUCH^{MAT}2.A erinnert: Wenn Sie, verehrte Leser(innen), im Text Fehler irgend welcher Art finden (und das ist der wahrscheinliche Fall), dann bitte Nachricht an den Verlag!

Januar 2007   L. D. T.

Inhalt buch^{MAT}2.S

Vorwort 3
Inhalt 5

2.002	Bildfolgen und Teilfolgen	8
2.003	Folgen $\mathbb{N} \longrightarrow M$ mit Ordnungs-Eigenschaften	10
2.010	Rekursiv definierte Folgen	12
2.011	Arithmetische und Geometrische Folgen	20
2.012	Logistisches Wachstum (Teil 1)	24
2.014	Rekursiv definierte Matrizen $\mathbb{N} \times \mathbb{N} \longrightarrow M$	26
2.030	Kongruenz-Generatoren	28
2.033	Blocklängen multiplikativer Kongruenz-Generatoren	30
2.040	Konvergente Folgen $\mathbb{N} \longrightarrow T \subset \mathbb{R}$ (Teil 1)	31
2.041	Konvergente Folgen $\mathbb{N} \longrightarrow T \subset \mathbb{R}$ (Teil 2)	35
2.044	Beschränkte Folgen $\mathbb{N} \longrightarrow T \subset \mathbb{R}$	39
2.045	Strukturen auf $Kon(\mathbb{Q})$ und $Kon(\mathbb{R})$ (Teil 1)	42
2.046	Strukturen auf $Kon(\mathbb{Q})$ und $Kon(\mathbb{R})$ (Teil 2)	47
2.051	Cauchy-konvergente Folgen $\mathbb{N} \longrightarrow \mathbb{Q}$	52
2.055	Strukturen auf $CF(\mathbb{Q})$ und $CF(\mathbb{R})$	54
2.065	Die Cantor-Komplettierung $\mathbb{R}_C = Ckom(\mathbb{Q})$	55
2.071	Konvergente Folgen $\mathbb{N} \longrightarrow \mathbb{C}$	57
2.082	Argumentweise konvergente Folgen $\mathbb{N} \longrightarrow Abb(T,\mathbb{R})$ ..	59
2.086	Beispiele konvergenter Folgen $\mathbb{N} \longrightarrow Abb(T,\mathbb{R})$	61
2.090	Grenzwerte von Funktionen	63
2.101	Reihen $\mathbb{N}_0 \longrightarrow M$	65
2.112	Cauchy-Kriterium für Summierbarkeit	67
2.114	Direkte Nachweise für Konvergenz	69
2.118	Das Integral-Kriterium von *Cauchy*	71
2.120	Vergleichs-Kriterien für Summierbarkeit	72
2.124	Quotienten-Kriterium für Summierbarkeit	74
2.128	Abel-Kriterium für Summierbarkeit	75
2.130	Umordnungen summierbarer Folgen	76
2.135	Strukturen auf $ASF(\mathbb{R})$ und $SF(\mathbb{R})$	78
2.150	Potenz-Reihen	79
2.160	Dezimal-/b-Darstellung reeller Zahlen	80
2.172	Exponential-und Logarithmus-Funktionen (Teil 2)	82
2.203	Stetige Funktionen $I \longrightarrow \mathbb{R}$ (Version 1, Teil 1)	83
2.204	Stetige Funktionen $I \longrightarrow \mathbb{R}$ (Version 1, Teil 2)	86
2.206	Stetige Funktionen $I \longrightarrow \mathbb{R}$ (Version 2)	88
2.211	Kompositionen stetiger Funktionen	89
2.215	Strukturen auf $C(I,\mathbb{R})$	90
2.220	Stetigkeit inverser Funktionen (Topologische Funktionen) ..	92
2.234	Stetige Gruppen-Homomorphismen	94
2.251	Stetige Fortsetzungen (Teil 2)	95
2.260	Gleichmäßig stetige Funktionen $I \longrightarrow \mathbb{R}$	96
2.303	Differenzierbare Funktionen $I \longrightarrow \mathbb{R}$ (Version 1)	97
2.308	Beispiele differenzierbarer Funktionen	99

2.313	Kompositionen differenzierbarer Funktionen	100
2.315	Strukturen auf $D(I,\mathbb{R})$	103
2.320	Differenzierbarkeit elementarer Funktionen	106
2.326	Differenzierbarkeit trigonometrischer Funktionen (Teil 1)	110
2.330	Tangente und Normale	113
2.331	Tangentiale Abweichung (Tangentiale Bänder)	115
2.333	Extrema und Wendepunkte (Teil 1)	121
2.335	Mittelwertsätze der Differentiation	122
2.336	Extrema und Wendepunkte (Teil 2)	124
2.338	Rekonstruktion von Funktionen	130
2.340	Konvexe Funktionen	133
2.342	Näherungs-Verfahren für Nullstellen-Untersuchungen	135
2.344	Die Sätze von De L'Hospital (Teil 1)	138
2.346	Stetige Fortsetzungen (Teil 3)	139
2.347	Konstant asymptotische Funktionen	143
2.372	Fixpunkte als Attraktoren oder Repelloren	145
2.378	Cantor-Mengen (Cantor-Staub) bei Verhulst-Parabeln	150
2.382	Cantor-Mengen (Cantor-Staub) bei Zelt-Funktionen	152
2.392	Koch-Kurven	156
2.394	Fraktale Dimension von Kurven	157
2.396	Sierpinski-Figuren	159
2.402	Metriken auf $\mathbb{R}$ und $\mathbb{R}^n$	161
2.404	Umgebungssysteme in Metrischen Räumen	163
2.410	Topologische Räume	164
2.411	Topologien auf $\mathbb{R}$ und $\mathbb{R}^n$	165
2.420	Normierte $\mathbb{R}$-Vektorräume	166
2.426	Topologien auf Normierten $\mathbb{R}$-Vektorräumen	169
2.434	Kompakte Topologische Räume	170
2.456	Extrema differenzierbarer Funktionen $\mathbb{R}^2 \longrightarrow \mathbb{R}$	172
2.506	Integration von Produkten	175
2.507	Integration von Kompositionen	176
2.512	Integration von Potenz-Funktionen	177
2.514	Integration trigonometrischer Funktionen	180
2.518	Integration rationaler Funktionen	184
2.603	Riemann-integrierbare Funktionen	185
2.610	Riemann-Integrierbarkeit stetiger Funktionen	189
2.614	Integrierbarkeit stetiger Funktionen $[a,b] \longrightarrow \mathbb{R}$	191
2.617	Riemann-Integration von Kompositionen	194
2.620	Uneigentliche Riemann-Integrale	196
2.626	Berechnung von Riemann-Integralen	198
2.632	Logarithmus-Funktionen (Teil 3)	201
2.634	Exponential-Funktionen (Teil 3)	203
2.636	Differentiation und Integration von log und exp	206
2.650	Berechnung von Flächeninhalten (Teil 1)	215
2.651	Berechnung von Flächeninhalten (Teil 2)	224
2.652	Berechnung von Rotations-Volumina	228
2.662	Simpson- und Kepler-Näherung	230
2.802	Lineare Differentialgleichungen der Ordnung 1	232
2.806	Lineare Differentialgleichungen der Ordnung 2	234
2.812	Ungebremstes (Exponentielles) Wachstum	235
2.816	Logistisches Wachstum	236
2.818	Explosives Wachstum	237
2.830	Ungedämpfte Harmonische Schwingungen	238

2.91x	Untersuchungen von Polynom-Funktionen	239
2.92x	Untersuchungen von Potenz-Funktionen	284
2.93x	Untersuchungen rationaler Funktionen	321
2.94x	Untersuchungen trigonometrischer Funktionen	355
2.95x	Untersuchungen von Exponential-Funktionen	374
2.96x	Untersuchungen von Logarithmus-Funktionen	420

Symbol-Verzeichnis ... 450

Etymologisches Verzeichnis ... 462

Namens-Verzeichnis ... 464

Stichwort-Verzeichnis ... 466

2.002 Bildfolgen und Teilfolgen

A2.002.01: Im folgenden sind Folgen $x: \mathbb{N} \longrightarrow \mathbb{R}$ jeweils durch Angabe eines beliebigen Folgengliedes $x(n) = x_n$ angegeben (die schon in den Beispielen 2.001.3 genannt sind):

1. $x(n) = x_n = \frac{1}{n}$
2. $x(n) = x_n = -\frac{1}{n}$
3. $x(n) = x_n = \frac{6}{n}$
4. $x(n) = x_n = -\frac{a}{n}$, $a \in \mathbb{R}$
5. $x(n) = x_n = \frac{1}{n+1}$
6. $x(n) = x_n = \frac{1}{1-2n}$
7. $x(n) = x_n = \frac{1}{n^2}$
8. $x(n) = x_n = -\frac{1}{(n+1)^2}$
9. $x(n) = x_n = \frac{1}{\sqrt{n}}$
10. $x(n) = x_n = \frac{1}{\sqrt[3]{n^2}}$
11. $x(n) = x_n = 4711$
12. $x(n) = x_n = \frac{n^2}{2n+2}$
13. $x(n) = x_n = \begin{cases} \frac{1}{n}, & \text{falls } n \text{ ungerade,} \\ 1, & \text{falls } n \text{ gerade} \end{cases}$
14. $x(n) = x_n = \begin{cases} \frac{1}{n}, & \text{falls } n \text{ ungerade,} \\ -\frac{1}{n}, & \text{falls } n \text{ gerade} \end{cases}$

a) Berechnen Sie zu allen Folgen jeweils die ersten fünf Folgenglieder.

b) Betrachten Sie die durch $f(x) = \frac{1}{2}x^2$ definierte Funktion $f: \mathbb{R} \longrightarrow \mathbb{R}$ und nennen Sie jeweils die Zuordnungsvorschrift der Bildfolge $f \circ x$.

c) Geben Sie zu den Folgen x der Nummern 2, 4, 8 und 14 jeweils die Bildfolgen $b \circ x$ für die Betrags-Funktion $b: \mathbb{R} \longrightarrow \mathbb{R}$ an und beschreiben Sie jeweils die diesbezügliche Wirkung von b auf x. Warum wurden dabei gerade diese Nummern ausgewählt?

B2.002.01: Im folgenden sind Folgen $x: \mathbb{N} \longrightarrow \mathbb{R}$ jeweils durch Angabe eines beliebigen Folgengliedes $x(n) = x_n$ angegeben (die schon in den Beispielen 2.001.3 genannt sind):

	$x(n) = x_n$	x_1	x_2	x_3	x_4	x_5	$(f \circ x)(n) = f(x_n)$
1.	$\frac{1}{n}$	1	$\frac{1}{2}$	$\frac{1}{3}$	$\frac{1}{4}$	$\frac{1}{5}$	$\frac{1}{2n^2}$
2.	$-\frac{1}{n}$	-1	$-\frac{1}{2}$	$-\frac{1}{3}$	$-\frac{1}{4}$	$-\frac{1}{5}$	$\frac{1}{2n^2}$
3.	$\frac{6}{n}$	6	3	2	$\frac{3}{2}$	$\frac{6}{5}$	$\frac{18}{n^2}$
4.	$-\frac{a}{n}$	$-a$	$-\frac{a}{2}$	$-\frac{a}{3}$	$-\frac{a}{4}$	$-\frac{a}{5}$	$\frac{a^2}{2n^2}$
5.	$\frac{1}{n+1}$	$\frac{1}{2}$	$\frac{1}{3}$	$\frac{1}{4}$	$\frac{1}{5}$	$\frac{1}{6}$	$\frac{1}{2(n+1)^2} = \frac{1}{2n^2+4n+2}$
6.	$\frac{1}{1-2n}$	-1	$-\frac{1}{3}$	$-\frac{1}{5}$	$-\frac{1}{7}$	$-\frac{1}{9}$	$\frac{1}{2(1-2n)^2} = \frac{1}{8n^2-8n+2}$
7.	$\frac{1}{n^2}$	1	$\frac{1}{4}$	$\frac{1}{9}$	$\frac{1}{16}$	$\frac{1}{25}$	$\frac{1}{2n^4}$
8.	$-\frac{1}{(n+1)^2}$	$-\frac{1}{4}$	$-\frac{1}{9}$	$-\frac{1}{16}$	$-\frac{1}{25}$	$-\frac{1}{36}$	$\frac{1}{2(n+1)^4}$
9.	$\frac{1}{\sqrt{n}}$	1	$\frac{1}{2}\sqrt{2}$	$\frac{1}{3}\sqrt{3}$	$\frac{1}{2}$	$\frac{1}{5}\sqrt{5}$	$\frac{1}{2n}$
10.	$\frac{1}{\sqrt[3]{n^2}}$	1	$\frac{1}{\sqrt[3]{4}\sqrt[3]{2}}$	$\frac{1}{\sqrt[3]{6}\sqrt[3]{3}}$	$\frac{1}{8\sqrt[3]{4}}$	$\frac{1}{10\sqrt[3]{5}}$	$\frac{1}{2(\sqrt[3]{n^2})^2} = \frac{1}{2n\sqrt[3]{n}}$
11.	4711	4711	4711	4711	4711	4711	$\frac{1}{2} \cdot 4711^2$
12.	$\frac{n^2}{2n+2}$	$\frac{1}{4}$	$\frac{2}{3}$	$\frac{9}{8}$	$\frac{8}{5}$	$\frac{25}{12}$	$\frac{n^4}{2(2n+2)^2}$

13. Die Folge x mit $x(n) = x_n = \begin{cases} \frac{1}{n}, & \text{falls } n \text{ ungerade,} \\ 1, & \text{falls } n \text{ gerade,} \end{cases}$ hat die ersten fünf Folgenglieder $1, 1, \frac{1}{3}, 1$

und $\frac{1}{5}$ sowie die Bildfolge $f \circ x$ mit $(f \circ x)(n) = f(x_n) = \begin{cases} \frac{1}{2n^2}, & \text{falls } n \text{ ungerade,} \\ \frac{1}{2}, & \text{falls } n \text{ gerade.} \end{cases}$

14. Die Folge x mit $x(n) = x_n = \begin{cases} \frac{1}{n}, & \text{falls } n \text{ ungerade,} \\ -\frac{1}{n}, & \text{falls } n \text{ gerade,} \end{cases}$ hat die ersten fünf Folgenglieder $1, -\frac{1}{2},$
$\frac{1}{3}, -\frac{1}{4}$ und $\frac{1}{5}$ sowie die Bildfolge $f \circ x$ mit $(f \circ x)(n) = f(x_n) = \frac{1}{2n^2}$, für alle $n \in \mathbb{N}$.

c) Bezüglich der Betrags-Funktion $b: \mathbb{R} \longrightarrow \mathbb{R}$ mit $b(x) = |x|$ haben die Bildfolgen $b \circ x$ die allgemeine Darstellung $(b \circ x)(n) = |x(n)|$. Somit entstehen zu den angegebenen Nummern die folgenden Zuordnungsvorschriften der Bildfolgen $\mathbb{N} \xrightarrow{x} \mathbb{R} \xrightarrow{b} \mathbb{R}$:

2. $(b \circ x)(n) = |x(n)| = |-\frac{1}{n}| = \frac{1}{n}$ (Ordinaten-Spiegelung der Folge)

4. $(b \circ x)(n) = |x(n)| = |-\frac{a}{n}| = \begin{cases} \frac{a}{n}, & \text{falls } a \geq 0, \\ -\frac{a}{n}, & \text{falls } a < 0, \end{cases}$ (Ordinaten-Spiegelung der Folge)

8. $(b \circ x)(n) = |x(n)| = |-\frac{1}{(n+1)^2}| = \frac{1}{(n+1)^2}$ (Ordinaten-Spiegelung der Folge)

14. $(b \circ x)(n) = |x(n)| = |-\frac{1}{n}| = \begin{cases} \frac{1}{n}, & \text{falls } n \text{ ungerade}, \\ -\frac{1}{n}, & \text{falls } n \text{ gerade}, \end{cases}$

insgesamt ist also $(b \circ x)(n) = |x(n)| = \frac{1}{n}$, für alle $n \in \mathbb{N}$. (Ordinaten-Spiegelung der Folge)

Die oben genannten vier Folgen wurden ausgewählt, da sie entweder alle (Nummern 2 und 8) oder gegebenenfalls (Nummer 4) oder teilweise (Nummer 14) negative Folgenglieder haben. Allerdings wird man erkannt haben, daß auch die unter der Nummer 6 angegebene Folge negative Folgenglieder hat.

A2.002.02:   Zwei Einzelaufgaben:

a) Beweisen Sie, daß Teilfolgen t von Folgen $x : \mathbb{N} \longrightarrow M$ die Eigenschaft $Bild(t) \subset Bild(x)$ haben.

b) Zeigen Sie anhand eines Beispiels, daß die in a) genannte Eigenschaft zur Definition der in 2.002.3 angegebenen Begriffs der Teilfolge nicht ausreicht.

B2.002.02:   Zur Bearbeitung im einzelnen:

a) Für Kompositionen $g \circ f$ von Funktionen gilt stets $Bild(g \circ f) \subset Bild(g)$, denn: Ist $z \in Bild(g \circ f)$, dann gibt es $x \in D(f)$ mit $(g \circ f)(x) = g(f(x)) = z$, folglich ist $z \in Bild(g)$.

b) Die konstante Folge $k : \mathbb{N} \longrightarrow \mathbb{N}$ mit $k(n) = 3$ liefert zusammen mit der Folge $x : \mathbb{N} \longrightarrow \mathbb{R}$, $x(n) = \frac{1}{n}$, die konstante Folge $t = x \circ k$ mit der Zuordnungsvorschrift $t(n) = (x \circ k)(n) = x_{k(n)} = x_3 = \frac{1}{3}$. Dabei gilt zwar $Bild(t) = \{\frac{1}{3}\} \subset Bild(x)$, jedoch t keine Teilfolge von x.

A2.002.03:   Zwei Einzelaufgaben:

a) Verifizieren Sie den letzten Teil von Bemerkung 2.002.4/4 am Beispiel der beiden davor genannten Teilfolgen g und u.

b) Warum kann man den Begriff der 2-Zerlegung nicht so definieren, indem man sagt, daß die Menge $\{Bild(x \circ k_1), Bild(x \circ k_2)\}$ eine Zerlegung von $Bild(x)$ ist?

B2.002.03:   Zur Bearbeitung im einzelnen:

a) Die beiden Funktionen $k_g, k_u : \mathbb{N} \longrightarrow \mathbb{N}$ mit $k_g(n) = 2n$ und $k_u(n) = 2n - 1$ sind streng monoton und liefern die Zerlegung $\{Bild(k_g), Bild(k_u)\}$ von $\mathbb{N}$. Sie erzeugen somit eine 2-Zerlegung der Folge $x : \mathbb{N} \longrightarrow \mathbb{R}$ mit $x(n) = \frac{1}{n}$ mit den Teilfolgen $g, u : \mathbb{N} \longrightarrow \mathbb{R}$ mit $x(n) = \frac{1}{2n}$ und $x(n) = \frac{1}{2n-1}$.

b) Betrachtet man die durch $1, 2, 3, 4, a, a, a, a, \ldots$ angedeutete Folge x, so kann man $1, 3, a, a, a, a, \ldots$ und $2, 4, a, a, a, a, \ldots$ als eine 2-Zerlegung von x betrachten, wobei die Bildmengen beider Teilfolgen allerdings nicht disjunkt sind.

A2.002.04:   Diskutieren Sie anhand von Beispielen die Frage, warum die Voraussetzung einer monotonen oder bijektiven Funktion $k : \mathbb{N} \longrightarrow \mathbb{N}$ in Definition 2.002.3 nicht den Vorstellungen entspricht, die mit der Konstruktion von Teilfolgen beabsichtigt sind.

B2.002.04:   Anschaulich entsteht eine Teilfolge durch das Herauslösen einzelner Folgenglieder, die dann in der ursprünglichen Reihenfolge eine neue Folge konstituieren. Funktionen $k : \mathbb{N} \longrightarrow \mathbb{N}$, die nur monoton sind, umfassen auch konstante Funktionen, womit dann eine konstante Folge als Teilfolge entstünde. Funktionen $k : \mathbb{N} \longrightarrow \mathbb{N}$, die nur bijektiv sind, können die Reihenfolge verändern (wie bei Umordnungen).

2.003 Folgen $\mathbb{N} \longrightarrow M$ mit Ordnungs-Eigenschaften

A2.003.01: Geben Sie alternierende Folgen x an, die sich in eine antitone Teilfolge y und in eine monotone Teilfolge z zerlegen lassen.

B2.003.01: Die alternierende Folge $x : \mathbb{N} \longrightarrow \mathbb{R}$ mit $x(n) = (-1)^n \cdot \frac{1}{n}$ besitzt die monotone Teilfolge $z : \mathbb{N} \longrightarrow \mathbb{R}$ mit $z(n) = \frac{1}{2n}$ und die antitone Teilfolge $y : \mathbb{N} \longrightarrow \mathbb{R}$ mit $y(n) = -\frac{1}{2n-1}$.
Weitere analoge Beispiele lassen sich mit alternierenden Folgen $x : \mathbb{N} \longrightarrow \mathbb{R}$ mit $x(n) = (-1)^n \cdot \frac{a}{n}$ gewinnen, wobei allerdings das Vorzeichen von $a \in \mathbb{R}_*$ unterschiedliche Ordnungs-Eigenschaften der jeweiligen Teilfolgen liefert.

A2.003.02: Im folgenden sind Folgen $x : \mathbb{N} \longrightarrow \mathbb{R}$ jeweils durch Angabe eines beliebigen Folgengliedes $x(n) = x_n$ angegeben (die schon in den Beispielen 2.001.3 genannt sind):

1. $x(n) = x_n = \frac{1}{n}$
2. $x(n) = x_n = -\frac{1}{n}$
3. $x(n) = x_n = \frac{6}{n}$
4. $x(n) = x_n = -\frac{a}{n}$, $a \in \mathbb{R}$
5. $x(n) = x_n = \frac{1}{n+1}$
6. $x(n) = x_n = \frac{1}{1-2n}$
7. $x(n) = x_n = \frac{1}{n^2}$
8. $x(n) = x_n = -\frac{1}{(n+1)^2}$
9. $x(n) = x_n = \frac{1}{\sqrt{n}}$
10. $x(n) = x_n = \frac{1}{\sqrt[3]{n^2}}$
11. $x(n) = x_n = 4711$
12. $x(n) = x_n = \frac{n^2}{2n+2}$
13. $x(n) = x_n = \begin{cases} \frac{1}{n}, & \text{falls } n \text{ ungerade,} \\ 1, & \text{falls } n \text{ gerade,} \end{cases}$
14. $x(n) = x_n = \begin{cases} \frac{1}{n}, & \text{falls } n \text{ ungerade,} \\ -\frac{1}{n}, & \text{falls } n \text{ gerade.} \end{cases}$

Entscheiden Sie, ob und gegebenenfalls welche der genannten Folgen Ordnungs-Eigenschaften besitzen.

B2.003.02: Im folgenden sind Folgen $x : \mathbb{N} \longrightarrow \mathbb{R}$ jeweils durch Angabe eines beliebigen Folgengliedes $x(n) = x_n$ angegeben (die schon in den Beispielen 2.001.3 genannt sind):

	$x(n) = x_n$	x_1	x_2	x_3	x_4	x_5	Ordnungs-Eigenschaft
1.	$\frac{1}{n}$	1	$\frac{1}{2}$	$\frac{1}{3}$	$\frac{1}{4}$	$\frac{1}{5}$	antiton
2.	$-\frac{1}{n}$	-1	$-\frac{1}{2}$	$-\frac{1}{3}$	$-\frac{1}{4}$	$-\frac{1}{5}$	monoton
3.	$\frac{6}{n}$	6	3	2	$\frac{3}{2}$	$\frac{6}{5}$	antiton
4.	$-\frac{a}{n}$	$-a$	$-\frac{a}{2}$	$-\frac{a}{3}$	$-\frac{a}{4}$	$-\frac{a}{5}$	antiton $a<0$ / monoton $a>0$
5.	$\frac{1}{n+1}$	$\frac{1}{2}$	$\frac{1}{3}$	$\frac{1}{4}$	$\frac{1}{5}$	$\frac{1}{6}$	antiton
6.	$\frac{1}{1-2n}$	-1	$-\frac{1}{3}$	$-\frac{1}{5}$	$-\frac{1}{7}$	$-\frac{1}{9}$	monoton
7.	$\frac{1}{n^2}$	1	$\frac{1}{4}$	$\frac{1}{9}$	$\frac{1}{16}$	$\frac{1}{25}$	antiton
8.	$-\frac{1}{(n+1)^2}$	$-\frac{1}{4}$	$-\frac{1}{9}$	$-\frac{1}{16}$	$-\frac{1}{25}$	$-\frac{1}{36}$	monoton
9.	$\frac{1}{\sqrt{n}}$	1	$\frac{1}{2}\sqrt{2}$	$\frac{1}{3}\sqrt{3}$	$\frac{1}{2}$	$\frac{1}{5}\sqrt{5}$	antiton
10.	$\frac{1}{\sqrt[3]{n^2}}$	1	$\frac{1}{\sqrt[3]{4}}$	$\frac{1}{\sqrt[3]{9}}$	$\frac{1}{\sqrt[3]{16}}$	$\frac{1}{\sqrt[3]{25}}$	antiton
11.	4711	4711	4711	4711	4711	4711	monoton und antiton
12.	$\frac{n^2}{2n+2}$	$\frac{1}{4}$	$\frac{2}{3}$	$\frac{9}{8}$	$\frac{8}{5}$	$\frac{25}{12}$	monoton

13. Die Folge x mit $x(n) = x_n = \begin{cases} \frac{1}{n}, & \text{falls } n \text{ ungerade,} \\ 1, & \text{falls } n \text{ gerade,} \end{cases}$ hat die ersten fünf Folgenglieder $1, 1, \frac{1}{3}, 1$ und $\frac{1}{5}$. Sie besitzt definitionsgemäß eine antitone und eine konstante Teilfolge.

14. Die Folge x mit $x(n) = x_n = \begin{cases} \frac{1}{n}, & \text{falls } n \text{ ungerade,} \\ -\frac{1}{n}, & \text{falls } n \text{ gerade,} \end{cases}$ hat die ersten fünf Folgenglieder $1, -\frac{1}{2}, \frac{1}{3}, -\frac{1}{4}$ und $\frac{1}{5}$. Sie besitzt definitionsgemäß eine antitone und eine monotone Teilfolge.

A2.003.03: Zwei Einzelaufgaben:

a) Geben Sie mehrere injektive Folgen $\mathbb{N} \longrightarrow Pot(\mathbb{N})$ an, deren Folgenglieder also Elemente der Potenzmenge $Pot(\mathbb{N})$ von $\mathbb{N}$, das heißt Teilmengen von $\mathbb{N}$ sind.

b) Jedes Element $k \in \mathbb{N}$ liefert eine Zerlegung von $\mathbb{N}$ in den sogenannten *k-finalen Abschnitt* $fa(k) = \{n \in \mathbb{N}) \mid n < k\}$ und den zugehörigen *k-cofinalen Abschnitt* $ca(k) = \{n \in \mathbb{N}) \mid n \geq k\}$. Sind die Folgen $fa : \mathbb{N} \longrightarrow Pot(\mathbb{N})$ mit $k \longmapsto fa(k)$ und $ca : \mathbb{N} \longrightarrow Pot(\mathbb{N})$ mit $k \longmapsto ca(k)$ injektiv? Haben fa und ca Ordnungs-Eigenschaften?

B2.003.03: Zur Bearbeitung im einzelnen:

a) Gesuchte Folgen $\mathbb{N} \longrightarrow Pot(\mathbb{N})$ sind beispielsweise:

    1. $n \longmapsto \{n\}$,   2. $n \longmapsto \{kn\}$, k konstant,
    3. $n \longmapsto n\mathbb{N}$,   4. $n \longmapsto Teil(n) \cap \mathbb{N}$.

b) fa und ca sind injektiv. Ferner ist fa monoton, denn aus $k_1 \leq k_2$ folgt $fa(k_1) \subset fa(k_2)$, und ca antiton, denn aus $k_1 \leq k_2$ folgt $ca(k_2) \subset ca(k_1)$.

A2.003.04: Betrachten Sie die in den Beispielen 2.002.2/2/3 angegebene Folge $x = (\frac{1}{n})_{n \in \mathbb{N}}$ und ihre Bildfolgen $f \circ x$ bezüglich $f = a \cdot id^3 : \mathbb{R} \longrightarrow \mathbb{R}$ und $g \circ x$ bezüglich $g = id \cdot log_2 : \mathbb{R}^+ \longrightarrow \mathbb{R}$.

a) Haben diese Bildfolgen Ordnungs-Eigenschaften?

b) Sind diese Bildfolgen nach unten und/oder nach oben beschränkt? Haben sie jeweils ein Infimum und/oder ein Supremum bzw. ein Minimum und/oder ein Maximum?

B2.003.04: Zur Bearbeitung im einzelnen:

1a) Die Funktion $f = a \cdot id^3 : \mathbb{R} \longrightarrow \mathbb{R}$ liefert zu der $\mathbb{R}$-Folge $x = (\frac{1}{n})_{n \in \mathbb{N}}$ die Bildfolge $f \circ x = (\frac{a}{n^3})_{n \in \mathbb{N}}$.

1b) Für den Fall $a \geq 0$ ist $f \circ x$ antiton, denn $n \leq m \Rightarrow n^3 \leq m^3 \Rightarrow \frac{1}{n^3} \geq \frac{1}{m^3} \Rightarrow \frac{a}{n^3} \geq \frac{a}{m^3}$. Für den Fall $a \leq 0$ ist $f \circ x$ monoton, wie man entsprechend zeigt.

1c) Für den Fall $a > 0$ ist $f \circ x$ nach unten beschränkt durch $inf(f \circ x) = 0$, ein Minimum besitzt $f \circ x$ jedoch nicht. Für den Fall $a < 0$ ist $f \circ x$ nach oben beschränkt durch $sup(f \circ x) = 0$, ein Maximum besitzt $f \circ x$ jedoch nicht. Für den Fall $a = 0$ ist $f \circ x$ eine konstante Folge mit $min(f \circ x) = max(f \circ x) = 0$.

2a) Die Funktion $g = id \cdot log_2 : \mathbb{R}^+ \longrightarrow \mathbb{R}$ liefert zu der $\mathbb{R}^+$-Folge x die Bildfolge $g \circ x = (-\frac{1}{n} \cdot log_2(n))_{n \in \mathbb{N}}$.

2b) Für die Bildfolge $g \circ x$ gilt $(g \circ x)(1) = 0$ sowie $(g \circ x)(2) = (g \circ x)(4) \approx -0,5$, ferner ist $(g \circ x)(3) \approx -0,53$. Die Folge $g \circ x$ ist für $n \geq 3$ monoton, wie man etwa durch den Vergleich von $(g \circ x)(n)$ und $(g \circ x)(2n)$ einsehen kann: Es gilt $(g \circ x)(2n) = -\frac{log_2(2n)}{2n} = -\frac{log_2(2) + log_2(n)}{2n} \geq -\frac{log_2(n) + log_2(n)}{2n} = -\frac{2 \cdot log_2(n)}{2n} = -\frac{log_2(n)}{n} = (g \circ x)(n)$.

2c) Die Folge $g \circ x$ besitzt das Maximum $(g \circ x)(1) = 0$ und das Minimum $(g \circ x)(3) \approx -0,53$. Nimmt man $n = 1$ aus, dann besitzt die restliche Folge das Supremum 0.

A2.003.05: Beweisen Sie die Aussage von Bemerkung 2.003.2/4, also die Behauptung: Jede Folge $x : \mathbb{N} \longrightarrow T$ mit $T \subset \mathbb{R}$ besitzt eine antitone oder eine monotone Teilfolge.

B2.003.05: Die Behauptung ist klar, wenn x selbst monoton oder antiton (also beispielsweise auch eine konstante Folge) ist, denn jede Folge ist Teilfolge von sich selbst. Ist nun eine Folge $x : \mathbb{N} \longrightarrow T$ weder monoton noch antiton, dann besitzt sie beispielsweise eine monotone Teilfolge y, die sukzessive folgendermaßen konstruiert wird: Ist k der kleinste Index mit $x_k \leq x_{k+1}$, dann wird $y_1 = x_k$ und $y_2 = x_{k+1}$ festgelegt. Ist weiterhin x_s der zweitkleinste Index mit $x_s \leq x_{s+1}$ und $x_s \geq x_{k+1}$, dann wird $y_3 = x_s$ und $y_4 = x_{s+1}$ festgelegt. Auf diese Weise fährt man fort, wobei die weiteren Folgenglieder auch konstant sein können.

2.010 REKURSIV DEFINIERTE FOLGEN

A2.010.01: Berechnen Sie jeweils von der durch das n-te Folgenglied $x(n) = x_n$ angegebenen expliziten Darstellung einer Folge $x : \mathbb{N} \longrightarrow \mathbb{R}$ eine rekursive Darstellung:
1. $x(n) = x_n = n^2$
2. $x(n) = x_n = 2^n \cdot n$
3. $x(n) = x_n = \frac{n}{2}(3n+1)$

B2.010.01: Die rekursiven Darstellungen im einzelnen:
1. Es gilt $x_1 = 1^2 = 1$ und $x_{n+1} = (n+1)^2 = n^2 + 2n + 1 = x_n + (2n+1)$,
2a) $x_1 = 2^1 \cdot 1 = 2$ und $x_{n+1} = 2^{n+1}(n+1) = 2^2 \cdot 2(n+1) = 2 \cdot 2^n \cdot n + 2 \cdot 2^n = 2^n \cdot n(2 + \frac{2}{n}) = x_n(2 + \frac{2}{n})$,
2b) $x_1 = 2^1 \cdot 1 = 2$ und $x_{n+1} = 2^{n+1}(n+1) = 2^n \cdot 2 \cdot n + 2^n \cdot 2 = 2^n \cdot 2 \cdot n - 2^n \cdot n + 2^n \cdot n + 2^n \cdot 2 = 2^n \cdot n + 2^n(n+2) = x_n + 2^n(n+2)$,
3. Es gilt $x_1 = \frac{1}{2}(3 \cdot 1 + 1) = \frac{1}{2} \cdot 4 = 2$ und $x_{n+1} = \frac{n+1}{2}(3(n+1)+1) = (\frac{n}{2} + \frac{1}{2})((3n+1) + 3)$
$= \frac{n}{2}(3n+1) + \frac{n}{2} \cdot 3 + \frac{1}{2}(3n+1) + \frac{1}{2} \cdot 3 = x_n + \frac{3}{2}n + \frac{3}{2}n + \frac{1}{2} + \frac{3}{2} = x_n + (3n+2)$.

A2.010.02: Im folgenden sind Folgen $x : \mathbb{N} \longrightarrow \mathbb{R}$ jeweils durch Angabe eines beliebigen Folgengliedes $x(n) = x_n$ angegeben (siehe dazu auch Aufgabe A2.002.02):
1. $x(n) = x_n = \frac{1}{n}$
2. $x(n) = x_n = -\frac{1}{n}$
3. $x(n) = x_n = \frac{6}{n}$
4. $x(n) = x_n = -\frac{a}{n}$, $a \in \mathbb{R}$
5. $x(n) = x_n = \frac{1}{n+1}$
6. $x(n) = x_n = \frac{1}{1-2n}$
7. $x(n) = x_n = \frac{1}{n^2}$
8. $x(n) = x_n = -\frac{1}{(n+1)^2}$
9. $x(n) = x_n = \frac{1}{\sqrt{n}}$
10. $x(n) = x_n = \frac{1}{\sqrt[3]{n^2}}$
11. $x(n) = x_n = 4711$
12. $x(n) = x_n = \frac{n^2}{2n+2}$

Versuchen Sie, jeweils eine rekursive Darstellung von x zu finden.

B2.010.02: Zur Methode der Berechnungen: Man kann
a) entweder $y_n = x_{n+1} - x_n$ berechnen und daraus die Beziehung $x_{n+1} = x_n + y_n$ gewinnen
b) oder $z_n = \frac{x_{n+1}}{x_n}$ berechnen und daraus die Beziehung $x_{n+1} = x_n \cdot z_n$ gewinnen.
Die rekursiven Darstellungen im einzelnen:

1a) $x_1 = 1$ und $x_{n+1} = x_n - \frac{1}{n(n+1)}$
1b) $x_1 = 1$ und $x_{n+1} = x_n \cdot \frac{n}{n+1}$

2a) $x_1 = -1$ und $x_{n+1} = x_n + \frac{1}{n(n+1)}$
2b) $x_1 = -1$ und $x_{n+1} = x_n \cdot \frac{n}{n+1}$

3a) $x_1 = 6$ und $x_{n+1} = x_n - \frac{6}{n(n+1)}$
3b) $x_1 = 6$ und $x_{n+1} = x_n \cdot \frac{n}{n+1}$

4a) $x_1 = -a$ und $x_{n+1} = x_n + \frac{a}{n(n+1)}$
4b) $x_1 = -a$ und $x_{n+1} = x_n \cdot \frac{n}{n+1}$

5a) $x_1 = \frac{1}{2}$ und $x_{n+1} = x_n - \frac{1}{(n+1)(n+2)}$
5b) $x_1 = \frac{1}{2}$ und $x_{n+1} = x_n \cdot \frac{n+1}{n+2}$

6a) $x_1 = -1$ und $x_{n+1} = x_n + \frac{1}{2n^2 - 2n - 1}$
6b) $x_1 = -1$ und $x_{n+1} = x_n \cdot \frac{1-2n}{-1-2n}$

12a) $x_1 = \frac{1}{4}$ und $x_{n+1} = x_n + \frac{(n+1)^2 + n}{2(n+1)(n+2)}$
12b) $x_1 = \frac{1}{4}$ und $x_{n+1} = x_n \cdot (1 + \frac{1}{n})^2 \frac{n+1}{n+2}$

A2.010.03: Betrachten Sie die in den Beispielen 2.010.5/2/3 genannten Funktionen $\mathbb{R} \longrightarrow \mathbb{R}$ und erzeugen Sie wie dort weitere Folgen durch andere Wahlen von Anfangsgliedern. Wodurch unterscheiden sich die so erzeugten Folgen?

B2.010.03: Zur Bearbeitung der Aufgabe hinsichtlich der Beispiele 2.010.5/2 und 2.010.5/3:
1. Mit der Funktion $f = id + 2 : \mathbb{R} \longrightarrow \mathbb{R}$ zeigen die Beispiele

$x(1) = 1$	$x(n) = 2n - 1$	$1, 3, 5, 7, 9, 11, \ldots$,
$x(1) = 2$	$x(n) = 2n + 0$	$2, 4, 6, 8, 10, 12, \ldots$,
$x(1) = 10$	$x(n) = 2n + 8$	$8, 10, 12, 14, 16, 18, 20, \ldots$,
$x(1) = 13$	$x(n) = 2n + 11$	$13, 15, 17, 19, 21, 23, \ldots$,

daß die von $f = id + 2 : \mathbb{R} \longrightarrow \mathbb{R}$ und dem Anfangsglied $x(1)$ rekursiv erzeugte Folge x die explizite Darstellung $x(n) = x(1) + 2(n-1)$ besitzt.

2. Mit der Funktion $f = 2 \cdot id : \mathbb{R} \longrightarrow \mathbb{R}$ zeigen die Beispiele

$x(1) = 1$ $\quad x(n) = 2^{n-1}$ $\qquad$ 1, 2, 4, 8, 16, 32, ... ,
$x(1) = 3$ $\quad x(n) = 3 \cdot 2^{n-1}$ $\qquad$ 3, 6, 12, 24, 48, 96, ... ,
$x(1) = 5$ $\quad x(n) = 5 \cdot 2^{n-1}$ $\qquad$ 5, 10, 20, 40, 80, 160, ... ,

daß die von $f = 2 \cdot id : \mathbb{R} \longrightarrow \mathbb{R}$ und dem Anfangsglied $x(1)$ rekursiv erzeugte Folge x die explizite Darstellung $x(n) = x(1) \cdot 2^{n-1}$ besitzt.

A2.010.04: Betrachten Sie lineare und quadratische Funktionen $\mathbb{R} \longrightarrow \mathbb{R}$ (nach Komplexität der Parameter geordnet, wie in den Beispielen 2.010.5/2/3) und erzeugen Sie damit Folgen unter Verwendung des Rekursionssatzes (Satz 2.010.4).

B2.010.04: Zur Bearbeitung im einzelnen:

Lineare Funktionen $f : \mathbb{R} \longrightarrow \mathbb{R}$ mit $f(x) = ax + b$ erzeugen mit einem Anfangsglied $x(1) = s$ die rekursiv dargestellten Folgen x mit $x(n+1) = a \cdot x(n) + b$. Beispielsweise liefern $f(x) = 2x + 1$ und $x(1) = 5$ die Folge mit den ersten vier Folgengliedern 5, 11, 23, 47.

Quadratische Funktionen $f : \mathbb{R} \longrightarrow \mathbb{R}$ mit $f(x) = ax^2 + bx + c$ erzeugen mit einem Anfangsglied $x(1) = s$ die rekursiv dargestellten Folgen x mit $x(n+1) = a \cdot x(n)^2 + b \cdot x(n) + c$. Beispielsweise liefern $f(x) = x^2 + x - 10$ und $x(1) = 2$ die Folge mit den ersten sechs Folgengliedern 2, -4, 2, -4, 2, -4.

A2.010.05: Die Ausgangssituation: Zwei Gläser, das eine mit $V(R_0) = 100\ cm^3$ Rotwein (R-Glas), das andere mit $V(W_0) = 100\ cm^3$ Wasser (W-Glas) gefüllt. Es werden nun abwechselnd folgende Prozesse ausgeführt:

P_1) 10% der Flüssigkeit des R-Glases werden in das W-Glas gefüllt.
P_2) Von der Flüssigkeit im W-Glas wird soviel in das R-Glas gefüllt, so daß beide Gläser gleich voll sind.

Zur Formalisierung dieser Prozesse werden nun Paare $R_n = (a_n, b_n)$ und $W_n = (x_n, y_n)$ mit folgenden Einzeldaten betrachtet: Nach Ausführung von Prozeß P_n sei a_n/b_n die Menge von Rotwein/Wasser im R-Glas und x_n/y_n die Menge von Rotwein/Wasser im W-Glas.

Die Anfangsmengen (Anfangszustände) in beiden Gläsern sind also $R_0 = (a_0, b_0) = (100, 0)$ mit Volumen $V(R_0) = a_0 + b_0 = 100$ und $W_0 = (x_0, y_0) = (0, 100)$ mit Volumen $V(W_0) = x_0 + y_0 = 100$.
Wie entwickeln sich nun die beiden Folgen $R, W : \mathbb{N}_0 \longrightarrow \mathbb{R} \times \mathbb{R}$?

B2.010.05: Die ersten fünf Folgenglieder der beiden Folgen $R, W : \mathbb{N}_0 \longrightarrow \mathbb{R} \times \mathbb{R}$ sind:

$R_0 = (a_0, b_0) = (100, 0)$
$W_0 = (x_0, y_0) = (0, 100)$
$R_1 = (a_1, b_1) = (\frac{9}{10}a_0, b_0) = (90, 0)$
$W_1 = (x_1, y_1) = (x_0 + \frac{1}{10}a_0, y_0) = (10, 100)$
$R_2 = (a_2, b_2) = (a_1 + \frac{1}{11}x_1, b_1 + \frac{1}{11}y_1) = (90 + \frac{1}{11} \cdot 10, 0 + \frac{1}{11} \cdot 100) = (\frac{1000}{11}, \frac{100}{11})$
$W_2 = (x_2, y_2) = (x_1 - \frac{1}{11}x_1, y_1 - \frac{1}{11}y_1) = (\frac{10}{11}x_1, \frac{10}{11}y_1) = (\frac{100}{11}, \frac{1000}{11})$
$R_3 = (a_3, b_3) = (\frac{9}{10}a_2, \frac{9}{10}b_2) = (\frac{9}{10} \cdot \frac{1000}{11}, \frac{9}{10} \cdot \frac{100}{11}) = (\frac{900}{11}, \frac{90}{11})$
$W_3 = (x_3, y_3) = (x_2 + \frac{1}{10}a_2, y_2 + \frac{1}{10}b_2) = (\frac{100}{11} + \frac{100}{11}, \frac{1000}{11} + \frac{10}{11}) = (\frac{200}{11}, \frac{1010}{11})$
$R_4 = (a_4, b_4) = (a_3 + \frac{1}{11}x_3, b_3 + \frac{1}{11}y_3) = (\frac{900}{11} + \frac{1}{11} \cdot \frac{200}{11}, \frac{90}{11} + \frac{1}{11} \cdot \frac{1010}{11}) = (\frac{10100}{11^2}, \frac{2000}{11^2})$
$W_4 = (x_4, y_4) = (x_3 - \frac{1}{11}x_3, y_3 - \frac{1}{11}y_3) = (\frac{10}{11}x_3, \frac{10}{11}y_3) = (\frac{10}{11} \cdot \frac{200}{11}, \frac{10}{11} \cdot \frac{1010}{11}) = (\frac{2000}{11^2}, \frac{10100}{11^2})$

Wie man den vorstehenden Beispielen leicht entnehmen kann, gilt:
$R_n = (a_n, b_n) = (a_{n-1} + \frac{1}{11}x_{n-1}, b_{n-1} + \frac{1}{11}y_{n-1})$ und $W_n = (x_n, y_n) = (\frac{10}{11}x_{n-1}, \frac{10}{11}y_{n-1})$.
Dabei gilt für die jeweiligen Volumina: $V(R_n) = 100$ und $V(W_n) = 100$ für jeweils gerade Indices n und $V(R_n) = 90$ und $V(W_n) = 110$ für jeweils ungerade Indices n.

A2.010.06: Die zwischen ihren Nullstellen definierte Parabel $f : [0, 1] \longrightarrow [0, 1]$, definiert durch $f(z) = \frac{5}{2}z(1-z)$, liefert nach dem *Rekursionssatz* (Satz 2.010.4) eine eindeutig bestimmte rekursiv definierte Folge $x : \mathbb{N} \longrightarrow \mathbb{R}$ mit $x(n+1) = (f \circ x)(n)$ und der Festsetzung $x(1) = 0,1$.

a) Berechnen Sie die ersten fünf Folgenglieder von x.

b) Beschreiben Sie die Lage dieser Folgenglieder anhand einer graphischen Darstellung von f und id.

B2.010.06: Zur Bearbeitung der Aufgabe im einzelnen:

a) Die ersten fünf Folgenglieder von x sind $x_1 = 0,1$, $x_2 = 0,225$, $x_3 = 0,436$, $x_4 = 0,626$, $x_5 = 0,584$.

b) Die Lage dieser Folgenglieder in grober Skizze:

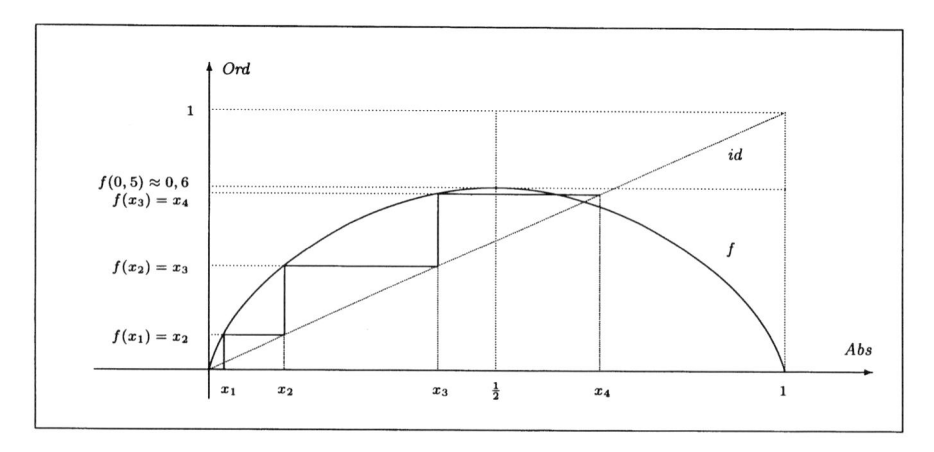

A2.010.09: Stellen Sie die erfragten Anzahlen als rekursiv und explizit definierte Folgen dar:

1. Durch wieviele Geraden können n verschiedene Punkte (einer Ebene) miteinander verbunden werden, wenn jede Gerade genau zwei Punkte enthalten darf?

2. Wieviele paarweise nicht-parallele Geraden (einer Ebene) liefern n verschiedene Schnittpunkte, wenn jeder Schnittpunkt Teil von genau zwei Geraden sein darf?

B2.010.09: Beide Aufgaben liefern dieselbe Folge, denn:

1. $n = 2$ Punkte liefern $x(2) = 1$ Gerade, $n = 3$ Punkte liefern $x(3) = 1 + 2 = 3$ Geraden. Sind schon n Punkte betrachtet, dann liefert jeder weitere Punkt n zusätzliche Geraden. Die Folge $x : \mathbb{N} \setminus \{1\} \longrightarrow \mathbb{R}$ ist also rekursiv durch $x(n+1) = x(n) + n$ und explizit duch $x(n) = \sum_{1 \leq k \leq n-1} k = \frac{1}{2}n(n-1)$ definiert.

2. $n = 2$ Geraden liefern $z(2) = 1$ Schnittpunkte, $n = 3$ Geraden liefern $z(3) = 1 + 2 = 3$ Schnittpunkte. Sind schon n Geraden betrachtet, dann liefert jede weitere Gerade n zusätzliche Schnittpunkte. Die Folge $z : \mathbb{N} \setminus \{1\} \longrightarrow \mathbb{R}$ ist also rekursiv durch $z(n+1) = z(n) + n$ und explizit duch $z(n) = \sum_{1 \leq k \leq n-1} k = \frac{1}{2}n(n-1)$ definiert.

A2.010.10: Betrachten Sie die durch $x_n = \sqrt{24n+1}$ definierte Folge $x : \mathbb{N} \longrightarrow \mathbb{R}$.

a) Berechnen Sie die ersten zehn ganzzahligen Folgenglieder von x.

b) Nennen Sie dann die Indices derjenigen fünf unter den zehn Folgengliedern von a), die zu dem jeweils nächst kleineren ganzzahligen Folgenglied den Abstand 2 haben. Erweitern Sie diese Menge von Indices zu einer Folge $a : \mathbb{N} \longrightarrow \mathbb{N}$ sowohl in rekursiver als auch in expliziter Darstellung. Berechnen Sie dazu die Differenz $x_{a_n} - x_{a_n-n}$ für beliebiges $n \in \mathbb{N}$.

c) Nennen Sie entsprechend die Indices derjenigen vier unter den Folgengliedern von a), die zu dem jeweils nächst kleineren ganzzahligen Folgenglied den Abstand 4 haben. Erweitern Sie diese Menge von Indices zu einer Folge $b : \mathbb{N} \longrightarrow \mathbb{N}$ sowohl in rekursiver als auch in expliziter Darstellung der Form $b_n = a_n + z_n$. Berechnen Sie dazu die Differenz $x_{b_n} - x_{a_n}$ für beliebiges $n \in \mathbb{N}$.

B2.010.10: Zur Bearbeitung der Aufgabe im einzelnen:

a) Die gesuchten Folgenglieder von x sowie diejenigen der Folgen a und b zeigt folgende Übersicht:

x_1	x_2	x_5	x_7	x_{12}	x_{15}	x_{22}	x_{26}	x_{35}	x_{40}
5	7	11	13	17	19	23	25	29	31
x_1	x_{a_1}	x_{b_1}	x_{a_2}	x_{b_2}	x_{a_3}	x_{b_3}	x_{a_4}	x_{b_4}	x_{a_5}

b) Die Folge $a = (2, 7, 15, 26, 40, ...)$ hat die rekursive Darstellung durch den Rekursionsanfang $a_1 = 2$ und den Rekursionsschritt $a_n = 2 + 3(n-1) + a_{n-1}$ sowie die explizite Darstellung $a_n = \frac{1}{2}n(3n+1)$. Ferner gilt $x_{a_n} - x_{a_n - n} = \sqrt{(6n+1)^2} - \sqrt{(6n-1)^2} = 2$.

c) Die Folge $b = (5, 12, 22, 35, ...)$ hat die rekursive Darstellung durch den Rekursionsanfang $b_1 = 5$ und den Rekursionsschritt $b_n = a_n + (2n+1)$ oder $b_n = a_{n+1} - (n+1)$ sowie die explizite Darstellung $b_n = \frac{1}{2}(3n^2 + 5n + 2)$.
Ferner gilt $x_{a_n} - x_{b_n} = \sqrt{24b_n + 1} - \sqrt{24a_n + 1} = \sqrt{(6n+5)^2} - \sqrt{(6n+1)^2} = 4$.

A2.010.12: Einige Einzelaufgaben.

1. Entwickeln Sie im einzelnen die in Bemerkung 2.010.6 zur *Regula falsi* genannte Zuordnungsvorschrift $s_1(x) = a_1(x-a) + f(a)$ der Sekante $s_1 : \mathbb{R} \longrightarrow \mathbb{R}$ sowie die Formel $x_1 = a - \frac{f(a)}{a_1}$ für die Nullstelle x_1 dieser Sekante s_1.

2. Geben Sie die der Folge $x : \mathbb{N} \longrightarrow \mathbb{R}$ der Sekanten-Nullstellen zugrunde liegende Folge $a : \mathbb{N} \longrightarrow \mathbb{R}$ der Sekanten-Anstiege an.

3. Weisen Sie nach, daß die Folge $x : \mathbb{N} \longrightarrow \mathbb{R}$ bezüglich der Daten in Bemerkung 2.010.6 streng monoton sowie nach unten und nach oben beschränkt ist.

4. In Bemerkung 2.010.6 wurde eine im Intervall $[a, b]$ (also teilweise) konvexe Funktion f, also eine Funktion mit Linkskrümmung in der Nähe der Nullstelle, sowie für das Intervall $[a, b]$ selbst o.B.d.A. der Fall $f(a) < 0$ und $f(b) > 0$ angenommen. Wie würde sich die Annahmen Konkavität (man sagt auch: Konvexität nach oben) und/oder $f(a) > 0$ und $f(b) < 0$ auf ein entsprechendes Verfahren auswirken?

B2.010.12: Zur Bearbeitung der Aufgabe im einzelnen:

1a) Die Gerade $s_1 : \mathbb{R} \longrightarrow \mathbb{R}$, die durch die beiden Punkte $(a, f(a))$ und $(b, f(b))$ erzeugt wird, hat (siehe Abschnitte 1.220 und 1.788) wegen der Beziehungen $\frac{s_1(x) - s_1(a)}{x - a} = \frac{f(b) - f(a)}{b - a}$ und $s_1(a) = f(a)$ sowie der Abkürzung $a_1 = \frac{f(b) - f(a)}{b - a}$, das bedeutet dann also $\frac{s_1(x) - f(a)}{x - a} = a_1$, die Darstellung $s_1(x) = a_1(x - a) + f(a)$.

1b) Die Nullstelle x_1 der Sekante $s_1 : \mathbb{R} \longrightarrow \mathbb{R}$ wird einfach durch folgende Äquivalenzen ermittelt. Es gilt: $x \in N(s_1) \Leftrightarrow s_1(x) = 0 \Leftrightarrow a_1(x - a) + f(a) = 0 \Leftrightarrow a_1(x - a) = -f(a) \Leftrightarrow x - a = -\frac{f(a)}{a_1} \Leftrightarrow x = a - \frac{f(a)}{a_1}$.

2. Die Folge $a : \mathbb{N} \longrightarrow \mathbb{R}$ der Sekanten-Anstiege wird – wie auch die Folge x – rekursiv definiert durch
RA) Es ist $a_1 = \frac{f(b) - f(a)}{b - a}$ mit den vorgegebenen Punkten $(a, f(a))$ und $(b, f(b))$,
RS) es ist $a_{n+1} = \frac{f(b) - f(x_n)}{b - x_n}$ mit der Nullstelle x_n der Sekante s_n.
Man beachte, daß im vorliegenden Fall der Punkt $(b, f(b))$ konstant beibehalten wird.

3. Die Folge $x : \mathbb{N} \longrightarrow \mathbb{R}$ ist streng monoton, denn es gilt:
RA) Zunächst gilt $a < x(1)$, denn wegen $f(a) < 0$ und $a_1 > 0$ ist $x(1) - a = -\frac{f(a)}{a_1} > 0$.
RS) Wie die folgenden Implikationen zeigen, gilt für alle $n \in \mathbb{N}$ stets $x(n) < x(n+1)$, wobei der nach Voraussetzung positive Anstieg a_n der Sekante s_n verwendet wird.
$f(x_n) < 0$ und $a_{n+1} > 0 \Rightarrow f(x_n) < 0$ und $\frac{1}{a_{n+1}} > 0 \Rightarrow \frac{1}{a_{n+1}} \cdot f(x_n) < 0 \Rightarrow -\frac{1}{a_{n+1}} \cdot f(x_n) > 0 \Rightarrow x(n+1) - x(n) > 0 \Rightarrow x(n+1) > x(n)$.
Die Folge $x : \mathbb{N} \longrightarrow \mathbb{R}$ ist schließlich nach unten durch a und nach oben durch b beschränkt, denn für alle Folgenglieder $x(n)$ gilt $x(n) \in (a, b)$.

4. Wie die folgenden Skizzen andeuten, sind insgesamt vier Fälle zu unterscheiden:
Fall a) Die Funktion $f : [a,b] \longrightarrow \mathbb{R}$ ist konvex (konvex nach unten) und es gilt $f(a) < 0$ und $f(b) > 0$.
Fall b) Die Funktion $f : [a,b] \longrightarrow \mathbb{R}$ ist konvex (konvex nach unten) und es gilt $f(a) > 0$ und $f(b) < 0$.
Fall c) Die Funktion $f : [a,b] \longrightarrow \mathbb{R}$ ist konkav (konvex nach oben) und es gilt $f(a) < 0$ und $f(b) > 0$.
Fall d) Die Funktion $f : [a,b] \longrightarrow \mathbb{R}$ ist konkav (konvex nach oben) und es gilt $f(a) > 0$ und $f(b) < 0$.

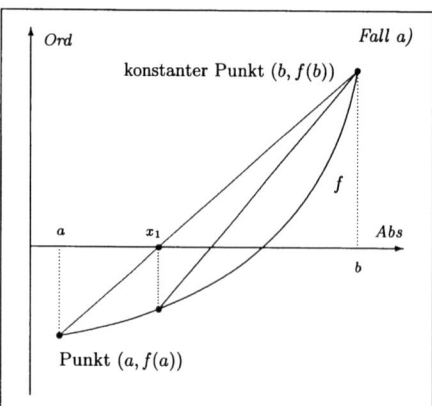

Fall a)

konstanter Punkt $(b, f(b))$

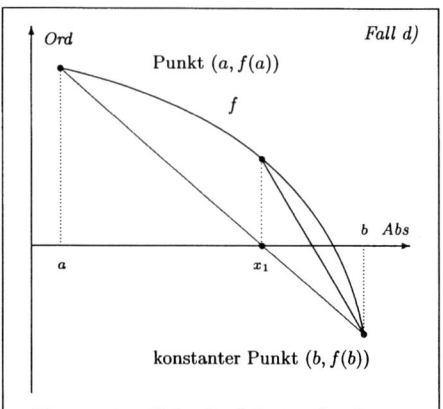

Punkt $(a, f(a))$

Die monotone Folge der Sekanten-Anstiege:
$a_1 = \frac{f(b)-f(a)}{b-a}$ und $a_{n+1} = \frac{f(b)-f(x_n)}{b-x_n}$
Die monotone Folge der Sekanten-Nullstellen:
$x_1 = a - \frac{f(a)}{a_1}$ und $x_{n+1} = x_n - \frac{f(x_n)}{a_{n+1}}$

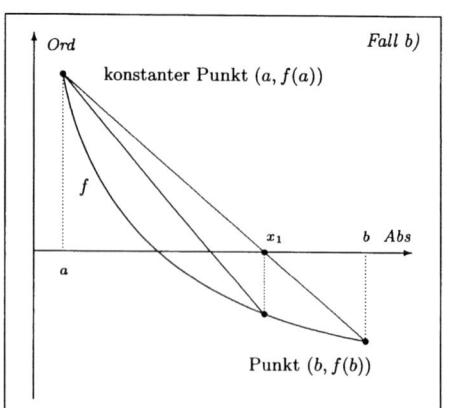

Fall b)

konstanter Punkt $(a, f(a))$

Punkt $(b, f(b))$

Die antitone Folge der Sekanten-Anstiege:
$a_1 = \frac{f(a)-f(b)}{a-b}$ und $a_{n+1} = \frac{f(a)-f(x_n)}{a-x_n}$
Die antitone Folge der Sekanten-Nullstellen:
$x_1 = a - \frac{f(a)}{a_1}$ und $x_{n+1} = x_n - \frac{f(x_n)}{a_{n+1}}$

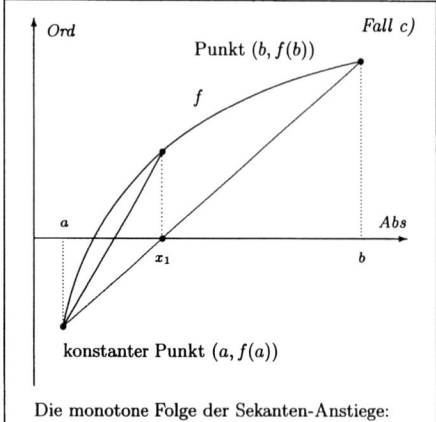

Fall c)

Punkt $(b, f(b))$

konstanter Punkt $(a, f(a))$

Die monotone Folge der Sekanten-Anstiege:
$a_1 = \frac{f(b)-f(a)}{b-a}$ und $a_{n+1} = \frac{f(x_n)-f(a)}{x_n-a}$
Die antitone Folge der Sekanten-Nullstellen:
$x_1 = a - \frac{f(a)}{a_1}$ und $x_{n+1} = x_n - \frac{f(x_n)}{a_{n+1}}$

Fall d)

Punkt $(a, f(a))$

konstanter Punkt $(b, f(b))$

Die monotone Folge der Sekanten-Anstiege:
$a_1 = \frac{f(a)-f(b)}{a-b}$ und $a_{n+1} = \frac{f(x_n)-f(b)}{x_n-b}$
Die antitone Folge der Sekanten-Nullstellen:
$x_1 = a - \frac{f(a)}{a_1}$ und $x_{n+1} = x_n - \frac{f(x_n)}{a_{n+1}}$

Bemerkung: Erweitert man im Fall c) und im Fall d) den Quotienten a_{n+1} jeweils mit (-1), so stimmen die Sekanten-Anstiege in den Fällen a) und d) sowie entsprechend in den Fällen b) und c) jeweils überein.

A2.010.13: Zwei Einzelaufgaben:

Bearbeiten Sie mit dem in Bemerkung 2.010.6 genannten Verfahren *Regula falsi* folgende Aufgaben:

1. Gesucht sind Näherungen für Nullstellen der folgendermaßen definierten Funktionen $f : \mathbb{R} \longrightarrow \mathbb{R}$:

   a) $f(x) = x^3 + x - 1$ b) $f(x) = x^3 + x + 1$

Beachten Sie dabei die in Aufgabe A2.010.12 zu untersuchenden Fallunterscheidungen.

2. Welche Zahlen können durch Funktionen $f : \mathbb{R} \longrightarrow \mathbb{R}$ der Form $f(x) = x^3 - a$ näherungsweise berechnet werden? Führen Sie ein solches Verfahren für $a = 5$ durch, wobei das Ergebnis auf drei Nachkommastellen genau sein soll.

Anmerkung: Für Aufgaben dieser Art werden wegen ihrer leicht überschaubaren algorithmischen Struktur (Wiederholungsprozesse derselben Art mit abgeänderten Parametern) in der Regel kleine Computer-Programme hergestellt, insbesondere auch solche, die rekursiv formulierte Prozeduren enthalten. In diesem Sinne dienen die Bearbeitungen hier als Kontrolle für die ersten Ausführungsschritte solcher Programme.

B2.010.13:   Zur Bearbeitung der Aufgabe im einzelnen:

Vorbemerkung: Bei den Bearbeitungen in 1a) und 1b) ist (aufgrund einfacher Überlegungen und/oder einer graphischen Darstellung schon bekannt, daß die jeweilige Funktion f genau eine Nullstelle besitzt, es insbesondere innerhalb des Intervalls $[a, b]$ mit $a, b \in \mathbb{Z}$ (und $b = a + 1$) keine weiteren Nullstellen von f gibt.

1a) Zunächst wird eine kleine Wertetabelle mit ganzen Zahlen erstellt, die zwei Zahlen a und b mit $a = max\{x \in \mathbb{Z} \mid f(x) < 0\}$ und $b = min\{x \in \mathbb{Z} \mid f(x) > 0\}$ (oder umgekehrt) liefern soll:

x	-2	-1	0	1
$f(x)$	-11	-3	-1	1

Damit ist ein geeignetes Intervall $[0, 1]$ gefunden, für dessen Grenzen $f(0) < 0$ und $f(1) > 0$ gilt. Da die Funktion f in diesem Intervall konvex nach unten ist, wird nach Fall a) in A2.010.12/4 verfahren.

Die Berechnung der Folgenglieder $x_1, x_2, x_3,...$ erfolgt nun in einzelnen Schritten:

Schritt 1 für das Intervall $[a, b] = [0, 1]$: Es gilt $f(a) = f(0) = -1$ sowie $a_1 = \frac{f(b)-f(a)}{b-a} = \frac{1-(-1)}{1-0} = 2$, somit ist dann $x_1 = a - \frac{1}{a_1}f(a) = 0 - \frac{1}{2}f(0) = (-\frac{1}{2})(-1) = \frac{1}{2}$ die Nullstelle der Sekante s_1.

Schritt 2 für das Intervall $[x_1, b] = [\frac{1}{2}, 1]$: Es gilt $f(x_1) = f(\frac{1}{2}) = \frac{1}{8} + \frac{1}{2} - 1 = -\frac{3}{8}$ sowie $a_2 = \frac{f(b)-f(x_1)}{b-x_1} = \frac{1-(-\frac{3}{8})}{\frac{1}{2}} = \frac{11}{4}$, somit ist $x_2 = x_1 - \frac{1}{a_2}f(x_1) = \frac{1}{2} - \frac{4}{11}(-\frac{3}{8}) = \frac{7}{11} \approx 0{,}636$ die Nullstelle der Sekante s_2.

Schritt 3 für das Intervall $[x_2, b] = [\frac{7}{11}, 1]$: Es gilt $f(x_2) = f(\frac{7}{11}) = -\frac{141}{11^3}$ sowie $a_3 = \frac{f(b)-f(x_2)}{b-x_2} = \frac{368}{11^2}$, somit ist $x_3 = x_2 - \frac{1}{a_3}f(x_2) = \frac{7}{11} - \frac{11^2}{368}(-\frac{141}{11^3}) = \frac{7}{11} + \frac{141}{368 \cdot 11} = \frac{247}{368} \approx 0{,}671$ die Nullstelle der Sekante s_3.

1b) Zunächst wird eine kleine Wertetabelle mit ganzen Zahlen erstellt, die zwei Zahlen a und b mit $a = max\{x \in \mathbb{Z} \mid f(x) < 0\}$ und $b = min\{x \in \mathbb{Z} \mid f(x) > 0\}$ (oder umgekehrt) liefern soll:

x	-3	-2	-1	0
$f(x)$	-29	-9	-1	1

Damit ist ein geeignetes Intervall $[-1, 0]$ gefunden, für dessen Grenzen $f(-1) < 0$ und $f(0) > 0$ gilt. Da die Funktion f in diesem Intervall konvex nach oben ist, wird nach Fall c) in A2.010.12/4 verfahren.

Die Berechnung der Folgenglieder $x_1, x_2, x_3,...$ erfolgt nun in einzelnen Schritten:

Schritt 1 für das Intervall $[a, b] = [-1, 0]$: Es gilt $f(a) = f(-1) = -1$ sowie $a_1 = \frac{f(b)-f(a)}{b-a} = \frac{1-(-1)}{0-(-1)} = 2$, somit ist dann $x_1 = a - \frac{1}{a_1}f(a) = -1 - \frac{1}{2}f(-1) = -1 + \frac{1}{2} = -\frac{1}{2}$ die Nullstelle der Sekante s_1.

Schritt 2 für das Intervall $[a, x_1] = [-1, -\frac{1}{2}]$: Es gilt $f(x_1) = f(-\frac{1}{2}) = -\frac{1}{8} - \frac{1}{2} + 1 = \frac{3}{8}$ sowie $a_2 = \frac{f(x_1)-f(a)}{x_1-a} = \frac{\frac{3}{8}+1}{-\frac{1}{2}+1} = \frac{11}{4}$, also ist $x_2 = x_1 - \frac{1}{a_2}f(x_1) = -\frac{1}{2} - \frac{4}{11} \cdot \frac{3}{8} = -\frac{7}{11} \approx -0{,}636$ die Nullstelle von s_2.

Schritt 3 für das Intervall $[a, x_2] = [-1, -\frac{7}{11}]$: Es gilt $f(x_2) = f(-\frac{7}{11}) = \frac{141}{11^3}$ sowie $a_3 = \frac{f(x_2)-f(a)}{x_2-a} = \frac{368}{11^2}$, somit ist $x_3 = x_2 - \frac{1}{a_3}f(x_2) = -\frac{7}{11} - \frac{11^2}{368} \cdot \frac{141}{11^3} = -\frac{7}{11} - \frac{141}{368 \cdot 11} = -\frac{247}{368} \approx -0{,}671$ die Nullstelle von s_3. In weiteren Schritten kann $x_4 \approx -0{,}679$ und $x_5 \approx -0{,}681$ gezeigt werden. (Siehe auch A2.342.02.)

Bemerkung: Die in den Bearbeitungen von 1a) und 1b) auftretenden Sekanten-Nullstellen sind ordinatensymmetrisch. Das ist nicht zufällig, denn die beiden Funktionen sind drehsymmetrisch um $(0,0)$ um $180°$, denn: Bezeichnet man die Funktion in 1a) mit g, dann gilt $-g(-x) = -(-x^3 + (-x) - 1) = x^3 + x + 1 = f(x)$, für alle $x \in \mathbb{R}$.

```
TEXT PROC round (REAL CONST realzahl, INT CONST n):
   compress(text(real(round(realzahl*10.0**n))/10.0**n,80,n))
ENDPROC round;

REAL PROC f (REAL CONST x):  x**3 + x - 1.0 ENDPROC f;

REAL PROC anstiegkw (REAL CONST b,x):  (b - x)/(f(b) - f(x)) ENDPROC anstiegkw;

PROC regula falsi ausfuehren:
   REAL VAR a ::  0.0, b ::  1.0, x ::  a, y;
   TEXT VAR z ::  " "; INT VAR index;
   FOR index FROM 1 UPTO 15
   REPEAT y := x - anstiegkw(b,x) * f(x);
          put("x" + text(index) + " = " + z + round(y,15)); line; x := y; a := x;
   ENDREPEAT
ENDPROC regula falsi ausfuehren;

regula falsi ausfuehren
```

2a) Zahlen, die durch Funktionen $f : \mathbb{R} \longrightarrow \mathbb{R}$ mit $f(x) = x^3 - a$ näherungsweise berechnet werden können, haben die Form $\sqrt[3]{a}$ als Nullstellen von f.

2b) Die beiden Zahlen a und b mit $a = max\{x \in \mathbb{Z} \mid f(x) < 0\}$ und $b = min\{x \in \mathbb{Z} \mid f(x) > 0\}$ sind $a = 1$ und $b = 2$ denn es gilt $f(1) = -4$ und $f(2) = 3$. Damit ist mit $[a,b] = [1,2]$ ein für das weitere Verfahren geeignetes Intervall gefunden.

Die Berechnung der Folgeglieder $x_1, x_2, x_3,\ldots$ erfolgt nun in einzelnen Schritten:

Schritt 1 für das Intervall $[a,b] = [1,2]$: Es gilt $f(a) = f(1) = -4$ sowie $a_1 = \frac{f(b)-f(a)}{b-a} = \frac{3-(-4)}{2-1} = 7$, somit ist dann $x_1 = a - \frac{1}{a_1}f(a) = 1 - \frac{1}{7}f(1) = \frac{11}{7} \approx 1{,}571$ die Nullstelle der Sekante s_1.

Schritt 2 für das Intervall $[x_1,b] = [\frac{11}{7},2]$: Es gilt $f(x_1) = f(\frac{11}{7}) = \frac{11^3}{7^3} - \frac{5 \cdot 7^3}{7^3} = -\frac{384}{7^3}$ sowie $a_2 = \frac{f(b)-f(x_1)}{b-x_1} = \frac{471}{7^2}$, somit ist $x_2 = x_1 - \frac{1}{a_2}f(x_1) = \frac{11}{7} - \frac{7^2}{471}(-\frac{384}{7^3}) = \frac{1855}{1099} \approx 1{,}688$ die Nullstelle von s_2.

Eine mit einem Taschenrechner erzeugte Näherung ist $\sqrt[3]{5} \approx 1{,}709$.

A2.010.14: Ein Körper habe die Form eines Zylinders mit zwei bei den Kreisflächen aufgesetzten Halbkugeln desselben Radius' (so eine Art Wurst also). Berechnen Sie eine Näherung (auf 10 LE genau) für den Radius, wobei die Zylinderhöhe $h = 20$ (LE) und das Volumen $V = 1200\pi$ (VE) vorgegeben seien.

B2.010.14: Zur Bearbeitung der Aufgabe im einzelnen:

a) Beachtet man in Abhängigkeit des Radius' r das Zylindervolumen $V_Z(r) = 20\pi r^2$ und das Kugelvolumen $V_K(r) = \frac{4}{3}\pi r^3$, dann ist für den vorgelegten Zusammenhang $V(r) = V_Z(r) + V_K(r) = 1200\pi$ die Gleichung $(V, 1200\pi)$, also die Gleichung $(V - 1200\pi, 0)$ zu lösen. Das bedeutet mit der Abkürzung $f = V - 1200\pi$ also, eine Nullstelle der Funktion f zu ermitteln. Dabei hat die Funktion f die Zuordnungsvorschrift $f(r) = \frac{4}{3}\pi r^3 + 20\pi r^2 - 1200\pi = \frac{4}{3}\pi(r^2(r+15) - 900)$.

Um nun zwei Zahlen r_1 und r_2 mit $r_1 = max\{x \in \mathbb{Z} \mid f(x) < 0\}$ und $r_2 = min\{x \in \mathbb{Z} \mid f(x) > 0\}$ (oder auch umgekehrt) zu finden, genügt es wegen $\frac{4}{3}\pi > 0$ offensichtlich, solche Zahlen r_1 und r_2 zu finden, für die $r_1 = max\{x \in \mathbb{Z} \mid x^2(x+15) < 900\}$ und $r_2 = min\{x \in \mathbb{Z} \mid x^2(x+15) > 900\}$ gilt: Diese Zahlen sind, wie man anhand einer kleinen Wertetabelle findet, $r_1 = 6$ und $r_2 = 7$, denn es gilt $6^2(6+15) - 900 = -144$ und $7^2(7+15) - 900 = 178$, womit dann $f(6) = \frac{4}{3}\pi(-144) = -192\pi$ und $f(7) = \frac{4}{3}\pi(178) = \frac{712}{3}\pi$ ist.

A2.010.15: Geben Sie für die Anzahl d_n der Diagonalen eines ebenen konvexen n-Ecks eine rekursive und eine explizite Darstellung an.

B2.010.15: Naheliegenderweise gilt $d_1 = d_2 = d_3 = 0$, die kleinste Zahl $d_n \neq 0$ ist also $d_4 = 2$. Betrachtet man nun ein solches n-Eck mit d_n Diagonalen und ersetzt eine Seite durch eine weitere

Ecke mit zwei weiteren Seiten, dann gibt es in diesem $(n+1)$-Eck zu der neuen Ecke $(n+1) - 3$ neue Diagonalen (es entfallen der neue Punkt sowie seine Nachbarpunkte), allerdings entsteht zwischen den Nachbarpunkten auch eine weitere neue Diagonale. Somit gilt $d_{n+1} = d_n + (n+1) - 3 + 1 = d_n + (n-1)$ (oder in der Form $d_n = d_{n-1} + (n-1) - 3 - 1 = d_{n-1} + (n-2)$), womit mit dem oben genannten Rekursionsanfang eine rekursiv definierte Folge $d : \mathbb{N} \longrightarrow \mathbb{N}$ angegeben ist.

Diese Folge hat eine explizite Darstellung $d_n = \frac{1}{2}n(n-3)$.

A2.010.16: Betrachten Sie die Folge $x : \mathbb{N} \longrightarrow \mathbb{Z}$ mit den unten jeweils angegebenen ersten Folgengliedern und geben Sie sowohl eine explizite als auch eine rekursive Darstellung der Folge x an.

a) 2, 5, 8, 11, 14, 17, ...
b) 3, 8, 13, 18, 23, 28, ...
c) 5, 9, 13, 17, 21, 25, ...
d) 11, 15, 19, 23, 27, 31, ...
e) 17, 25, 33, 41, 49, 57, ...
f) 7, 12, 17, 22, 27, 32, ...

B2.010.16: Zur Bearbeitung der Aufgabe folgende tabellarische Angaben:

	Folgenglieder	explizit	RA:	RS:
a)	2, 5, 8, 11, 14, 17, ...	$x_n = 2n - 1$	$x_1 = 2$	$x_{n+1} = x_n + 3$, für alle $n \in \mathbb{N}$
b)	3, 8, 13, 18, 23, 28, ...	$x_n = 5n - 2$	$x_1 = 3$	$x_{n+1} = x_n + 5$, für alle $n \in \mathbb{N}$
c)	5, 9, 13, 17, 21, 25, ...	$x_n = 4n + 1$	$x_1 = 5$	$x_{n+1} = x_n + 4$, für alle $n \in \mathbb{N}$
d)	11, 15, 19, 23, 27, 31, ...	$x_n = 4(n+2) - 1$	$x_1 = 11$	$x_{n+1} = x_n + 4$, für alle $n \in \mathbb{N}$
e)	17, 25, 33, 41, 49, 57, ...	$x_n = 8(n+1) + 1$	$x_1 = 17$	$x_{n+1} = x_n + 8$, für alle $n \in \mathbb{N}$
f)	7, 12, 17, 22, 27, 32, ...	$x_n = 5n + 2$	$x_1 = 7$	$x_{n+1} = x_n + 5$, für alle $n \in \mathbb{N}$

A2.010.17: Betrachten Sie die Folge $x : \mathbb{N} \longrightarrow \mathbb{Z}$ mit den unten jeweils angegebenen ersten Folgengliedern und geben Sie sowohl eine explizite als auch eine rekursive Darstellung der Folge x an in der Form $x_{n+1} = x_n + z_n c + 1$ mit einer ebenfalls rekursiv (oder zumindest partiell rekursiv) darzustellenden Folge $z : \mathbb{N} \longrightarrow \mathbb{Z}$ und einem konstanten Faktor c.

a) 2, 5, 10, 17, 26, 37, 50, ...
b) -2, 5, 24, 61, 122, 213, 340, ...

B2.010.17: Zur Bearbeitung der Aufgabe zunächst folgende tabellarische Angaben, wobei in der Zeile x_1) Angaben zur Folge x und in der zugehörigen Zeile x_2) Angaben zur Hilfsfolge z enthalten sind:

	Folgenglieder	explizit	RA:	RS:
a$_1$)	2, 5, 10, 17, 26, ...	$x_n = n^2 + 1$	$x_1 = 2$	$x_{n+1} = x_n + z_n \cdot 1 + 1$, für alle $n \in \mathbb{N}$
a$_2$)	3, 5, 7, 9, 11, ...	$z_n = 2n + 1$	$z_1 = 3$	$z_{n+1} = z_n + 1$, für alle $n \in \mathbb{N}$
b$_1$)	-2, 5, 24, 61, 122, ...	$x_n = n^3 - 3$	$x_1 = 2$	$x_{n+1} = x_n + z_n \cdot 6 + 1$, für alle $n \in \mathbb{N}$
b$_2$)	1, 3, 6, 10, 15, ...		$z_1 = 1$	$z_{n+1} = z_n + n + 1$, für alle $n \in \mathbb{N}$

Zur Konstruktion der jeweiligen Folge z betrachte man folgende Einzelberechnungen:

Aufgabe a)

$x_2 = x_1 + 1 \cdot 2 + 1 = 2 + 2 + 1 = 5$
$x_3 = x_2 + 2 \cdot 2 + 1 = 5 + 4 + 1 = 10$
$x_4 = x_3 + 3 \cdot 2 + 1 = 10 + 6 + 1 = 17$
$x_5 = x_4 + 4 \cdot 2 + 1 = 17 + 8 + 1 = 26$
$x_6 = x_5 + 5 \cdot 2 + 1 = 26 + 10 + 1 = 37$
$x_7 = x_6 + 6 \cdot 2 + 1 = 37 + 12 + 1 = 50$

Aufgabe b)

$x_2 = x_1 + 1 \cdot 6 + 1 = -2 + 6 + 1 = 5$
$x_3 = x_2 + 3 \cdot 6 + 1 = 5 + 18 + 1 = 24$
$x_4 = x_3 + 6 \cdot 6 + 1 = 24 + 36 + 1 = 61$
$x_5 = x_4 + 10 \cdot 6 + 1 = 61 + 60 + 1 = 122$
$x_6 = x_5 + 15 \cdot 6 + 1 = 122 + 90 + 1 = 213$
$x_7 = x_6 + 21 \cdot 6 + 1 = 213 + 126 + 1 = 340$

2.011 Arithmetische und Geometrische Folgen

A2.011.01: Im folgenden sind Folgen $x : \mathbb{N} \longrightarrow \mathbb{R}$ jeweils durch Angabe eines beliebigen Folgengliedes $x(n) = x_n$ angegeben. Entscheiden Sie, ob die jeweilige Folge arithmetisch oder geometrisch ist; geben Sie im ersten Fall die konstante Differenz d und im zweiten Fall den konstanten Quotienten a je zweier aufeinander folgender Folgenglieder an. Geben Sie geeignete Beispiele an, falls die Folge weder arithmetisch noch geometrisch ist.

1. $x(n) = \frac{1}{100}10^n$
2. $x(n) = 2^8(\frac{1}{2})^n$
3. $x(n) = -2^n$
4. $x(n) = -(\frac{1}{2})^n$
5. $x(n) = (-2)^n$
6. $x(n) = n - 1$
7. $x(n) = n + (-1)^n$
8. $x(n) = -\frac{n}{4}$
9. $x(n) = 2^{-n}$
10. $x(n) = 4711$
11. $x(n) = 471 - n$
12. $x(n) = \frac{5}{6}n + 11$

B2.011.01: Die jeweils angegebene Folge ist

1. geometrisch, $a = 10$
2. geometrisch, $a = \frac{1}{2}$
3. geometrisch, $a = 2$
4. geometrisch, $a = \frac{1}{2}$
5. geometrisch, $a = -2$
6. arithmetisch, $d = 1$
7. „weder/noch"
8. arithmetisch, $d = -\frac{1}{4}$
9. geometrisch, $a = \frac{1}{2}$
10. arithm. und geom.
11. arithmetisch, $d = -1$
12. arithmetisch, $d = \frac{5}{6}$

A2.011.02: Der zweite Teil der Aufgabe ist eine Verallgemeinerung des ersten Teils.
1. Wie lauten die Folgenglieder x_1, x_2, x_3 sowie x_8 und x_9 einer arithmetischen (geometrischen) Folge $x : \mathbb{N} \longrightarrow \mathbb{R}$, wenn jeweils die Folgenglieder
 a) $x_4 = 6$ und $x_5 = 18$ b) $x_4 = 6$ und $x_6 = 54$ c) $x_4 = 6$ und $x_7 = 162$
vorgegeben sind?
2. Wie kann man eine arithmetische (geometrische) Folge $x : \mathbb{N} \longrightarrow \mathbb{R}$ aus der Vorgabe je zweier Folgenglieder der Form x_n und x_{n+k} (bei beliebig, aber fest gewähltem $n \in \mathbb{N}$) konstruieren? Bearbeiten Sie die Folge x mit $x_2 = 4$ und $x_6 = 16$ und geben Sie x in expliziter Darstellung an.

B2.011.02: Zur Bearbeitung im einzelnen:
A: Es wird zunächst der Fall einer arithmetischen Folge $x : \mathbb{N} \longrightarrow \mathbb{R}$ untersucht:
1a) Mit $d = x_5 - x_4 = 18 - 6 = 12$ ist $x_3 = -6$, $x_2 = -18$ und $x_1 = -30$ sowie $x_8 = 54$ und $x_9 = 66$.
1b) Mit $d = \frac{1}{2}(x_6 - x_4) = \frac{1}{2}(54 - 6) = 24$ ist $x_3 = -18$, $x_2 = -42$, $x_1 = -66$, $x_8 = 54$, $x_9 = 78$.
1c) Mit $d = \frac{1}{3}(x_7 - x_4) = \frac{1}{3}(162 - 6) = 78$ ist $x_3 = -72$, $x_2 = -150$, $x_1 = -228$, $x_8 = 102$, $x_9 = 126$.
2. Mit $d = \frac{1}{k}(x_{n+k} - x_n)$ lassen sich alle Folgenglieder von x der Reihe nach konstruieren: Es ist beispielsweise $x_{n-1} = x_n - d$ sowie $x_{n-2} = x_n - 2d$, insbesondere ist also $x_1 = x_{n-(n-1)} = x_n - (n-1)d$ das erste Folgenglied der Folge x.

B: Es wird nun der Fall einer geometrischen Folge $x : \mathbb{N} \longrightarrow \mathbb{R}$ untersucht:
1a) Mit $a = \frac{x_5}{x_4} = \frac{18}{6} = 3$ ist $x_3 = 2$, $x_2 = \frac{2}{3}$ und $x_1 = \frac{2}{9}$ sowie $x_8 = 486$ und $x_9 = 1458$.
1b) Mit $a^2 = \frac{x_6}{x_4} = \frac{54}{6} = 9$, also $a = 3$, ist $x_3 = 2$, $x_2 = \frac{2}{3}$ und $x_1 = \frac{2}{9}$ sowie $x_8 = 486$ und $x_9 = 1458$.
1c) Mit $a^3 = \frac{x_7}{x_4} = \frac{162}{6} = 27$, also $a = 3$, ist $x_3 = 2$, $x_2 = \frac{2}{3}$ und $x_1 = \frac{2}{9}$ sowie $x_8 = 486$ und $x_9 = 1458$.
2. Mit $a^k = \frac{x_{n+k}}{x_n}$, also $a = (\frac{x_{n+k}}{x_n})^{\frac{1}{k}}$, lassen sich alle Folgenglieder von x der Reihe nach konstruieren: Es ist beispielsweise $x_{n-1} = \frac{1}{a}x_n$ sowie $x_{n-2} = \frac{1}{a^2}x_n$ insbesondere ist also $x_1 = x_{n-(n-1)} = \frac{1}{a^{n-1}}x_n = (\frac{x_{n+k}}{x_n})^{-\frac{n-1}{k}} \cdot x_n$ das erste Folgenglied der Folge x.
3. Als arithmetische Folge betrachtet hat x mit $d = \frac{1}{4}(16 - 4) = 3$ die rekursive Darstellung durch $x_1 = 1$ und $x_{n+1} = 3 + x_n$ sowie die explizite Darstellung $x_n = 3n - 2$. Als geometrische Folge betrachtet hat x mit $a = \sqrt[4]{4}$ die rekursive Darstellung durch $x_1 = \sqrt[4]{4^3}$ und $x_{n+1} = \sqrt[4]{4} \cdot x_n$.

A2.011.03: Ein Kapital (Geldmenge) K_0 wird mit dem Zinssatz $i = p\%$ p.a. (jährlich) verzinst und ist nach einem Jahr auf den Betrag K_1 angewachsen. Fortgesetzte Verzinsung unter Zinses-Zins-Bedingungen liefert dann eine Folge $K : \mathbb{N} \longrightarrow \mathbb{R}$. Geben Sie K in rekursiver und in expliziter Darstellung an. Zeigen Sie, daß K eine geometrische Folge ist.

B2.011.03: Die Folge $K : \mathbb{N} \longrightarrow \mathbb{R}$ hat eine rekursive Darstellung durch den Rekursionsanfang $K(1) = K_0 + i \cdot K_0 = (1+i)K_0$ und den Rekursionsschritt $K(n+1) = K_n + i \cdot K_n = (1+i)K_n$ sowie eine explizite Darstellung durch $K(n) = (1+i)^n \cdot K_0$.
Die Folge K ist wegen des konstanten Quotienten $\frac{K(n+1)}{K(n)} = 1 + i$ eine geometrische Folge.

A2.011.04: Zwei Einzelaufgaben:
1. Geben Sie zu den beiden Folgen $x, y : \mathbb{N} \longrightarrow \mathbb{R}$ mit den expliziten Darstellungen $x(n) = x_n = 2n$ und $y(n) = y_n = \frac{1}{2^n}$ jeweils die ersten vier Folgenglieder und dann die zugehörigen rekursiven Darstellungen beider Folgen an.
2. Inwiefern sind die beiden Angaben $x(n+1) = 2 + x(n)$ und $y(n+2) = y(n+1) + y(n)$ zu zwei Folgen $x, y : \mathbb{N} \longrightarrow \mathbb{R}$ unvollständig? Ergänzen Sie beide Angaben um den jeweils fehlenden Teil (mit beliebigen, aber einfachen Zahlen).

B2.011.04: Zur Bearbeitung im einzelnen:
1. Tabellarische Darstellung:

$x(n) = x_n = 2n$ 2, 4, 6, 8, ... $x(1) = 2$ und $x(n+1) = x(n) + 2$
$y(n) = y_n = \frac{1}{2^n}$ $\frac{1}{2}, \frac{1}{4}, \frac{1}{8}, \frac{1}{16}, ...$ $x(1) = 2$ und $x(n+1) = \frac{1}{2} \cdot x(n)$

2. In beiden Definitionen ist jeweils nur der Rekursionsschritt genannt, es fehlt also jeweils ein Rekursionsanfang. Ein Rekursionsanfang für x ist etwa $x(1) = 0$, ein Rekursionsanfang für y ist etwa $y(1) = 1$ und $y(2) = 2$.

A2.011.05: Beweisen Sie für eine geometrische Folge $x = (x_0 a^n)_{n \in \mathbb{N}}$ folgende Aussagen:
a) x alternierend $\Leftrightarrow a < 0$,
b) x streng monoton $\Leftrightarrow$ ($x_0 > 0$ und $1 < a$) oder ($x_0 < 0$ und $0 < a < 1$),
c) x streng antiton $\Leftrightarrow$ ($x_0 > 0$ und $a > 1$) oder ($x_0 < 0$ und $0 < a < 1$).

B2.011.05: Zur Bearbeitung im einzelnen:
a) x alternierend $\Leftrightarrow sign(x_{n+1}) \neq sign(x_n) \Leftrightarrow a = \frac{x_{n+1}}{x_n} < 0$,
b) Es gelten folgende Äquivalenzen:
    x streng monoton
$\Leftrightarrow$ ($x_0 > 0$ und $x_0 a^n < x_0 a^{n+1}$) oder ($x_0 < 0$ und $x_0 a^n < x_0 a^{n+1}$)
$\Leftrightarrow$ ($x_0 > 0$ und $a^n < a^{n+1}$) oder ($x_0 < 0$ und $a^n < a^{n+1}$)
$\Leftrightarrow$ ($x_0 > 0$ und $\frac{a^n}{a^{n+1}} < 1$) oder ($x_0 < 0$ und $\frac{a^n}{a^{n+1}} > 1$)
$\Leftrightarrow$ ($x_0 > 0$ und $a^{-1} = a^{n-(n+1)} < 1$) oder ($x_0 < 0$ und $a^{-1} = a^{n-(n+1)} > 1$)
$\Leftrightarrow$ ($x_0 > 0$ und $\frac{1}{a} < 1$) oder ($x_0 < 0$ und $\frac{1}{a} > 1$)
$\Leftrightarrow$ ($x_0 > 0$ und $1 < a$) oder ($x_0 < 0$ und $0 < a < 1$),
c) beweist man analog wie die Behauptung von b).

A2.011.06: Einige Einzelaufgaben:
a) Geben Sie die nachstehend definierten Folgen $x : \mathbb{N} \longrightarrow \mathbb{Q}$ jeweils in einer rekursiven Darstellung an:
    1. $x(n) = \frac{1}{2} + \frac{1}{4}(n-1)$ 2. $x(n) = \frac{1}{4} \cdot (\frac{1}{2})^{n-1}$
b) Ermitteln Sie zu den beiden in a) genannten Folgen x eine Rekursionsfunktion $f : \mathbb{Q} \longrightarrow \mathbb{Q}$, für die jeweils $x(n+1) = (f \circ x)(n)$ und $x(n) = (f^{n-1} \circ x)(1)$ gilt (wobei das Zeichen f^k die k-fache Komposition von f mit sich selbst bezeichne).
c) Es sei $x : \mathbb{N} \longrightarrow M$ eine M-Folge und $f : M \longrightarrow M$ eine beliebige Funktion. Beweisen Sie mit Hilfe des Induktionsprinzips für Natürliche Zahlen (siehe Abschnitt 1.811) die Äquivalenz der beiden folgenden Aussagen (wobei f^n wieder die n-fache Komposition von f bezeichne):
1. Die Folge x hat eine Darstellung durch $x(n+1) = (f \circ x)(n)$.
2. Die Folge x hat eine Darstellung durch $x(n+1) = (f^n \circ x)(1)$.

B2.011.06: Zur Bearbeitung im einzelnen:

a_1) Die Folge x ist eine arithmetische Folge der Form $x_n = x_0 + (n-1)d = \frac{1}{2} + (n-1)\frac{1}{4}$ und hat eine rekursive Darstellung durch den Rekursionsanfang $x_1 = x_0 = \frac{1}{2}$ und den Rekursionsschritt $x_{n+1} = x_0 + nd = x_0 + (n-1)d + d = x_n + \frac{1}{4}$.

a_2) Die Folge x ist eine geometrische Folge der Form $x_n = x_0 a^{n-1} = \frac{1}{4} \cdot (\frac{1}{2})^{n-1}$ und hat eine rekursive Darstellung durch den Rekursionsanfang $x_1 = x_0 = \frac{1}{4}$ und den Rekursionsschritt $x_{n+1} = x_0 a^n = x_0 a^{n-1} a = x_n a = x_n \cdot \frac{1}{2}$.

b_1) Für arithmetische Folgen ist $f = id + d : \mathbb{R} \longrightarrow \mathbb{R}$ die Rekursionsfunktion, denn es gilt
$x(n+1) = x(n) + d = (id+d)(x(n)) = ((id+d) \circ x)(n) = (f \circ x)(n)$
sowie $x(n) = (id+d)^{n-1}(x(1)) = (id+(n-1)d)(x(1)) = x(1) + (n-1)d$.

b_2) Für geometrische Folgen ist $f = a \cdot id : \mathbb{R} \longrightarrow \mathbb{R}$ die Rekursionsfunktion, denn es gilt
$x(n+1) = a \cdot x(n) = (a \cdot id)(x(n)) = ((a \cdot id) \circ x)(n) = (f \circ x)(n)$
sowie $x(n) = (a \cdot id)^{n-1}(x(1)) = (a^{n-1} \cdot id)(x(1)) = a^{n-1} \cdot x(1) = x_0 \cdot a^{n-1}$.

c_1) Es gelte die Voraussetzung $x(n+1) = (f \circ x)(n)$, für alle $n \in \mathbb{N}$, also Aussage 1.
IA) Für $n = 1$ ist $x(1+1) = x(2) = (f \circ)(1) = (f^1 \circ x)(1)$.
IS) Die Behauptung gelte für n, dann gilt sie auch für $n+1$, denn es gilt $x(n+1+1) = (f \circ x)(n+1) = f(x(n+1)) = f((f^n \circ x)(1)) = (f \circ f^n \circ x)(1) = (f^{n+1} \circ x)(1)$.

c_2) Es gelte die Voraussetzung $x(n+1) = (f^n \circ x)(1)$, für alle $n \in \mathbb{N}$, also Aussage 2.
IA) Für $n = 1$ ist $x(1+1) = (f^1 \circ)(1) = (f \circ x)(1)$.
IS) Die Behauptung gelte für n, dann gilt sie auch für $n+1$, denn es gilt $x(n+1+1) = (f^{n+1} \circ x)(1) = (f \circ f^n \circ x)(1) = f((f^n \circ x)(1)) = f(x(n+1)) = (f \circ x)(n+1)$.

A2.011.07: Beweisen Sie die Aussagen in den Bemerkungen 2.011.5/4/5/6.

B2.011.07: Die dort genannten Aussagen werden durch folgende Berechnungen bewiesen:

a) Für arithmetische Folgen $x : \mathbb{N} \longrightarrow \mathbb{R}$, definiert in der Form $x(n) = x(1) + (n-1)d$, für alle $n \in \mathbb{N}$, gilt $x(n-1) + x(n+1) = x(1) + (n-2)d + x(1) + nd = 2x(1) + (2n-2)d = 2(x(1) + (n-1)d) = 2x(n)$.

b) Für arithmetische Folgen $x : \mathbb{N} \longrightarrow \mathbb{R}$, definiert in der Form $x(n) = x(1) + (n-1)d$, für alle $n \in \mathbb{N}$, gilt $(exp_a \circ x)(n) = a^{x_n} = a^{x_1 + (n-1)d} = a^{x_1} a^{(n-1)d} = a^{x_1}(a^d)^{n-1} = (exp_a \circ x)(1)(exp_a(d))^{n-1}$.

c) Für geometrische Folgen $x : \mathbb{N} \longrightarrow \mathbb{R}^+$, definiert in der Form $x(n) = x(1) \cdot c^{n-1}$, für alle $n \in \mathbb{N}$, gilt $(log_a \circ x)(n) = log_a(x_n) = log_a(x(1) \cdot c^{n-1}) = log_a(x(1)) + log_a(c^{n-1}) = log_a(x(1)) + (n-1)log_a(c) = (log_a \circ x)(1) + (n-1)log_a(c)$.

A2.011.08: Rechnen Sie nach: Das Produkt von je vier aufeinander folgenden Folgengliedern einer arithmetischen Folge läßt sich als Differenz zweier Quadrate (also in der Form $a^2 - b^2$) darstellen.

B2.011.08: Ist x ein beliebiges Folgenglied und d der konstante Summand einer arithmetischen Folge, dann gilt $x(x+d)(x+2d)(x+3d) = x(x+3d)(x+d)(x+3d) = (x^2 + 3dx)(x^2 + 3dx + 2d^2)$
$= (x^2 + 3dx + d^2 - d^2)(x^2 + 3dx + d^2 + d^2) = ((x^2 + 3dx + d^2) - d^2)((x^2 + 3dx + d^2) + d^2)$
$= (x^2 + 3dx + d^2)^2 - (d^2)^2$.

A2.011.09: Lassen sich auf den in Bemerkung 2.011.4 genannten Mengen $Ari(\mathbb{R})$ und $Geo(\mathbb{R})$ innere Kompositionen installieren, möglicherweise mit algebraischen Strukturen?

B2.011.09: Auf $Ari(\mathbb{R})$ und $Geo(\mathbb{R})$ lassen sich die folgenden algebraischen Strukturen installieren:

1. $Ari(\mathbb{R})$ bildet einen Unterraum des $\mathbb{R}$-Vektorraums $Abb(\mathbb{N}, \mathbb{R})$. Die wesentlichen Beweisteile:

1a) Die Summe $x + z : \mathbb{N} \longrightarrow \mathbb{R}$ arithmetischer Folgen $x, z : \mathbb{N} \longrightarrow \mathbb{R}$ mit $x(n) = x(1) + (n-1)d_x$ und $z(n) = z(1) + (n-1)d_z$, für alle $n \in \mathbb{N}$, ist wieder arithmetisch, denn sie hat die Darstellung $(x+z)(n) = x(n) + z(n) = x(1) + (n-1)d_x + z(1) + (n-1)d_z = (x+z)(1) + (n-1)(d_x + d_z)$.

1b) $\mathbb{R}$-Produkte $ax : \mathbb{N} \longrightarrow \mathbb{R}$ arithmetischer Folgen $x : \mathbb{N} \longrightarrow \mathbb{R}$ mit $x(n) = x(1) + (n-1)d$, für alle $n \in \mathbb{N}$, sind wieder arithmetisch, denn sie haben die Darstellung $(ax)(n) = ax(n) = a(x(1) + (n-1)d) = ax(1) + a(n-1)d = (ax)(1) + (n-1)(ad)$.

Es ist ganz natürlich, daß die additive Struktur der arithmetischen Folgen zu der komponentenweise definierten Addition als innerer Komposition auf $Ari(\mathbb{R})$ führt. Demselben Prinzip folgend wird die multiplikative Struktur der geometrischen Folgen dann der komponentenweise definierten Multiplikation auf $Geo(\mathbb{R})$ zugrunde liegen.

2a) Das Produkt $xz : \mathbb{N} \longrightarrow \mathbb{R}$ geometrischer Folgen $x, z : \mathbb{N} \longrightarrow \mathbb{R}$ mit $x(n) = x(1) \cdot a_x^{n-1}$ und $z(n) = z(1) \cdot a_z^{n-1}$, für alle $n \in \mathbb{N}$, ist wieder geometrisch, denn sie hat die Darstellung $(xz)(n) = x(1) \cdot a_x^{n-1} \cdot z(1) \cdot a_z^{n-1} = x(1) \cdot z(1) \cdot a_x^{n-1} \cdot a_z^{n-1} = (xz)(1) \cdot (a_x a_z)^{n-1}$.
Zusammen mit der Multiplikation als innerer Komosition bildet $Geo(\mathbb{R}_*)$ eine abelsche Gruppe mit der Eins-Folge $1 : \mathbb{N} \longrightarrow \mathbb{R}_*$ als neutralem Element und dem zu jeder Folge $x : \mathbb{N} \longrightarrow \mathbb{R}_0$ inversen Element $x^{-1} = \frac{1}{x} : \mathbb{N} \longrightarrow \mathbb{R}_*$.

2b) $\mathbb{R}$-Produkte $ax : \mathbb{N} \longrightarrow \mathbb{R}$ geometrischer Folgen $x : \mathbb{N} \longrightarrow \mathbb{R}$ mit $x(n) = x(1) + (n-1)d$, für alle $n \in \mathbb{N}$, werden nun als Potenzen $x^c : \mathbb{N} \longrightarrow \mathbb{R}$ (wieder „eine Rechenstufe höher") definiert, also durch $x^c(n) = x(n)^c$. Da diese Potenzen wegen des Auftretens von Wurzeln (etwa $c = \frac{1}{2}$ mit $x(n)^{\frac{1}{2}} = \sqrt{x(n)}$) aber nur für Folgenglieder $x(n) \geq 0$, nach 2a) also nur für $x(n) > 0$ definiert sind, werden nur Folgen aus $Abb(\mathbb{N}, \mathbb{R}^+)$ betrachtet.

2c) Zusammen mit der Multiplikation als innerer Komosition in 2a) und der Potenzbildung als äußerer Komposition in 2b) bildet $Geo(\mathbb{R}^+)$ einen $\mathbb{R}$-Vektorraum (der aus mehreren Gründen natürlich nichts mit $Abb(\mathbb{N}, \mathbb{R})$ zu tun hat).

Hinweis: In Abschnitt 4.552 werden die internen Strukturen beider Vektorräume sowie ihr Verhalten zueinander noch näher beleuchtet.

A2.011.10: Im Zusammenhang mit Bemerkung 2.011.4/2:
Beweisen Sie: Haben zwei Graden $f, g \in \mathbb{R} + \mathbb{R} \cdot id$, die beide nicht die Null-Funktion seien, dieselbe Nullstelle s, so gibt es eine Zahl u mit $f = u \cdot g$. Welche Zahl ist das?

B2.011.10: Zur Bearbeitung der Aufgabe im einzelnen:

a) Für $f = b \cdot id$ und $g = d \cdot id$ mit der Schnittstelle $s = 0$ gilt $f = \frac{b}{d} \cdot d \cdot id = \frac{b}{d} \cdot g$ (bzw. $g = \frac{d}{b} \cdot f$).

b) Haben $f = a + b \cdot id$ und $g = c + d \cdot id$ dieselbe Nullstelle s, so gilt $s = \frac{a}{b}$ und $s = \frac{c}{d}$, also $\frac{a}{b} = \frac{c}{d}$. Damit liefert $b = \frac{ad}{c}$ die Beziehung $f = a + b \cdot id = \frac{a}{c}c + \frac{ad}{c} \cdot id = \frac{a}{c}(c + d \cdot id) = \frac{a}{c} \cdot g$ (bzw. $g = \frac{c}{a} \cdot f$).

2.012 Logistisches Wachstum (Teil 1)

A2.012.01: Im folgenden werden zu den Verhulst-Funktionen f_a jeweils Paare (x_0, a) von Startzahlen x_0 und Wachstumsfaktoren a betrachtet. Zu untersuchen sind die zugehörigen Orbits $x = orb(f_a, x_0)$:
1. Zeigen Sie: Die Paare $(\frac{1}{2}, 2)$ und $(\frac{1}{3}, 3)$ liefern jeweils konstante Folgen $x : \mathbb{N}_0 \longrightarrow [0, 1]$.
2. Verallgemeinern und kommentieren Sie den in Teil 1 genannten Sachverhalt.
3. Zeigen Sie: Die Paare $(\frac{1}{4}, \frac{1}{2})$ und $(\frac{3}{4}, \frac{1}{2})$ liefern dieselbe Folge $x : \mathbb{N} \longrightarrow [0, 1]$.
4. Liefern die Paare $(\frac{1}{4}, a)$ und $(\frac{3}{4}, a)$ für beliebiges $a \in (0, 4]$ dieselbe Folge $x : \mathbb{N} \longrightarrow [0, 1]$?
5. Liefern die Paare $(\frac{1}{5}, \frac{1}{2})$ und $(\frac{4}{5}, \frac{1}{2})$ dieselbe Folge $x : \mathbb{N} \longrightarrow [0, 1]$?
6. Verallgemeinern und kommentieren Sie die in den Teilen 3 bis 5 genannten/erfragten Sachverhalte.
7. Gibt es ein Paar (x_0, a), das die Null-Folge erzeugt?

B2.012.01: Zur Bearbeitung der Aufgabe im einzelnen:
1. Die Paare $(\frac{1}{2}, 2)$ und $(\frac{1}{3}, 3)$ liefern jeweils konstante Folgen $x : \mathbb{N}_0 \longrightarrow [0, 1]$, wie die Berechnung des jeweils zweiten Folgengliedes zeigt: Im ersten Fall gilt $x_0 = \frac{1}{2}$ sowie $x_1 = 2 \cdot \frac{1}{2} \cdot (1 - \frac{1}{2}) = 2 \cdot \frac{1}{2} \cdot \frac{1}{2} = \frac{1}{2}$. Im zweiten Fall gilt $x_0 = \frac{1}{3}$ sowie $x_1 = 3 \cdot \frac{1}{3} \cdot (1 - \frac{1}{3}) = 3 \cdot \frac{1}{3} \cdot \frac{2}{3} = \frac{2}{3}$. Damit sind jeweils auch alle weiteren Folgenglieder identisch mit x_0, die jeweiligen Folgen also konstant.
2. Das Paar $(\frac{1}{a}, a)$ liefert eine konstante Folge $x : \mathbb{N} \longrightarrow [0, 1]$, wie die Berechnung des zweiten und dritten Folgengliedes zeigt: Mit $x_0 = \frac{1}{a}$ ist $x_1 = a \cdot \frac{1}{a} \cdot (1 - \frac{1}{a}) = a \cdot \frac{1}{a} \cdot \frac{a-1}{a} = \frac{a-1}{a}$ sowie $x_2 = a \cdot \frac{a-1}{a} \cdot (1 - (\frac{a-1}{a})) = a \cdot \frac{a-1}{a} \cdot \frac{a-(a-1)}{a} = a \cdot \frac{a-1}{a} \cdot \frac{1}{a} = \frac{a-1}{a}$.
Kommentar: Die obigen Berechnungen gelten für alle Zahlen $a \in \mathbb{R}^+$, sind also nicht an den Bereich $(0, 4)$ gebunden. Im übrigen liefert auch das Paar $(a, \frac{1}{a})$ eine konstante Folge $x : \mathbb{N} \longrightarrow \mathbb{R}$ mit $x_n = 1 - a$, für alle $n \in \mathbb{N}$.
3. Die Paare $(\frac{1}{4}, \frac{1}{2})$ und $(\frac{3}{4}, \frac{1}{2})$ liefern dieselbe Folge $x : \mathbb{N} \longrightarrow [0, 1]$, denn neben den beiden verschiedenen ersten Folgengliedern x_0 sind alle weiteren Folgenglieder gleich: Im ersten Fall ist $x_1 = \frac{1}{2} \cdot \frac{1}{4} \cdot (1 - \frac{1}{4}) = \frac{1}{2} \cdot \frac{1}{4} \cdot \frac{3}{4}$, im zweiten Fall ist $x_1 = \frac{1}{2} \cdot \frac{3}{4} \cdot (1 - \frac{3}{4}) = \frac{1}{2} \cdot \frac{3}{4} \cdot \frac{1}{4}$. Die dabei auftretende Vertauschung des zweiten und dritten Faktors setzt sich bei den weiteren Folgengliedern in derselben Weise fort, so daß beide Folgen $x : \mathbb{N} \longrightarrow [0, 1]$ identisch sind.
4. Die beiden Paare $(\frac{1}{4}, a)$ und $(\frac{3}{4}, a)$ für beliebiges $a \in (0, 4]$ liefern ebenfalls dieselbe Folge $x : \mathbb{N} \longrightarrow [0, 1]$, wie die folgende Berechnung nach dem Muster in Teil 3 zeigt: Im ersten Fall ist $x_1 = a \cdot \frac{1}{4} \cdot (1 - \frac{1}{4}) = a \cdot \frac{1}{4} \cdot \frac{3}{4}$, im zweiten Fall ist $x_1 = a \cdot \frac{3}{4} \cdot (1 - \frac{3}{4}) = a \cdot \frac{3}{4} \cdot \frac{1}{4}$. Die dabei auftretende Vertauschung des zweiten und dritten Faktors setzt sich bei den weiteren Folgengliedern in derselben Weise fort, so daß beide Folgen $x : \mathbb{N} \longrightarrow [0, 1]$ identisch sind.
5. Die beiden Paare $(\frac{1}{5}, \frac{1}{2})$ und $(\frac{4}{5}, \frac{1}{2})$ liefern wiederum dieselbe Folge $x : \mathbb{N} \longrightarrow [0, 1]$, denn neben den beiden verschiedenen ersten Folgengliedern x_0 sind alle weiteren Folgenglieder gleich: Im ersten Fall ist $x_1 = \frac{1}{2} \cdot \frac{1}{5} \cdot (1 - \frac{1}{5}) = \frac{1}{2} \cdot \frac{1}{5} \cdot \frac{4}{5}$, im zweiten Fall ist $x_1 = \frac{1}{2} \cdot \frac{4}{5} \cdot (1 - \frac{4}{5}) = \frac{1}{2} \cdot \frac{4}{5} \cdot \frac{1}{5}$. Die dabei auftretende Vertauschung des zweiten und dritten Faktors setzt sich bei den weiteren Folgengliedern in derselben Weise fort, so daß beide Folgen $x : \mathbb{N} \longrightarrow [0, 1]$ identisch sind.
6. Die in den Teilen 3 bis 5 genannten/erfragten Sachverhalte lassen sich folgendermaßen allgemein formulieren: Die beiden Paare (x_0, a) und $(1 - x_0, a)$ liefern dieselbe Folge $x : \mathbb{N} \longrightarrow [0, 1]$, wie die folgende Berechnung nach den obigen Mustern zeigt: Im ersten Fall ist $x_1 = a \cdot x_0 \cdot (1 - x_0)$, im zweiten Fall ist $x_1 = a \cdot (1 - x_0) \cdot (1 - (1 - x_0)) = a \cdot (1 - x_0) \cdot x_0$. Die dabei auftretende Vertauschung des zweiten und dritten Faktors setzt sich bei den weiteren Folgengliedern in derselben Weise fort, so daß beide Folgen $x : \mathbb{N} \longrightarrow [0, 1]$ identisch sind.
Kommentar: Je zwei Paare, bei denen die beiden Startelemente symmetrisch zu $\frac{1}{2}$ gewählt sind, liefern jeweils dieselbe Folge. Das zeigt auch die Symmetrie der Funktion f_a zu der Ordinatenparallele durch $\frac{1}{2}$ (es ist also gleichgültig, ob man in der letzten Skizze in Bemerkung 2.010.7 diesbezüglich von links nach rechts oder von rechts nach links zeichnet).

7. Ein (vermutlich das einzige) Paar (x_0, a), das die Null-Folge erzeugt, ist $(\frac{1}{2}, 4)$, wie die folgenden Berechnungen zeigen: Mit $x_0 = \frac{1}{2}$ ist $x_1 = 4 \cdot \frac{1}{2} \cdot (1 - \frac{1}{2}) = 1$ sowie $x_2 = 4 \cdot 1 \cdot (1-1) = 0$ und $x_3 = 4 \cdot 0 \cdot (1 - 0) = 0$, womit auch alle weiteren Folgenglieder 0 sind.

A2.012.02: Welche Orbit-Folgen $x = orb(f_a, x_0) : \mathbb{N}_0 \longrightarrow [0, 1]$ liefern – in Erweiterung des Intervalls $(0, 1)$ in Bemerkung 2.012.2/5 – die Startzahlen $x_0 = 0$ und $x_0 = 1$?

B2.012.02: Für die beiden Startzahlen $x_0 = 0$ und $x_0 = 1$ gilt:

1. Für die Startzahl $x_0 = 0$ ist $x : \mathbb{N}_0 \longrightarrow [0, 1]$ die Nullfolge.
2. Für die Startzahl $x_0 = 1$ ist $x : \mathbb{N} \longrightarrow [0, 1]$ (also ab x_1) die Nullfolge.

A2.012.03: In Erweiterung der in Bemerkung 2.012/1 definierten Verhulst-Funktionen seien nun Basis-Funktionen $f_a : \mathbb{R} \longrightarrow \mathbb{R}$ mit gleicher Zuordnungsvorschrift $f_a(x) = ax(1-x)$ betrachtet. Ermitteln Sie anhand jeweils etwa der ersten sechs Folgenglieder einen Überblick über die von den folgenden Paaren (x_0, a) erzeugten Orbit-Folgen $x = orb(f_a, x_0) : \mathbb{N}_0 \longrightarrow \mathbb{R}$:

$$(\tfrac{1}{4}, 5), \quad (\tfrac{1}{2}, 5), \quad (-1, -1), \quad (-1, 5), \quad (5, -1), \quad (5, 5).$$

B2.012.03: Berechnung von Folgengliedern zu Paaren (x_0, a):

Paar	x_0	x_1	x_2	x_3	x_4	x_5	x_6
$(\frac{1}{4}, 5)$	$\frac{1}{4}$	0,9375	0,2930	1,0357	$-0,1848$	$-1,0949$	$-11,4685$
$(\frac{1}{2}, 5)$	$\frac{1}{2}$	1,2500	$-1,5625$	$-20,0195$	$-2104,0058$	$-22144612,2134$	$*$
$(-1, -1)$	-1	2	-3	12	132	17292	$*$
$(-1, 5)$	-1	-10	-550	-1515250	$*$	$*$	$*$
$(5, -1)$	5	20	380	144020	$*$	$*$	$*$
$(5, 5)$	5	-100	-50500	$*$	$*$	$*$	$*$

A2.012.04: Bestätigen Sie die Angabe zur expliziten Darstellung der Wachstums-Folge in Beispiel 2.012.2/1a und ermitteln Sie eine analoge Darstellung zu Beispiel 2.012.2/2a.

B2.012.04: Zunächst werden zu beiden Funktionen f einige Folgenglieder der expliziten Darstellung der Folge $x = orb(f, x_0)$ berechnet, an deren Bau sich dann das Aussehen von $x(n) = x_n$ ablesen läßt:

Beispiel 2.012.2/1a für $f(x) = ax$ Beispiel 2.012.2/2a für $f(x) = ax^2$

$x(1) = x_1 = f(x_0) = ax_0$ $x(1) = x_1 = f(x_0) = ax_0^2$

$x(2) = x_2 = f(x_1) = a^2 x_0$ $x(2) = x_2 = f(x_1) = f(ax_0^2)^2 = a^3 x_0^4$

$x(3) = x_3 = f(x_2) = a^3 x_0$ $x(3) = x_3 = f(x_2) = f(a^3 x_0^4)^2 = a^7 x_0^8$

$x(4) = x_4 = f(x_3) = a^4 x_0$ $x(4) = x_4 = f(x_3) = f(a^7 x_0^8)^2 = a^{15} x_0^{16}$

1. Die Wachstums-Folge x in Beispiel 2.012.2/1a hat die explizite Darstellung $x(n) = x_0 a^n = x_0 \cdot exp_a(n)$.
2. Die Wachstums-Folge x in Beispiel 2.012.2/2a hat die explizite Darstellung

$$x(n) = a^{(2^n - 1)} x_0^{(2^n)} = \tfrac{1}{a} \cdot a^{(2^n)} x_0^{(2^n)} = \tfrac{1}{a} \cdot (ax_0)^{(2^n)} = \tfrac{1}{a} \cdot ((ax_0)^2)^n = \tfrac{1}{a} \cdot exp_{(ax_0)^2}(n).$$

A2.012.05: Betrachten Sie noch einmal die Skizze in Bemerkung 2.012.1.

1. Wie kann man die rekursive Darstellung einer Wachstums-Folge $x : \mathbb{N}_0 \longrightarrow \mathbb{R}$ aus der Kenntnis einer vorgegebenen Folge $c : \mathbb{N}_0 \longrightarrow \mathbb{R}$ zugehöriger Wachstumsänderungen gewissermaßen zurückgewinnen?
2. Führen Sie das in Teil 1 zu nennende Verfahren jeweils für die drei Folgen $c : \mathbb{N}_0 \longrightarrow \mathbb{R}$ mit $c_n = a - 1$ sowie $c_n = ax_n - 1$ und $c_n = -ax_n + (a - 1)$, jeweils für alle $n \in \mathbb{N}_0$, aus.

B2.012.05: Zu Teil 1 liefert $c_n = \frac{x_{n+1} - x_n}{x_n}$ die Beziehung $x_{n+1} = x_n(c_n + 1)$. Zu Teil 2:
a) Für $c_n = a - 1$ gilt dann $x_{n+1} = x_n(c_n + 1) = x_n(a - 1 + 1) = ax_n = f(x_n)$,
b) für $c_n = ax_n - 1$ gilt dann $x_{n+1} = x_n(c_n + 1) = x_n(ax_n - 1 + 1) = ax_n^2 = f(x_n)$,
c) für $c_n = -ax_n + (a - 1)$ gilt dann $x_{n+1} = x_n(c_n + 1) = x_n(-ax_n + a - 1 + 1) = ax_n - ax_n^2 = ax_n(1 - x_n) = f(x_n)$.

2.014 REKURSIV DEFINIERTE FUNKTIONEN $\mathbb{N} \times \mathbb{N} \longrightarrow M$

A2.014.01: Betrachten Sie die in Beispiel 2.014.1/2 genannte Matrix $A : \mathbb{N} \times \mathbb{N} \longrightarrow \mathbb{N}$, definiert durch:

$A(0, n) = 1,$ für alle $n \in \mathbb{N}$
$A(m, 0) = A(m - 1, 1),$ für alle $m \in \mathbb{N} \setminus \{0\}$
$A(m, n) = pot(m, A(m, n - 1)),$ für alle $m, n \in \mathbb{N} \setminus \{0\}$

und geben Sie – soweit möglich – einige Komponenten in der rechteckigen Form der Matrix (siehe Bemerkung 2.008.1) an. Ermitteln Sie dann eine rekursive Darstellung der Zeilen Z_i mit $i \in \mathbb{N}$ und $i > 1$ der Matrix A.

B2.014.01: Einige Komponenten von A zeigt die folgende Tabelle:

	S_0	S_1	S_2	S_3	S_4	S_5	.....
Z_0	1	1	1	1	1	1	.....
Z_1	1	1	1	1	1	1	.....
Z_2	1	$2^1 = 2$	$2^{2^1} = 4$	$2^{2^2} = 16$	$2^{2^{2^2}} = 65536$	.....	.....
Z_3	$2^1 = 2$	$3^2 = 9$	$3^{3^2} = 19683$	$3^{3^{3^2}} = ...$	.....	.....	.....
Z_4	$3^2 = 9$	$4^{3^2} = 262144$	$4^{4^{3^2}} = ...$	.....	.....	.....	.....
Z_5	$4^{3^2} = 262144$	$5^{4^{3^2}} = ...$	$5^{5^{4^{3^2}}} = ...$	.....	.....	.....	.....
...	.....	.....	.....	.....	.....	.....	.....

Definiert man für natürliche Zahlen i eine *Potenzfakultät* $i!!$ durch $1!! = 1$ und $n!! = n^{(n-1)!!}$, für $n > 1$, dann läßt sich die Zeile $Z_i : \mathbb{N} \longrightarrow \mathbb{N}$, für alle $i > 1$, rekursiv definieren durch:

$Z_i(0) = (i - 1)!!,$
$Z_i(1) = i!!,$
$Z_i(n) = i^{Z_i(n-1)} = pot(i, Z_i(n - 1)),$ für alle $n > 1$

A2.014.02: Berechnen Sie die Zahlen $hyp(1, 1)$, $hyp(2, 1)$ und $hyp(x, 1)$, für alle $x \in \mathbb{N}$.

B2.014.02: Die Berechnung der Funktionswerte liefert im einzelnen:
$hyp(1, 1) = pot(1, hyp(1, 0)) = 1^{hyp(1,0)} = 1^1 = 1,$
$hyp(2, 1) = pot(2, hyp(2, 0)) = 2^{hyp(2,0)} = 2^1 = 2,$
$hyp(x, 1) = pot(x, hyp(x, 0)) = x^{hyp(x,0)} = x^1 = x,$ für alle $x \in \mathbb{N}$.

A2.014.03: Berechnen Sie die Zahlen $hyp(2, 0)$, $hyp(2,1)$, $hyp(2, 2)$, $hyp(2, 3)$, $hyp(2, 4)$ und geben Sie zusätzlich $hyp(2, x)$, für alle $x \in \mathbb{N}$, an.

B2.014.03: Die Berechnung der Funktionswerte liefert im einzelnen:
$hyp(2, 0) = 1,$
$hyp(2, 1) = pot(2, hyp(2, 0)) = 2^{hyp(2,0)} = 2^1 = 2,$
$hyp(2, 2) = pot(2, hyp(2, 1)) = 2^{hyp(2,1)} = 2^2 = 4,$

$hyp(2,3) = pot(2, hyp(2,2)) = 2^{hyp(2,2)} = 2^{2^2} = 2^4 = 16,$
$hyp(2,4) = pot(2, hyp(2,3)) = 2^{hyp(2,3)} = 2^{2^{2^2}} = 2^{16} = 65536,$
$hyp(2,x) = pot(2, hyp(2,x-1)) = 2^{hyp(2,x-1)}$, für alle $x \in \mathbb{N}$.

A2.014.04: Zeigen Sie unter Verwendung der Funktion $null : \mathbb{N} \longrightarrow \mathbb{N}$ mit $null(x) = 0$, daß die Funktion $null_2 : \mathbb{N}^2 \longrightarrow \mathbb{N}$ mit $null_2(x) = 0$ primitiv rekursiv erzeugbar ist.

B2.014.04: Die Funktion $null_2$ hat die Darstellung $null_2 = prek(null, pr_3)$, denn es gilt:

  Rekursionsanfang   RA) $null_2(x, 0) = null(x) = 0$ und
  Rekursionsschritt   RS) $null_2(x, F(z)) = pr_3(x, z, null_2(x,z)) = null_2(x, z)$.

2.030 KONGRUENZ-GENERATOREN

A2.030.01: Berechnen Sie – mit kurzen Kommentaren – die ersten fünf Folgenglieder des Kongruenz-Generators $X = (s, F, m) = (13, F, 5)$ mit der durch $F(z) = 3z$ definierten Folge $F : \mathbb{N} \longrightarrow \mathbb{Z}$. Kommentieren Sie dann das Aussehen von X_5 hinsichtlich der gesamten Folge X.

B2.030.01: Die Berechnung der Folgenglieder $X_1, ..., X_5$ im einzelnen:
1. Das erste Folgenglied ist $X_1 = mod(F(13), 5) = 4$,
   denn es ist $F(13) = 3 \cdot 13 = 39 = 7 \cdot 5 + mod(39, 5) = 7 \cdot 5 + 4$, also ist $X_1 = mod(39, 5) = 4$.
2. Das zweite Folgenglied ist $X_2 = mod(F(4), 5) = 2$,
   denn es ist $F(4) = 3 \cdot 4 = 12 = 2 \cdot 5 + mod(12, 5) = 2 \cdot 5 + 2$, also ist $X_2 = mod(12, 5) = 2$.
3. Das dritte Folgenglied ist $X_3 = mod(F(2), 5) = 1$,
   denn es ist $F(2) = 3 \cdot 2 = 6 = 1 \cdot 5 + mod(6, 5) = 1 \cdot 5 + 1$, also ist $X_3 = mod(6, 5) = 1$.
4. Das vierte Folgenglied ist $X_4 = mod(F(1), 5) = 1$,
   denn es ist $F(1) = 3 \cdot 1 = 3 = 0 \cdot 5 + mod(3, 5) = 0 \cdot 5 + 3$, also ist $X_4 = mod(3, 5) = 3$.
5. Das fünfte Folgenglied ist $X_5 = mod(F(3), 5) = 4$,
   denn es ist $F(3) = 3 \cdot 3 = 9 = 1 \cdot 5 + mod(9, 5) = 1 \cdot 5 + 4$, also ist $X_5 = mod(9, 5) = 4$.

Kommentar: Es gilt $X_5 = 4 = X_1$, das bedeutet dann offenbar $X_6 = X_2$ und allgemein $X_{k+4} = X_k$, für alle $k \in \mathbb{N}$, womit das Aussehen aller Folgenglieder geklärt ist: Die Folge besteht aus aneinander gereihten Vierer-Blöcken der Form 4213.

A2.030.02: Berechnen und nennen Sie tabellarisch jeweils die ersten zehn Folgenglieder der Kongruenz-Generatoren $X_a = (13, F, 6)$, $X_b = (13, F, 7)$, $X_c = (13, F, 8)$, $X_d = (13, F, 9)$, $X_e = (13, F, 10)$, $X_f = (13, F, 11)$ mit der durch $F(z) = 3z$ definierten Folge $F : \mathbb{N} \longrightarrow \mathbb{Z}$.

B2.030.02: Die Ergebnisse der Berechnung der Folgenglieder $X_1, ..., X_{10}$ im einzelnen:

	X_1	X_2	X_3	X_4	X_5	X_6	X_7	X_8	X_9	X_{10}
X_a	3	3	3	3	3	3	3	3	3	3
X_b	4	5	1	3	2	6	4	5	1	3
X_c	7	5	7	5	7	5	7	5	7	5
X_d	3	0	0	0	0	0	0	0	0	0
X_e	9	7	1	3	9	7	1	3	9	7
X_f	6	7	10	8	2	6	7	10	8	2

A2.030.03: Führen Sie den Beweis von Lemma 2.030.4/2 für den Fall $b = 0$.

B2.030.03: Die Behauptung folgt wieder mit Hilfe der Formel $mod(x + zm, m) = mod(x, m)$ von Lemma 1.837.3/2 durch sukzessives Ausrechnen unter Verwendung der durch die Vorschriften $F(z) = ax$ und $G(x) = ax + zm$ definierten Funktionen $F, G : \mathbb{Z} \longrightarrow \mathbb{Z}$, nämlich:
$Y_1 = mod(G(s), m) = mod(as + zm, m) = mod(as, m) = mod(F(s), m) = X_1$,
$Y_2 = mod(G(X_1), m) = mod(aX_1 + zm, m) = mod(aX_1, m) = mod(F(X_1), m) = X_2$,
entsprechend gilt dann $Y_n = X_n$ unter Verwendung von X_{n-1}.

A2.030.04: Führen Sie zu Lemma 2.030.4/2 einen Beweis nach dem Induktionsprinzip für natürliche Zahlen (siehe Abschnitte 1.802 und 1.811).

B2.030.04: Zu zeigen ist $X = Y$ für die Generatoren $X = X(s, a, b, m)$ mit $F : \mathbb{N} \longrightarrow \mathbb{N}$ mit $F(z) = az + b$ und $Y = X(s, a, b + zm, m)$ mit $F' : \mathbb{N} \longrightarrow \mathbb{N}$ mit $F'(z) = az + (b + zm)$ mit $b.z \in \mathbb{N}_0$. Induktionsanfang: Für die beiden ersten Folgenglieder $X_1 = mod(F(s), m) = mod(as + b, m)$ und $Y_1 = mod(F'(s), m) = mod(as + (b + zm), m) = mod((as + b) + zm, m)$ gilt $X_1 = Y_1$, wie aus der allgemeinen Formel $mod(u, v) = mod(u \pm zv, v)$ in Lemma 1.837.3/2 folgt.

Induktionsschritt: Mit der Voraussetzung $X_n = Y_n$ (und wieder unter Verwendung von Lemma 1.837.3/2) gilt $X_{n+1} = mod(F(X_n), m) = mod(aX_n + b, m) = mod(aX_n + b, m) = mod((aY_n + b) + zm, m) = mod(aY_n + (b + zm), m) = mod(F'(Y_n), m) = Y_{n+1}$.

A2.030.05: Weisen Sie nach, daß für die in Bemerkung 2.030.7 genannten Funktionen E tatsächlich $Bild(E)$ in dem jeweils angegebenen Wertebereich $W(E)$ enthalten ist.

B2.030.05: Zur Bearbeitung im einzelnen:
1. Für die Funktion $E : [1, m-1] \longrightarrow (0, 1)$, $E(z) = \frac{z}{m}$, gilt:
   $1 \leq z \leq m-1 \Rightarrow 0 < \frac{z}{m} < 1$.
2. Für die Funktion $E : [1, m-1] \longrightarrow (c, d)$, $E(z) = (d-c)\frac{z}{m} + c$, gilt:
   $0 < d - c$ und $1 \leq z \leq m - 1 \Rightarrow 0 < d - c$ und $0 < \frac{z}{m} < 1$
   $\Rightarrow 0 < (d-c)\frac{z}{m} < d - c \Rightarrow 0 + c < (d-c)\frac{z}{m} + c < d$
   $\Rightarrow c < E(z) < d$.
3. Für die Funktion $E : [0, m-1] \longrightarrow [0, 1]$, $E(z) = \frac{z}{m-1}$, gilt:
   $0 \leq z \leq m - 1 \Rightarrow 0 \leq \frac{z}{m-1} \leq 1$.
4. Für die Funktion $E : [1, m-1] \longrightarrow [u, v]$, $E(z) = u + mod(z, v - u + 1)$, gilt:
   $0 \leq mod(z, v - u + 1) < v - u + 1 \Rightarrow u + 0 \leq u + mod(z, v - u + 1) < u + (v - u + 1)$
   $\Rightarrow u \leq u + mod(z, v - u + 1) < v + 1 \Rightarrow u \leq E(z) < v + 1$
   $\Rightarrow u \leq E(z) \leq v$.
5. Für $E : [0, m-1] \longrightarrow [u, v]$, $E(z) = [(v - u + 1)\frac{z}{m} + u]$, mit $[a] = max\{z \in \mathbb{Z} \mid z \leq a\}$ gilt:
   $u < v$ und $0 \leq z \leq m - 1 \Rightarrow u < v$ und $0 \leq z < m$
   $\Rightarrow 0 < v - u + 1$ und $0 \leq \frac{z}{m} < 1 \Rightarrow 0 \leq (v - u + 1)\frac{z}{m} < v - u + 1$
   $\Rightarrow 0 + u \leq (v - u + 1)\frac{z}{m} + u < v + 1 \Rightarrow u \leq (v - u + 1)\frac{z}{m} + u \leq v$
   $\Rightarrow u \leq E(z) \leq v$.

A2.030.06: Betrachten Sie die rekursiv definierte Folge $x : \mathbb{N} \longrightarrow \mathbb{R}$ mit dem beliebig wählbaren Rekursionsanfang $x_1, x_2 > 0$ und dem Rekursionsschritt $x_{n+2} = \frac{1+x_{n+1}}{x_n}$. Geben Sie zunächst tabellarisch die ersten zwölf Folgenglieder mit $x_1 = 1$ und $x_2 = 2$ an. Zeigen Sie dann allgemein, daß $x_{n+5} = x_n$, für alle $n \in \mathbb{N}$, gilt, daß die Folge x also eine 5-periodische Funktion ist (siehe auch die 2π-Periodizität der Funktionen sin und cos in Bemerkung 1.240.2/2).
Beschreiben Sie die Struktur der Folge x mit den Begriffen in Definition 2.031.1.

B2.030.06: Zur Bearbeitung der Aufgabe im einzelnen:
Zunächst eine Tabelle der ersten zwölf Folgenglieder mit dem Rekursionsanfang $x_1 = 1$ und $x_2 = 2$:

x_1	x_2	x_3	x_4	x_5	x_6	x_7	x_8	x_9	x_{10}	x_{11}	x_{12}
1	2	3	2	1	1	2	3	2	1	1	2

Zum Nachweis der allgemeinen 5-Periodizität wird das Verfahren der Vollständigen Induktion verwendet. Zunächst sind als Induktionsanfang die beiden Beziehungen $x_6 = x_1$ und $x_7 = x_2$ nachzurechnen, worauf hier aber verzichtet sei. Zum Nachweis des Induktionsschritts von n nach $n + 1$ wird im folgenden die Beziehung $x_{(n+1)+5} = x_{n+6} = x_{n+1}$ gezeigt. Es gilt

$x_{n+6} = \frac{1+x_{n+5}}{x_{n+4}} = \frac{1+x_n}{x_{n+4}} = (1 + x_n) \cdot \frac{x_{n+2}}{1+x_{n+3}} = (1 + x_n) \cdot \frac{1+\frac{x_{n+1}}{x_n}}{1+\frac{1+x_{n+2}}{x_{n+1}}} = (1 + x_n) \cdot \frac{\frac{x_n+x_{n+1}}{x_n}}{\frac{x_{n+1}+1+x_{n+2}}{x_{n+1}}}$

$= (1 + x_n) \cdot \frac{x_n+x_{n+1}}{x_n} \cdot \frac{x_{n+1}}{x_{n+1}+1+\frac{1+x_{n+1}}{x_n}} = (1 + x_n) \cdot (1 + \frac{x_{n+1}}{x_n}) \cdot x_{n+1} \cdot \frac{x_n}{x_{n+1} \cdot x_n + x_n + 1 + x_{n+1}}$

$= (1 + x_n) \cdot (1 + \frac{x_{n+1}}{x_n}) \cdot x_{n+1} \cdot \frac{x_n}{(1+x_n)(1+x_{n+1})} = (1 + \frac{x_{n+1}}{x_n}) \cdot x_{n+1} \cdot \frac{x_n}{1+x_{n+1}} = \frac{x_{n+1}+x_{n+1}^2}{x_n} \cdot \frac{x_n}{1+x_{n+1}}$

$= \frac{(1+x_{n+1})x_{n+1}}{1+x_{n+1}} = x_{n+1}$.

Die Darstellung der 5-Periodizität von x in der Bezeichnung $x_{n \cdot 5 + j} = x_j$ mit $1 \leq j \leq 5$ und $n \in \mathbb{N}$ zeigt, daß x die Blocklänge $bl(x) = 5$ (und die Vorblocklänge $vbl(x) = 0$) besitzt.

2.033 BLOCKLÄNGEN MULTIPLIKATIVER KONGRUENZ-GENERATOREN

A2.033.01: Welche Blocklängen entstehen, wenn bezüglich Satz 2.033.1 die Zahlen $mod(a,8) = 0, 1, 2, 4, 6, 7, ...$ gewählt werden? Untersuchen Sie das Beispiel $mod(a,8) = 4$ für $X = X(5, 100, 64)$.

B2.033.01: Für $mod(a,8) = 4$ ist $X = X(5, 100, 64)$ eine Folge mit $X_k = 0$, für alle $k \geq 3$.

A2.033.02: Geben Sie als Beispiele zu Bemerkung 2.033.2/1 jeweils $Bild(X)$ an für $t = 3, 4, ..., 7$, getrennt nach den Fällen $mod(s,4) = 1$ und $mod(s,4) = 3$.

B2.033.02: Zur Bearbeitung der Aufgabe im einzelnen:
a) Für den Fall $mod(s,4) = 1$ gilt:
Für $t = 3$ ist $Bild_3(X) = \{1, 5\}$,
für $t = 4$ ist $Bild_4(X) = Bild_3(X) \cup \{9, 13\}$,
für $t = 5$ ist $Bild_5(X) = Bild_4(X) \cup \{17, 21, 25, 29\}$,
für $t = 6$ ist $Bild_6(X) = Bild_5(X) \cup \{33, 37, 41, 45, 49, 53, 57, 61\}$,
für $t = 7$ ist $Bild_7(X) = Bild_6(X) \cup \{65, 69, 73, 77, 81, 85, 89, 93, 97, 101, 105, 109, 113, 117, 121, 125\}$.
b) Für den Fall $mod(s,4) = 3$ gilt:
Für $t = 3$ ist $Bild_3(X) = \{3, 7\}$,
für $t = 4$ ist $Bild_4(X) = Bild_3(X) \cup \{11, 15\}$,
für $t = 5$ ist $Bild_5(X) = Bild_4(X) \cup \{19, 23, 27, 31\}$,
für $t = 6$ ist $Bild_6(X) = Bild_5(X) \cup \{35, 39, 43, 47, 51, 55, 59, 63\}$,
für $t = 7$ ist $Bild_7(X) = Bild_6(X) \cup \{67, 71, 75, 79, 83, 87, 91, 95, 99, 103, 107, 111, 115, 119, 123, 127\}$.

A2.033.03: Legen Sie Tabellen nach dem Muster von Bemerkung 2.033.3/3 jeweils für die Generatoren $X = X(s_{ki}, 5, 2^5)$ mit $t = 5$ sowie für $X = X(s_{ki}, 5, 2^7)$ mit $t = 7$ an.

B2.033.03: Zur Bearbeitung der Aufgabe im einzelnen:

Zeilen	Startzahlen s_{ki} mit $i = 0, 1, 2, ...$	$bl(X)$
$s_{1i} = 2^1(1+2i)$	2 6 10 14 18 22 26 30 34 38 42 46 50 54 58 62 66 70 ...	$4 = 2^{t-2-1}$
$s_{2i} = 2^2(1+2i)$	4 12 20 28 36 44 52 60 68 ...	$2 = 2^{t-2-2}$
$s_{3i} = 2^3(1+i)$	8 16 24 32 40 48 56 64 ...	$1 = 2^{t-2-3}$

Zeilen	Startzahlen s_{ki} mit $i = 0, 1, 2, ...$	$bl(X)$
$s_{1i} = 2^1(1+2i)$	2 6 10 14 18 22 26 30 34 38 42 46 50 54 58 62 66 70 ...	$16 = 2^{t-2-1}$
$s_{2i} = 2^2(1+2i)$	4 12 20 28 36 44 52 60 68 ...	$8 = 2^{t-2-2}$
$s_{3i} = 2^3(1+2i)$	8 24 40 56 72 ...	$4 = 2^{t-2-3}$
$s_{4i} = 2^4(1+2i)$	16 48 80 ...	$2 = 2^{t-2-4}$
$s_{5i} = 2^5(1+i)$	32 64 ...	$1 = 2^{t-2-5}$

2.040   KONVERGENTE FOLGEN $\mathbb{N} \longrightarrow T \subset \mathbb{R}$ (TEIL 1)

A2.040.01: Die folgende Tabelle zeigt zu drei Folgen $x : \mathbb{N} \longrightarrow \mathbb{R}$ und zu dem Abstand $\epsilon = \frac{1}{10}$ das kleinste Folgenglied, das *nicht innerhalb* des Abstandes ϵ liegt (erste Zeile), sowie den Grenzindex (zweite Zeile) und das zu dem Grenzindex gehörende Folgenglied, das als erstes Folgenglied *innerhalb* des Abstandes ϵ liegt (dritte Zeile).

		$x(n) = \frac{1}{n}$	$x(n) = \frac{1}{n^2}$	$x(n) = \frac{1}{\sqrt{n}}$
$\epsilon = \frac{1}{10}$:		$x(10) = \frac{1}{10}$	$x(3) = \frac{1}{9}$	$x(100) = \frac{1}{10}$
	$n(\epsilon)$	$[10] = 11$	$[3] = 4$	$[100] = 101$
	$x_{n(\epsilon)}$	$x(11) = \frac{1}{11}$	$x(4) = \frac{1}{16}$	$x(101) = \frac{1}{\sqrt{101}}$

Ergänzen Sie diese Tabelle jeweils um Dreizeiler für die Abstände $\epsilon = \frac{1}{30}$, $\epsilon = \frac{1}{75}$, $\epsilon = \frac{1}{100}$ und $\epsilon = \frac{1}{10^6}$.

B2.040.01: Die folgende Tabelle zeigt zu den drei in der Aufgabe genannten Folgen $x : \mathbb{N} \longrightarrow \mathbb{R}$ weitere Zeilen zu den Abständen $\epsilon = \frac{1}{30}$, $\epsilon = \frac{1}{75}$, $\epsilon = \frac{1}{100}$ und $\epsilon = \frac{1}{10^6}$.

		$x(n) = \frac{1}{n}$	$x(n) = \frac{1}{n^2}$	$x(n) = \frac{1}{\sqrt{n}}$
$\epsilon = \frac{1}{10}$:		$x(10) = \frac{1}{10}$	$x(3) = \frac{1}{9}$	$x(100) = \frac{1}{10}$
	$n(\epsilon)$	$[10] = 11$	$[3] = 4$	$[100] = 101$
	$x_{n(\epsilon)}$	$x(11) = \frac{1}{11}$	$x(4) = \frac{1}{16}$	$x(101) = \frac{1}{\sqrt{101}}$
$\epsilon = \frac{1}{30}$:		$x(30) = \frac{1}{30}$	$x(5) = \frac{1}{25}$	$x(900) = \frac{1}{30}$
	$n(\epsilon)$	$[30] = 31$	$[5] = 6$	$[900] = 901$
	$x_{n(\epsilon)}$	$x(31) = \frac{1}{31}$	$x(6) = \frac{1}{36}$	$x(901) = \frac{1}{\sqrt{901}}$
$\epsilon = \frac{1}{75}$:		$x(75) = \frac{1}{75}$	$x(8) = \frac{1}{64}$	$x(5625) = \frac{1}{75}$
	$n(\epsilon)$	$[75] = 76$	$[8] = 9$	$[5625] = 5626$
	$x_{n(\epsilon)}$	$x(76) = \frac{1}{76}$	$x(9) = \frac{1}{81}$	$x(5626) = \frac{1}{\sqrt{5626}}$
$\epsilon = \frac{1}{100}$:		$x(100) = \frac{1}{100}$	$x(10) = \frac{1}{100}$	$x(10000) = \frac{1}{100}$
	$n(\epsilon)$	$[100] = 101$	$[10] = 11$	$[10000] = 10001$
	$x_{n(\epsilon)}$	$x(101) = \frac{1}{101}$	$x(11) = \frac{1}{121}$	$x(10001) = \frac{1}{\sqrt{10001}}$
$\epsilon = \frac{1}{10^6}$:		$x(10^6) = \frac{1}{10^6}$	$x(10^3) = \frac{1}{10^6}$	$x(10^{12}) = \frac{1}{10^6}$
	$n(\epsilon)$	$[10^6] = 10^6 + 1$	$[10^3] = 10^3 + 1$	$[10^{12}] = 10^{12} + 1$
	$x_{n(\epsilon)}$	$x(10^6+1) = \frac{1}{10^6+1}$	$x(10^3+1) = \frac{1}{(10^3+1)^2}$	$x(10^{12}+1) = \frac{1}{\sqrt{10^{12}+1}}$

A2.040.02: Führen Sie alle Beweise zu den Beispielen 2.040.3/5/6 nach dem Muster der ausführlichen Darstellung in den Beispielen 2.040.3/1/3 (Gegenstände, Ziel, Ausführung).

B2.040.02: Im folgenden werden die Beispiele 2.040.3/5/e/o behandelt:

1. Die (streng monotone) $\mathbb{Q}$-Folge $x : \mathbb{N} \longrightarrow \mathbb{Q}$ mit $x = (\frac{1}{1-2n})_{n \in \mathbb{N}}$, ist konvergent gegen $x_0 = 0$, denn:

a) Es sei ein beliebig, aber fest gewähltes Element $\epsilon \in \mathbb{R}^+$ vorgelegt.
b) Gesucht ist ein Grenzindex $n(\epsilon) \in \mathbb{N}$, für den gilt: Für alle $n \geq n(\epsilon)$ ist $|x_n - 0| < \epsilon$.
c) Berechnung des Betrages (Abstandes) $|x_n - x_0|$: Es gilt $|x_n - 0| = |\frac{1}{1-2n}| = -\frac{1}{1-2n}$ wegen $-2n < 0$.
d) Konstruktion von $n(\epsilon)$: Es gelten die Äquivalenzen $|x_n - x_0| < \epsilon \Leftrightarrow -\frac{1}{1-2n} < \epsilon \Leftrightarrow -1 > \epsilon(1-2n) \Leftrightarrow -1 - \epsilon > -2n\epsilon \Leftrightarrow 1 + \epsilon < 2n\epsilon \Leftrightarrow \frac{1+\epsilon}{2\epsilon} < n \Leftrightarrow \frac{1}{2}(\frac{1}{\epsilon} + 1) < n$, folglich ist $n(\epsilon) = [\frac{1}{2}(\frac{1}{\epsilon} + 1)]$ der gesuchte Grenzindex.

2. Die (streng monotone) $\mathbb{Q}$-Folge $x : \mathbb{N} \longrightarrow \mathbb{Q}$ mit $x = (\frac{1}{\sqrt{n^2+1}})_{n \in \mathbb{N}}$, ist konvergent gegen $x_0 = 0$, denn:

a) Es sei ein beliebig, aber fest gewähltes Element $\epsilon \in \mathbb{R}^+$ mit $0 < \epsilon \leq 1$ vorgelegt.
b) Gesucht ist ein Grenzindex $n(\epsilon) \in \mathbb{N}$, für den gilt: Für alle $n \geq n(\epsilon)$ ist $|x_n - 0| < \epsilon$.
c) Berechnung des Betrages (Abstandes) $|x_n - x_0|$: Es gilt $|x_n - 0| = |\frac{1}{\sqrt{n^2+1}}| = \frac{1}{\sqrt{n^2+1}}$.
d) Konstruktion von $n(\epsilon)$: Es gelten die Äquivalenzen $|x_n - x_0| < \epsilon \Leftrightarrow \frac{1}{\sqrt{n^2+1}} < \epsilon \Leftrightarrow \frac{1}{n^2+1} < \epsilon^2 \Leftrightarrow$
$\frac{1}{\epsilon^2} < n^2 + 1 \Leftrightarrow \frac{1}{\epsilon^2} - 1 < n^2 \Leftrightarrow \sqrt{\frac{1}{\epsilon^2} - 1} < n$, folglich ist $n(\epsilon) = [\sqrt{\frac{1}{\epsilon^2} - 1}]$ der gesuchte Grenzindex.

A2.040.03: Einige Einzelaufgaben:
1. Betrachten Sie die Folge $x: \mathbb{N} \longrightarrow \mathbb{R}$, definiert durch $x_n = \frac{-10n-13}{5n+6}$. Berechnen Sie zu einer vorgegebenen Zahl $\epsilon > 0$ eine möglichst kleine Zahl $n(\epsilon) \in \mathbb{N}$ mit $|2 + x_n| < \epsilon$, für alle $n \geq n(\epsilon)$. Geben Sie $n(\frac{1}{500})$ an. Begründen Sie die Konvergenz von x mit $lim(x) = -2$.
2. Analoge Aufgabenstellung mit den Daten $x_n = \frac{3+16n}{-2-4n}$, $|4 + x_n| < \epsilon$, $n(\frac{1}{200})$ und $lim(x) = -4$.
3. Analoge Aufgabenstellung mit den Daten $x_n = \frac{-25n-1}{1+50n}$, $|\frac{1}{2} + x_n| < \epsilon$, $n(100)$ und $lim(x) = -\frac{1}{2}$.
4. Analoge Aufgabenstellung mit den Daten $x_n = \frac{30-3n}{4n}$, $|\frac{3}{4} + x_n| < \epsilon$, $n(2)$ und $lim(x) = -\frac{3}{4}$.

B2.040.03: Zur Bearbeitung der Aufgabe im einzelnen:
1a) Es gilt: $|2 + x_n| = |2 - \frac{10n+13}{5n+6}| = |\frac{-1}{5n+6}| = \frac{1}{5n+6}$, für alle $n \in \mathbb{N}$.
1b) Es gelten die Äquivalenzen $|2 + x_n| < \epsilon \Leftrightarrow \frac{1}{5n+6} < \epsilon \Leftrightarrow \frac{1}{\epsilon} < 5n + 6 \Leftrightarrow \frac{1}{\epsilon} - 6 < 5n \Leftrightarrow \frac{1}{5}(\frac{1}{\epsilon} - 6) < n$.
1c) Wegen der Archimedizität des Körpers $\mathbb{R}$ gibt es zu $\epsilon > 0$ ein eindeutig bestimmtes Element $n(\epsilon) \in \mathbb{N}$ mit $n(\epsilon) = \min\{n \in \mathbb{N} \mid \frac{1}{5}(\frac{1}{\epsilon} - 6) < n\}$.
1d) Für $\epsilon = \frac{1}{500}$ ist $\frac{1}{5}(\frac{1}{\epsilon} - 6) = \frac{1}{5}(500 - 6) = \frac{494}{5} = 98,8$. Somit ist $n(\epsilon) = n(\frac{1}{500}) = 99$, denn es ist $|2 + x_{n(\epsilon)}| = |2 + x_{99}| = \frac{1}{5 \cdot 99+6} = \frac{1}{501} < \frac{1}{500} = \epsilon$.
1e) Es gilt $lim(x) = -2$, denn für jedes beliebige $\epsilon > 0$ gibt es nach c) einen Grenzindex $n(\epsilon)$ mit $|x_n - (-2)| = |2 + x_n| < \epsilon$, für alle $n \geq n(\epsilon)$.
2a) Es gilt: $|4 + x_n| = |4 + \frac{3+16n}{-2-4n}| = |\frac{-5}{-2-4n}| = \frac{5}{2+4n}$, für alle $n \in \mathbb{N}$.
2b) Es gelten die Äquivalenzen $|4 + x_n| < \epsilon \Leftrightarrow \frac{5}{2+4n} < \epsilon \Leftrightarrow 5 \cdot \frac{1}{\epsilon} < 2 + 4n \Leftrightarrow 5 \cdot \frac{1}{\epsilon} - 2 < 4n \Leftrightarrow \frac{5}{4}\frac{1}{\epsilon} - \frac{1}{2} < n$.
2c) Wegen der Archimedizität des Körpers $\mathbb{R}$ gibt es zu $\epsilon > 0$ ein eindeutig bestimmtes Element $n(\epsilon) \in \mathbb{N}$ mit $n(\epsilon) = \min\{n \in \mathbb{N} \mid \frac{5}{4}\frac{1}{\epsilon} - \frac{1}{2} < n\}$.
2d) Für $\epsilon = \frac{1}{200}$ ist $\frac{5}{4}\frac{1}{\epsilon} - \frac{1}{2} = \frac{5}{4}(200 - \frac{1}{2}) = 249,5$. Somit ist $n(\epsilon) = n(\frac{1}{200}) = 250$, denn es ist $|4 + x_{n(\epsilon)}| = |2 + x_{250}| = \frac{5}{2+4 \cdot 250} = \frac{5}{1002} < \frac{1}{200} = \epsilon$.
2e) Es gilt $lim(x) = -4$, denn für jedes beliebige $\epsilon > 0$ gibt es nach c) einen Grenzindex $n(\epsilon)$ mit $|x_n - (-4)| = |4 + x_n| < \epsilon$, für alle $n \geq n(\epsilon)$.

A2.040.04: Zeigen Sie: Für $a \in \mathbb{R}$ gilt: Die Folge $(an)_{n \in \mathbb{N}}$ konvergiert genau dann, wenn $a = 0$ gilt.

B2.040.04: Es sind die beiden folgenden Implikationen zu zeigen:
1. Es sei o.B.d.A. $a > 0$ und die Folge $(an)_{n \in \mathbb{N}}$ konvergiere gegen eine Zahl x_0. Es gibt dann zu beliebigem $\epsilon > 0$ einen zugehörigen Grenzindex $n(\epsilon)$ mit $|an - x_0| < \epsilon$, für alle $n \geq n(\epsilon)$. Daraus folgt aber $an - x_0 < \epsilon$, für alle $n \geq n(\epsilon)$ und schließlich der Widerspruch $n < \frac{1}{a}(\epsilon + x_0)$, für alle $n \geq n(\epsilon)$.
2. Ist umgekehrt $a = 0$, dann gilt $(an)_{n \in \mathbb{N}} = (0)_{n \in \mathbb{N}} = 0$.

A2.040.05: Beweisen Sie: Für alle reellen Zahlen $a > 1$ gilt $lim(a^{\frac{1}{n}})_{n \in \mathbb{N}} = 1$.

B2.040.05: Zur Bearbeitung der Aufgabe im einzelnen:
a) Es sei ein beliebig, aber fest gewähltes Element $\epsilon \in \mathbb{R}^+$ vorgelegt.
b) Gesucht ist ein Grenzindex $n(\epsilon) \in \mathbb{N}$, für den gilt: Für alle $n \geq n(\epsilon)$ ist $|x_n - 1| < \epsilon$.
c) Konstruktion von $n(\epsilon)$: Es gelten die Äquivalenzen $|a^{\frac{1}{n}} - 1| < \epsilon \Leftrightarrow a^{\frac{1}{n}} - 1 < \epsilon$ (denn $a^{\frac{1}{n}} > 1$)
$\Leftrightarrow a^{\frac{1}{n}} < 1 + \epsilon \Leftrightarrow \frac{1}{n} \cdot log_e(a) < log_e(1 + \epsilon) \Leftrightarrow \frac{1}{n} < \frac{log_e(1+\epsilon)}{log_e(a)} \Leftrightarrow n > \frac{log_e(a)}{log_e(1+\epsilon)}$, folglich ist $n(\epsilon) = [\frac{log_e(a)}{log_e(1+\epsilon)}]$ der gesuchte Grenzindex. (Man beachte: Wegen $a > 1$ ist $log_e(a) > 0$.)

Zweite Bearbeitung, die einen anderen Grenzindex $n(\epsilon)$ verwendet: Mit der Abkürzung $b = a^{\frac{1}{n}} - 1$ ist $a^{\frac{1}{n}} = 1 + b$, also $a = (1+b)^n \geq 1 + nb$ (Bernoullische Ungleichung) und somit $|b| = b \leq \frac{a-1}{n}$. Ist nun $\epsilon > 0$ beliebig vorgegeben und soll $|b| \leq \frac{a-1}{n} < \epsilon$ gelten, so muß n der dazu äquivalenten Bedingung $|b| \leq \frac{a-1}{\epsilon} < n$ genügen. Legt man nun $n(\epsilon) = [\frac{a-1}{\epsilon}]$ als Grenzindex fest, dann gelten für alle $n \geq n(\epsilon)$ die Implikationen: $\frac{a-1}{\epsilon} < n \Rightarrow a - 1 < n\epsilon \Rightarrow a < 1 + n\epsilon \leq (1+\epsilon)^n \Rightarrow a^{\frac{1}{n}} < 1 + \epsilon \Rightarrow a^{\frac{1}{n}} - 1 < \epsilon \Rightarrow |a^{\frac{1}{n}} - 1| < \epsilon$.

A2.040.06: Beweisen Sie $\lim(n^{\frac{1}{n}})_{n\in\mathbb{N}} = 1$. Analogisieren Sie dabei eine Bearbeitung von A2.040.04, die die Bernoullische Ungleichung benutzt, und verwenden Sie eine ähnliche Ungleichung, die ebenfalls aus der Binomischen Formel abgeleitet werden kann (siehe A1.820.03).

B2.040.06: Mit der Abkürzung $b = n^{\frac{1}{n}} - 1$ ist $n^{\frac{1}{n}} = 1 + b$ und $(1+b)^n = n$. Zunächst gelten dann die Äquivalenzen: $n = (1+b)^n \geq 1 + \frac{n(n-1)}{2}b^2 \Leftrightarrow n - 1 \geq 1 + \frac{n(n-1)}{2}b^2 \Leftrightarrow 1 \geq \frac{n}{2}b^2$ (für alle $n > 1$ und Kürzen/Erweitern mit $n-1$) $\Leftrightarrow b^2 \leq \frac{2}{n} \Leftrightarrow |b| = b \leq \sqrt{\frac{2}{n}}$. Ist nun $\epsilon > 0$ beliebig vorgegeben und soll $|b| \leq \sqrt{\frac{2}{n}} < \epsilon$ gelten, so muß n der dazu äquivalenten Bedingung $|b| \leq \frac{2}{\epsilon^2} < n$ genügen. Legt man nun $n(\epsilon) = [\frac{2}{\epsilon^2}]$ und $n(\epsilon) > 1$ als Grenzindex fest, dann gelten für alle $n \geq n(\epsilon)$ die Implikationen: $\frac{2}{\epsilon^2} < n \Rightarrow \frac{2}{n} < \epsilon^2 \Rightarrow \sqrt{\frac{2}{n}} < \epsilon \Rightarrow |b| \leq \sqrt{\frac{2}{n}} < \epsilon \Rightarrow |n^{\frac{1}{n}} - 1| < \epsilon$.

Anmerkung 1: Man kann diesen Beweis leicht nuancieren, indem man anstelle der Folge $(n^{\frac{1}{n}})_{n\in\mathbb{N}}$ die Folge $z = (n^{\frac{1}{n}} - 1)_{n\in\mathbb{N}}$ untersucht und zeigt, daß z nullkonvergent ist: Mit $n = (1+z_n)^n \geq \frac{n(n-1)}{2}z_n^2$ gilt $2 \geq (n-1)z_n^2$, woraus für $n > 1$ dann $0 \leq z_n \leq \sqrt{\frac{2}{n-1}} = u_n$ folgt. Da u offensichtlich nullkonvergent ist, ist nach Satz 2.044.4 auch z nullkonvergent.

Anmerkung 2: Ein Beweis nach dem Muster des ersten Beweises in B2.040.04 würde zu der Zahl $n(\epsilon) = [\frac{\log_e(n)}{\log_e(1+\epsilon)}]$ führen, kann also nicht auf diese Weise nicht geführt werden.

A2.040.07: Zeigen Sie noch einmal ausführlicher Bemerkung 2.040.2/3, die in Kurzform besagt: $(\lim(x_n)_{n\in\mathbb{N}} = x_0$ und $\lim(x_n)_{n\in\mathbb{N}} = z) \Rightarrow x_0 = z$.

B2.040.07: Zu der Aussage, daß Grenzwerte konvergenter Folgen x eindeutig bestimmt sind, werden im folgenden zwei Beweisvarianten angegeben:

Beweis 1: Angenommen es gilt $x_0 \neq z$, dann ist $\epsilon = \frac{1}{2}|x_0 - z| > 0$. Wegen $\lim(x) = x_0$ gibt es zu ϵ einen Grenzindex $n(\epsilon)$ mit $|x_n - x_0| < \epsilon$, für alle $n \geq n(\epsilon)$, wegen $\lim(x) = z$ gibt es zu ϵ einen Grenzindex $m(\epsilon)$ mit $|x_n - z| < \epsilon$, für alle $n \geq m(\epsilon)$. Damit gilt dann $2\epsilon = |x_0 - z| = |x_0 - x_n + x_n - z| = |(x_0 - x_n) - (z - x_n)| \leq |x_0 - x_n| + |z - x_n| < \epsilon + \epsilon = 2\epsilon$, für alle $n \geq \max(n(\epsilon), m(\epsilon))$. Das heißt, die Annahme $x_0 \neq z$ erzeugt den Widerspruch $2\epsilon < 2\epsilon$.

Bei der zweiten Beweisvariante wird dieselbe Idee begrifflich etwas nuanciert (mit Blick auf Kapitel 3) und in zwei Teilen formuliert, die beide von eigenständiger Bedeutung sind:

Lemma: Zu je zwei verschiedenen Zahlen $a, b \in \mathbb{R}$, also $a \neq b$, gibt es *disjunkte* offene Intervalle der Form $I_\epsilon(a) = (a - \epsilon, a + \epsilon)$ und $I_\epsilon(b) = (b - \epsilon, b + \epsilon)$.

Beweis Lemma: Mit $d = \frac{1}{2}|a - b| > 0$ gilt $I_d(a) \cap I_d(b) = \emptyset$, denn nimmt man mit $z \in I_d(a) \cap I_d(b)$ das Gegenteil an, dann gilt $a - d < z < a + d$ und $b - d < z < b + d$, woraus zunächst $-d < z - a < d$ und $-d < z - b < d$ und damit dann $|a - d| < d$ und $|b - d| < d$ folgt. Diese beiden Beziehungen liefern aber $2d = |a - b| = |a - z + z - b| = |(a-z) - (b-z)| \leq |a - z| + |b - z| < d + d = 2d$, also den Widerspruch $2d < 2d$.

Beweis 2: Angenommen es gilt $x_0 \neq z$, dann gibt es nach dem vorstehenden Lemma eine Zahl $\epsilon > 0$ mit $I_\epsilon(x_0) \cap I_\epsilon(z) = \emptyset$. Wegen $\lim(x) = x_0$ gibt es zu ϵ einen Grenzindex $n(\epsilon)$ mit $x_n \in I_\epsilon(x_0)$, für alle $n \geq n(\epsilon)$, wegen $\lim(x) = z$ gibt es zu ϵ einen Grenzindex $m(\epsilon)$ mit $x_n \in I_\epsilon(z)$, für alle $n \geq m(\epsilon)$. Für alle $n \geq \max(n(\epsilon), m(\epsilon))$ gilt also $x_n \in I_\epsilon(x_0)$ und $x_n \in I_\epsilon(z)$, folglich $x_n \in I_\epsilon(x_0) \cap I_\epsilon(z)$ im Widerspruch zu $I_\epsilon(x_0) \cap I_\epsilon(z) = \emptyset$.

A2.040.08: Betrachten Sie für einige beliebig, aber jeweils fest gewählte Zahlen $k \in \{1, 2, 3, ...\}$ die Funktion $f_k : \mathbb{R}^+ \longrightarrow \mathbb{R}$, definiert durch $f_k(x) = \frac{1}{x^k}$. Betrachten Sie zu f_k ferner die Folge $(R_k(n))_{n \in \mathbb{N}}$ von Rechtecken, die die beiden gegenüberliegenden Eckpunkte $(0,0)$ und $(n, f_k(n))$ haben.

1. Untersuchen Sie die Folge $A_k : \mathbb{N} \longrightarrow \mathbb{R}$ der Flächeninhalte der Rechtecke $R_k(n)$ hinsichtlich Monotonie und Konvergenz.
2. Jedes Rechteck R_{kn} erzeugt durch Rotation um die Abszisse einen Zylinder. Untersuchen Sie die Folge $V_x : \mathbb{N} \longrightarrow \mathbb{R}$ der Zylindervolumina $V_x(n)$ hinsichtlich Monotonie und Konvergenz.
3. Wie Aufgabenteil 2, jedoch seien die Zylinder durch Rotation um die Ordinate erzeugt.
4. Bearbeiten Sie die Aufgabenteile 1 bis 3 für die Folge $(R_k(n))_{n \in \mathbb{N}}$ von Rechtecken, die die beiden gegenüberliegenden Eckpunkte $(0,0)$ und $(n, f_k(\frac{1}{n}))$ haben.
5. Ergänzen Sie die Zuordnung $x \longmapsto A_k(R_k(x))$ (Flächeninhalt im Sinne von Aufgabenteil 1) zu einer Funktion A_k und nennen Sie Eigenschaften dieser Funktion. Bilden Sie ferner zu den Aufgabenteilen 2 bis 4 entsprechende Funktionen und nennen Sie dann deren Eigenschaften.

B2.040.08: Zur Bearbeitung der Aufgabe im einzelnen:

1. Die Folge $A_k : \mathbb{N} \longrightarrow \mathbb{R}$ der Flächeninhalte der Rechtecke $R_k(n)$ ist definiert durch die Vorschrift $A_k(n) = n \cdot f_k(n) = \frac{n}{n^k} = \frac{1}{n^{k-1}}$. Für $k = 1$ ist dann insbesondere $A_1(n) = n \cdot f_1(n) = \frac{1}{n^0} = \frac{1}{1} = 1$, das heißt, die Folge $A_1 : \mathbb{N} \longrightarrow \mathbb{R}$ ist eine konstante Folge. Für Zahlen $k > 1$ sind die Folgen $A_k : \mathbb{N} \longrightarrow \mathbb{R}$ antiton und konvergieren gegen Null.

2. Die Folge $V_{xk} : \mathbb{N} \longrightarrow \mathbb{R}$ der Zylindervolumina $V_{xk}(n)$ (bei Rotation um die Abszisse) ist definiert durch $V_{xk}(n) = \pi \cdot f_k^2(n) \cdot n = \pi \cdot (\frac{1}{n^k})^2 \cdot n = \pi \cdot \frac{n}{n^{2k}} = \pi \cdot \frac{1}{n^{2k-1}}$. Diese Berechnung zeigt, daß die Folgen $V_{xk} : \mathbb{N} \longrightarrow \mathbb{R}$ für alle Zahlen $k \geq 1$ antiton und gegen Null konvergent sind.

3. Die Folge $V_{yk} : \mathbb{N} \longrightarrow \mathbb{R}$ der Zylindervolumina $V_{yk}(n)$ (bei Rotation um die Ordinate) ist definiert durch $V_{yk}(n) = \pi \cdot n^2 \cdot f_k(n) = \pi \cdot n^2 \cdot \frac{1}{n^k} = \pi \cdot \frac{1}{n^{k-2}}$. Diese Berechnung zeigt, daß für $k = 1$ die Folge $V_{y1} : \mathbb{N} \longrightarrow \mathbb{R}$ mit $V_{y1}(n) = \pi \cdot n$ divergent ist, für $k = 2$ die Folge $V_{y2} : \mathbb{N} \longrightarrow \mathbb{R}$ mit $V_{y2}(n) = \pi \cdot 1 = \pi$ konstant ist und für alle Zahlen $k > 2$ die Folgen $V_{yk} : \mathbb{N} \longrightarrow \mathbb{R}$ antiton und gegen Null konvergent sind.

4a) Die Folge $A_k : \mathbb{N} \longrightarrow \mathbb{R}$ der Flächeninhalte der Rechtecke $R_k(n)$ ist definiert durch die Vorschrift $A_k(n) = \frac{1}{n} \cdot f_k(n) = \frac{1}{n} \cdot \frac{1}{n^k} = \frac{1}{n^{k+1}}$. Für Zahlen $k \geq 1$ sind die Folgen $A_k : \mathbb{N} \longrightarrow \mathbb{R}$ antiton und konvergieren gegen Null.

4b) Die Folge $V_{xk} : \mathbb{N} \longrightarrow \mathbb{R}$ der Zylindervolumina $V_{xk}(n)$ ist definiert durch $V_{xk}(n) = \pi \cdot f_k^2(n) \cdot \frac{1}{n} = \pi \cdot (\frac{1}{n^k})^2 \cdot \frac{1}{n} = \pi \cdot \frac{1}{n^{2k}} \cdot \frac{1}{n} = \pi \cdot \frac{1}{n^{2k+1}}$. Diese Berechnung zeigt, daß die Folgen $V_{xk} : \mathbb{N} \longrightarrow \mathbb{R}$ für alle Zahlen $k \geq 1$ antiton und gegen Null konvergent sind.

4c) Die Folge $V_{yk} : \mathbb{N} \longrightarrow \mathbb{R}$ der Zylindervolumina $V_{yk}(n)$ ist definiert durch $V_{yk}(n) = \pi \cdot (\frac{1}{n})^2 \cdot f_k(n) = \pi \cdot (\frac{1}{n})^2 \cdot \frac{1}{n^k} = \pi \cdot \frac{1}{n^{k+2}}$. Diese Berechnung zeigt, daß für alle Zahlen $k \geq 1$ die Folgen $V_{yk} : \mathbb{N} \longrightarrow \mathbb{R}$ antiton und gegen Null konvergent sind.

5a) Die Zuordnung $x \longmapsto A_k(R_k(x))$ liefert die Funktion $A_k : \mathbb{R}^+ \longrightarrow \mathbb{R}$, die die Flächeninhalte der Rechtecke $R_k(x)$ beschreibt. Die Berechnung $A_k(x) = x \cdot f_k(x) = \frac{1}{x^{k-1}} = x^{1-k}$ zeigt, daß A_k eine Potenz-Funktion und folglich stetig und differenzierbar ist. Für $k = 1$ ist insbesondere $A_1(x) = 1$, das heißt, die Funktion $A_1 : \mathbb{R}^+ \longrightarrow \mathbb{R}$ ist eine konstante Funktion. Betrachtet man für Zahlen $k > 1$ die Ableitungsfunktion $A'_k : \mathbb{R}^+ \longrightarrow \mathbb{R}$, dann zeigt ihre Zuordnungsvorschrift $A'_k(x) = (1-k) \cdot x^{-k}$, daß A'_k keine Nullstellen und folglich A_k keine Extrema besitzt. Wie die Bearbeitung von Aufgabenteil 1 zeigt, ist die Null-Funktion (Abszisse) asymptotische Funktion zu A_k (woraus wegen $A_k > 0$ auch folgt, daß A_k antiton ist).

Die weiteren Funktionen werden nach demselben Muster konstruiert und in analoger Weise untersucht.

2.041 KONVERGENTE FOLGEN $\mathbb{N} \longrightarrow T \subset \mathbb{R}$ (TEIL 2)

A2.041.01: Nennen Sie Beispiele zu den Aussagen von Lemma 1.041.2: Für beliebige konvergente Folgen $x : \mathbb{N} \longrightarrow T$, wobei $T \subset \mathbb{R}$ geeignet zu wählen ist, gilt:
1. $lim(x) = x_0 \Rightarrow lim(-x) = -x_0$
2. $lim(x) = x_0 \Rightarrow lim(\sqrt{x}) = \sqrt{x_0}$
3. $lim(x) = x_0 \Rightarrow lim(|x|) = |x_0|$
4. $lim(|x|) = 0 \Rightarrow lim(x) = 0$
5. $lim(x) = 0 \Rightarrow lim(x^k) = 0$ $(k \in \mathbb{N})$

B2.041.01: Ein Beispiel einer Folge x zu
1. ist x mit $x_n = 1 - \frac{1}{n}$ mit $lim(x) = 1$, denn sie liefert $-x$ mit $-x_n = -1 + \frac{1}{n}$ und $lim(-x) = -1$,
2. ist x mit $x_n = \frac{1}{n^2}$ mit $lim(x) = 0$, denn sie liefert $\sqrt{x}$ mit $\sqrt{x_n} = \frac{1}{n}$ und $lim(\sqrt{x}) = 0$,
3. ist x mit $x_n = (-1)^n \frac{1}{n^2}$ mit $lim(x) = 0$, denn sie liefert $|x|$ mit $|x_n| = \frac{1}{n^2}$ und $lim(|x|) = 0$,
4. ist x mit $x_n = \begin{cases} -\frac{1}{n}, & \text{falls } n \in 2\mathbb{N}, \\ \frac{1}{n}, & \text{falls } n \in 2\mathbb{N} - 1, \end{cases}$ denn sie basiert auf $|x|$ mit $|x_n| = \frac{1}{n}$ und $lim(|x|) = 0$,
5. ist x mit $x_n = \frac{3}{n}$ mit $lim(x) = 0$, denn sie liefert x^3 mit $x_n^3 = \frac{27}{n^3}$ und $lim(x^3) = 0$.

A2.041.02: Prüfen Sie die umgekehrten Implikationen zu den Aussagen von Lemma 1.041.2. Geben Sie dazu – je nachdem – jeweils einen Beweis oder ein Gegenbeispiel an.

B2.041.02: Die Umkehrung der zu betrachtenden Implikation gilt im Fall
1, das heißt, es gilt $lim(-x) = -x_0 \Rightarrow lim(x) = x_0$, denn aus $lim(-x) = -x_0$ liefert die dort genannte Implikation dann $lim(x) = lim(-(-x)) = -(-x_0) = x_0$,
2 für $x \geq 0$, das heißt, es gilt in diesem Fall $lim(x) = x_0 \Rightarrow lim(x^2) = x_0^2$,
3 nicht, das heißt, es gilt im allgemeinen nicht $lim(|x|) = |x_0| \Rightarrow lim(x) = x_0$, wie etwa das Beispiel der Folge x mit $x_n = (-1)^n$ zeigt,
4, das heißt, es gilt $lim(x) = 0 \Rightarrow lim(|x|) = 0$ wegen $||x_n|| = |x_n| < \epsilon$.

A2.041.03: Betrachten Sie die Folge $k : \mathbb{N} \longrightarrow Pot(\mathbb{R}^2)$ von Kreislinien (Kreissphären) $k_n = K(M_n, r_n)$ mit Mittelpunkten $M_n = (\frac{1}{n}, 0)$ und Radien $r_n = \frac{1}{n}$.
1a) Geben Sie die Folgenglieder der Folge $k : \mathbb{N} \longrightarrow Pot(\mathbb{R}^2)$ als Relationen k_n in $\mathbb{R}^2$ an.
1b) Geben Sie die zugehörigen Folgen $U, A : \mathbb{N} \longrightarrow \mathbb{R}$ der Umfänge $U_n = U(k_n)$ und Flächeninhalte $A_n = A(k_n)$ an. Wogegen konvergieren beide Folgen naheliegenderweise?
2. Ändern Sie die Daten von k_n in mehreren Varianten so ab, daß die Folgen U und V entweder gegen Zahlen ungleich Null konvergieren oder nicht konvergieren.
3. Wie man geometrisch leicht sehen kann, besitzt die Folge $k : \mathbb{N} \longrightarrow Pot(\mathbb{R}^2)$ der Kreispären k_n ebenfalls Konvergenz-Eigenschaft. Ermitteln Sie $lim(k)$.

B2.041.03: Zu den Aufgabenteilen im einzelnen:
1a) Die Kreislinien k_n haben als Relationen in $\mathbb{R}^2$ die Form $k_n = \{(x,z) \in \mathbb{R}^2 \mid (x - \frac{1}{n})^2 + z^2 = \frac{1}{n^2}\}$.
1b) Die Folgen $U, A : \mathbb{N} \longrightarrow \mathbb{R}$ sind definiert durch die Vorschriften $U_n = \frac{2}{n}\pi$ und $A_n = \frac{1}{n^2}\pi$. Beide Folgen konvergieren (formal und geometrisch offensichtlich) gegen Null.

2. Die Lage der Mittelpunkte ist für die Aufgabenstellung ohne Belang (obgleich geometrisch reizvoll, etwa $M_n = (\frac{1}{n}, \frac{1}{n})$ oder $M_n = (\frac{1}{n}, \frac{1}{n^2})$), es kommt also nur auf die Radien r_n an.
a) Für $r_n = 1 + \frac{1}{n}$ ist $U_n = 2\pi(1 + \frac{1}{n})$ und $A_n = \pi(1 + \frac{1}{n})^2$. Die zugehörige Folge U konvergiert also gegen 2π, die zugehörige Folge A gegen π.
b) Für $r_n = a + \frac{b}{n}$ ist $U_n = 2\pi(a + \frac{b}{n})$ und $A_n = \pi(a + \frac{b}{n})^2$. Die zugehörige Folge U konvergiert also gegen $2a\pi$, die zugehörige Folge A gegen $a^2\pi$.

c) Für konstante Radien $r_n = 1$ konvergiert U gegen 2π und A gegen π.

d) Für $r_n = n$ konvergieren die beiden Folgen U und A offensichtlich nicht.

3a) Die Folge M der Mittelpunkte ist $M = (\frac{1}{n}, 0)_{n \in \mathbb{N}}$ und kann als Paar $M = ((\frac{1}{n})_{n \in \mathbb{N}}, (0)_{n \in \mathbb{N}})$ zweier Folgen $u, v : \mathbb{N} \longrightarrow \mathbb{R}$ angesehen werden. Man kann nun festlegen: Die Folge M konvergiert genau dann, wenn die beiden Komponenten-Folgen u und v konvergieren. Darüber hinaus legt man $lim(M) = lim(u,v) = (lim(u), lim(v))$ fest. Das bedeutet im vorliegenden konkreten Fall also, daß die Folge M gegen den Punkt $M_0 = lim(M) = (0,0)$ konvergiert.

Allgemein kann man definieren: Eine Folge $x : \mathbb{N} \longrightarrow \mathbb{R}^m$ heißt konvergent, wenn für $1 \leq k \leq m$ alle ihre m Komponenten-Folgen $x_k : \mathbb{N} \longrightarrow \mathbb{R}$ konvergieren. Darüber hinaus legt man im positiven Fall den Grenzwert $lim(x) = (lim(x_k))_{1 \leq k \leq m}$ fest.

3b) Die Folge k der Kreislinien ist $k = (K(\frac{1}{n}, 0), \frac{1}{n})_{n \in \mathbb{N}}$ und kann als Paar $k = ((\frac{1}{n}, 0)_{n \in \mathbb{N}}, (\frac{1}{n})_{n \in \mathbb{N}})$ zweier Folgen $M : \mathbb{N} \longrightarrow \mathbb{R}^2$ und $r : \mathbb{N} \longrightarrow \mathbb{R}$ angesehen werden. Man kann nun festlegen: Die Folge k konvergiert genau dann, wenn die beiden Folgen M und r konvergieren. Darüber hinaus legt man im positiven Fall $lim(k) = lim(M, r) = (lim(M), lim(r))$ fest. Das bedeutet im vorliegenden konkreten Fall also, daß die Folge k gegen den Kreis $k_0 = K((0,0), 0)$ konvergiert. Im vorliegenden Fall ist also der Ursprungskreis mit dem Mittelpunkt $M_0 = (0,0)$ und dem Radius $r_0 = 0$, de facto ist das also der Punkt $(0,0)$, der Grenzwert der Folge k.

3c) Für die Folge k mit den Folgengliedern $k_n = \{(x, z) \in \mathbb{R}^2 \mid (x - \frac{1}{n})^2 + z^2 = \frac{1}{n^2}\}$ werden die Folgen $((x - \frac{1}{n})^2 + z^2)_{n \in \mathbb{N}}$ und $(\frac{1}{n^2})_{n \in \mathbb{N}}$ hinsichtlich Konvergenz untersucht, deren Grenzwerte – sofern sie existieren – die definierende Gleichung von $lim(k)$ bilden. Im vorliegenden konkreten Fall existieren die Grenzwerte $lim((x - \frac{1}{n})^2 + z^2)_{n \in \mathbb{N}} = lim(x^2 - \frac{2}{n}x + \frac{1}{n^2} + z^2)_{n \in \mathbb{N}} = lim(x^2 + z^2)_{n \in \mathbb{N}} = x^2 + z^2$ und $lim(\frac{1}{n^2})_{n \in \mathbb{N}} = 0$. Somit existiert auch der Grenzwert der Folge k, er ist $k_0 = lim(k) = \{(x, z) \in \mathbb{R}^2 \mid lim((x - \frac{1}{n})^2 + z^2)_{n \in \mathbb{N}} = lim(\frac{1}{n^2})_{n \in \mathbb{N}}\} = \{(x, z) \in \mathbb{R}^2 \mid x^2 + z^2 = 0\} = \{(0,0)\}$.

Allgemeiner folgt aus Bemerkung 2.041.4/5/6: Eine Folge $k : \mathbb{N} \longrightarrow Pot(\mathbb{R}^2)$ von Kreislinien in Relations-Darstellungen, also der Form $k_n = \{(x, z) \in \mathbb{R}^2 \mid (x - a_n)^2 + (z - b_n)^2 = r_n^2\}$, mit Mittelpunkten $M_n = (a_n, b_n)$ und Radien r_n konvergiert genau dann, wenn die Folgen $((x - a_n)^2 + (z - b_n)^2)_{n \in \mathbb{N}}$ und $(r_n^2)_{n \in \mathbb{N}}$ konvergieren. Im positiven Fall ist dann $k_0 = lim(k) = \{(x, z) \in \mathbb{R}^2 \mid lim((x - a_n)^2 + (z - b_n)^2)_{n \in \mathbb{N}} = lim(r_n^2)_{n \in \mathbb{N}}\}$ der Grenzwert von k.

Anmerkung zu Punkt 3: In diesen Bearbeitungsschritten bedeutet die Konvergenz der jeweils zu betrachtenden Folgen M und k die Existenz der Grenzwerte aller jeweils beteiligter Einzelfolgen. Das bedeutet umgekehrt: Ist eine dieser Einzelfolgen nicht konvergent, so ist auch die jeweils zu betrachtende Folge nicht konvergent.

A2.041.04: Untersuchen Sie (analog zu Aufgabe A2.041.03) jeweils die Folgen $U, A : \mathbb{N} \longrightarrow \mathbb{R}$ von Kreisumfängen und Kreisflächeninhalten sowie die Folgen $k : \mathbb{N} \longrightarrow Pot(\mathbb{R}^2)$ von Kreislinien (Kreissphären) k_n hinsichtlich Konvergenz für die Daten

1. $M_n = (\frac{1}{n}, \frac{1}{n})$ und $r_n = 1$ 2. $M_n = (\frac{1}{n}, \frac{1}{n})$ und $r_n = n$

3. $M_n = (\frac{1}{n}, n)$ und $r_n = \frac{1}{2}$ 4. $M_n = (2n, \frac{1}{n})$ und $r_n^2 = \frac{1}{4n}$

Fertigen Sie zu 1. eine (genügend große) Skizze mit den Kreislinien k_1, k_2, k_3 und k_4 an.

B2.041.04: Im einzelnen liegen folgende Ergebnisse vor:

1a) Die Folgen $U, A : \mathbb{N} \longrightarrow \mathbb{R}$ von Kreisumfängen und Kreisflächeninhalten sind als konstante Folgen konvergent mit den Grenzwerten $U_0 = lim(U) = 2\pi$ und $A_0 = lim(A) = \pi$.

1b) Die Folge $M : \mathbb{N} \longrightarrow \mathbb{R}^2$ der Kreismittelpunkte ist konvergent gegen den Punkt $M_0 = (0,0)$.

1c) Die Folge $r : \mathbb{N} \longrightarrow \mathbb{R}$ der Kreisradien ist als konstante Folgen konvergent mit dem Grenzwert $r_0 = lim(r) = 1$.

1d) Die Folge $k : \mathbb{N} \longrightarrow Pot(\mathbb{R}^2)$ von Kreislinien (Kreissphären) ist konvergent gegen den Grenzwert $k_0 = K(lim(M), lim(r)) = K(M_0, r_0) = K((0,0), 1)$.

2. Die Folgen $U, A : \mathbb{N} \longrightarrow \mathbb{R}$ mit $U_n = U(k_n) = 2\pi n$ und $A_n = A(k_n) = \pi n^2$ sind divergent, folglich ist auch $k : \mathbb{N} \longrightarrow Pot(\mathbb{R}^2)$, obgleich die Folge $M : \mathbb{N} \longrightarrow \mathbb{R}^2$ der Kreismittelpunkte gegen den Punkt $M_0 = (0,0)$ konvergiert.

3. Die Folgen $U, A : \mathbb{N} \longrightarrow \mathbb{R}$ sind als konstante Folgen konvergent gegen $U_0 = lim(U) = 2\pi$ und $A_0 = lim(A) = \pi$, hingegen ist $M : \mathbb{N} \longrightarrow \mathbb{R}^2$ divergent, somit ist auch $k : \mathbb{N} \longrightarrow Pot(\mathbb{R}^2)$ divergent.

4. Die Folgen $U, A : \mathbb{N} \longrightarrow \mathbb{R}$ sind konvergent gegen $U_0 = lim(U) = 0$ und $A_0 = lim(A) = 0$, hingegen ist $M : \mathbb{N} \longrightarrow \mathbb{R}^2$ divergent, somit ist auch $k : \mathbb{N} \longrightarrow Pot(\mathbb{R}^2)$ divergent.

A2.041.05: Untersuchen Sie (analog zu Aufgabe A2.041.04) jeweils die Folge $k : \mathbb{N} \longrightarrow Pot(\mathbb{R}^2)$ von Kreislinien (Kreissphären) k_n hinsichtlich Konvergenz für die Daten

1. $M_n = (\frac{1}{n}, 1 + \frac{1}{n})$ und $r_n = 1$
2. $M_n = (\frac{1}{n}, \frac{1}{n^2})$ und $r_n = 2n$
3. $M_n = (\frac{1}{n}, \frac{1}{n^2})$ und $r_n = \frac{1}{2n}$
4. $M_n = (1 - \frac{1}{n}, 1)$ und $r_n^2 = \frac{n+4}{4n}$
5. $M_n = (\frac{1}{n}, \frac{1}{n})$ und $r_n = \frac{n^2}{2n+2}$
6. $M_n = (1 + \frac{1}{n}, 0)$ und $r_n^2 = \frac{2n+4}{4n^2}$

B2.041.05: Zur Bearbeitung der Aufgabe im einzelnen:

1a) Die Folge $M : \mathbb{N} \longrightarrow \mathbb{R}^2$ konvergiert gegen $M_0 = lim(M) = (lim(\frac{1}{n})_{n \in \mathbb{N}}, lim(1 + \frac{1}{n})_{n \in \mathbb{N}}) = (0, 1)$.

1b) Die Folge $r : \mathbb{N} \longrightarrow \mathbb{R}$ konvergiert gegen $r_0 = lim(r) = lim(1)_{n \in \mathbb{N}} = 1$.

1c) Die Folge $k = (M, r) : \mathbb{N} \longrightarrow Pot(\mathbb{R}^2)$ der zugehörigen Kreissphären konvergiert gegen den Grenzwert $k_0 = lim(k) = K(lim(M), lim(r)) = K(M_0, r_0) = K((0, 1), 1)$.

1d) Für die Folge $k : \mathbb{N} \longrightarrow Pot(\mathbb{R}^2)$ mit den Relationen $k_n = \{(x, z) \in \mathbb{R}^2 \mid (x - \frac{1}{n})^2 + (z - (1 + \frac{1}{n}))^2 = 1\}$ gilt $lim((x - \frac{1}{n})^2 + (z - (1 + \frac{1}{n}))^2)_{n \in \mathbb{N}} = lim(x^2 - \frac{2}{n}x + \frac{1}{n^2} + z^2 - 2(1 + \frac{1}{n})z + (1 + \frac{1}{n})^2)_{n \in \mathbb{N}} = x^2 + z^2 - 2z + 1 = x^2 + (z - 1)^2$ sowie $lim(1)_{n \in \mathbb{N}} = 1$, also konvergiert k gegen $k_0 = \{(x, z) \in \mathbb{R}^2 \mid x^2 + (z - 1)^2 = 1\}$, also gegen die Kreislinie mit Mittelpunkt $M_0 = (0, 1)$ und Radius $r_0 = 1$.

2a) Die Folge $M : \mathbb{N} \longrightarrow \mathbb{R}^2$ konvergiert gegen $M_0 = lim(M) = (lim(\frac{1}{n})_{n \in \mathbb{N}}, lim(\frac{1}{n^2})_{n \in \mathbb{N}}) = (0, 0)$.

2b) Die Folge $r : \mathbb{N} \longrightarrow \mathbb{R}$ konvergiert nicht.

2c) Die Folge $k : \mathbb{N} \longrightarrow Pot(\mathbb{R}^2)$ konvergiert wegen der Divergenz von r ebenfalls nicht.

3a) Die Folge $M : \mathbb{N} \longrightarrow \mathbb{R}^2$ konvergiert gegen $M_0 = lim(M) = (lim(\frac{1}{n})_{n \in \mathbb{N}}, lim(\frac{1}{n^2})_{n \in \mathbb{N}}) = (0, 0)$.

3b) Die Folge $r : \mathbb{N} \longrightarrow \mathbb{R}$ konvergiert gegen $r_0 = lim(r) = lim(\frac{1}{2n})_{n \in \mathbb{N}} = 0$.

3c) Die Folge $k = (M, r) : \mathbb{N} \longrightarrow Pot(\mathbb{R}^2)$ der zugehörigen Kreissphären konvergiert gegen den Grenzwert $k_0 = lim(k) = K(lim(M), lim(r)) = K(M_0, r_0) = K((0, 0), 0)$.

3d) Für die Folge $k : \mathbb{N} \longrightarrow Pot(\mathbb{R}^2)$ mit den Relationen $k_n = \{(x, z) \in \mathbb{R}^2 \mid (x - \frac{1}{n})^2 + (z - \frac{1}{n^2})^2 = \frac{1}{4n^2}\}$ gilt $lim((x - \frac{1}{n})^2 + (z - \frac{1}{n^2})^2)_{n \in \mathbb{N}} = lim(x^2 - \frac{2}{n}x + \frac{1}{n^2} + z^2 - \frac{2}{n^2}z + \frac{1}{n^4})_{n \in \mathbb{N}} = x^2 + z^2$ sowie $lim(\frac{1}{4n^2})_{n \in \mathbb{N}} = 0$, also konvergiert k gegen $k_0 = \{(x, z) \in \mathbb{R}^2 \mid x^2 + z^2 = 0\}$, also gegen die Kreislinie mit Mittelpunkt $M_0 = (0, 0)$ und Radius $r_0 = 0$, also gegen den Punkt $(0, 0)$.

4a) Die Folge $M : \mathbb{N} \longrightarrow \mathbb{R}^2$ konvergiert gegen $M_0 = lim(M) = (lim(1 - \frac{1}{n})_{n \in \mathbb{N}}, lim(1)_{n \in \mathbb{N}}) = (1, 1)$.

4b) Die Folge $r : \mathbb{N} \longrightarrow \mathbb{R}$ konvergiert gegen $r_0 = lim(r) = lim(\frac{1}{2}\sqrt{1 + \frac{4}{n}})_{n \in \mathbb{N}} = \frac{1}{2}$.

4c) Die Folge $k = (M, r) : \mathbb{N} \longrightarrow Pot(\mathbb{R}^2)$ der zugehörigen Kreissphären konvergiert gegen den Grenzwert $k_0 = lim(k) = K(lim(M), lim(r)) = K(M_0, r_0) = K((1, 1), \frac{1}{2})$.

4d) Für die Folge k mit den Relationen $k_n = \{(x, z) \in \mathbb{R}^2 \mid (x - (1 - \frac{1}{n}))^2 + (z - 1)^2 = \frac{1}{4} + \frac{1}{n}\}$ gilt $lim((x - (1 - \frac{1}{n}))^2 + (z - 1)^2)_{n \in \mathbb{N}} = lim(x^2 - 2(1 - \frac{1}{n})x + (1 - \frac{1}{n})^2 + (z - 1)^2)_{n \in \mathbb{N}} = x^2 - 2x + 1 + (z - 1)^2 = (x - 1)^2 + (z - 1)^2$ sowie $lim(\frac{1}{4} + \frac{1}{n})_{n \in \mathbb{N}} = \frac{1}{4}$, also ist $k_0 = \{(x, z) \in \mathbb{R}^2 \mid (x - 1)^2 + (z - 1)^2 = \frac{1}{4}\}$ der Grenzwert von k, das heißt, k konvergiert gegen die Kreislinie k_0 mit dem Mittelpunkt $M_0 = (1, 1)$ und dem Radius $r_0 = \frac{1}{2}$.

5. Die Folge $M : \mathbb{N} \longrightarrow \mathbb{R}^2$ konvergiert gegen $M_0 = lim(M) = (lim(\frac{1}{n})_{n \in \mathbb{N}}, lim(\frac{1}{n})_{n \in \mathbb{N}}) = (0, 0)$, hingegen ist die Folge $r : \mathbb{N} \longrightarrow \mathbb{R}^2$ der Kreisradien divergent, somit ist auch $k : \mathbb{N} \longrightarrow Pot(\mathbb{R}^2)$ divergent.

6. Die Folge $M : \mathbb{N} \longrightarrow \mathbb{R}^2$ konvergiert gegen $M_0 = lim(M) = (lim(1 + \frac{1}{n})_{n \in \mathbb{N}}, lim(0)_{n \in \mathbb{N}}) = (1, 0)$, die Folge $r : \mathbb{N} \longrightarrow \mathbb{R}^2$ der Kreisradien mit $r_n = \sqrt{\frac{1}{2n} + \frac{1}{n^2}}$ konvergiert gegen $r_0 = 0$, folglich konvergiert $k : \mathbb{N} \longrightarrow Pot(\mathbb{R}^2)$ gegen $k_0 = K((1, 0), 0)$.

A2.041.06: Nennen Sie Beispiele zu der Anmerkung zu Lemma 2.041.3/1.

B2.041.06: Beispiele zu der Anmerkung zu Lemma 2.041.3/1:

1. Die Folge $x = (-1)^n)_{n \in \mathbb{N}}$ hat die beiden konstanten und folglich konvergenten Teilfolgen $y = (1)_{n \in \mathbb{N}}$ mit $lim(y) = 1$ und $z = (-1)_{n \in \mathbb{N}}$ mit $lim(z) = -1$. Somit ist x divergent.

2. Die Folge $x = ((-1)^n \frac{(-1)^n}{n})_{n \in \mathbb{N}}$ hat die beiden konvergenten Teilfolgen $y = ((-1)^{2n} \frac{(-1)^{2n}}{2n})_{n \in \mathbb{N}}$ mit $lim(y) = 1$ und $z = ((-1)^{2n-1} \frac{(-1)^{2n-1}}{2n-1})_{n \in \mathbb{N}}$ mit $lim(z) = -1$. Somit ist x divergent.

2.044 Beschränkte Folgen $\mathbb{N} \longrightarrow T \subset \mathbb{R}$

A2.044.01: Beweisen Sie, daß die nachstehend durch $x(n)$ angegebenen Folgen $x : \mathbb{N} \longrightarrow \mathbb{R}$ nullkonvergent sind:

1. $x(n) = \sqrt{n+2} - \sqrt{n+1}$
2. $x(n) = \sqrt{n^2+1} - \sqrt{n^2+2}$
3. $x(n) = \sqrt{4+n^2} - \sqrt{2+n^2}$
4. $x(n) = \sqrt{3+n^2} - \sqrt{4+n^2}$
5. $x(n) = sin(\frac{1}{n})$
6. $x(n) = \frac{cn}{a^{cn}}$ mit $a, c \in \mathbb{R}$ und $a^c > 1$

B2.044.01: Die Beweise zu 1 bis 4 werden gemäß Satz 2.044.3 nach dem Muster $0 \leq y \leq z$ oder $z \leq y \leq 0$ mit der konstanten nullkonvergenten Folge 0 und einer nullkonvergenten Folge z geführt. Es genügt also jeweils der Nachweis von $0 \leq y(n) \leq z(n)$ oder $z(n) \leq y(n) \leq 0$ für (fast) alle $n \in \mathbb{N}$. Da die einzelnen Folgenglieder die Form $a-b$ haben, wird jeweils mit $a+b$ erweitert und der so entstehende Zähler $(a-b)(a+b)$ ausgerechnet. Die verwendeten Folgen z sind in den Beispielen 2.040.3/5/a/b angegeben.

1. Es gilt: $0 < x(n) = \sqrt{n+2} - \sqrt{n+1} = \ldots = \frac{1}{\sqrt{n+2}+\sqrt{n+1}} < \frac{1}{2\sqrt{n}} < \frac{1}{\sqrt{n}} = z(n)$.
2. Es gilt: $0 > x(n) = \sqrt{n^2+1} - \sqrt{n^2+2} = \ldots = \frac{-1}{\sqrt{n^2+1}+\sqrt{n^2+2}} > \frac{-1}{2\sqrt{n^2}} = -\frac{1}{2n} > -\frac{1}{n} = z(n)$.
3. Es gilt: $0 < x(n) = \sqrt{4+n^2} - \sqrt{2+n^2} = \ldots = \frac{2}{\sqrt{4+n^2}+\sqrt{2+n^2}} < \frac{2}{2\sqrt{n^2}} = \frac{1}{\sqrt{n}} = z(n)$.
4. Es gilt: $0 > x(n) = \sqrt{3+n^2} - \sqrt{4+n^2} = \ldots = \frac{-1}{\sqrt{3+n^2}+\sqrt{4+n^2}} > \frac{-1}{2\sqrt{n^2}} = -\frac{1}{2n} > -\frac{1}{n} = z(n)$.
5. Die Folge $x : \mathbb{N} \longrightarrow \mathbb{R}$ mit $x(n) = sin(\frac{1}{n})$ ist nullkonvergent, denn die für alle $n \in \mathbb{N}$ geltende Beziehung $0 < sin(\frac{1}{n}) < \frac{1}{n}$, die aus einem Vergleich der Sinus-Funktion mit der identischen Funktion folgt, liefert die beiden nullkonvergenten Vergleichsfolgen $(0)_{n \in \mathbb{N}}$ und $(\frac{1}{n})_{n \in \mathbb{N}}$.
6. Die Konvergenz der Folge x liefert Beispiel 2.044.2/2 mit der Darstellung $\frac{cn}{a^{cn}} = c \cdot \frac{n}{(a^c)^n}$.

A2.044.02: Von einem Liter Wein wird $\frac{1}{4}$ Liter abgegossen und durch Wasser ersetzt. Von dieser Mischung ($\frac{3}{4}$ Liter Wein, $\frac{1}{4}$ Liter Wasser) wird wieder $\frac{1}{4}$ Liter abgegossen und nun durch Wein ersetzt. Auf diese Weise wird nun fortgefahren, wobei der abgegossene $\frac{1}{4}$ Liter alternierend durch Wasser und Wein ersetzt wird. Welches Mischungsverhältnis ergibt sich nach beliebig vielen solchen Vorgängen des Abgießens und Ersetzens?

B2.044.02: Es wird eine Folge $x : \mathbb{N}_0 \longrightarrow \mathbb{R}$ konstruiert, wobei $x_0 = 1$ den Ausgangszustand und x_n den Zustand nach dem n-ten Doppelschritt ($\frac{1}{4}$ Liter abgießen, $\frac{1}{4}$ Liter Wasser hinzutun, $\frac{1}{4}$ Liter abgießen, $\frac{1}{4}$ Liter Wein hinzutun) bezeichne. Die Folge x wird also rekursiv definiert durch $x_0 = 1$, $x_1 = \frac{3}{4}(\frac{3}{4}x_0) + \frac{1}{4}$, also $x_{n+1} = \frac{3}{4}(\frac{3}{4}x_n) + \frac{1}{4} = \frac{9}{16}x_n + \frac{1}{4}$, für alle $n \in \mathbb{N}$.
Die Folge x ist streng antiton, wie der folgende Nachweis nach dem Prinzip der Vollständigen Induktion zeigt: Der Induktionsanfang $x_1 < x_0$ wird durch $x_1 = \frac{9}{16} + \frac{1}{4} = \frac{13}{16} < 1 = x_0$ geliefert. Der Induktionsschritt wird mit der Induktionsvoraussetzung $x_{n+1} < x_n$ durch $x_{n+2} = \frac{9}{16}x_{n+1} + \frac{1}{4} < \frac{9}{16}x_n + \frac{1}{4} = x_{n+1}$ geliefert.
Die Folge x ist nach unten durch 0 beschränkt, wie der folgende Nachweis wieder nach dem Prinzip der Vollständigen Induktion zeigt: Der Induktionsanfang ist mit $x_1 = 1 > 0$ gezeigt. Der Induktionsschritt ist mit der Induktionsvoraussetzung $x_{n1} > 0$ durch $x_{n+1} = \frac{9}{16}x_n + \frac{1}{4} > 0$ gezeigt.
Mit den bisherigen Berechnungen zeigt Satz 2.044.1/3, daß die Folge x konvergent ist. Ihr Grenzwert folgt aus $lim(x_n)_{n \in N_0} = lim(x_{n+1})_{n \in N_0} = lim(\frac{9}{16}x_n + \frac{1}{4})_{n \in N_0} = \frac{9}{16} \cdot lim(x_n)_{n \in N_0} + \frac{1}{4}$, womit dann $lim(x_n)_{n \in N_0} \cdot (1 - \frac{9}{16}) = \frac{1}{4}$ und schließlich $lim(x_n)_{n \in N_0} = \frac{1}{4} \cdot \frac{16}{7} = \frac{4}{7}$ ist.
Nun noch zum Mischungsverhältnis: Die Mischung enthielte nach unendlich vielen Schritten $\frac{4}{7}$ Liter Wein und $\frac{3}{7}$ Liter Wasser, das Verhältnis Wein zu Wasser ist also 4 : 3.

A2.044.03: In Bemerkung 2.044.3 zur *Regula falsi* wurde eine im Intervall $[a,b]$ (also zumindest teilweise) konvexe Funktion f, also eine Funktion mit Linkskrümmung in der Nähe der Nullstelle, sowie für das Intervall $[a,b]$ selbst o.B.d.A. der Fall $f(a) < 0$ und $f(b) > 0$ angenommen. Wie würde sich die Annahmen Konkavität (man sagt auch: Konvexität nach oben) und/oder $f(a) > 0$ und $f(b) < 0$ auf ein entsprechendes Verfahren und den Nachweis der Konvergenz auswirken?

B2.044.03: Mit Ausnahme der (für das gesamte Verfahren allerdings wessentlichen) Frage nach der Konvergenz sind die Arrangements zu der Lage der Funktion schon Inhalt der Aufgabe A2.010.12. Dort wurden die insgesamt vier Fälle unterschieden:

Fall a) Die Funktion $f : [a,b] \longrightarrow \mathbb{R}$ ist konvex (konvex nach unten) und es gilt $f(a) < 0$ und $f(b) > 0$.

Fall b) Die Funktion $f : [a,b] \longrightarrow \mathbb{R}$ ist konvex (konvex nach unten) und es gilt $f(a) > 0$ und $f(b) < 0$.

Fall c) Die Funktion $f : [a,b] \longrightarrow \mathbb{R}$ ist konkav (konvex nach oben) und es gilt $f(a) < 0$ und $f(b) > 0$.

Fall d) Die Funktion $f : [a,b] \longrightarrow \mathbb{R}$ ist konkav (konvex nach oben) und es gilt $f(a) > 0$ und $f(b) < 0$.

Der Fall a) ist in Bemerkung 2.044.3 beschrieben. Hier soll (exemplarisch) die Konvergenz der für den Fall c) zu ermittelnden Folge $x = (x_n)_{n \in \mathbb{N}}$ der Nullstellen x_n der Folge $s = (s_n)_{n \in \mathbb{N}}$ der Sekanten s_n nachgewiesen werden. Die Folge x ist rekursiv definiert durch:

Rekursionsanfang RA) $x(1) = a - \frac{1}{a_1} f(a)$ und dem

Rekursionsschritt RS) $x(n+1) = x_n - \frac{1}{a_{n+1}} f(x_n) = x(n) - \frac{1}{a_{n+1}} (f \circ x)(n)$

1. Die Folge $x : \mathbb{N} \longrightarrow \mathbb{R}$ ist streng antiton, denn:

a) Zunächst gilt $a < x(1)$, denn wegen $f(a) < 0$ und $a_1 > 0$ ist $x(1) - a = -\frac{f(a)}{a_1} > 0$.

b) Wie die folgenden Implikationen zeigen, gilt für alle $n \in \mathbb{N}$ stets $x(n+1) < x(n)$, wobei der nach Voraussetzung positive Anstieg a_{n+1} der Sekante s_{n+1} verwendet wird:

$f(x_n) > 0$ und $a_{n+1} > 0 \Rightarrow f(x_n) > 0$ und $\frac{1}{a_{n+1}} > 0 \Rightarrow \frac{1}{a_{n+1}} \cdot f(x_n) > 0 \Rightarrow -\frac{1}{a_{n+1}} \cdot f(x_n) < 0 \Rightarrow x(n+1) - x(n) < 0 \Rightarrow x(n+1) < x(n)$.

2. Die Folge $x : \mathbb{N} \longrightarrow \mathbb{R}$ ist schließlich nach unten durch a und nach oben durch b beschränkt, denn für alle Folgenglieder $x(n)$ gilt $x(n) \in (a,b)$.

A2.044.04: Beweisen Sie, daß die durch $x(1) = 1$ und $x(n+1) = \frac{1}{1+x(n)}$ rekursiv definierte und konvergente Folge $x : \mathbb{N} \longrightarrow \mathbb{R}$ den Grenzwert $\frac{1}{2}(\sqrt{5} - 1)$ besitzt. (Hinweis: Berechnen Sie den Grenzwert als Fixpunkt der Folge.) Geben Sie aber zunächst einige Folgenglieder an.

B2.044.04: Die Folge x hat die ersten sechs Folgenglieder $x(1) = 1$, $x(2) = \frac{1}{2}$, $x(3) = \frac{2}{3}$, $x(4) = \frac{3}{5}$, $x(5) = \frac{5}{8}$, $x(6) = \frac{8}{13}$. Für den Fixpunkt a der Folge x gilt $a = \frac{1}{1+a}$. Betrachtet man diese Beziehung als Gleichung für a, dann hat sie die Form $a^2 + a - 1 = 0$ und wegen $0 < x(n)$, für alle $n \in \mathbb{N}$, die Lösung $a = -\frac{1}{2} + \frac{1}{2}\sqrt{5} = \frac{1}{2}(-1 + \sqrt{5}) = \frac{1}{2}(\sqrt{5} - 1)$.

A2.044.05: Betrachten Sie die durch $x(1) = \frac{3}{2}$ und $x(n+1) = 3 - \frac{2}{x(n)}$ rekursiv definierte Folge $x : \mathbb{N} \longrightarrow \mathbb{R}$.

1. Zeigen Sie (mit Vollständiger Induktion), daß x streng monoton mit allen Folgengliedern in $\mathbb{R}^+$ ist.
2. Zeigen Sie, daß x nach oben beschränkt ist, und begründen Sie die Konvergenz von x.
3. Berechnen Sie den Grenzwert von x (als Fixpunkt von x).

B2.044.05: Zur Bearbeitung im einzelnen:

1. Der Beweis der Strengen Monotonie der Folge x wird nach dem Verfahren der Vollständigen Induktion (siehe Abschnitte 1.802 und 1.811) geführt, woraus dann mit $x(1) = \frac{3}{2}$ folgt, daß alle Folgenglieder in $\mathbb{R}^+$ enthalten sind:

Induktionsanfang IA): Es gilt $x(2) = 3 - \frac{2}{x(1)} = 3 - \frac{4}{3} = \frac{5}{3} > \frac{3}{2} = x(1)$.

Induktionsschritt IS): Unter der Voraussetzung $x(n-1) < x(n)$ wird nun $x(n) < x(n+1)$ gezeigt: Es gilt $x(n+1) - x(n) = 3 - \frac{2}{x(n)} - (3 - \frac{2}{x(n+1)}) = -\frac{2}{x(n)} + \frac{2}{x(n+1)} = \frac{2}{x(n+1)} - \frac{2}{x(n)} > 0$ nach der genannten Voraussetzung $x(n-1) < x(n)$.

2. Die Folge x ist durch die Zahl 3 nach oben beschränkt, denn die Folge $z = 3 - x$ mit $z(n) = 3 - x(n+1) = \frac{2}{x(n)}$ ist wegen der Strengen Monotonie von x streng antiton und konvergiert gegen die Zahl 0.

3. Für den Fixpunkt a der Folge x gilt $a = 3 - \frac{2}{a}$. Betrachtet man diese Beziehung als Gleichung für a, dann hat sie die Form $a^2 - 3a + 2 = 0$ und wegen $1 < x(n)$, für alle $n \in \mathbb{N}$, die Lösung $a = 2$, also hat die Folge x den Grenzwert 2.

A2.044.06: Betrachten Sie die durch $x(n) = 2^{-n}$ definierte Folge $x : \mathbb{N} \longrightarrow \mathbb{R}$.
1. Geben Sie x in rekursiver Darstellung an und zeigen Sie, daß x streng antiton und beschränkt ist.
2. Zeigen Sie ohne Rückgriff auf Teil 1 oder andere Verfahren, daß x gegen Null konvergiert.

B2.044.06: Zur Bearbeitung im einzelnen:

1a) Die Folge x hat die rekursive Darstellung durch $x(1) = \frac{1}{2}$, $x(n+1) = \frac{1}{2} \cdot x(n)$ für $n \in \mathbb{N}$.

1b) Die Folge x ist wegen $x(n+1) = \frac{1}{2} \cdot x(n) < x(n)$, für alle $n \in \mathbb{N}$, streng antiton. Ferner ist x nach unten durch 0 und nach oben durch $\frac{1}{2}$ beschränkt.

2. Zu beliebig vorgegebenem $\epsilon > 0$ liefern die Äquivalenzen $|0 - x_n| < \epsilon \Leftrightarrow |-\frac{1}{2^n}| < \epsilon \Leftrightarrow \frac{1}{2^n} < \epsilon \Leftrightarrow \frac{1}{\epsilon} < 2^n \Leftrightarrow log_2(\frac{1}{\epsilon}) < n$ den gesuchten Grenzindex $n(\epsilon) = [log_2(\frac{1}{\epsilon})]$.

A2.044.07: Beweisen Sie:
1. Ist $x : \mathbb{N} \longrightarrow \mathbb{R}_*$ eine nullkonvergente Folge, dann konvergiert die Folge $z : \mathbb{N} \longrightarrow \mathbb{R}$ mit $z_n = \frac{sin(x_n)}{x_n}$ gegen 1. (Argumentieren Sie anschaulich am Einheitskreis, verwenden Sie dabei auch cos.)
2. Ist $x : \mathbb{N} \longrightarrow \mathbb{R} \setminus \{\frac{\pi}{2}\}$ eine gegen $\frac{\pi}{2}$ konvergente Folge, dann konvergiert die Folge $z : \mathbb{N} \longrightarrow \mathbb{R}$ mit $z_n = \frac{cos(x_n)}{x_n - \frac{\pi}{2}}$ gegen -1. (Verwenden Sie Aufgabenteil 1.)
3. Ist $x : \mathbb{N} \longrightarrow \mathbb{R}_*$ eine nullkonvergente Folge, dann konvergiert $z : \mathbb{N} \longrightarrow \mathbb{R}$ mit $z_n = sin(\frac{1}{x_n})$ nicht.

B2.044.07: Zur Bearbeitung im einzelnen:

1. Beweis: Der folgende, in Schulbüchern häufig auftretende Beweis verwendet stillschweigend die Stetigkeit der Cosinus-Funktion (siehe Abschnitt 2.236): Es sei $x : \mathbb{N} \longrightarrow \mathbb{R} \setminus \{0\}$ eine beliebige nullkonvergente Folge, dann wird gezeigt, daß für die Bildfolge $g \circ x$ dann $lim(g \circ x) = 1$ gilt. Zunächst betrachte man gemäß nebenstehender Skizze den Flächeninhalt $A_n = \pi r^2 \frac{x_n}{2\pi} = \frac{1}{2} r^2 x_n$ für Folgenglieder $x_n < \frac{\pi}{4}$. Wird der Einheitskreis betrachtet, so ist mit $r = 1$ dann $A_n = \frac{1}{2} x_n$. Mit den eingezeichneten Dreiecksflächen gilt dann die Beziehung $\frac{1}{2} sin(x_n) cos(x_n) < A_n = \frac{1}{2} x_n < \frac{1}{2} tan(x_n)$, also $cos(x_n) < \frac{x_n}{sin(x_n)} < \frac{1}{tan(x_n)}$ und somit dann $\frac{1}{cos(x_n)} > \frac{sin(x_n)}{x_n} > cos(x_n)$, für alle $n \in \mathbb{N}$ und $cos(x_n) \neq 0$.

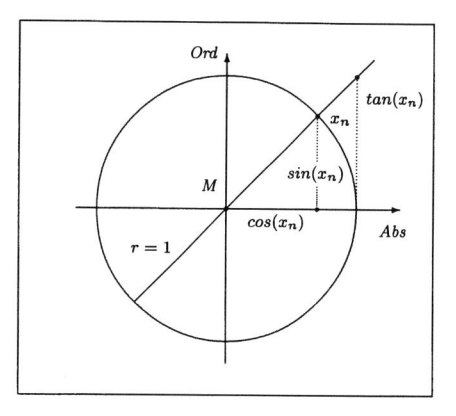

Da die Cosinus-Funktion stetig ist, ist $1 = cos(0) = cos(lim(x)) = lim(cos \circ x)$, somit folgt aus der obigen Beziehung nach Satz 2.044.3 die Konvergenz der Folge $(\frac{sin(x_n)}{x_n})_{n \in \mathbb{N}}$ und damit dann die Abschätzung $1 = \frac{1}{lim(cos \circ x)} \geq lim(\frac{sin(x_n)}{x_n})_{n \in \mathbb{N}} = lim(g \circ x) \geq lim(cos \circ x) = 1$, also, wie behauptet, $lim(g \circ x) = 1$.

2. Unter Verwendung der Beziehung $cos(x) = sin(x + \frac{1}{2}\pi) = -sin(x - \frac{1}{2}\pi)$ gilt für die zu betrachtenden Folgenglieder $\frac{cos(x_n)}{x_n - \frac{1}{2}\pi} = (-1) \cdot \frac{sin(x_n - \frac{1}{2}\pi)}{x_n - \frac{1}{2}\pi}$. Da nach Voraussetzung die Folge $x - \frac{1}{2}\pi$ gegen 0 konvergiert, konvergiert nach Aufgabenteil 1 die Folge z gegen $(-1) \cdot 1 = -1$.

3. Ist $k \in \mathbb{N}$ beliebig (groß) gewählt, so enthält die Menge $\{z_n \mid n \geq k\}$ stets noch alle Zahlen aus $Bild(sin) = [-1, 1]$, z kann also nicht konvergieren.

2.045 Strukturen auf $Kon(\mathbb{Q})$ und $Kon(\mathbb{R})$ (Teil 1)

A2.045.01: Beweisen Sie die Teile 2 und 3 von Satz 2.045.1, aber ohne dabei die anderen Beweisteile von Satz 2.045.1 zu verwenden: Sind $x, z : \mathbb{N} \longrightarrow \mathbb{R}$ konvergente Folgen, dann ist

2. die Differenz $x - z : \mathbb{N} \longrightarrow \mathbb{R}$ konvergent und es gilt $lim(x - z) = lim(x) - lim(z)$,

3. jedes $\mathbb{R}$-Produkt $ax : \mathbb{N} \longrightarrow \mathbb{R}$ konvergent und es gilt $lim(ax) = a \cdot lim(x)$.

B2.045.01: Zur Bearbeitung der Aufgabe im einzelnen:

2. Zu beliebig, aber fest vorgegebenem $\epsilon > 0$ ist ein Grenzindex $n(\epsilon) \in \mathbb{N}$ mit $|(x_n - z_n) - (x_0 - z_0)| < \epsilon$, für alle $n \geq n(\epsilon)$ gesucht, wobei $x_0 = lim(x)$ und $z_0 = lim(z)$ bezeichne. Zunächst liefert die Konvergenz von x und z gegen die angegebenen Grenzwerte x_0 und z_0 zu $\frac{\epsilon}{2}$ Grenzindices $n(\frac{\epsilon}{2})$ und $m(\frac{\epsilon}{2})$ mit $|x_n - x_0| < \frac{\epsilon}{2}$, für alle $n \geq n(\frac{\epsilon}{2})$ und $|z_n - z_0| < \frac{\epsilon}{2}$, für alle $n \geq m(\frac{\epsilon}{2})$. Folglich gilt dann unter Verwendung der Beziehung $|a - b| \leq |a + b| \leq |a| + |b|$ (eine der sogenannten Dreiecksungleichungen (Satz 1.632.4b)) die Abschätzung $|(x_n - z_n) - (x_0 - z_0)| = |(x_n - x_0) - (z_n - z_0)| \leq |x_n - x_0| + |z_n - z_0| < \frac{\epsilon}{2} + \frac{\epsilon}{2} = \epsilon$, für alle $n \geq max(n(\frac{\epsilon}{2}), m(\frac{\epsilon}{2}))$. Damit ist $n(\epsilon) = max(n(\frac{\epsilon}{2}), m(\frac{\epsilon}{2}))$ der gesuchte Grenzindex.

3. Zu beliebig, aber fest vorgegebenem $\epsilon > 0$ ist ein Grenzindex $n(\epsilon) \in \mathbb{N}$ mit $|ax_n - ax_0| < \epsilon$, für alle $n \geq n(\epsilon)$ gesucht, wobei $x_0 = lim(x)$ bezeichne.
Fall 1: Es sei $a = 0$. dann ist $ax = 0$ die konstante Nullfolge mit $lim(0) = 0$ und es gilt $lim(0 \cdot x) = lim(0) = 0 \cdot lim(x)$.
Fall 2: Es sei $a \neq 0$. Die Konvergenz von x gegen x_0 liefert dann zu $\epsilon_1 = \frac{\epsilon}{|a|}$ zunächst einen Grenzindex $n(\epsilon_1)$ mit $|(x_n - x_0)| < \epsilon_1$, für alle $n \geq n(\epsilon_1)$. Unter Verwendung der Beziehung $|ab| = |a||b|$ in Satz 1.632.3 ist dann $|ax_n - ax_0| = |a(x_n - x_0)| = |a||x_n - x_0| < |a|\epsilon_1 = |a|\frac{\epsilon}{|a|} = \epsilon$, für alle $n \geq n(\epsilon) = n(\epsilon_1)$. Damit ist $n(\epsilon) = n(\epsilon_1)$ der gesuchte Grenzindex.

A2.045.02: Begründen Sie die folgenden Konvergenz-Aussagen:

1. Es gilt: $lim((\frac{2^n}{n!} - \frac{n+2}{n+1})(1 + (-1)^n(\frac{2}{3})^n))_{n \in \mathbb{N}} = -1$.

2. Es gilt: $lim(\frac{n^2 + 10n^3 - 20n}{n + n^2 + 60n^3})_{n \in \mathbb{N}} = \frac{1}{6}$ und $lim(\frac{10n^2 + n^5 - 1}{n + 10n^6 - 1})_{n \in \mathbb{N}} = 0$.

B2.045.02: Zu den genannten Folgen werden jeweils Zerlegungen in konvergente Bausteine angegeben:

1. Es gilt $(\frac{2^n}{n!} - \frac{n+2}{n+1})(1 + (-1)^n(\frac{2}{3})^n) = (\frac{2^n}{n!} - \frac{n+2}{n+1})(1 + (-1)^n(\frac{2}{3})^n) = (\frac{2^n}{n!} - 1 - \frac{1}{n+1})(1 + (-\frac{2}{3})^n)$.

2. Es gilt $\frac{n^2 + 10n^3 + 20n}{n + n^2 + 60n^3} = \frac{\frac{1}{n} + 10 + \frac{20}{n^2}}{\frac{1}{n^2} + \frac{1}{n} + 60}$ und $\frac{10n^2 + n^5 - 1}{n + 10n^6 - 1} = \frac{\frac{10}{n^4} + \frac{1}{n} - \frac{1}{n^6}}{\frac{1}{n^5} + 10 - \frac{1}{6^n}}$.

A2.045.03: Es sei $x : \mathbb{N} \longrightarrow \mathbb{R}$ eine Folge der Form $x = \frac{u}{v}$ (siehe Beispiele 2.045.3/2). Welche Schlüsse kann man aus $lim(\frac{u}{v}) = \frac{3}{5}$ oder aus $lim(\frac{u}{v}) = 0$ für das Konvergenz-Verhalten von u, v und $\frac{v}{u}$ jeweils ziehen?

B2.045.03: Zur Bearbeitung der Aufgabe im einzelnen:
a) Im Fall $lim(\frac{u}{v}) = \frac{3}{5}$ muß $lim(u) = 3$, $lim(v) = 5$ und $lim(\frac{v}{u}) = \frac{5}{3}$ gelten.
b) Im Fall $lim(\frac{u}{v}) = 0$ muß $lim(u) = 0$ und $lim(v) = a \neq 0$ gelten, also hat $\frac{v}{u}$ keinen Grenzwert.

A2.045.04: Bekanntlich wird die reelle Zahl $\sqrt{2}$ durch eine Intervall-Schachtelung $([x_n, z_n])_{n \in \mathbb{N}}$ mit rationalen Zahlen $x_n, z_n \in \mathbb{Q}$ (mit $x_n = 1$ und $z_n = 2$) definiert. Konvergieren die Folgen $(x_n)_{n \in \mathbb{N}}$ und $(z_n)_{n \in \mathbb{N}}$ und kann man die Formel $lim(x - z) = lim(x) - lim(z)$ anwenden?

B2.045.04: Die Folgen $(x_n)_{n \in \mathbb{N}}$ und $(z_n)_{n \in \mathbb{N}}$ konvergieren nur als $\mathbb{R}$-Folgen, dann mit $lim(x_n)_{n \in \mathbb{N}} = lim(z_n)_{n \in \mathbb{N}} = \sqrt{2}$, nicht aber als $\mathbb{Q}$-Folgen. Insofern kann man die Formel $lim(x - z) = lim(x) - lim(z)$ nur im ersten Fall anwenden, im zweiten Fall existiert nur $lim(x - z)$ mit $lim(x - z) = 0$, aber nicht $lim(x)$ und $lim(z)$.

A2.045.05: Berechnen Sie das Volumen $V(r)$ der Halbkugel mit Radius r als Grenzwert einer Folge, deren Folgenglieder Summen von Zylindervolumina gemäß einer der beiden folgenden Skizzen (Außenzylinder und Innenzylinder) sind. (Es soll hier nicht die in Abschnitt 2.652 genannte Methode der Riemann-Integration verwendet werden.)

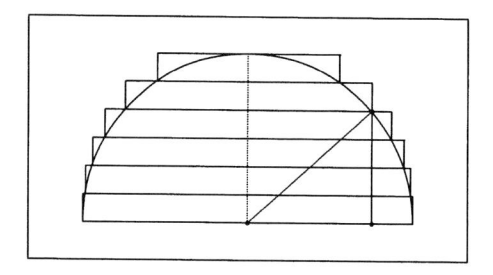

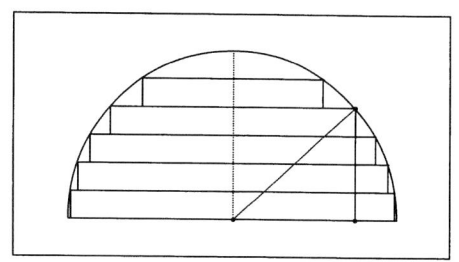

B2.045.05: Gemäß nebenstehender Skizze werden zu $n \in \mathbb{N}$ Außenzylinder Z_{nk} mit $1 \leq k \leq n$ derselben Höhe $\frac{r}{n}$ betrachtet (die Skizze zeigt zu $n = 6$ die sechs Außenzylinder $Z_{61}, ..., Z_{66}$). Die Grundkreisradien r_{nk} der Zylinder Z_{nk} liefert der *Satz des Pythagoras* vermöge der Beziehung

$$(r_{nk})^2 = r^2 - (k \cdot \tfrac{r}{n})^2 = \tfrac{r^2}{n^2}(n^2 - k^2).$$

Mit Hilfe dieser Quadrate der Radien r_{nk} haben die Zylinder Z_{nk} jeweils das Volumen

$$V(Z_{nk}) = \pi \cdot (r_{nk})^2 \cdot \tfrac{r}{n} = \pi \cdot \tfrac{r^3}{n^3}(n^2 - k^2).$$

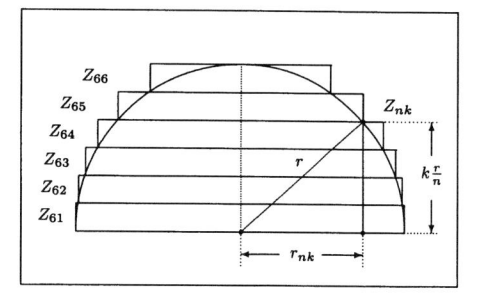

Im nächsten Schritt wird nun die Summe $\sum_{1 \leq k \leq n} V(Z_{nk})$ der n Zylinder berechnet: Unter Verwendung der in Beispiel 1.815.1 bewiesenen Beziehung $\sum_{1 \leq k \leq n} k^2 = \frac{1}{6}(n+1)(2n+1)$ gilt dann $\sum_{1 \leq k \leq n} V(Z_{nk}) = \sum_{1 \leq k \leq n} (\pi \cdot \tfrac{r^3}{n^3}(n^2 - k^2)) = \pi \cdot \tfrac{r^3}{n^3} \cdot \sum_{1 \leq k \leq n}(n^2 - k^2) = \pi \cdot \tfrac{r^3}{n^3} \cdot (n^3 - \sum_{1 \leq k \leq n} k^2) = \pi \cdot \tfrac{r^3}{n^3} \cdot (n^3 - \frac{1}{6}(n+1)(2n+1)) = \pi \cdot r^3 \cdot (1 - \frac{1}{6} \cdot \frac{n}{n} \cdot \frac{n+1}{n} \cdot \frac{2n+1}{n})$. Wie man an dieser Beziehung leicht erkennen kann, ist mit $lim(\frac{n+1}{n})_{n \in \mathbb{N}} = 1$ und $lim(\frac{2n+1}{n})_{n \in \mathbb{N}} = 2$ auch die Folge $(\sum_{1 \leq k \leq n} V(Z_{nk}))_{n \in \mathbb{N}}$ konvergent mit dem Grenwert

$$V(r) = lim(\sum_{1 \leq k \leq n} V(Z_{nk}))_{n \in \mathbb{N}} = \pi \cdot r^3 \cdot (1 - \tfrac{1}{6} \cdot 1 \cdot 1 \cdot 2) = \pi \cdot r^3 \cdot (1 - \tfrac{1}{3}) = \tfrac{2}{3} \cdot \pi \cdot r^3 \text{ (VE)}.$$

Anmerkung: Verwendet man anstelle der Außenzylinder entsprechende Innenzylinder, dann kann dieselbe Berechnung vorgenommen werden, allerdings mit der kleinen technischen Nuance – die auch die zweite Skizze in der Aufgabe schon zeigt – daß bei einer n-Zerlegung des Radius' r nur $n - 1$ Zylindervolumina addiert werden.

A2.045.06: Mit welchen Verfahren läßt sich wie die Aussage $lim(\frac{1}{n^2})_{n \in \mathbb{N}} = 0$ begründen?

B2.045.06: Solche Verfahren sind im einzelnen:

a) Zunächst kann Definition 2.040.1/1 als Handlungsanleitung verwendet werden, etwa nach dem Muster von Beispiel 2.040.3/1: Zu einem beliebig vorgegebenen Abstand $\epsilon > 0$ ist ein zugehöriger Grenzindex $n(\epsilon)$ zu ermitteln, wofür dann $|\frac{1}{n^2} - 0| < \epsilon$, für alle $n \geq n(\epsilon)$ gilt. Eine entsprechende Berechnung zeigt $n(\epsilon) = [\sqrt{\frac{1}{\epsilon}}]$ als nächst größere ganze Zahl zu $\sqrt{\frac{1}{\epsilon}}$.

b) Wenn man $lim(\frac{1}{n})_{n \in \mathbb{N}} = 0$ voraussetzt, so liefert Satz 2.045.1/4 die Konvergenz von $(\frac{1}{n^2})_{n \in \mathbb{N}}$ als Produkt zweier konvergenter Folgen mit dem Grenzwert $lim(\frac{1}{n^2})_{n \in \mathbb{N}} = lim(\frac{1}{n})_{n \in \mathbb{N}} \cdot lim(\frac{1}{n})_{n \in \mathbb{N}} = 0 \cdot 0 = 0$.

c) Setzt man wieder $lim(\frac{1}{n})_{n \in \mathbb{N}} = 0$ sowie $lim(0)_{n \in \mathbb{N}} = 0$ (als konstante Folge) voraus, so liefert Satz

2.044.4 (Verfahren der Intervallschachtelung) die Behauptung, denn es gilt $0 \leq \frac{1}{n^2} \leq \frac{1}{n}$, für alle $n \in \mathbb{N}$ (wie man im übrigen mit dem Prinzip der Vollständigen Induktion (Abschnitt 1.802) nachweist).

d) Weiterhin kann man Satz 2.044.1/2 heranziehen, wonach zu zeigen ist, daß die Folge $(\frac{1}{n^2})_{n \in \mathbb{N}}$ antiton und nach unten beschränkt ist und dann gegen 0 als größte untere Schranke (Infimum) konvergiert.

e) Schließlich kann man auch den Inhalt der Aufgabe A2.045.07 verwenden, sofern das asymptotische Verhalten zur Abszisse von h^2 zu der dort genannten Funktion h bekannt ist.

A2.045.07: Was hat die Hyperbel $h : \mathbb{R}^+ \longrightarrow \mathbb{R}$ mit $h(z) = \frac{1}{z}$ mit der Folge $(\frac{1}{n})_{n \in \mathbb{N}}$ zu tun? Geben Sie weitere solche Verwandtschaftsverhältnisse zwischen Funktionen und (konvergenten) Folgen an und kommentieren Sie deren Nutzen.

B2.045.07: Zur Bearbeitung der Aufgabe im einzelnen:

1. Man kann das Verhältnis der Funktion (Hyperbel) $h : \mathbb{R}^+ \longrightarrow \mathbb{R}$ mit $h(z) = \frac{1}{z}$ zu der Folge $x = (\frac{1}{n})_{n \in \mathbb{N}}$ mit $lim(\frac{1}{n})_{n \in \mathbb{N}} = 0$ aus zweierlei Blickwinkeln betrachten:

a) Setzt man voraus, daß h die Null-Funktion (Abszisse) als asymptotische Funktion besitzt, so folgt daraus, daß die Folge x als Einschränkung $x = h \,|\, \mathbb{N} : \mathbb{N} \longrightarrow \mathbb{R}$ gegen 0 konvergiert. (Die Umkehrung dieser Folgerung setzt nähere Kenntnis der Funktion h voraus, etwa die Tatsache, daß h keine Extrema besitzt.)

b) Man kann die Folge $x = (\frac{1}{n})_{n \in \mathbb{N}}$ als sogenannte Testfolge verwenden, um beispielsweise das Verhalten von h in kleinen Umgebungen von 0 zu ermitteln: Da die Bildfolge $h \circ x$ mit $(h \circ x)(n) = h(\frac{1}{n}) = n$ offenbar konvergent in $\mathbb{R}^\star$ mit $lim(h \circ x) = \star$ ist, kann man sagen: In kleinen Umgebungen von 0 verhält sich h asymptotisch zur Ordinate.

2. Setzt man voraus, daß eine Funktion $f : \mathbb{R} \longrightarrow \mathbb{R}$ die konstante Funktion $a : \mathbb{R} \longrightarrow \mathbb{R}$ mit $a(z) = a_0$ als asymptotische Funktion besitzt, so folgt daraus, daß die Folge $x = f \,|\, \mathbb{N} : \mathbb{N} \longrightarrow \mathbb{R}$ als Einschränkung von f gegen a_0 konvergiert.

3. Setzt man die Kenntnis der Exponential-Funktionen exp_a, insbesondere die ihres Monotonie-Verhaltens in Abhängigkeit der Basis a voraus, so kann man folgern: Für $0 < a < 1$ sind die Folgen $x = (a^n)_{n \in \mathbb{N}}$ als Einschränkungen $x = exp_a \,|\, \mathbb{N} : \mathbb{N} \longrightarrow \mathbb{R}$ nullkonvergent. Gilt hingegen $a > 1$, so sind die Folgen $x = (a^n)_{n \in \mathbb{N}}$ wieder als Einschränkungen $x = exp_a \,|\, \mathbb{N} : \mathbb{N} \longrightarrow \mathbb{R}$ monoton und nach oben nicht beschränkt, also konvergent in $\mathbb{R}^\star$ mit $lim(x) = \star$.

4. Ein ähnliches Wechselspiel zwischen Funktion und Folgen liegt auch für die Aufgabe A2.957.02 noch näher untersuchte Funktion $f_a : \mathbb{R} \setminus \{0\} \longrightarrow \mathbb{R}$, definiert durch $f_a(x) = (e^{\frac{1}{x}} - a)^2$ mit $a \in \mathbb{R}^+ \setminus \{1\}$ vor:

a) Mit den nullkonvergenten Folgen $x = (-\frac{1}{n})_{n \in \mathbb{N}}$ und $y = (\frac{1}{n})_{n \in \mathbb{N}}$ gilt im einzelnen:
Die Bildfolge $f_a \circ x$ hat die Darstellung $(f_a \circ x)(n) = f_a(-\frac{1}{n}) = (e^{-n} - a)^2 = (\frac{1}{e^n} - a)^2$ und konvergiert wegen $lim(\frac{1}{e^n})_{n \in \mathbb{N}} = 0$ gegen $lim(f_a \circ x) = (0-a)^2 = a^2$.
Die Bildfolge $f_a \circ y$ hat die Darstellung $(f_a \circ y)(n) = f_a(\frac{1}{n}) = (e^n - a)^2$. Da die Folge $(e^n)_{n \in \mathbb{N}}$ monoton und nach oben unbeschränkt ist, hat auch die Folge $f_a \circ y$ diese Eigenschaften, folglich ist $f_a \circ y$ divergent, aber in $\mathbb{R}^\star$ konvergent gegen $lim(f_a \circ y) = \star$. (Das bedeutet insbesondere, daß die Ordinate senkrechte Asymptote zu f_a ist.)

b) Mit den beiden Folgen $x = (n)_{n \in \mathbb{N}}$ und $y = (-n)_{n \in \mathbb{N}}$ gilt:
Die Bildfolge $f_a \circ x$ hat die Darstellung $(f_a \circ x)(n) = f_a(n) = (e^{\frac{1}{n}} - a)^2$. Da nun aber die Folge $(e^{\frac{1}{n}})_{n \in \mathbb{N}}$ gegen 1 konvergiert, konvergiert die Folge $f_a \circ x$ gegen $lim(f_a \circ x) = (1-a)^2$.
Die Bildfolge $f_a \circ y$ hat die Darstellung $(f_a \circ x)(n) = f_a(-n) = (e^{-\frac{1}{n}} - a)^2$. Da nun aber die Folge $(e^{-\frac{1}{n}})_{n \in \mathbb{N}}$ gegen 1 konvergiert, konvergiert die Folge $f_a \circ y$ ebenfalls gegen $lim(f_a \circ y) = (1-a)^2$.
Damit ist die konstante Funktion $c_a : \mathbb{R} \longrightarrow \mathbb{R}$ mit $c_a(x) = (1-a)^2$ die asymptotische Funktion zu f_a.

A2.045.08: Berechnen Sie die Grenzwerte der Folgen $x, z : \mathbb{N} \longrightarrow \mathbb{R}$ mit Darstellungen der Form
$$x = ((\tfrac{n+2}{n+1})^{3n-1})_{n \in \mathbb{N}} \quad \text{und} \quad z = ((\tfrac{n+4}{n+5})^{2n+4})_{n \in \mathbb{N}}.$$

Hinweis: Beachten Sie – neben Satz 2.045.1 – auch Beispiel 2.044.2/3.

B2.045.08: Zur Bearbeitung der Aufgabe im einzelnen:

1. Zunächst besitzt die Folge x eine Darstellung als Produkt $x = uv$ mit Folgen $u, v : \mathbb{N} \longrightarrow \mathbb{R}$ mit den Folgengliedern $u_n = (\frac{n+2}{n+1})^{3n} = ((\frac{n+2}{n+1})^n)^3$ und $v_n = (\frac{n+2}{n+1})^{-1}$.
Im folgenden wird nun $lim(u) = e^3$ und $lim(v) = 1$ gezeigt, woraus unter Verwendung von Satz 2.045.1/4 dann die Beziehung $lim(x) = lim(uv) = lim(u) \cdot lim(v) = e^3 \cdot 1 = e^3$ folgt.

a) Mit der Festsetzung $m = n+1$ besitzt die Folge $u : \mathbb{N} \setminus \{1\} \longrightarrow \mathbb{R}$ eine Darstellung als Produkt $u = s^3 t^3$ mit Folgen $s, t : \mathbb{N} \longrightarrow \mathbb{R}$ mit $s_m = (1 + \frac{1}{m})^m$ und $t_m = (1 + \frac{1}{m})^{-1} = \frac{1}{1+\frac{1}{m}}$, denn es gilt $u_{n+1} = u_m = (\frac{m+1}{m})^{3(m-1)} = (1 + \frac{1}{m})^{3m-3} = ((1+\frac{1}{m})^m)^3 \cdot (1+\frac{1}{m})^{-3} = s_m^3 \cdot t_m^3$.
Da nun $lim(s) = e$ (siehe Beispiel 2.044.2/3) und somit $lim(s^3) = e^3$ (nach Satz 2.045.1/4), ferner $lim(t) = 1$ (nach Satz 2.045.1/5) und somit $lim(t^3) = 1$ (nach Satz 2.045.1/4) gilt, gilt insgesamt die oben genannte Beziehung $lim(u) = lim(s^3 t^3) = lim(s^3) \cdot lim(t^3) = e^3 \cdot 1 = e^3$.

b) Die Folge $v : \mathbb{N} \longrightarrow \mathbb{R}$ besitzt eine Darstellung als Summe $u = s + t$ mit Folgen $s, t : \mathbb{N} \longrightarrow \mathbb{R}$ mit $s_n = \frac{1}{1+\frac{2}{n}}$ und $t_n = \frac{1}{n+2}$, denn es gilt $v_n = (\frac{n+2}{n+1})^{-1} = \frac{n+1}{n+2} = \frac{n}{n+2} + \frac{1}{n+2} = (\frac{n+2}{n})^{-1} + \frac{1}{n+2} = (1+\frac{2}{n})^{-1} + \frac{1}{n+2} = \frac{1}{1+\frac{2}{n}} + \frac{1}{n+2} = s_n + t_n$.
Da nun $lim(s) = 1$ (nach Satz 2.045.1/6) und $lim(t) = 0$ gilt, gilt (nach Satz 2.045.1/1) insgesamt die oben genannte Beziehung $lim(v) = lim(s+t) = lim(s) + lim(t) = 1 + 0 = 1$.

2. Zunächst besitzt die Folge z eine Darstellung als Produkt $z = uv$ mit Folgen $u, v : \mathbb{N} \longrightarrow \mathbb{R}$ mit den Folgengliedern $u_n = (\frac{n+4}{n+5})^{2n} = (\frac{n+5}{n+4})^{-2n} = (1+\frac{1}{n+4})^{-2n}$ und $v_n = (\frac{n+4}{n+5})^4 = (\frac{n+5}{n+4})^{-4} = (1+\frac{1}{n+4})^{-4}$.
Im folgenden wird nun $lim(u) = e^{-2}$ und $lim(v) = 1$ gezeigt, woraus unter Verwendung von Satz 2.045.1/4 dann die Beziehung $lim(z) = lim(uv) = lim(u) \cdot lim(v) = e^{-2} \cdot 1 = e^{-2}$ folgt.

a) Mit der Festsetzung $m = n+4$ besitzt die Folge $u : \mathbb{N} \setminus \{1,2,3,4\} \longrightarrow \mathbb{R}$ eine Darstellung als Produkt $u = s^{-2} t^8$ mit Folgen $s, t : \mathbb{N} \longrightarrow \mathbb{R}$ mit $s_m = (1+\frac{1}{m})^m$ und $t_m = 1 + \frac{1}{m}$, denn es gilt die Beziehung $u_{n+4} = u_m = (1+\frac{1}{m})^{-2(m-4)} = (1+\frac{1}{m})^{-2m+8} = ((1+\frac{1}{m})^m)^{-2} \cdot (1+\frac{1}{m})^8 = s_m^{-2} \cdot t_m^8$.
Da nun $lim(s) = e$ (siehe Beispiel 2.044.2/3) und somit $lim(s^{-2}) = e^{-2}$ (nach Satz 2.045.1/4/6), ferner $lim(t) = 1$ (nach Satz 2.045.1/5) und somit $lim(t^8) = 1$ (nach Satz 2.045.1/4) gilt, gilt insgesamt die oben genannte Beziehung $lim(u) = lim(s^{-2}t^8) = lim(s^{-2}) \cdot lim(t^8) = e^{-2} \cdot 1 = e^{-2}$.

b) Da die Folge $s : \mathbb{N} \longrightarrow \mathbb{R}$ mit $s_n = 1 + \frac{1}{n+4}$ gegen 1 konvergiert, konvergiert nach Satz 2.045.1/6 auch die Folge v gegen 1.

A2.045.09: Berechnen Sie die Grenzwerte der Folgen $x, z : \mathbb{N}_0 \longrightarrow \mathbb{R}$ mit Darstellungen der Form
$$x = (\sum_{0 \leq k \leq n} \frac{1}{(2k+1)(2k+3)})_{n \in \mathbb{N}} \quad \text{und} \quad z = (1 + \sum_{0 \leq k \leq n} \frac{2}{(3k+2)(3k+5)})_{n \in \mathbb{N}}.$$

Hinweis: Stellen Sie (mit Beweis) die Folgenglieder x_n und z_n jeweils in der Form $\frac{p(n)}{q(n)}$ dar.

B2.045.09: Zur Bearbeitung der Aufgabe im einzelnen:

1. Zunächst gilt $x_n = \sum_{0 \leq k \leq n} \frac{1}{(2k+1)(2k+3)} = \frac{n+1}{2n+3}$, wie das Prinzip der Vollständigen Induktion zeigt:

Induktionsanfang: Für $n = 0$ gilt einerseits $x_0 = \sum_{0 \leq k \leq 0} \frac{1}{(2k+1)(2k+3)} = \frac{1}{3}$ und andererseits $\frac{0+1}{2 \cdot 0+3} = \frac{1}{3}$.

Induktionsschritt von n nach $n+1$: Es gilt $x_{n+1} = \sum_{0 \leq k \leq n+1} \frac{1}{(2k+1)(2k+3)}$
$= (\sum_{0 \leq k \leq n} \frac{1}{(2k+1)(2k+3)}) + \frac{1}{(2(n+1)+1)(2(n+1)+3)} = \frac{n+1}{2n+3} + \frac{1}{(2n+3)(2n+5)} = \frac{1}{2n+3}(n+1+\frac{1}{2n+5})$
$= \frac{1}{2n+3} \cdot \frac{2n^2+7n+6}{2n+5} = \frac{1}{2n+3} \cdot \frac{(2n+3)(n+2)}{2n+5} = \frac{n+2}{2n+5} = \frac{(n+1)+1}{2(n+1)+3}$.

Bezüglich $x_n = \frac{n+1}{2n+3}$ liefert die Erweiterungsmethode in Beispiel 2.045.3/2/3 dann $lim(x) = \frac{1}{2}$.

2. Zunächst gilt $z_n = 1 + \sum_{0 \leq k \leq n} \frac{2}{(3k+2)(3k+5)} = 1 + \frac{n+1}{3n+5}$, wie man wieder nach dem Prinzip der Vollständigen Induktion zeigt. Bezüglich der Darstellung $z_n = 1 + \frac{n+1}{3n+5}$ liefert die Erweiterungsmethode in Beispiel 2.045.3/2/3 dann $lim(x) = 1 + \frac{1}{3} = \frac{4}{3}$.

Anmerkung: Man kann auch mit den Darstellungen $x_n = \frac{1}{2} - \frac{1}{4n+6}$ und $z_n = \frac{4}{3} - \frac{2}{9n+15}$ argumentieren.

A2.045.10: Betrachten Sie die Folge $x : \mathbb{N} \longrightarrow \mathbb{R}$ mit $x_n = (1 + \frac{1}{n})(1 + \frac{1}{n+1})(1 + \frac{1}{n+2}) \cdot \ldots \cdot (1 + \frac{1}{2n-1})$.
a) Einerseits liefert jeder Faktor eine gegen 1 konvergierende Folge, folglich ist
$lim(x_n)_{n \in \mathbb{N}} = lim(1 + \frac{1}{n})_{n \in \mathbb{N}} \cdot lim(1 + \frac{1}{n+1})_{n \in \mathbb{N}} \cdot lim(1 + \frac{1}{n+2})_{n \in \mathbb{N}} \cdot \ldots \cdot lim(1 + \frac{1}{2n-1})_{n \in \mathbb{N}} = 1 \cdot \ldots \cdot 1 = 1$.
b) Andererseits gilt $x_n = \frac{n+1}{n} \cdot \frac{n+2}{n+1} \cdot \frac{n+3}{n+2} \cdot \ldots \cdot \frac{2n}{2n-1} = \frac{2n}{n} = 2$, folglich ist $lim(x_n)_{n \in \mathbb{N}} = 2$.
Da kann offenbar etwas nicht stimmen. Was ist faul an dieser Argumentation?

B2.045.10: Nur als Hinweis: Man betrachte die Anzahl der Faktoren der Folge $x : \mathbb{N} \longrightarrow \mathbb{R}$.

A2.045.11: Zeigen Sie für die Folge $x : \mathbb{N} \longrightarrow \mathbb{R}$ mit $x_n = \binom{n}{k} \cdot n^{-k}$ den Grenzwert $lim(x) = \frac{1}{k!}$.

B2.045.11: Mit konstanter Zahl $k \in \mathbb{N}$ haben die einzelnen Folgenglieder zunächst die Darstellung
$x_n = \binom{n}{k} \cdot n^{-k} = \frac{n!}{k! \cdot (n-k)!} \cdot n^{-k} = \frac{1}{k!} \cdot \frac{n!}{n^k \cdot (n-k)!} = \frac{1}{k!} \cdot \frac{n-k+1}{n} \cdot \frac{n-k+2}{n} \cdot \ldots \cdot \frac{n-1}{n} \cdot \frac{n}{n}$ und gekürzt dann
$x_n = \frac{1}{k!} \cdot (1 - \frac{k-1}{n}) \cdot (1 - \frac{k-2}{n}) \cdot \ldots \cdot (1 - \frac{1}{n})$. Dabei sind alle beteiligten Faktoren konvergent, der erste Faktor als konstante Folge, die anderen konvergent gegen 1, folglich gilt $lim(x) = \frac{1}{k!} \cdot 1 \cdot \ldots \cdot 1 = \frac{1}{k!}$.

A2.045.12: Geben Sie zu den drei (beispielhaft gewählten) Folgen $u, v, w : \mathbb{N} \longrightarrow \mathbb{R}$ mit den konkreten Darstellungen $u_n = n^{-100} \cdot (-0,9)^n$ sowie $v_n = n^0 \cdot 0^n$ und $w_n = n^{100} \cdot 0,9^n$ eine allgemeine Version $x : \mathbb{N} \longrightarrow \mathbb{R}$ an und beweisen Sie (unter Verwendung von Aufgabe A2.045.11) dann $lim(x) = 0$.

B2.045.12: Die drei beispielhaft gewählten Folgen $u, v, w : \mathbb{N} \longrightarrow \mathbb{R}$ haben die allgemeine Version $x : \mathbb{N} \longrightarrow \mathbb{R}$ mit $x_n = n^k \cdot a^n$, wobei $k \in \mathbb{Z}$ und a aus dem Intervall $(-1, 1)$ beliebig gewählt werden kann. Für diese Folge wird nun $lim(x) = 0$ gezeigt:
a) Gilt $k \leq 0$, dann gilt $|x_n| = |n^k| \cdot |a^n| \leq |a^n|$, womit die Behauptung sofort aus Beispiel 2.044.5/6 folgt.
b) Es sei nun $k > 0$ sowie $n > k + 1$, ferner sei $|a|$ in der Form $|a| = \frac{1}{1+b}$ mit $b > 0$ dargestellt. Mit der Binomischen Formel in Satz 1.820.4 gilt dann $(1 + b)^n = \sum_{0 \leq i \leq n} \binom{n}{i} \cdot b^i > \binom{n}{k+1} \cdot b^{k+1}$. Damit ist weiterhin
$|x_n| = |n^k \cdot a^n| = n^k \cdot |a|^n = n^k \cdot (\frac{1}{1+b})^n < n^k \cdot \frac{1}{\binom{n}{k+1} \cdot b^{k+1}} = \frac{n^k \cdot n^{-(k+1)}}{\binom{n}{k+1} \cdot n^{-(k+1)} \cdot b^{k+1}} = \frac{1}{\binom{n}{k+1} \cdot n^{-(k+1)} \cdot b^{k+1}} \cdot \frac{1}{n}$.
Betrachtet man die Folge der Nenner des ersten Bruchs, dann gilt $lim(\binom{n}{k+1} \cdot n^{-(k+1)} \cdot b^{k+1})_{n \in \mathbb{N}} = lim(\binom{n}{k+1} \cdot n^{-(k+1)})_{n \in \mathbb{N}} \cdot lim(b^{k+1})_{n \in \mathbb{N}} = (k+1)! \cdot b^{k+1}$ unter Verwendung von Aufgabe A2.045.11 und der Konstanz der zweiten Folge, es liegt also eine konvergente Folge vor. Das bedeutet nach obiger Berechnung aber, daß die Folge x das Produkt einer konvergenten, also beschränkten Folge und der nullkonvergenten Folge $(\frac{1}{n})_{n \in \mathbb{N}}$ ist. Nach Bemerkung 2.045.2/4 ist dann auch die Folge x nullkonvergent.

A2.045.13: Zeigen Sie für eine Folge $x : \mathbb{N} \longrightarrow \mathbb{R}$ und eine Zahl $a \in \mathbb{R}$ mit $x_n \neq -a$, für fast alle $n \in \mathbb{N}$: Ist die Folge $y : \mathbb{N} \longrightarrow \mathbb{R}$ mit $y_n = \frac{x_n - a}{x_n + a}$ nullkonvergent, dann ist x konvergent mit $lim(x) = a$.

B2.045.13: Zunächst gelten (für fast alle $n \in \mathbb{N}$) die folgenden Implikationen:
$y_n = \frac{x_n - a}{x_n + a} \Rightarrow y_n(x_n + a) = x_n - a \Rightarrow y_n x_n + y_n a = x_n - a \Rightarrow y_n a + a = x_n - y_n x_n \Rightarrow a(1 + y_n) = x_n(1 - y_n) \Rightarrow x_n = a \cdot \frac{1 + y_n}{1 - y_n}$. Wegen $lim(y) = 0$ gilt dann $lim(1 + y_n)_{n \in \mathbb{N}} = 1$ sowie $lim(1 - y_n)_{n \in \mathbb{N}} = 1$, folglich gilt $lim(x) = lim(a \cdot \frac{1+y_n}{1-y_n})_{n \in \mathbb{N}} = a \cdot lim(\frac{1+y_n}{1-y_n})_{n \in \mathbb{N}} = a \cdot \frac{lim(1+y_n)_{n \in \mathbb{N}}}{lim(1-y_n)_{n \in \mathbb{N}}} = a \cdot \frac{1}{1} = a$.

A2.045.14: Für eine konvergente Folge $x : \mathbb{N} \longrightarrow \mathbb{R}$ gelte $x_n < c$, für alle $n \in \mathbb{N}$. Zeigen Sie, daß dann stets $lim(x) \leq c$, im allgemeinen aber nicht $lim(x) < c$ gilt.

B2.045.14: Im folgenden bezeichne $x_0 = lim(x)$. Die Abschätzung $|x_n - x_0| < \epsilon$ in der Konvergenz-Bedingung kann auch in der Form $x_n - x_0 < \epsilon$, also $x_n < x_0 + \epsilon$, oder $-(x_n - x_0) < \epsilon$, also $x_n > x_0 - \epsilon$, insgesamt also durch $x_0 - \epsilon < x_n < x_n + \epsilon$, für alle $n \geq n(\epsilon)$, formuliert werden. Ferner gilt $x_n < c$, für alle $n \in \mathbb{N}$, also $x_0 - \epsilon < x_n < c$, und somit $x_0 - \epsilon < c$, für alle $\epsilon > 0$. Dabei gilt $x_0 \leq c$, denn aus $x_0 > c$ würde $x_0 - c > 0$ und damit $x_0 - \frac{x_0 - c}{2} > c$ folgen. Für $\epsilon = \frac{x_0 - c}{2}$ hieße das aber $x_0 - \epsilon > c$ im Widerspruch zu der oben gezeigten Beziehung $x_0 - \epsilon < c$.
Daß i.a. nicht $lim(x) < c$ gilt, also $lim(x) = c$ auftreten kann, zeigt die Folge $(1 - \frac{1}{n})_{n \in \mathbb{N}}$ mit $c = 1$.

2.046 Strukturen auf $Kon(\mathbb{Q})$ und $Kon(\mathbb{R})$ (Teil 2)

A2.046.01: Es bezeichne $Kon(\mathbb{R}, a) \subset Kon(\mathbb{R})$ zu einer fest gewählten Zahl $a \in \mathbb{R}$ die Menge aller gegen a konvergenten $\mathbb{R}$-Folgen.
a) Bildet $Kon(\mathbb{R}, a)$ bezüglich der Strukturen auf $Kon(\mathbb{R})$ eine Gruppe bzw. einen $\mathbb{R}$-Vektorraum?
b) Zeigen Sie, daß für $x \in Kon(\mathbb{R}, a)$ und die Funktionen $id^2 : \mathbb{R} \longrightarrow \mathbb{R}$ sowie $\frac{1}{id} : \mathbb{R}^+ \longrightarrow \mathbb{R}$ jeweils die Bildfolgen $id^2 \circ x$ bzw. $\frac{1}{id} \circ x$ konvergieren mit $lim(id^2 \circ x) = a^2$ bzw. $lim(\frac{1}{id} \circ x) = \frac{1}{a}$ für $a \neq 0$ und $x \neq 0$.
c) Betrachten Sie die Funktion $h : \mathbb{R} \longrightarrow \mathbb{R}$, definiert durch $h(z) = \begin{cases} z, & \text{falls } z > 2, \\ z^2, & \text{falls } z \leq 2. \end{cases}$
Welche Monotonie-Eigenschaften müssen Folgen $x \in Kon(\mathbb{R}, 2)$ haben, so daß die Folgen $h \circ x$ konvergieren? Untersuchen Sie ferner $h \circ x$ hinsichtlich Konvergenz bezüglich einer Folge $x \in Kon(\mathbb{R}, 2)$ ohne solche Monotonie-Eigenschaften.
d) Wie läßt sich Teil c) für Folgen $f \circ x$ mit beliebigen Funktionen $f : \mathbb{R} \longrightarrow \mathbb{R}$ verallgemeinern?

B2.046.01: Zur Bearbeitung der Aufgabe im einzelnen:
a) Für $a \neq 0$ ist die argumentweise definierte Addition keine innere Komposition auf $Kon(\mathbb{R}, a)$, denn für $x, z \in Kon(\mathbb{R}, a)$ ist $lim(x + z) = lim(x) + lim(z) = a + a = 2a \neq a$, also ist $x + z \notin Kon(\mathbb{R}, 2)$. Hingegen ist $Kon(\mathbb{R}, 0)$ ein $\mathbb{R}$-Vektorraum.
b) Die Folge $id^2 \circ x$ hat wegen $(id^2 \circ x)(n) = id^2(x(n)) = x^2(n)$ die Form $id^2 \circ x = x^2 = xx$. Mit Satz 2.045.1/4 und $x \in Kon(\mathbb{R}, a)$ ist dann $id^2 \circ x$ konvergent mit $lim(id^2 \circ x) = (lim(x))^2 = a^2$.
Die Folge $\frac{1}{id} \circ x$ hat wegen $(\frac{1}{id} \circ x)(n) = \frac{1}{x(n)} = \frac{1}{x}(n)$ die Form $\frac{1}{id} \circ x = \frac{1}{x}$. Mit Satz 2.045.1/5 und $x \in Kon(\mathbb{R}, a)$ ist dann $\frac{1}{id} \circ x$ konvergent mit $lim(\frac{1}{id} \circ x) = lim(\frac{1}{x}) = \frac{1}{lim(x)} = \frac{1}{a}$.
c) Ist x monoton, dann ist $h \circ x = x^2$ konvergent mit $lim(h \circ x) = lim(x^2) = 2^2 = 4$. Ist x antiton, dann ist $h \circ x = x$ konvergent mit $lim(h \circ x) = lim(x) = 2$. $h \circ x$ ist genau dann konvergent, wenn x monoton oder antiton ist.

A2.046.02: Es bezeichne $Kon(T, L) = \{x : \mathbb{N} \longrightarrow T \mid x \text{ konvergent mit } lim(x) \in L\}$ für beliebige Teilmengen T und L von $\mathbb{R}$. Insbesondere sei $Kon(T) = Kon(T, T)$ und S ein Unterring von $\mathbb{R}$.
1. Beweisen Sie: Ist S ein Unterring von $\mathbb{R}$, dann ist $Kon(\mathbb{R}, S)$ ein Unterring von $Kon(\mathbb{R})$.
2. Geben Sie Ketten $U_1 \subset U_2 \subset ... \subset \mathbb{R}$ von Unterringen von $\mathbb{R}$ an.
3. Beweisen Sie: Ist $\underline{a}$ ein Ideal in $\mathbb{R}$, dann ist $Kon(\mathbb{R}, \underline{a})$ ein Ideal in $Kon(\mathbb{R})$. Geben Sie alle Ideale von $\mathbb{R}$ an.
4. Definieren Sie einen naheliegenden injektiven Ring-Homomorphismus $S \longrightarrow Kon(\mathbb{R}, S)$, den man als Einbettung von S in $Kon(\mathbb{R}, S)$ ansehen kann.
5. Definieren Sie einen naheliegenden surjektiven Ring-Homomorphismus $Kon(\mathbb{R}, S) \longrightarrow S$.
6. Zeigen Sie, daß $Kon(\mathbb{R}, 0)$ ein Ideal in $Kon(\mathbb{R}, S)$ ist. Warum ist $Kon(\mathbb{R}, 0)$ kein Unterring von $Kon(\mathbb{R}, S)$?
7. Zeigen Sie, daß $Kon(\mathbb{R}, 0)$ ein Ideal in $BF(\mathbb{N}, \mathbb{R})$ ist.
8. Geben Sie ein Ideal $\underline{a} \subset Kon(\mathbb{R}, S)$ mit einem Ring-Isomorphismus $Kon(\mathbb{R}, S)/\underline{a} \longrightarrow S$ an. Beschreiben Sie die Elemente von $Kon(\mathbb{R}, S)/\underline{a}$ und geben Sie die zugehörige Äquivalenz-Relation R an. Welche zusätzliche Struktur trägt $Kon(\mathbb{R})/Kon(\mathbb{R}, 0)$?

B2.046.02: Zur Bearbeitung der Aufgabe im einzelnen:
1a) $Kon(\mathbb{R}, S)$ ist eine (additive) abelsche Gruppe, denn diese Menge ist nicht leer (denn wegen $0 \in S$ ist die Nullfolge in $Kon(\mathbb{R}, S)$ enthalten), ferner ist mit $x, z \in Kon(\mathbb{R}, S)$ auch $x - z \in Kon(\mathbb{R}, S)$, denn es gilt $lim(x - z) = lim(x) - lim(z) \in S - S \subset S$; schließlich ist wegen $1 \in S$ auch die Einsfolge in $Kon(\mathbb{R}, S)$ enthalten.
1b) Mit $x, z \in Kon(\mathbb{R}, S)$ gilt auch $xz \in Kon(\mathbb{R}, S)$, denn es gilt $lim(xz) = lim(x) \cdot lim(z) \in SS \subset S$,

47

somit gilt $Kon(\mathbb{R},S) \cdot Kon(\mathbb{R},S) \subset Kon(\mathbb{R},S)$.

2. Ketten von Unterringen von $\mathbb{R}$ sind beispielsweise $\mathbb{Z} \subset \mathbb{Q} \subset \mathbb{Q}[\sqrt{2}] \subset \mathbb{R}$ und $\mathbb{Z} \subset \mathbb{Z}[\sqrt{2}] \subset \mathbb{R}$.

3a) Wie in 1a) zeigt man, daß $Kon(\mathbb{R},\underline{a})$ eine (additive) abelsche Gruppe ist.

3b) Mit $x \in Kon(\mathbb{R})$ und $z \in Kon(\mathbb{R},\underline{a})$ gilt auch $xz \in Kon(\mathbb{R},\underline{a})$, denn es gilt $lim(xz) = lim(x) \cdot lim(z) \in \mathbb{R}\underline{a} \subset \underline{a}$, somit gilt $Kon(\mathbb{R}) \cdot Kon(\mathbb{R},\underline{a}) \subset Kon(\mathbb{R},\underline{a})$.

3c) Da $\mathbb{R}$ ein Körper ist, besitzt $\mathbb{R}$ nur die Ideale 0 und $\mathbb{R}$ selbst (siehe Satz 1.701.2).

4. Ein naheliegender injektiver Ring-Homomorphismus $S \longrightarrow Kon(\mathbb{R},S)$ ist definiert durch die Zuordnung $s \longmapsto (s)_{n\in\mathbb{N}}$, die jedem Element $s \in S$ die zugehörige konstante Folge zuordnet.

5. Ein naheliegender surjektiver Ring-Homomorphismus ist $lim : Kon(\mathbb{R},S) \longrightarrow S$. Er ist surjektiv, denn für jedes Element $s \in S$ wird die konstante Folge $(s)_{n\in\mathbb{N}}$ auf s abgebildet.

6a) Die Behauptung ist mit Aufgabenteil 3 erbracht, man kann aber auch davon unabhängig zeigen:

6b) $Kon(\mathbb{R},0)$ ist eine (additive) abelsche Gruppe, denn diese Menge ist nicht leer (denn die nullkonvergente Nullfolge ist in $Kon(\mathbb{R},0)$ enthalten), ferner ist mit $x,z \in Kon(\mathbb{R},0)$ auch $x-z \in Kon(\mathbb{R},0)$, denn es gilt für Differenzen $lim(x-z) = lim(x) - lim(z) = 0 - 0 = 0$.

6c) Mit $x \in Kon(\mathbb{R},S)$ und $z \in Kon(\mathbb{R},0)$ ist auch $xz \in Kon(\mathbb{R},0)$, denn es gilt für Produkte $lim(xz) = lim(x) \cdot lim(z) = lim(x) \cdot 0 = 0$, somit gilt $Kon(\mathbb{R},S) \cdot Kon(\mathbb{R},0) \subset Kon(\mathbb{R},0)$.

6d) $Kon(\mathbb{R},0)$ ist kein Unterring von $Kon(\mathbb{R},S)$, denn $(1)_{n\in\mathbb{N}} \notin Kon(\mathbb{R},0)$.

7. $Kon(\mathbb{R},0)$ ist auch ein Ideal in $BF(\mathbb{N},\mathbb{R})$. Das folgt aus Beweisteil 5a) und Bemerkung 2.045.2/4, die besagt, daß Produkte beschränkter Folgen mit nullkonvergenten Folgen wieder nullkonvergente Folgen sind.

8a) Nach dem Homomorphiesatz der Ringtheorie (Satz 1.607.2) liefert der surjektive Ring-Homomorphismus $lim : Kon(\mathbb{R},S) \longrightarrow S$ einen Ring-Isomorphismus $lim^* : Kon(\mathbb{R},S)/Kon(\mathbb{R},0) \longrightarrow S$ mit folgendem kommutativen Diagramm:

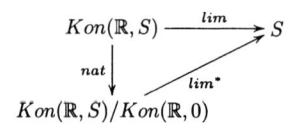

$$\begin{array}{ccc} Kon(\mathbb{R},S) & \xrightarrow{lim} & S \\ {\scriptstyle nat}\downarrow & \nearrow {\scriptstyle lim^*} & \\ Kon(\mathbb{R},S)/Kon(\mathbb{R},0) & & \end{array}$$

8b) Die zu dem Ideal $Kon(\mathbb{R},0)$ zugehörige Äquivalenz-Relation R ist definiert durch die Vorschrift
$$x \, R \, z \iff x - z : \mathbb{N} \longrightarrow \mathbb{R} \text{ nullkonvergent} \iff x - z \in Kon(\mathbb{R},0)$$
Die zu R bzw. zu $Kon(\mathbb{R},0)$ gehörenden Äquivalenzklassen sind die Mengen $[x] = x + Kon(\mathbb{R},0)$
$= \{z \in Kon(\mathbb{R},S) \mid lim(x) = lim(z)\} = \{z \in Kon(\mathbb{R},S) \mid lim(x-z) = 0\}$.

8c) Die Ring-Isomorphie $Kon(\mathbb{R})/Kon(\mathbb{R},0) \cong \mathbb{R}$ zeigt insbesondere, daß der kommutative Ring mit Einselement $Kon(\mathbb{R})/Kon(\mathbb{R},0)$ ein Körper ist.

A2.046.03: Bearbeiten Sie Aufgabe A2.046.02 für $\mathbb{Q}$ anstelle von $\mathbb{R}$. Weiterhin: Welche Aufgabenteile sind für beliebige Ringe mit 1 sinnvoll und zu welchen Ergebnissen führen sie?

A2.046.04: Zeigen Sie, daß die Folge $x : \mathbb{N} \longrightarrow \mathbb{R}$ mit $x(n) = \sqrt{n^2 + 2an + 1} - \sqrt{n^2 + 5}$ mit $a \in \mathbb{R}^+$ gegen a konvergiert.

B2.046.04: Bezeichnet man abkürzend $y(n) = \sqrt{n^2 + 2an + 1}$ und $z(n) = \sqrt{n^2 + 5}$, dann ist $x(n) = y(n) - z(n) = (y(n) - z(n)) \cdot \frac{y(n)+z(n)}{y(n)+z(n)} = \frac{y^2(n) - z^2(n)}{y(n)+z(n)} = \frac{2an-4}{y(n)+z(n)} = \frac{2an}{y(n)+z(n)} - \frac{4}{y(n)+z(n)}$.
Beachtet man weiterhin $y(n) + z(n) = n\sqrt{1 + \frac{2a}{n} + \frac{1}{n^2}} + n\sqrt{1 + \frac{5}{n^2}} = n(\sqrt{1 + \frac{2a}{n} + \frac{1}{n^2}} + \sqrt{1 + \frac{5}{n^2}}) = n \cdot u(n)$ und $lim(u(n))_{n\in\mathbb{N}} = 2$, dann ist schließlich $x(n) = \frac{2a}{u(n)} - \frac{4}{n \cdot u(n)}$ und es gilt $lim(x(n))_{n\in\mathbb{N}} = \frac{2a}{lim(u(n))_{n\in\mathbb{N}}} - \frac{4}{n \cdot lim(u(n))_{n\in\mathbb{N}}} = a - 0 = a$.

A2.046.05: Zeigen Sie unter Verwendung von $lim(\sqrt[n]{a})_{n\in\mathbb{N}} = 1$ (mit $a > 0$) sowie $lim(\sqrt[n]{n})_{n\in\mathbb{N}} = 1$ und $lim((1 + \frac{1}{n})^n)_{n\in\mathbb{N}} = e$ die Konvergenz der Folge $x : \mathbb{N} \longrightarrow \mathbb{R}$ mit $x(n) = \frac{(n+1)^n}{\sqrt[n]{3n^2}} \cdot (\frac{n + \sqrt[n]{n}}{n^n} - \frac{4n}{n^{2n}})$.

B2.046.05: Es gilt zunächst $x(n) = \frac{(n+1)^n}{\sqrt[n]{3n^2}} \cdot (\frac{\sqrt[n+1]{2^n}}{n^n} - \frac{4n^2}{n^{2n}}) = \frac{n^n(1+\frac{1}{n})^n}{\sqrt[n]{3n^2}} \cdot (\frac{1}{n^n}(\sqrt[n+1]{2^n} - \frac{4n^2}{n^n}))$
$= \frac{(1+\frac{1}{n})^n}{\sqrt[n]{3}(\sqrt[n]{n})^2} \cdot (\frac{2}{\sqrt[n+1]{2^n}} - \frac{4}{n^{n-2}}))$, also ist mit den Vorgaben dann $lim(x(n))_{n\in\mathbb{N}} = \frac{e}{1\cdot 1}(2-0) = 2e$.
(Man beachte die Verwendung von $\sqrt[n+1]{2^n} = \sqrt[n+1]{2^n} \cdot \frac{\sqrt[n+1]{2}}{\sqrt[n+1]{2}} = \frac{\sqrt[n+1]{2^{n+1}}}{\sqrt[n+1]{2}} = \frac{2}{\sqrt[n+1]{2}}$.)

A2.046.06: Wogegen konvergiert die Folge $x: \mathbb{N} \longrightarrow \mathbb{R}$ mit $x(n) = \frac{n^n - n}{(1+n)^n}$? (Siehe auch A2.046.05.)

B2.046.06: Erweitert man $x(n)$ mit $\frac{1}{n^n}$, dann hat $x(n)$ die Darstellung $x(n) = \frac{1 - \frac{1}{n^{n-1}}}{(\frac{1}{n}+1)^n}$, nach den Vorgaben in A2.046.05 konvergiert die Folge x somit gegen $\frac{1}{e}$.

A2.046.07: Betrachten Sie die durch $x(1) = 1$ (Rekursionsanfang RA) und $x(n+1) = 2x(n) - (-1)^n$ (Rekursionsschritt RS) rekursiv definierte Folge $x: \mathbb{N} \longrightarrow \mathbb{R}$.
1. Berechnen Sie die ersten zehn Folgenglieder der Folge x.
2. Zeigen Sie, daß x die explizite Darstellung $x(n) = \frac{1}{3}(2^n - (-1)^n)$, für alle $n \in \mathbb{N}$ besitzt.
3. Zeigen Sie daß die durch $y(n) = \frac{1}{3}(2^n - (-1)^n)^{-1}$ definierte Folge $y: \mathbb{N} \longrightarrow \mathbb{R}$ konvergiert.
4. Konvergiert auch die durch $z(n) = \frac{1}{3}(2^{-n} - (-1)^{-n})$ definierte Folge $z: \mathbb{N} \longrightarrow \mathbb{R}$?

B2.046.07: Zur Bearbeitung der Aufgabe im einzelnen:
1. Die Folge x hat die ersten zehn Folgenglieder 1, 1, 3, 5, 11, 21, 43, 85, 171, 341.
2. Der Beweis wird nach dem Verfahren der Vollständigen Induktion (siehe Abschnitt 1.802) geführt:
Induktionsanfang für $n = 1$: Einerseits gilt $x(1) = \frac{1}{3}(2^1 - (-1)^1) = \frac{1}{3}(2+1) = 1$, andererseits liefert der Rekursionsanfang ebenfalls $x(1) = 1$.
Induktionsschritt: Die Behauptung gelte für eine beliebige Zahl $n \geq 1$, dann gilt sie auch für $n+1$, denn:
$x(n+1) = 2x(n) + (-1)^n = \frac{2}{3}(2^n - (-1)^n) + (-1)^n = \frac{1}{3}(2 \cdot 2^n - 2(-1)^n + 3(-1)^n) = \frac{1}{3}(2 \cdot 2^n + (-1)^n)$
$= \frac{1}{3}(2^{n+1} - (-1)(-1)^n) = \frac{1}{3}(2^{n+1} - (-1)^{n+1})$.
3. Zunächst zeigen die folgenden Implikationen, daß die Folge x für $n \geq 2$ streng monoton ist:
$1 < 2^n - 1 \Rightarrow 2^n + 1 < 2^n + 2^n - 1 \Rightarrow 2^n + 1 < 2 \cdot 2^n - 1 \Rightarrow 2^n + 1 < 2^{n+1} - 1$
$\Rightarrow \frac{1}{3}(2^n + 1) < \frac{1}{3}(2^{n+1} - 1) \leq \frac{1}{3}(2^{n+1} - (-1)^{n+1}) \Rightarrow x(n) < x(n+1)$.
Somit ist die Folge $y = \frac{1}{x}$ für $n \geq 2$ streng antiton und wegen $y > 0$ nullkonvergent.
4. Die Folge z ist nicht konvergent, denn sie besitzt zwei konvergente Teilfolgen $t_1, t_2: \mathbb{N} \longrightarrow \mathbb{R}$ mit unterschiedlichen Grenzwerten: Definiert man für geradzahlige Exponenten $t_1(n) = \frac{1}{3}(2^{-2n} - (-1)^{-2n}) = \frac{1}{3}(2^{-2n} - 1) = \frac{1}{3} \cdot 2^{-2n} - \frac{1}{3}$, dann gilt $lim(t_1) = -\frac{1}{3}$, definiert man für ungeradzahlige Exponenten $t_2(n) = \frac{1}{3}(2^{-(2n-1)} - (-1)^{-(2n-1)}) = \frac{1}{3}(2^{-(2n-1)} + 1) = \frac{1}{3} \cdot 2^{-(2n-1)} + \frac{1}{3}$, dann gilt $lim(t_2) = \frac{1}{3}$, denn die beiden Folgen $(2^{-2n})_{n\in\mathbb{N}}$ und $(2^{-(2n-1)})_{n\in\mathbb{N}}$ konvergieren gegen Null.
Anmerkung: In der Sprache von Abschnitt 2.048 heißt das, daß die Folge z die beiden Häufungspunkte $-\frac{1}{3}$ und $\frac{1}{3}$ besitzt.

A2.046.08: Zeigen Sie, daß die Folge $x: \mathbb{N} \longrightarrow \mathbb{R}$ mit $x = ((\frac{n+(-1)^n}{n})^{2n})_{n\in\mathbb{N}}$ Mischfolge zweier konvergenter Teilfolgen ist. Ist x selbst konvergent?

B2.046.08: Die getrennte Betrachtung gerader und ungerader Indices $n \in \mathbb{N}$ liefert zwei Teilfolgen $g, u: \mathbb{N} \longrightarrow \mathbb{R}$ von x, deren Mischfolge also gerade wieder die Folge x ist. Wie gleich gezeigt wird, sind beide Teilfolgen konvergent, allerdings mit verschiedenen Grenzwerten, womit die Folge x selbst nicht konvergent ist. (In der Sprache von Abschnitt 2.048 sind diese beiden Grenzwerte die beiden Häufungspunkte der Folge x.)
a) Die Folge $g = ((\frac{n+1}{n})^{2n})_{n\in\mathbb{N}} = ((1+\frac{1}{n})^{2n})_{n\in\mathbb{N}} = ((1+\frac{1}{n})^n)_{n\in\mathbb{N}} \cdot ((1+\frac{1}{n})^n)_{n\in\mathbb{N}}$ ist das Produkt zweier gegen die *Eulersche Zahl* e konvergenter Folgen, konvergiert also gegen die Zahl e^2.
b) Die Folge $u = ((\frac{n-1}{n})^{2n})_{n\in\mathbb{N}} = ((1-\frac{1}{n})^{2n})_{n\in\mathbb{N}} = ((1-\frac{1}{n})^n)_{n\in\mathbb{N}} \cdot ((1-\frac{1}{n})^n)_{n\in\mathbb{N}}$ ist das Produkt zweier gegen den Kehrwert der *Eulerschen Zahl* e konvergenter Folgen, konvergiert also gegen die Zahl $\frac{1}{e^2}$.

A2.046.09: Zwei Einzelaufgaben:

1. Betrachten Sie zu einer Folge $x : \mathbb{N} \longrightarrow \mathbb{R}$ die Folge $x - a : \mathbb{N} \longrightarrow \mathbb{R}$ mit konstant gewählter Zahl $a \in \mathbb{R}$ und zeigen Sie dann: Ist $x - a$ konvergent mit $lim(x - a) = 0$, so ist x konvergent mit $lim(x) = a$. Beschreiben Sie den anschaulichen Zusammenhang zwischen den beiden Folgen x und $x - a$.

2. Zeigen Sie, daß die Folge $z = (\frac{an^2-1}{bn^2+1} - \frac{a}{b})_{n \in \mathbb{N}}$ mit $b \geq 1$ nullkonvergent ist. Welchen Schluß kann man daraus für die Folge $(\frac{an^2-1}{bn^2+1})_{n \in \mathbb{N}}$ ziehen? Welche andere Methode liefert dasselbe Ergebnis?

B2.046.09: Zur Bearbeitung der Aufgabe im einzelnen:

1. Die Behauptung folgt aus $lim(x) = lim(x - a + a) = lim(x - a) + lim(a) = 0 + a = a$. Anschaulich betrachtet gilt: Die Folge $x - a$ entsteht aus x durch Verschiebung um $|a|$ in negativer Abszissenrichtung.

2. Für die zu untersuchende Folge z liegt folgende Abschätzung vor: Für alle Indices $n \in \mathbb{N}$ gilt
$|z_n| = |\frac{an^2-1}{bn^2+1} - \frac{a}{b}| = |\frac{b(an^2-1)}{b(bn^2+1)} - \frac{a(bn^2+1)}{b(bn^2+1)}| = |\frac{abn^2-b-abn^2-a}{b(bn^2+1)}| = |-\frac{a+b}{b(bn^2+1)}| = |\frac{a+b}{b}| \cdot |\frac{1}{bn^2+1}| < |\frac{a+b}{b}| \cdot \frac{1}{n}$.
Ist nun ein beliebiger Abstand $\epsilon > 0$ zu 0 vorgegeben, kürzt man ferner $c = |\frac{a+b}{b}|$ ab, dann liefern die Äquivalenzen $|z_n| < \frac{c}{n} < \epsilon \Leftrightarrow \frac{n}{c} > \frac{1}{\epsilon} \Leftrightarrow n \geq n(\epsilon) = \lceil c\epsilon \rceil$ die Nullkonvergenz der Folge z.
Neben dieser Methode der direkten Abschätzung der zu untersuchenden Folge durch eine nullkonvergente Folge bietet sich natürlich die in den Beispielen 2.045.3/2 betrachtete Erweiterungsmethode an, die zu zügigeren Konvergenz-/Divergenz-Entscheidungen führt.

A2.046.10: Weisen Sie nach, daß die rekursiv definierte Folge $x : \mathbb{N} \longrightarrow \mathbb{R}$ mit beliebig wählbarem Rekursionsanfang $x_1 > 0$ und dem Rekursionsschritt $x_{n+1} = \frac{1}{c \cdot x_n^{c-1}}((c-1)x_n^c + a)$ mit Zahlen $c \in \mathbb{N}$ und $a > 0$ gegen den Grenzwert $a^{\frac{1}{c}}$ konvergiert. Geben Sie zur Illustration dieses Sachverhalts einige erste Elemente der Folge x mit den Daten $x_1 = 10$ sowie $c = 2$ und $a = 2$ an (also Daten für den Fall $\sqrt{2}$).

B2.046.10: Zunächst wird gezeigt, daß $x_{n+1} \geq a^{\frac{1}{c}}$, für alle $n \in \mathbb{N}$, gilt, ferner, daß die Folge $x : \mathbb{N} \longrightarrow \mathbb{R}$ (mindestens) ab x_2 antiton ist. Da die Folge andererseits durch 0 nach unten beschränkt ist, ist sie nach Satz 2.044.1/3 konvergent. Nun im einzelnen:

a) Es gilt $x_{n+1} = \frac{1}{c \cdot x_n^{c-1}}((c-1)x_n^c + a) = \frac{1}{x_n^{c-1}}((1 - \frac{1}{c})x_n^c + \frac{a}{c}) = \frac{1}{x_n^{c-1}} \cdot x_n^c \cdot (1 - \frac{1}{c} + \frac{a}{c \cdot x_n^c}) = x_n(1 - \frac{x_n^c - a}{c \cdot x_n^c})$,
folglich gilt $x_{n+1}^c = x_n^c(1 - \frac{x_n^c - a}{c \cdot x_n^c})^c$. Wendet man auf diese Beziehung die *Bernoullische Ungleichung* (Beispiel 1.803.2/2) an, so folgt $x_{n+1}^c \geq x_n^c(1 - c \cdot \frac{x_n^c - a}{c \cdot x_n^c}) = x_n^c(1 - \frac{x_n^c - a}{x_n^c}) = x_n^c \cdot \frac{a}{x_n^c} = a$, also $x_{n+1} \geq a^{\frac{1}{c}}$.

b) Die Folge x ist ab x_2 antiton, denn es gilt $x_{n+1} - x_n = \frac{1}{c \cdot x_n^{c-1}}((c-1)x_n^c + a) - x_n$
$= \frac{1}{c}((c-1)x_n + \frac{a}{x_n^{c-1}}) - x_n = \frac{1}{c}((c-1)x_n + \frac{a}{x_n^{c-1}} - cx_n) = \frac{1}{c}(\frac{a}{x_n^{c-1}} - x_n) = \frac{1}{c} \cdot \frac{a - x_n^c}{x_n^{c-1}} < 0$, denn nach dem vorstehenden Teil a) gilt $a - x_n^c < 0$, für alle $n > 1$.

c) Die Folge x ist durch 0 nach unten beschränkt, wie die folgende Begründung nach dem Prinzip der Vollständigen Induktion zeigt: Der Induktionsanfang ist mit der Vorgabe $x_1 > 0$ unmittelbar gegeben. Zum Induktionsschritt: Gilt $x_n > 0$, dann gilt auch $x_{n+1} > 0$, wie die Definition von x_{n+1} dann unmittelbar mit $c \in \mathbb{N}$, also $c > 0$, und $a > 0$ zeigt.

Nach den bisherigen Betrachtungen ist die Folge x konvergent, es existiert also $x_0 = lim(x)$. Betrachtet man dann die Darstellung $x_{n+1}x_n^{c-1} = \frac{1}{c}((c-1)x_n^c + a)$ der einzelnen Folgenglieder, dann konvergiert die Folge $(x_{n+1}x_n^{c-1})_{n \in \mathbb{N}}$ gegen x_0^c und die Folge $(\frac{1}{c}((c-1)x_n^c + a))_{n \in \mathbb{N}}$ gegen $\frac{1}{c}((c-1)x_0^c + a)$, folglich gilt $x_0^c = \frac{1}{c}((c-1)x_0^c + a)$, woraus dann schließlich $x_0^c = a$, also $x_0 = a^{\frac{1}{c}}$ folgt.

Tabelle mit den Daten $a = 2$ sowie $c = 2$ und $x_1 = 10$, womit dann $x_{n+1} = \frac{1}{2}(x_n + \frac{2}{x_n})$ ist:

x_1	x_2	x_3	x_4	x_5	x_6
10,000	5,100	2,746	1,737	1,444	1,4145

A2.046.11: Untersuchen Sie folgende rekursiv definierten Folgen hinsichtlich Konvergenz: Die

1. Folge $x : \mathbb{N}_0 \longrightarrow \mathbb{R}$ mit Rekursionsanfang (RA) $x_0 = 1$ und Rekursionsschritt (RS) $x_{n+1} = x_n + \frac{1}{x_n}$,

2. Folge $x : \mathbb{N} \longrightarrow \mathbb{R}$ mit (RA) $x_1, x_2 > 0$ beliebig und (RS) $x_{n+2} = \frac{1+x_{n+1}}{x_n}$ (siehe Aufgabe A2.030.06).

B2.046.11: Zu den zu untersuchenden Folgen im einzelnen:

1. Die genannte Folge $x : \mathbb{N}_0 \longrightarrow \mathbb{R}$ ist divergent, wegen $x_n \geq 1 > 0$ gilt $x_{n+1} > x_n$, für alle $n \in \mathbb{N}$, das heißt, x ist streng monoton. Wäre x nun konvergent, dann müßte $x_0 = lim(x) \geq 1$ gelten, folglich wäre mit $x_{n+1} - x_n = \frac{1}{x_n}$ dann $0 = x_0 - x_0 = lim(x_{n+1})_{n \in \mathbb{N}} - lim(x_n)_{n \in \mathbb{N}} = lim(x_{n+1} - x_n)_{n \in \mathbb{N}} = lim(\frac{1}{x_n})_{n \in \mathbb{N}} = \frac{1}{x_0}$. Da aber eine solche Zahl x_0 nicht existiert, kann x nicht konvergent sein.

2. In Aufgabe A2.030.06 ist angegeben, daß die Folge $x : \mathbb{N} \longrightarrow \mathbb{R}$ 5-periodisch ist. Soll x ferner konvergent sein, so muß x notwendigerweise eine konstante Folge sein (sie hätte sonst mindestens zwei, maximal fünf konvergente Teilfolgen mit verschiedenen Grenzwerten, wäre also nicht konvergent) Im folgenden wird x also als konstante Folge mit $x_1 = x_2 = x_0 = lim(x)$ betrachtet, womit der Rekursionsschritt in der Form $x_{n+2} x_n = 1 + x_{n+1}$. dann als Folge betrachtet, die Grenzwerte $x_0 x_0 = 1 + x_0$ liefert. Diese Beziehung stellt also die quadratische Gleichung $x_0^2 - x_0 - 1 = 0$ dar, die wegen $x_n > 0$ nur die positive Lösung $x_0 = \frac{1}{2}(1 + \sqrt{5})$ besitzt.

Das bedeutet: Die einzige *konvergente* Folge $x : \mathbb{N} \longrightarrow \mathbb{R}$, die den Bedingungen (RA) $x_1, x_2 > 0$ und (RS) $x_{n+2} = \frac{1 + x_{n+1}}{x_n}$ genügt, ist die konstante Folge x mit den Folgengliedern $x_n = \frac{1}{2}(1 + \sqrt{5})$, für alle $n \in \mathbb{N}$.

A2.046.12: Hinsichtlich der Erzeugung neuer Folgen aus einer vorgegebenen Folge spielt die Summenbildung von Folgengliedern eine bedeutende Rolle (Kapitel 2.1 über sogenannte *Reihen*), in begrenztem Maße aber auch die entsprechende Produktbildung, zu der hier ein Beispiel betrachtet werden soll: Untersuchen Sie zu der konvergenten Folge $x : \mathbb{N} \longrightarrow \mathbb{R}$ mit $x_n = 1 + \frac{1}{n}$ die beiden folgenden Folgen hinsichtlich Konvergenz, wobei zunächst jeweils eine kleine Tabelle der ersten Folgenglieder anzulegen ist:

a) $y : \mathbb{N} \longrightarrow \mathbb{R}$ mit $y_m = \prod_{1 \leq n \leq m} x_n$,   b) $z : \mathbb{N} \longrightarrow \mathbb{R}$ mit $z_1 = 1$ und $z_m = \prod_{2 \leq n \leq m} x_n$.

B2.046.12: Zunächst zwei kleine Tabellen für die Folgen y und z:

n	1	2	3	4	5	6
y_n	2	3	4	5	6	7

n	1	2	3	4	5	6	7
z_n	1	$\frac{3}{2}$	2	$\frac{5}{2}$	3	$\frac{7}{2}$	4

Mit $y_m = \prod_{1 \leq n \leq m} x_n = 2 \cdot \frac{3}{2} \cdot \frac{4}{3} \cdot \frac{5}{4} \cdot \ldots \cdot \frac{m+1}{m} = m + 1$ und $z_m = \prod_{2 \leq n \leq m} x_n = \frac{3}{2} \cdot \frac{4}{3} \cdot \frac{5}{4} \cdot \ldots \cdot \frac{m+1}{m} = \frac{m+1}{2}$ ist klar, wie auch die Tabellen zeigen, daß die beiden Folgen divergent (jedoch konvergent in $\mathbb{R}^*$) sind.

A2.046.13: Zeigen Sie: Alle Folgen $x : \mathbb{N} \longrightarrow \mathbb{R}$, die den Bedingungen $x_n < 2$ und $(2 - x_n)x_{n+1} > 1$, für alle $n \in \mathbb{N}$, genügen, sind konvergent mit $lim(x) = 1$.

B2.046.13: Die Behauptung folgt aus den beiden Einzelbetrachtungen:

1. Die Folge ist wegen $x_n < 2$ einerseits nach oben beschränkt, andererseits auch monoton, denn die Berechnung $(x_{n+1} - x_n)(2 - x_n) = 2x_{n+1} - 2x_n - x_{n+1}x_n + x_n^2 = x_{n+1}(2 - x_n) - 2x_n + x_n^2 > 1 - 2x_n + x_n^2 = (x_n - 1)^2 \geq 0$ liefert zusammen mit $2 - x_n > 0$ dann $x_{n+1} - x_n \geq 0$, also $x_{n+1} \geq x_n$. Nach Satz 2.044.1/2 ist die Folge x dann konvergent.

2. Bezeichnet man $x_0 = lim(x)$, dann gilt $lim(x_{n+1}(2 - x_n))_{n \in \mathbb{N}} = lim(x_{n+1})_{n \in \mathbb{N}} \cdot lim(2 - x_n)_{n \in \mathbb{N}} = x_0(2 - x_0) \geq 1$ wegen $x_{n+1}(2 - x_n) > 1$. Die Ungleichung $x_0(2 - x_0) \geq 1$ besitzt mit $2x_0 - x_0^2 \geq 1$ aber die einzige Lösung $x_0 = 1$.

A2.046.14: Zeigen Sie: Konvergiert $(x_n)_{n \in \mathbb{N}}$ mit $x_n \geq 0$ gegen x_0, so konvergiert $(x_n^{\frac{1}{k}})_{n \in \mathbb{N}}$ gegen $x_0^{\frac{1}{k}}$.
Hinweis: Verwenden Sie im Beweis die Formel $u^k - v^k = (u - v) \cdot (u^{k-1}v^0 + u^{k-2}v^1 + \ldots + u^1 v^{k-1} + u^0 v^{k-1})$.
Anmerkung: Man beachte in diesem Zusammenhang auch die Aussage von Aufgabe 2.206.04.

B2.046.14: Es sei $x_0 > 0$. Wendet man die Beziehung $u^k - v^k = (u - v)S(u, v)$ mit der Abkürzung $S(u, v) = u^{k-1}v^0 + u^{k-2}v^1 + \ldots + u^1 v^{k-1} + u^0 v^{k-1}$, womit dann $|u - v| = \frac{|u^k - v^k|}{|S(u,v)|} \leq \frac{|u^k - v^k|}{v^{k-1}} = |u^k - v^k| \cdot \frac{1}{v^{k-1}}$ gilt, auf die Zahlen $u = x_n^{\frac{1}{k}}$ und $v = x_0^{\frac{1}{k}}$ an, so gilt $|x_n^{\frac{1}{k}} - x_0^{\frac{1}{k}}| = \frac{|x_n - x_0|}{|S(x_n^{\frac{1}{k}}, x_0^{\frac{1}{k}})|} \leq |x_n - x_0| \cdot \frac{1}{x_0^{\frac{k-1}{k}}}$. Da nun nach Voraussetzung die Folge $(|x_n - x_0| \cdot \frac{1}{x_0^{\frac{k-1}{k}}})_{n \in \mathbb{N}}$ nullkonvergent ist, ist auch die Folge $(|x_n^{\frac{1}{k}} - x_0^{\frac{1}{k}}|)_{n \in \mathbb{N}}$ nullkonvergent. Der Fall $x_0 = 0$ wird wie Lemma 2.041.2/5 bewiesen.

2.051 CAUCHY-KONVERGENTE FOLGEN $\mathbb{N} \longrightarrow \mathbb{Q}$

A2.051.01: Beweisen Sie, daß die durch $z(n) = -\frac{1}{n}$ definierte konvergente Folge $z : \mathbb{N} \longrightarrow \mathbb{Q}$ auch Cauchy-konvergent ist.

B2.051.01: Die Cauchy-Konvergenz von z ist eigentlich klar, da z lediglich die an der Ordinate gespiegelte Cauchy-konvergente Folge x in Beispiel 2.051.1/1 ist. Formal folgt die Behauptung aber mit $|-\frac{1}{n} - (-\frac{1}{m})| = |\frac{1}{m} - \frac{1}{n}| = |\frac{1}{n} - \frac{1}{m}|$ aus dem dort angegebenen Beweis für die Folge x.

A2.051.02: Beweisen Sie die Aussagen in Bemerkung 2.051.3/2 für den Fall $a = 2$.

B2.051.02: Im einzelnen gilt:

1. Es wird gezeigt, daß die rekursiv durch den Rekursionsanfang $z_1 = \frac{1}{2}(2+1) = \frac{3}{2}$ und den Rekursionsschritt $z_{n+1} = \frac{1}{2}(z_n + \frac{2}{z_n})$, für alle $n \in \mathbb{N}$, definierte Folge $z : \mathbb{N} \longrightarrow \mathbb{Q}$ eine Cauchy-konvergente Folge ist. Dazu folgende Vorbereitungen:

a) Für alle $n \in \mathbb{N}$ gilt $1 < z_n < 2$, wie der folgende Nachweis nach dem Prinzip der Vollständigen Induktion (Abschnitte 1.802 und 1.811) zeigt: Der Induktionsanfang $1 < z_1 < 2$ ist klar mit $z_1 = \frac{3}{2}$. Der Induktionsschritt von n nach $n+1$ wird mit der Darstellung $z_{n+1} = \frac{1}{2}(z_n + \frac{2}{z_n}) = \frac{1}{2}z_n + \frac{1}{z_n}$) und der Induktionsvoraussetzung $1 < z_n < 2$ durch die Abschätzung $1 = \frac{1}{2} + \frac{1}{2} < \frac{1}{2} + \frac{1}{z_n} < \frac{1}{2}z_n + \frac{1}{z_n} < \frac{2}{2} + \frac{1}{z_n} < \frac{2}{2} + \frac{1}{1} = 2$ geliefert.

b) Berechnung und Abschätzung der Abstände $|z_n - z_{n-1}|$ und $|z_{n+1} - z_n|$:
Es gelten zunächst die beiden Beziehungen $|z_n - z_{n-1}| = |\frac{1}{2}z_{n-1} + \frac{1}{z_{n-1}} - z_{n-1}| = |\frac{2-z_{n-1}^2}{2z_{n-1}}|$ sowie

$|z_{n+1} - z_n| = |\frac{2-z_n^2}{2z_n}| = |\frac{2-(\frac{z_{n-1}^2}{4} + 1 + \frac{1}{z_{n-1}^2})}{z_{n-1} + \frac{2}{z_{n-1}}}| = |\frac{4z_{n-1}^2 - z_{n-1}^4 - 4}{4z_{n-1}(2 + z_{n-1}^2)}| = \frac{|(2-z_{n-1}^2)^2|}{4|z_{n-1}| \cdot |2 + z_{n-1}^2|} = \frac{1}{2} \cdot |\frac{2-z_{n-1}^2}{2+z_{n-1}^2}| \cdot |z_n - z_{n-1}|$.

Der dabei auftretende Faktor $a = \frac{1}{2} \cdot |\frac{2-z_{n-1}^2}{2+z_{n-1}^2}|$ kann nun durch $a = \frac{1}{2} \cdot |\frac{2-z_{n-1}^2}{2+z_{n-1}^2}| < \frac{1}{2} \cdot \frac{|2-z_{n-1}^2|}{3} < \frac{1}{2} \cdot \frac{2}{3} = \frac{1}{3}$ abgeschätzt werden (denn nach a) ist $1 < z_{n-1} < 2$), folglich gilt insgesamt $|z_{n+1} - z_n| < \frac{1}{3} \cdot |z_n - z_{n-1}|$.

c) Für alle $n \in \mathbb{N}$ gilt die Beziehung $|z_{n+1} - z_n| \leq \frac{1}{3^{n-1}} \cdot |z_2 - z_1|$, wie man ebenfalls nach dem Prinzip der Vollständigen Induktion beweist.

d) Die Folge z ist nun tatsächlich Cauchy-konvergent, denn für alle $k \in \mathbb{N}$ gilt
$|z_n - z_{n+k}| = |z_n - z_{n+1} + z_{n+1} - z_{n+2} + z_{n+2} - \ldots - z_{n+k}| = \sum_{0 \leq i \leq k-1} |z_{n+i} - z_{n+i+1}|$
$\leq \sum_{0 \leq i \leq k-1} \frac{1}{3^{n+i-1}} \cdot |z_2 - z_1| = |z_2 - z_1| \cdot \sum_{0 \leq i \leq k-1} \frac{1}{3^{n+i-1}} = |z_2 - z_1| \cdot \frac{1}{3^{n-1}} \cdot \frac{(\frac{1}{3})^k - 1}{\frac{1}{3} - 1} = |z_2 - z_1| \cdot \frac{1}{3^{n-1}} \cdot \frac{1 - \frac{1}{3^k}}{\frac{2}{3}} =$
$\frac{1}{2} \cdot |z_2 - z_1| \cdot \frac{1}{3^{n-1}} \cdot (3 - \frac{1}{3^{k-1}}) < \frac{1}{2} \cdot |z_2 - z_1| \cdot \frac{1}{3^{n-1}}$. Dabei ist $\frac{1}{2} \cdot |z_2 - z_1|$ ein konstanter Faktor und die Folge $(\frac{1}{3^{n-1}})_{n \in \mathbb{N}}$ nullkonvergent. Folglich gilt: Zu jedem $\epsilon > 0$ gibt es einen zugehörigen Grenzindex $n(\epsilon)$ mit $|z_n - z_{n+k}| < \frac{1}{2} \cdot |z_2 - z_1| \cdot \frac{1}{3^{n-1}} < \epsilon$, für alle $n \geq n(\epsilon)$.

2. Die Folge x konvergiert nicht in $\mathbb{Q}$, denn angenommen, sie konvergiert in $\mathbb{Q}$, dann gibt es ein Element $a = \frac{u}{v} \in \mathbb{Q}$, wobei u und v teilerfremd sind (also a vollständig gekürzt sei). Mit dieser Annahme gilt dann $\frac{u}{v} = lim(x) = lim(\frac{1}{2}(z_{n-1} + \frac{2}{z_{n-1}}))_{n \in \mathbb{N} \setminus \{1\}} = \frac{1}{2} \cdot lim(z_{n-1})_{n \in \mathbb{N} \setminus \{1\}} + (lim(z_{n-1})_{n \in \mathbb{N} \setminus \{1\}})^{-1} = \frac{1}{2} \cdot \frac{u}{v} + \frac{v}{u}$. Diese Beziehung liefert $2u^2 = u^2 + 2v^2$, also $u^2 = 2v^2$, und somit ist u eine gerade Zahl, also u eine gerade Zahl der Form $u = 2k$. Die Beziehung $u = 2k$ liefert ihrerseits $u^2 = 4k^2$, woraus $2v^2 = 4k^2$, also $v^2 = 2k^2$ folgt. Das bedeutet, daß v^2 gerade und somit auch v gerade ist. Zusammengenommen heißt das aber, daß u und v den gemeinsamen Teiler 2 haben im Widerspruch zur Annahme der Teilerfremdheit.

Anmerkung: Bei vorstehendem Beweis wurde die Implikation $a^2 \in 2\mathbb{Z} \Rightarrow a \in 2\mathbb{Z}$ verwendet. Sie folgt aus der Überlegung: Angenommen a ist ungerade, dann gilt $a \in 2\mathbb{Z} + 1$, somit hat a die Form $a = 2n + 1$ und a^2 die Form $a^2 = 4n^2 + 4n + 1$, also ist auch a^2 ungerade.

3. Die Folge $z : \mathbb{N} \longrightarrow \mathbb{Q}$ konvergiert gegen $\sqrt{2}$, denn: Zunächst gilt $\sqrt{2} = \sqrt{z_n \cdot \frac{2}{z_n}} \leq \frac{1}{2}(z_n + \frac{2}{z_n}) = z_{n+1}$,

für alle $n \in \mathbb{N}$ (wegen des Vergleichs $\sqrt{uv} \leq \frac{1}{2}(u+v)$ von geometrischem und arithmetischem Mittel). Weiterhin kann man mit dem Prinzip der Vollständigen Induktion zeigen, daß $z_{n+1} \leq \sqrt{2} + \frac{z_1}{2^n}$ für alle $n \in \mathbb{N}$ gilt. Somit gilt insgesamt $\sqrt{2} \leq z_{n+1} \leq \sqrt{2} + \frac{z_1}{2^n}$, für alle $n \in \mathbb{N}$. Da nun die Folgen $(\sqrt{2})_{n\in\mathbb{N}}$ und $(\sqrt{2} + \frac{z_1}{2^n})_{n\in\mathbb{N}}$ beide gegen $\sqrt{2}$ konvergieren, konvergiert nach Satz 2.044.4 auch die Folge z gegen $\sqrt{2}$.

4. Die Folge $z : \mathbb{N} \longrightarrow \mathbb{Q}$ ist antiton und die Folge $x : \mathbb{N} \longrightarrow \mathbb{Q}$ mit $x_n = \frac{a}{z_n}$ monoton. Ferner gilt $lim(z-x) = 0$.

A2.051.03: Beweisen Sie: Teilfolgen, Mischfolgen und Umordnungen zu Cauchy-Folgen $\mathbb{N} \longrightarrow \mathbb{R}$ sind Cauchy-konvergent und konvergieren gegen die naheliegenden Grenzwerte.

B2.051.03: Im folgenden sei eine beliebige Cauchy-Folge $x : \mathbb{N} \longrightarrow \mathbb{R}$, ferner $\epsilon > 0$ betrachtet.

1. Es sei $t : \mathbb{N} \longrightarrow \mathbb{R}$ Teilfolge von x vermöge einer Funktion $k : \mathbb{N} \longrightarrow \mathbb{N}$ gemäß Definition 2.002.3.

a) Da x Cauchy-Folge ist, gibt es zu $\epsilon > 0$ einen Grenzindex $n(\epsilon)$ mit $|x_m - x_n| < \epsilon$, für alle $m, n \geq n(\epsilon)$. Mit $t_m = x_{k(m)}$ und $t_n = x_{k(n)}$ gilt dann $|t_m - t_n| = |x_{k(m)} - x_{k(n)}| < \epsilon$, für alle $k(m) \geq m \geq n(\epsilon)$ und für alle $k(n) \geq n \geq n(\epsilon)$. Also ist t Cauchy-Folge.

b) Es gilt $lim(t) = lim(x)$, denn mit $x_0 = lim(x)$ gibt es zu $\epsilon > 0$ einen Grenzindex $n(\epsilon)$ mit $|x_n - x_0| < \epsilon$, für alle $n \geq n(\epsilon)$. Mit $t_n = x_{k(n)}$ gilt dann $|t_n - x_0| = |x_{k(n)} - x_0| < \epsilon$, für alle $k(n) \geq n \geq n(\epsilon)$. Also ist $x_0 = lim(t)$ auch der Grenzwert der Teilfolge t.

2. Ist x Mischfolge zweier Folgen $y_1, y_2 : \mathbb{N} \longrightarrow \mathbb{R}$, dann ist x genau dann konvergent, wenn y_1 und y_2 konvergent gegen denselben Grenzwert $y_0 = lim(y_1) = lim(y_2)$ sind, wobei dann $y_0 = lim(x)$ gilt, denn:

a) Ist x konvergent mit $x_0 = lim(x)$, dann ist jede Teilfolge t von x konvergent mit $x_0 = lim(t)$. Somit sind y_1 und y_2 als Teilfolgen von x konvergent mit $x_0 = lim(y_1) = lim(y_2)$.

b) Sind die Folgen $y_1, y_2 : \mathbb{N} \longrightarrow \mathbb{R}$ konvergent mit $y_0 = lim(y_1) = lim(y_2)$, dann gibt es zu $\epsilon > 0$ zwei Grenzindices $m(\epsilon)$ und $n(\epsilon)$ mit $|y_1(m) - y_0| < \epsilon$, für alle $m \geq m(\epsilon)$ und $|y_2(n) - y_0| < \epsilon$, für alle $n \geq n(\epsilon)$. Legt man bezüglich der beiden Funktionen $k_1, k_2 : \mathbb{N} \longrightarrow \mathbb{N}$ (gemäß Defiition 2.002.5) nun $n^*(\epsilon) = max(k_1(m(\epsilon)), k_2(n(\epsilon)))$ fest, so folgt:

$$\text{Gilt } p \geq n^*(\epsilon) \text{ mit } \begin{cases} k_1^{-1}(p) \in Bild(k_1^{-1}), \text{ so gilt } k_1^{-1}(p) \geq m(\epsilon), \\ k_2^{-1}(p) \in Bild(k_2^{-1}), \text{ so gilt } k_2^{-1}(p) \geq n(\epsilon). \end{cases}$$

Damit gilt schließlich $|x_p - y_0| < \epsilon$, für alle $p \geq n^*(\epsilon)$. Also ist $y_0 = lim(x)$ auch der Grenzwert der Mischfolge x.

3. Es sei $u : \mathbb{N} \longrightarrow \mathbb{R}$ Umordnung von x vermöge einer bijektiven Funktion $k : \mathbb{N} \longrightarrow \mathbb{N}$ (wie in Definition 2.002.5 angegeben).

a) Da x Cauchy-Folge ist, gibt es zu $\epsilon > 0$ einen Grenzindex $n(\epsilon)$ mit $|x_m - x_n| < \epsilon$, für alle $m, n \geq n(\epsilon)$. Legt man nun $n^*(\epsilon) = max\{k(1), ..., k(n(\epsilon) - 1)\}$ fest, dann gilt zunächst: Ist $p \geq n^*(\epsilon)$ für $p \in \mathbb{N}$, so gilt $k^{-1}(p) \geq n(\epsilon)$. Folglich gilt dann $|u_m - u_n| = |x_{k^{-1}(m)} - x_{k^{-1}(n)}| < \epsilon$, für alle $m \geq n^*(\epsilon)$ und für alle $n \geq n^*(\epsilon)$. Also ist u Cauchy-Folge.

b) Es gilt $lim(u) = lim(x)$, denn mit $x_0 = lim(x)$ gibt es zu $\epsilon > 0$ einen Grenzindex $n(\epsilon)$ mit $|x_n - x_0| < \epsilon$, für alle $n \geq n(\epsilon)$. Mit $u_n = x_{k^{-1}(n)}$ gilt dann $|u_n - x_0| = |x_{k^{-1}(n)} - x_0| < \epsilon$, für alle $n \geq n^*(\epsilon)$. Also ist $x_0 = lim(u)$ auch der Grenzwert der Umordnung u.

2.055 Strukturen auf $CF(\mathbb{Q})$ und $CF(\mathbb{R})$

A2.055.01: Beweisen Sie die Teile 2 und 3 von Satz 2.055.1, ohne dabei die anderen Beweisteile von Satz 2.055.2 zu verwenden: Sind $x, z : \mathbb{N} \longrightarrow \mathbb{Q}$ Cauchy-konvergente Folgen, dann ist

2. die Differenz $x - z : \mathbb{N} \longrightarrow \mathbb{Q}$ Cauchy-konvergent,

3. jedes $\mathbb{Q}$-Produkt $ax : \mathbb{N} \longrightarrow \mathbb{Q}$ Cauchy-konvergent.

B2.055.01: Zur Bearbeitung der Aufgabe im einzelnen:

2. Gesucht ist $n(\epsilon)$ mit $|(x_n - z_n) - (x_m - z_m)| < \epsilon$, für alle $n, m \geq n(\epsilon)$. Zunächst liefert die Cauchy-Konvergenz von x und z zu $\frac{\epsilon}{2}$ Grenzindices $n_x(\frac{\epsilon}{2})$ und $n_z(\frac{\epsilon}{2})$ mit $|(x_n - x_m)| < \frac{\epsilon}{2}$, für alle $n, m \geq n_x(\frac{\epsilon}{2})$ und $|(z_n - z_m)| < \frac{\epsilon}{2}$, für alle $n, m \geq n_z(\frac{\epsilon}{2})$. Folglich gilt dann unter Verwendung einer der sogenannten Dreiecksungleichungen (Satz 1.632.4a) die Beziehung $|(x_n - z_n) - (x_m - z_m)| = |(x_n - x_m) - (z_n - z_m)| \leq |(x_n - x_m) + (z_n - z_m)| \leq |x_n - x_m| + |z_n - z_m| < \frac{\epsilon}{2} + \frac{\epsilon}{2} = \epsilon$, für alle $n, m \geq max(n_x(\frac{\epsilon}{2}), n_z(\frac{\epsilon}{2}))$. Damit ist $n(\epsilon) = max(n_x(\frac{\epsilon}{2}), n_z(\frac{\epsilon}{2}))$ der gesuchte Grenzindex.

3. Zu beliebig, aber fest vorgegebenem $\epsilon > 0$ ist ein Grenzindex $n(\epsilon) \in \mathbb{N}$ mit $|(ax_n - ax_m)| < \epsilon$, für alle $n, m \geq n(\epsilon)$ gesucht.

Fall 1: Es sei $a = 0$. dann ist $ax = 0$ die konstante Nullfolge, als konstante Folge also Cauchy-konvergent.

Fall 2: Es sei $a \neq 0$. Die Cauchy-Konvergenz von x liefert dann zu $\epsilon_1 = \frac{\epsilon}{|a|}$ zunächst einen Grenzindex $n(\epsilon_1)$ mit $|x_n - x_m| < \epsilon_1$, für alle $n, m \geq n(\epsilon_1)$. Unter Verwendung der Beziehung $|ab| = |a||b|$ in Satz 1.632.3 ist dann $|ax_n - ax_m| = |a(x_n - x_m)| = |a||x_n - x_m| < |a|\epsilon_1 = |a|\frac{\epsilon}{|a|} = \epsilon$, für alle $n, m \geq n(\epsilon) = n(\epsilon_1)$. Damit ist $n(\epsilon) = n(\epsilon_1)$ der gesuchte Grenzindex.

A2.055.02: Skizzieren Sie die wesentlichen Beweisschritte zu folgendem Sachverhalt: Eine Funktion $f : [a, b] \longrightarrow [a, b]$ besitzt einen eindeutig bestimmten Fixpunkt, falls sie die folgende Eigenschaft hat: Es existiert ein Element $c \in (0, 1)$ mit $|f(y) - f(z)| \leq c|y - z|$, für alle Elemente $y, z \in [a, b]$.

Hinweis: Verwenden Sie hinsichtlich des Nachweises der Existenz die zu (f, x_1) mit beliebig gewähltem Element $x_1 \in [a, b]$ rekursiv definierte Folge $x : \mathbb{N} \longrightarrow [a, b]$ mit dem Rekursionsanfang x_1 und dem Rekursionsschritt $x_{n+1} = f(x_n)$, für alle $n \in \mathbb{N}$.

B2.055.02: Zur Bearbeitung der Aufgabe im einzelnen:

1. Zur Existenz eines Fixpunktes von f: Für die Folgenglieder von x gilt $|f(x_n) - f(x_{n+1})| = |x_{n+1} - x_{n+2}|$ sowie $|f(x_n) - f(x_{n+1})| \leq c|x_n - x_{n+1}|$, zusammen gilt somit $|x_{n+1} - x_{n+2}| \leq c|x_{n+1} - x_n| < |x_{n+1} - x_n|$. Diese Abschätzung zeigt, daß x Cauchy-Folge ist und folglich einen Grenzwert $x_0 = lim(x)$ besitzt. Nach Konstruktion der Folge x kann man $f(x_0) = x_0$ annehmen (was aber noch zu zeigen wäre), folglich ist x_0 ein Fixpunkt von f.

2. Zur Eindeutigkeit eines Fixpunktes von f: Nimmt man an, daß f die beiden Fixpunkte y_0 und z_0 hat, dann gilt sowohl $|f(y_0) - f(z_0)| = |y_0 - z_0|$ als auch $|f(y_0) - f(z_0)| \leq c|y_0 - z_0|$, zusammen gilt somit $|y_0 - z_0| \leq c|y_0 - z_0|$, woraus $y_0 - z_0 = 0$, also $y_0 = z_0$ folgt.

A2.055.03: Beweisen Sie: Cauchy-konvergente Folgen $x : \mathbb{N} \longrightarrow \mathbb{R}$ sind beschränkt.

B2.055.03: Ist $x : \mathbb{N} \longrightarrow \mathbb{R}$ eine Cauchy-konvergente Folge, so gibt es zu jedem beliebigen $\epsilon > 0$ einen Grenzindex $n(\epsilon)$ mit $|x_n| - |x_m| \leq |x_n - x_m| < \epsilon$, für alle $n, m \geq n(\epsilon)$, somit gilt $|x_n| < \epsilon + |x_m|$, für alle $n, m \geq n(\epsilon)$, insbesondere also $|x_n| < \epsilon + |x_{n(\epsilon)}|$, für alle $n \geq n(\epsilon)$. Folglich liegt mit der Abschätzung $|x_n| < sup(|x_{n(\epsilon)}|, sup\{x_1, ..., x_{n(\epsilon)}\})$, für alle $n \in \mathbb{N}$, eine obere Schranke (und mit analoger Überlegung eine untere Schranke) zu x vor.

2.065   Die Cantor-Komplettierung $\mathbb{R}_C = Ckom(\mathbb{Q})$

A2.065.01: Beweisen Sie die Teile 1 bis 3 in Satz 2.065.1 ohne Rückgriff auf Abschnitt 2.063. Das sind im einzelnen die folgenden Aussagen:

1. Die auf der Menge $CF(\mathbb{Q})$ der Cauchy-konvergenten Folgen $\mathbb{N} \longrightarrow \mathbb{Q}$ durch die Vorschrift
$$x\,R\,z \;\Leftrightarrow\; x-z : \mathbb{N} \longrightarrow \mathbb{Q} \text{ ist nullkonvergent} \;\Leftrightarrow\; x-z \in Kon(\mathbb{Q},0)$$
definierte Relation R ist eine Äquivalenz-Relation.

2. Die Menge $CF(\mathbb{Q})/R$ bildet zusammen mit den durch $[x] + [z] = [x+z]$ und $[x] \cdot [z] = [xz]$ definierten (inneren) Kompositionen einen Körper.

3. Der Körper $CF(\mathbb{Q})/R$ bildet zusammen mit der durch
$$[x] \leq [z] \;\Leftrightarrow\; \text{es gibt } x' \in [x] \text{ und } z' \in [z] \text{ mit } x' \leq z'$$
definierten Relation $\leq$ einen Archimedes-Körper.

Anmerkung: Man kann die Relation $\leq$ auch durch die beiden Festlegungen
 a) $[x] \geq [0] \Leftrightarrow$ es gibt $x' \in [x]$ mit $x' \geq 0$ b) $[x] < [0] \Leftrightarrow [-x] > 0$
(mit der Null-Folge $0 : \mathbb{N} \longrightarrow \mathbb{Q}$ mit $n \longmapsto 0$) definieren, womit die allgemeinere Darstellung von $\leq$ durch die Positivitätsbereiche
$P = \{x \in CF(\mathbb{Q}) \mid x \geq 0\} \subset CF(\mathbb{Q})$ und $P^* = \{[x] \in CF(\mathbb{Q})/Kon(\mathbb{Q},0) \mid \text{es gibt } x' \in [x] \text{ mit } x' \in P\}$
in Abschnitt 2.063 konkretisiert ist.

Hinweis: Die drei Teile der vorstehenden Aufgabe werden im folgenden separat bewiesen:

B2.065.01.1: Bearbeitung von Teil 1 von Aufgabe A2.065.01:

1. R ist reflexiv, denn für alle $x \in CF(\mathbb{Q})$ ist $x - x = 0$ nullkonvergent, also gilt $x\,R\,x$.
2. R ist symmetrisch, denn mit $x\,R\,z$ ist $x - z$ nullkonvergent, also ist nach Satz 2.046.3 auch $z - x = -(x - z)$ nullkonvergent, folglich gilt $z\,R\,x$.
3. R ist transitiv, denn mit $x\,R\,y$ und $y\,R\,z$ sind $x - y$ und $y - z$ nullkonvergent, folglich ist nach Satz 2.046.1/1 auch $(x - y) + (y - z) = x - z$ ebenfalls nullkonvergent, folglich gilt $x\,R\,z$.

B2.065.01.2: Bearbeitung von Teil 2 von Aufgabe A2.065.01:

1. Die oben definierten Kompositionen sind innere Kompositionen auf $\mathbb{R} = CF(\mathbb{Q})/R$, denn zunächst sind nach Satz 2.055.1 mit $x, z \in CF(\mathbb{Q})$ auch Summen $x + z$ und Produkte xz wieder Elemente von $CF(\mathbb{Q})$. Es ist noch zu zeigen, daß diese Kompositionen wohldefiniert sind, das heißt, daß sie nicht von den genannten Repräsentanten abhängen:

a) Ist $x' \in [x]$ und $z' \in [z]$, dann gilt $x' + z' \in [x+z]$, also $[x' + z'] = [x + z]$, denn wegen $x' \in [x]$ und $z' \in [z]$ sind $x' - x$ und $z' - z$ nullkonvergente Folgen, somit ist auch $(x + z) - (x' + z') = (x - x') + (z - z')$ als Summe nullkonvergenter Folgen ebenfalls nullkonvergent, also ist $x' + z' \in [x + z]$.

b) Ist $x' \in [x]$ und $z' \in [z]$, dann gilt $x'z' \in [xz]$, also $[x'z'] = [xz]$, denn wegen $x' \in [x]$ und $z' \in [z]$ sind $x' - x$ und $z' - z$ nullkonvergente Folgen, somit ist auch $x'z' - xz = x'z' + xz' - xz' - xz = x(z' - z) + z'(x - x')$ als Summe nullkonvergenter Folgen ebenfalls nullkonvergent, also ist $x'z' \in [xz]$. (Dabei wurde verwendet, daß ein Produkt aus einer Cauchy-konvergenten Folge und einer nullkonvergenten Folge wieder nullkonvergent ist (siehe Bemerkung 2.055.2/4).)

2. $\mathbb{R} = CF(\mathbb{Q})/R$ bildet zusammen mit der oben angegebenen Addition eine abelsche Gruppe, denn:

a) Die Addition ist sowohl assoziativ als auch kommutativ. Das zeigen die Berechnungen $([x]+[y])+[z] = [x+y]+[z] = [(x+y)+z] = [x+(y+z)] = [x]+[y+z] = [x]+([y]+[z])$ sowie $[x]+[z] = [x+z] = [z+x] = [z]+[x]$, die auf den entsprechenden Eigenschaften für die argumentweise definierten Addition von Folgen (Funktionen) $\mathbb{N} \longrightarrow \mathbb{Q}$ beruhen.

b) Das neutrale Element bezüglich Addition ist $[0] = \{z \in CF(\mathbb{Q}) \mid lim(z) = 0\}$, also die Menge aller nullkonvergenten $\mathbb{Q}$-Folgen. In der Tat gilt $[0]+[y] = [y]$, denn ist $z \in [0]$, dann gilt $[z]+[y] = [z+y] = [y]$, denn es ist $0 = lim(z) = lim((z+y) - y)$.

c) Das bezüglich Addition zu $[x]$ inverse Element ist $[-x]$, denn es gilt $[-x] + [x] = [-x + x] = [0]$.

3. $\mathbb{R} \setminus \{0\} = (CF(\mathbb{Q})/R) \setminus \{[0]\}$ bildet zusammen mit der obigen Multiplikation eine abelsche Gruppe:

a) Die Multiplikation ist sowohl assoziativ als auch kommutativ. Das zeigen die (konkatenativ geschriebenen) Berechnungen $([x][y])[z] = [xy][z] = [(xy)z] = [x(yz)] = [x][yz] = [x]([y][z])$ sowie $[x][z] = [xz] = [zx] = [z][x]$, die auf den entsprechenden Eigenschaften für die argumentweise definierten Multiplikation von Folgen (Funktionen) $\mathbb{N} \longrightarrow \mathbb{Q}$ beruhen.

b) Das neutrale Element bezüglich Multiplikation ist $[1] = \{z \in CF(\mathbb{Q}) \mid lim(z) = 1\}$, also die Menge aller gegen 1 konvergenten $\mathbb{Q}$-Folgen. In der Tat gilt $[1][y] = [y]$, denn ist $z \in [1]$, dann gilt $[z][y] = [zy] = [y]$, denn mit $1 = lim(z)$ ist $lim(z - 1) = 0$. Nach Bemerkung 2.055.2/4 ist aber auch das Produkt $(z - 1)y = zy - y$ nullkonvergent, es gilt also $lim(zy - y) = 0$, woraus $[zy] = [y]$ folgt.

c) Das bezüglich Multiplikation zu $[x]$ inverse Element ist $[\frac{1}{x}]$, denn es gilt $[\frac{1}{x}][x] = [\frac{1}{x}x] = [1]$. Dabei wird verwendet, daß mit x auch $\frac{1}{x}$ eine Cauchy-konvergente Folge ist (Satz 2.055.1/5). Wegen $x \notin [0]$ können nur endlich viele Folgenglieder 0 sein; sie kann man einfach durch 1 ersetzen, ohne $[x]$ zu verändern.

4. Addition und Multiplikation auf $\mathbb{R} = CF(\mathbb{Q})/R$ sind distributiv, denn es gilt: $[x]([y]+[z]) = [x][y+z] = [x(y+z)] = [xy + xz] = [xy] + [xz]$ aufgrund der dabei verwendeten Eigenschaften für die argumentweise definierte Addition und Multiplikation von Folgen (Funktionen) $\mathbb{N} \longrightarrow \mathbb{Q}$.

B2.065.01.3: Bearbeitung von Teil 3 von Aufgabe A2.065.01:

1. $\mathbb{R} = CF(\mathbb{Q})/R$ bildet zusammen mit der oben angegebenen Relation $\leq$ eine linear geordnete Menge, denn im einzelnen gilt:

a) Für alle $[x] \in \mathbb{R} = CF(\mathbb{Q})/R$ gilt $[x] \leq [x]$, denn für alle Folgen $x \in CF(\mathbb{Q})$ gilt $x \leq x$.

b) Gilt $[x] \leq [z]$ und $[z] \leq [x]$, dann gibt es $x', x'' \in [x]$ und $z', z'' \in [z]$ mit $x' \leq z'$ und $z'' \leq x''$. Die erste Beziehung liefert $x' - z' \leq z' - z' = 0$, die zweite $z'' - x'' \leq x'' - x'' = 0$, also $x' - z' \leq 0$ und $z'' - x'' \leq 0$, woraus $[x] - [z] = [x'] - [z'] = [x' - z'] \leq [0]$ und $[z] - [x] = [z''] - [x''] = [z'' - x''] \leq [0]$, insgesamt also $[x] = [z]$ folgt.

c) Gilt $[x] \leq [y]$ und $[y] \leq [z]$, dann gibt es $x' \in [x]$, $y' \in [y]$ und $z' \in [z]$ mit $x' \leq y'$ und $y' \leq z'$, woraus $x' \leq z'$ und somit $[x] \leq [z]$ folgt.

d) Die Ordnung ist linear.

2. Die Ordnung $\leq$ ist mit der Addition verträglich, denn gilt $[x] \leq [z]$, dann gilt auch $[x + c] \leq [z + c]$: Wegen $[x] \leq [z]$ gibt es $x' \in [x]$ und $z' \in [z]$ mit $x' \leq z'$, woraus zunächst $x' + c \leq z' + c$, also $[x' + c] \leq [z' + c]$ folgt. Wegen $0 = lim(x - x') = lim((x + c) - (x' + c))$ und $0 = lim(z - z') = lim((z + c) - (z' + c))$ gilt $[x' + c] = [x + c]$ und $[z' + c] = [z + c]$, woraus dann die Behauptung folgt.

3. Daß die Ordnung $\leq$ mit der Multiplikation verträglich ist, zeigt man auf analoge Weise mit Elementen $c \geq 0$ und $c < 0$.

4. Der angeordnete Körper $\mathbb{R} = Ckom(\mathbb{Q}) = CF(\mathbb{Q})/Kon(\mathbb{Q}, 0)$ ist ein Archimedes-Körper.

Zu zeigen ist, daß es zu jedem Element $[x] \in Ckom(\mathbb{Q})$ ein $n \in \mathbb{N}_0$ gibt mit $[x] \leq in_{\mathbb{Q}}(n)$ (siehe Definition 1.732.1). Da nun $\mathbb{Q}$ ein Archimedes-Körper ist, gibt es zu jedem $u \in \mathbb{Q}$ ein $n \in \mathbb{N}_0$ mit $u \leq n$. Wählt man zu $[x]$ nun ein $u \in \mathbb{Q}$ mit $[x] \leq [e(u)] = in_{\mathbb{Q}}(u)$, so gilt mit der Monotonie von $in_{\mathbb{Q}}$ dann $[x] \leq in_{\mathbb{Q}}(u) \leq in_{\mathbb{Q}}(n)$.

Anmerkung 1: Die Elemente von $\mathbb{R} = CF(\mathbb{Q})/R$ sind Äquivalenzklassen mit der Darstellung
$$[x] = \{z \in CF(\mathbb{Q}) \mid x - z \in Kon(\mathbb{Q}, 0)\}.$$

Anmerkung 2: Jede der in a) beschriebenen Äquivalenzklassen enthält (genau) eine konstante Folge, die in b) beschriebenen Äquivalenzklassen enthalten keine konstanten Folgen.

Anmerkung 3: Die Äquivalenz-Relation R in Lemma 2.065.1 erzeugt das Ideal $Kon(\mathbb{Q}, 0)$ in $CF(\mathbb{Q})$ und somit den Quotientenring $\mathbb{R} = CF(\mathbb{Q})/R = CF(\mathbb{Q})/Kon(\mathbb{Q}, 0)$.

2.071 KONVERGENTE FOLGEN $\mathbb{N} \longrightarrow \mathbb{C}$

A2.071.01: Geben Sie die identische Folge, die Nullfolge sowie weitere Beispiele konstanter Folgen $\mathbb{N} \longrightarrow \mathbb{R}^2$ an. Wie kann man diese Folgen in einem zweidimensionalen Cartesischen Koordinaten-System (K_1, K_2) beschreiben?

B2.071.01: Versucht man, von Folgen $\mathbb{N} \longrightarrow \mathbb{R}$ ausgehend zu analogisieren, dann etwa:
a) Man kann $\mathbb{N} \longrightarrow \mathbb{R}^2$ mit $n \longmapsto (n,n)$ als identische Folge in $\mathbb{R}^2$ ansehen. Sie hat in (K_1, K_2) die Darstellung als Folge diskreter Punkte, ihre Bildmenge ist also Teilmenge der Diagonalen $diag(\mathbb{R})$.
b) Man kann $\mathbb{N} \longrightarrow \mathbb{R}^2$ mit $n \longmapsto (0,0)$ als Nullfolge in $\mathbb{R}^2$ ansehen, denn $(0,0)$ ist in $\mathbb{R}^2$ das bezüglich Addition neutrale Element. Ihre Darstellung in (K_1, K_2) bsteht dann nur aus dem einen Punkt im Koordinaten-Ursprung.
c) Man kann $\mathbb{N} \longrightarrow \mathbb{R}^2$ mit $n \longmapsto (a,a)$ mit beliebiger Zahl $a \in \mathbb{R}$ als eine konstante Folge in $\mathbb{R}^2$ ansehen. Ihre Darstellung in (K_1, K_2) bsteht dann nur aus dem einen Punkt (a,a). Demgegenüber könnte man aber auch eine Folge $\mathbb{N} \longrightarrow \mathbb{R}^2$ mit $n \longmapsto (n,a)$ als konstante Folge in $\mathbb{R}^2$ ansehen. Ihre Darstellung in (K_1, K_2) bsteht dann aus einer Menge diskreter Punkte (n,a), die Teil einer Parallelen zu K_1 sind.

A2.071.02: Beweisen Sie: Die in Bemerkung 2.070.1/4 genannte Funktion $Abb(\mathbb{N}, \mathbb{R}^2) \xrightarrow{u} Abb(\mathbb{N}, \mathbb{R})^2$ mit der Zuordnungsvorschrift $z \longmapsto (pr_1 \circ z, pr_2 \circ z)$ besitzt die inverse Funktion $Abb(\mathbb{N}, \mathbb{R})^2 \xrightarrow{v} Abb(\mathbb{N}, \mathbb{R}^2)$ mit der Zuordnungsvorschrift $(x, x') \longmapsto (in_1 \circ x) + (in_2 \circ x')$. Beide Funktionen sind also bijektiv.

B2.071.02: Die Funktionen $v \circ u$ und $u \circ v$ haben die Zuordnungsvorschriften
$z \xmapsto{u} (pr_1 \circ z, pr_2 \circ z) \xmapsto{v} (in_1 \circ pr_1 \circ z) + (in_2 \circ pr_2 \circ z) = (in_1 \circ pr_1 + in_2 \circ pr_2) \circ z = id \circ z = z$ und
$(x, x') \xmapsto{v} (in_1 \circ x) + (in_2 \circ x') \xmapsto{u} (pr_1 \circ (in_1 \circ x + in_2 \circ x'), pr_2 \circ (in_1 \circ x + in_2 \circ x'))$
$= (pr_1 \circ in_1 \circ x + pr_1 \circ in_2 \circ x', pr_2 \circ in_1 \circ x + pr_2 \circ in_2 \circ x') = (x + pr_1 \circ in_2 \circ x', pr_2 \circ in_1 \circ x + x')$
$= (x, 0) + (0, x') = (x, x')$,
folglich gilt $v \circ u = id$ und $u \circ v = id$ auf den jeweiligen Mengen.
Bei diesen Berechnungen wurden die folgenden Einzelbeziehungen verwendet:
a) $in_1 \circ pr_1 + in_2 \circ pr_2 = id$, sie gilt wegen
$(in_1 \circ pr_1 + in_2 \circ pr_2)(a, a') = (in_1 \circ pr_1)(a, a') + in_2 \circ pr_2)(a, a') = (a, 0) + (0, a') = (a, a') = id(a, a')$,
b) $pr_1 \circ in_2 \circ x' = 0 \circ x' = 0$ und $pr_2 \circ in_1 \circ x = 0 \circ x = 0$, sie gelten wegen
$(pr_1 \circ in_2)(a) = pr_1(0, a) = 0$ und $(pr_2 \circ in_1)(a) = pr_2(a, 0) = 0$.

A2.071.03: Nennen Sie die in Satz 2.071.2 genannte Formel $lim(z) = lim(x, x') = (lim(x), lim(x'))$ in Indexschreibweise in Gauß-Darstellung, in Hamilton-Darstellung und in trigonometrischer Darstellung.

B2.071.03: Die Formel $lim(z) = lim(x, x') = (lim(x), lim(x'))$ hat auch die Darstellungen:
Hamilton-Darstellung $\quad lim(z_n)_{n \in \mathbb{N}} = lim(x_n, x'_n)_{n \in \mathbb{N}} = (lim(x_n)_{n \in \mathbb{N}}, lim(x'_n)_{n \in \mathbb{N}})$
Gauß-Darstellung $\quad lim(z_n)_{n \in \mathbb{N}} = lim(x_n + ix'_n)_{n \in \mathbb{N}} = lim(x_n)_{n \in \mathbb{N}} + i \cdot lim(x'_n)_{n \in \mathbb{N}}$
Trigonometrische Darstellung $\quad lim(z_n)_{n \in \mathbb{N}} = lim(r_n(cos(\alpha_n), sin(\alpha_n)))_{n \in \mathbb{N}}$
$\qquad = lim(r_n)_{n \in \mathbb{N}} \cdot lim(cos(\alpha_n), sin(\alpha_n))_{n \in \mathbb{N}}$
$\qquad = lim(r_n)_{n \in \mathbb{N}} \cdot (lim(cos(\alpha_n))_{n \in \mathbb{N}}, lim(sin(\alpha_n))_{n \in \mathbb{N}})$
$\qquad = lim(r_n)_{n \in \mathbb{N}} \cdot (cos(lim(\alpha_n)_{n \in \mathbb{N}}), sin(lim(\alpha_n)_{n \in \mathbb{N}}))$
Anmerkung: Bei der zuletzt genannten Gleichheit in der trigonometrischen Darstellung wurde die in den Abschnitten 2.2x besprochene Stetigkeit der Funktionen sin und cos verwendet.

A2.071.04: Betrachten Sie zu Satz 2.071.2 die konkreten Daten $x_n = \frac{1}{n}$ und $x'_n = \frac{1}{n^2}$, ferner sei $\epsilon = \frac{1}{100}$ vorgegeben. Nennen und erläutern (!) Sie den zugehörigen Grenzindex, der dann die Konvergenz der Folge (x, x') garantiert.

A2.071.05: Nennen Sie mehrere Paare konvergenter $\mathbb{C}$-Folgen und untersuchen Sie die jeweils zugehörigen Produktfolgen hinsichtlich Konvergenz, zum einen im Sinne des Ringprodukts, zum anderen im Sinne der komplexen Multiplikation.

A2.071.06: Untersuchen Sie die Mengen $Kon(\mathbb{R}^2)$ und $Kon(\mathbb{C})$ im Sinne der Sätze 2.045.1 und 2.046.1.

B2.071.06: Zur Bearbeitung der Aufgabe folgende Beobachtungen:

1. Als Mengen sind $Kon(\mathbb{R}^2)$ und $Kon(\mathbb{C})$ identisch. Dasselbe gilt für die $\mathbb{R}$-Vektorräume $Kon(\mathbb{R}^2)$ und $Kon(\mathbb{C})$, das bedeutet natürlich, daß Untersuchungen hinsichtlich der Abgeschlossenheit bezüglich Addition (Subtraktion) und $\mathbb{R}$-Multiplikation nur einmal durchgeführt werden müssen. Der Unterschied macht sich also erst (und nur) hinsichtlich der jeweiligen Multiplikation bemerkbar.

2a) Summen $z_1 + z_2 : \mathbb{N} \longrightarrow \mathbb{R}^2$ konvergenter Folgen $z_1 = (x, x') : \mathbb{N} \longrightarrow \mathbb{R}^2$ und $z_2 = (y, y') : \mathbb{N} \longrightarrow \mathbb{R}^2$ sind wieder konvergent und es gilt $lim(z_1 + z_2) = lim(z_1) + lim(z_2)$.

2b) $\mathbb{R}$-Produkte $az : \mathbb{N} \longrightarrow \mathbb{R}^2$ konvergenter Folgen $z = (x, x') : \mathbb{N} \longrightarrow \mathbb{R}^2$ sind wieder konvergent und es gilt $lim(az) = a \cdot lim(z)$.

Hinsichtlich der beiden unterschiedlichen Multiplikationen gilt gleichermaßen:

3a) Podukte $z_1 \cdot z_2 : \mathbb{N} \longrightarrow \mathbb{R}^2$ konvergenter Folgen $z_1 = (x, x') : \mathbb{N} \longrightarrow \mathbb{R}^2$ und $z_2 = (y, y') : \mathbb{N} \longrightarrow \mathbb{R}^2$ in $\mathbb{R}^2$ sind wieder konvergent und es gilt $lim(z_1 \cdot z_2) = lim(z_1) \cdot lim(z_2)$.

3b) Podukte $z_1 \cdot z_2 : \mathbb{N} \longrightarrow \mathbb{R}^2$ konvergenter Folgen $z_1 = (x, x') : \mathbb{N} \longrightarrow \mathbb{R}^2$ und $z_2 = (y, y') : \mathbb{N} \longrightarrow \mathbb{R}^2$ in $\mathbb{C}$ sind wieder konvergent und es gilt $lim(z_1 \cdot z_2) = lim(z_1) \cdot lim(z_2)$.

2.082 ARGUMENTWEISE KONVERGENTE FOLGEN $\mathbb{N} \longrightarrow Abb(T, \mathbb{R})$

A2.082.01: Betrachten Sie die Familien $(f_a)_{a \in \mathbb{R}^+}$ von Funktionen
a) $f_a : \mathbb{R} \longrightarrow \mathbb{R}$, definiert durch $f_a(x) = \frac{1}{a}x$,
b) $f_a : \mathbb{R} \longrightarrow \mathbb{R}$, definiert durch $f_a(x) = ax^2 + a$,
c) $f_a : \mathbb{R} \longrightarrow \mathbb{R}$, definiert durch $f_a(x) = ax^2 + ax$,
d) $f_a : \mathbb{R}^+ \longrightarrow \mathbb{R}$, definiert durch $f_a(x) = \frac{1}{ax}$.

Konstruieren Sie jeweils innerhalb dieser Familien eine Folge $f = (f_n)_{n \in \mathbb{N}}$, die gegen die Null-Funktion $D(f_a) \longrightarrow \mathbb{R}$ argumentweise konvergiert (mit rechnerischem Nachweis und einigermaßen genauen Skizzen von f_1 bis f_4).

Mit derselben Aufgabenstellung (natürlich jedoch ohne Skizze):
e) $f_a : \mathbb{R} \longrightarrow \mathbb{R}$, definiert durch $f_a(x) = ax^m + ... + ax$ mit $m \in \mathbb{N}$,
f) $f_a : \mathbb{R} \longrightarrow \mathbb{R}$, definiert durch $f_a(x) = ax^m + ... + ax + a$ mit $m \in \mathbb{N}$.

Schließlich: Wie kann man Familien $(f_{ab})_{a,b \in \mathbb{R}^+}$ von Funktionen $f_{ab} : \mathbb{R} \longrightarrow \mathbb{R}$ mit $f_{ab}(x) = ax + b$ (wobei ab als Doppelindex zu lesen ist) auf analoge Weise behandeln?

B2.082.01: Zur Bearbeitung der Aufgabe im einzelnen:

a) Die Folge $f : \mathbb{N} \longrightarrow Abb(\mathbb{R}, \mathbb{R})$ der Geraden $f_n = \frac{1}{n}id : \mathbb{R} \longrightarrow \mathbb{R}$ konvergiert argumentweise gegen die Null-Funktion $f_0 = 0 : \mathbb{R} \longrightarrow \mathbb{R}$, denn für beliebig, aber jeweils fest gewählte Elemente $z \in D(f_n) = \mathbb{R}$ konvergieren die zugehörigen Folgen $(f_n(z))_{n \in \mathbb{N}} = (\frac{1}{n}z)_{n \in \mathbb{N}}$ gegen $0 \cdot z = 0 = f_0(z)$.

b) Die Folge $f : \mathbb{N} \longrightarrow Abb(\mathbb{R}, \mathbb{R})$ der Parabeln $f_n = \frac{1}{n}id^2 + \frac{1}{n} : \mathbb{R} \longrightarrow \mathbb{R}$ konvergiert argumentweise gegen die Null-Funktion $f_0 = 0 : \mathbb{R} \longrightarrow \mathbb{R}$, denn für beliebig, aber jeweils fest gewählte Elemente $z \in D(f_n) = \mathbb{R}$ konvergieren die zugehörigen Folgen $(f_n(z))_{n \in \mathbb{N}} = (\frac{1}{n}(z^2 + 1))_{n \in \mathbb{N}}$ gegen 0 (als Produkt der nullkonvergenten Folge $(\frac{1}{n})_{n \in \mathbb{N}}$ und der konstanten Folge $(z^2 + 1)_{n \in \mathbb{N}}$).

c) Die Folge $f : \mathbb{N} \longrightarrow Abb(\mathbb{R}, \mathbb{R})$ der Parabeln $f_n = \frac{1}{n}id^2 + \frac{1}{n}id : \mathbb{R} \longrightarrow \mathbb{R}$ konvergiert argumentweise gegen die Null-Funktion $f_0 = 0 : \mathbb{R} \longrightarrow \mathbb{R}$, denn für beliebig, aber jeweils fest gewählte Elemente $z \in D(f_n) = \mathbb{R}$ konvergieren die zugehörigen Folgen $(f_n(z))_{n \in \mathbb{N}} = (\frac{1}{n}(z^2 + z))_{n \in \mathbb{N}}$ gegen 0 (als Produkt der nullkonvergenten Folge $(\frac{1}{n})_{n \in \mathbb{N}}$ und der konstanten Folge $(z^2 + z)_{n \in \mathbb{N}}$).

d) Die Folge $f : \mathbb{N} \longrightarrow Abb(\mathbb{R}^+, \mathbb{R})$ der Hyperbeln $f_n = \frac{1}{n \cdot id} : \mathbb{R}^+ \longrightarrow \mathbb{R}$ konvergiert argumentweise gegen die Null-Funktion $f_0 = 0 : \mathbb{R} \longrightarrow \mathbb{R}$, denn für beliebig, aber jeweils fest gewählte Elemente $z \in D(f_n) = \mathbb{R}^+$ konvergieren die zugehörigen Folgen $(f_n(z))_{n \in \mathbb{N}} = (\frac{1}{nz})_{n \in \mathbb{N}}$ gegen 0 (als Produkt der nullkonvergenten Folge $(\frac{1}{n})_{n \in \mathbb{N}}$ und der konstanten Folge $(\frac{1}{z})_{n \in \mathbb{N}}$).

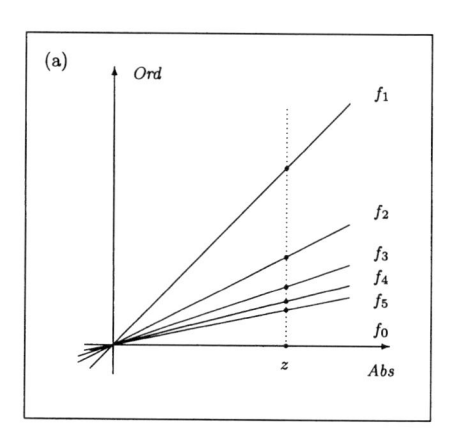

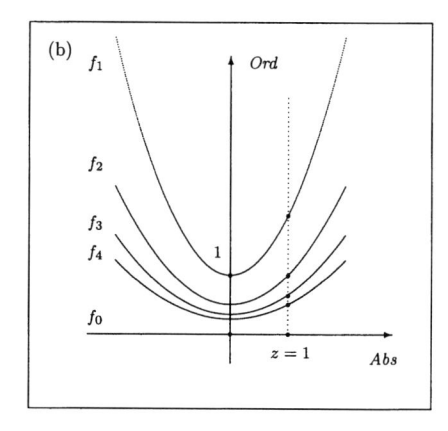

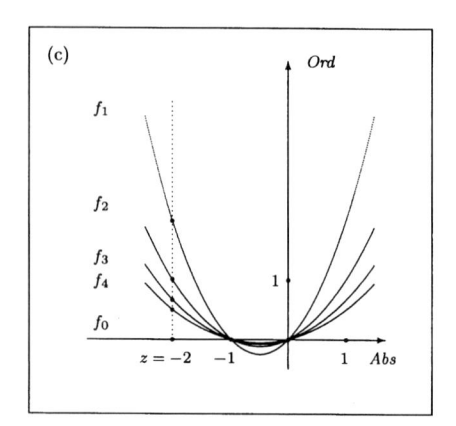

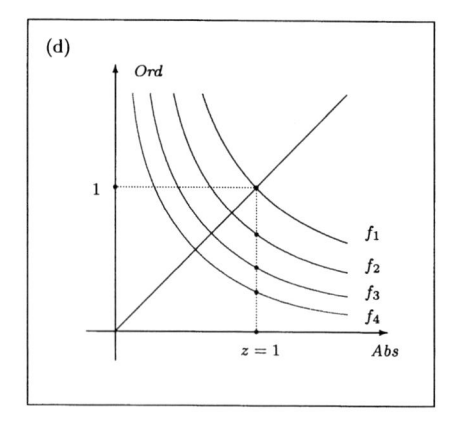

e) Die Folge $f : \mathbb{N} \longrightarrow Abb(\mathbb{R}, \mathbb{R})$ der Parabeln $f_n = \frac{1}{n}id^m + ... + \frac{1}{n}id : \mathbb{R} \longrightarrow \mathbb{R}$ konvergiert argumentweise gegen die Null-Funktion $f_0 = 0 : \mathbb{R} \longrightarrow \mathbb{R}$, denn für beliebig, aber jeweils fest gewählte Elemente $z \in D(f_n) = \mathbb{R}$ konvergieren die zugehörigen Folgen $(f_n(z))_{n \in \mathbb{N}} = (\frac{1}{n}z^m + ... + \frac{1}{n}z))_{n \in \mathbb{N}}$ gegen 0 (als Summe der m nullkonvergenten Folgen $(\frac{1}{n}z^k)_{n \in \mathbb{N}}$ mit $1 \leq k \leq m$).

f) Die Folge $f : \mathbb{N} \longrightarrow Abb(\mathbb{R}, \mathbb{R})$ der Parabeln $f_n = \frac{1}{n}id^m + ... + \frac{1}{n}id + \frac{1}{n} : \mathbb{R} \longrightarrow \mathbb{R}$ konvergiert argumentweise gegen die Null-Funktion $f_0 = 0 : \mathbb{R} \longrightarrow \mathbb{R}$, denn für beliebig, aber jeweils fest gewählte Elemente $z \in D(f_n) = \mathbb{R}$ konvergieren die zugehörigen Folgen $(f_n(z))_{n \in \mathbb{N}} = (\frac{1}{n}z^m + ... + \frac{1}{n}z + \frac{1}{n}))_{n \in \mathbb{N}}$ gegen 0 (als Summe der $m + 1$ nullkonvergenten Folgen $(\frac{1}{n}z^k)_{n \in \mathbb{N}}$ mit $0 \leq k \leq m$).

Man kann zu Familien $(f_{ab})_{a,b \in \mathbb{R}^+}$ von Funktionen $f_{ab} : \mathbb{R} \longrightarrow \mathbb{R}$ mit $f_{ab}(x) = ax + b$ beispielsweise die Folge $f : \mathbb{N} \longrightarrow Abb(\mathbb{R}, \mathbb{R})$ der Geraden $f_{nb} = \frac{1}{n}id + b : \mathbb{R} \longrightarrow \mathbb{R}$ mit konstanter Zahl b betrachten. Dann liegt ein zu a) analoger Fall vor, bei dem Folgen der Form $(f_{nb}(z))_{n \in \mathbb{N}} = (\frac{1}{n}z + b)_{n \in \mathbb{N}}$ gegen b konvergieren. Weiterhin kann man etwa die Folge $f : \mathbb{N} \longrightarrow Abb(\mathbb{R}, \mathbb{R})$ der Geraden $f_n = \frac{1}{n}id + \frac{1}{n} : \mathbb{R} \longrightarrow \mathbb{R}$ betrachten. Dann liegt ein zu a) ähnlicher Fall vor, bei dem die Folgen der Form $(f_n(z))_{n \in \mathbb{N}} = (\frac{1}{n}z + \frac{1}{n})_{n \in \mathbb{N}}$ gegen 0 konvergieren.

Schließlich kann man auch die Folge $f : \mathbb{N} \longrightarrow Abb(\mathbb{R}, \mathbb{R})$ der Geraden $f_{nm} = \frac{1}{n}id + \frac{1}{m} : \mathbb{R} \longrightarrow \mathbb{R}$ betrachten. Dann liegt wieder ein zu a) ähnlicher Fall vor, bei dem die Folgen der Form $(f_{nm}(z))_{n,m \in \mathbb{N}} = (\frac{1}{n}z + \frac{1}{m})_{n \in \mathbb{N}}$ gegen 0 konvergieren.

A2.082.02: Beweisen Sie die Aussage von Bemerkung 2.082.3/4: Eine monotone oder antitone Folge $f : \mathbb{N} \longrightarrow Abb(T, \mathbb{R})$ ist genau dann argumentweise konvergent, wenn für alle $z \in T$ die T-Folgen $(f_n(z))_{n \in \mathbb{N}}$ beschränkt sind.

B2.082.02: Im folgenden wird eine monotone Folge f, also mit $f_n \leq f_{n+1}$, für alle $n \in \mathbb{N}$, betrachtet:

1. Da f monoton ist, sind für alle $z \in T$ die Folgen $(f_n(z))_{n \in \mathbb{N}}$ ebenfalls monoton. Da sie nach Voraussetzung nach oben beschränkt sind, sind sie nach Satz 2.044.1 konvergent, folglich ist definitionsgemäß f argumentweise konvergent.

2. Ist f argumentweise konvergent, dann sind für alle $z \in T$ die Folgen $(f_n(z))_{n \in \mathbb{N}}$ konvergent und somit beschränkt.

2.086 BEISPIELE KONVERGENTER FOLGEN $\mathbb{N} \longrightarrow Abb(T, \mathbb{R})$

A2.086.01: Zeigen Sie, daß die Funktionen-Folge $f = (f_n)_{n \in \mathbb{N}} : \mathbb{N} \longrightarrow Abb([0,1], \mathbb{R})$ von Funktionen $f_n : [0,1] \longrightarrow \mathbb{R}$, definiert durch die Vorschrift

    a) $f_n(z) = 1 + x^n(1-x)^n$ b) $f_n(z) = 1 - x^n(1-x^n)$

jeweils gegen die konstante Funktion $f_0 = 1 : [0,1] \longrightarrow \mathbb{R}$ argumentweise konvergiert, diese Konvergenz aber nur für die Folge f mit a) auch gleichmäßig ist.

B2.086.01: Die Aufgabendaten von a) und b) werden parallel bearbeitet:

In beiden Fällen liegt argumentweise Konvergenz vor, denn für beliebig, aber fest gewältes $z \in [0,1]$ sind nach Beispiel 2.044.4/6 die Folgen $(z^n)_{n \in \mathbb{N}}$, $((1-z)^n)_{n \in \mathbb{N}}$ und $(1-z^n)_{n \in \mathbb{N}}$ konvergent und es gilt

$$\text{a)} \quad lim(f_n(z))_{n \in \mathbb{N}} = \begin{cases} 1 + 0 \cdot 0 = 1, & \text{falls } 0 < z < 1, \\ 1 + 1 \cdot 0 = 1, & \text{falls } z = 1, \\ 1 + 0 \cdot 1 = 1, & \text{falls } z = 0, \end{cases}$$

$$\text{b)} \quad lim(f_n(z))_{n \in \mathbb{N}} = \begin{cases} 1 - 0 \cdot 1 = 1, & \text{falls } z < 1, \\ 1 - 1 \cdot 0 = 1, & \text{falls } z = 1. \end{cases}$$

Nun werden die Folgen f hinsichtlich Gleichmäßiger Konvergenz untersucht: Zu untersuchen sind für alle $n \in \mathbb{N}$ die Funktionen $d_n = |f_n - f_0| = |f_n - 1| : [0,1] \longrightarrow \mathbb{R}$ definiert durch

a) $d_n(z) = x^n(1-x)^n = (x(1-x))^n = (x - x^2)^n$ sowie d_n', definiert durch $d_n'(x) = (1-2x)d_{n-1}$ mit $N(d_n') = \{\frac{1}{2}\}$, wobei $\frac{1}{2}$ wegen $d_n(0) = d_n(1) = 0$ die globale Maximalstelle von d_n und $(\frac{1}{2}, d_n(\frac{1}{2})) = (\frac{1}{2}, \frac{1}{4^n})$ das globale Maximum von d_n ist.

b) $d_n(z) = x^n(1-x^n) = x^n - x^{2n}$ sowie d_n', definiert durch $d_n'(x) = n(x^{n-1} - 2x^{2n-1})$ mit $N(d_n') = \{\frac{1}{2}^{\frac{1}{n}}\}$, wobei $\frac{1}{2}^{\frac{1}{n}}$ wegen $d_n(0) = d_n(1) = 0$ die globale Maximalstelle von d_n und $(\frac{1}{2}^{\frac{1}{n}}, d_n(\frac{1}{2}^{\frac{1}{n}})) = (\frac{1}{2}^{\frac{1}{n}}, \frac{1}{4})$ das globale Maximum von d_n ist.

a) Sei nun $\epsilon \in \mathbb{R}^+$ vorgelegt, dann gibt es einen Grenzindex $n_s = n(\epsilon) = [log_4(\frac{1}{\epsilon})]$ mit $d_{n_s}(\frac{1}{2}) = \frac{1}{4^{n_s}} < \epsilon$, für den gilt: $d_n(\frac{1}{2}) < \epsilon$, für alle $n \geq n(\epsilon)$.

b) Betrachtet man $\epsilon < \frac{1}{4}$, dann gibt es keine Funktion f_n, die vollständig in dem ϵ-Band um 1 liegt. Die Folge f ist somit nicht gleichmäßig konvergent.

A2.086.02: Zeigen Sie, daß die Funktionen-Folge $f = (f_n)_{n \in \mathbb{N}} : \mathbb{N} \longrightarrow Abb(\mathbb{R}_0^+, \mathbb{R})$ von Funktionen $f_n : \mathbb{R}_0^+ \longrightarrow \mathbb{R}$, definiert durch die Vorschrift $f_n(z) = nz \cdot e^{-nz}$ gegen die Null-Funktion $f_0 = 0 : \mathbb{R}_0^+ \longrightarrow \mathbb{R}$ argumentweise konvergiert. Was ist über den Fall $D(f_n) = \mathbb{R}^-$ zu sagen? Zeigen Sie ferner, daß f nicht gleichmäßig konvergiert.

B2.086.02: Zur Bearbeitung der Aufgabe im einzelnen:

a) Die Folge f ist argumentweise konvergent vor, denn für beliebig, aber fest gewältes $z \in \mathbb{R}_0^+$ ist nach Beispiel 2.044.2/2 die Folge $(nz \cdot e^{-nz})_{n \in \mathbb{N}} = (\frac{nz}{e^{nz}})_{n \in \mathbb{N}}$ konvergent gegen 0. Für den Fall $z < 0$ ist jedoch die Folge $(nz \cdot e^{-nz})_{n \in \mathbb{N}} = -(n(-z) \cdot e^{n(-z)})_{n \in \mathbb{N}}$ divergent (aber gegen $-\star$ konvergent in $\mathbb{R}^\star$).

b) Die Folge f ist jedoch nicht gleichmäßig konvergent, denn: Zu untersuchen sind für alle $n \in \mathbb{N}$ die Funktionen $d_n = |f_n - f_0| = |f_n - 0| = f_n : \mathbb{R}_0^+ \longrightarrow \mathbb{R}$. Mit d_n', definiert durch $d_n'(x) = n(1-nx) \cdot e^{-nx}$ ist $N(d_n') = \{\frac{1}{n}\}$, wobei $\frac{1}{n}$ wegen $d_n(0) = 0$ die Maximalstelle von d_n und $(\frac{1}{n}, d_n(\frac{1}{n})) = (\frac{1}{n}, \frac{1}{e})$ das globale Maximum von d_n ist,

Betrachtet man $\epsilon < \frac{1}{e}$, dann gibt es keine Funktion f_n, die vollständig in dem ϵ-Band um 0 liegt. Die Folge f ist somit nicht gleichmäßig konvergent.

A2.086.03: Zeigen Sie, daß die Funktionen-Folge $f = (f_n)_{n \in \mathbb{N}} : \mathbb{N} \longrightarrow Abb([0,1], \mathbb{R})$ von Funktionen $f_n : [0,1] \longrightarrow \mathbb{R}$, definiert durch die Vorschrift $f_n(z) = \frac{x}{1+n^2x^2}$ gleichmäßig konvergiert.

B2.086.03: Für alle $z \in [0.1]$ sind die Folgen $(\frac{1}{1+n^2z^2})_{n\in\mathbb{N}}$ durch 0 nach unten beschränkt und wegen $1+n^2z^2 \leq 1+(n+1)^2z^2$ antiton, also gilt $lim(\frac{1}{1+n^2z^2})_{n\in\mathbb{N}} = 0$, folglich auch $lim(f_n(z))_{n\in\mathbb{N}} = lim(\frac{z}{1+n^2z^2})_{n\in\mathbb{N}} = 0$, für alle $z \in [0.1]$. Damit ist $lim(f) = 0$ die Null-Funktion $[0,1] \longrightarrow \mathbb{R}$.

Die Folge f ist auch gleichmäßig konvergent, denn es gilt einerseits $0 \leq (1-nz)^2 \Rightarrow 0 \leq 1-2nz+n^2z^2 \Rightarrow 2nz \leq 1+n^2z^2 \Rightarrow \frac{2nz}{1+n^2z^2} \leq 1 \Rightarrow \frac{2nz}{2n(1+n^2z^2)} \leq \frac{1}{2n} \Rightarrow \frac{z}{1+n^2z^2} \leq \frac{1}{2n}$, andererseits ist die Folge $(\frac{1}{2n})_{n\in\mathbb{N}}$ nullkonvergent.

2.090 GRENZWERTE VON FUNKTIONEN

A2.090.01: Untersuchen Sie jeweils die Existenz des Grenzwertes $lim(f, x_0)$ für $f : D(f) \longrightarrow \mathbb{R}$ mit
1. $f(x) = \frac{x^3 - x^2 + x - 6}{2x^4 - 4x^2 + x - 2}$ und $x_0 = 2$,   2. $f(x) = \frac{x^4 - 1}{x - 1}$ und $x_0 = 1$,   3. $f(x) = \frac{x+1}{x-4}$ und $x_0 = 4$.

Klassifizieren Sie Paare $(f = \frac{u}{v}, x_0)$ rationaler Funktionen $f = \frac{u}{v} : \mathbb{R} \setminus N(v) \longrightarrow \mathbb{R}$ und Zahlen $x_0 \in \mathbb{R}$ hinsichtlich der beiden möglichen Fälle $x_0 \notin N(v)$ oder $x_0 \in N(v) = L(f) \cup Pol(f)$.

B2.090.01: Zur Bearbeitung der Aufgabe im einzelnen:

1. Für die Funktion $f : D(f) \longrightarrow \mathbb{R}$ mit $f(z) = \frac{u(z)}{v(z)} = \frac{z^3 - z^2 + z - 6}{2z^4 - 4z^2 + z - 2}$ und die zu betrachtende Stelle $x_0 = 2$ wird durch die Polynom-Divisionen $u(z) : (z - 2) = z^2 + z + 3$ und $v(z) : (z - 2) = 2z^2 + 1$ die Darstellung $f(z) = \frac{u(z)}{v(z)} = \frac{(z-2)(z^2+z+3)}{(z-2)(2z^2+1)}$ und damit die fortgesetzte Funktion $f^* = \frac{u^*}{v^*} : D(f^*) \longrightarrow \mathbb{R}$ mit $f^*(z) = \frac{u^*(z)}{v^*(z)} = \frac{z^2+z+3}{2z^2+1}$ gewonnen. Wegen $N(v^*) = \emptyset$ ist $D(f^*) = \mathbb{R}$.

Für beliebige gegen 2 konvergente Folgen $x : \mathbb{N} \longrightarrow D(f) = \mathbb{R} \setminus \{2\}$ existieren die Grenzwerte $lim(u^* \circ x) = lim(x_n^2 + x_n + 3)_{n \in \mathbb{N}} = 9$ und $lim(v^* \circ x) = lim(2x_n^2 + 1)_{n \in \mathbb{N}} = 9$. Wegen $lim(v^* \circ x) \neq 0$ ist dann schließlich $lim(f, 2) = lim(f \circ x) = lim(f^* \circ x) = lim(\frac{u^*}{v^*} \circ x) = lim(\frac{u^* \circ x}{v^* \circ x}) = \frac{lim(u^* \circ x)}{lim(v^* \circ x)} = \frac{9}{9} = 1 = f^*(2)$.

2. Beachtet man die Zerlegung $f(z) = \frac{u(z)}{v(z)} = \frac{z^4 - 1}{z - 1} = \frac{(z^2-1)(z^2+1)}{z-1} = \frac{(z+1)(z-1)(z^2+1)}{z-1}$ bezüglich der Funktion $f : \mathbb{R} \setminus \{1\} \longrightarrow \mathbb{R}$, dann liegt für die Fortsetzung $f^* : \mathbb{R} \longrightarrow \mathbb{R}$ mit $f^*(z) = (z+1)(z^2+1)$ der Grenzwert $lim(f^*, 1) = f^*(1) = 2 \cdot 2 = 4$ vor. Somit existiert der Grenzwert $lim(f, 1) = lim(f^*, 1) = 4$.

3. Für die Funktion $f : \mathbb{R} \setminus \{4\} \longrightarrow \mathbb{R}$ mit $f(z) = \frac{u(z)}{v(z)} = \frac{z+1}{z-4}$ und die zu betrachtende Stelle $x_0 = 4$ existieren keine gemeinsamen Faktoren in u und v. Betrachtet man nun beliebige gegen 4 konvergente Folgen $x : \mathbb{N} \longrightarrow D(f) = \mathbb{R} \setminus \{4\}$, dann existieren die einzelnen Grenzwerte $lim(u \circ x) = lim(x_n + 1)_{n \in \mathbb{N}} = lim(x_n)_{n \in \mathbb{N}} + 1 = 4 + 1 = 5$ und $lim(v \circ x) = lim(x_n - 4)_{n \in \mathbb{N}} = lim(x_n)_{n \in \mathbb{N}} - 4 = 4 - 4 = 0$. Wegen $lim(v \circ x) = 0$ existiert $lim(f, 4)$ also nicht in $\mathbb{R}$.

Eine Klassifikation von Paaren $(f = \frac{u}{v}, x_0)$ rationaler Funktionen $f = \frac{u}{v} : \mathbb{R} \setminus N(v) \longrightarrow \mathbb{R}$ und Zahlen $x_0 \in \mathbb{R}$ hinsichtlich der beiden möglichen Fälle $x_0 \notin N(v)$ oder $x_0 \in N(v) = L(f) \cup Pol(f)$ ist:

a) Ist $x_0 \notin N(v)$, dann existiert $lim(f, x_0)$ und es ist $lim(f, x_0) = f(x_0)$. Das gilt im übrigen für alle $x_0 \in \mathbb{R}$ genau dann, wenn $N(v) = \emptyset$ ist.
b) Ist $x_0 \in L(f)$, so existiert $lim(f, x_0) = lim(f^*, x_0)$ bezüglich der Fortsetzung $f^* : D(f) \cup \{x_0\} \longrightarrow \mathbb{R}$.
c) Ist $x_0 \in Pol(f)$, dann können bezüglich $\mathbb{R}^* = \mathbb{R} \cup \{-\star, \star\}$ folgende Fälle auftreten:
c$_1$): $lim(f, x_0, -) = lim(f, x_0, +) = lim(f, x_0) \in \{-\star, \star\}$ für $(+, +)$-Pole oder $(-, -)$-Pole zu f,
c$_2$): $lim(f, x_0, -) = -\star$ und $lim(f, x_0, +) = \star$ für $(-, +)$-Pole zu f,
c$_3$): $lim(f, x_0, -) = \star$ und $lim(f, x_0, +) = -\star$ für $(+, -)$-Pole zu f.

A2.090.02: Geben Sie Funktionen $f : \mathbb{R} \longrightarrow \mathbb{R}$ und Zahlen $x_0 \in \mathbb{R}$ an, für die einerseits der Grenzwert $lim(f, x_0)$ zwar existiert, andererseits aber $lim(f, x_0) \neq f(x_0)$ gilt.

B2.090.02: Beispiele für Funktionen $f : \mathbb{R} \longrightarrow \mathbb{R}$ und Zahlen $x_0 \in \mathbb{R}$, für die einerseits der Grenzwert $lim(f, x_0)$ zwar existiert, andererseits aber $lim(f, x_0) \neq f(x_0)$ gilt:

1. Für $f : \mathbb{R} \longrightarrow \mathbb{R}$ mit $f(x) = \begin{cases} 0, & \text{falls } x \neq 0, \\ 1, & \text{falls } x = 0 \end{cases}$ ist $lim(f, 0) = 0$, jedoch ist $f(0) = 1$.

2. Für $f : \mathbb{R} \longrightarrow \mathbb{R}$ mit $f(x) = \begin{cases} x^2, & \text{falls } x \neq 3, \\ 1, & \text{falls } x = 3 \end{cases}$ ist $lim(f, 3) = 9$, jedoch ist $f(3) = 1$.

A2.090.03: Zu Satz 2.090.4: Man findet in Schulbüchern häufig Formulierungen nach dem Muster: Es gilt $lim(f + g, x_0) = lim(f, x_0) + lim(g, x_0)$.

1. Inwiefern ist diese Formulierung unvollständig? Warum *muß* dabei eine Implikation (sprachlich also ein Konditionalsatz) verwendet werden?

2. Geben Sie Funktionen $h = f + g : \mathbb{R} \longrightarrow \mathbb{R}$ und Zahlen $x_0 \in \mathbb{R}$ an, für die $lim(h, x_0)$ existiert, obwohl nicht auch beide Grenzwerte $lim(f, x_0)$ und $lim(g, x_0)$ existieren.

B2.090.03: Zur Bearbeitung der Aufgabe im einzelnen:

1. Man könnte die Formel $lim(f+g, x_0) = lim(f, x_0) + lim(g, x_0)$ fälschlicherweise von links nach rechts lesen, sie ist in der Leserichtung jedoch nicht in diesem Sinne symmetrisch, da sie die *Voraussetzung der Existenz* der beiden Summanden $lim(f, x_0)$ und $lim(g, x_0)$ und die *daraus folgende Existenz* von $lim(f+g, x_0)$ unterschlägt.

2. Beispiele für Funktionen $h = f + g : \mathbb{R} \longrightarrow \mathbb{R}$ und Zahlen $x_0 \in \mathbb{R}$ an, für die $lim(h, x_0)$ existiert, obwohl nicht auch beide Grenzwerte $lim(f, x_0)$ und $lim(g, x_0)$ existieren:

a) Für $f : \mathbb{R} \longrightarrow \mathbb{R}$ mit $f(x) = \begin{cases} 1, & \text{falls } x \geq 0, \\ 2, & \text{falls } x < 0 \end{cases}$ und $g : \mathbb{R} \longrightarrow \mathbb{R}$, mit $g(x) = \begin{cases} -1, & \text{falls } x \geq 0, \\ -2, & \text{falls } x < 0 \end{cases}$ ist $lim(f, 0, -) = 2 \neq 1 = lim(f, 0, +)$, das heißt, $lim(f, 0)$ existiert nicht, hingegen aber $lim(h, 0) = 0$.

b) Für $f : \mathbb{R} \longrightarrow \mathbb{R}$, $f(x) = \begin{cases} x^2 + 3, & \text{falls } x \geq 0, \\ x^2 + 2, & \text{falls } x < 0, \end{cases}$ und $g : \mathbb{R} \longrightarrow \mathbb{R}$, $g(x) = \begin{cases} -x^2 - 3, & \text{falls } x \geq 0, \\ -x^2, & \text{falls } x < 0, \end{cases}$ ist $lim(f, 0, -) = 3 \neq 2 = lim(f, 0, +)$, das heißt, $lim(f, 0)$ existiert nicht, hingegen aber $lim(h, 0) = 1$.

A2.090.04: Betrachten Sie die Funktion $f = \frac{sin}{id} : \mathbb{R} \setminus \{0\} \longrightarrow \mathbb{R}$ und begründen Sie $lim(f, 0) = 1$.

B2.090.04: Betrachtet man antitone, gegen 0 konvergente Folgen $x : \mathbb{N} \longrightarrow \mathbb{R} \setminus \{0\}$, etwa die Folge $x = (\frac{1}{n})_{n \in \mathbb{N}}$, dann ist die Folge $(id(x_n) - sin(x_n))_{n \in \mathbb{N}} = (x_n - sin(x_n))_{n \in \mathbb{N}}$ antiton und konvergent gegen Null. Folglich werden mit zunehmendem Index n die Näherungen $x_n \approx sin(x_n)$ immer kleiner, also nähern sich die Quotienten $\frac{sin(x_n)}{x_n}$ der Zahl 1, woraus auf den Grenzwert $lim(f, 0) = 1$ geschlossen werden kann.

A2.090.05: Berechnen Sie unter Verwendung von Aufgabe A2.090.04 den Grenzwert $lim(\frac{cos-1}{id}, 0)$.

B2.090.05: Es sei eine beliebige nullkonvergente Folge $(x_n)_{n \in \mathbb{N}}$ vorgelegt. Die Folgenglieder der dann zu betrachtenden Folge haben die Darstellung $\frac{cos(x_n)-1}{x_n} = \frac{(cos(x_n)-1)(cos(x_n)+1)}{x_n(cos(x_n)+1)} = \frac{cos^2(x_n)-1}{x_n(cos(x_n)+1)} = \frac{-sin^2(x_n)}{x_n(cos(x_n)+1)} = \frac{sin(x_n)}{x_n} \cdot \frac{-sin(x_n)}{cos(x_n)+1}$. Wegen $lim(\frac{-sin(x_n)}{cos(x_n)+1})_{n \in \mathbb{N}} = \frac{lim(-sin(x_n))_{n \in \mathbb{N}}}{lim(cos(x_n)+1)_{n \in \mathbb{N}}} = \frac{0}{2} = 0$ ist mit der Vorgabe $lim(\frac{sin(x_n)}{x_n})_{n \in \mathbb{N}} = 1$ und der vorstehenden Zerlegung dann $lim(\frac{cos(x_n)-1}{x_n})_{n \in \mathbb{N}} = 1 \cdot 0 = 0$.

Anmerkung: In kürzerer Darstellung ist $\frac{cos-1}{id} = \frac{(cos-1)(cos+1)}{id(cos+1)} = \frac{cos^2-1}{id(cos+1)} = \frac{-sin^2}{id(cos+1)} = \frac{sin}{id} \cdot \frac{-sin}{cos+1}$, woraus mit $lim(\frac{-sin}{cos+1}, 0) = \frac{lim(-sin,0)}{lim(cos+1,0)} = \frac{0}{2} = 0$ dann $lim(\frac{cos-1}{id}, 0) = lim(\frac{sin}{id}, 0) \cdot lim(\frac{-sin}{id(cos+1)}, 0) = 1 \cdot 0 = 0$ folgt.

2.101 REIHEN $\mathbb{N}_0 \longrightarrow M$

A2.101.01: Die von einer Folge $x : \mathbb{N}_0 \longrightarrow \mathbb{R}$ erzeugte Reihe $sx : \mathbb{N}_0 \longrightarrow \mathbb{R}$ habe die Zuordnungsvorschrift $sx(m) = \frac{1}{6}m(m+1)(2m+1)$.
a) Berechnen Sie die ersten fünf Folgenglieder der Reihe sx und der Folge x.
b) Berechnen Sie die Zuordnungsvorschrift $x(m)$ der Folge x und zeigen Sie dann, daß sx tatsächlich die Form $sx(m) = \sum_{0 \leq n \leq m} x(n)$ hat.

B2.101.01: Zur Bearbeitung der Aufgabe im einzelnen:
a) Zur Berechnung der ersten fünf Folgenglieder der Reihe sx und der Folge x:

$sx(0) = 0$, somit ist $x(0) = 0$,
$sx(1) = \frac{1}{6} \cdot 1 \cdot 2 \cdot 3 = 1$, somit ist $x(1) = sx(1) - sx(0) = 1 - 0 = 1$,
$sx(2) = \frac{1}{6} \cdot 2 \cdot 3 \cdot 5 = 5$, somit ist $x(2) = sx(2) - sx(1) = 5 - 1 = 4$,
$sx(3) = \frac{1}{6} \cdot 3 \cdot 4 \cdot 7 = 14$, somit ist $x(3) = sx(3) - sx(2) = 14 - 5 = 9$,
$sx(4) = \frac{1}{6} \cdot 4 \cdot 5 \cdot 9 = 30$, somit ist $x(4) = sx(4) - sx(3) = 30 - 14 = 16$.

b) Für alle $m \in \mathbb{N}$ ist $x(m) = sx(m) - sx(m-1) = \frac{1}{6}m((m+1)(2m+1) - (m-1)(2m-1)) = \frac{1}{6}m(2m^2 + 2m + m + 1 - 2m^2 + 2m + m - 1) = m^2$. Die Formel $sx(m) = x(0) + ... + x(m) = \sum_{0 \leq n \leq m} x(n)$ wurde bereits in Beispiel 1.815.1/1 gezeigt.

A2.101.02: Berechnen Sie jeweils die mit Fragezeichen versehenen Zahlen:
1. Für arithmetische Folgen $x : \mathbb{N}_0 \longrightarrow \mathbb{R}$ seien die beiden ersten Daten gegeben:
   a) $x_0 = \frac{1}{6}$, $d = \frac{1}{2}$, $x_{33} = ?$ $sx_{33} = ?$
   b) $d = 1$, $sx_{22} = 2024$, $x_1 = ?$ $x_{22} = ?$
   c) $d = 2$, $sx_{100} = 10201$, $x_1 = ?$ $x_{100} = ?$
   d) $x_0 = 5$, $d = \frac{1}{3}$, $x_{65} = ?$ $sx_{65} = ?$
2. Für geometrische Folgen $x : \mathbb{N}_0 \longrightarrow \mathbb{R}$ seien die beiden ersten Daten gegeben:
   a) $x_0 = -\frac{1}{2}$, $a = \frac{1}{3}$, $x_5 = ?$ $sx_3 = ?$
   b) $a = 2$, $sx_5 = 21$, $x_1 = ?$ $x_5 = ?$
   c) $a = 3$, $sx_6 = 1093$, $x_1 = ?$ $x_6 = ?$
   d) $x_0 = \frac{1}{2}$, $a = -\frac{1}{4}$, $x_4 = ?$ $sx_4 = ?$

B2.101.02: Zur Bearbeitung der Aufgabe im einzelnen:
1. Für die angegebenen arithmetischen Folgen $x : \mathbb{N}_0 \longrightarrow \mathbb{R}$ gilt:
   a) $x_0 = \frac{1}{6}$, $d = \frac{1}{2}$, $x_{33} = \frac{50}{3}$ $sx_{33} = \frac{1717}{6}$ $x_n = \frac{1+3n}{6}$
   b) $d = 1$, $sx_{22} = 2024$, $x_1 = 8$ $x_{22} = 29$ $x_n = 7 + n$
   c) $d = 2$, $sx_{100} = 10201$, $x_1 = 1$ $x_{100} = 201$ $x_n = 1 + 2n$
   d) $x_0 = 5$, $d = \frac{1}{3}$, $x_{65} = \frac{80}{3}$ $sx_{65} = 1045$ $x_n = 5 + \frac{n}{3}$
2. Für die angegebenen geometrischen Folgen $x : \mathbb{N}_0 \longrightarrow \mathbb{R}$ gilt:
   a) $x_0 = -\frac{1}{2}$, $a = \frac{1}{3}$, $x_5 = -\frac{1}{486}$ $sx_3 = -\frac{20}{9}$ $x_n = -\frac{1}{2}(\frac{1}{3})^n$
   b) $a = 2$, $sx_5 = 21$, $x_1 = 9$ $x_5 = 96$ $x_n = 3 \cdot 2^n$
   c) $a = 3$, $sx_6 = 1093$, $x_1 = 3$ $x_6 = 729$ $x_n = 3^n$
   d) $x_0 = \frac{1}{2}$, $a = -\frac{1}{4}$, $x_4 = \frac{1}{512}$ $sx_4 = \frac{1023}{2560}$ $x_n = \frac{1}{2}(-\frac{1}{4})^n$

A2.101.03: Betrachten Sie arithmetische Folgen $x : \mathbb{N}_0 \longrightarrow \mathbb{R}$ mit $x_n = x_0 + nd$.
1. Geben Sie zunächst die ersten sechs Glieder der Reihe sx an.
2. Beweisen Sie dann die Darstellung $sx_n = (n+1)(x_0 + \frac{1}{2}nd)$. Wie kommt sie zustande?

B2.101.03: Für arithmetische Folgen $x : \mathbb{N}_0 \longrightarrow \mathbb{R}$ mit $x_n = x_0 + nd$ gilt:
1. $sx_0 = x_0$, $sx_1 = 2x_0 + d$, $sx_2 = 3x_0 + 3d$, $sx_3 = 4x_0 + 6d$, $sx_4 = 5x_0 + 10d$, $sx_5 = 6x_0 + 15d$.

2. Der Beweis wird nach dem Prinzip der Vollständigen Induktion geführt (Abschnitte 1.802, 1.811):
Der Induktionsanfang ist mit $sx_0 = 1(x_0 + \frac{1}{2} \cdot 0 \cdot d) = x_0$ gezeigt. Der Induktionsschritt von n nach $n+1$:
$sx_{n+1} = sx_n + x_{n+1} = (n+1)(x_0 + \frac{1}{2}nd) + x_0 + (n+1)d = (n+2)x_0 + \frac{1}{2}(n(n+1) + 2(n+1)d) =$
$(n+2)x_0 + \frac{1}{2}((n+1)(n+2)d) = (n+2)(x_0 + \frac{1}{2}(n+1)d)$.
Die angegebene Darstellung für sx_n folgt nach den Beispielen aus $sx_n = \sum_{0 \leq k \leq n}(x_0 + kd)$
$= x_0 + \sum_{1 \leq k \leq n}(x_0 + kd) = x_0 + nx_0 + d(\sum_{1 \leq k \leq n} k) = (n+1)x_0 + d(\frac{1}{2}n(n+1)) = (n+1)(x_0 + \frac{1}{2}nd)$.

A2.101.04: Betrachten Sie geometrische Folgen $x : \mathbb{N}_0 \longrightarrow \mathbb{R}$ mit $x_n = x_0 a^n$.
1. Geben Sie zunächst die ersten fünf Glieder der Reihe sx an.
2. Beweisen Sie dann die Darstellung $sx_n = x_0 \cdot \frac{1-a^{n+1}}{1-a}$. Wie kommt sie zustande?

B2.101.04: Für geometrische Folgen $x : \mathbb{N}_0 \longrightarrow \mathbb{R}$ mit $x_n = x_0 a^n$ gilt:
1. $sx_0 = x_0$, $sx_1 = x_0(1+a)$, $sx_2 = x_0(1+a+a^2)$, $sx_3 = x_0(1+a+a^2+a^3)$, $sx_4 = x_0(1+a+a^2+a^3+a^4)$.
2. Der Beweis wird nach dem Prinzip der Vollständigen Induktion geführt (Abschnitte 1.802, 1.811):
Der Induktionsanfang ist mit $sx_0 = x_0 \cdot \frac{1-a^{0+1}}{1-a} = x_0$ gezeigt. Der Induktionsschritt von n nach $n+1$:
$sx_{n+1} = sx_n + x_{n+1} = x_0 \cdot \frac{1-a^{n+1}}{1-a} + x_0 \cdot a^{n+1} = x_0 \cdot (\frac{1-a^{n+1}}{1-a} + a^{n+1}) = x_0 \cdot \frac{1-a^{n+1}+(1-a)a^{n+1}}{1-a} =$
$x_0 \cdot \frac{1-a^{n+1}+a^{n+1}-a^{n+2}}{1-a} = x_0 \cdot \frac{1-a^{n+2}}{1-a}$.
Die angegebene Darstellung für sx_n folgt nach den Beispielen aus $sx_n = x_0 \cdot \sum_{0 \leq k \leq n} a^k$.

A2.101.05: Das in Beispiel 2.101.3/3 betrachtete m-Tupel $(x_1, ..., x_m)$ von Meßwerten wird im Rahmen der Wahrscheinlichkeitstheorie auch als eine Stichprobe mit dem im Beispiel genannten Stichproben-Mittelwert $E_m = E(m)$ bezeichnet. Einen Überblick über die Güte einer solchen Stichprobe liefert die sogenannte *Stichproben-Varianz* $V_m = \frac{1}{m-1} \cdot \sum_{1 \leq k \leq m}(x_k - E_m)^2$, wobei aus hier nicht näher zu erläuternden Gründen der Faktor $\frac{1}{m-1}$ anstelle des eigentlich erwarteten Faktors $\frac{1}{m}$ gewählt wird.
Beweisen Sie die Rekursionsformel $V_m = \frac{m-2}{m-1} \cdot V_{m-1} + (E_m - E_{m-1})^2 + \frac{1}{m+1}(x_m - E_m)^2$ mit $m > 1$, die den Rekursionsschritt der Folge $V : \mathbb{N} \longrightarrow \mathbb{R}$ mit $m \longmapsto V_m$ bildet, wobei der Rekursionsanfang mit $V_1 = V(1) = 0$ festgesetzt ist.
Hinweis: Beweisen Sie zunächst $\sum_{1 \leq k \leq m-1}(x_k - E_m)^2 = \sum_{1 \leq k \leq m-1}(x_k - E_{m-1})^2 + \frac{m-1}{m}(E_{m-1} - x_m)^2$.

B2.101.05: Zur Bearbeitung der Aufgabe im einzelnen:
Es gilt $\sum_{1 \leq k \leq m-1}(x_k - E_m)^2 = \sum_{1 \leq k \leq m-1}(x_k - \frac{m-1}{m}E_{m-1} - \frac{1}{m}x_m)^2 = \sum_{1 \leq k \leq m-1}(x_k - E_{m-1} + \frac{1}{m}E_{m-1} - \frac{1}{m}x_m)^2$
$= \sum_{1 \leq k \leq m-1}(x_k - E_{m-1})^2 + \frac{2}{m}\sum_{1 \leq k \leq m-1}((x_k - E_{m-1})(E_{m-1} - x_m)) + \sum_{1 \leq k \leq m-1}\frac{1}{m^2}(E_{m-1} - x_m)^2 =$
$\sum_{1 \leq k \leq m-1}(x_k - E_{m-1})^2 + \frac{2}{m}(E_{m-1} - x_m)\sum_{1 \leq k \leq m-1}(x_k - E_{m-1}) + \frac{m-1}{m^2}(E_{m-1} - x_m)^2$, wobei der mittlere Summand wegen $\sum_{1 \leq k \leq m-1}(x_k - E_{m-1}) = \sum_{1 \leq k \leq m-1} x_k - \sum_{1 \leq k \leq m-1} E_{m-1} = (m-1)E_{m-1} - (m-1)E_{m-1} = 0$
dann ebenfalls 0 ist. Somit gilt $\sum_{1 \leq k \leq m-1}(x_k - E_m)^2 = \sum_{1 \leq k \leq m}(x_k - E_{m-1})^2 + \frac{m-1}{m}(E_{m-1} - x_m)^2$.
Unter Verwendung dieser Vorbetrachtung (drittes der folgenden Gleichheitszeichen) gilt dann
$V_m = \frac{1}{m-1}\sum_{1 \leq k \leq m}(x_k - E_m)^2 = \frac{1}{m-1}\sum_{1 \leq k \leq m}(x_k - E_m)^2 + \frac{1}{m-1}(x_m - E_m)^2$
$= \frac{1}{m-1}(\sum_{1 \leq k \leq m-1}(x_k - E_{m-1})^2 + \frac{m-1}{m^2}(x_m - E_{m-1})^2 + \frac{1}{m-1}(x_m - E_m)^2$
$= \frac{1}{m-1}\sum_{1 \leq k \leq m-1}(x_k - E_{m-1})^2 + \frac{1}{m^2}(x_m - E_{m-1})^2 + \frac{1}{m-1}(x_m - E_m)^2$
$= \frac{1}{m-1}\sum_{1 \leq k \leq m-1}(x_k - E_{m-1})^2 + (\frac{m-1}{m} \cdot E_{m-1} + \frac{1}{m}x_m - E_m)^2 + \frac{1}{m-1}(x_m - E_m)^2$
$= \frac{m-2}{m-1} \cdot \frac{1}{m-2}\sum_{1 \leq k \leq m-1}(x_k - E_{m-1})^2 + (E_m - E_{m-1})^2 + \frac{1}{m-1}(x_m - E_m)^2$
$= \frac{m-2}{m-1} \cdot V_{m-1} + (E_m - E_{m-1})^2 + \frac{1}{m+1}(x_m - E_m)^2$.

2.112 CAUCHY-KRITERIUM FÜR SUMMIERBARKEIT

A2.112.01: Erhält die Reihen-Erzeugungs-Funktion $s : Abb(\mathbb{N}_0, \mathbb{R}) \longrightarrow Abb(\mathbb{N}_0, \mathbb{R})$ Konvergenz?

B2.112.01: Die Funktion s erhält Konvergenz nicht, denn beispielsweise ist die konstante Folge x mit $x(n) = 1$, für alle $n \in \mathbb{N}_0$, konvergent, die von x erzeugte Reihe sx mit $sx(m) = m + 1$, für alle $m \in \mathbb{N}_0$, jedoch nicht. Man kann aber auch unmittelbar mit Corollar 2.112.3 argumentieren: Jede Folge konvergente $x : \mathbb{N}_0 \longrightarrow \mathbb{R}$, die nicht gegen 0 konvergiert, erzeugt eine divergente Reihe.

A2.112.02: Untersuchen Sie die beiden Folgen $x, z : \mathbb{N}_0 \longrightarrow \mathbb{R}$ mit $x_n = (-1)^n$ und $z_n = 1 + \frac{1}{n+1}$ hinsichtlich Summierbarkeit, also die zugehörigen Reihen hinsichtlich Konvergenz oder Divergenz:

B2.112.02: Zur Bearbeitung der Aufgabe im einzelnen:

a) Die durch die alternierende Folge $x : \mathbb{N}_0 \longrightarrow \mathbb{R}$ mit $x_n = (-1)^n$ (mit den beiden Häufungspunkten -1 und 1) erzeugte Reihe $sx : \mathbb{N}_0 \longrightarrow \mathbb{R}$ hat die beiden Häufungspunkte -1 und 0 und ist nach Bemerkung 2.048.2/3 also divergent.

b) Die durch die Folge $z : \mathbb{N}_0 \longrightarrow \mathbb{R}$ mit $z_n = 1 + \frac{1}{n+1}$ erzeugte Reihe $sz : \mathbb{N}_0 \longrightarrow \mathbb{R}$ ist divergent, denn die Folge z konvergiert gegen 1, ist also nicht nullkonvergent. Allerdings ist sie im Gegensatz zu der in Aufgabenteil a) genannten Reihe konvergent in $\mathbb{R}^\star$.

A2.112.03: Betrachten Sie die nachstehend durch $x(n)$ definierten Folgen $x : \mathbb{N} \longrightarrow \mathbb{R}$ und prüfen Sie sie jeweils hinsichtlich Summierbarkeit, also die zugehörigen Reihen hinsichtlich Konvergenz oder Divergenz:

a) $\quad x(n) = \binom{3n}{n} \frac{2n+\cos(n)}{n^4}, \qquad$ b) $\quad x(n) = \binom{5n}{2} \frac{n^2}{2n^4 + \sin(n)}.$

B2.112.03: Zur Bearbeitung der Aufgabe im einzelnen:

a) Mit $x(n) = \binom{3n}{n} \frac{2n+\cos(n)}{n^4} = \frac{3n(3n-1)(3n-2)(2n+\cos(n))}{6n^4} = \frac{3(3-\frac{1}{n})(3-\frac{2}{n})(2+\frac{\cos(n)}{n})}{6}$ und $lim(\frac{\cos(n)}{n})_{n \in \mathbb{N}} = 0$ ist $lim(x) = \frac{3 \cdot 3 \cdot 3 \cdot (2+0)}{6} = 9 \neq 0$, somit ist x nicht summierbar nach Corollar 2.112.3.

b) Mit $x(n) = \binom{5n}{2} \frac{n^2}{2n^4+\sin(n)} = \frac{5n(5n-1)n^2}{2(2n^4+\sin(n))} = \frac{5(5-\frac{1}{n})}{2(2+\frac{\sin(n)}{n^4})}$ und $lim(\frac{\sin(n)}{n^4})_{n \in \mathbb{N}} = 0$ ist $lim(x) = \frac{25}{4} \neq 0$, somit ist x nicht summierbar nach Corollar 2.112.3.

A2.112.04: Zeigen Sie, daß in Corollar 2.112.5 die Antitonie der Folge x sowie $W(x) = \mathbb{R}^+$ tatsächlich notwendige Voraussetzungen der dort getroffenen Aussage sind.

B2.112.04: Die durch $x(n) = (-1)^n \frac{1}{n+1}$ definierte Folge $x : \mathbb{N}_0 \longrightarrow \mathbb{R}$ konvergiert gegen 0, ist aber nicht antiton. Darüber hinaus ist die Folge x summierbar, aber die wie in Corollar 2.112.5 konstruierte Folge $y : \mathbb{N}_0 \longrightarrow \mathbb{R}$ mit $y(n) = n \cdot x(n)$ hat die Form $y(n) = n \cdot x(n) = n(-1)^n \frac{1}{n+1} = (-1)^n \frac{n}{n+1}$ und somit die beiden Häufungspunkte -1 und 1, ist also nicht konvergent.

A2.112.05: Beweisen Sie: Ist eine Folge $x : \mathbb{N} \longrightarrow \mathbb{R}$ summierbar, dann ist die Folge $y : \mathbb{N} \longrightarrow \mathbb{R}$, definiert durch die Vorschrift $y_n = \frac{1}{n} \sum_{1 \leq k \leq n} kx_k$, nullkonvergent.

A2.112.06: Beweisen Sie die Aussage von Corollar 2.112.5 mit Hilfe von Aufgabe A2.112.05.

B2.112.06: Die Antitonie der Folge x, also $x_k \leq x_n$ für $n \geq k$, liefert für die in Aufgabe A2.112.05 definierte Folge y die Beziehung $y_n = \frac{1}{n} \sum_{1 \leq k \leq n} kx_k \geq \frac{1}{n} \sum_{1 \leq k \leq n} kx_n = \frac{1}{n} x_n \sum_{1 \leq k \leq n} k = \frac{1}{n} x_n \frac{1}{2} n(n+1) = (nx_n)(\frac{1}{2} \frac{n+1}{n}) \geq 0$. Da nun die Folge y gegen 0 konvergiert, muß nach Satz 2.044.3 auch die Folge $((nx_n)(\frac{1}{2} \frac{n+1}{n}))_{n \in \mathbb{N}}$ gegen 0 konvergieren. Da aber der Faktor $(\frac{1}{2} \frac{n+1}{n})_{n \in \mathbb{N}}$ gegen $\frac{1}{2}$ konvergiert, muß $(nx_n)_{n \in \mathbb{N}}$ gegen 0 konvergieren.

A2.112.07: Beweisen Sie die in dem Beispiel in Bemerkung 2.103.4 angegebene Formel für sy_m und wenden Sie dann Satz 2.112.6 auf dieses Beispiel an.

A2.112.07: Das von den beiden Folgen $x, z : \mathbb{N}_0 \longrightarrow \mathbb{R}$ mit $x_n = \frac{a^n}{n!}$ und $z_n = \frac{b^n}{n!}$ zu $a, b \in \mathbb{R}$ erzeugte Cauchy-Produkt ist die Folge $y : \mathbb{N}_0 \longrightarrow \mathbb{R}$ mit den Folgengliedern $y_n = \frac{(a+b)^n}{n!}$, für alle $n \in \mathbb{N}$. Damit gilt dann

$$sy_m = \sum_{0 \leq n \leq m} y_n = \sum_{0 \leq n \leq m} \left(\sum_{0 \leq k \leq n} x_k z_{n-k} \right) = \sum_{0 \leq n \leq m} \left(\sum_{0 \leq k \leq n} \frac{a^k}{k!} \cdot \frac{b^{n-k}}{(n-k)!} \right) = \sum_{0 \leq n \leq m} \left(\sum_{0 \leq k \leq n} \frac{a^k}{k!} \cdot \frac{b^{n-k}}{(n-k)!} \cdot \frac{n!}{n!} \right) = $$
$$\sum_{0 \leq n \leq m} \left(\sum_{0 \leq k \leq n} \frac{1}{n!} \cdot \frac{n!}{k!(n-k)!} \cdot a^k b^{n-k} \right) = \sum_{0 \leq n \leq m} \left(\sum_{0 \leq k \leq n} \frac{1}{n!} \cdot \binom{n}{k} \cdot a^k b^{n-k} \right) = \sum_{0 \leq n \leq m} \frac{1}{n!} \cdot (a+b)^n.$$

Da die Reihen sx und sz absolut-konvergent sind, ist nach Satz 2.112.6 auch ihr Cauchy-Produkt sy absolut-konvergent und es ist $lim(sy) = lim(sy_m)_{m \in \mathbb{N}_0} = lim(\sum_{0 \leq n \leq m} y_n)_{m \in \mathbb{N}_0} = lim(\sum_{0 \leq n \leq m} \frac{(a+b)^n}{n!})_{m \in \mathbb{N}_0}$.

A2.112.08: Untersuchen Sie die nullkonvergente Folge $x : \mathbb{N} \longrightarrow \mathbb{R}$ mit $x_n = \sqrt{n+1} - \sqrt{n}$ (siehe Beispiel 2.044.5/1) hinsichtlich Summierbarkeit und kommentieren Sie das Ergebnis bezüglich Corollar 2.112.3.

B2.112.08: Die zu untersuchende Folge x ist ein Beispiel dafür, daß die Umkehrung der Aussage von Corollar 2.112.3 nicht gilt, denn die Folge x ist zwar nullkonvergent, aber die von ihr erzeugte Reihe sx ist divergent: Wie das m-te Reihenglied

$$sx_m = \sum_{1 \leq n \leq m} x_n = (\sqrt{2} - \sqrt{1}) + (\sqrt{3} - \sqrt{2}) + (\sqrt{4} - \sqrt{3}) + \ldots + (\sqrt{n} - \sqrt{n-1}) + (\sqrt{n+1} - \sqrt{n})$$
$$= (-\sqrt{1} + \sqrt{2}) + (-\sqrt{2} + \sqrt{3}) + (-\sqrt{3} + \sqrt{4}) + \ldots + (-\sqrt{n-1} + \sqrt{n}) + (-\sqrt{n} + \sqrt{n+1}) = \sqrt{n+1} - 1$$

zeigt, ist die Reihe sx (als Folge) streng monoton und nach oben unbeschränkt.

A2.112.09: Betrachten Sie eine Folge $x : \mathbb{N} \longrightarrow \mathbb{R}$ mit $0 \leq x_{n+1} \leq x_n$, für alle $n \in \mathbb{N}$, und beweisen Sie: Die Folge x ist genau dann summierbar, wenn die Folge $y = (2^k x_{2^k})_{k \in \mathbb{N}}$ summierbar ist.

B2.112.09: Zur Bearbeitung der Aufgabe beachte man die Darstellungen $sx_n = x_1 + x_2 + \ldots + x_n$ sowie $sy_k = 2^1 x_{2^1} + 2^2 x_{2^2} + \ldots + 2^k x_{2^k}$, ferner die Anmerkung zu Lemma 2.110.3. Dann gilt im einzelnen:

1. Es sei sy konvergent und o.B.d.A. gelte $2^k > n$. Nach Lemma 2.110.3 ist in folgender Kette nur die Implikation zu zeigen: y summierbar $\Leftrightarrow sy$ konvergent $\Leftrightarrow sy$ beschränkt $\Leftrightarrow x_1 + sy$ beschränkt $\Rightarrow sx$ beschränkt $\Leftrightarrow sx$ konvergent $\Leftrightarrow x$ summierbar. Diese Implikation folgt aus:

$$sx_n = x_1 + x_2 + \ldots + x_n \leq x_1 + (x_2 + x_3) + (x_4 + x_5 + x_6 + x_7) + \ldots + (x_{2^k} + x_{2^k+1} + \ldots + x_{2^{k+1}-1})$$
$$\leq x_1 + 2^1 x_{2^1} + 2^2 x_{2^2} + \ldots + 2^k x_{2^k} = x_1 + sy_k. \text{ (Dabei gilt etwa } x_2 + x_3 \leq 2x_2 \text{ und } x_4 + x_5 + x_6 + x_7 \leq 4x_4.)$$

2. Es sei sx konvergent und o.B.d.A. gelte $n > 2^k$. Nach Lemma 2.110.3 ist in folgender Kette nur die Implikation zu zeigen: x summierbar $\Leftrightarrow sx$ konvergent $\Leftrightarrow sx$ beschränkt $\Rightarrow x_1 + \frac{1}{2}sy$ beschränkt $\Rightarrow sy$ beschränkt $\Leftrightarrow sy$ konvergent $\Leftrightarrow y$ summierbar. Diese Implikation folgt aus:

$$sx_n = x_1 + x_2 + \ldots + x_n \geq x_1 + x_2 + (x_3 + x_4) + (x_5 + x_6 + x_7 + x_8) + \ldots + (x_{2^{k-1}+1} + x_{2^{k-1}+2} + \ldots + x_{2^k})$$
$$\geq x_1 + x_2 + 2^1 x_{2^2} + 2^2 x_{2^3} + \ldots + 2^{k-1} x_{2^k} = x_1 + \frac{1}{2} 2^1 x_{2^1} + \frac{1}{2} 2^2 x_{2^2} + \frac{1}{2} 2^3 x_{2^3} + \ldots + \frac{1}{2} 2^{k-1} x_{2^k} = x_1 + \frac{1}{2} sy_k.$$
(Dabei gilt etwa $x_3 + x_4 \geq \frac{1}{2} 2^2 x_{2^2} = 2x_4$ und $x_5 + x_6 + x_7 + x_8 \geq \frac{1}{2} 2^3 x_{2^3} = 4x_8$.)

A2.112.10: Beweisen Sie die Aussagen von Bemerkung 2.112.8 (Hinweis: Aufgabe A1.815.11).

B2.112.10: Zur Bearbeitung der Aufgabe im einzelnen:

1. Wegen der Konvergenz von sx ist x nullkonvergent (Corollar 2.112.3), folglich beschränkt. Es gibt also $c \in \mathbb{R}$ mit $|a_n| \cdot |z|^n = |a_n z^n| \leq c$, also mit $|a_n| \leq \frac{c}{|z|^n}$, für alle $n \in \mathbb{N}$. Mit der anschließend verwendeten Abkürzung $b = \frac{|u|}{|z|}$, wofür $0 \leq b < 1$ gilt, zeigt die folgende Abschätzung, daß sy beschränkt, also nach Lemma 2.110.3 konvergent ist:

$$\sum_{0 \leq n \leq m} |a_n| \cdot |u|^n = \sum_{0 \leq n \leq m} |a_n| \cdot |z|^n = \sum_{0 \leq n \leq m} \frac{c}{|z|^n} |u|^n = c \cdot \sum_{0 \leq n \leq m} \left(\frac{|u|}{|z|} \right)^n = c \cdot \sum_{0 \leq n \leq m} b^n = c \cdot \frac{1 - b^{n+1}}{1 - b} < \frac{c}{1 - b}.$$

2. Mit gleichem b folgt die Behauptung aus der Konvergenz von sy mit $sy_m = \sum_{1 \leq n \leq m} n b^{n-1}$.

2.114 DIREKTE NACHWEISE FÜR KONVERGENZ

A2.114.01: Geben Sie zu den nachstehend angedeuteten Folgen $x : \mathbb{N}_0 \longrightarrow \mathbb{R}$ jeweils die Zuordnungsvorschrift $x(n)$ an, begründen Sie die Konvergenz der zugehörigen Reihen sx und berechnen Sie dann den jeweiligen Grenzwert $lim(sx)$:

a) $1, \frac{1}{4}, \frac{1}{16},\ldots$ b) $3, 1, \frac{1}{3},\ldots$ c) $121, 11, 1,\ldots$ d) $3, 2, \frac{4}{3},\ldots$

B2.114.01: In allen vier Fällen handelt es sich um geometrische Folgen x der Form $x(n) = x_0 a^n$ mit $|a| < 1$. Somit existiert $lim(sx)$ gemäß Beispiel 2.114.3. Im einzelnen gilt:
a) Es ist $x(n) = x_0 a^n = 1 \cdot (\frac{1}{4})^n$ und $lim(sx) = \frac{x_0}{1-a} = \frac{1}{1-\frac{1}{4}} = \frac{4}{3}$.
b) Es ist $x(n) = x_0 a^n = 3 \cdot (\frac{1}{3})^n$ und $lim(sx) = \frac{x_0}{1-a} = \frac{3}{1-\frac{1}{3}} = \frac{9}{2}$.
c) Es ist $x(n) = x_0 a^n = 121 \cdot (\frac{1}{11})^n$ und $lim(sx) = \frac{x_0}{1-a} = \frac{121}{1-\frac{1}{11}} = \frac{11^3}{10}$.
d) Es ist $x(n) = x_0 a^n = 3 \cdot (\frac{2}{3})^n$ und $lim(sx) = \frac{x_0}{1-a} = \frac{3}{1-\frac{2}{3}} = 9$.

A2.114.02: Beweisen Sie die Summierbarkeit der Folge $x : \mathbb{N}_0 \longrightarrow \mathbb{R}$ mit $x(n) = 2^{-n}$.

B2.114.02: Die Folge x ist die durch $x(n) = 1 \cdot (\frac{1}{2})^n$ definierte geometrische Folge. Wegen $a = \frac{1}{2} < 1$ konvergiert die Reihe sx nach Beispiel 2.114.3 gegen $lim(sx) = \frac{1}{1-\frac{1}{2}} = 2$.

A2.114.03: Betrachten Sie die Folge $x : \mathbb{N}_0 \longrightarrow \mathbb{R}$ mit $x(n) = \frac{1}{(2n+1)(2n+3)}$ sowie die von x erzeugte Reihe $sx : \mathbb{N}_0 \longrightarrow \mathbb{R}$. Beweisen Sie, daß $sx_m = \frac{m+1}{2m+3}$ gilt (nach dem Prinzip der Vollständigen Induktion) und die Reihe sx konvergiert mit $lim(sx) = \frac{1}{2}$.

B2.114.03: Zur Bearbeitung der Aufgabe im einzelnen:
a) Es wird der Induktionsanfang (IA) $m = 0$ und der Induktionsschritt (IS) von m nach $m + 1$ gezeigt:
(IA): Die Behauptung gilt für $m = 0$, denn es ist $sx(0) = \sum\limits_{0 \leq n \leq 0} \frac{1}{(2n+1)(2n+3)} = \frac{1}{3} = \frac{0+1}{2\cdot 0+3}$.
(IS): Es gilt $sx(m+1) = \sum\limits_{0 \leq n \leq m+1} \frac{1}{(2n+1)(2n+3)} = (\sum\limits_{0 \leq n \leq m} \frac{1}{(2n+1)(2n+3)}) + \frac{1}{(2(m+1)+1)(2(m+1)+3)}$
$= \frac{m+1}{2m+3} + \frac{1}{(2m+3)(2m+5)} = \frac{(2m+5)(m+1)+1}{(2m+3)(2m+5)} = \frac{2m^2+7m+6}{(2m+3)(2m+5)} = \frac{(2m+3)(m+2)}{(2m+3)(2m+5)} = \frac{(m+1)+1}{2(m+1)+3}$.

A2.114.04: Beweisen Sie: Für alle $z \in [0, \frac{1}{2}]$ ist die von der Folge $x : \mathbb{N}_0 \longrightarrow \mathbb{R}$ mit $x_n = z^n$ erzeugte Reihe $sx : \mathbb{N}_0 \longrightarrow \mathbb{R}$ konvergiert gegen $\frac{1}{1-z}$. Verwenden Sie zum Nachweis die Definition 2.040.1 der Konvergenz von Folgen, also nicht Beispiel 2.114.3.

B2.114.04: Für $z \in [0, \frac{1}{2}]$ erzeugt die Folge $x : \mathbb{N}_0 \longrightarrow \mathbb{R}$ mit $x_n = z^n$ die Reihe $sx : \mathbb{N}_0 \longrightarrow \mathbb{R}$, definiert durch $sx_m = \sum\limits_{0 \leq n \leq m} z^n$. Diese Reihe konvergiert gegen $\frac{1}{1-z}$, denn die Berechnung

$|sx_m - \frac{1}{1-z}| = |\sum\limits_{0 \leq n \leq m} z^n - \frac{1}{1-z}| = |\frac{1}{1-z} \cdot \sum\limits_{0 \leq n \leq m} (1-z)z^n - \frac{1}{1-z}|$

$= |\frac{1}{1-z}((1-z) + (1-z)z + (1-z)z^2 + \ldots + (1-z)z^m) - \frac{1}{1-z}|$

$= |\frac{1}{1-z}(1 - z + z - z^2 + z^2 - \ldots - z^m + z^m - z^{m+1}) - \frac{1}{1-z}| = |\frac{1}{1-z} - \frac{z^{m+1}}{1-z} - \frac{1}{1-z}| = \frac{z^{m+1}}{1-z} \leq \frac{(\frac{1}{2})^{m+1}}{\frac{1}{2}} = \frac{1}{2^m}$

(wegen $z \leq \frac{1}{2}$) zeigt, daß die Folge $(|sx_m - \frac{1}{1-z}|)_{m \in \mathbb{N}_0}$ nullkonvergent ist.

A2.114.05: Beweisen Sie unabhängig von Beispiel 2.114.3:
1. Für alle $z \in \mathbb{R}$ mit $|z| < 1$ gilt $lim(z^n)_{n \in \mathbb{N}} = 0$.
2. Für alle $z \in \mathbb{R}$ mit $|z| < 1$ gilt: Die von der Folge $x = x_z : \mathbb{N}_0 \longrightarrow \mathbb{R}$ mit $x_n = z^n$ erzeugte Reihe $sx : \mathbb{N}_0 \longrightarrow \mathbb{R}$ konvergiert gegen $\frac{1}{1-z}$.

B2.114.05: Zur Bearbeitung im einzelnen:

1. Zunächst liefert $|z| < 1$ die Beziehung $\frac{1}{|z|} > 1$ und damit $\frac{1}{|z|} - 1 > 0$. Mit der Abkürzung $b = \frac{1}{|z|} - 1 > 0$ liefert die Bernoullische Ungleichung $(1+b)^n \geq 1 + nb$ dann $|z^n| = |z|^n = \frac{1}{(1+b)^n} \leq \frac{1}{1+nb} < \frac{1}{nb}$.

Es sei nun $\epsilon > 0$ beliebig vorgegeben. Die Archimedizität von $\mathbb{R}$ (siehe Satz 1.732.3) liefert zu ϵ einen Grenzindex $n(\epsilon)$ mit $\frac{1}{nb} < \frac{1}{\epsilon}$, also mit $|z^n| = \frac{1}{nb} < \epsilon$, für alle $n \geq n(\epsilon)$. Damit ist die Folge $(|z^n|)_{n \in \mathbb{N}}$ nullkonvergent, folglich ist auch die Folge $(z^n)_{n \in \mathbb{N}}$ nullkonvergent.

2. Es gilt $sx_m = \sum\limits_{1 \leq n \leq m} x_n = z^0 + ... + z^{m-1}$ und $z \cdot sx_m = \sum\limits_{1 \leq n \leq m} zx_n = z^1 + ... + z^m$, folglich ist $sx_m - z \cdot sx_m = z^0 - z^m$ und somit $sx_m = \frac{z^0 - z^m}{1-z} = \frac{1 - z^m}{1-z}$.

Nach Aufgabenteil 1 ist $lim(z^{n-1})_{n \in \mathbb{N}} = lim(z^m)_{m \in \mathbb{N}} = 0$.
Somit ist $lim(\frac{1-z^m}{1-z})_{m \in \mathbb{N}} = lim(\frac{1}{1-z})_{m \in \mathbb{N}} - lim(\frac{z^m}{1-z})_{m \in \mathbb{N}} = \frac{1}{1-z} - \frac{1}{1-z} \cdot lim(z^m)_{m \in \mathbb{N}} = \frac{1}{1-z} - 0 = \frac{1}{1-z}$.

A2.114.06: Beweisen Sie mit Satz 2.044.4 (also unabhängig von Beispiel 2.114.2):
Die von der Folge $x : \mathbb{N} \longrightarrow \mathbb{R}$ mit $x_n = \frac{1}{n^2}$ erzeugte Reihe $sx : \mathbb{N} \longrightarrow \mathbb{R}$ ist konvergent.

B2.114.06: Gemäß Satz 2.044.4 wird gezeigt, daß sx streng monoton und nach oben beschränkt ist:

a) Wegen $\frac{1}{n^2} > 0$ gilt $sx_{m+1} = \sum\limits_{1 \leq n \leq m+1} \frac{1}{n^2} > \sum\limits_{1 \leq n \leq m} \frac{1}{n^2}$, für alle $m \in \mathbb{N}$.

b) Für alle $m \in \mathbb{N}$ mit $m > 1$ gilt $m(m-1) < m^2$, also $\frac{1}{m^2} < \frac{1}{m(m+1)}$, somit gilt $sx_m - 1 = \sum\limits_{2 \leq n \leq m} \frac{1}{n^2} \leq \sum\limits_{2 \leq n \leq m+1} \frac{1}{n(n-1)} = \sum\limits_{2 \leq n \leq m+1} (\frac{1}{n-1} - \frac{1}{n}) = (\frac{1}{1} - \frac{1}{2}) + (\frac{1}{2} - \frac{1}{3}) + ... + (\frac{1}{m-1} - \frac{1}{m}) = 1 - \frac{1}{m}$. Das bedeutet dann schließlich $sx_m \leq 2 - \frac{1}{m} < 66$, für alle $m \in \mathbb{N}$.

A2.114.07: Nennen Sie Beispiele nicht-summierbarer Folgen $\mathbb{N}/\mathbb{N}_0 \longrightarrow \mathbb{R}$, also divergenter Reihen.

A2.114.07: Zur Konstruktion nicht-summierbarer Folgen kann man sich einfach auf Corollar 2.112.3 berufen und Folgen angeben, die entweder nicht konvergent oder nicht nullkonvergent sind. Beispielsweise:

a) Die von der Folge $x : \mathbb{N} \longrightarrow \mathbb{R}$ mit $x_n = a \neq 0$ erzeugte Reihe $sx : \mathbb{N} \longrightarrow \mathbb{R}$ ist divergent.

b) Die von der Folge $x : \mathbb{N} \longrightarrow \mathbb{R}$ mit $x_n = (-1)^n$ erzeugte Reihe $sx : \mathbb{N} \longrightarrow \mathbb{R}$ ist divergent.

c) Die von der Folge $x : \mathbb{N} \longrightarrow \mathbb{R}$ mit $x_n = \frac{1}{n^2} + 1$ erzeugte Reihe $sx : \mathbb{N} \longrightarrow \mathbb{R}$ ist divergent.

A2.114.08: Was kann über die Summierbarkeit konstanter Folgen sagen?

B2.114.08: Konstante Folgen $x : \mathbb{N}/\mathbb{N}_0 \longrightarrow \{a\}$ sind genau dann nicht summierbar, wenn $a \neq 0$ ist. Das folgt unmittelbar aus Beispiel 2.114.4, denn für $a \neq 0$ ist sx eine arithmetische Reihe mit der Eigenschaft $sx_{m+1} - sx_m = a \neq 0$.

A2.114.09: Stellen Sie sich eine Folge $(Z_n)_{n \in \mathbb{N}}$ von Zylindern Z_n vor (etwa als Stapel). Finden Sie eine Folge $r : \mathbb{N} \longrightarrow \mathbb{R}$ von Grundkreisradien r_n und eine Folge $h : \mathbb{N} \longrightarrow \mathbb{R}$ von Zylinderhöhen h_n, so daß die Reihe der Zylindervolumina V_n konvergiert und die Reihe der Flächeninhalte M_n der Zylindermantelflächen (ohne Deckel und ohne Boden) divergiert.

B2.114.09: Die Folgen $r : \mathbb{N} \longrightarrow \mathbb{R}$ mit $r_n = \frac{1}{2^n}$ und $h : \mathbb{N} \longrightarrow \mathbb{R}$ mit $h_n = 2^n$ liefern die Folge $V : \mathbb{N} \longrightarrow \mathbb{R}$ von Zylindervolumina $V_n = \pi \cdot r_n^2 h_n = \pi \cdot \frac{1}{2^n}$ sowie die Folge $M : \mathbb{N} \longrightarrow \mathbb{R}$ von Flächeninhalten $M_n = 2\pi \cdot r_n h_n = 2\pi$ der Zylindermantelflächen.

Die von V erzeugte Reihe sV mit $sV_n = \pi \cdot \sum\limits_{1 \leq m \leq n} \frac{1}{2^m}$ ist konvergent gegen $lim(sV) = \pi \cdot 1 = \pi$ (siehe Beispiel 2.114.3, letzter Absatz für $\mathbb{N} \longrightarrow \mathbb{R}$), hingegen ist die von M erzeugte Reihe sM mit $sM_n = \sum\limits_{1 \leq m \leq n} 2\pi$ offensichtlich divergent (siehe auch Aufgabe A2.114.08).

2.118 Das Integral-Kriterium von Cauchy

A2.118.01: Untersuchen Sie mit Satz 2.118.2 die *Allgemeine harmonische Reihe*, also die von der Folge $x : \mathbb{N} \longrightarrow \mathbb{R}$ mit $x(n) = \frac{1}{n^a}$ und $a \in \mathbb{R}^+$ erzeugte Reihe $sx : \mathbb{N} \longrightarrow \mathbb{R}$ (siehe Beispiel 2.116.2).

B2.118.01: Zu der vorgelegten Folge $x : \mathbb{N} \longrightarrow \mathbb{R}$ mit $x(n) = \frac{1}{n^a}$ und $a \in \mathbb{R}^+$ wird die stetige Funktion $f : [1, \star) \longrightarrow \mathbb{R}$ mit $f(z) = \frac{1}{z^a}$ und der Eigenschaft $f\,|\,\mathbb{N} = x$ betrachtet. Diese Funktion ist als stetige Funktion integrierbar und auf abgeschlossene Intervalle eingeschränkt auch Riemann-integrierbar mit folgenden Daten:

$$\int f = \begin{cases} \frac{1}{1-a}(id^{1-a}), & \text{falls } a \neq 1, \\ log_e, & \text{falls } a = 1, \end{cases} \qquad \int_1^{n+1} f = \begin{cases} \frac{1}{1-a}((n+1)^{1-a} - 1), & \text{falls } a \neq 1, \\ log_e(n), & \text{falls } a = 1. \end{cases}$$

Wie die Berechnung der Riemann-Integrale zeigt, ist die Folge $(\int_1^{n+1} f)_{n \in \mathbb{N}}$ und damit die von x erzeugte Reihe sx offenbar genau dann konvergent, wenn $a > 1$ gilt, im Fall $a \leq 1$ also divergent. Dieses Resultat stimmt mit dem in Beispiel 2.116.2 überein.

Anmerkung: Soll zu dem Grenzwert $s = lim(sx)$ einer konvergenten Reihe sx eine Näherung mit vorgegebener Anzahl u von Nachkommastellen berechnet werden, so ist ein zugehöriger Index $m = m(u)$ zu finden, der einen Rest $r_m = s - sx_m < 10^{-u}$ liefert: Beachtet man $\int_{m+1}^{m+1+k} f < \sum_{m+1 \leq i \leq m+k} x_i < \int_n^{n+k} f$, für alle $k > 1$, dann folgt daraus $\int_{m+1}^{\star} f < r_m < \int_m^{\star} f$. Für $a > 1$ ist $\frac{1}{a-1} \cdot \frac{1}{(m+1)^{a-1}} < r_m < \frac{1}{a-1} \cdot \frac{1}{m^{a-1}}$.

A2.118.02: Zeigen Sie: Die Folge $d = (sx_n - \int_1^n f)_{n \in \mathbb{N}}$ ist antiton und konvergiert gegen eine positive Zahl. Geben Sie diesen Grenzwert jeweils für $a = 1$ und $a = 2$ in Aufgabe A2.118.01 an.

B2.118.02: Zur Bearbeitung im einzelnen:

1a) Die Folge $d = (sx_n - \int_1^n f)_{n \in \mathbb{N}}$ ist antiton, denn für alle $n \in \mathbb{N}$ gilt

$$d_n - d_{n+1} = sx_n - \int_1^n f - sx_{n+1} + \int_1^{n+1} f = x_1 - \int_n^{n+1} f \geq 0.$$

1b) Die Folge d ist, da sie nur positive Folgenglieder hat, nach unten durch Null beschränkt und als antitone Folge somit auch konvergent. Wie nun gezeigt wird, besitzt d eine untere Schranke $s > 0$, das heißt, ihr Grenzwert ist ebenfalls größer als Null.

Zunächst ist $x_1 + \int_2^{n+1} f = x_1 + \int_1^{n+1} f - \int_1^2 f < x_1 + (x_2 + \ldots + x_n) = sx_n$, woraus $x_1 - \int_1^2 f < sx_n - \int_1^{n+1} f <$
$sx_n - \int_1^n f = d_n$ folgt. Damit ist $s = x_1 - \int_1^2 f > 0$ eine untere Schranke für alle Folgenglieder d_n, also für die gesamte Folge d.

2. Für die Allgemeine harmonische Reihe, also die von der Folge $x : \mathbb{N} \longrightarrow \mathbb{R}$ mit $x(n) = \frac{1}{n^a}$ und $a \in \mathbb{R}^+$ erzeugte Reihe $sx : \mathbb{N} \longrightarrow \mathbb{R}$, gilt

a) im Fall $a = 1$ dann $d_n = sx_n - \int_1^n f = (1 + \frac{1}{2} + \frac{1}{3} + \ldots + \frac{1}{n}) - log_e(n)$,

b) im Fall $a = 2$ dann $d_n = sx_n - \int_1^n f = (1 + \frac{1}{2^a} + \frac{1}{3^a} + \ldots + \frac{1}{n^a}) - \frac{n^{1-a}}{1-a}$.

Anmerkung: Im Fall $a = 1$ konvergiert die Folge d gegen die *Eulersche Konstante* $C = 0,5772156...$ (wobei bislang nicht bekannt ist, ob C eine rationale oder eine irrationale Zahl ist).

2.120 Vergleichs-Kriterien für Summierbarkeit

A2.120.01: Untersuchen sie die folgenden jeweils durch x_n angegebenen Folgen $x : \mathbb{N}_0 \longrightarrow \mathbb{R}$ hinsichtlich Summierbarkeit:

a) $x_n = \frac{1}{3+n^3}$, b) $x_n = \frac{1}{6+n^3}$, c) $x_n = \frac{1}{4+n^4}$, d) $x_n = \frac{1}{2+n^5}$.

B2.120.01: Die in a) bis d) angegebenen Folgen x sind summierbar. Die Beweise dafür beruhen unmittelbar auf dem Majoranten-Kriterium. Dazu wird jeweils eine summierbare Folge y mit $0 \leq x \leq y$ und somit eine Majorante sy zu sx angegeben:

a) $0 < \frac{1}{3+n^3} = x_n < y_n = \frac{1}{n^3}$, b) $0 < \frac{1}{6+n^3} = x_n < y_n = \frac{1}{n^3}$,

c) $0 < \frac{1}{4+n^4} = x_n < y_n = \frac{1}{n^4}$, d) $0 < \frac{1}{2+n^5} = x_n < y_n = \frac{1}{n^5}$.

A2.120.02: Beweisen Sie, daß die Folge $x : \mathbb{N}_0 \longrightarrow \mathbb{R}$ mit $x(n) = \frac{1+n}{1+n^2}$ nicht summierbar ist.

B2.120.02: Es wird gezeigt, daß die von der nullkonvergenten Folge $y : \mathbb{N}_0 \longrightarrow \mathbb{R}$ mit $y(n) = \frac{1}{1+n}$ erzeugte divergente *harmonische Reihe* Minorante zu sx ist:

a) Wegen $1+n > 0$ und $1+n^2 > 0$ ist zunächst $x(n) = \frac{1+n}{1+n^2} > 0$, für alle $n \in \mathbb{N}_0$.

b) Ferner gelten die Implikationen: $2n+1 \geq 1 \Rightarrow n^2+2n+1 \geq n^2+1 \Rightarrow (1+n)^2 \geq 1+n^2 \Rightarrow \frac{1}{(1+n)^2} \leq \frac{1}{1+n^2} \Rightarrow y(n) = \frac{1}{1+n} = \frac{1+n}{(1+n)^2} \leq \frac{1+n}{1+n^2} = x(n)$, für alle $n \in \mathbb{N}_0$.

c) Aus a) und b) folgt $0 \leq y \leq x$ als Voraussetzung zum Vergleichs-Kriterium für Minoranten.

A2.120.03: Untersuchen sie die folgenden jeweils durch x_n angegebenen Folgen $x : \mathbb{N} \longrightarrow \mathbb{R}$ hinsichtlich Summierbarkeit:

a) $x_n = \frac{1}{n!}$, b) $x_n = \frac{n-\sqrt{n}}{(n+\sqrt{n})^2}$, c) $x_n = \frac{1}{\sqrt[n]{n!}}$.

B2.120.03: Zur Bearbeitung der Aufgabe im einzelnen:

a) Die Folge x ist nach dem Majoranten-Kriterium summierbar, denn betrachtet man die am Ende von Beispiel 2.114.3 genannte, durch $y_n = \frac{1}{2^n}$ definierte summierbare Folge y, so gilt $0 \leq \frac{1}{n!} \leq \frac{1}{2^n}$, für alle $n \in \mathbb{N}$ mit $n > 3$. Die Reihe sy ist also eine Majorante zu der Reihe sx.

b) Die Folge x läßt sich als Produkt $x = yz$ zweier Folgen y und z darstellen, wenn man x_n in der Form $x_n = \frac{n-\sqrt{n}}{(n+\sqrt{n})^2} = \frac{n-\sqrt{n}}{n^2+2n\sqrt{n}+n} = \frac{1}{n} \cdot \frac{1-\frac{1}{\sqrt{n}}}{1+\frac{2}{\sqrt{n}}+\frac{1}{n}} = y_n \cdot z_n$ schreibt.

Dabei ist die Folge z monoton und konvergent gegen 1, das heißt, es gibt einen Index n_0 mit $z_n \geq \frac{1}{2}$, für alle $n \geq n_0$. Damit gilt dann auch $0 \leq \frac{1}{2} \cdot \frac{1}{n} \leq \frac{1}{n} \cdot z_n = y_n \cdot z_n = x_n$, für alle $n \geq n_0$, also $0 \leq \frac{1}{2} y \leq y \cdot z = x$. Da die Folge y nicht summierbar ist, ist nach dem Minoranten-Kriterium auch die Folge x nicht summierbar.

c) Die Folge x ist nach dem Minoranten-Kriterium nicht summierbar, denn betrachtet man wie in a) wieder die durch $y_n = \frac{1}{n}$ definierte nicht-summierbare Folge y, so gilt wegen $n^n \geq n!$ dann $\frac{1}{n^n} \leq \frac{1}{n!}$ und somit $0 \leq \frac{1}{n} \leq \frac{1}{\sqrt[n]{n!}}$, für alle $n \in \mathbb{N}$.

A2.120.04: Beweisen Sie, daß die Folge $x : \mathbb{N}_0 \longrightarrow \mathbb{R}$ mit $x(2n) = \frac{1}{(n+1)^2}$ und $x(2n+1) = \frac{2}{(n+1)^2}$ summierbar ist.

B2.120.04: Es wird gezeigt, daß die von der summierbaren Folge $y : \mathbb{N}_0 \longrightarrow \mathbb{R}$ mit $y(n) = \frac{8}{(n+1)^2}$ erzeugte konvergente Reihe sy Majorante zu sx ist:

a) Es gelte $m = 2n$, dann ist $0 < x(m) = \frac{1}{(\frac{m}{2}+1)^2} = \frac{4}{2^2(\frac{m}{2}+1)^2} = \frac{4}{(m+2)^2} \leq \frac{4}{(m+1)^2} < \frac{8}{(m+1)^2} = y(m)$.

b) Es gelte $m = 2n+1$, dann ist $0 < x(m) = \frac{2}{(\frac{m-1}{2}+1)^2} = \frac{8}{2^2(\frac{m-1}{2}+1)^2} = \frac{8}{(m+1)^2} = y(m)$.

c) Aus a) und b) folgt $0 < x(m) < y(m)$, für alle $m \in \mathbb{N}_0$ und somit $0 \leq x \leq y$ als Voraussetzung zum Vergleichs-Kriterium für Majoranten.

A2.120.05: Zwei Einzelaufgaben:

1. Beweisen Sie, daß die Folge $x : \mathbb{N}_0 \longrightarrow \mathbb{R}$ mit $x(n) = \begin{cases} 2^{-n}, & \text{falls } n \text{ ungerade,} \\ 2^{-(n+2)}, & \text{falls } n \text{ gerade,} \end{cases}$ summierbar ist. Geben Sie zunächst die ersten acht Folgenglieder von x sowie das achte Reihenglied $sx(7)$ an.

2. Ist die Folge $z : \mathbb{N}_0 \longrightarrow \mathbb{R}$ mit $z(n) = \frac{x(n+1)}{x(n)}$ konvergent? Worin unterscheidet sich diese Folge z von der entsprechenden Folge in Beispiele 2.120.2/4 ?

B2.120.05: Zur Bearbeitung der Aufgabe im einzelnen:

1. Die ersten 8 Folgenglieder von x sind $2^{-2}, 2^{-1}, 2^{-4}, 2^{-3}, 2^{-6}, 2^{-5}, 2^{-8}, 2^{-7}$, damit ist $sx(7) = x(0) + \ldots + x(7) = \frac{1}{2^8}(2^6 + 2^7 + 2^4 + 2^5 + 2^2 + 2^3 + 2^0 + 2^1) = \frac{255}{256}$. Die Betrachtung der ersten 8 Folgenglieder zeigt, daß bezüglich der Folge $y : \mathbb{N}_0 \longrightarrow \mathbb{R}$ mit $y(n) = 2^{-n}$ stets $x(n) \leq y(n)$ gilt. Die am Ende von Beispiel 2.114.3 erwähnte Folge y ist aber summierbar, folglich ist sy Majorante zu sx und somit ist x summierbar.

2. Die Folge z hat die ersten Folgenglieder $2, \frac{1}{8}, 2, \frac{1}{8}, 2, \frac{1}{8}, \ldots$, also die beiden Häufungspunkte 2 und $\frac{1}{8}$. Somit ist z divergent. Die entsprechende Folge in Beispiel 2.120.2/4 ist ebenfalls divergent, im Gegensatz zu z jedoch unbeschränkt.

A2.120.06: Beweisen Sie, daß die rekursiv durch den Rekursionsanfang $x_0 = a$ und $x_1 = b$ (mit beliebig, aber fest gewählten Zahlen $a, b \in \mathbb{R}$) sowie den Rekursionsschritt $x_{n+1} = \frac{1}{2}(x_{n-1} + x_n)$ definierte Folge $x : \mathbb{N}_0 \longrightarrow \mathbb{R}$ konvergent ist und berechnen Sie ihren Grenzwert. (Die Folgenglieder von x stellen ab dem zweiten Folgenglied das arithmetische Mittel der beiden jeweils davor liegenden Folgenglieder dar.)

Hinweis: Stellen Sie x_n in der Form $x_n = a + (b - a) \cdot s_{n-1}$ mit dem n-ten Reihenglied s_{n-1} einer geeigneten konvergenten Reihe dar. Beweisen Sie dann zunächst eine solche Darstellung.

Anmerkung: Eine ähnlich aussehende, aber nicht gleiche Folge ist in Lemma 2.045.8 behandelt.

B2.120.06: Zur Bearbeitung der Aufgabe im einzelnen:

1. Mit den Reihengliedern $s_{n-1} = \sum_{0 \leq k \leq n-1} (-\frac{1}{2})^k$ ist $x_n = a + (b-a) \cdot \sum_{0 \leq k \leq n-1} (-\frac{1}{2})^k$ das n-te Folgenglied (für $n > 0$) der zu untersuchenden Folge x. Beweis dieser Darstellung durch Vollständige Induktion:

a) Induktionsanfang: Die folgenden Berechnungen sollen auch die numerische Idee zeigen, wie die Reihenglieder s_{n-1} konstruiert werden:

Es gilt einerseits $x_1 = b$ und andererseits $x_1 = a + (b-a) \cdot (-\frac{1}{2})^0 = a + b - a = b$.

Es gilt einerseits $x_2 = \frac{a}{2} + \frac{b}{2}$ und andererseits $x_2 = a + (b-a) \cdot ((-\frac{1}{2})^0 + (-\frac{1}{2})^1) = a + (b-a)\frac{1}{2} = \frac{a}{2} + \frac{b}{2}$.

Es gilt einerseits $x_3 = \frac{1}{2}(x_1 + x_2) = \frac{1}{2}(b + \frac{a}{2} + \frac{b}{2}) = \frac{a}{4} + \frac{b}{2} + \frac{b}{4} = \frac{a}{4} + \frac{3}{4}b$ und andererseits $x_3 = a + (b-a) \cdot ((-\frac{1}{2})^0 + (-\frac{1}{2})^1 + (-\frac{1}{2})^2) = a + (b-a)(1 - \frac{1}{2} + \frac{1}{4}) = a + (b-a)\frac{3}{4} = a + \frac{3}{4}b - \frac{3}{4}a = \frac{a}{4} + \frac{3}{4}b$.

Es gilt einerseits $x_4 = \frac{1}{2}(x_2 + x_3) = \frac{3}{8}a + \frac{5}{8}b$ (nach entsprechender Ausrechnung) und andererseits ebenfalls $x_4 = a + (b-a) \cdot ((-\frac{1}{2})^0 + (-\frac{1}{2})^1 + (-\frac{1}{2})^2 + (-\frac{1}{2})^3) = a + (b-a)\frac{5}{8} = \frac{3}{8}a + \frac{5}{8}b$.

b) Induktionsschritt von n nach $n+1$: Es gilt $x_{n+1} = \frac{1}{2}(x_{n-1} + x_n)$
$= \frac{1}{2} \cdot (a+(b-a) \cdot \sum_{0 \leq k \leq n-2}(-\frac{1}{2})^k + a+(b-a) \cdot \sum_{0 \leq k \leq n-1}(-\frac{1}{2})^k) = a+(b-a) \cdot \frac{1}{2}(\sum_{0 \leq k \leq n-2}(-\frac{1}{2})^k + \sum_{0 \leq k \leq n-1}(-\frac{1}{2})^k)$
$= a + (b-a) \cdot ((\sum_{0 \leq k \leq n-2}(-\frac{1}{2})^k) + \frac{1}{2}(-\frac{1}{2})^{n-1}) = a + (b-a) \cdot \sum_{0 \leq k \leq n}(-\frac{1}{2})^k$,

denn der zweite Summand in der Klammer ist $\frac{1}{2}(-\frac{1}{2})^{n-1} = (-\frac{1}{2})^{n-1}(1 + (-\frac{1}{2})) = (-\frac{1}{2})^{n-1} + (-\frac{1}{2})^n$.

2. Nun ist die Reihe $(s_n)_{n \in \mathbb{N}_0}$ gemäß Beispiel 2.114.3 wegen $|-\frac{1}{2}| < 1$ eine konvergente geometrische Reihe mit dem Grenzwert $lim(s_n)_{n \in \mathbb{N}_0} = \frac{1}{1-(-\frac{1}{2})} = \frac{2}{3}$. Folglich konvergiert die Folge x gegen den Grenzwert $lim(x) = a + (b-a) \cdot \frac{2}{3} = \frac{1}{3}a + \frac{2}{3}b$.

2.124 QUOTIENTEN-KRITERIUM FÜR SUMMIERBARKEIT

A2.124.01: Untersuchen sie die folgenden, jeweils durch x_n angegebenen Folgen $x : \mathbb{N}_0 \longrightarrow \mathbb{R}$ hinsichtlich Summierbarkeit:

a) $x_n = \frac{n^4}{2^n}$, b) $x_n = \frac{n^2+2n+7}{3^n}$, c) $x_n = \frac{2^n}{(n+1)n+5}$, d) $x_n = \frac{a^{2n}}{(2n)!}$ mit $a \in \mathbb{R}$.

B2.124.01: Zur Bearbeitung der Aufgabe im einzelnen:

a) Mit $x_n = \frac{n^4}{2^n} > 0$ ist $\frac{x_{n+1}}{x_n} = \frac{(n+1)^4 \cdot 2^n}{2^{n+1} \cdot n^4} = \frac{(n+1)^4}{2n^4} = \frac{1}{2}(\frac{n+1}{n})^4 = \frac{1}{2}(1+\frac{1}{n})^4$, also ist $lim(\frac{x_{n+1}}{x_n})_{n \in \mathbb{N}} = \frac{1}{2} < 1$, woraus nach dem ersten Teil des Quotienten-Kriteriums die Summierbarkeit der Folge x und damit die Konvergenz der Reihe sx folgt.

b) Mit $x_n = \frac{n^2+2n+7}{3^n} > 0$ ist $\frac{x_{n+1}}{x_n} = \frac{((n+1)^2+2(n+1)+7) \cdot 3^n}{(n^2+2n+7) \cdot 3^{n-1}} = \frac{1}{3} \cdot \frac{n^2+4n+10}{n^2+2n+7} = \frac{1}{3} \cdot \frac{1+\frac{4}{n}+\frac{10}{n^2}}{1+\frac{2}{n}+\frac{7}{n^2}}$, also ist $lim(\frac{x_{n+1}}{x_n})_{n \in \mathbb{N}} = \frac{1}{3} < 1$, woraus nach dem ersten Teil des Quotienten-Kriteriums die Summierbarkeit der Folge x und damit die Konvergenz der Reihe sx folgt.

c) Mit $x_n = \frac{2^n}{(n+1)n+5} > 0$ ist $\frac{x_{n+1}}{x_n} = \frac{2^{n+1} \cdot (n^2+n+5)}{((n+1)^2+n+1+5) \cdot 2^n} = 2 \cdot \frac{n^2+n+5}{n^2+3n+7} = 2 \cdot \frac{1+\frac{1}{n}+\frac{5}{n^2}}{1+\frac{3}{n}+\frac{7}{n^2}}$, also ist damit dann $lim(\frac{x_{n+1}}{x_n})_{n \in \mathbb{N}} = 2 > 1$, woraus nach dem zweiten Teil des Quotienten-Kriteriums die Nicht-Summierbarkeit der Folge x und damit die Divergenz der Reihe sx folgt.

Anmerkung: Der Beweis dieser Aussage in c) folgt im übrigen auch aus dem Vergleichs-Kriterium (Satz 2.120.1), denn wegen $n^2 \leq 2^n$ (für $n > 3$) ist $y_n = \frac{1}{n} \leq x_n$, somit ist die Reihe sx divergent, denn die Reihe sy ist eine Minorante zu sx.

d) Mit $x_n = \frac{a^{2n}}{(2n)!} \geq 0$ ist $\frac{x_{n+1}}{x_n} = \frac{a^{2n+2} \cdot (2n)!}{a^{2n} \cdot (2n+2)!} = a^2 \cdot \frac{1}{(2n+1)(2n+2)} \leq a^2 \cdot \frac{1}{4n^2} = \frac{1}{4} \cdot \frac{a^2}{n^2} < \frac{1}{4} < 1$, für alle $n > |a|$, woraus nach dem ersten Teil des Quotienten-Kriteriums die Summierbarkeit der Folge x und damit die Konvergenz der Reihe sx folgt.

A2.124.02: Untersuchen sie die folgenden, jeweils durch x_n angegebenen Folgen $x : \mathbb{N} \longrightarrow \mathbb{R}$ hinsichtlich Summierbarkeit:

a) $x_n = \frac{2^n \cdot n!}{n^n}$, b) $x_n = \frac{(n!)^2}{(2n)!}$.

B2.124.02: Zur Bearbeitung der Aufgabe im einzelnen:

a) Mit $x_n > 0$ ist, wie man leicht nachrechnet, $\frac{x_{n+1}}{x_n} = \frac{2}{(1+\frac{1}{n})^n}$. Da die Folge $((1+\frac{1}{n})^n)_{n \in \mathbb{N}}$ gegen die *Eulersche Zahl* e konvergiert, gilt $lim(\frac{x_{n+1}}{x_n})_{n \in \mathbb{N}} = \frac{2}{e} < 1$, woraus nach dem ersten Teil des Quotienten-Kriteriums die Summierbarkeit der Folge x und damit die Konvergenz der Reihe sx folgt.

b) Mit $x_n > 0$ ist, wie man leicht nachrechnet, $\frac{x_{n+1}}{x_n} = \frac{n^2+2n+1}{4n^2+6n+2}$. Nach der Erweiterungsmethode in Beispiel 2.045.3/2 gilt dann $lim(\frac{x_{n+1}}{x_n})_{n \in \mathbb{N}} = \frac{1}{4} < 1$, woraus nach dem ersten Teil des Quotienten-Kriteriums die Summierbarkeit der Folge x und damit die Konvergenz der Reihe sx folgt.

A2.124.03: Wenden Sie das *Raabe-Kriterium* auf die Folge $x : \mathbb{N} \longrightarrow \mathbb{R}$ mit $x_n = (-1)^n \frac{1}{n}$ an.

B2.124.03: Für die Folge $x : \mathbb{N} \longrightarrow \mathbb{R}$ mit $x_n = (-1)^n \frac{1}{n}$ gelten folgende Sachverhalte:

a) Es gibt Zahlen $b > 1$ mit $\frac{|x_{n+1}|}{|x_n|} = \frac{(-1)^{n+1}\frac{1}{n+1}}{(-1)^n \frac{1}{n}} = \frac{n}{n+1} = 1 - \frac{1}{n+1} < 1 - \frac{b}{n}$, für alle $n \in \mathbb{N}$. Das bedeutet, daß die Folge x absolut-summierbar ist (siehe auch Beispiel 2.126.2).

b) Es gilt $\frac{|x_{n+1}|}{|x_n|} = \frac{(-1)^{n+1}\frac{1}{n+1}}{(-1)^n \frac{1}{n}} = \frac{n}{n+1} = 1 - \frac{1}{n+1} > 1 - \frac{1}{n}$, für alle $n \in \mathbb{N}$. Das bedeutet nach dem dritten Teil des *Raabe-Kriteriums*, daß die *Harmonische Reihe* divergent ist.

2.128 ABEL-KRITERIUM FÜR SUMMIERBARKEIT

A2.128.01: Bilden Sie weitere Beispiele zum Abel-Kriterium: Das argumentweise definierte Produkt $xz : \mathbb{N} \longrightarrow \mathbb{R}$ einer summierbaren Folge $x : \mathbb{N} \longrightarrow \mathbb{R}$ und einer antitonen (monotonen) und nach unten (nach oben) beschränkten Folge $z : \mathbb{N} \longrightarrow \mathbb{R}$ ist summierbar.

B2.128.01: Zur Bearbeitung der Aufgabe im einzelnen:

1. Nach dem Abel-Kriterium ist das Produkt sz der summierbaren Folge $x : \mathbb{N} \longrightarrow \mathbb{R}$ mit $x(n) = \frac{1}{n\sqrt{n}}$ und der nach oben beschränkten Folge $z : \mathbb{N} \longrightarrow \mathbb{R}$ mit $z(n) = \sqrt[n]{n}$ summierbar.

A2.128.02: Bilden Sie weitere Beispiele zum Dirichlet-Kriterium: Das argumentweise definierte Produkt $xz : \mathbb{N} \longrightarrow \mathbb{R}$ einer Folge $x : \mathbb{N} \longrightarrow \mathbb{R}$, deren Reihe sx beschränkt ist, und einer nullkonvergenten Folge $z : \mathbb{N} \longrightarrow \mathbb{R}$ ist summierbar.

B2.128.02: Zur Bearbeitung der Aufgabe im einzelnen:

1. Für alle Zahlen $a \in M = \mathbb{R} \setminus 2\pi \mathbb{Z}$ sind die Reihen $s(x_a)$ zu den Folgen $x_a : \mathbb{N} \longrightarrow \mathbb{R}$ mit $x_a(n) = cos(na)$ beschränkt. Dieser Sachverhalt folgt aus der Beziehung $s(x_a)_m = cos(a) + cos(2a) + ... + cos(ma) = \frac{sin(\frac{ma}{2}) \cdot sin((m+1)a2)}{sin(\frac{a}{2})}$. Betrachtet man ferner eine beliebige nullkonvergente Folge $z : \mathbb{N} \longrightarrow \mathbb{R}$, dann ist nach dem Kriterium von Dirichlet die Folgen $x_a z$ für alle $a \in M$ summierbar.

A2.128.03: Nennen und behandeln Sie mindestens zwei Beispiele zu Bemerkung 2.128.4/3: Eine Folge $z : \mathbb{N} \longrightarrow \mathbb{R}$, zu der $|z|$ antiton gegen Null konvergiert, ist dann summierbar, wenn die Reihe $s(sign \circ z)$ beschränkt ist. (Die Idee dabei ist die Darstellung von Folgengliedern z_n alternierender Folgen z als Produkte $z_n = sign(z_n) \cdot |z_n|$, wobei stets $sign(z_n) \in \{-1, 1\}$ gilt.)

B2.128.03: Zur Abkürzung sei $x = sign \circ z$ und entsprechend $sx = s(sign \circ z)$ bezeichnet.

1. Für die Folge $z = ((-1)^{n+1}\frac{1}{n})_{n \in \mathbb{N}}$ ist $|z| = (\frac{1}{n})_{n \in \mathbb{N}}$. Dabei ist die Reihe sx der Vorzeichen wegen $Bild(sx) = \{0, 1\}$ beschränkt, wie die folgenden Beispiele zeigen:

$(sz)_6 = 1 - \frac{1}{2} + \frac{1}{3} - \frac{1}{4} + \frac{1}{5} - \frac{1}{6}$ $(sx)_6 = 1 - 1 + 1 - 1 + 1 - 1 = 0$
$(sz)_7 = 1 - \frac{1}{2} + \frac{1}{3} - \frac{1}{4} + \frac{1}{5} - \frac{1}{6} + \frac{1}{7}$ $(sx)_7 = 1 - 1 + 1 - 1 + 1 - 1 + 1 = 1$

Allgemeiner gilt also $(sx)_{2m} = 0$ und $(sx)_{2m+1} = 0$, für alle $m \in \mathbb{N}$.

2. Für die Folge $z : \mathbb{N} \longrightarrow \mathbb{R}$, definiert durch

$$z_n = \begin{cases} \frac{1}{n}, & \text{falls } n \in 4\mathbb{N} - 2 \text{ oder } n \in 4\mathbb{N} - 3, \\ -\frac{1}{n}, & \text{falls } n \in 4\mathbb{N} - 1 \text{ oder } n \in 4\mathbb{N}, \end{cases}$$

ist wieder $|z| = (\frac{1}{n})_{n \in \mathbb{N}}$. Dabei ist die Reihe sx der Vorzeichen wegen $Bild(sx) = \{0, 1, 2\}$ beschränkt, wie die folgenden Beispiele zeigen:

$(sz)_6 = 1 + \frac{1}{2} - \frac{1}{3} - \frac{1}{4} + \frac{1}{5} + \frac{1}{6}$ $(sx)_6 = 1 + 1 - 1 - 1 + 1 + 1 = 2$
$(sz)_7 = 1 + \frac{1}{2} - \frac{1}{3} - \frac{1}{4} + \frac{1}{5} + \frac{1}{6} - \frac{1}{7}$ $(sx)_7 = 1 + 1 - 1 - 1 + 1 + 1 - 1 = 1$
$(sz)_8 = 1 + \frac{1}{2} - \frac{1}{3} - \frac{1}{4} + \frac{1}{5} + \frac{1}{6} - \frac{1}{7} - \frac{1}{8}$ $(sx)_8 = 1 + 1 - 1 - 1 + 1 + 1 - 1 - 1 = 0$

Allgemeiner gilt: $(sx)_m = \begin{cases} 0, & \text{falls } m \in 4\mathbb{N}, \\ 1, & \text{falls } m \in 2\mathbb{N} - 1, \\ 2, & \text{falls } m \in 4\mathbb{N} - 2, \end{cases}$

2.130 UMORDNUNGEN SUMMIERBARER FOLGEN

A2.130.01: Betrachten Sie die in Beispiel 2.126.2 untersuchte konvergente *Alternierende harmonische Reihe* $sx : \mathbb{N}_0 \longrightarrow \mathbb{R}$ und die sie erzeugende summierbare Folge $x : \mathbb{N}_0 \longrightarrow \mathbb{R}$ mit $x(n) = (-1)^n \frac{1}{n+1}$.
a) Geben Sie für $n \longmapsto x(n)$ zunächst eine Zuordnungstabelle nach dem Muster von b) an.
b) Betrachten Sie die Umordnung $x \circ u$ von x, die die folgende Zuordnungstabelle zeigt:

n	0	1	2	3	4	5	6	7	8	9	10	11	12	13	14
$u(n)$	1	0	3	2	5	4	7	6	9	8	11	10	13	12	15
$(x \circ u)(n)$	$-\frac{1}{2}$	1	$-\frac{1}{4}$	$+\frac{1}{3}$	$-\frac{1}{6}$	$+\frac{1}{5}$	$-\frac{1}{8}$	$+\frac{1}{7}$	$-\frac{1}{10}$	$+\frac{1}{9}$	$-\frac{1}{12}$	$+\frac{1}{11}$	$-\frac{1}{14}$	$+\frac{1}{13}$	$-\frac{1}{16}$

Geben Sie die Funktion $u : \mathbb{N}_0 \longrightarrow \mathbb{N}_0$ an, die zu dieser Umordnung $x \circ u : \mathbb{N}_0 \longrightarrow \mathbb{R}$ führt.

B2.130.01: Zur Bearbeitung der Aufgabe im einzelnen:
a) Die Zuordnungstabelle für $n \longmapsto x(n)$ lautet:

n	0	1	2	3	4	5	6	7	8	9	10	11	12	13	14
$x(n)$	1	$-\frac{1}{2}$	$+\frac{1}{3}$	$-\frac{1}{4}$	$+\frac{1}{5}$	$-\frac{1}{6}$	$+\frac{1}{7}$	$-\frac{1}{8}$	$+\frac{1}{9}$	$-\frac{1}{10}$	$+\frac{1}{11}$	$-\frac{1}{12}$	$+\frac{1}{13}$	$-\frac{1}{14}$	$+\frac{1}{15}$

b) Die bijektive Funktion $u : \mathbb{N}_0 \longrightarrow \mathbb{N}_0$ ist definiert durch $u(n) = \begin{cases} n+1, & \text{falls } n \text{ gerade,} \\ n-1, & \text{falls } n \text{ ungerade.} \end{cases}$

A2.130.02: Betrachten Sie die in Beispiel 2.126.2 untersuchte konvergente *Alternierende harmonische Reihe* $sx : \mathbb{N}_0 \longrightarrow \mathbb{R}$ und die sie erzeugende summierbare Folge $x : \mathbb{N}_0 \longrightarrow \mathbb{R}$ mit $x(n) = (-1)^n \frac{1}{n+1}$ sowie die Umordnung $x \circ u$ von x, die dort beschrieben ist.
a) Erstellen Sie zunächst eine Zuordnungstabelle $n \longmapsto (x \circ u)(n)$ für $x \circ u$.
b) Geben Sie die Funktion $u : \mathbb{N}_0 \longrightarrow \mathbb{N}_0$ an, die zu dieser Umordnung $x \circ u : \mathbb{N}_0 \longrightarrow \mathbb{R}$ führt.

B2.130.02: Zur Bearbeitung der Aufgabe im einzelnen:
a) Die Zuordnungstabelle für $n \longmapsto (x \circ u)(n)$ lautet:

n	0	1	2	3	4	5	6	7	8	9	10	11	12	13	14
$u(n)$	0	2	1	4	6	3	8	10	5	12	14	7	16	18	9
$(x \circ u)(n)$	1	$+\frac{1}{3}$	$-\frac{1}{2}$	$+\frac{1}{5}$	$+\frac{1}{7}$	$-\frac{1}{4}$	$+\frac{1}{9}$	$+\frac{1}{11}$	$-\frac{1}{6}$	$+\frac{1}{13}$	$+\frac{1}{15}$	$-\frac{1}{8}$	$+\frac{1}{17}$	$+\frac{1}{19}$	$-\frac{1}{10}$

b) Die bijektive Funktion $u : \mathbb{N}_0 \longrightarrow \mathbb{N}_0$ ist definiert durch $u(n) = \begin{cases} \frac{4}{3}n, & \text{falls } n \in 3\mathbb{N}_0, \\ \frac{4}{3}n + \frac{2}{3}, & \text{falls } n \in 3\mathbb{N}_0 + 1, \\ \frac{2}{3}n - \frac{1}{3}, & \text{falls } n \in 3\mathbb{N}_0 + 2. \end{cases}$

A2.130.03: Betrachten Sie die in Beispiel 2.126.2 untersuchte konvergente *Alternierende harmonische Reihe* $sx : \mathbb{N}_0 \longrightarrow \mathbb{R}$ und die sie erzeugende summierbare Folge $x : \mathbb{N}_0 \longrightarrow \mathbb{R}$ mit $x(n) = (-1)^n \frac{1}{n+1}$ sowie die bijektive Funktion $u : \mathbb{N}_0 \longrightarrow \mathbb{N}_0$, definiert durch $u(n) = \begin{cases} \frac{3}{2}n + \frac{1}{2}, & \text{falls } n \in 2\mathbb{N}_0 + 1, \\ \frac{3}{4}n, & \text{falls } n \in 4\mathbb{N}_0, \\ \frac{3}{4}n - \frac{1}{2}, & \text{falls } n \in 4\mathbb{N}_0 + 2. \end{cases}$

Geben Sie die Umordnung $x \circ u$ von x in Form einer Zuordnungstabelle an.

B2.130.03: Die durch u erzeugte Umordnung $x \circ u$ von x hat folgende Zuordnungstabelle:

n	0	1	2	3	4	5	6	7	8	9	10	11	12	13	14
$u(n)$	0	2	1	5	3	8	4	11	6	14	7	17	9	20	10
$(x \circ u)(n)$	1	$+\frac{1}{3}$	$-\frac{1}{2}$	$-\frac{1}{6}$	$-\frac{1}{4}$	$+\frac{1}{9}$	$+\frac{1}{5}$	$-\frac{1}{12}$	$+\frac{1}{7}$	$+\frac{1}{15}$	$-\frac{1}{8}$	$-\frac{1}{18}$	$-\frac{1}{10}$	$+\frac{1}{21}$	$+\frac{1}{11}$

A2.130.04: Zeigen Sie anhand einiger Summanden, daß in Beispiel 2.126.2 die beiden angegebenen Reihen sx^* und sx^{**} zu der *Alternierenden harmonischen Reihe* sx tatsächlich Teilreihen von sx sind und $\frac{1}{2} \cdot sx_n^* + sx_n^{**}$ eine Teilreihe von $s(x \circ u)$ ist.

B2.130.04: Die ersten drei Glieder von sx und sx^* sowie die ersten beiden Glieder von sx^{**} sind:
$sx:$ $\quad 1,$ $\qquad\qquad 1-\frac{1}{2},$ $\qquad\qquad\qquad 1-\frac{1}{2}+\frac{1}{3},$
$sx^*:$ $\quad 1-\frac{1}{2},$ $\qquad (1-\frac{1}{2})+(\frac{1}{3}-\frac{1}{4}),$ $\quad (1-\frac{1}{2})+(\frac{1}{3}-\frac{1}{4})+(\frac{1}{5}-\frac{1}{6}),$
$sx^{**}:$ $\quad (1-\frac{1}{2}+\frac{1}{3}-\frac{1}{4}),$ $\quad (1-\frac{1}{2}+\frac{1}{3}-\frac{1}{4})+(\frac{1}{5}-\frac{1}{6}+\frac{1}{7}-\frac{1}{8}).$

Die ersten drei Reihenglieder von $\frac{1}{2}\cdot sx^* + sx^{**}$ sind:
$1+\frac{1}{3}-\frac{1}{2}$, $(1+\frac{1}{3}-\frac{1}{2})+(+\frac{1}{5}+\frac{1}{7}-\frac{1}{4})$, $(1+\frac{1}{3}-\frac{1}{2})+(+\frac{1}{5}+\frac{1}{7}-\frac{1}{4})+(+\frac{1}{9}-\frac{1}{11}-\frac{1}{6})$.

A2.130.05: Eine Folge $x : \mathbb{N}_0 \longrightarrow \mathbb{N}_0$, die nicht absolut-summierbar sein soll, enthält beliebig viele positive und negative Folgenglieder, man kann x also als Mischfolge aus ihren (nicht-endlich vielen) positiven und ihren (nicht-endlich vielen) negativen Folgengliedern darstellen: Es gibt streng monotone Funktionen $u,v: \mathbb{N}_0 \longrightarrow \mathbb{N}_0$ und damit hergestellte Teilfolgen $p,q: \mathbb{N}_0 \longrightarrow \mathbb{R}$ mit $p(n) = (x \circ u)(n) = x_{u(n)} > 0$ und $q(m) = (x \circ v)(m) = x_{v(m)} < 0$. Die Folge x ist somit Mischfolge von p und q.
Bilden Sie die Teilfolgen p und q für die in Beispiel 2.130.3 untersuchte Folge $x : \mathbb{N}_0 \longrightarrow \mathbb{R}$ mit $x(n) = (-1)^n \frac{1}{n+1}$, deren Reihe sx konvergent, aber nicht absolut-konvergent ist, und untersuchen Sie dann die Reihen sp und sq hinsichtlich Konvergenz.

B2.130.05: Die Folge $x : \mathbb{N}_0 \longrightarrow \mathbb{R}$ mit $x(n) = (-1)^n \frac{1}{n+1}$ besitzt die Teilfolge
$p = (1, \frac{1}{3}, \frac{1}{5}, \frac{1}{7}, \frac{1}{9}, \frac{1}{11}, \frac{1}{13}, ...)$ der posiitiven Folgenglieder von x,
$q = (-\frac{1}{2}, -\frac{1}{4}, -\frac{1}{6}, -\frac{1}{8}, -\frac{1}{10}, -\frac{1}{12}, ...)$ der negativen Folgenglieder von x.
Beide Folgen, p und q, sind konvergent mit $lim(p) = 0 = lim(q)$, jedoch sind die Reihen sp und sq divergent, denn sp ist nach oben und sq nach unten unbeschränkt.

A2.130.06: Zeigen Sie mit den Bezeichnungen in Aufgabe A2.130.05 allgemein: Bezüglich einer summierbaren, aber nicht absolut-summierbaren Folge x gilt:
a) Der Fall, daß sp konvergent und sq divergent ist, kann nicht eintreten,
b) der Fall, daß sp divergent und sq konvergent ist, kann nicht eintreten,
c) der Fall, daß sp und sq beide konvergent sind, kann nicht eintreten,
d) die beiden Reihen sp und sq sind divergent.

B2.130.06: Mit den Teilfolgen p und q der positiven bzw. negativen Folgengliedern von x gilt:
a) Die m-ten Partialsummen von sx sind $sx_m = \sum_{0\leq n \leq m} x_n = \sum_{0\leq n \leq m_1} p_n + \sum_{0\leq n \leq m_2} q_n$, folglich ist $sx_m - \sum_{0\leq n \leq m_1} p_n = \sum_{0\leq n \leq m_2} q_n$. Konvergiert nun die Reihe $sp = (\sum_{0\leq n \leq m_1} p_n)_{m_1 \in \mathbb{N}}$, dann konvergiert wegen der Konvergenz von sx auch die Reihe $sq = (\sum_{0\leq n \leq m_2} q_n)_{m_2 \in \mathbb{N}}$ im Widerspruch zur Annahme.
b) beweist man analog zu a) (mit vertauschten Rollen).
c) Betrachtet man zu der Reihe sx die Reihe $s|x|$, dann gilt für die m-ten Partialsummen die Beziehung $s|x|_m - \sum_{0\leq n \leq m_1} p_n - \sum_{0\leq n \leq m_2} q_n = \sum_{0\leq n \leq m_1} p_n + \sum_{0\leq n \leq m_2} |q_n|$. Nimmt man an, daß sp und sq beide konvergent sind, dann ist man der Darstellung der Partialsummen auch die Reihe $s|x|$ konvergent und damit – im Widerspruch zur Voraussetzung – die Reihe sx absolut-konvergent.
d) Da die Fälle a), b) und c) nicht eintreten können, bleibt nur die Gültigkeit von d) festzustellen.

A2.130.07: Vollziehen Sie die einzelnen Schritte zur Konstruktion der Folgen $(s_k)_{k \in \mathbb{N}}$ und $(t_k)_{k \in \mathbb{N}}$ im Beweis von Satz 2.130.4 (Riemannscher Umordnungs-Satz) nach am Beispiel der Folge $x : \mathbb{N}_0 \longrightarrow \mathbb{R}$ mit $x(n) = (-1)^n \frac{1}{n+1}$ und der Zahl $a = 1,5$ (siehe auch Aufgabe A2.130.05). Man beachte, daß die Reihe sx gegen $log_e(2) \approx 0,693 \neq 1,5$ konvergiert.

B2.130.07: Es werden jeweils die Schrittpaare x_1/x_2 konstruiert:
a_1) Es gilt $1 + \frac{1}{3} \approx 1,3333 < 1,5 \leq 1 + \frac{1}{3} + \frac{1}{5} = s_1 \approx 1,5333$.
a_2) Es gilt $t_1 = 1 + \frac{1}{3} - \frac{1}{30} - \frac{1}{32} \approx 1,33125 < 1,5 \leq 1 + \frac{1}{3} + \frac{1}{5} - \frac{1}{30} = 1,5$.

2.135 Strukturen auf $ASF(\mathbb{R})$ und $SF(\mathbb{R})$

A2.135.01: Beweisen oder widerlegen Sie die folgenden Implikationen:
- a) $x \in BF(\mathbb{N}_0, \mathbb{R}) \Rightarrow |x| \in BF(\mathbb{N}_0, \mathbb{R})$
- b) $x \in Kon(\mathbb{R}, 0) \Rightarrow |x| \in Kon(\mathbb{R}, 0)$
- c) $x \in Kon(\mathbb{R}) \Rightarrow |x| \in Kon(\mathbb{R})$
- d) $x \in SF(\mathbb{R}) \Rightarrow |x| \in SF(\mathbb{R})$

B2.135.01: Zur Bearbeitung der Aufgabe im einzelnen:

a) Die angegebene Implikation gilt, denn ist eine Folge $x : \mathbb{N}_0 \longrightarrow \mathbb{R}$ durch $c \in \mathbb{R}^+$ beschränkt, dann gilt $\||x_n\|| = |x_n| \leq c$, für alle $n \in \mathbb{N}_0$, also ist auch die Folge $|x|$ durch c beschränkt.

b) und c) Die genannten Implikationen gelten nach Lemma 2.041.2/3.

d) Die angegebene Implikation gilt nicht: Betrachtet man die Folge $x : \mathbb{N} \longrightarrow \mathbb{R}$ mit $x(n) = (-1)^n \frac{1}{n}$, so ist $x \in SF(\mathbb{R})$, jedoch $|x| \notin SF(\mathbb{R})$, denn: Daß x summierbar ist, folgt unmittelbar aus Satz 2.126.1, daß $|x|$ nicht summierbar ist, zeigt Beispiel 2.114.5 (*Harmonische Reihe*).

A2.135.02: Untersuchen Sie die Folge $y : \mathbb{N} \longrightarrow \mathbb{R}$ mit $y(n) = \frac{1+(-1)^n n}{1+n^2}$ hinsichtlich Summierbarkeit.

B2.135.02: Zur Bearbeitung der Aufgabe im einzelnen:

a) Die zu untersuchende Folge y wird gemäß der Anmerkung zu Corollar 2.135.2 als Summe $y = x + z$ der Folgen $x, z : \mathbb{N} \longrightarrow \mathbb{R}$ mit $x(n) = \frac{1}{1+n^2}$ und $z(n) = \frac{(-1)^n n}{1+n^2}$ dargestellt. Die beiden folgenden Nachweise zeigen, daß die Folgen x und y summierbar sind, woraus dann mit Corollar 2.135.2 die Summierbarkeit von $y = x + z$ folgt.

b) Mit den Eigenschaften $x(n) = \frac{1}{1+n^2} \in \mathbb{R}^+$ und $x(n) = \frac{1}{1+n^2} < \frac{1}{n^2}$, für alle $n \in \mathbb{N}$, zeigt das *Vergleichs-Kriterium* (Abschnitt 2.120), daß die in Beispiel 2.114.2 betrachtete konvergente Reihe Majorante zu sx ist, also x summierbar ist.

c) Die Folge z mit $z(n) = \frac{(-1)^n n}{1+n^2} = (-1)^n \frac{n}{1+n^2} = (-1)^n u(n)$ mit $u(n) = \frac{n}{1+n^2}$ genügt den Voraussetzungen des *Leibniz-Kriteriums* (Satz 2.126.1), denn die Folge u ist einerseits antiton und konvergiert andererseits gegen 0 (nach der Erweiterungsmethode in Beispiel 2.045.3/2). Somit ist die Folge z summierbar.

A2.135.04: Zwei Einzelaufgaben:

1. Geben Sie zu den Folgen $x : \mathbb{N} \longrightarrow \mathbb{R}$ jeweils die Folgen x^+ sowie x^- und $|x|$ an:
   - a) $x_n = \frac{1}{n}$
   - b) $x_n = -\frac{1}{n}$
   - c) $x_n = (-1)^n \frac{1}{n}$.

2. Gleiche Aufgabenstellung für die allgemeinen Fälle: Für alle $n \in \mathbb{N}$ gelte
   - a) $x_n \geq 0$
   - b) $x_n \leq 0$
   - c) $x_n = (-1)^n y_n$ mit $y_n \geq 0$.

B2.135.04: Zur Bearbeitung der Aufgabe im einzelnen:

1a) Es gilt: $x^+ = x$, $x^- = 0$, $|x| = x$. 1b) Es gilt: $x^+ = 0$, $x^- = x$, $|x| = x^-$.

1c) $x^+ = (0, \frac{1}{2}, 0, \frac{1}{4}, 0, \frac{1}{6}, 0, \frac{1}{8}, ...)$, $x^- = (1, 0, \frac{1}{3}, 0, \frac{1}{5}, 0, \frac{1}{7}, 0, \frac{1}{9}, ...)$, $|x| = x^+ + x^- = (1, \frac{1}{2}, \frac{1}{3}, \frac{1}{4}, \frac{1}{5}, ...)$.

2a) Es gilt: $x^+ = x$, $x^- = 0$, $|x| = x$. 2b) Es gilt: $x^+ = 0$, $x^- = x$, $|x| = x^-$.

2c) $x^+ = (0, y_2, 0, y_4, 0, y_6, 0, y_8, ...)$, $x^- = (y_1, 0, y_3, 0, y_5, 0, y_7, 0, y_9, ...)$, $|x| = x^+ + x^- = y$.

A2.135.05: Beweisen Sie die Formeln in Bemerkung 2.315.5/7.

B2.135.05: Nach Voraussetzung existieren die Grenzwerte $lim(s|x|)$ und $lim(s|y|)$. Damit gilt:

a) $lim(s|x|) + lim(s|y|) = lim(s(x^+ + x^-)) + lim(s(y^+ + y^-)) = lim(sx^+ + sx^-) + lim(sy^+ + sy^-) =$
$lim(sx^+ + sx^- + sy^+ + sy^-) = lim(sx^+ + sy^+ + sx^- + sy^-) = lim(s(x+y)^+ + s(x+y)^-) = lim(s|x+y|)$,

b) $c \cdot lim(s|x|) = c \cdot lim(s(x^+ + x^-)) = c \cdot lim(sx^+ + sx^-) = c \cdot (lim(sx^+) + lim(sx^-))$
$= c \cdot lim(sx^+) + c \cdot lim(sx^-) = lim(c \cdot sx^+) + lim(c \cdot sx^-) = lim(s(cx^+)) + lim(s(cx^-))$
$= lim(s(cx)^+) + lim(s(cx)^-) = lim(s|cx|)$.

2.150 POTENZ-REIHEN

A2.150.01: Nach Beispiel 2.150.4/1 erzeugt zu einer Zahl $z \in \mathbb{R}$ die geometrische Folge $x : \mathbb{N}_0 \longrightarrow \mathbb{R}$ mit $x_n = z^n$ die zugehörige geometrische Potenz-Reihe $sx : \mathbb{N}_0 \longrightarrow \mathbb{R}$, definiert durch $sx_m = \sum_{0 \leq n \leq m} z^n$, mit dem Konvergenzradius 1 und folglich dem symmetrischen Konvergenzbereich $(-1, 1)$.
Beweisen Sie nun: Für $z \in [0, \frac{1}{2}]$ gilt $lim(sx) = \frac{1}{1-z}$. Untersuchen Sie daneben dann den Fall $z = \frac{3}{4}$.

B2.150.01: Zur Bearbeitung der Aufgabe im einzelnen:
Zunächst die folgende Berechnung: $|sx_m - \frac{1}{1-z}| = |\sum_{0 \leq n \leq m} z^n - \frac{1}{1-z}| = |\frac{1}{1-z} \sum_{0 \leq n \leq m} (1-z)z^n - \frac{1}{1-z}|$
$= |\frac{1}{1-z}((1-z) + (1-z)z + (1-z)z^2 + \ldots + (1-z)z^m) - \frac{1}{1-z}|$
$= |\frac{1}{1-z}(1 - z + z - z^2 + z^2 - \ldots - z^m + z^m - z^{m+1}) - \frac{1}{1-z}| = |\frac{1}{1-z} - \frac{z^{m+1}}{1-z} - \frac{1}{1-z}| = \frac{z^{m+1}}{1-z} \leq \frac{(\frac{1}{2})^{m+1}}{\frac{1}{2}} = \frac{1}{2^m}$
(unter Verwendung von $0 \leq z \leq \frac{1}{2}$). Da die Folge $(\frac{1}{2^m})_{m \in \mathbb{N}}$ nullkonvergent ist, ist auch die Folge $(|sx_m - \frac{1}{1-z}|)_{m \in \mathbb{N}}$ nullkonvergent, woraus die Behauptung folgt.
Die Beziehung $|sx_m - \frac{1}{1-z}| = \frac{z^{m+1}}{1-z}$ liefert für den Fall $z = \frac{3}{4}$ die Beziehung $|sx_m - 4| = 3(\frac{3}{4})^m$, also konvergiert sx gegen 4.

A2.150.02: Zeigen Sie unter Verwendung des Quotienten-Kriteriums (Abschnitt 2.124): Mit den Koeffizienten-Folgen $a, b : \mathbb{N}_0 \longrightarrow \mathbb{R}$ mit $a(n) = \frac{1}{(2n)!}$ und $b(n) = (-1)^n a(n)$ sowie der Teilfolge t mit $t(n) = 2n$ von $id_{\mathbb{N}_0}$ sind für jedes $z \in \mathbb{R}$ die von den Folgen $x, y : \mathbb{N}_0 \longrightarrow \mathbb{R}$, definiert durch $x(n) = \frac{1}{(2n)!}z^{2n}$ und $y(n) = (-1)^n x(n)$, erzeugten Potenz-Reihen $sx = s(a, t, z)$ und $sy = s(b, t, z)$ konvergent. Dabei gilt $KB(a, t) = K(b, t) = \mathbb{R}$.

B2.150.02: Die beiden Behauptungen folgen aus dem Quotienten-Kriterium mit der für beide Teile gemeinsamen Abschätzung $\frac{|y(n+1)|}{|y(n)|} = \frac{|z^{2n+2}(-1)^{n+1}(2n)!|}{|z^{2n}(-1)^n(2n+2)!|} = \frac{|x(n+1)|}{|x(n)|} = \frac{|z^{2n+2}|(2n)!}{|z^{2n}|(2n+2)!} = |z|^2 \cdot \frac{1}{(2n+1)(2n+2)} \leq |z|^2 \cdot \frac{1}{4n^2} = \frac{1}{4} \cdot (\frac{|z|}{n})^2 < \frac{1}{4}$, für alle $n > |z|$.

2.160 Dezimal-/b-Darstellung reeller Zahlen

A2.160.01: In Aufgabe A1.822.09 soll zu dem Bruch $a_{10} = \frac{1}{8}$ eine 3-Darstellung a_3 gefunden werden, wobei Probieren dort die 3-Darstellung $a_3 = 0,\overline{01}$ liefern sollte. Hier nun umgekehrt: Die 3-Darstellung einer Zahl habe die Form $a_3 = 0, k_1 k_2 k_3...$ mit Nachkommastellen $k_n \in \{0, 1, 2\}$. Mit dieser Folge von Nachkommastellen kann dann eine Folge $x : \mathbb{N} \longrightarrow \mathbb{R}$ mit $x_n = \frac{k_n}{3^n}$ erzeugt werden. Zeigen Sie nun für die 3-Darstellungen der Zahlen $a_3 = 0,\overline{01}$ sowie $b_3 = 0,\overline{002}$ und $c_3 = 0,\overline{012}$, daß die von den genannten Folgen erzeugten Reihen $sx : \mathbb{N} \longrightarrow \mathbb{R}$ gegen die 10-Darstellungen dieser Zahlen konvergieren.

Hinweis: Verwenden Sie den letzten Teil von Beispiel 2.114.3 (Geometrische Reihe).

Zusatz: Untersuchen Sie, wie der Zusammenhang zwischen $c_3 = a_3 + b_3$ und $c_{10} = a_{10} + b_{10}$ entsteht.

B2.160.01: Zur Bearbeitung der Aufgabe im einzelnen.

1. Die 3-Darstellung $a_3 = 0,\overline{01}$ erzeugt über die Folge $x : \mathbb{N} \longrightarrow \mathbb{R}$ mit $x_n = \frac{k_n}{3^n}$ die zugehörige Reihe $sx : \mathbb{N} \longrightarrow \mathbb{R}$ mit der Zuordnungsvorschrift

$$sx_n = \frac{0}{3} + \frac{1}{3^2} + \frac{0}{3^3} + \frac{1}{3^4} + ... + \frac{0}{3^{2n-1}} + \frac{1}{3^{2n}} = \frac{1}{3^2} + \frac{1}{3^4} + \frac{1}{3^6} + ... + \frac{1}{3^{2n}} = \frac{1}{9} + \frac{1}{9^2} + \frac{1}{9^3} + ... + \frac{1}{9^n}.$$

Dabei hat jeder Summand die Darstellung $\frac{1}{9^k} = (\frac{1}{9})^k$, folglich ist sx eine konvergente geometrische Reihe mit dem Grenzwert $lim(sx) = \frac{\frac{1}{9}}{1 - \frac{1}{9}} = \frac{1}{8}$.

Anmerkung 1: Man hätte anstelle der Folge x auch die Teilfolge x^* mit $x_n^* = \frac{1}{3^{2n}}$ verwenden können.

Anmerkung 2: Man beachte, daß die im Beweisteil 1 zu Satz 2.160.1 rekursiv definierte Folge a mit $b = 3$ und $u = \frac{1}{8}$ gerade die Folge $0, 1, 0, 1, 0, 1,...$ dieser Zähler ist (wie man mit den Formeln des Rekursionsanfangs leicht überprüft).

2. Die 3-Darstellung $b_3 = 0,\overline{002}$ erzeugt über die Folge $y : \mathbb{N} \longrightarrow \mathbb{R}$ mit $y_n = \frac{k_n}{3^n}$ die zugehörige Reihe $sy : \mathbb{N} \longrightarrow \mathbb{R}$ mit der Zuordnungsvorschrift

$$sy_n = \frac{0}{3} + \frac{0}{3^2} + \frac{2}{3^3} + \frac{0}{3^4} + ... + \frac{0}{3^{2n}} + \frac{2}{3^{2n+1}} = \frac{2}{3}(\frac{1}{3^2} + \frac{1}{3^4} + \frac{1}{3^6} + ... + \frac{1}{3^{2n}}) = \frac{2}{3}(\frac{1}{9} + \frac{1}{9^2} + \frac{1}{9^3} + ... + \frac{1}{9^n}),$$

also gilt $sy_n = \frac{2}{3} sx_n$. Dabei hat jeder Summand die Darstellung $\frac{1}{9^k} = (\frac{1}{9})^k$, folglich ist sy eine konvergente geometrische Reihe mit dem Grenzwert $lim(sy) = \frac{2}{3} \cdot lim(sx) = \frac{2}{3} \cdot \frac{1}{8} = \frac{1}{12}$.

3. Die 3-Darstellung $c_3 = 0,\overline{012}$ erzeugt über die Folge $z : \mathbb{N} \longrightarrow \mathbb{R}$ mit $z_n = \frac{k_n}{3^n}$ die zugehörige Reihe $sz : \mathbb{N} \longrightarrow \mathbb{R}$ mit der Zuordnungsvorschrift

$$sz_n = \frac{0}{3} + \frac{1}{3^2} + \frac{2}{3^3} + \frac{1}{3^4} + ... + \frac{1}{3^{2n}} + \frac{2}{3^{2n+1}} = (\frac{1}{3^2} + \frac{1}{3^4} + \frac{1}{3^6} + ... + \frac{1}{3^{2n}}) + \frac{2}{3}(\frac{1}{3^2} + \frac{1}{3^4} + \frac{1}{3^6} + ... + \frac{1}{3^{2n}}),$$

also gilt $sz_n = sx_n + sy_n$, folglich ist $sz = sx + sy$ als Summe zweier konvergenter Reihen wieder eine konvergente geometrische Reihe mit dem Grenzwert $lim(sz) = lim(sy) + lim(sy) = \frac{1}{8} + \frac{1}{12} = \frac{5}{24}$.

Zusatz: Der Zusammenhang zwischen $c_3 = a_3 + b_3$ und $c_{10} = a_{10} + b_{10}$ ist schon weitgehend durch den vorstehenden Teil 3 geklärt, es bleibt allerdings noch die Addition in der Beziehung $c_3 = a_3 + b_3$ zu erläutern. Dazu ohne weitere allgemeine Angaben das folgende Muster:

$$
\begin{array}{rcccccccccc}
a_3 = 0,\overline{01} & = & 0, & 0 & 1 & 0 & 1 & 0 & 1 & 0 & 1 & ... \\
b_3 = 0,\overline{002} & = & 0, & 0 & 0 & 2 & 0 & 2 & 0 & 2 & 0 & ... \\
a_3 + b_3 = c_3 = 0,\overline{012} & = & 0, & 0 & 1 & 2 & 1 & 2 & 1 & 2 & 1 & ...
\end{array}
$$

(Die einzelnen Nachkommastellen k_n und m_n (mit jeweils demselben Index) werden addiert, wobei hier wegen $k_n + m_n \in \{0, 1, 2\}$ kein Übertrag auftritt (siehe auch Abschnitt 1.823).)

A2.160.02: Beweisen Sie die Aussage von Bemerkung 2.160.2/4 für u mit $0 < u < 1$. Es ist also zu zeigen, daß jede solche Zahl u eine eindeutige Darstellung der Form $u = lim(\sum_{1 \leq n \leq m} a_n b^{-n})_{m \in \mathbb{N}}$ besitzt.
(Die Aufgabe behandelt also die sogenannten b-adischen Brüche zu Darstellungsbasen $b > 1$.)

B2.160.02: Zur Bearbeitung der Aufgabe im einzelnen:

Hinweis: Im folgenden wird die *Gauß-Funktion* $x \longmapsto [x] = max\{a \in \mathbb{Z} \mid a \leq x\}$, das ist die Funktion g_2 im Bild B der Beispiele 1.206.1, verwendet.

Zum Beweis werden die beiden Folgen $(a_n)_{n \in \mathbb{N}}$ und $(u_n)_{n \in \mathbb{N}}$ wechselseitig rekursiv definiert durch:
$$a_1 = [bu] \text{ und } u_1 = bu - a_1 \text{ sowie } a_{n+1} = [bu_n] \text{ und } u_{n+1} = bu_n - a_{n+1}, \text{ für alle } n > 1.$$

Wie sich zeigen wird, resultiert die Behauptung aus den drei folgenden Sachverhalten, deren Nachweise im einzelnen nach dem Prinzip der Vollständigen Induktion geführt werden: Für alle $n, m \in \mathbb{N}$ gilt:

(a) $a_n \in \{0, 1, ..., b-1\}$ (b) $0 \leq u_n < 1$ (c) $u = \sum_{1 \leq n \leq m} a_n b^{-n} + u_m b^{-m}$.

Beweis von (a): Induktionsanfang für $n = 1$: Mit $0 < u < 1$ gilt $0 < bu < b$, also $0 < bu \leq b - 1$, folglich gilt $a_1 = [bu] \in \{0, 1, ..., b-1\}$. Induktionsschritt von n nach $n+1$: Die Behauptung (a) gelte für n, also $0 \leq u_n < 1$, dann gilt sie auch für $n+1$, denn mit $0 \leq u_n < 1$ gilt $0 \leq bu_n < b$, also $0 \leq bu_n \leq b - 1$, folglich gilt $a_{n+1} = [bu_n] \in \{0, 1, ..., b-1\}$.

Beweis von (b): Induktionsanfang für $n = 1$: Nach obigen Definitionen gilt $u_1 = bu - a_1 = bu - [bu]$, also $0 \leq u_1 < 1$. Induktionsschritt von n nach $n+1$: Die Behauptung (b) gelte für n, also $0 \leq u_n < 1$, dann gilt sie auch für $n+1$, denn es gilt $0 \leq u_{n+1} = bu_n - a_{n+1} = bu_n - [bu_n] < 1$, also $0 \leq u_{n+1} < 1$.

Beweis von (c): Induktionsanfang für $m = 1$: Nach obigen Definitionen gilt $u_1 = bu - a_1$, also $u = a_1 b^{-1} + u_1 b^{-1} = \sum_{1 \leq n \leq 1} a_n n b^{-n} + u_m b^{-m}$. Induktionsschritt von m nach $m+1$: Die Behauptung (c) gelte für m, also $u = \sum_{1 \leq n \leq m} a_n b^{-n} + u_m b^{-m}$, dann gilt sie auch für $m+1$, denn nach obigen Definitionen gilt $u_{n+1} = bu_n - a_{n+1}$, also $u_n = a_{n+1} b^{-1} + u_{n+1} b^{-1}$, folglich ist dann $u = \sum_{1 \leq n \leq m} a_n b^{-n} + u_m b^{-m} = \sum_{1 \leq n \leq m} a_n b^{-n} + (a_{m+1} b^{-1} + u_{m+1} b^{-1}) b^{-m} = \sum_{1 \leq n \leq m+1} a_n b^{-n} + u_{m+1} b^{-(m+1)}$.

Weiterhin ist die Folge $(u_m b^{-m})_{m \in \mathbb{N}}$ das Produkt $(u_m)_{m \in \mathbb{N}} \cdot (b^{-m})_{m \in \mathbb{N}}$ der nach (b) beschränkten Folge $(u_m)_{m \in \mathbb{N}}$ und der nullkonvergenten Folge $(b^{-m})_{m \in \mathbb{N}}$, folglich ist $(u_m b^{-m})_{m \in \mathbb{N}}$ nach Bemerkung 2.045.2/4 eine nullkonvergente Folge.

Schließlich existiert der Grenzwert $lim(\sum_{1 \leq n \leq m} a_n b^{-n})_{m \in \mathbb{N}}$, denn nach (a) gilt $a_n < b$, für alle $n \in \mathbb{N}$, also gilt $a_n b^{-n} < b b^{-n} = b^{-n+1}$, für alle $n \in \mathbb{N}$, folglich ist die konvergente Reihe $(\sum_{1 \leq n \leq m} b^{-n+1})_{m \in \mathbb{N}}$ Majorante zu $(\sum_{1 \leq n \leq m} a_n b^{-n})_{m \in \mathbb{N}}$ Mit der Darstellung von u in (c) gilt dann die Behauptung

$$lim(\sum_{1 \leq n \leq m} a_n b^{-n})_{m \in \mathbb{N}} = lim(\sum_{1 \leq n \leq m} a_n b^{-n} + u_m b^{-m})_{m \in \mathbb{N}} = u.$$

2.172 EXPONENTIAL- UND LOGARITHMUS-FUNKTIONEN (TEIL 2)

A2.172.01: Beweisen Sie: Die Eulersche Zahl e ist keine rationale Zahl.

B2.172.01: Die Eulersche Zahl e ist $e = lim(sx)$ über der Folge $x : \mathbb{N}_0 \longrightarrow \mathbb{R}$ mit $x_n = \frac{1}{n!}$ und damit $sx_m = \sum\limits_{0 \le n \le m} \frac{1}{n!}$, wie auch schon Satz 2.172.2 mit $exp_e(1) = lim(\sum\limits_{0 \le n \le m} \frac{1}{n!})_{m \in \mathbb{N}_0} = e$ gezeigt hat.
Angenommen e habe eine Darstellung der Form $e = \frac{p}{q} \in \mathbb{Q}$, dann gibt es wegen $\frac{p}{q} = lim(sx)$ ein Zahlenpaar $(a, n) \in (0, 1) \times \mathbb{N}$ mit den beiden Eigenschaften:

    1. q ist Teiler von n,
    2. $|\frac{p}{q} - sx_m| = \frac{p}{q} - sx_m = \frac{a}{m!}$

Die Beziehung 2 liefert zunächst $m! \cdot \frac{p}{q} - m! \cdot sx_m = a$, die Beziehung 1 dann $(m-1)! \cdot t \cdot \frac{p}{q} - m! \cdot sx_m = a$ mit einer Zahl $t \in \mathbb{Z}$. Ferner ist $m! \cdot sx_m = m!(1 + 1 + \frac{1}{2!} + ... + \frac{1}{m!}) = 2 \cdot m! + \frac{m!}{2!} + ... + \frac{m!}{(m-1)!} + 1 \in \mathbb{Z}$, somit ist auch $(m-1)! \cdot t \cdot \frac{p}{q} - m! \cdot sx_m = a \in \mathbb{Z}$ im Widerspruch zu $a \in (0, 1)$, also zu $a \notin \mathbb{Z}$.

A2.172.02: Betrachten Sie die Funktion $f : \mathbb{R} \longrightarrow \mathbb{R}$, definiert durch $f(x) = \frac{1}{2}(e^x - e^{-x})$.
1. Skizzieren Sie die Funktionen $u, v : \mathbb{R} \longrightarrow \mathbb{R}$ mit $u(x) = \frac{1}{2}e^x$ und $v(x) = \frac{1}{2}e^{-x}$ sowie ihre Differenz $f = u - v$ im Bereich $[-3, 3]$.
2. Weisen Sie nach, daß f bijektiv ist und ihre inverse Funktion $f^{-1} : \mathbb{R} \longrightarrow \mathbb{R}$ durch die Zuordnungsvorschrift $f^{-1}(z) = log_e(z + \sqrt{z^2 + 1})$ definiert ist, und berechnen Sie dann $f^{-1} \circ f$ und $f \circ f^{-1}$.

B2.172.02: Zur Bearbeitung:
1. Wie die nebenstehende Skizze zeigt, sind u und v zueinander ordinatensymmetrisch, ferner sind v und $-v$ zueinander abszissensymmetrisch.

2a) f ist injektiv, denn u und $-v$ sind streng monotone Funktionen, folglich ist auch ihre Summe $f = u - v$ streng monton und folglich injektiv.

2b) f ist surjektiv, denn für $x \ge 0$ ist $f(x) \approx u(x)$ und für $x \le 0$ ist $f(x) \approx -v(x)$. Da die Funktionen $u : \mathbb{R} \longrightarrow \mathbb{R}^+$ und $-v : \mathbb{R} \longrightarrow \mathbb{R}^-$ surjektiv sind, ist auch f surjektiv.

2b) Die Äquivalenzen $f^{-1}(z) = x$
$\Leftrightarrow z = f(x) = \frac{1}{2}e^x - \frac{1}{2}e^{-x}$
$\Leftrightarrow \frac{1}{2}e^x - z - \frac{1}{2}e^{-x} = 0$
$\Leftrightarrow e^x - 2z - e^{-x} = 0$
$\Leftrightarrow (e^x)^2 - 2ze^x - 1 = 0$
$\Leftrightarrow e^x = z + \sqrt{z^2 + 1}$ (denn $z - \sqrt{z^2 + 1} < 0$)
$\Leftrightarrow x = log_e(z + \sqrt{z^2 + 1})$
zeigen $f^{-1}(z) = log_e(z + \sqrt{z^2 + 1})$, für alle $z \in \mathbb{R}$.

2c$_1$) Es gilt $f^{-1} \circ f = id$, denn für alle $x \in \mathbb{R}$ ist
$(f^{-1} \circ f)(x) = f^{-1}(f(x)) = f^{-1}(\frac{1}{2}(e^x - e^{-x})) = log_e(\frac{1}{2}(e^x - e^{-x}) + \sqrt{\frac{1}{4}(e^x - e^{-x})^2 + 1})$
$= log_e(\frac{1}{2}(e^x - e^{-x} + \sqrt{(e^x - e^{-x})^2 + 4})) = log_e(\frac{1}{2}(e^x - e^{-x} + \sqrt{(e^x)^2 - 2e^x e^{-x} + (e^{-x})^2 + 4e^x e^{-x}}))$
$= log_e(\frac{1}{2}(e^x - e^{-x} + \sqrt{(e^x)^2 + 2e^x e^{-x} + (e^{-x})^2})) = log_e(\frac{1}{2}(e^x - e^{-x} + \sqrt{(e^x + e^{-x})^2}))$
$= log_e(\frac{1}{2}(e^x - e^{-x} + e^x + e^{-x})) = log_e(\frac{1}{2}(2e^x)) = log_e(e^x) = x$.

2c$_2$) Es gilt $f \circ f^{-1} = id$, denn für alle $z \in \mathbb{R}$ ist
$(f \circ f^{-1})(z) = f(f^{-1}(z)) = f(log_e(z + \sqrt{z^2 + 1})) = \frac{1}{2}(e^{log_e(z+\sqrt{z^2+1})} - e^{-log_e(z+\sqrt{z^2+1})})$
$= \frac{1}{2}(z + \sqrt{z^2 + 1} - \frac{1}{z+\sqrt{z^2+1}}) = \frac{1}{2}(\frac{(z+\sqrt{z^2+1})^2 - 1}{z+\sqrt{z^2+1}}) = \frac{1}{2}(\frac{2z^2 + 2z\sqrt{z^2+1} + z^2 + 1 - 1}{z+\sqrt{z^2+1}}) = \frac{1}{2}(\frac{2z^2 + 2z\sqrt{z^2+1}}{z+\sqrt{z^2+1}})$
$= \frac{1}{2} \cdot 2z(\frac{z+\sqrt{z^2+1}}{z+\sqrt{z^2+1}}) = z$.

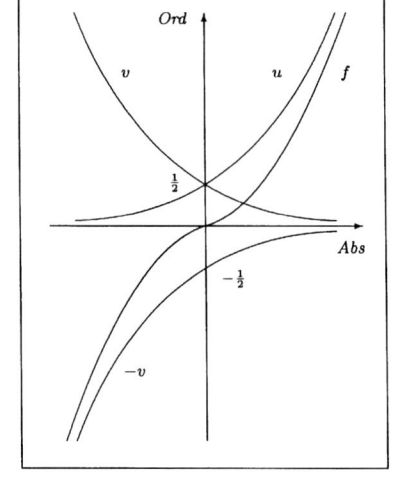

2.203 STETIGE FUNKTIONEN $I \longrightarrow \mathbb{R}$ (VERSION 1, TEIL 1)

A2.203.01: Beweisen Sie, daß die kubische Parabel $id^3 : \mathbb{R} \longrightarrow \mathbb{R}$ und die Gerade $g = 3id+2 : \mathbb{R} \longrightarrow \mathbb{R}$ stetig sind.

B2.203.01: Zur Bearbeitung der Aufgabe im einzelnen:
1. Die kubische Parabel $id^3 : \mathbb{R} \longrightarrow \mathbb{R}$ mit $id^3(z) = z^3$ ist stetig, denn: Für alle $x_0 \in \mathbb{R}$ und für alle konvergenten Folgen $x : \mathbb{N} \longrightarrow \mathbb{R}$ mit $lim(x) = x_0$ ist die Bildfolge $id^3 \circ x = (id \circ x)^3 = x^3$ konvergent und es gilt $lim(id^3 \circ x) = lim(x^3) = (lim(x))^3 = x_0{}^2 = id^3(x_0)$ wieder unter Verwendung von Satz 2.045.1/4.
2. Die Gerade $g = 3id + 2 : \mathbb{R} \longrightarrow \mathbb{R}$ mit $g(z) = 3z + 2$ ist stetig, denn: Für alle $x_0 \in \mathbb{R}$ und für alle konvergenten Folgen $x : \mathbb{N} \longrightarrow \mathbb{R}$ mit $lim(x) = x_0$ ist die Bildfolge $g \circ x = (3id+2) \circ x = (3id \circ x) + (2 \circ x) = 3x + 2$ konvergent und es gilt $lim(g \circ x) = lim(3x+2) = 3 \cdot lim(x) + 2 = 3x_0 + 2 = g(x_0)$ unter Verwendung von Satz 2.045.1/1/4.

A2.203.02: Untersuchen Sie insbesondere bei 1 die Stetigkeit der Funktion $f : \mathbb{R} \longrightarrow \mathbb{R}$, definiert durch die Zuordnungsvorschrift
$$f(z) = \begin{cases} 1, & \text{falls } z \neq 1, \\ 6, & \text{falls } z = 1. \end{cases}$$

B2.203.02: Die Einschränkung von f auf $\mathbb{R} \setminus \{1\}$ ist stetig, denn dort ist sie eine konstante Funktion (siehe Beispiel 2.203.4/1). Aber: Die Funktion $f : \mathbb{R} \longrightarrow \mathbb{R}$ ist bei 1 weder linksseitig noch rechtsseitig stetig, wie sich analog zu Beispiel 2.203.4/6 sofort anhand der Folgen $x, y : \mathbb{N} \longrightarrow \mathbb{R}$ mit $x(n) = 1 + \frac{1}{n}$ und $y(n) = 1 - \frac{1}{n}$ zeigen läßt:
a) Die Folge x konvergiert gegen 1, ihre Bildfolge $f \circ x = 1$ konvergiert als konstante Folge ebenfalls gegen 1, jedoch gilt $lim(f \circ x) = 1 \neq 6 = f(1)$.
b) Die Folge y konvergiert gegen 1, ihre Bildfolge $f \circ y = 1$ konvergiert als konstante Folge ebenfalls gegen 1, jedoch gilt $lim(f \circ y) = 1 \neq 6 = f(1)$.

A2.203.03: Beweisen Sie mit Definition 2.203.2: Ist $f : \mathbb{R} \longrightarrow \mathbb{R}$ stetig, dann ist auch $|f| : \mathbb{R} \longrightarrow \mathbb{R}$ stetig. (Siehe dazu aber auch Abschnitt 2.211.)

B2.203.03: Die Funktion $|f| : \mathbb{R} \longrightarrow \mathbb{R}$ mit $|f|(z) = |f(z)|$ ist stetig, denn: Für alle $x_0 \in \mathbb{R}$ und für alle konvergenten Folgen $x : \mathbb{N} \longrightarrow \mathbb{R}$ mit $lim(x) = x_0$ folgt aus $lim(f \circ x) = f(x_0)$ dann $lim(|f| \circ x) = lim(|f \circ x|) = |lim(f \circ x)| = |f(x_0)| = |f|(x_0)$, also ist die Bildfolge $|f| \circ x$ konvergent mit $lim(|f| \circ x) = |f|(x_0)$.

A2.203.04: Geben Sie eine nicht-stetige Funktion $f : \mathbb{R} \longrightarrow \mathbb{R}$ an, für die $|f| : \mathbb{R} \longrightarrow \mathbb{R}$ stetig ist.

B2.203.04: Die Funktion $f : \mathbb{R} \longrightarrow \mathbb{R}$ mit $f(x) = \begin{cases} x^2 + 1, & \text{falls } x \geq 0, \\ -x^2 - 1, & \text{falls } x < 0 \end{cases}$ ist bei 0 nicht stetig, hingegen ist $|f| : \mathbb{R} \longrightarrow \mathbb{R}$ mit $|f|(x) = x^2 + 1$ stetig.

A2.203.05: Beweisen Sie: Sind $f, g : I \longrightarrow \mathbb{R}$ stetige Funktionen, dann ist auch die durch die Zuordnungsvorschrift $h(x) = max(f(x), g(x))$ definierte Funktion $h : I \longrightarrow \mathbb{R}$ stetig.

B2.203.05: Für die beiden Teilmengen $I_f = \{x \in I \mid h(x) = f(x)\}$ und $I_g = \{x \in I \mid h(x) = g(x)\}$ sind die Einschränkungen $h \mid I_f$ und $h \mid I_g$ stetig. Wegen $I = I_f \cup I_g$ ist dann auch h stetig.

A2.203.06: Untersuchen Sie jeweils, ob die Funktion $f : \mathbb{R} \longrightarrow \mathbb{R}$ bei Null stetig ist oder nicht:

1. $f(x) = \begin{cases} \frac{1}{x}, & \text{falls } x \neq 0, \\ 0, & \text{falls } x = 0, \end{cases}$ 2. $f(x) = \begin{cases} \frac{x}{|x|}, & \text{falls } x \neq 0, \\ 0, & \text{falls } x = 0. \end{cases}$

B2.203.06: Beide Funktionen sind bei Null nicht (sonst aber) stetig, denn es gilt für die nullkonvergente Folgen $x : \mathbb{N} \longrightarrow \mathbb{R}$ mit $x_n = \frac{1}{n}$ im jeweiligen Fall:

1. Die Bildfolge $f \circ x$ ist definiert durch $(f \circ x)(n) = f(\frac{1}{n}) = n$ und somit divergent (also nicht gegen den Funktionswert $f(0) = 0$ konvergent).

2. Die Bildfolge $f \circ x$ ist definiert durch $(f \circ x)(n) = f(\frac{1}{n}) = \frac{|n|}{n} = 1$ und somit zwar konvergent, aber nicht gegen den Funktionswert $f(0) = 0$.

A2.203.07: Formulieren Sie zunächst die Negation von Definition 2.203.2/1 in Form einer Äquivalenz von Aussagen. Weisen Sie damit dann noch einmal explizit nach, daß die in Beispiel 2.204.2/3 angegebene Funktion $f : \mathbb{R} \longrightarrow \mathbb{R}$, definiert durch $f(z) = \begin{cases} -z, & \text{falls } z \in \mathbb{Q}, \\ z, & \text{falls } z \in \mathbb{R} \setminus \mathbb{Q}, \end{cases}$ an der Stelle $\sqrt{2}$ nicht stetig ist.

B2.203.07: Die Negation des definitorischen Textes in Definition 2.203.2/1 in Form einer Äquivalenz: Eine Funktion $f : I \longrightarrow \mathbb{R}$ ist bei $x_0 \in I$ genau dann nicht stetig, wenn es eine gegen x_0 konvergente Folge x gibt, für die die zugehörige Bildfolge $f \circ x$ nicht konvergiert oder, falls sie konvergiert, nicht $lim(f \circ x) = f(x_0)$ gilt.

Betrachtet man nun eine gegen $\sqrt{2}$ konvergente Folge $x : \mathbb{N} \longrightarrow \mathbb{R}$ mit rationalen Folgengliedern x_n (siehe Abschnitt 2.051), dann konvergiert die zugehörige Bildfolge gegen $lim(f \circ x) = lim(-x_n)_{n \in \mathbb{N}} = -\sqrt{2}$. Andererseits ist $f(\sqrt{2}) = \sqrt{2}$, es gilt also $lim(f \circ x) \neq f(\sqrt{2})$.

A2.203.08: Untersuchen Sie die in Abschnitt 1.206 besprochenen Treppen-, Dirac- und Dirichlet-Funktionen $\mathbb{R} \longrightarrow \mathbb{R}$ hinsichtlich Stetigkeit.

B2.203.08: Im einzelnen folgende Untersuchungen:

1. Alle in Bemerkung 1.206.1 angegebenen Varianten von Treppen-Funktionen $t : \mathbb{R} \longrightarrow \mathbb{R}$ sind bei $x \in \mathbb{Z}$ nicht stetig. Hingegen sind alle Einschränkungen $t \,|\, (a, a+1)$ mit $a \in \mathbb{Z}$ stetig, folglich ist auch die Einschränkung $t \,|\, (\mathbb{R} \setminus \mathbb{Z})$ stetig.

2. Die Dirac-Funktionen $d_a : \mathbb{R} \longrightarrow \mathbb{R}$ mit $d_a(x) = \begin{cases} s, & \text{falls } x = a \in \mathbb{R}, \\ t \neq s, & \text{falls } x \neq a, \end{cases}$ sind genau bei der einen Stelle $x_0 = a$ nicht stetig, sonst aber überall stetig, das heißt, die Einschränkungen $d_a \,|\, (\mathbb{R} \setminus \{a\})$ sind stetig.

3a) Die *Dirichlet-Funktion* $d : \mathbb{R} \longrightarrow \mathbb{R}$ mit $d(z) = \begin{cases} 1, & \text{falls } z \in \mathbb{Q}, \\ 0, & \text{falls } z \in \mathbb{R} \setminus \mathbb{Q}, \end{cases}$ ist an keiner Stelle stetig.

Beweis: Es sei $x_0 \in \mathbb{R}$ und $x : \mathbb{N} \longrightarrow \mathbb{R}$ eine gegen x_0 konvergente Folge, die sowohl rationale als auch irrationale Folgenglieder x_n mit $|x_n - x_0| < \epsilon = \frac{1}{2}$ enthalte. Für eine solche Folge x ist die Bildfolge $d \circ x$ nicht konvergent.

3b) Die *Dirichlet-Funktion* $d : \mathbb{R} \longrightarrow \mathbb{R}$ mit $d(z) = \begin{cases} z, & \text{falls } z \in \mathbb{Q}, \\ -z, & \text{falls } z \in \mathbb{R} \setminus \mathbb{Q}, \end{cases}$ ist nur bei 0, aber an keiner anderen Stelle stetig.

Beweis:

Für $z_0 = 0$ konvergiert zu jeder beliebigen und gegen 0 konvergenten Folge $x : \mathbb{N} \longrightarrow \mathbb{R}$ auch die Bildfolge $d \circ x$ mit $lim(d \circ x) = 0$ (siehe auch Beispiel 2.204.2/3).

Für $z_0 \in \mathbb{R}$ mit $z_0 \neq 0$ argumentiert man wie im vorstehenden Beweis oder noch einmal ausführlich (aber etwas anders als in Beispiel 2.204.2/3): Ist $z_0 \in \mathbb{R} \setminus \mathbb{Q}$, so gibt es stets eine Folge $x : \mathbb{N} \longrightarrow \mathbb{Q}$ rationaler Zahlen mit $lim(x) = z_0$. Die Bildfolge $d \circ x$ konvergiert dann gegen z_0 und es gilt folglich $lim(d \circ x) = z_0 \neq -z_0 = d(lim(x))$. Entsprechend gibt es zu $z_0 \in \mathbb{Q}$ stets eine Folge $x : \mathbb{N} \longrightarrow \mathbb{R}$ nicht-rationaler Zahlen mit $lim(x) = z_0$, etwa die Folge $x = (x_0 + \frac{1}{\sqrt{n}})_{n \in \mathbb{N}}$, und auch in diesem Fall gilt $lim(d \circ x) = -z_0 \neq z_0 = d(lim(x))$.

Anmerkung: Als Indiz für Stetigkeit oder als Nachweis für Nichtstetigkeit einer Funktion f bei einer Stelle $x_0 \in D(f)$ werden häufig die beiden Testfolgen $x = (x_0 + \frac{1}{n})_{n \in \mathbb{N}}$ und $z = (x_0 - \frac{1}{n})_{n \in \mathbb{N}}$ verwendet. Allerdings kann man aus der Existenz und Gleichheit der Grenzwerte der Bildfolgen $f \circ x$ und $f \circ z$ nicht auf Stetigkeit von f bei x_0 schließen. Das zeigt das erste der obigen Beispiele für Elemente $x_0 \in \mathbb{Q}$, denn in diesem Fall sind auch alle Folgenglieder $x_0 \pm \frac{1}{n}$ aus $\mathbb{Q}$ und es gilt $lim(f \circ x) = 1$ und $lim(f \circ z) = 1$.

A2.203.10: Betrachten Sie die Familie $(f_k)_{k \in \mathbb{N}}$ von Funktionen $f_k : \mathbb{R} \longrightarrow \mathbb{R}$ mit $f_k(x) = \frac{kx}{1+|kx|}$.
1. Nennen Sie anhand einer kleinen Skizze von f_1 elementare Eigenschaften der Funktionen f_k (auch f_0).
2. Weisen Sie nach, daß die Funktionen f_k stetig sind.
3. Bestimmen Sie die Menge $D(h)$ derjenigen Zahlen $x_0 \in \mathbb{R}$, für die $h(x_0) = lim(f_k(x_0))_{k \in \mathbb{N}}$ existiert.
4. Untersuchen Sie die Funktion $h : D(h) \longrightarrow \mathbb{R}$ hinsichtlich Stetigkeit.

B2.203.10: Zur Bearbeitung der Aufgabe im einzelnen:

1. Wie die folgende kleine Skizze von f_1 andeutet, haben offenbar alle Funktionen f_k der Familie $(f_k)_{k \in \mathbb{N}}$ folgende Eigenschaften: Sie sind jeweils punktsymmetrisch, haben die Nullstelle 0 und die Bildmenge $Bild(f_k) = (-1, 1)$, ferner sind die konstanten Funktionen zu -1 und 1 die asymptotischen Funktionen zu f_k. (Die entsprechend definierte Funktion f_0 ist die Null-Funktion.)

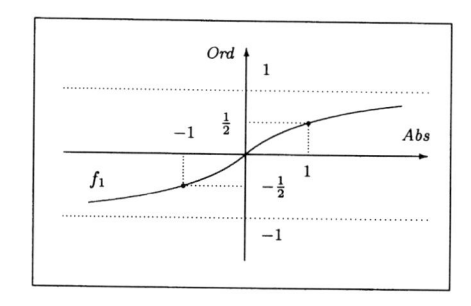

2. Die Funktionen f_k sind stetig, wie unter Verwendung von Definition 2.203.2/1 die folgende Betrachtung zeigt: Für alle Elemente $x_0 \in \mathbb{R}$ und für jede gegen x_0 konvergente Folge $x : \mathbb{N} \longrightarrow \mathbb{R}$ gilt $f_k(lim(x)) = f_k(x_0) = \frac{kx_0}{1+|kx_0|} = k \cdot \frac{x_0}{1+|kx_0|} = k \cdot \frac{lim(x)}{1+|k \cdot lim(x)|} = k \cdot lim(\frac{x_n}{1+|kx_n|})_{n \in \mathbb{N}} = lim(\frac{kx_n}{1+|kx_n|})_{n \in \mathbb{N}} = lim(f_k(x_n))_{n \in \mathbb{N}}$.
Anmerkung: Man kann mit Satz 2.215.1/6 auch kürzer argumentieren: Die Funktion f_k ist als Quotient $f_k = \frac{k \cdot id}{1+k|id|}$ stetiger Funktionen mit $0 \notin Bild(1 + k|id|)$ stetig.

3. Wie die folgenden Einzelbetrachtungen zeigen, gilt $D(h) = \mathbb{R}$:
a) Für $x_0 = 0$ ist die Folge $f : \mathbb{N} \longrightarrow \mathbb{R}$ mit $f = (f_k(0))_{k \in \mathbb{N}}$ die Null-Folge $f = (0)_{k \in \mathbb{N}}$ mit $lim(f) = 0$.
b) Für $x_0 > 0$ konvergiert die Folge $f : \mathbb{N} \longrightarrow \mathbb{R}$ mit $f = (f_k(x_0))_{k \in \mathbb{N}}$ gegen 1, denn: Für beliebig vorgegebenes $\epsilon > 0$ liefern mit $kx_0 > 0$ die Äquivalenzen $|f_k(x_0) - 1| < \epsilon \Leftrightarrow |\frac{kx_0 - (1+kx_0)}{1+kx_0}| < \epsilon \Leftrightarrow |\frac{-1}{1+kx_0}| < \epsilon \Leftrightarrow \frac{1}{1+kx_0} < \epsilon \Leftrightarrow k > \frac{1}{x_0}(\frac{1}{\epsilon} - 1)$ den zu ϵ erzeugten Grenzindex $k(\epsilon) = [\frac{1}{x_0}(\frac{1}{\epsilon} - 1)]$, für den dann also $|f_k(x_0) - 1| < \epsilon$, für alle $k \geq k(\epsilon)$, gilt.
c) Für $x_0 < 0$ konvergiert die Folge $f : \mathbb{N} \longrightarrow \mathbb{R}$ mit $f = (f_k(x_0))_{k \in \mathbb{N}}$ gegen -1. Dazu wird ein analoger Beweis geführt, wobei wegen $kx_0 < 0$ dann $kx_0 + |kx_0| = 0$ verwendet wird. Der dabei zu $\epsilon > 0$ ermittelte Grenzindex ist $k(\epsilon) = [\frac{1}{|x_0|}(\frac{1}{\epsilon} - 1)]$.

4. Die Funktion $h : \mathbb{R} \longrightarrow \mathbb{R}$ ist nach Teil 3 definiert durch $h \,|\, \mathbb{R}^- = -1$ sowie $h(0) = 0$ und $h \,|\, \mathbb{R}^+ = 1$. Damit ist zwar $h \,|\, \mathbb{R} \setminus \{0\}$ stetig, jedoch ist h bei 0 nicht stetig, denn für jede gegen 0 konvergente Folge $z : \mathbb{N} \longrightarrow \mathbb{R}$ mit $z \neq 0$ gilt entweder $lim(h \circ z) = -1$ oder $lim(h \circ z) = 1$ oder aber $lim(h \circ z)$ existiert nicht (falls z alterniert und dann die beiden Häufungspunkte -1 und 1 besitzt).

2.204 Stetige Funktionen $I \longrightarrow \mathbb{R}$ (Version 1, Teil 2)

A2.204.01: Bestimmen Sie jeweils die Menge $U(f) \subset D(f)$ der Unstetigkeitsstellen der nachstehend definierten Funktionen $f : \mathbb{R} \longrightarrow \mathbb{R}$:

1. $f(x) = \begin{cases} x, & \text{falls } x \in \mathbb{N}, \\ x^2, & \text{falls } x \in \mathbb{R} \setminus \mathbb{N}, \end{cases}$
2. $f(x) = \begin{cases} x, & \text{falls } x \in \mathbb{Z}, \\ x+1, & \text{falls } x \in \mathbb{R} \setminus \mathbb{Z}, \end{cases}$

3. $f(x) = \begin{cases} x, & \text{falls } x \in \mathbb{Z}, \\ x^2, & \text{falls } x \in \mathbb{R} \setminus \mathbb{Z}, \end{cases}$
4. $f(x) = \begin{cases} x, & \text{falls } x \in \mathbb{N}, \\ x^2+1, & \text{falls } x \in \mathbb{R} \setminus \mathbb{N}. \end{cases}$

B2.204.01: In den Aufgabenteilen 1 bis 4 werden zu $z \in \mathbb{N}$ oder zu $z \in \mathbb{Z}$ die Folgen $x_z : \mathbb{N} \longrightarrow \mathbb{R}$ mit $x_z(n) = z + \frac{1}{n}$ und $lim(x_z) = z$ betrachtet.

1a) Zu f wird die Zerlegung $D(f) = S \cup (\mathbb{N} \setminus \{1\}) \cup T = \mathbb{R}$ mit den Teilmengen $S = \{x \in \mathbb{R} \mid x < z\}$ und $T = \bigcup_{z \in U(f)} (z, z+1)$ betrachtet.

1b) Die Einschränkungen $f|S$ und $f|(z, z+1)$ mit $z \in U(f)$ sind nach Bemerkung 2.203.5/1 stetig, denn nach Beispiel 2.203.4/1 ist die Normalparabel $id^2 : \mathbb{R} \longrightarrow \mathbb{R}$ stetig.

1c) $U(f) = \mathbb{N} \setminus \{1\}$ ist die Menge der Unstetigkeitsstellen von f, denn für alle $z \in U(f)$ ist $lim(f \circ x_z) = lim(f(z + \frac{1}{n}))_{n \in \mathbb{N}} = lim((z + \frac{1}{n})^2)_{n \in \mathbb{N}} = lim(z^2 + \frac{2z}{n} + \frac{1}{n^2})_{n \in \mathbb{N}} = z^2 \neq z = f(z) = f(lim(x_z))$ im Hinblick auf Definition 2.203.2/1.

2a) Zu f wird die Zerlegung $D(f) = S \cup \mathbb{Z} = \mathbb{R}$ mit der Teilmenge $S = \bigcup_{z \in \mathbb{Z}} (z, z+1)$ betrachtet.

2b) Die Einschränkung $f|S$ ist stetig, denn die Funktion $id + 1 : \mathbb{R} \longrightarrow \mathbb{R}$ ist stetig.

2c) f ist bei $z \in U(f) = \mathbb{Z}$ nicht stetig, denn für alle $z \in \mathbb{Z}$ ist $lim(f \circ x_z) = lim(f(z + \frac{1}{n}))_{n \in \mathbb{N}} = lim(z + \frac{1}{n} + 1)_{n \in \mathbb{N}} = z + 1 \neq z = f(z) = f(lim(x_z))$ im Hinblick auf Definition 2.203.2/1.

3a) Zu f wird die Zerlegung $D(f) = S \cup (\mathbb{Z} \setminus \{0, 1\}) = \mathbb{R}$ mit der Teilmenge $S = \bigcup_{z \in \mathbb{Z} \setminus \{0,1\}} (z, z+1)$ betrachtet.

3b) Die Einschränkungen $f|S$ und $f|(-1, 1]$ sind nach Bemerkung 2.203.5/1 stetig, denn nach Beispiel 2.203.4/1 ist die Normalparabel $id^2 : \mathbb{R} \longrightarrow \mathbb{R}$ stetig.

3c) f ist bei $z \in \mathbb{Z} \setminus \{0, 1\}$ nicht stetig, denn für alle $z \in \mathbb{Z} \setminus \{0, 1\}$ ist $lim(f \circ x_z) = lim(f(z + \frac{1}{n}))_{n \in \mathbb{N}} = lim((z + \frac{1}{n})^2)_{n \in \mathbb{N}} = lim(z^2 + \frac{2z}{n} + \frac{1}{n^2})_{n \in \mathbb{N}} = z^2 \neq z = f(z) = f(lim(x_z))$ im Hinblick auf Definition 2.203.2/1. Es gilt also $U(f) = \mathbb{Z} \setminus \{0, 1\}$.

4a) Zu f wird die Zerlegung $D(f) = S \cup T \cup \mathbb{N} = \mathbb{R}$ mit den Teilmengen $S = \{x \in \mathbb{R} \mid x < 1\}$ sowie $T = \bigcup_{z \in \mathbb{N}} (z, z+1)$ betrachtet.

4b) Die Einschränkungen $f|S$ und $f|T$ sind stetig, denn die Funktion $id^2 + 1 : \mathbb{R} \longrightarrow \mathbb{R}$ ist stetig.

4c) f ist bei $z \in U(f) = \mathbb{N}$ nicht stetig, denn für alle $z \in \mathbb{N}$ ist $lim(f \circ x_z) = lim(f(z + \frac{1}{n}))_{n \in \mathbb{N}} = lim((z + \frac{1}{n})^2 + 1)_{n \in \mathbb{N}} = lim(z^2 + \frac{2z}{n} + \frac{1}{n^2} + 1)_{n \in \mathbb{N}} = z^2 + 1 \neq z = f(z) = f(lim(x_z))$ im Hinblick auf Definition 2.203.2/1.

A2.204.02: In dieser Aufgabe werden Funktionen $f : D(f) \longrightarrow \mathbb{R}$ mit folgender Eigenschaft betrachtet: e : für alle $x \in D(f)$ ist $f(x^2) = f(x)$.

1. Zeigen Sie, daß konstante Funktionen $f : \mathbb{R} \longrightarrow \mathbb{R}$ die Eigenschaft e haben, Parabeln der Form $a \cdot id^n : \mathbb{R} \longrightarrow \mathbb{R}$ mit $n \in 2\mathbb{N}$ jedoch nicht.

2. Zeigen Sie, daß Funktionen $f : \mathbb{R} \longrightarrow \mathbb{R}$ mit der Eigenschaft e ordinatensymmetrisch sind.

3. Zeigen Sie, daß die nicht-konstante Funktion $f : [2, 16] \longrightarrow \mathbb{R}$, definiert durch $f = f_0 \cup f_1$ mit

$$f_0 : [2, 4] \longrightarrow \mathbb{R}, \text{ definiert durch } f_0(x) = \begin{cases} x - 2, & \text{falls } x \in [2, 3], \\ -x + 4, & \text{falls } x \in [3, 4], \end{cases}$$

$$f_1 : [4, 16] \longrightarrow \mathbb{R}, \text{ definiert durch } f_1 = f_0 \circ w_2 \text{ mit } w_2 = id^{\frac{1}{2}} \text{ (2. Wurzel)}$$

die Eigenschaft e für den Teil f_0 hat. Skizzieren Sie f (nötigenfalls anhand einer geeigneten Wertetabelle).

4. Setzen Sie die Funktion $f : [2, 16] \longrightarrow \mathbb{R}$ in Teil 3 auf $[2, \star)$ fort, so daß diese Fortsetzung die Eigenschaft e besitzt.

5. Zeigen Sie, daß eine bei 0 und bei 1 stetige Funktion $f : \mathbb{R} \longrightarrow \mathbb{R}$, die die Eigenschaft e besitzt, konstant ist. (*Hinweis:* Untersuchen Sie für $x > 0$ die Folge $z : \mathbb{N} \longrightarrow \mathbb{R}$ mit $z_n = x^{\frac{1}{n}}$ sowie die Teilfolge $t : \mathbb{N} \longrightarrow \mathbb{R}$ von z mit $t_n = x^{\frac{1}{2^n}}$, ferner die zugehörigen Bildfolgen $f \circ z$ und $f \circ t$.)

B2.204.02: Zur Bearbeitung der Aufgabe im einzelnen:

1. Für konstante Funktionen $a : \mathbb{R} \longrightarrow \mathbb{R}$ $f : \mathbb{R} \longrightarrow \mathbb{R}$ mit $a(x) = a$ gilt $a(x^2) = a = a(x)$, für alle $x \in \mathbb{R}$, konstante Funktionen haben also die Eigenschaft e. Hingegen haben Parabeln $a \cdot id^n$ mit $n \in 2\mathbb{N}$ diese Eigenschaft e nicht, denn beispielsweise ist $id^n(2^2) = 4^n \neq 2^n = id^n(2)$.

2. Für alle $x \in \mathbb{R}$ ist $f(-x) = f((-x)^2) = f(x^2) = f(x)$, folglich sind Funktionen f mit der Eigenschaft e ordinatensymmetrisch.

3. Die nebenstehend skizzierte Funktion $f = f_0 \cup f_1 : [2, 16] \longrightarrow \mathbb{R}$ hat die Eigenschaft e, denn: Ist $x \in [2, 16]$, dann ist $f(x) = f_0(x) = f_0(w_2(x^2)) = (f_0 \circ w_2)(x^2) = f_1(x^2) = f(x^2)$.

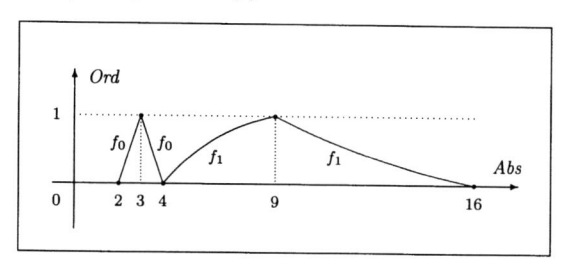

4. Das Intervall $[2, \star)$ hat die Darstellung $[2, \star) = \bigcup_{n \in \mathbb{N}_0} [2^{(2^n)}, 2^{(2^{n+1})}]$. Definiert man nun Funktionen $f_n : [2^{(2^n)}, 2^{(2^{n+1})}] \longrightarrow \mathbb{R}$ entweder explizit durch $f_n = f_0 \circ w_{2^n}$ (mit $w_k = id^{\frac{1}{k}}$ und $k \in \mathbb{N}$) oder rekursiv durch $f_{n+1} = f_n \circ w_2$, dann hat $f = \bigcup_{n \in \mathbb{N}_0} f_n : [2, \star) \longrightarrow \mathbb{R}$ die Eigenschaft e, denn: Ist $x \in [2, \star)$, dann gibt es $n_0 \in \mathbb{N}_0$ mit $x \in [2^{(2^n)}, 2^{(2^{n+1})}]$ und $x^2 \in [2^{(2^{2n})}, 2^{(2^{2n+2})}]$. Dabei ist $f(x^2) = f_{n+1}(x^2) = (f_n \circ w_2)(x^2) = f_n(x) = f(x)$.

5. Für $x > 0$ konvergiert die Folge $z : \mathbb{N} \longrightarrow \mathbb{R}$ mit $z_n = id^{\frac{1}{n}}$ gegen 1. Dasselbe gilt für die Teilfolge $t : \mathbb{N} \longrightarrow \mathbb{R}$ mit $t_n = id^{\frac{1}{2^n}}$. Da f bei 1 stetig ist, konvergieren die beiden Bildfolgen $f \circ z$ und $f \circ t$ mit $lim(f \circ z) = lim(t \circ z) = f(1)$. Wegen $f(t_n) = f(t_n^2) = f(t_n^{2n}) = f(x)$ gilt dann $f(1) = lim(f \circ t) = lim(f(t_n))_{n \in \mathbb{N}} = lim(f(x))_{n \in \mathbb{N}} = f(x)$, für alle $x > 0$. Nach Aufgabenteil 2 gilt dann auch $f(1) = f(x)$, für alle $x < 0$. Wegen der Stetigkeit von f bei 0 muß schließlich auch $f(1) = f(0)$ gelten.

2.206 STETIGE FUNKTIONEN $I \longrightarrow \mathbb{R}$ (VERSION 2)

A2.206.01: Beweisen Sie, daß die Gerade $g = 4id - 2 : \mathbb{R} \longrightarrow \mathbb{R}$ stetig ist.

B2.206.01: Die Gerade $g = 4id - 2 : \mathbb{R} \longrightarrow \mathbb{R}$ mit $g(z) = 4z - 2$ ist stetig, denn: Sind $x_0 \in \mathbb{R}$ und $\epsilon \in \mathbb{R}^+$ beliebig vorgegeben, dann gilt mit der Festsetzung $\delta(x_0, \epsilon) = \frac{1}{4}\epsilon$ die Implikation $|z - x_0| < \delta(x_0, \epsilon) = \frac{1}{4}\epsilon \Rightarrow |g(z) - g(x_0)| < \epsilon$. Diese Festsetzung von $\delta(x_0, \epsilon)$ gewinnt man in diesem Fall aus den Äquivalenzen $|g(z) - g(x_0)| < \epsilon \Leftrightarrow |4z - 2 - (4x_0 - 2)| < \epsilon \Leftrightarrow |4(z - x_0)| < \epsilon \Leftrightarrow 4|z - x_0| < \epsilon \Leftrightarrow |z - x_0| < \frac{1}{4}\epsilon$. Somit ist g bei x_0 und damit insgesamt stetig, da $x_0 \in D(g)$ beliebig gewählt war. Man beachte im übrigen wieder: Bei Geraden $\mathbb{R} \longrightarrow \mathbb{R}$ ist die Konstruktion von $\delta(x_0, \epsilon)$ unabhängig von x_0 (da stets dieselbe Krümmung 0 vorliegt).

A2.206.02: Beweisen Sie, daß die kubische Parabel $id^3 : \mathbb{R} \longrightarrow \mathbb{R}$ stetig ist.

A2.206.03: Beweisen Sie: Die Funktion $f : \mathbb{R}^+ \longrightarrow \mathbb{R}$, definiert durch die Zuordnungsvorschrift
$$f(x) = \begin{cases} 0, & \text{falls } x \in \mathbb{R}^+ \setminus \mathbb{Q}, \\ \frac{1}{u+v}, & \text{falls } x = \frac{u}{v} \text{ mit teilerfremden Zahlen } u \in \mathbb{N}_0 \text{ und } v \in \mathbb{N}, \end{cases}$$
ist stetig bei $x_0 \in \mathbb{R}^+ \setminus \mathbb{Q}$ und unstetig bei $x_0 \in \mathbb{Q}^+$.

B2.206.03: Zur Untersuchung der Funktion $f : \mathbb{R}^+ \longrightarrow \mathbb{R}$ im einzelnen:
1. f ist bei Zahlen $x_0 \in \mathbb{R}^+ \setminus \mathbb{Q}$ stetig, denn: Ist $\epsilon > 0$ beliebig vorgegeben, dann ist ein Element $\delta = \delta(x_0, \epsilon)$ zu konstruieren, so daß zunächst für $x \in \mathbb{Q}^+$ aus $|x - x_0| < \delta$ dann $|f(x) - f(x_0)| < \epsilon$ folgt: Nun wird die Beziehung $|f(x) - f(x_0)| = |\frac{1}{u+v} - 0| = \frac{1}{u+v} < \epsilon$ gilt für fast alle Paare (u, v), also nur für endlich viele solche Paare nicht. Unter diesen endlich vielen Paaren sei dasjenige ausgewählt, für das $|\frac{u}{v} - x_0|$ minimal ist und mit (u^*, v^*) bezeichnet. Wird damit nun $\delta \leq |\frac{u^*}{v^*} - x_0|$ gewählt, dann gilt $|f(x) - f(x_0)| = |\frac{1}{u+v} - 0| = \frac{1}{u+v} < \epsilon$ für alle Zahlen $x = \frac{u}{v}$ mit $|x - x_0| < \delta$.
Werden nun Zahlen $x \in \mathbb{R}^+ \setminus \mathbb{Q}$ betrachtet, dann gilt stets $|f(x) - f(x_0)| = |0 - 0| = 0 < \epsilon$, also ganz unabhängig von der Wahl von δ.
2. f ist bei Zahlen $x_0 \in \mathbb{Q}^+$ nicht stetig, denn: Zu jeder rationalen Zahl x_0 gibt es stets konvergente Folgen $(a_n)_{n \in \mathbb{N}}$ irrationaler Zahlen a_n mit $lim(a_n)_{n \in \mathbb{N}} = x_0$ (beispielsweise ist $(x_0 + \frac{1}{n}\sqrt{2})_{n \in \mathbb{N}}$ eine solche Folge). Für solche Folgen gilt aber $lim(f(a_n))_{n \in \mathbb{N}} = lim(0)_{n \in \mathbb{N}} = 0 \neq f(x_0)$.
Kommentar zu diesem Beweisteil: Dem Beweis liegt die Idee zugrunde, daß einerseits jede rationale Zahl x_0 einen Funktionswert $f(x_0) \neq 0$ besitzt, andererseits in jeder Umgebung von x_0 irrationale Zahlen enthalten sind, deren Funktionswerte Null sind.

A2.206.04: Beweisen Sie: Die Funktion $f : \mathbb{R} \longrightarrow \mathbb{R}$, definiert durch die Zuordnungsvorschrift
$$f(x) = \begin{cases} \frac{1}{v}, & \text{für } x = \frac{u}{v} \text{ mit teilerfremden Zahlen } u \in \mathbb{Z} \setminus \{0\} \text{ und } v \in \mathbb{N}, \\ 1, & \text{für } x = 0, \\ 0, & \text{sonst}, \end{cases}$$
ist genau in $\mathbb{Q}$ unstetig (also in $\mathbb{R} \setminus \mathbb{Q}$ stetig).
Anmerkung: Es gibt keine Funktion $\mathbb{R} \longrightarrow \mathbb{R}$, die genau in $\mathbb{R} \setminus \mathbb{Q}$ unstetig ist.

A2.206.05: Zeigen Sie: Die Funktionen $f_k : \mathbb{R}_0^+ \longrightarrow \mathbb{R}$, definiert durch die Zuordnungsvorschriften $f_k(x) = \sqrt[k]{x} = x^{\frac{1}{k}}$ mit jeweils beliebig, aber fest gewähltem Element $k \in \mathbb{N}$, sind stetig.
Hinweis: Beachten Sie Aufgabe 2.046.14.

B2.206.05: Zur Bearbeitung der Aufgabe ist folgende Fallunterscheidung naheliegend:
1. Ist $k = 1$, dann ist f_1 die identische Funktion und folglich stetig.
2. Ist $k > 1$, dann ist die Behauptung bereits mit der Aussage von Aufgabe 2.046.14 bewiesen, in der zu zeigen ist, daß mit jeder gegen $x_0 \in \mathbb{R}_0^+$ konvergenten Folge $x : \mathbb{N} \longrightarrow \mathbb{R}_0^+$ dann die Bildfolge $f_k \circ x$ gegen $f_k(x_0)$ konvergiert.

2.211 KOMPOSITIONEN STETIGER FUNKTIONEN

A2.211.01: Beweisen Sie Satz 2.211.1 mit den Stetigkeits-Kriterien in Satz 2.206.1.

B2.211.01: Betrachtet man dazu eine Komposition $I \xrightarrow{f} Bild(f) \xrightarrow{g} \mathbb{R}$ zweier stetiger Funktionen $f : I \longrightarrow Bild(f) \subset \mathbb{R}$ und $g : Bild(f) \longrightarrow \mathbb{R}$, dann ist zu einem beliebig gewählten Element $x_0 \in I$ folgende Implikation zu zeigen:

$$(\forall \epsilon > 0)(\exists \delta > 0)(\forall z \in I)\ (|z - x_0| < \delta \Rightarrow |g(f(z)) - g(f(x_0))| < \epsilon).$$

Diese Implikation ergibt sich durch geeignetes Zusammensetzen der beiden folgenden Sachverhalte:
f bei $x_0 \in I$ stetig $\Rightarrow$ $(\forall \epsilon_1 > 0)(\exists \delta_1 > 0)(\forall z \in I)\ (|z - x_0| < \delta_1 \Rightarrow |f(z) - f(x_0)| < \epsilon_1)$,
g bei $f(x_0) \in Bild(f)$ stetig $\Rightarrow$
$(\forall \epsilon_2 > 0)(\exists \delta_2 > 0)(\forall f(z) \in Bild(f))\ (|f(z) - f(x_0)| < \delta_2 \Rightarrow |g(f(z)) - g(f(x_0))| < \epsilon_2)$.

A2.211.02: Eine Funktion $f : \mathbb{R} \longrightarrow \mathbb{R}$ der Form $f = g \circ h$ sei stetig. Sind dann auch die Bausteine g und/oder h notwendigerweise stetige Funktionen?

B2.211.02: Die Frage muß mit *nein* beantwortet werden, wie etwa die beiden Beispiele zeigen:
1. Die Komposition $1 \circ h : \mathbb{R} \longrightarrow \mathbb{R}$ der konstanten Eins-Funktion mit der nicht-stetigen Funktion

$$h : \mathbb{R} \longrightarrow \mathbb{R}, \text{ definiert durch } h(x) = \begin{cases} x, & \text{falls } x \leq 2, \\ x + 2, & \text{falls } x > 2, \end{cases}$$

ist $1 \circ h = 1$ und folglich eine stetige Funktion. (Analog ist $a \circ h = a$, für alle $a \in \mathbb{R}$.)

2. Die Komposition $g \circ h : \mathbb{R} \longrightarrow \mathbb{R}$ der obigen Funktion h mit der ebenfalls nicht-stetigen Funktion

$$g : \mathbb{R} \longrightarrow \mathbb{R}, \text{ definiert durch } g(z) = \begin{cases} z, & \text{falls } z \leq 2, \\ z - 2, & \text{falls } z > 2, \end{cases}$$

ist $g \circ h = id$, also eine stetige Funktion, denn es ist

$$(g \circ h)(x) = g(h(x)) = \begin{cases} g(x) = x, & \text{falls } x \leq 2, \\ g(x+2) - 2 = (x+2) - 2 = x, & \text{falls } x > 2. \end{cases}$$

A2.211.03: Beweisen Sie: Ist $f : I \longrightarrow \mathbb{R}$ eine bei x_0 und $g : J \longrightarrow \mathbb{R}$ mit $Bild(f) \subset J \subset \mathbb{R}$ eine bei $f(x_0)$ stetige Funktion, dann ist die Komposition $g \circ f : I \longrightarrow \mathbb{R}$ bei x_0 stetig.

B2.211.03: Es sei $x : \mathbb{N} \longrightarrow I$ eine gegen x_0 konvergente Folge. Dann gilt $lim((g \circ f) \circ x) = lim(g \circ (f \circ x)) = g(lim(f \circ x))$ (da g bei $f(x_0) = f(lim(x))$ stetig ist) $= g(f(lim(x)))$ (da f bei $x_0 = lim(x)$ stetig ist) $= (g \circ f)(lim(x)) = (g \circ f)(x_0)$, also ist $g \circ f$ bei x_0 stetig.

2.215 STRUKTUREN AUF $C(I, \mathbb{R})$

A2.215.01: Beweisen Sie die Teile 2 und 3 von Satz 2.215.1, aber ohne dabei die anderen Beweisteile von Satz 2.215.1 zu verwenden: Sind $f, g : I \longrightarrow \mathbb{R}$ stetige Funktionen, dann sind sowohl die Differenz $f - g : I \longrightarrow \mathbb{R}$ als auch alle $\mathbb{R}$-Produkte $af : I \longrightarrow \mathbb{R}$ stetig.

B2.215.01: Differenzen $f - g : I \longrightarrow \mathbb{R}$ und $\mathbb{R}$-Produkte $af : I \longrightarrow \mathbb{R}$ stetiger Funktionen $f, g : I \longrightarrow \mathbb{R}$ sind stetig, denn: Es sei x_0 ein beliebig gewähltes Element aus I sowie $x : \mathbb{N} \longrightarrow I$ eine beliebig gewählte gegen x_0 konvergente Folge. Damit gilt dann:
1. Die Bildfolge $(f - g) \circ x = (f \circ x) - (g \circ x)$ ist Differenz zweier konvergenter Bildfolgen und somit ebenfalls konvergent mit $lim((f - g) \circ x) = lim((f \circ x) - (g \circ x)) = lim(f \circ x) - lim(g \circ x) = f(x_0) - g(x_0) = (f - g)(x_0) = (f - g)(lim(x))$.
2. Die Bildfolge $(af) \circ x = a(f \circ x)$ ist $\mathbb{R}$-Produkt einer konvergenten Bildfolge und somit ebenfalls konvergent mit $lim((af) \circ x) = lim(a(f \circ x)) = a \cdot lim(f \circ x) = a \cdot f(x_0) = (af)(x_0) = (af)(lim(x))$.

A2.215.02: Bilden Sie weitere Beispiele zu Bemerkung 2.215.2/3.

A2.215.03: Beweisen Sie mindestens eine der Aussagen von Satz 2.215.1 unter Verwendung der Stetigkeits-Kriterien von Satz 2.206.1.

A2.215.04: Beweisen Sie: Die durch die Vorschrift $f(x) = \frac{x}{1+|x|}$ definierte Funktion $f : \mathbb{R} \longrightarrow (-1, 1)$ ist bijektiv und stetig, ferner ist die inverse Funktion f^{-1} zu f ebenfalls stetig.

B2.215.04: Betrachtet man die durch die Vorschrift $g(x) = \frac{x}{1-|x|}$ definierte Funktion $g : (-1, 1) \longrightarrow \mathbb{R}$, dann gelten die Beziehungen $(g \circ f)(x) = g(f(x)) = g(\frac{x}{1+|x|}) = \frac{\frac{x}{1+|x|}}{1-\frac{x}{1+|x|}} = \frac{\frac{x}{1+|x|}}{\frac{1+|x|-|x|}{1+|x|}} = x$, für alle $x \in \mathbb{R}$,

und $(f \circ g)(z) = f(g(z)) = f(\frac{z}{1-|z|}) = \frac{\frac{z}{1-|z|}}{1+\frac{z}{1-|z|}} = \frac{\frac{z}{1-|z|}}{\frac{1-|z|+|z|}{1-|z|}} = z$, für alle $z \in (-1, 1)$, folglich ist $g \circ f = id_{\mathbb{R}}$
und $f \circ g = id_{(-1,1)}$. Diese beiden Beziehungen zeigen, daß f bijektiv mit inverser Funktion $g = f^{-1}$ ist.

Nun zur Stetigkeit von f: Betrachtet man die beiden Funktionen $u, v : \mathbb{R} \longrightarrow \mathbb{R}$ mit $u(x) = 1$ und $v(x) = |x|$, dann ist $u + v$ als Summe stetiger Funktionen stetig und $f = \frac{id_{\mathbb{R}}}{u+v}$ als Quotient stetiger Funktionen stetig (wobei $N(u + v) = \emptyset$ gilt).

Schließlich zur Stetigkeit von $g = f^{-1}$: Betrachtet man die beiden Funktionen $u, v : (-1, 1) \longrightarrow \mathbb{R}$ mit $u(x) = 1$ und $v(x) = |x|$, dann ist $u - v$ als Differenz stetiger Funktionen stetig und $f = \frac{id_{(-1,1)}}{u-v}$ als Quotient stetiger Funktionen stetig (wobei wegen des Definitionsbereichs $D(u) = D(v) = D(u - v) = (-1, 1)$ dann $N(u - v) = \emptyset$ gilt).

Anmerkung: Die Funktionen f und $g = f^{-1}$ lassen sich znächst fortsetzen zu bijektiven Funktionen $f^* : \mathbb{R}^* \longrightarrow [-1, 1]$ und $g^* : [-1, 1] \longrightarrow \mathbb{R}^*$ vermöge der zusätzlichen Definitionen $f^*(-\star) = -1$ und $f^*(\star) = 1$ sowie $g^*(-1) = -\star$ und $g^*(1) = \star$.
Hat man für Funktionen mit Definitionsbereich und/oder Wertebereich $\mathbb{R}^*$ einen Stetigkeitsbegriff zur Verfügung, so kann man zeigen, daß f^* und g^* auch *stetige* Funktionen sind, etwa nach folgenden Mustern:
a) Ist $(x_n)_{n \in \mathbb{N}}$ eine gegen $\star$ konvergente $\mathbb{R}^*$-Folge mit $x_n \neq 0$, für fast alle $n \in \mathbb{N}$, so konvergiert die Bildfolge $(f^*(x_n))_{n \in \mathbb{N}}$ gegen $f^*(\star) = 1$.
b) Ist $(z_n)_{n \in \mathbb{N}}$ eine gegen 1 konvergente $[-1, 1]$-Folge mit $z_n \neq 0$, für fast alle $n \in \mathbb{N}$, so konvergiert die Bildfolge $(g^*(z_n))_{n \in \mathbb{N}}$ gegen $g^*(1) = \star$.

A2.215.05: Zeigen Sie anhand von Beipielen:
1. Produkte stetiger mit nicht-stetigen Funktionen können stetig oder nicht stetig sein.
2. Produkte nicht-stetiger Funktionen können stetig oder nicht stetig sein.

B2.215.05: Die erwarteten Beispiele sind etwa:

1a) Das Produkt der stetigen Funktion $id : \mathbb{R} \longrightarrow \mathbb{R}$ mit der nicht-stetigen Funktion $sign : \mathbb{R} \longrightarrow \mathbb{R}$ mit $sign(x) = \begin{cases} 1, & \text{falls } x \geq 0, \\ -1, & \text{falls } x < 0, \end{cases}$ ist die stetige Betrags-Funktion $b = sign \circ id$ mit der Zuordnungsvorschrift $b(x) = sign(x) \cdot x = |x|$.

1b) Das Produkt der stetigen Funktion $id : \mathbb{R} \longrightarrow \mathbb{R}$ mit der nicht-stetigen Funktion $f : \mathbb{R} \longrightarrow \mathbb{R}$ mit $f(x) = \begin{cases} x^2, & \text{falls } x \in \mathbb{R} \setminus \{2\}, \\ 0, & \text{falls } x = 0, \end{cases}$ ist die nicht-stetige Funktion $f \cdot id : \mathbb{R} \longrightarrow \mathbb{R}$ mit der Zuordnungsvorschrift $(f \cdot id)(x) = f(x) \cdot x = \begin{cases} x^3, & \text{falls } x \in \mathbb{R} \setminus \{2\}, \\ 0, & \text{falls } x = 0. \end{cases}$

2a) Das Produkt der nicht-stetigen Funktionen $f, g : \mathbb{R} \longrightarrow \mathbb{R}$ mit $f(x) = \begin{cases} x, & \text{falls } x < 0, \\ x+1, & \text{falls } x \geq 0, \end{cases}$ und $g(x) = \begin{cases} x+1, & \text{falls } x < 0, \\ x, & \text{falls } x \geq 0, \end{cases}$ ist die stetige Funktion $fg : \mathbb{R} \longrightarrow \mathbb{R}$ mit der Zuordnungsvorschrift $(fg)(x) = f(x) \cdot g(x) = x(x+1)$.

2b) Das Produkt der nicht-stetigen Funktionen $f, g : \mathbb{R} \longrightarrow \mathbb{R}$ mit $f(x) = \begin{cases} x+1, & \text{falls } x \in \mathbb{R} \setminus \{0\}, \\ 0, & \text{falls } x = 0, \end{cases}$ und $g(x) = \begin{cases} x-1, & \text{falls } x \in \mathbb{R} \setminus \{0\}, \\ 0, & \text{falls } x = 0, \end{cases}$ ist die nicht-stetige Funktion $fg : \mathbb{R} \longrightarrow \mathbb{R}$ mit der Zuordnungsvorschrift $(fg)(x) = f(x) \cdot g(x) = \begin{cases} x^2 - 1, & \text{falls } x \in \mathbb{R} \setminus \{0\}, \\ 0, & \text{falls } x = 0. \end{cases}$

A2.215.06: Finden Sie ein Beispiel zur Aussage von Satz 2.215.4/1: Für (nur) argumentweise konvergente Funktionen-Folgen $f : \mathbb{N} \longrightarrow C(I, \mathbb{R})$ ist $f_0 = lim(f)$ nicht notwendigerweise stetig.

B2.215.06: Zur Bearbeitung der Aufgabe im einzelnen:
Die Folgenglieder f_n von f seien durch $f_n(z) = z^n$, für alle $z \in I$, definierte Funktionen $f_n : [0, 1] \longrightarrow \mathbb{R}$. Diese Funktionen f_n sind stetig. Nun ist f argumentweise (aber nicht gleichmäßig) konvergent, denn für alle $z \in I$ sind die Folgen $(f_n(z))_{n \in \mathbb{N}} = (z^n)_{n \in \mathbb{N}}$ konvergent, wobei allerdings $lim(f_n(z))_{n \in \mathbb{N}} = 0$ im Fall $z \in [0, 1)$ und $lim(f_n(z))_{n \in \mathbb{N}} = 1$ im Fall $z = 1$ gilt.

Folglich ist die Grenzfunktion $f_0 = lim(f) : [0, 1] \longrightarrow \mathbb{R}$ definiert durch $f_0(z) = \begin{cases} 0, & \text{falls } z \in [0, 1), \\ 1, & \text{falls } z = 0, \end{cases}$ also nicht stetig.

Ein zweites Beispiel: Man betrachte die Folge $f = (f_n)_{n \in \mathbb{N}}$ von Funktionen $f_n : \mathbb{R} \longrightarrow \mathbb{R}$, definiert durch $f_n(z) = \frac{nz}{1+|nz|}$. Die Funktionen f_n sind nach Satz 2.215.1/6 stetig, denn sowohl die Zählerfunktion $n \cdot id$ als auch die Nennerfunktion $1 + n \cdot |id|$ ist stetig. Daß die Folge f nun argumentweise konvergiert, zeigt die Darstellung $f_n(z) = \frac{nz}{1+|nz|} = \frac{nz}{n(\frac{1}{n}+|z|)} = \frac{z}{\frac{1}{n}+|z|}$, denn damit existieren zunächst zu jeder Zahl $z \neq 0$ die Grenzwerte $lim(f_n(z))_{n \in \mathbb{N}} = lim(\frac{z}{\frac{1}{n}+|z|})_{n \in \mathbb{N}} = \frac{z}{|z|} = \begin{cases} 1, & \text{falls } z > 0, \\ -1, & \text{falls } z < 0. \end{cases}$ Darüber hinaus existiert für $z = 0$ der Grenzwert $lim(f_n(0))_{n \in \mathbb{N}} = lim(0)_{n \in \mathbb{N}} = 0$. Zusammen also: Die Folge $f = (f_n)_{n \in \mathbb{N}}$ konvergiert argumentweise gegen die Funktion $f_0 = lim(f) : \mathbb{R} \longrightarrow \mathbb{R}$ mit $f_0(z) = \begin{cases} 1, & \text{falls } z > 0, \\ 0, & \text{falls } z = 0, \\ -1, & \text{falls } z < 0. \end{cases}$

Die Grenzfunktion $f_0 = lim(f)$ ist jedoch (nur) bei 0 nicht stetig, denn betrachtet man beispielsweise die gegen 0 konvergente Folge $(\frac{1}{n})_{n \in \mathbb{N}}$, dann gilt $f_0(lim(\frac{1}{n})_{n \in \mathbb{N}}) = f_0(0) = 0 \neq 1 = lim(f_0(\frac{1}{n}))_{n \in \mathbb{N}}$.

2.220 Stetigkeit inverser Funktionen (Topologische Funktionen)

A2.220.01: Es bezeichne $S = [0,1]_\mathbb{Q}$ und $T = (1,2) \setminus \mathbb{R}$, ferner $I = S \cup T$. Zeigen sie, daß die durch
$$f(x) = \begin{cases} x, & \text{falls } x \in S, \\ x-1, & \text{falls } x \in T, \end{cases}$$
definierte Funktion $f : I \longrightarrow [0,1]_\mathbb{R}$ bijektiv ist, und untersuchen Sie die Stetigkeit von f und f^{-1}. Skizzieren Sie f und f^{-1} auf sinnvolle Weise.

B2.220.01: Zur Bearbeitung der Aufgabe:

Die beiden nebenstehenden kleinen Skizzen verdeutlichen die Funktionen f und f^{-1}:

Wie die Skizze der Funktion $f : I \longrightarrow [0,1]_\mathbb{R}$ zeigt, ist die Einschränkung $f : I \setminus \{1\} \longrightarrow [0,1]_\mathbb{R}$ stetig, denn 1 ist offensichtlich eine Sprungstelle von f (die aber zu $D(f)$ gehört).

Wie die zweite Skizze andeutet, ist die zu f inverse Funktion $f^{-1} : [0,1] \longrightarrow I$ an keiner Stelle stetig.

Die inverse Funktion $f^{-1} : [0,1] \longrightarrow I$ zu f ist definiert durch die Zuordnungsvorschrift
$$f^{-1}(z) = \begin{cases} z, & \text{falls } x \in [0,1]_\mathbb{Q}, \\ z+1, & \text{falls } x \in (0,1)_{\mathbb{R}\setminus\mathbb{Q}}. \end{cases}$$

Für beide Funktionen gelten die Beziehungen $f^{-1} \circ f = id_I$ und $f \circ f^{-1} = id_{[0,1]}$, denn es ist

$$f^{-1}(f(x)) = \begin{cases} f^{-1}(x) = x, & \text{falls } x \in S, \\ f^{-1}(x-1) = (x-1)+1 = x, & \text{falls } x \in T, \end{cases}$$

$$f(f^{-1}(z)) = \begin{cases} f(z) = z, & \text{falls } x \in [0,1]_\mathbb{Q}, \\ f(z+1) = (z+1)-1 = z, & \text{falls } x \in (0,1)_{\mathbb{R}\setminus\mathbb{Q}}. \end{cases}$$

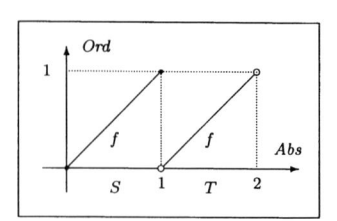

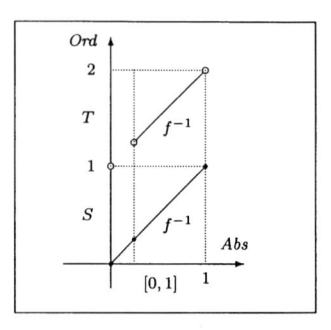

A2.220.02: Weisen Sie Satz 2.220.3 durch einen Widerspruchsbeweis nach.

B2.220.02: Zu zeigen ist, daß die zu f inverse Funktion $f^{-1} : Bild(f) \longrightarrow I$ stetig ist. Es sei dazu ein Element $y_0 \in Bild(f)$ beliebig gewählt, ferner sei $y : \mathbb{N} \longrightarrow Bild(f)$ eine beliebige konvergente Folge mit $lim(y) = y_0$. Nachzuweisen ist nun, daß die Bildfolge $f^{-1} \circ y : \mathbb{N} \longrightarrow I$ konvergiert mit $lim(f^{-1} \circ y) = f^{-1}(y_0)$, wobei der schreibtechnischen Einfachheit halber im folgenden $x = f^{-1} \circ y$, also $x_n = f^{-1}(y_n)$ und $x_0 = f^{-1}(y_0)$ bezeichnet seien.

Angenommen x konvergent gegen a_0, aber $a_0 \neq x_0 = f^{-1}(y_0)$. Das ist dann äquivalent zur Existenz von ϵ_0, so daß für alle $n_0 \in \mathbb{N}$ stets ein $n > n_0$ existiert mit $|x_n - a_0| \geq \epsilon_0$. Faßt man die Folgenglieder x_n von x mit dieser Eigenschaft zu einer Folge $u : \mathbb{N} \longrightarrow Bild(f)$ zusammen, dann ist u eine beschränkte Teilfolge von x, die nach dem Satz von *Bolzano-Weierstraß* einen Häufungspunkt h_0 und folglich eine gegen h_0 konvergente Teilfolge $v : \mathbb{N} \longrightarrow Bild(f)$ besitzt. Dabei gilt wegen $|v_k - a_0| \geq \epsilon_0$, für alle $k \in \mathbb{N}$, insbesondere $|h_0 - a_0| \geq \epsilon_0$, also gilt $h_0 \neq a_0$.

Da f stetig ist, ist $lim(f \circ v) = f(h_0)$, hingegen gilt $lim(f \circ x) = f(a_0)$. Da f injektiv ist, liefert $h_0 \neq a_0$ dann $f(h_0) \neq f(a_0)$. Das bedeutet aber, daß die Teilfolge $f \circ v$ einen anderen Grenzwert als die Folge $f \circ x$ hat, womit nach Lemma 2.041.3 die Folge $y = f \circ x$ divergent ist, also ein Widerspruch zur Annahme vorliegt.

A2.220.03: Weisen Sie die Implikation a) ⇒ b) im Beweis zu Lemma 2.220.4 ausführlich (elementweise) nach und geben Sie dann Beispiele dafür an, daß die Aussage des Lemmas voraussetzen muß, daß $I = D(f)$ ein Intervall ist.

B2.220.03: Im folgenden wird nur der Fall der Monotonie der Funktion $f : I \longrightarrow Bild(f)$ betrachtet, der Fall der Antitonie kann dann ganz analog untersucht werden.

Es sei o.B.d.A. $I = [a,b]$ (sonst sei $[a,b] \subset I$ betrachtet) und es gelte $f(a) < f(b)$. Für alle $c \in (a,b)$ gilt dann auch $f(c) \in ((f(a), f(b))$, denn angenommen, es gibt ein Element $c_0 \in (a,b)$ mit der Beziehung $f(a) < f(b) < f(c_0)$, dann existiert nach dem Zwischenwert-Satz (Satz 2.217.2) zu $f(b)$ ein Element $x_0 \in (c, c_0)$ mit $f(x_0) = f(b)$, womit ein Widerspruch zur Injektivität von f vorliegt.

Ebenso liefert die Annahme der Existenz von $c_0 \in (a,b)$ mit $f(c_0) < f(a) < f(b)$ einen analogen Widerspruch zur Injektivität von f.

2.234 STETIGE GRUPPEN-HOMOMORPHISMEN

A2.234.01: Führen Sie Bemerkung 2.234.3/2 aus.

B2.234.01: Die zu beweisende Behauptung lautet:
Für Funktionen $L : \mathbb{R}^+ \longrightarrow \mathbb{R}$ sind äquivalent:
a) L ist ein stetiger Gruppen-Homomorphismus.
b) L hat die Form $L = \log_a$ mit $a \in \mathbb{R}^+$ und $a \neq 1$ (wobei $a = e^{\frac{1}{L(e)}}$ ist).

Beweis:
a) $\Rightarrow$ b): Die nebenstehende Komposition $L \circ \exp_e$ ist ein stetiger Gruppen-Homomorphismus $\mathbb{R} \longrightarrow \mathbb{R}$ und hat nach Lemma 2.234.1 dann die Form $L \circ \exp_e = a \cdot id_\mathbb{R}$. Folglich ist $L = L \circ \exp_e \circ \log_e = (a \cdot id_\mathbb{R}) \circ \log_e = a \cdot \log_e$, also $L = a \cdot \log_e$.
Damit ist $L(e) = a \cdot \log_e(e) = a$, woraus folgt:
$\log_{e^{\frac{1}{L(e)}}} = \frac{1}{\log_e(e^{\frac{1}{L(e)}})} \cdot \log_e = \frac{1}{\frac{1}{L(e)}} \cdot \log_e = \frac{1}{\frac{1}{a}} \cdot \log_e = a \cdot \log_e = L$.

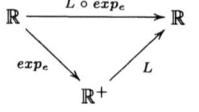

b) $\Rightarrow$ a): Die Umkehrung der behaupteten Aussage ergibt sich auf die übliche Weise im Zusammenhang mit der Definition der Logarithmus-Funktionen.

Anmerkung: Anstelle der vorstehenden Situation kann man auch gemäß nebenstehendem Diagramm stetige Gruppen-Homomorphismus $\mathbb{R}^+ \longrightarrow \mathbb{R}^+$ betrachten, von denen man analog zu Lemma 2234.1 zeigen kann, daß sie die Form id^a haben. In diesem Fall folgt aus $\exp_e \circ L = id^a$ dann ebenfalls $L = \log_e \circ \exp_e \circ L = \log_e \circ id^a = a \cdot \log_e$.

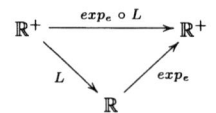

A2.234.02: Betrachten Sie die Funktion $f : (\mathbb{R}, +) \longrightarrow (\mathbb{C}, \cdot)$ mit $f(x) = (\cos(2\pi x), \sin(2\pi x))$.
1. Zeigen Sie: Die Funktion f ist ein stetiger Gruppen-Homomorphismus.
2. Zeigen Sie: Es gilt $\mathbb{R}/\mathbb{Z} \cong S^1$ vermöge $Kern(f) = \mathbb{Z}$ und $Bild(f) = \{z \in \mathbb{C} \mid |z| = 1\} = S^1$.

B2.234.02: Zur Bearbeitung der Aufgabe im einzelnen:
1. Die Funktion f ist ein Gruppen-Homomorphismus, denn es gilt
$f(x+y) = (\cos(2\pi(x+y)), \sin(2\pi(x+y))) = (\cos(2\pi x + 2\pi y), \sin(2\pi x + 2\pi y))$
$= (\cos(2\pi x)\cos(2\pi y) + \sin(2\pi x)\sin(2\pi y), \sin(2\pi x)\cos(2\pi y) - \cos(2\pi x)\sin(2\pi y)) = f(x) \cdot f(y)$.
2. Die Funktion f ist stetig, denn für jede gegen eine beliebige Zahl x_0 aus $\mathbb{R}$ konvergente Folge $x = (x_n)_{n \in \mathbb{N}} : \mathbb{N} \longrightarrow \mathbb{R}$ ist die Bildfolge $f \circ x : \mathbb{N} \longrightarrow \mathbb{C}$ konvergent mit $lim(f \circ x) = f(x_0) = f(lim(x))$, denn mit der Stetigkeit der Funktionen $sin, cos : \mathbb{R} \longrightarrow \mathbb{R}$ gilt $lim(\cos(2\pi x_n), \sin(2\pi x_n))_{n \in \mathbb{N}} = (lim(\cos(2\pi x_n))_{n \in \mathbb{N}}, lim(\sin(2\pi x_n))_{n \in \mathbb{N}}) = (\cos(2\pi x_0), \sin(2\pi x_0)) = f(x_0)$.
3. Es ist $Kern(f) = \mathbb{Z}$, denn es gilt $x \in Kern(f) \Leftrightarrow f(x) = (1,0) \Leftrightarrow (\cos(2\pi x), \sin(2\pi x)) = (1,0) \Leftrightarrow \cos(2\pi x) = 1$ und $\sin(2\pi x)) = 0 \Leftrightarrow x \in 2\mathbb{Z}$ und $x \in \mathbb{Z} \Leftrightarrow x \in \mathbb{Z}$.
4. Es gilt $Bild(f) = \{z \in \mathbb{C} \mid |z| = 1\} = S^1$, denn:
a) Es gilt $Bild(f) \subset S^1$, denn ist $x \in \mathbb{R}$, dann ist $f(x) = (\cos(2\pi x), \sin(2\pi x))$ und es gilt dabei die Beziehung $\cos^2(2\pi x) + \sin^2(2\pi x) = 1$, folglich ist $|f(x)| = 1$ und somit $f(x) \in S^1$.
b) Es gilt $S^1 \subset Bild(f)$, denn: Zunächst gibt es zu jedem $z \in \mathbb{C}$ ein $y \in \mathbb{R}$ mit $z = r(\cos(2\pi y), \sin(2\pi y))$. Ist insbesondere $z \in S^1$, dann ist $r = 1$, also hat z die Darstellung $z = (\cos(2\pi y), \sin(2\pi y))$ und es gilt $f(y) = z$, also besitzt z das Urbild y.

2.251 STETIGE FORTSETZUNGEN (TEIL 2)

A2.251.01: Konstruieren Sie eine rationale Funktion $f : D(f) \longrightarrow \mathbb{R}$ mit den Eigenschaften
a) f hat an jeder Stelle die Krümmung ungleich Null,
b) f hat genau zwei Pole
c) f ist spiegelsymmetrisch zur Ordinate,
d) f hat genau zwei Lücken,
begründen Sie kurz Ihre Konstruktionsmaßnahmen und geben Sie die stetige Fortsetzung f^* von f an.

B2.251.01: Eine Funktion $f : D(f) \longrightarrow \mathbb{R}$ des genannten Typs wird in zwei Schritten konstruiert:
1. Die Funktion $f_1 : \mathbb{R} \setminus \{-1, 1\} \longrightarrow \mathbb{R}$ mit $f_1(x) = \frac{1}{(x-1)(x+1)} = \frac{1}{x^2-1}$ hat genau die beiden Polstellen -1 und 1. Sie ist keine Gerade, hat also an jeder Stelle die Krümmung ungleich Null, und ist ordinatensymmetrisch, denn für alle $x \in D(f_1)$ gilt $f(-x) = \frac{1}{(-x)^2-1} = \frac{1}{x^2-1} = f_1(x)$.
2. Die Funktion f_1 wird nun um genau zwei Lücken eingeschränkt, etwa zu $f : \mathbb{R} \setminus \{-1, 1, -2, 2\} \longrightarrow \mathbb{R}$ mit $f(x) = \frac{x^2-4}{(x^2-4)(x^2-1)}$, einer Funktion also, die genau die beiden Lücken -2 und 2 hat.
3. Die stetige Fortsetzung von f ist gerade f_1.

A2.251.02: Betrachten Sie konvergente Folgen $x : \mathbb{N} \longrightarrow \mathbb{R} \setminus \{\frac{1}{2}\pi\}$ mit $lim(x_n)_{n \in \mathbb{N}} = \frac{1}{2}\pi$ und zeigen Sie $lim(\frac{cos(x_n)}{x_n - \frac{1}{2}\pi})_{n \in \mathbb{N}} = -1$.

B2.251.02: Unter Verwendung der Beziehung $cos(x) = sin(x + \frac{1}{2}\pi) = -sin(x - \frac{1}{2}\pi)$ gilt für die zu betrachtenden Folgenglieder $\frac{cos(x_n)}{x_n - \frac{1}{2}\pi} = -1 \cdot \frac{sin(x_n - \frac{1}{2}\pi)}{x_n - \frac{1}{2}\pi}$, woraus Lemma 2.251.3 die Behauptung liefert.

A2.251.03: Läßt sich die Funktion $g = \frac{cos - 1}{id} : \mathbb{R} \setminus \{0\} \longrightarrow \mathbb{R}$ mit $L(g) = \{0\}$ stetig fortsetzen?

B2.251.03: Die Funktion $g = \frac{cos-1}{id} : \mathbb{R} \setminus \{0\} \longrightarrow \mathbb{R}$ mit $L(g) = \{0\}$ hat die stetige Fortsetzung
$g^* : \mathbb{R} \longrightarrow \mathbb{R}$, definiert durch $g^*(z) = \begin{cases} g(z), & \text{falls } z \neq 0, \\ 0, & \text{falls } z = 0. \end{cases}$
Zum Beweis wird eine beliebige nullkonvergente Folge $x : \mathbb{N} \longrightarrow \mathbb{R} \setminus \{0\}$ betrachtet: Die zugehörige Bildfolge $g \circ x$ ist dann ebenfalls gegen 0 konvergent, denn mit der nach dem Beweis von Lemma 2.251.3 gegen 1 konvergenten Folge $(\frac{sin(x_n)}{x_n})_{n \in \mathbb{N}}$ gilt $lim(\frac{cos(x_n)-1}{x_n})_{n \in \mathbb{N}} = lim(\frac{cos^2(x_n)-1}{x_n(cos(x_n)+1)})_{n \in \mathbb{N}} = lim(\frac{-sin^2(x_n)}{x_n(cos(x_n)+1)})_{n \in \mathbb{N}}$
$= lim(\frac{-sin(x_n)}{x_n})_{n \in \mathbb{N}} \cdot lim(\frac{sin(x_n)}{cos(x_n)+1})_{n \in \mathbb{N}} = -1 \cdot \frac{0}{2} = 0$.

2.260 GLEICHMÄSSIG STETIGE FUNKTIONEN

A2.260.01: Untersuchen Sie, ob die folgenden Funktionen gleichmäßig stetig sind:
a) $f_a : \mathbb{R} \longrightarrow \mathbb{R}$, definiert durch $f_a(x) = ax$ mit $a > 0$,
b) $f : (1,2) \longrightarrow \mathbb{R}$, definiert durch $f(x) = x^2$,
c) $f_n : (\frac{1}{n}, 1) \longrightarrow \mathbb{R}$, definiert durch $f_n(x) = \frac{1}{x}$ mit $n \in \mathbb{N}$.

B2.260.01: Die unter a), b) und c) angegebenen Funktionen sind gleichmäßig stetig. denn:
a) Ist $\epsilon > 0$ beliebig vorgegeben, dann gilt für $\delta = \frac{\epsilon}{a}$ und für alle $x, z \in \mathbb{R}$ die Implikation:
$|x - z| < \delta = \frac{\epsilon}{a} \Rightarrow |f_a(x) - f_a(z)| = a|x - z| < a \cdot \frac{\epsilon}{a} = \epsilon$.
b) Ist $\epsilon > 0$ beliebig vorgegeben, dann gilt für $\delta = \frac{\epsilon}{4}$ und für alle $x, z \in (1,2)$ die Implikation:
$|x - z| < \delta = \frac{\epsilon}{4} \Rightarrow |f(x) - f(z)| = |x^2 - z^2| = |x + z| \cdot |x - z| < 4 \cdot \frac{\epsilon}{4} = \epsilon$, denn es ist $2 < x + z < 4$.
c) Ist $\epsilon > 0$ beliebig vorgegeben, dann gilt für $\delta = \frac{\epsilon}{n^2}$ und für alle $x, z \in (\frac{1}{2}, 1)$ die Implikation:
$|x - z| < \delta = \frac{\epsilon}{n^2} \Rightarrow |f_n(x) - f_n(z)| = |\frac{1}{x} - \frac{1}{z}| = \frac{1}{xz}|x - z| < n^2 \cdot \frac{\epsilon}{n^2} = \epsilon$, denn es ist $\frac{1}{n^2} < xz < 1$, woraus dann $1 > \frac{1}{xz} > n^2$ folgt.

A2.260.02: Zeigen Sie, daß die Funktion $f : \mathbb{R}_0^+ \longrightarrow \mathbb{R}$ mit $f(x) = \sqrt{x}$ gleichmäßig stetig ist.
Hinweis: Beweisen Sie znächst die Formel $\sqrt{x} - \sqrt{y} \leq \sqrt{x-y}$, für alle $x, y \in \mathbb{R}_0^+$ mit $x \geq y$.

B2.260.02: Zur Bearbeitung der Aufgabe im einzelnen:
1. Es gilt: $x \geq y \Rightarrow \sqrt{x} \geq \sqrt{y} \Rightarrow \sqrt{xy} \geq y \Rightarrow 2\sqrt{xy} \geq 2y \Rightarrow 2\sqrt{xy} - y \geq y$
$\Rightarrow -2\sqrt{xy} + y \leq -y \Rightarrow x - 2\sqrt{xy} + y \leq x - y \Rightarrow (\sqrt{x} - \sqrt{y})^2 \leq x - y \Rightarrow \sqrt{x} - \sqrt{y} \leq \sqrt{x-y}$.
2. Es sei $\epsilon > 0$ beliebig vorgegeben, ferner $\delta(\epsilon) = \epsilon^2$ festgelegt. Dann gilt für alle $x, z \in \mathbb{R}_0^+$ die Abschätzung: Im Fall $x \geq z$ gilt $|x - z| < \delta(\epsilon) = \epsilon^2$, so folgt $|\sqrt{x} - \sqrt{z}| = \sqrt{x} - \sqrt{z} \leq \sqrt{x - z} < \epsilon$. Im Fall $z \geq x$ folgt aus $|z - x| < \delta(\epsilon) = \epsilon^2$ entsprechend $|\sqrt{z} - \sqrt{x}| = \sqrt{z} - \sqrt{x} \leq \sqrt{z - x} < \epsilon$.

A2.260.03: Zeigen Sie, daß die Funktion $f : \mathbb{R}_0^+ \longrightarrow \mathbb{R}$ mit $f(x) = x^2$ nicht gleichmäßig stetig ist.
Anmerkung: Diese Funktion $f = id^2$ mit dem nicht beschränkten Definitionsbereich $\mathbb{R}_0^+$ ist hinsichtlich Aufgabe A2.260.01/b) ein Gegenbeispiel zu Bemerkung 2.260.4/4.

B2.260.03: Zur Bearbeitung wird Bemerkung 2.260.2/3 verwendet:
Nimmt man an, daß f gleichmäßig stetig ist, dann gibt es zu $\epsilon = 1$ ein $\delta = \delta(\epsilon) > 0$ mit $\delta < 1$, so daß aus $|x - z| < \delta$ dann $|x^2 - z^2| < \epsilon = 1$, für alle $x, z \in \mathbb{R}_0^+$, folgt. Betrachtet man aber etwa $x = \frac{10}{\delta} + \delta$ und $z = \frac{10}{\delta} + \frac{1}{2}\delta$, dann ist einerseits $|x - z| = \frac{1}{2}\delta < \delta$, andererseits $|x^2 - z^2| = 10 + \frac{3}{4}\delta^2 > 1$.

A2.260.05: Beweisen Sie für stetige Funktionen $f : (0,1) \longrightarrow \mathbb{R}$ die Äquivalenz der Aussagen:
a) f ist gleichmäßig stetig.
b) f besitzt eine stetige Fortsetzung $f^* : [0,1] \longrightarrow \mathbb{R}$.

B2.260.05: Zur Bearbeitung der Aufgabe im einzelnen:
a) $\Rightarrow$ b): Es seien $x, z : \mathbb{N} \longrightarrow (0,1)$ beliebige konvergente Folgen mit $lim(x) = 0 = lim(z)$ bzw. mit $lim(x) = 1 = lim(z)$. Da f stetig ist, existieren zunächst die Grenzwerte $lim(f \circ x)$ und $lim(f \circ z)$. Darüber hinaus sind diese Grenzwerte auch gleich, denn die gleichmäßige Stetigkeit von f liefert für die Folge $x - z : \mathbb{N} \longrightarrow (-1, 1)$ mit $lim(x - z) = 0$ die Konvergenz der Folge $(f \circ x) - (f \circ z)$ mit $0 = lim((f \circ x) - (f \circ z)) = lim(f \circ x) - lim(f \circ z)$. Damit kann f vermöge $f^*(0) = lim(f \circ x)$ bzw. $f^*(1) = lim(f \circ x)$ auf $[0,1]$ stetig fortgesetzt werden.
b) $\Rightarrow$ a): Stetige Funktionen $f : [a, b] \longrightarrow \mathbb{R}$ auf abgeschlossenen Intervallen sind nach Satz 2.260.3 gleichmäßig stetig, insbesondere ist dann auch die jeweilige Einschränkung $f \mid (a, b)$ gleichmäßig stetig.

2.303 DIFFERENZIERBARE FUNKTIONEN $I \longrightarrow \mathbb{R}$ (VERSION 1)

A2.303.01: Berechnen Sie zu der durch $f(x) = 3x^2 - 4x$ definierten Funktion $f : \mathbb{R} \longrightarrow \mathbb{R}$ und dem Punkt $P = (x_0, f(x_0))$ den Anstieg der Tangente an f bei x_0 als Grenzwert von Folgen von Sehnenanstiegen. Wie kann man mit diesem Anstieg sofort den Scheitelpunkt von f bestimmen?

B2.303.01: Es sei $(x_n)_{n \in \mathbb{N}}$ eine beliebige gegen x_0 konvergente Folge vorgelegt. Die Folgenglieder der Folge $(\frac{f(x_n)-f(x_0)}{x_n-x_0})_{n \in \mathbb{N}}$ der zugehörigen Differenzenquotienten haben dann die Darstellung $\frac{f(x_n)-f(x_0)}{x_n-x_0}$
$= \frac{3x_n^2-4x_n-(3x_0^2-4x_0)}{x_n-x_0} = \frac{3(x_n^2-x_0^2)-4(x_n-x_0)}{x_n-x_0} = 3(x_n + x_0) - 4$, folglich existiert der gesuchte Grenzwert, denn es ist $lim(\frac{f(x_n)-f(x_0)}{x_n-x_0})_{n \in \mathbb{N}} = lim(3(x_n + x_0) - 4)_{n \in \mathbb{N}} = 6x_0 - 4$.

Dieser Tangentenanstieg ist genau dann Null, wenn $x_0 = \frac{2}{3}$ gilt. Damit hat die Parabel f den Scheitelpunkt $S = (\frac{2}{3}, f(\frac{2}{3})) = (\frac{2}{3}, -\frac{8}{3})$.

A2.303.02: Skizzieren Sie die jeweils angegebenen Funktionen $f : \mathbb{R} \longrightarrow \mathbb{R}$ und untersuchen Sie sie hinsichtlich Injektivität, Surjektivität sowie Stetigkeit und Differenzierbarkeit bei der jeweils genannten Stelle x_0 und dann global:

1. $f(x) = 1 - 2|x - 2|$, $x_0 = 2$
2. $f(x) = 2|x + 3| - 2$, $x_0 = -3$

B2.303.02: Zur Bearbeitung im einzelnen:

1a) f ist nicht injektiv, denn es gilt $f(0) = f(4)$.
1b) f ist nicht surjektiv, denn es gilt $Bild(f) = (-\star, 1]$:
b$_1$) $Bild(f) \subset (-\star,]$, denn ist $x \in \mathbb{R}$ dann gilt $-|x - 2| \leq 0$ und somit auch $-2|x - 2| \leq 0$, also ist $f(x) = 1 - 2|x - 2| \leq 1$.
b$_2$) $(-\star, 1] \subset Bild(f)$, denn ist $z \in (-\star, 1]$, gilt für $x = \frac{1}{2}z + \frac{3}{2}$ dann $f(x) = 1 - 2|\frac{1}{2}z + \frac{3}{2} - 2| = 1 - |z - 1| = 1 - (-(z-1)) = 1 + z - 1 = z$.

1c) f ist als Einschränkung von Geraden stetig. Insbesondere:
1d) f ist bei 2 stetig, denn für alle gegen 2 konvergenten Folgen x ist dann $f(lim(x)) = f(2) = 1 = 1 - 2 \cdot 0 = 1 - 2|2 - 2| = 1 - 2|lim(x) - lim(2)| = 1 - 2|lim(x_n - 2)|_{n \in \mathbb{N}} = 1 - 2 \cdot lim(|x_n - 2|))_{n \in \mathbb{N}} = lim(1 - 2|x_n - 2|)_{n \in \mathbb{N}} = lim(f \circ x)$.

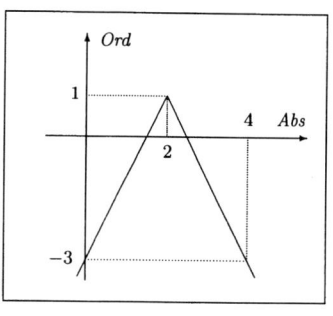

1e) f ist bei 2 nicht differenzierbar, denn für die Folge $x = (2 + \frac{1}{n})_{n \in \mathbb{N}}$ gilt $lim(\frac{f(x_n)-f(2)}{x_n-2})_{n \in \mathbb{N}} = lim(\frac{1-2|2+\frac{1}{n}-2|-1}{2+\frac{1}{n}-2})_{n \in \mathbb{N}} = lim(-2)_{n \in \mathbb{N}} = -2$, aber für die Folge $y = (2 - \frac{1}{n})_{n \in \mathbb{N}}$ ist $lim(\frac{f(y_n)-f(2)}{y_n-2})_{n \in \mathbb{N}} = lim(2)_{n \in \mathbb{N}} = 2$.

2a) f ist nicht injektiv, denn es gilt $f(-4) = f(-2)$.
2b) f ist nicht surjektiv, denn es gilt $Bild(f) = [-2, \star)$:
b$_1$) $Bild(f) \subset [-2, \star)$, denn ist $x \in \mathbb{R}$, dann ist $|x + 3| \geq 0$ und somit auch $2|x + 3| \geq 0$, also ist $f(x) = 2|x + 3| - 2 \geq -2$.
b$_2$) $[-2, \star) \subset Bild(f)$, denn ist $z \in [-2, \star)$, so gilt für $x = \frac{1}{2}z - 2$ dann $f(x) = 2|\frac{1}{2}z + 1| - 2 = |z + 2| - 2 = z + 2 - 2 = z$.

2c) f ist als Einschränkung von Geraden stetig. Insbesondere:
2d) f ist bei -3 stetig, denn für alle gegen -3 konvergenten Folgen x ist $f(lim(x)) = f(-3) = -2 = 2 \cdot 0 - 2 = 2|-3 + 3| - 2 = 2|lim(x) + lim(3)|_{n \in \mathbb{N}} - 2 = 2|lim(x_n + 3)|_{n \in \mathbb{N}} - 2 = 2 \cdot lim(|x_n + 3|)_{n \in \mathbb{N}} - 2 = lim(2|x_n + 3| - 2)_{n \in \mathbb{N}} = lim(f \circ x)$.

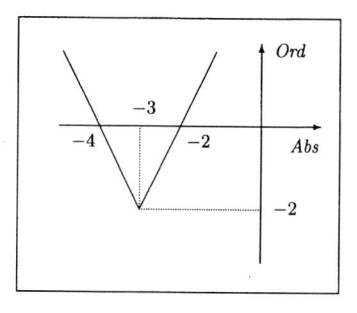

2e) f ist bei -3 nicht differenzierbar, wie die Berechnung der Differentialquotienten (analog zu 1e)) für die beiden gegen -3 konvergenten Folgen $x = (-3 + \frac{1}{n})_{n \in \mathbb{N}}$ und $y = (-3 - \frac{1}{n})_{n \in \mathbb{N}}$ zeigt.

A2.303.03: Untersuchen Sie die folgende Funktion hinsichtlich Differenzierbarkeit bei $x_0 = 0$:
$$f : \mathbb{R} \longrightarrow \mathbb{R}, \text{ definiert durch } f(x) = \begin{cases} \frac{x}{|x|}, & \text{falls } x \neq 0, \\ 1, & \text{falls } x = 0. \end{cases}$$

B2.303.03: Tatsächlich hat f die Darstellung $f(x) = \begin{cases} 1, & \text{falls } x \in [0, \star), \\ -1, & \text{falls } x \in (-\star, 0). \end{cases}$ Das bedeutet dann: Die Einschränkungen $f : (-\star, 0) \longrightarrow \mathbb{R}$ und $f : (0, \star) \longrightarrow \mathbb{R}$, sind als Teile konstanter Funktionen (definiert auf offenen Intervallen) differenzierbare Funktionen. Hingegen ist f bei 0 nicht differenzierbar, denn die Einschränkung $f : [0, \star) \longrightarrow \mathbb{R}$ auf dem links-abgeschlossenen Intervall $[0, \star)$ ist bei 0 nicht differenzierbar. (Im übrigen ist die Funktion f bei 0 offensichtlich nicht stetig.)

A2.303.04: Untersuchen Sie die Betrags-Funktion $b : \mathbb{R} \longrightarrow \mathbb{R}$ hinsichtliche Differenzierbarkeit.

B2.303.04: Es ist klar, daß die Betrags-Funktion b bei allen Stellen $x_0 \in \mathbb{R}$ mit $x_0 \neq 0$ differenzierbar ist, denn b hat dort die Form einer Geraden. Es bleibt also, b bei $x_0 = 0$ hinsichtlich Differenzierbarkeit zu untersuchen. Tatsächlich ist b dort nicht differenzierbar, denn betrachtet man beispielsweise die monotone und gegen 0 konvergente Folge $x = (-\frac{1}{n})_{n \in \mathbb{N}}$ und die antitone gegen 0 konvergente Folge $y = (\frac{1}{n})_{n \in \mathbb{N}}$, so sind die von x und y erzeugten Folgen von Differenzenquotienten zwar konvergent, haben aber nicht denselben Grenzwert, wie die Berechnungen in Beispiel 2.303.3/4 zeigen.

A2.303.05: Zeigen Sie unter Verwendung von Definition 2.303.1: Ist zu einem symmetrischen Intervall $I = (-a, a) \subset \mathbb{R}^\star$ eine differenzierbare Funktion $f : I \longrightarrow \mathbb{R}$ punktsymmetrisch, so ist ihre Ableitungsfunktion $f' : I \longrightarrow \mathbb{R}$ ordinatensymmetrisch. Begründen Sie anschaulich (anhand einer fiktiven Skizze), daß auch die Umkehrung dieser Aussage (Implikation) gilt.

B2.303.05: Es sei $x_0 \in I$ beliebig gewählt, ferner sei $x = (x_n)_{n \in \mathbb{N}}$ eine beliebige gegen x_0 konvergente Folge $x : \mathbb{N} \longrightarrow I$. Es gilt dann $f'(-x_0) = lim(\frac{f(-x_n)-f(-x_0)}{-x_n-(-x_0)})_{n \in \mathbb{N}} = lim(\frac{-f(x_n)+f(x_0)}{-x_n+x_0})_{n \in \mathbb{N}} = lim(\frac{(-1)(f(x_n)-f(x_0))}{(-1)(x_n-x_0)})_{n \in \mathbb{N}} = lim(\frac{f(x_n)-f(x_0)}{x_n-x_0})_{n \in \mathbb{N}} = f'(x_0)$.
Die Umkehrung der Aussage sei am Beispiel der Parabel $f' = id^2 + c$ erläutert: Da f' ordinatensymmetrisch ist (allgemein: sein soll), gilt $f'(-x) = f'(x)$, für alle $x \in I$, das heißt, f hat bei den Zahlen $-x$ und x jeweils denselben Tangentenanstieg. Beachtet man ferner die Stetigkeit von f bei 0 (denn f soll differenzierbar sein), kann f bei 0 keine Sprungstelle haben, weiterhin muß dort $f(0) = 0$ gelten. Insgesamt ist f, im konkreten Fall ist das $f = \frac{1}{3} \cdot id^3 + c \cdot id$, also punktsymmetrisch.
Anmerkung: Im Rahmen der Abschnitte 2.6x über Riemann-integrierbare Funktionen kann man folgendermaßen schließen: $f'(-x) = f'(x) \Rightarrow \int_{-x}^{0} f' = \int_{0}^{x} f' \Rightarrow f(0) - f(-x) = f(x) - f(0) \Rightarrow -f(-x) = f(x)$, denn es gilt $f(0) = 0$.

2.308 BEISPIELE DIFFERENZIERBARER FUNKTIONEN

A2.308.01: Bilden Sie zu der in Beispiel 2.308.1 ermittelten ersten Ableitungsfunktion a' die Ableitungsfunktion, also die zweite Ableitungsfunktion a'' von a nach denselben Verfahren.

B2.308.01: Zur Bearbeitung der Aufgabe im einzelnen:
a) Zu zeigen ist die Konvergenz der Folge $(\frac{0(x_n)-0(x_0)}{x_n-x_0})_{n\in\mathbb{N}}$ der von x erzeugten Differenzenquotienten.
b) Diese Differenzenquotienten haben die Darstellung $\frac{0(x_n)-0(x_0)}{x_n-x_0} = \frac{0}{x_n-x_0} = 0$.
c) Wegen $lim(\frac{0(x_n)-0(x_0)}{x_n-x_0})_{n\in\mathbb{N}} = lim(\frac{0}{x_n-x_0})_{n\in\mathbb{N}} = lim(0)_{n\in\mathbb{N}} = 0$ ist die Folge der Differenzenquotienten konvergent und es gilt $a''(x_0) = 0'(x_0) = lim(\frac{0(x_n)-0(x_0)}{x_n-x_0})_{n\in\mathbb{N}} = 0$.

A2.308.02: Bilden Sie zu der in Beispiel 2.308.3 ermittelten ersten Ableitungsfunktion $(id^2)'$ die Ableitungsfunktion, also die zweite Ableitungsfunktion $(id^2)''$ von id^2 nach denselben Verfahren.

B2.308.02: Zur Bearbeitung der Aufgabe im einzelnen:
a) Zu zeigen ist die Konvergenz der Folge $(\frac{2\cdot id(x_n)-2\cdot id(x_0)}{x_n-x_0})_{n\in\mathbb{N}}$ der von x erzeugten Differenzenquotienten.
b) Diese Differenzenquotienten haben die Darstellung $\frac{2\cdot id(x_n)-2\cdot id(x_0)}{x_n-x_0} = 2\frac{x_n-x_0}{x_n-x_0} = 2$.
c) Wegen $lim(\frac{2\cdot id(x_n)-2\cdot id(x_0)}{x_n-x_0})_{n\in\mathbb{N}} = lim(2\frac{x_n-x_0}{x_n-x_0})_{n\in\mathbb{N}} = lim(2)_{n\in\mathbb{N}} = 2$ ist die Folge der Differenzenquotienten konvergent und es gilt $(id^2)''(x_0) = (2\cdot id)'(x_0) = lim(\frac{2\cdot id(x_n)-2\cdot id(x_0)}{x_n-x_0})_{n\in\mathbb{N}} = 2$.

A2.308.03: Ermitteln und beweisen Sie eine Formel für die Ableitungsfunktion $(\frac{1}{id^n})'$ mit $n \in \mathbb{N}$.

B2.308.03: Behauptung: Für alle $n \in \mathbb{N}$ gilt die Beziehung $(\frac{1}{id^n})' = -\frac{n}{id^{n+1}}$. Der Beweis wird nach dem Prinzip der Vollständigen Induktion geführt (siehe Abschnitt 1.811), wobei der Induktionsanfang schon in Beispiel 2.308.5 gezeigt ist. Es bleibt also der Induktionsschritt von n nach $n+1$ zu zeigen:
Es gilt: $(\frac{1}{id^{n+1}})' = (\frac{1}{id^n} \cdot \frac{1}{id})' = -\frac{n}{id^{n+1}} \cdot \frac{1}{id} + \frac{1}{id^n} \cdot (-\frac{1}{id^2}) = -\frac{n}{id^{n+2}} - \frac{1}{id^{n+2}} = -\frac{n+1}{id^{n+2}}$.

A2.308.04: Beweisen Sie den allgemeinen Fall ($n \in \mathbb{N}_0$) in Beispiel 2.308.5.

B2.308.04: Behauptung: Für alle $n \in \mathbb{N}_0$ gilt die Beziehung $(\frac{1}{id})^{(n)} = (-1)^n \frac{n!}{id^{n+1}}$. Der Beweis wird nach dem Prinzip der Vollständigen Induktion geführt (siehe Abschnitt 1.811), wobei der Induktionsanfang schon in Beispiel 2.308.5 gezeigt ist. (Man beachte dabei ferner die Festlegung $(\frac{1}{id})^{(0)} = \frac{1}{id}$.) Es bleibt also der Induktionsschritt von n nach $n+1$ zu zeigen:
Es gilt: $(\frac{1}{id})^{(n+1)} = ((\frac{1}{id})^{(n)})' = (-1)^n \cdot n! \cdot (\frac{1}{id^{n+1}})' = (-1)^n \cdot n! \cdot (-\frac{(id^{n+1})'}{(id^{n+1})^2}) = (-1)^n \cdot n! \cdot (-\frac{(n+1)id^n}{id^{2n+2}})$
$= (-1)^{n+1} \cdot (n+1)! \cdot \frac{1}{id^{2n+2-n}} = (-1)^{n+1} \cdot (n+1)! \cdot \frac{1}{id^{n+2}} = (-1)^{n+1} \cdot \frac{(n+1)!}{id^{2n+2-n}}$.

2.313 Kompositionen differenzierbarer Funktionen

A2.313.01: Stellen Sie die im folgenden näher gekennzeichneten Funktionen f (die beiden ersten basieren auf Beispielen in Abschnitt 2.308) jeweils als Kompositionen differenzierbarer Funktionen dar und bilden Sie dann jeweils die Ableitungsfunktion f':

1. $f : \mathbb{R} \longrightarrow \mathbb{R}, \quad f(z) = (3z+2)^2,$
2. $f : [-\tfrac{2}{3}, \star) \longrightarrow \mathbb{R}, \quad f(z) = \sqrt{3z+2}.$

B2.313.01: Zur Bearbeitung der Aufgabe im einzelnen:

1. Die Funktion $f : \mathbb{R} \longrightarrow \mathbb{R}$ mit $f(z) = (3z+2)^2$ ist als Komposition $f = id^2 \circ g$ der differenzierbaren Funktionen $id^2 : \mathbb{R} \longrightarrow \mathbb{R}$ (Parabel) und $g = 3 \cdot id + 2 : \mathbb{R} \longrightarrow \mathbb{R}$ (Gerade) ebenfalls differenzierbar und es gilt $f' = (id^2 \circ g)' = ((id^2)' \circ g)g' = (2 \cdot id \circ g) \cdot 3 = 6(3 \cdot id + 2) = 6 \cdot g$. Dabei ist f' durch $f'(z) = 6(3z+2)$ definiert.

2. Die Funktion $f : [-\tfrac{2}{3}, \star) \longrightarrow \mathbb{R}$ mit $f(z) = \sqrt{3z+2}$ ist als Komposition $f = id^{\frac{1}{2}} \circ g$ der differenzierbaren Funktionen $id^{\frac{1}{2}} : \mathbb{R}_0^+ \longrightarrow \mathbb{R}$ (Wurzel-Funktion) und $g = 3id + 2 : [-\tfrac{2}{3}, \star) \longrightarrow \mathbb{R}_0^+$ (Halbgerade) ebenfalls differenzierbar und es gilt $f' = (id^{\frac{1}{2}} \circ g)' = ((id^{\frac{1}{2}})' \circ g)g' = ((\tfrac{1}{2}id^{-\frac{1}{2}}) \circ g) \cdot 3 = \tfrac{3}{2}(id^{-\frac{1}{2}} \circ g)$. Dabei ist f' durch $f'(z) = \tfrac{3}{2\sqrt{3z+2}}$ definiert.

A2.313.02: Beweisen Sie mit Hilfe von $(\tfrac{1}{id})' = -\tfrac{1}{id^2}$ und unter Verwendung von Satz 2.313.1: Ist eine Funktion $f : \mathbb{R} \longrightarrow \mathbb{R}$ differenzierbar, dann ist auch ihr Kehrwert $\tfrac{1}{f} : \mathbb{R} \setminus N(f) \longrightarrow \mathbb{R}$ differenzierbar und besitzt die Ableitungsfunktion $(\tfrac{1}{f})' = -\tfrac{f'}{f^2}$.

B2.313.02: Zunächst beachte man die Darstellung $\tfrac{1}{f} = \tfrac{1}{id} \circ f$. Nach Voraussetzung ist mit Satz 2.313.1 die Komposition $\tfrac{1}{id} \circ f : \mathbb{R} \setminus N(f) \longrightarrow \mathbb{R}$ differenzierbar und es gilt $(\tfrac{1}{id} \circ f)' = ((\tfrac{1}{id})' \circ f)f' = (-\tfrac{1}{id^2} \circ f)f' = (-\tfrac{1}{id^2 \circ f})f' = (-\tfrac{1}{f^2})f' = -\tfrac{f'}{f^2}$. Somit gilt $(\tfrac{1}{f})' = (\tfrac{1}{id} \circ f)' = -\tfrac{f'}{f^2}$.

A2.313.03: Eine Funktion $f : \mathbb{R} \longrightarrow \mathbb{R}$ der Form $f = g \circ h$ sei differenzierbar. Sind dann auch die Bausteine g und/oder h notwendigerweise differenzierbare Funktionen?

B2.313.03: Die Antwort ist schon mit B2.211.02 gegeben.

A2.313.04: Zeigen Sie anhand von Beispielen: Kompositionen differenzierbarer Funktionen mit nicht-differenzierbaren Funktionen können wieder differenzierbar oder auch nicht-differenzierbar sein. Hinweis: Betrachten Sie dabei (auch) die Betrags-Funktion.

B2.313.04: Bekanntlich ist die Betrags-Funktion $b : \mathbb{R} \longrightarrow \mathbb{R}$ mit $b(x) = |x| = max(-x, x)$ an der Stelle 0 nicht differenzierbar.

1. Die quadratische Funktion $u : \mathbb{R} \longrightarrow \mathbb{R}$ mit $u(x) = x^2 + 1$ ist differenzierbar. Dasselbe gilt dann auch für die Kompositionen $b \circ u = u$ und $b \circ (-u) = u$.

2. Die quadratische Funktion $v : \mathbb{R} \longrightarrow \mathbb{R}$ mit $v(x) = x^2 - 1$ ist differenzierbar. Hingegen ist die Komposition $b \circ v$ an den Stellen -1 und 1 nicht differenzierbar, denn für 1 gilt beispielsweise folgendes: Betrachtet man die beiden gegen 1 konvergenten Folgen $x = (1 - \tfrac{1}{n})_{n \in \mathbb{N}}$ und $z = (1 + \tfrac{1}{n})_{n \in \mathbb{N}}$, dann existieren zwar die Grenzwerte der von x und z erzeugten Folgen von Differenzenquotienten, sind aber, wie gleich gezeigt wird, ungleich, folglich ist $b \circ v$ bei 1 nicht differenzierbar.

Die zu betrachtenden Folgen von Differenzenquotienten haben die Folgenglieder $\tfrac{(b \circ v)(x_n) - (b \circ v)(1)}{x_n - 1} = \tfrac{|(1-\tfrac{1}{n})^2 - 1| - 0}{1 - \tfrac{1}{n} - 1} = \tfrac{|-\tfrac{2}{n} + \tfrac{1}{n^2}|}{-\tfrac{1}{n}} = (-1) \cdot |-2 + \tfrac{1}{n}|$ und entsprechend $\tfrac{(b \circ v)(z_n) - (b \circ v)(1)}{z_n - 1} = |2 + \tfrac{1}{n}|$. Wegen $lim(-2 + \tfrac{1}{n})_{n \in \mathbb{N}} = -2$ gilt $lim(|-2 + \tfrac{1}{n}|)_{n \in \mathbb{N}} = |-2| = 2$, somit gilt $lim((-1) \cdot |-2 + \tfrac{1}{n}|)_{n \in \mathbb{N}} = -2$, andererseits ist $lim(|2 + \tfrac{1}{n}|)_{n \in \mathbb{N}} = lim(2 + \tfrac{1}{n})_{n \in \mathbb{N}} = 2$.

A2.313.05: Beschreiben Sie den in A2.313.04 an Beispielen zu untersuchenden Sachverhalt in allgemeiner Form für Kompositionen $b \circ u$ mit der Betrags-Funktion b und quadratischen und kubischen Funktionen $u : \mathbb{R} \longrightarrow \mathbb{R}$.

B2.313.05: Zur Bearbeitung im einzelnen:

1. Für quadratische Funktionen u gilt:

a) Hat u höchstens eine Nullstelle, dann gilt $b \circ u = u$ im Fall $u \geq 0$ und $b \circ u = -u$ im Fall $u \leq 0$, das heißt, $b \circ u$ ist differenzierbar.

b) Hat u genau zwei Nullstellen, dann ist $b \circ u$ an genau diesen beiden Stellen nicht differenzierbar.

2. Diejenigen Nullstellen einer kubischen Funktion u, die keine Berührstellen mit der Abszisse oder die die Abszisse nicht als Wendetangente haben, sind genau die Stellen, an denen $b \circ u$ nicht differenzierbar ist. Anders gesagt:

a) Für alle kubischen Funktionen des Typs $u = a \cdot id^3$ ist $b \circ u$ differenzierbar.

b) Für alle anderen kubischen Funktionen ist $b \circ u$ an mindestens einer Stelle nicht differenzierbar.

Als Beispiel zu b) sei die Funktion $u = id^3 - 1$ mit der Nullstelle 1 betrachtet und dort mit den beiden gegen 1 konvergenten Folgen $x = (1 - \frac{1}{n})_{n \in \mathbb{N}}$ und $z = (1 + \frac{1}{n})_{n \in \mathbb{N}}$ untersucht: Die von x und z erzeugten Folgen von Differenzenquotienten haben die Folgenglieder $\frac{(b \circ u)(x_n) - (b \circ u)(1)}{x_n - 1} = \frac{|(1 - \frac{1}{n})^3 - 1|}{1 - \frac{1}{n} - 1} = \frac{|1 - 3 \cdot (-\frac{1}{n})^2 + 3 \cdot (-\frac{1}{n}) + (-\frac{1}{n})^3 - 1|}{-\frac{1}{n}} = (-1) \cdot n \cdot |3\frac{1}{n^2} - 3\frac{1}{n}| = (-3) \cdot |\frac{1}{n} - 1|$ und entsprechend $\frac{(b \circ u)(z_n) - (b \circ u)(1)}{z_n - 1} = 3 \cdot |\frac{1}{n} + 1|$. Die erste der beiden Folgen von Differenzenquotienten konvergiert also gegen -3, die zweite hingegen gegen 3. Da diese beiden Grenzwerte nicht übereinstimmen, ist $b \circ u$ bei 1 nicht differenzierbar.

A2.313.06: Beweisen Sie unter Verwendung der Definition der Differenzierbarkeit in Abschnitt 2.305 (1. Formulierung der Differenzierbarkeit nach *Weierstraß*) Satz 2.313.1: Kompositionen $I \xrightarrow{f} I' \xrightarrow{g} \mathbb{R}$ differenzierbarer Funktionen f und g sind differenzierbar und es gilt $(g \circ f)' = (g' \circ f) \cdot f'$.

B2.313.06: Der folgende Beweis beruht auf Definition 2.305.1 (Fassung der Differenzierbarkeit nach *Weierstraß*) und zeigt, daß für ein beliebig gewähltes Element $x_0 \in I$ die Komposition $g \circ f$ bei x_0 differenzierbar ist, woraus bei dieser Wahl von x_0 dann die (globale) Differenzierbarkeit von $g \circ f$ folgt.

1. Zu zeigen ist, daß es zu $g \circ f$ und zu x_0 eine lineare Funktion $H : \mathbb{R} \longrightarrow \mathbb{R}$ gibt, so daß bezüglich der von H erzeugten Restfunktion r_H in der Beziehung $(g \circ f)(z) = (g \circ f)(x_0) + H(z - x_0) + r_H(z)$ gilt: Zu jeder gegen x_0 konvergenten Folge $x : \mathbb{N} \longrightarrow I$ konvergiert die Folge $(\frac{r_H(x_n)}{x_n - x_0})_{n \in \mathbb{N}}$ der Restquotienten gegen 0.

2. Da f bei x_0 differenzierbar ist, gibt es zu x_0 eine lineare Funktion $F : \mathbb{R} \longrightarrow \mathbb{R}$ gibt, so daß bezüglich der von F erzeugten Restfunktion r_F in der Beziehung $f(z) = f(x_0) + F(z - x_0) + r_F(z)$ gilt: Zu jeder gegen x_0 konvergenten Folge $x : \mathbb{N} \longrightarrow I$ konvergiert die Folge $(\frac{r_F(x_n)}{x_n - x_0})_{n \in \mathbb{N}}$ der Restquotienten gegen 0. Da g bei $f(x_0)$ differenzierbar ist, gibt es zu $f(x_0)$ eine lineare Funktion $G : \mathbb{R} \longrightarrow \mathbb{R}$ gibt, so daß bezüglich der von G erzeugten Restfunktion r_G in der Beziehung $g(f(z)) = g(f(x_0)) + G(f(z) - f(x_0)) + r_G(f(z))$ gilt: Zu jeder gegen x_0 konvergenten Folge $x : \mathbb{N} \longrightarrow I$ konvergiert die Folge $(\frac{r_G(f(x_n))}{f(x_n) - f(x_0)})_{n \in \mathbb{N}}$ der Restquotienten gegen 0.

3. Beachtet man $G(z - x_0) = (z - x_0)G(1)$ und $f(z) - f(x_0) = F(z - x_0) + r_F(z) = (z - x_0)F(1)$, dann gilt $(g \circ f)(z) = (g \circ f)(x_0) + G(f(z) - f(x_0)) + r_G(f(z)) = (g \circ f)(x_0) + (f(z) - f(x_0))G(1) + r_G(f(z)) = (g \circ f)(x_0) + ((z - x_0)F(1) + r_F(z))G(1) + r_G(f(z)) = (g \circ f)(x_0) + (z - x_0)F(1)G(1) + r_F(z)G(1) + r_G(f(z))$.

4. Definiert man in der vorstehenden Darstellung von $(g \circ f)(z)$ eine Funktion H durch $H(1) = F(1)G(1)$, dann ist damit eine lineare Funktion $H : \mathbb{R} \longrightarrow \mathbb{R}$ (Ursprungsgerade mit Anstieg $H(1) = F(1)G(1)$) definiert. Ferner sei durch $r_H(z) = G(1)r_F(z) + r_G(f(z))$ eine Restfunktion definiert, womit dann natürlich $(g \circ f)(z) = (g \circ f)(x_0) + H(z - x_0) + r_H(z)$ gilt. Es bleibt zu zeigen, daß die Folge $(\frac{r_H(x_n)}{x_n - x_0})_{n \in \mathbb{N}}$ gegen 0 konvergiert. Das ist in der Tat der Fall, denn für jedes ihrer Folgenglieder gilt $\frac{r_H(x_n)}{x_n - x_0} = \frac{G(1)r_F(x_n) + r_G(f(x_n))}{x_n - x_0} = \frac{G(1)r_F(x_n)}{x_n - x_0} + \frac{r_G(f(x_n))}{x_n - x_0}$. Die durch den ersten Summanden repräsentierte Folge konvergiert unmittelbar nach Voraussetzung gegen 0 (als $\mathbb{R}$-Produkt einer nullkonvergenten Folge). Der zweite Summand läßt sich zunächst als Produkt zweier Faktoren $\frac{r_G(f(x_n))}{x_n - x_0} = \frac{r_G(f(x_n))}{f(x_n) - f(x_0)} \cdot \frac{f(x_n) - f(x_0)}{f(x_n) - f(x_0)} =$

$\frac{r_G(f(x_n))}{f(x_n)-f(x_0)} \cdot \frac{f(x_n)-f(x_0)}{x_n-x_0}$ darstellen. Dabei repräsentiert der erste Faktor wieder nach Voraussetzung eine nullkonvergente Folge, dasselbe gilt aber auch für den zweiten Faktor, wenn man die Darstellung $\frac{f(x_n)-f(x_0)}{x_n-x_0} = F(1) + \frac{r_F(x_n)}{x_n-x_0}$ betrachtet.

Anmerkung: Der obige Beweis hat wegen der Formulierung der Ableitungen durch $F(1)$ und $G(1)$ den Nachteil, zwar das Ergebnis $H(1) = F(1)G(1)$, aber nicht die Konstruktion bezüglich f und g zu zeigen. Man kann den Beweis aber entsprechend modifizieren, indem man $F(1) = f'(x_0)$ und $G(1) = g'(f(x_0))$ verwendet. Die entsprechenden Berechnungen liefern dann:

5. Beachtet man nun hier die beiden Beziehungen $G(z - x_0) = (z - x_0)G(1) = (z - x_0)g'(f(x_0))$ und $f(z) - f(x_0) = F(z - x_0) + r_F(z) = (z - x_0)F(1) = (z - x_0)f'(x_0)$, dann gilt nach entsprechender Berechnung $(g \circ f)(z) = (g \circ f)(x_0) + (z - x_0)((g' \circ f)f')(x_0) + r_F(z)G(1) + r_G(f(z))$ und man erkennt unmittelbar $H(1) = F(1)G(1) = ((g' \circ f)f')(x_0)$ als Ableitung von $g \circ f$ bei x_0.

A2.313.07: Beweisen Sie unter Verwendung der Definition der Differenzierbarkeit in Abschnitt 2.306 (2. Formulierung der Differenzierbarkeit nach *Weierstraß*) Satz 2.313.1: Kompositionen $I \xrightarrow{f} I' \xrightarrow{g} \mathbb{R}$ differenzierbarer Funktionen f und g sind differenzierbar und es gilt $(g \circ f)' = (g' \circ f) \cdot f'$.

B2.313.07: Der folgende Beweis beruht auf Definition 2.306.1 (2. Fassung der Differenzierbarkeit nach *Weierstraß*) und zeigt, daß für ein beliebig gewähltes Element $x_0 \in I$ die Komposition $g \circ f$ bei x_0 differenzierbar ist, woraus bei dieser Wahl von x_0 dann die (globale) Differenzierbarkeit von $g \circ f$ folgt.

1. Es sei $x : \mathbb{N} \longrightarrow I$ eine beliebige gegen x_0 konvergente Folge mit $x_n \neq x_0$ für (fast) alle $n \in \mathbb{N}$. Dann ist zu zeigen, daß es eine Zahl a und zu (a, x_0) eine in x_0 stetige Funktion R gibt mit $(g \circ f)(x_n) = (g \circ f)(x_0) + (a + R(x_n))(x - x_0)$, für alle $n \in \mathbb{N}$, und $lim(R \circ x) = 0$.

2. Da f bei x_0 differenzierbar ist, gibt es zu x_0 und x eine Funktion r_f, so daß für die Bildfolge $r_f \circ x : \mathbb{N} \longrightarrow I$ dann $f(x_n) = f(x_0) + (f'(x_0) + r_f(x_n))(x_n - x_0)$, für alle $n \in \mathbb{N}$, und $lim(r_f \circ x) = 0$. Da g bei $f(x_0)$ differenzierbar ist, gibt es zu x_0 und $f \circ x$ eine Funktion r_g, so daß für die Bildfolge $r_g \circ f \circ x : \mathbb{N} \longrightarrow I$ dann $g(f(x_n)) = g(f(x_0)) + (g'(f(x_0)) + r_g(f(x_n)))(f(x_n) - f(x_0))$, für alle $n \in \mathbb{N}$, und $lim(r_g \circ f \circ x) = 0$.

3. Es gilt: $(g \circ f)(x_n) = (g \circ f)(x_0) + ((g' \circ f)(x_0) + (r_g \circ f)(x_n)) \cdot (f(x_n) - f(x_0))$
$= (g \circ f)(x_0) + ((g' \circ f)(x_0) + (r_g \circ f)(x_n)) \cdot (f'(x_0) + r_f(x_n)) \cdot (x_n - x_0)$
$= (g \circ f)(x_0) + ((g' \circ f)(x_0) \cdot f'(x_0) + (r_g \circ f)(x_n) \cdot f'(x_0) + (g' \circ f)(x_0) \cdot r_f(x_n) + (r_g \circ f(x_n) \cdot r_f(x_n))) \cdot (x_n - x_0)$
$= (g \circ f)(x_0) + ((g' \circ f) \cdot f')(x_0) + (f'(x_0) \cdot (r_g \circ f) + (g' \circ f)(x_0) \cdot r_f + ((r_g \circ f) \cdot r_f))(x_n)) \cdot (x_n - x_0)$.

Die Folge $R \circ x$ mit der Funktion $R = f'(x_0) \cdot (r_g \circ f) + (g' \circ f)(x_0) \cdot r_f + (r_g \circ f) \cdot r_f$ hat die Eigenschaft $lim(R \circ x) = 0$, denn es gilt im einzelnen $lim(r_g \circ f \circ x) = 0$, $lim(r_f \circ x) = 0$ und $lim((r_g \circ f) \cdot r_f) \circ x) = lim(r_g \circ f \circ x) \cdot lim(r_f \circ x) = 0$. Somit muß für die gesuchte Zahl a dann $a = ((g' \circ f) \cdot f')(x_0) = (g \circ f)'(x_0)$ gelten. Nach der oben beschriebenen Wahl von x_0 folgt dann global $(g \circ f)' = (g' \circ f) \cdot f'$.

A2.313.08: Ermitteln Sie zu beliebig oft differenzierbaren Funktionen $f : I \longrightarrow \mathbb{R}$ der Darstellung $f(x) = a \cdot e^{-bx+c}$ (mit geeigneten Zahlen $a, b, c \in \mathbb{R}$) eine Formel für die n-te Ableitungsfunktion $f^{(n)}$ und beweisen Sie sie. (Hinweis: Es gilt $exp'_e = exp_e$.)

B2.313.08: Die ersten drei Ableitungsfunktionen $f', f'', f''' : I \longrightarrow \mathbb{R}$ sind definiert durch $f'(x) = -ab \cdot e^{-bx+c} = -b \cdot f(x)$, $f''(x) = ab^2 \cdot e^{-bx+c} = b^2 \cdot f(x)$, $f'''(x) = -ab^3 \cdot e^{-bx+c} = -b^3 \cdot f(x)$.
Damit liegt folgende Behauptung nahe: Für alle $n \in \mathbb{N}$ gilt die Formel $f^{(n)} = (-1)^n \cdot b^n \cdot f$.
Der Beweis dieser Behauptung wird nach dem Prinzip der Vollständigen Induktion geführt (siehe Abschnitt 1.811), wobei der Induktionsanfang schon mit den obigen Berechnungen erbracht ist, es bleibt also der Induktionsschritt von n nach $n + 1$ zu zeigen:
Es gilt $f^{(n+1)} = (f^{(n)})' = (-1)^n \cdot b^n \cdot f' = (-1)^n \cdot b^n \cdot (-b)f = (-1)^{n+1} \cdot b^{b+1} \cdot f$.

2.315 STRUKTUREN AUF $D(I,\mathbb{R})$

A2.315.01: Beweisen Sie die Teile 2, 3 und 6 von Satz 2.315.1, aber ohne dabei die anderen Beweisteile von Satz 2.315.1 zu verwenden, nämlich: Sind $f, g : I \longrightarrow \mathbb{R}$ differenzierbare Funktionen, dann gilt:

2. Die Differenz $f - g : I \longrightarrow \mathbb{R}$ ist differenzierbar und es gilt $(f-g)' = f' - g'$.
3. Jedes $\mathbb{R}$-Produkt $af : I \longrightarrow \mathbb{R}$ ist differenzierbar und es gilt $(af)' = af'$.

Unter der zusätzlichen Voraussetzung $0 \notin Bild(g)$ ist

6. der Quotient $\frac{f}{g} : I \longrightarrow \mathbb{R}$ differenzierbar und es gilt $(\frac{f}{g})' = \frac{f'g - fg'}{g^2}$.

B2.315.01: Zur Bearbeitung der Aufgabe im einzelnen:

Beweis 1: (mit der 1. Formulierung der Differenzierbarkeit nach *Cauchy* in Definition 2.303.1)

Bei den Einzelnachweisen sei x_0 ein beliebig gewähltes Element aus I sowie $x : \mathbb{N} \longrightarrow I$ eine beliebig gewählte gegen x_0 konvergente Folge mit $x_n \neq x_0$, für (fast) alle $n \in \mathbb{N}$. Diese Wahl von x_0 liefert dann aus den nachfolgenden (lokalen) Einzelbeweisen ohne weiteren Kommentar die (globale) Differenzierbarkeit.

3a) Zu zeigen ist die Konvergenz der Folge $(\frac{(af)(x_n)-(ag)(x_0)}{x_n-x_0})_{n\in\mathbb{N}}$ der Differenzenquotienten zu x.

3b) Diese Differenzenquotienten haben die Darstellung $\frac{(af)(x_n)-(af)(x_0)}{x_n-x_0} = \frac{a(f(x_n)-f(x_0))}{x_n-x_0} = a\frac{f(x_n)-f(x_0)}{x_n-x_0}$, also hat die zu untersuchende Folge die Darstellung $(\frac{(af)(x_n)-(af)(x_0)}{x_n-x_0})_{n\in\mathbb{N}} = (a\frac{f(x_n)-f(x_0)}{x_n-x_0})_{n\in\mathbb{N}}$
$= a(\frac{f(x_n)-f(x_0)}{x_n-x_0})_{n\in\mathbb{N}}$, wobei die Folge der Differenzenquotienten nach Voraussetzung konvergent ist mit dem Grenzwerten $f'(x_0)$.

3c) Nach den Betrachtungen in 3b) gilt dann schließlich
$af'(x_0) = a \cdot lim(\frac{f(x_n)-f(x_0)}{x_n-x_0})_{n\in\mathbb{N}} = lim(\frac{(af)(x_n)-(af)(x_0)}{x_n-x_0})_{n\in\mathbb{N}} = (af)'(x_0)$, für alle $x_0 \in I$, unter Verwendung von Satz 2.045.1/3.

6a) Zu zeigen ist die Konvergenz der Folge $(\frac{(\frac{f}{g})(x_n)-(\frac{f}{g})(x_0)}{x_n-x_0})_{n\in\mathbb{N}}$ der Differenzenquotienten zu x.

6b) Die Differenzenquotienten haben die Form $\frac{(\frac{f}{g})(x_n)-(\frac{f}{g})(x_0)}{x_n-x_0} = \frac{\frac{f(x_n)}{g(x_n)} - \frac{f(x_0)}{g(x_0)}}{x_n-x_0} = \frac{\frac{f(x_n)g(x_0)-g(x_n)f(x_0)}{g(x_n)g(x_0)}}{x_n-x_0} =$
$\frac{1}{g(x_n)g(x_0)} \cdot \frac{f(x_n)g(x_0)-f(x_0)g(x_0)+f(x_0)g(x_0)-g(x_n)f(x_0)}{x_n-x_0} = \frac{1}{g(x_n)} \cdot \frac{1}{g(x_0)} \cdot (\frac{f(x_n)-f(x_0)}{x_n-x_0}g(x_0) - \frac{g(x_n)-g(x_0)}{x_n-x_0}f(x_0))$,
also hat die zu untersuchende Folge die Darstellung
$(\frac{(\frac{f}{g})(x_n)-(\frac{f}{g})(x_0)}{x_n-x_0})_{n\in\mathbb{N}} = (\frac{1}{g(x_n)})_{n\in\mathbb{N}} \cdot (\frac{1}{g(x_0)})_{n\in\mathbb{N}} (\frac{f(x_n)-f(x_0)}{x_n-x_0}g(x_0) - \frac{g(x_n)-g(x_0)}{x_n-x_0}f(x_0))_{n\in\mathbb{N}}$, als Produkt dreier konvergenter Folgen, wobei die erste Folge aufgrund der Stetigkeit von g gegen $\frac{1}{g(x_0)}$ konvergiert, denn es gilt $lim(\frac{1}{g \circ x}) = lim(\frac{1}{g} \circ x) = \frac{1}{g}(lim(x)) = \frac{1}{g}(x_0) = \frac{1}{g(x_0)}$, die zweite Folge als konstante Folge ebenfalls gegen $\frac{1}{g(x_0)}$ konvergiert und der dritte Faktor nach Voraussetzung (sowie mit konstanten Faktoren) gegen $f'(x_0)g(x_0) - g'(x_0)f(x_0)$ konvergiert.

6c) Nach den Betrachtungen in 6b) gilt $(\frac{f'g-fg'}{g^2})(x_0) = \frac{f'(x_0)g(x_0)-f(x_0)g'(x_0)}{g(x_0)g(x_0)}$
$= lim(\frac{1}{g(x_n)})_{n\in\mathbb{N}} \cdot lim(\frac{1}{g(x_0)})_{n\in\mathbb{N}} \cdot lim(\frac{f(x_n)-f(x_0)}{x_n-x_0})_{n\in\mathbb{N}} g(x_0) - lim(\frac{g(x_n)-g(x_0)}{x_n-x_0})_{n\in\mathbb{N}} f(x_0)$
$= lim(\frac{1}{g(x_n)})_{n\in\mathbb{N}} \cdot (\frac{1}{g(x_0)})_{n\in\mathbb{N}} (\frac{f(x_n)-f(x_0)}{x_n-x_0}g(x_0) - \frac{g(x_n)-g(x_0)}{x_n-x_0}f(x_0))_{n\in\mathbb{N}}$
$= lim(\frac{(\frac{f}{g})(x_n)-(\frac{f}{g})(x_0)}{x_n-x_0})_{n\in\mathbb{N}} = (\frac{f}{g})'(x_0)$, für alle $x_0 \in I$, unter Verwendung von Satz 2.045.1/1/3/6.

Beweis 2: (mit der 2. Formulierung der Differenzierbarkeit nach *Cauchy* in Definition 2.304.1)

Bei den Einzelnachweisen sei x_0 ein beliebig gewähltes Element aus I, ferner seien zu x_0 in x_0 jeweils stetige Funktionen $d_f, d_g : I \longrightarrow \mathbb{R}$ mit den beiden Eigenschaften $f(x) = f(x_0) + d_f(x)(x - x_0)$ und $g(x) = g(x_0) + d_g(x)(x - x_0)$, für alle $x \in I$, betrachtet, deren Existenz durch die vorgegebene Differenzierbarkeit von f und g geliefert wird. Die beliebige Wahl von x_0 liefert dann aus den nachfolgenden (lokalen) Einzelbeweisen ohne weiteren Kommentar die (globale) Differenzierbarkeit.

3a) Gesucht ist zu x_0 eine in x_0 stetige Funktion $d : I \longrightarrow \mathbb{R}$ mit der Eigenschaft $(af)(x) = (af)(x_0) + d(x)(x - x_0)$, für alle $x \in I$.

3b) Zunächst ist $(af)(x) = af(x) = a(f(x_0) + d_f(x)(x - x_0)) = af(x_0) + ad_f(x)(x - x_0)$, für alle $x \in I$. Nach Satz 2.215.1/3 ist $d = ad_f : I \longrightarrow \mathbb{R}$ dann eine in x_0 stetige Funktion mit $(af)(x) = (af)(x_0) + d(x)(x - x_0)$, für alle $x \in I$.

3c) Schließlich ist $(af)'(x_0) = d(x_0) = (ad_f)(x_0) = ad_f(x_0) = af'(x_0) = (af')(x_0)$.

6a) Gesucht ist zu x_0 eine in x_0 stetige Funktion $d : I \longrightarrow \mathbb{R}$ mit der Eigenschaft $(\frac{f}{g})(x) = (\frac{f}{g})(x_0) + d(x)(x - x_0)$, für alle $x \in I$.

6b) Zunächst ist $(\frac{f}{g})(x) = \frac{f(x)}{g(x)} = \frac{1}{g(x)g(x_0)} \cdot f(x)g(x_0) = \frac{1}{g(x)g(x_0)} \cdot (f(x_0) + d_f(x)(x - x_0))g(x_0)$
$= \frac{1}{g(x)g(x_0)} \cdot (f(x_0)g(x_0) + g(x_0)d_f(x)(x - x_0))$
$= \frac{1}{g(x)g(x_0)} \cdot (f(x_0)g(x_0) + f(x_0)d_g(x)(x - x_0) + g(x_0)d_f(x)(x - x_0) - f(x_0)d_g(x)(x - x_0))$
$= \frac{1}{g(x)g(x_0)} \cdot (f(x_0)(g(x_0) + d_g(x)(x - x_0)) + g(x_0)d_f(x)(x - x_0) - f(x_0)d_g(x)(x - x_0))$
$= \frac{1}{g(x)g(x_0)} \cdot (f(x_0)g(x) + g(x_0)d_f(x)(x - x_0) - f(x_0)d_g(x)(x - x_0))$
$= \frac{f(x_0)}{g(x_0)} + \frac{d_f(x)(x-x_0)}{g(x)} - \frac{f(x_0)d_g(x)(x-x_0)}{g(x_0)g(x)} = \frac{f(x_0)}{g(x_0)} + \frac{g(x_0)d_f(x) - f(x_0)d_g(x)}{g(x_0)g(x)}(x - x_0)$, für alle $x \in I$.

Nach Satz 2.215.1 ist $d = \frac{g(x_0)d_f - f(x_0)d_g}{g(x_0)g} : I \longrightarrow \mathbb{R}$ dann eine in x_0 stetige Funktion mit $(\frac{f}{g})(x) = (\frac{f}{g})(x_0) + d(x)(x - x_0)$, für alle $x \in I$.

6c) Schließlich ist $(\frac{f}{g})'(x_0) = d(x_0) = \frac{g(x_0)d_f(x_0) - f(x_0)d_g(x_0)}{g(x_0)g(x_0)} = \frac{g(x_0)f'(x_0) - f(x_0)g'(x_0)}{g^2(x_0)} = (\frac{f'g - fg'}{g^2})(x_0)$.

A2.315.02: Bilden Sie weitere Beispiele zu Bemerkung 2.315.2/3.

A2.315.03: Beweisen Sie: Sind $f, g, fg : I \longrightarrow \mathbb{R}$ n-mal differenzierbare Funktionen, dann hat die n-te Ableitungsfunktion $(fg)^{(n)}$ des Produkts fg die Darstellung $(fg)^{(n)} = \sum_{0 \leq k \leq n} \binom{n}{k} f^{(k)} g^{(n-k)}$.

A2.315.04: Betrachten Sie die durch $f(x) = (2x^2 + x + 1) \cdot e^x$ definierte Funktion $f : \mathbb{R} \longrightarrow \mathbb{R}$. Betrachten Sie f dabei auch als Produkt $f = u \cdot exp_e$ mit der Polynom-Funktion $u : \mathbb{R} \longrightarrow \mathbb{R}$, definiert durch die Zuordnungsvorschrift $u(x) = 2x^2 + x + 1$.
1. Bilden Sie die ersten vier Ableitungsfunktionen von f. (Hinweis: Es gilt $exp'_e = exp_e$.)
2. Ermitteln Sie Darstellungen von $f^{(n)}$ mit $n \in \mathbb{N}$ und beweisen Sie sie.

B2.315.04: Zur Bearbeitung der Aufgabe im einzelnen:

1a) Die 1. Ableitungsfunktion $f' : \mathbb{R} \longrightarrow \mathbb{R}$ von f ist definiert durch $f'(x) = (2x^2 + 5x + 2)e^x$.

1b) Die 2. Ableitungsfunktion $f'' : \mathbb{R} \longrightarrow \mathbb{R}$ von f ist definiert durch $f''(x) = (2x^2 + 9x + 7)e^x$.

1c) Die 3. Ableitungsfunktion $f''' : \mathbb{R} \longrightarrow \mathbb{R}$ von f ist definiert durch $f'''(x) = (2x^2 + 13x + 16)e^x$.

1d) Die 4. Ableitungsfunktion $f^{(4)} : \mathbb{R} \longrightarrow \mathbb{R}$ von f ist definiert durch $f^{(4)}(x) = (2x^2 + 17x + 29)e^x$.

2. Für Darstellungen von $f^{(n)}$ mit $n \in \mathbb{N}$ liegen folgende Varianten vor:

a) Es gilt $f^{(n)}(x) = (2x^2 + (4n + 1)x + (2n^2 - n + 1)) \cdot e^x$, für alle $n \in \mathbb{N}$.

Beweis: Der Beweis wird nach dem Prinzip der Vollständigen Induktion (siehe Abschnitt 1.811) geführt, wobei der Induktionsanfang schon in Teil 1 gezeigt ist. Es bleibt also der Induktionsschritt von n nach $n + 1$ zu zeigen: Es gilt
$f^{(n+1)}(x) = (f^{(n)})'(x) = (4x + (4n + 1)) \cdot e^x + (2x^2 + (4n + 1)x + (2n^2 - n + 1)) \cdot e^x$
$= (4x + (4n + 1) + (2x^2 + (4n + 1)x + (2n^2 - n + 1)) \cdot e^x$
$= (2x^2 + 4x + (4n + 1)x + (4n + 1) + (2n^2 - n + 1)) \cdot e^x$
$= (2x^2 + (4(n + 1) + 1)x + (2(n + 1)^2 - (n + 1) + 1)) \cdot e^x$,
wobei das letzte Gleichheitszeichen auf den beiden folgenden Einzelberechnungen beruht:

a_1) Es gilt $4x + (4n + 1)x = 4nx + 4x + x = (4n + 4)x + x = 4(n + 1)x + x = (4(n + 1) + 1)x$.

a_2) Es gilt einerseits $(4n + 1) + (2n^2 - n + 1) = 2n^3 + 3n + 2$ und andererseits ebenfalls die Gleichheit $(2(n + 1)^2 - (n + 1) + 1) = 2n^2 + 4n + 2 - n - 1 + 1 = 2n^2 + 3n + 2$.

b) Es gilt $f^{(n)}(x) = (2x^2 + (4n + 1)x + (n + 1) + \sum_{1 \leq k \leq n} 4(n - k)) \cdot e^x$, für alle $n \in \mathbb{N}$.

c) $f^{(n)}$ läßt sich auf folgende Weise rekursiv darstellen durch den

Rekursionsanfang (RA): $f' = (v_0 + v_0') \cdot exp_e$ mit $v_0 = u$,

Rekursionsschritt (RS): $f^{(n)} = (v_{n-1} + v_{n-1}') \cdot exp_e$ mit $v_{n-1} = v_{n-2} + v_{n-2}'$, für $n > 1$.

Dabei ist beispielsweise
$f' = (v_0 + v_0') \cdot exp_e = (u + u') \cdot exp_e$,
$f'' = (v_1 + v_1') \cdot exp_e = ((v_0 + v_0') + (v_0 + v_0')') \cdot exp_e = ((u + u') + (u + u')') \cdot exp_e$,
$f''' = (v_2 + v_2') \cdot exp_e = ((v_1 + v_1') + (v_1 + v_1')') \cdot exp_e$ mit $v_1 = v_0 + v_0' = u + u'$.

d) Eine weitere Darstellung von $f^{(n)}$ folgt aus Teil c) mit den Konstruktionen $f' = (u + u')exp_e$, $f'' = (u + u' + (u + u')')exp_e = (u + 2u' + u'')exp_e$ sowie $f''' = ((u + 2u' + u'') + (u + 2u' + u'')')exp_e = (u + 3u' + 3u'' + u''')exp_e$. Allgemein: Für jede n-mal differenzierbare Funktion $u : \mathbb{R} \longrightarrow \mathbb{R}$ hat das Produkt $u \cdot exp_e$ die n-te Ableitungsfunktion $f^{(n)} : \mathbb{R} \longrightarrow \mathbb{R}$ mit $f^{(n)} = (\sum_{0 \leq k \leq n} \binom{n}{k} u^{(k)}) \cdot exp_e$ mit $u^{(0)} = u$.

A2.315.05: Betrachten Sie die Funktion $f : D_{max}(f) \longrightarrow \mathbb{R}$ mit $f = \frac{s}{1 + z \cdot exp_e \circ (k \cdot id - d)}$ mit $z \neq 0$, $s, k > 0$ und $d \geq 0$, wobei für $z < 0$ dann $D_{max}(f) = \mathbb{R} \setminus \{\frac{1}{k}(d + log_e(-\frac{1}{z}))\}$ gilt. Bilden Sie die ersten drei Ableitungsfunktionen zu f (siehe auch Aufgabe A2.816.01).

B2.315.05: Bei der Bearbeitung der Aufgabe wird $h = z \cdot exp_e \circ (k \cdot id - d)$ abgekürzt, f hat demnach die Form $f = \frac{s}{1+h}$. Nun zur Berechnung der ersten drei Ableitungsfunktionen zu f, wobei im folgenden $h' = zk \cdot exp_e \circ (k \cdot id - d) = kh$ verwendet wird. Es gilt:

$f' = (\frac{s}{1+h})' = \frac{s'(1+h) - s(1+h)'}{(1+h)^2} = \frac{-sh'}{(1+h)^2} = -\frac{skh}{(1+h)^2} = -sk \cdot \frac{h}{(1+h)^2}$,

$f'' = -sk \cdot (\frac{h}{(1+h)^2})' = -sk \cdot \frac{h'(1+h)^2 - h((1+h)^2)'}{(1+h)^4} = -sk \cdot \frac{kh(1+h)^2 - h \cdot 2kh(1+h)}{(1+h)^4} = -sk \cdot \frac{kh(1+h) - 2h}{(1+h)^3}$
$= \frac{sk^2 h(h-1)}{(1+h)^3} = sk^2 \cdot \frac{h(h-1)}{(1+h)^3}$,

$f''' = sk^2 \cdot (\frac{h(h-1)}{(1+h)^3})' = sk^2 \cdot \frac{(h^2-h)'(1+h)^3 - h(h-1)((1+h)^3)'}{(1+h)^6} = sk^2 \cdot \frac{(2hh' - h')(1+h) - h(h-1)3h'}{(1+h)^4}$
$= sk^2 \cdot \frac{h'(2h + 2h^2 - 1 - h) - h'(3h^2 - 3h)}{(1+h)^4} = sk^2 \cdot \frac{h'(-1 + 4h - h^2)}{(1+h)^4} = \frac{sk^3 h(-1+4h-h^2)}{(1+h)^4} = -sk^3 \cdot \frac{h(1 - 4h + h^2)}{(1+h)^4}$.

A2.315.06: Bearbeiten Sie folgende Einzelaufgaben:

1. Zeigen Sie: Es gibt genau eine Zahl z, so daß die Funktion $f_z : D_{max}(f_z) \longrightarrow \mathbb{R}$ mit der Zuordnungsvorschrift $f_z(x) = \frac{s}{1 + z \cdot e^{-kx}} - \frac{s}{1+z}$ mit $z \neq -1$ und $s, k > 0$ punktsymmetrisch ist.

2. Zeigen Sie mit der in Teil 1 ermittelten Zahl z, daß f_z' ordinatensymmetrisch ist.

3. Gilt ein genereller Zusammenhang zwischen der Punktsymmetrie einer differenzierbaren Funktion f und der Ordinatensymmetrie ihrer Ableitungsfunktion f'? Begründen Sie Ihre Vermutung zunächst an einer fiktiven Skizze und untersuchen Sie dann noch Polynom-Funktionen vom Grad 3.

B2.315.06: Zur Bearbeitung der Aufgaben im einzelnen:

1. Zunächst gilt $f_z(x) = \frac{s}{1 + z \cdot e^{-kx}} - \frac{s}{1+z} = s(\frac{1}{1+z \cdot e^{-kx}} - \frac{1}{1+z}) = s \cdot \frac{1 + z - (1 + z \cdot e^{-kx})}{(1+z)(1+z \cdot e^{-kx})} = \frac{s}{1+z} \cdot \frac{z - z \cdot e^{-kx}}{1 + z \cdot e^{-kx}} =$
$\frac{sz}{1+z} \cdot \frac{1 - e^{-kx}}{1 + z \cdot e^{-kx}} = \frac{sz}{1+z} \cdot \frac{1 - \frac{1}{e^{kx}}}{1 + \frac{z}{e^{kx}}} = \frac{sz}{1+z} \cdot \frac{\frac{e^{kx}-1}{e^{kx}}}{\frac{e^{kx}+z}{e^{kx}}} = \frac{sz}{1+z} \cdot \frac{e^{kx}-1}{e^{kx}+z}$. Damit ist dann weiterhin

$f_z(-x) = \frac{sz}{1+z} \cdot \frac{e^{-kx}-1}{e^{-kx}+z} = \frac{sz}{1+z} \cdot \frac{\frac{1}{e^{kx}}-1}{\frac{1}{e^{kx}}+z} = \frac{sz}{1+z} \cdot \frac{1-e^{kx}}{1 + z \cdot e^{kx}} = \frac{sz}{1+z} \cdot \frac{1-e^{kx}}{1+z \cdot e^{kx}}$ und somit $-f_z(-x) = \frac{sz}{1+z} \cdot \frac{e^{kx}-1}{1+z \cdot e^{kx}}$.

Schließlich liefern die Äquivalenzen $f_z(x) = -f_z(-x)$, für alle $x \in \mathbb{R}$ $\Leftrightarrow$ $e^{kx} + z = 1 + e^{kx}$, für alle $x \in \mathbb{R}$ $\Leftrightarrow$ $z - 1 = (z-1)e^{kx} = 0$, für alle $x \in \mathbb{R}$ $\Leftrightarrow$ $(z-1)(1 - e^{kx}) = 0$, für alle $x \in \mathbb{R}$ $\Leftrightarrow$ $z - 1 = 0$ oder $e^{kx} = 1$, für alle $x \in \mathbb{R}$ $\Leftrightarrow$ $z = 1$ die gesuchte Zahl $z = 1$. Somit ist genau f_1 punktsymmetrisch.

2. Mit der Abkürzung $g = exp_e \circ (-k \cdot id)$ hat $f = f_1$ die Form $f = \frac{s}{1+g}$. Mit $g' = -k \cdot exp_e \circ (-k \cdot id) = -kg$ ist dann $f' = sk \cdot \frac{g}{(1+g)^2}$. Damit gilt dann $f'(x) = sk \cdot \frac{e^{-kx}}{(1+e^{-kx})^2} = sk \cdot \frac{1}{e^{kx}(1 + 2e^{-kx} + e^{-2kx})} = sk \cdot \frac{1}{e^{kx} + 2 + e^{-kx}}$
$= sk \cdot \frac{1}{e^{kx} + 2 + \frac{1}{e^{kx}}} = sk \cdot \frac{1}{\frac{e^{2kx}+2e^{kx}+1}{e^{kx}}} = sk \cdot \frac{e^{kx}}{(1+e^{kx})^2} = f'(-x)$, für alle $x \in \mathbb{R}$.

3. Anschaulich: Die beiden Tangenten an eine punktsymmetrische Funktion zu Stellen, die symmetrisch zu 0 liegen, haben denselben Anstieg. Polynom-Funktionen f mit $grad(f) = 3$ haben notwendig die Form $f(x) = ax^3 + cx$, folglich ist $f'(x) = 3ax^2 + c$, also f' ordinatensymmetrisch (und umgekehrt).

2.320 DIFFERENZIERBARKEIT ELEMENTARER FUNKTIONEN

A2.320.01: Untersuchen Sie die Funktion $f : \mathbb{R} \longrightarrow \mathbb{R}$, definiert durch die Vorschrift $f(z) = \frac{1-z}{1+|z|}$, hinsichtlich Stetigkeit und unter Verwendung von Satz 2.303.1 hinsichtlich Differenzierbarkeit.

B2.320.01: Die Funktion f, definiert durch $f(z) = \frac{1-z}{1+|z|} = \begin{cases} \frac{1-z}{1+z}, & \text{falls } z \geq 0, \\ \frac{1-z}{1-z} = 1, & \text{falls } z < 0, \end{cases}$ ist insgesamt stetig, doch an genau der Stelle 0 nicht differenzierbar, das heißt, die Einschränkung $f : \mathbb{R}_* \longrightarrow \mathbb{R}$ ist differenzierbar, denn für die Stelle 0 gilt im einzelnen:

1. Für jede beliebige antitone gegen 0 konvergente Folge $x : \mathbb{N} \longrightarrow \mathbb{R}^+$ ist die Bildfolge $f \circ x = (\frac{1-x_n}{1+x_n})_{n\in\mathbb{N}}$ konvergent mit $lim(f \circ x) = lim(\frac{1}{1})_{n\in\mathbb{N}} = 1 = f(0)$. Betrachtet man beliebige gegen 0 konvergente Folgen y, dann sind diese Folgen Mischfolgen aus x und der konstanten Folge $(1)_{n\in\mathbb{N}}$, also ebenfalls stets gegen $1 = f(0)$ konvergent, denn es gilt: Ist $y = (y_n)_{n\in\mathbb{N}}$ eine beliebige gegen 0 konvergente Folge, dann gilt $lim(f \circ y) = lim(f(y_n))_{n\in\mathbb{N}} = \frac{lim(1-y_n)_{n\in\mathbb{N}}}{lim(1+|y_n|)_{n\in\mathbb{N}}} = \frac{1}{1} = 1 = f(0)$. Somit ist f bei 0 (und auch insgesamt) stetig.

2. f ist bei 0 nicht differenzierbar, wie die zu den beiden Testfolgen $(-\frac{1}{n})_{n\in\mathbb{N}}$ und $(\frac{1}{n})_{n\in\mathbb{N}}$ gebildeten Folgen der Differenzenquotienten, die zwar konvergent sind, aber verschiedene Grenzwerte haben, zeigen: Einerseits ist $lim(\frac{f(-\frac{1}{n})-f(0)}{-\frac{1}{n}-0})_{n\in\mathbb{N}} = lim(\frac{1-1}{-\frac{1}{n}})_{n\in\mathbb{N}} = lim(\frac{0}{-\frac{1}{n}})_{n\in\mathbb{N}} = lim(0)_{n\in\mathbb{N}} = 0$, andererseits ist $lim(\frac{f(\frac{1}{n})-f(0)}{\frac{1}{n}-0})_{n\in\mathbb{N}} = lim(\frac{-\frac{2}{n}}{\frac{1}{n}})_{n\in\mathbb{N}} = lim(-\frac{2}{1})_{n\in\mathbb{N}} = -2$.

3. Die Ableitungsfunktion $f' : \mathbb{R}_* \longrightarrow \mathbb{R}$ von f_* ist definiert durch $f'(z) = \begin{cases} \frac{-2}{(1+z)^2}, & \text{falls } z > 0, \\ 0, & \text{falls } z < 0 : \end{cases}$

3a) Die Einschränkung $f : \mathbb{R}^+ \longrightarrow \mathbb{R}$ der Funktion f ist differenzierbar mit der durch die Vorschrift $f'(x) = \frac{(-1)(1+x)-(1-x)1}{(1+x)^2} = -\frac{2}{(1+x)^2}$ definierten Ableitungsfunktion $f' : \mathbb{R}^+ \longrightarrow \mathbb{R}$.

3b) Die Einschränkung $f : \mathbb{R}^- \longrightarrow \mathbb{R}$ der Funktion f ist differenzierbar mit der durch $f'(x) = 0$ definierten Ableitungsfunktion $f' : \mathbb{R}^- \longrightarrow \mathbb{R}$.

A2.320.02: Betrachten Sie die Flächeninhalte von Kreisen und die Volumina von Kugeln jeweils als (differenzierbare) Funktionen A bzw. V.
1. Bilden Sie die Ableitungsfunktionen A' und V' und beschreiben Sie den geometrischen Zusammenhang zwischen A und A' bzw. zwischen V und V' (auch in Sinn und Sprache der Beispiele in Abschnitt 2.301).
2. Untersuchen Sie analog zu Teil 1 die Verhältnisse bei Kreisringen bzw. bei Halbkugeln (auch mit konkreten Zahlen).

B2.320.02: Zur Bearbeitung der Aufgabe im einzelnen:
1a) Die Funktion $A : \mathbb{R}^+ \longrightarrow \mathbb{R}$ mit $A(r) = \pi r^2$ ist als Polynom-Funktion differenzierbar mit $A'(r) = 2\pi r$. Das heißt, die Ableitungsfunktion A' beschreibt gerade den Umfang des Kreises. Dabei ist noch zu bemerken, daß die beiden Funktionen A und A' den einzigen gemeinsamen Punkt $(2, 4\pi)$ haben. Die mittlere Änderungsrate (Flächeninhaltszuwachs) ist $\frac{A(r_1)-A(r_0)}{r_1-r_0} = \frac{2\pi(r_1^2-r_0^2)}{r_1-r_0} = 2\pi(r_1 + r_0)$, also abhängig von r_0 und r_1, die lokale Änderungsrate ist eine Proportionalität mit Anstieg 2π.

1b) Die Funktion $V : \mathbb{R}^+ \longrightarrow \mathbb{R}$ mit $V(r) = \frac{4}{3}\pi r^3$ ist als Polynom-Funktion differenzierbar mit $V'(r) = 4\pi r^2 = 4 \cdot A(r)$. Das heißt, die Ableitungsfunktion V' beschreibt gerade das Vierfache des Flächeninhalts des Äquatorkreises der Kugel. Dabei ist noch zu bemerken, daß die beiden Funktionen V und V' den einzigen gemeinsamen Punkt $(\frac{3}{4}, \frac{9}{4}\pi)$ haben.

A2.320.03: Begründen Sie die folgenden Ausssagen:
1. Ist $f : \mathbb{R} \longrightarrow \mathbb{R}$ eine Polynom-Funktion mit $grad(f) = n$, dann ist $f^{(n)} \neq 0$ eine konstante Funktion und $f^{(k)} = 0$, für alle $k > n$. Ist dabei i mit $0 \leq i \leq n+1$ gewählt, dann ist $f^{(i)}$ eine Polynom-Funktion mit $grad(f^{(i)}) = n - i$.

2. Ist $f : \mathbb{R} \longrightarrow \mathbb{R}$ eine $(n+1)$-mal differenzierbare Funktion mit $f^{(n+1)} = 0$, dann ist f eine Polynom-Funktion mit $grad(f) = n$.

3. Die Differentiation $D : Pol(\mathbb{R}) \longrightarrow Pol(\mathbb{R})$ mit $D(f) = f'$ ist eine surjektive Funktion. (Dabei sei mit $Pol(\mathbb{R})$ die Menge (den $\mathbb{R}$-Vektorraum) aller Polynom-Funktionen $\mathbb{R} \longrightarrow \mathbb{R}$ bezeichnet.)

A2.320.04: Beweisen Sie: Zu jeder $\mathbb{R}$-homomorphen Funktion $d : Pol(\mathbb{R}) \longrightarrow Pol(\mathbb{R})$ mit der Eigenschaft $d(f \cdot g) = d(f) \cdot g + f \cdot d(g)$ gibt es eine Zahl $c_d \in \mathbb{R}$ mit $d(f) = c_d f'$, für alle $f \in Pol(\mathbb{R})$, das heißt, solche Funktionen d unterscheiden sich von der Differentiation D (siehe A2.320.03) nur durch einen konstanten Faktor, also $d = c_d \cdot D$.

B2.320.04: Zum Nachweis der Behauptung die folgenden drei Einzelschritte:

1. Wenn es zu d eine solche Zahl c_d gibt, dann muß sie wegen $d(id) = c_d id' = c_d \cdot 1 = c_d$ also das Bild $c_d = d(id)$ der identischen Funktion sein.

2. Für alle $n \in \mathbb{N}$ gilt $d(id^n) = d(id) \cdot (id^n)'$, wie der folgende Beweis nach dem Prinzip der Vollständigen Induktion (siehe Abschnitte 1.802 und 1.811) zeigt: Der Induktionsanfang IA) ist schon in Teil 1 enthalten, es bleibt der Induktionsschritt von n zu $n+1$ zu zeigen:
$d(id^{n+1}) = d(id^n \cdot id) = d(id^n) \cdot id + id^n \cdot d(id) = d(id) \cdot (id^n)' \cdot id + id^n \cdot d(id) = d(id) \cdot ((id^n)' \cdot id + id^n) = d(id)(n \cdot id^{n-1} \cdot id + id^n) = d(id)(n \cdot id^n + id^n) = d(id) \cdot (n+1) \cdot id^n = d(id) \cdot (id^{n+1})'$.

3. Für beliebige Polynom-Funktionen $f = \sum_{0 \leq i \leq n} a_i \cdot id^i : \mathbb{R} \longrightarrow \mathbb{R}$ gilt dann schließlich
$d(f) = d(\sum_{0 \leq i \leq n} a_i \cdot id^i) = \sum_{0 \leq i \leq n} a_i \cdot d(id^i) = \sum_{0 \leq i \leq n} a_i \cdot d(id) \cdot (id^i)' = \sum_{1 \leq i \leq n} a_i \cdot d(id) \cdot i \cdot id^{i-1} = d(id) \cdot \sum_{1 \leq i \leq n} a_i \cdot i \cdot id^{i-1} = d(id) \cdot f'$.

A2.320.05: Untersuchen Sie jeweils die Funktion $f : \mathbb{R} \longrightarrow \mathbb{R}$ hinsichtlich Stetigkeit und Differenzierbarkeit.

1. $f(z) = \begin{cases} 0, & \text{falls } z \in \mathbb{Q}, \\ 5, & \text{falls } z \in \mathbb{R} \setminus \mathbb{Q}, \end{cases}$
2. $f(z) = \begin{cases} z, & \text{falls } z \in \mathbb{Q}, \\ -z, & \text{falls } z \in \mathbb{R} \setminus \mathbb{Q}. \end{cases}$

B2.320.05: Zur Untersuchung im einzelnen:

1. Nach Bemerkung 2.311.2 ist f an keiner Stelle stetig, also auch an keiner Stelle differenzierbar.
2. Nach Beispiel 2.204.2/3 ist f nur an der Stelle 0 stetig, aber an keiner Stelle differenzierbar.

Zum Beweis aller Behauptungen betrachte man konvergente Folgen $x : \mathbb{N} \longrightarrow \mathbb{Q}$ und $z : \mathbb{N} \longrightarrow \mathbb{R} \setminus \mathbb{Q}$.

A2.320.06: Beweisen Sie die Gültigkeit der Darstellung $(id^a)^{(n)} = (\prod_{0 \leq k \leq n-1} (a-k)) \cdot id^{a-n}$ für die Funktion $id : \mathbb{R}^+ \longrightarrow \mathbb{R}^+$.

B2.320.06: Die Gültigkeit der genannten Beziehung wird via Vollständiger Induktion gezeigt:
Induktionsanfang: Für $n=1$ gilt $(id^a)^{(1)} = (\prod_{0 \leq k \leq 0} (a-k)) \cdot id^{a-1} = a \cdot id^{a-1} = (id^a)'$.

Induktionsschritt: Gilt die Formel für eine beliebige Zahl n, so gilt sie auch für $n+1$, denn es ist
$(id^a)^{(n+1)} = ((id^a)^{(n)})' = (\prod_{0 \leq k \leq n-1} (a-k)) \cdot (id^{a-n})' = (\prod_{0 \leq k \leq n-1} (a-k)) \cdot (a-n) \cdot id^{a-n-1}$
$= (\prod_{0 \leq k \leq n} (a-k)) \cdot id^{a-(n+1)}$.

A2.320.07: Ist die durch die Zuordnungsvorschrift $f_a(z) = \begin{cases} \frac{1}{4}x^2, & \text{falls } x \leq a, \\ \frac{1}{8}x + \frac{1}{8}, & \text{falls } x > a, \end{cases}$ definierte Funktion $f_a : \mathbb{R} \longrightarrow \mathbb{R}$ mit beliebig, aber fest gewähltem Element $a \in \mathbb{R}$ stetig und/oder differenzierbar?

B2.320.07: Zur Bearbeitung der Aufgabe im einzelnen:

1. Zunächst kann man leicht nachrechnen, daß die beiden Funktionen $u, v : \mathbb{R} \longrightarrow \mathbb{R}$ mit $u(x) = \frac{1}{4}x^2$ und $v(x) = \frac{1}{8}x + \frac{1}{8}$ die beiden Schnittstellen $a \in \{-\frac{1}{2}, 1\}$ besitzen. Das bedeutet, daß genau die beiden Funktionen $f_{-\frac{1}{2}}$ und f_1 stetig (alle anderen Funktionen f_a haben bei a eine Sprungstelle, das heißt, sie sind dann nur auf $\mathbb{R} \setminus \{a\}$ stetig).

2. Für alle $a \in \mathbb{R}$ sind lediglich die Einschränkungen $f_a : \mathbb{R} \setminus \{a\} \longrightarrow \mathbb{R}$ differenzierbar. Insbesondere gilt das für die Funktionen $f_{-\frac{1}{2}}$ und f_1, wie beispielsweise für f_1 gezeigt wird: Betrachtet man eine monotone Folge $x = (x_n)_{n \in \mathbb{N}}$ mit $lim(x) = 1$ sowie eine antitone Folge $y = (y_n)_{n \in \mathbb{N}}$ mit $lim(y) = 1$, so konvergiert die von x erzeugte Folge von Differenzquotienten gegen $\frac{1}{2}$, hingegen die von y erzeugte Folge von Differenzquotienten gegen $\frac{1}{8}$.

A2.320.08: Ist die durch die Zuordnungsvorschrift $f(z) = \begin{cases} \frac{\sqrt{1+z}-1}{\sqrt{z}}, & \text{falls } z > 0, \\ 0, & \text{falls } z \leq 0, \end{cases}$ definierte Funktion $f : \mathbb{R} \longrightarrow \mathbb{R}$ an der Stelle 0 stetig und/oder differenzierbar?

B2.320.08: Es genügt schon, im Teil 1 beliebige gegen 0 konvergente antitone Folgen $x : \mathbb{N} \longrightarrow \mathbb{R}^+$ zu betrachten, denn für gegen 0 monotone Folgen oder Teilfolgen ist die Bildfolge die nullkonvergente Null-Folge. Im Teil dürfen nur solche antitonen Folgen x auftreten.

1. Die Funktion f ist an der Stelle 0 stetig, denn die Bildfolge $f \circ x$ ist konvergent und konvergiert gegen $f(0) = 0$, wie die folgende Berechnung zeigt: Es gilt $lim(f \circ x) =$
$= lim(\frac{\sqrt{1+x_n}-1}{\sqrt{x_n}})_{n \in \mathbb{N}} = lim(\frac{x_n}{\sqrt{x_n}(\sqrt{1+x_n}+1)})_{n \in \mathbb{N}} = lim(\frac{\sqrt{x_n}}{\sqrt{1+x_n}+1})_{n \in \mathbb{N}} = \frac{lim(\sqrt{x_n})_{n \in \mathbb{N}}}{lim(\sqrt{1+x_n}+1)_{n \in \mathbb{N}}} = \frac{0}{2} = 0 = f(0)$.

2. Die Funktion f ist an der Stelle 0 nicht differenzierbar, denn die von x erzeugte Folge der Differenzenquotienten hat die Folgenglieder $\frac{f(x_n)-f(0)}{x_n - 0} = \frac{\sqrt{1+x_n}-1}{x_n\sqrt{x_n}} = \frac{x_n}{x_n\sqrt{x_n}(\sqrt{1+x_n}+1)} = \frac{1}{\sqrt{x_n}(\sqrt{1+x_n}+1)}$, die zeigen, daß diese Folge monoton und nach oben unbeschränkt, also divergent (in $\mathbb{R}^*$ gegen $\star$ konvergent) ist.

A2.320.09: Eine Aufgabe zur (geometrischen) Form bestimmter rationaler Funktionen: Man nennt rationale Funktionen $f : D(f) \longrightarrow \mathbb{R}$ der Form $f(x) = \frac{ax+b}{cx+d}$ auch *linear-rationale Funktionen*, wobei f in gekürzter Darstellung vorliege (wofür die Bedingung $ad \neq cb$ gestellt wird) und $c \neq 0$ gelte. Ermitteln Sie die senkrechte Asymptote und die asymptotische Funktion zu f. Betrachtet man beide Geraden als ein neues Koordinaten-System, so kann man fragen: Von welchem Funktionstyp (geometrischer Form) ist f in diesem Koordinaten-System. Beantworten Sie diese Frage mit genauer Kennzeichnung der Funktion. Wie läßt sich dadurch die Frage nach Extrema und Wendepunkten einfach beantworten?

B2.320.09: Wie man leicht sieht, liefert $f(x) = \frac{ax+b}{cx+d}$ den Pol $-\frac{d}{c}$ mit senkrechter Asymptote zu f, ferner ist $s : \mathbb{R} \longrightarrow \mathbb{R}$ mit $s(x) = \frac{a}{c}$ die asymptotische Funktion zu f. Weiterhin erzeugt eine Verschiebung von f um $\frac{d}{c}$ in positiver Abszissenrichtung und um $\frac{a}{c}$ in negativer Ordinatenrichtung eine Funktion $h : \mathbb{R} \setminus \{0\} \longrightarrow \mathbb{R}$ mit $h(x) = \frac{a(x-\frac{d}{c})+b}{c(x-\frac{d}{c})+d} - \frac{a}{c} = \frac{ax - \frac{ad}{c}+b}{cx} - \frac{ax}{cx} = \frac{bc-ad}{c} \cdot \frac{1}{cx} = \frac{bc-ad}{c^2} \cdot \frac{1}{x}$.

Bezüglich des durch entsprechende Verschiebung erzeugten Koordinaten-Systems (Abs^*, Ord^*) ist die Funktion h eine Hyperbel der Form $h(x) = u \cdot \frac{1}{x}$. Ferner gilt $x \cdot h(x) = u$, also ist h punktsymmetrisch (und somit auch selbst-invers) zu dem Punkt $(0,0)$ in (Abs^*, Ord^*) und zu dem Punkt $(\frac{d}{c}, -\frac{a}{c})$ in (Abs, Ord).

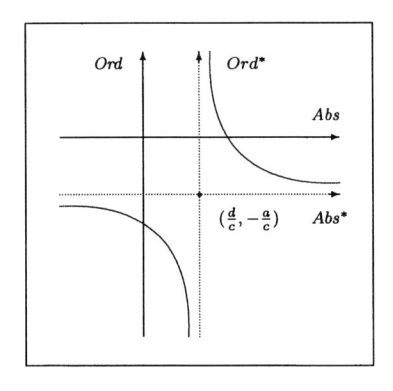

A2.320.10: Berechnen Sie die Ableitungsfuktionen folgender Funktionen $f: (0,1) \longrightarrow \mathbb{R}$:

a) $f(x) = (3 + \frac{4}{x^2})^5$ b) $f(x) = (x^3 - 1)\sqrt[3]{x}$

c) $f(x) = \frac{x}{x-1}$ d) $f(x) = -\frac{1}{(x-1)^2}$

e) $f(x) = \sqrt{1 - \sqrt{x}}$

B2.320.10: Zur Bearbeitung der Aufgabe im einzelnen:

a) f ist darstellbar als Komposition $f = u \circ v$ der differenzierbaren Funktionen u und v mit den Zuordnungsvorschriften $v(x) = 3 + \frac{4}{x^2}$ und $u(z) = z^5$. Beachtet man die Ableitungen $v'(x) = -\frac{8}{x^3}$ sowie $v(z) = 5z^4$, dann ist f' definiert durch die Vorschrift

$$f'(x) = (u' \circ v)(x) \cdot v'(x) = u'(v(x)) \cdot v'(x) = u'(3 + \frac{4}{x^2}) \cdot (-\frac{8}{x^3}) = 5(3 + \frac{4}{x^2})^{\cdot}(-\frac{8}{x^3}).$$

b) f ist darstellbar als Produkt $f = u \cdot v$ der differenzierbaren Funktionen u und v mit den Zuordnungsvorschriften $u(x) = x^3 - 1$ und $v(x) = \sqrt[3]{x}$. Beachtet man die Ableitungen $u'(x) = 3x^2$ sowie $v'(x) = \frac{1}{3\sqrt[3]{x^2}}$, dann ist f' definiert durch die Vorschrift

$$f'(x) = (u'v + uv')(x) = u'(x)v(x) + u(x)v'(x) = 3x^2 \cdot \sqrt[3]{x^2} + \frac{x^3-1}{3\sqrt[3]{x^2}}.$$

c) f ist darstellbar als Quotient $f = \frac{id}{id-1}$ der differenzierbaren Funktionen id und $id - 1$, somit gilt:

$$f' = (\frac{id}{id-1})' = \frac{id'(id-1) - id(id-1)'}{(id-1)^2} = \frac{id-1-id}{(id-1)^2} = -\frac{1}{(id-1)^2}, \text{ also } f'(x) = -\frac{1}{(x-1)^2}.$$

d) f ist darstellbar als Quotient $f = -\frac{1}{(id-1)^2}$ mit den differenzierbaren Funktionen 1 und $id - 1$, somit:

$$f' = (-\frac{1}{(id-1)^2})' = -\frac{1'(id-1)^2 - 2(id-1)}{(id-1)^4} = -\frac{-2(id-1)}{(id-1)^4} = \frac{2}{(id-1)^3}, \text{ also } f'(x) = \frac{2}{(x-1)^3}.$$

e) f ist darstellbar als Komposition $f = id^{\frac{1}{2}} \circ (1 - id^{\frac{1}{2}})$ mit der differenzierbaren Funktionen $id^{\frac{1}{2}}$, somit gilt: $f' = (id^{\frac{1}{2}} \circ (1 - id^{\frac{1}{2}}))' = (id^{\frac{1}{2}})' \circ (1 - id^{\frac{1}{2}}) \cdot (1 - id^{\frac{1}{2}})' = \frac{1}{2} \cdot id^{-\frac{1}{2}} \circ (1 - id^{\frac{1}{2}}) \cdot (\frac{1}{2} \cdot id^{-\frac{1}{2}})$
$= \frac{1}{4} \cdot id^{-\frac{1}{2}} \circ ((1 - id^{\frac{1}{2}})id)$, also $f'(x) = \frac{1}{4\sqrt{(1-\sqrt{x})x}}$.

2.326 DIFFERENZIERBARKEIT TRIGONOMETRISCHER FUNKTIONEN (TEIL 1)

A2.326.01: Berechnen Sie jeweils die Zuordnung der 1. Ableitungsfunktion von $f: D(f) \longrightarrow \mathbb{R}$:
1. $f(x) = cos(4x^2 + 16)$
2. $f(x) = sin(23x^2 - 5x)$
3. $f(x) = cos(x) \cdot sin^2(x)$
4. $f(x) = sin(x) \cdot cos^2(x)$
5. $f(x) = \frac{x^3 - 5a}{(x+a)^2} + 2 \cdot sin(a^2)$
6. $f(x) = \frac{x^3 + 6a}{(x-a)^2} - 3 \cdot cos(a^2)$
7. $f(x) = 2 \cdot sin(2x) + cos(x^2)$
8. $f(x) = 4 \cdot cos(3x) - sin(x^2)$
9. $f(x) = a^3 \cdot sin(\sqrt{3 + 2 \cdot cos(5x)})$
10. $f(x) = a^3 \cdot cos(\sqrt{2 - sin(8x)})$

B2.326.01: Die Zuordnungsvorschrift der 1. Ableitungsfunktion $f': D(f) \longrightarrow \mathbb{R}$ lautet jeweils:
1. $f'(x) = -8x \cdot sin(4x^2 + 16)$
2. $f'(x) = (46x - 5) \cdot cos(23x^2 - 5x)$
3. $f'(x) = sin(x) \cdot (2 \cdot cos^2(x) - sin^2(x))$
4. $f'(x) = cos(x) \cdot (cos^2(x) - 2 \cdot sin^2(x))$
5. $f'(x) = \frac{x^3 + 3ax^2 + 10a}{(x+a)^3}$
6. $f'(x) = \frac{x^3 - 3ax2 - 12a}{(x-a)^3}$
7. $f'(x) = 2(2 \cdot cos(2x) - x \cdot sin(x^2))$
8. $f(x) = 2(-6 \cdot sin(3x) - x \cdot sin(x^2))$
9. $f'(x) = \frac{-5a^3 \cdot sin(5x) \cdot cos(\sqrt{3+2 \cdot cos(5x)})}{\sqrt{3+2 \cdot cos(5x)}}$
10. $f'(x) = \frac{4a^3 \cdot cos(8x) \cdot sin(\sqrt{2-sin(8x)})}{\sqrt{2-sin(8x)}}$

A2.326.02: Bilden Sie die Ableitungsfunktionen tan'' und tan''' sowie cot'' und cot'''.

B2.326.02: Im einzelnen gilt:
$$tan'' = (\tfrac{1}{cos^2})' = \tfrac{0 \cdot cos^2 - 1 \cdot (cos^2)' 1}{cos^4} = \tfrac{2 \cdot sin \cdot cos}{cos^4} = \tfrac{2 \cdot sin}{cos^3},$$
$$tan''' = (\tfrac{2 \cdot sin}{cos^3})' = \tfrac{2 \cdot cos \cdot cos^3 - 2 \cdot sin \cdot (-3 \cdot sin \cdot cos^2)}{cos^6} = \tfrac{2 \cdot (cos^2 + 3 \cdot sin^2)}{cos^4},$$
$$cot'' = (\tfrac{-1}{sin^2})' = \tfrac{0 \cdot sin^2 - (-1) \cdot (sin^2)' 1}{sin^4} = \tfrac{2 \cdot sin \cdot cos}{sin^4} = \tfrac{2 \cdot cos}{sin^3},$$
$$cot''' = (\tfrac{2 \cdot cos}{sin^3})' = \tfrac{-2 \cdot sin \cdot sin^3 - 2 \cdot cos \cdot 3 \cdot cos \cdot sin^2}{sin^6} = \tfrac{-2 \cdot (sin^2 + 3 \cdot cos^2)}{sin^4}.$$

A2.326.03: Beweisen Sie – ohne Verwendung von Corollar 2.326.2, sondern nach dem Muster des Beweises von Satz 2.326.1 – daß die Cosinus-Funktion $cos: \mathbb{R} \longrightarrow \mathbb{R}$ differenzierbar ist und die Ableitungsfunktion $cos' = -sin$ besitzt. (Hinweis: Verwenden Sie dabei $cos(a) - cos(b) = -2 \cdot sin(\frac{a+b}{2}) \cdot sin(\frac{a-b}{2})$.)

B2.326.03: Zur Bearbeitung der Aufgabe im einzelnen:

Es sei $x_0 \in \mathbb{R}$ beliebig gewählt. Es wird gezeigt, daß die Funktion cos bei x_0 (lokal) differenzierbar ist, woraus bei dieser Wahl von x_0 die (globale) Differenzierbarkeit von cos folgt. Dazu wird eine beliebige gegen x_0 konvergente Folge $x: \mathbb{N} \longrightarrow \mathbb{R}$ mit $x_n \neq x_0$, für (fast) alle $n \in \mathbb{N}$ betrachtet. Nachzuweisen ist nun, daß die zugehörige Folge $(\frac{cos(x_n) - cos(x_0)}{x_n - x_0})_{n \in \mathbb{N}}$ der Differenzenquotienten konvergiert.

Unter Verwendung der oben angegebenen Formel $cos(a) - cos(b) = -2 \cdot sin(\frac{a+b}{2}) \cdot sin(\frac{a-b}{2})$ hat jedes Folgenglied der zu untersuchenden Folge dann die Form $\frac{cos(x_n) - cos(x_0)}{x_n - x_0} = \frac{-2 \cdot sin(\frac{x_n + x_0}{2}) \cdot sin(\frac{x_n - x_0}{2})}{x_n - x_0} = -sin(\frac{x_n + x_0}{2}) \cdot \frac{sin(\frac{x_n - x_0}{2})}{\frac{x_n - x_0}{2}}$, das bedeutet, daß die zu untersuchende Folge als Produkt von Folgen darstellbar ist. Dabei ist im einzelnen:

1. Die Folge $(sin(\frac{x_n + x_0}{2}))_{n \in \mathbb{N}}$ konvergiert gegen $sin(x_0)$, denn: Wegen $lim(x_n + x_0)_{n \in \mathbb{N}} = x_0 + x_0 = 2x_0$ ist $lim(\frac{x_n + x_0}{2})_{n \in \mathbb{N}} = \frac{1}{2} 2x_0 = x_0$, woraus mit der Stetigkeit von sin (siehe Satz 2.236.2) dann $sin(x_0) = sin(lim(\frac{x_n + x_0}{2})_{n \in \mathbb{N}}) = lim(sin(\frac{x_n + x_0}{2}))_{n \in \mathbb{N}}$ folgt.

2. Da die Folge $(\frac{x_n - x_0}{2})_{n \in \mathbb{N}}$ eine nullkonvergente Folge ist, liefert (wie auch in Satz 2.326.1 schon verwendet) der zweite der obigen Faktoren eine konvergente Folge mit $lim(\frac{sin(\frac{x_n - x_0}{2})}{\frac{x_n - x_0}{2}})_{n \in \mathbb{N}} = 1$.

Aus den Einzelbetrachtungen 1 und 2 folgt dann die Konvergenz der zu untersuchenden Folge der Differenzenquotienten mit $lim(\frac{cos(x_n) - cos(x_0)}{x_n - x_0})_{n \in \mathbb{N}} = -sin(x_0)$.

A2.326.04: Berechnen Sie für eine differenzierbare Funktion f und die identische Funktion id auf $\mathbb{R}$ die Ableitungsfunktion $(f \circ id^n)'$ und berechnen Sie damit dann die Ableitungsfunktion von $h : \mathbb{R} \longrightarrow \mathbb{R}$ mit $h(x) = sin(x^n)$.

B2.326.04: Für differenzierbare Funktionen f und die identische Funktion id auf $\mathbb{R}$ gilt zunächst $(f \circ id^n)' = n \cdot id^{n-1} \cdot (f' \circ id^n)$. Damit ist dann h' definiert durch $h'(x) = nx^{n-1}cos(x^n)$.

A2.326.05: Beweisen Sie nach dem Prinzip der Vollständigen Induktion die Aussagen von Bemerkung 2.326.5/4: Für alle $n \in \mathbb{N}_0$ gelten folgende Sachverhalte:

$$sin^{(n)} = \begin{cases} (-1)^{\frac{n}{2}} \cdot sin, & \text{falls } n \in 2\mathbb{N}_0, \\ (-1)^{\frac{n+1}{2}} \cdot (-cos), & \text{falls } n \in 2\mathbb{N}_0 + 1, \end{cases} \qquad cos^{(n)} = \begin{cases} (-1)^{\frac{n}{2}} \cdot cos, & \text{falls } n \in 2\mathbb{N}_0, \\ (-1)^{\frac{n+1}{2}} \cdot sin, & \text{falls } n \in 2\mathbb{N}_0 + 1. \end{cases}$$

B2.326.05: Zur Bearbeitung der Aufgabe im einzelnen:

a) Gemäß dem Prinzip der Vollständigen Induktion gelten die beiden Induktionsanfänge (IA):
$sin^{(0)} = sin = 1 \cdot sin = (-1)^{\frac{0}{2}} \cdot sin$ und $sin^{(1)} = sin' = cos = -(-cos) = (-1)^{\frac{1+1}{2}} \cdot (-cos)$.
Gemäß dem Prinzip der Vollständigen Induktion gelten die beiden Induktionsschritte (IS): Für alle
α) $n \in 2\mathbb{N}_0$ gilt: $sin^{(n+1)} = (sin^{(n)})' = ((-1)^{\frac{n}{2}} \cdot sin)' = (-1)^{\frac{n}{2}} \cdot sin' = (-1)^{\frac{n}{2}} \cdot cos = (-1)^{\frac{n}{2}}(-1) \cdot (-cos) = (-1)^{\frac{(n+1)+1}{2}} \cdot (-cos)$ mit $n+1 \in 2\mathbb{N}_0 + 1$,
β) $n \in 2\mathbb{N}_0 + 1$ gilt: $sin^{(n+1)} = (sin^{(n)})' = ((-1)^{\frac{n+1}{2}} \cdot (-cos))' = (-1)^{\frac{n+1}{2}} \cdot sin$ mit $n+1 \in 2\mathbb{N}_0$.

b) Gemäß dem Prinzip der Vollständigen Induktion gelten die beiden Induktionsanfänge (IA):
$cos^{(0)} = cos = 1 \cdot cos = (-1)^{\frac{0}{2}} \cdot cos$ und $cos^{(1)} = cos' = -sin = (-1)^{\frac{1+1}{2}} \cdot sin$.
Gemäß dem Prinzip der Vollständigen Induktion gelten die beiden Induktionsschritte (IS): Für alle
α) $n \in 2\mathbb{N}_0$ gilt: $cos^{(n+1)} = (cos^{(n)})' = ((-1)^{\frac{n}{2}} \cdot cos)' = (-1)^{\frac{n}{2}} \cdot cos' = (-1)^{\frac{n}{2}}(-1) \cdot sin = (-1)^{\frac{(n+1)+1}{2}} \cdot sin$ mit $n+1 \in 2\mathbb{N}_0 + 1$,
β) $n \in 2\mathbb{N}_0 + 1$ gilt: $cos^{(n+1)} = (cos^{(n)})' = ((-1)^{\frac{n+1}{2}} \cdot sin)' = (-1)^{\frac{n+1}{2}} \cdot cos$ mit $n+1 \in 2\mathbb{N}_0$.

A2.326.06: Betrachten Sie eine Gerade $g = a \cdot id + b$ mit Anstieg $a \neq 0$ sowie die Komposition $f = sin \circ g$. Beweisen Sie nach dem Prinzip der Vollständigen Induktion die Aussage von Bemerkung 2.326.5/6 in den Einzelteilen:
1. Es gilt: $f^{(n)} = a^n \cdot sin^{(n)} \circ g$, für alle $n \in \mathbb{N}_0$,
2. Es gilt: $f^{(n)} = a^n \cdot sin \circ (g + n\frac{1}{2}\pi)$, für alle $n \in \mathbb{N}_0$.

B2.326.06: Zur Bearbeitung der Aufgabe im einzelnen:

1. Gemäß Vollständiger Induktion sind Induktionsanfang (IA) und Induktionsschritt (IS) zu zeigen:
IA) Es gilt $f^{(0)} = sin \circ g = a^0 \cdot sin^{(0)} \circ g$ und $f^{(1)} = (sin \circ g)' = (sin' \circ g)g' = a^1 \cdot sin^{(1)} \circ g$.
IS) Es gilt $f^{(n+1)} = (sin \circ g)^{(n+1)} = ((sin \circ g)^{(n)})' = (a^n \cdot sin^{(n)} \circ g)' = a^n (sin^{(n)} \circ g)' = a^n ((sin^{(n)})' \circ g)g' = a^{n+1} \cdot sin^{(n+1)} \circ g$.

2. Gemäß Vollständiger Induktion sind Induktionsanfang (IA) und Induktionsschritt (IS) zu zeigen:
IA) Die Behauptung gilt für $n = 0$ wegen $f^{(0)} = f = a^0 \cdot sin \circ g = a^0 \cdot sin \circ (g + 0 \cdot \frac{1}{2}\pi)$ und für $n = 1$ wegen $f^{(1)} = f' = (sin \circ g)' = (sin' \circ g)g' = a \cdot cos \circ g = a \cdot sin \circ (g + \frac{1}{2}\pi) = a^1 \cdot sin \circ (g + 1 \cdot \frac{1}{2}\pi)$.
IS) Die Behauptung gelte für n, dann gilt sie auch für $n+1$, denn es ist $f^{(n+1)} = (f^{(n)})' = (a^n \cdot sin \circ (g + n\frac{1}{2}\pi))' = a^n (sin \circ (g + n\frac{1}{2}\pi))' = a^n (cos \circ (g + n\frac{1}{2}\pi)a = a^{n+1}(sin \circ (g + n\frac{1}{2}\pi + \frac{1}{2}\pi)) = a^{n+1} \cdot sin \circ (g + (n+1)\frac{1}{2}\pi)$.

A2.326.07: Betrachten Sie eine Gerade $g = a \cdot id + b$ mit Anstieg $a \neq 0$ sowie die Komposition $f = cos \circ g$. Beweisen Sie nach dem Prinzip der Vollständigen Induktion die Aussage von Bemerkung 2.326.5/6 in den Einzelteilen:
1. Es gilt: $f^{(n)} = a^n \cdot cos^{(n)} \circ g$, für alle $n \in \mathbb{N}_0$,
2. Es gilt: $f^{(n)} = a^n \cdot cos \circ (g + n\frac{1}{2}\pi)$, für alle $n \in \mathbb{N}_0$.

B2.326.07: Zur Bearbeitung der Aufgabe im einzelnen:

1. Gemäß Vollständiger Induktion sind Induktionsanfang (IA) und Induktionsschritt (IS) zu zeigen:
IA) Es gilt $f^{(0)} = cos \circ g = a^0 \cdot cos^{(0)} \circ g$ und $f^{(1)} = (cos \circ g)' = (cos' \circ g)g' = a^1 \cdot cos^{(1)} \circ g$.
IS) Es gilt $f^{(n+1)} = (cos \circ g)^{(n+1)} = ((cos \circ g)^{(n)})' = (a^n \cdot cos^{(n)} \circ g)' = a^n (cos^{(n)} \circ g)' = a^n ((cos^{(n)})' \circ g)g' = a^{n+1} \cdot cos^{(n+1)} \circ g$.

2. Gemäß Vollständiger Induktion sind Induktionsanfang (IA) und Induktionsschritt (IS) zu zeigen:
IA) Die Behauptung gilt für $n = 0$ wegen $f^{(0)} = f = a^0 \cdot cos \circ g = a^0 \cdot cos \circ (g + 0 \cdot \frac{1}{2}\pi)$ und für $n = 1$ wegen $f^{(1)} = f' = (cos \circ g)' = (cos' \circ g)g' = a \cdot (-sin \circ g) = a \cdot cos \circ (g + \frac{1}{2}\pi) = a^1 \cdot cos \circ (g + 1 \cdot \frac{1}{2}\pi)$.
IS) Die Behauptung gelte für n, dann gilt sie auch für $n + 1$, denn es ist $f^{(n+1)} = (f^{(n)})' = (a^n \cdot cos \circ (g + n\frac{1}{2}\pi))' = a^n (cos \circ (g + n\frac{1}{2}\pi))' = a^n (-sin \circ (g + n\frac{1}{2}\pi)a = a^{n+1}(cos \circ (g + n\frac{1}{2}\pi + \frac{1}{2}\pi)) = a^{n+1} \cdot cos \circ (g + (n+1)\frac{1}{2}\pi)$.

A2.326.08: Untersuchen Sie die Funktionen $f : \mathbb{R} \longrightarrow \mathbb{R}$, definiert durch

a) $f(x) = \begin{cases} x+1, & \text{falls } x \geq 0, \\ sin(x), & \text{falls } x < 0, \end{cases}$
b) $f(x) = \begin{cases} 1, & \text{falls } x \geq \frac{\pi}{2}, \\ sin(x), & \text{falls } x > \frac{\pi}{2}, \end{cases}$

hinsichtlich Stetigkeit und Differenzierbarkeit.

B2.326.08: Im einzelnen liegen folgende Sachverhalte vor:

a) Die Funktion $f : \mathbb{R} \longrightarrow \mathbb{R}$ ist, wie gleich gezeigt wird, an der Stelle 0 (als Sprungstelle) nicht stetig, folglich dort auch nicht differenzierbar (wobei die Einschränkung $f : \mathbb{R}_* \longrightarrow \mathbb{R}$ beide Eigenschaften besitzt): Daß f bei 0 nicht stetig ist, zeigt die Bildfolge $f \circ x$ mit der Testfolge $x = (-\frac{1}{n})_{n \in \mathbb{N}}$ und ihrem Grenzwert $lim(f \circ x) = lim(sin(-\frac{1}{n}))_{n \in \mathbb{N}} = 0 \neq 1 = f(0)$.

b) Die Funktion $f : \mathbb{R} \longrightarrow \mathbb{R}$ ist bei $\frac{\pi}{2}$ differenzierbar, also auch stetig.

A2.326.09: Zeigen Sie, daß die Funktion $f : \mathbb{R} \longrightarrow \mathbb{R}$, definiert durch

a) $f(x) = \begin{cases} x^2 \cdot sin(\frac{1}{x}), & \text{falls } x \neq 0, \\ 0, & \text{falls } x = 0, \end{cases}$

auf ganz $\mathbb{R}$ differenzierbar, ihre Ableitungsfunktion f' aber bei 0 nicht stetig ist.

B2.326.09: Zur Bearbeitung der Aufgabe im einzelnen:

1. Zunächst ist die Funktion $f : \mathbb{R} \setminus \{0\} \longrightarrow \mathbb{R}$ differenzierbar. Ferner ist die gesamte Funktion auch bei 0 differenzierbar, denn zu einer beliebigen nullkonvergenten Folge $x : \mathbb{N} \longrightarrow \mathbb{R}$ ist auch die zugehörige Folge der Differenzenquotienten nullkonvergent mit $lim(\frac{x_n^2 \cdot sin(\frac{1}{x_n})}{x_n})_{n \in \mathbb{N}} = lim(x_n \cdot sin(\frac{1}{x_n}))_{n \in \mathbb{N}} = 0$.

2. Die Funktion $f' : \mathbb{R} \longrightarrow \mathbb{R}$, definiert durch

a) $f'(x) = \begin{cases} 2x \cdot sin(\frac{1}{x}) - cos(\frac{1}{x}), & \text{falls } x \neq 0, \\ 0, & \text{falls } x = 0, \end{cases}$

ist bei 0 nicht stetig, denn zu einer nullkonvergenten Folge x konvergiert $(cos(\frac{1}{x_n}))_{n \in \mathbb{N}}$ nicht gegen 0.

A2.326.10: Diese Aufgabe soll die Beziehung $sin' = cos$ noch ohne den formalen Beweis zu Satz 2.326.1 nahelegen: Stellen Sie sich die graphische Darstellung der Sinus-Funktion vor und erstellen Sie zu sinnvoll ausgewählten Zahlen x eine Wertetabelle für die Tangentenanstiege $sin'(x)$ zu sin bei x.

B2.326.10: Die zu erstellende Wertetabelle kann folgendes Aussehen haben:

x	-2π	$-\frac{3}{2}\pi$	$-\pi$	$-\frac{1}{2}\pi$	0	$\frac{1}{2}\pi$	π	$\frac{3}{2}\pi$	2π
$sin'(x)$	1	0	-1	0	1	0	-1	0	1

Beachtet man, daß die Funktionswerte $-1, 0, 1$ nicht für Zwischenzahlen auftreten können, so liefert eine solche Wertetabelle mit graphischer Darstellung der Punkte $(x, sin'(x))$ mutmaßlich die Cosinus-Funktion, denn andere Linien kann man durch Plausibilitätsbetrachtungen für Zwischenstellen im wesentlichen ausschließen.

2.330 Tangente und Normale

A2.330.01: Untersuchen Sie die bijektive und stetige Funktion $f : \mathbb{R} \longrightarrow (-1,1)$, definiert durch die Vorschrift $f(z) = \frac{z}{1+|z|}$, hinsichtlich Differenzierbarkeit (siehe auch Aufgabe A2.215.04).

B2.330.01: Die Funktion f, definiert durch $f(z) = \frac{z}{1+|z|} = \begin{cases} \frac{z}{1+z}, & \text{falls } z \geq 0, \\ \frac{z}{1-z}, & \text{falls } z < 0, \end{cases}$ ist bei 0 differenzierbar, denn betrachtet man eine beliebige gegen 0 konvergente
a) antitone Folge $x : \mathbb{N} \longrightarrow \mathbb{R}^+$, dann ist die zugehörige Folge der Differenzenquotienten konvergent gegen den Grenzwert $lim(\frac{f(x_n)-f(0)}{x_n-0})_{n\in\mathbb{N}} = lim(\frac{\frac{x_n}{1+x_n}-\frac{0}{1+0}}{x_n-0})_{n\in\mathbb{N}} = lim(\frac{\frac{x_n}{1+x_n}}{x_n})_{n\in\mathbb{N}} = lim(\frac{1}{1+x_n})_{n\in\mathbb{N}} = 1$,
b) monotone Folge $x : \mathbb{N} \longrightarrow \mathbb{R}^-$, dann ist die zugehörige Folge der Differenzenquotienten konvergent gegen den Grenzwert $lim(\frac{f(x_n)-f(0)}{x_n-0})_{n\in\mathbb{N}} = lim(\frac{\frac{x_n}{1-x_n}-\frac{0}{1-0}}{x_n-0})_{n\in\mathbb{N}} = lim(\frac{\frac{x_n}{1-x_n}}{x_n})_{n\in\mathbb{N}} = lim(\frac{1}{1-x_n})_{n\in\mathbb{N}} = 1$.
Da beide Grenzwerte existieren und außerdem gleich sind, ist f bei 0 differenzierbar.

Die Ableitungsfunktion $f' : \mathbb{R} \longrightarrow \mathbb{R}$ ist definiert durch $f'(z) = \begin{cases} \frac{(1+z)-z}{(1+z)^2} = \frac{1}{(1+z)^2}, & \text{falls } z \geq 0, \\ \frac{(1-z)+z}{(1-z)^2} = \frac{1}{(1-z)^2}, & \text{falls } z < 0. \end{cases}$

Die Tangente $t_0 : \mathbb{R} \longrightarrow \mathbb{R}$ an f bei 0 ist definiert durch $t_0(z) = f'(0) \cdot z - f'(0) \cdot 0 + f(0) = z$.

A2.330.02: Zeigen Sie unter Verwendung von Satz 2.303.1, daß die Funktion $f : \mathbb{R} \longrightarrow \mathbb{R}$ mit $f(z) = \frac{z}{2+|z|}$ insbesondere bei 0 differenzierbar ist, geben Sie die 1. Ableitungsfunktion f' an und berechnen Sie die Zuordnungsvorschriften der Tangenten $t_0, t_{-1} : \mathbb{R} \longrightarrow \mathbb{R}$ an f bei 0 und bei -1.

B2.330.02: Die Funktion f, definiert durch $f(z) = \frac{z}{2+|z|} = \begin{cases} \frac{z}{2+z}, & \text{falls } z \geq 0, \\ \frac{z}{2-z}, & \text{falls } z < 0, \end{cases}$ ist bei 0 differenzierbar, denn betrachtet man eine beliebige gegen 0 konvergente
a) antitone Folge $x : \mathbb{N} \longrightarrow \mathbb{R}^+$, dann ist die zugehörige Folge der Differenzenquotienten konvergent gegen den Grenzwert $lim(\frac{f(x_n)-f(0)}{x_n-0})_{n\in\mathbb{N}} = lim(\frac{\frac{x_n}{2+x_n}-\frac{0}{2+0}}{x_n-0})_{n\in\mathbb{N}} = lim(\frac{\frac{x_n}{2+x_n}}{x_n})_{n\in\mathbb{N}} = lim(\frac{1}{2+x_n})_{n\in\mathbb{N}} = \frac{1}{2}$,
b) monotone Folge $x : \mathbb{N} \longrightarrow \mathbb{R}^-$, dann ist die zugehörige Folge der Differenzenquotienten konvergent gegen den Grenzwert $lim(\frac{f(x_n)-f(0)}{x_n-0})_{n\in\mathbb{N}} = lim(\frac{\frac{x_n}{2-x_n}-\frac{0}{2-0}}{x_n-0})_{n\in\mathbb{N}} = lim(\frac{\frac{x_n}{2-x_n}}{x_n})_{n\in\mathbb{N}} = lim(\frac{1}{2-x_n})_{n\in\mathbb{N}} = \frac{1}{2}$.
Da beide Grenzwerte existieren und außerdem gleich sind, ist f bei 0 differenzierbar.

Die Ableitungsfunktion $f' : \mathbb{R} \longrightarrow \mathbb{R}$ ist definiert durch $f'(z) = \begin{cases} \frac{(2+z)-z}{(2+z)^2} = \frac{2}{(2+z)^2}, & \text{falls } z \geq 0, \\ \frac{(2-z)+z}{(2-z)^2} = \frac{2}{(2-z)^2}, & \text{falls } z < 0. \end{cases}$

Die Tangente $t_0 : \mathbb{R} \longrightarrow \mathbb{R}$ an f bei 0 ist definiert durch $t_0(z) = f'(0) \cdot z - f'(0) \cdot 0 + f(0) = \frac{1}{2}z$, die Tangente $t_{-1} : \mathbb{R} \longrightarrow \mathbb{R}$ an f bei -1 ist definiert durch $t_{-1}(z) = f'(-1) \cdot z - f'(-1) \cdot (-1) + f(-1) = \frac{2}{9}z - \frac{1}{9}$.

A2.330.03: Berechnen Sie den Schnittpunkt und das Schnittwinkel-Innenmaß der durch die Vorschriften $f(x) = x^3 + x - 1$ und $g(x) = x^2 - x - 1$ definierten Funktionen $f, g : \mathbb{R} \longrightarrow \mathbb{R}$.

B2.330.03: Die Äquivalenzen $x \in S(f,g) \Leftrightarrow f(x = g(x) \Leftrightarrow x^3+x-1 = x^2-x-1 \Leftrightarrow x^3-x^2+2x = 0 \Leftrightarrow x(x^2-x+2) = 0 \Leftrightarrow x = 0$ liefern zunächst die Schnittstelle 0 von f und g. Damit ist dann der Punkt $(0, f(0)) = (0, -1)$ der zugehörige Schnittpunkt.
Nun zum Schnittwinkel-Innenmaß $wi(f,g)$: Betrachtet man die Ableitungsfunktionen $f', g' : \mathbb{R} \longrightarrow \mathbb{R}$ mit $f'(x) = 3x^2 + 1$ und $g'(x) = 2x - 1$, dann ist $tan(\alpha_f) = f'(0) = 1$ und $tan(\alpha_g) = g'(0) = -1$, woraus dann die jeweiligen Winkelinnen-Maße zur Abszisse, $\alpha_f = wi(t_f, 0) = 45°$ und $\alpha_g = wi(t_g, 0) = 45°$, folgen. Insgesamt ist dann $wi(f,g) = wi(t_f, t_g) = wi(t_f, 0) + wi(t_g, 0) = 45° + 45° = 90°$.

A2.330.04: Betrachten Sie zu $a \in \mathbb{R}$ das Paar $a - id^2, -a + id^2 : \mathbb{R}_0^+ \longrightarrow \mathbb{R}$ von Funktionen, das genau einen Schnittpunkt auf der Abszisse hat. Als Schnittwinkel beider Funktionen sei derjenige der beiden Tangentenschnittwinkel betrachtet, der die Abszisse enthält.

1. Skizzieren Sie beide Funktionen für $a = 2$.
2. Berechnen Sie die Zahl a, für die der Schnittwinkel α das Maß $w(a) = 60°$ (90°, 120°) besitzt.
3. Berechnen Sie (gegebenfalls näherungsweise) $w(0)$, $w(\frac{1}{4})$, $w(1)$ und $w(25)$.
4. Geben Sie die durch die Zuordnung $a \longmapsto w(a)$ definierte Funktion w an und begründen Sie die Monotonie dieser Funktion.

B2.330.04: Zur Bearbeitung im einzelnen:

1. Die beiden Funktionen zeigt nebenstehende Skizze.
2. Zu jedem $a \in \mathbb{R}$ sind die beiden Funktionen $a - id^2 : \mathbb{R}_0^+ \longrightarrow \mathbb{R}$ und $-a + id^2 : \mathbb{R}_0^+ \longrightarrow \mathbb{R}$ zueinander spiegelsymmetrisch bezüglich der Abszisse und besitzen den Schnittpunkt $S = (\sqrt{a}, 0)$.

Ferner besitzt die Einschränkung $-a + id^2 : \mathbb{R}^+ \longrightarrow \mathbb{R}$ die Ableitungsfunktion $(-a + id^2)' = 2 \cdot id$, folglich hat die Tangente t_{-a} den Anstieg $(2 \cdot id)(\sqrt{a}) = 2\sqrt{a}$.

Dieser Anstieg $2\sqrt{a}$ entspricht dem Anstiegswinkel der Tangente t_{-a} und somit der Hälfte des in der Aufgabe bezeichneten Schnittwinkels α. Es gilt also $tan(\frac{1}{2}\alpha) = 2\sqrt{a}$.

Die erfragten Zahlen a werden nun durch folgende Äquivalenzen ermittelt, wobei $tan(\beta) = \frac{sin(\beta)}{cos(\beta)}$ verwendet wird: Es gilt

$w(a) = 60° \Leftrightarrow 2\sqrt{a} = tan(30°) = \frac{1}{3}\sqrt{3} \Leftrightarrow a = \frac{1}{12}$,
$w(a) = 90° \Leftrightarrow 2\sqrt{a} = tan(45°) = 1 \Leftrightarrow a = \frac{1}{4}$,
$w(a) = 120° \Leftrightarrow 2\sqrt{a} = tan(60°) = \sqrt{3} \Leftrightarrow a = \frac{3}{4}$.

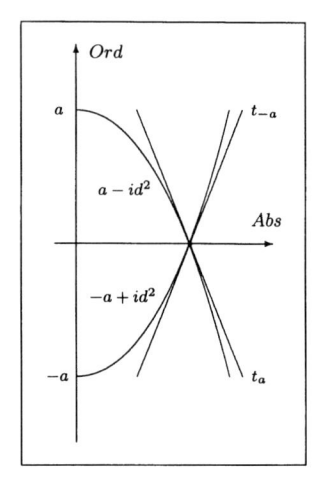

3. Die erfragten Winkelmaße $\alpha = w(a)$ zu a werden durch folgende Äquivalenzen ermittelt: Es gilt

$w(0) = \alpha \Leftrightarrow 2\sqrt{0} = tan(\frac{1}{2}\alpha) \Leftrightarrow 0 = tan(\frac{1}{2}\alpha) \Leftrightarrow \frac{1}{2}\alpha = 0° \Leftrightarrow \alpha = 0°$,
$w(\frac{1}{4}) = \alpha \Leftrightarrow 2\sqrt{\frac{1}{4}} = tan(\frac{1}{2}\alpha) \Leftrightarrow 1 = tan(\frac{1}{2}\alpha) \Leftrightarrow \frac{1}{2}\alpha = w(arc-tan(1)) = 45° \Leftrightarrow \alpha = 90°$,
$w(1) = \alpha \Leftrightarrow 2\sqrt{1} = tan(\frac{1}{2}\alpha) \Leftrightarrow 2 = tan(\frac{1}{2}\alpha) \Leftrightarrow \frac{1}{2}\alpha = w(arc-tan(2)) \approx 63,43° \Leftrightarrow \alpha \approx 126,86°$,
$w(25) = \alpha \Leftrightarrow 2\sqrt{25} = tan(\frac{1}{2}\alpha) \Leftrightarrow 10 = tan(\frac{1}{2}\alpha) \Leftrightarrow \frac{1}{2}\alpha = w(arc-tan(10)) \approx 84,29°$
$\Leftrightarrow \alpha \approx 168,58°$.

4. Die Zuordnung $a \longmapsto w(a)$ beschreibt die Komposition $\mathbb{R}_0^+ \longrightarrow \mathbb{R}_0^+ \longrightarrow \mathbb{R}$ mit den einzelnen Zuordnungen $a \longmapsto 2\sqrt{a} \longmapsto 2 \cdot w(arc-tan(2\sqrt{a}))$ mit dem Winkelmaß $w(b) = \frac{b}{\pi} \cdot 180°$. Diese Komposition ist als Komposition monotoner Funktionen ebenfalls monoton.

A2.330.05: Es sei $f : I \longrightarrow \mathbb{R}$ eine bei $x_0 \in I$ differenzierbare Funktion. Bestimmen Sie unter Verwendung von Definition 2.304.1/1 die Zuordnungsvorschrift der Tangente t an f bei x_0. Wie läßt sich daraus ein Maß für die Güte linearer Approximation von f durch t gewinnen?

B2.330.05: Ist f bei $x_0 \in I$ differenzierbar, so gibt es zu x_0 eine in x_0 stetige Funktin d mit $f(x) = f(x_0) + d(x)(x - x_0)$, wobei sich diese Darstellung auch erweitern läßt zu $f(x) = f(x_0) + d(x_0(x - x_0) + d(x)(x - x_0) - d(x_0)(x - x_0)$. Damit können zwei Funktionen $t, M : I \longrightarrow \mathbb{R}$ definiert werden mit $t(x) = f(x_0) + d(x_0)(x - x_0)$ und $M(x) = (d(x) - d(x_0))(x - x_0)$, für die dann $f = t + M$ gilt.

Dabei ist t die Tangente an f bei x_0, denn es gilt $t(x) = f(x_0) + d(x_0)(x - x_0) = d(x_0)x - d(x_0)x_0 + f(x_0) = f'(x_0)x - f'(x_0)x_0 + f(x_0)$.

Mit $f = t + M$ ist $M = f - t$ und damit $|M(x)| = |f(x) - t(x)|$ ein Maß für die Güte der Approximation von f durch t.

2.331 TANGENTIALE ABWEICHUNG (TANGENTIALE BÄNDER)

Hinweis: Alle Aufgaben behandeln tangentiale Bänder zu der Funktion $f = id^2 : [0, b] \longrightarrow \mathbb{R}$.

A2.331.01: Verifizieren Sie die Angaben in Bemerkung 2.331.4/2 für die Wahl $x_1 = 0$.

B2.331.01: Zur Bearbeitung der Aufgaben im einzelnen:
1. Zu den Angaben in Bemerkung 2.331.4/2 noch etwas ausführlichere Berechnungen. Zunächst beachte man aber, daß alle Tangenten t_k durch die zugehörige Berührstelle mit f eindeutig bestimmt sind (wie das in allen Fällen für Tangenten zu vorgegebenen Berührpunkten gilt) und mit der allgemeinen Vorschrift $t_k(x) = f'(x_k)x - f'(x_k)x_k + f(x_k)$ dann für $f = id^2$ durch die Vorschrift $t_k(x) = 2x_k x - 2x_k x_k + x_k^2$, also durch $t_k(x) = 2x_k x - x_k^2$ definiert sind. Im folgenden wird das Wort Tangente stets im Sinne einer Strecke (Ausschnitt aus der gesamten Tangente als Gerade) verwendet.

Bemerkung: Zu Bemerkung 2.331.4/2a): Die Tangente t_1 hat den Definitionsbereich $[0, s_1] = [0, \sqrt{c}]$ und als Teil der Abszisse den Bildbereich $\{0\}$, ist also eine (surjektive) Funktion $t_1 : [0, \sqrt{c}] \longrightarrow \{0\}$.

Wie die folgenden Berechnungen zeigen, haben die Folgen $s = (s_k)_{k \in \mathbb{N}}$ und $x = (x_k)_{k \in \mathbb{N}}$ das Aussehen:

$x_1 = 0 \quad x_2 = 2\sqrt{c} \quad x_3 = 4\sqrt{c} \quad x_4 = 6\sqrt{c} \quad x_5 = 8\sqrt{c} \quad ... \quad x_k = 2(k-1)\sqrt{c} \quad x_{k+1} = 2k\sqrt{c}$

$s_1 = \sqrt{c} \quad s_2 = 3\sqrt{c} \quad s_3 = 5\sqrt{c} \quad s_4 = 7\sqrt{c} \quad s_5 = 9\sqrt{c} \quad ... \quad s_k = (2k-1)\sqrt{c} \quad s_{k+1} = (2k+1)\sqrt{c}$

Der Nachweis dieser Angaben erfolgt induktiv, wobei die folgenden Teile a) bis d) den Induktionsanfang darstellen. Dabei wird mit $s_1 = \sqrt{c}$ (siehe obige Bemerkung) zunächst x_2, damit dann s_2 und schließlich x_3, also in der Reihenfolge $s_1 \longrightarrow x_2 \longrightarrow s_2 \longrightarrow x_3$ ermittelt:

a) Berechnung von x_2 anhand der Bedingung $M_2(s_1) = c$ mit folgenden Äquivalenzen: $M_2(s_1) = c$
$\Leftrightarrow (f - t_2)(s_1) = c \Leftrightarrow f(s_1) - t_2(s_1) = c \Leftrightarrow s_1^2 - (2x_2 s_1 - x_2^2) = c \Leftrightarrow x_2^2 - 2x_2 s_1 + s_1^2 - c = 0$
$\Leftrightarrow x_2 = s_1 + \sqrt{s_1^2 - s_1^2 + c} \Leftrightarrow x_2 = s_1 + \sqrt{c} = \sqrt{c} + \sqrt{c} = 2\sqrt{c}$.

b) Berechnung von s_2 anhand der Bedingung $M_2(s_2) = c$ mit folgenden Äquivalenzen: $M_2(s_2) = c$
$\Leftrightarrow (f - t_2)(s_2) = c \Leftrightarrow f(s_2) - t_2(s_2) = c \Leftrightarrow s_2^2 - (2x_2 s_2 - x_2^2) = c \Leftrightarrow s_2^2 - 2x_2 s_2 + x_2^2 - c = 0$
$\Leftrightarrow s_2 = x_2 + \sqrt{x_2^2 - x_2^2 + c} \Leftrightarrow s_2 = x_2 + \sqrt{c} = 2\sqrt{c} + \sqrt{c} = 3\sqrt{c}$.

c) Berechnung von x_3 anhand der Bedingung $M_3(s_2) = c$ mit folgenden Äquivalenzen: $M_3(s_2) = c$
$\Leftrightarrow (f - t_3)(s_2) = c \Leftrightarrow f(s_2) - t_3(s_1) = c \Leftrightarrow s_2^2 - (2x_3 s_2 - x_3^2) = c \Leftrightarrow x_3^2 - 2x_3 s_2 + s_2^2 - c = 0$
$\Leftrightarrow x_3 = s_2 + \sqrt{s_2^2 - s_2^2 + c} \Leftrightarrow x_3 = s_2 + \sqrt{c} = 3\sqrt{c} + \sqrt{c} = 4\sqrt{c}$.

d) Die Tangente t_2 hat den Definitionsbereich $[s_1, s_2] = [\sqrt{c}, 3\sqrt{c}]$, ferner besitzt sie den Bildbereich $[t_2(s_1), t_2(s_2)]$, ist also mit $t_2(s_1) = 4\sqrt{c}\sqrt{c} - 4c = 0$ und $t_2(s_2) = 2x_2 s_2 - x_2^2 = 4\sqrt{c} \cdot 3\sqrt{c} - 4c = 8c$ eine (bijektive) Funktion $t_2 : [\sqrt{c}, 3\sqrt{c}] \longrightarrow [0, 8c]$.

Anmerkung: Die Berechnung von x_3 kann auch anhand der Bedingung $t_2(s_2) = t_3(s_2)$ sowie der Berechnung von $t_2(s_2) = 8c$ (siehe vorstehendn Teil d)) erfolgen: Die Äquivalenzen $t_2(s_2) = t_3(s_2) \Leftrightarrow 8c = 2x_3 s_2 - x_3^2 \Leftrightarrow x_3^2 - 2x_3 s_2 + 8c = 0 \Leftrightarrow x_3 = s_2 + \sqrt{s_2^2 - 8c} = 3\sqrt{c} + \sqrt{9c - 8c} = 3\sqrt{c} + \sqrt{c} = 4\sqrt{c}$ liefern die Berührstelle $x_3 = 4\sqrt{c}$ von t_3 mit f. (Man beachte, daß diese quadratische Gleichung aus Symmetriegründen auch die schon bekannte Lösung $x_2 = 2\sqrt{c}$ liefert.)

Im folgenden Induktionsschritt wird unter der Induktionsannahme $s_{k-1} = 2(k-3)\sqrt{c}$ zunächst x_k, damit dann s_k und schließlich x_{k+1}, also in der Reihenfolge $s_{k-1} \longrightarrow x_k \longrightarrow s_k \longrightarrow x_{k+1}$ ermittelt:

e) Berechnung von x_k anhand der Bedingung $M_k(s_{k-1}) = c$ mit den folgenden Äquivalenzen:
$M_k(s_{k-1}) = c \Leftrightarrow (f - t_k)(s_{k-1}) = c \Leftrightarrow f(s_{k-1}) - t_k(s_{k-1}) = c \Leftrightarrow s_{k-1}^2 - (2x_k s_{k-1} - x_k^2) - c = 0$
$\Leftrightarrow x_k^2 - 2x_k s_{k-1} + s_{k-1}^2 - c = 0 \Leftrightarrow x_k = s_{k+1} + \sqrt{s_{k+1}^2 - s_{k+1}^2 + c}$
$\Leftrightarrow x_k = s_{k+1} + \sqrt{c} = (2k-3)\sqrt{c} + \sqrt{c} = 2(k-1)\sqrt{c}$.

f) Berechnung von s_k anhand der Bedingung $M_k(s_k) = c$ mit folgenden Äquivalenzen: $M_k(s_k) = c$
$\Leftrightarrow (f - t_k)(s_k) = c \Leftrightarrow f(s_k) - t_k(s_k) = c \Leftrightarrow s_k^2 - (2x_k s_k - x_k^2) = c \Leftrightarrow s_k^2 - 2x_k s_k + x_k^2 - c = 0$

$\Leftrightarrow s_k = x_k + \sqrt{x_k^2 - x_k^2 + c} \Leftrightarrow s_k = x_k + \sqrt{c} = 2(k-1)\sqrt{c} + \sqrt{c} = (2k-1)\sqrt{c}$.

g) Berechnung von x_{k+1} anhand der Bedingung $M_{k+1}(s_k) = c$ mit den folgenden Äquivalenzen:
$M_{k+1}(s_k) = c \Leftrightarrow (f - t_{k+1})(s_k) = c \Leftrightarrow f(s_k) - t_{k+1}(s_k) = c$
$\Leftrightarrow s_k^2 - (2x_{k+1}s_k - x_{k+1}^2) - c = 0 \Leftrightarrow x_{k+1}^2 - 2x_{k+1}s_k + s_k^2 - c = 0$
$\Leftrightarrow x_{k+1} = s_k + \sqrt{s_k^2 - s_k^2 + c} = s_k + \sqrt{c} = (2k-1)\sqrt{c} + \sqrt{c} = 2k\sqrt{c}$.

h) Damit haben die Tangentenabschnitte t_k zunächst die Form $t_{k+1} : [s_k, s_{k+1}] \longrightarrow [t_{k+1}(s_k), t_{k+1}(s_{k+1})]$. Beachtet man hinsichtlich des Definitionsbereichs $s_k = (2k-1)\sqrt{c}$ und $s_{k+1} = (2k+1)\sqrt{c}$ sowie hinsichtlich des Bildbereichs $t_{k+1}(s_k) = t_k(s_k) = 4k(k-1)c$ und $t_{k+1}(s_{k+1}) = 4k(k+1)c$, dann liegen für alle $k \in \mathbb{N}$ folgende Tangenten vor:

$$t_{k+1} : [(2k-1)\sqrt{c}, (2k+1)\sqrt{c}] \longrightarrow [4k(k-1)c, 4k(k+1)c].$$

Anmerkung: Die Berechnung von x_{k+1} kann auch anhand der Bedingung $t_k(s_k) = t_{k+1}(s_k)$ sowie der Berechnung von $t_k(s_k)$ (siehe Nachbemerkung) erfolgen: Zunächst liegen folgende Äquivalenzen vor:
$t_k(s_k) = t_{k+1}(s_k) \Leftrightarrow 4k(k-1)c = 2x_{k+1}s_k - x_{k+1}^2 \Leftrightarrow x_{k+1}^2 - 2x_{k+1}s_k + 4k(k-1)c = 0 \Leftrightarrow x_{k+1} = s_k + \sqrt{s_k^2 - 4k(k-1)c}$. Mit $s_k = (2k-1)\sqrt{c}$ ist dann schließlich $x_{k+1} = (2k-1)\sqrt{c} + \sqrt{(2k-1)^2 c - 4k(k-1)c} = (2k-1)\sqrt{c} + \sqrt{4k^2 - 4k + 1 - 4k^2 + 4k} \cdot \sqrt{c} = (2k-1)\sqrt{c} + \sqrt{c} = 2k\sqrt{c}$.

Nachbemerkung: Bei vorstehender Berechnung wird der Funktionswert $t_k(s_k) = 2x_k s_k - x_k^2 = 4(k-1)\sqrt{c} \cdot (2k-1)\sqrt{c} - 4(k-1)^2 c = 4(2k^2 - 3k + 1 - k^2 + 2k - 1)c = 4(k^2 - k)c = 4k(k-1)c$ verwendet.

A2.331.02: Verifizieren Sie die Angaben in Bemerkung 2.331.4/4 (mit $x_1 = 0$). Betrachten Sie dann zunächst $c = 0,1$. Wieviele Tangentenstücke werden für $D(f) = [0, 16\sqrt{c}]$ benötigt? Welche Gesamtlänge hat dieses Band? Untersuchen Sie dann dieselben Fragen für $c \in \{1, 4, 16, 64\}$ für $D(f) = [0, 32]$.

B2.331.02: Zur Bearbeitung der Aufgabe im einzelnen:

1. Hinsichtlich der Längen der einzelnen Tangenten(abschnitte) gilt im Fall des zu untersuchenden Bandes zunächst $s(t_1) = \sqrt{c}$ und dann allgemein $s(t_{k+1}) = 2\sqrt{c(1 + 16k^2c)} = 2\sqrt{c + (4kc)^2} \approx 8kc$, für alle $k \in \mathbb{N}$. Die erste Länge ist klar, die allgemeine Beziehung wird nach dem *Satz des Pythagoras* auf folgende Weise berechnet, wobei die dazu notwendigen Daten in folgender Skizze enthalten sind:

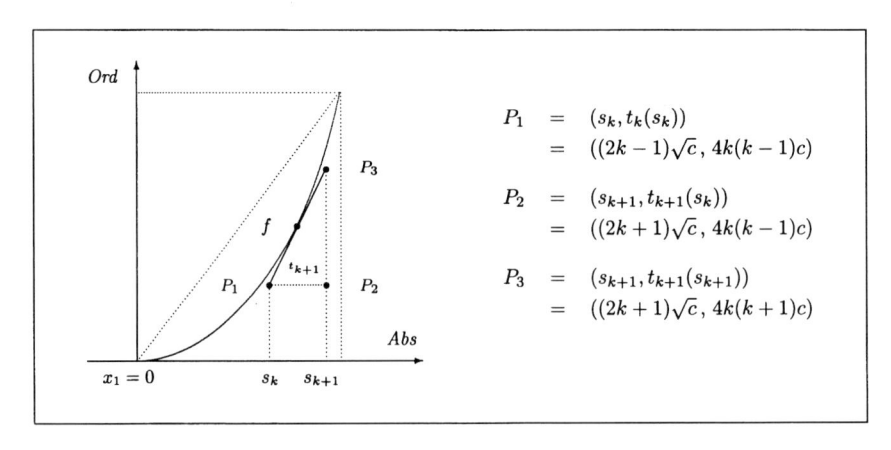

$P_1 = (s_k, t_k(s_k))$
$ = ((2k-1)\sqrt{c}, 4k(k-1)c)$

$P_2 = (s_{k+1}, t_{k+1}(s_k))$
$ = ((2k+1)\sqrt{c}, 4k(k-1)c)$

$P_3 = (s_{k+1}, t_{k+1}(s_{k+1}))$
$ = ((2k+1)\sqrt{c}, 4k(k+1)c)$

Es gilt: $(s(t_{k+1}))^2 = d^2(P_1, P_3) = d^2(P_1, P_2) + d^2(P_2, P_3) = (s_{k+1} - s_k)^2 + (t_{k+1}(s_{k+1}) - t_{k+1}(s_k))^2$
$= ((2k+1)\sqrt{c} - (2k-1)\sqrt{c})^2 + (4k(k+1)c - 4k(k-1)c)^2 = (2\sqrt{c})^2 + (8kc)^2 = 4c + 64k^2c^2 = 4(c + 16k^2c^2)$,
folglich ist dann $s(t_{k+1}) = 2\sqrt{c(1 + 16k^2c)} = 2\sqrt{c + (4kc)^2} \approx 8kc$, für alle $k \in \mathbb{N}$.

2. Die folgende Tabelle enthält für die Abweichungstoleranz $c = 0,1$ die 9 einzelnen Längen, genauer die erste Länge $s(t_1)$ sowie für $k \in \{1, ..., 7\}$ die Längen $s(t_{k+1})$, schließlich die Länge $\frac{1}{2} \cdot s(t_9)$, denn die obere Grenze des Definitionsbereichs $[0, 16\sqrt{c}]$ ist gerade so gewählt, daß sie mit der Berührstelle $x_9 = 16\sqrt{c}$ übereinstimmt.

Index k	1	2	3	4	5	6	7	8		
Längen $s(t_{k+1})$	$s(t_1)$	$s(t_2)$	$s(t_3)$	$s(t_4)$	$s(t_5)$	$s(t_6)$	$s(t_7)$	$s(t_8)$	$\frac{1}{2}\cdot s(t_9)$	Summe
$2\sqrt{c+(4kc)^2}$	0,32	1,02	1,72	2,48	3,26	4,05	4,84	5,64	3,22	26,6
Näherung $8kc$	0,3	0,8	1,6	2,4	3,2	4,0	4,8	5,6	3,2	25,9

Es ist klar, daß $8kc < 2\sqrt{c+(4kc)^2}$ für die Strecken $s(t_2),...,s(t_9)$ gilt. Andererseits zeigt das auch in der obigen Skizze angedeutete rechtwinklige Dreieck mit den Eckpunkten $(0,0)$ sowie $(16\sqrt{c},0)$ und $(16\sqrt{c},16^2c)$, daß die Sehne von $(0,0)$ bis $(16\sqrt{c},16^2c)$ die Länge 26,1 besitzt, woraus folgt, daß für die tatsächliche Länge $s(f)$ von f die Abschätzung $26,1 < s(f) < 26,6$ gilt.

3a) Die folgende Tabelle enthält für die Abweichungstoleranz $c = 1$ die 17 einzelnen Längen, genauer die erste Länge $s(t_1)$ sowie für $k \in \{1,...,15\}$ die Längen $s(t_{k+1})$, schließlich die Länge $\frac{1}{2}\cdot s(t_{17})$, denn die obere Grenze des Definitionsbereichs $[0,32]$ ist gerade so gewählt, daß sie mit der Berührstelle $x_{17} = 32$ übereinstimmt, wie $(x_1, s_1, s_2, s_3, s_4, ..., s_{16}, x_{17}) = (0, 1, 3, 5, 7, ..., 29, 31, 32)$ zeigt.

Index k	1	2	3	4	5	6	7	8	9
Längen $s(t_{k+1})$	$s(t_1)$	$s(t_2)$	$s(t_3)$	$s(t_4)$	$s(t_5)$	$s(t_6)$	$s(t_7)$	$s(t_8)$	$s(t_9)$	$s(t_{10})$
$2\sqrt{c+(4kc)^2}$	1	8,25	16,12	24,08	32,06	40,05	48,04	56,04	64,03	72,02
Näherung $8kc$	1	8	16	24	32	40	48	56	64	72

Index k	10	11	12	13	14	15	16	
Längen $s(t_{k+1})$	$s(t_{11})$	$s(t_{12})$	$s(t_{13})$	$s(t_{14})$	$s(t_{15})$	$s(t_{16})$	$\frac{1}{2}\cdot s(t_{17})$	Summe
$2\sqrt{c+(4kc)^2}$	80,02	88,02	96,02	104,02	112,02	120,02	64,01	1025,82
Näherung $8kc$	80	88	96	104	112	120	64	1025

3b) Die folgende Tabelle enthält für die Abweichungstoleranz $c = 4$ die 9 einzelnen Längen, genauer die erste Länge $s(t_1)$ sowie für $k \in \{1,...,7\}$ die Längen $s(t_{k+1})$, schließlich die Länge $\frac{1}{2}\cdot s(t_9)$, denn die obere Grenze des Definitionsbereichs $[0,32]$ ist gerade so gewählt, daß sie mit der Berührstelle $x_9 = 32$ übereinstimmt, wie $(x_1, s_1, s_2, s_3, s_4, ..., s_8, x_9) = (0, 2, 6, 10, 14, 18, 22, 26, 30, 32)$ zeigt.

Index k	1	2	3	4	5	6	7	8		
Längen $s(t_{k+1})$	$s(t_1)$	$s(t_2)$	$s(t_3)$	$s(t_4)$	$s(t_5)$	$s(t_6)$	$s(t_7)$	$s(t_8)$	$\frac{1}{2}\cdot s(t_9)$	Summe
$2\sqrt{c+(4kc)^2}$	2,00	32,25	64,12	96,08	128,06	160,05	192,04	224,04	128,02	1026,66
Näherung $8kc$	2	32	64	96	128	160	192	224	128	1026

3c) Die folgende Tabelle enthält für die Abweichungstoleranz $c = 16$ die 5 einzelnen Längen, genauer die erste Länge $s(t_1)$ sowie für $k \in \{1,2,3\}$ die Längen $s(t_{k+1})$, schließlich die Länge $\frac{1}{2}\cdot s(t_5)$, denn die obere Grenze des Definitionsbereichs $[0,32]$ ist gerade so gewählt, daß sie mit der Berührstelle $x_5 = 32$ übereinstimmt, wie $(x_1, s_1, s_2, s_3, s_4, x_5) = (0, 4, 12, 20, 28, 32)$ zeigt.

Index k	1	2	3	4		
Längen $s(t_{k+1})$	$s(t_1)$	$s(t_2)$	$s(t_3)$	$s(t_4)$	$\frac{1}{2}\cdot s(t_5)$	Summe
$2\sqrt{c+(4kc)^2}$	4,00	128,25	256,12	384,08	256,03	1028,48
Näherung $8kc$	4	128	256	384	256	1028

3d) Die folgende Tabelle enthält für die Abweichungstoleranz $c = 64$ die 3 einzelnen Längen, genauer die erste Länge $s(t_1)$ sowie für $k = 1$ die Länge $s(t_{k+1})$, schließlich die Länge $\frac{1}{2}\cdot s(t_3)$, denn die obere Grenze des Definitionsbereichs $[0,32]$ ist gerade so gewählt, daß sie mit der Berührstelle $x_3 = 32$ übereinstimmt, wie $(x_1, s_1, s_2, x_3) = (0, 8, 24, 32)$ zeigt.

Index k	1	2		
Längen $s(t_{k+1})$	$s(t_1)$	$s(t_2)$	$\frac{1}{2}\cdot s(t_3)$	Summe
$2\sqrt{c+(4kc)^2}$	8,00	512,25	512,06	1032,31
Näherung $8kc$	8	512	512	1032

Bemerkungen und Kommentare:

1. Das Band mit der minimalen Streckenanzahl ist das zu $c = 128$ und enthält zwei Tangenten mit den Längen $s(t_1) = \sqrt{128} = 8\sqrt{2} \approx 11,31$ und $\frac{1}{2} \cdot s(t_2) = 2\sqrt{128 + (4 \cdot 1 \cdot 128)^2} \approx 1024,25$ und der Gesamtlänge $1035,56 \approx 1035$.

2. Analog wie zu Bearbeitungsteil 2 lassen sich die Bandlängen mit der Sehnenlänge s (als Länge der Hypotenuse eines rechtwinkligen Dreiecks) vergleichen. Dabei ist $s^2 = 32^2 + 32^4$, also $s \approx 1024,5$.

3. Insgesamt kann man feststellen, daß alle Näherungen im Vergleich zu den genaueren Berechnungen (jeweils dritte Tabellenzeile) sehr gut sind. Ferner kann man feststellen: Einerseits werden für jedes c die Näherungen mit zunehmendem Index k jeweils besser, andererseits wird die Summe der Näherungen mit zunehmendem c ebenfalls besser (jeweils im Vergleich mit den Daten der dritten Tabellenzeile).

4. Die berechneten Einzellängen $s(t_{k+1})$ und deren Summen zeigen für die Abweichungstoleranzen $c \in \{1, 4, 16, 64\}$ einige numerische Besonderheiten auf, von denen hier nur die Berechnung der Summen der Näherungen $8kc$ betrachtet seien: In allen vier Fällen läßt sich folgendes beobachten: Etwa in Beispiel 3b) mit $c = 4$ ist die Summe der Näherungen in der Form $2 + 8 \cdot 4 \cdot (1 + 2 + 3 + \ldots + 7) + 128$ darstellbar, für die betrachteten vier Fälle kann man die Darstellung $\sqrt{c} + 8c(1 + 2 + \ldots + (\frac{32}{2\sqrt{c}} - 1)) + 2\sqrt{c}$ allgemeiner angeben (mit 32 als oberer Intervallgrenze des Definitionsbereichs $D(f) = [0, 32]$).

A2.331.03: Zu tangentialen Bändern folgende weitere Einzelaufgaben:

1. Wie Aufgabe A2.331.01, aber mit der Wahl $s_1 = 0$.

2. Wie Aufgabe A2.331.01, aber für eine beliebige Wahl von s_1 (siehe auch Bemerkung 2.331.4/5).

B2.331.03: Zur Bearbeitung der Aufgaben im einzelnen:

1. Bei dieser Aufgabe wird weiterhin – wie auch schon zuvor – die Parabel $f = id^2 : [0, b] \longrightarrow \mathbb{R}$ mit nicht-negativem Definitionsbereich betrachtet. Legt man beispielsweise den ersten Berührpunkt x_1 so fest, daß $s_1 = 0$, also das Intervall $[0, s_2]$ der Definitionsbereich der ersten Tangente (zugleich das erste Element des tangentialen Bandes) ist, so wird die zugehörige Situation durch die nebenstehende Skizze repräsentiert.

Die Berechnung der Zahlen $x_1, s_2, x_2, s_3, x_3, \ldots$ geschieht dann (in dieser Reihenfolge) wieder (wie schon zu Aufgabe A2.331.01) induktiv. Zunächst seien die Berechnungsergebnisse in folgender Tabelle angegeben:

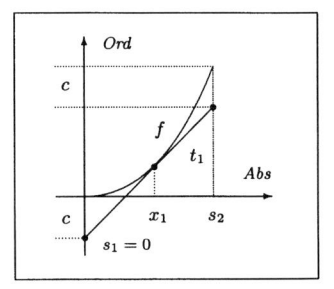

Wie die folgenden Berechnungen zeigen, haben die Folgen $s = (s_k)_{k \in \mathbb{N}}$ und $x = (x_k)_{k \in \mathbb{N}}$ das Aussehen:

$s_1 = 0 \quad s_2 = 2\sqrt{c} \quad s_3 = 4\sqrt{c} \quad s_4 = 6\sqrt{c} \quad s_5 = 8\sqrt{c} \quad \ldots \quad s_k = 2(k-1)\sqrt{c} \quad s_{k+1} = 2k\sqrt{c}$

$x_1 = \sqrt{c} \quad x_2 = 3\sqrt{c} \quad x_3 = 5\sqrt{c} \quad x_4 = 7\sqrt{c} \quad x_5 = 9\sqrt{c} \quad \ldots \quad x_k = (2k-1)\sqrt{c} \quad x_{k+1} = (2k+1)\sqrt{c}$

Der Nachweis dieser Angaben erfolgt wieder induktiv, wobei die folgenden Teile a) bis d) den Induktionsanfang darstellen. Dabei wird mit $s_1 = 0$ zunächst x_1, damit dann s_2 und schließlich x_2 ermittelt:

a) Berechnung von x_1 anhand der Bedingung $M_1(0) = c$ mit folgenden Äquivalenzen: $M_1(0) = c$
$\Leftrightarrow (f - t_1)(0) = c \Leftrightarrow f(0) - t_1(0) = c \Leftrightarrow 0 - (2x_1 \cdot 0 - x_1^2) = c \Leftrightarrow x_1^2 = c \Leftrightarrow x_1 = \sqrt{c}$.

b) Berechnung von s_2 anhand der Bedingung $M_1(s_2) = c$ mit den folgenden Äquivalenzen: $M_1(s_2) = c$
$\Leftrightarrow (f - t_1)(s_2) = c \Leftrightarrow f(s_2) - t_1(s_2) = c \Leftrightarrow s_2^2 - (2x_1 s_2 - x_1^2) - c = 0 \Leftrightarrow s_2^2 - 2x_1 s_2 + x_1^2 - c = 0$
$\Leftrightarrow s_2 = x_1 + \sqrt{x_1^2 - x_1^2 + c} \Leftrightarrow s_2 = x_1 + \sqrt{c} = \sqrt{c} + \sqrt{c} = 2\sqrt{c}$.

c) Berechnung von x_2 anhand der Bedingung $M_2(s_2) = c$ mit folgenden Äquivalenzen: $M_2(s_2) = c$
$\Leftrightarrow (f - t_2)(s_1) = c \Leftrightarrow s_2^2 - t_2(s_2) = c \Leftrightarrow s_2^2 - (2x_2 s_2 - x_2^2) - c = 0 \Leftrightarrow x_2^2 - 2x_2 s_2 + s_2^2 - c = 0$
$\Leftrightarrow x_2 = s_2 + \sqrt{s_2^2 - s_2^2 + c} = 2\sqrt{c} + \sqrt{c} = 3\sqrt{c}$.

d) Die erste Tangente $t_1 : [s_1, s_2] \longrightarrow [t_1(s_1), t_1(s_2)]$ an f hat den Definitionsbereich $[s_1, s_2] = [0, 2\sqrt{c}]$, ferner besitzt sie den Bildbereich $[t_1(s_1), t_1(s_2)]$, ist also mit $t_1(s_1) = t_1(0) = -c$ und $t_1(s_2) = t_1(2\sqrt{c}) = 2x_1 \cdot 2\sqrt{c} - c = 4c - c = 3c$ eine (bijektive) Funktion $t_1 : [0, 2\sqrt{c}] \longrightarrow [-c, 3c]$.

Im folgenden Induktionsschritt wird unter der Induktionsannahme $s_k = 2(k-1)\sqrt{c}$ zunächst x_k, damit dann s_{k+1} und schließlich x_{k+1} berechnet:

e) Berechnung von x_k anhand der Bedingung $M_k(s_k) = c$ mit folgenden Äquivalenzen: $M_k(s_k) = c$
$\Leftrightarrow (f - t_k)(s_k) = c \Leftrightarrow f(s_k) - t_k(s_k) = c \Leftrightarrow s_k^2 - (2x_k s_k - x_k^2) - c = 0 \Leftrightarrow x_k^2 - 2x_k s_k + s_k^2 - c = 0$
$\Leftrightarrow x_k = s_k + \sqrt{s_k^2 - s_k^2 + c} = s_k + \sqrt{c} = 2(k-1)\sqrt{c} + \sqrt{c} = (2k-1)\sqrt{c}$.

f) Berechnung von s_{k+1} anhand der Bedingung $M_k(s_{k+1}) = c$ mit den folgenden Äquivalenzen:
$M_k(s_{k+1}) = c \Leftrightarrow (f - t_k)(s_{k+1}) = c \Leftrightarrow f(s_{k+1}) - t_k(s_{k+1}) = c \Leftrightarrow s_{k+1}^2 - (2x_k s_{k+1} - x_k^2) - c = 0$
$\Leftrightarrow s_{k+1}^2 - 2x_k s_{k+1} + x_k^2 - c = 0 \Leftrightarrow s_{k+1} = x_k + \sqrt{x_k^2 - x_k^2 + c}$
$\Leftrightarrow s_{k+1} = x_k + \sqrt{c} = (2k-1)\sqrt{c} + \sqrt{c} = 2k\sqrt{c}$.

g) Berechnung von x_{k+1} anhand der Bedingung $M_{k+1}(s_{k+1}) = c$ mit den folgenden Äquivalenzen:
$M_{k+1}(s_{k+1}) = c \Leftrightarrow (f - t_{k+1})(s_{k+1}) = c \Leftrightarrow f(s_{k+1}) - t_{k+1}(s_{k+1}) = c$
$\Leftrightarrow s_{k+1}^2 - (2x_{k+1} s_{k+1} - x_{k+1}^2) - c = 0 \Leftrightarrow x_{k+1}^2 - 2x_{k+1} s_{k+1} + s_{k+1}^2 - c = 0$
$\Leftrightarrow x_{k+1} = s_{k+1} + \sqrt{s_{k+1}^2 - s_{k+1}^2 + c} = s_{k+1} + \sqrt{c} = 2k\sqrt{c} + \sqrt{c} = (2k+1)\sqrt{c}$.

h) Damit haben die Tangentenabschnitte t_k als jeweilige Funktionen die Form $t_1 : [0, 2\sqrt{c}] \longrightarrow [-c, 3c]$ und zunächst $t_k : [s_k, s_{k+1}] \longrightarrow [t_k(s_k), t_k(s_{k+1})]$. Beachtet man hinsichtlich des Definitionsbereichs $s_k = 2(k-1)\sqrt{c}$ und $s_{k+1} = 2k\sqrt{c}$ sowie hinsichtlich des Bildbereichs die anschließend berechneten Funktionswerte, dann liegen für alle $k \in \mathbb{N}$ folgende Tangenten vor:
$$t_k : [2(k-1)\sqrt{c}, 2k\sqrt{c}] \longrightarrow [(4k(k-2) + 3)c, (4k^2 - 1)c],$$
wie die folgenden Berechnungen zeigen:

h$_1$) Es gilt $t_k(s_k) = 2x_k s_k - x_k^2 = 2(2k-1)\sqrt{c} \cdot 2(k-1)\sqrt{c} - (2k-1)^2 c = 4(2k-1)(k-1)c - (2k-1)^2 c$
$= (2k-1)(4k - 4 + 2k + 1)c = (2k-1)(2k-3)c = (4k^2 - 8k + 3)c = (4k(k-2) + 3)c$.

h$_2$) Es gilt $t_k(s_{k+1}) = 2x_k s_{k+1} - x_k^2 = 2(2k-1)\sqrt{c} \cdot 2k\sqrt{c} - (2k-1)^2 c = (2k-1)(4kc - (2k-1))c$
$= (2k-1)(2k+1)c = (4k^2 - 1)c$.

Anmerkung zu h): Für $k = 1$ liegt gerade die in Teil d) angegebene Tangente t_1 vor.

2. Im folgenden sei $s_1 \geq 0$ eine beliebig, aber fest gewählte Zahl als untere Grenze des ersten Intervalls.
Wie die folgenden Berechnungen zeigen, haben die Folgen $s = (s_k)_{k \in \mathbb{N}}$ und $x = (x_k)_{k \in \mathbb{N}}$ das Aussehen:

s_1 fest $\quad s_2 = s_1 + 2\sqrt{c} \quad s_3 = s_1 + 4\sqrt{c} \quad ... \quad s_k = s_1 + 2(k-1)\sqrt{c} \quad s_{k+1} = s_1 + 2k\sqrt{c}$
$x_1 = s_1 + \sqrt{c} \quad x_2 = s_1 + 3\sqrt{c} \quad x_3 = s_1 + 5\sqrt{c} \quad ... \quad x_k = s_1 + (2k-1)\sqrt{c} \quad x_{k+1} = s_1 + (2k+1)\sqrt{c}$

Der Nachweis dieser Angaben erfolgt wieder induktiv, wobei die folgenden Teile a) bis d) den Induktionsanfang darstellen. Dabei wird mit s_1 zunächst x_1, damit dann s_2 und schließlich x_2 ermittelt:

a) Berechnung von x_1 anhand der Bedingung $M_1(s_1) = c$ mit folgenden Äquivalenzen: $M_1(s_1) = c \Leftrightarrow (f - t_1)(s_1) = c \Leftrightarrow f(s_1) - t_1(s_1) = c \Leftrightarrow s_1^2 - (2x_1 s_1 - x_1^2) - c = 0 \Leftrightarrow x_1^2 - 2x_1 s_1 + s_1^2 - c = 0 \Leftrightarrow x_1 = s_1 + \sqrt{s_1^2 - s_1^2 + c} = s_1 + \sqrt{c}$.

b) Berechnung von s_2 anhand der Bedingung $M_1(s_2) = c$ mit folgenden Äquivalenzen: $M_1(s_2) = c$
$\Leftrightarrow (f - t_1)(s_2) = c \Leftrightarrow f(s_2) - t_1(s_2) = c \Leftrightarrow s_2^2 - (2x_1 s_2 - x_1^2) - c = 0 \Leftrightarrow s_2^2 - 2x_1 s_2 + x_1^2 - c = 0$
$\Leftrightarrow s_2 = x_1 + \sqrt{x_1^2 - x_1^2 + c} \Leftrightarrow s_2 = x_1 + \sqrt{c} = s_1 + \sqrt{c} + \sqrt{c} = s_1 + 2\sqrt{c}$.

c) Berechnung von x_2 anhand der Bedingung $M_2(s_2) = c$ mit folgenden Äquivalenzen: $M_2(s_2) = c$
$\Leftrightarrow (f - t_2)(s_1) = c \Leftrightarrow s_2^2 - t_2(s_2) = c \Leftrightarrow s_2^2 - (2x_2 s_2 - x_2^2) - c = 0 \Leftrightarrow x_2^2 - 2x_2 s_2 + s_2^2 - c = 0$
$\Leftrightarrow x_2 = s_2 + \sqrt{s_2^2 - s_2^2 + c} = s_1 + 2\sqrt{c} + \sqrt{c} = s_1 + 3\sqrt{c}$.

d) Die erste Tangente $t_1 : [s_1, s_2] \longrightarrow [t_1(s_1), t_1(s_2)]$ hat wegen folgender Berechnungen die Darstellung
$$t_1 : [s_1, s_1 + 2\sqrt{c}] \longrightarrow [s_1^2 - c, s_1(s_1 + 4\sqrt{c}) + 3c].$$

d$_1$) Es gilt $t_1(s_1) = 2x_1 s_1 - x_1^2 = 2(s_1 + \sqrt{c})s_1 - (s_1 + \sqrt{c})^2 = 2s_1^2 + 2s_1\sqrt{c} - s_1^2 - 2s_1\sqrt{c} - c = s_1^2 - c$.

d$_2$) Es gilt $t_1(s_2) = 2x_1 s_2 - x_1^2 = 2(s_1 + \sqrt{c})(s_1 + 2\sqrt{c}) - (s_1 + \sqrt{c})^2 = (s_1 + \sqrt{c})(2s_1 + 4\sqrt{c} - s_1 - \sqrt{c})$
$= (s_1 + \sqrt{c})(s_1 + 3\sqrt{c}) = s_1^2 + 3s_1\sqrt{c} + s_1\sqrt{c} + 3c = s_1^2 + 4s_1\sqrt{c} + 3c = s_1(s_1 + 4\sqrt{c}) + 3c$.

Im folgenden Induktionsschritt wird unter der Induktionsannahme $s_k = s_1 + 2(k-1)\sqrt{c}$ zunächst x_k, damit dann s_{k+1} und schließlich x_{k+1} berechnet:

e) Berechnung von x_k anhand der Bedingung $M_k(s_k) = c$ mit folgenden Äquivalenzen: $M_k(s_k) = c$
$\Leftrightarrow (f - t_k)(s_k) = c \Leftrightarrow f(s_k) - t_k(s_k) = c \Leftrightarrow s_k^2 - (2x_k s_k - x_k^2) - c = 0 \Leftrightarrow x_k^2 - 2x_k s_k + s_k^2 - c = 0$
$\Leftrightarrow x_k = s_k + \sqrt{s_k^2 - s_k^2 + c} = s_k + \sqrt{c} = s_1 + 2(k-1)\sqrt{c} + \sqrt{c} = s_1 + (2k-1)\sqrt{c}$.

f) Berechnung von s_{k+1} anhand der Bedingung $M_k(s_{k+1}) = c$ mit den folgenden Äquivalenzen:
$M_k(s_{k+1}) = c \Leftrightarrow (f - t_k)(s_{k+1}) = c \Leftrightarrow f(s_{k+1}) - t_k(s_{k+1}) = c \Leftrightarrow s_{k+1}^2 - (2x_k s_{k+1} - x_k^2) - c = 0$
$\Leftrightarrow s_{k+1}^2 - 2x_k s_{k+1} + x_k^2 - c = 0 \Leftrightarrow s_{k+1} = x_k + \sqrt{x_k^2 - x_k^2 + c}$
$\Leftrightarrow s_{k+1} = x_k + \sqrt{c} = s_1 + (2k-1)\sqrt{c} + \sqrt{c} = s_1 + 2k\sqrt{c}$.

g) Berechnung von x_{k+1} anhand der Bedingung $M_{k+1}(s_{k+1}) = c$ mit den folgenden Äquivalenzen:
$M_{k+1}(s_{k+1}) = c \Leftrightarrow (f - t_{k+1})(s_{k+1}) = c \Leftrightarrow f(s_{k+1}) - t_{k+1}(s_{k+1}) = c$
$\Leftrightarrow s_{k+1}^2 - (2x_{k+1}s_{k+1} - x_{k+1}^2) - c = 0 \Leftrightarrow x_{k+1}^2 - 2x_{k+1}s_{k+1} + s_{k+1}^2 - c = 0$
$\Leftrightarrow x_{k+1} = s_{k+1} + \sqrt{s_{k+1}^2 - s_{k+1}^2 + c} = s_{k+1} + \sqrt{c} = s_1 + 2k\sqrt{c} + \sqrt{c} = s_1 + (2k+1)\sqrt{c}$.

h) Für alle $k \in \mathbb{N}$ hat die k-te Tangente $t_k : [s_k, s_{k+1}] \longrightarrow [t_k(s_k), t_k(s_{k+1})]$ die Darstellung
$$t_k : [s_1 + 2(k-1)\sqrt{c},\ s_1 + 2k\sqrt{c}] \longrightarrow [s_1^2 + 2s_1(2k-2)\sqrt{c} + (2k-1)(2k-3)c,\ s_1(s_1 + 4k\sqrt{c}) + (4k^2 - 1)c],$$
wie die folgenden Berechnungen im einzelnen zeigen:

h_1) Es gilt $t_k(s_k) = 2x_k s_k - x_k^2 = 2(s_1 + (2k-1)\sqrt{c})(s_1 + (2k-2)\sqrt{c}) - (s_1 + (2k-1)\sqrt{c})^2$
$= 2(s_1^2 + s_1(2k-2)\sqrt{c} + s_1(2k-1)\sqrt{c} + (2k-1)(2k-2)c) - (s_1^2 + 2s_1(2k-1)\sqrt{c} + (2k-1)^2 c)$
$= s_1^2 + 2s_1(2k-2)\sqrt{c} + 2(2k-1)(2k-2)c - (2k-1)^2 c = s_1^2 + 2s_1(2k-2)\sqrt{c} + (2k-1)(2(2k-2) - (2k-1))c$
$= s_1^2 + 2s_1(2k-2)\sqrt{c} + (2k-1)(2k-3)c$.

h_2) Es gilt $t_k(s_{k+1}) = 2x_k s_{k+1} - x_k^2 = 2(s_1 + (2k-1)\sqrt{c})(s_1 + 2k\sqrt{c}) - (s_1 + (2k-1)\sqrt{c})^2$
$= 2(s_1^2 + 2ks_1\sqrt{c} + s_1(2k-1)\sqrt{c} + 2k(2k-1)c) - (s_1^2 + 2s_1(2k-1)\sqrt{c} + (2k-1)^2 c)$
$= s_1^2 + 4ks_1\sqrt{c} + (8k^2 - 4k - 4k^2 + 4k - 1)c = s_1^2 + 4ks_1\sqrt{c} + (4k^2 - 1)c = s_1(s_1 + 4k\sqrt{c}) + (4k^2 - 1)c$.

Anmerkung zu h): Für $k = 1$ liegt gerade die in Teil d) angegebene Tangente t_1 vor.

Kommentare zum Zusammenhang beider Aufgabenteile:

1. Verwendet man in Aufgabenteil 2 nun wieder die Startzahl $s_1 = 0$ von Aufgabenteil 1, so liegen gerade die Ergebnisse von Aufgabenteil 1 vor. Man hätte sich Aufgabenteil 1 also sparen können. Gleichwohl soll die Doppelbearbeitung zweierlei zeigen: Erstens dient die Bearbeitung von Aufgabenteil 1 zur Kontrolle der Ergebnisse des zweiten Teils, zweitens soll deutlich werden, daß beide Aufgabenteile unabhängig von der Wahl von $s_1 \geq 0$ nach demselben logischen Muster bewiesen werden, also mit einem Induktionsbeweis mit dem Induktionsanfang $s_1 \longrightarrow x_1 \longrightarrow s_2 \longrightarrow x_2$ mit der Startzahl s_1 und dem Induktionsschritt $s_k \longrightarrow x_k \longrightarrow s_{k+1} \longrightarrow x_{k+1}$ mit einer Induktionsannahme für s_k.

2. Das tangentiale Band zur Startzahl $s_1 = 0$ wird in Aufgabenteil 2 um $s_1 > 0$ in positiver Abszissenrichtung (nach rechts) verschoben, allerdings ergibt das nicht eine entsprechende Verschiebung hinsichtlich der Ordinate. Das heißt, die beiden tangentialen Bänder zu $s_1 = 0$ und $s_1 > 0$ (allgemein: zu zwei verschiedenen Startzahlen s_1) haben nicht dieselbe Form. (Das betrifft insbesondere die Längen der Tangenten(abschnitte) t_k.)

2.333 EXTREMA UND WENDEPUNKTE (TEIL 1)

A2.333.01: Sinn dieser Aufgabe ist, bei jeweils bekannten Funktionen (siehe etwa Abschnitte 1.2x) das Vorliegen von Extrema und/oder Wendepunkten anhand der Erinnerung an graphische Darstellungen zu entscheiden, also ohne weitere Berechnungen. In Abschnitt 2.336 werden dann für differenzierbare Funktionen solche Berechnungsverfahren genannt. Hier also für beliebige (und auch kurios anmutende) Funktionen: Nennen Sie verschiedene Funktionen $f : T \longrightarrow \mathbb{R}$ mit Teilmengen $T \subset \mathbb{R}$,
a) die Extrema, aber keine Wendepunkte haben,
b) die keine Extrema, aber Wendepunkte haben,
c) die weder Extrema noch Wendepunkte haben.

B2.333.01: Zur Bearbeitung hier nur eine kleine Auswahl von Funktionen:

a_1) Quadratische Funktionen $f : \mathbb{R} \longrightarrow \mathbb{R}$ (also Parabeln) haben – je nach Öffnungsrichtung – entweder genau ein (lokales) Maximum oder genau ein (lokales) Minimum (das dann also als absolutes Extremum angesehen werden kann), jedoch keine Wendepunkte.

a_2) Aus (unterschiedlichen) Teilen zusammengesetzte Funktionen $f : \mathbb{R} \longrightarrow \mathbb{R}$ können an den Verschmelzungspunkten (zusätzliche) Extrema haben, beispielsweise hat f mit folgender Definition an der Stelle $(1, 0)$ ein Minimum, hingegen g mit folgender Definition dort nicht:

$$f(x) = \begin{cases} -x^2 + 1, & \text{falls } x \leq 1, \\ x - 1, & \text{falls } x > 1, \end{cases} \qquad g(x) = \begin{cases} -x^2 + 1, & \text{falls } x \leq 1, \\ -x + 1, & \text{falls } x > 1. \end{cases}$$

a_3) Die Betrags-Funktion $b : \mathbb{R} \longrightarrow \mathbb{R}$ besitzt das Minimum $(0, 0)$, jedoch keinen Wendepunkt.

a_4) Die Dirac-Funktion $\mathbb{R} \longrightarrow \mathbb{R}$ in Abschnitt 1.206 besitzt ein Maximum oder ein Minimum (als isolierter Punkt), jedoch keinen Wendepunkt.

b_1) Kubische Funktionen $f : \mathbb{R} \longrightarrow \mathbb{R}$ (also kubische Parabeln) der Form $f = a \cdot id^3 + b$ mit $a \neq 0$ haben keine Extrema, jedoch genau einen Wendepunkt. nämlich $(0, b)$. Dasselbe gilt für Varianten der Form $f = a \cdot (id - c)^3 + b$ mit jeweiligem Wendepunkt (c, b).

c_1) Lineare Funktionen $f : \mathbb{R} \longrightarrow \mathbb{R}$ (also Geraden, auch Parallelen zur Abszisse, also konstante Funktionen) haben weder Extrema noch Wendepunkte.

c_2) Funktionen $f : T \longrightarrow \mathbb{R}$ mit echter Teilmenge $T \subset \mathbb{R}$ haben beispielsweise dann weder Extrema noch Wendepunkte, wenn sie Einschränkungen konstanter Funktionen sind (etwa auf $\mathbb{N}$ oder auf ein Intervall T eingeschränkt.

c_3) Die in Abschnitt 1.206 angegebenen Gaußschen Treppen-Funktionen $\mathbb{R} \longrightarrow \mathbb{R}$ besitzen weder Extrema noch Wendepunkte.

c_4) Weder die Potenz-Funktionen der Form $\frac{1}{(id-c)^n} : \mathbb{R} \setminus \{c\} \longrightarrow \mathbb{R}$ mit $n \in \mathbb{N}$ (Hyperbeln) noch die Logarithmus-Funktionen $log_a : \mathbb{R}^+ \longrightarrow \mathbb{R}$ und Exponential-Funktionen $exp_a : \mathbb{R} \longrightarrow \mathbb{R}$ haben Extrema oder Wendepunkte.

A2.333.02: Geben Sie jeweils Beispiele von Funktionen f für die in Bemerkung 2.333.3 genannten Sachverhalte an. Berechnen Sie dazu gegebenenfalls jeweils $min(Bild(f))$ und $f(Min(f))$ sowie $max(Bild(f))$ und $f(Max(f))$.

B2.333.02: Zur Bearbeitung im einzelnen:

1. Für die Betragsfunktion $b : \mathbb{R} \longrightarrow \mathbb{R}$ mit $b(x) = |x|$ ist $min(Bild(b)) = \{0\}$, jedoch ist $f(Min(f)) = \emptyset$. Schränkt man b aber auf $\mathbb{R} \setminus \{0\}$ ein, so existiert $min(Bild(b))$ nicht.

2. Für die Funktion $id^2 : [-1, 7] \longrightarrow \mathbb{R}$ ist $f(Max(f)) = \emptyset$. Schränkt man f jedoch auf $(-1, 7)$ ein, so existiert $max(Bild(f))$ nicht, hingegen ist $min(Bild(f)) = 0 \in \{0\} = f(Min(f))$.

2.335 Mittelwertsätze der Differentiation

A2.335.01: Hinweis: Verwenden Sie für beide Aufgabenteile den 1. Mittelwertsatz in der Form: Es gibt ein Element $z \in (a,b)$ mit $f(b) = f'(z)(b-a) + f(a)$.

1. Berechnen Sie eine Näherung für $log_e(2,1)$ unter Verwendung von $log_e(2) = 0,69$.
2. Berechnen Sie eine Näherung für $exp_e(\frac{1}{100})$ unter Verwendung von $exp_e(0) = 1$.

B2.335.01: Im einzelnen folgende Berechnungen:

1. Betrachtet man die stetige Funktion $log_e : [2/2, 1] \longrightarrow \mathbb{R}$ mit der differenzierbaren Einschränkung $log_e : (2/2, 1) \longrightarrow \mathbb{R}$, dann gibt es nach dem 1. Mittelwertsatz (Satz 2.335.1) ein Element $z \in (2/2, 1)$ mit $log_e(2,1) = log'_e(z)(2,1-2) + log_e(2) = 0,1 \cdot log'_e(z) + log_e(2) = 0,1 \cdot \frac{1}{z} + log_e(2)$. Für die Intervallgrenzen 2 und 2,1 muß dann $0,1 \cdot \frac{1}{2,1} + log_e(2) < log_e(2,1) < 0,1 \cdot \frac{1}{2} + log_e(2)$ gelten, woraus die Vorgabe $log_e(2) = 0,69$ dann die Abschätzung $0,737 < log_e(2,1) < 0,740$ liefert.

2. Betrachtet man die stetige Funktion $log_e : [0, \frac{1}{100}] \longrightarrow \mathbb{R}$ mit der differenzierbaren Einschränkung $log_e : (0, \frac{1}{100}) \longrightarrow \mathbb{R}$, dann gibt es nach dem 1. Mittelwertsatz (Satz 2.335.1) ein Element $z \in (0, \frac{1}{100})$ mit $exp_e(\frac{1}{100}) = exp'_e(z)(\frac{1}{100} - 0) + exp_e(0) = \frac{1}{100} \cdot exp'_e(z) + 1$. Für die Intervallgrenzen 0 und $\frac{1}{100}$ muß dann $\frac{1}{100} \cdot exp'_e(0) + 1 < exp_e(\frac{1}{100}) < \frac{1}{100} \cdot exp'_e(\frac{1}{100}) + 1$, mit der Ableitungsfunktion $exp'_e = exp_e$ also dann $\frac{1}{100} + 1 < exp_e(\frac{1}{100}) < \frac{1}{100} \cdot exp_e(\frac{1}{100}) + 1$ gelten. Damit ist einerseits $1,01 < exp'_e(\frac{1}{100})$, andererseits liefert $exp_e(\frac{1}{100}) < \frac{1}{100} \cdot exp_e(\frac{1}{100}) + 1$ dann $exp_e(\frac{1}{100})(1 - \frac{1}{100}) < 1$, also $exp_e(\frac{1}{100}) < \frac{100}{99}$. Insgesamt liegt somit die Abschätzung $1.01 < exp_e(\frac{1}{100}) < 1.0101...$ vor.

A2.335.02: Betrachten Sie die Differentiation $D : D(I, \mathbb{R}) \longrightarrow Abb(I, \mathbb{R})$ mit $D(f) = f'$ und berechnen Sie $Kern(D)$ und $D(I, \mathbb{R})/Kern(D)$. Wenden Sie den Homomorphiesatz der Gruppentheorie (Satz 1.507.2) auf die Funktion D an und beschreiben Sie seinen Inhalt für den vorliegenden Fall.

B2.335.02: Im einzelnen folgende Betrachtungen:

1. Es ist $Kern(D) = \{f \in D(I, \mathbb{R}) \mid D(f) = 0\} = \{f \in D(I, \mathbb{R}) \mid f' = 0\}$, folglich ist die Quotientenmenge $D(I, \mathbb{R})/Kern(D) = \{f + Kern(D) \mid f \in D(I, \mathbb{R})\}$. Dadurch ist zugleich eine Äquivalenz-Relation R auf $D(I, \mathbb{R})$ definiert durch
$$f \, R \, g \Leftrightarrow f - g \in Kern(D) \Leftrightarrow (f-g)' = 0 \Leftrightarrow f' = g' \Leftrightarrow f - g = c \, (c \in \mathbb{R}) \Leftrightarrow f = g + c.$$
Die zugehörigen Äquivalenzklassen haben die Form $[f] = f + Kern(D) = \{g \in D(I, \mathbb{R}) \mid g + c = f\}$.

2. Betrachtet man die obige Situation im Rahmen der Gruppe $D(I, \mathbb{R})$, dann liefert die Differentiation $D : D(I, \mathbb{R}) \longrightarrow Abb(I, \mathbb{R})$ als Homomorphismus von Gruppen das kommutative Diagramm

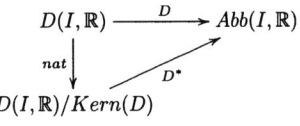

$$\begin{array}{ccc} D(I, \mathbb{R}) & \xrightarrow{\;\;D\;\;} & Abb(I, \mathbb{R}) \\ {\scriptstyle nat}\downarrow & \nearrow {\scriptstyle D^\bullet} & \\ D(I, \mathbb{R})/Kern(D) & & \end{array}$$

mit der Gruppen-Isomorphie $D(I, \mathbb{R})/Kern(D) \cong BIld(D)$, und das bedeutet: Jede Ableitungsfunktion $h' \in Bild(D)$ korrespondiert bijektiv zu einer Äquivalenzklasse, deren Elemente sich von h nur durch eine Konstante $c \in \mathbb{R}$ (konstante Funktion c) unterscheiden.

A2.335.03: Berechnen Sie die Grenzwerte der nachstehend definierten Folgen $x : \mathbb{N} \longrightarrow \mathbb{R}$ mit
  a) $x(n) = n(1 - cos(\frac{1}{n}))$ b) $x(n) = (n+1) \cdot cos(\frac{1}{n+1}) - n \cdot cos(\frac{1}{n})$
  c) $x(n) = \sqrt[3]{a^2 + n^2} - \sqrt[3]{n^2}$

B2.335.03: Zunächst folgende Vorüberlegung: Zu einer geeigneten Funktion $f : \mathbb{R}^+ \longrightarrow \mathbb{R}$ sei zu $n \in \mathbb{N}$ die mit derselben Bezeichnung versehene Einschränkung $f : [n, n+1] \longrightarrow \mathbb{R}$ betrachtet. Nach dem 1. Mittelwertsatz (Satz 2.335.1) gibt es dann ein Element $z_n \in (n, n+1)$ mit $\frac{f(n+1)-f(n)}{(n+1)-n} = f'(z_n)$, also mit

$f(n+1) - f(n) = f'(z_n)$. Angenommen nun, zu der monotonen und nach oben nicht beschränkten Folge $z : \mathbb{N} \longrightarrow \mathbb{R}$ konvergiert die Bildfolge $f' \circ z : \mathbb{N} \longrightarrow \mathbb{R}$, also die Folge $(f'(z_n))_{n \in \mathbb{N}}$, dann konvergiert auch die Folge $(f(n+1) - f(n))_{n \in \mathbb{N}}$ und es gilt $lim(f(n+1) - f(n))_{n \in \mathbb{N}} = lim(f'(z_n))_{n \in \mathbb{N}}$.

a) Betrachtet man die Funktion $f : \mathbb{R}^+ \longrightarrow \mathbb{R}$ mit $f(x) = x \cdot cos(\frac{1}{x})$, dann ist $f' : \mathbb{R}^+ \longrightarrow \mathbb{R}$ definiert durch $f'(x) = cos(\frac{1}{x}) + x(-sin(\frac{1}{x}) \cdot (-\frac{1}{x^2})) = cos(\frac{1}{x}) + \frac{1}{x} \cdot sin(\frac{1}{x})$. Liegt nun eine monotone und nach oben nicht beschränkte Folge $z : \mathbb{N} \longrightarrow \mathbb{R}$ vor, dann konvergiert die zugehörige Bildfolge $f' \circ z : \mathbb{N} \longrightarrow \mathbb{R}$ gegen 1, denn die Folge $(cos(\frac{1}{z_n}))_{n \in \mathbb{N}}$ konvergiert gegen 1, ferner konvergiert die Folge $(\frac{1}{z_n} \cdot sin(\frac{1}{z_n}))_{n \in \mathbb{N}}$ als Produkt zweier nullkonvergenter Folgen gegen 0. Damit ist dann $lim(f(n+1) - f(n))_{n \in \mathbb{N}} = lim(f'(z_n))_{n \in \mathbb{N}} = 1$.

b) Betrachtet man die Funktion $f = -cos : \mathbb{R} \longrightarrow \mathbb{R}$, dann haben die Folgenglieder $x(n) = n(1 - cos(\frac{1}{n}))$ der zu untersuchenden Folge x die Darstellung $x(n) = n(1 - cos(\frac{1}{n})) = n(cos(0) - cos(\frac{1}{n})) = n(-f(0) + f(\frac{1}{n})) = n(f(\frac{1}{n}) - f(0))$. Betrachtet man nun die Einschränkung $f = -cos : [0, \frac{1}{n}] \longrightarrow \mathbb{R}$, dann liefert der 1. Mittelwertsatz ein Element $z_n \in (0, \frac{1}{n})$ mit $\frac{f(\frac{1}{n}) - f(0)}{\frac{1}{n}} = f'(z_n)$, also $f(\frac{1}{n}) - f(0) = \frac{1}{n} \cdot f'(z_n)$. Beachtet man $f'(x) = sin(x)$, dann ist $f(\frac{1}{n}) - f(0) = \frac{1}{n} \cdot sin(z_n)$ und schließlich $x_n = n(f(\frac{1}{n}) - f(0)) = n \cdot \frac{1}{n} \cdot sin(z_n) = sin(z_n)$. Da die Folge z nach Konstruktion nullkonvergent ist, ist auch die Bildfolge $sin \circ z$ nullkonvergent und somit ist dann auch die Folge x nullkonvergent.

b) Betrachtet man die Funktion $f\mathbb{R}^+ \longrightarrow \mathbb{R}$ mit $f(x) = \sqrt[3]{x}$, dann haben die Folgenglieder $x(n) = \sqrt[3]{a^2 + n^2} - \sqrt[3]{n^2}$ der zu untersuchenden Folge x die Darstellung $x(n) = f(a^2 + n^2) - f(n^2)$. Betrachtet man nun die Einschränkung $f : [n^2, a^2 + n^2] \longrightarrow \mathbb{R}$, dann liefert der 1. Mittelwertsatz ein Element $z_n \in (n^2, a^2 + n^2)$ mit $\frac{f(a^2+n^2) - f(n^2)}{a^2 + n^2 - n^2} = f'(z_n)$, also $f(a^2 + n^2) - f(n^2) = a^2 \cdot f'(z_n)$. Beachtet man $f'(x) = \frac{1}{3\sqrt[3]{x^2}}$, dann ist $f(a^2 + n^2) - f(n^2) = \frac{a^2}{3\sqrt[3]{z_n^2}}$. Da nun die Folge z nach Konstruktion monoton und nach oben nicht beschränkt ist, ist die Bildfolge $f' \circ z$ nullkonvergent und somit ist dann auch die Folge x nullkonvergent.

A2.335.04: Betrachten Sie eine (beliebige) antitone konvergente Folge $x : \mathbb{N} \longrightarrow \mathbb{R}$ mit $lim(x) = x_0$. Berechnen Sie den Grenzwert der von x und zwei Zahlen $a > 0$ und $b \neq 0$ erzeugten Folge $q : \mathbb{N} \longrightarrow \mathbb{R}$ mit der Zuordnungsvorschrift $q(n) = \frac{x_n^a - x_0^a}{x_n^b - x_0^b}$.

B2.335.04: *Vorüberlegung:* Zu den Zahlen $a > 0$ und $b \neq 0$ seien zunächst die beiden Funktionen $f, g : [u, v] \longrightarrow \mathbb{R}$ mit $f = id^a$ und $g = id^b$ betrachtet. Nach dem 2. Mittelwertsatz (Satz 2.335.3) gibt es ein Element $z \in (u, v)$ mit $\frac{f(v) - f(u)}{g(v) - g(u)} = \frac{f'(z)}{g'(z)} = \frac{az^{a-1}}{bz^{b-1}} = \frac{az^{a-1}z}{bz^{b-1}z} = \frac{a}{b} \cdot \frac{z^a}{z^b} = \frac{a}{b} \cdot z^{a-b}$.

Die beiden Funktionen f und g seien nun für die gegen x_0 konvergente Folge x auf den Intervallen $[x_0, x_n]$, für alle $b \in \mathbb{N}$, definiert. Nach der Vorüberlegung wird dadurch eine Folge $z : \mathbb{N} \longrightarrow \mathbb{R}$ mit $x_0 < z_n < x_n$ definiert mit $\frac{f(x_n) - f(x_0)}{g(x_n) - g(x_0)} = \frac{a}{b} \cdot z_n^{a-b}$. Da die Folge z nach Konstruktion ebenfalls gegen x_0 konvergiert, gilt dann $lim(\frac{f(x_n) - f(x_0)}{g(x_n) - g(x_0)})_{n \in \mathbb{N}} = \frac{a}{b} \cdot lim(z_n^{a-b})_{n \in \mathbb{N}} = \frac{a}{b} \cdot x_0^{a-b}$.

Anmerkung 1: In der Sprache der Grenzwerte von Funktionen ist damit $lim(\frac{f}{g}, x_0) = \frac{a}{b} \cdot x_0^{a-b}$ gezeigt.

Anmerkung 2: Für monotone Folgen x argumentiert man analog mit den Intervallen $[x_n, x_0]$.

A2.335.05: Zeigen Sie: Für alle $x \in \mathbb{R}^+$ gilt: $\frac{arctan(x)}{1+x} < \frac{x}{1+x} < log_e(1+x) < x$.

B2.335.05: Es sind drei Ordnungs-Beziehungen zu zeigen:

a) Für die Funktionen $tan : (0, \frac{\pi}{2}) \longrightarrow \mathbb{R}^+$ und $arctan : \mathbb{R}^+ \longrightarrow (0, \frac{\pi}{2})$ gilt: Mit $x < tan(x)$, für alle $x \in (0, \frac{\pi}{2})$ gilt $arctan(x) < arctan(tan(x)) = x$, für alle $x \in \mathbb{R}^+$, somit gilt $\frac{arctan(x)}{1+x} < \frac{x}{1+x}$, für alle $x \in \mathbb{R}^+$, denn es ist $1 + x > 0$.

b) Zu der Funktion $log_e : (1, 1+x) \longrightarrow \mathbb{R}^+$ liefert der 1. Mittelwertsatz (Satz 2.335.1) ein Element $z \in (1, 1+x)$ mit $\frac{1}{z} = log_e'(z) = \frac{log_e(1+x) - log_e(1)}{(1+x) - 1} = \frac{log_e(1+x)}{x}$. Wegen $z < 1 + x$ ist $\frac{1}{z} > \frac{1}{1+x}$, damit ist dann $\frac{log_e(1+x)}{x} > \frac{1}{1+x}$, also gilt $log_e(1+x) > \frac{x}{1+x}$.

c) Wie in Teil b) liefert der 1. Mittelwertsatz ein Element $z \in (1, 1+x)$ mit $\frac{log_e(1+x)}{x} = \frac{1}{z} < 1$, denn es ist $z > 1$, also gilt $log_e(1+x) < x$.

2.336 Extrema und Wendepunkte (Teil 2)

A2.336.01: Betrachten Sie jeweils die durch die Zuordnungsvorschrift
a) $f(x) = 3(x-3)(x-1)(x+1)$
b) $f(x) = 2(x+6)(x-2)(x+2)$
c) $f(x) = (x-a)(x+a)(x-3a)$ $(a \in \mathbb{R})$
d) $f(x) = (x+2a)(x-2a)(x-6a)$ $(a \in \mathbb{R})$
e) $f(x) = 2(x-4)(x-1)(x+2)$
f) $f(x) = 2(x-\frac{1}{2})(x+\frac{1}{2})(x-\frac{3}{2})$

definierte Funktion $f: \mathbb{R} \longrightarrow \mathbb{R}$. Notieren Sie zunächst als Vermutungen alle Eigenschaften von f, die sich aus der Lage der Nullstellen erkennen lassen. Bestätigen Sie diese Vermutungen dann durch entsprechende Berechnungen, die insgesamt zu den Stichwörtern Nullstellen, Symmetrien, Extrema, Wendepunkte, Wendetangenten angestellt werden sollen.

B2.336.01: Zur Bearbeitung der Aufgabe im einzelnen:

1. Betrachtet man bei den in c) und d) genannten Funktionen zunächst nur Parameter $a \neq 0$, dann läßt sich für die sechs Funktionen $f: \mathbb{R} \longrightarrow \mathbb{R}$ feststellen: Jede Funktion besitzt jeweils genau drei Nullstellen, wobei die beiden Abstände von der mittleren Nullstelle zu den beiden anderen gleich sind. Das bedeutet, daß die mittlere Nullstelle zugleich den Wendepunkt der Funktion repräsentiert. Weiterhin kann man der Tatsache, daß der Faktor von x^3 positiv ist, entnehmen, daß es sich um einen Wendepunkt mit Rechts-Links-Krümmung, also mit Wendetangente mit negativem Anstieg handelt. Schließlich kann man sagen, daß der Wendepunkt jeweils zugleich das Drehzentrum der um 180° drehsymmetrischen Funktion f ist.

2. Im einzelnen liegen dann die folgenden Berechnungsdaten vor:

a_1) Die Funktion f mit $f(x) = 3(x-3)(x-1)(x+1) = 3(x^2-1)(x-3) = 3(x^3-3x^2-x+3)$ hat die Nullstellenmenge $N(f) = \{-1, 1, 3\}$, ferner hat die durch $f'(x) = 3(3x^2-6x-1)$ definierte 1. Ableitungsfunktion die Nullstellenmenge $N(f') = \{1 - \frac{2}{3}\sqrt{3}, 1 + \frac{2}{3}\sqrt{3}\}$. Wie die 2. Ableitungsfunktion für diese beiden Stellen dann zeigt, ist $(1 - \frac{2}{3}\sqrt{3}, f(1 - \frac{2}{3}\sqrt{3})) = (1 - \frac{2}{3}\sqrt{3}, \frac{16}{3}\sqrt{3})$ das Maximum und $(1 + \frac{2}{3}\sqrt{3}, -\frac{16}{3}\sqrt{3})$ das Minimum von f.

b_1) Die Funktion f mit $f(x) = 2(x+6)(x-2)(x+2) = 2(x^2-4)(x+6) = 2(x^3+6x^2-4x-24)$ hat die Nullstellenmenge $N(f) = \{-6, -2, 2\}$, ferner hat die durch $f'(x) = 2(3x^2+12x-4)$ definierte 1. Ableitungsfunktion die Nullstellenmenge $N(f') = \{-2 - \frac{4}{3}\sqrt{3}, -2 + \frac{4}{3}\sqrt{3}\}$. Wie die 2. Ableitungsfunktion für diese beiden Stellen dann zeigt, ist $(-2 - \frac{4}{3}\sqrt{3}, f(-2 - \frac{4}{3}\sqrt{3})) = (-2 - \frac{4}{3}\sqrt{3}, \frac{16^2}{9}\sqrt{3})$ das Maximum und $(-2 + \frac{4}{3}\sqrt{3}, -\frac{16^2}{9}\sqrt{3})$ das Minimum von f.

c_1) Für $a = 0$ ist f durch $f(x) = x^3$ definiert, ist also die kubische Normalparabel.
Die Funktion f mit $f(x) = (x-a)(x+a)(x-3a) = (x^2-a^2)(x-3a) = x^3 - 3ax^2 - a^2x + 3a^3$ hat die Nullstellenmenge $N(f) = \{-a, a, 3a\}$, ferner hat die durch $f'(x) = 3x^2 - 6ax - a^2$ definierte 1. Ableitungsfunktion die Nullstellenmenge $N(f') = \{(1 - \frac{2}{3}\sqrt{3})a, (1 + \frac{2}{3}\sqrt{3})a\}$. Wie die 2. Ableitungsfunktion für diese beiden Stellen zeigt, sind diese beiden Stellen im Fall $a \neq 0$ Extremstellen von f, wobei es von a abhängt, ob jeweils eine Minimal- oder eine Maximalstelle vorliegt.

c_2) Mit $f(a) = 0$ und $f'(a) = -4a^2$ hat die Wendetangente $t: \mathbb{R} \longrightarrow \mathbb{R}$ an f (bei dem Wendepunkt $(a, 0)$) die Zuordnungsvorschrift $t(x) = f'(a) \cdot x - f'(a) \cdot a + f(a) = -4a^2x + 4a^3$. (Man beachte die Abhängigkeit der Lage von t von dem Parameter a: Die Tangente t hat stets einen negativen Anstieg, hingegen ist der Ordinatenabschnitt im Fall $a > 0$ positiv, im Fall $a < 0$ hingegen negativ.)

d_1) Für $a = 0$ ist f durch $f(x) = x^3$ definiert, ist also die kubische Normalparabel.
Die Funktion f mit $f(x) = (x+2a)(x-2a)(x-6a) = (x^2-4a^2)(x-6a) = x^3 - 6ax^2 - 4a^2x + 24a^3$ hat die Nullstellenmenge $N(f) = \{-2a, 2a, 6a\}$, ferner hat die durch $f'(x) = 3x^2 - 12ax - 4a^2$ definierte 1. Ableitungsfunktion die Nullstellenmenge $N(f') = \{(2 - \frac{4}{3}\sqrt{3})a, (2 + \frac{4}{3}\sqrt{3})a\}$. Wie die 2. Ableitungsfunktion für diese beiden Stellen zeigt, sind diese beiden Stellen im Fall $a \neq 0$ Extremstellen von f, wobei es von a abhängt, ob jeweils eine Minimal- oder eine Maximalstelle vorliegt.

e_1) Die Funktion f mit $f(x) = 2(x+2)(x-1)(x-4) = 2(x^2+x-2)(x-4) = 2(x^3-3x^2-6x+8)$ hat die Nullstellenmenge $N(f) = \{-2, 1, 4\}$, ferner hat die durch $f'(x) = 2(3x^2-6x-6)$ definierte 1. Ableitungsfunktion die Nullstellenmenge $N(f') = \{1 - \sqrt{3}, 1 + \sqrt{3}\}$. Wie die 2. Ableitungsfunktion für diese beiden Stellen dann zeigt, ist $(1 - \sqrt{3}, f(1 - \sqrt{3})) = (1 - \sqrt{3}, 12\sqrt{3})$ das Maximum und $(1 + \sqrt{3}, f(1 + \sqrt{3})) = (1 + \sqrt{3}, -12\sqrt{3})$ das Minimum von f.

e_2) Mit $f(1) = 0$ und $f'(1) = -18$ hat die Wendetangente $t : \mathbb{R} \longrightarrow \mathbb{R}$ an f (bei dem Wendepunkt $(1,0)$) die Zuordnungsvorschrift $t(x) = f'(1) \cdot x - f'(1) \cdot 1 + f(1) = -18x + 18$.

f_1) Die Funktion f mit $f(x) = 2(x - \frac{1}{2})(x + \frac{1}{2})(x - \frac{3}{2}) = 2(x^2 - \frac{1}{4})(x - \frac{3}{2}) = 2(x^3 - \frac{3}{2}x^2 - \frac{1}{4}x + \frac{3}{8})$ hat die Nullstellenmenge $N(f) = \{-\frac{1}{2}, \frac{1}{2}, \frac{3}{2}\}$, ferner hat die durch $f'(x) = 2(3x^2 - 3x - \frac{1}{4})$ definierte 1. Ableitungsfunktion die Nullstellenmenge $N(f') = \{\frac{1}{2} - \frac{1}{3}\sqrt{3}, \frac{1}{2} + \frac{1}{3}\sqrt{3}\}$. Wie die 2. Ableitungsfunktion für diese beiden Stellen dann zeigt, ist $(\frac{1}{2} - \frac{1}{3}\sqrt{3}, f(\frac{1}{2} - \frac{1}{3}\sqrt{3})) = (\frac{1}{2} - \frac{1}{3}\sqrt{3}, \frac{4}{9}\sqrt{3})$ das Maximum und $(\frac{1}{2} + \frac{1}{3}\sqrt{3}, f(\frac{1}{2} + \frac{1}{3}\sqrt{3})) = (\frac{1}{2} + \frac{1}{3}\sqrt{3}, -\frac{4}{9}\sqrt{3})$ das Minimum von f.

A2.336.02: Betrachten Sie die durch die Zuordnungsvorschrift $f(x) = a + bx + cx^2 + dx^3$ definierte Funktion $f : \mathbb{R} \longrightarrow \mathbb{R}$ und berechnen Sie die mögliche Extrema, Wendepunkt, und Wendetangente. Geben Sie die Zuordnungsvorschrift einer beliebigen Tangente sowie den Schnittpunkt zweier nicht-paralleler Tangenten an.

B2.336.02: Es wird eine kubische Funktion (Polynom-Funktion vom Grad 3) $f : \mathbb{R} \longrightarrow \mathbb{R}$ mit der Zuordnungsvorschrift $f(x) = a + bx + cx^2 + dx^3$ sowie ihren Ableitungsfunktionen $f', f'' : \mathbb{R} \longrightarrow \mathbb{R}$ mit $f'(x) = b + 2cx + 3dx^2$ und $f''(x) = 2c + 6dx$ betrachtet.

1. $f'(x) = 0$ liefert die beiden Zahlen $x_1 = \frac{1}{3d}(-c - \sqrt{c^2 - 3bd})$ und $x_2 = \frac{1}{3d}(-c + \sqrt{c^2 - 3bd})$.
Fall 1: Ist $c^2 - 3bd > 0$, dann hat f die beiden Extremstellen x_1 und x_2.
Fall 2: Ist $c^2 - 3bd = 0$, dann hat f keine Extrema (aber der Wendepunkt ist Sattelpunkt).
Fall 3: Ist $c^2 - 3bd < 0$, dann hat f keine Extrema.
Bemerkung: Ein Beispiel für den Fall $c^2 - 3bd = 0$ ist etwa die Funktion f mit $f(x) = 3x + 3x^2 + x^3$, denn dabei ist $b = 3$, $c = 3$ und $d = 1$, also ist $c^2 - 3bd = 9 - 3 \cdot 3 \cdot 1 = 0$. Diese Funktion hat keine Extrema, aber den Sattelpunkt $(-1, -1)$.
Der Funktionswert von x_1 ist $f(x_1) = a + \frac{c + \sqrt{c^2 - 3bd}}{27d^2}(c^2 + c\sqrt{c^2 - 3bd} - 6db)$.

2. Der Wendepunkt von f ist $(-\frac{c}{3d}, f(-\frac{c}{3d})) = (-\frac{c}{3d}, a - \frac{1}{27d^2}(9bcd - 2c^3))$.

3. Die Wendetangente $t : \mathbb{R} \longrightarrow \mathbb{R}$ ist definiert durch $t(x) = (b - \frac{c^2}{3d})x + a - \frac{c^3}{27d^2}$.

4. Die Tangente $t_u : \mathbb{R} \longrightarrow \mathbb{R}$ bei u an f ist definiert durch $t_u(x) = (b + 2cu + 3du^2)x + a - cu^2 - 2du^3$.

5. Die Schnittstelle s zweier solcher Tangenten $t_u, t_v : \mathbb{R} \longrightarrow \mathbb{R}$ ist $s = \frac{c(u^2 - v^2) + 2d(u^3 - v^3)}{2c(u-v) + 3d(u^2 - v^2)}$ oder in allgemeinerer Darstellung $s = \frac{f'(u)u - f'(v)v - f(u) + f(v)}{f'(u) - f'(v)}$.

A2.336.03: Betrachten Sie zu einer zweimal differenzierbaren Funktion $f : I \longrightarrow \mathbb{R}$ neben der in Bemerkung 2.336.6 genannten Menge $E(f)$ noch die Menge $E_*(f) = \{x \in I \mid f'(x) = 0 \text{ und } f''(x) \neq 0\}$ und untersuchen Sie hinsichtlich wechselseitiger Inklusionen die Mengen $E(f)$, $E_*(f)$ und $Ex(f)$ sowie $E(f^2)$, $E_*(f^2)$ und $Ex(f^2)$ anhand geeigneter Beispiele. Ist dazu auch folgende Funktion geeignet?

$$g : \mathbb{R} \longrightarrow \mathbb{R} \text{ mit } g(x) = \begin{cases} -x^2, & \text{falls } x < 0, \\ x^2, & \text{falls } x \geq 0 \end{cases}$$

B2.336.03: Zur Bearbeitung der Aufgabe im einzelnen:
1. Es gilt offensichtlich $E(f) \subset E_*(f) \subset Ex(f)$.
2. $Ex(f) \subset E_*(f)$ gilt nicht, wie das das Beispiel $f = id^4$ mit $Ex(f) = \{0\}$ und $E_*(f) = \emptyset$ zeigt.
3. $Ex(f) \subset E(f)$ gilt nicht, wie das das Beispiel $f = id^2$ mit $Ex(f) = \{0\}$ und $E(f) = \emptyset$ zeigt.
4. Die Funktion g ist für solche Untersuchungen ungeeignet, da sie nur einmal differenzierbar ist.

A2.336.04: Betrachten Sie zu einer beliebig, aber fest gewählten Zahl $a \in \mathbb{R}^+$ die Familie $(f_n)_{n \in \mathbb{N}_0}$ von Funktionen $f_n : \mathbb{R}_* \longrightarrow \mathbb{R}$, definiert durch $f_n(x) = ax^n \cdot sin(\frac{1}{x})$.

1. Bilden Sie die erste und die zweite Ableitungsfunktion von f_n.
2. Geben Sie die Folgen $c, e, u, v : \mathbb{N} \longrightarrow \mathbb{R}$ der positiven Nullstellen (c), der positiven Extremstellen (e), der positiven Maximalstellen (u) und der positiven Minimalstellen (v) von f_0 an. Beschreiben Sie diese Folgen und ihre Bildfolgen bezüglich f_0 jeweils hinsichtlich Monotonie- und Konvergenz-Eigenschaften.
3. Welche der Funktionen von $(f_n)_{n \in \mathbb{N}_0}$ lassen sich bei 0 stetig fortsetzen?
4. Welche der stetigen Fortsetzungen f_n^* von f_n – sofern existent – sind bei 0 differenzierbar?
5. Welche der bei 0 differenzierbaren Funktionen f_n^* haben stetige Ableitungsfunktionen?
6. Nennen und vergleichen Sie die Folgen w_n der Tangentenanstiege zu f_n bei den positiven Nullstellen.
7. Welche geometrische Bedeutung hat der Faktor $u_n : \mathbb{R}_* \longrightarrow \mathbb{R}$ mit $u_n(x) = ax^n$ für f_n? Ist u_n die Funktion, die die Maxima/Minima von f_n enthält?

B2.336.04: Zur Bearbeitung im einzelnen:

1. Die Funktionen $f_n', f_n'' : \mathbb{R}_* \longrightarrow \mathbb{R}$ sind definiert durch die Vorschriften
$$f_n'(x) = ax^{n-2}(nx \cdot sin(\tfrac{1}{x}) - cos(\tfrac{1}{x})) \quad \text{und} \quad f_n''(x) = ax^{n-3}((n^2x - nx - x^{-1})sin(\tfrac{1}{x}) - 2(n-1)cos(\tfrac{1}{x})).$$
Insbesondere ist $f_0'(x) = -ax^{-2} \cdot cos(\tfrac{1}{x})$ und $f_0''(x) = ax^{-3}(-x^{-1} \cdot sin(\tfrac{1}{x}) + 2 \cdot cos(\tfrac{1}{x}))$.

2. Die Folgen $c, e, u, v : \mathbb{N} \longrightarrow \mathbb{R}$ der positiven Nullstellen (c), der positiven Extremstellen (e), der positiven Maximalstellen (u) und der positiven Minimalstellen (v) von f_0 sind definiert durch
$$c = (\tfrac{1}{k\pi})_{k \in \mathbb{N}}, \quad e = (\tfrac{2}{(2k-1)\pi})_{k \in \mathbb{N}}, \quad u = (\tfrac{2}{(4k-1)\pi})_{k \in \mathbb{N}} \quad \text{und} \quad v = (\tfrac{2}{(4k-3)\pi})_{k \in \mathbb{N}}.$$
Alle vier Folgen sind sowohl streng antiton als auch nullkonvergent.

Zur Konstruktion der Folgen werden die Nullstellenmengen $N(f_0)$ und $N(f_0')$ benötigt. Die Äquivalenzen
a) $x \in N(f_0) \Leftrightarrow f_0(x) = 0 \Leftrightarrow sin(\tfrac{1}{x}) = 0 \Leftrightarrow \tfrac{1}{x} \in \mathbb{Z}_*\pi \Leftrightarrow x \in \{\tfrac{1}{k\pi} \mid k \in \mathbb{Z}_*\}$,
b) $x \in N(f_0') \Leftrightarrow f_0'(x) = 0 \Leftrightarrow cos(\tfrac{1}{x}) = 0 \Leftrightarrow \tfrac{1}{x} \in \tfrac{1}{2}(2\mathbb{Z} - 1)\pi \Leftrightarrow x \in \{\tfrac{2}{(2k-1)\pi} \mid k \in \mathbb{Z}\}$
zeigen $N(f_0) = \{\tfrac{1}{k\pi} \mid k \in \mathbb{Z}_*\}$ und $N(f_0') = \{\tfrac{2}{(2k-1)\pi} \mid k \in \mathbb{Z}\}$.

Ferner gilt $f_0''(\tfrac{2}{(2k-1)\pi}) = a(\tfrac{(2k-1)\pi}{2})^3(-\tfrac{(2k-1)\pi}{2} \cdot sin(\tfrac{(2k-1)\pi}{2}) + 2 \cdot cos(\tfrac{(2k-1)\pi}{2}))$
$= -\tfrac{a}{16}((2k-1)\pi)^4 \cdot sin(\tfrac{(2k-1)\pi}{2}) = \begin{cases} \tfrac{a}{16}((2k-1)\pi)^4 \cdot (-1) = -\tfrac{a}{16}((2k-1)\pi)^4 < 0, & \text{falls } k \in 2\mathbb{Z}, \\ \tfrac{a}{16}((2k-1)\pi)^4 \cdot 1 = \tfrac{a}{16}((2k-1)\pi)^4 > 0, & \text{falls } k \in 2\mathbb{Z} - 1, \end{cases}$
folglich gilt $Ex(f_0) = N(f_0')$. (So ist im Fall $k = 0$ insbesondere $f_0''(-\tfrac{2}{\pi}) = a((-\tfrac{\pi}{2})^4 \cdot sin(\tfrac{\pi}{2}) = \tfrac{a}{16} \cdot \pi^4$.)

Die Bildfolge $f_0 \circ c$ ist naheliegenderweise die konstante nullkonvergente Null-Folge, die Bildfolge $f_0 \circ u$ ist die konstante gegen a konvergente Folge $(f_0(u_n))_{n \in \mathbb{N}} = (a)_{n \in \mathbb{N}}$, die Bildfolge $f_0 \circ v$ ist die konstante gegen $-a$ konvergente Folge $(f_0(v_n))_{n \in \mathbb{N}} = (-a)_{n \in \mathbb{N}}$, die Bildfolge $f_0 \circ e$ ist dann schließlich die alternierende nicht-konvergente Folge mit den Folgengliedern
$$f_0(e_k) = f_0(\tfrac{2}{(2k-1)\pi}) = a \cdot sin(\tfrac{(2k-1)\pi}{2}) = \begin{cases} a \cdot 1 = a, & \text{falls } k \in 2\mathbb{Z}, \\ a \cdot (-1) = -a, & \text{falls } k \in 2\mathbb{Z} - 1. \end{cases}$$

3. Die Funktion f_0 läßt sich nicht stetig fortsetzen, denn betrachtet man eine beliebige gegen 0 konvergente Folge $z : \mathbb{N} \longrightarrow \mathbb{R}$, dann ist ihre Bildfolge $f_0 \circ z : \mathbb{N} \longrightarrow \mathbb{R}$ mit $f_0(z_k) = a \cdot sin(\tfrac{1}{z_k})$ nicht konvergent, da die Folge $(sin(\tfrac{1}{z_k}))_{k \in \mathbb{N}}$ in jeder noch so kleinen Umgebung von 0 stets alle Zahlen aus $[-1, 1]$ enthält. Alle anderen Funktionen f_n, also mit Index $n \neq 0$, lassen sich jeweils stetig fortsetzen zu der Funktion $f_n^* : \mathbb{R} \longrightarrow \mathbb{R}$ mit
$$f_n^*(x) = \begin{cases} f_n(x), & \text{falls } x \in \mathbb{R}_*, \\ 0, & \text{falls } x = 0. \end{cases}$$
Zum Beweis der Stetigkeit von f_n^* bei 0 sei wieder eine beliebige gegen 0 konvergente Folge $z : \mathbb{N} \longrightarrow \mathbb{R}$ betrachtet. Ihre Bildfolge $f_n \circ z : \mathbb{N} \longrightarrow \mathbb{R}$ ist dann definiert durch $f_n(z_n) = az_n^n \cdot sin(\tfrac{1}{z_n})$ und als Produkt einer nullkonvergenten Folge mit einer beschränkten Folge selbst nullkonvergent, es gilt also $lim(f_n \circ z) = 0 = f_n^*(0)$.

4. Die Funktion f_1^* ist bei 0 nicht differenzierbar, hingegen sind alle Funktionen f_n^* mit $n > 1$ dort differenzierbar, denn betrachtet man eine beliebige gegen 0 konvergente Folge $z : \mathbb{N} \longrightarrow \mathbb{R}$, so haben die die Folgenglieder der Differenzenquotienten die Form

$$\frac{f_n^*(z_k)-f_n^*(0)}{z_k-0} = \frac{a \cdot z_k^n \cdot sin(\frac{1}{z_k})}{z_k} = \begin{cases} a \cdot sin(\frac{1}{z_k}), \text{ falls } n = 1, \\ a \cdot z_k^{n-1} \cdot sin(\frac{1}{z_k}), \text{ falls } n > 1. \end{cases}$$

Wie in Teil 3 schon gezeigt wurde, konvergiert dann die Folge der Differenzquotienten im Fall $n = 1$ nicht, im Fall $n > 1$ jedoch gegen 0, womit in diesem Fall $(f_n^*)'(0) = 0$ gilt.

5. Die Ableitungsfunktionen $(f_n^*)' : \mathbb{R}_* \longrightarrow \mathbb{R}$ von f_n^* sind definiert durch die Zuordnungsvorschrift
$$(f_n^*)'(x) = \begin{cases} ax^{n-2}(nx \cdot sin(\frac{1}{x}) - cos(\frac{1}{x})), \text{ falls } x \in \mathbb{R}_*, \\ 0, \text{ falls } x = 0. \end{cases}$$

Diese Funktionen sind allesamt bei 0 nicht stetig, denn sie enthalten den Summanden $cos(\frac{1}{x})$, der für beliebige nullkonvergente Folgen $z : \mathbb{N} \longrightarrow \mathbb{R}$ stets divergente Bildfolgen $cos \circ z : \mathbb{N} \longrightarrow \mathbb{R}$ erzeugt, da die Folge $cos \circ z = (cos(\frac{1}{z_k}))_{k \in \mathbb{N}}$ in jeder noch so kleinen Umgebung von 0 stets alle Zahlen aus $[-1,1]$ enthält.

6. Zunächst kann man feststellen, daß alle Funktionen f_n dieselben Nullstellen haben. Dieser Sachverhalt folgt unmittelbar aus dem Beweisteil 2a), da dort nur der Faktor $sin(\frac{1}{x})$ die Nullstellen von f_0 erzeugt. Also: Für alle $n \in \mathbb{N}_0$ ist $c_k = (\frac{1}{k\pi})_{k \in \mathbb{N}}$ die Folge der positiven Nullstellen von f_n. Somit ist $w_n = (f_n'(\frac{1}{k\pi}))_{k \in \mathbb{N}}$ die Folge der zugehörigen Tangentenanstiege, wobei $f_n'(\frac{1}{k\pi})$ nach Aufgabenteil 1 die folgende Darstellung hat:

$$f_n'(\frac{1}{k\pi}) = a(\frac{1}{k\pi})^{n-2}(\frac{n}{k\pi} \cdot sin(\frac{1}{k\pi}) - cos(\frac{1}{k\pi})) = a(\frac{1}{k\pi})^{n-2} \cdot cos(\frac{1}{k\pi}) = \begin{cases} a(\frac{1}{k\pi})^{n-2}, \text{ falls } k \in 2\mathbb{N} - 1, \\ -a(\frac{1}{k\pi})^{n-2}, \text{ falls } k \in 2\mathbb{N}. \end{cases}$$

Insbesondere ist im Fall
$n = 0$ dann $f_0'(\frac{1}{k\pi}) = \pm ak^2\pi^2$, $\qquad n = 1$ dann $f_0'(\frac{1}{k\pi}) = \pm ak\pi$, $\qquad n = 2$ dann $f_0'(\frac{1}{k\pi}) = \pm a$,
$n = 3$ dann $f_0'(\frac{1}{k\pi}) = \pm \frac{a}{k\pi}$, $\qquad n = 4$ dann $f_0'(\frac{1}{k\pi}) = \pm \frac{a}{k^2\pi^2}$, $\qquad n = 5$ dann $f_0'(\frac{1}{k\pi}) = \pm \frac{a}{k^3\pi^3}$.

7. Zu untersuchen sind diejenigen Zahlen x mit $f_n(x) = ax^n \cdot sin(\frac{1}{x}) = ax^n = u_n(x)$. Dabei gilt offenbar: $f_n(x) = u_n(x) \Leftrightarrow sin(\frac{1}{x}) = 1 \Leftrightarrow \frac{1}{x} \in \frac{1}{2}(2\mathbb{Z}-1)\pi \Leftrightarrow x \in S_n = \{\frac{2}{(2k-1)\pi} \mid k \in \mathbb{Z}\} \Leftrightarrow x \in N(f_0')$. Das bedeutet, daß S_n die Menge der Schnittstellen von f_n und u_n ist, wobei die zugehörigen Schnittpunkte die Form $(\frac{2}{(2k-1)\pi}, a(\frac{2}{(2k-1)\pi})^n)$ mit $k \in \mathbb{Z}$ haben.

Die zweite Frage kann mit der Untersuchung, ob eine Gleichheit $S_n = Ex(f_n)$ vorliegt, beantwortet werden. Falls diese Gleichheit gilt, dann muß $S_n \subset N(f_n')$, also $f_n'(x) = 0$ für alle $x \in S_n$, gelten. Das ist lediglich für den Fall $n = 0$ richtig, denn es gilt in allgemeiner Berechnung
$$f_n'(\frac{2}{(2k-1)\pi}) = a(\frac{2}{(2k-1)\pi})^{n-2}n \cdot \frac{2}{(2k-1)\pi} \cdot sin(\frac{(2k-1)\pi}{2}) - cos(\frac{(2k-1)\pi}{2})) = an \cdot (\frac{2}{(2k-1)\pi})^{n-3} \cdot sin(\frac{(2k-1)\pi}{2}) \neq 0$$
im Fall $n \neq 0$, denn der dritte Faktor ist entweder -1 oder 1.

Nebenbei: Wie die Darstellung von f_n' in Teil 1 zeigt, ist die Berechnung von $N(f_n')$ schwierig. Schon im Fall $n = 1$ liefert das $x \in N(f_1') \Leftrightarrow f_1'(x) = 0 \Leftrightarrow x \cdot sin(\frac{1}{x}) - cos(\frac{1}{x}) = 0 \Leftrightarrow tan(\frac{1}{x}) = \frac{1}{x}$.

A2.336.05: Betrachten Sie zu einer beliebig, aber fest gewählten Zahl $a \in \mathbb{R}^+$ die Familie $(f_n)_{n \in \mathbb{N}_0}$ von Funktionen $f_n : \mathbb{R}_* \longrightarrow \mathbb{R}$, definiert durch $f_n(x) = ax^n \cdot cos(\frac{1}{x})$, und bearbeiten Sie die in A2.336.04 gestellten Aufgaben.

A2.336.06: Betrachten Sie die Familie $(f_a)_{a \in \mathbb{R}^+}$ von Funktionen $f_a : \mathbb{R} \longrightarrow \mathbb{R}$ mit $f_a(x) = sin(\frac{1}{a}x)$.
1. Beschreiben Sie die Wirkung des Faktors $\frac{1}{a}$ auf f_a.
2. Geben Sie dann ohne Rechnungen – aber jeweils mit Begründung – die Menge $N(f_a)$ der Nullstellen, die Menge $Max(f_a)$ der Maximalstellen, die Menge $Min(f_a)$ der Minimalstellen sowie die Menge $Wen(f_a)$ der Wendestellen von f_a an.
3. Nennen Sie zwei verschiedene Zahlen a und b, für die $N(f_b) \subset N(f_a)$ gilt.
4. Betrachten Sie ferner Funktionen $g_a : \mathbb{R} \longrightarrow \mathbb{R}$, definiert durch $g_a(x) = a \cdot sin(\frac{1}{a}x)$. Worin unterscheiden sich die Funktionen g_a von f_a, worin nicht?
Hinweis: Vergleichen Sie in den Aufgabenteilen 1 und 2 die Funktionen f_a mit f_1.

B2.336.06: Zur Bearbeitung der Aufgabe im einzelnen:
1. Die Wirkung des sogenannten Frequenzfaktors $\frac{1}{a}$ in der Vorschrift $f_a(x) = sin(\frac{1}{a}x)$ auf f_a liegt im

Vergleich zu $f_1 = sin$ in einer Stauchung oder Streckung *vom Punkt* $(0,0)$ aus *in beiden Abszissenrichtungen*, nämlich:
- Im Fall $a > 1$ ist f_a gegenüber f_1 von $(0,0)$ aus in beiden Abszissenrichtungen gestreckt, beispielsweise liefert der Faktor $\frac{1}{2}$ nur eine halbe volle Schwingung im Bereich $[0, 2\pi]$
- im Fall $0 < a < 1$ ist f_a gegenüber f_1 von $(0,0)$ aus in beiden Abszissenrichtungen gestaucht, beispielsweise liefert der Faktor $\frac{1}{\frac{1}{2}} = 2$ nun zwei volle Schwingungen im Bereich $[0, 2\pi]$
- allgemeiner gesagt: f_a hat in den Bereichen $[-2a\pi, 0]$ und $[0, 2a\pi]$ jeweils genau eine volle Schwingung.

2a) Im Vergleich zu $N(f_1) = N(sin) = \mathbb{Z}\pi$ ist $N(f_a) = \mathbb{Z}a\pi$.

2b) Im Vergleich zu $Max(f_1) = Max(sin) = (2\mathbb{Z} + \frac{1}{2})\pi$ ist $N(f_a) = (2\mathbb{Z} + \frac{1}{2})a\pi$.

2c) Im Vergleich zu $Min(f_1) = Min(sin) = (2\mathbb{Z} - \frac{1}{2})\pi$ ist $N(f_a) = (2\mathbb{Z} - \frac{1}{2})a\pi$.

2c) Im Vergleich zu $Wen(f_1) = Wen(sin) = N(sin) = \mathbb{Z}\pi$ ist $Wen(f_a) = N(f_a) = \mathbb{Z}a\pi$.

3. Zwei verschiedene Zahlen a und b, für die $N(f_b) \subset N(f_a)$ gilt, sind beispielsweise $a = 1$ und $b = 2$, denn mit 2a) gilt $N(f_2) = 2\mathbb{Z}\pi \subset \mathbb{Z}\pi = N(f1)$.

4a) Der sogenannte Amplitudenfaktor a in $g_a(x) = a \cdot sin(\frac{1}{a}x)$ bewirkt gegenüber f_a eine Stauchung oder Streckung in Ordinatenrichtung, nämlich:
- Im Fall $a > 1$ ist f_a gegenüber $g_1 = f_1$ in Ordinatenrichtung gestreckt, beispielsweise liefert der Faktor 2 eine gegenüber g_1 verdoppelte Amplitude
- im Fall $0 < a < 1$ ist f_a gegenüber $g_1 = f_1$ in Ordinatenrichtung gestaucht, beispielsweise liefert der Faktor $\frac{1}{2}$ nun eine gegenüber g_1 halbierte Amplitude.

4b) Der Amplitudenfaktor a in $g_a(x) = a \cdot sin(\frac{1}{a}x)$ bewirkt gegenüber f_a keine Änderung der in Aufgabenteil 2 untersuchten Mengen, denn wegen $a \neq 0$ gilt $N(g_a) = N(af_a) = N(f_a)$ sowie $N(g'_a) = N(af'_a) = N(f'_a)$ und $N(g''_a) = N(af''_a) = N(f''_a)$.

A2.336.07: Bearbeiten Sie die entsprechenden Teilaufgaben von Aufgabe A2.336.06 für die Familie $(f_a)_{a \in \mathbb{R}^+}$ von Funktionen $f_a : \mathbb{R} \longrightarrow \mathbb{R}$, definiert durch $f_a(x) = cos(\frac{1}{a}x)$.

A2.336.08: Betrachten Sie eine differenzierbare Funktion $f : \mathbb{R} \longrightarrow \mathbb{R}$, ferner ein Intervall $(a, b) \subset \mathbb{R}$ mit $sign(f'(a)) \neq sign(f'(b))$.

1. Beweisen Sie die Aussage $Bild(f' | (a, b)) = (f'(a), f'(b))$ für den Fall $f'(a) < f'(b)$.

2. Beschreiben Sie den Inhalt dieser Aussage in Worten und kommentieren Sie ihn hinsichtlich Satz 2.217.2 und Aufgabe A2.336.04/5.

B2.336.08: Zur Bearbeitung im einzelnen:

1. Es ist die Inklusion $(f'(a), f'(b)) \subset Bild(f' | (a, b))$ nachzuweisen: Zu einem beliebigen Element $z \in (f'(a), f'(b))$ werden die beiden durch die Zuordnungsvorschriften $u(x) = f(x) - zx$ und $u'(x) = f'(x) - z$ definierten Funktionen $u, u' : \mathbb{R} \longrightarrow \mathbb{R}$ betrachtet. Da die Funktionen f und u stetig sind, gibt es wegen $sign(u'(a)) = sign(f'(a)) \neq sign(f'(b)) = sign(u'(b))$ ein Element $x_0 \in (a, b)$ mit $u'(x_0) = 0$, folglich gilt $0 = u'(x_0) = f'(x_0) - z$, also $f'(x_0) = z$, und somit ist $z \in Bild(f' | (a, b))$.

2. Die Beziehung $Bild(f' | (a, b)) = (f'(a), f'(b))$ im Klartext: Jedes Element aus $(f'(a), f'(b))$ ist Funktionswert eines Elementes aus (a, b) unter f'. Das heißt im Hinblick auf Satz 2.217.2: Die Funktion f' besitzt die Zwischenwert-Eigenschaft, ohne als stetig vorausgesetzt zu sein. Hinsichtlich Aufgabe A2.2336.04/5: Mit $f_n^* : \mathbb{R} \longrightarrow \mathbb{R}$ ist eine differenzierbare, aber nicht stetig differenzierbare Funktion hergestellt, die andererseits aber die genannte Zwischenwert-Eigenschaft besitzt.

A2.336.09: Besitzt die durch $f(x) = x^4 + 4x^3 + 6x^2 + 3x - 1$ definierte Funktion $f : \mathbb{R} \longrightarrow \mathbb{R}$ bei der Stelle -1 ein Extremum oder einen Wendepunkt?

B2.336.09: Wegen $f'(-1) = -1 \neq 0$ gilt $-1 \notin N(f') \subset Ex(f)$, ferner liegt für f'' wegen $f'(x) = 12(x+1)^2$ kein Vorzeichenwechsel vor, folglich ist -1 auch keine Wendestelle von f.

A2.336.10: Rechnen Sie nach, daß die durch $f(x) = (1 - log_e(x))^2$ definierte Funktion $f : \mathbb{R}^+ \longrightarrow \mathbb{R}$ die Nullstelle 0, das Minimum $(e, 0)$ sowie den Wendepunkt $(e^2, 1)$ besitzt. (Verwenden Sie $log'_e = \frac{1}{id}$.)

B2.336.10: Zur Bearbeitung der Aufgabe im einzelnen:
1. Die Äquivalenzen $x \in N(f) \Leftrightarrow f(x) = 0 \Leftrightarrow 1 - log_e(x) = 0 \Leftrightarrow log_e(x) = 1 \Leftrightarrow x = e \Leftrightarrow x \in \{e\}$ liefern $N(f) = \{e\}$.
2. Die 1. Ableitungsfunktion $f' : \mathbb{R}^+ \longrightarrow \mathbb{R}$ von f ist $f' = ((1 - log_e)^2)' = 2(1 - log_e)(-log_e') = (-2)(1 - log_e) \cdot \frac{1}{id}$ und besitzt die Nullstellenmenge $N(f') = \{e\} = N(f)$.
3. Die 2. Ableitungsfunktion $f'' : \mathbb{R}^+ \longrightarrow \mathbb{R}$ von f ist $f'' = ((-2)\frac{1-log_e}{id})' = (-2)(log_e - 2) \cdot \frac{1}{id^2}$. Wegen $f''(e) = (-2)(log_e(e) - 2) \cdot \frac{1}{e^2} = (-2)(1 - 2) \cdot \frac{1}{e^2} = \frac{2}{e^2} > 0$ ist e die Minimalstelle und $(e, f(e)) = (e, 0)$ das Minimum von f.
4. Es gilt $N(f'') = \{e^2\}$. Bezüglich der 3. Ableitungsfunktion $f''' : \mathbb{R}^+ \longrightarrow \mathbb{R}$ von f mit $f''' = ((-2)\frac{log_e - 2}{id^2})' = (-2)(5 - 2 \cdot log_e) \cdot \frac{1}{id^3}$ ist dann $f'''(e^2) = (-2)(5 - 2 \cdot log_e(e^2)) \cdot \frac{1}{e^3} = (-2)(5 - 2 \cdot 2) \cdot \frac{1}{e^3} = -\frac{2}{e^3} \neq 0$, also ist e^2 die Wendestelle und $(e^2, f(e^2)) = (e^2, 1)$ der Wendepunkt von f.

A2.336.11: Berechnen Sie zunächst die Nullstelle, die beiden Extrema sowie die Nullstellenmenge $N(f'')$ zu der durch $f(x) = \frac{x^2-4x+4}{e^x}$ definierten Funktion $f : \mathbb{R}^+ \longrightarrow \mathbb{R}$. Berechnen Sie dann zu beliebigen monotonen und nach oben nicht beschränkten Folgen $x : \mathbb{N} \longrightarrow \mathbb{R}^+$ den Grenzwert der Bildfolge $f \circ x$ und begründen Sie damit die Gleichheit $Wen(f) = N(f'')$. Berechnen Sie schließlich die beiden Wendepunkte von f. (Verwenden Sie Satz 2.345.2.)

B2.336.11: Im folgenden wird die Darstellung $f(x) = \frac{u(x)}{e^x} = \frac{x^2-4x+4}{e^x}$ von $f(x)$ betrachtet.
1. Wegen $N(exp_e) = \emptyset$ ist $N(f) = N(u) = \{2\}$.
2. Die 1. Ableitungsfunktion $f' : \mathbb{R}^+ \longrightarrow \mathbb{R}$ von f ist $f' = (\frac{u}{exp_e})' = \frac{u' \cdot exp_e - u \cdot exp_e}{exp_e^2} = \frac{u'-u}{exp_e}$ mit der Zuordnungsvorschrift $f'(x) = \frac{-x^2+6x-8}{e^x}$ und der Nullstellenmenge $N(f') = \{2,4\} \supset \{2\} = N(f)$.
3. Die 2. Ableitungsfunktion $f'' : \mathbb{R}^+ \longrightarrow \mathbb{R}$ von f ist nun $f'' = (\frac{u'-u}{exp_e})' = \frac{(u'-u)' \cdot exp_e - (u'-u) \cdot exp_e}{exp_e^2} = \frac{(u'-u)'-(u'-u)}{exp_e} = \frac{u''-u'-u'+u}{exp_e} = \frac{u''-2u'+u}{exp_e}$ mit der Zuordnungsvorschrift $f''(x) = \frac{x^2-8x+14}{e^x}$. Wegen $f''(2) = \frac{2}{e^2} > 0$ und $f''(4) = -\frac{2}{e^4} < 0$ ist dann 2 die Minimalstelle mit Minimum $(2, f(2)) = (2, 0)$ und 4 die Maximalstelle mit Maximum $(4, f(4)) = (4, \frac{4}{e^4})$ von f.
4. Die Nullstellenmenge $N(f'')$ von f'' ist $N(f'') = \{4 - \sqrt{2}, 4 + \sqrt{2}\}$.
5. Es genügt, stellvertretend die Folge $id : \mathbb{N} \longrightarrow \mathbb{N}$ und ihre Bildfolge $f \circ id : \mathbb{N} \longrightarrow \mathbb{R}^+$ zu betrachten: Aus der Darstellung $f \circ id = \frac{u}{exp_e} \circ id = \frac{u \circ id}{exp_e \circ id}$ wird klar, daß sowohl die Folge im Zähler als auch die Folge im Nenner beide nicht in $\mathbb{R}$, wohl aber in $\mathbb{R}^*$ gegen $\star$ konvergieren. Für einen solchen Sachverhalt liefert der Zweite Satz von de L'Hospital (Satz 2.345.2) dann $lim(\frac{u}{exp_e} \circ id) = lim(\frac{u'}{exp_e} \circ id) = lim(\frac{u''}{exp_e} \circ id) = lim(\frac{2}{exp_e} \circ id) = 0$.
Diese Untersuchung zeigt also, daß die Null-Funktion (Abszisse) asymptotische Funktion zu f ist. Betrachtet man im Zusammenhang damit die Maximalstelle 4 von f sowie die Nullstelle $4 + \sqrt{2}$ von f'', für die $4 < 4 + \sqrt{2}$ gilt, dann muß wegen der Stetigkeit von f die Zahl $4 + \sqrt{2}$ eine Wendestelle von f sein. (Die Stetigkeit von f zeigt gleichermaßen, daß die zweite Nullstelle von f'', $4 - \sqrt{2}$, als Zahl zwischen einer Minimal- und einer Maximalstelle von f ebenfalls eine Wendestelle von f sein muß.)

A2.336.12: Bestätigen Sie die Angaben zu den Ableitungsfunktionen von A_1 und A_2 und den Nullstellen in dem Beispiel zu Bemerkung 2.336.8 (Teil B).

B2.336.12: Ohne weiteren Kommentar folgende Berechnungen:
a) Mit $A_1(H) = \sqrt{r^2 - H^2}(r + H)$ gilt $A_1'(H) = \frac{-2H}{2\sqrt{r^2-H^2}}(r+h) + \sqrt{r^2-H^2} = \frac{-H(r+H)+r^2-H^2}{\sqrt{r^2-H^2}}$
$= \frac{1}{\sqrt{r^2-H^2}}(-Hr - H^2 + r^2 - H^2) = -2 \cdot \frac{1}{\sqrt{r^2-H^2}}(H^2 + \frac{1}{2}rH - \frac{1}{2}r^2)$. Nun zur Nullstellenberechnung:
$H \in N(A_1') \Leftrightarrow H^2 + \frac{1}{2}rH - \frac{1}{2}r^2 = 0 \Leftrightarrow H = -\frac{1}{4}r + \sqrt{\frac{1}{16}r^2 + \frac{1}{2}r^2} \Leftrightarrow H = -\frac{1}{4}r + \frac{3}{4}r \Leftrightarrow H = \frac{1}{2}r$.
b) Mit $A_2(R) = R(r + \sqrt{r^2-R^2}) = Rr + R\sqrt{r^2-R^2}$ gilt $A_2'(R) = r + \sqrt{r^2-R^2} + R\frac{-2R}{2\sqrt{r^2-R^2}} = \frac{1}{\sqrt{r^2-R^2}}(r\sqrt{r^2-R^2} + r^2 - 2R^2)$. Nun zur Nullstellenberechnung:
$R \in N(A_2') \Leftrightarrow r\sqrt{r^2-R^2} + r^2 - 2R^2 = 0 \Leftrightarrow r\sqrt{r^2-R^2} = 2R^2 - r^2 \Leftrightarrow r^2(r^2-R^2) = 4R^4 - 4R^2r^2 + r^4$
$\Leftrightarrow 3R^2r^2 = 4R^4 \Leftrightarrow 3r^2 = 4R^2 \Leftrightarrow R^2 = \frac{3}{4}r^2 \Leftrightarrow R = \frac{r}{2}\sqrt{3}$.

2.338 REKONSTRUKTION VON FUNKTIONEN

A2.338.01: Bestimmen Sie jeweils die Zuordnungsvoschriften der durch die folgenden Bedingungen eindeutig festgelegten Polynom-Funktionen $f : \mathbb{R} \longrightarrow \mathbb{R}$:

a) f hat den Grad 3, enthält den Punkt $(1,-4)$, hat den Wendepunkt $(3,-6)$ und eine waagerechte Tangente bei 4.

b) Die Funktion f hat den Grad 3, enthält den Punkt $(-1,4)$, hat den Wendepunkt $(3,-6)$ und eine waagerechte Tangente bei 4 (Aufgabe analog zu a)).

c) Die Funktion f hat den Grad 3, hat im Punkt $(0,2)$ die Steigung 4 sowie bei -2 und bei 2 jeweils eine waagerechte Tangente.

d) Die Funktion f hat den Grad 3 und berührt die Abszisse im Ursprung. Ferner habe die Tangente an f im Punkt $(-2,8)$ die Steigung -9.

e) Die Funktion f hat den Grad 3, im Punkt $(2,5)$ eine waagerechte Tangente sowie den Wendepunkt $(1,3)$.

f) Die Funktion f hat den Grad 3, die Nullstelle 0 sowie den Wendepunkt $(1,-1)$. Ferner schneidet die Wendetangente die Abszisse im Punkt $(2,0)$.

g) Die Funktion f hat den Grad 3, die Extremstelle 4 sowie die Wendestelle 2. Ferner ist die Wendetangente t in dem zur angegebenen Wendestelle zugehörigen Wendepunkt durch $t(x) = \frac{3}{2}x + 2$ definiert.

h) Die Funktion f hat den Grad 4, die Nullstellen 0 und 2 sowie den Wendepunkt $(1,-1)$. Ferner hat die zugehörige Wendetangente den Anstieg -2.

i) Die Funktion f hat den Grad 4, die Nullstelle 0, das Extremum $(-4,-4)$ sowie die beiden Wendestellen 1 und -2.

j) Die Funktion f hat den Grad 4, ist ordinatensymmetrisch, hat die Nullstelle 1 und das Extremum $(2,2)$. (Beachten Sie die Information, die diese Symmetrie über den Bau von f liefert.)

k) Die Funktion f hat den Grad 5, ist punktsymmetrisch (das heißt: drehsymmetrisch bezüglich $(0,0)$ um $180°$) und hat den Sattelpunkt $(-1,8)$. (Beachten Sie die Information, die diese Symmetrie über den Bau von f liefert.)

B2.338.01: Für die Aufgabenteile a) bis g) haben die Funktionen $f, f', f'' : \mathbb{R} \longrightarrow \mathbb{R}$ jeweils die Form $f(x) = ax^3 + bx^2 + cx + d$ sowie $f'(x) = 3ax^2 + 2bx + c$ und $f''(x) = 6ax + 2b$. Bei den weiteren Aufgabenteilen sei entsprechend bezeichnet.

a) Die Daten der Aufgabenstellung liefern die folgenden Beziehungen (I) bis (IV):
    1. $f(1) = -4$ liefert   (I) $f(1) = a + b + c + d = -4$,
    2. $f(3) = -6$ liefert   (II) $f(3) = 27a + 9b + 3c + d = -6$,
    3. $f'(4) = 0$ liefert   (III) $f'(4) = 48a + 8b + c = 0$,
    4. $f''(3) = 0$ liefert   (IV) $f''(3) = 18a + 2b = 0$.

(IV) liefert $b = -9a$, womit aus (III) dann $c = 24a$ folgt. Beide Lösungen liefern in (I) eingesetzt (I'): $16a + d = -4$ und in (II) eingesetzt (II'): $18a + d = -6$. (I') und (II') liefern dann $a = -1$, $c = 24a = -24$, $b = 9$ und $d = 12$. Somit hat f die Zuordnungsvorschrift $f(x) = -x^3 + 9x^2 - 24x + 12$.

b) Die Daten der Aufgabenstellung liefern die folgenden Beziehungen (I) bis (IV):
    1. $f(-1) = 4$ liefert   (I) $f(-1) = -a + b - c + d = 4$,
    2. $f(3) = -6$ liefert   (II) $f(3) = 27a + 9b + 3c + d = -6$,
    3. $f''(3) = 0$ liefert   (III) $f''(3) = 18a + 2b = 0$,
    4. $f'(4) = 0$ liefert   (IV) $f'(4) = 48a + 9b + c = 0$.

Das Verfahren analog zu a) liefert die Zuordnungsvorschrift $f(x) = -\frac{5}{26}x^3 + \frac{45}{26}x^2 - \frac{120}{26}x - \frac{66}{26}$.

c) Die Daten der Aufgabenstellung liefern die folgenden Beziehungen (I) bis (IV):

1. $f(0) = 2$ liefert (I) $f(0) = d = 2$,
2. $f'(0) = 4$ liefert (II) $f'(0) = c = 4$,
3. $f'(-2) = 0$ liefert (III) $f'(-2) = 12a - 4b + 4 = 0$,
4. $f'(2) = 0$ liefert (IV) $f'(2) = 12a + 4b + 4 = 0$.

Die Summe von (III) und (IV) liefert $24a + 8 = 0$, also $a = -\frac{1}{3}$, woraus mit (III) dann $-4 - 4b + 4 = 0$, also $b = 0$ folgt. Somit hat f die Zuordnungsvorschrift $f(x) = -\frac{1}{3}x^3 + 4x + 2$.

d) Die Daten der Aufgabenstellung liefern die folgenden Beziehungen (I) bis (IV):
1. $f(0) = 0$ liefert (I) $f(0) = d = 0$,
2. $f(-2) = 8$ liefert (II) $f(-2) = -8a + 4b - 2c = 8$,
3. $f'(0) = 0$ liefert (III) $f'(0) = c = 0$,
4. $f'(-2) = -9$ liefert (IV) $f'(-2) = 12a - 4b = -9$.

(III) in (II) eingesetzt liefert (II'): $-8a + 4b = 8$, woraus durch Addition von (II') und (IV) dann $a = -\frac{1}{4}$ folgt. (II') liefert dann auch $b = \frac{3}{2}$. Somit hat f die Zuordnungsvorschrift $f(x) = -\frac{1}{4}x^3 + \frac{3}{2}x^2$.

e) Die Daten der Aufgabenstellung liefern die folgenden Beziehungen (I) bis (IV):
1. $f(2) = 5$ liefert (I) $f(2) = 8a + 4b + 2c + d = 5$,
2. $f(1) = 3$ liefert (II) $f(1) = a + b + c + d = 3$,
3. $f'(2) = 0$ liefert (III) $f'(2) = 12a + 4b + c = 0$,
4. $f''(1) = 0$ liefert (IV) $f''(1) = 6a + 2b = 0$.

(IV) in (III) eingesetzt zeigt $2(6a + 2b) + c = 2 \cdot 0 + c = 0$, also ist $c = 0$. (IV) liefert ferner $b = -3a$. Damit liefern (I) und (II) dann $8a - 12a + d = 5$, also (I'): $-4a + d = 5$ und $a - 3a + d = 3$, also (II'): $-2a + d = 3$. (I') und (II') liefern $d = 1$, womit dann $a = -1$ und $b = -3a = 3$ folgt. Somit hat f die Zuordnungsvorschrift $f(x) = -x^3 + 3x^2 + 1$.

f) Die Daten der Aufgabenstellung liefern die folgenden Beziehungen (I) bis (IV):
1. $f(0) = 0$ liefert (I) $f(0) = d = 0$,
2. $f(1) = -1$ liefert (II) $f(1) = a + b + c = -1$,
3. $f''(1) = 0$ liefert (III) $f''(1) = 6a + 2b = 0$,
4. $f'(1) = 1$ liefert (IV) $f'(1) = 3a + 2b + c = 1$.

Zu (IV): Die Wendetangente t an f mit $t(x) = x - 2$ (geliefert durch die beiden Punkte $(1, -1)$ und $(2, 0)$) hat den Anstieg 1, folglich ist $f'(1) = 1$.

(III) liefert $b = -3a$, womit aus (II) dann $a - 3a + c = -1$, also (II'): $-2a + c = -1$, und aus (IV) dann $3a - 6a + c = 1$, also (IV'): $-3a + c = 1$ folgt. Die Differenz von (II') und (IV') liefert $a = -2$, woraus mit (II') dann $c = -5$ und schließlich $b = -3a = 6$ folgt. Somit hat f die Zuordnungsvorschrift $f(x) = -2x^3 + 6x^2 - 5x$.

g) Die Daten der Aufgabenstellung liefern die folgenden Beziehungen (I) bis (III):
1. $f'(4) = 0$ liefert (I) $f'(4) = 48a + 8b + c = 0$,
2. $f''(2) = 0$ liefert (II) $f''(2) = 12a + 2b = 0$,
3. $f'(2) = \frac{3}{2}$ liefert (III) $f'(2) = 12a + c = \frac{3}{2}$.

(II) liefert $b = 6a$, womit aus (I) dann $48a - 48a + c = 0$, also $c = 0$ folgt. (III) liefert damit $12a - 24a = \frac{3}{2}$, also ist $-12a = \frac{3}{2}$ und damit $a = -\frac{1}{8}$. Weiterhin ist $b = -6a = \frac{6}{8} = \frac{3}{4}$. Damit hat f zunächst die Zuordnungsvorschrift $f(x) = -\frac{1}{8}x^3 + \frac{3}{4}x^2 + d$. Die Zahl d folgt aus der Betrachtung des Wendepunktes $(2, f(2))$ mit $f(2) = -\frac{1}{8} \cdot 8 + \frac{3}{4} \cdot 4 + d = t(2) = \frac{3}{2} \cdot 2 + 2 = 5$, woraus $-1 + 3 + d = 5$, also $d = 3$ folgt. Somit hat f die Zuordnungsvorschrift $f(x) = -\frac{1}{8}x^3 + \frac{3}{4}x^2 + 3$.

Für die Aufgabenteile h) und i) haben die drei benötigten Funktionen $f, f', f'' : \mathbb{R} \longrightarrow \mathbb{R}$ jeweils die Form $f(x) = ax^4 + bx^3 + cx^2 + dx + e$ sowie $f'(x) = 4ax^3 + 3bx^2 + 2cx + d$ und $f''(x) = 12ax^2 + 6bx + 2c$.

h) Die Daten der Aufgabenstellung liefern die folgenden Beziehungen (I) bis (V):
1. $f(0) = 0$ liefert (I) $f(0) = e = 0$,
2. $f(2) = 0$ liefert (II) $f(2) = 16a + 8b + 4c + 2d + e = 0$,
3. $f(1) = -1$ liefert (III) $f(1) = a + b + c + d + e = -1$,
4. $f'(1) = -2$ liefert (IV) $f'(1) = 4a + 3b + 2c + d = -2$,
5. $f''(1) = 0$ liefert (V) $f''(1) = 12a + 6b + 2c = 0$.

Die Differenz (II') = (II) − 2(III) liefert $14a + 6b + 2c = 2$. Die Differenz (II') − (V) liefert $2a = 2$, also $a = 1$. Damit liefert (V) dann $6b + 2c = -12$, also $c = -3b - 6$. Die Gleichung (III) liefert $d - 3b - 6 + b + 1 = -1$, also $d = 2b + 4$. Weiterhin liefert Gleichung (IV) dann $2b + 4 - 6b - 12 + 3b + 4 = -2$, also $b = -2$. Damit ist dann schließlich $c = 0$ und $d = 0$. Damit hat f zunächst die Zuordnungsvorschrift $f(x) = x^4 - 2x^3$.

i) Die Daten der Aufgabenstellung liefern die folgenden Beziehungen (I) bis (V):
1. $f(0) = 0$ liefert (I) $f(0) = e = 0$,
2. $f(-4) = -4$ liefert (II) $f(-4) = 256a - 64b + 16c - 4d + e = -4$,
3. $f'(-4) = 0$ liefert (III) $f'(-4) = -256a + 48b - 8c + d = 0$,
4. $f''(1) = 0$ liefert (IV) $f''(1) = 12a + 6b + 2c = 0$,
5. $f''(-2) = 0$ liefert (V) $f''(-2) = 48a - 12b + 2c = 0$.

Die Differenz (V') = (V) − (IV) liefert $36a - 18b = 0$, also $b = 2a$. Damit liefert Gleichung (IV) dann $0 = 12a + 12a + 2c = 24a + 2c$, also $c = -12a$. Mit $b = 2a$ und $c = -12a$ liefert Gleichung (III) dann $-256a + 96a + 96a + d = 0$, also $d = 64a$. Weiterhin liefern b, c und d mit Gleichung (II) dann $256a - 128a - 192a - 256a = -4$, also $a = \frac{1}{80}$. Damit ist dann schließlich $b = \frac{1}{40}$, $c = -\frac{3}{20}$ und $d = \frac{5}{4}$, folglich hat f zunächst die Zuordnungsvorschrift $f(x) = \frac{1}{80}x^4 + \frac{1}{40}x^3 - \frac{3}{20}x^2 + \frac{5}{4}x$.

j) Wegen der Ordinatensymmetrie hat f die Form $f(x) = ax^4 + bx^2 + c$. Die Daten der Aufgabenstellung liefern die folgenden Beziehungen (I) bis (III):
1. $f(1) = 0$ liefert (I) $f(1) = a + b + c = 0$,
2. $f(2) = 2$ liefert (II) $f(2) = 16a + 4b + c = 2$,
3. $f'(2) = 0$ liefert (III) $f'(2) = 32a + 4b = 0$.

(III) liefert $b = -8a$ und in (II) eingesetzt $16a - 32a + c = 2$, also (II'): $-16a + c = 2$, in (I) eingesetzt $a - 8a + c = 0$, also (I'): $-7a + c = 0$. Die Differenz von (II') und (I') liefert dann $-9a = 2$, also ist $a = -\frac{2}{9}$. Damit ist dann $b = \frac{16}{9}$ und $c = -\frac{14}{9}$. Somit hat f die Zuordnungsvorschrift $f(x) = -\frac{2}{9}x^4 + \frac{16}{9}x^2 - \frac{14}{9}$.

k) Wegen der Drehsymmetrie zu $(0,0)$ hat f die Form $f(x) = ax^5 + bx^3 + cx$. Die Daten der Aufgabenstellung liefern die folgenden Beziehungen (I) bis (III):
1. $f(-1) = 8$ liefert (I) $f(-1) = -a - b - c = 8$,
2. $f'(-1) = 0$ liefert (II) $f'(-1) = 5a + 3b + c = 0$,
3. $f''(-1) = 0$ liefert (III) $f''(-1) = -20a - 6b = 0$.

(III) liefert $b = -\frac{10}{3}a$, eingesetzt in (II) dann $5a - 10a + c = 0$, also (II'): $-5a + c = 0$ und eingesetzt in (I) dann (I'): $7a - 3c = 24$. Beide Gleichungen liefern $-8a = 24$, also $a = -3$, $c = -15$ und $b = 10$. Somit hat f die Zuordnungsvorschrift $f(x) = -x^5 + 10x^3 - 15x$.

A2.338.02: Untersuchen Sie die in Bemerkung 2.338.2/2 genannte Familie $(f_e)_{e \in \mathbb{R} \setminus \{0\}}$ von Funktionen $f_e : \mathbb{R} \longrightarrow \mathbb{R}$ mit $f_e(x) = (e-1)x - 2ex^3 + ex^4$ hinsichtlich Wendepunkte. Versuchen Sie dann mit Hilfe eines geeigneten technischen Hilfsmittels die Art der Änderung von Nullstellen und Extrema von f_e in Abhängigkeit von e zu ermitteln.

B2.338.02: Zur Bearbeitung der Aufgabe im einzelnen:

1. Zur Untersuchung von f_e hinsichtlich Wendepunkte werden zunächst die ersten beiden Ableitungsfunktionen $f'_e, f''_e : \mathbb{R} \longrightarrow \mathbb{R}$ von f_e gebildet: Sie sind definiert durch $f'_e(x) = (e-1) - 6ex^2 + 4ex^3$ und $f''_e(x) = -12ex + 12ex^2$. Wie man leicht nachrechnet, liefert die Bedingung $-12ex + 12ex^2 = 12ex(-1+x) = 0$ die von e unabhängige Nullstellenmenge $N(f''_e) = \{0, 1\}$, deren Elemente wegen $f'''_e(0) = -12e \neq 0$ und $f'''_e(1) = 12e \neq 0$ tatsächlich Wendestellen von f_e sind.

Mit den beiden Funktionswerten $f_e(0) = 0$ und $f_e(1) = (e-1) - 2e + e = -1$ haben alle Funktionen f_e dann (erwartungsgemäß) die beiden von e unabhängigen Wendepunkte $(0, 0)$ und $(1, -1)$.

2.340 Konvexe Funktionen

A2.340.01: Zeigen Sie die Äquivalenz $f(z) \leq s(z) \Leftrightarrow \frac{f(z)-f(x)}{z-x} \leq \frac{f(y)-f(x)}{y-x}$ der in Bemerkung 2.340.3/1 näher beschriebenen Bedingungen für die Konvexität einer Funktion $f : I \longrightarrow \mathbb{R}$.

B2.340.01: Beachtet man die Zuordnungsvorschrift $s(z) = f(x) + \frac{f(y)-f(x)}{y-x} \cdot (z-x)$ für $x < y$ der Sekante s zu den Punkten $(x, f(x))$ und $(y, f(y))$, dann gilt: $f(z) \leq s(z) \Leftrightarrow f(z) \leq f(x) + \frac{f(y)-f(x)}{y-x} \cdot (z-x) \Leftrightarrow f(z) - f(x) \leq \frac{f(y)-f(x)}{y-x} \cdot (z-x) \Leftrightarrow \frac{f(z)-f(x)}{z-x} \leq \frac{f(y)-f(x)}{y-x}$.

A2.340.02: Zeigen Sie die Äquivalenz $f(z) \leq s(z) \Leftrightarrow f(x + \frac{1}{n}(y-x)) \leq f(x) + \frac{1}{n}(f(y) - f(x))$ der in Bemerkung 2.340.3/2 näher beschriebenen Bedingungen für die Konvexität einer Funktion $f : I \longrightarrow \mathbb{R}$.

B2.340.02: Mit $z = x + \frac{1}{n}(y-x) \in (x,y)$ für $n > 1$ ist $f(z) \leq s(z)$ vermöge der Zuordnungsvorschrift von s äquivalent zu $f(x + \frac{1}{n}(y-x)) \leq s(x + \frac{1}{n}(y-x)) = f(x) + \frac{f(y)-f(x)}{y-x}(x + \frac{1}{n}(y-x) - x) = f(x) + \frac{f(y)-f(x)}{y-x}(\frac{1}{n}(y-x)) = f(x) + \frac{1}{n}(f(y) - f(x))$.

A2.340.03: Zeigen Sie die Äquivalenz $f(z) \leq s(z) \Leftrightarrow f(\frac{1}{2}(x+y)) \leq \frac{1}{2}(f(x) + f(y))$ der in Bemerkung 2.340.3/2 näher beschriebenen Bedingungen für die Konvexität einer Funktion $f : I \longrightarrow \mathbb{R}$.

B2.340.03: Mit $z = \frac{1}{2}(x+y) \in (x,y)$ ist $f(z) \leq s(z)$ vermöge der Zuordnungsvorschrift von s äquivalent zu $f(\frac{1}{2}(x+y)) \leq s(\frac{1}{2}(x+y)) = f(x) + \frac{f(y)-f(x)}{y-x}(\frac{1}{2}(x+y) - x) = f(x) + \frac{f(y)-f(x)}{y-x}(\frac{1}{2}(y-x)) = f(x) + \frac{1}{2}(f(y) - f(x)) = \frac{1}{2}(f(x) + f(y))$.

A2.340.04: Beweisen Sie die Äquivalenz der Aussagen a) und b) in Satz 2.340.4 unter Verwendung der in Bemerkung 2.340.3/2 angegebenen Folge $p : \mathbb{N} \longrightarrow (x,y)$ mit $p_n = x + \frac{1}{n}(y-x) \in (x,y)$ und der zugehörigen Konvexitätsbedingung sowie der Folge $q : \mathbb{N} \longrightarrow (x,y)$ mit $q_n = y - \frac{1}{n}(y-x) \in (x,y)$.

B2.340.04: Zur Bearbeitung der Aufgabe im einzelnen:

a) $\Rightarrow$ b): Zunächst gilt naheliegenderweise $lim(p) = x$. Die Konvexität von f liefert $f(p_n) \leq s(p_n) = f(x) + \frac{1}{n}(f(y) - f(x))$ und somit $f(p_n) - f(x) \leq \frac{1}{n}(f(y) - f(x))$. Wegen $p_n - x > 0$ folgt $\frac{f(p_n)-f(x)}{p_n-x} \leq \frac{\frac{1}{n}(f(y)-f(x))}{p_n-x}$, mit $p_n - x = \frac{1}{n}(y-x)$ dann $\frac{f(p_n)-f(x)}{p_n-x} \leq \frac{f(y)-f(x)}{y-x}$, für alle $n > 1$. Damit ist schließlich $f'(x) = lim(\frac{f(p_n)-f(x)}{p_n-x})_{n \in \mathbb{N}} \leq lim(\frac{f(y)-f(x)}{y-x})_{n \in \mathbb{N}} = \frac{f(y)-f(x)}{y-x}$.

Ferner gilt $\frac{f(y)-f(x)}{y-x} \leq f'(y)$, wie die folgende Betrachtung anhand der Folge $q : \mathbb{N} \longrightarrow (x,y)$ mit $lim(q) = y$ zeigt: Die Konvexität von f liefert $f(q_n) \leq s(q_n)$, woraus mit $s(q_n) = f(y) + \frac{f(x)-f(y)}{x-y}(q_n-y) = f(y) + \frac{f(y)-f(x)}{y-x}(q_n - y)$ (nach Vertauschung der Punkte) dann $f(q_n) - f(y) \leq \frac{f(y)-f(x)}{y-x}(q_n - y)$, also $\frac{f(q_n)-f(y)}{q_n-y} \geq \frac{f(y)-f(x)}{y-x}$ folgt, da $q_n - y < 0$ gilt. Damit ist dann schließlich $f'(y) = lim(\frac{f(q_n)-f(y)}{q_n-y})_{n \in \mathbb{N}} \geq lim(\frac{f(y)-f(x)}{y-x})_{n \in \mathbb{N}} = \frac{f(y)-f(x)}{y-x}$.

b) $\Rightarrow$ a): Sei $n > 1$ beliebig gewählt. Wendet man den *1. Mittelwertsatz* (Satz 2.335.1) jeweils auf die Einschränkungen $f : [x, p_n] \longrightarrow \mathbb{R}$ und $f : [p_n, y] \longrightarrow \mathbb{R}$ an, so existieren Zahlen $u \in (x, p_n)$ und $v \in (p_n, y)$ mit $f'(u) = \frac{f(p_n)-f(x)}{p_n-x}$ und $f'(v) = \frac{f(y)-f(p_n)}{y-p_n}$. Aus $u \leq v$ liefert die Monotonie von f' dann $f'(u) \leq f'(v)$. Dabei ist $p_n - x = \frac{1}{n}(y-x)$ und $y - p_n = (1-\frac{1}{n})(y-x)$. Multiplikation mit dem Hauptnenner $\frac{1}{n}(1-\frac{1}{n})(y-x)$ und Kürzen liefert dann die Beziehung $(1-\frac{1}{n})(f(p_n) - f(x)) \leq \frac{1}{n}(f(y) - f(p_n))$, woraus $(1-\frac{1}{n} + \frac{1}{n})f(p_n) \leq (1-\frac{1}{n})f(x) + \frac{1}{n}f(y)$ und damit $f(p_n) \leq f(x) + \frac{1}{n}(f(y) - f(x))$ folgt. Somit ist die Funktion $f : [a,b] \longrightarrow \mathbb{R}$ konvex.

A2.340.05: Zwei Einzelaufgaben:

1. Begründen Sie anschaulich (anhand von Sehnen, daß eine konkave (konvexe) Funktion $f : [a, b] \longrightarrow \mathbb{R}$ kein (lokales) Maximum (Minimum) in dem offenen Intervall (a, b) haben kann.

2. Zeigen Sie, daß die in den Beispielen 2.047/1/2/3 behandelten Funktionen f_a und f weder lokale Extrema (f_a kein Maximum und f kein Minimum) noch Wendepunkte haben.

B2.340.05: Zur Bearbeitung beider Aufgaben im einzelnen:

1. Falls f eine Maximalstelle x_0 mit $a < x_0 < b$ besitzt, dann haben alle Sehnen mit den Endpunkten $(a, f(a))$ und $(z, f(z))$ mit $x_0 < z < b$ jeweils einen Schnittpunkt mit f im Widerspruch zur Konkavität von f. Auf analoge Weise wird für konvexe Funktionen argumentiert.

2a) Die in Beispiel 2.047.1 behandelte Funktion $f_a : \mathbb{R}_0^+ \longrightarrow \mathbb{R}$ mit $f_a(x) = \frac{ax}{a+x}$ ist nach Corollar 2.340.5 konkav, denn ihre 1. Ableitungsfunktion $f_a' : \mathbb{R}^+ \longrightarrow \mathbb{R}$ mit der Vorschrift $f_a'(x) = \frac{a^2}{(a+x)^2}$ ist offensichtlich antiton. Die Behauptung folgt dann aus Teil 1. Ferner besitzt f_a keine Wendepunkte, denn ihre 2. Ableitungsfunktion $f_a'' : \mathbb{R}^+ \longrightarrow \mathbb{R}$ mit der Vorschrift $f_a''(x) = -\frac{2a^2}{(a+x)^3}$ besitzt keine Nullstellen.

2b) Die in Beispiel 2.047.2/3 behandelte Funktion $f : [0, 1) \longrightarrow \mathbb{R}$ mit $f(x) = (1 - x^2)^{-\frac{1}{2}}$ ist nach Corollar 2.340.5 konvex, denn ihre 1. Ableitungsfunktion $f' : (0, 1) \longrightarrow \mathbb{R}$ mit der Vorschrift $f'(x) = x(1 - x^2)^{-\frac{3}{2}} = \frac{x}{(1-x^2)\sqrt{1-x^2}}$ ist offensichtlich monoton. Die Behauptung folgt dann aus Teil 1. Ferner besitzt f keine Wendepunkte, denn ihre 2. Ableitungsfunktion $f_a'' : (0, 1) \longrightarrow \mathbb{R}$ mit der Vorschrift $f_a''(x) = (1 + 2x^2)(1 - x^2)^{-\frac{5}{2}}$ besitzt keine Nullstellen (da $1 + 2x^2 = 0$ keine Lösung in $\mathbb{R}$ besitzt).

2.342 NÄHERUNGS-VERFAHREN FÜR NULLSTELLEN-UNTERSUCHUNGEN

A2.342.01: Betrachten Sie die Funktion $f : [0,1] \longrightarrow \mathbb{R}$ mit $f(x) = x^3 + x - 1$, die genau eine Nullstelle x_0 besitzt. Konstruieren Sie mit Hilfe eines Taschenrechners oder eines geeigneten kleinen Computer-Programms jeweils eine gegen x_0 konvergente Folge nach den beiden Verfahren *Regula falsi* in den Bemerkungen 2.342.1 und 2.342.8/2 sowie nach dem *Newton/Raphson-Verfahren* in Bemerkung 2.342.1. Stellen Sie eine sinnvolle Anzahl dieser Folgenglieder in einer gemeinsamen Tabelle dar, die einen Vergleich der Verfahren erlaubt und kommentieren Sie die Tabelle (siehe auch Aufgabe A2.010.13).

B2.342.01: Zunächst eine Vorüberlegung: Wegen $f(0) = -1$ und $f(1) = +1$ befindet sich die Nullstelle x_0 von f innerhalb des Intervalls $(0,1)$. Weiterhin zeigt $f(\frac{1}{2}) = -\frac{3}{8}$, daß f konvex nach unten gekrümmt ist, folglich wird im folgenden Newton/Raphson-Verfahren der Punkt $(1,1)$ zur Konstruktion der ersten Tangente t_1 mit Nullstelle x_1 verwendet. (Siehe auch die Skizze am Ende der Bearbeitung.)

Die folgende (von einem Computer-Programm erzeugte) Tabelle zeigt erste Folgenglieder der gegen x_0 konvergenten Folge $(x_n)_{n\in\mathbb{N}}$ der Sekanten/Tangenten-Nullstellen x_n (mit 15 Nachkommastellen):

Verfahren *Regula falsi*			Newton/Raphson-Verfahren		
x_1	=	0,500000000000000	x_1	=	0,750000000000000
x_2	=	0,636363636363636	x_2	=	0,686046511627907
x_3	=	0,671195652173913	x_3	=	0,682339582597314
x_4	=	0,679661646398725	x_4	=	0,682327803946513
x_5	=	0,681691020272894	x_5	=	0,682327803828019
x_6	=	0,682175815962540	x_6	=	0,682327803828019
x_7	=	0,682291533048163			
x_8	=	0,682319148403491			
x_9	=	0,682325738372165			
x_{10}	=	0,682327310946516			
x_{11}	=	0,682327686211344			
x_{12}	=	0,682327775761069			
x_{13}	=	0,682327797130383			
x_{14}	=	0,682327802229758			
x_{15}	=	0,682327803446625			
x_{16}	=	0,682327803737007			
x_{17}	=	0,682327803806301			
x_{18}	=	0,682327803822837			
x_{19}	=	0,682327803826783			
x_{20}	=	0,682327803827724			
x_{21}	=	0,682327803827949			
x_{22}	=	0,682327803828003			
x_{23}	=	0,682327803828015			
x_{24}	=	0,682327803828018			
x_{25}	=	0,682327803828019			
x_{26}	=	0,682327803828019			

Auswertung der Tabelle: Die links stehende Tabelle (Regula falsi) zeigt, daß erst ab dem Folgenglied x_{26} die 13. Nachkommastelle, die rechts stehende Tabelle (Newton/Raphson-Verfahren) zeigt, daß schon ab dem Folgenglied x_6 die 13. Nachkommastelle stabil bleibt. Das bedeutet: Das Newton/Raphson-Verfahren ist also deutlich effizienter als das Verfahren *Regula falsi*, wie auch die ersten Schritte zeigen:

Verfahren *Regula falsi*

$x_1 = \frac{1}{2} = 0 - \frac{1}{2}(-1) = \frac{1}{2} = 0,5$

$x_2 = \frac{1}{2} - \frac{8}{22}(-\frac{3}{8}) = \frac{7}{11} \approx 0,6364$

$x_3 = \frac{7}{11} + \frac{564}{16192} = \frac{247}{368} \approx 0,6712$

Newton/Raphson-Verfahren

$x_1 = 1 - \frac{f(1)}{f'(1)} = 1 - \frac{1}{4} = \frac{3}{4} = 0,75$

$x_2 = \frac{3}{4} - \frac{f(\frac{3}{4})}{f'(\frac{3}{4})} = \frac{3}{4} - \frac{11}{172} = \frac{59}{86} \approx 0,6860$

$x_3 = \frac{59}{86} - \frac{f(\frac{59}{86})}{f'(\frac{59}{86})} = \frac{59}{86} - \frac{5687}{1534154} = \frac{1046814}{1534154} \approx 0,6823$

Skizzen der Funktionen $f, g : [-1, 1] \longrightarrow \mathbb{R}$ mit $f(x) = x^3 + x - 1$ und $g(x) = x^3 + x + 1$:

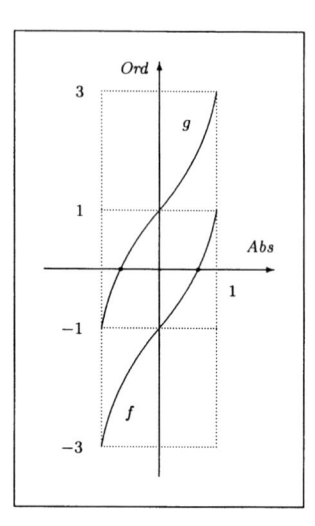

Anmerkung 1: Die Skizze zeigt im übrigen, daß die beiden Funktionen f und g ordinatensymmetrische Nullstellen besitzen (Grund: abszissensymmetrische konstante Summanden bei f und g). Das bedeutet auch, daß die Folge $(x_n)_{n \in \mathbb{N}}$ der Tangenten-Nullstellen x_n im Fall f antiton, im Fall g monoton ist.

Anmerkung 2: Die Beziehung $f' = g'$ zeigt, daß verschiedene Funktionen dieselbe Ableitungsfunktion haben können (das bezieht sich auf die Konstruktion von Stammfunktionen in Abschnitt 2.502).

Anmerkung 3: Die oben angegebene Tabelle für das Newton/Raphson-Verfahren kann etwa durch das folgende kleine ELAN-Programm erzeugt werden:

```
TEXT PROC round (REAL CONST realzahl, INT CONST n):
   compress(text(real(round(realzahl*10.0**n))/10.0**n,80,n))
ENDPROC round;

REAL PROC f (REAL CONST x):  x**3 + x - 1.0 ENDPROC f;

REAL PROC af (REAL CONST x):  3.0 * (x**2) + 1.0 ENDPROC af;

PROC newton raphson ausfuehren:
   REAL VAR x :: 1.0, y;
   INT VAR index;
   FOR index FROM 1 UPTO 10
   REPEAT y := x - f(x)/af(x);
          put("x" + text(index) + " = " + round(y,15)); line; x := y;
   ENDREPEAT
ENDPROC newton raphson ausfuehren;

newton raphson ausfuehren
```

A2.342.02: Betrachten Sie die Funktion $g : [-1, 0] \longrightarrow \mathbb{R}$ mit $g(x) = x^3 + x + 1$, die genau eine Nullstelle x_0 besitzt, und bearbeiten Sie die zu Aufgabe A2.342.01 analoge Aufgabenstellung.

B2.342.02: Zunächst zeigt die vorstehende Skizze von g, daß g konkav ist (konvex nach oben, Rechtskrümmung, das ist der Fall c) in B2.010.12)), ferner gilt $g(-1) = -1$ und $g(0) = 1$, das heißt, g besitzt in dem Intervall $(-1, 0)$ (genau) eine Nullstelle, die wieder mit x_0 bezeichnet sei. Einzelberechnungen liefern dann folgende Näherungen:

Verfahren *Regula falsi*	Newton/Raphson-Verfahren

$$x_1 = \tfrac{1}{2} = -1 + \tfrac{1}{2}(+1) = -\tfrac{1}{2} = -0,5 \qquad x_1 = -1 + \tfrac{g(1)}{g'(1)} = -1 + \tfrac{1}{4} = -\tfrac{3}{4} = -0,75$$

$$x_2 = -\tfrac{1}{2} + \tfrac{8}{22}(\tfrac{3}{8}) = -\tfrac{7}{11} \approx -0,6364 \qquad x_2 = -\tfrac{3}{4} + \tfrac{g(\tfrac{3}{4})}{g'(\tfrac{3}{4})} = -\tfrac{3}{4} + \tfrac{11}{172} = -\tfrac{59}{86} \approx -0,6860$$

$$x_3 = -\tfrac{7}{11} + \tfrac{564}{16192} = -\tfrac{247}{368} \approx -0,6712 \qquad x_3 = -\tfrac{59}{86} + \tfrac{g(\tfrac{59}{86})}{g'(\tfrac{59}{86})} = -\tfrac{59}{86} + \tfrac{5687}{1534154} = -\tfrac{1046814}{1534154} \approx -0,6823$$

Ein Vergleich beider Verfahren zeigt wieder, daß das zweite Verfahren schon im zweiten Schritt etwa dieselbe Genauigkeit liefert wie das erste Verfahren im vierten oder fünften Schritt, also als das effizientere Verfahren angesehen werden kann.

A2.342.03: Berechnen Sie die Konvergenz-Bedingung $|h'| < 1$ für die durch $f(x) = x^2 + x - 4$ definierte Funktion $f : [1,2] \longrightarrow \mathbb{R}$ nach der in Bemerkung 2.342.5/2 angegebenen Form $|\tfrac{ff''}{(f')^2}| < 1$.

B2.342.03: Mit $f(x) = x^2 + x - 4$ sowie $f'(x) = 2x+1$ und $f''(x) = 2$ ist $|\tfrac{ff''}{(f')^2}|(x) = |\tfrac{2x^2+2x-8}{(2x+1)^2}| < 1$, denn es ist $|\tfrac{ff''}{(f')^2}|(1) = |-\tfrac{4}{9}| < 1$ und $|\tfrac{ff''}{(f')^2}|(2) = |\tfrac{4}{25}| < 1$.

A2.342.04: Bestätigen Sie Aussagen in Bemerkung 2.342.8/1 anhand vier illustrierender Skizzen.

A2.342.05: Betrachten Sie in Satz 2.324.3 die Einschränkung $f : (a,b) \longrightarrow \mathbb{R}$ und zeigen Sie, daß jener Satz die beiden folgenden, sehr einfach zu handhabenden Spezialfälle besitzt:
1. Gilt $-2 < f' < 0$, dann ist die Konvergenz-Bedingung $|h'| < 1$ mit $w = 1$, also $h = id + f$, erfüllt.
2. Gilt $0 < f' < 2$, dann ist die Konvergenz-Bedingung $|h'| < 1$ mit $w = -1$, also $h = id - f$, erfüllt.

Zusatzfrage: Kann man auch im Fall $|f'| > 2$ eine Konstante w mit $|h'| < 1$ angeben?

B2.342.05: Die beiden Behauptungen werden durch die folgenden Implikationen geliefert:
1. Es gilt: $-2 < f' < 0 \Rightarrow -1 < 1 + f' < 1 \Rightarrow -1 < (id + f)' < 1 \Rightarrow |1 + f'| < 1$.
2. Es gilt: $0 < f' < 2 \Rightarrow -2 < -f' < 0 \Rightarrow -1 < 1 - f' < 1 \Rightarrow -1 < (id - f)' < 1 \Rightarrow |1 - f'| < 1$.

Zur Zusatzfrage: Betrachtet man die Konstante $s = sup(f')$, so gilt: $-s < f' < s \Rightarrow -1 < \tfrac{1}{s} f' < 1 \Rightarrow |\tfrac{1}{s} f'| < 1 \Rightarrow |1 - \tfrac{1}{s} f'| < 1$. Definiert man $w = -\tfrac{1}{s} = -\tfrac{1}{sup(f')}$, dann folgt $|1 + wf'| = |h'| < 1$.

A2.342.06: *Einfache Iteration* im Sinne von Satz 2.324.5 ist der spezielle Fall $v = id$. Dabei lautet die Konvergenz-Bedingung wegen $v' = 1$ offensichtlich $|u'| < 1$. Die dort im Zusatz 2 genannte und gegen x_0 konvergente Folge hat dann wegen $v^{-1} = id$ die Darstellung

Rekursionsanfang RA) $\quad x_1 = u(b) \qquad$ Rekursionsschritt RS) $\quad x_{n+1} = u(x_n)$, für alle $n \in \mathbb{N}$.

Verwenden Sie dieses Verfahren der Einfachen Iteration zur Berechnung von Näherungen für die Quadratwurzeln $\sqrt{c}$ für fest gewählte Zahlen $c \in \mathbb{R}^+$. Begleiten Sie Ihre allgemeinen Überlegungen mit $c = 5$.

Hinweis: Betrachten Sie die Funktion $f : \mathbb{R}^+ \longrightarrow \mathbb{R}$ mit $f(x) = x^2 - c$, weisen Sie dann die Äquivalenz $f(x_0) = 0 \Leftrightarrow x_0 = \tfrac{1}{2}(x_0 + \tfrac{c}{x_0})$ nach und verwenden Sie diese Darstellung zur Formulierung geeigneter Funktionen $u, v : (a,b) \longrightarrow \mathbb{R}$.

B2.342.06: Im einzelnen folgende Bearbeitungsschritte:
1. Die Äquivalenzen $x_0^2 - c = 0 \Leftrightarrow 2x_0^2 - x_0^2 - c = 0 \Leftrightarrow x_0 - \tfrac{1}{2}x_0 - \tfrac{c}{2x_0} = 0 \Leftrightarrow x_0 = \tfrac{1}{2}(x_0 + \tfrac{c}{x_0})$ zeigen zusammen mit den Definitionen $v(x) = x$ und $u(x) = \tfrac{1}{2}(x + \tfrac{c}{x})$ für Funktionen $u, v : \mathbb{R}^+ \longrightarrow \mathbb{R}$: x_0 ist genau dann Nullstelle von f, wenn x_0 Schnittstelle von u und v ist.
2. Zur Bestimmung eines geeigneten Einschränkungsintervalls $(a,b) \subset \mathbb{R}^+$ wird die Konvergenz-Bedingung $|u'| < 1$ mit der durch $u'(x) = \tfrac{1}{2}(1 - \tfrac{c}{x^2})$ definierten Ableitungsfunktion u' von u betrachtet: Die Äquivalenzen $|u'(x)| < 1 \Leftrightarrow |\tfrac{1}{2}(1 - \tfrac{c}{x^2})| < 1 \Leftrightarrow -2 < 1 - \tfrac{c}{x^2} < 2 \Leftrightarrow -1 < \tfrac{c}{x^2} < 3 \Leftrightarrow \tfrac{c}{3} < x^2$ liefern ein Intervall (a,b) mit $a^2 = \tfrac{c}{3}$ und $b^2 > c$, also etwa $b = c$.
3. Die zu betrachtende Folge $x : \mathbb{N} \longrightarrow \mathbb{R}$ kann dann folgendermaßen definiert werden:

$$\text{RA)} \quad x_1 = u(b) \qquad \text{RS)} \quad x_{n+1} = u(x_n) = \tfrac{1}{2}(x_n + \tfrac{c}{x_n}), \text{ für alle } n \in \mathbb{N}.$$

2.344 Die Sätze von de l'Hospital (Teil 1)

A2.344.01: Zeigen Sie, daß die durch die Vorschrift $f(z) = \begin{cases} \frac{e^z-1}{z}, & \text{falls } z \neq 0, \\ 1, & \text{falls } z = 0, \end{cases}$ definierte Funktion $f : \mathbb{R} \longrightarrow \mathbb{R}$ bei 0 differenzierbar ist und geben Sie die zugehörige Tangente $t : \mathbb{R} \longrightarrow \mathbb{R}$ an f bei 0 an.

B2.344.01: Zu einer beliebigen gegen 0 konvergenten Folge $x : \mathbb{N} \longrightarrow \mathbb{R}$ haben die Folgenglieder der zugehörigen Folge $d : \mathbb{N} \longrightarrow \mathbb{R}$ von Differenzquotienten d_n zunächst eine Darstellung der Form $d_n = \frac{f(x_n)-f(0)}{x_n-0} = \frac{\frac{e^{x_n}-1}{x_n}-1}{x_n} = \frac{e^{x_n}-1-x_n}{x_n^2} = \frac{u_n}{v_n}$. Mit den entsprechenden Funktionen $u, v : \mathbb{N} \longrightarrow \mathbb{R}$ und ihren Ableitungsfunktionen, definiert durch $u'(z) = e^z - 1$ und $u''(z) = e^z$ sowie $v'(z) = 2z$ und $v''(z) = 2$, gilt dann $f'(0) = lim(d) = lim(\frac{u'}{v'} \circ x) = lim(\frac{u''}{v''} \circ x) = lim(\frac{e^{x_n}}{2})_{n\in\mathbb{N}} = \frac{1}{2} \cdot lim(e^{x_n})_{n\in\mathbb{N}} = \frac{1}{2} \cdot 1 = \frac{1}{2}$.
Die Tangente t an f bei 0 ist dann definiert durch $t(z) = f'(0)z + f'(0)0 + f(0) = \frac{1}{2}z + 1$.

Anmerkung: Eine zur Berechnung von $lim(d)$ analoge Situation ist in A2.346.03/a enthalten.

A2.344.02: Untersuchen Sie zu einer nullkonvergenten Folge $(x_n)_{n\in\mathbb{N}}$ die Folge $y = (\sqrt{\frac{1-cos(x_n)}{x_n^2}})_{n\in\mathbb{N}}$ hinsichtlich Konvergenz.

B2.344.02: Zweimalige Anwendung des *Ersten Satzes von de l'Hospital* (Satz 2.344.2) liefert zunächst für y^2 die Beziehung $lim(\frac{1-cos(x_n)}{x_n^2})_{n\in\mathbb{N}} = lim(\frac{sin(x_n)}{2x_n})_{n\in\mathbb{N}} = lim(\frac{cos(x_n)}{2})_{n\in\mathbb{N}} = \frac{1}{2} \cdot lim(cos(x_n))_{n\in\mathbb{N}} = \frac{1}{2} \cdot 1 = \frac{1}{2}$. Damit ist dann $lim(y) = lim(\sqrt{\frac{1-cos(x_n)}{x_n^2}})_{n\in\mathbb{N}} = \sqrt{\frac{1}{2}} = \frac{1}{2}\sqrt{2}$.

A2.344.03: Zu zwei Folgen $u, x : \mathbb{N} \longrightarrow \mathbb{R}^+$, von denen u konvergent mit $u_0 = lim(u)$ sei, seien die beiden weiteren Folgen $s, z : \mathbb{N} \longrightarrow \mathbb{R}^+$ mit $s_n = x_1 + ... + x_n$ und $z_n = \frac{1}{s_n}(u_1 x_1 + ... + u_n x_n)$ betrachtet. Zeigen Sie nun: Ist die monotone Folge s nach oben unbeschränkt, gilt also $lim(s) = \star$ in $\mathbb{R}^\star$, dann ist die Folge z konvergent mit $lim(z) = u_0$.

B2.344.03: Zunächst liefert die Konvergenz von u zu jedem beliebigen $\epsilon > 0$ einen Grenzindex $m = n(\epsilon)$ mit $|u_n - u_0| < \frac{\epsilon}{2}$, für alle $n \geq m$. Wegen der Voraussetzung $lim(x) = \star$ gibt es nun zu $m = n(\epsilon)$ einen weiteren Index $m^* = n(m)$ mit $\frac{1}{s_n}(|u_1 - u_0|x_1 + ... |u_m - u_0|x_m) < \frac{\epsilon}{2}$, für alle $n \geq m^* = n(m)$. Betrachtet man nun $n_0 = max(m, m^*)$, so gilt für alle $n \geq n_0$ folgende Beziehung, nach der dann $lim(z) = u_0$ ist:
$|z_n - u_0| = |\frac{1}{s_n}(u_1 x_1 + ... + u_n x_n) - u_0| = |\frac{1}{s_n}(u_1 x_1 + ... + u_n x_n) - u_0|$
$= |\frac{1}{s_n}(u_1 x_1 + ... + u_n x_n) - \frac{1}{s_n}u_0 s_n| = |\frac{1}{s_n}(u_1 x_1 + ... + u_n x_n) - \frac{1}{s_n}(u_0 s_1 + ... + u_0 s_n)|$
$= \frac{1}{s_n}|(u_1 - u_0)x_1 + ... + (u_n - u_0)x_n)| \leq \frac{1}{s_n}(|u_1 - u_0|x_1 + ... + |u_n - u_0|x_n)$
$= \frac{1}{s_n}(|u_1 - u_0|x_1 + ... + |u_m - u_0|x_m) + \frac{1}{s_n}(|u_{m+1} - u_0|x_{m+1} + ... + |u_n - u_0|x_n) \leq \frac{\epsilon}{2} + \frac{s_n - s_m}{s_n} \cdot \frac{\epsilon}{2} < \epsilon$.

A2.344.04: Zu einer beliebigen Folgen $v : \mathbb{N} \longrightarrow \mathbb{R}$ sowie einer streng monotonen und nach oben unbeschränkten Folge $w : \mathbb{N} \longrightarrow \mathbb{R}^+$ betrachte man die weitere Folge $u : \mathbb{N} \longrightarrow \mathbb{R}$ mit $u_n = \frac{v_n - v_{n-1}}{w_n - w_{n-1}}$, wobei $v_0 = w_0 = 0$ sei. Zeigen Sie nun unter Verwendung von Aufgabe A2.344.03: Ist die Folge u konvergent, dann ist auch die Folge $\frac{v}{w}$ konvergent und es gilt $lim(\frac{v}{w}) = lim(u)$.

B2.344.04: Zu der vorgegebenen Folge $w : \mathbb{N} \longrightarrow \mathbb{R}^+$ seien die beiden weiteren Folgen $s, x : \mathbb{N} \longrightarrow \mathbb{R}^+$ mit $x_n = w_n - w_{n-1}$ und $s_n = x_1 + ... + x_n$ betrachtet. Dabei gilt nun $s = w$, denn es gilt $s_n = x_1 + ... + x_n = (w_1 - w_0) + ... + (w_n - w_{n-1}) = w_n$, für alle $n \in \mathbb{N}$, also ist s eine streng monotone und nach oben unbeschränkte Folge.
Mit $u_n = \frac{v_n - v_{n-1}}{x_n}$ gilt dann weiterhin $z_n = \frac{1}{s_n}(u_1 x_1 + ... + u_n x_n) = \frac{1}{s_n}(\frac{v_1 - v_0}{x_1}x_1 + ... + \frac{v_n - v_{n-1}}{x_n}x_n)$
$= \frac{1}{s_n}((v_1 - v_0) + ... + (v_n - v_{n-1})) = \frac{1}{s_n} \cdot v_n = \frac{v_n}{w_n}$, für alle $n \in \mathbb{N}$, folglich liegt eine Folge z mit $z = \frac{v}{w}$ vor. Nach Aufgabe A2.344.03 liefert $lim(s) = \star$ dann schließlich $lim(z) = lim(\frac{v}{w}) = lim(u)$.

2.346 STETIGE FORTSETZUNGEN (TEIL 3)

A2.346.01: Untersuchen Sie jeweils die Funktion $f = \frac{u}{v} : D(f) \longrightarrow \mathbb{R}$ hinsichtlich Lücken und ermitteln Sie gegebenenfalls die stetige Fortsetzung $f^* : D(f^*) \longrightarrow \mathbb{R}$ von f:

a) $f(z) = \frac{u(z)}{v(z)} = \frac{cos(z)}{\pi - 2z}$ b) $f(z) = \frac{u(z)}{v(z)} = \frac{log_e(1+z)}{z}$ c) $f(z) = \frac{u(z)}{v(z)} = \frac{sin(z)}{z}$

d) $f(z) = \frac{u(z)}{v(z)} = \frac{e^z - 1}{sin(z)}$ e) $f(z) = \frac{u(z)}{v(z)} = \frac{\pi - 2z}{cot(z)}$ f) $f(z) = \frac{u(z)}{v(z)} = \frac{z}{sin(\sqrt{z})}$

B2.346.01: Zur Bearbeitung der Aufgabe im einzelnen:

a_1) Wegen $\frac{1}{2}\pi \in N(u)$ und $N(v) = \{\frac{1}{2}\pi\}$ ist $L(f) = N(u) \cap N(v) = \{\frac{1}{2}\pi\}$. Die im folgenden zu untersuchende Zahl ist also die Lücke $\frac{1}{2}\pi$ zu der Funktion $f : \mathbb{R} \setminus \{\frac{1}{2}\pi\} \longrightarrow \mathbb{R}$.

a_2) Die Funktionen $u, v : \mathbb{R} \longrightarrow \mathbb{R}$ mit $u(z) = cos(z)$ und $v(z) = \pi - 2z$ sind stetig differenzierbar und besitzen die Ableitungsfunktionen $u', v' : \mathbb{R} \longrightarrow \mathbb{R}$ mit $u'(z) = -sin(z)$ und $v'(z) = -2$. Wegen $N(v') = \emptyset$ ist insbesondere $v'(\frac{1}{2}\pi) \neq 0$.

a_3) Nach Corollar 2.346.2 existiert zu jeder gegen $\frac{1}{2}\pi$ konvergenten Folge $x : \mathbb{N} \longrightarrow \mathbb{R} \setminus \{\frac{1}{2}\pi\}$ der Grenzwert $lim(f \circ x) = lim(\frac{u}{v} \circ x) = lim(\frac{u'}{v'} \circ x) = \frac{u'(\frac{1}{2}\pi)}{v'(\frac{1}{2}\pi)} = \frac{-sin(\frac{1}{2}\pi)}{-2} = \frac{-1}{-2} = \frac{1}{2}$. Die gegebene Funktion $f : \mathbb{R} \setminus \{\frac{1}{2}\pi\} \longrightarrow \mathbb{R}$ läßt sich somit vermöge $f^*(\frac{1}{2}\pi) = lim(f \circ x) = \frac{1}{2}$ zu einer Funktion $f^* : \mathbb{R} \longrightarrow \mathbb{R}$ stetig fortsetzen.

b_1) Wegen $N(u) = \{0\}$ und $N(v) = \{0\}$ ist $L(f) = N(u) \cap N(v) = \{0\}$. Die im folgenden zu untersuchende Zahl ist also die Lücke 0 zu der Funktion $f : (-1, \star) \setminus \{0\} \longrightarrow \mathbb{R}$.

b_2) Die Funktionen $u, v : (-1, \star) \longrightarrow \mathbb{R}$ mit $u(z) = log_e(1 + z)$ und $v(z) = z$ sind stetig differenzierbar und besitzen die Ableitungsfunktionen $u', v' : (-1, \star) \longrightarrow \mathbb{R}$ mit $u'(z) = \frac{1}{1+z}$ und $v'(z) = 1$. Wegen $N(v') = \emptyset$ ist insbesondere $v'(\frac{1}{2}\pi) \neq 0$.

b_3) Nach Corollar 2.346.2 existiert zu jeder gegen 0 konvergenten Folge $x : \mathbb{N} \longrightarrow (-1, \star) \setminus \{0\}$ der Grenzwert $lim(f \circ x) = lim(\frac{u}{v} \circ x) = lim(\frac{u'}{v'} \circ x) = \frac{u'(0)}{v'(0)} = \frac{\frac{1}{1+0}}{1} = 1$. Die Funktion $f : (-1, \star) \setminus \{0\} \longrightarrow \mathbb{R}$ läßt sich somit vermöge $f^*(0) = lim(f \circ x) = 1$ zu einer Funktion $f^* : (-1, \star) \longrightarrow \mathbb{R}$ stetig fortsetzen.

c_1) Wegen $0 \in N(u)$ und $N(v) = \{0\}$ ist $L(f) = N(u) \cap N(v) = \{0\}$. Die im folgenden zu untersuchende Zahl ist also die Lücke 0 zu der Funktion $f : \mathbb{R} \setminus \{0\} \longrightarrow \mathbb{R}$.

c_2) Die Funktionen $u, v : \mathbb{R} \longrightarrow \mathbb{R}$ mit $u(z) = sin(z)$ und $v(z) = z$ sind stetig differenzierbar und besitzen die Ableitungsfunktionen $u', v' : \mathbb{R} \longrightarrow \mathbb{R}$ mit $u'(z) = cos(z)$ und $v'(z) = 1$. Wegen $N(v') = \emptyset$ ist insbesondere $v'(0) \neq 0$.

c_3) Nach Corollar 2.346.2 existiert zu jeder gegen 0 konvergenten Folge $x : \mathbb{N} \longrightarrow \mathbb{R} \setminus \{0\}$ der Grenzwert $lim(f \circ x) = lim(\frac{u}{v} \circ x) = lim(\frac{u'}{v'} \circ x) = \frac{u'(0)}{v'(0)} = \frac{cos(0)}{1} = 1$. Die Funktion $f : \mathbb{R} \setminus \{0\} \longrightarrow \mathbb{R}$ läßt sich somit vermöge $f^*(0) = lim(f \circ x) = 1$ zu einer Funktion $f^* : \mathbb{R} \longrightarrow \mathbb{R}$ stetig fortsetzen.

d_1) Wegen $N(u) = \{0\}$ und $0 \in N(v)$ ist $L(f) = N(u) \cap N(v) = \{0\}$. Die im folgenden zu untersuchende Zahl ist also die Lücke 0 zu der Funktion $f : \mathbb{R} \setminus \mathbb{Z}\pi \longrightarrow \mathbb{R}$.

d_2) Die Funktionen $u, v : \mathbb{R} \longrightarrow \mathbb{R}$ mit $u(z) = e^z - 1$ und $v(z) = sin(x)$ sind stetig differenzierbar und besitzen die Ableitungsfunktionen $u', v' : \mathbb{R} \longrightarrow \mathbb{R}$ mit $u'(z) = e^z$ und $v'(z) = cos(z)$. Dabei ist insbesondere $v'(0) = cos(0) \neq 0$.

d_3) Nach Corollar 2.346.2 existiert zu jeder gegen 0 konvergenten Folge $x : \mathbb{N} \longrightarrow \mathbb{R} \setminus \mathbb{Z}\pi$ der Grenzwert $lim(f \circ x) = lim(\frac{u}{v} \circ x) = lim(\frac{u'}{v'} \circ x) = \frac{u'(0)}{v'(0)} = \frac{e^0}{cos(0)} = \frac{1}{1} = 1$. Die Funktion $f : \mathbb{R} \setminus \mathbb{Z}\pi\{0\} \longrightarrow \mathbb{R}$ läßt sich somit vermöge $f^*(0) = lim(f \circ x) = 1$ zu einer Funktion $f^* : (\mathbb{R} \setminus \mathbb{Z}\pi) \cup \{0\} \longrightarrow \mathbb{R}$ stetig fortsetzen.

e_1) Wegen $N(u) = \{\frac{1}{2}\pi\}$ und $\frac{1}{2}\pi \in N(v)$ ist $L(f) = N(u) \cap N(v) = \{\frac{1}{2}\pi\}$. Die im folgenden zu untersuchende Zahl ist also die Lücke $\frac{1}{2}\pi$ zu der Funktion $f : (0, \pi) \setminus \{\frac{1}{2}\pi\} \longrightarrow \mathbb{R}$.

e_2) Die Funktionen $u, v : (0, \pi) \longrightarrow \mathbb{R}$ mit $u(z) = \pi - 2z$ und $v(z) = cot(z)$ sind stetig differenzierbar und besitzen die Ableitungsfunktionen $u', v' : (0, \pi) \longrightarrow \mathbb{R}$ mit $u'(z) = -2$ und $v'(z) = -\frac{1}{sin^2(z)}$. Wegen $N(v') = \emptyset$ ist insbesondere $v'(\frac{1}{2}\pi) \neq 0$. Dabei ist die Funktion $\frac{u'}{v'}$ also durch $(\frac{u'}{v'})(z) = 2 \cdot sin^2(z)$ definiert.

e_3) Nach Corollar 2.346.2 existiert zu jeder gegen $\frac{1}{2}\pi$ konvergenten Folge $x : \mathbb{N} \longrightarrow (0,\pi) \setminus \{\frac{1}{2}\pi\}$ der Grenzwert $lim(f \circ x) = lim(\frac{u}{v} \circ x) = lim(\frac{u'}{v'} \circ x) = \frac{u'(\frac{1}{2}\pi)}{v'(\frac{1}{2}\pi)} = \frac{u'}{v'}(\frac{1}{2}\pi) = 2 \cdot sin^2(\frac{1}{2}\pi) = 2 \cdot 1 = 2$. Die gegebene Funktion $f : (0,\pi) \setminus \{\frac{1}{2}\pi\} \longrightarrow \mathbb{R}$ läßt sich somit vermöge $f^*(\frac{1}{2}\pi) = lim(f \circ x) = 2$ zu einer Funktion $f^* : (0,\pi) \longrightarrow \mathbb{R}$ stetig fortsetzen.

f_1) Diese Funktion f hat den Definitionsbereich $\mathbb{R}^+$, ist also für 0 nicht definiert. Es soll nun untersucht werden, ob f bei 0 stetig fortgesetzt werden kann.

f_2) Die Funktionen $u, v : \mathbb{R}^+ \longrightarrow \mathbb{R}$ mit $u(z) = z$ und $v(z) = sin(\sqrt{z})$ sind differenzierbar und besitzen die Ableitungsfunktionen $u', v' : \mathbb{R}^+ \longrightarrow \mathbb{R}$ mit $u'(z) = 1$ und $v'(z) = cos(\sqrt{z}) \cdot \frac{1}{2\sqrt{z}}$. Somit ist die Funktion $\frac{u'}{v'} : \mathbb{R}^+ \longrightarrow \mathbb{R}$ definiert durch $\frac{u'}{v'}(z) = \frac{2\sqrt{z}}{cos(\sqrt{z})}$.

f_3) Nach Satz 2.346.1 existiert zu jeder gegen 0 konvergenten antitonen Folge $x : \mathbb{N} \longrightarrow \mathbb{R}^+$ der Grenzwert $lim(f \circ x) = lim(\frac{u}{v} \circ x) = lim(\frac{u'}{v'} \circ x) = lim(\frac{2\sqrt{z}}{cos(\sqrt{z})})_{n \in \mathbb{N}} = \frac{lim(2\sqrt{z})_{n \in \mathbb{N}}}{lim(cos(\sqrt{z}))_{n \in \mathbb{N}}} = \frac{0}{1} = 0$. Die Funktion $f : \mathbb{R}^+ \longrightarrow \mathbb{R}$ läßt sich somit vermöge $f^*(0) = lim(f \circ x) = 0$ zu einer Funktion $f^* : \mathbb{R}_0^+ \longrightarrow \mathbb{R}$ stetig fortsetzen.

A2.346.02: Betrachten Sie die Funktion $f = \frac{u}{v} : D(f) \longrightarrow \mathbb{R}$ mit $f(z) = \frac{u(z)}{v(z)} = \frac{z}{z+cos(z)}$. Wendet man für gegen 0 konvergente Folgen $x : \mathbb{N} \longrightarrow D(f)$ den Satz 2.346.1 an, dann folgt $lim(\frac{u}{v} \circ x) = lim(\frac{u'}{v'} \circ x) = lim(\frac{1}{1-sin(x_n)})_{n \in \mathbb{N}} = 1$. Tatsächlich ist aber $lim(\frac{u}{v} \circ x) = lim(\frac{x_n}{x_n+cos(x_n)})_{n \in \mathbb{N}} = \frac{0}{1} = 0$. Worin liegt der Fehler?

B2.346.02: Bei der Anwendung des Satzes 2.346.1 werden Folgen $x : \mathbb{N} \longrightarrow D(f)$ betrachtet, die gegen eine Lücke von $f = \frac{u}{v}$, also gegen ein Element aus $L(f) = N(u) \cap N(v)$ konvergieren. Im vorliegenden Zusammenhang ist $N(u) = \{0\}$, jedoch $0 \notin N(v)$, also $0 \notin L(f) = N(u) \cap N(v)$.

A2.346.03: Untersuchen Sie jeweils die Funktion $f = \frac{u}{v} : D(f) \longrightarrow \mathbb{R}$ hinsichtlich Lücken und ermitteln Sie gegebenenfalls die stetige Fortsetzung $f^* : D(f^*) \longrightarrow \mathbb{R}$ von f:

a) $f(z) = \frac{e^z-z-1}{z^2}$ b) $f(z) = \frac{cos(z)-1}{z^2}$ c) $f(z) = \frac{1}{z} - \frac{1}{log_e(1+z)}$

B2.346.03: Zur Bearbeitung der Aufgabe im einzelnen:

a_1) Wegen $N(u) = \{0\}$ und $N(v) = \{0\}$ ist $L(f) = N(u) \cap N(v) = \{0\}$. Die im folgenden zu untersuchende Zahl ist also die Lücke 0 zu der Funktion $f : \mathbb{R} \setminus \{0\} \longrightarrow \mathbb{R}$.

a_2) Die Funktionen $u, v : \mathbb{R} \longrightarrow \mathbb{R}$ mit $u(z) = e^z - z - 1$ und $v(z) = z^2$ sind stetig differenzierbar und besitzen die Ableitungsfunktionen $u', v' : \mathbb{R} \longrightarrow \mathbb{R}$ mit $u'(z) = e^z - 1$ und $v'(z) = 2z$. Allerdings gilt dabei ebenfalls $N(u') \cap N(v') = \{0\}$, weswegen die 2. Ableitungsfunktionen gebildet und entsprechend untersucht werden. Das ist möglich, denn u und v sind zweimal stetig differenzierbar mit den 2. Ableitungsfunktionen $u'', v'' : \mathbb{R} \longrightarrow \mathbb{R}$ mit $u''(z) = e^z$ und $v''(z) = 2$. Hierbei gilt nun $N(v'') = \emptyset$ und insbesondere $v''(0) \neq 0$.

a_3) Nach Corollar 2.346.6 existiert zu jeder gegen 0 konvergenten Folge $x : \mathbb{N} \longrightarrow \mathbb{R} \setminus \{0\}$ der Grenzwert $lim(f \circ x) = lim(\frac{u}{v} \circ x) = lim(\frac{u''}{v''} \circ x) = \frac{u''(0)}{v''(0)} = \frac{e^0}{2} = \frac{1}{2}$. Die Funktion $f : \mathbb{R} \setminus \{0\} \longrightarrow \mathbb{R}$ läßt sich somit vermöge $f^*(0) = lim(f \circ x) = \frac{1}{2}$ zu einer Funktion $f^* : \mathbb{R} \longrightarrow \mathbb{R}$ stetig fortsetzen.

b_1) Wegen $0 \in N(u)$ und $N(v) = \{0\}$ ist $L(f) = N(u) \cap N(v) = \{0\}$. Die im folgenden zu untersuchende Zahl ist also die Lücke 0 zu der Funktion $f : \mathbb{R} \setminus \{0\} \longrightarrow \mathbb{R}$.

b_2) Die Funktionen $u, v : \mathbb{R} \longrightarrow \mathbb{R}$ mit $u(z) = cos(z) - 1$ und $v(z) = z^2$ sind stetig differenzierbar und besitzen die Ableitungsfunktionen $u', v' : \mathbb{R} \longrightarrow \mathbb{R}$ mit $u'(z) = -sin(z)$ und $v'(z) = 2z$. Allerdings gilt dabei ebenfalls $N(u') \cap N(v') = \{0\}$, weswegen die 2. Ableitungsfunktionen gebildet und entsprechend untersucht werden. Das ist möglich, denn u und v sind zweimal stetig differenzierbar mit den 2. Ableitungsfunktionen $u'', v'' : \mathbb{R} \longrightarrow \mathbb{R}$ mit $u''(z) = -cos(z)$ und $v''(z) = 2$. Hierbei gilt nun $N(v'') = \emptyset$ und insbesondere $v''(0) \neq 0$.

b_3) Nach Corollar 2.346.6 existiert zu jeder gegen 0 konvergenten Folge $x : \mathbb{N} \longrightarrow \mathbb{R} \setminus \{0\}$ der Grenzwert $lim(f \circ x) = lim(\frac{u}{v} \circ x) = lim(\frac{u''}{v''} \circ x) = \frac{u''(0)}{v''(0)} = \frac{-cos(0)}{2} = \frac{-1}{2} = -\frac{1}{2}$. Die Funktion $f : \mathbb{R} \setminus \{0\} \longrightarrow \mathbb{R}$ läßt sich somit vermöge $f^*(0) = lim(f \circ x) = -\frac{1}{2}$ zu einer Funktion $f^* : \mathbb{R} \longrightarrow \mathbb{R}$ stetig fortsetzen.

c_1) Wie die Darstellung $f(z) = \frac{\log_e(1+z)-z}{z\cdot\log_e(1+z)} = \frac{u(z)}{v(z)}$ von $f(z)$ zeigt, gilt diesbezüglich $N(u) = \{0\}$ und $N(v) = \{0\}$, folglich ist $L(f) = N(u) \cap N(v) = \{0\}$. Die im folgenden zu untersuchende Zahl ist also die Lücke 0 zu der Funktion $f : \mathbb{R} \setminus \{0\} \longrightarrow \mathbb{R}$.

c_2) Die Funktionen $u, v : \mathbb{R} \longrightarrow \mathbb{R}$ mit $u(z) = \log_e(1+z) - z$ und $v(z) = z \cdot \log_e(1+z)$ sind differenzierbar und besitzen die Ableitungsfunktionen $u', v' : \mathbb{R} \longrightarrow \mathbb{R}$ mit $u'(z) = \frac{1}{1+z} - 1$ und $v'(z) = \log_e(1+z) + \frac{1}{1+z}$. Der Quotient $\frac{u'(z)}{v'(z)}$ hat allerdings die Form $\frac{u'(z)}{v'(z)} = \frac{-z}{(1+z)\log_e(1+z)+z} = \frac{s(z)}{t(z)}$, wobei $s(z) \neq u''(z)$ und $t(z) \neq v''(z)$ ist. Weiterhin bildet man den Quotienten $\frac{s'(z)}{t'(z)} = \frac{-1}{2+\log_e(1+z)}$.

c_3) Nach Corollar 2.346.6 existiert zu jeder gegen 0 konvergenten Folge $x : \mathbb{N} \longrightarrow \mathbb{R} \setminus \{0\}$ der Grenzwert $lim(f \circ x) = lim(\frac{u}{v} \circ x) = lim(\frac{s'}{t'} \circ x) = \frac{-1}{2+0} = -\frac{1}{2}$. Die Funktion $f : \mathbb{R} \setminus \{0\} \longrightarrow \mathbb{R}$ läßt sich somit vermöge $f^*(0) = lim(f \circ x) = -\frac{1}{2}$ zu einer Funktion $f^* : \mathbb{R} \longrightarrow \mathbb{R}$ stetig fortsetzen.

A2.346.04: Untersuchen Sie, ob die Funktionen f durch $f^*(1)$ stetig fortgesetzt werden können:
a) $f : (-\star, 1) \longrightarrow \mathbb{R}$, definiert durch die Vorschrift $f(z) = sin(\pi z) \cdot \log_e(1 - z)$,
b) $f : [-1, 1) \longrightarrow \mathbb{R}$, definiert durch die Vorschrift $f(z) = \frac{\frac{\pi}{2} - \arcsin(z)}{\sqrt{1-z}}$.

B2.346.04: Zur Bearbeitung der Aufgabe im einzelnen:
a) Die Funktion $f : (-\star, 1) \longrightarrow \mathbb{R}$, definiert durch die Vorschrift $f(z) = sin(\pi z) \cdot \log_e(1-z)$, kann vermöge $f^*(1) = 0$ stetig fortgesetzt werden, wie die folgenden Betrachtungen zeigen:

a_1) Die Darstellung $f(z) = \frac{\log_e(1-z)}{\frac{1}{\sin(\pi z)}} = \frac{u(z)}{v(z)}$ liefert $\frac{u'(z)}{v'(z)} = -\frac{1}{\pi} \cdot \frac{\sin^2(\pi z)}{(z-1)\cos(\pi z)} = \frac{s(z)}{t(z)}$, woraus dann der Quotient $\frac{s'(z)}{t'(z)} = -\frac{1}{\pi} \cdot \frac{2\pi \cdot \cos(\pi z) \cdot \sin(\pi z)}{\cos(\pi z) - \pi(z-1)\sin(\pi z)}$ folgt.

a_2) Zu jeder gegen 1 konvergenten Folge $x : \mathbb{N} \longrightarrow (-\star, 1)$ existiert nun der Grenzwert $lim(f \circ x) = lim(\frac{u}{v} \circ x) = lim(\frac{s'}{t'} \circ x) = \frac{-1}{\pi} \cdot \frac{0}{1-0} = 0$.

b) Die Funktion $f : [-1, 1) \longrightarrow \mathbb{R}$, definiert durch die Vorschrift $f(z) = \frac{\frac{\pi}{2} - \arcsin(z)}{\sqrt{1-z}}$, kann vermöge $f^*(1) = \sqrt{2}$ stetig fortgesetzt werden, wie die folgenden Betrachtungen zeigen:

b_1) Die Darstellung $f(z) = \frac{\frac{\pi}{2} - \arcsin(z)}{\sqrt{1-z}} = \frac{u(z)}{v(z)}$ liefert $\frac{u'(z)}{v'(z)} = \frac{-\frac{1}{\sqrt{1-z^2}}}{-\frac{1}{2\sqrt{1-z}}} = \frac{2}{\sqrt{1+z}}$.

b_2) Zu jeder gegen 1 konvergenten Folge $x : \mathbb{N} \longrightarrow [-1, 1)$ existiert nun der Grenzwert $lim(f \circ x) = lim(\frac{u}{v} \circ x) = lim(\frac{u'}{v'} \circ x) = \frac{2}{\sqrt{2}} = \sqrt{2}$.

A2.346.05: Untersuchen Sie, ob die Funktionen f auf $\mathbb{R}$ stetig fortgesetzt werden können:
a) $f : \mathbb{R} \setminus \{\frac{\pi}{2}\} \longrightarrow \mathbb{R}$, definiert durch die Vorschrift $f(z) = (cos(z))^{z-\frac{\pi}{2}}$,
b) $f : \mathbb{R} \setminus \{0\} \longrightarrow \mathbb{R}$, definiert durch die Vorschrift $f(z) = (1 + \arctan(z))^{\frac{1}{z}}$.
Hinweis: Stellen Sie $f(z)$ in der Form $exp_e(\log_e(f(z)))$ dar und untersuchen Sie zunächst nur den Teil $\log_e(f(z))$; verwenden Sie dann bei der Bildung von Grenzwerten die Stetigkeit der Exponential-Funktion.

B2.346.05: Zur Bearbeitung der Aufgabe im einzelnen:
a) Die Funktion $f : \mathbb{R} \setminus \{\frac{\pi}{2}\} \longrightarrow \mathbb{R}$, definiert durch die Vorschrift $f(z) = (cos(z))^{z-\frac{\pi}{2}}$, kann vermöge $f^*(\frac{\pi}{2}) = 1$ auf $\mathbb{R}$ stetig fortgesetzt werden, wie die folgenden Betrachtungen zeigen:

a_1) Ausgehend von der Darstellung (s. Hinweis) $f(z) = exp_e(\log_e(f(z))) = exp_e(\log_e((cos(z))^{z-\frac{\pi}{2}})) = exp_e((z - \frac{\pi}{2}) \cdot \log_e(cos(z)))$ wird zunächst die Funktion g mit $g(z) = (z - \frac{\pi}{2}) \cdot \log_e(cos(z))$ untersucht: Die Darstellung $g(z) = \frac{\log_e(cos(z))}{\frac{1}{z-\frac{\pi}{2}}} = \frac{u(z)}{v(z)}$ liefert $\frac{u'(z)}{v'(z)} = \frac{sin(z) \cdot (z-\frac{\pi}{2})^2}{cos(z)} = \frac{s(z)}{t(z)}$. Weiterhin bildet man den Quotienten $\frac{s'(z)}{t'(z)} = -\frac{cos(z)}{sin(z)} \cdot (z - \frac{\pi}{2})^2 - 2 \cdot (z - \frac{\pi}{2})$.

a_2) Zu jeder gegen $\frac{\pi}{2}$ konvergenten Folge $x : \mathbb{N} \longrightarrow \mathbb{R} \setminus \{\frac{\pi}{2}\}$ existiert nun der Grenzwert $lim(g \circ x) = lim(\frac{s'}{t'} \circ x) = 0 \cdot 0 - 2 \cdot 0 = 0$.

a_3) Zu jeder gegen $\frac{\pi}{2}$ konvergenten Folge $x : \mathbb{N} \longrightarrow \mathbb{R} \setminus \{\frac{\pi}{2}\}$ existiert dann auch der Grenzwert $lim(f \circ x) = lim(exp_e \circ g \circ x) = exp_e(lim(g \circ x)) = e^0 = 1$.

b) Die Funktion $f : \mathbb{R} \setminus \{0\} \longrightarrow \mathbb{R}$, definiert durch die Vorschrift $f(z) = (1 + \arctan(z))^{\frac{1}{z}}$, kann vermöge

$f^*(0) = e$ auf $\mathbb{R}$ stetig fortgesetzt werden, wie die folgenden Betrachtungen zeigen:

b$_1$) Ausgehend von der Darstellung (s. Hinweis) $f(z) = exp_e(log_e(f(z))) = exp_e(log_e((1+arctan(z))^{\frac{1}{z}})) = exp_e(\frac{1}{z} \cdot log_e(1+arctan(z)))$ wird zunächst die Funktion g mit $g(z) = \frac{log_e(1+arctan(z))}{z}$ untersucht: Die Darstellung $g(z) = \frac{log_e(1+arctan(z))}{z} = \frac{u(z)}{v(z)}$ liefert $\frac{u'(z)}{v'(z)} = \frac{1}{1+arctan(z)} \cdot \frac{1}{1+z^2}$.

b$_2$) Zu jeder gegen 0 konvergenten Folge $x : \mathbb{N} \longrightarrow \mathbb{R} \setminus \{0\}$ existiert nun der Grenzwert $lim(g \circ x) = lim(\frac{u}{v} \circ x) = lim(\frac{u'}{v'} \circ x) = \frac{1}{1+0} \cdot \frac{1}{1+0} = 1$.

b$_3$) Zu jeder gegen 0 konvergenten Folge $x : \mathbb{N} \longrightarrow \mathbb{R} \setminus \{0\}$ existiert dann auch der Grenzwert $lim(f \circ x) = lim(exp_e \circ g \circ x) = exp_e(lim(g \circ x)) = e^1 = e$.

A2.346.06: In dieser Aufgabe wird eine Funktion f behandelt, bei der erst auf eine gewissermaßen künstlich konstruierte Ersatzfunktion g der *Erste Satz von l'Hospital* (oder eines seiner Corollare) angewendet werden muß, um so die ursprüngliche Frage an f beantworten zu können:

Kann die Funktion $f : \mathbb{R} \setminus \{0\} \longrightarrow \mathbb{R}$ mit $f(z) = (1+z)^{\frac{1}{z}}$ bei 0 stetig fortgesetzt werden?

Hinweis: Betrachten Sie die Funktion $g = log_e \circ f$.

B2.346.06: Es wird zunächst die Funktion $g = log_e \circ f : \mathbb{R} \setminus \{0\} \longrightarrow \mathbb{R}$ betrachtet: Diese Funktion hat wegen $g(z) = log_e(f(z)) = log_e((1+z)^{\frac{1}{z}}) = \frac{log_e(1+z)}{z}$ die Form $g = \frac{u}{v}$ mit $u(z) = log_e(z)$ und $v(z) = z$. Dabei sind die Funktionen $u, v : (0, \star) \longrightarrow \mathbb{R}$ stetig differenzierbar mit den durch $u'(z) = \frac{1}{1+z}$ und $v'(z) = 1$ definierten Ableitungsfunktionen $u', v' : (0, \star) \longrightarrow \mathbb{R}$.

Wendet man nun Corollar 2.346.2 auf die Funktion $g = log_e \circ f : \mathbb{R} \setminus \{0\} \longrightarrow \mathbb{R}$ an, dann gilt: Für jede gegen 0 konvergente Folge $x : \mathbb{N} \longrightarrow \mathbb{R} \setminus \{0\}$ existiert der Grenzwert $lim(\frac{u'}{v'} \circ x) = (\frac{u'}{v'})(0) = \frac{u'(0)}{v'(0)} = \frac{1}{1} = 1$, also existiert $lim(g \circ x) = lim(\frac{u}{v} \circ x) = lim(\frac{u'}{v'} \circ x) = 1$.

Nun zurück zu der ursprünglich gestellten Frage: Wegen $1 = lim(g \circ x) = lim(log_e \circ f \circ x)$ und der Stetigkeit von log_e ist dann $1 = lim(log_e \circ f \circ x) = log_e(lim(f \circ x))$, woraus unmittelbar $lim(f \circ x) = e$ folgt. Mit dieser Zahl kann die Funktion f dann durch $f^*(0) = lim(f \circ x) = e$ stetig fortgesetzt werden nach Satz 2.251.1).

Anmerkung: Betrachtet man die Bildfolge $f \circ x$ mit der speziellen, durch $x(n) = \frac{1}{n}$ definierten Folge x, dann liefern die vorstehenden Betrachtungen gerade den Grenzwert $lim(f \circ x) = lim((1+\frac{1}{n})^n)_{n \in \mathbb{N}} = e$.

2.347   KONSTANT ASYMPTOTISCHE FUNKTIONEN

A2.347.01: Zeigen Sie ohne Verwendung der Sätze von de L'Hospital, daß $tanh : \mathbb{R} \longrightarrow (-1,1)$ positiv konstant asymptotisch gegen 1 ist (siehe Bemerkung 2.347.2/5).

B2.347.01: Die Funktion $tanh : \mathbb{R} \longrightarrow (-1,1)$ ist definiert als $tanh = \frac{sinh}{cosh}$, wobei $sinh, cosh : \mathbb{R} \longrightarrow \mathbb{R}$ ihrerseits als Summen durch $sinh(z) = \frac{1}{2}(e^z - e^{-z})$ und $cosh(z) = \frac{1}{2}(e^z + e^{-z})$ definiert sind. Damit hat $f(z)$ die Darstellung $f(z) = \frac{e^z - e^{-z}}{e^z + e^{-z}} = \frac{e^z(1-e^{-2z})}{e^z(1+e^{-2z})} = \frac{1-e^{-2z}}{1+e^{-2z}}$.
Betrachtet man nun beliebige streng monotone und nach oben unbeschränkte Folgen $x : \mathbb{N} \longrightarrow \mathbb{R}^+$, dann gilt $lim(f \circ x) = 1$ für die zugehörigen Bildfolgen.

A2.347.02: Betrachten Sie die Beispiele in Abschnitt 2.345 im Sinne von Quotienten von Funktionen, also Funktionen der Form $f = \frac{u}{v} : D(f) \longrightarrow \mathbb{R}$, bestimmen Sie jeweils $D(f)$ und untersuchen Sie, ob die jeweilige Funktion positiv und/oder negativ konstant asymptotisch ist.

A2.347.03: Untersuchen Sie, ob die anschließend jeweils definierte Funktion $f : D(f) \longrightarrow \mathbb{R}$ positiv und/oder negativ konstant asymptotisch ist:

a) $f(z) = z(arctan(z) - \frac{\pi}{2})$ b) $f(z) = \frac{log_e(x - \frac{1}{2}\pi)}{tan(z)}$

B2.347.03: Zur Bearbeitung der Aufgabe im einzelnen:
a) Stellt man $f(z)$ in der Form $f(z) = \frac{z \cdot (arctan(z) - \frac{\pi}{2})}{\frac{1}{z}}$ dar, so hat f den Bau $f = \frac{u}{v} : D(f) \longrightarrow \mathbb{R}$ mit Funktionen $u, v : D(f) \longrightarrow \mathbb{R}$, definiert durch $u(x) = arctan(z) - \frac{\pi}{2}$ und $v(x) = \frac{1}{z}$. Beachtet man $u'(z) = \frac{1}{1+z^2}$ und $v'(x) = -\frac{1}{z^2}$, dann ist $\frac{u'(z)}{v'(z)} = -\frac{z^2}{1+z^2} = \frac{-1}{\frac{1+z^2}{z^2}} = -\frac{1}{1+\frac{1}{z^2}}$.
Damit gilt $lim(\frac{u'}{v'} \circ x) = -1$ und schließlich $lim(f \circ x) = lim(\frac{u}{v} \circ x) = lim(\frac{u'}{v'} \circ x) = -1$.

A2.347.04: Betrachten Sie beliebige rationale Funktionen $f = \frac{u}{v} : D(f) \longrightarrow \mathbb{R}$.
a) Unter welchen Bedingungen an u und v ist f konstant asymptotisch?
b) Welche rationalen Funktionen sind in $As^+(c)$ zu vorgegebener Zahl $c \in \mathbb{R}$ enthalten?

B2.347.04: Zwei Polyom-Funktionen $u, v : T \longrightarrow \mathbb{R}$ seien definiert durch $u(x) = u_0 + ... + u_n x^n$ und $v(x) = v_0 + ... + v_m x^m$ mit $grad(u) = n$ und $grad(v) = m$.
a$_1$) Gilt $grad(u) < grad(v)$, dann ist $f = \frac{u}{v} \in As^+(0)$.
a$_2$) Gilt $grad(u) = grad(v)$ (also $n = m$), dann ist $f = \frac{u}{v} \in As^+(\frac{u_n}{v_m})$. Gilt insbesondere $u = v$, dann ist $f = \frac{u}{v} \in As^+(1)$.
b) Gilt $grad(u) = grad(v)$ und $u_n = c \cdot v_m$, dann gilt $f = \frac{u}{v} \in As^+(c)$.

A2.347.05: Betrachten Sie die Funktionen $u, v : (0, \frac{\pi}{2}) \longrightarrow \mathbb{R}$ mit $u(z) = \frac{1}{cos(z)}$ und $v(z) = tan(z)$. Untersuchen Sie für konvergente Folgen $x : \mathbb{N} \longrightarrow (0, \frac{\pi}{2})$ mit $lim(x) = \frac{\pi}{2}$ die Existenz von $lim(\frac{u}{v} \circ x)$.

B2.347.05: Es gilt $\frac{u}{v} = \frac{1}{cos} \cdot cot = \frac{cos}{cos \cdot sin} = \frac{1}{sin}$. Folglich ist $lim(\frac{u}{v} \circ x) = lim(\frac{1}{sin} \circ x) = 1$.

A2.347.06: In dieser Aufgabe wird eine Funktionen f behandelt, bei der erst auf eine gewissermaßen künstlich konstruierte Ersatzfunktion g der *Erste Satz von l'Hospital* (oder eines seiner Corollare) angewendet werden muß, um so die ursprüngliche Frage an f beantworten zu können:
Ist die Funktion $f : (0, \star) \longrightarrow \mathbb{R}$ mit der Vorschrift $f(z) = (cos(\frac{1}{z}\pi))^z$ positiv konstant asymptotisch?
Hinweis: Betrachten Sie die Funktion $g = log_e \circ f$.

B2.347.06: Es wird zunächst die Funktion $g = log_e \circ f : \mathbb{R} \setminus \{0\} \longrightarrow \mathbb{R}$ betrachtet: Diese Funktion hat wegen $g(z) = log_e(f(z)) = log_e((cos(\frac{1}{z}\pi)^z) = z \cdot log_e(cos(\frac{1}{z}\pi)) = \frac{log_e(cos(\frac{1}{z}\pi))}{\frac{1}{z}}$ die Form $g = \frac{u}{v}$ mit $u(z) = log_e(cos(\frac{1}{z}\pi))$ und $v(z) = \frac{1}{z}$. Dabei sind die Funktionen $u, v : (0, \star) \longrightarrow \mathbb{R}$ stetig differenzierbar mit den durch $u'(z) = \pi tan(\frac{1}{z}\pi) \cdot \frac{1}{z^2}$ und $v'(z) = -\frac{1}{z^2}$ definierten Ableitungsfunktionen $u', v' : (0, \star) \longrightarrow \mathbb{R}$. Damit hat $\frac{u'}{v'}$ die Zuordnungsvorschrift $(\frac{u'}{v'})(z) = -\pi \cdot tan(\frac{1}{z}\pi)$

Wendet man nun Satz 2.346.1 auf die Funktion $g = log_e \circ f : \mathbb{R} \setminus \{0\} \longrightarrow \mathbb{R}$ an, dann gilt: Für jede monotone unbeschränkte Folge $x : \mathbb{N} \longrightarrow (0, \star)$ existiert der Grenzwert $lim(\frac{u'}{v'} \circ x) = lim(\frac{u'}{v'})(x_n))_{n \in \mathbb{N}} = (-\pi \cdot tan(\frac{1}{x_n}\pi))_{n \in \mathbb{N}} = 0$.

Nun zurück zu der ursprünglich gestellten Frage: Wegen $0 = lim(g \circ x) = lim(log_e \circ f \circ x)$ und der Stetigkeit von log_e ist dann $0 = lim(log_e \circ f \circ x) = log_e(lim(f \circ x))$, woraus unmittelbar $lim(f \circ x) = 1$ folgt. Das bedeutet, daß die konstante Funktion 1 asymptotische Funktion zu f ist.

A2.347.07: Untersuchen Sie für $c \in \mathbb{R}^+$ Existenz und gegebenenfalls Aussehen der Grenzwerte $lim(\frac{log_e}{id^c} \circ x)$, $lim(\frac{id^c}{log_e} \circ x)$, $lim((id^c \cdot log_e) \circ x)$, $lim(\frac{exp_e}{id^c} \circ x)$, $lim(\frac{id^c}{exp_e} \circ x)$, $lim((id^c \cdot exp_e) \circ x)$, sowohl für nullkonvergente Folgen als auch für streng monotone und nach oben unbeschränkte Folgen $x : \mathbb{N} \longrightarrow \mathbb{R}^+$. Untersuchen Sie analog $lim(\frac{id^c}{log_a} \circ x)$ mit $a > 1$.

B2.347.07: Zur Bearbeitung der Aufgabe im einzelnen:

a) Für streng monotone und nach oben unbeschränkte Folgen $x : \mathbb{N} \longrightarrow \mathbb{R}^+$ gilt $lim(\frac{log_e}{id^c} \circ x) = 0$.

b) Für streng monotone und nach oben unbeschränkte Folgen $x : \mathbb{N} \longrightarrow \mathbb{R}^+$ gilt $lim(\frac{id^c}{exp_e} \circ x) = 0$.

c) Für konvergente Folgen $x : \mathbb{N} \longrightarrow \mathbb{R}^+$ mit $lim(x) = 0$ gilt $lim((id^c \cdot exp_e) \circ x) = 0$.

Anmerkung: Man kann die Aussage von b) auch folgendermaßen einsehen: Es gilt $\frac{z^c}{e^z} = \frac{(e^{log_e(z)})^c}{e^z} = e^{c \cdot log_e(z) - z} = e^{-z(1 - c \cdot \frac{log_e(z)}{z})} < e^{-z \cdot \frac{1}{2}} = \frac{1}{e^{\frac{1}{2}z}}$ für alle Zahlen $z > 0$ mit $1 - c \cdot \frac{log_e(z)}{z}) > \frac{1}{2}$. Dabei ist klar, daß für streng monotone und nach oben unbeschränkte Folgen $x : \mathbb{N} \longrightarrow \mathbb{R}^+$ dann die Folge $(\frac{1}{e^{\frac{1}{2}x_n}})_{n \in \mathbb{N}}$ gegen 0 konvergiert.

2.372 Fixpunkte als Attraktoren oder Repelloren

A2.372.01: Betrachten Sie Geraden $f : \mathbb{R} \longrightarrow \mathbb{R}$ mit $f(x) = ax + b$ und $a \neq 1$.
1. Ermitteln Sie $f^n(x)$ zu $n \in \mathbb{N}$.
2. Berechnen Sie die n-Fixpunkte von f zu $n \in \mathbb{N}$.
3. Sind diese n-Fixpunkte Attraktoren von f?
4. Nennen Sie Beispiele und Kriterien für die Konvergenz der Orbits $orb(f, x_0)$ mit Startzahlen x_0.
5. Erstellen Sie – sofern Sie ein entsprechendes Computer-Programm schreiben und einsetzen können – Ausschnitte solcher Orbits (etwa x_0 bis x_{20} oder x_{100} bis x_{120}), die Konvergenz-Situationen belegen.

B2.372.01: Zur Bearbeitung der Aufgabe im einzelnen:
1. Die Beispiele $f^2(x) = f(f(x)) = f(ax + b) = a(ax + b) + b = a^2x + ab + b = a^2x + (a+1)b$ sowie $f^3(x) = a^3x + (a^2 + a + 1)b$ und $f^4(x) = a^4x + (a^3 + a^2 + a + 1)b$ legen zunächst die Vermutung nahe, daß $f^n(x) = a^n x + (a^{n-1} + a^{n-2} + ... + a + 1)b$, genauer also $f^n(x) = a^n x + b \cdot \sum_{0 \leq k \leq n-1} a^k$ gilt.
Der Nachweis für die Gültigkeit dieser Beziehung wird nach dem Verfahren der *Vollständigen Induktion* (siehe etwa Abschnitt 1.802) geführt, wobei der Induktionsanfang mit f^2 schon erbracht ist.
Induktionsschritt von n nach $n+1$: Unter der Annahme, daß die obige Beziehung für n gilt, wird nun gezeigt, daß sie dann auch für $n+1$ gilt: Es gilt
$f^{n+1}(x) = f(f^n(x)) = f(a^n x + (a^{n-1} + a^{n-2} + ... + a + 1)b) = a(a^n x + (a^{n-1} + a^{n-2} + ... + a + 1)b) + b$
$= a^{n+1}x + (a^n + a^{n-1} + ... + a^2 + a)b + b = a^{n+1}x + (a^n + a^{n-1} + ... + a^2 + a + 1)b$.

2. Die Äquivalenzen $f(x) = x \Leftrightarrow ax + b = x \Leftrightarrow (a-1)x = -b \Leftrightarrow x = \frac{b}{1-a}$ liefern den 1-Fixpunkt $\frac{b}{1-a}$ von f. Auf ganz analoge Weise liefern die Äquivalenzen $f^2(x) = x \Leftrightarrow a^2 x + (a+1)b = x \Leftrightarrow (a^2-1)x = -(a+1)b \Leftrightarrow x = \frac{-(a+1)b}{a^2-1} = \frac{-(a+1)b}{(a+1)(a-1)} = \frac{b}{1-a}$ den 2-Fixpunkt $\frac{b}{1-a}$ von f. Tatsächlich hat f zu jedem $n \in \mathbb{N}$ den n-Fixpunkt $\frac{b}{1-a}$, wie die entsprechende Berechnung $x = \frac{1}{a^n - 1}(-(a^{n-1} + a^{n-2} + ... + a + 1)b) = \frac{b}{1-a^n}(a^{n-1} + a^{n-2} + ... + a + 1) = \frac{b}{1-a} \cdot \frac{1-a}{1-a^n} \cdot (a^{n-1} + a^{n-2} + ... + a + 1) = \frac{b}{1-a^n} \cdot \frac{1-a^n}{1-a} = \frac{b}{1-a}$ zeigt.

3. Unter Verwendung von Satz 2.372.6 und der Beziehung $(f^n)'(x) = a^n$ gilt nun $|(f^n)'(x)| < 1$, für alle $x \in \mathbb{R}$, genau dann, wenn $|a| < 1$ gilt. Alle die in Teil 2 berechneten n-Fixpunkte sind also genau dann Attraktoren von f, falls $|a| < 1$ gilt.

Hinweis: Eine Tabelle mit Orbits zu diesem Funktionstyp ist zwei Seiten weiter angegeben mit:

(a, b)	$(0{,}50 / 0{,}50)$	$(0{,}80 / 0{,}40)$	$(0{,}99 / 0{,}30)$	$(1{,}01 / 0{,}20)$	$(1{,}02 / 0{,}10)$
Fixpunkt	1.0^*	2.0^*	30.0^*	-20	-5
$(f^n)'(x)$	$(0{,}5)^n < 1$	$(0{,}8)^n < 1$	$(0{,}99)^n < 1$	$(1{,}01)^n > 1$	$(1{,}02)^n > 1$

Die mit * versehenen Fixpunkte sind Attraktoren, also Grenzwerte der Orbits.

A2.372.02: Betrachten Sie Parabeln $f : \mathbb{R} \longrightarrow \mathbb{R}$ mit $f(x) = ax^2$ und $a \neq 0$ und führen Sie die analogen Arbeitsschritte wie in Aufgabe A2.372.01 aus.

B2.372.02: Zur Bearbeitung der Aufgabe im einzelnen:
1. Die drei Beispiele $f^2(x) = f(f(x)) = f(ax^2) = a(ax^2)^2 = a^3 x^4$ sowie $f^3(x) = a(a^3 x^4)^2 = a^7 x^8$ und $f^4(x) = a(a^7 x^8)^2 = a^{15} x^{16}$ legen zunächst die Vermutung nahe, daß $f^n(x) = a^{2^n-1} x^{2^n}$ gilt.
Der Nachweis für die Gültigkeit dieser Beziehung wird nach dem Verfahren der *Vollständigen Induktion* (siehe etwa Abschnitt 1.802) geführt, wobei der Induktionsanfang mit f^2 schon erbracht ist.
Induktionsschritt von n nach $n+1$: Unter der Annahme, daß die obige Beziehung für n gilt, so gilt sie auch für $n+1$, denn es gilt: $f^{n+1}(x) = f(f^n(x)) = f(a^{2^n-1} x^{2^n}) = a(a^{2^n-1} x^{2^n})^2 = a^{2^{n+1}-1} x^{2^{n+1}}$.

2. Die Äquivalenzen $f(x) = x \Leftrightarrow ax^2 = x \Leftrightarrow x(ax-1) = 0 \Leftrightarrow x = 0$ oder $x = \frac{1}{a}$ liefern die beiden 1-Fixpunkte 0 und $\frac{1}{a}$ von f. Auf ganz analoge Weise liefern die Äquivalenzen $f^2(x) = x \Leftrightarrow a^3 x^4 = x$

$\Leftrightarrow x(a^3x^3 - 1) = 0 \Leftrightarrow x = 0$ oder $a^3x^3 = 1 \Leftrightarrow x = 0$ oder $ax = 1 \Leftrightarrow x = 0$ oder $x = \frac{1}{a}$ die beiden 2-Fixpunkte 0 und $\frac{1}{a}$ von f. Tatsächlich hat f zu jedem $n \in \mathbb{N}$ die beiden n-Fixpunkte 0 und $\frac{1}{a}$, wie die Berechnung $f^n(x) = x \Leftrightarrow a^{2^n-1}x^{2^n} = x \Leftrightarrow x(a^{2^n-1}x^{2^n-1} - 1) = 0 \Leftrightarrow x((ax)^{2^n-1} - 1) = 0 \Leftrightarrow x = 0$ oder $(ax)^{2^n-1} = 1 \Leftrightarrow x = 0$ oder $ax = 1 \Leftrightarrow x = 0$ oder $x = \frac{1}{a}$ zeigt, wobei verwendet ist, daß $2^n - 1$ stets eine ungerade Zahl ist.

3. Unter Verwendung der beiden Sätze 2.372.6/7 und der Beziehung $(f^n)'(x) = 2^n \cdot (ax)^{2^n-1}$ gilt nun $|(f^n)'(0)| = 0 < 1$ sowie $|(f^n)'(\frac{1}{a})| = 2^n > 1$, das heißt, daß 0 Attraktor und $\frac{1}{a}$ Repellor von f ist.

Hinweis: Eine Tabelle mit Orbits zu diesem Funktionstyp ist zwei Seiten weiter angegeben.

A2.372.03: Betrachten Sie die durch $f(x) = sin(x)$ und $g(x) = 2 \cdot sin(x)$ definierten Funktionen $f, g : [0, \pi] \longrightarrow \mathbb{R}$, ermitteln Sie nötigenfalls Näherungen für die Fixpunkte x_0 von f und $f^2 = f \circ f$ bzw. von g und $g^2 = g \circ g$ und untersuchen Sie x_0 hinsichtlich Attraktor/Repellor-Eigenschaft.

B2.372.03: Zur Bearbeitung der Aufgabe im einzelnen:

1a) Die Funktion f besitzt nur den 1-Fixpunkt 0. Mit $f'(x) = cos(x)$ gilt $f'(0) = cos(0) = 1$, folglich ist der 1-Fixpunkt 0 weder Attraktor noch Repellor (ein sogenannter nicht-hyperbolischer Punkt).

1b) Mit $f^2(x) = sin(sin(x))$ hat f zunächst den 2-Fixpunkt 0, denn es gilt $f^2(0) = 0$. Auf der Suche nach weiteren 2-Fixpunkten wird f^2 hinsichtlich Extrema untersucht: Mit der durch die Vorschrift $(f^2)'(x) = cos(sin(x)) \cdot cos(x)$ definierten Ableitungsfunktion $(f^2)' : [0, \pi] \longrightarrow \mathbb{R}$ liefert der Faktor $cos(x)$ die Nullstelle $\frac{\pi}{2}$ von $(f^2)'$, hingegen liefert die Gleichung $cos(sin(x)) = 0$ dann $sin(x) = \frac{\pi}{2}$, die keine Lösung besitzt. Wie die Berechnung $f^2(\frac{\pi}{2}) = sin(sin(\frac{\pi}{2})) \approx 0,84$ zeigt, ist $(\frac{\pi}{2}, \approx 0,84)$ das Maximum von f^2, das heißt, f besitzt wegen $f^2(0) = 0$ und $f^2(\pi) = 0$ keine weiteren 2-Fixpunkte. Schließlich gilt $(f^2)'(0) = cos(sin(0)) = 1$, folglich ist der 2-Fixpunkt 0 weder Attraktor noch Repellor (wieder ein sogenannter nicht-hyperbolischer Punkt).

Anmerkung: Man kann zeigen: Für alle $n \in \mathbb{N}$ gilt $Fix(f) = Fix(f^n)$, wie schon die erste Stufe des Beweises zeigt: Für $x_0 \in Fix(f)$ gilt $f(x_0) = sin(x_0) = x_0$, also gilt $f^2(x_0) = sin(sin(x_0)) = sin(x_0) = x_0 = f(x_0)$ und somit $x_0 \in Fix(f^2)$.

2a) Die 1-Fixpunkte von g sind 0 und $x_0 \approx 1,89549427$. Mit $g'(x) = 2 \cdot cos(x)$ gilt $g'(0) = 2 > 1$ sowie $g'(1,89549427) \approx 2 > 1$, folglich sind beide 1-Fixpunkte Repelloren von g (nach Satz 2.372.3).

2b) Mit $g^2(x) = 2 \cdot sin(2 \cdot sin(x))$ hat g zunächst den 2-Fixpunkt 0, denn es gilt $g^2(0) = 0$. Auf der Suche nach weiteren 2-Fixpunkten wird g^2 hinsichtlich Extrema untersucht: Mit der durch die Vorschrift $(g^2)'(x) = 4 \cdot cos(2 \cdot sin(x)) \cdot cos(x)$ definierten Ableitungsfunktion $(g^2)' : [0, \pi] \longrightarrow \mathbb{R}$ liefert der Faktor $cos(x)$ die Nullstelle $\frac{\pi}{2}$ von $(g^2)'$, daneben liefert die Gleichung $cos(2 \cdot sin(x)) = 0$ dann $2 \cdot sin(x) = \frac{\pi}{2}$, also $sin(x) = \frac{\pi}{4}$, woraus $x \in \{arcsin(\frac{\pi}{4}), \pi - arcsin(\frac{\pi}{4})\}$ folgt (da die auf $[0, \pi]$ eingeschränkte Sinus-Funktion symmetrisch zur Ordinatenparallelen durch $\frac{\pi}{2}$ ist). Insgesamt hat $(g^2)'$ also drei Nullstellen, die, wie man anhand einer Wertetabelle für g^2 sehen kann, drei Extrema von g^2 liefern:

Maximum 1	Minimum	Maximum 2
$(arcsin(\frac{\pi}{4}) \,/\, g^2(arcsin(\frac{\pi}{4})))$	$(\frac{\pi}{2} \,/\, g^2(\frac{\pi}{2}))$	$(\pi - arcsin(\frac{\pi}{4}) \,/\, g^2(\pi - arcsin(\frac{\pi}{4})))$
$\approx (0,9033391 \,/\, 2,0)$	$\approx (1,5707096 \,/\, 1,8185949)$	$\approx (2,2382535 \,/\, 2,0)$

Es muß also zwischen dem Minimum und dem Maximum 2 ein 2-Fixpunkt x_0 existieren, der, wie man wieder anhand von Wertetabellen ermittelt, mit der Näherung $x_0 \approx 1,89549427$ angegeben werden kann.

Schließlich gilt $(g^2)'(0) = 4 > 1$ sowie $(g^2)'(1,89549427) \approx 0,4071 < 1$, folglich ist 0 ein Repellor und $x_0 \approx 1,89549427$ ein Attraktor von g.

Anmerkung: Daß die beiden in 2a) und 2b) ermittelten Fixpunkte x_0 übereinstimmen, kann man wieder ohne ein genaueres Studium der Funktion g^2 allgemein zeigen: Für alle $n \in \mathbb{N}$ gilt $Fix(g) = Fix(g^n)$, wie wieder schon die erste Stufe des Beweises zeigt: Für $x_0 \in Fix(g)$ gilt $g(x_0) = 2 \cdot sin(x_0) = x_0$, also gilt $g^2(x_0) = 2 \cdot sin(2 \cdot sin(x_0)) = 2 \cdot sin(x_0) = x_0 = g(x_0)$ und somit $x_0 \in Fix(g^2)$.

Hinweis: Eine Tabelle mit Orbits zu diesem Funktionstyp ist drei Seiten weiter angegeben.

Tabelle zu Aufgabe A2.372.01 (Funktionstyp $f(x) = ax + b$)

x_0: 0.70000000	x_0: 0.70000000	x_0: 0.70000000	x_0: 0.70000000	x_0: 0.70000000
a: 0.50000000	a: 0.80000000	a: 0.99000000	a: 1.01000000	a: 1.02000000
b: 0.50000000	b: 0.40000000	b: 0.30000000	b: 0.20000000	b: 0.10000000
x_0: 0.70000000	x_0: 0.70000000	x_0: 0.70000000	x_0: 0.70000000	x_0: 0.70000000
x_1: 0.85000000	x_1: 0.96000000	x_1: 0.99300000	x_1: 0.90700000	x_1: 0.81400000
x_2: 0.92500000	x_2: 1.16800000	x_2: 1.28307000	x_2: 1.11607000	x_2: 0.93028000
x_3: 0.96250000	x_3: 1.33440000	x_3: 1.57023930	x_3: 1.32723070	x_3: 1.04888560
x_4: 0.98125000	x_4: 1.46752000	x_4: 1.85453691	x_4: 1.54050301	x_4: 1.16986331
x_5: 0.99062500	x_5: 1.57401600	x_5: 2.13599154	x_5: 1.75590804	x_5: 1.29326058
x_6: 0.99531250	x_6: 1.65921280	x_6: 2.41463162	x_6: 1.97346712	x_6: 1.41912579
x_7: 0.99765625	x_7: 1.72737024	x_7: 2.69048531	x_7: 2.19320179	x_7: 1.54750831
x_8: 0.99882813	x_8: 1.78189619	x_8: 2.96358045	x_8: 2.41513381	x_8: 1.67845847
x_9: 0.99941406	x_9: 1.82551695	x_9: 3.23394465	x_9: 2.63928514	x_9: 1.81202764
x_{10}: 0.99970703	x_{10}: 1.86041356	x_{10}: 3.50160520	x_{10}: 2.86567800	x_{10}: 1.94826819
x_{11}: 0.99985352	x_{11}: 1.88833085	x_{11}: 3.76658915	x_{11}: 3.09433478	x_{11}: 2.08723356
x_{12}: 0.99992676	x_{12}: 1.91066468	x_{12}: 4.02892326	x_{12}: 3.32527812	x_{12}: 2.22897823
x_{13}: 0.99996338	x_{13}: 1.92853174	x_{13}: 4.28863403	x_{13}: 3.55853090	x_{13}: 2.37355779
x_{14}: 0.99998169	x_{14}: 1.94282540	x_{14}: 4.54574769	x_{14}: 3.79411621	x_{14}: 2.52102895
x_{15}: 0.99999084	x_{15}: 1.95426032	x_{15}: 4.80029021	x_{15}: 4.03205738	x_{15}: 2.67144953
x_{16}: 0.99999542	x_{16}: 1.96340825	x_{16}: 5.05228731	x_{16}: 4.27237795	x_{16}: 2.82487852
x_{17}: 0.99999771	x_{17}: 1.97072660	x_{17}: 5.30176443	x_{17}: 4.51510173	x_{17}: 2.98137609
x_{18}: 0.99999886	x_{18}: 1.97658128	x_{18}: 5.54874679	x_{18}: 4.76025275	x_{18}: 3.14100361
x_{19}: 0.99999943	x_{19}: 1.98126503	x_{19}: 5.79325932	x_{19}: 5.00785527	x_{19}: 3.30382368
x_{20}: 0.99999971	x_{20}: 1.98501202	x_{20}: 6.03532673	x_{20}: 5.25793383	x_{20}: 3.46990016
x_{21}: 0.99999986	x_{21}: 1.98800962	x_{21}: 6.27497346	x_{21}: 5.51051317	x_{21}: 3.63929816
x_{22}: 0.99999993	x_{22}: 1.99040769	x_{22}: 6.51222373	x_{22}: 5.76561830	x_{22}: 3.81208412
x_{23}: 0.99999996	x_{23}: 1.99232615	x_{23}: 6.74710149	x_{23}: 6.02327448	x_{23}: 3.98832581
x_{24}: 0.99999998	x_{24}: 1.99386092	x_{24}: 6.97963047	x_{24}: 6.28350722	x_{24}: 4.16809232
x_{25}: 0.99999999	x_{25}: 1.99508874	x_{25}: 7.20983417	x_{25}: 6.54634230	x_{25}: 4.35145417
x_{26}: 1.00000000	x_{26}: 1.99607099	x_{26}: 7.43773583	x_{26}: 6.81180572	x_{26}: 4.53848325
x_{27}: 1.00000000	x_{27}: 1.99685679	x_{27}: 7.66335847	x_{27}: 7.07992378	x_{27}: 4.72925292
x_{28}: 1.00000000	x_{28}: 1.99748543	x_{28}: 7.88672488	x_{28}: 7.35072301	x_{28}: 4.92383798
x_{29}: 1.00000000	x_{29}: 1.99798835	x_{29}: 8.10785764	x_{29}: 7.62423024	x_{29}: 5.12231473
x_{30}: 1.00000000	x_{30}: 1.99839068	x_{30}: 8.32677906	x_{30}: 7.90047255	x_{30}: 5.32476103
x_{31}: 1.00000000	x_{31}: 1.99871254	x_{31}: 8.54351127	x_{31}: 8.17947727	x_{31}: 5.53125625
x_{32}: 1.00000000	x_{32}: 1.99897003	x_{32}: 8.75807616	x_{32}: 8.46127205	x_{32}: 5.74188137
x_{33}: 1.00000000	x_{33}: 1.99917603	x_{33}: 8.97049539	x_{33}: 8.74588477	x_{33}: 5.95671900
x_{34}: 1.00000000	x_{34}: 1.99934082	x_{34}: 9.18079044	x_{34}: 9.03334361	x_{34}: 6.17585338
x_{35}: 1.00000000	x_{35}: 1.99947266	x_{35}: 9.38898254	x_{35}: 9.32367705	x_{35}: 6.39937045
x_{36}: 1.00000000	x_{36}: 1.99957813	x_{36}: 9.59509271	x_{36}: 9.61691382	x_{36}: 6.62735786
x_{37}: 1.00000000	x_{37}: 1.99966250	x_{37}: 9.79914178	x_{37}: 9.91308296	x_{37}: 6.85990502
x_{38}: 1.00000000	x_{38}: 1.99973000	x_{38}: 10.00115037	x_{38}: 10.21221379	x_{38}: 7.09710312
x_{39}: 1.00000000	x_{39}: 1.99978400	x_{39}: 10.20113886	x_{39}: 10.51433593	x_{39}: 7.33904518
x_{40}: 1.00000000	x_{40}: 1.99982720	x_{40}: 10.39912747	x_{40}: 10.81947929	x_{40}: 7.58582608
x_{41}: 1.00000000	x_{41}: 1.99986176	x_{41}: 10.59513620	x_{41}: 11.12767408	x_{41}: 7.83754260
x_{42}: 1.00000000	x_{42}: 1.99988941	x_{42}: 10.78918484	x_{42}: 11.43895082	x_{42}: 8.09429346
x_{43}: 1.00000000	x_{43}: 1.99991153	x_{43}: 10.98129299	x_{43}: 11.75334033	x_{43}: 8.35617933
x_{44}: 1.00000000	x_{44}: 1.99992922	x_{44}: 11.17148006	x_{44}: 12.07087373	x_{44}: 8.62330291
x_{45}: 1.00000000	x_{45}: 1.99994338	x_{45}: 11.35976526	x_{45}: 12.39158247	x_{45}: 8.89576897
x_{46}: 1.00000000	x_{46}: 1.99995470	x_{46}: 11.54616761	x_{46}: 12.71549829	x_{46}: 9.17368435
x_{47}: 1.00000000	x_{47}: 1.99996376	x_{47}: 11.73070593	x_{47}: 13.04265328	x_{47}: 9.45715804
x_{48}: 1.00000000	x_{48}: 1.99997101	x_{48}: 11.91339887	x_{48}: 13.37307981	x_{48}: 9.74630120
x_{49}: 1.00000000	x_{49}: 1.99997681	x_{49}: 12.09426488	x_{49}: 13.70681061	x_{49}: 10.04122722
x_{50}: 1.00000000	x_{50}: 1.99998145	x_{50}: 12.27332223	x_{50}: 14.04387871	x_{50}: 10.34205177

Tabelle zu Aufgabe A2.372.02 (Funktionstyp $f(x) = ax^2$)

x_0 : 0.80000000	x_0 : 0.90000000	x_0 : 0.99999999	x_0 : 1.00000001	x_0 : 1.00000001
a : 0.80000000	a : 0.90000000	a : 1.00000001	a : 0.99999999	a : 1.00000001
x_0 : 0.80000000	x_0 : 0.90000000	x_0 : 0.99999999	x_0 : 1.00000001	x_0 : 1.00000001
x_1 : 0.51200000	x_1 : 0.72900000	x_1 : 0.99999999	x_1 : 1.00000001	x_1 : 1.00000003
x_2 : 0.20971520	x_2 : 0.47829690	x_2 : 0.99999999	x_2 : 1.00000001	x_2 : 1.00000007
x_3 : 0.03518437	x_3 : 0.20589113	x_3 : 0.99999999	x_3 : 1.00000001	x_3 : 1.00000015
x_4 : 0.00099035	x_4 : 0.03815204	x_4 : 0.99999999	x_4 : 1.00000001	x_4 : 1.00000031
x_5 : 0.00000078	x_5 : 0.00131002	x_5 : 0.99999999	x_5 : 1.00000001	x_5 : 1.00000063
x_6 : 0.00000000	x_6 : 0.00000154	x_6 : 0.99999999	x_6 : 1.00000001	x_6 : 1.00000127
x_7 : 0.00000000	x_7 : 0.00000000	x_7 : 0.99999999	x_7 : 1.00000001	x_7 : 1.00000255
x_8 : 0.00000000	x_8 : 0.00000000	x_8 : 0.99999999	x_8 : 1.00000001	x_8 : 1.00000511
x_9 : 0.00000000	x_9 : 0.00000000	x_9 : 0.99999999	x_9 : 1.00000001	x_9 : 1.00001023
x_{10} : 0.00000000	x_{10} : 0.00000000	x_{10} : 0.99999999	x_{10} : 1.00000001	x_{10} : 1.00002047
x_{11} : 0.00000000	x_{11} : 0.00000000	x_{11} : 0.99999999	x_{11} : 1.00000001	x_{11} : 1.00004095
x_{12} : 0.00000000	x_{12} : 0.00000000	x_{12} : 0.99999999	x_{12} : 1.00000001	x_{12} : 1.00008191
x_{13} : 0.00000000	x_{13} : 0.00000000	x_{13} : 0.99999999	x_{13} : 1.00000001	x_{13} : 1.00016384
x_{14} : 0.00000000	x_{14} : 0.00000000	x_{14} : 0.99999999	x_{14} : 1.00000001	x_{14} : 1.00032772
x_{15} : 0.00000000	x_{15} : 0.00000000	x_{15} : 0.99999999	x_{15} : 1.00000001	x_{15} : 1.00065556
x_{16} : 0.00000000	x_{16} : 0.00000000	x_{16} : 0.99999999	x_{16} : 1.00000001	x_{16} : 1.00131157
x_{17} : 0.00000000	x_{17} : 0.00000000	x_{17} : 0.99999999	x_{17} : 1.00000001	x_{17} : 1.00262487
x_{18} : 0.00000000	x_{18} : 0.00000000	x_{18} : 0.99999999	x_{18} : 1.00000001	x_{18} : 1.00525664
x_{19} : 0.00000000	x_{19} : 0.00000000	x_{19} : 0.99999999	x_{19} : 1.00000001	x_{19} : 1.01054092
x_{20} : 0.00000000	x_{20} : 0.00000000	x_{20} : 0.99999999	x_{20} : 1.00000001	x_{20} : 1.02119296
x_{21} : 0.00000000	x_{21} : 0.00000000	x_{21} : 0.99999999	x_{21} : 1.00000001	x_{21} : 1.04283507
x_{22} : 0.00000000	x_{22} : 0.00000000	x_{22} : 0.99999999	x_{22} : 1.00000001	x_{22} : 1.08750499
x_{23} : 0.00000000	x_{23} : 0.00000000	x_{23} : 1.00000000	x_{23} : 1.00000002	x_{23} : 1.18266712
x_{24} : 0.00000000	x_{24} : 0.00000000	x_{24} : 1.00000001	x_{24} : 1.00000003	x_{24} : 1.39870153
x_{25} : 0.00000000	x_{25} : 0.00000000	x_{25} : 1.00000003	x_{25} : 1.00000005	x_{25} : 1.95636599
x_{26} : 0.00000000	x_{26} : 0.00000000	x_{26} : 1.00000006	x_{26} : 1.00000008	x_{26} : 3.82736792
x_{27} : 0.00000000	x_{27} : 0.00000000	x_{27} : 1.00000014	x_{27} : 1.00000016	x_{27} : 14.64874531

Anmerkung zu vorstehender Tabelle: Die Zahl 0 ist der Attraktor mit Einzugabereich $[0, 1]$, das heißt, für Paare (x_0, a) mit Startzahlen x_0 und Wachstumsfaktoren a mit $x_0 \leq 1$ und $a \leq 1$ sind die zugehörigen Orbits $orb(f_a, x_0)$ konvergent gegen Null (Spalten 1 und 2 der Tabelle). Andere Kombinationen in (x_0, a) liefern im allgemeinen divergente Orbits.

Anmerkung zu folgender Tabelle: Bei der Betrachtung von Funktionen $g_a : [0, \pi] \longrightarrow [0, a] \subset \mathbb{R}$ ist $a = \frac{\pi}{2}$ der kleinste Wachstumsfaktor, der neben 0 einen zweiten Fixpunkt x_0 liefert, im Fall $a = \frac{\pi}{2}$ ist das gerade der Fixpunkt $x_0 = \frac{\pi}{2}$, denn es gilt $g_a(\frac{\pi}{2}) = \frac{\pi}{2} \cdot sin(\frac{\pi}{2}) = \frac{\pi}{2} \cdot 1 = \frac{\pi}{2}$.

Ferner kann man feststellen, daß sich alle Berechnungen in der Bearbeitung B2.372.03 auf Wachstumsfaktoren $a \geq \frac{\pi}{2}$ übertragen lassen, insbesondere besitzen die Funktionen g_a neben 0 genau einen weiteren Fixpunkt x_0, wobei alle n-Fixpunkte $x_0 \neq 0$ identisch und zugleich jeweils Attraktoren von g_a sind.

Tabelle zu Aufgabe A2.372.03 (Funktion $g = 2 \cdot \sin$)

x_0 : 0.10000000	x_0 : 0.80000000	x_0 : 1.50000000	x_0 : 2.30000000	x_0 : 3.10000000
a : 2.00000000	a : 2.00000000	a : 2.00000000	a : 2.00000000	a : 2.00000000
x_0 : 0.10000000	x_0 : 0.80000000	x_0 : 1.50000000	x_0 : 2.30000000	x_0 : 3.10000000
x_1 : 0.19966683	x_1 : 1.43471218	x_1 : 1.99498997	x_1 : 1.49141042	x_1 : 0.08316132
x_2 : 0.39668559	x_2 : 1.98150967	x_2 : 1.82274183	x_2 : 1.99370119	x_2 : 0.16613101
x_3 : 0.77272687	x_3 : 1.83367249	x_3 : 1.93685853	x_3 : 1.82380120	x_3 : 0.33073574
x_4 : 1.39618059	x_4 : 1.93129315	x_4 : 1.86748816	x_4 : 1.93632926	x_4 : 0.64947797
x_5 : 1.96958674	x_5 : 1.87144338	x_5 : 1.91261778	x_5 : 1.86786680	x_5 : 1.20954149
x_6 : 1.84306271	x_6 : 1.91029014	x_6 : 1.88429134	x_6 : 1.91239625	x_6 : 1.87090808
x_7 : 1.92632781	x_7 : 1.88584670	x_7 : 1.90252314	x_7 : 1.88443981	x_7 : 1.91060692
x_8 : 1.87492323	x_8 : 1.90156154	x_8 : 1.89096274	x_8 : 1.90243155	x_8 : 1.88563563
x_9 : 1.90821755	x_9 : 1.89158821	x_9 : 1.89836611	x_9 : 1.89102239	x_9 : 1.90169231
x_{10} : 1.88722304	x_{10} : 1.89797204	x_{10} : 1.89365409	x_{10} : 1.89832856	x_{10} : 1.89150326
x_{11} : 1.90070678	x_{11} : 1.89390752	x_{11} : 1.89666518	x_{11} : 1.89367825	x_{11} : 1.89802561
x_{12} : 1.89214271	x_{12} : 1.89650430	x_{12} : 1.89474588	x_{12} : 1.89664984	x_{12} : 1.89387309
x_{13} : 1.89762206	x_{13} : 1.89484886	x_{13} : 1.89597124	x_{13} : 1.89475569	x_{13} : 1.89652616
x_{14} : 1.89413235	x_{14} : 1.89590567	x_{14} : 1.89518972	x_{14} : 1.89596499	x_{14} : 1.89483486
x_{15} : 1.89636147	x_{15} : 1.89523161	x_{15} : 1.89568849	x_{15} : 1.89519371	x_{15} : 1.89591458
x_{16} : 1.89494024	x_{16} : 1.89566179	x_{16} : 1.89537031	x_{16} : 1.89568595	x_{16} : 1.89522592
x_{17} : 1.89584747	x_{17} : 1.89538735	x_{17} : 1.89557335	x_{17} : 1.89537193	x_{17} : 1.89566542
x_{18} : 1.89526879	x_{18} : 1.89556247	x_{18} : 1.89544381	x_{18} : 1.89557231	x_{18} : 1.89538504
x_{19} : 1.89563808	x_{19} : 1.89545075	x_{19} : 1.89552646	x_{19} : 1.89544447	x_{19} : 1.89556395
x_{20} : 1.89540249	x_{20} : 1.89552203	x_{20} : 1.89547372	x_{20} : 1.89552604	x_{20} : 1.89544980
x_{21} : 1.89555282	x_{21} : 1.89547655	x_{21} : 1.89550737	x_{21} : 1.89547399	x_{21} : 1.89552264
x_{22} : 1.89545690	x_{22} : 1.89550557	x_{22} : 1.89548590	x_{22} : 1.89550720	x_{22} : 1.89547617
x_{23} : 1.89551810	x_{23} : 1.89548705	x_{23} : 1.89549960	x_{23} : 1.89548601	x_{23} : 1.89550582
x_{24} : 1.89547906	x_{24} : 1.89549887	x_{24} : 1.89549086	x_{24} : 1.89549953	x_{24} : 1.89548706
x_{25} : 1.89550397	x_{25} : 1.89549133	x_{25} : 1.89549644	x_{25} : 1.89549091	x_{25} : 1.89549897
x_{26} : 1.89548808	x_{26} : 1.89549614	x_{26} : 1.89549288	x_{26} : 1.89549641	x_{26} : 1.89549127
x_{27} : 1.89549822	x_{27} : 1.89549307	x_{27} : 1.89549515	x_{27} : 1.89549290	x_{27} : 1.89549618
x_{28} : 1.89549175	x_{28} : 1.89549503	x_{28} : 1.89549370	x_{28} : 1.89549514	x_{28} : 1.89549305
x_{29} : 1.89549588	x_{29} : 1.89549378	x_{29} : 1.89549463	x_{29} : 1.89549371	x_{29} : 1.89549505
x_{30} : 1.89549324	x_{30} : 1.89549458	x_{30} : 1.89549404	x_{30} : 1.89549462	x_{30} : 1.89549377
x_{31} : 1.89549492	x_{31} : 1.89549407	x_{31} : 1.89549441	x_{31} : 1.89549404	x_{31} : 1.89549458
x_{32} : 1.89549385	x_{32} : 1.89549439	x_{32} : 1.89549417	x_{32} : 1.89549441	x_{32} : 1.89549406
x_{33} : 1.89549453	x_{33} : 1.89549419	x_{33} : 1.89549433	x_{33} : 1.89549417	x_{33} : 1.89549440
x_{34} : 1.89549410	x_{34} : 1.89549432	x_{34} : 1.89549423	x_{34} : 1.89549433	x_{34} : 1.89549418
x_{35} : 1.89549438	x_{35} : 1.89549423	x_{35} : 1.89549429	x_{35} : 1.89549423	x_{35} : 1.89549432
x_{36} : 1.89549420	x_{36} : 1.89549429	x_{36} : 1.89549425	x_{36} : 1.89549429	x_{36} : 1.89549423
x_{37} : 1.89549431	x_{37} : 1.89549425	x_{37} : 1.89549428	x_{37} : 1.89549425	x_{37} : 1.89549429
x_{38} : 1.89549424	x_{38} : 1.89549428	x_{38} : 1.89549426	x_{38} : 1.89549428	x_{38} : 1.89549425
x_{39} : 1.89549429	x_{39} : 1.89549426	x_{39} : 1.89549427	x_{39} : 1.89549426	x_{39} : 1.89549428
x_{40} : 1.89549426	x_{40} : 1.89549427	x_{40} : 1.89549426	x_{40} : 1.89549427	x_{40} : 1.89549426
x_{41} : 1.89549427	x_{41} : 1.89549426	x_{41} : 1.89549427	x_{41} : 1.89549426	x_{41} : 1.89549427
x_{42} : 1.89549426	x_{42} : 1.89549427	x_{42} : 1.89549427	x_{42} : 1.89549427	x_{42} : 1.89549426
x_{43} : 1.89549427	x_{43} : 1.89549427	x_{43} : 1.89549427	x_{43} : 1.89549427	x_{43} : 1.89549427
x_{44} : 1.89549427	x_{44} : 1.89549427	x_{44} : 1.89549427	x_{44} : 1.89549427	x_{44} : 1.89549427
x_{45} : 1.89549427	x_{45} : 1.89549427	x_{45} : 1.89549427	x_{45} : 1.89549427	x_{45} : 1.89549427
x_{46} : 1.89549427	x_{46} : 1.89549427	x_{46} : 1.89549427	x_{46} : 1.89549427	x_{46} : 1.89549427
x_{47} : 1.89549427	x_{47} : 1.89549427	x_{47} : 1.89549427	x_{47} : 1.89549427	x_{47} : 1.89549427
x_{48} : 1.89549427	x_{48} : 1.89549427	x_{48} : 1.89549427	x_{48} : 1.89549427	x_{48} : 1.89549427
x_{49} : 1.89549427	x_{49} : 1.89549427	x_{49} : 1.89549427	x_{49} : 1.89549427	x_{49} : 1.89549427
x_{50} : 1.89549427	x_{50} : 1.89549427	x_{50} : 1.89549427	x_{50} : 1.89549427	x_{50} : 1.89549427

2.378 Cantor-Mengen (Cantor-Staub) bei Verhulst-Parabeln

A2.378.01: Verifizieren Sie die Angaben zu u_0 und v_0 in Bemerkung 2.378.1/1 (Schritt 1).

B2.378.01: Die Äquivalenzen $f_a(u) = 1 \Leftrightarrow au(1-u) = 1 \Leftrightarrow u^2 - u + \frac{1}{a} = 0 \Leftrightarrow u = \frac{1}{2} - \sqrt{\frac{1}{4} - \frac{1}{a}} = \frac{1}{2} - \frac{1}{2a}\sqrt{a(a-4)} = \frac{1}{2a}(a - \sqrt{a(a-4)})$ oder $u = \frac{1}{2a}(a + \sqrt{a(a-4)})$ liefern die Behauptung.

A2.378.02: Berechnen Sie bezüglich Bemerkung 2.378.1/1 diejenige Zahl a, für die eine vorgegebene Zahl $u_0 < \frac{1}{2}$ den Funktionswert $f_a(u_0) = 1$ hat.

B2.378.02: Die Äquivalenzen $f_a(u_0) = 1 \Leftrightarrow au_0(1-u_0) = 1 \Leftrightarrow a = \frac{1}{u_0(1-u_0)}$ liefern die Zahl a.

A2.378.03: Betrachten Sie diejenige Funktion f_a, die Aufgabe A2.378.02 zu $u_0 = \frac{1}{3}$ liefert, und bestimmen Sie das Aussehen der Orbit-Folgen $x = orb(f_a, \frac{1}{3})$ sowie $x = orb(f_a, \frac{1}{6})$ und $x = orb(f_a, \frac{2}{9})$.

B2.378.03: Zunächst liefert Aufgabe A2.378.02 zu $u_0 = \frac{1}{3}$ den Wachstumsfaktor $a = \frac{1}{\frac{2}{9}} = \frac{9}{2}$.

a) Mit $x_0 = u_0 = \frac{1}{3}$ ist dann $x_1 = f_{\frac{9}{2}}(\frac{1}{3}) = \frac{9}{2} \cdot \frac{1}{3} \cdot \frac{2}{3} = 1$, folglich ist $x_2 = 0$ und damit gilt $x_n = 0$, für alle $n \geq 2$. Die Folge $x = orb(f_{\frac{9}{2}}, \frac{1}{3})$ konvergiert also gegen 0, dasselbe gilt auch für die Folge $orb(f_{\frac{9}{2}}, \frac{2}{3})$.

b) Mit $x_0 = \frac{1}{6}$ ist dann $x_1 = f_{\frac{9}{2}}(\frac{1}{6}) = \frac{9}{2} \cdot \frac{1}{6} \cdot \frac{5}{6} = \frac{5}{8}$, folglich ist $x_2 = f_{\frac{9}{2}}(\frac{5}{8}) = \frac{9}{2} \cdot \frac{5}{8} \cdot \frac{3}{8} = \frac{135}{128} > 1$, damit ist dann $x_3 < 0$ und weiterhin $x_n < 0$, für alle $n \geq 3$, also für alle weiteren Folgenglieder x_n. Fazit: Die Folge $x = orb(f_{\frac{9}{2}}, \frac{1}{6})$ ist als antitone und nach unten unbeschränkte Folge divergent.

c) Mit $x_0 = \frac{2}{9}$ ist dann $x_1 = f_{\frac{9}{2}}(\frac{2}{9}) = \frac{9}{2} \cdot \frac{2}{9} \cdot \frac{7}{9} = \frac{7}{9}$, folglich ist $x_2 = f_{\frac{9}{2}}(\frac{7}{9}) = \frac{9}{2} \cdot \frac{7}{9} \cdot \frac{2}{9} = \frac{7}{9}$, damit ist dann $x_n = \frac{7}{9}$, für alle $n \geq 2$, also für alle weiteren Folgenglieder x_n. Fazit: Die Folge $x = orb(f_{\frac{9}{2}}, \frac{2}{9})$ ist konvergent gegen $\frac{7}{9}$.

Anmerkung: Die Zahl $x_0 = \frac{2}{9}$ ist ein Staubkorn bezüglich der Funktion $f_{\frac{9}{2}}$, also in der zugehörigen Cantor-Menge C enthalten. Dasselbe gilt für die Zahl $x_0 = \frac{7}{9}$, die ebenfalls zu $lim(x) = \frac{7}{9}$ führt.

A2.378.04: Berechnen Sie anhand der zweiten Skizze zu Anfang von Bemerkung 2.378.1 die Grenzen der Intervalle $I_{11} = (u_{11}, v_{11})$ und $I_{12} = (u_{12}, v_{12})$ bezüglich der Verhulst-Parabel f_a. Nennen Sie diese Intervalle dann für die Funktion $f_{\frac{9}{2}}$. Untersuchen Sie dann weiterhin zu der Funktion $f_{\frac{9}{2}}$ die Frage, ob sich die Zerlegung $[0, 1] = [0, u_0] \cup (u_0, v_0) \cup [v_0, 1]$ im ersten Schritt in drei *gleichlange* Intervalle bei der Zerlegung von $[0, u_0]$ im zweiten Schritt mit demselben Längenverhältnis so fortsetzt.

B2.378.04: Zur Bearbeitung der Aufgabe im einzelnen:

1. Gemäß der zweiten Skizze zu Anfang von Bemerkung 2.378.1 werden die Zahlen u_{11} und v_{11} durch die Bedingungen $f_a(u_{11}) = u_0$ und $f_a(v_{11}) = v_0$ bestimmt. Mit den Abkürzungen $u_{11} = u$ und $v_{11} = v$ gilt dann im einzelnen:

a) Die Bedingung $f_a(u) = u_0$ liefert die Gleichung $au(1-u) = u_0$, in anderer Form also $u^2 - u + \frac{u_0}{a} = 0$. Diese Gleichung besitzt die beiden Lösungen $u_{11} = \frac{1}{2} - \sqrt{\frac{1}{4} - \frac{u_0}{a}}$ und aus Symmetriegründen zu $\frac{1}{2}$ auch $v_{12} = \frac{1}{2} + \sqrt{\frac{1}{4} - \frac{u_0}{a}}$. An dem Radikanden der dabei auftretenden Wurzel kann man im übrigen die Existenzbedingung $\frac{1}{4} - \frac{u_0}{a} \geq 0$ erkennen, die sich auch an der genannten Skizze ablesen läßt.

b) Auf gleiche Weise liefert die Bedingung $f_a(v) = v_0$ die Gleichung $av(1-v) = v_0$, die dann die beiden Lösungen $v_{11} = \frac{1}{2} - \sqrt{\frac{1}{4} - \frac{v_0}{a}}$ und $u_{12} = \frac{1}{2} + \sqrt{\frac{1}{4} - \frac{v_0}{a}}$ besitzt.

c) Man kann bei den in a) und b) berechneten Lösungen nun noch u_0 und v_0 durch die Angaben in Bemerkung 2.378.1/1 ersetzen, womit dann schließlich gilt:

$$u_{11} = \tfrac{1}{2} - \sqrt{\tfrac{1}{4} - \tfrac{1}{2a^2}(a - \sqrt{a(a-u)})} \quad \text{und} \quad v_{11} = \tfrac{1}{2} - \sqrt{\tfrac{1}{4} - \tfrac{1}{2a^2}(a + \sqrt{a(a-u)})}$$

$$u_{12} = \tfrac{1}{2} + \sqrt{\tfrac{1}{4} - \tfrac{1}{2a^2}(a + \sqrt{a(a-u)})} \quad \text{und} \quad v_{12} = \tfrac{1}{2} + \sqrt{\tfrac{1}{4} - \tfrac{1}{2a^2}(a - \sqrt{a(a-u)})}$$

2. Die Konkretionen für die Grenzen der Intervalle $I_{11} = (u_{11}, v_{11})$ und $I_{12} = (u_{12}, v_{12})$ bezüglich der Verhulst-Parabel $f_{\frac{9}{2}}$ sind dann

$$u_{11} = \tfrac{1}{2} - \tfrac{1}{6}\sqrt{9 - 8u_0} = \tfrac{1}{2} - \tfrac{1}{18}\sqrt{57} = 0,08056... \qquad v_{11} = \tfrac{1}{2} - \tfrac{1}{6}\sqrt{9 - 8v_0} = \tfrac{1}{2} - \tfrac{1}{18}\sqrt{33} = 0,18085...$$

$$u_{12} = \tfrac{1}{2} + \tfrac{1}{6}\sqrt{9 - 8v_0} = \tfrac{1}{2} + \tfrac{1}{18}\sqrt{33} = 0,81914... \qquad v_{12} = \tfrac{1}{2} + \tfrac{1}{6}\sqrt{9 - 8u_0} = \tfrac{1}{2} + \tfrac{1}{18}\sqrt{57} = 0,91943...$$

3. Die Frage nach der Fortsetzung der Teilung beispielsweise des Intervalls $[0, u_0]$ in drei gleichlange Teilintervalle ist also negativ zu beantworten, denn es gilt augenscheinlich $v_{11} \neq \tfrac{2}{9} = 0,2222...$.

2.382 Cantor-Mengen (Cantor-Staub) bei Zelt-Funktionen

A2.382.01: Untersuchen Sie die Zelt-Funktion h_5 und vergleichen Sie sie mit h_3.

B2.382.01: Die Zelt-Funktion $h_5 : [0,1] \longrightarrow [0, \frac{5}{2}]$ ist definiert durch

$$h_5(x) = \begin{cases} 5x, & \text{falls } x \leq \frac{1}{2}, \\ 5(1-x), & \text{falls } x > \frac{1}{2}, \end{cases}.$$

Die folgenden Skizzen zeigen $h_5, (h_5)^2 : [0,1] \longrightarrow \mathbb{R}$, wobei $(h_5)^2$ mit unterschiedlichen Maßstäben für Abszisse und Ordinate dargestellt und gemäß Bemerkung 2.377.3 definiert ist durch:

$$(h_5)^2(x) = h_5(h_5(x)) = \begin{cases} 25x, & \text{falls } x \in [0, \frac{1}{10}], \\ 5 - 25x, & \text{falls } x \in (\frac{1}{10}, \frac{1}{2}], \\ -20 + 25x, & \text{falls } x \in (\frac{1}{2}, \frac{9}{10}], \\ 25 - 25x, & \text{falls } x \in (\frac{9}{10}, 1]. \end{cases}$$

Zeichnungen der Zelt-Funktionen h_5 und $(h_5)^2$ und der identischen Funktion id:

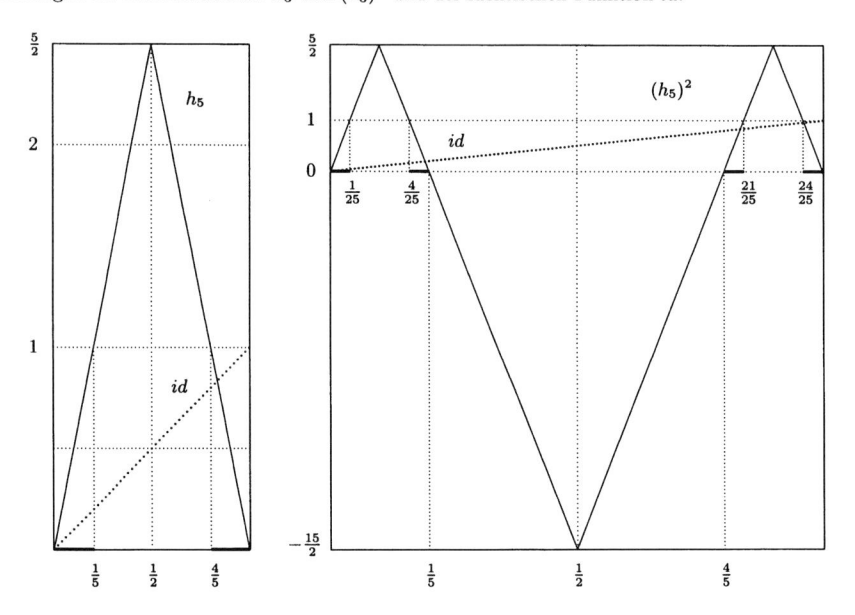

Zum weiteren Vergleich der Funktionen h_3 und h_5 zunächst die folgenden Zuordnungsvorschriften:

$$(h_3)^3(x) = \begin{cases} 27x, & \text{falls } x \in [0, \frac{1}{18}], \\ 3 - 27x, & \text{falls } x \in (\frac{1}{18}, \frac{3}{18}], \\ -6 + 27x, & \text{falls } x \in (\frac{3}{18}, \frac{5}{18}], \\ 9 - 27x, & \text{falls } x \in (\frac{5}{18}, \frac{1}{2}], \\ -18 + 27x, & \text{falls } x \in (\frac{1}{2}, \frac{13}{18}], \\ 21 - 27x, & \text{falls } x \in (\frac{13}{18}, \frac{15}{18}], \\ -24 + 27x, & \text{falls } x \in (\frac{15}{18}, \frac{17}{18}], \\ 27 - 27x, & \text{falls } x \in (\frac{17}{18}, 1]. \end{cases}$$

$$(h_5)^3(x) = \begin{cases} 125x, & \text{falls } x \in [0, \frac{1}{50}], \\ 5 - 125x, & \text{falls } x \in (\frac{1}{50}, \frac{5}{50}], \\ -20 + 125x, & \text{falls } x \in (\frac{5}{50}, \frac{9}{50}], \\ 25 - 125x, & \text{falls } x \in (\frac{9}{50}, \frac{1}{2}], \\ -100 + 125x, & \text{falls } x \in (\frac{1}{2}, \frac{41}{50}], \\ 105 - 125x, & \text{falls } x \in (\frac{41}{50}, \frac{45}{50}], \\ -120 + 125x, & \text{falls } x \in (\frac{45}{50}, \frac{49}{50}], \\ 125 - 125x, & \text{falls } x \in (\frac{49}{50}, 1]. \end{cases}$$

Die folgende Tabelle nennt die beiden Fixpunkte z_{01} und z_{02} von h_a:

Gleichung	Lösung	Fall $a = 3$	Fall $a = 5$
$az = z$	$z_{01} = 0$	$z_{01} = 0$	$z_{01} = 0$
$a - az = z$	$z_{02} = \frac{a}{a+1}$	$z_{02} = \frac{3}{4} = 0,7500$	$z_{02} = \frac{5}{6} = 0,8333...$

Die folgende Tabelle nennt die vier Fixpunkte z_{11} bis z_{14} von h_a^2:

Gleichung	Lösung	Fall $a = 3$	Fall $a = 5$
$a^2 z = z$	$z_{11} = 0$	$z_{11} = 0$	$z_{11} = 0$
$a - a^2 z = z$	$z_{12} = \frac{a}{a^2+1}$	$z_{12} = \frac{3}{10} = 0,3000$	$z_{12} = \frac{5}{26} = 0,1923...$
$a - a^2 + a^2 z = z$	$z_{13} = \frac{a}{a+1}$	$z_{13} = \frac{3}{4} = 0,7500$	$z_{13} = \frac{5}{6} = 0,8333...$
$a^2 - a^2 z = z$	$z_{14} = \frac{a^2}{a^2+1}$	$z_{14} = \frac{9}{10} = 0,9000$	$z_{14} = \frac{25}{26} = 0,9615...$

Die folgende Tabelle nennt die acht Fixpunkte z_{21} bis z_{28} von h_a^3:

Gleichung	Lösung	Fall $a = 3$	Fall $a = 5$
$a^3 z = z$	$z_{21} = 0$	$z_{21} = 0$	$z_{21} = 0$
$a - a^3 z = z$	$z_{22} = \frac{a}{a^3+1}$	$z_{22} = \frac{3}{28} = 0,1071...$	$z_{22} = \frac{5}{126} = 0,0396...$
$a - a^2 + a^3 z = z$	$z_{23} = \frac{a-a^2}{1-a^3}$	$z_{23} = \frac{3}{13} = 0,2307...$	$z_{23} = \frac{5}{31} = 0,1612...$
$a^2 - a^3 z = z$	$z_{24} = \frac{a^2}{a^3+1}$	$z_{24} = \frac{9}{28} = 0,3214...$	$z_{24} = \frac{25}{126} = 0,1984...$
$a^2 - a^3 + a^3 z = z$	$z_{25} = \frac{a^2-a^3}{1-a^3}$	$z_{25} = \frac{9}{13} = 0,6923...$	$z_{25} = \frac{25}{31} = 0,8064...$
$a - a^2 + a^3 - a^3 z = z$	$z_{26} = \frac{a-a^2+a^3}{a^3+1}$	$z_{26} = \frac{3}{4} = 0,7500$	$z_{26} = \frac{105}{126} = 0,8333...$
$a - a^3 + a^3 z = z$	$z_{27} = \frac{a-a^3}{1-a^3}$	$z_{27} = \frac{12}{13} = 0,9230...$	$z_{27} = \frac{30}{31} = 0,9677...$
$a^3 - a^3 z = z$	$z_{28} = \frac{a^3}{a^3+1}$	$z_{28} = \frac{27}{28} = 0,8642...$	$z_{28} = \frac{125}{126} = 0,9920...$

Nun die Frage: Für welche Startzahlen $x_0 \in [0, 1]$ sind die zugehörigen Orbit-Folgen $x = orb(h_3, x_0)$ bzw. $x = orb(h_5, x_0)$ konvergent? Zunächst gilt für $a = 3$ oder $a = 5$ trivialerweise $lim(orb(h_a, 0)) = lim(orb(h_a, 1)) = 0$, es bleiben also die Fälle $x_0 \in (0, 1)$ zu betrachten. Es wird also untersucht, für welche Startzahlen x_0 die Funktionswerte $(h_3)^n(x_0)$ bzw. $(h_5)^n(x_0)$ in $[0, 1]$ enthalten sind.

Mit den obigen und der ersten der beiden folgenden Skizzen kann man zunächst zu h_3 feststellen: Für

1. $x_0 \in C_{31} = [0, \frac{1}{3}] \cup [\frac{2}{3}, 1]$ gilt $h_3(x_0) \in [0, 1]$,
2. $x_0 \in C_{32} = [0, \frac{1}{9}] \cup [\frac{2}{9}, \frac{3}{9}] \cup [\frac{6}{9}, \frac{7}{9}] \cup [\frac{8}{9}, 1]$ gilt $(h_3)^2(x_0) \in [0, 1]$.
3. $x_0 \in C_{33} = [0, \frac{1}{27}] \cup [\frac{2}{27}, \frac{3}{27}] \cup [\frac{6}{27}, \frac{7}{27}] \cup [\frac{8}{27}, \frac{9}{27}] \cup [\frac{18}{27}, \frac{19}{27}] \cup [\frac{20}{27}, \frac{21}{27}] \cup [\frac{24}{27}, \frac{25}{27}] \cup [\frac{26}{27}, 1]$ gilt $(h_3)^3(x_0) \in [0, 1]$.

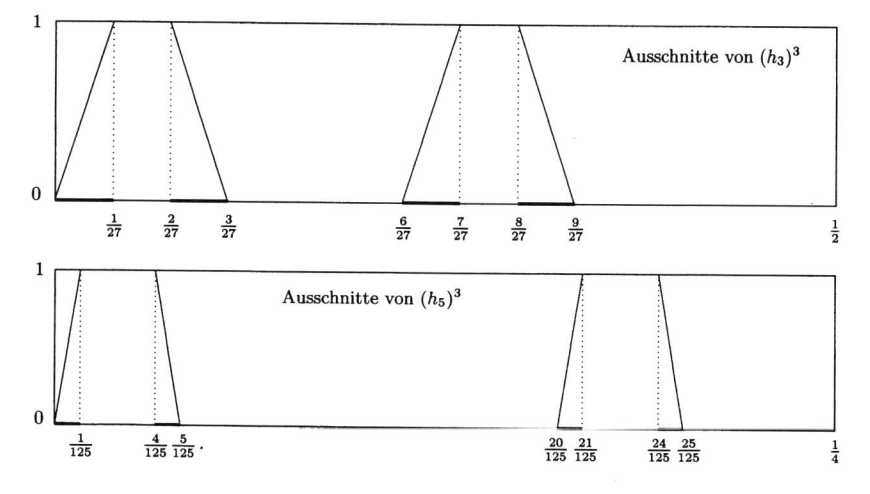

Ausschnitte von $(h_3)^3$

Ausschnitte von $(h_5)^3$

Mit den obigen Skizzen zu h_5 kann man nun in gleicher Weise feststellen: Für

1. $x_0 \in C_{51} = [0, \frac{1}{5}] \cup [\frac{4}{5}, 1]$ gilt $h_5(x_0) \in [0,1]$,
2. $x_0 \in C_{52} = [0, \frac{1}{25}] \cup [\frac{4}{25}, \frac{5}{25}] \cup [\frac{20}{25}, \frac{21}{25}] \cup [\frac{24}{25}, 1]$ gilt $(h_5)^2(x_0) \in [0,1]$.
3. $x_0 \in C_{53} = [0, \frac{1}{125}] \cup [\frac{4}{125}, \frac{5}{125}] \cup [\frac{20}{125}, \frac{21}{125}] \cup [\frac{24}{125}, \frac{25}{125}] \cup [\frac{100}{125}, \frac{101}{125}] \cup [\frac{104}{125}, \frac{105}{125}] \cup [\frac{120}{125}, \frac{121}{125}] \cup [\frac{124}{125}, 1]$
gilt $(h_5)^3(x_0) \in [0,1]$.

Auf diese Weise kann man nun fortfahren, indem man – anschaulich gesprochen – die Menge $C_{a,n+1}$ dadurch erhält, daß man aus den Intervallen von C_{an} jeweils

– im Fall h_3 alle mittleren Drittel (jeweils als offenes Intervall betrachtet) eliminiert,
– im Fall h_5 alle mittleren drei Fünftel (jeweils als offenes Intervall betrachtet) eliminiert.

Nebenbei: Ein Vergleich beider Beispiele zeigt: Je größer $a > 2$ gewählt wird, desto kleiner werden in C_{an} die jeweiligen Teilintervalle, es werden mit weniger Schritten des Typs C_{an} kleinere Intervallängen erreicht.

Man kann für die Mengen C_{5n} wieder ein allgemeines Konstruktionsverfahren gemäß Bemerkung 2.382.4 angeben: Dazu sei für h_5 ein Doppel-Intervall der Form $C_{5n}^v = [\frac{0+v\cdot 20}{5^n}, \frac{1+v\cdot 20}{5^n}] \cup [\frac{4+v\cdot 20}{5^n}, \frac{5+v\cdot 20}{5^n}]$ festgelegt, womit dann gilt:

$C_{51} = C_{51}^0$

$C_{52} = C_{52}^0 \cup C_{52}^1$

$C_{53} = C_{53}^0 \cup C_{53}^1 \cup C_{53}^5 \cup C_{53}^6$

$C_{54} = C_{54}^0 \cup C_{54}^1 \cup C_{54}^5 \cup C_{54}^6 \cup C_{54}^{25} \cup C_{54}^{26} \cup C_{54}^{30} \cup C_{54}^{31}$

$C_{55} = C_{55}^0 \cup C_{55}^1 \cup C_{55}^5 \cup C_{55}^6 \cup C_{55}^{25} \cup C_{55}^{26} \cup C_{55}^{30} \cup C_{55}^{31} \cup C_{55}^{125} \cup C_{55}^{126} \cup C_{55}^{130} \cup C_{55}^{131} \cup C_{55}^{150} \cup C_{55}^{151} \cup C_{55}^{155} \cup C_{55}^{156}$

$C_{56} = C_{56}^0 \cup C_{56}^1 \cup C_{56}^5 \cup C_{56}^6 \cup C_{56}^{25} \cup C_{56}^{26} \cup C_{56}^{30} \cup C_{56}^{31} \cup C_{56}^{125} \cup C_{56}^{126} \cup C_{56}^{130} \cup C_{56}^{131} \cup C_{56}^{150} \cup C_{56}^{151} \cup C_{56}^{155} \cup C_{56}^{156} \cup C_{56}^{625} \cup C_{56}^{626} \cup C_{56}^{630} \cup C_{56}^{631} \cup C_{56}^{650} \cup C_{56}^{651} \cup C_{56}^{655} \cup C_{56}^{656} \cup C_{56}^{750} \cup C_{56}^{751} \cup C_{56}^{755} \cup C_{56}^{756} \cup C_{56}^{775} \cup C_{56}^{776} \cup C_{56}^{780} \cup C_{56}^{781}$

Darüber hinaus lassen sich die dabei verwendeten Zahlen v in C_{5n}^v, die jeweils ein Doppel-Intervall festlegen, in Form von Potenzen mit Basis 5 wie folgt (nächste Seite) darstellen:

0	=	$0 + 0 \cdot 5$		=	0
1	=	$1 + 0 \cdot 5$		=	5^0
5	=	$0 + 1 \cdot 5$		=	5^1
6	=	$1 + 1 \cdot 5$		=	$5^0 + 5^1$
25	=	$0 + 5 \cdot 5$	$= 0 + (0 + 1 \cdot 5) \cdot 5$	=	5^2
26	=	$1 + 5 \cdot 5$	$= 1 + (0 + 1 \cdot 5) \cdot 5$	=	$5^0 + 5^2$
30	=	$0 + 6 \cdot 5$	$= 0 + (1 + 1 \cdot 5) \cdot 5$	=	$5^1 + 5^2$
31	=	$1 + 6 \cdot 5$	$= 1 + (1 + 1 \cdot 5) \cdot 5$	=	$5^0 + 5^1 + 5^2$
125	=	$0 + 25 \cdot 5$	$= 0 + (0 + (0 + 1 \cdot 5) \cdot 5) \cdot 5$	=	5^3
126	=	$1 + 25 \cdot 5$	$= 1 + (0 + (0 + 1 \cdot 5) \cdot 5) \cdot 5$	=	$5^0 + 5^3$
130	=	$0 + 26 \cdot 5$	$= 0 + (1 + (0 + 1 \cdot 5) \cdot 5) \cdot 5$	=	$5^1 + 5^3$
131	=	$1 + 26 \cdot 5$	$= 1 + (1 + (0 + 1 \cdot 5) \cdot 5) \cdot 5$	=	$5^0 + 5^1 + 5^3$
150	=	$0 + 30 \cdot 5$	$= 0 + (0 + (1 + 1 \cdot 5) \cdot 5) \cdot 5$	=	$5^2 + 5^3$
151	=	$1 + 30 \cdot 5$	$= 1 + (0 + (1 + 1 \cdot 5) \cdot 5) \cdot 5$	=	$5^0 + 5^2 + 5^3$
155	=	$0 + 31 \cdot 5$	$= 0 + (1 + (1 + 1 \cdot 5) \cdot 5) \cdot 5$	=	$5^1 + 5^2 + 5^3$
156	=	$0 + 31 \cdot 5$	$= 1 + (1 + (1 + 1 \cdot 5) \cdot 5) \cdot 5$	=	$5^0 + 5^1 + 5^2 + 5^3$
625	=	$0 + 125 \cdot 5$	$= 0 + (0 + (0 + (0 + 1 \cdot 5) \cdot 5) \cdot 5) \cdot 5$	=	5^4
626	=	$1 + 125 \cdot 5$	$= 1 + (0 + (0 + (0 + 1 \cdot 5) \cdot 5) \cdot 5) \cdot 5$	=	$5^0 + 5^4$
630	=	$0 + 126 \cdot 5$	$= 0 + (1 + (0 + (0 + 1 \cdot 5) \cdot 5) \cdot 5) \cdot 5$	=	$5^1 + 5^4$
631	=	$1 + 126 \cdot 5$	$= 1 + (1 + (0 + (0 + 1 \cdot 5) \cdot 5) \cdot 5) \cdot 5$	=	$5^0 + 5^1 + 5^4$
650	=	$0 + 130 \cdot 5$	$= 0 + (0 + (1 + (0 + 1 \cdot 5) \cdot 5) \cdot 5) \cdot 5$	=	$5^2 + 5^4$
651	=	$1 + 130 \cdot 5$	$= 1 + (0 + (1 + (0 + 1 \cdot 5) \cdot 5) \cdot 5) \cdot 5$	=	$5^0 + 5^2 + 5^4$
655	=	$0 + 131 \cdot 5$	$= 0 + (1 + (1 + (0 + 1 \cdot 5) \cdot 5) \cdot 5) \cdot 5$	=	$5^1 + 5^2 + 5^4$
656	=	$1 + 131 \cdot 5$	$= 1 + (1 + (1 + (0 + 1 \cdot 5) \cdot 5) \cdot 5) \cdot 5$	=	$5^0 + 5^1 + 5^2 + 5^4$
750	=	$0 + 150 \cdot 5$	$= 0 + (0 + (0 + (1 + 1 \cdot 5) \cdot 5) \cdot 5) \cdot 5$	=	$5^3 + 5^4$
751	=	$1 + 150 \cdot 5$	$= 1 + (0 + (0 + (1 + 1 \cdot 5) \cdot 5) \cdot 5) \cdot 5$	=	$5^0 + 5^3 + 5^4$
755	=	$0 + 151 \cdot 5$	$= 0 + (1 + (0 + (1 + 1 \cdot 5) \cdot 5) \cdot 5) \cdot 5$	=	$5^1 + 5^3 + 5^4$
756	=	$1 + 151 \cdot 5$	$= 1 + (1 + (0 + (1 + 1 \cdot 5) \cdot 5) \cdot 5) \cdot 5$	=	$5^0 + 5^1 + 5^3 + 5^4$
775	=	$0 + 155 \cdot 5$	$= 0 + (0 + (1 + (1 + 1 \cdot 5) \cdot 5) \cdot 5) \cdot 5$	=	$5^2 + 5^3 + 5^4$
776	=	$1 + 155 \cdot 5$	$= 1 + (0 + (1 + (1 + 1 \cdot 5) \cdot 5) \cdot 5) \cdot 5$	=	$5^0 + 5^2 + 5^3 + 5^4$
780	=	$0 + 156 \cdot 5$	$= 0 + (1 + (1 + (1 + 1 \cdot 5) \cdot 5) \cdot 5) \cdot 5$	=	$5^1 + 5^2 + 5^3 + 5^4$
781	=	$1 + 156 \cdot 5$	$= 1 + (1 + (1 + (1 + 1 \cdot 5) \cdot 5) \cdot 5) \cdot 5$	=	$5^0 + 5^1 + 5^2 + 5^3 + 5^4$
3125	=	$0 + 625 \cdot 5$	$\ldots$	=	5^5
3126	=	$1 + 625 \cdot 5$	$\ldots$	=	$5^0 + 5^5$
3130	=	$0 + 626 \cdot 5$	$\ldots$	=	$5^1 + 5^5$
3131	=	$1 + 626 \cdot 5$	$\ldots$	=	$5^0 + 5^5$

A2.382.02: Vergleichen Sie die Erzeugungsarten für die Cantor-Mengen zu h_3 und zu $f_{\frac{9}{2}}$ in A2.374.04.

B2.382.02: Zunächst zeigt die Bearbeitung von Aufgabe A2.374.03, daß bei der Verhulst-Parabel $f_{\frac{9}{2}}$ im ersten Schritt die Zerlegung $[0,1] = [0, \frac{1}{3}] \cup (\frac{1}{3}, \frac{2}{3}) \cup [\frac{2}{3}, 1]$ erzeugt wird. Dieser Schritt liefert also dieselbe Zerlegung wie die Zelt-Funktion h_3.

Während aber die Funktion h_3 im zweiten Schritt eine analoge (genauer: eine quasi *selbstähnliche*) Zerlegung $[0, \frac{1}{3}] = [0, \frac{1}{9}] \cup (\frac{1}{9}, \frac{2}{9}) \cup [\frac{2}{9}, \frac{1}{3}]$ erzeugt, ist das bei der Funktion $f_{\frac{9}{2}}$ nicht der Fall, denn wie die Bearbeitung von Aufgabe A2.374.04 zeigt, liefert $f_{\frac{9}{2}}$ die Zerlegung

$$[0, \tfrac{1}{3}] = [0, u_{11}] \cup (u_{11}, v_{11}) \cup [v_{11}, \tfrac{1}{3}] = [0 / 0{,}08\ldots] \cup (0{,}08\ldots / 0{,}18\ldots) \cup [0{,}18\ldots / \tfrac{1}{3}],$$

wobei aber $0{,}08\ldots \neq 0{,}11\ldots = \frac{1}{9}$ sowie $0{,}18\ldots \neq 0{,}22\ldots = \frac{2}{9}$ gilt.

2.392 KOCH-KURVEN

A2.392.01: Skizzieren Sie die jeweiligen zweiten Schritte zu den Skizzen in Bemerkung 2.392.3/1.

B2.392.01: Die jeweiligen zweiten Schritte zu den Skizzen in Bemerkung 2.392.3/1 sind:

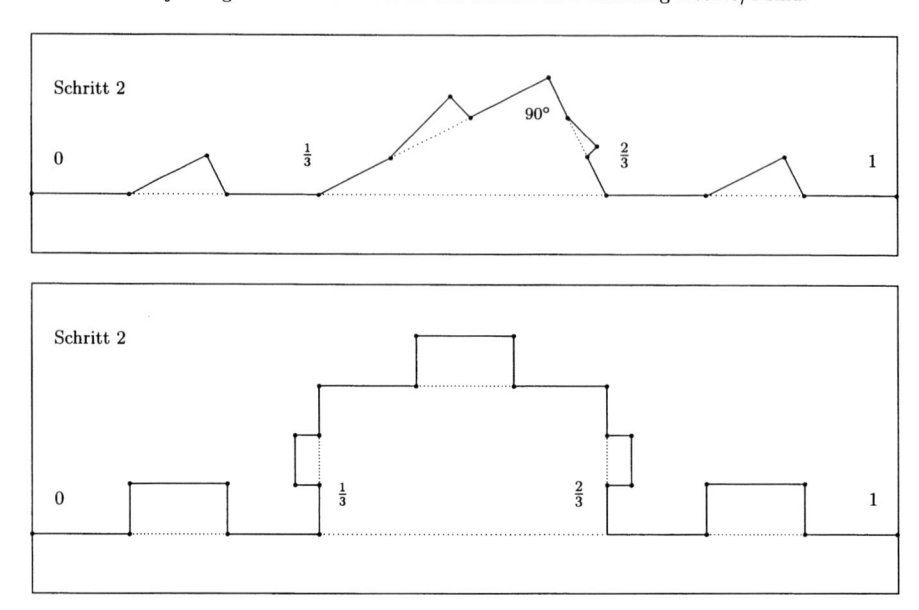

A2.392.02: Skizzieren Sie gemäß Bemerkung 2.392.3/2 die Entstehung von S_4 (anhand eines Quadrats mit der Seitenlänge 1 oder beliebiger Seitenlänge s) und berechnen Sie dann noch $A(S_4)$.

B2.392.02: Zur Entstehung von S_4 (anhand eines Quadrats mit der Seitenlänge 1):

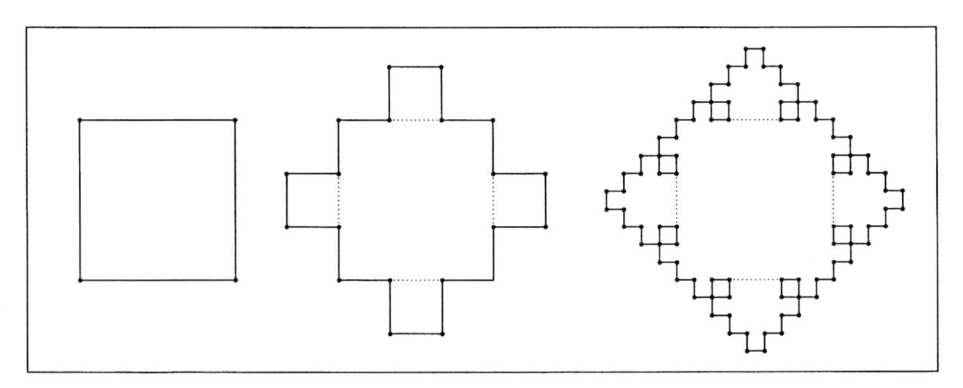

Gemäß Teil b$_2$) in Bemerkung 2.392.3 gilt $A(S_4) = A_0 + lim(sA) = (1 + \frac{4}{8-4}) \cdot A_0 = 2 \cdot A_0$. Hat das Ausgangsquadrat die Seitenlänge 1, so ist $A(S_4) = 2$, bei beliebiger Seitenlänge s dann $A(S_4) = 2s^2$.

2.394 Fraktale Dimension von Kurven

A2.394.01: Inhalt dieser Aufgabe ist einerseits eine Reihe von Feststellungen zu den Cantor-Mengen C_5 und D_5 und ihrer Konstruktionen sowie andererseits ein diesbezüglicher Vergleich von C_5 und D_5.
1. Zeichnen Sie – ausgehend von $C_5^0 = D_5^0 = [0,1]$ – jeweils die Mengen C_5^1 und C_5^2 sowie D_5^1 und D_5^2.
2. Zu einer Vereinigung $I = I_1 \cup \ldots \cup I_n$ paarweise disjunkter Intervalle I_k bezeichne $len(I)$ die Summe der einzelnen Intervallängen. Geben Sie nun tabellarisch jeweils die Längen $len(C_5^k)$ und $len(D_5^k)$ für die Indices $k \in \{0,1,2,3,4\}$ an. Wie berechnet man $len(C_5^0 \setminus C_5^k)$ und $len(D_5^0 \setminus D_5^k)$?
3. Nach dem Muster von Aufgabenteil 2 werden konvergente Folgen erzeugt. Geben Sie diese Folgen sowie ihre mutmaßlichen Grenzwerte an. Wie kann man diese Konvergenz jeweils beweisen?
4. Berechnen Sie die fraktalen Dimensionen von C_5^1 und C_5^2 sowie von D_5^1 und D_5^2, ferner die fraktalen Dimensionen von C_5^n und D_5^n für beliebige Indices $n \in \mathbb{N}_0$. Wie werden damit dann die fraktalen Dimensionen von C_5 und D_5 festgelegt?

B2.394.01: Zur Bearbeitung der Aufgabe im einzelnen:
1. Zeichnungen zu den Mengen C_5^1 und C_5^2 sowie D_5^1 und D_5^2 sind in Abschnitt 2.394 angegeben.
2. Die erfragten Längen sind in folgender Tabelle angegeben:

k	0	1	2	3	4	...	n
$len(C_5^k)$	1	$\frac{2}{5}$	$\frac{4}{25}$	$\frac{8}{125}$	$\frac{16}{625}$	...	$(\frac{2}{5})^n$
$len(D_5^k)$	1	$\frac{3}{5}$	$\frac{9}{25}$	$\frac{27}{125}$	$\frac{81}{625}$	...	$(\frac{3}{5})^n$

Allgemein gilt $len(C_5^0 \setminus C_5^k) = 1 - len(C_5^n) = 1 - (\frac{2}{5})^n$ und $len(D_5^0 \setminus D_5^k) = 1 - len(D_5^n) = 1 - (\frac{3}{5})^n$.

3. Die Folgen $(len(C_5^n))_{n \in \mathbb{N}_0} = ((\frac{2}{5})^n)_{n \in \mathbb{N}_0}$ und $(len(D_5^n))_{n \in \mathbb{N}_0} = ((\frac{3}{5})^n)_{n \in \mathbb{N}_0}$ sind beide nullkonvergent. Zum Beweis kann man entweder nach der Definition konvergenter Folgen (Definition 2.040.1) vorgehen oder diese Folgen als Einschränkungen der Exponential-Funktionen $exp_{\frac{2}{5}}$ und $exp_{\frac{3}{5}}$, die beide asymptotisch zur Abszisse sind, betrachten. Bei dem ersten Verfahren wird zu einem beliebig vorgegebenen $\epsilon > 0$ der Grenzindex $n(\epsilon) = \lceil \frac{log_e(\epsilon)}{log_e(\frac{2}{5})} \rceil$ bzw. $n(\epsilon) = \lceil \frac{log_e(\epsilon)}{log_e(\frac{3}{5})} \rceil$ berechnet.

4a) Zu der fraktalen Figur C_5^1 liegen $N = 2$ Ähnlichkeits-Funktionen $[0, \frac{1}{5}] \longrightarrow [0,1]$ und $[\frac{4}{5}, 1] \longrightarrow [0,1]$ mit demselben Ähnlichkeits-Faktor $c = 5$ vor, folglich gilt $fdim(C_5^1) = \frac{log_e(2)}{log_e(5)}$. Zu der fraktalen Figur C_5^2 liegen $N = 4$ Ähnlichkeits-Funktionen $[\frac{x}{25}, \frac{z}{25}] \longrightarrow [0,1]$ mit demselben Ähnlichkeits-Faktor $c = 25$ vor, folglich gilt $fdim(C_5^2) = \frac{log_e(4)}{log_e(25)} = \frac{2 \cdot log_e(2)}{2 \cdot log_e(5)} = \frac{log_e(2)}{log_e(5)}$. Da analoge Berechnungen $fdim(C_5^n) = \frac{log_e(2)}{log_e(5)}$, für alle $n \in \mathbb{N}$, liefern, wird $fdim(C_5) = \frac{log_e(2)}{log_e(5)}$ festgelegt.

4b) Zu der fraktalen Figur D_5^1 liegen $N = 3$ Ähnlichkeits-Funktionen $[0, \frac{1}{5}] \longrightarrow [0,1]$ sowie $[\frac{2}{5}, \frac{3}{5}] \longrightarrow [0,1]$ und $[\frac{4}{5}, 1] \longrightarrow [0,1]$ mit demselben Ähnlichkeits-Faktor $c = 5$ vor, folglich gilt $fdim(D_5^1) = \frac{log_e(3)}{log_e(5)}$. Zu der fraktalen Figur D_5^2 liegen $N = 9$ Ähnlichkeits-Funktionen $[\frac{x}{25}, \frac{z}{25}] \longrightarrow [0,1]$ mit demselben Ähnlichkeits-Faktor $c = 25$ vor, folglich gilt $fdim(D_5^2) = \frac{log_e(9)}{log_e(25)} = \frac{2 \cdot log_e(3)}{2 \cdot log_e(5)} = \frac{log_e(3)}{log_e(5)}$. Da analoge Berechnungen $fdim(D_5^n) = \frac{log_e(3)}{log_e(5)}$, für alle $n \in \mathbb{N}$, liefern, wird $fdim(D_5) = \frac{log_e(3)}{log_e(5)}$ festgelegt.

A2.394.02: Die in Aufgabe A2.392.02 zu erstellende Skizze zeigt – ausgehend von dem Quadrat S_{40} mit Seitenlänge 1 – die beiden ersten Schritte S_{41} und S_{42} zur Konstruktion des Koch-Sterns S_4.
1. Beschreiben Sie die Geometrie der Konstruktion.
2. Ermitteln Sie die drei Umfänge $U(0) = U(S_{40})$ sowie $U(1) = U(S_{41})$ und $U(2) = U(S_{42})$. Welche Folge $U : \mathbb{N}_0 \longrightarrow \mathbb{R}$ kann man von diesen Daten ausgehend erkennen? Beschreiben Sie das Konvergenz/Divergenz-Verhalten dieser Folge.
3. Ermitteln Sie nun die drei Flächeninhalte $A(0) = A(S_{40})$ sowie $A(1) = A(S_{41})$ und $A(2) = A(S_{42})$.

Beschreiben Sie im einzelnen die diesbezügliche Vorgehensweise. Beschreiben Sie ferner – ohne die entsprechende Folge $A : \mathbb{N}_0 \longrightarrow \mathbb{R}$ zu kennen – das Konvergenz/Divergenz-Verhalten dieser Folge.

4. Geben Sie die fraktalen Dimensionen von S_{41} und S_{42} an und vergleichen Sie sie mit denen des Koch-Sterns S_3, also mit $fdim(S_{31}) = fdim(S_{32}) = fdim(S_3)$.

B2.394.02: Zur Bearbeitung der Aufgabe im einzelnen:

2. Die erfragten Umfänge sind in folgender Tabelle angegeben:

k	0	1	2	3	...	n
$U(k)$	4	$20 \cdot \frac{1}{3} = 4 \cdot \frac{5}{3}$	$100 \cdot \frac{1}{9} = 4 \cdot \frac{25}{9}$	$625 \cdot \frac{1}{27} = 4 \cdot \frac{125}{27}$	...	$4 \cdot \left(\frac{5}{3}\right)^n$

Stellt man diese Längen als Folge $U : \mathbb{N}_0 \longrightarrow \mathbb{R}$ mit $U(n) = 4 \cdot \left(\frac{5}{3}\right)^n$ dar, so kann man wieder feststellen: Da diese Folge monoton und nach oben unbeschränkt ist, ist sie divergent, jedoch in $\mathbb{R}^*$ konvergent mit $lim(U) = \star$. Anders gesagt: Der (4-reguläre) Koch-Stern S_4 hat einen unendlich großen Umfang.

3. Nun aber zum Flächeninhalt dieser Koch-Sterne: Zunächst kann man sagen, daß dieser Flächeninhalt endlich ist. Eine genauere Berechnung liefert nun folgenden Flächeninhalt, der, wie die Skizze zu S_{42} auch schon andeutet, gerade der Flächeninhalt des Quadrats mit der Kantenlänge $\sqrt{2}$ ist:

a) Zunächst hat das Quadrat, von dem das Verfahrens ausgeht, also der Stern 0, den Flächeninhalt $A_0 = 1$. Die bei jedem weiteren Schritt hinzukommenden kleinen Quadrate haben dann die Flächeninhalte, die in der ersten Spalte der folgenden Tabelle mit A_n angegeben sind. Man muß nun aber weiter überlegen, wieviele solcher immer kleiner werdenden Flächeninhalte bei jedem neuen Stern hinzukommen. Diese Anzahlen werden in der rechten Spalte der folgenden Tabelle deutlich, wobei $A(n)$ die Summe der nach dem Schritt n hinzukommenden Flächeninhalte bezeichnet:

$A_0 = 1$

$A_1 = \frac{1}{3} \cdot \frac{1}{3} \cdot A_0 = \frac{1}{9} A_0 \qquad A(0) = 4 \cdot A_1 = 4 \cdot \frac{1}{9} \cdot A_0 \qquad = \frac{4}{9} A_0 \cdot 1$

$A_2 = \frac{1}{9} \cdot \frac{1}{9} \cdot A_0 = \frac{1}{9^2} A_0 \qquad A(1) = 4 \cdot 5 \cdot A_2 = 4 \cdot 5 \cdot \frac{1}{9^2} \cdot A_0 \qquad = \frac{4}{9} A_0 \cdot \frac{5}{9}$

$A_3 = \frac{1}{27} \cdot \frac{1}{27} \cdot A_0 = \frac{1}{9^3} A_0 \qquad A(2) = 4 \cdot 5^2 \cdot A_3 = 4 \cdot 5^2 \cdot \frac{1}{9^3} \cdot A_0 \qquad = \frac{4}{9} A_0 \cdot \left(\frac{5}{9}\right)^2$

$A_4 = \frac{1}{81} \cdot \frac{1}{81} \cdot A_0 = \frac{1}{9^4} A_0 \qquad A(3) = 4 \cdot 5^3 \cdot A_4 = 4 \cdot 5^3 \cdot \frac{1}{9^4} \cdot A_0 \qquad = \frac{4}{9} A_0 \cdot \left(\frac{5}{9}\right)^3$

Man kann erkennen, daß die Zuwächse von Flächeninhalten eine Folge $A : \mathbb{N}_0 \longrightarrow \mathbb{R}$ mit der Vorschrift $A(n) = \frac{4}{9} A_0 \cdot \left(\frac{5}{9}\right)^n$ erzeugen. Diese Folge ist nach Beispiel 2.114.3 summierbar, wobei die zugehörige Reihe $sA : \mathbb{N}_0 \longrightarrow \mathbb{R}$ mit dem n-ten Reihenglied $sA_n = \frac{4}{9} A_0 (1 + \frac{5}{9} + \left(\frac{5}{9}\right)^2 + \left(\frac{5}{9}\right)^3 + \left(\frac{5}{9}\right)^4 + ... + \left(\frac{5}{9}\right)^n)$ gegen den Grenzwert $lim(sA) = \frac{4}{9} A_0 \cdot \frac{1}{1-\frac{5}{9}} = \frac{4}{9} A_0 \cdot \frac{9}{4} = A_0$ konvergiert.

b) Beachtet man, daß der Flächeninhalt $A(S_3)$ der Grenzkurve des Koch-Sterns schließlich die Form $A(S_4) = A_0 + lim(sA)$ besitzt, so gilt schließlich $A(S_4) = A_0 + A_0 = 2 \cdot A_0 = 2$ für $A_0 = 1$.

Anmerkung: Startet man in Schritt 0 mit einer Seitenlänge s des Quadrats, so liegt ein analoger Flächeninhalt $A(S_4) = 2 \cdot s^2$ der Grenzkurve vor.

4. Die fraktalen Dimensionen von S_{41} und S_{42} sind $fdim(S_{41}) = fdim(S_{42}) = \frac{log_e(5)}{log_e(3)}$ (womit dann $fdim(S_4) = \frac{log_e(5)}{log_e(3)}$ festgelegt wird). Zum Beweis dieser Zahlen beachte man:

a) Zu der fraktalen Figur S_{41} gibt es zu jeder Seite des Quadrats S_{40} gerade $N = 5$ Ähnlichkeits-Funktionen mit demselben Ähnlichkeits-Faktor $c = 3$ vor, folglich gilt $fdim(S_{41}) = \frac{log_e(5)}{log_e(3)}$.

b) Zu der fraktalen Figur S_{42} gibt es zu jeder Seite des Quadrats S_{40} gerade $N = 25$ Ähnlichkeits-Funktionen mit demselben Ähnlichkeits-Faktor $c = 9$ vor, folglich gilt $fdim(S_{42}) = \frac{log_e(25)}{log_e(9)} = \frac{2 \cdot log_e(5)}{2 \cdot log_e(3)} = \frac{log_e(5)}{log_e(3)}$ (allgemeiner dann $fdim(S_{4n}) = \frac{log_e(5^n)}{log_e(3^n)} = \frac{n \cdot log_e(5)}{n \cdot log_e(3)} = \frac{log_e(5)}{log_e(3)}$, für alle $n \in \mathbb{N}$).

c) Die Beziehung $fdim(S_3) = \frac{log_e(4)}{log_e(3)} < \frac{log_e(5)}{log_e(3)} = fdim(S_4)$ widerspiegelt den Sachverhalt, daß S_4 einen höheren Komplexitätsgrad (höheren Fraktionsgrad) als S_3 besitzt.

2.396 SIERPINSKI-FIGUREN

A2.396.01: Zeichnen Sie ein (annähernd) gleichseitiges Dreieck mit der Sierpinski-Konstruktion für fünf Schritte (siehe Beispiel 2.396.2). Führen Sie dann für ein tatsächlich gleichseitiges Dreieck die Betrachtungen zu Flächeninhalten und Umfängen analog zu denen in Bemerkung 2.396.4 aus.

B2.396.01: Die folgende Skizze zeigt ein Sierpinks-Dreieck S_3 mit fünf Konstruktionsschritten:

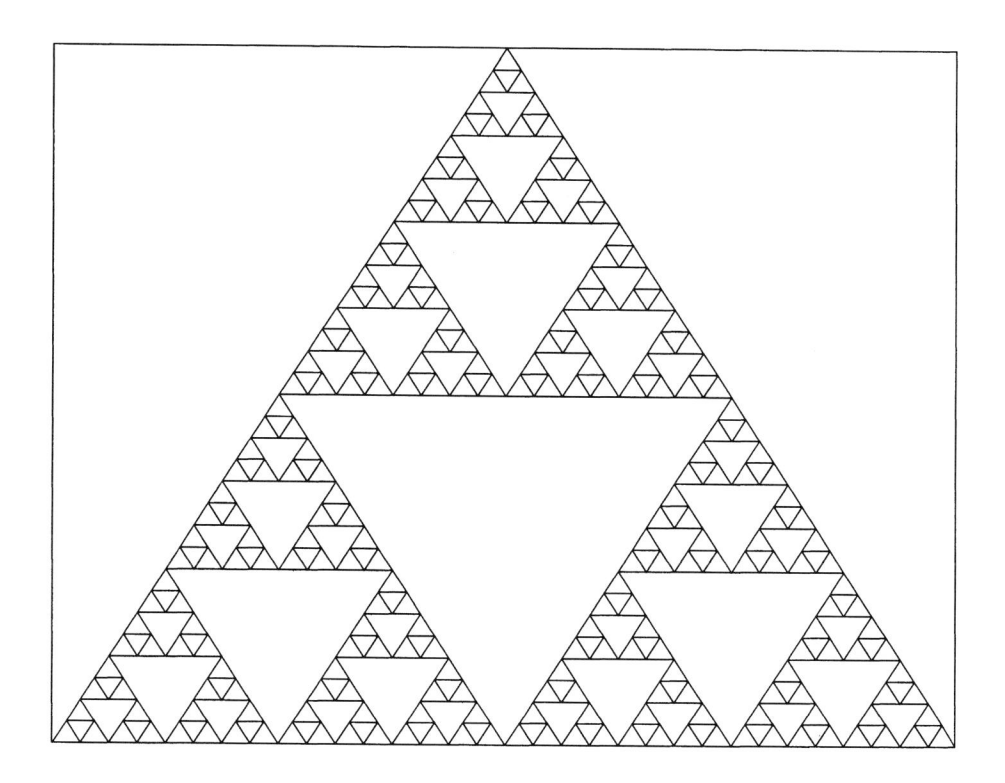

1. Im folgenden wird die Folge $(A_n)_{n \in \mathbb{N}_0}$ der nach jedem Schritt übriggebliebenen Flächeninhalte untersucht. Dazu zunächst folgende Tabelle (wobei $A_0 = \frac{1}{4}\sqrt{3}$ im Schritt 0 nicht eigens vermerkt ist):

Schritt 1	Schritt 2	Schritt 3	Schritt 4	Schritt 5
$A_1 = \frac{1}{16}\sqrt{3} \cdot 3$	$A_2 = \frac{1}{64}\sqrt{3} \cdot 9$	$A_3 = \frac{1}{256}\sqrt{3} \cdot 27$	$A_4 = \frac{1}{1024}\sqrt{3} \cdot 81$	$A_5 = \frac{1}{4096}\sqrt{3} \cdot 243$
$A_1 = (\frac{3}{4})^1 \cdot \frac{1}{4}\sqrt{3}$	$A_2 = (\frac{3}{4})^2 \cdot \frac{1}{4}\sqrt{3}$	$A_3 = (\frac{3}{4})^3 \cdot \frac{1}{4}\sqrt{3}$	$A_4 = (\frac{3}{4})^4 \cdot \frac{1}{4}\sqrt{3}$	$A_5 = (\frac{3}{4})^5 \cdot \frac{1}{4}\sqrt{3}$
$A_1 \approx 0,3248$	$A_2 \approx 0,2436$	$A_3 \approx 0,1827$	$A_4 \approx 0,1370$	$A_5 \approx 0,1028$

Wie man beobachten kann, konvergiert die Folge $(A_n)_{n \in \mathbb{N}_0} = ((\frac{3}{4})^n \cdot \frac{1}{4}\sqrt{3})_{n \in \mathbb{N}_0}$ offenbar gegen Null, wie die Berechnung $lim(A_n)_{n \in \mathbb{N}_0} = lim((\frac{3}{4})^n \cdot \frac{1}{4}\sqrt{3})_{n \in \mathbb{N}_0} = \frac{1}{4}\sqrt{3} \cdot lim((\frac{3}{4})^n)_{n \in \mathbb{N}_0} = \frac{1}{4}\sqrt{3} \cdot 0 = 0$ zeigt.

2. Nun soll die Folge $(U_n)_{n \in \mathbb{N}_0}$ der nach jedem Schritt entstehenden Längen der Randlinien der noch vorhandenen Gesamtfläche untersucht werden. Dazu zunächst folgende Tabelle:

Schritt 0	Schritt 1	Schritt 2	Schritt 3	Schritt 4
$U_0 = 1 \cdot 3 = 3$	$U_1 = 3 \cdot \frac{1}{2} \cdot 3$	$U_2 = 3 \cdot \frac{1}{4} \cdot 3^2$	$U_3 = 3 \cdot \frac{1}{8} \cdot 3^3$	$U_4 = 3 \cdot \frac{1}{16} \cdot 3^4$
$U_0 = (\frac{3}{2})^0 \cdot 3$	$U_1 = (\frac{3}{2})^1 \cdot 3$	$U_2 = (\frac{3}{2})^2 \cdot 3$	$U_3 = (\frac{3}{2})^3 \cdot 3$	$U_4 = (\frac{3}{2})^4 \cdot 3$
$U_0 \approx 3,0000$	$U_1 = 4,50000$	$U_2 = 6,75000$	$U_3 = 10,1250$	$U_4 = 15,1875$

Wie diese ersten Schritte zeigen, ist die Folge $(U_n)_{n \in \mathbb{N}_0} = ((\frac{3}{2})^n \cdot 3)_{n \in \mathbb{N}_0}$ offensichtlich streng monoton und nach oben unbeschränkt, das heißt, sie konvergiert in $\mathbb{R}^\star$ gegen $lim(U_n)_{n \in \mathbb{N}_0} = \star$. Die Randlinie des Sierpinski-Dreiecks ist also unendlich lang.

A2.396.02: Ersetzen Sie in einem Pascal-Stifelschen Dreieck mit 64 Zeilen die ungeraden Zahlen (also die Zahlen z mit $mod(z,2) = 1$) durch ein graphisch dunkles Element (•) und die geraden Zahlen (also die Zahlen z mit $mod(z,2) = 0$) durch ein vergleichsweise helles Element (○), und beschreiben Sie die dadurch entstehende Struktur des Bildes.

Anmerkung: Das darzustellende Dreieck wird auch kurz *Sierpinski-Dreieck mod 2* genannt.

B2.396.02: Die Klassifizierung der Binomialkoeffizienten im Pascal-Stifelschen Dreieck nach den Attributen *ungerade/gerade* liefert ein sogenanntes fraktales Muster wie in folgender Darstellung:

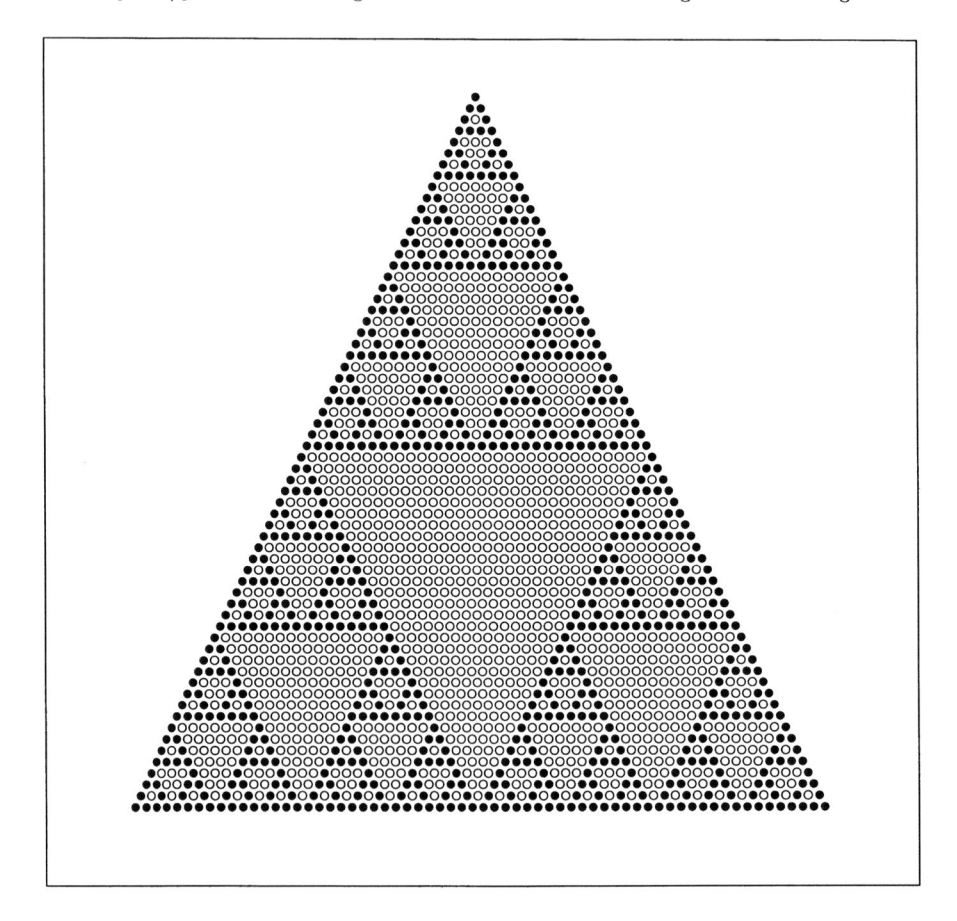

2.402 METRIKEN AUF $\mathbb{R}$ UND $\mathbb{R}^n$

A2.402.01: Weisen Sie jeweils nach, daß die durch
a) $d(x,z) = \frac{|x-z|}{1+|x-z|}$ definierte Funktion $d : \mathbb{R} \times \mathbb{R} \longrightarrow \mathbb{R}$ eine Metrik auf $\mathbb{R}$ ist und $Bild(d) = [0,1)$ gilt,
b) $d(x,z) = arctan(|x-z|)$ definierte Funktion $d : \mathbb{R} \times \mathbb{R} \longrightarrow \mathbb{R}$ eine Metrik auf $\mathbb{R}$ ist. (Verwenden Sie dabei die Beziehung $arctan(u+v) \leq arctan(u) + arctan(v)$ für $u,v \in \mathbb{R}_0^+$.)

B2.402.01: Die angegebenen Funktionen $d : \mathbb{R} \times \mathbb{R} \longrightarrow \mathbb{R}$ sind Metriken auf $\mathbb{R}$, denn es gilt:
a) Wegen $|x-z| \geq 0$ hat $d(x,z)$ die Form $d(x,z) = \frac{a}{1+a}$ mit $a \geq 0$, also ist $Bild(d) = [0,1)$.
Met$_1$), denn wegen $Bild(d) = [0,1)$ gilt stets $d(x-z) \geq 0$,
Met$_2$), denn $d(x-z) = 0 \Leftrightarrow |x-z| = 0 \Leftrightarrow x-z = 0 \Leftrightarrow x = z$,
Met$_3$), denn wegen $|x-z| = |z-x|$ gilt stets $d(x-z) = d(z-x)$,
Met$_4$), denn

b) Die Funktion $arctan : \mathbb{R} \longrightarrow (-\frac{\pi}{2}, \frac{\pi}{2})$ hat genau die Nullstelle 0 hat und ist streng monoton. Damit gilt dann im einzelnen
Met$_1$), denn wegen $|x-z| \geq 0$ gilt stets $d(x-z) = arctan(|x-z|) \geq 0$,
Met$_2$), denn $d(x-z) = 0 \Leftrightarrow arctan(|x-z|) = 0 \Leftrightarrow |x-z| = 0 \Leftrightarrow x-z = 0 \Leftrightarrow x = z$,
Met$_3$), denn wegen $|x-z| = |z-x|$ gilt stets $d(x-z) = arctan(|x-z|) = arctan(|z-x|) = d(z-x)$,
Met$_4$), denn $d(x,z) = arctan(|x-z|) = arctan(|x-y+y-z|) \leq arctan(|x-y| + |y-z|)$
$\leq arctan(|x-y|) + arctan(|y-z|) = d(x,y) + d(y,z)$.

A2.402.02: Es sei M eine nicht-leere Menge. Weisen Sie nach, daß die durch $d(x,z) = \begin{cases} 0, \text{falls } x = z \\ 1, \text{falls } x \neq z \end{cases}$
definierte Funktion $d : M \times M \longrightarrow \mathbb{R}$ eine Metrik auf M ist. Diese Metrik heißt *Diskrete Metrik* auf M.

B2.402.02: Im einzelnen gilt:
Met$_1$), denn wegen $Bild(d) = \{0,1\}$ gilt stets $d(x-z) \geq 0$,
Met$_2$), denn nach Definition von d gilt unmittelbar $d(x-z) = 0 \Leftrightarrow x = z$,
Met$_3$), denn für $x = z$ ist $d(x-z) = 0 = d(z-x)$ und für $x \neq z$ ist $d(x-z) = 1 = d(z-x)$,
Met$_4$), wie die folgende Fallunterscheidung zeigt:

$$x = y, y = z, x = z \Rightarrow d(x,z) = 0 \leq 0 + 0 = d(x,y) + d(y,z),$$
$$x = y, y \neq z, x \neq z \Rightarrow d(x,z) = 1 \leq 0 + 1 = d(x,y) + d(y,z),$$
$$x \neq y, y = z, x \neq z \Rightarrow d(x,z) = 1 \leq 1 + 0 = d(x,y) + d(y,z),$$
$$x \neq y, y \neq z, x = z \Rightarrow d(x,z) = 0 \leq 1 + 1 = d(x,y) + d(y,z),$$
$$x \neq y, y \neq z, x \neq z \Rightarrow d(x,z) = 1 \leq 1 + 1 = d(x,y) + d(y,z).$$

A2.402.03: Weisen Sie nach, daß die in Beispiel 2.402.3/5 angegebene Funktion d_E tatsächlich eine Metrik auf $\mathbb{R}^n$ ist.

A2.402.04: Beweisen Sie: Met$_1$) folgt aus Met$_2$) bis Met$_4$).

B2.402.04: Für alle $x,z \in M$ gilt $0 = d(x,x) \leq d(x,z) + d(z,x) = d(x,z) + d(x,z) = 2 \cdot d(x,z)$ unter Verwendung von Met$_2$) bis Met$_4$), somit gilt $d(x,z) \geq 0$.

A2.402.05: Weisen Sie nach, daß die folgenden Funktionen Metriken auf $\mathbb{R}^2$ sind:
1. $d : \mathbb{R}^2 \times \mathbb{R}^2 \longrightarrow \mathbb{R}$, definiert durch $d(x,z) = max(|x_1 - z_1|, |x_2 - z_2|)$, für alle $x,z \in \mathbb{R}^2$, die sogenannte *Maximum-Betrags-Metrik* auf $\mathbb{R}^2$,
2. $d : \mathbb{R}^2 \times \mathbb{R}^2 \longrightarrow \mathbb{R}$, definiert durch $d(x,z) = |x_1 - z_1| + |x_2 - z_2|$, für alle $x,z \in \mathbb{R}^2$, die sogenannte *Betragssummen-Metrik* auf $\mathbb{R}^2$.
Wie sehen die auf $\mathbb{R}$ analog definierten Metriken aus?

B2.402.05: Die angegebenen Funktionen d sind tatsächlich Metriken auf $\mathbb{R}^2$, denn:

1. Für die durch $d(x,z) = max(|x_1 - z_1|, |x_2 - z_2|)$ definierte Funktion gilt im einzelnen:
Met$_1$): Wegen $|x_1 - z_1|, |x_2 - z_2| \geq 0$ ist auch $d(x,z) = max(|x_1 - z_1|, |x_2 - z_2|) \geq 0$.
Met$_2$): Es gilt $x = z \Leftrightarrow |x_1 - z_1| = 0$ und $|x_2 - z_2| = 0 \Leftrightarrow d(x,z) = max(|x_1 - z_1|, |x_2 - z_2|) = 0$.
Met$_3$): Es gilt $d(x,z) = max(|x_1 - z_1|, |x_2 - z_2|) = max(|z_1 - x_1|, |z_2 - x_2|) = d(z,x)$.
Met$_4$): Es gilt $d(x,y) + d(y,z) = max(|x_1 - y_1|, |x_2 - y_2|) + max(|y_1 - z_1|, |y_2 - z_2|)$
$\geq max(|z_1 - x_1|, |z_2 - x_2|) = d(z,x)$.

2. Für die durch $d(x,z) = |x_1 - z_1| + |x_2 - z_2|$ definierte Funktion gilt im einzelnen:
Met$_1$): Wegen $|x_1 - z_1|, |x_2 - z_2| \geq 0$ ist auch $d(x,z) = |x_1 - z_1| + |x_2 - z_2| \geq 0$.
Met$_2$): Es gilt $x = z \Leftrightarrow |x_1 - z_1| = 0$ und $|x_2 - z_2| = 0 \Leftrightarrow d(x,z) = |x_1 - z_1| + |x_2 - z_2| = 0$.
Met$_3$): Es gilt $d(x,z) = |x_1 - z_1| + |x_2 - z_2| = |z_1 - x_1| + |z_2 - x_2| = d(z,x)$.
Met$_4$): Es gilt $d(x,y) + d(y,z) = |x_1 - y_1| + |x_2 - y_2| + |y_1 - z_1| + |y_2 - z_2| \geq |x_1 - z_1| + |x_2 - z_2| = d(x,z)$.

Die auf $\mathbb{R}$ analog definierten Metriken sind in beiden Fällen die Euklidische Metrik d_e.

A2.402.06: Weisen Sie nach, daß analog zu der in Aufgabe A2.402.05/1 genannten Funktion d die Funktion $d_{max} : \mathbb{R}^n \times \mathbb{R}^n \longrightarrow \mathbb{R}$, definiert durch $d_{max}(x,z) = max(|x_1 - z_1|, ..., |x_n - z_n|)$, für alle $x,z \in \mathbb{R}^n$ eine Metrik auf $\mathbb{R}^n$ ist (entsprechend *Maximum-Betrags-Metrik* auf $\mathbb{R}^n$ genannt).

A2.402.07: Es sei (M, d) ein metrischer Raum, ferner X eine nicht-leere Menge. Weisen Sie nach, daß die durch $d_{sup}(u,v) = sup\{d(u(x), v(x)) \mid x \in X\}$ definierte Funktion d_{sup} eine Metrik, die sogenannte *Supremums-Metrik*, auf der Menge $BF(X, M)$ der metrisch-beschränkten Funktionen $X \longrightarrow M$ ist.
Hinweis: Eine Funktion $u : X \longrightarrow M$ heißt hierbei metrisch-beschränkt, falls die durch die Teilmenge $Bild(u) \subset M$ induzierte Metrik $d_{Bild(u)}$ im Sinne von Definition 1.323.1 beschränkt ist.

A2.402.08: Zeigen Sie hinsichtlich der metrischen Räume in den Aufgaben A2.402.6/7: Es gibt einen isometrischen Isomorphismus $(BF(\underline{n}, \mathbb{R}), d_{sup}) \longrightarrow (\mathbb{R}^n, d_{max})$, wobei $\underline{n} = \{1, ..., n\}$ bezeichne.

B2.402.08: Zunächst wird eine bijektive Funktion $F : BF(\underline{n}, \mathbb{R}) \longrightarrow \mathbb{R}^n$ durch die Zuordnungsvorschrift $f \longmapsto (f(1), ..., f(n))$ geliefert.

A2.402.09: Weisen Sie nach, daß zu jeder Zahl $p \in [1, \star)$ die Funktion $d_p : \mathbb{R}^n \times \mathbb{R}^n \longrightarrow \mathbb{R}$, definiert durch $d_p(x,z) = (\sum_{1 \leq k \leq n} |x_k - z_k|^p)^{\frac{1}{p}}$, für alle $x, z \in \mathbb{R}^n$, eine Metrik, die sogenannte *p-Metrik*, auf $\mathbb{R}^n$ ist.

A2.402.10: Geben Sie Funktionen $\mathbb{R}^2 \longrightarrow \mathbb{R}^2$ an, die nicht isometrisch sind.

B2.402.10: Beispiele für nicht-isometrische Funktionen sind etwa:

1. Die idenische Funktion $(\mathbb{R}^2, d_E) \xrightarrow{id} (\mathbb{R}^2, d_{max})$ ist (siehe auch Bemerkung 2.401.4/4) nicht-isometrisch.

A2.402.11: Läßt sich auf dem Cartesischen Produkt $M \times N$ zweier metrischer Räume (M, d_M) und (N, d_N) eine Metrik installieren, so daß die Projektionen isometrisch sind?

2.404 UMGEBUNGSSYTME IN METRISCHEN RÄUMEN

A2.404.01: Betrachten Sie die metrischen Räume (behandelt in Aufgabe A2.402.05)
1. $(\mathbb{R}^2, d)$ mit $d(x,z) = max(|x_1 - z_1|, |x_2 - z_2|)$, für alle $x, z \in \mathbb{R}^2$, (Maximum-Betrags-Metrik),
2. $(\mathbb{R}^2, d)$ mit $d(x,z) = |x_1 - z_1| + |x_2 - z_2|$, für alle $x, z \in \mathbb{R}^2$, (Betragssummen-Metrik).

Geben Sie jeweils zu ϵ aus $\mathbb{R}^+$ die zugehörige ϵ-Umgebung $U(x, \epsilon)$ eines Punktes $x \in \mathbb{R}^2$ an (mit Skizze im üblichen Koordinaten-System).

B2.404.01: Die angegebenen Funktionen d sind tatsächlich Metriken auf $\mathbb{R}^2$. Die folgenden Skizzen illustrieren die ϵ-Umgebungen beider Metriken, dabei ist:

zu 1: $U(x, \epsilon) = \{z \in \mathbb{R}^2 \mid |z_1 - x_1| < \epsilon \text{ und } |z_2 - x_2| < \epsilon\}$,

zu 2: $U(x, \epsilon) = \{z \in \mathbb{R}^2 \mid |z_1 - x_1| + |z_2 - x_2| < \epsilon\}$.

ϵ-Umgebung bezüglich *Maximum-Betrags-Metrik* ϵ-Umgebung bezüglich *Betragssummen-Metrik*

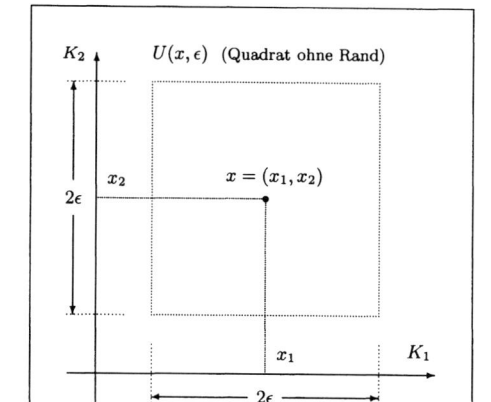

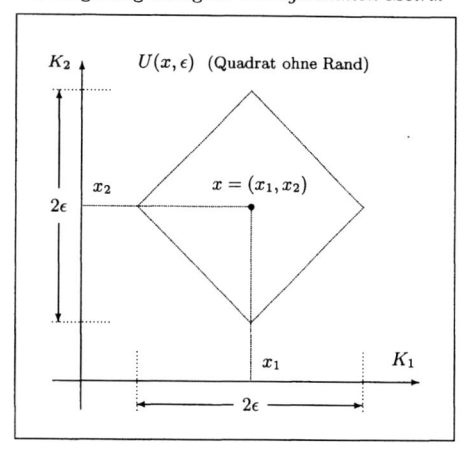

Die auf $\mathbb{R}$ analog definierten Metriken sind in beiden Fällen die Euklidische Metrik d_e.

A2.404.02: Beschreiben Sie die ϵ-Umgebungen $U(f, \epsilon)$ in dem metrischen Raum $(BF(X, M), d_{sup})$ von Aufgabe A2.402.07.

B2.404.02: Die ϵ-Umgebungen $U(f, \epsilon)$ in $(BF(X, M), d_{sup})$ enthalten genau diejenigen Funktionen $g : X \longrightarrow M$, die für jedes Element $x \in X$ einen kleineren Abstand als ϵ zu f haben, in Zeichen:
$$g \in U(f, \epsilon) \Leftrightarrow \text{ für alle } x \in X \text{ gilt } d_M(g(x), f(x)) < \epsilon.$$
Für den metrischen Raum $(BF(T, \mathbb{R}), d_{sup})$ bedeutet das entsprechend:
$$g \in U(f, \epsilon) \Leftrightarrow \text{ für alle } x \in T \text{ gilt } |g(x) - f(x)| < \epsilon.$$

2.410 TOPOLOGISCHE RÄUME

A2.410.01: Zeigen Sie: In einem topologischen Raum $(X, \underline{X})$ gilt:
1. Die Vereinigung endlich vieler abgeschlossener Mengen ist wieder abgeschlossen.
2. Der Durchschnitt beliebig vieler abgeschlossener Mengen ist wieder abgeschlossen.

B2.410.01: Zur Bearbeitung der Aufgabe im einzelnen:
1. Sind $T_1, ..., T_n \subset M$ abgeschlossene Teilmengen in X, dann sind die zugehörigen Komplemente $X \setminus T_1, ..., M \setminus T_n \subset X$ offene Mengen, folglich ist nach Top$_2$) auch ihr Durchschnitt $\bigcap_{1 \leq k \leq n} (X \setminus T_k)$ offen.
Wegen $\bigcap_{1 \leq k \leq n} (X \setminus T_k) = X \setminus \bigcup_{1 \leq k \leq n} T_k$ ist also $X \setminus \bigcup_{1 \leq k \leq n} T_k$ offen und folglich $\bigcup_{1 \leq k \leq n} T_k$ abgeschlossen.
2. Liegen zu einer beliebigen Indexmenge I zu jedem $k \in I$ abgeschlossene Mengen T_k vor, dann ist zu jedem $k \in I$ das Komplement $X \setminus T_k$ offen, folglich ist nach Top$_3$) auch ihre Vereinigung $\bigcup_{k \in I} (X \setminus T_k)$ offen. Wegen $\bigcup_{k \in I}(X \setminus T_k) = X \setminus \bigcap_{k \in I} T_k$ ist also $X \setminus \bigcap_{k \in I} T_k$ offen und folglich $\bigcap_{k \in I} T_k$ abgeschlossen.

A2.410.02: Zeigen Sie: Für Teilmengen $T \subset M$ eines metrischen Raums (M, d) gilt:
1. Die Menge T ist genau dann offen, wenn $T \cap rand(T) = \emptyset$ gilt.
2. Die Menge T ist genau dann abgeschlossen, wenn $rand(T) \subset T$ gilt.

B2.410.02: Zur Bearbeitung der Aufgabe im einzelnen:
1. Es gilt: T offen $\Leftrightarrow T^o = T \Leftrightarrow T = T \setminus rand(T)$ (denn $T^o = T \setminus rand(T)$) $\Leftrightarrow T \cap rand(T) = \emptyset$.
2. Mit Teil 1 gilt: T abgeschlossen $\Leftrightarrow M \setminus T$ offen $\Leftrightarrow (M \setminus T) \cap (rand(M \setminus T) = \emptyset$
$\Leftrightarrow (M \setminus T) \cap rand(T) = \emptyset \Leftrightarrow rand(T) \subset T$, wobei $rand(M \setminus T) = rand(T)$ verwendet wurde.

A2.410.03: Zeigen Sie: Für beliebige Teilmengen $S, T \subset \mathbb{R}$ gilt in $\mathbb{R}^2$ die Beziehung
$$rand(S \times T) = (rand(S) \times T^-) \cup (S^- \times rand(T)).$$

B2.410.03: Zur Bearbeitung der Aufgabe gelten im einzelnen die folgenden Äquivalenzen:
$(x, z) \in rand(S \times T)$
$\Leftrightarrow (x \in rand(S) \land z \in rand(T)) \lor (x \in rand(S) \land z \in T) \lor (x \in S \land z \in rand(T))$
$\Leftrightarrow [(x \in rand(S) \land z \in rand(T)) \lor (x \in rand(S) \land z \in T)]$
$\quad \lor [(x \in S \land z \in rand(T)) \lor ((x \in rand(S) \land z \in rand(T))]$
$\Leftrightarrow [x \in rand(S) \land (z \in rand(T) \lor x \in T)] \lor [(x \in S \lor z \in rand(S)) \land z \in rand(T)]$
$\Leftrightarrow [x \in rand(S) \land (z \in T \cup rand(T)] \lor [(x \in S \cup rand(S)) \land z \in rand(T)]$
$\Leftrightarrow [x \in rand(S) \land z \in T^-] \lor [x \in S^- \land z \in rand(T)]$
$\Leftrightarrow [(x, z) \in rand(S) \times T^-] \lor [(x, z) \in S^- \times rand(T)]$
$\Leftrightarrow (x, z) \in (rand(S) \times T^-) \cup (S^- \times rand(T)).$

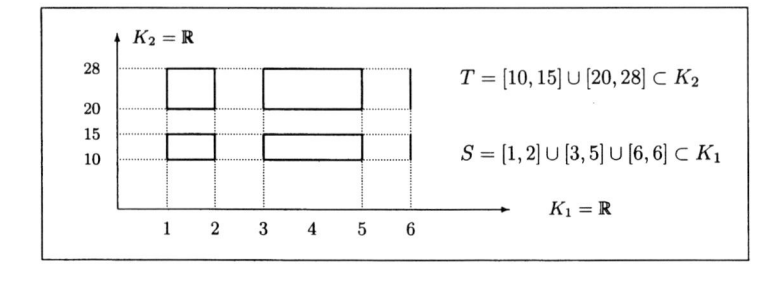

$T = [10, 15] \cup [20, 28] \subset K_2$

$S = [1, 2] \cup [3, 5] \cup [6, 6] \subset K_1$

2.411 Topologien auf $\mathbb{R}$ und $\mathbb{R}^n$

A2.411.01: Beweisen Sie die Aussage von Bemerkung 2.411.6/5*.

B2.411.01: Zu 5*: Gilt $rand(T) = \emptyset$, so gilt $T = T^o$, das heißt, T ist offen. Ferner ist T abgeschlossen, denn es gibt keinen Randpunkt $x \in rand(T)$ mit $x \notin T$.

A2.411.02: Beweisen Sie die Aussage von Bemerkung 2.411.6/7*.

B2.411.02: Zu 7*: Zu den behaupteten Gleichheiten werden die beiden Inklusionen gezeigt. (Es empfiehlt sich, sich eine anschauliche Vorstellung der einzelnen Überlegungen im Fall $n = 2$ (Kreisscheiben) zu machen.)

a) Es gelten die Inklusionen $S^{n-1}(x,r) \subset rand(K(x,r))$ und $S^{n-1}(x,r) \subset rand(K(x,r)^-)$ in $\mathbb{R}^n$: Man betrachte neben der Kugel $K(x,r)$ eine zweite Kugel $K(x_1,r_1)$ mit Mittelpunkt $x_1 \in S^{n-1}(x,r)$, also mit $|x_1 - x| = r$, sowie die von den Punkten x und x_1 erzeugte Gerade $G = G(x,x_1) = \{G(t) = x_1 + \frac{x-x_1}{r}t \mid t \in \mathbb{R}\}$. Dabei gilt zunächst $|G(t) - x_1| = |x_1 + \frac{x-x_1}{r}t - x_1| = |\frac{x-x_1}{r}| \cdot |t| = |\frac{r}{r}| \cdot |t| = |t|$ und $|G(t)-x| = |x_1 + \frac{x-x_1}{r}t - x| = |x_1 - \frac{x_1 t}{r} - x + \frac{xt}{r}| = |(1-\frac{t}{r})x_1 - (1-\frac{t}{r})x| = |r-t| \cdot |\frac{x_1-x}{r}| = |r-t| \cdot |\frac{r}{r}| = |r-t|$.
Damit gilt dann

a$_1$) Für alle $t \in (0, min(2r, r_1))$ gilt $|G(t) - x_1| < r$ und $|G(t) - x| < r_1$, also $G(t) \in K(x,r) \cap K(x_1,r_1)$.

a$_2$) Für alle $t \in (-r_1, 0)$ gilt $|G(t) - x_1| < r_1$ und $|G(t) - x| = r - t > r$, also folgt aus diesen Beziehungen dann $G(t) \in K(x_1,r_1) \cap (\mathbb{R}^n \setminus K(x,r)^-)$.

Damit ist der Mittelpunkt x_1 von $K(x_1,r_1)$ sowohl in $rand(K(x,r))$ als auch in $K(x,r)^-)$ enthalten.

b) Um in Teil a) die Gleichheiten nachzuweisen, wird gezeigt, daß Elemente $x_1 \in \mathbb{R}^n$ mit $x_1 \notin S^{n-1}(x,r)$, also mit $|x_1 - x| \neq r$, nicht Randpunkte sind:

Man betrachte dazu die Kugel $K(x_1,r_1)$ um x_1 mit dem Radius $r_1 = |r - |x_1 - x||$.

b$_1$) Für alle $z \in K(x_1,r_1)$ mit $|x_1 - x| < r$ gilt dann $|z - x| = |z - x_1 + x_1 - x| \leq |z - x_1| + |x_1 - x| < r_1 + |x_1 - x| = (r - |x_1 - x|) + |x_1 - x| = r$, also gilt $z \in K(x,r)$.

b$_2$) Für alle $z \in K(x_1,r_1)$ mit $|x_1 - x| > r$ gilt dann $|z - x| \geq |x_1 - x| - |z - x_1| > |x_1 - x| - r_1 = |x_1 - x| + (r - |x_1 - x|) = r$, also gilt $z \in \mathbb{R}^n \setminus K(x,r)^-$.

Die Berechnungen in b$_1$) und b$_2$) zeigen, daß $x_1 \notin rand(K(x,r))$ und $x_1 \notin rand(K(x,r)^-)$ gilt, also x_1 weder Randpunkt von $K(x,r)$ noch Ranspunkt von $K(x.r)^-$ ist.

A2.411.03: Beweisen Sie die Aussage von Bemerkung 2.411.6/12*.

B2.411.03: Zu 12*: Die Behauptung wird durch die beiden folgenden Implikationen nachgewiesen:

a) Ist $x \in rand(T)$ und (a,b) ein $\mathbb{R}^n$-Intervall mit $x \in (a,b)$, so gibt es eine offene Kugel $K(x,r) \subset (a,b)$. Wegen $x \in rand(T)$ enthält $K(x,r)$ Elemente von T und Elemente von $\mathbb{R}^n \setminus T$, darunter dann auch Elemente von (a,b).

b) Für Punkte $z \in S \subset T \cap (\mathbb{R}^n \setminus T)$ gilt $z \in rand(T)$, denn: Ist $K(z,r)$ eine offene Kugel um z, so gibt es ein offenes Intervall (a,b) mit $z \in (a,b) \subset K(z,r)$, darunter auch Elemente $z \in S$, die nach Voraussetzung dann Randpunkte von T sind.

A2.411.04: Beweisen Sie die Aussage von Bemerkung 2.411.6/13*.

B2.411.04: Zu 13*: Die Behauptung wird durch die beiden folgenden Implikationen nachgewiesen:

a) Ist $x \in T^o$, so gibt es eine offene Kugel $K(x,r)$ mit $x \in K(x,r) \subset T$, also ist $x \notin rand(T)$.

b) Gibt es eine offene Kugel $K(x,r)$ mit $K(x,r) \subset T$, so gilt $x \in K(x,r) \subset T^o$.

2.420 NORMIERTE ℝ-VEKTORRÄUME (TEIL 1)

A2.420.01: Im Rahmen des Begriffs *Multiple Struktur* (siehe Abschnitt 1.300) geht es darum festzulegen, wie ein neu hinzukommendes Strukturelement mit der auf einer Trägermenge schon zuvor definierten Struktur zusammenhängen (kompatibel, verzahnt sein) soll. Wodurch und wie ist das bei dem Begriff *Normierter ℝ-Vektorraum* gemacht?

B2.420.01: Zur Verzahnung der ℝ-Vektorraum-Struktur auf einem ℝ-Vektorraum E mit einer Norm $N : E \longrightarrow \mathbb{R}$ auf E (siehe auch den Aspekt *Homomorphie* in Aufgabe A2.420.02):

a) Der Zusammenhang zwischen N und der Addition auf E ist durch Norm$_4$) geregelt. (Dabei wird sinnvollerweise nicht generell die Gleichheit gefordert, denn das widerspräche der Dreiecksungleichung $|\sum_{1 \leq k \leq n} x_k| \leq \sum_{1 \leq k \leq n} |x_k|$ für Beträge (siehe Beispiel 2.420.4/1/a), auch bei Reihen so verwendet.)

b) Der Zusammenhang zwischen N und der ℝ-Multiplikation auf E ist in Norm$_3$) geregelt.

A2.420.02: Untersuchen Sie Normen $N : E \longrightarrow \mathbb{R}$ auf ℝ-Vektorräumen E hinsichtlich Funktions-Eigenschaften (Injektivität, Surjektivität, Bildmenge) und Homomorphie-Eigenschaften.

B2.420.02: Die wesentlichen Auskünfte liefert schon $\mathbb{R}^2$ mit den Normen in Aufgabe A2.420.03:

a) Normen N sind nicht injektiv, denn für die beiden Elemente $x = \binom{a}{0}$ und $y = \binom{0}{a}$ in $\mathbb{R}^2$ gilt beispielsweise $N_E(x) = N_E(y) = a$, ferner $N_M(x) = N_M(y) = a$ sowie $N_S(x) = N_S(y) = a$, schließlich auch $N_p(x) = N_p(y) = a$.

b) Für alle Normen N gilt in der Regel $Bild(N) = \mathbb{R}_0^+$. Das zeigen auch die Beispiele in Teil a), wenn man dort x und y mit $a \geq 0$ als Urbilder von $a \in \mathbb{R}_0^+$ unter N betrachtet.

c) Normen sind keine ℝ-Homomorphismen, allerdings sind sie ℝ-homogen für Zahlen $a \geq 0$, ferner gilt stets $N(0) = 0$.

A2.420.03: Untersuchen Sie bei Normen $N : E \longrightarrow \mathbb{R}$ auf ℝ-Vektorräumen E die Bedingung Norm$_2$) hinsichtlich der beiden darin enthaltenen Implikationen und ihres Zusammenhangs zu den anderen Bedingungen.

B2.420.03: Die Implikation $x = 0 \Rightarrow N(x) = 0$ folgt schon aus Norm$_3$), denn es gilt: Für $x = 0$ ist $N(0) = N(0 \cdot x) = 0 \cdot N(x) = 0$. Das bedeutet, daß der eigentliche Effekt von Norm$_3$) in der Implikation $N(x) = 0 \Rightarrow x = 0$ enthalten ist.

A2.420.04: Betrachten Sie auf dem ℝ-Vektorraum $\mathbb{R}^2$ die vier Normen $N_E, N_M, N_S, N_3 : \mathbb{R}^2 \longrightarrow \mathbb{R}$,

$N_E(x) = \|x\|_E = \sqrt{x_1^2 + x_2^2}$ $\qquad N_M(x) = \|x\|_M = max(|x_1|, |x_2|)$
$N_S(x) = \|x\|_S = |x_1| + |x_2|$ $\qquad N_3(x) = \|x\|_3 = (|x_1|^3 + |x_2|^3)^{\frac{1}{3}}$

(Euklidische Norm, Maximum-Norm, Summen-Norm, p-Norm für $p = 3$) und bearbeiten Sie:
1. Bestimmen Sie $N_E(E_0)$ für die Menge $E_0 = \{x \in \mathbb{R}^2 \mid N_E(x) = 1\}$.
2. Für welche bezüglich Inklusion maximale Teilmenge $M_0 \subset \mathbb{R}^2$ gilt $N_M(M_0) = \{1\}$?
3. Für welche bezüglich Inklusion maximale Teilmenge $S_0 \subset \mathbb{R}^2$ gilt $N_S(S_0) = \{1\}$?
4. Geben Sie eine Teilmenge $P_0 \subset \mathbb{R}^2$ mit $N_3(P_0) = \{1\}$ an.

B2.420.04: Zur Bearbeitung der Aufgabe im einzelnen:
1. Es gilt $N_E(E_0) = \{1\}$.
2. Für die Quadratlinie M_0 mit den Eckpunkten $(1, 1)$, $(-1, 1)$, $(-1, -1)$ und $(1, -1)$ gilt $N_M(M_0) = \{1\}$.
3. Für die Quadratlinie S_0 mit den Eckpunkten $(1, 0)$, $(0, 1)$, $(-1, 0)$ und $(0, -1)$ gilt $N_S(S_0) = \{1\}$.
4. Für $P_0 = \{(a^{\frac{1}{3}}, b^{\frac{1}{3}}) \mid a, b \in \mathbb{R}_0^+ \text{ mit } a + b = 1\}$ gilt $N_3(P_0) = \{1\}$.

A2.420.05: Betrachten Sie die in Aufgabe A2.420.04 zu ermittelnden Mengen E_0, M_0, S_0 und P_0, nun aber mit gleichen Bezeichnungen eingeschränkt auf Elemente $x = (x_1, x_2)$ mit $x_1, x_2 \geq 0$. Skizzieren Sie dann diese Mengen in einem üblichen Cartesischen Koordinaten-System (K_1, K_2), wobei für P_0 zunächst eine kleine Wertetabelle für die Zuordnung $(a, b) \longmapsto (a^{\frac{1}{3}}, b^{\frac{1}{3}})$ mit $a + b = 1$ erstellt werden soll. Was bedeutet Anmerkung c) zu Beispiel 2.420.4/4 in diesem Zusammenhang?

B2.420.05: Zunächst eine kleine Wertetabelle für $(a, b) \longmapsto (a^{\frac{1}{3}}, b^{\frac{1}{3}})$:

(a, b)	$(\frac{1}{10}, \frac{9}{10})$	$(\frac{1}{5}, \frac{4}{5})$	$(\frac{1}{4}, \frac{3}{4})$	$(\frac{1}{2}, \frac{1}{2})$
$(a^{\frac{1}{3}}, b^{\frac{1}{3}})$	$(0,464/0,966)$	$(0,589/0,928)$	$(0,630/0,909)$	$(0,794/0,794)$

Alle vier Kurven sind geradensymmetrisch zu der eingezeichneten Winkelhalbierenden (das ist klar wegen der Vertauschbarkeit von x_1 und x_2 bei der Berechnung der Normen).

Indiziert man die Mengen P_0 zusätzlich mit p, also P_{10}, P_{20}, P_{30},..., dann gilt $P_{10} = S_0$, $P_{20} = E_0$ und $P_{30} = P_0$. Mit zunehmendem p nähert sich P_{p0} der Kurve M_0, genauer gilt $lim(P_{p0})_{p \in \mathbb{N}} = M_0$.

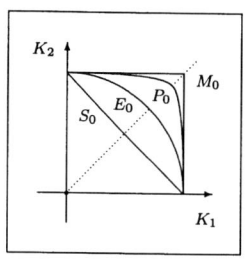

A2.420.06: Betrachten Sie auf einem $\mathbb{C}$-Vektorraum E ein Skalares Produkt $s : E \times E \longrightarrow \mathbb{C}$, das gegenüber Definition 2.420.1 die beiden Abweichungen

$\text{Sprod}_1)$ $s(x, x) \in \mathbb{R}_0^+$ und $\text{Sprod}_2)$ $s(x, z) = k(s(z, x))$

aufweist, wobei die Funktion $k : \mathbb{C} \longrightarrow \mathbb{C}$ das Konjugieren komplexer Zahlen bezeichnet. Zeigen Sie, daß durch $N(x) = \sqrt{s(x, x)}$ eine Norm $N : E \longrightarrow \mathbb{R}$ auf E, die *Euklidische Norm*, definiert ist.

B2.420.06: Zur Bearbeitung der Aufgabe im einzelnen:

a) Es gilt Norm$_1$), denn: Für alle $x \in E$ gilt $s(x, x) \geq 0$, also $\sqrt{s(x, x)} \geq 0$, folglich $N(x) \geq 0$.

b) Es gilt Norm$_2$), denn: Mit $N(x) = 0$ ist $\sqrt{s(x, x)} = 0$, also $s(x, x) = 0$, folglich $x = 0$.

c) Es gilt Norm$_3$), denn es gilt: $N(ax) = \sqrt{s(ax, ax)} = \sqrt{|a|^2 s(x, x)} = |a| \sqrt{s(x, x)} = |a| \cdot N(x)$.

d) Es gilt Norm$_4$), denn: Mit $s(x + az, x + az) \geq 0$ gilt zunächst
$s(x + az, x + az) = s(x, x + az) + s(az, x + az) = s(x, x + az) + a \cdot s(z, x + az)$
$= k(s(x + az, x)) + a \cdot k(s(x + az, z)) = k(s(x, x)) + k(a \cdot s(z, x)) + a \cdot k(s(x, z)) + a \cdot k(a) \cdot k(s(z, z))$
$= s(x, x) + k(a) \cdot k(s(z, x)) + a \cdot k(s(x, z)) + a \cdot k(a) \cdot s(z, z)$
$= N^2(x) + k(a) \cdot s(x, z) + a \cdot s(z, x) + a \cdot k(a) \cdot N^2(z) \geq 0$.
Verwendet man dabei $a = -\frac{1}{N^2(z)} \cdot s(x, z)$, dann gilt für die Summe des zweiten und vierten Summanden $k(a) \cdot s(x, z) - \frac{1}{N^2(z)} \cdot s(x, z) \cdot k(a) \cdot N^2(z) = 0$, somit gilt dann $N^2(x) - \frac{1}{N^2(z)} \cdot s(x, z) \cdot s(z, x) \geq 0$, woraus mit $s(x, z) \cdot s(z, x) = s(x, z) \cdot k(s(x, z)) = |s(x, z)|^2$ (allgemein gilt $u \cdot k(u) = |u|^2$, für alle $u \in \mathbb{C}$) dann die Beziehung $|s(x, z)|^2 \leq N^2(x) \cdot N^2(z)$ folgt.
Damit gilt weiterhin $N^2(x + z) = s(x + z, x + z) = s(x, x) + s(x, z) + s(z, x) + s(z, z)$
$\leq N^2(x) + |s(x, z)| + |s(z, x)| + N^2(z) \leq N^2(x) + 2 \cdot N(x) \cdot N(z) + N^2(z) = (N(x) + N(z))^2$,
also gilt schließlich $N(x + z) \leq N(x) + N(z)$.

A2.420.07: Ist die Summe $N + M : E \longrightarrow \mathbb{R}$ von Normen $N, M : E \longrightarrow \mathbb{R}$ auf einem $\mathbb{R}$-Vektorraum E ebenfalls eine Norm? Wenn ja: Welche der Normen in den Beispielen in Abschnitt 2.420 läßt sich als eine solche Summe darstellen?

B2.420.07: Die Summe $N + M : E \longrightarrow \mathbb{R}$ ist wieder eine Norm auf E, denn im einzelnen gilt:

a) Es gilt Norm$_1$), denn: Mit $N(x) \geq 0$ und $M(x) \geq 0$ gilt $(N + M)(x) = N(x) + M(x) \geq 0$.

b) Es gilt Norm$_2$), denn: Gilt $(N + M)(x) = 0$, also $N(x) + M(x) = 0$, so folgt $N(x) = 0$ und $M(x) = 0$ wegen $N(x), M(x) \geq 0$, nach Voraussetzung also $x = 0$.

c) Es gilt Norm$_3$), denn für alle $a \in \mathbb{R}$ ist $(N + M)(ax) = N(ax) + M(ax) = |a| \cdot N(x) + |a| \cdot M(x) = |a| \cdot (N(x) + M(x)) = |a| \cdot (N + M)(x)$.

d) Es gilt Norm$_4$), denn: Mit $N(x + z) \leq N(x) + N(z)$ und $M(x + z) \leq M(x) + M(z)$ gilt die Beziehung

$N(x+z) + M(x+z) \leq N(x) + N(z) + M(x) + M(z)$, woraus dann schließlich die Abschätzung folgt: $(N+M)(x+z) \leq N(x) + M(x) + N(z) + M(z) = (N+M)(x) + (N+M)(z)$.

Beispiel 2.420.6/6 sagt: Auf dem $\mathbb{R}$-Vektorraum $C^1([a,b], \mathbb{R})$ der (einmal) stetig differenzierbaren Funktionen $[a,b] \longrightarrow \mathbb{R}$ ist durch $\|f\|_{C^1} = sup\{|f(x)| + |f'(x)| \mid x \in [a,b]\}$ die sogenannte C^1-Norm definiert. Beachtet man $sup\{|f(x)| + |f'(x)| \mid x \in [a,b]\} = sup\{|f(x)| \mid x \in [a,b]\} + sup\{|f'(x)| \mid x \in [a,b]\}$, dann ist $\|f\|_{C^1} = \|f\|_S + \|f'\|_S$. Man beachte, daß die Differentiation $D : C^1([a,b], \mathbb{R}) \longrightarrow C([a,b], \mathbb{R})$ mit $f \longmapsto f'$ bezüglich beider Normen stetig ist.

A2.420.08: Zeigen Sie: Für Zahlen $p, q \in [1, \star)$ mit $\frac{1}{p} + \frac{1}{q} = 1$ gilt $x^{\frac{1}{p}} \cdot y^{\frac{1}{q}} \leq \frac{x}{p} + \frac{y}{q}$, für alle $x, y \in \mathbb{R}^+$.

Hinweis: Verwenden Sie die Konkavität von log_e in Beispiel 2.340.6/3.

B2.420.08: Wendet man auf die Beziehung $log_e(\frac{1}{p}x + \frac{1}{q}y) \geq \frac{1}{p} \cdot log_e(x) + \frac{1}{q} \cdot log_e(y)$, die in Beispiel 2.340.6/3 angegeben ist, die monotone Funktion exp_e an, so gilt $\frac{1}{p}x + \frac{1}{q}y \geq exp_e(\frac{1}{p} \cdot log_e(x) + \frac{1}{q} \cdot log_e(y)) = exp_e(log_e(x^{\frac{1}{p}}) + log_e(y^{\frac{1}{q}})) = x^{\frac{1}{p}} \cdot y^{\frac{1}{q}}$.

A2.420.09: Beweisen Sie die Ungleichungen von *Hölder* und *Minkowski* in den Beispielen 2.420.4/4.

B2.420.09: Zur Bearbeitung der Aufgabe im einzelnen:

Vorbemerkung: Beide Ungleichungen gelten mit gleichen Nachweisen auch für $x, z \in \mathbb{C}^n$.

1. *Ungleichung von Hölder:* Für Elemente $x, z \in \mathbb{R}^n$ gelte $N_p(x) \neq 0$ und $N_q(z) \neq 0$ (im anderen Fall entsteht $0 = 0$). Ferner seien zu $x = (x_1, ..., x_n)$ und $z = (z_1, ..., z_n)$ und zu allen Indices $k \in \{1, ..., n\}$ jeweils Zahlen $a_k = \frac{|x_k|^p}{N_p(x)^p}$ und $b_k = \frac{|z_k|^q}{N_q(z)^q}$ festgelegt, wobei die beiden Zahlen $p, q \in [1, \star)$ der Bedingung $\frac{1}{p} + \frac{1}{q} = 1$ genügen sollen. Mit diesen Festlegungen gilt dann

$$\sum_{k \in \underline{n}} a_k = \sum_{k \in \underline{n}} \frac{|x_k|^p}{N_p(x)^p} = \sum_{k \in \underline{n}} \frac{|x_k|^p}{\sum_{k \in \underline{n}} |x_k|^p} = \frac{\sum_{k \in \underline{n}} |x_k|^p}{\sum_{k \in \underline{n}} |x_k|^p} = 1 \text{ und entsprechend } \sum_{k \in \underline{n}} b_k = 1.$$

Unter Verwendung von Aufgabe A2.420.07 gilt $\frac{|x_k z_k|}{N_p(x) \cdot N_q(z)} = \frac{|x_k|}{N_p(x)} \cdot \frac{|z_k|}{N_q(z)} = a_k^{\frac{1}{p}} \cdot b_k^{\frac{1}{q}} \leq \frac{1}{p} a_k + \frac{1}{q} b_k$, für alle $k \in \{1, ..., n\}$, woraus Summation über alle k dann die Beziehung

$$\frac{1}{N_p(x) \cdot N_q(z)} \cdot \sum_{k \in \underline{n}} |x_k z_k| \leq \sum_{k \in \underline{n}} (\tfrac{1}{p} a_k + \tfrac{1}{q} b_k) = \sum_{k \in \underline{n}} \tfrac{1}{p} a_k + \sum_{k \in \underline{n}} \tfrac{1}{q} b_k = \tfrac{1}{p} \cdot \sum_{k \in \underline{n}} a_k + \tfrac{1}{q} \cdot \sum_{k \in \underline{n}} b_k = \tfrac{1}{p} \cdot 1 + \tfrac{1}{q} \cdot 1 = 1$$

liefert. Damit gilt dann schließlich die *Höldersche Ungleichung* $\sum_{k \in \underline{n}} |x_k z_k| \leq N_p(x) \cdot N_q(z)$.

2. *Ungleichung von Minkowski:* Für $p = 1$ ist $N_1(x) = N_S(x)$, womit die Behauptung direkt aus Beispiel 2.420.4/3 als Dreiecksungleichung für Zahlen aus $\mathbb{R}$ folgt.

Es sei also $p > 1$ gewählt und eine Zahl q durch $\frac{1}{p} + \frac{1}{q} = 1$, also $q = \frac{p}{p-1}$ definiert, womit dann $p, q \in (1, \star)$ gilt. Zu Elementen $x, z \in \mathbb{R}^n$, also zu Elementen $x = (x_1, ..., x_n)$ und $z = (z_1, ..., z_n)$, sei ein weiteres Element $y = (y_1, ..., y_n) \in \mathbb{R}^n$ durch $y_k = |x_k + z_k|^{p-1}$ zu allen Indices $k \in \{1, ..., n\}$ festgelegt. Damit gilt dann $y_k^q = |x_k + z_k|^{(p-1)q} = |x_k + z_k|^p$, denn es ist $(p-1)q = (p-1)\frac{p}{p-1} = p$.

Diese Beziehung liefert nun die Darstellung $N_q(y) = (\sum_{k \in \underline{n}} |y_k|^q)^{\frac{1}{q}} = (\sum_{k \in \underline{n}} |y_k|^q)^{\frac{1}{q} \cdot \frac{p}{p}} = (\sum_{k \in \underline{n}} |x_k + z_k|^p)^{\frac{1}{q} \cdot \frac{p}{p}}$
$= (\sum_{k \in \underline{n}} |x_k + z_k|^p)^{\frac{1}{p} \cdot \frac{p}{q}} = ((\sum_{k \in \underline{n}} |x_k + z_k|^p)^{\frac{1}{p}})^{\frac{p}{q}} = N_p(x+z)^{\frac{p}{q}}$.

Mit der *Hölderschen Ungleichung* (in der zweiten Abschätzung $\leq$) folgt dann $\sum_{k \in \underline{n}} |x_k + z_k| \cdot |y_k| =$
$\sum_{k \in \underline{n}} (|x_k y_k| + |z_k y_k|) \leq \sum_{k \in \underline{n}} |x_k y_k| + \sum_{k \in \underline{n}} |z_k y_k| \leq N_p(x) \cdot N_q(y) + N_p(z) \cdot N_q(y) = (N_p(x) + N_p(z)) \cdot N_q(y)$,
woraus mit der Festlegung von y dann
$N_p(x+z)^p = \sum_{k \in \underline{n}} |x_k + z_k|^p = \sum_{k \in \underline{n}} (|x_k z_k| \cdot |x_k z_k|^{p-1}) = \sum_{k \in \underline{n}} (|x_k z_k| \cdot |y_k|) \leq (N_p(x) + N_p(z)) \cdot N_p(x+z)^{\frac{p}{q}}$, also
$N_p(x+z)^p \leq (N_p(x) + N_p(z)) \cdot N_p(x+z)^{\frac{p}{q}}$, folgt und damit nach entsprechender Division mit $N_p(x+z)^{\frac{p}{q}}$, wobei dann noch der Zusammenhang $p - \frac{p}{q} = 1$ verwendet wird, schließlich die *Minkowskische Ungleichung* $N_p(x+z) \leq N_p(x) + N_p(z)$ geliefert wird.

A2.426.01: Betrachten Sie einen $\mathbb{R}$-Homomorphismus $f : E \longrightarrow F$ zwischen normierten $\mathbb{R}$-Vektorräumen E und F und zeigen Sie unabhängig von Satz 2.426.3 die Äquivalenz der folgenden Aussagen:
a) Die Funktion f ist (global) stetig.
b) Die Funktion f ist bei einem beliebig, aber fest gewählten Element $x \in E$ stetig.
c) Die Funktion f ist bei $0 \in E$ stetig.
d) Es gibt eine Konstante $c \in \mathbb{R}^+$ mit $\|f(z)\|_F \leq c \cdot \|z\|_E$, für alle $z \in E$.

B2.426.01: Zur Bearbeitung der Aufgabe werden die folgenden Implikationen gezeigt:
a) $\Rightarrow$ b): ist klar.
b) $\Rightarrow$ c): Zu zeigen ist: Liegt eine Folge $y : \mathbb{N} \longrightarrow E$ mit $lim(y) = 0$ vor, dann ist ihre Bildfolge $f \circ y : \mathbb{N} \longrightarrow E$ konvergent mit $lim(f \circ y) = f(0)$ (wobei wegen der $\mathbb{R}$-Homomorphie von f dann noch gilt): $f(0) = 0$:
Zum diesbezüglichen Beweis betrachte man auch das nebenstehende kommutative Diagramm mit den nach Corollar 2.424.2/1 stetigen Funktionen L_x und $L_{-f(x)}$. Der Zweck dieses Diagramms ist etwa so zu beschreiben: Eine nullkonvergente Folge y in E wird durch L_x zu einer gegen x konvergenten Folge $L_x \circ y$ in E verschoben, so daß die Stetigkeit von f in x verwendet werden kann.

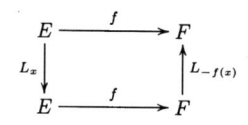

Mit $lim(y) = 0$ gilt $L_x(lim(y)) = L_x(0) = x + 0 = x$ und mit der Stetigkeit von L_x dann $lim(L_x \circ y) = x$. Damit gilt dann auch $f(lim(L_x \circ y)) = f(x)$, worus die Stetigkeit von f bei x dann $lim(f \circ L_x \circ y) = f(x)$ liefert. Wendet man darauf schließlich die Funktion $L_{-f(x)}$ an, so folgt $L_{-f(x)}(lim(f \circ L_x \circ y)) = L_{-f(x)}(f(x)) = -f(x) + f(x) = 0$. Da aber auch $L_{-f(x)}$ stetig ist, gilt $lim(L_{-f(x)} \circ f \circ L_x \circ y) = 0$, woraus mit der Kommutativität des Diagramms dann $lim(f \circ y) = 0$ folgt.

c) $\Rightarrow$ d): Wegen der Stetigkeit von f in 0 gibt es zu der offenen Kugel $K(0,1)$ in F eine offene Kugel $K(0,r)$ in E mit $f(K(0,r)) \subset K(0,1)$. Das heißt, für $z \in E$ mit $\|z\| < r$ gilt dann $\|f(z)\| < 1$, insbesondere für $z \in E$ mit $z \neq 0$ mit $\|\frac{1}{\|z\|} \cdot \frac{r}{2} \cdot z\| < r$ dann $\|f(\frac{1}{\|z\|} \cdot \frac{r}{2} \cdot z)\| < 1$, womit dann $\|f(z)\| < \frac{2}{r} \cdot \|z\|$, für alle $z \in E$, gilt.

d) $\Rightarrow$ a): Nach Voraussetzung gilt die Beziehung $\|f(z-x)\| \leq c \cdot \|z-x\|$ mit $x, z \in E$, woraus für $r > 0$ dann $f(K(x, \frac{r}{c})) \subset K(f(x), r)$ folgt.

A2.426.02: Begründen Sie (ohne Rechnungen), daß die in Beispiel 2.428.4/4 angegebene Vorschrift für $\|f\|_n$ tatsächlich eine Norm auf $C^n([a,b], \mathbb{R})$ ist, und bilden Sie einfache Beispiele zu $C^2([0,1], \mathbb{R})$.

B2.426.02: Betrachtet man zu jedem $f \in C^n([a,b], \mathbb{R})$ das $n+1$-Tupel $(\|f\|_S, \|f'\|_S, ..., \|f^{(n)}\|_S)$ sowie die Menge $D^n \subset \mathbb{R}^{n+1}$ aller dieser Tupel, dann ist $\|f\|_n = max(\|f\|_S, \|f'\|_S, ..., \|f^{(n)}\|_S)$. Das bedeutet, daß damit gerade die auf D^n eingeschränkte Maximum-Norm auf $\mathbb{R}^{n+1}$ vorliegt.

Beispiele:
1. Für $f : [0,1] \longrightarrow \mathbb{R}$ mit $f(x) = x^3 + 1$ gilt $\|f\|_2 = max(\|f\|_S, \|f'\|_S, \|f''\|_S) = max(2, 3, 6) = 6$.
2. Für $f : [0,1] \longrightarrow \mathbb{R}$ mit $f = exp_e$ gilt $\|f\|_2 = max(\|f\|_S, \|f'\|_S, \|f''\|_S) = max(e, e, e) = e$.
3. Die Funktion $log_e : (0, \star) \longrightarrow \mathbb{R}$ kommt in diesem Zusammenhang nicht in Frage wegen $[0,1] \not\subset D(log_e)$. Die diesbezügliche Theorie setzt wegen der Existenz von Suprema von $Bild(f)$ abgeschlossene Intervalle als Definitionsbereiche von Funktionen f voraus. Man kann aber beispielsweise $log_e \in C^n([\frac{1}{2}, 1], \mathbb{R})$ betrachten, wobei für diese Situation dann folgender Sachverhalt gilt:
$\|log_e\|_2 = max(\|log_e\|_S, \|log'_e\|_S, \|log''_e\|_S) = max(\|log_e\|_S, \|\frac{1}{id}\|_S, \|-\frac{1}{id^2}\|_S) = max(0, 2, -1) = 2$.

2.434 KOMPAKTE TOPOLOGISCHE RÄUME

A2.434.01: Man nennt eine Funktion $f : X \longrightarrow \mathbb{R}$ mit topologischem Raum X *lokal beschränkt*, wenn es zu jedem Element $x \in X$ eine Umgebung $U(x)$ von x gibt, in der f beschränkt ist, also eine Zahl $c_U \in \mathbb{R}$ mit $f(U) \leq c_U$ existiert.
Zeigen Sie: Ist $f : X \longrightarrow \mathbb{R}$ lokal beschränkt mit kompaktem topologischen Raum X, dann ist f auch global beschränkt, das heißt, es existiert eine Zahl $c \in \mathbb{R}$ mit $f(X) \leq c$.

B2.434.01: Ist $\underline{U}$ eine offene Überdeckung von X, so bedeutet die Kompaktheit von X, daß $\underline{U}$ eine endliche offene Überdeckung $\underline{E}$ von X enthält. Da nun zu jedem Element $x \in X$ ein $U \in \underline{E}$ mit $x \in U$ existiert, gilt $f(x) \in f(U) \subset \bigcup_{U \in \underline{E}} f(U) = Bild(f)$. Somit gilt die Beziehung
$$Bild(f) = \bigcup_{U \in \underline{E}} f(U) \leq max\{c_U \mid U \in \underline{E}\} \in \mathbb{R}$$
mit $f(U) \leq c_U$, für alle $U \in \underline{E}$ (nach Voraussetzung), also ist $f : X \longrightarrow \mathbb{R}$ global beschränkt.

A2.434.02: Beweisen Sie das folgende *Lemma von Lebesgue*: Zu jeder kompakten Teilmenge K eines kompakten metrischen Raums (M, d), die eine offene Überdeckung $\underline{U}$ besitze, existiert eine Zahl $t > 0$, die sogenannte *Lebesguesche Zahl zu $\underline{U}$*, mit folgender Eigenschaft: Für jedes Element $x \in K$ ist die Kugel $U_t(x)$ in einer Umgebung $U \in \underline{U}$ enthalten.
Anmerkung: Zu einer Teilmenge $T \subset M$ nennt man die Zahl $diam(T) = sup\{d(u, v) \mid u, v \in T\}$ den *Durchmesser* von T. Für die Kugeln $U_t(x) = \{y \in M \mid d(x, y) \leq t\}$, den Kugeln mit Radius t (im Fall $d(x, y) < t$ dann den offenen Kugeln), gilt $diam(U_{\frac{t}{2}}) \leq 2 \cdot \frac{t}{2} = t$.

B2.434.02: Man betrachte den kompakten Raum (K, d_K) mit der auf K eingeschränkten Metrik $d_K = d \mid K \times K$. Wegen der Kompaktheit von K besitzt K eine endliche offene Überdeckung $\underline{E} \subset \underline{U}$. Dann gilt im einzelnen:
a) Für jedes Element $U \in \underline{E}$ sind die Funktionen $f_U : K \longrightarrow \mathbb{R}$, definiert durch die Zuordnungsvorschriften $f_U(x) = inf\{d(x, u) \mid u \in K \setminus U\} = d(x, K \setminus U)$, stetig.
b) Die Funktion $f : K \longrightarrow \mathbb{R}$, definiert durch $f(x) = max\{f_U(x) \mid U \in \underline{E}\}$, ist stetig.
c) Mit der Kompaktheit von K ist auch das Bild $f(K)$ von K unter f kompakt, also abgeschlossen und beschränkt. Es gibt also das Element $z = inf(f(K))$ mit $z \in f(K)$. Dabei gilt $z > 0$, denn nimmt man $z = 0$ an, so gibt es ein Element $U \in \underline{E}$ mit $f_U(x)$ mit $x \in K$, also gilt $x \in K \setminus U$, woraus der Widerspruch $x \in \bigcap_{U \in \underline{E}} (K \setminus U) = \emptyset$ folgt.
d) Es sei nun t mit $0 < t < z$, ferner $x \in K$ beliebig gewählt. Dann gilt $f(x) \geq z$, also gibt es ein Element $U \in \underline{E}$ mit $f_U(x) \geq z$, folglich gilt $U_t(x) \subset U$.

A2.434.03: Ein Mengensystem $\underline{M} \subset Pot(M)$ über einer beliebigen Menge M hat die *Endliche Durchschnittseigenschaft (EDE)*, falls $\bigcap_{T \in \underline{E}} T \neq \emptyset$ für jede endliche Teilmenge $\underline{E}$ von $\underline{M}$ gilt. Zeigen Sie dazu:
Ein topologischer Raum X ist genau dann quasikompakt, wenn jedes System $\underline{F} \subset Pot(X)$ abgeschlossener Mengen, das die Eigenschaft *EDE* bsitzt, einen nicht-leeren Durchschnitt besitzt, also $\bigcap_{F \in \underline{F}} F \neq \emptyset$ gilt.
Corollar: Ist $\underline{F}$ ein System kompakter Teilmengen in $\mathbb{R}^n$ mit der Eigenschaft *EDE*, dann gilt $\bigcap_{F \in \underline{F}} F \neq \emptyset$.

B2.434.03: Zur Bearbeitung der Äquivalenzaussge die beiden folgenden Implikationen:
1. Es sei X quasikompakt, ferner $\underline{F} \subset Pot(X)$ ein System abgeschlossener Mengen, das die Eigenschaft *EDE* bsitzt. Nimmt man nun $\bigcap_{F \in \underline{F}} F = \emptyset$ an, dann ist das System $\{X \setminus F \mid F \in \underline{F}\}$ eine offene Überdeckung von X, die eine endliche offene Überdeckung $\{X \setminus F_1, ..., X \setminus F_k\}$ enthält, woraus aber $\bigcap_{1 \leq i \leq k} F_i = \emptyset$ im

Widerspruch zu *EDE* von $\underline{F}$ folgt.

2. Es sei $\underline{U}$ eine offene Überdeckung von X, dann gilt $\bigcap_{U \in \underline{U}} (X \setminus U) = \emptyset$. Nimmt man an, daß $\underline{U}$ keine endliche Überdeckung von X enthält, dann besitzt das System $\{X \setminus U \mid U \in \underline{U}\}$ die Eigenschaft *EDE*, folglich ist der Durchschnitt dieses Systems nicht leer, womit ein Widerspruch erzeugt ist.

3. Zum Corollar: Kompakte Teilmengen in $\mathbb{R}^n$ sind abgeschlossen (siehe Aufgabe A2.434.03).

A2.434.04: Es sei $f : X \longrightarrow Y$ eine bijektive Funktion topologischer Räume X und Y. Zeigen Sie:
1. Ist X quasikompakt und Y ein T_2-Raum, dann ist f topologisch (Homöomorphismus).
2. Ist X kompakt, dann ist f topologisch (Homöomorphismus).

B2.434.04: Zur Bearbeitung der Aufgabe im einzelnen:
1. Zunächst ist $X = f^u(Y)$ ebenfalls ein T_2-Raum und, da er quasikompakt ist, auch kompakt. Nach Lemma 2.418.8 folgt die Behauptung, wenn gezeigt ist, daß f abgeschlossen ist: Es sei $T \subset X$ abgeschlossen, dann ist T kompakt, folglich ist $f(T)$ kompakt und als Unterraum des T_2-Raums Y auch abgeschlossen (nach Bemerkung 2.434.8/5).

2. Dieser Teil folgt mit Teil 1, da stetige Bilder kompakter Unterräume kompakt sind.

A2.434.05: Ein topologischer Raum X heißt *lokal-kompakt*, falls er T_2-Raum ist und jedes Element $x \in X$ eine kompakte Umgebung besitzt. Beispielsweise sind $\mathbb{R}$ sowie $\mathbb{R}^n$ und $\mathbb{C}^n$ lokal-kompakt (aber nicht kompakt).
1. Zeigen Sie: Ist X lokal-kompakt und Z ein T_2-Raum, ferner $f : X \longrightarrow Z$ eine surjektive, stetige und offene Funktion, dann ist Z lokal-kompakt.
2. Welche Voraussetzungen sind an welche Gegenstände zu stellen, so daß man sagen kann, daß die Räume X_i des Produktraums $X_1 \times X_2$ lokal-kompakt sind?

B2.434.05: Zr Bearbeitung der Aufgabe im einzelnen:
1. Es sei ein Element $z \in Z$ betrachtet. Da f surjektiv ist, gibt es ein Element $x \in X$ mit $f(x) = z$. Da X lokal-kompakt ist, gibt es zu x eine kompakte Umgebung $U \in U(x)$, also gibt es in X eine offene Menge S mit $x \in S \subset U$, womit dann $z = f(x) \in f(S) \subset f(U)$ gilt. Dabei ist, da f offen ist, $f(S)$ offen in Z, weiterhin ist $f(U)$ kompakt, da f stetig und U kompakt ist. Somit ist $f(U)$ eine kompakte Umgebung von z.

2. Betrachtet man die beiden Projektionen $pr_i : X_1 \times X_2 \longrightarrow X_i$. dann ist zum Beweis der genannten Aussage vorauszusetzen: $X_1 \times X_2$ ist lokal-kompakt (etwa $\mathbb{R}^n$) und X_i sind T_2-Räume (ebenfalls etwa $\mathbb{R}^m$), ferner müssen die beiden Projektionen pr_i surjektiv (ist der Fall), stetig (ist der Fall) und offen (was noch zu zeigen wäre) sein.

2.456   Extrema differenzierbarer Funktionen $\mathbb{R}^2 \longrightarrow \mathbb{R}$

A2.456.01: Untersuchen Sie die Funktion $f : \mathbb{R}^2 \longrightarrow \mathbb{R}$ mit $f(x_1, x_2) = x_1^2 + x_2^2$ hinsichtlich Extrema.

B2.456.01: Zunächst gilt $N(Df) = \{(0,0)\}$, denn mit den Zuordnungsvorschriften
$$D_1 f(x_1, x_2) = f_1'(x_1) = 2x_1 \quad \text{und} \quad D_2 f(x_1, x_2) = f_2'(x_2) = 2x_2$$
gelten die folgenden Äquivalenzen: $(x_1, x_2) \in N(Df) \Leftrightarrow Df(x_1, x_2) = (0,0) \Leftrightarrow (D_1 f(x_1, x_2), D_2 f(x_1, x_2)) = (0,0) \Leftrightarrow (f_1'(x_1), f_2'(x_2)) = (0,0) \Leftrightarrow (2x_1, 2x_2) = (0,0) \Leftrightarrow (x_1, x_2) = (0,0)$.
Mit $D_{11} f(x_1, x_2) = (f_1' \circ f_1')(x_1) = f_1'(2x_1) = 2$ sowie $D_{22} f(x_1, x_2) = (f_2' \circ f_2')(x_2) = f_2'(2x_2) = 2$ und $D_{12} f(x_1, x_2) = (f_1' \circ f_2')(x_2) = f_1'(2x_2) = 0$, alle drei Funktionen sind also konstante Funktionen, gilt dann die Beziehung $D_{11} f(0,0) \cdot D_{22} f(0,0) = 2 \cdot 2 = 4 > 0 = (D_{12} f(0,0))^2$, somit ist der Punkt $(0,0)$ die Extremalstelle von f, ferner die Minimalstelle von f, denn es gilt $D_{11} f(0,0) = 2 > 0$.
Schließlich: Mit $f(0,0) = 0 + 0 = 0$ besitzt f das Minimum $((0,0), f(0,0)) = (0,0,0)$.

A2.456.02: Untersuchen Sie die Funktion $f : \mathbb{R}^2 \longrightarrow \mathbb{R}$ mit $f(x_1, x_2) = x_1^3 + x_2^3$ hinsichtlich Extrema.

B2.456.02: Zunächst gilt $N(Df) = \{(0,0)\}$, denn mit den Zuordnungsvorschriften
$$D_1 f(x_1, x_2) = f_1'(x_1) = 3x_1^2 \quad \text{und} \quad D_2 f(x_1, x_2) = f_2'(x_2) = 3x_2^2$$
gelten die folgenden Äquivalenzen: $(x_1, x_2) \in N(Df) \Leftrightarrow Df(x_1, x_2) = (0,0) \Leftrightarrow (D_1 f(x_1, x_2), D_2 f(x_1, x_2)) = (0,0) \Leftrightarrow (f_1'(x_1), f_2'(x_2)) = (0,0) \Leftrightarrow (3x_1^2, 3x_2^2) = (0,0) \Leftrightarrow (x_1, x_2) = (0,0)$.
Mit $D_{11} f(x_1, x_2) = (f_1' \circ f_1')(x_1) = f_1'(3x_1^2) = 6x_1$ sowie $D_{22} f(x_1, x_2) = (f_2' \circ f_2')(x_2) = f_2'(3x_2^2) = 6x_2$ und $D_{12} f(x_1, x_2) = (1_2' \circ f_2')(x_2) = f_1'(3x_2^2) = 0$ gilt dann die Beziehung $D_{11} f(0,0) \cdot D_{22} f(0,0) = 0 \cdot 0 = 0 = (D_{12} f(0,0))^2$, somit liegt über den Punkt $(0,0)$ keine Auskunft hinsichtlich Extremaleigenschaft vor.

Anmerkung: Hinsichtlich der beiden vorstehenden Aufgaben beachte man die Analogie zu den beiden Funktionen $f : \mathbb{R} \longrightarrow \mathbb{R}$ mit $f(x) = x^2$ und mit $f(x) = x^3$.

A2.456.03: Untersuchen Sie die Funktion $f : \mathbb{R}^2 \longrightarrow \mathbb{R}$ mit $f(x_1, x_2) = x_1^n + x_2^n$ mit beliebigem Exponenten $n \in \mathbb{N}$ hinsichtlich Extrema.

B2.456.03: Zur Bearbeitung der Aufgabe im einzelnen:
1. Nach Aufgabenstellung ist zunächst die Funktion $f : \mathbb{R}^2 \longrightarrow \mathbb{R}$ mit $f(x_1, x_2) = x_1 + x_2$ zu untersuchen: Zunächst gilt $N(Df) = \emptyset$, wie die Zuordnungsvorschriften
$$D_1 f(x_1, x_2) = f_1'(x_1) = 1 \quad \text{und} \quad D_2 f(x_1, x_2) = f_2'(x_2) = 1$$
mit den Äquivalenzen $(x_1, x_2) \in N(Df) \Leftrightarrow Df(x_1, x_2) = (0,0) \Leftrightarrow (1,1) = (0,0)$ zeigen. Wegen der generell geltenden Inklusion $Ex(f) \subset N(Df)$ besitzt f also keine Extrema.

2. Für die Funktionen $f : \mathbb{R}^2 \longrightarrow \mathbb{R}$ mit $f(x_1, x_2) = x_1^n + x_2^n$ (mit $n > 2$) gelten folgende Sachverhalte: Zunächst gilt $N(Df) = \{(0,0)\}$, denn mit den Zuordnungsvorschriften
$$D_1 f(x_1, x_2) = f_1'(x_1) = n x_1^{n-1} \quad \text{und} \quad D_2 f(x_1, x_2) = f_2'(x_2) = n x_2^{n-1}$$
gilt: $(x_1, x_2) \in N(Df) \Leftrightarrow Df(x_1, x_2) = (0,0) \Leftrightarrow (D_1 f(x_1, x_2), D_2 f(x_1, x_2)) = (0,0) \Leftrightarrow (f_1'(x_1), f_2'(x_2)) = (0,0) \Leftrightarrow (n x_1^{n-1}, n x_2^{n-1}) = (0,0) \Leftrightarrow (x_1, x_2) = (0,0)$.
Mit $D_{11} f(x_1, x_2) = (f_1' \circ f_1')(x_1) = f_1'(n x_1^{n-1}) = n(n-1) x_1^{n-2}$ sowie $D_{22} f(x_1, x_2) = (f_2' \circ f_2')(x_2) = f_2'(n x_2^{n-1}) = n(n-1) x_2^{n-2}$ und $D_{12} f(x_1, x_2) = (f_1' \circ f_2')(x_2) = f_1'(n x_2^{n-1}) = 0$ gilt dann die Beziehung $D_{11} f(0,0) \cdot D_{22} f(0,0) = 0 \cdot 0 = 0 = (D_{12} f(0,0))^2$, somit liegt über den Punkt $(0,0)$ keine Auskunft hinsichtlich Extremaleigenschaft vor.

A2.456.04: Untersuchen Sie die Funktion $f : \mathbb{R}^2 \longrightarrow \mathbb{R}$ mit $f(x_1, x_2) = x_1^n + x_2^m$ mit beliebiger Kombination (n, m) von Exponenten $n, m \in \mathbb{N}$ hinsichtlich Extrema.

B2.456.04: Die Fälle $n = m$ sind bereits mit den obigen Aufgaben behandelt, es bleiben also einige besondere Kombinationen sowie die allgemeine Kombination von (n, m) zu untersuchen:

1. Der Fall $(n,m) = (1,2)$ liefert eine leere Nullstellenmenge von Df, also keine Extrema von f.

2. Der Fall $(n,m) = (2,3)$ liefert die Nullstelle $(0,0)$ von Df, über die aber keine weitere Auskunft hinsichtlich Extremaleigenschaft vorliegt.

3. Der Fall (n,m) mit $n, m > 2$ liefert die Nullstelle $(0,0)$ von Df, über die aber keine weitere Auskunft hinsichtlich Extremaleigenschaft vorliegt. (Rein formal kann man analog argumentieren wie in B2.456.03/2, wobei das zweite Auftreten von n durch m zu ersetzen ist.)

A2.456.05: Untersuchen Sie die folgenden Funktionen $f : \mathbb{R}^2 \longrightarrow \mathbb{R}$ hinsichtlich Extrema:
1. $f(x_1, x_2) = x_1^2 x_2 + \frac{1}{3}x_2^3 - 4x_2 + x_1 x_2^2$
2. $f(x_1, x_2) = \frac{1}{3}x_1^3 - 7x_1 - x_2 + x_1^2 x_2 - x_1 x_2^2 + \frac{1}{3}x_2^3$
3. $f(x_1, x_2) = 2x_1^3 - 24x_1 - 18x_2 + 3x_2^3$
4. $f(x_1, x_2) = -2x_2^2 - 7x_1 - 3x_1 - x_2 + 64 + 3x_2^2$
5. $f(x_1, x_2) = 2x_1^2 - x_1 - x_2 + 2 + \frac{9}{2}x_2^2$
6. $f(x_1, x_2) = \frac{1}{3}x_1^3 - x_1^2 - 12x_2 + x_2^3$

B2.456.05: Zur Bearbeitung der Aufgabe im einzelnen:

1. Zunächst gilt $N(Df) = \{(-2,0), (-2,4), (2,0), (2,-4)\}$, denn mit den Zuordnungsvorschriften
$$D_1f(x_1, x_2) = f_1'(x_1) = 2x_1x_2 + x_2^2 \quad \text{und} \quad D_2f(x_1, x_2) = f_2'(x_2) = x_1^2 + x_2^2 - 4 + 2x_1x_2$$
liefert das System der beiden Gleichungen $2x_1x_2 + x_2^2 = 0$ und $x_1^2 + x_2^2 - 4 + 2x_1x_2 = 0$ durch Subtraktion die weitere Gleichung $x_1^2 - 4 = 0$ mit den beiden Lösungen $x_1 = \{-2, 2\}$.

a) Für $x_1 = -2$ liefert die erste Gleichung dann $x_2(-4 + x_2) = 0$ mit den beiden Lösungen $x_2 = \{0, 4\}$, also gilt zunächst die Inklusion $\{-2\} \times \{0,4\} = \{(-2,0), (-2,4)\} \subset N(Df)$.

b) Für $x_1 = 2$ liefert die erste Gleichung dann $x_2(4 + x_2) = 0$ mit den beiden Lösungen $x_2 = \{0, -4\}$, also gilt dann weiterhin die Inklusion $\{2\} \times \{0,-4\} = \{(2,0), (2,-4)\} \subset N(Df)$.

Damit ist $N(Df) = (\{-2\} \times \{0,4\}) \cup (\{2\} \times \{0,-4\}) = \{(-2,0), (-2,4), (2,0), (2,-4)\}$.

Mit den Funktionswerten $D_{11}f(x_1, x_2) = 2x_2$ sowie $D_{22}f(x_1, x_2) = 2x_1 + 2x_2$ und $D_{12}f(x_1, x_2) = 2$ gilt:
$D_{11}f(-2,0) \cdot D_{22}f(-2,0) = 0 \cdot (-4) = 0 < 4 = (D_{12}f(-2,0))^2$, also ist $(-2,0)$ keine Extremstelle,
$D_{11}f(-2,4) \cdot D_{22}f(-2,4) = 8 \cdot 4 = 32 > 4 = (D_{12}f(-2,4))^2$, also ist $(-2,4)$ eine Extremstelle,
$D_{11}f(2,0) \cdot D_{22}f(2,0) = 0 \cdot 4 = 0 < 4 = (D_{12}f(2,0))^2$, also ist $(2,0)$ keine Extremstelle,
$D_{11}f(2,-4) \cdot D_{22}f(2,-4) = (-8) \cdot (-4) = 32 > 4 = (D_{12}f(2,-4))^2$, also ist $(2,-4)$ eine Extremstelle.

Es bleibt noch zu prüfen, ob die beiden Extremstellen Maximal- oder Minimalstellen von f sind:
$(-2,4)$ ist wegen $D_{11}f(-2,4) = 8 > 0$ die Minimalstelle von f und liefert das Minimum $(-2, 4, -\frac{64}{3})$.
$(2,-4)$ ist wegen $D_{11}f(2,-4) = -8 < 0$ die Maximalstelle von f und liefert das Maximum $(2, -4, \frac{64}{3})$.

2. Zunächst gilt $N(Df) = \{(-2,-1), (-2,-3), (2,1), (2,3)\}$, denn mit den Zuordnungsvorschriften
$$D_1f(x_1, x_2) = f_1'(x_1) = x_1^2 + 2x_1x_2 - x_2^2 - 7 \quad \text{und} \quad D_2f(x_1, x_2) = f_2'(x_2) = x_1^2 - 2x_1x_2 + x_2^2 - 1$$
liefert das System der beiden Gleichungen $x_1^2 + 2x_1x_2 - x_2^2 - 7 = 0$ und $x_1^2 - 2x_1x_2 + x_2^2 - 1 = 0$ durch Addition die weitere Gleichung $2x_1^2 - 8 = 0$ mit den beiden Lösungen $x_1 = \{-2, 2\}$.

a) Für $x_1 = -2$ liefert die erste Gleichung dann $x_2^2 + 4x_2 + 3 = 0$ mit den beiden Lösungen $x_2 = \{-1, -3\}$, also gilt zunächst die Inklusion $\{-2\} \times \{-1,-3\} = \{(-2,-1), (-2,-3)\} \subset N(Df)$.

b) Für $x_1 = 2$ liefert die erste Gleichung dann $x_2^2 - 4x_2 + 3 = 0$ mit den beiden Lösungen $x_2 = \{1, 3\}$, also gilt dann weiterhin die Inklusion $\{2\} \times \{1,3\} = \{(2,1), (2,3)\} \subset N(Df)$.

Damit ist $N(Df) = (\{-2\} \times \{-1,-3\}) \cup (\{2\} \times \{1,3\}) = \{(-2,-1), (-2,-3), (2,1), (2,3)\}$.

Mit $D_{11}f(x_1, x_2) = 2x_1 + 2x_2$ sowie $D_{22}f(x_1, x_2) = -2x_1 + 2x_2$ und $D_{12}f(x_1, x_2) = -2$ gilt:
$D_{11}f(-2,-1) \cdot D_{22}f(-2,-1) = (-6) \cdot 2 = -12 < 4 = (D_{12}f(-2,-1))^2$, also $(-2,-1)$ keine Extremstelle,
$D_{11}f(-2,-3) \cdot D_{22}f(-2,-3) = (-10) \cdot (-2) = 20 > 4 = (D_{12}f(-2,-3))^2$, also $(-2,-3)$ eine Extremstelle,
$D_{11}f(2,1) \cdot D_{22}f(2,1) = 6 \cdot (-2) = -12 < 4 = (D_{12}f(2,1))^2$, also ist $(2,1)$ keine Extremstelle,
$D_{11}f(2,3) \cdot D_{22}f(2,3) = 10 \cdot 2 = 20 > 4 = (D_{12}f(2,3))^2$, also ist $(2,3)$ eine Extremstelle.

Es bleibt noch zu prüfen, ob die beiden Extremstellen Maximal- oder Minimalstellen von f sind:
$(2,3)$ ist wegen $D_{11}f(2,3) = 10 > 0$ die Minimalstelle von f und liefert das Minimum $(2,3,-\frac{34}{3})$ von f.
$(-2,-3)$ ist wegen $D_{11}f(-2,-3) = -10 < 0$ die Maximalstelle von f und liefert somit schließlich das Maximum $(-2,-3,\frac{34}{3})$ von f.

3. Zunächst gilt $N(Df) = \{(-2,3),(2,3)\}$, denn mit den Zuordnungsvorschriften
$$D_1 f(x_1,x_2) = f_1'(x_1) = 6x_1^2 - 24 \quad \text{und} \quad D_2 f(x_1,x_2) = f_2'(x_2) = 6x_2 - 18$$
liefert die Gleichung $6x_1^2 - 24 = 0$ die beiden Lösungen $x_1 = \{-2,2\}$, die zweite Gleichung $6x_2 - 18 = 0$ die eine Lösung $x_2 = \{3\}$.
Damit liegt die Nullstellenmenge $N(Df) = \{-2,2\} \times \{3\} = \{(-2,3),(2,3)\}$ vor.
Mit $D_{11}f(x_1,x_2) = 12x_1$ sowie $D_{22}f(x_1,x_2) = 6$ und $D_{12}f(x_1,x_2) = 0$ gilt:
$D_{11}f(-2,3) \cdot D_{22}f(-2,3) = (-24) \cdot 6 < 0 = (D_{12}f(-2,3))^2$, also ist $(-2,3)$ keine Extremstelle,
$D_{11}f(2,3) \cdot D_{22}f(2,3) = 24 \cdot 6 > 0 = (D_{12}f(-2,-3))^2$, also ist $(2,3)$ eine Extremstelle von f.

Es bleibt noch zu prüfen, ob die Extremstelle Maximal- oder Minimalstelle von f ist:
$(2,3)$ ist wegen $D_{11}f(2,3) = 24 > 0$ die Minimalstelle von f und liefert das Minimum $(2,3,-59)$ von f.

4. Zunächst gilt $N(Df) = \{(-\frac{3}{4},\frac{1}{6})\}$, denn mit den Zuordnungsvorschriften
$$D_1 f(x_1,x_2) = f_1'(x_1) = -4x_1 - 3 \quad \text{und} \quad D_2 f(x_1,x_2) = f_2'(x_2) = 6x_2 - 1$$
liefert die Gleichung $-4x_1^2 - 3 = 0$ die eine Lösung $x_1 = \{-\frac{3}{4}\}$, die zweite Gleichung $6x_2 - 1 = 0$ die eine Lösung $x_2 = \{\frac{1}{6}\}$. Damit liegt die Nullstellenmenge $N(Df) = \{(-\frac{3}{4},\frac{1}{6})\}$ vor.
Mit $D_{11}f(x_1,x_2) = -4$ sowie $D_{22}f(x_1,x_2) = 6$ und $D_{12}f(x_1,x_2) = 0$ gilt:
$D_{11}f(-\frac{3}{4},\frac{1}{6}) \cdot D_{22}f(-\frac{3}{4},\frac{1}{6}) = (-4) \cdot 6 < 0 = (D_{12}f(-\frac{3}{4},\frac{1}{6}))^2$, also ist $(-\frac{3}{4},\frac{1}{6})$ keine Extremstelle von f.

5. Zunächst gilt $N(Df) = \{(\frac{1}{4},\frac{1}{9})\}$, denn mit den Zuordnungsvorschriften
$$D_1 f(x_1,x_2) = f_1'(x_1) = 4x_1 - 1 \quad \text{und} \quad D_2 f(x_1,x_2) = f_2'(x_2) = 9x_2 - 1$$
liefert die Gleichung $4x_1^2 - 1 = 0$ die eine Lösung $x_1 = \{\frac{1}{4}\}$, die zweite Gleichung $9x_2 - 1 = 0$ die eine Lösung $x_2 = \{\frac{1}{9}\}$. Damit liegt die Nullstellenmenge $N(Df) = \{(\frac{1}{4},\frac{1}{9})\}$ vor.
Mit $D_{11}f(x_1,x_2) = 4$ sowie $D_{22}f(x_1,x_2) = 9$ und $D_{12}f(x_1,x_2) = 0$ gilt:
$D_{11}f(\frac{1}{4},\frac{1}{9}) \cdot D_{22}f(\frac{1}{4},\frac{1}{9}) = 4 \cdot 9 > 0 = (D_{12}f(\frac{1}{4},\frac{1}{9}))^2$, also ist $(\frac{1}{4},\frac{1}{9})$ die Extremstelle von f.

Es bleibt noch zu prüfen, ob die Extremstelle Maximal- oder Minimalstelle von f ist:
$(\frac{1}{4},\frac{1}{9})$ ist wegen $D_{11}f(\frac{1}{4},\frac{1}{9}) = 4 > 0$ die Minimalstelle von f und liefert das Minimum $(\frac{1}{4},\frac{1}{9},\frac{131}{72})$ von f.

6. Zunächst gilt $N(Df) = \{(0,-2),(0,2),(2,-2),(2,2)\}$, denn mit den Zuordnungsvorschriften
$$D_1 f(x_1,x_2) = f_1'(x_1) = x_1^2 - 2x_1 \quad \text{und} \quad D_2 f(x_1,x_2) = f_2'(x_2) = 3x_2^2 - 12$$
liefert die Gleichung $x_1^2 - 2x_1 = 0$ die beiden Lösungen $x_1 = \{0,2\}$, die zweite Gleichung $3x_2^2 - 12 = 0$ die beiden Lösungen $x_2 = \{-2,2\}$.
Damit liegt die Nullstellenmenge $N(Df) = \{0,2\} \times \{-2,2\} = \{(0,-2),(0,2),(2,-2),(2,2)\}$ vor.
Mit den Funktionswerten $D_{11}f(x_1,x_2) = 2x_1 - 2$ sowie $D_{22}f(x_1,x_2) = 6x_2$ und $D_{12}f(x_1,x_2) = 0$ gilt:
$D_{11}f(0,-2) \cdot D_{22}f(0,-2) = (-2) \cdot (-12) = 24 > 0 = (D_{12}f(0,-2))^2$, also ist $(0,-2)$ eine Extremstelle,
$D_{11}f(0,2) \cdot D_{22}f(0,2) = (-2) \cdot 12 = -24 < 0 = (D_{12}f(0,2))^2$, also ist $(0,2)$ keine Extremstelle,
$D_{11}f(2,-2) \cdot D_{22}f(2,-2) = 2 \cdot (-12) < 0 = (D_{12}f(2,-2))^2$, also ist $(2,-2)$ keine Extremstelle,
$D_{11}f(2,2) \cdot D_{22}f(2,2) = 2 \cdot 12 = 24 > 0 = (D_{12}f(2,2))^2$, also ist $(2,2)$ eine Extremstelle von f.

Es bleibt noch zu prüfen, ob die beiden Extremstellen Maximal- oder Minimalstellen von f sind:
$(2,2)$ ist wegen $D_{11}f(2,2) = 2 > 0$ die Minimalstelle von f und liefert das Minimum $(2,2,-\frac{52}{3})$.
$(0,-2)$ ist wegen $D_{11}f(0,-2) = -2 < 0$ die Maximalstelle von f und liefert das Maximum $(0,-2,16)$.

2.506 INTEGRATION VON PRODUKTEN

A2.506.01: Berechnen Sie unter Verwendung von Satz 2.506.1 die Integrale der Funktionen
    a) cos^2 b) log_e c) $id \cdot exp_e$ d) $id^2 \cdot exp_e$
und geben Sie dabei jeweils f und g gemäß der in Satz 2.506.1 genannten Formel $\int(fg') = fg - \int(f'g)$ an. Bestätigen Sie das jeweilige Resultat anschließend durch Differentiation.

B2.506.01: Zur Bearbeitung der einzelnen Aufgaben:
a) Mit den Daten $f = cos$ und $f' = -sin$ sowie $g' = cos$ und $g = sin$ in der genannten Formel ist
$\int cos^2 = cos \cdot sin - \int(-sin^2) = sin \cdot cos + \int(1 - cos^2) = sin \cdot cos + \int 1 - \int cos^2 = sin \cdot cos + id - \int cos^2$,
woraus dann $2 \cdot \int cos^2 = sin \cdot cos + id + \mathbb{R}$ und schließlich $\int cos^2 = \frac{1}{2}(sin \cdot cos + id) + \mathbb{R}$ folgt.
Differentiation liefert $(\frac{1}{2}(sin \cdot cos + id))' = \frac{1}{2}(sin \cdot cos)' + id') = \frac{1}{2}(sin' \cdot cos + sin \cdot cos' + 1)$
$= \frac{1}{2}(cos \cdot cos - sin \cdot sin + 1) = \frac{1}{2}(cos^2 - sin^2 + 1) = \frac{1}{2}(cos^2 + cos^2) = cos^2$.

b) Mit den Daten $f = log_e$ und $f' = \frac{1}{id}$ sowie $g' = 1$ und $g = id$ in der Formel $\int(g'f) = gf - \int(gf')$ ist
$\int log_e = \int(1 \cdot log_e) = id \cdot log_e - \int(id \cdot \frac{1}{id}) = id \cdot log_e - \int 1 = id \cdot log_e - id + \mathbb{R} = id(log_e - 1) + \mathbb{R}$.
Differentiation liefert $(id(log_e + 1))' = id' \cdot (log_e - 1) + id \cdot (log_e - 1)' = (log_e - 1) + id \cdot \frac{1}{id} = (log_e - 1) + 1 = log_e$.

c) Mit den Daten $f = id$ und $f' = 1$ sowie $g' = exp_e$ und $g = exp_e$ in der genannten Formel ist
$\int(id \cdot exp_e) = id \cdot exp_e - \int(exp_e \cdot 1) = id \cdot exp_e - exp_e + \mathbb{R} = exp_e(id - 1) + \mathbb{R}$.
Differentiation liefert $(exp_e(id - 1))' = exp_e' \cdot (id - 1) + exp_e \cdot (id - 1)' = exp_e \cdot (id - 1) + exp_e = id \cdot exp_e$.

c) Mit den Daten $f = id^2$ und $f' = 2 \cdot id$ sowie $g' = exp_e$ und $g = exp_e$ in der genannten Formel ist
$\int(id^2 \cdot exp_e) = id^2 \cdot exp_e - \int(2 \cdot id \cdot exp_e) = id^2 \cdot exp_e - 2 \cdot \int(id \cdot exp_e) = id^2 \cdot exp_e - 2 \cdot exp_e(id - 1) + \mathbb{R}$
$= exp_e(id^2 - 2 \cdot id + 2) + \mathbb{R}$ unter Verwendung von c), also zweimaliger Anwendung der Formel.
Differentiation liefert $(exp_e(id^2 - 2 \cdot id + 2))' = exp_e'(id^2 - 2 \cdot id + 2) + exp_e(id^2 - 2 \cdot id + 2)'$
$= exp_e(id^2 - 2 \cdot id + 2) + exp_e(2 \cdot id - 2) = id^2 \cdot exp_e$.

A2.506.02: Wie kann man die Formel $(f^n)' = n \cdot f^{n-1} \cdot f'$ für Potenzen zur Integration nutzen?

B2.506.02: Die Formel $(f^n)' = n \cdot f^{n-1} \cdot f'$ liefert $f^n = \int(f^n)' = \int(n \cdot f^{n-1} \cdot f') = n \cdot \int(f^{n-1} \cdot f')$,
somit gilt $\int(f^{n-1} \cdot f') = \frac{1}{n} \cdot f^n + \mathbb{R}$, für alle $n \in \mathbb{N}$.

A2.506.03: Berechnen Sie das Integral der durch $f = sin^3 \cdot cos$ definierten Funktion $f : \mathbb{R} \longrightarrow \mathbb{R}$.

B2.506.03: Beachtet man $cos = sin'$, dann liefert die Bearbeitung von Aufgabe A2.506.02 zu der durch $f = sin^3 \cdot cos$ definierten Funktion $f : \mathbb{R} \longrightarrow \mathbb{R}$ unmittelbar das Integral $\int f = \int(sin^3 \cdot cos) = \int(sin^3 \cdot sin') = \frac{1}{4} \cdot sin^4 + \mathbb{R}$ (wie man auch sofort durch Differentiation nach der in A2.506.02 genannten Formel bestätigt).

A2.506.04: Berechnen Sie das Integral der Funktion $h : \mathbb{R}^+ \longrightarrow \mathbb{R}$ mit $h(x) = (x + x^2) \cdot log_e$ und kontrollieren Sie das Berechnungsergebnis durch Differentiation.

B2.506.04: Wendet man die Formel $\int(fg') = fg - \int(f'g)$ auf die Funktionen $f = log_e$ und $g' = id + id^2$ an, so gilt mit den beiden weiteren Bausteinen $f' = \frac{1}{id}$ und $g = \frac{1}{2}id^2 + \frac{1}{3}id^3$ dann
$\int h = \int(log_e \cdot (id + id^2)) = (\frac{1}{2}id^2 + \frac{1}{3}id^3) \cdot log_e - \int(\frac{1}{id} \cdot (\frac{1}{2}id^2 + \frac{1}{3}id^3)) = (\frac{1}{2}id^2 + \frac{1}{3}id^3) \cdot log_e - \int(\frac{1}{2}id + \frac{1}{3}id^2)$
$= (\frac{1}{2}id^2 + \frac{1}{3}id^3) \cdot log_e - \int(\frac{1}{2}id) - \int(\frac{1}{3}id^2) = (\frac{1}{2}id^2 + \frac{1}{3}id^3) \cdot log_e - \frac{1}{4}id^2 - \frac{1}{9}id^3 + \mathbb{R}$
$= \frac{1}{2}id^2(log_e - \frac{1}{2}) + \frac{1}{3}id^3(log_e - \frac{1}{3}) + \mathbb{R}$.
Differentiation liefert dann umgekehrt
$(\frac{1}{2}id^2(log_e - \frac{1}{2}) + \frac{1}{3}id^3(log_e - \frac{1}{3}))' = \frac{1}{2}(2 \cdot id(log_e - \frac{1}{2}) + id^2 \cdot \frac{1}{id}) + \frac{1}{3}(3 \cdot id^2(log_e - \frac{1}{3}) + id^2 \cdot \frac{1}{id}) =$
$id(log_e - \frac{1}{2}) + \frac{1}{2} \cdot id + id^2(log_e - \frac{1}{3}) + \frac{1}{3} \cdot id = (id + id^2) \cdot log_e - \frac{1}{2} \cdot id + \frac{1}{2} \cdot id - \frac{1}{3} \cdot id + \frac{1}{3} \cdot id = (id + id^2) \cdot log_e$.

2.507 INTEGRATION VON KOMPOSITIONEN

A2.507.01: Berechnen Sie das Integral der durch $f(x) = \frac{x}{\sqrt{2x+4}}$ definierten Funktion $f : [-2, \star) \longrightarrow \mathbb{R}$.

B2.507.01: Gesucht ist das Integral der durch $f(x) = \frac{x}{\sqrt{2x+4}}$ definierten Funktion $f : [-2, \star) \longrightarrow \mathbb{R}$. Betrachtet man dazu die beiden bijektiven Funktionen $u : [-2, \star) \longrightarrow [0, \star)$ mit $u = \sqrt{2 \cdot id + 4}$ und $v = u^{-1} : [0, \star) \longrightarrow [-2, \star)$ mit $v = \frac{1}{2} \cdot id^2 - 2$, dann ist $g = (f \circ v) \cdot v' = \frac{\frac{1}{2} \cdot id^2 - 2}{\sqrt{id^2 - 4 + 4}} \cdot id = \frac{1}{2} \cdot id^2 - 2$ mit einer Stammfunktion $G = \frac{1}{6} \cdot id^3 - 2 \cdot id$ und die Funktion $F = G \circ u = \frac{1}{6}(2 \cdot id + 4)\sqrt{2 \cdot id + 4} - 2\sqrt{2 \cdot id + 4} = \frac{1}{3}(id - 4)\sqrt{2 \cdot id + 4}$ eine Stammfunktion zu f.

A2.507.02: Berechnen Sie das Integral der durch $f(x) = \frac{x}{\sqrt{x^2+4}}$ definierten Funktion $f : \mathbb{R}_0^+ \longrightarrow \mathbb{R}$.

B2.507.02: Gesucht ist das Integral der durch $f(x) = \frac{x}{\sqrt{x^2+4}}$ definierten Funktion $f : \mathbb{R}_0^+ \longrightarrow \mathbb{R}$. Betrachtet seien die bijektiven Funktionen $u : \mathbb{R}_0^+ \longrightarrow [4, \star)$ mit $u = id^2 + 4$ und $v = u^{-1} : [4, \star) \longrightarrow \mathbb{R}_0^+$ mit $v = \sqrt{id - 4}$, dann ist $g = (f \circ v) \cdot v' = (f \circ \sqrt{id - 4}) \cdot \frac{1}{2\sqrt{id-4}} = \frac{1}{2\sqrt{id}} = \frac{1}{2} \cdot id^{-\frac{1}{2}}$ mit einer Stammfunktion $G = id^{\frac{1}{2}}$ und die Funktion $F = G \circ u = id^{\frac{1}{2}} \circ (id^2 + 4) = \sqrt{id^2 + 4}$ eine Stammfunktion zu f.

A2.507.03: Kann man in Bemerkung 2.507.6 mit den dort verwendeten Daten auch $g = (f \circ u) \cdot u'$ betrachten? Wenn ja, testen Sie diese Version am Beispiel 2.507.7/1 und kommentieren Sie das Ergebnis.

B2.507.03: In Bemerkung 2.507.6 lassen sich die Funktionen u und v dann gewissermaßen symmetrisch verwenden, wenn die zugehörigen Definitions- und Wertebereiche entsprechend eingerichtet werden (können). Daß das Vertauschen beider Funktionen aber im Sinne der Verwendung im allgemeinen nicht sinnvoll ist, zeigt bezüglich Beispiel 2.507.7/1 die Funktion $g = (f \circ u) \cdot u' = (f \circ (1 + id^2)) \cdot 2 \cdot id = \frac{2 \cdot (1 + id^2)}{1 + ((1+id^2)^2)^2}$, die also noch komplizierter als f gebaut ist. Die Wahl von $g = (f \circ u) \cdot u'$ ist also ungünstig und das Beispiel zeigt im Hinblick auf die Voraussetzung der leichten oder bekannten Integrierbarkeit von g, daß es bei der Anwendung der Substitutionsmethode auf eine geschickte Wahl von u und v ankommt (sofern sich solche Funktionen überhaupt finden lassen).

A2.507.04: Berechnen Sie das Integral der Funktion $f : [0, 6] \longrightarrow \mathbb{R}$ mit $f(x) = 3 \cdot \frac{\sqrt{6x - x^2}}{6x - x^2}$ nach der in Bemerkung 2.507.6 angegebenen Substitutionsmethode. Erläutern Sie aber zunächst, mit welcher Strategie man auf die Substitutions-Funktion v mit $v(x) = 6 \cdot sin^2(x)$ kommt. (Siehe auch Aufgabe A2.617.04.) Formulieren Sie das Ergebnis dann noch für eine Zahl $a > 0$ anstelle der Zahl 6.

B2.507.04: Zur Bearbeitung der Aufgabe im einzelnen:
1. Bei der Zuordnungsvorschrift von f treten Differenzen $6 \cdot id - id^2 = id(6 - id)$ auf, die kein weiteres Radizieren erlauben. Sucht man nun nach Möglichkeiten, Differenzen durch Produkte gewissermaßen zu ersetzen, so bietet sich die Beziehung $1 - sin^2 = cos^2$ an. Substituiert man also $id(6 - id)$ durch $6 \cdot sin^2(6 - 6 \cdot sin^2) = 36 \cdot sin^2(1 - sin^2) = 36 \cdot sin^2 \cdot cos^2$ so bietet sich die Substitutions-Funktion $v = 6 \cdot sin^2$ an. Dabei ist v eine bijektive Funktion $v : [0, \frac{\pi}{2}] \longrightarrow [0, 6]$ mit der inversen Funktion $u = v^{-1} : [0, 6] \longrightarrow [0, \frac{\pi}{2}]$ mit $u(x) = arcsin(\sqrt{\frac{1}{6}x})$, wie folgende Berechnungen auch zeigen:
Es gilt $(u \circ v)(x) = u(v(x)) = u(6 \cdot sin^2(x)) = arcsin(\sqrt{\frac{1}{6} \cdot 6 \cdot sin^2(x)}) = x$ sowie $(v \circ u)(x) = v(u(x)) = v(arcsin(\sqrt{\frac{1}{6}x})) = 6(sin(arcsin(\sqrt{\frac{1}{6}x})))^2 = 6(\sqrt{\frac{1}{6}x})^2 = 6 \cdot \frac{1}{6} \cdot x = x$, also $u \circ v = id$ und $v \circ u = id$.
2. Mit den Bezeichnungen $G' = (f \circ v)v'$ und $F = G$ für Stammfunktionen F von f und G von G', wie sie in Bemerkung 2.507.6 verwendet sind, gilt dann $G' = (f \circ v)v' = 3 \cdot \frac{\sqrt{6 \cdot sin^2(6 - 6 \cdot sin^2)}}{6 \cdot sin^2(6 - 6 \cdot sin^2)} \cdot 12 \cdot sin \cdot cos = 3 \cdot \frac{6\sqrt{sin^2 \cdot cos^2}}{36 \cdot sin^2 \cdot cos^2} \cdot 12 \cdot sin \cdot cos = 6 \cdot \frac{sin^2 \cdot cos^2}{sin^2 \cdot cos^2} = 6$, somit ist dann $F = G = 6 \cdot id$ eine Stammfunktion von f, also hat das Integral von f die Darstellung $\int f = 6 \cdot id + \mathbb{R}$ (und allgemein dann $\int f = a \cdot id + \mathbb{R}$).

2.512 INTEGRATION VON POTENZ-FUNKTIONEN

A2.512.01: Zeigen Sie, daß die Funktion $h : (0,2) \longrightarrow \mathbb{R}$ mit $h(x) = \begin{cases} 0, & \text{für } x \in (0,1], \\ 1, & \text{für } x \in (1,2), \end{cases}$ nicht integrierbar ist. Geben Sie dann eine stetige Funktion $H : (0,2) \longrightarrow \mathbb{R}$ an, so daß die Einschränkung $H|(0,1)$ eine Stammfunktion von $h|(0,1)$ und die Einschränkung $H|(1,2)$ eine Stammfunktion von $h|(1,2)$ ist.

B2.512.01: Die durch die Zuordnungsvorschrift

$$H(x) = \begin{cases} a, & \text{für } x \in (0,1], \\ id + \frac{1}{2}a, & \text{für } x \in (1,2), \end{cases}$$

definierte Funktion $H : (0,2) \longrightarrow \mathbb{R}$ ist stetig. (Die Lage von a sei wie in der nebenstehenden Skizze gewählt.) Dabei sind die Einschränkungen $H|(0,1)$ bzw. $H|(1,2)$ Stammfunktionen der Einschränkungen $h|(0,1)$ bzw. $h|(1,2)$ von h.

Die Funktion h ist jedoch nicht integrierbar, denn für eine Stammfunktion F von h müßte $F = H + c$ gelten. Die Funktion H ist aber bei 1 nicht differenzierbar.

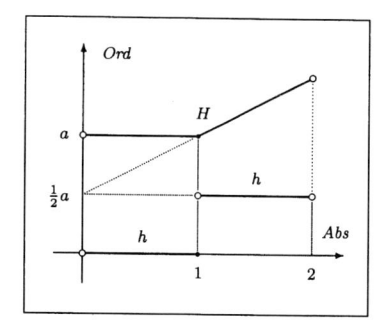

A2.512.02: Zeigen Sie noch einmal explizit, daß in der Formel $\int id^{\frac{m}{n}} = \frac{n}{n+m} \cdot id^{\frac{n+m}{n}} + \mathbb{R}$ von Satz 2.512.1 der Exponent $\frac{m}{n}$ nicht -1 sein darf.

B2.512.02: Für den Fall $\frac{m}{n} = -1$ gilt $\frac{n+m}{n} = \frac{n}{n} + \frac{m}{n} = 1 + (-1) = 0$ und das bedeutet, daß der Kehrwert $\frac{n}{n+m}$, der in der Integrationsformel als Faktor auftritt, nicht existiert.

A2.512.03: Bestätigen Sie die Aussage der Anmerkung zu Lemma 2.512.2 durch Differentiation.

B2.512.03: Differentiation liefert die Behauptung:
$(\frac{1}{a} \cdot \frac{n}{n+m} \cdot (id^{\frac{n+m}{n}} \circ g))' = \frac{1}{a} \cdot \frac{n}{n+m} \cdot ((id^{\frac{n+m}{n}})' \circ g) \cdot g' = \frac{1}{a} \cdot \frac{n}{n+m} \cdot (\frac{n+m}{n} \cdot id^{\frac{n+m-n}{n}} \circ g) \cdot a = id^{\frac{m}{n}} \circ g = g^{\frac{m}{n}}$.

A2.512.04: Im folgenden sind zu verschiedenen integrierbaren Funktionen $f : I \longrightarrow \mathbb{R}$ die Zuordnungsvorschriften $f(x)$ sowie jeweils die Integrale $\int f$ als Zuordnungsvorschriften in der Form $F_0(x)$ genannt, wobei F_0 die Stammfunktion von f mit Integrationskonstante 0 sei (siehe Bemerkung 2.503.4/3). Geben Sie zunächst f in Funktionsschreibweise an, wobei Kompositionen der Form $id^{\frac{1}{n}} \circ u$ in der Form $id^{\frac{1}{n}} \circ u = \sqrt[n]{u}$ dargestellt werden sollten, und verifizieren Sie die Angaben zu F_0 in dieser Schreibweise dann durch Differentiation (wobei a eine geeignete Zahl bezeichne):

1. $f(x) = \sqrt{x}$ $F_0(x) = (\int f)(x) = \frac{2}{3}x\sqrt{x}$
3. $f(x) = \frac{1}{(x-a)^2}$ $F_0(x) = (\int f)(x) = -\frac{1}{x-a}$
4. $f(x) = \sqrt{2x+b}^2$ $F_0(x) = (\int f)(x) = \frac{1}{n+2}\sqrt{2x+b}^{n+2}$
5. $f(x) = \sqrt{a^2 - x^2}$ $F_0(x) = (\int f)(x) = \frac{1}{2}(x\sqrt{a^2-x^2} + a^2 \cdot \arcsin(\frac{1}{a}x))$
6. $f(x) = \sqrt{ax - x^2}$ $F_0(x) = (\int f)(x) = \frac{1}{2}((x - \frac{a}{2})\sqrt{ax-x^2} - \frac{a^2}{4} \cdot \arcsin(1 - \frac{2}{a}x))$
7. $f(x) = 2x\sqrt{a^2 - x^2}$ $F_0(x) = (\int f)(x) = -\frac{2}{3}(a^2 - x^2)\sqrt{a^2-x^2}$

Berechnen Sie nun die Integrale nach den Methoden in den Abschnitten 2.506 und 2.507.

B2.512.04: Es folgen zunächst die Darstellungen der Funktionen f und $\int f$ in Funktionsschreibweise:

1. $f = id^{\frac{1}{2}}$ $\int f = \frac{2}{3} \cdot id \cdot xid^{\frac{1}{2}} + \mathbb{R}$
3. $f = id^{-2} \circ (id - a)$ $\int f = -id^{-1} \circ (id - a) + \mathbb{R}$
4. $f = id^{\frac{n}{2}} \circ (2 \cdot id + b)$ $\int f = \frac{1}{n+2} id^{\frac{n+2}{2}} \circ (2 \cdot id + b) + \mathbb{R}$
5. $f = \sqrt{a^2 - id^2}$ $\int f = \frac{1}{2}(id\sqrt{a^2 - id^2} + a^2 \cdot arcsin \circ (\frac{1}{a} \cdot id)) + \mathbb{R}$
6. $f = \sqrt{a \cdot id - id^2}$ $\int f = \frac{1}{2}((id - \frac{a}{2})\sqrt{a \cdot id - id^2} - \frac{a^2}{4} \cdot arcsin \circ (1 - \frac{2}{a} \cdot id)) + \mathbb{R}$

Der Nachweis der angegebenen Integrale erfolgt durch Differentiation:

5. Es gilt $(\frac{1}{2}(id\sqrt{a^2 - id^2} + a^2 \cdot arcsin \circ (\frac{1}{a} \cdot id)))' = \frac{1}{2}(\sqrt{a^2 - id^2} + id \cdot \frac{-2 \cdot id}{2\sqrt{a^2 - id^2}} + a^2 \cdot \frac{1}{a} \cdot \frac{1}{\sqrt{1 - \frac{1}{a^2} \cdot id^2}})$
$= \frac{1}{2}(\sqrt{a^2 - id^2} - id^2 \cdot \frac{1}{\sqrt{a^2 - id^2}} + a \cdot \frac{1}{\frac{1}{a}\sqrt{a^2 - id^2}}) = \frac{1}{2} \cdot \frac{1}{\sqrt{a^2 - id^2}}(a^2 - id^2 - id^2 + a^2) = \frac{1}{2} \cdot \frac{1}{\sqrt{a^2 - id^2}}(2a^2 - 2id^2)$
$= \sqrt{a^2 - id^2}$.

6. Es gilt $(\frac{1}{2}((id - \frac{a}{2})\sqrt{a \cdot id - id^2} - \frac{a^2}{4} \cdot arcsin \circ (1 - \frac{2}{a} \cdot id)))'$
$= \frac{1}{2}(\sqrt{a \cdot id - id^2} + (id - \frac{a}{2}) \cdot \frac{a - 2 \cdot id}{2\sqrt{a \cdot id - id^2}} - \frac{a^2}{4} \cdot (-\frac{2}{a}) \frac{1}{\sqrt{1 - (1 - \frac{2}{a} \cdot id)^2}})$
$= \frac{1}{2}(\sqrt{a \cdot id - id^2} + \frac{a - 2 \cdot id}{-2}) \cdot \frac{a - 2 \cdot id}{2\sqrt{a \cdot id - id^2}} + \frac{a}{2} \cdot \frac{1}{\frac{2}{a}\sqrt{a \cdot id - id^2}})$
$= \frac{1}{2} \cdot \frac{1}{\sqrt{a \cdot id - id^2}} (a \cdot id - id^2 - \frac{1}{4}(a - 2 \cdot id)^2 + \frac{1}{4} \cdot a^2)$
$= \frac{1}{2} \cdot \frac{1}{\sqrt{a \cdot id - id^2}} (a \cdot id - id^2 - \frac{1}{4} \cdot a^2 + \frac{1}{4} \cdot 4 \cdot a \cdot id - \frac{1}{4} \cdot 4 \cdot id^2 + \frac{1}{4} \cdot a^2)$
$= \frac{1}{2} \cdot \frac{1}{\sqrt{a \cdot id - id^2}} (2a \cdot id - 2 \cdot id^2) = \sqrt{a \cdot id - id^2}$.

Berechnung der angegebenen Integrale nach den Methoden in den Abschnitten 2.506 und 2.507:

3. Mit Corollar 2.507.3, wobei die Gerade $g = id - a$ betrachtet wird, ist $\int f = \int (id^{-2} \circ (id - a)) = \frac{1}{1}(\frac{1}{-1} \cdot id^{-1} \circ (id - a)) + \mathbb{R} = -id^{-1} \circ (id - a) + \mathbb{R}$. (Ist auch mit Lemma 2.512.2 zu bearbeiten.)

5. **Methode 1:** Die Bearbeitung dieses Integrals erfolgt in mehreren Einzelschritten:

a) Unter Verwendung der (durch Erweitern gewonnenen) Beziehung $(a^2 - id^2)^{\frac{1}{2}} = \sqrt{a^2 - id^2} = \frac{a^2 - id^2}{\sqrt{a^2 - id^2}} = \frac{a^2}{\sqrt{a^2 - id^2}} - \frac{id^2}{\sqrt{a^2 - id^2}} = a^2(a^2 - id^2)^{-\frac{1}{2}} - id^2(a^2 - id^2)^{-\frac{1}{2}}$ gilt zunächst die Zerlegung
$$\int (a^2 - id^2)^{\frac{1}{2}} = \int (a^2(a^2 - id^2)^{-\frac{1}{2}}) - \int (id^2(a^2 - id^2)^{-\frac{1}{2}}).$$

b) Das erste Integral ist unter Verwendung von $\int ((1 - (u \cdot id)^2)^{-\frac{1}{2}}) = \frac{1}{u} \cdot arcsin \circ (u \cdot id) + \mathbb{R}$ dann
$\int (a^2(a^2 - id^2)^{-\frac{1}{2}}) = \int (a^2 a^{-2}(1 - (\frac{1}{a}id)^2)^{-\frac{1}{2}}) = \int ((1 - (\frac{1}{a}id)^2)^{-\frac{1}{2}}) = a^2 \cdot arcsin \circ (\frac{1}{a} \cdot id) + \mathbb{R}$.

c) Das zweite Integral wird nach der Integrationsmethode $\int (uv) = uV - \int (u'V)$ mit Stammfunktion V von v für Produkte uv behandelt, wobei im vorliegenden Fall $u = id$ und $v = id(a^2 - id^2)^{-\frac{1}{2}}$ mit Stammfunktion $V = -(a^2 - id^2)^{\frac{1}{2}}$ verwendet wird. Nach dieser Methode berechnet ist dann
$\int (id^2(a^2 - id^2)^{-\frac{1}{2}}) = \int (id \cdot id(a^2 - id^2)^{-\frac{1}{2}}) = id \cdot (-(a^2 - id^2)^{\frac{1}{2}}) - \int ((id') \cdot (-(a^2 - id^2)^{\frac{1}{2}}))$
$= -id \cdot (a^2 - id^2)^{\frac{1}{2}} + \int (a^2 - id^2)^{\frac{1}{2}}$.

d) Mit a), b) und c) gilt $\int (a^2 - id^2)^{\frac{1}{2}} = a^2 \cdot arcsin \circ (\frac{1}{a} \cdot id) + id \cdot (a^2 - id^2)^{\frac{1}{2}} - \int (a^2 - id^2)^{\frac{1}{2}}$, somit gilt $2 \cdot \int (a^2 - id^2)^{\frac{1}{2}} = a^2 \cdot arcsin \circ (\frac{1}{a} \cdot id) + id \cdot (a^2 - id^2)^{\frac{1}{2}} + \mathbb{R}$, woraus die Behauptung folgt.

5. **Methode 2:** Dabei wird die Substitutionsmethode von Bemerkung 2.507.6 verwendet:

Zu $f = (a^2 - id^2)^{\frac{1}{2}} : [-a, a] \longrightarrow \mathbb{R}$ werden die bijektiven Funktionen $u : [-a, a] \longrightarrow [-\frac{\pi}{2a}, \frac{\pi}{2a}]$ mit $u = arccsin \circ (\frac{1}{a} \cdot id)$ und $v = u^{-1} : [-\frac{\pi}{2a}, \frac{\pi}{2a}] \longrightarrow [-a, a]$ mit $v = a \cdot sin$ betrachtet. Weiterhin wird die Funktion $g = (f \circ v) \cdot v'$ konstruiert: Sie ist $g = (f \circ (a \cdot sin)) \cdot (a \cdot cos) = (a^2 - a^2 \cdot sin^2)^{\frac{1}{2}} \cdot (a \cdot cos) = a(1 - sin^2)^{\frac{1}{2}} \cdot (a \cdot cos) = a(cos^2)^{\frac{1}{2}} \cdot (a \cdot cos) = a^2 \cdot cos^2$. Verwendet man nun die Stammfunktion $G = \frac{a^2}{2} \cdot (sin \cdot cos + id)$ vn g, dann ist $F = G \circ u$ eine Stammfunktion von f. Zu ihrer Berechnung:
$F = G \circ u = \frac{a^2}{2} \cdot (sin \cdot cos + id) \circ (arccsin \circ (\frac{1}{a} \cdot id))$
$= \frac{a^2}{2} \cdot (sin \circ arcsin \circ (\frac{1}{a} \cdot id) \cdot cos \circ arcsin \circ (\frac{1}{a} \cdot id) + id \circ arcsin \circ (\frac{1}{a} \cdot id))$
$= \frac{a^2}{2} \cdot ((\frac{1}{a} \cdot id) \cdot cos \circ arcsin \circ (\frac{1}{a} \cdot id) + arcsin \circ (\frac{1}{a} \cdot id)) = \frac{1}{2} \cdot (id \cdot (a^2 - id^2)^{\frac{1}{2}} + a^2 \cdot arcsin \circ (\frac{1}{a} \cdot id))$.

Anmerkung: In der Differentialschreibweise läßt sich die Konstruktion dieses Integrals nach Methode 2 folgendermaßen bewerkstelligen: In $\int \sqrt{a^2 - x^2} dx$ wird $x = a \cdot sin(z)$ substituiert, womit $z = arcsin(\frac{x}{a})$ und wegen $\frac{dx}{dz} = a \cdot cos(z)$ dann $dx = (a \cdot cos(z))dz$ gilt. Verwendet man daneben noch das Integral $\int cos^2 = \frac{1}{2} \cdot sin \cdot cos + \frac{1}{2} \cdot id + \mathbb{R}$, dann gilt $\int \sqrt{a^2 - x^2} dx = \int (\sqrt{a^2 - (a \cdot sin(z))^2} \cdot a \cdot cos(z))dz$
$= a \cdot \int (\sqrt{a^2 - a^2 \cdot sin^2(z)} \cdot cos(z))dz = a^2 \cdot \int (\sqrt{1 - sin^2(z)} \cdot cos(z))dz = a^2 \cdot \int (\sqrt{cos^2(z)} \cdot cos(z))dz$
$= a^2 \cdot \int (cos^2(z))dz = a^2(\frac{1}{2} \cdot sin(z) \cdot cos(z) + \frac{1}{2}z) = a^2(\frac{1}{2} \cdot sin(arcsin(\frac{x}{a})) \cdot cos(arcsin(\frac{x}{a})) + \frac{1}{2} \cdot arcsin(\frac{x}{a}))$
$= \frac{a^2}{2} \cdot \frac{x}{a} \cdot cos(arcsin(\frac{x}{a})) + \frac{a^2}{2} \cdot arcsin(\frac{x}{a}) = \frac{x}{2}\sqrt{a^2 - x^2} + \frac{a^2}{2} \cdot arcsin(\frac{x}{a})$.

2.514 INTEGRATION TRIGONOMETRISCHER FUNKTIONEN

A2.514.01: Beweisen Sie $\int(\sin^2) = \frac{1}{2}(id - \sin \cdot \cos) + \mathbb{R}$ und $\int(\cos^2) = \frac{1}{2}(id + \sin \cdot \cos) + \mathbb{R}$ unter Verwendung von Satz 2.506.1. Zeigen Sie ferner, daß auch $\frac{1}{2} \cdot id - \frac{1}{4} \cdot \sin \circ (2 \cdot id)$ eine Stammfunktion von $\sin^2$ ist.

B2.514.01: Unter Verwendung von Satz 2.506.1 gilt:
a) $\int(\sin^2) = \int(\sin \cdot \sin) = \sin \cdot (-\cos) - \int(\sin' \cdot (-\cos)) = -\sin \cdot \cos - \int(\cos^2) = -\sin \cdot \cos - \int(1 - \sin^2) =$
$-\sin \cdot \cos - \int 1 - \int(\sin^2) = -\sin \cdot \cos - id - \int(\sin^2)$ liefert $2 \cdot \int(\sin^2) = -\sin \cdot \cos + id + \mathbb{R}$, woraus
$\int(\sin^2) = \frac{1}{2}(id - \sin \cdot \cos) + \mathbb{R}$ folgt,
b) $\int(\cos^2) = \int(\cos \cdot \cos) = \cos \cdot \sin - \int(\cos' \cdot \sin) = \sin \cdot \cos + \int(\sin^2) = \sin \cdot \cos + \int(1 - \cos^2) =$
$\sin \cdot \cos + \int 1 - \int(\cos^2) = \sin \cdot \cos + id - \int(\cos^2)$ liefert $2 \cdot \int(\cos^2) = \sin \cdot \cos + id + \mathbb{R}$, woraus
$\int(\cos^2) = \frac{1}{2}(id + \sin \cdot \cos) + \mathbb{R}$ folgt.
c) Man verwende $\sin \circ (2 \cdot id) = 2 \cdot \sin \cdot \cos$.

A2.514.02: Zeigen Sie durch Differentiation die Gültigkeit der beiden Rekursionsformeln für Geraden $g = a \cdot id + b$ mit $a \neq 0$ und für alle $n \in \mathbb{N}$:
1. $\int(id \cdot (\sin \circ g)) = -\frac{1}{a} \cdot id \cdot (\cos \circ g) + \frac{1}{a^2} \cdot (\sin \circ g) + \mathbb{R}$,
2. $\int(id^2 \cdot (\sin \circ g)) = \frac{2}{a^2} \cdot id \cdot (\sin \circ g) - (\frac{1}{a} \cdot id^2 - \frac{2}{a^3}) \cdot (\cos \circ g) + \mathbb{R}$.

B2.514.02: Differentiation zeigt die Gültigkeit der beiden Rekursionsformeln; es gilt:
1. $(-\frac{1}{a} \cdot id \cdot (\cos \circ g) + \frac{1}{a^2} \cdot (\sin \circ g))' = -\frac{1}{a}(id' \cdot (\cos \circ g) + id(\cos \circ g)') + \frac{1}{a^2} \cdot (\sin' \circ g)g'$
$= -\frac{1}{a}(\cos \circ g) - id(\sin \circ g)g' + \frac{1}{a^2} \cdot (\cos \circ g)g' = -\frac{1}{a}(\cos \circ g) + \frac{a}{a} \cdot id(\sin \circ g) + \frac{a}{a^2} \cdot (\cos \circ g)$
$= id \cdot (\sin \circ g)$,
2. $(\frac{2}{a^2} \cdot id \cdot (\sin \circ g) - (\frac{1}{a} \cdot id^2 - \frac{2}{a^3}) \cdot (\cos \circ g))' = \frac{2}{a^2} \cdot (id \cdot (\sin \circ g))' - ((\frac{1}{a} \cdot id^2 - \frac{2}{a^3}) \cdot (\cos \circ g))'$
$= \frac{2}{a^2}(id' \cdot (\sin \circ g) + id \cdot (\sin \circ g)') - (\frac{1}{a} \cdot id^2 - \frac{2}{a^3})' \cdot (\cos \circ g) - (\frac{1}{a} \cdot id^2 - \frac{2}{a^3}) \cdot (\cos \circ g)'$
$= \frac{2}{a^2}(\sin \circ g) + \frac{2a}{a^2} \cdot id \cdot (\cos \circ g) - \frac{2}{a} \cdot id \cdot (\cos \circ g) + \frac{a}{a} \cdot id^2(\sin \circ g) - \frac{2a}{a^3} \cdot (\sin \circ g) = id^2 \cdot (\sin \circ g)$.

A2.514.03: Beweisen Sie unabhängig von Beispiel 2.514.4 die Gültigkeit der beiden Rekursionsformeln:
1. $\int(id^n \cdot \sin) = -id^n \cdot \cos + n \cdot \int(id^{n-1} \cdot \cos)$,
2. $\int(id^n \cdot \cos) = -id^n \cdot \sin + n \cdot \int(id^{n-1} \cdot \sin)$.

B2.514.03: Zunächst gilt unter Verwendung von Satz 2.506.1:
1. $\int(id^n \cdot \sin) = id^n(-\cos) - \int(n \cdot id^{n-1} \cdot (-\cos)) = -id^n \cdot \cos + n \cdot \int(id^{n-1} \cdot \cos)$,
2. $\int(id^n \cdot \cos) = id^n \cdot \sin - \int(n \cdot id^{n-1} \cdot \sin) = -id^n \cdot \sin - n \cdot \int(id^{n-1} \cdot \sin)$.
Kombiniert man diese beide Formeln wechselweise, so folgen die behaupteten Rekursionsformeln.

A2.514.04: Berechnen Sie die Integrale $\int((id^2 + 1)\sin)$ und $\int((id^2 - 1)\cos)$.

B2.514.04: Zur Berechnung der Integrale wird in beiden Fällen Satz 2.506.1 angewendet. Es gilt
a) $\int((id^2 + 1)\sin) = (id^2 + 1)(-\cos) - \int((id^2 + 1)'(-\cos)) = (id^2 + 1)(-\cos) - \int((2 \cdot id)(-\cos)) =$
$(id^2+1)(-\cos)+2 \cdot \int(id \cdot \cos) = (id^2+1)(-\cos)+2 \cdot (id \cdot \sin+\cos)+\mathbb{R} = -id^2 \cdot \cos-\cos+2 \cdot id \cdot \sin+2 \cdot \cos+\mathbb{R} =$
$(1 - id^2)\cos + 2 \cdot id \cdot \sin + \mathbb{R}$,
b) $\int((id^2 - 1)\cos) = (id^2 - 1)\sin - \int((id^2 - 1)'\sin) = (id^2 - 1)\sin - \int((2 \cdot id)\sin)$
$= (id^2-1)\sin-2 \cdot \int(id \cdot \sin) = (id^2-1)\sin-2 \cdot (-id \cdot \cos+\sin)+\mathbb{R} = id^2 \cdot \sin-\sin+2 \cdot id \cdot \cos-2 \cdot \sin+\mathbb{R}$
$= (id^2 - 3)\sin + 2 \cdot id \cdot \cos + \mathbb{R}$.

A2.514.05: Berechnen Sie ohne Verwendung von Beispiel 2.514.3 das Integral $\int(id^3(\cos \circ g))$ für Geraden $g = a \cdot id + b$ mit $a \neq 0$ und überprüfen Sie das Ergebnis durch Differentiation.

180

B2.514.05: Zur Berechnung des Integrals wird Satz 2.506.1 angewendet. Es gilt
$\int (id^3 (cos \circ g)) = id^3 (\frac{1}{a}(sin \circ g)) - \int ((id^3)'(\frac{1}{a}(sin \circ g))) = \frac{1}{a} \cdot id^3(sin \circ g)) - \frac{3}{a} \cdot \int (id^2(sin \circ g))$
$= \frac{1}{a} \cdot id^3(sin \circ g) - \frac{3}{a} \cdot \frac{2}{a^2} \cdot id(sin \circ g) + \frac{3}{a} \cdot \frac{1}{a} \cdot id^2(cos \circ g) - \frac{3}{a} \cdot \frac{2}{a^3} \cdot (cos \circ g) + \mathbb{R}$
$= (\frac{1}{a} \cdot id^3 - \frac{6}{a^3} \cdot id) \cdot (sin \circ g) + (\frac{3}{a^2} \cdot id^2 - \frac{6}{a^4}) \cdot (cos \circ g) + \mathbb{R}.$
Differentiation liefert umgekehrt
$(\frac{1}{a} \cdot id^3 - \frac{6}{a^3} \cdot id)' \cdot (sin \circ g) + (\frac{1}{a} \cdot id^3 - \frac{6}{a^3} \cdot id) \cdot (sin \circ g)' + (\frac{3}{a^2} \cdot id^2 - \frac{6}{a^4})' \cdot (cos \circ g) + (\frac{3}{a^2} \cdot id^2 - \frac{6}{a^4}) \cdot (cos \circ g)'$
$= (\frac{3}{a} \cdot id^2 - \frac{6}{a^3}) \cdot (sin \circ g) + (id^3 - \frac{6}{a^2} \cdot id) \cdot (cos \circ g) + (\frac{6}{a^2} \cdot id) \cdot (cos \circ g) - (\frac{3}{a} \cdot id^2 - \frac{6}{a^3}) \cdot (sin \circ g)$
$= id^3(cos \circ g).$

A2.514.06: Berechnen Sie das Integral $\int (id^{n-1}(sin \circ id^n))$ für $n \in \mathbb{N}$.

B2.514.06: Mit $n(id^{n-1}(sin \circ id^n)) = (n \cdot id^{n-1})(sin \circ id^n) = (id^n)'(sin \circ id^n) = (sin \circ id^n)(id^n)' = (-cos' \circ id^n)(id^n)' = (-cos \circ id^n)'$ ist $-cos \circ id^n$ eine Stammfunktion von $n(id^{n-1}(sin \circ id^n))$, also ist $\int (n(id^{n-1}(sin \circ id^n))) = -cos \circ id^n + \mathbb{R}$, woraus $\int (id^{n-1}(sin \circ id^n)) = \frac{1}{n}(-cos \circ id^n) + \mathbb{R}$ folgt.

A2.514.07: Führen Sie die Berechnung des in Beispiel 2.514.3/1 genannten Integrals in der Form $\int ((sin \circ g) \cdot id^n)$ (Vertauschung der Faktoren) durch und kommentieren Sie das Ergebnis hinsichtlich seines Nutzens.

B2.514.07: Zunächst gilt $\int ((sin \circ g) \cdot id^n) = (sin \circ g) \cdot \frac{1}{n+1} \cdot id^{n+1} - \int ((sin \circ g)' \cdot \frac{1}{n+1} \cdot id^{n+1}) = \frac{1}{n+1} \cdot id^{n+1} \cdot (sin \circ g) - \frac{a}{n+1} \cdot \int ((cos \circ g) \cdot id^{n+1})$.
Dabei wird ein Integral erzeugt, dessen Integrand einen Faktor mit höherem Exponent als bei der Ausgangsfunktion hat. Die Formel ist also nicht zur Rekursion von $\int ((sin \circ g) \cdot id^n)$, jedoch zur Rekursion von $\int ((cos \circ g) \cdot id^n)$ geeignet.

A2.514.08: Berechnen Sie das Integral der Funktion $sin \cdot cos$ mit Hilfe der
a) Integration von Produkten,
b) Integration von Kompositionen unter Verwendung von $(id \circ cos) \cdot cos'$,
c) Integration von Kompositionen unter Verwendung von $2 \cdot sin \cdot cos = sin \circ (2 \cdot id)$.

B2.514.08: Berechnung des Integrals der Funktion $sin \cdot cos$ nach den vorgegebenen Methoden:
a) Mit $sin \cdot cos = sin \cdot sin'$ liefert Satz 2.506.1 zunächst $\int (sin \cdot sin') = sin \cdot sin - \int (sin \cdot sin')$, somit ist $2 \cdot \int (sin \cdot sin') = sin^2 + \mathbb{R}$, woraus dann $\int (sin \cdot cos) = \int (sin' \cdot sin') = \frac{1}{2} \cdot sin^2 + \mathbb{R}$ folgt.
b) Mit $sin \cdot cos = (-cos) \cdot (-sin) = -(id \circ cos) \cdot cos'$ liefert Corollar 2.507.2 dann $\int (sin \cdot cos) = \int (-(id \circ cos)cos') = -(\frac{1}{2} \cdot id^2) \circ cos + \mathbb{R} = -\frac{1}{2} \cdot (id^2 \circ cos) + \mathbb{R} = -\frac{1}{2} \cdot cos^2 + \mathbb{R} = -\frac{1}{2} \cdot (1 - sin^2) + \mathbb{R} = -\frac{1}{2} + \frac{1}{2} \cdot sin^2 + \mathbb{R} = \frac{1}{2} \cdot sin^2 + \mathbb{R}.$
c) Mit $sin \cdot cos = \frac{1}{2} \cdot sin \circ (2 \cdot id)$ liefert Corollar 2.507.3 dann $\int (sin \cdot cos) = \frac{1}{2} \cdot \int (sin \circ (2 \cdot id)) = \frac{1}{2} \cdot \frac{1}{2} \cdot (-cos \circ (2 \cdot id)) + \mathbb{R} = -\frac{1}{4} \cdot (cos \circ (2 \cdot id)) + \mathbb{R} = -\frac{1}{4} \cdot (1 - 2 \cdot sin^2) + \mathbb{R} = -\frac{1}{4} + \frac{1}{2} \cdot sin^2 + \mathbb{R} = \frac{1}{2} \cdot sin^2 + \mathbb{R}.$

A2.514.09: Für alle $m \in \mathbb{N}:0$ und für alle $n \in \mathbb{N} \setminus \{1\}$ gilt die Rekursionsformel
$$\int (sin^m \cdot cos^n) = \frac{1}{m+n} \cdot (sin^{m+1} \cdot cos^{n-1} + (n-1) \int (sin^m \cdot cos^{n-2})).$$
Berechnen Sie dieses Integral für die Exponentenpaare (m, n) einer systematisch angelegten Liste solcher Paare und bestätigen Sie die Berechnungsergebnisse durch Differentiation. Legen Sie für die berechneten Integrale eine zur weiteren Verwendung geeignete Tabelle an. Kann man daraus Vermutungen zur direkten Berechnung von Integralen (also ohne rekursiven Teil) ableiten?
Hinweis: Verwenden Sie die Integrale $\int sin^2 = \frac{1}{2} \cdot (id - sin \cdot cos) + \mathbb{R}$ und $\int cos^2 = \frac{1}{2} \cdot (id + sin \cdot cos) + \mathbb{R}$.

B2.514.09: Zunächst die Berechnung der durch die Zahlenpaare (m, n) definierten Integrale, wobei der Reihe nach Paare der Form $(0, 2), (0, 3), (0, 4), ..., (1, 2), (1, 3), (1, 4), ..., (2, 2), (2, 3), (2, 4), ...$ untersucht werden. Zu jeder dieser Teillisten sind zunächst die beiden ersten zugehörigen Integrale zu berechnen, für zweite Komponenten $n \geq 4$ kann dann auf die Berechnung des Integrals mit $n - 2$ zurückgegriffen werden. (Bei einigen Berechnungen, insbesondere bei der jeweils anschließenden Differentiation, wird vermöge der Beziehung $sin^2 + cos^2 = 1$ die Funktion sin^2 durch $1 - cos^2$ ersetzt.)

a_{02}) $\int(sin^0 \cdot cos^2) = \frac{1}{2}(sin \cdot cos + \int(sin^0 \cdot cos^0)) = \frac{1}{2} \cdot (sin \cdot cos + id) + \mathbb{R}$. (Dieses Ergebnis liefert wegen $sin^0 \cdot cos^2 = 1 \cdot cos^2 = cos^2$ auch die Berechnung des Integrals $\int cos^2$.)

b_{02}) $(\frac{1}{2}(sin \cdot cos + id))' = \frac{1}{2}(cos \cdot cos + sin \cdot (-sin) + 1) = \frac{1}{2}(cos^2 - sin^2 + 1) = \frac{1}{2}(cos^2 - (1 - cos^2) + 1)$
$= \frac{1}{2}(2 \cdot cos^2) = cos^2$.

a_{03}) $\int(sin^0 \cdot cos^3) = \frac{1}{3}(sin \cdot cos^2 + 2 \cdot \int(sin^0 \cdot cos^1)) = \frac{1}{3}(sin \cdot cos^2 + 2 \cdot \int cos) = \frac{1}{3}(sin \cdot cos^2 + 2 \cdot sin) + \mathbb{R}$
$= \frac{1}{3} \cdot sin \cdot (cos^2 + 2) + \mathbb{R}$.

b_{03}) $(\frac{1}{3} \cdot sin \cdot (cos^2 + 2))' = \frac{1}{3} \cdot (cos \cdot (cos^2 + 2) + sin \cdot (2 \cdot (-sin) \cdot cos)) = \frac{1}{3} \cdot (cos^3 + 2 \cdot cos - 2 \cdot sin^2 \cdot cos)$
$= \frac{1}{3} \cdot (cos^3 + 2 \cdot cos - 2 \cdot (1 - cos^2) \cdot cos) = \frac{1}{3} \cdot (cos^3 + 2 \cdot cos - 2 \cdot cos + 2 \cdot cos^3) = \frac{1}{3} \cdot (3 \cdot cos^3) = cos^3$.

a_{04}) $\int(sin^0 \cdot cos^4) = \frac{1}{4}(sin \cdot cos^3 + 3 \cdot \int(sin^0 \cdot cos^2)) = \frac{1}{4} \cdot (sin \cdot cos^3 + 3(\frac{1}{2}(sin \cdot cos + id))) + \mathbb{R}$
$= \frac{1}{8} \cdot (2 \cdot sin \cdot cos^3 + 3 \cdot (sin \cdot cos + id)) + \mathbb{R}$.

b_{04}) $(\frac{1}{8} \cdot (2 \cdot sin \cdot cos^3 + 3 \cdot (sin \cdot cos + id)))'$
$= \frac{1}{8} \cdot (2 \cdot (cos \cdot cos^3 + sin \cdot 3 \cdot cos^2 \cdot (-sin)) + 3 \cdot (cos \cdot cos + sin \cdot (-sin) + 1))$
$= \frac{1}{8} \cdot (2 \cdot cos^4 - 6 \cdot cos^2 \cdot sin^2 + 3 \cdot cos^2 - 3 \cdot sin^2 + 1) = \frac{1}{8} \cdot (2 \cdot cos^4 - 6 \cdot cos^2 \cdot (1 - cos^2) + 3 \cdot cos^2 - 3 \cdot (1 - cos^2) + 3)$
$= \frac{1}{8} \cdot (2 \cdot cos^4 - 6 \cdot cos^2 + 6 \cdot cos^4 + 3 \cdot cos^2 - 3 + 3 \cdot cos^2 + 3) = \frac{1}{8} \cdot (8 \cdot cos^4) = cos^4$.

a_{12}) $\int(sin^1 \cdot cos^2) = \frac{1}{3}(sin^2 \cdot cos + \int sin) = \frac{1}{3}(sin^2 \cdot cos - cos) + \mathbb{R} = \frac{1}{3} \cdot cos \cdot (sin^2 - 1) + \mathbb{R} = -\frac{1}{3} \cdot cos^3 + \mathbb{R}$.

b_{12}) $(-\frac{1}{3} \cdot cos^3)' = -\frac{1}{3} \cdot 3 \cdot cos^2 \cdot (-sin) = sin \cdot cos^2$.

a_{13}) $\int(sin^1 \cdot cos^3) = \frac{1}{4}(sin^2 \cdot cos^2 + 2 \cdot \int(sin \cdot cos)) = \frac{1}{4}(sin^2 \cdot cos^2 + 2(\frac{1}{2} \cdot sin^2)) + \mathbb{R} = \frac{1}{4}(sin^2 \cdot cos^2 + sin^2) + \mathbb{R}$
$= \frac{1}{4}((1 - cos^2)cos^2 + (1 - cos^2)) + \mathbb{R} = \frac{1}{4}(cos^2 - cos^4 + 1 - cos^2) + \mathbb{R} = \frac{1}{4}(1 - cos^4) + \mathbb{R} = -\frac{1}{4} \cdot cos^4 + \mathbb{R}$.

b_{13}) $(-\frac{1}{4} \cdot cos^4)' = -\frac{1}{4} \cdot 4 \cdot cos^3 \cdot (-sin) = sin \cdot cos^3$.

a_{14}) $\int(sin^1 \cdot cos^4) = \frac{1}{5}(sin^2 \cdot cos^3 + 3 \cdot \int(sin \cdot cos^2)) = \frac{1}{5}(sin^2 \cdot cos^3 + 3(-\frac{1}{3} \cdot cos^3)) + \mathbb{R}$
$= \frac{1}{5} \cdot (sin^2 \cdot cos^3 - cos^3) + \mathbb{R} = \frac{1}{5} \cdot ((1 - cos^2) \cdot cos^3 - cos^3) + \mathbb{R} = \frac{1}{5} \cdot (cos^3 - cos^5 - cos^3) + \mathbb{R} = -\frac{1}{5} \cdot cos^5 + \mathbb{R}$.

b_{14}) $(-\frac{1}{5} \cdot cos^5)' = -\frac{1}{5} \cdot 5 \cdot cos^4 \cdot (-sin) = sin \cdot cos^4$.

a_{15}) $\int(sin^1 \cdot cos^5) = \frac{1}{6}(sin^2 \cdot cos^4 + 4 \cdot \int(sin \cdot cos^3)) = \frac{1}{6}(sin^2 \cdot cos^4 + 4(\frac{1}{4} \cdot (1 - cos^4))) + \mathbb{R}$
$= \frac{1}{6} \cdot (sin^2 \cdot cos^4 + 1 - cos^4) + \mathbb{R} = \frac{1}{6} \cdot ((1 - cos^2) \cdot cos^4 + 1 - cos^4) + \mathbb{R} = \frac{1}{6} \cdot (cos^4 - cos^6 + 1 - cos^4) + \mathbb{R}$
$= \frac{1}{6} \cdot (1 - cos^6) + \mathbb{R} = -\frac{1}{6} \cdot cos^6 + \mathbb{R}$.

b_{15}) $(-\frac{1}{6} \cdot cos^6)' = -\frac{1}{6} \cdot (6 \cdot cos^5 \cdot (-sin)) = sin \cdot cos^5$.

a_{22}) $\int(sin^2 \cdot cos^2) = \frac{1}{4}(sin^3 \cdot cos + \int(sin^2 \cdot cos^0)) = \frac{1}{4}(sin^3 \cdot cos + \int sin^2) = \frac{1}{4}(sin^3 \cdot cos + \frac{1}{2} \cdot (id - sin \cdot cos)) + \mathbb{R}$
$= \frac{1}{8} \cdot (2 \cdot sin^3 \cdot cos + id - sin \cdot cos) + \mathbb{R}$.

b_{22}) $(\frac{1}{8} \cdot (2 \cdot sin^3 \cdot cos + id - sin \cdot cos))' = \frac{1}{8} \cdot (2 \cdot 3 \cdot sin^2 \cdot cos \cdot cos + 2 \cdot sin^3 \cdot (-sin) + 1 - cos^2 + sin^2)$
$= \frac{1}{8} \cdot (6 \cdot sin^2 \cdot cos^2 - 2 \cdot sin^4 + 1 - cos^2 + sin^2) = \frac{1}{8} \cdot (6 \cdot sin^2 \cdot cos^2 - 2 \cdot sin^4 + sin^2 + sin^2)$
$= \frac{1}{8} \cdot (6 \cdot sin^2 \cdot cos^2 + 2 \cdot sin^2 \cdot (1 - sin^2)) = \frac{1}{8} \cdot (6 \cdot sin^2 \cdot cos^2 + 2 \cdot sin^2 \cdot cos^2) = \frac{1}{8} \cdot (8 \cdot sin^2 \cdot cos^2) = sin^2 \cdot cos^2$.

Man kann die Berechnungen nach diesem Muster sozusagen beliebig fortsetzen. Tut man das, lassen sich die Berechnungsergebnisse tabellarisch zusammenfassen und daraus wieder Vermutungen über die entsprechenden Integrale für beliebige Exponenten gewinnen. Dazu folgende Ergebnisse:

$f = sin^0 \cdot cos^2$	$\int f = \frac{1}{2} \cdot (sin \cdot cos + id) + \mathbb{R}$
$f = sin^0 \cdot cos^3$	$\int f = \frac{1}{3} \cdot sin \cdot (cos^2 + 2) + \mathbb{R}$
$f = sin^0 \cdot cos^4$	$\int f = \frac{1}{4} \cdot sin \cdot (cos^3 + \frac{3}{2} \cdot (cos + id)) + \mathbb{R}$
$f = sin^0 \cdot cos^5$	$\int f = \frac{1}{5} \cdot sin \cdot (cos^4 + \frac{4}{3} \cdot (cos^2 + 2)) + \mathbb{R}$
$f = sin^0 \cdot cos^6$	$\int f = \frac{1}{6} \cdot sin \cdot (cos^5 + \frac{5}{4} \cdot (cos^3 + \frac{3}{2} \cdot (cos + id))) + \mathbb{R}$
$f = sin^0 \cdot cos^7$	$\int f = \frac{1}{7} \cdot sin \cdot (cos^6 + \frac{6}{5} \cdot (cos^4 + \frac{4}{3} \cdot (cos^2 + 2))) + \mathbb{R}$
$f = sin^0 \cdot cos^8$	$\int f = \frac{1}{8} \cdot sin \cdot (cos^7 + \frac{7}{6} \cdot (cos^5 + \frac{5}{4} \cdot (cos^3 + \frac{3}{2} \cdot (cos + id)))) + \mathbb{R}$
$f = sin^0 \cdot cos^9$	$\int f = \frac{1}{9} \cdot sin \cdot (cos^8 + \frac{8}{7} \cdot (cos^6 + \frac{6}{5} \cdot (cos^4 + \frac{4}{3} \cdot (cos^2 + 2)))) + \mathbb{R}$

Man beachte bei dieser Liste $sin^0 \cdot cos^n = 1 \cdot cos^n = cos^n$.

Anhand der vorstehenden Tabelle läßt sich folgende Vermutung gewinnen:

Für gerade Exponenten $n \in \mathbb{N}$ von cos gilt:

$\int cos^n = \frac{1}{n} \cdot sin \cdot (cos^{n-1} + \sum\limits_{\substack{k \in 2\mathbb{N}+1 \\ k<n}} a_k \cdot cos^{n-k}) + \frac{1}{n} \cdot a_{n-1} \cdot id + \mathbb{R}$ mit Koeffizienten $a_k = \prod\limits_{\substack{k \in 2\mathbb{N}-1 \\ i<k}} \frac{n-i}{n-(i+1)}$.

oder mit umgekehrter Reihenfolge der Summanden innerhalb des Summenzeichens:

$\int cos^n = \frac{1}{n} \cdot sin \cdot (cos^{n-1} + \sum\limits_{\substack{k \in 2\mathbb{N}+1 \\ k<n-2}} b_k \cdot cos^k) + \frac{1}{n} \cdot b_1 \cdot id + \mathbb{R}$ mit Koeffizienten $b_k = \prod\limits_{\substack{k \in 2\mathbb{N}-1 \\ i \leq n-k-2}} \frac{n-i}{n-(i+1)}$.

Für ungerade Exponenten $n \in \mathbb{N}$ von cos gilt:

$\int cos^n = \frac{1}{n} \cdot sin \cdot (cos^{n-1} + \sum\limits_{\substack{k \in 2\mathbb{N} \\ k<n}} a_k \cdot cos^{n-k-1}) + \mathbb{R}$ mit Koeffizienten $a_k = \prod\limits_{\substack{k \in 2\mathbb{N}-1 \\ i<k}} \frac{n-i}{n-(i+1)}$

oder mit umgekehrter Reihenfolge der Summanden innerhalb des Summenzeichens:

$\int cos^n = \frac{1}{n} \cdot sin \cdot (cos^{n-1} + \sum\limits_{\substack{k \in 2\mathbb{N} \\ k<n}} b_k \cdot cos^{k-2}) + \mathbb{R}$ mit Koeffizienten $b_k = \prod\limits_{\substack{k \in 2\mathbb{N}-1 \\ i \leq n-k}} \frac{n-i}{n-(i+1)}$.

$f = sin^1 \cdot cos^1$ $\quad \int f = -\frac{1}{2} \cdot cos^2 + \mathbb{R} = \frac{1}{2} \cdot sin^2 + \mathbb{R}$

$f = sin^1 \cdot cos^2$ $\quad \int f = \frac{1}{3} \cdot cos \cdot (sin^2 - 1) + \mathbb{R} = -\frac{1}{3} \cdot cos^3 + \mathbb{R}$

$f = sin^1 \cdot cos^3$ $\quad \int f = \frac{1}{4} \cdot (sin^2 \cdot cos^2 + sin^2) + \mathbb{R} = \frac{1}{4} \cdot (1 - cos^4) + \mathbb{R} = -\frac{1}{4} \cdot cos^4 + \mathbb{R}$

$f = sin^1 \cdot cos^4$ $\quad \int f = \frac{1}{5} \cdot (sin^2 \cdot cos^3 - cos^3) + \mathbb{R} = -\frac{1}{5} \cdot cos^5 + \mathbb{R}$

$f = sin^1 \cdot cos^5$ $\quad \int f = \frac{1}{6} \cdot (sin^2 \cdot cos^4 + 1 - cos^4) + \mathbb{R} = \frac{1}{6} \cdot (1 - cos^6) + \mathbb{R} = -\frac{1}{6} \cdot cos^6 + \mathbb{R}$

Man beachte bei dieser Liste $sin^1 = sin$.

Anhand der vorstehenden Tabelle läßt sich folgende Vermutung für alle Exponenten $n \in \mathbb{N}$ gewinnen:

$$\int (sin \cdot cos^n) = -\frac{1}{n+1} \cdot cos^{n+1} + \mathbb{R}.$$

$f = sin^2 \cdot cos^2$ $\quad \int f = \frac{1}{4}(sin^3 \cdot cos + \frac{1}{2}(id - sin \cdot cos)) + \mathbb{R}$

$f = sin^2 \cdot cos^3$ $\quad \int f = \frac{1}{5} \cdot sin^3 \cdot (cos^2 + \frac{2}{3}) + \mathbb{R}$

$f = sin^2 \cdot cos^4$ $\quad \int f = \frac{1}{6}(sin^3 \cdot cos^3 + \frac{3}{4}(sin^3 \cdot cos + \frac{1}{2}(id - sin \cdot cos))) + \mathbb{R}$

$f = sin^2 \cdot cos^5$ $\quad \int f = \frac{1}{7} \cdot sin^3 \cdot (cos^4 + \frac{4}{5}(cos^2 + \frac{2}{3})) + \mathbb{R}$

$f = sin^2 \cdot cos^6$ $\quad \int f = \frac{1}{8}(sin^3 \cdot cos^5 + \frac{5}{6}(sin^3 \cdot cos^3 + \frac{3}{4}(sin^3 \cdot cos + \frac{1}{2}(id - sin \cdot cos)))) + \mathbb{R}$

Man beachte: $\int (sin^2 \cdot cos^n) = \int ((1 - cos^2) \cdot cos^n = \int (cos^n - cos^{n+2}) = \int cos^n - \int cos^{n+2}$.

A2.514.10: Beweisen Sie $\int (tan^2) = tan - id + \mathbb{R}$ und $\int (cot^2) = -cot - id + \mathbb{R}$.

B2.514.10: Die Gültigkeit beider Beziehungen wird durch Differentiation gezeigt: Es gilt

a) $(tan - id)' = (\frac{sin}{cos} - id)' = \frac{sin' \cdot cos - sin \cdot cos'}{cos^2} - 1 = \frac{cos^2 + sin^2}{cos^2} - \frac{cos^2}{cos^2} = \frac{cos^2 + sin^2 - cos^2}{cos^2} = \frac{sin^2}{cos^2} = tan^2$,

b) $(-cot - id)' = (-\frac{cos}{sin} - id)' = -\frac{cos' \cdot sin - cos \cdot sin'}{sin^2} - 1 = -\frac{-sin^2 - cos^2}{sin^2} - \frac{sin^2}{sin^2} = \frac{sin^2 + cos^2}{sin^2} - \frac{sin^2}{sin^2}$
$= \frac{sin^2 + cos^2 - sin^2}{sin^2} = \frac{cos^2}{sin^2} = cot^2$.

2.518 INTEGRATION RATIONALER FUNKTIONEN

A2.518.01: Berechnen Sie das Integral der Funktion $f : D(f) \longrightarrow \mathbb{R}$ mit $f(x) = \frac{u(x)}{v(x)} = \frac{-3x+1}{2x}$.

B2.518.01: Beachtet man zunächst die Zerlegung $\frac{-3x+1}{2x} = -\frac{3}{2} + \frac{1}{2x}$, dann hat $\int f = \int \frac{u}{v}$ die Darstellung $\int f = -\int \frac{3}{2} + \int \frac{1}{2 \cdot id} = \frac{3}{2} \cdot id + \frac{1}{2} \cdot log_e + \mathbb{R}$.

A2.518.02: Berechnen Sie das Integral der Funktion $f : D(f) \longrightarrow \mathbb{R}$ mit $f(x) = \frac{u(x)}{v(x)} = \frac{1}{x^3+x}$.

B2.518.02: Die nach der Methode der Partialbruchzerlegung verwendete Darstellung von $f(x)$ sei $f(x) = \frac{u(x)}{v(x)} = \frac{1}{x(x^2+1)} = \frac{a}{x} + \frac{bx+c}{x^2+1}$ mit Zahlen $a, b, c \in \mathbb{R}$. Damit hat $f(x)$ die Form $f(x) = \frac{u(x)}{v(x)} = \frac{a(x^2+1)+(bx+c)x}{x(x^2+1)} = \frac{ax^2+a+bx^2+cx}{x(x^2+1)} = \frac{(a+b)x^2+cx+a}{x(x^2+1)}$. Daraus liefert ein Koeffizientenvergleich das Gleichungssystem $a = 1$, $c = 0$ und $a + b = 0$, das die Lösung $(a, b, c) = (1, -1, 0)$ besitzt. Damit hat f die Darstellung $f(x) = \frac{1}{x} - \frac{x}{x^2+1}$ als Differenz $f = f_1 - f_2$ der beiden rationalen Funktionen $f_1 : \mathbb{R}_* \longrightarrow \mathbb{R}$ und $f_2 : \mathbb{R}_* \longrightarrow \mathbb{R}$ mit $f_1(x) = \frac{1}{x}$ und $f_2(x) = \frac{x}{x^2+1}$, also ist $f = f_1 - f_2 = \frac{1}{id} - \frac{id}{id^2+1} : \mathbb{R}_* \longrightarrow \mathbb{R}$.
Die beiden Funktionen f_1 und f_2 sind ihrerseits integrierbar und besitzen die Integrale $\int f_1 = log_e + \mathbb{R}$ und $\int f_2 = \int \frac{id}{id^2+1} = \frac{1}{2}(log_e \circ (id^2+1)) + \mathbb{R}$. Insgesamt hat das Integral von f dann die Darstellung $\int f = \int (f_1 - f_2) = \int f_1 - \int f_2 = log_e - \frac{1}{2}(log_e \circ (id^2+1)) + \mathbb{R}$.

A2.518.03: Berechnen Sie das Integral der Funktion $f : D(f) \longrightarrow \mathbb{R}$ mit $f(x) = \frac{u(x)}{v(x)} = \frac{x^3+5x^2-5}{x+5}$.

B2.518.03: Die Polynom-Division $u(x) : v(x) = (x^3 + 5x^2 - 5) : (x + 5) = x^2 - \frac{5}{x+5}$ liefert unmittelbar das Integral $\int f = \int \frac{u}{v} = \int id^2 - 5 \cdot \int \frac{1}{id+5} = \frac{1}{3} \cdot id^3 - 5 \cdot log_e \circ (id+5) + \mathbb{R}$.

A2.518.04: Berechnen Sie das Integral der Funktion $f : D(f) \longrightarrow \mathbb{R}$ mit $f(x) = \frac{u(x)}{v(x)} = \frac{x-x^2}{(x+1)(x^2+1)}$.

B2.518.04: Die nach der Methode der Partialbruchzerlegung verwendete Darstellung von $f(x)$ sei $f(x) = \frac{u(x)}{v(x)} = \frac{x-x^2}{(x+1)(x^2+1)} = \frac{a}{x+1} + \frac{bx+c}{x^2+1}$ mit Zahlen $a, b, c \in \mathbb{R}$. Damit hat $f(x)$ die Form $f(x) = \frac{u(x)}{v(x)} = \frac{a(x^2+1)+(bx+c)(x+1)}{(x+1)(x^2+1)}$, woraus die Gleichheit $x - x^2 = a(x^2+1) + (bx+c)(x+1)$ der Zähler folgt. Betrachtet man insbesondere $x = -1$, dann folgt daraus $-2 = 2a$, also $a = -1$ und weiterhin $b = 0$ und $c = 1$. Somit hat $f(x)$ die Darstellung $f(x) = -\frac{1}{x+1} + \frac{1}{x^2+1}$, es gilt also $f = -\frac{1}{id+1} + \frac{1}{id^2+1} = f_1 + f_2$.
Die beiden Funktionen f_1 und f_2 sind ihrerseits integrierbar und besitzen die jeweiligen Integrale $\int f_1 = -log_e \circ |id+1| + \mathbb{R}$ und $\int f_2 = arctan + \mathbb{R}$. Insgesamt hat das Integral von f dann die Darstellung $\int f = \int (f_1 + f_2) = \int f_1 + \int f_2 = -(log_e \circ |id+1|) + arctan + \mathbb{R}$.

A2.518.05: Zeigen Sie: Für $u = id^2 + 1 : \mathbb{R} \longrightarrow \mathbb{R}$ gilt $\int \frac{1}{u^2} = \frac{1}{2}(\frac{id}{u} + arctan) + \mathbb{R}$.

B2.518.05: Die Behauptung wird durch Differentiation bewiesen: Es gilt $(\frac{1}{2}(\frac{id}{u} + arctan))'$
$= \frac{1}{2}(\frac{id}{u} + arctan)' = \frac{1}{2}(\frac{u-id \cdot u'}{u^2} + \frac{1}{u}) = \frac{1}{2}(\frac{1}{u} - id \cdot \frac{u'}{u^2} + \frac{1}{u}) = \frac{1}{u} - \frac{1}{2} \cdot id \cdot \frac{u'}{u^2} = \frac{u}{u^2} - \frac{1}{2} \cdot id \cdot \frac{u'}{u^2} = \frac{u-id^2}{u^2} = \frac{1}{u^2}$.

2.603 RIEMANN-INTEGRIERBARE FUNKTIONEN

Da in Abschnitt 2.614 ein sehr einfaches Verfahren zur Riemann-Integration gewisser Funktionen bereitgestellt wird, soll an dieser Stelle nur an einfachen Beispielen die Riemann-Integration gemäß Definition 2.603.3 betrachtet werden.

A2.603.01: Beweisen Sie gemäß Definition 2.603.3, hier als Handlungsanleitung betrachtet:

Konstante Funktionen $\hat{c} : [a,b] \longrightarrow \mathbb{R}$ mit $x \longmapsto c$ sind Riemann-integrierbar und es gilt $\int_a^b \hat{c} = c(b-a)$.

B2.603.01: In der Beziehung $sum(T(c_n, z_n, \hat{c})) = \sum_{1 \leq i \leq n} (c_{n,i+1} - c_{ni}) \cdot \hat{c}(z_{ni})$ gilt $\hat{c}(z_{ni}) = c$, für alle $1 \leq i \leq n$, somit ist $sum(T(c_n, z_n, \hat{c})) = \sum_{1 \leq i \leq n}(c_{n,i+1} - c_{ni}) \cdot \hat{c}(z_{ni}) = c \cdot \sum_{1 \leq i \leq n}(c_{n,i+1} - c_{ni}) = c(b-a)$.
Damit ist $c(b-a) = lim(c(b-a))_{n \in \mathbb{N}} = lim(sum(T(c_n, z_n, \hat{c})))_{n \in \mathbb{N}} = \int_a^b \hat{c}$, womit zugleich die Existenz dieses Grenzwertes, also die Riemann-Integrierbarkeit von $\hat{c}$, gezeigt ist.

A2.603.02: Beweisen Sie nur für $k = 1$ und $k = 2$ unter Verwendung von Definition 2.603.3, hier als Handlungsanleitung betrachtet, den allgemeinen Satz: Potenz-Funktionen $id^k : [a,b] \longrightarrow \mathbb{R}$ mit $k \in \mathbb{N}$ sind Riemann-integrierbar und es gilt $\int_a^b id^k = \frac{1}{k+1}(b^{k+1} - a^{k+1})$.

Hinweis: Verwenden Sie jeweils die äquidistante n-Zerlegung c_n von $[a,b]$ mit $c_{n,i+1} - c_{ni} = \frac{1}{n}(b-a)$ sowie die Zwischenzahlen $z_{ni} = \frac{1}{2}(c_{ni} + c_{n,i+1})$, ferner bei $k=1$ die Formel $\sum_{1 \leq i \leq n}(2i-1) = n^2$ und bei $k=2$ die Formel $\sum_{1 \leq i \leq n}(2i-1)^2 = \frac{1}{3}n(2n-1)^2$.

B2.603.02: Unter Verwendung der äquidistanten n-Zerlegung c_n von $[a,b]$ mit $u = c_{n,i+1} - c_{ni} = \frac{1}{n}(b-a)$ sowie den Zwischenzahlen $z_{ni} = \frac{1}{2}(c_{ni} + c_{n,i+1}) = \frac{1}{2}(a + (i-1)u + (a+iu)) = \frac{1}{2}(2a + (2i-1)u) = a + \frac{1}{2}(2i-1)\frac{1}{n}(b-a)$ gilt für den Fall

$k=1$: $sum(T(c_n, z_n, id)) = \sum_{1 \leq i \leq n} \frac{1}{n}(b-a) \cdot id(z_{ni}) = \frac{1}{n}(b-a) \cdot \sum_{1 \leq i \leq n} id(z_{ni}) = \frac{1}{n}(b-a) \cdot \sum_{1 \leq i \leq n} z_{ni}$
$= \frac{1}{n}(b-a) \cdot \sum_{1 \leq i \leq n}(a + \frac{1}{2}(2i-1)\frac{1}{n}(b-a)) = \frac{1}{n}(b-a) \cdot (na + \frac{1}{n}(b-a) \cdot \frac{1}{2} \cdot \sum_{1 \leq i \leq n}(2i-1))$
$= \frac{1}{n}(b-a) \cdot (na + \frac{1}{n}(b-a) \cdot \frac{1}{2} \cdot n^2) = (b-a)(a + \frac{1}{2}(b-a)) = \frac{1}{2}(b^2 - a^2)$,

damit ist dann $\frac{1}{2}(b^2 - a^2) = lim(\frac{1}{2}(b^2 - a^2))_{n \in \mathbb{N}} = lim(sum(T(c_n, z_n, id)))_{n \in \mathbb{N}} = \int_a^b id$, womit zugleich die Existenz dieses Grenzwertes, also die Riemann-Integrierbarkeit von id, gezeigt ist,

$k=2$: $sum(T(c_n, z_n, id^2)) = \sum_{1 \leq i \leq n} \frac{1}{n}(b-a) \cdot id^2(z_{ni}) = \frac{1}{n}(b-a) \cdot \sum_{1 \leq i \leq n}(\frac{1}{n}(b-a) \cdot id^2(z_{ni}))$
$= \frac{1}{n}(b-a) \cdot \sum_{1 \leq i \leq n} id^2(z_{ni}) = \frac{1}{n}(b-a) \cdot \sum_{1 \leq i \leq n} z_{ni}^2 = \frac{1}{n}(b-a) \cdot \sum_{1 \leq i \leq n}(a + \frac{1}{2}(2i-1) \cdot \frac{1}{n} \cdot (b-a))^2)$
$= \frac{1}{n}(b-a) \cdot \sum_{1 \leq i \leq n}(a^2 + (2i-1)\frac{1}{n}(b-a)a + \frac{1}{4}(2i-1)^2 \cdot \frac{1}{n^2}(b-a)^2)$
$= \frac{1}{n}(b-a)(na^2 + \frac{1}{n}a(b-a) \cdot \sum_{1 \leq i \leq n}(2i-1) + \frac{1}{4} \cdot \frac{1}{n^2}(b-a)^2 \cdot \sum_{1 \leq i \leq n}(2i-1)^2)$
$= \frac{1}{n}(b-a)(na^2 + \frac{1}{n}a(b-a)n^2 + \frac{1}{4} \cdot \frac{1}{n^2}(b-a)^2 \cdot \frac{1}{3}n(2n-1)^2) = (b-a)(a^2 + a(b-a) + \frac{1}{3}(b-a)^2)(1 + \frac{1}{4n^2})$,

damit ist dann $\frac{1}{3}(b^3 - a^3) = \frac{1}{3}(b-a)(a^2 + ab + b^2) = (b-a)(a^2 + a(b-a) + \frac{1}{3}(b-a))$
$= lim((b-a)(a^2 + a(b-a) + \frac{1}{3}(b-a)^2)(1 + \frac{1}{4n^2})))_{n \in \mathbb{N}} = lim(sum(T(c_n, z_n, id^2)))_{n \in \mathbb{N}} = \int_a^b id^2$, womit zugleich die Existenz dieses Grenzwertes, also die Riemann-Integrierbarkeit von id^2, gezeigt ist.

A2.603.03: Betrachten Sie die Funktion $f : [2, 12] \longrightarrow \mathbb{R}$ mit $f(x) = \frac{1}{2}x$ und berechnen Sie zunächst auf elementar-geometrische Weise den Inhalt $A(f)$ der Fläche $F(f)$, die von f, der Abszisse und den beiden Ordinatenparallelen durch 2 und 12 begrenzt wird.

Betrachten Sie eine äquidistante n-Zerlegung $c_n = (c_{n1}, ..., c_{n,n+1})$ von $[2, 12]$ (also mit Intervallängen $c_{n,i+1} - c_{ni} = \frac{1}{n}(12-2) = \frac{10}{n}$) sowie die Intervall-Mittelpunkte als Zwischenzahlen $z_{ni} = \frac{1}{2}(c_{ni} + c_{n,i+1})$.

1. Berechnen Sie für $n \in \{1, 2, 3, 4\}$ jeweils die Summe A_n der durch die n-Zerlegung erzeugten Rechtecks-Flächeninhalte und illustrieren Sie die Situation jeweils an einer kleinen Skizze.
2. Mit $A_1, A_2, A_3, A_4, ...$ wird offenbar eine konvergente Folge $A = (A_n)_{n\in\mathbb{N}}$ geliefert. Beschreiben Sie die Art der Folge und geben Sie (mit Begründung) ihren Grenzwert $lim(A)$ an. Welcher Zusammenhang besteht zwischen $A(f)$ und $lim(A)$?
3. Begründen Sie anhand der Skizzen zu Aufgabenteil 2 die Art der Folge.

B2.603.03: Die von f erzeugte Fläche $F(f)$, wie sie in der Aufgabe beschrieben ist, läßt sich in ein Rechteck und ein Dreieck zerlegen und hat damit den Flächeninhalt $A(f) = 10 + 25 = 35$ (FE).

1a) Für $n = 1$ liefert die 1-Zerlegung $\{[2, 12]\}$ des Intervalls $[2, 12]$ mit dem Mittelpunkt $z_{11} = 7$ den Flächeninhalt $A_1 = 10 \cdot f(z_{11}) = 10 \cdot f(7) = 10 \cdot \frac{7}{2} = 35$ (FE).

1b) Für $n = 2$ liefert die 2-Zerlegung $\{[2, 7], [7, 12]\}$ von $[2, 12]$ mit den Mittelpunkten $z_{21} = \frac{9}{2}$ und $z_{22} = \frac{19}{2}$ den Gesamtflächeninhalt $A_2 = 5(f(z_{21}) + f(z_{22})) = 5(f(\frac{9}{2}) + f(\frac{19}{2})) = 5(\frac{9}{4} + \frac{19}{4}) = 35$ (FE).

1c) Für $n = 3$ liefert die 3-Zerlegung $\{[2, \frac{16}{3}], [\frac{16}{3}, \frac{26}{3}], [\frac{26}{3}, 12]\}$ des Intervalls $[2, 12]$ mit den Mittelpunkten $z_{31} = \frac{11}{3}$, $z_{32} = \frac{21}{3}$ und $z_{33} = \frac{31}{3}$ den Gesamtflächeninhalt $A_3 = \frac{10}{3}(f(z_{31}) + f(z_{32}) + f(z_{33})) = 35$ (FE).

1d) Für $n = 4$ liefert die 4-Zerlegung $\{[2, \frac{18}{4}], [\frac{18}{4}, \frac{28}{4}], [\frac{28}{4}, \frac{38}{4}], [\frac{38}{4}, 12]\}$ des Intervalls $[2, 12]$ mit den vier Mittelpunkten $z_{41} = \frac{13}{4}$, $z_{42} = \frac{23}{4}$, $z_{43} = \frac{33}{4}$ und $z_{44} = \frac{43}{4}$ schließlich wieder den Gesamtflächeninhalt $A_4 = \frac{10}{4}(f(z_{41}) + f(z_{42}) + f(z_{43}) + f(z_{44})) = \frac{10}{4}(\frac{13}{8} + \frac{23}{8} + \frac{33}{8} + \frac{43}{8}) = \frac{10}{4} \cdot \frac{112}{8} = 35$ (FE).

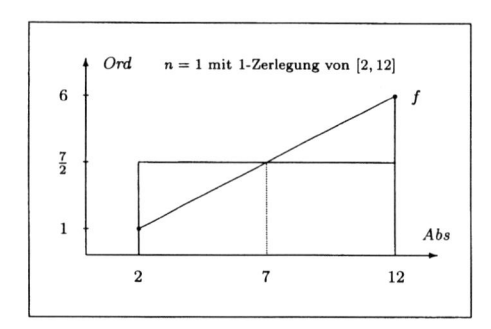

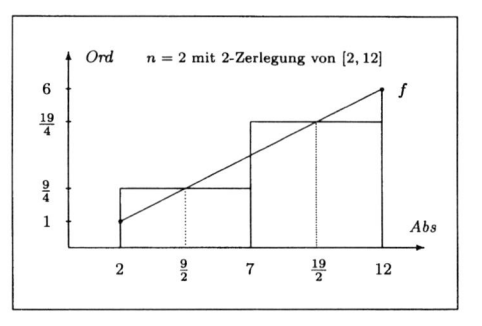

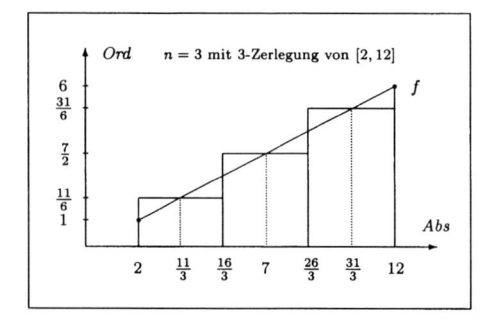

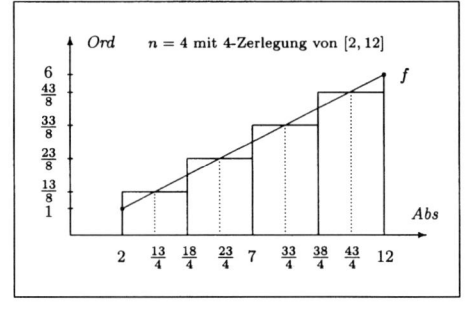

2. Die Folge A ist die konstante Folge $A = (A_n)_{n\in\mathbb{N}} = (35)_{n\in\mathbb{N}}$ und ist als solche konvergent gegen $lim(A) = 35$. Damit gilt bezüglich der oben angegebenen elementar-geometrischen Berechnung erwartungsgemäß $A(f) = 35 = lim(A)$.

3. Daß A eine konstante Folge ist, zeigen in den Skizzen die jeweiligen Paare kongruenter Dreiecke.

A2.603.04: Betrachten Sie die Funktion $f = id : [5, 15] \longrightarrow \mathbb{R}$ und berechnen Sie zunächst auf elementar-geometrische Weise den Inhalt $A(f)$ der Fläche $F(f)$, die von f, der Abszisse und den beiden Ordinatenparallelen durch 5 und 15 begrenzt wird.

Betrachten Sie dann zu jedem $n \in \mathbb{N}$ eine äquidistante n-Zerlegung $c_n = (c_{n1}, ..., c_{n,n+1})$ von $[5, 15]$ und berechnen Sie $A(f)$ als Grenzwert einer Folge $(A_n(f))_{n \in \mathbb{N}}$ zugehöriger Summen von Flächeninhalten von Rechtecken (also von Näherungen $A_n(f)$ zu $A(f)$).

Hinweis: Verwenden Sie an geeigneter Stelle die Formel $\sum_{1 \leq i \leq n}(2i - 1) = n^2$ (Aufgabe A1.815.03).

B2.603.04: Zur Bearbeitung der Aufgabe im einzelnen:

1. Die von f erzeugte Fläche $F(f)$, wie sie in der Aufgabe beschrieben ist, läßt sich in ein Rechteck und ein Dreieck zerlegen und hat damit den Flächeninhalt $A(f) = 50 + 50 = 100$ (FE).

2. Zu einem beliebig, aber fest gewählten Element (Index) $n \in \mathbb{N}$ sei nun die äquidistante n-Zerlegung $c_n = (c_{n1}, ..., c_{n,n+1})$ von $[5, 15]$ betrachtet, die das Intervall $[5, 15]$ in n gleich lange Teilintervalle der Form $[c_{ni}, c_{n,i+1}]$ zerlegt mit Indices $i \in \{1, ..., n\}$.

3. Jedes der n Teilintervalle der Form $[c_{ni}, c_{n,i+1}]$ erzeugt nun ein Rechteck, dessen Flächeninhalt aus der Breite $c_{n,i+1} - c_{ni} = \frac{1}{n}(15 - 5) = \frac{10}{n}$ und der Höhe $f(z_{ni}) = z_{ni} = \frac{1}{2}(c_{ni} + c_{n,i+1})$ mit der Intervall-Mitte z_{ni} als Zwischenzahl berechnet wird. Dazu wird zunächst diese Zwischenzahl berechnet: Mit $c_{ni} = 5 + (i - 1)\frac{10}{n}$ und $c_{n,i+1} = 5 + i\frac{10}{n}$ gilt dann $z_{ni} = \frac{1}{2}(c_{ni} + c_{n,i+1}) = \frac{1}{2}(5 + (i-1)\frac{10}{n} + 5 + i\frac{10}{n})$
$= \frac{1}{2}(10 + (2i-1)\frac{10}{n}) = 5 + (2i-1)\frac{5}{n}$. Damit hat das von $[c_{ni}, c_{n,i+1}]$ erzeugte Rechteck den Flächeninhalt $A_i = z_{ni} \cdot \frac{10}{n} = (5 + (2i-1)\frac{5}{n})\frac{10}{n} = \frac{50}{n} + \frac{50}{n^2}(2i - 1)$.

4. Jedes Element $n \in \mathbb{N}$ liefert dann die zugehörige Näherung $A_n(f) = \sum_{1 \leq i \leq n} A_i = \sum_{1 \leq i \leq n}(\frac{50}{n} + \frac{50}{n^2}(1 + 2i))$
$= \sum_{1 \leq i \leq n} \frac{50}{n} + \sum_{1 \leq i \leq n} \frac{50}{n^2}(1 + 2i) = n \cdot \frac{50}{n} + \frac{50}{n^2} \cdot \sum_{1 \leq i \leq n}(1 + 2i) = 50 + \frac{50}{n^2} \cdot n^2 = 50 + 50 = 100$ (FE).

5. Damit ist die Folge $(A_n(f))_{n \in \mathbb{N}}$ eine offenbar konstante Folge mit den Folgengliedern $A_n = 100$, für alle $n \in \mathbb{N}$, und besitzt folglich den Grenzwert $lim(A_n(f))_{n \in \mathbb{N}} = lim(100)_{n \in \mathbb{N}} = 100$ (FE).

A2.603.05: Betrachten Sie den durch die positiven Teile von Abszisse und Ordinate begrenzten Viertelkreis (Kreislinie) mit Mittelpunkt $(0, 0)$ und Radius 1. Beschreiben Sie diese Viertelkreislinie als Funktion $k : [0, 1] \longrightarrow \mathbb{R}$.

Betrachten Sie nun eine äquidistante n-Zerlegung $c_n = (c_{n1}, ..., c_{n,n+1})$ von $[0, 1]$ (also mit Intervallängen $c_{n,i+1} - c_{ni} = \frac{1}{n}$) sowie die Intervall-Mittelpunkte als Zwischenzahlen $z_{ni} = \frac{1}{2}(c_{ni} + c_{n,i+1})$.

1. Berechnen Sie für $n \in \{1, 2, 3, 4\}$ jeweils die Summe A_n der durch die n-Zerlegung erzeugten Rechtecks-Flächeninhalte und illustrieren Sie die Situation jeweils an einer kleinen Skizze.

2. Mit $A_1, A_2, A_3, A_4, ...$ wird offenbar eine antitone Folge $A = (A_n)_{n \in \mathbb{N}}$ geliefert. Nennen Sie anhand der Differenzenfolge $D = (A_n - A_{n+1})_{n \in \mathbb{N}}$ eine begründete Vermutung über das Konvergenzverhalten von A und den möglichen Grenzwert von A.

B2.603.05: Zunächst gilt $A(k) = \frac{1}{4}\pi \approx 0,7854$ (FE) als Referenzdatum für folgende Berechnungen.

1. Die in der Aufgabe genannte Viertelkreislinie wird durch die Funktion $k : [0, 1] \longrightarrow \mathbb{R}$ mit $k(x) = \sqrt{1 - x^2}$ (nach dem Satz des Pythagoras) beschrieben. (Mit einem Radius r ist $k(x) = \sqrt{r^2 - x^2}$.)

2a) Für $n = 1$ liefert die 1-Zerlegung $\{[0, 1]\}$ des Intervalls $[0, 1]$ mit dem Mittelpunkt $z_{11} = \frac{1}{2}$ den Flächeninhalt $A_1 = 1 \cdot k(z_{11}) = k(\frac{1}{2}) = \sqrt{1 - \frac{1}{4}} = \frac{1}{2}\sqrt{3} \approx 0,8660$ (FE).

2b) Für $n = 2$ liefert die 2-Zerlegung $\{[0, \frac{1}{2}], [\frac{1}{2}, 1]\}$ von $[0, 1]$ mit den Mittelpunkten $z_{21} = \frac{1}{4}$ und $z_{22} = \frac{3}{4}$ den Gesamtflächeninhalt $A_2 = \frac{1}{2}(k(z_{21}) + k(z_{22})) = \frac{1}{8}(\sqrt{15} + \sqrt{7}) \approx 0,8148$ (FE).

2c) Für $n = 3$ liefert die 3-Zerlegung $\{[0, \frac{1}{3}], [\frac{1}{3}, \frac{2}{3}], [\frac{2}{3}, 1]\}$ des Intervalls $[0, 1]$ mit den Mittelpunkten $z_{31} = \frac{1}{6}$ sowie $z_{32} = \frac{3}{6}$ und $z_{33} = \frac{5}{6}$ den Gesamtflächeninhalt $A_3 = \frac{1}{3}(k(z_{31}) + k(z_{32}) + k(z_{33})) = \frac{1}{3}(k(\frac{1}{6}) + k(\frac{3}{6}) + k(\frac{5}{6})) = \frac{1}{18}(\sqrt{35} + \sqrt{27} + \sqrt{11}) \approx 0,8016$ (FE).

2d) Für $n = 4$ liefert die 4-Zerlegung $\{[0, \frac{1}{4}], [\frac{1}{4}, \frac{1}{2}], [\frac{1}{2}, \frac{3}{4}], [\frac{3}{4}, 1]\}$ des Intervalls $[0, 1]$ mit den Mittelpunkten $z_{41} = \frac{1}{8}, z_{42} = \frac{3}{8}, z_{43} = \frac{5}{8}$ und $z_{44} = \frac{7}{8}$ den Gesamtflächeninhalt $A_4 = \frac{1}{4}(k(z_{41}) + k(z_{42}) + k(z_{43}) + k(z_{44}))$

$= \frac{1}{4}(k(\frac{1}{8}) + k(\frac{3}{8}) + k(\frac{5}{8}) + k(\frac{5}{8})) = \frac{1}{32}(\sqrt{63} + \sqrt{55} + \sqrt{39} + \sqrt{15}) \approx 0,7959$ (FE).

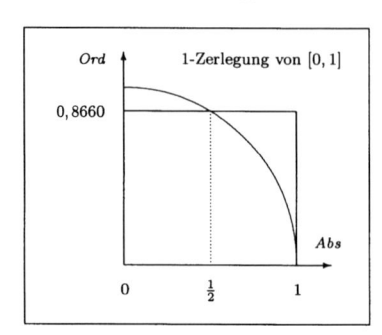

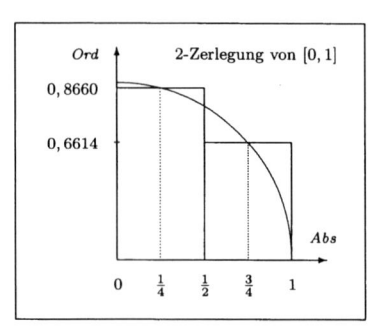

2. Die Differenzenfolge $D = (A_n - A_{n+1})_{n \in \mathbb{N}}$ hat die ersten drei Folgenglieder
$$D_1 = A_1 - A_2 \approx 0,0512, \quad D_2 = A_2 - A_3 \approx 0,0132, \quad D_3 = A_3 - A_4 \approx 0,0056.$$
und zeigt, daß die Folge $(A_n)_{n \in \mathbb{N}}$ offenbar konvergent ist. Ferner zeigen die ersten vier Folgenglieder
$$A_1 - A(k) \approx 0,1006, \quad A_2 - A(k) \approx 0,0294, \quad A_3 - A(k) \approx 0,0162, \quad A_4 - A(k) \approx 0,0105$$
der Folge $(A_n - A(k))_{n \in \mathbb{N}}$, daß die Folge $(A_n)_{n \in \mathbb{N}}$ gegen $A(k) = \frac{1}{4}\pi \approx 0,7854$ konvergiert.

A2.603.06: Betrachten Sie den Teil $p : [0,2] \longrightarrow \mathbb{R}$ der Normalparabel mit $p(x) = x^2$ und bearbeiten Sie – sinngemäß analogisiert – den ersten Teil von Aufgabe A2.603.04. Ermitteln Sie zuvor eine obere Schranke zu $A(p)$ auf elementar-geometrische Weise.

A2.603.07: Ein einfaches Beispiel für die vielfältigen Varianten der *Monde des Hippokrates*: Betrachten Sie in folgender Figur die Fläche (Sichel) S, die von den beiden Kreisbogen gebildet wird. Zeigen Sie anhand von Vergleichen der Inhalte der Flächen S_1, S_2 und S_3 (also elementar-geometrisch) die von *Hippokrates von Chios* (um 450 v.Chr.) bewiesene Beziehung: $A(S) = a^2$.

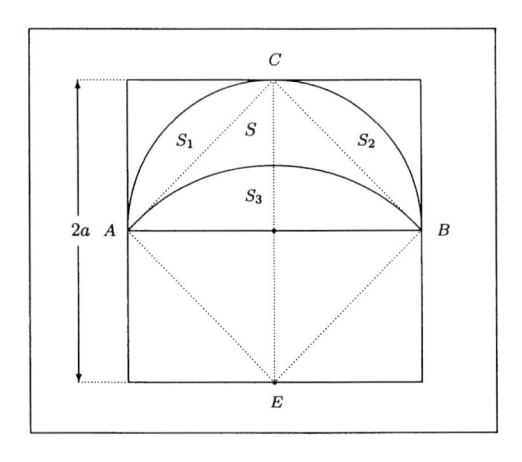

B2.603.07: Vorüberlegung: Die in der Skizze zur Aufgabe angegebenen zueinander kongruenten Flächen S_1 und S_2 sind jeweils ähnlich zu der Fläche S_3. Ist nun r_1 der Radius des Kreises zu S_1 und S_2 sowie r_3 der Radius des Kreises zu S_3, so gilt $r_1 = a$ und $r_3 = a\sqrt{2}$ und damit $\frac{r_1}{r_3} = \frac{a}{a\sqrt{2}} = \frac{1}{\sqrt{2}}$. Damit gilt aber $\frac{A(S_1)}{A(S_3)} = \frac{r_1^2}{r_3^2} = \frac{1}{2}$. Diese Vorüberlegung liefert also $A(S_1) + A(S_2) = A(S_3)$.
Schließlich gilt, wenn man in der Figur die entsprechenden Flächen und das Dreieck $D = d(A, B, C)$ betrachtet, dann $A(S) = A(S_1) + A(S_2) + A(D) - A(S_3) = A(D) = \frac{1}{2} \cdot 2a \cdot a = a^2$.

2.610 Riemann-Integrierbarkeit stetiger Funktionen $[a,b] \longrightarrow \mathbb{R}$

A2.610.01: Bearbeiten /Beantworten Sie folgende Aufgaben/Fragen:
1. Berechnen Sie die jeweiligen Riemann-Integrale der Funktionen
   a) $f : [0,2] \longrightarrow \mathbb{R}$, $f(x) = ax^2 + 2$,   b) $f : [0,2] \longrightarrow \mathbb{R}$, $f(x) = 2x^2 + a^2x + 2$,
2. Für welche Zahl $a > 0$ ist $\int_{-a}^{1} f = \frac{2}{3}$ für die Funktion $f = 1 - id^2 : [-a, 1] \longrightarrow \mathbb{R}$?

B2.610.01: Im einzelnen gilt:

1a) Mit dem Integral $\int (a \cdot id^2 + 2) = \frac{1}{3}a \cdot id^3 + 2 \cdot id + \mathbb{R}$ und $F = \frac{1}{3}a \cdot id^3 + 2 \cdot id$ ist dann $\int_{0}^{2} (a \cdot id^2 + 2) = F(2) - F(0) = \frac{8}{3}a + \frac{12}{3} = \frac{1}{3}(8a + 12)$.

1b) Mit dem Integral $\int (2 \cdot id^2 - a^2 \cdot id + 2) = \frac{2}{3}id^3 - \frac{1}{2}a^2 \cdot id^2 + 2 \cdot id + \mathbb{R}$ und $F = \frac{2}{3}id^3 - \frac{1}{2}a^2 \cdot id^2 + 2 \cdot id$ ist dann $\int_{0}^{2} (2 \cdot id^2 - a^2 \cdot id + 2) = F(2) - F(0) = \frac{16}{3} - \frac{6}{3}a^2 + \frac{12}{3} = \frac{1}{3}(23 - 6a^2)$.

2. Mit dem Integral $\int (1 - id^2) = id - \frac{1}{3}id^3 + \mathbb{R}$ und $F = id - \frac{1}{3}id^3$ ist $\int_{-a}^{1} (1 - id^2) = F(1) - F(-a)$
$= (1 - \frac{1}{3}) - (-a - \frac{1}{3}(-a)^3) = \frac{2}{3} + \frac{4}{3}a^3$. Damit gilt dann $\int_{-a}^{1} f = \frac{2}{3} \Leftrightarrow \frac{2}{3} + \frac{4}{3}a^3 = \frac{2}{3} \Leftrightarrow a = \sqrt[3]{\frac{3}{4}}$.

A2.610.02: Für die Spannkraft F einer Feder gilt $F(s) = Ds$ in Abhängigkeit einer Auslenkung s und einer Federkonstanten D, für die im folgenden $D = 1000 \frac{N}{m}$ verwendet sei. Die Spannarbeit W zur Auslenkung der Feder von a nach b ist $W = \int_{a}^{b} F$. Welche Arbeit muß für 200 Auslenkungen um jeweils 50 cm verrichtet werden?

B2.610.02: Mit dem Integral $\int F = \frac{1}{2}D \cdot id^2 + \mathbb{R}$ ist $W = \int_{0}^{100} F = (\int F)(100) - (\int F)(0) = \frac{1}{2}D \cdot 100^2 - 0$
$= \frac{1}{2} \cdot 1000 \frac{N}{m} \cdot 100^2 \ cm^2 = \frac{1}{2} \cdot 1000 \frac{kN}{m} = 500 \frac{kN}{m}$.

A2.610.03: Zwei Einzelaufgaben:
1. Beweisen Sie: Für Kompositionen $[a,b] \xrightarrow{v} Bild(v) \xrightarrow{u} \mathbb{R}$ mit bijektiver differenzierbarer Funktion v und stetiger Funktion u ist $u \circ v$ Riemann-integrierbar und es gilt $\int_{a}^{b} (u \circ v) = \int_{v(a)}^{v(b)} (u \cdot (v^{-1})')$.
2. Wenden Sie Teil 1 auf die Komposition $u \circ v : [a,b] \longrightarrow \mathbb{R}$ mit $(u \circ v)(x) = \frac{1}{e^x + e^{-x}}$ an.

B2.610.03: Zur Bearbeitung im einzelnen:

1. Es gilt $\int_{a}^{b} (u \circ v) = \int_{v(a)}^{v(b)} ((u \circ v) \circ v^{-1} \cdot (v^{-1})') = \int_{v(a)}^{v(b)} (u \cdot (v^{-1})')$.

2. Betrachtet man die Funktionen $v = \log_e : \mathbb{R} \longrightarrow \mathbb{R}^+$ und $u = \frac{1}{id + id^{-1}} : \mathbb{R}_* \longrightarrow \mathbb{R}$ sowie ihre auf $[a,b]$ eingeschränkte Komposition $[a,b] \xrightarrow{v} Bild(v) \xrightarrow{u} \mathbb{R}$ (wobei $0 \notin Bild(v)$ gilt), dann ist zunächst $(u \circ v)(x) = u(e^x) = \frac{1}{e^x + e^{-x}}$ tatsächlich die Vorschrift der zu untersuchenden Funktion, ferner ist dann $v^{-1} = \log_e$ und $(v^{-1})' = \frac{1}{id}$ und somit $(u \circ v) \circ v^{-1} \cdot (v^{-1})' = \frac{1}{id + id^{-1}} \cdot \frac{1}{id} = \frac{1}{id^2 + 1}$. Damit ist schließlich $\int_{a}^{b} (u \circ v) = \int_{e^a}^{e^b} \frac{1}{id^2 + 1} = \arctan(e^b) - \arctan(e^a)$.

A2.610.04: Beschreiben Sie ein Beispiel dafür, daß in Corollar 2.610.5 und Satz 2.610.6 tatsächlich von beschränkten Funktionen die Rede sein muß.

B2.610.04: Die Funktion $f : [-5,5] \longrightarrow \mathbb{R}$ mit $f(x) = \begin{cases} 1, & \text{falls } x \in [-5,1], \\ \frac{1}{x-1}, & \text{falls } x \in (1,5], \end{cases}$ ist nach oben unbeschränkt und wegen der dadurch auftretenden rechtsseitigen Polstelle 1 nicht Riemann-integrierbar.

A2.610.05: Beweisen Sie Corollar 2.610.5 unter Verwendung von Corollar 2.604.6.

B2.610.05: Den Beweis der Behauptung mit Hilfe von Corollar 2.604.6 zu führen bedeutet, zu vorgegebener Zahl $\epsilon > 0$ eine Zerlegung c_n von $[a,b]$ zu konstruieren, für die dann die Abschätzung $|sum^*(c_n, f) - sum_*(c_n, f)| < \epsilon$ gilt. Dazu im einzelnen:

a) Konstruktion einer solchen Zerlegung c_n mit den Daten und der Skizze in Corollar 2.610.5: Zu einer noch anzugebenden Zahl $\delta > 0$ seien zunächst zu jedem $j \in \{2, ..., m\}$ Intervalle $I_j = [u_j + \delta, u_j - \delta]$ mit jeweils zugehörigen Zerlegungen $c_j \in C[I_j]$ betrachtet. Nimmt man c_j als Mengen, dann sei die Menge c_n definiert als $c_n = \{a = u_1, ..., u_{m+1} = b\} \cup \bigcup_{2 \leq j \leq m} c_j$.

b) Festlegung einer geeigneten Zahl $\delta > 0$ zu $\epsilon > 0$: Eine solche Zahl δ sei durch $0 < \delta < \frac{\epsilon}{8d(m+2)}$ und nötigenfalls mit $\delta < \frac{1}{3} min\{u_{j+1} - u_j \mid j \in \{1, ..., m\}\}$ definiert, wobei f durch $-d < Bild(f) < d$ beschränkt sei.

c) Bezeichnet f_j die Einschränk $f \mid I_k$, so ist f_j nach Voraussetzung stetig, und es gilt die Beziehung
$sum^*(c_n, f) - sum_*(c_n, f) < \sum_{1 \leq j \leq m+1} 2d \cdot 2\delta + \sum_{1 \leq j \leq m} (sum^*(c_j, f_j) - sum_*(c_j, f_j))$
$= 4d \cdot \sum_{1 \leq j \leq m+1} \delta + m \cdot \frac{\epsilon}{2m} < 4d \cdot \frac{(m+1)\epsilon}{8d(m+2)} + \frac{\epsilon}{2} = \frac{\epsilon}{2} \cdot \frac{m+1}{m+2} < \frac{\epsilon}{2} + \frac{\epsilon}{2} = \epsilon.$

2.614 INTEGRIERBARKEIT STETIGER FUNKTIONEN $[a,b] \longrightarrow \mathbb{R}$

A2.614.01: Betrachten Sie die stetige Funktion $f : [0,2] \longrightarrow \mathbb{R}$ mit $f(x) = \begin{cases} x, & \text{falls } x \leq 1, \\ 2-x, & \text{falls } x > 1. \end{cases}$

1. Konstruieren Sie die Integralfunktion F_f von f, indem Sie sich den Funktionswert $F_f(x) = \int_0^x f$ von x unter F_f gemäß nebenstehender Skizze als Flächeninhalt vorstellen.

2. Weisen Sie nach, daß die Einschränkung $F_f : (0,2) \longrightarrow \mathbb{R}$ der Integralfunktion F_f zu f bei 1 differenzierbar ist.

3. Zeigen Sie $(F_f)' = f$ für die beiden Einschränkungen $f, F_f : (0,2) \longrightarrow \mathbb{R}$.

4. Berechnen Sie das Riemann-Integral $\int_0^2 f$.

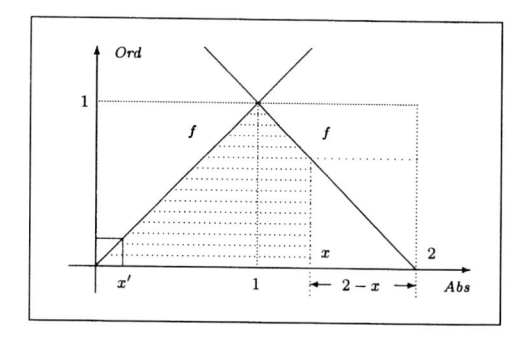

B2.614.01: Zur Bearbeitung der Aufgabe im einzelnen:

1. Deutet man $F_f(x) = \int_0^x f$ als Flächeninhalt, so ist für

a) $x \leq 1$ dann $F_f(x) = \frac{1}{2}x^2$ (Hälfte eines Quadrats),

b) $x > 1$ dann $F_f(x) = \frac{1}{2} + \frac{1}{2}(1-(2-x)^2) = -1 + 2x - \frac{1}{2}x^2$ (als Summe des Flächeninhalts $\frac{1}{2}$ von 0 bis 1 und der Hälfte der Differenz von 1 und dem Flächeninhalt des Quadrats mit der Seitenlänge $2-x$).

2. Die Funktion $F_f : (0,2) \longrightarrow \mathbb{R}$ ist bei 1 differenzierbar, denn für alle gegen 1 konvergenten Folgen $x : \mathbb{N} \longrightarrow (0,2)$ mit $x_n \neq 1$ gilt für

a) $x_n \leq 1$ dann $\frac{f(x_n)-f(1)}{x_n-1} = \frac{1}{2} \cdot \frac{x_n^2-1}{x_n-1} = \frac{1}{2} \cdot (x_n+1)$,

b) $x_n > 1$ dann $\frac{f(x_n)-f(1)}{x_n-1} = \frac{(-1+2x_n-\frac{1}{2}x_n^2)-\frac{1}{2}}{x_n-1} = -\frac{1}{2} \cdot \frac{x_n^2-4x_n+3}{x_n-1} = -\frac{1}{2} \cdot \frac{(x_n-3)(x_n-1)}{x_n-1} = -\frac{1}{2} \cdot (x_n-3)$.

In beiden Fällen existieren die Ableitungen $(F_f)'(1)$ von F_f bei 1 und stimmen überein, denn es ist für

a) $x_n \leq 1$ dann $(F_f)'(1) = lim(\frac{f(x_n)-f(1)}{x_n-1})_{n\in\mathbb{N}} = lim(\frac{1}{2}(x_n+1))_{n\in\mathbb{N}} = \frac{1}{2}(1+1) = 1$,

b) $x_n > 1$ dann $(F_f)'(1) = lim(\frac{f(x_n)-f(1)}{x_n-1})_{n\in\mathbb{N}} = lim(-\frac{1}{2}(x_n-3))_{n\in\mathbb{N}} = -\frac{1}{2}(1-3) = 1$.

3. Es gilt $(F_f)' = \begin{cases} (\frac{1}{2} \cdot id^2)' = id, & \text{falls } x \leq 1, \\ (-1 + 2 \cdot id - \frac{1}{2} \cdot id^2)' = 2 - id, & \text{falls } x > 1. \end{cases}$

4. Nach Corollar 2.614.2 ist $\int_0^2 f = (\int f)(2) - (\int f)(0) = (-1 + 4 - \frac{1}{2} \cdot 4) - 0 = 1$.

A2.614.02: Beweisen Sie die Formel $\int_a^b (\sum_{0 \leq k \leq n} c_k id^k) = \sum_{0 \leq k \leq n} \frac{1}{k+1} \cdot c_k \cdot (b^{k+1} - a^{k+1})$ von Lemma 2.614.3 mit Hilfe von Corollar 2.605.2, Lemma 2.511.2 und Corollar 2.614.2.

B2.614.02: Es gelten die Gleichheiten $\int_a^b (\sum_{0 \leq k \leq n} c_k id^k) = \sum_{0 \leq k \leq n} (c_k \int_a^b id^k)$ (nach Corollar 2.605.2)

$= \sum_{0 \leq k \leq n} c_k((\int id^k)(b) - (\int id^k)(a))$ (nach Corollar 2.614.2)

$= \sum_{0 \leq k \leq n} c_k(\frac{1}{k+1} \cdot id^{k+1}(b) - \frac{1}{k+1} \cdot id^{k+1}(a))$ (nach Lemma 2.511.2) $= \sum_{0 \leq k \leq n} \frac{1}{k+1} \cdot c_k \cdot (b^{k+1} - a^{k+1})$.

A2.614.03: Berechnen Sie die Lösungsmenge der Integral-Gleichung $\int_0^{\sqrt{x}} f = 6$ über der Funktion $f : [0, b] \longrightarrow \mathbb{R}$, definiert durch $f(x) = x^3 - x$.

B2.614.03: Mit der durch $(\int f)(x) = \frac{1}{4}x^4 - \frac{1}{2}x^2$ definierten Stammfunktion von f und den Äquivalenzen
$\int_0^{\sqrt{x}} id = 6 \Leftrightarrow (\int f)(\sqrt{x}) - (\int f)(0) = 6 \Leftrightarrow \frac{1}{4}x^2 - \frac{1}{2}x = 6 \Leftrightarrow x^2 - 2x - 24 = 0 \Leftrightarrow x \in \{-4, 6\}$ hat $(F_f, 6)$
die Lösungsmenge $L(F_f, 6) = \{6\}$, falls $b \geq \sqrt{6}$ gilt. In diesem Fall ist $\int_0^{\sqrt{6}} f = 6$. (Die numerische Lösung -4 kommt wegen $-4 < 0$ nicht in Betracht.)

A2.614.04: Bestimmen Sie jeweils die Menge aller Zahlen a mit der Eigenschaft:

a) $\int_0^a \sin = 0$, \quad b) $\int_0^a \sin = 1$, \quad c) $\int_0^a \sin = 2$, \quad d) $\int_0^a \sin = 3$.

B2.614.04: Mit der Abkürzung $I_a = \int_0^a \sin$ gelten jeweils folgende Äquivalenzen:

a) $I_a = 0 \Leftrightarrow -cos(a) - (-cos(0)) = 0 \Leftrightarrow -cos(a) + 1 = 0 \Leftrightarrow cos(a) = 1 \Leftrightarrow a \in 2\mathbb{N}_0\pi$,
b) $I_a = 1 \Leftrightarrow -cos(a) - (-cos(0)) = 1 \Leftrightarrow -cos(a) + 1 = 1 \Leftrightarrow cos(a) = 0 \Leftrightarrow a \in \frac{1}{2}(2\mathbb{N}_0 + 1)\pi$,
c) $I_a = 2 \Leftrightarrow -cos(a) - (-cos(0)) = 2 \Leftrightarrow -cos(a) + 1 = 2 \Leftrightarrow cos(a) = -1 \Leftrightarrow a \in (2\mathbb{N}_0 + 1)\pi$,
d) $I_a = 3 \Leftrightarrow -cos(a) - (-cos(0)) = 3 \Leftrightarrow -cos(a) + 1 = 3 \Leftrightarrow cos(a) = -2 \Leftrightarrow a \in \emptyset$.

A2.614.05: Zeigen Sie: In der Menge $\int f$ aller Stammfunktionen F einer beliebigen stetigen Funktion $f : [a, b] \longrightarrow \mathbb{R}$ ist genau diejenige Stammfunktion F von f die Integralfunktion F_f von f, die die Nullstelle a besitzt. Ermitteln Sie nach dieser Beobachtung jeweils die Integralfunktion F_f zu den Funktionen $f, g, h : [-1, 1] \longrightarrow \mathbb{R}$ mit $f(x) = x + 2$ sowie $g(x) = 2x$ und $h(x) = x^2 + 1$.

B2.614.05: Die allgemeine Behauptung im Aufgabentext folgt aus:

a) Die Beziehung $F_f(a) = \int_a^a f = 0$ zeigt $a \in N(F_f)$ (aber $N(F_f)$ kann noch andere Elemente haben).

b) Ist F eine beliebige Stammfunktion von f mit $F(a) = 0$, dann gilt $F(x) = F(x) - F(a) = \int_a^x f = F_f(x)$.

Nun zu den angegebenen Funktionen $f, g, h : [-1, 1] \longrightarrow \mathbb{R}$ mit Stammfunktionen $F, G, H : [-1, 1] \longrightarrow \mathbb{R}$:
a) Zuordnungsvorschriften der Stammfunktionen F von f haben die Form $F(x) = x^2 + 2x + c$ mit $c \in \mathbb{R}$. Wegen der Äquivalenzen $F(-1) = 0 \Leftrightarrow 1 - 2 + c = 0 \Leftrightarrow c = 1$ ist die Integralfunktion F_f von f durch die Vorschrift $F_f(x) = x^2 + 2x + 1$ definiert.
b) Entsprechend liefert $G(x) = x^2 + c$ mit $c \in \mathbb{R}$ aus $G(-1) = 1 + c = 0$ dann $c = -1$.
c) Entsprechend liefert $H(x) = \frac{1}{3}x^3 + x + c$ mit $c \in \mathbb{R}$ aus $H(-1) = -\frac{1}{3} - 1 + c = 0$ dann $c = \frac{4}{3}$.

A2.614.06: Zeigen Sie unter Verwendung des Kriteriums von Aufgabe 2.614.05: Die beiden Funktionen $F, G_x : [1, u] \longrightarrow \mathbb{R}$ (für $u \geq 1$) mit den Vorschriften $F(z) = log_e(z)$ und $G_x(z) = log_e(xz) - log_e(x)$ für beliebig, aber fest gewählte Zahlen $x \in [1, u]$, sind unterschiedliche Darstellungen der Integralfunktion F_f zu $f : [1, u] \longrightarrow \mathbb{R}$ mit $f(z) = \frac{1}{z}$. Was bedeutet die für alle $x \in [1, u]$ geltende Gleichheit $F = G_x$? Untersuchen Sie die analogen Sachverhalte/Fragen jeweils zu den Funktionen $f : [1, u] \longrightarrow \mathbb{R}$ mit
a) $f(z) = -\frac{1}{z}$ sowie $F(z) = -log_e(z)$ und $G_x(z) = log_e(\frac{x}{z}) - log_e(x)$,
b) $f(z) = \frac{n}{z}$ sowie $F_n(z) = n \cdot log_e(z)$ und $G_n(z) = log_e(z^n)$ mit $n \in \mathbb{Z}$.

B2.614.06: Zur Bearbeitung der Aufgabe im einzelnen:

1. Wegen $F'(z) = \frac{1}{z}$ und $G'_x(z) = \frac{1}{xz} \cdot x = \frac{1}{z}$, für alle $z \in [1, u]$, gilt $F' = G'_x$, somit sind F und G_x Stammfunktionen von f. Wegen $F(1) = log_e(1) = 0$ und $G_x(1) = log_e(x) - log_e(x) = 0$ gilt nach Aufgabe

A2.614.05 dann $F = G_x$, für alle $x \in [1, u]$. Diese Gleichheit bedeutet für alle $x, z \in [1, u]$ die Beziehung $log_e(xz) = log_e(x) + G_x(z) = log_e(x) + F(z) = log_e(x) + log_e(z)$.

2. Die Art der Argumentation ist dieselbe wie in Teil 1, in Kurzform:

a) $F'(z) = -\frac{1}{z}$ und $G'_x(z) = \frac{z}{x} \cdot (-\frac{x}{z^2}) = -\frac{1}{z}$ liefern $F' = G'_x$. Wegen $F(1) = log_e(1) = 0$ und $G_x(1) = 0$ gilt $F = G_x$, für alle $x \in [1, u]$. Diese Gleichheit bedeutet für alle $x, z \in [1, u]$ die Beziehung $log_e(\frac{x}{z}) = log_e(x) + G_x(z) = log_e(x) + F(z) = log_e(x) - log_e(z)$.

b) $F'_n(z) = \frac{n}{z}$ und $G'_n(z) = \frac{1}{z^n} \cdot n \cdot z^{n-1} = \frac{n}{z}$ liefern $F'_n = G'_n$. Wegen $F_n(1) = 1 \cdot log_e(1) = 0$ und $G_n(1) = log_e(1^n) = 0$ gilt $F = G_x$, für alle $n \in \mathbb{Z}$. Diese Gleichheit bedeutet für alle $z \in [1, u]$ und für alle $n \in \mathbb{Z}$ die Beziehung $log_e(z^n) = G_n(z) = F_n(z) = n \cdot log_e(z)$.

A2.614.07: Zeigen Sie: Es gibt eine Zahl $a \in [0, 1]$ mit $\int_0^a \frac{1}{1+id^2} = \frac{\pi}{4} = \frac{1}{2} \int_0^a \frac{1}{\sqrt{1-id^2}}$.

B2.614.07: Mit den beiden Integralen $\int \frac{1}{1+id^2} = arctan + \mathbb{R}$ und $\int \frac{1}{\sqrt{1-id^2}} = arcsin + \mathbb{R}$ gilt einerseits $\int_0^1 \frac{1}{1+id^2} = arctan(1) = \frac{\pi}{4}$ und andererseits $\int_0^1 \frac{1}{\sqrt{1-id^2}} = arcsin(1) = \frac{\pi}{2}$, woraus die Behauptung folgt.

A2.614.08: Zeigen Sie: Für stetig differenzierbare Funktionen $f : [a, b] \longrightarrow \mathbb{R}$ mit $f(a) = 0$ gilt:
$$\int_a^b |ff'| \leq \tfrac{1}{2}(b-a) \cdot \int_a^b (f')^2.$$

Hinweis: Betrachten Sie die Funktion $g : [a, b] \longrightarrow \mathbb{R}$, definiert durch $g(z) = \int_a^z |f'|$, und verwenden Sie die *Ungleichung von Schwarz:* $(\int_a^b |uv|)^2 \leq \int_a^b |u|^2 \cdot \int_a^b |v|^2$ mit Riemann-integrierbaren Funktionen u^2 und v^2.

B2.614.08: Betrachten Sie die folgende Beziehung mit den anschließend erläuterten Zeichen:
$$2\int_a^b |ff'| \stackrel{1}{\leq} 2\int_a^b (gg') \stackrel{2}{=} \int_a^b (2gg') \stackrel{3}{=} \int_a^b (g^2)' \stackrel{4}{=} g^2(b) - g^2(a) \stackrel{5}{=} g^2(b) \stackrel{6}{=} (\int_a^b (1 \cdot g'))^2 \stackrel{7}{\leq} \int_a^b 1^2 \cdot \int_a^b (g')^2$$
$$\stackrel{8}{=} (b-a) \cdot \int_a^b (f')^2.$$
Multiplikation mit $\frac{1}{2}$ liefert aus dieser Beziehung dann die Behauptung.

zu (1): Es gilt $|ff'| = |f| \cdot |f'| \leq g \cdot g'$, wobei $|f'| = g'$ und $|f| \leq g$ aufgrund folgender Betrachtungen gilt:
a) Nach Definition von g und nach Satz 2.614.1 ist g eine Stammfunktion von $|f'|$, also gilt $g' = |f'|$.
b) Es ist $|f(x)| = |\int_a^x f'| \leq \int_a^x |f'| = \int_a^x g' = g(x) - g(a) = g(x)$, für alle $x \in [a, b]$, mit $g(a) = \int_a^a |f'| = 0$.

zu (2): Die Gleichheit folgt aus der $\mathbb{R}$-Homogenität der Riemann-Integration (Satz 2.605.1/3).

zu (3): Es gilt $(g^2)' = (gg)' = gg' + g'g = 2gg'$.

zu (4): g^2 ist eine Stammfunktion von $(g^2)'$.

zu (5): folgt wieder aus $g(a) = 0$ (siehe oben Teil b)).

zu (6): folgt mit $|f'| = g'$ (siehe oben Teil a)) aus $g(b) = \int_a^b |f'| = \int_a^b g' = \int_a^b (1 \cdot g')$.

zu (7): folgt aus der angegebenen *Schwarzschen Ungleichung*.

zu (8): Es gilt $\int_a^b 1^2 = \int_a^b 1 = id(b) - id(a) = b - a$. Ferner gilt $g' = |f'|$, also $(g')^2 = (f')^2$.

2.617 RIEMANN-INTEGRATION VON KOMPOSITIONEN

A2.617.01: Eine Funktion $h: \mathbb{R} \longrightarrow \mathbb{R}$ heißt periodisch mit Periode $p \in \mathbb{R}_0^+$, falls $h(x+p) = h(x)$ für alle $x \in \mathbb{R}$ gilt. Zeigen Sie nun: Ist $h: \mathbb{R} \longrightarrow \mathbb{R}$ eine Riemann-integrierbare periodische Funktion mit Periode $p > 0$, dann gilt $\int_a^{a+p} h = \int_0^p h$, für alle $a \in \mathbb{R}$. (Entwerfen Sie dazu ein geeignetes Diagramm.)

B2.617.01: Man betrachte zu der periodischen Funktion $h: \mathbb{R} \longrightarrow \mathbb{R}$ mit Periode $p > 0$ zunächst die Berechnung $\int_a^{a+p} h = \int_a^0 h + \int_0^p h + \int_p^{a+p} h$. Im folgenden wird nun $\int_p^{a+p} h = -\int_a^0 h$ gezeigt, woraus dann die Behauptung folgt. Zu der Einschränkung $h: [p, a+p] \longrightarrow \mathbb{R}$ betrachte man im folgenden Diagramm die bijektiven differenzierbaren Funktionen $u = id + p$ und $v = u^{-1} = id - p$:

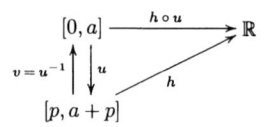

$$\begin{array}{ccc} [0,a] & \xrightarrow{h \circ u} & \mathbb{R} \\ {\scriptstyle v=u^{-1}} \uparrow \downarrow {\scriptstyle u} & \nearrow {\scriptstyle h} & \\ [p, a+p] & & \end{array}$$

Für diese Situation liefert Corollar 2.617.3 dann $\int_p^{a+p} h = \int_p^{a+p} h \cdot (u^{-1})' = \int_0^a (h \circ u) = \int_0^a h = -\int_a^0 h$.

Bei dieser Berechnung wurde $(u^{-1})' = 1$ verwendet.

A2.617.02: Berechnen Sie das Riemann-Integral $\int_0^r k$ der Funktion $k : [0,r] \longrightarrow \mathbb{R}$ mit $k(x) = \sqrt{r^2 - x^2}$.
Anmerkung: k beschreibt den Viertelkreis $k(M, r)$ mit $M = (0,0)$ als Funktion $k \geq 0$.

B2.617.02: Man betrachte zu der Funktion $k = \sqrt{r^2 - id^2}$ das kommutative Diagramm

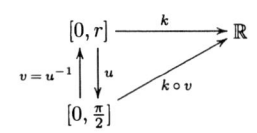

$$\begin{array}{ccc} [0,r] & \xrightarrow{k} & \mathbb{R} \\ {\scriptstyle v=u^{-1}} \uparrow \downarrow {\scriptstyle u} & \nearrow {\scriptstyle k \circ v} & \\ [0, \frac{\pi}{2}] & & \end{array}$$

mit den bijektiven Funktionen $v : [0, \frac{\pi}{2}] \longrightarrow [0, r]$ mit $v = r \cdot \sin$ und $u : [0, r] \longrightarrow [0, \frac{\pi}{2}]$ mit $u = \arcsin(\frac{1}{r} \cdot id)$. Ferner betrachte man gemäß Corollar 2.617.2 die dort genannte Funktion $g = (k \circ v) \cdot v'$ $= ((\sqrt{r^2 - id^2}) \circ (r \cdot \sin)) \cdot (r \cdot \cos) = \sqrt{r^2 - r^2 \cdot \sin^2} \cdot r \cdot \cos = r^2 \cdot \sqrt{1 - \sin^2} \cdot \cos = r^2 \cdot \sqrt{\cos^2} \cdot \cos = r^2 \cdot \cos^2$.
Beachtet man ferner $u(0) = \arcsin(0) = 0$ und $u(r) = \arcsin(\frac{1}{r} \cdot r) = \arcsin(1) = \frac{\pi}{2}$, dann ist zunächst $\int_0^r k = \int_{u(0)}^{u(r)} g = \int_0^{\frac{\pi}{2}} (r^2 \cdot \cos^2) = r^2 \cdot \int_0^{\frac{\pi}{2}} \cos^2$. Verwendet man nun noch das Integral $\int \cos^2 = \frac{1}{2}(id + \sin \cdot \cos) + \mathbb{R}$ mit der durch $F(x) = \frac{1}{2}(x + \sin(x) \cdot \cos(x))$ definierten Stammfunktion F von $\cos^2$, dann ist schließlich
$\int_0^r k = r^2 \cdot \int_0^{\frac{\pi}{2}} \cos^2 = r^2(F(\frac{\pi}{2}) - F(0)) = r^2(\frac{1}{2}(\frac{\pi}{2} + \sin(\frac{\pi}{2}) \cdot \cos(\frac{\pi}{2})) - \frac{1}{2}0 + \sin(0) \cdot \cos(0)) = r^2 \cdot \frac{1}{4} \cdot \pi = \frac{1}{4}\pi r^2$
(als Flächeninhalt des Viertelkreises).

Anmerkungen:
1. Das berechnete Ergebnis stimmt auch mit der Formel $A = \pi r^2$ für den Flächeninhalt des Kreises mit Radius r überein.
2. Das Integral $\int \cos^2 = \frac{1}{2}(id + \sin \cdot \cos) + \mathbb{R}$ hat auch die Form $\int \cos^2 = \frac{1}{4}(2 \cdot id + \sin \circ (2 \cdot id)) + \mathbb{R}$.

A2.617.03: Berechnen Sie das Riemann-Integral $\int_0^5 k$ von $k : [0,5] \longrightarrow \mathbb{R}$ mit $k(x) = \sqrt{x(5-x)}$.
Anmerkung: k beschreibt den Halbkreis $k(M, \frac{5}{2})$ mit $M = (\frac{5}{2}, 0)$ als Funktion $k \geq 0$.

B2.617.03: Man betrachte zu der Funktion $k = \sqrt{id(5-id)}$ das kommutative Diagramm

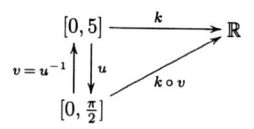

$$\begin{array}{ccc} [0,5] & \xrightarrow{k} & \mathbb{R} \\ v=u^{-1} \uparrow \downarrow u & \nearrow k \circ v & \\ [0, \frac{\pi}{2}] & & \end{array}$$

mit den bijektiven Funktionen $v : [0, \frac{\pi}{2}] \longrightarrow [0,5]$ mit $v = 5 \cdot sin^2$ und $u : [0,5] \longrightarrow [0, \frac{\pi}{2}]$ mit $u = arcsin(\sqrt{\frac{1}{5} \cdot id})$. Ferner betrachte man gemäß Corollar 2.617.2 die dort konstruierte Funktion
$g = (k \circ v) \cdot v' = ((\sqrt{id(5-id)}) \circ (5 \cdot sin^2)) \cdot (10 \cdot sin \cdot cos) = \sqrt{5 \cdot sin^2(5 - 5 \cdot sin^2)} \cdot (10 \cdot sin \cdot cos) = \sqrt{25 \cdot sin^2(1 - sin^2)} \cdot (10 \cdot sin \cdot cos) = 50 \cdot \sqrt{sin^2(1-sin^2)} \cdot (sin \cdot cos) = 50 \cdot \sqrt{sin^2 \cdot cos^2} \cdot (sin \cdot cos) = 50 \cdot sin^2 \cdot cos^2$.

Beachtet man ferner $u(0) = arcsin(0) = 0$ und $u(5) = arcsin(\sqrt{\frac{1}{5} \cdot 5}) = arcsin(1) = \frac{\pi}{2}$, dann ist zunächst $\int_0^5 k = \int_{u(0)}^{u(5)} g = \int_0^{\frac{\pi}{2}} (50 \cdot sin^2 \cdot cos^2) = 50 \cdot \int_0^{\frac{\pi}{2}} (sin^2 \cdot cos^2)$. Verwendet man nun noch das Integral $\int (sin^2 \cdot cos^2) = \frac{1}{8}(2 \cdot sin^3 \cdot cos + id - sin \cdot cos) + \mathbb{R}$ und eine zugehörige Stammfunktion F von $sin^2 \cdot cos^2$, definiert durch die Vorschrift $F(x) = \frac{1}{8}(2 \cdot sin^3(x) \cdot cos(x) + x - sin(x) \cdot cos(x))$, dann ist mit $F(\frac{\pi}{2}) = \frac{1}{16}\pi$ und $F(0) = 0$ schließlich $\int_0^5 k = 50(F(\frac{\pi}{2}) - F(0)) = 50 \cdot \frac{1}{16} \cdot \pi = \frac{25}{8} \cdot \pi \approx 9,8175$ (als Flächeninhalt des Halbkreises).

Anmerkungen:
1. Eine Kontrollrechnung mit der Hilfe der Formel $A(k) = \frac{1}{2}\pi r^2$ für den Flächeninhalt des Halbkreises k mit Radius r liefert für den Radius $\frac{5}{2}$ den Inhalt $A(k) = \frac{1}{2} \cdot \frac{25}{4}\pi = \frac{25}{8}\pi$, also dieselbe Zahl.
2. Das Integral $\int(sin^2 \cdot cos^2) = \frac{1}{8}(2 \cdot sin^3 \cdot cos + id - sin \cdot cos) + \mathbb{R}$ kann mit der in Aufgabe A2.514.09 angegebenen Formel berechnet werden.
3. Beachtet man, daß F eine Funktion $[0, \frac{\pi}{2}] \longrightarrow \mathbb{R}$ ist, dann ist $F \circ u$ eine Funktion $[0,5] \longrightarrow \mathbb{R}$. Beachtet man weiter $F(\frac{\pi}{2}) = F(u(5)) = (F \circ u)(5)$ und $F(0) = (F \circ u)(0)$, dann gilt ebenfalls (als umständliche sogenannte Resubstitution) $\int_0^5 k = 50((F \circ u)(5) - (F \circ u)(0))$. Dabei ist $(F \circ u)(x)$
$= \frac{1}{8}(2 \cdot sin^3(arcsin(\sqrt{\frac{x}{5}})) \cdot cos(arcsin(\sqrt{\frac{x}{5}})) + arcsin(\sqrt{\frac{x}{5}}) - cos(arcsin(\sqrt{\frac{x}{5}})) \cdot sin(arcsin(\sqrt{\frac{x}{5}})))$
$= \frac{1}{8}(2 \cdot \frac{x}{5} \cdot \sqrt{\frac{x}{5}} \cdot \sqrt{1 - \frac{x}{5}} + arcsin(\sqrt{\frac{x}{5}}) - \sqrt{1 - \frac{x}{5}} \cdot \sqrt{\frac{x}{5}})$, wobei mit $cos^2(arcsin(\sqrt{\frac{x}{5}})) = 1 - sin^2(arcsin(\sqrt{\frac{x}{5}}))$
$= 1 - \frac{x}{5}$ dann $cos(arcsin(\sqrt{\frac{x}{5}})) = \sqrt{1 - \frac{x}{5}}$ gilt. Damit ist dann $\int_0^5 k = 50((F \circ u)(5) - (F \circ u)(0)) = \frac{50}{8}(arcsin(1) - 0) = \frac{50}{8} \cdot \frac{\pi}{2} = \frac{25}{8} \cdot \pi$.

A2.617.04: Berechnen Sie das Riemann-Integral $\int_0^5 s$ von $s : [0,5] \longrightarrow \mathbb{R}$ mit $s(x) = \frac{5}{2} \cdot \frac{\sqrt{x(5-x)}}{x(5-x)}$.

B2.617.04: Mit denselben Funktionen u und v wie in B2.617.03 sowie demselben Diagramm (mit s anstelle von k) ist die zu $s = \frac{5}{2} \cdot (id(5-id))^{-\frac{1}{2}}$ entsprechend konstruierte Funktion g dann $g = (s \circ v) \cdot v' = \frac{5}{2}(5 \cdot sin^2 \cdot (5 - 5 \cdot sin^2))^{-\frac{1}{2}} \cdot 10 \cdot sin \cdot cos = 25(25 \cdot sin^2 \cdot (1 - sin^2))^{-\frac{1}{2}} \cdot sin \cdot cos = 25 \cdot \frac{1}{5}(sin^2 \cdot cos^2)^{-\frac{1}{2}} \cdot sin \cdot cos = 5$.
Damit ist dann $\int_0^5 s = \int_{u(0)}^{u(5)} g = \int_0^{\frac{\pi}{2}} g = \int_0^{\frac{\pi}{2}} 5 = 5 \cdot \int_0^{\frac{\pi}{2}} 1 = 5 \cdot (id(\frac{\pi}{2}) - id(0)) = \frac{5}{2} \cdot \pi$.

2.620 UNEIGENTLICHE RIEMANN-INTEGRALE

A2.620.01: Weisen Sie nach: Für jede (fest gewählte) Zahl $n \in \mathbb{N} \setminus \{1\}$ gilt $\int_1^* id^{-n} = \frac{1}{n-1}$.

B2.620.01: Das Integral $\int id^{-n}$ zu der Funktion id^{-n} ist (mit demselben, hier nicht weiter untersuchten Definitionsbereich) zunächst $\int id^{-n} = \frac{1}{1-n} \cdot id^{1-n} + \mathbb{R}$. Für alle Elemente $k \in \mathbb{N}$ gilt damit dann weiter $\int_1^k id^{-n} = \frac{1}{1-n} k^{1-n} - \frac{1}{1-n} 1^{1-n} = \frac{1}{1-n}(k^{1-n} - 1)$. Somit ist dann schließlich $\int_1^* id^{-n} = lim(\int_1^k id^{-n})_{k \in \mathbb{N}} = \frac{1}{1-n} \cdot lim(k^{1-n} - 1)_{k \in \mathbb{N}} = \frac{1}{1-n} \cdot lim(\frac{1}{k^{n-1}} - 1))_{k \in \mathbb{N}} = \frac{1}{1-n}(0 - 1) = \frac{1}{n-1}$.

A2.620.02: Weisen Sie nach: Für jede (fest gewählte) Zahl $n \in \mathbb{N} \setminus \{1\}$ gilt $\int_1^* id^{-\frac{n+1}{n}} = n$.

B2.620.02: Das Integral $\int id^{-\frac{n+1}{n}}$ zu der Funktion $id^{-\frac{n+1}{n}}$ ist (mit demselben, hier nicht weiter untersuchten Definitionsbereich) zunächst $\int id^{-\frac{n+1}{n}} = \frac{1}{-\frac{n+1}{n}+1} \cdot id^{-\frac{n+1}{n}+1} + \mathbb{R} = (-n) \cdot id^{-\frac{1}{n}} + \mathbb{R}$. Für alle Elemente $k \in \mathbb{N}$ gilt damit dann weiter $\int_1^k id^{-\frac{n+1}{n}} = (-n) \cdot k^{-\frac{1}{n}} - (-n) \cdot 1^{-\frac{1}{n}} = (-n) \cdot (k^{-\frac{1}{n}} - 1)$. Somit ist dann schließlich $\int_1^* id^{-\frac{n+1}{n}} = lim(\int_1^k id^{-\frac{n+1}{n}})_{k \in \mathbb{N}} = (-n) \cdot lim(k^{-\frac{1}{n}} - 1)_{k \in \mathbb{N}} = (-n) \cdot lim(\frac{1}{k^{\frac{1}{n}}} - 1))_{k \in \mathbb{N}} = (-n)(0 - 1) = n$.

A2.620.03: Weisen Sie nach: Für jede (fest gewählte) Zahl $a \in \mathbb{R}^+$ gilt $\int_1^* id^{-(1+\frac{1}{a})} = a$.

B2.620.03: Das Integral $\int id^{-(1+\frac{1}{a})}$ zu der Funktion $id^{-(1+\frac{1}{a})}$ ist (mit demselben, hier nicht weiter untersuchten Definitionsbereich) zunächst $\int id^{-(1+\frac{1}{a})} = \frac{1}{-(1+\frac{1}{a})+1} \cdot id^{-(1+\frac{1}{a})+1} + \mathbb{R} = (-a) \cdot id^{-\frac{1}{a}} + \mathbb{R}$. Für alle Elemente $k \in \mathbb{N}$ gilt damit dann weiter $\int_1^k id^{-(1+\frac{1}{a})} = (-a) \cdot k^{-\frac{1}{a}} - (-a) \cdot 1^{-\frac{1}{a}} = (-a) \cdot (k^{-\frac{1}{a}} - 1)$. Somit ist dann schließlich $\int_1^* id^{-(1+\frac{1}{a})} = lim(\int_1^k id^{-(1+\frac{1}{a})})_{k \in \mathbb{N}} = (-a) \cdot lim(k^{-\frac{1}{a}} - 1)_{k \in \mathbb{N}} = (-a) \cdot lim(\frac{1}{k^{\frac{1}{a}}} - 1))_{k \in \mathbb{N}} = (-a)(0 - 1) = a$.

A2.620.04: Betrachten und kommentieren Sie die drei vorstehenden Aufgaben im Zusammenhang und im Hinblick auf die in Beispiel 2.620.2/2 betrachtete Funktion $id^{-1} = \frac{1}{id} : [1, \star) \longrightarrow \mathbb{R}$.

B2.620.04: Zur Bearbeitung der Aufgabe folgende Bemerkungen:
1. Das Integral in Aufgabe A2.620.2 ist lediglich ein spezieller Fall des Integrals in Aufgabe A2.260.3, denn der dort betrachtete Exponent hat die Form $-\frac{n+1}{n} = -(1 + \frac{1}{n})$.

2. Die vorstehenden Aufgaben untersuchen die Existenz Uneigentlicher Integrale für Exponenten „in der Nähe" von -1 im Hinblick auf die Funktion $id^{-1} = \frac{1}{id}$, für die ein uneigentliches Integral der Form $\int_1^* id^{-1}$ nicht existiert. Den Grund dafür zeigt am einfachsten Aufgabe A2.260.02: Die von der gegen -1 konvergierenden Folge $(-(1 + \frac{1}{n}))_{k \in \mathbb{N}}$ erzeugte Folge $(\int_1^* id^{-(1+\frac{1}{n})})_{n \in \mathbb{N}} = (n)_{n \in \mathbb{N}}$ konvergiert nicht.

A2.620.05: Nennen Sie im einzelnen und beweisen Sie die Aussage von Bemerkung 2.620.8/4.

B2.620.05: Die Aussage von Bemerkung 2.620.8/4 enthält für Funktionen des Typs $[a,\star) \longrightarrow \mathbb{R}$ die folgenden Sachverhalte:

Existieren zu $f, g : [a,\star) \longrightarrow \mathbb{R}$ die uneigentlichen Riemann-Integrale, dann existiert auch

1. das uneigentliche Riemann-Integral $\int_a^\star (f+g)$ und es gilt $\int_a^\star (f+g) = \int_a^\star f + \int_a^\star g$,

2. das uneigentliche Riemann-Integral $\int_a^\star (f-g)$ und es gilt $\int_a^\star (f-g) = \int_a^\star f - \int_a^\star g$,

3. das uneigentliche Riemann-Integral $\int_a^\star (cf)$ und es gilt $\int_a^\star (cf) = c \cdot \int_a^\star f$.

Anmerkung: Die Aussagen 1 und 3 zusammen besagen, daß die Zuordnung $f \longmapsto \int_a^\star f$ einen $\mathbb{R}$-Homomorphismus definiert (siehe auch das dazu analoge Corollar 2.605.4).

Der Beweis von Aussage 1 folgt aus folgenden Zeilen, wobei die Sätze 2.605.1 und 2.045.1 verwendet werden. Es sei $x : \mathbb{N} \longrightarrow [a,\star)$ eine beliebige monotone und nach oben nicht beschränkte Folge, dann gilt:

$$\int_a^\star (f+g) = \lim(\int_a^{x_n}(f+g))_{n\in\mathbb{N}} = \lim(\int_a^{x_n} f + \int_a^{x_n} g)_{n\in\mathbb{N}} = \lim(\int_a^{x_n} f)_{n\in\mathbb{N}} + \lim(\int_a^{x_n} g)_{n\in\mathbb{N}} = \int_a^\star f + \int_a^\star g,$$

Nach demselben Muster werden sowohl die Teile 2 und 3 als auch die entsprechenden Aussagen für die anderen Typen Uneigentlicher Integrale nachgewiesen, wobei die Sätze 2.605 und 2.045 die jeweils wesentliche Beweisgrundlage darstellen.

A2.620.06: Beweisen Sie die Aussage von Bemerkung 2.620.8/5.

B2.620.06: Die zu untersuchende Aussage beruht im wesentlichen auf Anwendungen von Satz 2.610.1 und Corollar 2.614.2, wenn man beachtet, daß die Stetigkeit von $f : [a,b) \longrightarrow \mathbb{R}$ die Stetigkeit der Einschränkungen $f_n = f | [a,x_n] : [a,x_n] \longrightarrow \mathbb{R}$ und folglich auch ihre Riemann-Integrierbarkeit nach sich zieht. Bezeichnet man analog mit $F_n = f | [a,x_n] : [a,x_n] \longrightarrow \mathbb{R}$ die Einschänkungen der genannten Stammfunktion F von f, dann gilt die Berechnung $\int_a^b f = \lim(\int_a^{x_n} f_n)_{n\in\mathbb{N}} = \lim(F_n(x_n) - F_n(a))_{n\in\mathbb{N}} = \lim(F_n(x_n))_{n\in\mathbb{N}} - \lim(F_n(a))_{n\in\mathbb{N}} = \lim(F_n(x_n))_{n\in\mathbb{N}} - F_n(a)$, wobei das vorletzte Gleichheitszeichen auf der vorausgesetzten Konvergenz von $(F_n(x_n))_{n\in\mathbb{N}}$ und der Konvergenz der konstanten Folge $(F_n(a))_{n\in\mathbb{N}}$ beruht und ferner Satz 2.045.1/1 verwendet wurde.

A2.620.07: Berechnen Sie das uneigentliche Riemann-Integral $\int_0^1 f$ der durch $f(x) = \frac{arcsin(x)}{\sqrt{1+x^2}}$ definierten Funktion $f : [0,1) \longrightarrow \mathbb{R}$. (Verwenden Sie Beispiel 2.617.4/2 mit der Darstellung $f = arcsin \cdot arcsin'$.)

B2.620.07: Für Zahlen $b \in [0,1)$ liefert Beispiel 2.617.4/2 das Riemann-Integral $\int_0^b f = \frac{1}{2} \cdot arcsin^2(b)$. Betrachtet man nun beliebige monotone und gegen 1 konvergente Folgen $x : \mathbb{N} \longrightarrow [0,1)$, dann gilt $\int_0^1 f = \lim(\frac{1}{2} \cdot arcsin^2(x_n))_{n\in\mathbb{N}} = \frac{1}{2} \cdot \lim(arcsin^2(x_n))_{n\in\mathbb{N}} = \frac{1}{2} \cdot (\frac{\pi}{2})^2 = \frac{1}{8}\pi$.

2.626 BERECHNUNG VON RIEMANN-INTEGRALEN

In diesem Abschnitt sind einige Aufgaben zur Berechnung von Riemann-Integralen genannt, die mehr oder minder zur Einübung der technischen Vorgänge gedacht sind. Bei allen Aufgaben soll insbesondere das Integral sowie eine Stammfunktion angegeben werden. Man untersuche bei Quotienten von Funktionen, ob Lücken oder Polstellen innerhalb des jeweils vorgegebenen Definitionsbereichs vorliegen. Verwenden Sie ferner $\int exp_e = exp_e + \mathbb{R}$ sowie $\int id^{-1} = log_e + \mathbb{R}$.

A2.626.01: Berechnen Sie das Riemann-Integral zu $f : [0,1] \longrightarrow \mathbb{R}$, definiert durch $f(x) = x(2x^2 + 1)$.

B2.626.01: Mit der Darstellung $f = 2 \cdot id^3 + id$ hat f das Integral $\int f = 2 \cdot \int id^3 + \int id = \frac{1}{2} \cdot id^4 + \frac{1}{2} \cdot id^2 + \mathbb{R} = \frac{1}{2} \cdot id^2(id^2 + 1) + \mathbb{R}$ sowie die Funktion $F : [0,1] \longrightarrow \mathbb{R}$, definiert durch $F(x) = \frac{1}{2}x^2(x^2 + 1)$, als eine Stammfunktion. Damit ist dann $\int_0^1 f = F(1) - F(0) = \frac{1}{2}(1+1) = 1$.

A2.626.02: Berechnen Sie das Riemann-Integral zu $f : [-1, 0] \longrightarrow \mathbb{R}$, definiert durch $f(x) = (x+a)^2$.

B2.626.02: Mit der Darstellung $f = id^2 + 2a \cdot id + a^2$ hat f das Integral $\int f = \int id^2 + \int (2a \cdot id) + \int a^2 = \frac{1}{3} \cdot id^3 + a \cdot id^2 + a^2 \cdot id + \mathbb{R}$ sowie die Funktion $F : [-1, 0] \longrightarrow \mathbb{R}$, definiert durch $F(x) = \frac{1}{3}x^3 + ax^2 + a^2x$, als eine Stammfunktion. Damit ist dann $\int_{-1}^{0} f = F(0) - F(-1) = 0 - (-\frac{1}{3} + a - a^2) = \frac{1}{3} - a + a^2$.

A2.626.03: Berechnen Sie das Riemann-Integral zu $f : [1, 2] \longrightarrow \mathbb{R}$, definiert durch $f(x) = \frac{(1-x)(1+x)}{x^2}$.

B2.626.03: Mit der Darstellung $f = id^{-2} - 1$ hat f das Integral $\int f = \int id^{-2} - \int 1 = -id^{-1} - id + \mathbb{R}$ sowie die Funktion $F : [1, 2] \longrightarrow \mathbb{R}$, definiert durch $F(x) = -x^{-1} - x$, als eine Stammfunktion. Damit ist dann $\int_1^2 f = F(2) - F(1) = (-\frac{1}{2} - 2) - (-1 - 1) = -\frac{1}{2}$.

A2.626.04: Berechnen Sie das Riemann-Integral zu $f : [0, 2] \longrightarrow \mathbb{R}$, definiert durch $f(x) = \frac{x^2}{x+1}$.

B2.626.04: Die Darstellung $f(x) = \frac{u(x)}{v(x)} = \frac{x^2}{x+1}$ von $f(x)$ zeigt zunächst $N(v) = \{-1\} \not\subset D(f)$ und liefert mit der Polynom-Division $u(x) : v(x) = x^2 : (x+1) = (x-1) + \frac{1}{x+1} = s(x) + t(x)$ die Darstellung $f(x) = s(x) + t(x)$ mit den dadurch definierten Funktionen $s, t : [0, 2] \longrightarrow \mathbb{R}$. Folglich ist $\int_0^2 f = \int_0^2 s + \int_0^2 t$. Mit den durch $S(x) = \frac{1}{2}x^2 - x$ und $T(x) = log_e(x+1)$ definierten Stammfunktionen $S, T : [0, 2] \longrightarrow \mathbb{R}$ von s und t ist dann zunächst $\int_0^2 s = S(2) - S(0) = 0$ und $\int_0^2 t = T(2) - T(0) = log_e(3) - log_e(1) = log_e(3)$, also ist dann schließlich $\int_0^2 f = \int_0^2 s + \int_0^2 t = 0 + log_e(3) = log_e(3) \approx 1{,}099$.

A2.626.05: Berechnen Sie das Riemann-Integral zu $f : [1, 2] \longrightarrow \mathbb{R}$, definiert durch $f(x) = \frac{x+1}{2x^2+4x}$.

B2.626.05: Die Darstellung $f(x) = \frac{u(x)}{v(x)} = \frac{x+1}{2x^2+4x}$ von $f(x)$ zeigt zunächst $N(v) = \{0, 2\} \not\subset (1, 2) \subset D(f)$. Ferner hat die Darstellung $f(x) = \frac{1}{4} \cdot = \frac{x+1}{\frac{1}{2}x^2+x}$ die Form $f(x) = \frac{1}{4} \cdot \frac{s'(x)}{s(x)}$ mit $s' = u$ und erlaubt somit die Anwendung des Integrals $\int \frac{s'}{s} = log_e \circ s + \mathbb{R}$ und der Stammfunktion $F = log_e \circ s$. Damit ist dann $\int_1^2 f = \frac{1}{4}(F(2) - F(1)) = \frac{1}{4}(log_e(4) - log_e(\frac{3}{2})) = \frac{1}{4} \cdot (log_e(\frac{8}{3}) \approx 0{,}245$.

A2.626.06: Berechnen Sie das Riemann-Integral zu $f : [0, \sqrt{5}] \longrightarrow \mathbb{R}$, definiert durch $f(x) = \frac{x}{\sqrt{x^2+4}}$.

B2.626.06: Die Bearbeitung der Aufgabe A2.507,02 hat das Integral $\int f = \sqrt{id^2 + 4} + \mathbb{R}$ ergeben. Betrachtet man ferner die dabei verwendeten Funktionen u, v und g mit $g = (f \circ v) \cdot v'$, dann ist das gesuchte Riemann-Integral entweder $\int_0^{\sqrt{5}} f = F(\sqrt{5}) - F(0) = \sqrt{9} - \sqrt{4} = 1$ oder $\int_{u(0)}^{u(\sqrt{5})} g = \int_4^9 g = G(9) - G(4) = \sqrt{9} - \sqrt{4} = 1$.

A2.626.07: Berechnen Sie das Riemann-Integral zu $sin : [0, b] \longrightarrow \mathbb{R}$ für die Zahlen $b \in \{0, \pi, \frac{3}{2}\pi, 2\pi\}$.

B2.626.07: Mit dem Integral $\int sin = -cos + \mathbb{R}$ und der Stammfunktion $-cos$ von sin ist dann:

a) $\int_0^0 sin = (-cos(0)) - (-cos(0)) = -1 + 1 = 0$, b) $\int_0^\pi sin = (-cos(\pi)) - (-cos(0)) = 1 + 1 = 2$,

c) $\int_0^{\frac{3}{2}\pi} sin = (-cos(\frac{3}{2}\pi)) - (-cos(0)) = 0 + 1 = 1$, d) $\int_0^{2\pi} sin = (-cos(2\pi)) - (-cos(0)) = -1 + 1 = 0$,

A2.626.08: Berechnen Sie das Riemann-Integral zu der in Beispiel 2.507.7/2 angegebenen Funktion.

B2.626.08: Anwendung von Bemerkung 2.626.1 liefert mit den beiden in Beispiel 2.507.7/2 angegebenen Funktionen $f : [-1, 1] \longrightarrow \mathbb{R}$ und $G : [-\pi, 0] \longrightarrow \mathbb{R}$ mit $G = \frac{1}{2}(sin \cdot cos - id)$ das Riemann-Integral $\int_{-1}^1 f = \int_{-\pi}^0 g = G(0) - G(-\pi) = \frac{1}{2}(sin(0) \cdot cos(0) - 0) - \frac{1}{2}(sin(-\pi) \cdot cos(-\pi) - \pi) = \frac{1}{2} \cdot \pi$.

A2.626.09: Berechnen Sie das Riemann-Integral zu $f : [1, 2] \longrightarrow \mathbb{R}$, definiert durch $f(x) = x - 2e^x$.

B2.626.09: Mit der Darstellung $f = id - 2 \cdot exp_e$ hat f das Integral $\int f = \int id - 2 \cdot \int exp_e = \frac{1}{2} \cdot id^2 - 2 \cdot exp_e + \mathbb{R}$ sowie die Funktion $F : [1, 2] \longrightarrow \mathbb{R}$, definiert durch $F(x) = \frac{1}{2}x^2 - 2e^x$, als eine Stammfunktion. Damit ist dann $\int_1^2 f = F(2) - F(1) = (2 - 2e^2) - (\frac{1}{2}) - 2e^1) = \frac{3}{2} - 2e(e - 1)$.

A2.626.10: Berechnen Sie das Riemann-Integral zu $f : [\frac{1}{3}, \frac{4}{3}] \longrightarrow \mathbb{R}$, definiert durch $f(x) = \frac{-3x+1}{2x}$.

B2.626.10: Mit der Darstellung $f = -\frac{3}{2} + \frac{1}{2} \cdot id^{-1}$ hat f das Integral $\int f = -\int \frac{3}{2} + \frac{1}{2} \cdot \int id^{-1} = -\frac{3}{2} \cdot id + \frac{1}{2} \cdot log_e + \mathbb{R}$ sowie die Funktion $F : [\frac{1}{3}, \frac{4}{3}] \longrightarrow \mathbb{R}$, definiert durch $F(x) = -\frac{3}{2}x + \frac{1}{2} \cdot log_e(x)$, als eine Stammfunktion. Damit ist dann $\int_{\frac{1}{3}}^{\frac{4}{3}} f = F(\frac{4}{3}) - F(\frac{1}{3}) = (-\frac{3}{2} \cdot \frac{4}{3} + \frac{1}{2} \cdot log_e(\frac{4}{3})) - (-\frac{3}{2} \cdot \frac{1}{3} + \frac{1}{2} \cdot log_e(\frac{1}{3})) = (-2\frac{1}{2}(log_e(4) - log_e(3)) - (-\frac{1}{2} - \frac{1}{2}) \cdot log_e(3)) = -\frac{3}{2} + \frac{1}{2} \cdot log_e(4) = \frac{1}{2}(log_e(4) - 3)$.

A2.626.11: Betrachten Sie zu $n \in \mathbb{N}_0$ das Riemann-Integral $I_n = \int_0^{\frac{\pi}{2}} sin^n$. (Siehe Beispiel 2.514.2/1.)

1. Berechnen Sie I_0 und I_1. Zeigen Sie ferner die Rekursionsformel $I_n = \frac{n-1}{n} \cdot I_{n-2}$ für $n \geq 2$.
2. Weisen Sie die Gültigkeit des *Produktes von Wallis* $\frac{\pi}{2} = lim(\prod_{1 \leq k \leq m} \frac{4k^2}{4k^2-1})_{m \in \mathbb{N}}$ nach.

B2.626.11: Zur Bearbeitung der Aufgabe im einzelnen:

1. Es gilt $I_0 = \int_0^{\frac{\pi}{2}} sin^0 = \int_0^{\frac{\pi}{2}} 1 = id(\frac{\pi}{2}) - id(0) = \frac{\pi}{2}$ sowie $I_1 = \int_0^{\frac{\pi}{2}} sin = -cos(\frac{\pi}{2}) - (-cos(0)) = 0 + 1 = 1$.

Mit der in Beispiel 2.514.2/1 genannten Rekursionsformel $\int sin^n = -\frac{1}{n} \cdot sin^{n-1} \cdot cos + \frac{n-1}{n} \cdot \int sin^{n-2}$

für alle $n \geq 2$ sowie $cos(\frac{\pi}{2}) = 0$ gilt dann $I_n = \int\limits_0^{\frac{\pi}{2}} sin^n = \frac{n-1}{n} \cdot \int\limits_0^{\frac{\pi}{2}} sin^{n-2} = \frac{n-1}{n} \cdot I_{n-2}$.

2. Die Anwendung der obigen Rekursionsformel liefert dann weiterhin folgende Einzelberechnungen:

a) Es gilt $I_{2m+1} = \frac{2m(2m-2)(2m-4)\cdot\ldots\cdot 4\cdot 2}{(2m+1)(2m-1)(2m-3)\cdot\ldots\cdot 5\cdot 3} \cdot I_1$ und $I_{2m} = \frac{(2m-1)(2m-3)(2m-5)\cdot\ldots\cdot 5\cdot 3}{2m(2m-2)(2m-4)\cdot\ldots\cdot 4\cdot 2} \cdot I_0$.

b) $\frac{I_{2m+1}}{I_{2m}} = \frac{2m(2m-2)(2m-4)\cdot\ldots\cdot 4\cdot 2}{(2m+1)(2m-1)(2m-3)\cdot\ldots\cdot 5\cdot 3} \cdot 1 \cdot \frac{2m(2m-2)(2m-4)\cdot\ldots\cdot 4\cdot 2}{(2m-1)(2m-3)(2m-5)\cdot\ldots\cdot 5\cdot 3} \cdot \frac{2}{\pi} = \frac{(2m-0)^2(2m-2)^2(2m-4)^2\cdot\ldots\cdot 4^2\cdot 2^2}{(2m+1)(2m-1)^2(2m-3)^2\cdot\ldots\cdot 5^2\cdot 3^2} \cdot \frac{2}{\pi}$.

c) Bei dem in b) zuletzt genannten langen Bruch haben Zähler und Nenner folgende Darstellungen:

Es gilt $(2m-0)^2(2m-2)^2(2m-4)^2\cdot\ldots\cdot 4^2\cdot 2^2 = \prod\limits_{0\leq k\leq m-1}(2m-2k)^2 = \prod\limits_{1\leq k\leq m}(2k)^2 = \prod\limits_{1\leq k\leq m}4k^2$,

Es gilt $(2m+1)(2m-1)^2(2m-3)^2\cdot\ldots\cdot 5^2\cdot 3^2 = \prod\limits_{-1\leq k\leq m-2}(2m-2k-1)(2m-2k-3) = \prod\limits_{1\leq k\leq m}(4k^2-1)$.

d) Mit den Berechnungen in b) und c) gilt dann für alle $m \in \mathbb{N}$ die Beziehung $\frac{I_{2m+1}}{I_{2m}} = \frac{2}{\pi} \cdot \prod\limits_{1\leq k\leq m}\frac{4k^2}{4k^2-1}$.

e) Weiterhin gilt $lim(\frac{I_{2m+1}}{I_{2m}})_{m\in\mathbb{N}} = 1$, denn mit $\frac{2m+1}{2m+2} = \frac{I_{2m+2}}{I_{2m}}$, für alle $m \in \mathbb{N}$, und der Abschätzung $I_{2m+2} \leq I_{2m+1} \leq I_{2m}$ (wie aus $sin^{2m+2}(x) \leq sin^{2m+1}(x) \leq sin^{2m}(x)$, für alle $x \in [0, \frac{\pi}{2}]$ folgt) gilt dann $1 = lim(\frac{2m+1}{2m+2})_{m\in\mathbb{N}} = lim(\frac{I_{2m+2}}{I_{2m}})_{m\in\mathbb{N}} = lim(\frac{I_{2m+1}}{I_{2m}})_{m\in\mathbb{N}}$. Folglich liefert Teil d) die Beziehung $1 = lim(\frac{I_{2m+1}}{I_{2m}})_{m\in\mathbb{N}} = \frac{2}{\pi} \cdot lim(\prod\limits_{1\leq k\leq m}\frac{4k^2}{4k^2-1})_{m\in\mathbb{N}}$, woraus schließlich die Behauptung folgt.

A2.626.12: Betrachten Sie eine stetig differenzierbare Funktion $f : [a,b] \longrightarrow \mathbb{R}$ und zeigen Sie:

1. Für die Folge $(I_n)_{n\in\mathbb{N}}$ von Riemann-Integralen $I_n = \int\limits_a^b f(sin \circ (n \cdot id))$ gilt $lim(I_n)_{n\in\mathbb{N}} = 0$.

2. Für alle $x \in (0, 2\pi)$ gilt $lim(\sum\limits_{1\leq k\leq m}\frac{1}{k}\cdot sin(kx))_{m\in\mathbb{N}} = \frac{1}{2}(\pi - x)$.

Hinweis: Betrachten Sie zu x das Riemann-Integral $\int\limits_\pi^x cos \circ (k \cdot id)$ und verwenden Sie dann die Formel $\sum\limits_{1\leq k\leq m} cos(kt) = \frac{1}{2\cdot sin(\frac{1}{2}t)} \cdot sin(m+\frac{1}{2})t) - \frac{1}{2}$, für alle $t \in (0, 2\pi)$.

B2.626.12: Zur Bearbeitung der Aufgabe im einzelnen:

1. Betrachtet man zu der Funktion $sin \circ (n \cdot id)$ die Stammfunktion $C_n = -\frac{1}{n}(cos \circ (n \cdot id))$ (siehe dazu Corollar 2.507.3), dann liefert Corollar 2.616.2 (Riemann-Integration von Produkten) die Beziehung

$$I_n = \int\limits_a^b f(sin \circ (n \cdot id)) = (fC_n)(b) - (fC_n)(b) - \int\limits_a^b (f'C_n)$$
$$= \frac{1}{n}(-f(b)\cdot cos(nb) + f(a)\cdot cos(na)) + \frac{1}{n}\int\limits_a^b f'(cos \circ (n \cdot id)).$$

Wegen der Stetigkeit von f gibt es eine Schranke $c \geq 0$ mit $|f(x)| \leq c$ und $|f'(x)| \leq c$, für alle $x \in [a,b]$, folglich gilt $-f(b)\cdot cos(nb) + f(a)\cdot cos(na) \leq 2c$ und somit $I_n \leq \frac{2c}{n} + \frac{(b-a)c}{n} = \frac{c}{n}(2+b-a)$ also die Behauptung $lim(I_n)_{n\in\mathbb{N}} \leq lim(\frac{c}{n}(2+b-a))_{n\in\mathbb{N}} = 0$.

2. Mit der Stammfunktion $\frac{1}{k}\cdot sin \circ (k \cdot id)$ von $cos \circ (k \cdot id)$ gilt zunächst $\int\limits_\pi^x cos \circ (k \cdot id) = \frac{1}{k}\cdot sin(kx)$, denn es ist $(\frac{1}{k}\cdot sin \circ (k \cdot id))(x) - (\frac{1}{k}\cdot sin \circ (k \cdot id))(\pi) = \frac{1}{k}\cdot sin(kx) - \frac{1}{k}\cdot sin(k\pi) = \frac{1}{k}\cdot sin(kx) - 0$.

Nun gilt für alle $m \in \mathbb{N}$ weiterhin $\sum\limits_{1\leq k\leq m}\frac{1}{k}\cdot sin(kx) = \sum\limits_{1\leq k\leq m}\int\limits_\pi^x cos \circ (k \cdot id) = \int\limits_\pi^x \sum\limits_{1\leq k\leq m} cos(kt) = \int\limits_\pi^x (\frac{1}{2\cdot sin(\frac{1}{2}\cdot id)} \cdot sin \circ (m+\frac{1}{2}) \cdot id) - \frac{1}{2}(x-\pi)$. Betrachtet man diese Zahlen als Glieder einer Folge und wendet darauf lim an, so gilt mit $lim(\int\limits_\pi^x (\frac{1}{2\cdot sin(\frac{1}{2}\cdot id)} \cdot sin \circ (m+\frac{1}{2}) \cdot id))_{m\in\mathbb{N}} = 0$ nach Teil 1 der Aufgabe schließlich $lim(\sum\limits_{1\leq k\leq m}\frac{1}{k}\cdot sin(kx))_{m\in\mathbb{N}} = -\frac{1}{2}(x-\pi) = \frac{1}{2}(\pi-x)$.

2.632 Logarithmus-Funktionen (Teil 3)

A2.632.01: Nachstehend sind verschiedene Zuordnungsvorschriften von Funktionen $f : D(f) \longrightarrow \mathbb{R}$ sowie die Zuordnungsvorschriften der zugehörigen Ableitungsfunktionen f' genannt. Geben Sie jeweils den maximalen Definitionsbereich $D(f)$ sowie den Bau von f an und verifizieren Sie die Angabe zu $f'(x)$:

1. $f(x) = \log_e(1+x)$ $f'(x) = \frac{1}{1+x}$
2. $f(x) = \log_e(1+x^2)$ $f'(x) = \frac{2x}{1+x^2}$
3. $f(x) = \log_e(ax)$ $f'(x) = \frac{1}{x}$
4. $f(x) = \log_a(\frac{1}{3}x)$ $f'(x) = \log_a(e) \cdot \frac{1}{x}$
5. $f(x) = \log_e(x^2)$ $f'(x) = \frac{2}{x}$
6. $f(x) = (\log_e(x))^2$ $f'(x) = \frac{2}{x}\log_e(x)$
7. $f(x) = \log_a(x^3)$ $f'(x) = \log_e(a) \cdot \frac{3}{x}$
8. $f(x) = \log_e(5+\sqrt{x})$ $f'(x) = \frac{1}{10\sqrt{x}+2x}$
9. $f(x) = c \cdot \log_e(x^n)$ $f'(x) = c \cdot \frac{n}{x}$
10. $f(x) = \log_e(\frac{1}{x})$ $f'(x) = -\frac{1}{x}$
11. $f(x) = \log_e(\frac{x}{1+x})$ $f'(x) = \frac{1}{x+x^2}$
12. $f(x) = \log_e(\frac{1+x}{x})$ $f'(x) = -\frac{1}{x+x^2}$
13. $f(x) = \log_e(\tan(x^2))$ $f'(x) = \frac{4x}{\sin(2x^2)}$
14. $f(x) = \log_e(\sin(\sqrt{x}))$ $f'(x) = \frac{1}{2\sqrt{x}}\cot(\sqrt{x})$
15. $f(x) = x \cdot \log_e(x)$ $f'(x) = 1 + \log_e(x)$
16. $f(x) = \frac{1}{x-1} \cdot \log_e(x)$ $f'(x) = \frac{-1}{(x-1)^2} \cdot \log_e(x) + \frac{1}{x(x-1)}$
17. $f(x) = x \cdot \log_e(\sin(x))$ $f'(x) = \log_e(\sin(x)) + x \cdot \cot(x)$
18. $f(x) = \frac{1}{x} \cdot \log_e(\cos(x))$ $f'(x) = -\frac{1}{x}(\frac{1}{x} \cdot \log_e(\cos(x)) + \tan(x))$
19. $f(x) = \frac{x}{1+x} \cdot \log_e(\tan(x))$ $f'(x) = \frac{1}{1+x}(\frac{1}{1+x} \cdot \log_e(\tan(x)) + \frac{2x}{\sin(2x)})$
20. $f(x) = \frac{1}{1-x} \cdot \log_e(\cot(x))$ $f'(x) = \frac{1}{1-x}(\frac{1}{1-x} \cdot \log_e(\cot(x)) - \frac{2}{\sin(2x)})$
21. $f(x) = \frac{1+x}{2} \cdot \log_a(\frac{1-x}{2})$ $f'(x) = \frac{1}{2}(\log_a(\frac{1-x}{2}) - \frac{1+x}{1-x} \cdot \frac{1}{\log_e(a)})$
22. $f(x) = \frac{1}{x} \cdot \log_e(\frac{x^2-1}{x})$ $f'(x) = -\frac{1}{x^2}(\log_e(\frac{x^2-1}{x}) - \frac{x^2+1}{x^2-1})$

B2.632.01: (Bei einigen Bearbeitungen bezeichne abkürzend $\tilde{a} = \log_e(a)$.)

1. $(-1, \star) \xrightarrow{1+id} \mathbb{R}^+ \xrightarrow{\log_e} \mathbb{R}$
   $f' = (\frac{1}{id} \circ (1+id)) \cdot 1 = \frac{1}{1+id}$

2. $\mathbb{R} \xrightarrow{1+id^2} \mathbb{R}^+ \xrightarrow{\log_e} \mathbb{R}$
   $f' = (\frac{1}{id} \circ (1+id^2)) \cdot 2 \cdot id = \frac{2 \cdot id}{1+id^2}$

3. $D(a \cdot id) \xrightarrow{a \cdot id} \mathbb{R}^+ \xrightarrow{\log_e} \mathbb{R}$
   $a > 0 : D(a \cdot id) = \mathbb{R}^+ \;/\; a < 0 : D(a \cdot id) = \mathbb{R}^-$
   $f' = (\frac{1}{id} \circ (a \cdot id)) \cdot a = \frac{1}{a \cdot id} \cdot a = \frac{1}{id}$

4. $\mathbb{R}^+ \xrightarrow{\frac{1}{3} \cdot id} \mathbb{R}^+ \xrightarrow{\log_a} \mathbb{R}$
   $f' = ((\tilde{a} \cdot \frac{1}{id}) \circ (\frac{1}{3} \cdot id)) \cdot \frac{1}{3} = \frac{1}{3} \cdot \tilde{a} \cdot \frac{1}{\frac{1}{3} \cdot id} = \tilde{a} \cdot \frac{1}{id}$

5. $\mathbb{R} \setminus \{0\} \xrightarrow{id^2} \mathbb{R}^+ \xrightarrow{\log_a} \mathbb{R}$
   $f' = (\frac{1}{id} \circ id^2) \cdot 2 \cdot id = \frac{1}{id^2} \cdot 2 \cdot id = \frac{2}{id}$

6. $\mathbb{R}^+ \xrightarrow{id} \mathbb{R}^+ \xrightarrow{\log_e} \mathbb{R} \xrightarrow{id^2} \mathbb{R}_0^+$
   $f' = 2(\log_e \circ id)' \cdot (\log_e \circ id) = \frac{2}{id} \cdot \log_e$

7. $\mathbb{R}^+ \xrightarrow{id^3} \mathbb{R}^+ \xrightarrow{\log_a} \mathbb{R}$
   $f' = ((\tilde{a} \cdot \frac{1}{id}) \circ id^3)) \cdot 3 \cdot id^2 = 3 \cdot \tilde{a} \cdot \frac{id^2}{id^3} = 3 \cdot \tilde{a} \cdot \frac{1}{id}$

8. $\mathbb{R}_0^+ \xrightarrow{5+id^{\frac{1}{2}}} \mathbb{R}^+ \xrightarrow{\log_e} \mathbb{R}$
   $f' = (\frac{1}{id} \circ (5 + id^{\frac{1}{2}})) \cdot \frac{1}{2} \cdot id^{-\frac{1}{2}} = \frac{1}{10 \cdot id^{\frac{1}{2}} + 2 \cdot id}$

9. $D(id^n) \xrightarrow{id^n} \mathbb{R}^+ \xrightarrow{c \cdot \log_e} \mathbb{R}$
   $n \in 2\mathbb{N}_0 + 1 : D(id^n) = \mathbb{R}^+$
   $n \in 2\mathbb{N}_0 : D(id^n) = \mathbb{R} \setminus \{0\}$
   $f' = c(\frac{1}{id} \circ id^n) \cdot n \cdot id^{n-1} = cn \cdot \frac{1}{id^n} \cdot id^{n-1} = cn \cdot \frac{1}{id}$

10. $\mathbb{R}^+ \xrightarrow{\frac{1}{id}} \mathbb{R}^+ \xrightarrow{\log_e} \mathbb{R}$
   $f' = (\frac{1}{id}) \circ (\frac{1}{id}) \cdot (-\frac{1}{id^2}) = id \cdot (-\frac{1}{id^2}) = -\frac{1}{id}$

11. $\mathbb{R} \setminus [-1, 0] \xrightarrow{\frac{id}{1+id}} \mathbb{R}^+ \xrightarrow{\log_e} \mathbb{R}$

$f' = (\frac{1}{id} \circ \frac{id}{1+id}) \cdot (\frac{1(1+id)-1 \cdot id}{(1+id)^2}) = (\frac{1}{id} \circ \frac{id}{1+id}) \cdot \frac{1}{(1+id)^2} = \frac{1+id}{id} \cdot \frac{1}{(1+id)^2} = \frac{1}{id(1+id)} = \frac{1}{id+id^2}$

12. $\mathbb{R} \setminus [-1, 0] \xrightarrow{\frac{1+id}{id}} \mathbb{R}^+ \xrightarrow{\log_e} \mathbb{R}$

$f' = (\frac{1}{id} \circ \frac{1+id}{id}) \cdot (\frac{1 \cdot id - 1(1+id)}{id^2}) = \frac{id}{1+id} \cdot \frac{id-1-id}{id^2} = -\frac{1}{(1+id)id} = -\frac{1}{id+id^2}$

13. $\bigcup_{n \in \mathbb{N}_0} (\sqrt{n\pi}, \sqrt{(n+\frac{1}{2})\pi}) \xrightarrow{id^2} \bigcup_{n \in \mathbb{N}_0} (n\pi, (n+\frac{1}{2})\pi) \xrightarrow{\tan} \mathbb{R}^+ \xrightarrow{\log_e} \mathbb{R}$

$f' = (\log_e \circ (\tan \circ id^2))' = \log_e' \circ (\tan \circ id) \cdot (\tan \circ id^2)' = \frac{2 \cdot id}{\tan \circ id^2} \cdot (\tan' \circ id^2) = \frac{2 \cdot id}{\tan \circ id^2} \cdot \frac{1}{\cos^2 \circ id^2}$

$= \frac{2 \cdot id}{(\tan \cdot \cos^2) \circ id^2} = \frac{2 \cdot id}{(\sin \cdot \cos) \circ id^2} = \frac{2 \cdot 2 \cdot id}{(2 \cdot \sin \cdot \cos) \circ id^2} = \frac{4 \cdot id}{\sin \circ (2 \cdot id^2)}$

14. $\bigcup_{n \in \mathbb{N}_0} (4n^2\pi^2, (2n+1)^2\pi^2) \xrightarrow{id^{\frac{1}{2}}} \bigcup_{n \in \mathbb{N}_0} (2n\pi, (2n+1)\pi) \xrightarrow{\sin} \mathbb{R}^+ \xrightarrow{\log_e} \mathbb{R}$

$f' = (\log_e \circ (\sin \circ id^{\frac{1}{2}}))' = \log_e' \circ (\sin \circ id^{\frac{1}{2}}) \cdot (\sin \circ id^{\frac{1}{2}})' = \frac{1}{\sin \circ id^{\frac{1}{2}}} \cdot (\sin' \circ id^{\frac{1}{2}}) \cdot (id^{\frac{1}{2}})'$

$= \frac{1}{2 \cdot id^{\frac{1}{2}}} \cdot \frac{\cos \circ id^{\frac{1}{2}}}{\sin \circ id^{\frac{1}{2}}} = \frac{1}{2 \cdot id^{\frac{1}{2}}} \cdot (\cot \circ id^{\frac{1}{2}})$

15. $\mathbb{R}^+ \xrightarrow{f} \mathbb{R}$, denn $D(f) = D(id) \cap D(\log_e) = \mathbb{R} \cap \mathbb{R}^+ = \mathbb{R}^+$

$f' = (id \cdot \log_e)' = id' \cdot \log_e + id \cdot \log_e' = \log_e + \frac{id}{id} = 1 + \log_e$

16. $\mathbb{R}^+ \setminus \{1\} \xrightarrow{f} \mathbb{R}$, denn $D(f) = D(\frac{1}{id-1}) \cap D(\log_e) = (\mathbb{R} \setminus \{1\}) \cap \mathbb{R}^+ = \mathbb{R}^+ \setminus \{1\}$

$f' = (\frac{1}{id-1} \cdot \log_e)' = (\frac{1}{id-1})' \cdot \log_e + \frac{1}{id-1} \cdot \log_e' = \frac{-1}{(id-1)^2} \cdot \log_e + \frac{1}{id(id-1)}$

17. $\bigcup_{z \in \mathbb{Z}} (2z\pi, (2z+1)\pi) \xrightarrow{id \cdot \sin} \mathbb{R}^+ \xrightarrow{\log_e} \mathbb{R}$

$f' = (id \cdot (\log_e \circ \sin))' = id' \cdot (\log_e \circ \sin) + id \cdot (\log_e \circ \sin)' = \log_e \circ \sin + id \cdot (\log_e' \circ \sin) \cdot \cos$
$= \log_e \circ \sin + \frac{id \cdot \cos}{\sin} = \log_e \circ \sin + id \cdot \cot$

18. $\bigcup_{z \in \mathbb{Z}} (\frac{1}{2}(4z-1)\pi, \frac{1}{2}(4z+1)\pi) \xrightarrow{f} \mathbb{R}$

$f' = (\frac{1}{id} \cdot (\log_e \circ \cos))' = (-\frac{1}{id^2}) \cdot (\log_e \circ \cos) + (\frac{1}{id}) \cdot (\log_e' \circ \cos)(-\sin)$
$= (-\frac{1}{id}) \cdot (\frac{1}{id}(\log_e \circ \cos) + \frac{1}{\cos} \cdot \sin) = (-\frac{1}{id}) \cdot (\frac{1}{id}(\log_e \circ \cos) + \tan)$

19. $\bigcup_{z \in \mathbb{Z}} (z\pi, (z+\frac{1}{2})\pi) \xrightarrow{f} \mathbb{R}$

$f' = (\frac{id}{1+id}(\log_e \circ \tan))' = (\frac{id}{1+id})'(\log_e \circ \tan) + (\frac{id}{1+id})(\log_e' \circ \tan)\tan'$
$= \frac{1}{(1+id)^2} \cdot (\log_e \circ \tan) + \frac{id}{1+id} \cdot \frac{1}{\tan} \cdot \frac{1}{\cos^2} = \frac{1}{1+id} \cdot (\frac{1}{1+id}(\log_e \circ \tan) + \frac{2 \cdot id}{\sin \circ (2 \cdot id)})$

20. $(\bigcup_{z \in \mathbb{Z}} (z\pi, (z+\frac{1}{2})\pi)) \setminus \{1\} \xrightarrow{f} \mathbb{R}$

$f' = (\frac{1}{1-id}(\log_e \circ \cot))' = \frac{1}{(1-id)^2} \cdot (\log_e \circ \cot) + \frac{1}{1-id} \cdot (\log_e' \circ \cot)\cot'$
$= \frac{1}{1-id} \cdot (\frac{1}{1-id} \cdot (\log_e \circ \cot) + \frac{1}{\cot} \cdot (-\frac{1}{\sin^2})) = \frac{1}{1-id} \cdot (\frac{1}{1-id} \cdot (\log_e \circ \cot) - \frac{2}{\sin \circ (2 \cdot id)})$

21. $(-\star, 1) \xrightarrow{f} \mathbb{R}$ $f' = (\frac{1+id}{2}(\log_a \circ \frac{1-id}{2}))' = \frac{1}{2}(\log_a \circ \frac{1-id}{2}) + (\frac{1+id}{2})(\log_a' \circ \frac{1-id}{2})(-\frac{1}{2})$
$= \frac{1}{2}(\log_a \circ \frac{1-id}{2}) - \frac{1}{2} \cdot \frac{1+id}{2} \cdot \frac{2}{1-id} \cdot \log_e(a) = \frac{1}{2}((\log_a \circ \frac{1-id}{2}) - \frac{1+id}{1-id} \cdot \frac{1}{\log_e(a)})$

22. $(-1, 0) \cup (1, \star) \xrightarrow{f} \mathbb{R}$ $f' = (\frac{1}{id} \cdot \log_e \circ \frac{id^2-1}{id})' = (\frac{1}{id})'(\log_e \circ \frac{id^2-1}{id}) + (\frac{1}{id})(\log_e' \circ \frac{id^2-1}{id})(\frac{id^2-1}{id})'$
$= (-\frac{1}{id^2})(\log_e \circ \frac{id^2-1}{id}) + (\frac{1}{id})(\frac{id}{id^2-1})(\frac{id^2+1}{id^2}) = (-\frac{1}{id^2})((\log_e \circ \frac{id^2-1}{id}) - \frac{id^2+1}{id^2-1})$

2.634   Exponential-Funktionen (Teil 3)

A2.634.01: Nachstehend sind verschiedene Zuordnungsvorschriften von Funktionen $f : D(f) \longrightarrow \mathbb{R}$ sowie die Zuordnungsvorschriften der zugehörigen Ableitungsfunktionen f' genannt. Geben Sie jeweils den maximalen Definitionsbereich $D(f)$ von f an und verifizieren Sie die Angabe zu $f'(x)$:

1. $f(x) = 2e^{2x}$ $f'(x) = 4e^{2x}$
2. $f(x) = 2e^x + e^{-x}$ $f'(x) = 2e^x - e^{-x}$
3. $f(x) = e^{\frac{x}{4}} - e^{-\frac{x}{4}}$ $f'(x) = \frac{1}{4}(e^{\frac{x}{4}} + e^{-\frac{x}{4}})$
4. $f(x) = x \cdot e^x$ $f'(x) = e^x(1+x)$
5. $f(x) = x^3 \cdot e^{2x}$ $f'(x) = x^2 \cdot e^{2x}(3+2x)$
6. $f(x) = x^n \cdot e^{mx}$ $f'(x) = x^{n-1}e^{mx}(n+mx)$
7. $f(x) = \frac{1}{x} \cdot e^x$ $f'(x) = \frac{x-1}{x^2} \cdot e^x$

B2.634.01: Es gelten folgende Sachverhalte:

1. $f : \mathbb{R} \longrightarrow \mathbb{R}$ mit $f(x) = 2e^{2x}$ hat die Ableitungsfunktion $f' : \mathbb{R} \longrightarrow \mathbb{R}$
mit $f'(x) = 2e^{2x} \cdot 2 = 4e^{2x}$.
2. $f : \mathbb{R} \longrightarrow \mathbb{R}$ mit $f(x) = 2e^x + e^{-x}$ hat die Ableitungsfunktion $f' : \mathbb{R} \longrightarrow \mathbb{R}$
mit $f'(x) = 2 \cdot e^x + e^{-x}(-1) = 2e^x - e^{-x}$.
3. $f : \mathbb{R} \longrightarrow \mathbb{R}$ mit $f(x) = e^{\frac{x}{4}} - e^{-\frac{x}{4}}$ hat die Ableitungsfunktion $f' : \mathbb{R} \longrightarrow \mathbb{R}$
mit $f'(x) = e^{\frac{x}{4}}(\frac{x}{4}) - e^{-\frac{x}{4}}(-\frac{x}{4}) = \frac{1}{4}(e^{\frac{x}{4}} + e^{-\frac{x}{4}})$.
4. $f : \mathbb{R} \longrightarrow \mathbb{R}$ mit $f(x) = x \cdot e^x$ hat die Ableitungsfunktion $f' : \mathbb{R} \longrightarrow \mathbb{R}$
mit $f'(x) = 1 \cdot e^x + x \cdot e^x = e^x(1+x)$.
5. $f : \mathbb{R} \longrightarrow \mathbb{R}$ mit $f(x) = x^3 \cdot e^{2x}$ hat die Ableitungsfunktion $f' : \mathbb{R} \longrightarrow \mathbb{R}$
mit $f'(x) = 3x^2 \cdot e^{2x} + x^3 \cdot e^{2x} \cdot 2 = x^2 \cdot e^{2x}(3+2x)$.
6. $f : \mathbb{R} \longrightarrow \mathbb{R}$ mit $f(x) = x^n \cdot e^{mx}$ hat die Ableitungsfunktion $f' : \mathbb{R} \longrightarrow \mathbb{R}$
mit $f'(x) = n \cdot x^{n-1}e^{mx} + x^n \cdot e^{mx} \cdot m = x^{n-1}e^{mx}(n+mx)$.
7. $f : \mathbb{R} \setminus \{0\} \longrightarrow \mathbb{R}$ mit $f(x) = \frac{1}{x} \cdot e^x$ hat die Ableitungsfunktion $f' : \mathbb{R} \setminus \{0\} \longrightarrow \mathbb{R}$
mit $f'(x) = \frac{e^x \cdot x - e^x \cdot 1}{x^2} = \frac{x-1}{x^2} \cdot e^x$.

A2.634.02: Zu Funktionen $u, v : \mathbb{R}^+ \longrightarrow \mathbb{R}$ sei die Funktion $u^v : \mathbb{R}^+ \longrightarrow \mathbb{R}$ definiert durch die Zuordnungsvorschrift $(u^v)(x) = u(x)^{v(x)}$.
a) Berechnen Sie u^v (unter Verwendung von $\log_e \circ u^v$) sowie $(u^v)'$.
b) Wenden sie die Ergebnisse von Teil a) auf die durch $f(x) = x^x$, $g(x) = \sqrt[x]{x}$ und $h(x) = (sin(x))^x$ definierten drei Funktionen $f, g, h : \mathbb{R}^+ \longrightarrow \mathbb{R}$ an.

B2.634.02: Es gelten folgende Sachverhalte:
a_1) Wegen $\log_e \circ u^v = v(\log_e \circ u)$ ist $u^v = exp_e \circ (v(\log_e \circ u))$.
a_2) Es gilt $(u^v)' = exp_e' \circ (v(\log_e \circ u)) \cdot u^v(v'(\log_e \circ u) + v(\log_e \circ u)') = u^v(v'(\log_e \circ u + v \cdot \frac{u'}{u})$.
b_1) $f = id^{id} = exp_e \circ (id \cdot \log_e)$ liefert $f' = f(1(\log_e \circ id) + id \cdot \frac{1}{id}) = f(\log_e + 1)$.
b_2) $g = id^{\frac{1}{id}} = exp_e \circ (\frac{1}{id} \cdot \log_e)$ liefert $g' = g((\frac{1}{id})'(\log_e \circ id) + \frac{1}{id} \cdot \frac{1}{id}) = g(-\frac{1}{id^2} \cdot \log_e + \frac{1}{id^2}) = -g \cdot \frac{1}{id^2}(\log_e + 1)$.
b_3) $h = sin^{id} = exp_e \circ (id \cdot (\log_e \circ sin))$ liefert $h' = h(1(\log_e \circ sin) + id \cdot \frac{sin'}{sin}) = h(\log_e \circ sin + id \cdot cot)$.

A2.634.03: Betrachten Sie die drei Funktionen $u, v, w : \mathbb{N} \longrightarrow \mathbb{R}$ mit $u(n) = n^a$, $v(n) = n^n$ und $w(n) = a^n$ (mit konstanter Zahl $a \in \mathbb{N}$).
1. Geben Sie für jede der drei Funktionen (Folgen) eine rekursiv definierte Darstellung an.
2. Untersuchen Sie die Folgen $(\frac{s(n+1)}{s(n)})_{n \in \mathbb{N}}$, wobei $s \in \{u, v, w\}$ sei, hinsichtlich Konvergenz/Divergenz.
3. Berechnen Sie jeweils den absoluten Zuwachs $a(n) = s(n+1) - s(n)$ und den relativen Zuwachs $r(n) = \frac{a(n)}{s(n+1)}$, wobei wieder $s \in \{u, v, w\}$ sei.

B2.634.03: Für die drei Funktionen $u,v,w : \mathbb{N} \longrightarrow \mathbb{R}$ gilt:

1a) $\frac{u(n+1)}{u(n)} = \frac{(n+1)^a}{n^a} = (\frac{n+1}{n})^a = (1+\frac{1}{n})^a$ liefert $u(n+1) = (1+\frac{1}{n})^a \cdot u(n)$.

1b) $\frac{v(n+1)}{v(n)} = \frac{(n+1)^{n+1}}{n^n} = (\frac{n+1}{n})^n(n+1) = (1+\frac{1}{n})^n(n+1)$ liefert $v(n+1) = (1+\frac{1}{n})^n(n+1) \cdot v(n)$.

1c) $\frac{w(n+1)}{w(n)} = \frac{a^{n+1}}{a^n} = a$ liefert $w(n+1) = a \cdot w(n)$.

2a) Die Folge $(\frac{u(n+1)}{u(n)})_{n\in\mathbb{N}} = ((1+\frac{1}{n})^a)_{n\in\mathbb{N}}$ konvergiert gegen 1.

2b) Die Folge $(\frac{v(n+1)}{v(n)})_{n\in\mathbb{N}} = ((1+\frac{1}{n})^n(n+1))_{n\in\mathbb{N}}$ ist das Produkt xz einer konvergenten Folge x (der erste Faktor konvergiert gegen die Eulersche Zahl e) mit einer streng monotonen und nach oben unbeschränkten Folge z. Ein solches Produkt xz ist ebenfalls streng monoton und nach oben unbeschränkt. (Das folgt ganz allgemein aus der Betrachtung der Folge $sup(x) \cdot z$.)

2c) Die Folge $(\frac{w(n+1)}{w(n)})_{n\in\mathbb{N}} = (a)_{n\in\mathbb{N}}$ konvergiert als konstante Folge gegen a.

3a) Der absolute Zuwachs bezüglich u ist $a(n) = u(n+1) - u(n) = (n+1)^a - n^a$, der zugehörige relative Zuwachs ist $r(n) = \frac{u(n)}{u(n+1)} = \frac{(n+1)^a - n^a}{(n+1)^a} = 1 - (\frac{n}{n+1})^a$.

3b) Der absolute Zuwachs bezüglich v ist $a(n) = v(n+1) - v(n) = (n+1)^{n+1} - n^n$, der zugehörige relative Zuwachs ist $r(n) = \frac{v(n)}{v(n+1)} = \frac{(n+1)^{n+1} - n^n}{(n+1)^{n+1}} = 1 - (\frac{n}{n+1})^n \cdot \frac{1}{n+1}$.

3c) Der absolute Zuwachs bezüglich w ist $a(n) = w(n+1) - w(n) = a^{n+1} - a^n = a^n(a-1)$, der zugehörige relative Zuwachs ist $r(n) = \frac{w(n)}{w(n+1)} = \frac{a^{n+1} - a^n}{a^{n+1}} = 1 - \frac{1}{a}$.

A2.634.04: Beweisen Sie $exp_e(z) = e^z = ((1+\frac{z}{n})^n)_{n\in\mathbb{N}}$, für alle $z \in \mathbb{R}_*$, unter Verwendung von log'_e.

B2.634.04: Zu einer beliebigen Zahl $z_0 \in \mathbb{R}^*$ sei die gegen z_0 konvergente Folge $x = (z_0 + \frac{1}{n})_{n\in\mathbb{N}}$ mit $x_n \neq z_0$ betrachtet. Damit gilt dann $\frac{1}{z_0} = log'_e(z_0) = lim(\frac{log_e(x_n) - log_e(z_0)}{x_n - z_0})_{n\in\mathbb{N}} = lim(n \cdot log_e(\frac{x_n}{z_0}))_{n\in\mathbb{N}} = lim(n \cdot log_e(1+\frac{1}{z_0 n}))_{n\in\mathbb{N}} = lim(log_e(1+\frac{1}{z_0 n})^n)_{n\in\mathbb{N}} = log_e(lim((1+\frac{1}{z_0 n})^n)_{n\in\mathbb{N}})$ unter Verwendung der Stetigkeit von log_e. Folglich gilt $exp_e(\frac{1}{z_0}) = lim((1+\frac{1}{z_0 n})^n)_{n\in\mathbb{N}}$, woraus die Substitution $z = \frac{1}{z_0}$ die Behauptung liefert.

A2.634.05: Berechnen Sie zu den Funktionen $f,g : \mathbb{R}^+ \longrightarrow \mathbb{R}$, definiert durch die beiden Zuordnungsvorschriften $f(x) = \frac{1}{log_e(\frac{1}{x})}$ und $g(x) = log_e(log_e(x))$, jeweils die Ableitungsfunktion.

B2.634.05: Berechnung der Zuordnungsvorschriften von $f', g' : \mathbb{R}^+ \longrightarrow \mathbb{R}$:

1. Beachtet man $f(x) = \frac{1}{log_e(\frac{1}{x})} = \frac{1}{log_e(1) - log_e(x)} = -\frac{1}{log_e(x)}$, so gilt $f'(x) = -\frac{-\frac{1}{x}}{log_e^2(x)} = \frac{1}{x \cdot log_e^2(x)}$.

2. Es gilt $g'(x) = log'_e(log_e(x)) \cdot \frac{1}{x} = \frac{1}{log_e(x)} \cdot \frac{1}{x} = \frac{1}{x \cdot log_e(x)}$.

A2.634.06: Wie verhalten sich die Wachstumszunahmen der drei Funktionen $f,g,h : [8, \star) \longrightarrow \mathbb{R}$, definiert durch die Vorschriften $f(x) = x^{\sqrt{log_e(x)}}$ sowie $g(x) = (log_e(x))^{log_e(x)}$ und $h(x) = e^{\frac{\sqrt{x}}{log_e(x)}}$?

B2.634.06: Wie die folgenden Berechnungen im einzelnen zeigen, gilt $f > g > h$:

a) Zunächst gilt $z^2 < e^z$, für alle $z > 0$, folglich gilt $\sqrt{z} > log_e(z)$, also $z > (log_e(z))^2$. Mit $z = log_e(x)$ gilt dann $log_e(x) > (log_e(log_e(x)))^2$, für alle $x > 1$, folglich $\sqrt{log_e(x)} > log_e(log_e(x))$, woraus nach Multiplikation mit $log_e(x)$ dann $log_e(x) \cdot \sqrt{log_e(x)} > log_e(x) \cdot log_e(log_e(x))$ folgt. Damit gilt dann auch $log_e(x^{\sqrt{log_e(x)}}) > log_e(x) \cdot log_e(log_e(x))$ und somit schließlich $f(x) = x^{\sqrt{log_e(x)}} > (log_e(x))^{log_e(x)} = g(x)$.

b) Hierzu gilt: $x > 8 \Rightarrow (log_e(x))^2 \cdot log_e(log_e(x)) > \sqrt{x} \Leftrightarrow log_e(x) \cdot log_e(log_e(x)) > \frac{\sqrt{x}}{log_e(x)} \Leftrightarrow log_e(((log_e(x))^{log_e(x)}) > \frac{\sqrt{x}}{log_e(x)} \Leftrightarrow g(x) = (log_e(x))^{log_e(x)} > e^{\frac{\sqrt{x}}{log_e(x)}} = h(x)$.

A2.634.07: Betrachten Sie zu einer Zahl $a > 0$ die durch $x_0 = a$ und $x_{n+1} = \sqrt{x_n}$ rekursiv definierte Folge $x : \mathbb{N}_0 \longrightarrow \mathbb{R}$ sowie die dazu definierte Folge $y : \mathbb{N}_0 \longrightarrow \mathbb{R}$ mit $y_n = 2^n(x_n - 1)$. Geben Sie zunächst eine explizite Darstellung der Folge y an und zeigen Sie dann $lim(y) = log_e(a)$.

B2.634.07: Zur Bearbeitung der Aufgabe im einzelnen:
1. Die Folge y hat die explizite Darstellung $y_n = 2^n(a^{\frac{1}{2^n}} - 1)$, für alle $n \in \mathbb{N}_0$.
2. Betrachtet man unter Verwendung der nullkonvergenten Folge $(\frac{1}{2^n})_{n \in \mathbb{N}_0}$ die Folge y als Folge von Differenzenquotienten für exp_a, dann liegt der folgende Grenzwert vor: $lim(y) = lim(2^n(a^{\frac{1}{2^n}} - 1))_{n \in \mathbb{N}_0}$
$= lim(\frac{a^{\frac{1}{2^n}} - a^0}{\frac{1}{2^n} - 0})_{n \in \mathbb{N}_0} = lim(\frac{exp_a(\frac{1}{2^n}) - exp_a(0)}{\frac{1}{2^n} - 0})_{n \in \mathbb{N}_0} = exp_a'(0) = log_e(a) \cdot a^0 = log_e(a)$.

A2.634.08: Untersuchen Sie zu einer antitonen und nullkonvergenten Folge $x : \mathbb{N} \longrightarrow \mathbb{R}$ die Folge $y : \mathbb{N} \longrightarrow \mathbb{R}$ mit $y_n = x_n^{x_n}$ hinsichtlich Konvergenz.

B2.634.08: Mit der Beziehung $log_e(x^x) = x \cdot log_e(x)$, für alle $x > 0$, hat $y_n = x_n^{x_n}$ dann die Darstellung $y_n = e^{x_n \cdot log_e(x_n)}$. Damit gilt dann: Wegen $lim(x_n)_{n \in \mathbb{N}} = 0$ gilt $lim(x_n \cdot log_e(x_n))_{n \in \mathbb{N}} = 0$, folglich gilt $lim(y) = lim(y_n)_{n \in \mathbb{N}} = lim(e^{x_n \cdot log_e(x_n)})_{n \in \mathbb{N}} = 1$.

A2.634.09: Berechnen Sie $f^{(100)}$ (die einhundertste Ableitungsfunktion) zu der Funktion $f : \mathbb{R} \longrightarrow \mathbb{R}$, definiert durch die Zuordnungsvorschrift $f(x) = e^x \cdot cos(x)$.

B2.634.09: Ausgehend von der Idee $100 = 4 \cdot 25$ gilt $f^{(4n)} = (-4)^n \cdot f$, für alle $n \in \mathbb{N}_0$, wie man nach dem Prinzip der Vollständigen Induktion folgendermaßen nachweisen kann:
Induktionsanfang: Zunächst wird der Reihe nach $f' = exp_e(cos - sin)$ sowie $f'' = (-2)exp_e \cdot sin$ und $f''' = (-2)exp_e(sin + cos)$, schließlich $f^{(4)} = (-4)exp_e \cdot cos = (-4)^1 \cdot f$ gezeigt.
Induktionsschritt von n nach $n+1$: Es ist $f^{(4(n+1))} = f^{(4n+4)} = (f^{(4n)})^{(4)} = (-4)^n(-4) \cdot f = (-4)^{n+1} \cdot f$.
Hinsichtlich der ursprünglichen Aufgabenstellung ist also $f^{(100)} = (-4)^{25} \cdot f = (-4)^{25} exp_e \cdot cos$.

A2.634.10: Berechnen Sie
1. für alle $n \in \mathbb{N}_0$ die n-te Ableitungsfunktion zu der Funktion $f : \mathbb{R} \longrightarrow \mathbb{R}$ mit $f(x) = cos(2x)$,
2. für alle $n \in \mathbb{N}$ die n-te Ableitungsfunktion zu der Funktion $g : \mathbb{R} \longrightarrow \mathbb{R}$ mit $g(x) = log_e(x^2)$.

B2.634.10: Zur Bearbeitung der Aufgabe im einzelnen:
1. Mit den Angaben in Bemerkung 2.326.5, insbesondere Teil 7, gilt mit der Abkürzung $u = 2 \cdot id$:

$$f^{(n)} = \begin{cases} 2^n \cdot f, & \text{falls } n \in 4\mathbb{N}_0 \\ -2^n(sin \circ u), & \text{falls } n \in 4\mathbb{N}_0 + 1 \\ -2^n \cdot f, & \text{falls } n \in 4\mathbb{N}_0 + 2 \\ 2^n(sin \circ u), & \text{falls } n \in 4\mathbb{N}_0 + 3 \end{cases} \quad f^{(n)} = \begin{cases} (-1)^{\frac{n}{2}} \cdot 2^n \cdot f, & \text{falls } n \in 2\mathbb{N}_0 \\ (-1)^{\frac{n+1}{2}} \cdot 2^n(sin \circ u), & \text{falls } n \in 2\mathbb{N}_0 + 1 \end{cases}$$

2. Für alle $n \in \mathbb{N}$ gilt $g^{(n)} = 2(-1)^{n-1}(n-1)! \cdot \frac{1}{id^n}$. Beweis wieder mit Vollständiger Induktion:
Induktionsanfang: Einerseits ist $g^{(1)} = g' = (log_e' \circ id^2) \cdot 2 \cdot id = 2 \cdot id \cdot \frac{1}{id^2} = \frac{2}{id}$, andererseits gilt ebenfalls $g^{(1)} = 2(-1)^0 0! \cdot \frac{1}{id^1} = 2 \cdot 1 \cdot \frac{1}{id} = \frac{2}{id}$.
Induktionsschritt von n nach $n+1$: Gilt die Formel für n, dann gilt sie auch für $n+1$, denn es ist $g^{(n+1)} = (g^{(n)})' = 2(-1)^{n-1}(n-1)! \cdot (\frac{1}{id^n})' = 2(-1)^{n-1}(n-1)! \cdot (-1) \cdot \frac{n \cdot id^{n-1}}{id^{2n}} = 2(-1)^n(n)! \cdot \frac{1}{id^{n+1}}$.

A2.634.11: Berechnen Sie $h^{(100)}$ (die einhundertste Ableitungsfunktion) zu der Funktion $h : \mathbb{R} \longrightarrow \mathbb{R}$, definiert durch die Zuordnungsvorschrift $h(x) = cos(2x) + log_e(x^2)$.

B2.634.11: Beachtet man die Darstellung $h = f + g$ mit den beiden in Aufgabe A2.634.10 untersuchten Funktionen f und g, so gilt für alle $n \in \mathbb{N}$ dann $h^{(4n)} = 2^{4n} \cdot cos(2 \cdot id) + 2(-1)^{4n-1}(4n-1)! \cdot \frac{1}{id^{4n}}$, woraus mit $2(-1)^{4n-1} = -2$ dann $h^{(4n)} = 2^{4n} \cdot cos(2 \cdot id) - 2(4n-1)! \cdot \frac{1}{id^{4n}}$ folgt.
Hinsichtlich der ursprünglichen Aufgabenstellung ist also $h^{(100)} = 2^{100} \cdot cos(2 \cdot id) - 2 \cdot 99! \cdot \frac{1}{id^{100}}$.

2.636 DIFFERENTIATION UND INTEGRATION VON LOG UND EXP

A2.636.01: Beweisen Sie die nachfolgend genannten Differentiationsregeln und geben Sie jeweils Definitions- und Wertebereiche der beteiligten Funktionen an:

1. $(\log_a \circ f)' = \frac{1}{\log_e(a)} \cdot \frac{f'}{f}$
2. $(\log_a \circ (f \circ g))' = \frac{1}{\log_e(a)} \cdot \frac{(f' \circ g) \cdot g'}{f \circ g}$
3. $(f \cdot \log_a)' = \frac{1}{\log_e(a)} \cdot (f' \cdot \log_e + f \cdot \frac{1}{id_{\mathbb{R}^+}})$
4. $(f \cdot (\log_a \circ f))' = \frac{1}{\log_e(a)} \cdot f' \cdot ((\log_e \circ f) + 1)$

B2.636.01: (Bei folgenden Bearbeitungen bezeichne abkürzend $\tilde{a} = \frac{1}{\log_e(a)}$.)

1. Es gilt $(\log_a \circ f)' = (\log_a' \circ f)f' = ((\tilde{a} \cdot \log_e)' \circ f)f' = \tilde{a}(\frac{1}{id} \circ f)f' = \tilde{a} \cdot \frac{1}{f} \cdot f' = \tilde{a} \cdot \frac{f'}{f}$
für Funktionen $f : T \longrightarrow \mathbb{R}$ mit $T \subset \mathbb{R}$. Dabei muß T so gewählt werden, daß $Bild(f) \subset \mathbb{R}^+$ gilt.

2. Es gilt $(\log_a \circ (f \circ g))' = \tilde{a} \cdot \frac{(f \circ g)'}{f \circ g} = \tilde{a} \cdot \frac{(f' \circ g) g'}{f \circ g}$ für Kompositionen $f \circ g : T \longrightarrow \mathbb{R}^+$.

3. Es gilt $(f \cdot \log_a)' = f' \cdot \log_a + f \cdot \log_a' = \tilde{a} \cdot f' \cdot \log_e + f \cdot \tilde{a} \cdot \frac{1}{id} = \tilde{a}(f' \cdot \log_e + f \cdot \frac{1}{id})$
für Funktionen $f : \mathbb{R}^+ \longrightarrow \mathbb{R}$.

4. Es gilt $(f(\log_a \circ f))' = f'(\log_a \circ f) + f(\log_a \circ f)' = \tilde{a} \cdot f'(\log_e \circ f) + f(\tilde{a} \cdot \frac{1}{id} \circ f)f' = \tilde{a} \cdot f'(\log_e \circ f + 1)$
für Funktionen $f \circ g : \mathbb{R}^+ \longrightarrow \mathbb{R}^+$.

A2.636.02: Bestimmen Sie die Integrale $\int f$ der nachfolgend definierten Funktionen $f_k : D(f) \longrightarrow \mathbb{R}$. Überprüfen Sie das jeweilige Resultat durch Differentiation einer Stammfunktion. (Es sei $a \in \mathbb{R}^+$.)

1. $f_1(x) = e^{ax}$
2. $f_2(x) = ae^x$
3. $f_3(x) = ae^{ax}$
4. $f_4(x) = e^{ax} - ae^x$
5. $f_5(x) = e^{-x}$
6. $f_6(x) = x \cdot e^x$
7. $f_7(x) = \log_e(ax)$
8. $f_8(x) = a \cdot \log_e(x)$
9. $f_9(x) = f_7(x) - f_8(x)$
10. $f_{10}(x) = ax \cdot e^{-a^2 x^2}$
11. $f_{11}(x) = \sin(x) \cdot e^{\cos(x)}$

B2.636.02: Zur auszugsweisen Bearbeitung im einzelnen:

1. Für $f_1 = exp_e \circ (a \cdot id)$ liefert Bemerkung 2.636.3/1 zunächst das Integral $\int f_1 = \int (exp_e \circ (a \cdot id)) = \frac{1}{a}(exp_e \circ (a \cdot id)) + \mathbb{R}$ und $F_1 = \frac{1}{a}(exp_e \circ (a \cdot id)) = \frac{1}{a} \cdot f_1$ als eine Stammfunktion zu f_1. Differentiation liefert dann umgekehrt die Ableitungsfunktion $F_1' = (\frac{1}{a} \cdot f_1)' = (\frac{1}{a} \cdot (exp_e \circ (a \cdot id))' = \frac{1}{a} \cdot (exp_e \circ (a \cdot id) \cdot a = f_1$.

2. Für $f_2 = a \cdot exp_e$ liefert Satz 2.505.1 das Integral $\int f_2 = \int (a \cdot exp_e) = a \cdot \int exp_e = a \cdot exp_e + \mathbb{R}$ und $F_2 = f_2$ als eine Stammfunktion zu f_2. Differentiation liefert dann umgekehrt die Ableitungsfunktion $F_2' = f_2' = (a \cdot exp_e)' = a \cdot exp_e' = a \cdot exp_e = f_2$.

3. Beachtet man $f_3 = a \cdot f_1$, so ist $\int f_3 = \int (a \cdot f_1) = a \cdot \int f_1 = a \cdot F_1 + \mathbb{R} = a(\frac{1}{a} \cdot f_1) + \mathbb{R} = f_1 + \mathbb{R} = exp_e \circ (a \cdot id) + \mathbb{R}$ und $F_3 = exp_e \circ (a \cdot id) = F_1$ eine Stammfunktion zu f_3. Differentiation liefert dann umgekehrt die Ableitungsfunktion $F_3' = (a \cdot F_1)' = a \cdot F_1' = a \cdot f_1 = f_3$.

4. Beachtet man $f_4 = f_1 - f_2$, so ist $\int f_4 = \int (f_1 - f_2) = \int f_1 - \int f_2 = F_1 - F_2 + \mathbb{R} = \frac{1}{a} \cdot f_1 - f_2 + \mathbb{R} = exp_e \circ (a \cdot id) - a \cdot exp_e + \mathbb{R}$ und $F_4 = exp_e \circ (a \cdot id) - a \cdot exp_e = F_1 - F_2$ eine Stammfunktion von f_4. Differentiation liefert dann umgekehrt die Ableitungsfunktion $F_4' = (F_1 - F_2)' = F_1' - F_2' = f_1 - f_2 = f_4$.

5. Für $f_5 = exp_e \circ (-id)$ liefert Bemerkung 2.636.3/1 das Integral $\int f_5 = \int (exp_e \circ (-id)) = -f_5 + \mathbb{R}$ und $F_5 = -f_5$ als eine Stammfunktion zu f_5. Differentiation liefert dann umgekehrt die Ableitungsfunktion $F_5' = (-f_5)' = -(exp_e \circ (-id))' = -(exp_e \circ (-id))(-1) = exp_e \circ (-id) = f_5$.

6. Für $f_6 = id_\mathbb{R} \cdot exp_e = id_\mathbb{R} \cdot exp_e'$ liefert Satz 2.506.1 (Integration von Produkten) das Integral $\int f_6 = \int (id_\mathbb{R} \cdot exp_e') = id_\mathbb{R} \cdot exp_e - \int (1 \cdot exp_e) = id_\mathbb{R} \cdot exp_e - exp_e + \mathbb{R} = (id_\mathbb{R} - 1) \cdot exp_e + \mathbb{R}$ und $F_6 = (id_\mathbb{R} - 1) \cdot exp_e$ als eine Stammfunktion zu f_6. Differentiation liefert dann umgekehrt die Ableitungsfunktion $F_6' = ((id_\mathbb{R} - 1) \cdot exp_e)' = 1 \cdot exp_e + (id_\mathbb{R} - 1) \cdot exp_e' = exp_e + id_\mathbb{R} \cdot exp_e - exp_e = id_\mathbb{R} \cdot exp_e = f_6$.

7. Für $f_7 = \log_e \circ (a \cdot id)$ liefert Bemerkung 2.636.3/1 zunächst das Integral $\int f_7 = \int (\log_e \circ (a \cdot id)) = \frac{1}{a}(id(\log_e - 1) \circ (a \cdot id)) + \mathbb{R}$ und $F_7 = \frac{1}{a}(id(\log_e - 1) \circ (a \cdot id))$ als eine Stammfunktion zu f_7. Differentiation liefert dann umgekehrt die Ableitungsfunktion $F_7' = (\frac{1}{a}(id(\log_e - 1) \circ (a \cdot id)))' = \frac{1}{a}(id(\log_e - 1) \circ (a \cdot id))' = \frac{1}{a}(id(\log_e - 1))' \circ (a \cdot id) \cdot a = (\log_e + id \cdot \log_e' - 1) \circ (a \cdot id) = (\log_e + 1 - 1) \circ (a \cdot id) = \log_e \circ (a \cdot id) = f_7$.

206

8. Für $f_8 = a \cdot log_e$ liefert Satz 2.636.x das Integral $\int f_8 = \int (a \cdot log_e) = a \cdot \int log_e = a \cdot id(log_e - 1) + \mathbb{R}$ und $F_2 = a \cdot id(log_e - 1)$ als eine Stammfunktion zu f_8. Differentiation liefert dann umgekehrt die Funktion $F_8' = (a \cdot id(log_e - 1))' = a \cdot (id(log_e - 1))' = a \cdot (1 \cdot (log_e - 1) + id \cdot \frac{1}{id}) = a \cdot (log_e - 1 + 1) = a \cdot log_e = f_8$.

10. Für die Integration von Kompositionen $s \circ t$ geeigneter Funktionen s und t gilt generell $\int ((s \circ t)t') = S_0 \circ t + \mathbb{R}$ und einer Stammfunktion S_0 von s. Im vorliegenden Fall sei $s = exp_e$ sowie $h = -a^2 id^2$ und $u = a \cdot id$ mit $a \neq 0$. Beachtet man nun $u = -\frac{1}{2a}h'$, dann ist $\int f_{10} = \int ((exp_e \circ h)u) = \int ((exp_e \circ h)(-\frac{1}{2a}h')) = -\frac{1}{2a} \cdot \int ((exp_e \circ h)h') = -\frac{1}{2a} \cdot (exp_e \circ h) + \mathbb{R}$. Damit ist $F_{10} = -\frac{1}{2a} \cdot (exp_e \circ h)$ eine Stammfunktion zu f_{10}. Differentiation liefert dann umgekehrt die Ableitungsfunktion $F_{10}' = (-\frac{1}{2a} \cdot (exp_e \circ h))' = -\frac{1}{2a} \cdot (exp_e \circ h))' = -\frac{1}{2a} \cdot (exp_e \circ h)h' = -\frac{1}{2a} \cdot (exp_e \circ h)(-2a^2 id) = a \cdot id(exp_e \circ h) = f_{10}$.

11. Für $f_{11} = \sin \cdot (exp_e \circ \cos) = (exp_e \circ \cos)(-\cos') = -(exp_e \circ \cos)(\cos')$ liefert die Bemerkung 2.636.3/1a das Integral $\int f_{11} = -\int ((exp_e \circ \cos)(\cos')) = -(exp_e \circ \cos) + \mathbb{R}$ und $F_{11} = -(exp_e \circ \cos)$ als eine Stammfunktion zu f_{11}. Differentiation liefert dann umgekehrt die Ableitungsfunktion $F_{11}' = (-(exp_e \circ \cos))' = -(exp_e \circ \cos) \cdot (-\sin) = \sin \cdot (exp_e \circ \cos) = f_{11}$.

A2.636.03: Zeigen Sie sowohl durch Berechnung der Integrale als auch durch Differentiation die Gültigkeit der folgenden Formeln, wobei für $a \in \mathbb{R}^+$ mit $a \neq 1$ die Abkürzungen $\tilde{a} = \frac{1}{log_e(a)}$ und $id = id_{\mathbb{R}^+}$ verwendet sind:

1. $\int log_a = id \cdot (log_a - \tilde{a}) + \mathbb{R}$,
2. $\int (id \cdot log_a) = \frac{1}{2} \cdot id^2 \cdot (log_a - \frac{1}{2} \cdot \tilde{a}) + \mathbb{R}$,
3. $\int ((1 - id) \cdot log_a) = (1 - \frac{1}{2} \cdot id) \cdot id \cdot log_a - \tilde{a} \cdot id \cdot (1 - \frac{1}{4} \cdot id) + \mathbb{R}$,
4. $\int (log_a \circ (1 - id)) = -id \cdot (log_a - \tilde{a}) \circ (1 - id) + \mathbb{R}$,
5. $\int (id(log_a \circ (1 - id))) = \frac{1}{2}((id^2 - 1) \cdot (log_a \circ (1 - id)) - \tilde{a} \cdot (\frac{1}{2} \cdot id^2 + id - 1)) + \mathbb{R}$.

B2.636.03: Integration im jeweiligen Teil a) und Differentiation im jeweiligen Teil b):

1a) Es gilt $\int log_a = \tilde{a} \cdot \int log_e = \tilde{a} \cdot id(log_e - 1) + \mathbb{R} = id(\tilde{a} \cdot log_e - \tilde{a}) + \mathbb{R} = id \cdot (log_a - \tilde{a}) + \mathbb{R}$.

1b) Es gilt $(id \cdot (log_a - \tilde{a}))' = 1 \cdot (log_a - \tilde{a}) + id \cdot log_a' = log_a - \tilde{a} + id \cdot \tilde{a} \cdot \frac{1}{id} = log_a$.

2a) Die Beziehung $\int (id \cdot log_a) = id(id(log_a - \tilde{a})) - \int (id'(id(log_a - \tilde{a}))) = id^2(log_a - \tilde{a}) - \int (id \cdot log_a - \tilde{a} \cdot id) = id^2(log_a - \tilde{a}) - \int (id \cdot log_a) + \tilde{a} \cdot \int id) = id^2 \cdot log_a - \tilde{a} \cdot id^2 - \int (id \cdot log_a) + \frac{1}{2} \cdot \tilde{a} \cdot id^2 = id^2 \cdot log_a - \frac{1}{2} \cdot \tilde{a} \cdot id^2 - \int (id \cdot log_a)$ liefert dann zunächst $2 \cdot \int (id \cdot log_a) = id^2 \cdot log_a - \frac{1}{2} \cdot \tilde{a} \cdot id^2$, also ist dann schließlich $\int (id \cdot log_a) = \frac{1}{2} \cdot id^2 \cdot log_a - \frac{1}{4} \cdot \tilde{a} \cdot id^2 + \mathbb{R}$.

2b) Es gilt $(\frac{1}{2} \cdot id^2 \cdot log_a - \frac{1}{4} \cdot \tilde{a}) \cdot id^2)' = \frac{1}{2}(id^2 \cdot log_a)' - \frac{1}{4} \cdot \tilde{a}(id^2)' = \frac{1}{2}(2 \cdot id \cdot log_a + id^2 \cdot \tilde{a} \cdot log_e') - \frac{1}{2} \cdot \tilde{a} \cdot id = \frac{1}{2}(2 \cdot id \cdot log_a + id^2 \cdot \tilde{a} \cdot \frac{1}{id}) - \frac{1}{2} \cdot \tilde{a} \cdot id = id \cdot log_a + \frac{1}{2} \cdot \tilde{a} \cdot id - \frac{1}{2} \cdot \tilde{a} \cdot id = id \cdot log_a$.

3a) Es gilt $\int ((1 - id) \cdot log_a) = (1 - id) \cdot id(log_a - \tilde{a}) - \int ((-1) \cdot id(log_e - \tilde{a}))$
$= (id - id^2) \cdot (log_a - \tilde{a}) + \int (id \cdot log_a) - \tilde{a} \cdot \int id = id \cdot log_a - id^2 \cdot log_a - \tilde{a} \cdot id + \tilde{a} \cdot id^2 + \frac{1}{2} \cdot id^2 \cdot log_a - \frac{1}{4} \cdot \tilde{a} \cdot id^2 - \frac{1}{2} \cdot \tilde{a} \cdot id^2 + \mathbb{R}$
$= -\frac{1}{2} \cdot id^2 \cdot log_a + id \cdot log_a + \frac{1}{4} \cdot \tilde{a} \cdot id^2 - \tilde{a} \cdot id + \mathbb{R} = (1 - \frac{1}{2} \cdot id) \cdot id \cdot log_a - \tilde{a} \cdot id \cdot (1 - \frac{1}{4} \cdot id) + \mathbb{R}$.

3b) Es gilt $(-\frac{1}{2} \cdot id^2 \cdot log_a + id \cdot log_a + \frac{1}{4} \cdot \tilde{a} \cdot id^2 - \tilde{a} \cdot id^2)' = -\frac{1}{2} \cdot (id^2 \cdot log_a)' + (id \cdot log_a)' + \frac{1}{2} \cdot \tilde{a} \cdot id - \tilde{a} =$
$-\frac{1}{2} \cdot (2 \cdot id \cdot log_a + id^2 \cdot \tilde{a} \cdot \frac{1}{id}) + log_a + id \cdot \tilde{a} \cdot \frac{1}{id} + \frac{1}{2} \cdot \tilde{a} \cdot id - \tilde{a} = -id \cdot log_a - \frac{1}{2} \cdot \tilde{a} \cdot id + log_a + \tilde{a} + \frac{1}{2} \cdot \tilde{a} \cdot id - \tilde{a} = (1 - id) \cdot log_a$.

Anmerkung: Teil 3 folgt auch aus den Teilen 1 und 2 mit $\int ((1 - id) \cdot log_a) = \int log_a - \int (id \cdot log_a)$.

4a) Die Berechnung des Integrals folgt unmittelbar aus Corollar 2.507.3

4b) Es gilt $(-id \cdot (log_a - \tilde{a}) \circ (1 - id))' = -((id \cdot (log_a - \tilde{a}))' \circ (1 - id))(-1) = ((log_a - \tilde{a}) + id(log_a - \tilde{a})') \circ (1 - id) = (log_a - \tilde{a} + id \cdot \tilde{a} \cdot \frac{1}{id}) \circ (1 - id) = log_a \circ (1 - id)$.

5a) Mit $w = log_a \circ u = log_a \circ (1 - id)$ ist zunächst $\int (id \cdot w) = id \cdot W_0 - \int W_0$ mit $W_0 = (-1)((\int log_a) \circ u) = (-1)((id(log_a - \tilde{a})) \circ u) = (-1)((id \cdot log_a) \circ u - (\tilde{a} \cdot id) \circ u) = (-1)(uw - \tilde{a}u) = (\tilde{a} - w)u = (\tilde{a} - w)(1 - id) = \tilde{a} - \tilde{a} \cdot id - w + w \cdot id$. Damit ist dann $\int (id \cdot w) = id \cdot W_0 - \int \tilde{a} + \tilde{a} \cdot \int id + \int w - \int (id \cdot w)$, also $2 \cdot \int (id \cdot w) = id \cdot W_0 - \int \tilde{a} + \tilde{a} \cdot \int id + W_0 = (id + 1)W_0 - \int \tilde{a} + \tilde{a} \cdot \int id$
$= (id + 1)(\tilde{a} - \tilde{a} \cdot id - w + w \cdot id) - \tilde{a} \cdot id + \frac{1}{2} \cdot \tilde{a} \cdot id^2 = (id^2 - 1)w - \tilde{a}(\frac{1}{2} \cdot id^2 + id - 1)$,
also $\int (id \cdot w) = \frac{1}{2}((id^2 - 1)w - \tilde{a}(\frac{1}{2} \cdot id^2 + id - 1)) + \mathbb{R}$.

5b) Es ist $(\int (id \cdot w))' = \frac{1}{2}(2 \cdot id \cdot w + (id^2 - 1)w' - \tilde{a}(id + 1)) = \frac{1}{2}(2 \cdot id \cdot w + (id + 1)(id - 1)(-\tilde{a}) \cdot \frac{1}{1 - id} - \tilde{a}(id + 1)) = \frac{1}{2}(2 \cdot id \cdot w + \tilde{a}(id + 1) - \tilde{a}(id + 1)) = id \cdot w$.

A2.636.04: Im folgenden bezeichne u eine Gerade der Form $u = s \cdot id + t$ mit Anstieg $s \neq 0$. Zeigen Sie sowohl durch Berechnung der Integrale als auch durch Differentiation die Gültigkeit der folgenden Formeln, wobei für $a \in \mathbb{R}$ mit $a \neq 1$ die Abkürzungen $\tilde{a} = \frac{1}{\log_e(a)}$ und gegebenenfalls $id = id_{\mathbb{R}^+}$ verwendet sind:

1. $\int (\log_a \circ u) = \frac{1}{s} \cdot u \cdot ((\log_a \circ u) - \tilde{a}) + \mathbb{R}$,
2. $\int (u \cdot \log_a) = (\frac{1}{2} \cdot s \cdot id + t) \cdot id \cdot \log_a - (\frac{1}{4} \cdot s \cdot id + t) \cdot \tilde{a} \cdot id + \mathbb{R}$,
   $\int (u \cdot \log_a) = (\log_a - \tilde{a}) \cdot u \cdot id - \frac{1}{2} \cdot s \cdot id^2 (\log_a - \frac{3}{2} \cdot \tilde{a}) + \mathbb{R}$,
3. $\int (u \cdot (\log_a \circ u)) = \frac{1}{2s} \cdot u^2 \cdot ((\log_a \circ u) - \tilde{a}) + \frac{1}{4} \cdot \tilde{a} \cdot id \cdot (u + t) + \mathbb{R}$,
   $\int (u \cdot (\log_a \circ u)) = \frac{1}{2s} \cdot (s \cdot id + t)^2 \cdot ((\log_a \circ u) - \tilde{a}) - \frac{1}{2s} \cdot \tilde{a} \cdot (\frac{1}{2} \cdot s^2 \cdot id^2 + s \cdot t \cdot id + t^2) + \mathbb{R}$.

Überprüfen Sie mit diesen Formeln die entsprechenden Formeln in Aufgabe A2.636.3.

B2.636.04: Zur Bearbeitung der Aufgabe im einzelnen:

1a) Mit $\int \log_a = id \cdot (\log_a - \tilde{a}) + \mathbb{R}$ und Corollar 2.507.3 ist $\int (\log_a \circ u) = \frac{1}{s} \cdot ((id \cdot (\log_a - \tilde{a})) \circ u) = \frac{1}{s} \cdot (id \circ u) \cdot ((\log_a - \tilde{a}) \circ u) = \frac{1}{s} \cdot u \cdot ((\log_a \circ u) - \tilde{a}) + \mathbb{R}$.

1b) Es gilt $(\frac{1}{s} \cdot u \cdot ((\log_a \circ u) - \tilde{a}))' = \frac{1}{s} \cdot (u' \cdot ((\log_a \circ u) - \tilde{a}) + u \cdot \tilde{a} \cdot \frac{1}{u} \cdot s) = (\log_a \circ u) - s \cdot \tilde{a} + s \cdot \tilde{a} = \log_a \circ u$.

2a) Mit der Abkürzung $v = \log_a$ gilt mit Corollar 2.507.2 die Beziehung $\int (u \cdot v) = u \cdot V_0 - \int (u' \cdot V_0)$. Im vorliegenden Fall ist $V_0 = id \cdot (\log_a - \tilde{a} = id \cdot \log_a - \tilde{a} \cdot id$, ferner ist $u' \cdot V_0 = s \cdot id \cdot \log_a - s \cdot \tilde{a} \cdot id$ und damit $\int (u' \cdot V_0) = s \cdot \int (id \cdot \log_a) - s \cdot \tilde{a} \cdot \int id = s \cdot (\frac{1}{2} \cdot id^2 \cdot \log_a - \frac{1}{4} \cdot \tilde{a} \cdot id^2) - \frac{1}{2} \cdot s \cdot \tilde{a} \cdot id^2 = \frac{1}{2} \cdot s \cdot id^2 \cdot \log_a - \frac{3}{4} \cdot s \cdot \tilde{a} \cdot id^2$. Somit ist $\int (u \cdot v) = u \cdot id \cdot (\log_a - \tilde{a}) - \frac{1}{2} \cdot s \cdot id^2 \cdot (\log_a - \frac{3}{2} \cdot \tilde{a}) + \mathbb{R}$.

2b) Ersetzt man $u = s \cdot id + t$, dann ist $\int (u \cdot v) = (s \cdot id^2 + t \cdot id) \cdot (\log_a - \tilde{a}) - \frac{1}{2} \cdot s \cdot id^2 \cdot \log_a + \frac{3}{4} \cdot s \cdot \tilde{a} \cdot id^2 = s \cdot id^2 \cdot \log_a - s \cdot \tilde{a} \cdot id^2 + t \cdot id \cdot \log_a - t \cdot \tilde{a} \cdot id - \frac{1}{2} \cdot s \cdot id^2 \cdot \log_a + \frac{3}{4} \cdot s \cdot \tilde{a} \cdot id^2 = (\frac{1}{2} \cdot s \cdot id^2 + t \cdot id) \cdot \log_a - (\frac{1}{4} \cdot s \cdot id + t) \cdot \tilde{a} \cdot id = (\frac{1}{2} \cdot s \cdot id + t) \cdot id \cdot \log_a - (\frac{1}{4} \cdot s \cdot id + t) \cdot \tilde{a} \cdot id + \mathbb{R}$.

2c) Es gilt $(\int (u \cdot v))' = (u \cdot id \cdot (\log_a - \tilde{a}) - \frac{1}{2} \cdot s \cdot id^2 \cdot (\log_a - \frac{3}{2} \cdot \tilde{a}))'$
$= u' \cdot id \cdot (\log_a - \tilde{a}) + u \cdot (\log_a - \tilde{a}) + u \cdot \log_a' - \frac{1}{2} \cdot s \cdot (2 \cdot id \cdot (\log_a - \frac{3}{2} \cdot \tilde{a}) + id^2 \cdot \log_a')$
$= s \cdot id \cdot \log_a - s \cdot \tilde{a} \cdot id + u \cdot \log_a - \tilde{a} \cdot u + \tilde{a} \cdot u - s \cdot id \cdot \log_a + \frac{3}{2} \cdot s \cdot \tilde{a} \cdot id - \frac{1}{2} \cdot s \cdot \tilde{a} \cdot id$
$= u \cdot \log_a - s \cdot \tilde{a} \cdot id + \frac{3}{2} \cdot s \cdot \tilde{a} \cdot id - \frac{1}{2} \cdot s \cdot \tilde{a} \cdot id = u \cdot \log_a$.

3a) Mit der Abkürzung $w = \log_a \circ u$ gilt mit Corollar 2.506.2 die Beziehung $\int (u \cdot w) = u \cdot W_0 - \int (u' \cdot W_0)$. Im vorliegenden Fall ist $W_0 = \int (\log_a \circ u) = \frac{1}{s} \cdot u \cdot ((\log_a \circ u) - \tilde{a}) = \frac{1}{s} \cdot u \cdot (w - \tilde{a})$, ferner ist $u' \cdot W_0 = u \cdot (w - \tilde{a})$ und $\int (u' \cdot W_0) = \int (u \cdot w) + \tilde{a} \cdot \int u$, woraus $2 \cdot \int (u \cdot w) = \frac{1}{s} \cdot u^2 \cdot (w - \tilde{a}) + \tilde{a} \cdot (\frac{1}{s} \cdot s \cdot id + t)$, schließlich dann $\int (u \cdot w) = \frac{1}{2s} \cdot u^2 \cdot ((\log_a \circ u) - \tilde{a}) + \frac{1}{4} \cdot \tilde{a} \cdot id \cdot (u + t) + \mathbb{R}$ folgt.

3b) Ersetzt man $u = s \cdot id + t$, dann ist $\int (u \cdot w) = \frac{1}{2s} \cdot (s \cdot id + t)^2 \cdot (w - \tilde{a}) + \frac{1}{4} \cdot \tilde{a} \cdot id \cdot (s \cdot id + 2t) =$
$\frac{1}{2s} \cdot (s \cdot id + t)^2 \cdot w - \frac{1}{2s} \cdot (s^2 \cdot id^2 + 2 \cdot s \cdot t \cdot id + t^2) \cdot \tilde{a}) + \frac{1}{4} \cdot \tilde{a} \cdot s \cdot id^2 + \frac{1}{2} \cdot \tilde{a} \cdot t \cdot id$
$= \frac{1}{2s} \cdot (s \cdot id + t)^2 \cdot w - \frac{1}{2s} \cdot \tilde{a} \cdot (s^2 \cdot id^2 + 2 \cdot s \cdot t \cdot id + t^2 - \frac{1}{2} \cdot s^2 \cdot id^2 - s \cdot t \cdot id)$
$= \frac{1}{2s} \cdot (s \cdot id + t)^2 \cdot w - \frac{1}{2s} \cdot \tilde{a} \cdot (\frac{1}{2} \cdot s^2 \cdot id^2 + s \cdot t \cdot id + t^2) + \mathbb{R}$.

3c) Es gilt $(\int (u \cdot w))' = (\frac{1}{2s} \cdot u^2 \cdot (w - \tilde{a}) + \frac{1}{4} \cdot \tilde{a} \cdot id \cdot (u + t))' = \frac{1}{2s} \cdot (2 \cdot s \cdot u \cdot (w - \tilde{a}) + u^2 \cdot w') + \frac{1}{4} \cdot \tilde{a} \cdot (u + t + id \cdot u') =$
$u \cdot w - \tilde{a} \cdot u + \frac{1}{2s} \cdot u^2 \cdot s \cdot \tilde{a} \cdot \frac{1}{u} + \frac{1}{4} \cdot \tilde{a} \cdot (u + t + s \cdot id) = u \cdot w - \tilde{a} \cdot u + \frac{1}{2} \cdot \tilde{a} \cdot u + \frac{1}{4} \cdot \tilde{a} \cdot 2 \cdot u = u \cdot w - \tilde{a} \cdot u + \frac{1}{2} \cdot \tilde{a} \cdot u + \frac{1}{2} \cdot \tilde{a} \cdot u = u \cdot w$.

Im Hinblick auf die Formeln in Aufgabe A2.636.03 gelten folgende Sonderfälle:

4a) Mit $u = id$ ist $\int (\log_a \circ id) = \frac{1}{1} \cdot id \cdot ((\log_a \circ id) - \tilde{a}) + \mathbb{R} = id \cdot (\log_a - \tilde{a}) + \mathbb{R} = \int \log_a$.

4b) Mit $u = 1 - id$ ist $\int (\log_a \circ (1 - id)) = -(\frac{1}{-1} \cdot (1 - id + t) \cdot ((\log_a \circ (1 - id)) - \tilde{a}) = -(1 - id)((\log_a - \tilde{a}) \circ (1 - id)) = (-id) \circ (1 - id) \cdot ((\log_a - \tilde{a}) \circ (1 - id)) = (-id \cdot (\log_a - \tilde{a})) \circ (1 - id) + \mathbb{R}$.

4c) Mit $u = id$ ist $\int (id \cdot \log_a) = (\log_a - \tilde{a}) \cdot id^2 - \frac{1}{2} \cdot id^2 (\log_a - \frac{3}{2} \cdot \tilde{a}) + \mathbb{R} = id^2 \cdot \log_a - \frac{1}{2} \cdot id^2 \cdot \log_a - \tilde{a} \cdot id^2 + \frac{3}{4} \cdot \tilde{a}) \cdot \frac{1}{2} \cdot id^2 + \mathbb{R} = \frac{1}{2} \cdot id^2 \cdot (\log_a - \frac{1}{2} \cdot \tilde{a}) + \mathbb{R}$.

4d) Mit $u = 1 - id$ ist $\int ((1 - id) \circ \log_a) = (\log_a - \tilde{a}) \cdot (1 - id) \cdot id + \frac{1}{2} \cdot id^2 \cdot (\log_a - \frac{3}{2} \cdot \tilde{a})$
$= (id - id^2 + \frac{1}{2} \cdot id^2) \cdot \log_a - \tilde{a} \cdot id + \tilde{a} \cdot id^2 - \frac{3}{4} \cdot \tilde{a} \cdot id^2 = (1 - \frac{1}{2} \cdot id) \cdot id \cdot \log_a - \tilde{a} \cdot id \cdot (1 - \frac{1}{4} \cdot id) + \mathbb{R}$.

4e) Mit $u = id$ ist $\int (id \cdot (\log_a \circ id)) = \int (id \cdot \log_a) = \frac{1}{2} \cdot id^2 (\log_a - \frac{1}{2} \cdot \tilde{a}) + \mathbb{R}$.

4f) Mit $u = 1 - id$ ist $\int ((1 - id) \cdot \log_a \circ (1 - id)) = -\frac{1}{2} \cdot (1 - id^2) \cdot (\log_a \circ (1 - id)) + \frac{1}{2} \cdot \tilde{a} \cdot (\frac{1}{2} \cdot id^2 - id + 1) + \mathbb{R}$.

A2.636.05: Geben Sie das Integral der Funktion $f = -id \cdot \log_a - (1-id) \cdot (\log_a \circ (1-id))$ sowohl mit $\log_a$ als auch mit $\log_e$ formuliert an. (Verwenden Sie dabei Aufgabe A2.636.04.)

B2.636.05: Mit den Formeln 4c) und 4f) in B2.636.04 ist
$\int f = -\frac{1}{2} \cdot id^2 \cdot (\log_a - \frac{1}{2} \cdot \tilde{a}) + \frac{1}{2} \cdot (1-id)^2 \cdot (\log_a \circ (1-id)) - \frac{1}{2} \cdot \tilde{a} \cdot (\frac{1}{2} \cdot id^2 - id + 1)$
$= \frac{1}{2} \cdot ((1-id)^2 \cdot (\log_a \circ (1-id)) - id^2 \cdot \log_a + \frac{1}{2} \cdot \tilde{a} \cdot id^2 + \frac{1}{2} \cdot (1-id)^2 \cdot (\log_a \circ (1-id)) - \tilde{a} \cdot (\frac{1}{2} \cdot id^2 - id + 1)) $
$= \frac{1}{2} \cdot ((1-id)^2 \cdot (\log_a \circ (1-id)) - id^2 \cdot \log_a - \tilde{a} \cdot (1-id)) + \mathbb{R}$.
Mit $\log_a = \tilde{a} \cdot \log_e = \frac{1}{\log_e(a)} \cdot \log_e$ ist dann $\int f = \frac{1}{2} \cdot \tilde{a} \cdot ((1-id)^2 \cdot (\log_e \circ (1-id)) - id^2 \cdot \log_e - (1-id)) + \mathbb{R}$.

A2.636.06: Es bezeichne $\mathbb{N}_* = \mathbb{N} \setminus \{1\}$. Betrachten Sie die beiden Folgen (Familien) $(f_n)_{n \in \mathbb{N}_*}$ und $(g_n)_{n \in \mathbb{N}_*}$ von Funktionen $f_n : \mathbb{R} \longrightarrow \mathbb{R}$ und $g_n : \mathbb{R}^+ \longrightarrow \mathbb{R}$ mit den zugehörigen Zuordnungsvorschriften $f_n(x) = e^{nx} - ne^x$ und $g_n(x) = \log_e(nx) - n \cdot \log_e(x)$.
1. Bestimmen Sie die zugehörigen Folgen $(u_n)_{n \in \mathbb{N}_*}$ und $(v_n)_{n \in \mathbb{N}_*}$ der Nullstellen (dabei sei u_n die Nullstelle von f_n und v_n die Nullstelle von g_n).
2. Untersuchen Sie die Funktionen von $(f_n)_{n \in \mathbb{N}_*}$ und $(g_n)_{n \in \mathbb{N}_*}$ hinsichtlich Extrema und Wendepunkten.

B2.636.06: Zur Bearbeitung im einzelnen:

1a) Die Äquivalenzen $f_n(x) = 0 \Leftrightarrow e^{nx} - ne^x = 0 \Leftrightarrow e^{nx} = ne^x \Leftrightarrow \log_e(e^{nx}) = \log_e(ne^x) \Leftrightarrow nx = \log_e(n) + x \Leftrightarrow x(n-1) = \log_e(n) \Leftrightarrow x = \frac{1}{n-1} \cdot \log_e(n)$ zeigen $(u_n)_{n \in \mathbb{N}_*} = (\frac{1}{n-1} \cdot \log_e(n))_{n \in \mathbb{N}_*}$.

2a) Die 1. Ableitungsfunktion $f'_n : \mathbb{R} \longrightarrow \mathbb{R}$ von f_n ist definiert durch $f'_n(x) = ne^{nx} - ne^x = n(e^{nx} - e^x)$ und hat wegen der Äquivalenzen $f'_n(x) = 0 \Leftrightarrow e^{nx} - e^x = 0 \Leftrightarrow e^{nx} = e^x \Leftrightarrow nx = x \Leftrightarrow (n-1)x = 0 \Leftrightarrow x = 0$ die einzige Nullstelle 0. Die 2. Ableitungsfunktion $f''_n : \mathbb{R} \longrightarrow \mathbb{R}$ von f_n ist definiert durch $f''_n(x) = n(ne^{nx} - e^x)$ und es gilt $f''_n(0) = n(ne^0 - e^0) = n(n-1) > 0$, folglich ist 0 die Minimalstelle von f_n. Schließlich ist $(0, f_n(0)) = (0, e^0 - ne^0) = (0, 1-n)$ das Minimum von f_n (Maxima liegen nicht vor).

3a) Die Äquivalenzen $f''_n(x) = 0 \Leftrightarrow ne^{nx} - e^x = 0 \Leftrightarrow ne^{nx} = e^x \Leftrightarrow \log_e(n) + nx = x \Leftrightarrow \log_e(n) = x(1-n) \Leftrightarrow x = \frac{1}{1-n} \cdot \log_e(n)$ liefern die einzige Nullstelle $\frac{1}{1-n} \cdot \log_e(n)$ von f''_n. Die 3. Ableitungsfunktion $f'''_n : \mathbb{R} \longrightarrow \mathbb{R}$ von f_n ist definiert durch $f'''_n(x) = n(n^2 e^{nx} - e^x)$ und es gilt $f'''_n(0) = n(n^2 \cdot e^{\frac{n}{1-n} \cdot \log_e(n)} - e^{\frac{1}{1-n} \cdot \log_e(n)}) > 0$, denn der Faktor von n^2 ist stets größer als der zweite Summand. Somit ist $e^{\frac{1}{1-n} \cdot \log_e(n)}$ die Wendestelle von f_n.

1b) Die Äquivalenzen $g_n(x) = 0 \Leftrightarrow \log_e(nx) - n \cdot \log_e(x) = 0 \Leftrightarrow \log_e(nx) = n \cdot \log_e(x) \Leftrightarrow nx = x^n \Leftrightarrow x(n - x^{n-1}) = 0 \Leftrightarrow n - x^{n-1} = 0 \Leftrightarrow x^{n-1} = n \Leftrightarrow x = \sqrt[n-1]{n}$ zeigen $(v_n)_{n \in \mathbb{N}_*} = (\sqrt[n-1]{n})_{n \in \mathbb{N}_*}$.

2b) Wie man sich leicht anhand von Beispielen für $k = 1, 2, 3, \ldots$ klar machen kann, ist für alle $k \in \mathbb{N}$ die k-te Ableitungsfunktion $g_n^{(k)} : \mathbb{R}^+ \longrightarrow \mathbb{R}$ durch $g_n^{(k)} = (-1)^k (n-1) \cdot \frac{(n-1)!}{x^k}$ definiert, besitzt also keine Nullstellen. Somit besitzt g_n weder Extrema noch Wendepunkte.

A2.636.07: Formulieren Sie vollständig und beweisen Sie einen Satz, der die folgende Formel zum Inhalt hat: $(\log_a \circ f)' = \frac{1}{\log_e(a)} \cdot \frac{f'}{f}$. Berechnen Sie einerseits mit diesem Satz und andererseits zu seiner Kontrolle (also davon unabhängig) die Ableitungsfunktionen der durch die drei Vorschriften $u(x) = \log_e(1+x^2)$, $v(x) = \log_a(\sin(x))$ und $w(x) = c \cdot \log_e(x^n)$ definierten Funktionen u, v und w (c und n seien konstant) mit vollständigen Angaben dieser Funktionen.

A2.636.08: Ermitteln Sie eine Formel für die n-te Ableitungsfunktion von $f : \mathbb{R} \longrightarrow \mathbb{R}$ mit $f(x) = xe^{-x}$ und berechnen Sie dann den Wendepunkt von f.

B2.636.08: Für alle $n \in \mathbb{N}$ gilt: $f^{(n)}(x) = (-1)^n (x-n) e^{-x}$, denn:
Induktionsanfang: Es gilt $f'(x) = e^{-x} + xe^{-x}(-1) = (-1)^1 (x-1) e^{-x}$.
Induktionsschritt von n nach $n+1$: Es gilt $f^{(n+1)}(x) = (f^{(n)})'(x) = (-1)^n ((x-n) e^{-x}(-1) + e^{-x}) = (-1)^{n+1}(x - (n+1)) e^{-x}$.
Die 2. Ableitungsfunktion f'' hat die Nullstelle 2, für die dann $f'''(2) = (-1)(2-3) e^{-2} = e^{-2} \neq 0$ gilt. Damit ist $(2, \frac{2}{e^2})$ der Wendepunkt von f.

A2.636.09: Berechnen Sie zu der Funktion $f : \mathbb{R} \longrightarrow \mathbb{R}$ mit $f(x) = e^{\arctan(x)}$ den Funktionswert von 1, geben Sie ferner die Tangente und die Normale zu f bei 1 an und zeigen Sie schließlich, daß die Null-Funktion positive und negative asymptotische Funktion zu f' ist (zu untersuchen ist also das Verhalten der Steigungen von f).

B2.636.09: Mit $\arctan(1) = \frac{\pi}{4}$ ist $f(1) = e^{\frac{\pi}{4}}$. Die 1. Ableitungsfunktion $f' : \mathbb{R} \longrightarrow \mathbb{R}$ von f ist unter Verwendung von $\arctan' = \frac{1}{1+id^2}$ definiert durch $f'(x) = \frac{1}{1+x^2} \cdot e^{\arctan(x)}$, insbesondere ist dann $f'(1) = \frac{1}{1+1^2} \cdot e^{\arctan(1)} = \frac{1}{2} \cdot e^{\frac{\pi}{4}}$.
Tangente und Normale $t, n : \mathbb{R} \longrightarrow \mathbb{R}$ an f bei 1 sind dann definiert durch $t(x) = f'(1)x - f'(1)1 + f(1) = f'(1)(x-1) + f(1) = \frac{1}{2} \cdot e^{\frac{\pi}{4}}(x+1)$ und $n(x) = -\frac{1}{f'(1)}(x-1) + f(1) = -2e^{-\frac{\pi}{4}}(x-1) + e^{\frac{\pi}{4}}$.
Betrachtet man die (streng monotone und nach oben unbeschränkte) Folge $z = id : \mathbb{N} \longrightarrow \mathbb{N}$, dann konvergiert die Bildfolge $f' \circ z = (\frac{e^{\arctan(n)}}{1+n^2})_{n \in \mathbb{N}} = (e^{\arctan(n)} \frac{1}{1+n^2})_{n \in \mathbb{N}} = (e^{\arctan(n)})_{n \in \mathbb{N}} \cdot (\frac{1}{1+n^2})_{n \in \mathbb{N}}$ gegen $e^{\frac{\pi}{2}} \cdot 0 = 0$. Entsprechend liefert die (streng antitone und nach unten unbeschränkte) Folge $-z = -id : \mathbb{N} \longrightarrow \mathbb{Z}$ die Bildfolge $f' \circ (-z) = (\frac{e^{\arctan(-n)}}{1+n^2})_{n \in \mathbb{N}} = (e^{\arctan(-n)} \frac{1}{1+n^2})_{n \in \mathbb{N}} = (e^{\arctan(-n)})_{n \in \mathbb{N}} \cdot (\frac{1}{1+n^2})_{n \in \mathbb{N}}$ mit dem Grenzwert $e^{-\frac{\pi}{2}} \cdot 0 = 0$.

A2.636.11: Betrachten Sie die quadratische Funktion $g = id^2 + id + 1 : \mathbb{R} \longrightarrow \mathbb{R}$ und das Produkt $f = \exp_e \cdot g$. Zeigen Sie zunächst die Gültigkeit der folgenden Formeln für $n \in \{1, 2, 3, 4\}$ und beweisen Sie dann die Formeln:
a) Für alle $n \in \mathbb{N}_0$ gilt $f^{(n)} = \exp_e \cdot (id^2 + (2n+1)id + n^2 + 1)$.
b) Für alle $n \in \mathbb{N}$ gilt $f^{(n)} = \exp_e \cdot (g + ng' + n(n-1))$.

B2.636.11: Im folgenden wird die Abkürzung $u = \exp_e$ verwendet.
a$_1$) $f = u(id^2 + id + 1)$
$f' = u(id^2 + id + 1) + u(2id + 1) = u(id^2 + 3id + 2)$
$f'' = u(id^2 + 3id + 2) + u(2id + 3) = u(id^2 + 5id + 5)$
$f''' = u(id^2 + 5id + 5) + u(2id + 5) = u(id^2 + 7id + 10)$
$f^{(4)} = u(id^2 + 7id + 10) + u(2id + 7) = u(id^2 + 9id + 17)$

a$_2$) Der Beweis wird nach dem Prinzip der Vollständigen Induktion geführt (Abschnitt 1.802):
Induktionsanfang (IA): Für $n = 0$ ist $f^{(0)} = u(id^2 + id + 1) = ug = f$.
Induktionsschritt (IS): Gilt die Behauptung für n, dann gilt sie auch für $n+1$, denn es ist
$(f^{(n)})' = (u(id^2 + (2n+1)id + n^2 + 1))' = u(id^2 + (2n+1)id + n^2 + 1) + u(2id + 2n + 1)$
$= u(id^2 + (2n+1+2)id + n^2 + 2n + 2) = u(id^2 + (2(n+1)+1)id + (n+1)^2 + 1) = f^{(n+1)}$.

b$_1$) $f' = u(g + g' + 1(1-1)) = u(id^2 + id + 1 + 2id + 1 + 1 \cdot 0) = u(id^2 + 3id + 3)$
$f'' = u(g + 2g' + 2(2-1)) = u(id^2 + id + 1 + 4id + 2 + 2 \cdot 1) = u(id^2 + 5id + 5)$
$f''' = u(g + 3g' + 3(3-1)) = u(id^2 + id + 1 + 6id + 3 + 3 \cdot 2) = u(id^2 + 7id + 10)$
$f^{(4)} = u(g + 4g' + 4(4-1)) = u(id^2 + id + 1 + 8id + 4 + 4 \cdot 3) = u(id^2 + 9id + 17)$

b$_2$) Unter Verwendung der Aussage in Teil a) gilt
$u(g + ng' + n(n-1)) = u(id^2 + id + 1 + n(2id + 1) + n(n-1)) = u(id^2 + id + 2n \cdot id + n^2 - n + n + 1) = u(id^2 + (2n+1)id + n^2 + 1) = f^{(n)}$.

A2.636.12: Betrachten Sie die quadratische Funktion $g = a_2 id^2 + a_1 id + a_0 : \mathbb{R} \longrightarrow \mathbb{R}$ und das Produkt $f = \exp_e \cdot g$. Zeigen Sie zunächst die Gültigkeit der folgenden Formeln für $n \in \{1, 2, 3\}$ und beweisen Sie dann die Formeln:
a) Für alle $n \in \mathbb{N}_0$ gilt $f^{(n)} = \exp_e \cdot (a_2 id^2 + (2na_2 + a_1)id + n(n-1)a_2 + na_1 + a_0)$.
b) Für alle $n \in \mathbb{N}$ gilt $f^{(n)} = \exp_e \cdot (g + ng' + n(n-1)a_2)$.

B2.636.12: Im folgenden wird die Abkürzung $u = \exp_e$ verwendet.

a$_1$) $\quad f \quad = \quad u(a_2 id^2 + a_1 id + a_0)$
$\quad\quad\;\; f' \quad = \quad u(a_2 id^2 + a_1 id + a_0) + u(2a_2 id + a_1)$
$\quad\quad\quad\;\; = \quad u(a_2 id^2 + (2a_2 + a_1)id + a_1 + a_0)$
$\quad\quad\;\; f'' \quad = \quad u(a_2 id^2 + (2a_2 + a_1)id + a_1 + a_0) + u(2a_2 id + 2a_2 + a_1)$
$\quad\quad\quad\;\; = \quad u(a_2 id^2 + (4a_2 + a_1)id + 2a_2 + 2a_1 + a_0)$
$\quad\quad\;\; f''' \quad = \quad u(a_2 id^2 + (4a_2 + a_1)id + 2a_2 + 2a_1 + a_0) + u(2a_2 id + 4a_2 + a_1)$
$\quad\quad\quad\;\; = \quad u(a_2 id^2 + (6a_2 + a_1)id + 6a_2 + 3a_1 + a_0)$

a$_2$) Der Beweis wird nach dem Prinzip der Vollständigen Induktion geführt (Abschnitt 1.802):
Induktionsanfang (IA): Für $n = 0$ ist $f^{(0)} = u(a_2 id^2 + a_1 id + a_0) = ug = f$.
Induktionsschritt (IS): Gilt die Behauptung für n, dann gilt sie auch für $n+1$, denn es ist
$(f^{(n)})' = (u(a_2 id^2 + (2na_2 + a_1)id + n(n-1)a_2 + na_1 + a_0))'$
$= u(a_2 id^2 + (2na_2 + a_1)id + n(n-1)a_2 + na_1 + a_0) + u(2a_2 id + 2na_2 + a_1)$
$= u(a_2 id^2 + (2na_2 + a_1 + 2a_2)id + (n^2 - n + 2n)a_2 + (n+1)a_1 + a_0)$
$= u(a_2 id^2 + (2(n+1)a_2 + a_1)id + (n+1)na_2 + (n+1)a_1 + a_0) = f^{(n+1)}$.

b$_1$) $\quad f' \quad = \quad u(g + g' + 1 \cdot 0 \cdot a_2) = u(a_2 id^2 + a_1 id + a_0 + 2a_2 id + a_1)$
$\quad\quad\quad\;\; = \quad u(a_2 id^2 + (2a_2 + a_1)id + a_1 + a_0)$
$\quad\quad\;\; f'' \quad = \quad u(g + 2g' + 2(2-1)a_2) = u(a_2 id^2 + a_1 id + a_0 + 2(2a_2 id + a_1 + 2 \cdot 1 \cdot a_2)$
$\quad\quad\quad\;\; = \quad u(a_2 id^2 + (4a_2 + a_1)id + 2a_2 + 2a_1 + a_0)$
$\quad\quad\;\; f''' \quad = \quad u(g + 3g' + 3(3-1)a_2) = u(a_2 id^2 + a_1 id + a_0 + 3(2a_2 id + a_1)id + 3 \cdot 2 \cdot a_2)$
$\quad\quad\quad\;\; = \quad u(a_2 id^2 + (6a_2 + a_1)id + 6a_2 + 3a_1 + a_0)$

b$_2$) Unter Verwendung der Aussage in Teil a) gilt $u(g + ng' + n(n-1)a_2)$
$= u(a_2 id^2 + a_1 id + a_0 + n(2a_2 id + a_1) + n(n-1)a_2) = u(a_2 id^2 + (a_1 + 2na_2)id + n(n-1)a_2 + na_1 + a_0)$
$= u(a_2 id^2 + (2na_2 + a_1)id + n(n-1)a_2 + na_1 + a_0) = f^{(n)}$.

A2.636.13: Beweisen Sie für beliebige beliebig oft differenzierbare Funktionen $g : \mathbb{R} \longrightarrow \mathbb{R}$ und Produkte $f = exp_e \cdot g$ die Gültigkeit der folgenden Formeln für $n \in \{1, 2, 3, 4\}$ und dann die Formeln selbst:

a) Für alle $n \in \mathbb{N}_0$ gilt $f^{(n)} = exp_e \cdot \sum_{0 \leq k \leq n} \binom{n}{k} g^{(k)}$.

b) Für alle $n \in \mathbb{N}$ gilt $f^{(n)} = f^{(n-1)} + exp_e \cdot \sum_{0 \leq k \leq n-1} \binom{n-1}{k} g^{(k+1)}$.

Wie hängen diese Formeln mit denen der Aufgaben A2.636.11 und A2.636.12 zusammen?

B2.636.13: Zur Bearbeitung der Aufgabe im einzelnen:

a$_2$) Der Beweis wird nach dem Prinzip der Vollständigen Induktion geführt (Abschnitt 1.802):
Induktionsanfang (IA): Für $n = 0$ ist $f^{(0)} = exp_e \cdot \sum_{0 \leq k \leq 0} \binom{0}{0} g^{(0)} = exp_e \cdot 1 \cdot g = exp_e \cdot g = f$.

Induktionsschritt (IS): Gilt die Behauptung für n, dann gilt sie auch für $n+1$, denn es ist
$(f^{(n)})' = (exp_e \cdot \sum_{0 \leq k \leq n} \binom{n}{k} g^{(k)})' = exp_e \cdot \sum_{0 \leq k \leq n} \binom{n}{k} g^{(k)} + exp_e \cdot (\sum_{0 \leq k \leq n} \binom{n}{k} g^{(k)})'$
$= exp_e \cdot (\sum_{0 \leq k \leq n} \binom{n}{k} g^{(k)} + \sum_{0 \leq k \leq n+1} \binom{n}{k-1} g^{(k)}) = exp_e \cdot (\binom{n}{0} g^{(0)} + \sum_{0 \leq k \leq n} (\binom{n}{k} + \binom{n}{k-1}) g^{(k)} + \binom{n}{n} g^{(n+1)})$
$= exp_e \cdot (\binom{n+1}{0} g^{(0)} + \sum_{0 \leq k \leq n} \binom{n+1}{k} g^{(k)} + \binom{n+1}{n+1} g^{(n+1)}) = exp_e \cdot (\sum_{0 \leq k \leq n+1} \binom{n+1}{k} g^{(k)}) = f^{(n+1)}$.

A2.636.14: Beweisen Sie für beliebige und beliebig oft differenzierbare Funktionen $h : \mathbb{R} \longrightarrow \mathbb{R}$ und Kompositionen $f = exp_e \circ h$ die Gültigkeit der folgenden Formeln für $n \in \{1, 2, 3, 4\}$ und dann die Formeln selbst:

a) Für alle $n \in \mathbb{N}$ gilt $f^{(n)} = \sum_{1 \leq k \leq n} \binom{n-1}{k-1} f^{(n-k)} h^{(n)}$.

b) Finden Sie eine (rekursiv definierte) Folge $(H_n)_{n \in \mathbb{N}}$ von Funktionen H_n, so daß $f^{(n)} = (exp_e \circ h)^{(n)}$ für alle $n \in \mathbb{N}$ die Darstellung $(exp_e \circ h)^{(n)} = (exp_e \circ h) \cdot H_n$ besitzt.

B2.636.14: Zur Bearbeitung der Aufgabe im einzelnen:

a$_1$) $\quad f^{(1)} = \binom{0}{0}f^{(1-1)}h^{(1)} = 1 \cdot f^{(0)}h^{(1)} = f \cdot h'$

$\quad f^{(2)} = \binom{2-1}{1-1}f^{(2-1)}h^{(1)} + \binom{2-1}{2-1}f^{(2-2)}h^{(2)} = f'h' + fh''$

$\quad f^{(3)} = \binom{3-1}{1-1}f^{(3-1)}h^{(1)} + \binom{3-1}{2-1}f^{(3-2)}h^{(2)} + \binom{3-1}{3-1}f^{(3-3)}h^{(3)} = f''h' + 2f'h'' + fh'''$

$\quad f^{(4)} = \binom{4-1}{1-1}f^{(4-1)}h^{(1)} + \binom{4-1}{2-1}f^{(4-2)}h^{(2)} + \binom{4-1}{3-1}f^{(4-3)}h^{(3)} + \binom{4-1}{4-1}f^{(4-4)}h^{(4)}$

$\quad\quad = f'''h' + 3f''h'' + 3f'h''' + fh^{(4)}$

a$_2$) Der Beweis wird nach dem Prinzip der Vollständigen Induktion geführt (Abschnitt 1.802):
Induktionsanfang (IA): Für $n=1$ ist $f^{(1)} = fh' = (exp_e \circ h)h' = (exp_e \circ h)' = f'$.
Induktionsschritt (IS): Gilt die Behauptung für n, dann gilt sie auch für $n+1$, denn es ist
$(f^{(n)})' = (\sum\limits_{1\leq k\leq n} \binom{n-1}{k-1}f^{(n-k)}h^{(k)})' = \sum\limits_{1\leq k\leq n} \binom{n-1}{k-1}(f^{(n-k)}h^{(k)})'$
$= \sum\limits_{1\leq k\leq n} \binom{n-1}{k-1}(f^{(n-k+1)}h^{(k)} + f^{(n-k)}h^{(k+1)}) = \ldots$

b) Eine (rekursiv definierte) Folge $(H_n)_{n\in\mathbb{N}}$ von Funktionen H_n mit der Darstellung $(exp_e \circ h)^{(n)} = (exp_e \circ h) \cdot H_n$ kann in zwei Varianten angegeben werden:

b$_1$) Die Folge $(H_n)_{n\in\mathbb{N}}$ wird rekursiv definiert durch den Rekursionsanfang $H_0 = h$, $H_1 = h'$ und den Rekursionsschritt $H_n = h'H_{n-1} + (H_{n-1})'$ für $n \geq 2$.

b$_2$) Die Folge $(H_n)_{n\in\mathbb{N}}$ wird rekursiv definiert durch $H_n = \sum\limits_{1\leq k\leq n}(h')^{n-k} \cdot (H_{k-1})'$, für alle $n \in \mathbb{N}$.

Dazu einige Beispiele:
$H_2 = h'H_1 + (H_1)' = h'h' + h''$,
$H_3 = h'H_2 + (H_2)' = h'(h'H_1 + (H_1)') + (h'H_1 + (H_1)')' = (h')^3 + 3h'h'' + h'''$,
$H_4 = h'H_3 + (H_3)' = (h')^4 + 6(h')^2h'' + 4h'h''' + 3(h'')^2 + h^{(4)}$.

A2.636.15: Beweisen Sie für beliebige und beliebig oft differenzierbare Funktionen $g, h : \mathbb{R} \longrightarrow \mathbb{R}$ und $f = (exp_e \circ h) \cdot g$ die Gültigkeit der folgenden Formeln für $n \in \{1, 2, 3\}$ und dann die Formeln selbst:

a) Für alle $n \in \mathbb{N}_0$ gilt $f^{(n)} = \sum\limits_{0\leq k\leq n}\binom{n}{k}(exp_e \circ h)^{(n-k)}g^{(k)}$.

b) Für alle $n \in \mathbb{N}$ gilt

Zeigen Sie, daß die in den Aufgaben A2.636.13 und A2.636.14 angegebenen Formeln Spezialfälle der obigen Formeln sind.

B2.636.15: Im folgenden wird die Abkürzung $u \circ h = exp_e \circ h$ verwendet.

a$_1$) $\quad f^{(1)} = (u \circ h)'g + (u \circ h)g'$

$\quad f^{(2)} = (u \circ h)''g + (u \circ h)'g' + (u \circ h)'g' + (u \circ h)g'' = (u \circ h)''g + 2(u \circ h)'g' + (u \circ h)g''$

$\quad f^{(3)} = (u \circ h)'''g + (u \circ h)''g' + 2((u \circ h)''g' + (u \circ h)'g'') + (u \circ h)'g'' + (u \circ h)g'''$

$\quad\quad = (u \circ h)'''g + 3(u \circ h)''g' + 3(u \circ h)'g'' + (u \circ h)g'''$

a$_2$) Der Beweis wird nach dem Prinzip der Vollständigen Induktion geführt (Abschnitt 1.802):
Induktionsanfang (IA): Für $n=0$ ist $f^{(0)} = \binom{0}{0}(u \circ h)^{(0-0)}g^{(0)} = 1 \cdot (u \circ h)g = f$.
Induktionsschritt (IS): Gilt die Behauptung für n, dann gilt sie auch für $n+1$, denn es ist
$(f^{(n)})' = (\sum\limits_{0\leq k\leq n}\binom{n}{k}(u \circ h)^{(n-k)}g^{(k)})' = (\sum\limits_{0\leq k\leq n}(\binom{n}{k}(u \circ h)^{(n-k+1)}g^{(k)} + \binom{n}{k}(u \circ h)^{(n-k)}g^{(k+1)})$
$= \sum\limits_{0\leq k\leq n}\binom{n}{k}(u \circ h)^{(n+1-k)}g^{(k)} + \sum\limits_{1\leq k\leq n+1}\binom{n}{k-1}(u \circ h)^{(n-k+1)}g^{(k)}$
$= \binom{n}{0}(u \circ h)^{(n+1)}g^{(0)} + \sum\limits_{1\leq k\leq n}(\binom{n}{k} + \binom{n}{k-1})(u \circ h)^{(n+1-k)}g^{(k)} + \binom{n}{n}(u \circ h)^{(0)}g^{(n+1)}$
$= \binom{n+1}{0}(u \circ h)^{(n+1)}g^{(0)} + \sum\limits_{1\leq k\leq n}\binom{n+1}{k}(u \circ h)^{(n+1-k)}g^{(k)} + \binom{n+1}{n+1}(u \circ h)^{(0)}g^{(n+1)}$
$= \sum\limits_{0\leq k\leq n+1}\binom{n+1}{k}(u \circ h)^{(n+1-k)}g^{(k)} = f^{(n+1)}$.

A2.636.16: Zu einer beliebig oft differenzierbaren Funktion $g : \mathbb{R} \longrightarrow \mathbb{R}$ (für die nach alle Produkte des Typs $exp_e \cdot g^{(n)}$ für alle $n \in \mathbb{N}_0$ integrierbar sind) betrachte man die Formel:

$$\int (exp_e \cdot g) = exp_e \cdot (\sum_{0 \leq k \leq n} (-1)^k g^{(k)}) + (-1)^{n+1} \cdot \int (exp_e \cdot g^{(n+1)})).$$

a) Zeigen Sie zunächst die Gültigkeit der Beziehung $\int (exp_e \cdot g^{(n)}) = exp_e^{(n)} \cdot g - \int (exp_e \cdot g^{(n+1)})$, für alle $n \in \mathbb{N}_0$, und dann, wie durch fortgesetzte Anwendung dieser Beziehung die oben genannte Formel folgt.

b) Beweisen Sie, daß die rechten Seiten der oben genannten Formel für alle $n \in \mathbb{N}_0$ gleich sind (und somit stets gleich $\int (exp_e \cdot g)$ sind).

c) Beweisen sie die oben genannte Formel durch Differentiation.

d) Geben Sie Funktionstypen für g an, für die die oben genannte Formel sinnvoll bzw. nicht sinnvoll ist.

B2.636.16: Im folgenden wird die Abkürzung $u = exp_e$ verwendet.

a) Mit $u = u'$ gelten (analog zu Satz 2.506.1) die Implikationen: $(u \cdot g^{(n)})' = u \cdot g^{(n)} + u \cdot g^{(n+1)} \Rightarrow u \cdot g^{(n)} = \int (u \cdot g^{(n)})' = \int (u \cdot g^{(n)}) + \int (u \cdot g^{(n+1)}) \Rightarrow \int (u \cdot g^{(n)}) = u \cdot g^{(n)} - \int (u \cdot g^{(n+1)})$. Nun gilt: $\int (ug) = ug - \int (ug') = ug - ug' + \int (ug'') = ug - ug' + ug'' - \int (ug''') = ...$ (u.s.w.)

b) Zwei aufeinander folgende rechte Seiten der Formel sind
$u \cdot (\sum_{0 \leq k \leq n} (-1)^k g^{(k)}) + (-1)^{n+1} \cdot \int (u \cdot g^{(n+1)})$
$= u \cdot (\sum_{0 \leq k \leq n} (-1)^k g^{(k)}) + (-1)^{n+1} \cdot (u \cdot g^{(n+1)} - \int (u \cdot g^{(n+1)}))$
$= u \cdot (\sum_{0 \leq k \leq n} (-1)^k g^{(k)}) + (-1)^{n+2} \cdot \int (u \cdot g^{(n+2)})$.

c) Es gilt $(u \cdot (\sum_{0 \leq k \leq n} (-1)^k g^{(k)}) + (-1)^{n+1} \cdot \int (u \cdot g^{(n+1)}))'$
$= u \cdot (\sum_{0 \leq k \leq n} (-1)^k g^{(k)}) + u \cdot (\sum_{0 \leq k \leq n} (-1)^k \cdot g^{(k+1)}) + (-1)^{n+1} \cdot (u \cdot g^{(n+1)})$
$= u \cdot g + u \cdot (\sum_{1 \leq k \leq n} (-1)^k g^{(k)}) + u \cdot (\sum_{0 \leq k \leq n-1} (-1)^k g^{(k+1)}) + (-1)^n \cdot (u \cdot g^{(n+1)}) + (-1)^{n+1} \cdot (u \cdot g^{(n+1)}) =$
$u \cdot g$, wobei die Summe des zweiten und dritten Summanden Null sowie die Summe der beiden letzten Summanden ebenfalls Null ist.

d) Bei Polynom-Funktionen g mit $grad(g) = n$ ist $\int (u \cdot g) = u \cdot (\sum_{0 \leq k \leq n} (-1) g^{(k)}) + \mathbb{R}$, denn es ist $\int (u \cdot g^{(n+1)}) = \int (u \cdot 0) = \int 0 = c$. Nicht sinnvolle Anwendungen liegen etwa bei trigonometrischen oder rationalen Funktionen vor.

A2.636.17: Wiederholung Grundbegriffe: Bearbeiten Sie die folgenden Einzelfragen/-aufgaben:

1. Geben Sie zu exp_e und log_e jeweils den Definitions- und Wertebereich an, so daß beide Funktionen als bijektive Funktionen angesehen werden können.

2. Beschreiben Sie den Zusammenhang zwischen den Funktionen exp_e und log_e. Welche Funktionen sind die beiden Kompositionen beider Funktionen?

3. Bekanntlich gelten die Beziehungen $exp_a = exp_e \circ (log_e(a) \cdot id_\mathbb{R})$ und $log_a = \frac{1}{log_e(a)} \cdot log_e$. Beschreiben Sie den Bau und die Art der Bausteine für beide Funktionen.

4. Unter den zulässigen Basen a für exp_a und log_a ist die Zahl 1 nicht enthalten. Warum?

5. Beweisen Sie die Gültigkeit der Beziehung $\int log_e = id_{\mathbb{R}^+} \cdot (log_e - 1) + \mathbb{R}$.

6. Berechnen Sie die Ableitungsfunktionen sowie die Integrale von exp_a und log_a. Geben Sie zu jeder der vier Berechnungen einen Hinweis auf das verwendete methodische Hilfsmittel an.

7. Häufig auftretende Funktionen g und h haben Zuordnungsvorschriften der Form $g(x) = e^{ax}$ oder $h(x) = e^{-ax}$, jeweils mit $a > 0$. Beschreiben Sie den Bau beider Funktionen und berechnen Sie dann ohne weitere Begründung die Zuordnungsvorschriften $g'(x)$ und $h'(x)$ der Ableitungsfunktionen sowie $G(x)$ und $H(x)$ von Stammfunktionen zu g und h.

B2.636.17: Zur Bearbeitung der Fragen/Aufgaben im einzelnen:

1. Zu betrachten sind die beiden Funktionen $exp_e : \mathbb{R} \longrightarrow \mathbb{R}^+$ sowie $log_e : \mathbb{R}^+ \longrightarrow \mathbb{R}$.

2. Die Funktionen $exp_e : \mathbb{R} \longrightarrow \mathbb{R}^+$ und $log_e : \mathbb{R}^+ \longrightarrow \mathbb{R}$ sind jeweils Umkehrfunktionen zueinander, das heißt, es ist $exp_e = log_e^{-1}$ und $log_e = exp_e^{-1}$. Dieser Sachverhalt ist äquivalent zu den beiden Beziehungen

$exp_e \circ log_e = id_{\mathbb{R}^+}$ und $log_e \circ exp_e = id_{\mathbb{R}}$.

3. Die Beziehung $exp_a = exp_e \circ (log_e(a) \cdot id_{\mathbb{R}})$ zeigt, daß exp_a die Komposition der beiden Bausteine exp_e und der Ursprungsgeraden $g = log_e(a) \cdot id_{\mathbb{R}}$ mit dem Anstieg $log_e(a)$ ist. Die Beziehung $log_a = \frac{1}{log_e(a)} \cdot log_e$ zeigt, daß log_a das $\mathbb{R}$-Produkt der Funktion log_e mit der Zahl $\frac{1}{log_e(a)}$ ist.

4. Unter den zulässigen Basen a für exp_a und log_a ist die Zahl 1 ausgeschlossen, denn die konstante Funktion exp_1 hat keine Umkehrfunktion (denn das müßte dann eine Ordinatenparallele sein, die nicht als Funktion beschreibbar ist).

5. Die Gültigkeit der Beziehung $\int log_e = id_{\mathbb{R}^+} \cdot (log_e - 1) + \mathbb{R}$ wird durch Differentiation bewiesen: Für alle $c \in \mathbb{R}$ ist $(id_{\mathbb{R}^+} \cdot (log_e - 1) + c)' = id' \cdot (log_e - 1) + id \cdot (log_e - 1)' = log_e - 1 + id \cdot \frac{1}{id} = log_e - 1 + 1 = log_e$.

6. Nach den Angaben in den Aufgabenteilen 3 und 5 gelten folgende Berechnungen:
$(exp_a)' = (exp_e \circ (log_e(a) \cdot id_{\mathbb{R}}))' = (exp'_e \circ (log_e(a) \cdot id_{\mathbb{R}})) \cdot ((log_e(a) \cdot id_{\mathbb{R}})' = log_e(a) \cdot exp_a$ (Differentiation von Kompositionen),
$(log_a)' = (\frac{1}{log_e(a)} \cdot log_e)' = \frac{1}{log_e(a)} \cdot log'_e = \frac{1}{log_e(a) \cdot id}$ (Differentiation von $\mathbb{R}$-Produkten),
$\int exp_a = \int (exp_e \circ (log_e(a) \cdot id_{\mathbb{R}}) \frac{1}{log_e(a)} \cdot (exp_e \circ (log_e(a) \cdot id_{\mathbb{R}}) + \mathbb{R}$ (Integration von Komposition mit Geraden),
$\int log_a = \int (\frac{1}{log_e(a)} \cdot log_e) = \frac{1}{log_e(a)} \cdot \int log_e = \frac{1}{log_e(a)} \cdot id_{\mathbb{R}^+} \cdot (log_e - 1) + \mathbb{R}$ (Integration von $\mathbb{R}$-Produkten).

7a) Die Funktion g ist die Komposition $g = exp_e \circ (a \cdot id)$ der Exponentialfunktion exp_e mit der Ursprungsgeraden $a \cdot id$ mit Anstieg $a > 0$. Die Ableitungsfunktion g' ist definiert durch $g'(x) = a \cdot e^{ax}$, ferner ist eine Stammfunktion G von g definiert durch $G(x) = \frac{1}{a} \cdot e^{ax}$.

7b) Die Funktion h ist die Komposition $h = exp_e \circ (-a \cdot id)$ der Exponentialfinktion exp_e mit der Ursprungsgeraden $(-a)id$ mit Anstieg $-a < 0$. Die Ableitungsfunktion h' ist definiert durch $h'(x) = (-a)e^{-ax}$, ferner ist eine Stammfunktion H von h definiert durch $H(x) = (-\frac{1}{a})e^{-ax}$.

A2.636.18: Zeichnen Sie ein Cartesisches Koordinaten-System (Abs, Ord) mit 0,5 cm als Einheit und nur für nicht-negative Zahlen (sogenannter erster Quadrant). Bearbeiten Sie dann folgende Schritte:

a) Berechnen Sie mit einem Taschenrechner die Funktionswerte $exp_e(x)$ für $x \in \{0, 1, 2, 3\}$ und tragen Sie sie als dickere Punkte auf der Abszisse ein. Benennen Sie diese Punkte mit x, so ist die Abszisse mit diesen Zahlen exponentiell skaliert.

b) Betrachten Sie nun die Funktion $f : \mathbb{R}_0^+ \longrightarrow \mathbb{R}$ mit der Vorschrift $f(x) = e^x$ und tragen Sie die Punkte $(x, f(x))$ für $x \in \{0, 1, 2, 3\}$ in das neu skalierte Koordinaten-System ein. Welche Art von Linie entsteht durch Verbinden dieser Punkte, auch wenn man sie sich für größere Zahlen fortgesetzt vorstellt?

B2.636.18: Zur Bearbeitung der Aufgabenteile im einzelnen folgende Sachverhalte:

a) Zunächst eine Wertetabelle für exp_e:

x	0	1	2	3
$exp_e(x)$	1	2,7	7,4	20,1

b) Die nebenstehende Skizze enthält anhand der obigen Funktionswerte eine exponentielle Skalierung der Abszisse.

c) Wie die Skizze zeigt, ist die Verbindungslinie der Punkte $(x, f(x))$ eine Strecke, die in diesem Koordinaten-System einen Winkel von 45° zur Abszisse hat. Weiterhin gilt, daß die Menge aller Punkte $(x, f(x))$ mit $x \in \mathbb{R}_0^+$ eine entsprechende Halbgerade bildet. Die neue Skalierung der Abszisse ordnet der Exponential-Funtion exp_e als graphische Darstellung eine (Halb-)Gerade zu.

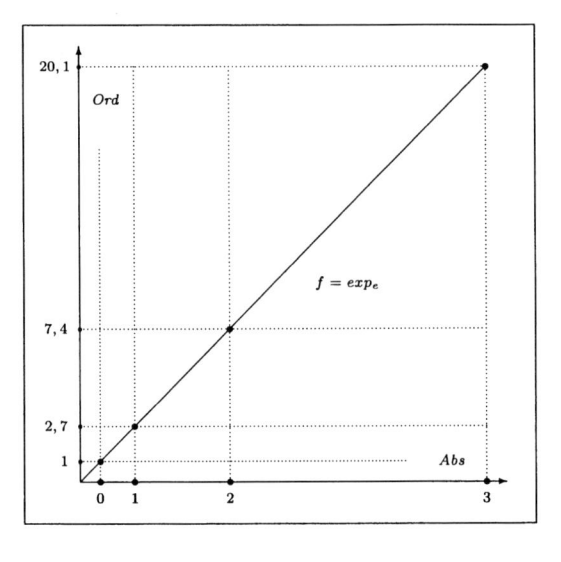

2.650 BERECHNUNG VON FLÄCHENINHALTEN (TEIL 1)

A2.650.01: Berechnen Sie den Inhalt $A(f,g)$ der Fläche, die von den Funktionen $f,g: \mathbb{R} \longrightarrow \mathbb{R}$ mit $f = id^2 - 6$ und $g = 2 \cdot id + 2$ begrenzt wird, anhand
1. der Betrachtung der von den in Frage kommenden Nullstellen gebildeten Einzelflächen,
2. der unmittelbaren Verwendung von Definition 2.650.2.

Skizziern sie dazu beide Funktionen und die zu betrachtenden Flächen.

B2.650.01: Zunächst die Berechnung der möglichen Schnittstellen von f und g: Es gelten die Äquivalenzen $s \in S(f,g) \Leftrightarrow f(s) = g(s) \Leftrightarrow s^2 - 6 = 2s + 2 \Leftrightarrow s^2 - 2s - 8 = 0 \Leftrightarrow s = 1 - \sqrt{1+8} = -2$ oder $s = 1 + 3 = 4$. Mit diesen beiden Schnittstellen sind also die Funktionen $f, g : [-2, 4] \longrightarrow \mathbb{R}$ zu betrachten.

1. Da g die Nullstelle $-1 \in [-2, 4]$ und f die Nullstelle $\sqrt{6} \in [-2, 4]$ besitzt, sind gemäß Skizze die drei Einzelflächen F_1 bis F_3 sowie ihre zugehörigen Inhalte A_1 bis A_3 zu untersuchen. Dabei werden die beiden Integrale $\int f = \frac{1}{3} \cdot id^3 - 6 \cdot id + \mathbb{R}$ und $\int g = id^2 + 2 \cdot id + \mathbb{R}$ verwendet.

a) Es ist $A_1 = |\int_{-2}^{-1} f| - |\int_{-2}^{-1} g| = |-\frac{11}{3}| - |-1| = \frac{8}{3}$ (FE).

b) Es ist $A_2 = |\int_{-1}^{\sqrt{6}} f| + |\int_{-1}^{\sqrt{6}} g| = \frac{38}{3} + 6\sqrt{6}$ (FE).

c) Es ist $A_3 = |\int_{\sqrt{6}}^{4} f| - |\int_{\sqrt{6}}^{4} g| = \frac{62}{3} - 6\sqrt{6}$ (FE).

Damit ist dann schließlich $A(f,g) = A_1 + A_2 + A_3 = \frac{8}{3} + \frac{38}{3} + 6\sqrt{6} + \frac{62}{3} - 6\sqrt{6} = \frac{108}{3} = 36$ (FE).

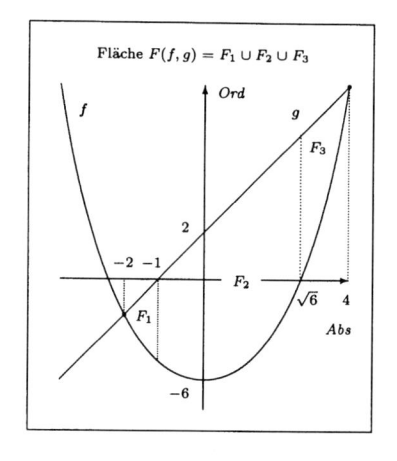

2. Mit $f - g = id^2 - 2 \cdot id - 8$ und $\int(f - g) = \frac{1}{3} \cdot id^3 - id^2 - 8 \cdot id + \mathbb{R}$ ist dann $A(f,g) = |\int_{-2}^{4} (f - g)|$
$= |(\int(f - g))(4) - (\int(f - g))(-2)| = |\frac{1}{3} \cdot 4^3 - 4^2 - 8 \cdot 4 - (\frac{1}{3} \cdot (-2)^3 - (-2)^2 - 8 \cdot (-2))| = |\frac{72}{3} - 60|$
$= |-\frac{108}{3}| = \frac{108}{3} = 36$ (FE).

A2.650.02: Berechnen Sie jeweils den Inhalt $A(f,g)$ für Funktionen $f,g : [0, 2\pi] \longrightarrow \mathbb{R}$ und skizzieren Sie jeweils $F(f,g)$:

    a) $f = 2 + sin$ und $g = -2 + sin$ b) $f = id + sin$ und $g = -id + sin$

    c) $f = id + sin$ und $g = id - sin$ d) $f = 1 + cos$ und $g = -1 + cos$

B2.650.02: Zur Bearbeitung im einzelnen:

a) Die beiden Funktionen f und g haben keine Schnittstellen.
Mit dem Integral $\int(f - g) = \int(2 + sin - (-2 + sin)) = \int 4 = 4 \cdot id + \mathbb{R}$
ist dann $A(f,g) = |(4 \cdot id)(2\pi) - (4 \cdot)(0)| = |8\pi - 0| = 8\pi$ (FE) der zugehörige Flächeninhalt.

b) Die beiden Funktionen f und g haben die Schnittstelle 0.
Mit dem Integral $\int(f - g) = \int(id + sin - (-id + sin)) = \int(2 \cdot id) = id^2 + \mathbb{R}$ ist dann
$A(f,g) = |id^2(2\pi) - id^2(0)| = |4\pi^2 - 0| = 4\pi^2$ (FE) der zugehörige Flächeninhalt.

c) Die Funktionen f und g haben die Schnittstellen 0, π und 2π.
Mit dem Integral $\int(f - g) = \int(id + sin - (id - sin)) = \int(2 \cdot sin) = -2 \cdot cos + \mathbb{R}$ ist dann

215

$$A(f,g) = |\int_0^\pi (f-g)| + |\int_\pi^{2\pi}(f-g)| = |-2\cdot cos(\pi) + 2\cdot cos(0)| + |-2\cdot cos(2\pi) + 2\cdot cos(\pi)|$$
$$= |(-2)(-1) + 2\cdot 1| + |(-2)\cdot 1 + 2\cdot(-1)| = i2+2| + |-2-2| = 8 \text{ (FE) der zugehörige Flächeninhalt.}$$

d) Die beiden Funktionen f und g haben keine Schnittstellen.
Mit dem Integral $\int(f-g) = \int(1+cos - (-1+cos)) = \int 2 = 2\cdot id + \mathbb{R}$ ist dann
$A(f,g) = |(2\cdot id)(2\pi) - (2\cdot)(0)| = |4\pi - 0| = 4\pi$ (FE) der zugehörige Flächeninhalt.

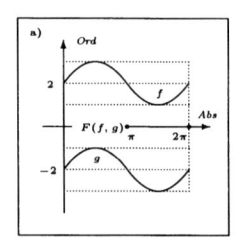

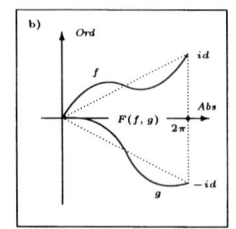

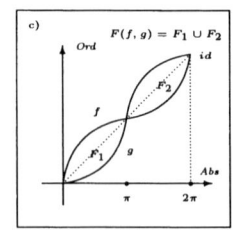

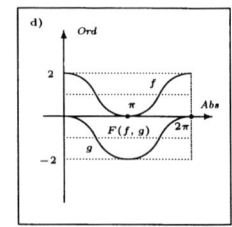

A2.650.03: Im folgenden soll für verschiedene geeignete Funktionen $f : [a,b] \longrightarrow \mathbb{R}$ das Verhältnis $A_x(f) : A_y(f)$ von Flächeninhalten untersucht werden, wobei die zugehörigen Flächen wie folgt definiert seien: Es bezeichne

a) $F_x(f)$ die von f, der Abszisse und den Ordinatenparallelen durch a und b begrenzte Fläche,

b) $F_y(f)$ die von f, der Ordinate und den Ordinatenparallelen durch $f(a)$ und $f(b)$ begrenzte Fläche.

1. Skizzieren Sie eine streng monotone stetige (also bijektive) Funktion $f : [0,b] \longrightarrow \mathbb{R}$ sowie $F_x(f)$ und $F_y(f)$ für eine Einschränkung $f : [a,b] \longrightarrow Bild(f)$ mit $0 \le a < b$, so daß an dieser Skizze die Aufgabensituation leicht ablesbar ist. Wie kann $A_y(f)$ mit Hilfe von $A_x(f)$ berechnet werden?
2. Untersuchen Sie $A_x(f) : A_y(f)$ für Potenz-Funktionen $f = id^n : [a,b] \longrightarrow Bild(f)$ mit $n \in \mathbb{N}$.
3. Untersuchen Sie $A_x(g) : A_y(g)$ für $g = c\cdot id^n : [a,b] \longrightarrow Bild(g)$ mit $n \in \mathbb{N}$ und $c \in \mathbb{R}^+$.
4. Untersuchen Sie $A_x(f) : A_y(f)$ für andere Potenz-Funktionen $f : [a,b] \longrightarrow Bild(f)$.
5a) Untersuchen Sie $A_x(f) : A_y(f)$ für die Exponential-Funktion $f = exp_e : [0,b] \longrightarrow [f(0),f(b)]$.
5b) Untersuchen Sie $A_x(f) : A_y(f)$ für die Exponential-Funktion $f = exp_e - 1 : [0,b] \longrightarrow [f(0),f(b)]$.
6. Untersuchen Sie $A_x(f) : A_y(f)$ für die trigonometrische Funktion $f = sin : [0,\frac{\pi}{2}] \longrightarrow [0,1]$.
7. Untersuchen Sie $A_x(f) : A_y(f)$ für streng monotone stetige Funktionen $f : [a,b] \longrightarrow [f(a),f(b)]$ mit $[a,b] \subset \mathbb{R}_0^+$, für die die Beziehung $(\int f^{-1})(f(x)) = k\cdot (\int f)(x)$ gilt. Gibt es unter den bisher untersuchten Funktionen solche Funktionen?
8. Ein rechteckig geformtes Grundstück mit vorgegebenen Seitenlängen soll so zweigeteilt werden, daß von jedem der beiden Teile Zugang zu drei benachbarten Eckpunkten besteht. Welche einfachen Möglichkeiten mit id^n sowie vorgegebenem Exponent n gibt es dafür?

B2.650.03: Zur Bearbeitung im einzelnen:

1a) Die nebenstehende Skizze zeigt eine streng monotone stetige Funktion $f : [a,b] \longrightarrow [f(a),f(b)]$ sowie die beiden in der Aufgabe näher beschriebenen Flächen $F_x(f)$ und $F_y(f)$.

1b) Zugleich zeigt die Skizze ein Verfahren, wie für *solche* Funktionen die Zahl $A_y(f)$ aus der Zahl $A_x(f)$, die möglicherweise einfacher zu berechnen ist, gewonnen werden kann: Offensichtlich liefert die Betrachtung der durch $(a,f(a))$ und $(b,f(b))$ gebildeten Rechtecke die Beziehung $A_x(f) + A_y(f) = b\cdot f(b) - a\cdot f(a)$, woraus also $A_y(f) = b\cdot f(b) - a\cdot f(a) - A_x(f)$ folgt.

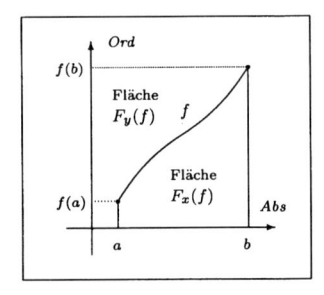

2. Für Potenz-Funktionen $f = id^n : [a,b] \longrightarrow [f(a),f(b)]$ mit $n \in \mathbb{N}$ und $[a,b] \subset \mathbb{R}_0^+$ gilt einerseits

$A_x(f) = \int_a^b f = \frac{1}{n+1}(b^{n+1} - a^{n+1})$, andererseits gilt mit $f^{-1} = id^{\frac{1}{n}} : [f(a), f(b)] \longrightarrow [a,b]$ dann $A_y(f) = A_x(f^{-1}) = \int_{f(a)}^{f(b)} f^{-1} = \int_{a^n}^{b^n} f^{-1} = (\int f^{-1})(b^n) - (\int f^{-1})(a^n) = \frac{n}{n+1}((b^n)^{\frac{n+1}{n}} - (a^n)^{\frac{n+1}{n}}) = \frac{n}{n+1}(b^{n+1} - a^{n+1})$,

wobei das Integral $\int f^{-1} = \int id^{\frac{1}{n}} = \frac{n}{n+1} \cdot id^{\frac{1}{n}+1} + \mathbb{R} = \frac{n}{n+1} \cdot id^{\frac{n+1}{n}} + \mathbb{R}$ verwendet ist.

Damit ist $A_x(f) : A_y(f) = 1 : n$ das Verhältnis der zu betrachtenden Flächeninhalte. Anders gesagt, es gilt $A_y(f) = n \cdot A_x(f)$. Man beachte den bemerkenswerten Sachverhalt, daß dieses Verhältnis von den Intervallgrenzen a und b unabhängig ist, also lediglich von dem Exponenten n abhängt.

Zusatz: Die Idee im Aufgabenteil 1b) liefert mit $a \cdot id^n(a) = a^{n+1}$ und $b \cdot id^n(b) = b^{n+1}$ den Flächeninhalt $A_y(id^n) = (b^{n+1} - a^{n+1}) - A_x(id^n) = (b^{n+1} - a^{n+1}) - \frac{1}{n+1}(b^{n+1} - a^{n+1}) = \frac{n}{n+1}(b^{n+1} - a^{n+1})$.

3. Der Einfluß, den der Faktor c auf das Verhältnis $A_x(g) : A_y(g)$ hat, läßt sich nicht so ohne weiteres an der zu $g = c \cdot id^n : [a,b] \longrightarrow [g(a), g(b)]$ inversen Funktion $g^{-1} : [g(a), g(b)] \longrightarrow [a,b]$ erkennen. Diese inverse Funktion ist $g^{-1} = (\frac{1}{c})^{\frac{1}{n}} \cdot id^{\frac{1}{n}}$, denn wie die folgenden Berechnungen zeigen, gilt $g \circ g^{-1} = id$ und $g^{-1} \circ g = id$:

Einerseits ist $g(g^{-1}(x)) = g((\frac{1}{c})^{\frac{1}{n}} \cdot x^{\frac{1}{n}}) = c \cdot ((\frac{1}{c})^{\frac{1}{n}} \cdot x^{\frac{1}{n}})^n = c \cdot (\frac{1}{c})^{\frac{1}{n}n} \cdot x^{\frac{1}{n}n} = \frac{c}{c} \cdot x = x$,

andererseits ist $g^{-1}(g(x)) = g^{-1}(cx^n) = (\frac{1}{c})^{\frac{1}{n}} \cdot (cx^n)^{\frac{1}{n}} = (\frac{1}{c})^{\frac{1}{n}} \cdot c^{\frac{1}{n}} \cdot x = 1^{\frac{1}{n}} \cdot x = x$.

Die Form von $g^{-1} = (\frac{1}{c})^{\frac{1}{n}} \cdot id^{\frac{1}{n}}$ zeigt, daß sich diese inverse Funktion von der im Teil 2 betrachteten inversen Funktion f^{-1} nur um den konstanten Faktor $(\frac{1}{c})^{\frac{1}{n}}$ unterscheidet und insofern die Einzelberechnungen von dort hier verwendet werden können: Für Potenz-Funktionen $g = c \cdot id^n : [a,b] \longrightarrow [g(a), g(b)]$ mit $n \in \mathbb{N}$ und $[a,b] \subset \mathbb{R}_0^+$ gilt einerseits $A_x(g) = \int_a^b cf = c \cdot \frac{1}{n+1}(b^{n+1} - a^{n+1})$, andererseits $A_y(g) = A_x(g^{-1}) = \int_{g(a)}^{g(b)} g^{-1} = \int_{ca^n}^{cb^n} g^{-1} = (\frac{1}{c})^{\frac{1}{n}} \cdot \frac{n}{n+1}((cb^n)^{\frac{n+1}{n}} - (ca^n)^{\frac{n+1}{n}}) = (\frac{1}{c})^{\frac{1}{n}} \cdot \frac{n}{n+1}(c^{\frac{n+1}{n}} b^{n+1} - c^{\frac{n+1}{n}} a^{n+1}) = (\frac{1}{c})^{\frac{1}{n}} \cdot \frac{n}{n+1} c^{\frac{n+1}{n}}(b^{n+1} - a^{n+1}) = c \cdot \frac{n}{n+1}(b^{n+1} - a^{n+1}) = cn \cdot \frac{1}{n+1}(b^{n+1} - a^{n+1})$.

Damit ist $A_x(g) : A_y(g) = c : cn = 1 : n$ das Verhältnis der zu betrachtenden Flächeninhalte. Anders gesagt, es gilt $A_y(g) = n \cdot A_x(g)$ auch für g. Man beachte wieder den bemerkenswerten Sachverhalt, daß dieses Verhältnis sowohl von den Intervallgrenzen a und b als auch von dem Faktor c unabhängig ist, also lediglich von dem Exponenten n abhängt.

Zusatz: Die Idee im Aufgabenteil 1b) liefert mit $a \cdot c \cdot id^n(a) = ca^{n+1}$ und $b \cdot c \cdot id^n(b) = cb^{n+1}$ den Flächeninhalt $A_y(c \cdot id^n) = cb^{n+1} - ca^{n+1} - A_x(c \cdot id^n) = c(b^{n+1} - a^{n+1}) - c \cdot \frac{1}{n+1}(b^{n+1} - b^{n+1}) = c(b^{n+1} - a^{n+1} - \frac{1}{n+1}(b^{n+1} - b^{n+1})) = c \cdot \frac{n}{n+1}(b^{n+1} - b^{n+1})$.

5a) Für die einfache Exponential-Funktion $exp_e : [0,b] \longrightarrow [1, e^b]$ gilt einerseits $A_x(exp_e) = \int_0^b exp_e = exp_e(b) - exp_e(0) = e^b - 1$, andererseits gilt für $exp_e^{-1} = log_e : [1, e^b] \longrightarrow [0,b]$ dann $A_y(exp_e) = A_x(log_e) = \int_1^{e^b} log_e = e^b(log_e(e^b) - 1) - (log_e(1) - 1) = e^b(b - 1) - (0 - 1) = be^b - (e^b - 1)$, wobei die Integrale $\int exp_e = exp_e + \mathbb{R}$ und $\int log_e = id(log_e + 1) + \mathbb{R}$ verwendet sind.

Damit ist $A_x(f) : A_y(f) = (e^b - 1) : (be^b - (e^b - 1))$ das Verhältnis der zu betrachtenden Flächeninhalte. Anders gesagt, es gilt $A_y(f) = \frac{be^b - (e^b - 1)}{e^b - 1} = (\frac{be^b}{e^b - 1} - 1) \cdot A_x(f)$.

Zusatz: Aufgabenteil 1b) liefert ebenfalls den Flächeninhalt $A_y(exp_e) = be^b - A_x(exp_e) = be^b - (e^b - 1)$.

5b) Zunächst ist $(exp_e - 1)^{-1} = (log_e \circ (id + 1)) : [0, e^b - 1] \longrightarrow [0, b]$, denn für geeignete Zahlen x ist
a) $((exp_e - 1) \circ (log_e \circ (id + 1)))(x) = (exp_e - 1)(log_e(x) + 1)) = exp_e(log_e(x + 1)) - 1 = x + 1 - 1 = x$,
b) $((log_e \circ (id + 1)) \circ (exp_e - 1))(x) = (log_e \circ (id + 1))(exp_e(x) - 1) = log_e(exp_e(x) - 1 + 1) = x$.

Für $exp_e - 1 : [0, b] \longrightarrow [0, e^b - 1]$ gilt einerseits $A_x(exp_e - 1) = \int_0^b exp_e - \int_0^b 1 = exp_e(b) - exp_e(0) - (b - 0) = e^b - 1 - b$, andererseits gilt für die Funktion $(exp_e - 1)^{-1} = (log_e \circ (id + 1)) : [1, e^b - 1] \longrightarrow [0, b]$ dann

$A_y(exp_e - 1) = A_x(log_e \circ (id+1)) = \int_0^{e^b-1} (log_e \circ (id+1)) = (e^b - 1 + 1)(log_e(e^b - 1 + 1) - 1) - (log_e(1) - 1) =$
$e^b(b-1) - (0-1) = e^b(b-1) + 1$, wobei das Integral $\int (log_e \circ (id+1)) = (id+1) \cdot (log_e \circ (id+1) - 1) + \mathbb{R}$ verwendet ist. (Man beachte dabei $((id+1) \cdot (log_e \circ (id+1) - 1))' = (log_e \circ (id+1)) - 1) + (id+1)(log_e \circ (id+1) - 1))' = (log_e \circ (id+1)) - 1) + \frac{id+1}{id+1} = (log_e \circ (id+1)) - 1 + 1 = log_e \circ (id+1)$.)

Damit ist $A_x(f) : A_y(f) = (e^b - 1 - b) : ((e^b(b-1) + 1)$ das Verhältnis der zu betrachtenden Flächeninhalte. Anders gesagt, es gilt $A_y(f) = \frac{e^b(b-1)+1}{e^b-1-b} \cdot A_x(f)$.

Zusatz: Aufgabenteil 1b) liefert ebenfalls den Flächeninhalt $A_y(exp_e - 1) = b(e^b - 1) - A_x(exp_e) = be^b - b - (e^b - 1 - b) = e^b(b-1) + 1$.

Anmerkung zu Aufgabenteil 5: Betrachtet man eine Zeichnung der in 5a) und 5b) untersuchten Funktionen, dann ist klar: Die Flächeninhalte A_x unterscheiden sich gerade um $1 \cdot b = b$, die Flächeninhalte A_y sind gleich.

6. Für die trigonometrische Funktion $f = sin : [0, \frac{\pi}{2}] \longrightarrow [0, 1]$ gilt einerseits $A_x(sin) = \int_0^{\frac{\pi}{2}} sin = -cos(\frac{\pi}{2}) + cos(0) = 1$, andererseits gilt für die Funktion $arcsin : [0, 1] \longrightarrow [0, \frac{\pi}{2}]$ dann $A_y(sin) = A_x(arcsin) = \int_0^1 arcsin = 1 \cdot arcsin(1) + \sqrt{1-1} - (0 \cdot arcsin(0) + \sqrt{1-0}) = \frac{\pi}{2} - 1$.

Damit ist $A_x(f) : A_y(f) = 1 : (\frac{\pi}{2} - 1)$ das Verhältnis der zu betrachtenden Flächeninhalte. Anders gesagt, es gilt $A_y(f) = (\frac{\pi}{2} - 1) \cdot A_x(f)$.

Zusatz: Aufgabenteil 1b) liefert ebenfalls den Flächeninhalt $A_y(sin) = \frac{\pi}{2} - A_x(sin) = \frac{\pi}{2} - 1$.

7. Für streng monotone stetige Funktionen $f : [a, b] \longrightarrow [f(a), f(b)]$ mit $[a, b] \subset \mathbb{R}_0^+$, für die die Beziehung $(\int f^{-1})(f(x)) = k \cdot (\int f)(x)$ gilt, gilt $A_x(f) : A_y(f) = 1 : k$, wie die folgende Berechnung zeigt:
$A_y(f) = \int_{f(a)}^{f(b)} f^{-1} = (\int f^{-1})(f(b)) - (\int f^{-1})(f(a)) = k \cdot (\int f)(b) - (\int f)(a)) = k \cdot \int_a^b f = k \cdot A_x(f)$.

Beispiel 1: Die im Aufgabenteil 2 untersuchten Potenz-Funktionen $f = id^n : [a, b] \longrightarrow [f(a), f(b)]$ mit $n \in \mathbb{N}$ und $[a, b] \subset \mathbb{R}_0^+$ haben die genannte Eigenschaft, denn es gilt $(\int f^{-1})(f(x)) = (\int f^{-1})(x^n) = \frac{n}{n+1} \cdot id^{\frac{n+1}{n}}(x^n) = \frac{n}{n+1} \cdot x^{n+1} = n \cdot \frac{1}{n+1} \cdot x^{n+1} = n \cdot (\int f)(x)$, für alle $x \in [a, b]$.

Beispiel 2: Die im Aufgabenteil 3 untersuchten Potenz-Funktionen $g = c \cdot id^n : [a, b] \longrightarrow [g(a), g(b)]$ haben, wie man nach gleichem Muster nachrechnet, ebenfalls die genannte Eigenschaft.

Gegenbeispiel 1: Die im Aufgabenteil 6 untersuchte trigonometrische Funktion $f = sin : [0, \frac{\pi}{2}] \longrightarrow [0, 1]$ hat die genannte Eigenschaft nicht, denn es gilt einerseits $(\int f^{-1})(f(x)) = (\int f^{-1})(sin(x)) = x \cdot sin(x) + cos(x)$ unter Verwendung von $(\int f^{-1})(z) = z \cdot arcsin(z) + \sqrt{1-z^2}$, andererseits ist $(\int f)(x) = -cos(x)$.

8. Das Grundstück habe die Seitenlängen b (Abszissen-Richtung) und d (Ordinaten-Richtung), also den Flächeninhalt $G = bd$, und soll durch eine Funktion $id^n : [0, b] \longrightarrow [0, b^n]$ mit $n \in \mathbb{N}$ geteilt werden. Nach Aufgabenteil 2 haben die beiden Teilflächen die Inhalte $G_1 = A_x(id^n) = \frac{1}{n+1}b^{n+1}$ und $G_2 = A_y(id^n) = \frac{n}{n+1}b^{n+1}$ für jeden beliebigen Exponenten $n \in \mathbb{N}$. Dabei gilt $G_1 + G_2 = \frac{1}{n+1}b^{n+1} + \frac{n}{n+1}b^{n+1} = b^{n+1} = b^n b = db = G$. Insbesondere:

a) Für $n = 1$ ist $G_1 = \frac{1}{2}b^2$ und $G_2 = \frac{1}{2}b^2$, somit ist das Verhältnis $G_1 : G_2 = 1 : 1$,
b) für $n = 2$ ist $G_1 = \frac{1}{3}b^3$ und $G_2 = \frac{2}{3}b^3$, somit ist das Verhältnis $G_1 : G_2 = 1 : 2$,
c) für $n = 3$ ist $G_1 = \frac{1}{4}b^4$ und $G_2 = \frac{3}{4}b^4$, somit ist das Verhältnis $G_1 : G_2 = 1 : 3$.

Anmerkung: Beachtet man, daß die obigen Betrachtungen mit id^n auch für alle $n \in \mathbb{Q}^+$ gilt, kann man etwa die Zahl n berechnen, für die das Verhältnis $G_1 : G_2 = 6 : 19$ gelten soll. In diesem Fall ist $\frac{1}{n} = \frac{6}{19}$, also $n = \frac{19}{6}$ zu wählen. Dabei ist $G_1 = \frac{6}{25} \cdot b^{\frac{25}{6}}$ und $G_2 = \frac{19}{25} \cdot b^{\frac{25}{6}}$, womit dann $G = G_1 + G_2 = \frac{6}{25} \cdot b^{\frac{25}{6}} + \frac{19}{25} \cdot b^{\frac{25}{6}} = b^{\frac{25}{6}} = b^{\frac{19}{6}} \cdot b^{\frac{6}{6}} = b^{\frac{19}{6}} \cdot b$ ist.

A2.650.04: Berechnen Sie den Inhalt der von den beiden Funktionen $f, g : \mathbb{R} \longrightarrow \mathbb{R}$, definiert durch die Zuordnungsvorschriften $f(x) = x^3 - 6x^2 + 12x$ und $g(x) = 4x^3 - 24x^2 + 36x$, eingeschlossenen Fläche.

B2.650.04: Zur Bearbeitung folgende Einzelschritte:

1. Die Menge $S(f,g)$ der Schnittstellen wird durch die folgenden Äquivalenzen geliefert:
$x \in S(f,g) \Leftrightarrow f(x) - g(x) = 0 \Leftrightarrow x^3 - 6x^2 + 12x - (4x^3 - 24x^2 + 36x) = 0 \Leftrightarrow -3x^3 + 18x^2 - 24x = 0$
$\Leftrightarrow -3x(x^2 - 6x + 8) = 0 \Leftrightarrow x \in \{0, 2, 4\}$.

2. Die Mengen $N(f)$ und $N(g)$ der jeweilgen Nullstellen liefern die folgenden Äquivalenzen:
a) $x \in N(f) \Leftrightarrow f(x) = 0 \Leftrightarrow x^3 - 6x^2 + 12x = 0 \Leftrightarrow x(x^2 - 6x + 12) = 0 \Leftrightarrow x \in \{0\} \cup \emptyset = \{0\}$.
b) $x \in N(g) \Leftrightarrow g(x) = 0 \Leftrightarrow 4x^3 - 24x^2 + 36x = 0 \Leftrightarrow 4x(x^2 - 6x + 9) = 0 \Leftrightarrow x \in \{0, 3\}$.

3. Eine Stammfunktion $H : \mathbb{R} \longrightarrow \mathbb{R}$ zu der Differenz $f - g : \mathbb{R} \longrightarrow \mathbb{R}$ mit $(f-g)(x) = -3x^3 + 18x^2 - 24x$ ist dann (mit Integrationskonstante 0) definiert durch $H(x) = -\frac{3}{4}x^4 + 6x^3 - 12x^2 = (-\frac{3}{4}x^2 + 6x - 12)x^2$.

4. Nach den beiden vorstehenden Untersuchungen sind die zu ermittelnden Einzelflächeninhalte dann
$A_1(f,g) = \int_0^2 (f-g) = \int_0^2 H = |H(2) - H(0)| = |(-\frac{3}{4}2^2 + 12 - 12)2^2| = |(-3) \cdot 4| = 12$ (FE) und
$A_2(f,g) = \int_2^4 (f-g) = \int_2^4 H = |H(4) - H(2)| = |(-\frac{3}{4}4^2 + 24 - 12)4^2 + 12| = |((-3) \cdot 4 + 12)4^2 + 12| = 12$
(FE). Damit gilt im übrigen $A_1(f,g) = A_2(f,g)$ sowie $A_1(f,g) + A_2(f,g) = 24$ (FE).

A2.650.05: Betrachten Sie die folgenden Paare (f,g) von Funktionen $f, g : [0, 6] \longrightarrow \mathbb{R}$ und berechnen Sie jeweils den Inhalt $A(f,g)$ der Fläche, die von den Funktionen f und g, der Ordinate sowie der Ordinatenparallelen durch 6 begrenzt wird.

1. $f(x) = \frac{1}{2}x + 10$ und $g(x) = -(x-3)^2 + 10$,
2. $f(x) = \frac{1}{2}x + 5$ und $g(x) = -(x-3)^2 + 4$.

Dabei soll $A(f,g)$ jeweils durch Addition von Einzelflächeninhalten berechnet und dann die Anwendbarkeit der Beziehung $|A(f-g)| = |A(f) - A(g)|$ versucht und kommentiert werden.

B2.650.05: Zur Bearbeitung der Aufgabe folgende Übersichtsskizzen:

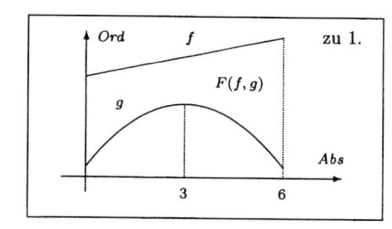

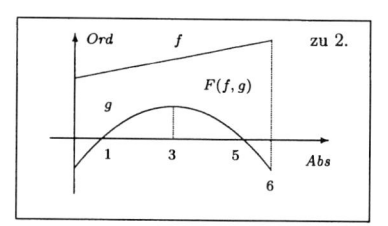

1a) Die beiden Funktionen f und g haben keine Nullstellen, ferner gilt $f, g > 0$, denn für die Funktion f gilt $f(0) = 10$ und $f(6) = 13$ und für die nach unten geöffnete Parabel g gilt $g(0) = g(6) = 1$. Ferner gilt $f > g$, denn für die Maximalstelle 3 (erste Komponente des Scheitelpunktes) von g gilt $f(3) = \frac{23}{2}$ und $g(3) = 10$. (Wie man auch leicht nachrechnet, haben f und g keine Schnittpunkte.)

1b) Die Funktionen f und g haben Stammfunktionen $F, G : [0, 6] \longrightarrow \mathbb{R}$ mit den Zuordnungsvorschriften $F(x) = \frac{1}{4}x^2 + 10x$ und $G(x) = -\frac{1}{3}x^3 + 3x^2 + x$ (unter Verwendung von $g(x) = -x^2 + 6x + 1$).

1c) Mit $A(f) = \int_0^6 f = |F(6) - F(0)| = |69 - 0| = 69$ und $A(g) = \int_0^6 g = |G(6) - G(0)| = |42 - 0| = 42$ als Einzelflächeninhalte ist $A(f,g) = |A(f) - A(g)| = |69 - 42| = 27$ der gesuchte Flächeninhalt.

1d) Denselben Flächeninhalt wie in Teil 1c) liefert auch die Berechnung von $|A(f-g)|$, denn: Die Differenz $f - g : [0,6] \longrightarrow \mathbb{R}$ ist definiert durch $(f-g)(x) = x^2 - \frac{11}{2}x + 9$ und besitzt wegen $f > g$ keine Nullstellen (wie man auch leicht explizit nachrechnen kann, ist der bei dem Wurzel-Verfahren auftretende Radikand negativ). Unter Verwendung der Stammfunktion $H : [0,6] \longrightarrow \mathbb{R}$ von $f - g$ mit der Vorschrift

$H(x) = \frac{1}{3}x^3 - \frac{11}{4}x^2 + 9x$ gilt dann $A(f-g) = \int\limits_0^6 (f-g) = |H(6) - H(0)| = |\frac{216}{3} - \frac{396}{4} + 54 - 0|$
$= |72 - 99 + 54| = 27 = A(f,g)$. Die Beziehung $|A(f-g)| = |A(f) - A(g)|$ kann also angewendet werden.

2a) Die Funktionen f und g haben Stammfunktionen $F, G : [0,6] \longrightarrow \mathbb{R}$ mit den Zuordnungsvorschriften $F(x) = \frac{1}{4}x^2 + 5x$ und $G(x) = -\frac{1}{3}x^3 + 3x^2 - 5x$ (unter Verwendung von $g(x) = -x^2 + 6x - 5$).

2b) Da g die beiden Nullstellen 1 und 5 hat (f hat keine Nullstellen), ist $A(f,g) = \int\limits_0^1 g + (A(f) - \int\limits_1^5 g) + \int\limits_5^6 g$
$= |G(1) - G(0)| + (A(f) - |G(5) - G(1)|) + |G(6) - G(5)|$ als der gesuchte Flächeninhalt zu berechnen:
Mit $A(f) = \int\limits_0^6 f = |F(6) - F(0)| = |39 - 0| = 39$ sowie den Funktionswerten $G(1) = -\frac{1}{3} + 3 - 5 = -\frac{7}{3}$,
ferner $G(5) = -\frac{125}{3} + 75 - 25 = \frac{25}{3}$ und $G(6) = -\frac{216}{3} + 108 - 30 = 6$ ist dann mit obiger Beziehung
$A(f,g) = |-\frac{7}{3} - 0| + (39 - |\frac{25}{3} + \frac{7}{3} - 0|) + |6 - \frac{25}{3} - 0| = \frac{7}{3} + \frac{85}{3} + \frac{7}{3} = \frac{99}{3} = 33$.

2c) Denselben Flächeninhalt wie in Teil 2b) liefert auch die Berechnung von $|A(f-g)|$, denn: Die Differenz $f - g : [0, 6] \longrightarrow \mathbb{R}$, definiert durch $(f-g)(x) = x^2 - \frac{11}{2}x + 10$, besitzt keine Nullstellen, denn der bei dem Wurzel-Verfahren auftretende Radikand $(\frac{11}{4})^2 - 10 = \frac{121}{16} - \frac{160}{16} = -\frac{39}{16}$ ist negativ. Unter Verwendung der Stammfunktion $H : [0, 6] \longrightarrow \mathbb{R}$ von $f - g$ mit der Vorschrift $H(x) = \frac{1}{3}x^3 - \frac{11}{4}x^2 + 10x$ gilt dann
$A(f-g) = \int\limits_0^6 (f-g) = |H(6) - H(0)| = |\frac{216}{3} - \frac{396}{4} + 60 - 0| = |72 - 99 + 60| = 33 = A(f,g)$. Die Beziehung $|A(f-g)| = |A(f) - A(g)|$ kann also angewendet werden, da die Differenz $f - g$ keine Nullstellen besitzt.

A2.650.06: Im folgenden wird die Einschränkung $sin : [0, \frac{\pi}{2}] \longrightarrow \mathbb{R}$ betrachtet.
1. sin soll bei 0 durch eine Polynom-Funktion f vom Grad 3 approximiert werden.
2. sin soll durch eine Ursprungsgerade g so approximiert werden, daß $A(sin, g)$ minimal ist.

B2.650.06: Zur Bearbeitung im einzelnen:
1. Für eine Polynom-Funktion $f : \mathbb{R} \longrightarrow \mathbb{R}$ der Form $f(x) = a + bx + cx^2 + dx^3$ muß dann gelten:
$sin(0) = f(0) \Rightarrow f(0) = 0 \Rightarrow a = 0$,
$sin'(0) = f'(0) \Rightarrow cos(0) = f'(0) \Rightarrow b = 1$,
$sin''(0) = f''(0) \Rightarrow -sin(0) = f''(0) \Rightarrow c = 0$,
$sin'''(0) = f'''(0) \Rightarrow -cos(0) = f'''(0) \Rightarrow d = -\frac{1}{6}$.
Damit ist f durch die Zuordnungsvorschrift $f(x) = x - \frac{1}{6}x^3$ definiert.
Ferner gilt $(sin - f)(\frac{\pi}{2}) = sin(\frac{\pi}{2}) - f(\frac{\pi}{2}) = 1 - \frac{\pi}{2} + \frac{\pi^3}{48} \approx 1 - 9,25 = 0,075$.

2. Man betrachte zu der durch $g(x) = ax$ definierten Ursprungsgeraden $g : \mathbb{R} \longrightarrow \mathbb{R}$ die Funktion $H : \mathbb{R} \longrightarrow \mathbb{R}$, definiert durch die Zuordnungsvorschrift $H(a) = \int\limits_0^{\frac{\pi}{2}} (g - sin)^2 = \int\limits_0^{\frac{\pi}{2}} (g^2 - 2g \cdot sin + sin^2) =$
$\int\limits_0^{\frac{\pi}{2}} g^2 - 2 \int\limits_0^{\frac{\pi}{2}} (g \cdot sin) + \int\limits_0^{\frac{\pi}{2}} sin^2 = \frac{\pi^3}{24}a^2 - 2a + \frac{\pi}{4}$, sowie ihre 1. Ableitungsfunktion $H' : \mathbb{R} \longrightarrow \mathbb{R}$, definiert durch $H'(x) = \frac{\pi^3}{12}a - 2$. Wie man leicht nachrechnet, hat H die Minimalstelle $\frac{24}{\pi^3}$. (Es gilt $f(\frac{\pi}{2}) \approx 1,22$.)

A2.650.07: Betrachten Sie die durch $f(x) = \frac{5x-4}{5\sqrt{9-x}}$ definierte Funktion $f : [x_0, 8] \longrightarrow \mathbb{R}$ mit ihrer Nullstelle x_0. Berechnen Sie den Inhalt $A(f)$ der Fläche, den f mit der Abszisse und der Ordinatenparallelen durch 8 einschließt, und vergleichen Sie ihn mit dem Flächeninhalt $A(D)$ des Dreiecks, das durch die Punkte $(x_0, 0)$ sowie $(8, 0)$ und $(8, f(8))$ gebildet wird.

B2.650.07: Mit der Nullstelle $x_0 = \frac{4}{5}$ von f gilt im einzelnen:

1. Zunächst wird zu $f = \frac{1}{5} \cdot (5 \cdot id - 4) \cdot (9 - id)^{-\frac{1}{2}}$ das Riemann-Integral $\int\limits_{\frac{4}{5}}^8 f$ berechnet: Betrachtet man dazu das kommutative Diagramm

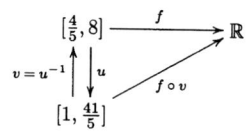

$$[\tfrac{4}{5}, 8] \xrightarrow{f} \mathbb{R}$$
$$v = u^{-1} \uparrow \downarrow u \quad \nearrow f \circ v$$
$$[1, \tfrac{41}{5}]$$

sowie gemäß Corollar 2.617.2 die zueinander inversen bijektiven Funktionen $u = 9 - id : [\tfrac{4}{5}, 8] \longrightarrow [1, \tfrac{41}{5}]$ und $v = u^{-1} = 9 - id : [1, \tfrac{41}{5}] \longrightarrow [\tfrac{4}{5}, 8]$, dann gilt mit der gemäß Corollar 2.617.2 konstruierten Funktion
$g = (f \circ v) \cdot v' = (5(9 - id) - 4) \cdot (5(9 - 9 + id))^{-\tfrac{1}{2}} \cdot (-1) = -\tfrac{1}{5} \cdot (41 - 5 \cdot id) \cdot id^{-\tfrac{1}{2}} = -\tfrac{1}{5} \cdot 41 \cdot id^{-\tfrac{1}{2}} + \tfrac{1}{5} \cdot 5 \cdot id \cdot id^{-\tfrac{1}{2}}$
$= -\tfrac{41}{5} \cdot id^{-\tfrac{1}{2}} + id^{\tfrac{1}{2}}$ und ihrem Integral $\int g = -\tfrac{41}{5} \int id^{-\tfrac{1}{2}} + \int id^{\tfrac{1}{2}} = \int id^{\tfrac{1}{2}} - \tfrac{41}{5} \int id^{-\tfrac{1}{2}} = \tfrac{2}{3} \cdot id^{\tfrac{3}{2}} - \tfrac{82}{5} \cdot id^{\tfrac{1}{2}} + \mathbb{R}$
dann $A(f) = \int_{\tfrac{4}{5}}^{8} f = \int_{u(\tfrac{4}{5})}^{u(8)} g = \int_{\tfrac{41}{5}}^{1} g = (-1) \int_{1}^{\tfrac{41}{5}} g = (-1)(\tfrac{2}{3} \cdot \tfrac{41}{5} \cdot \sqrt{\tfrac{41}{5}} - \tfrac{2}{3} - \tfrac{82}{5} \cdot \sqrt{\tfrac{41}{5}} + \tfrac{82}{5}) = (-1)(-\tfrac{164}{15} \cdot \sqrt{\tfrac{41}{5}} + \tfrac{236}{15})$
$= \tfrac{164}{15} \cdot \sqrt{\tfrac{41}{5}} - \tfrac{236}{15} \approx \tfrac{256}{15} \approx 17,06$ (FE).

2. Das von den Punkten $(\tfrac{4}{5}, 0)$ sowie $(8,0)$ und $(8, f(8))$ gebildete Dreieck D hat mit $f(8) = \tfrac{36}{5}$ den Flächeninhalt $A(D) = \tfrac{1}{2} \cdot (8 - \tfrac{4}{5}) \cdot \tfrac{36}{5} = \tfrac{1}{2} \cdot \tfrac{36}{5} \cdot \tfrac{36}{5} = \tfrac{648}{25} \approx \tfrac{650}{25} = 26$ (FE).

Anmerkung: Betrachtet man die spezielle Stammfunktion $G = \tfrac{2}{3} \cdot id^{\tfrac{3}{2}} - \tfrac{82}{5} \cdot id^{\tfrac{1}{2}}$ von g, dann ist (durch Resubstitution) ebenfalls $A(f) = (G \circ u)(8) - (G \circ u)(\tfrac{4}{5}) = G(u(8)) - G(u(\tfrac{4}{5})) = G(9-8) - G(9-\tfrac{4}{5})$
$= G(1) - G(\tfrac{41}{5}) = \tfrac{2}{3} - \tfrac{82}{5} - \tfrac{2}{3} \cdot \tfrac{41}{5} \cdot \sqrt{\tfrac{41}{5}} + \tfrac{82}{5} \cdot \sqrt{\tfrac{41}{5}} = \tfrac{164}{15} \cdot \sqrt{\tfrac{41}{5}} - \tfrac{236}{15} \approx \tfrac{256}{15} \approx 17,06$ (FE). eingeschlossenen Fläche.

A2.650.08: Berechnen Sie den Flächeninhalt $A(f,g)$ der von den beiden Funktionen $f, g : \mathbb{R} \longrightarrow \mathbb{R}$
1. mit den Vorschriften $f(x) = x^3 - 3x^2 - 9x + 10$ und $g(x) = x + 10$ eingeschlossenen Fläche,
2. mit den Vorschriften $f(x) = x^3 + x^2 - 10x + 7$ und $g(x) = 2x + 7$ eingeschlossenen Fläche.

B2.650.08: Zur Bearbeitung der Aufgabe im einzelnen:

1a) Zur Berechnung der Schnittstellen von f und g: Die Äquivalenzen $x \in S(f,g) \Leftrightarrow f(x) = g(x) \Leftrightarrow f(x) - g(x) = 0 \Leftrightarrow x^3 - 3x^2 - 10x = 0 \Leftrightarrow x(x^2 - 3x - 10) = 0 \Leftrightarrow x \in \{-2, 0, 5\}$ liefern die Schnittstellenmenge $S(f,g) = \{-2, 0, 5\}$.

1b) Eine Stammfunktion $H : \mathbb{R} \longrightarrow \mathbb{R}$ von $h = f - g : \mathbb{R} \longrightarrow \mathbb{R}$ mit $h(x) = x^3 - 3x^2 - 10x$ ist definiert durch die Vorschrift $H_c(x) = \tfrac{1}{4}x^4 - x^3 - 5x^2$.

1c) Bezüglich $h_1 : [-2, 0] \longrightarrow \mathbb{R}$ ist $A(h_1) = |H_c(0) - H_c(-2)| = |0 - (4 + 8 - 20)| = |0 + 8| = 8$ (FE).

1d) Bezüglich $h_2 : [0, 5] \longrightarrow \mathbb{R}$ ist $A(h_2) = |H_c(5) - H_c(0)| = |(\tfrac{625}{4} - 125 - 125) - 0| = |-\tfrac{375}{4}| = \tfrac{375}{4}$ (FE).

1e) Die von f und g eingeschlossene Fläche hat den Inhalt $A(f,g) = A(h_1) + A(h_2) = \tfrac{407}{4}$ (FE).

2a) Zur Berechnung der Schnittstellen von f und g: Die Äquivalenzen $x \in S(f,g) \Leftrightarrow f(x) = g(x) \Leftrightarrow f(x) - g(x) = 0 \Leftrightarrow x^3 + x^2 - 12x = 0 \Leftrightarrow x(x^2 + x - 12) = 0 \Leftrightarrow x \in \{-4, 0, 3\}$ liefern die Schnittstellenmenge $S(f,g) = \{-4, 0, 3\}$.

2b) Eine Stammfunktion $H : \mathbb{R} \longrightarrow \mathbb{R}$ von $h = f - g : \mathbb{R} \longrightarrow \mathbb{R}$ mit $h(x) = x^3 + x^2 - 12x$ ist definiert durch die Vorschrift $H_c(x) = \tfrac{1}{4}x^4 + \tfrac{1}{3}x^3 - 6x^2$.

2c) Bezüglich $h_1 : [-4, 0] \longrightarrow \mathbb{R}$ ist $A(h_1) = |H_c(0) - H_c(-4)| = |0 - (64 + \tfrac{64}{3} - 96)| = |0 + \tfrac{32}{3}| = \tfrac{128}{12}$ (FE).

2d) Bezüglich $h_2 : [0, 3] \longrightarrow \mathbb{R}$ ist $A(h_2) = |H_c(3) - H_c(0)| = |(\tfrac{81}{4} + 27 - 54) - 0| = |-\tfrac{27}{4}| = \tfrac{81}{12}$ (FE).

2e) Die von f und g eingeschlossene Fläche hat den Inhalt $A(f,g) = A(h_1) + A(h_2) = \tfrac{209}{12}$ (FE).

A2.650.09: Zu Bemerkung 2.650.8/3: Erstellen Sie für die in d) und f) genannten Fälle jeweils eine analoge Tabelle wie zu f) mit den Daten $a = 3$ sowie $c \in [-10, -3]_\mathbb{Z}$ zu d) und $c \in [3, 10]_\mathbb{Z}$ zu f).

B2.650.09: Zu den in d) und f) genannten Fällen jeweils eine Tabelle mit $a = 3$:

d) Es wird der Fall $c \leq -3 < 3$ mit den beiden Teilintervallen $[c, -3]$ und $[-3, 3]$ untersucht:

c	-10	-9	-8	-7	-6	-5	-4	-3
$A(h_1)$	$\frac{6512}{12}$	$\frac{3888}{12}$	$\frac{2155}{12}$	$\frac{1024}{12}$	$\frac{405}{12}$	$\frac{112}{12}$	$\frac{13}{12}$	0
$A(h_2)$	$\frac{4315}{12}$	$\frac{3883}{12}$	$\frac{3462}{12}$	$\frac{3024}{12}$	$\frac{2592}{12}$	$\frac{2160}{12}$	$\frac{1728}{12}$	$\frac{1296}{12}$
$A(f, g_c)$	$\frac{10827}{12}$	$\frac{7771}{12}$	$\frac{5587}{12}$	$\frac{4048}{12}$	$\frac{2997}{12}$	$\frac{2272}{12}$	$\frac{1741}{12}$	$\frac{1296}{12}$
$A(f, g_c)$	$902{,}3$	$647{,}6$	$465{,}9$	$337{,}3$	$249{,}8$	$189{,}3$	$145{,}1$	108

f) Es wird der Fall $-3 < 3 \leq c$ mit den beiden Teilintervallen $[-3, 3]$ und $[3, c]$ untersucht:

c	3	4	5	6	7	8	9	10
$A(h_1)$	$\frac{1296}{12}$	$\frac{1728}{12}$	$\frac{2160}{12}$	$\frac{2592}{12}$	$\frac{3024}{12}$	$\frac{3462}{12}$	$\frac{3883}{12}$	$\frac{4315}{12}$
$A(h_2)$	0	$\frac{13}{12}$	$\frac{112}{12}$	$\frac{405}{12}$	$\frac{1024}{12}$	$\frac{2155}{12}$	$\frac{3888}{12}$	$\frac{6512}{12}$
$A(f, g_c)$	$\frac{1296}{12}$	$\frac{1741}{12}$	$\frac{2272}{12}$	$\frac{2997}{12}$	$\frac{4048}{12}$	$\frac{5587}{12}$	$\frac{7771}{12}$	$\frac{10827}{12}$
$A(f, g_c)$	108	$145{,}1$	$189{,}3$	$249{,}8$	$337{,}3$	$465{,}9$	$647{,}6$	$902{,}3$

Anmerkung: Wie man leicht nachrechnet, gilt dabei die Beziehung $A(f, g_c) = A(f, g_{-c})$.

A2.650.10: Zwei Einzelaufgaben:

1. Berechnen Sie den Inhalt $A(f, g)$ der Fläche, die durch die beiden Funktionen $f, g : \mathbb{R} \longrightarrow \mathbb{R}$ mit den Vorschriften $f(x) = x(x^2 - 9)$ und $g(x) = x^2 - 9$ eingeschlossen ist.

2. Berechnen Sie diejenige Zahl $a \in \mathbb{R}^+$, für die der Inhalt der von den beiden Funktionen $f, g : \mathbb{R} \longrightarrow \mathbb{R}$ mit $f(x) = x^2$ und $g(x) = ax$ eingeschlossenen Fläche gerade $A(f, g) = \frac{4}{3}$ (FE) ist.

B2.650.10: Zur Bearbeitung der Aufgaben im einzelnen:

1a) Zunächst liefern die drei Äquivalenzen $x \in S(f, g) \Leftrightarrow f(x) - g(x) = 0 \Leftrightarrow (x^2 - 9)(x - 1) = 0 \Leftrightarrow x \in \{-3, 1, 3\}$ die Menge $S(f, g) = \{-3, 1, 3\}$ der Schnittstellen von f und g. Die zu untersuchende Fläche besteht also aus zwei Teilflächen.

1b) Für die durch $h = f - g$ definierte Funktion $h : \mathbb{R} \longrightarrow \mathbb{R}$ gilt $h(x) = f(x) - g(x) = x^3 - x^2 - 9x + 9$. Diese Funktion h besitzt dann etwa die Stammfunktion $H : \mathbb{R} \longrightarrow \mathbb{R}$ mit $H(x) = \frac{1}{4}x^4 - \frac{1}{4}x^4x^3 - \frac{9}{2}x^2 + 9x$. Wie man leicht nachrechnet, besitzt H die drei Funktionswerte $H(-3) = -\frac{153}{4}$ sowie $H(1) = \frac{53}{12}$ und $H(3) = -\frac{9}{4}$.

1c) Mit $\int_{-3}^{1} h = |H(1) - H(-3)| = \frac{128}{3}$ und $\int_{1}^{3} h = |H(3) - H(1)| = \frac{20}{3}$ hat die zu untersuchende Fläche dann den Inhalt $A(f, g) = \frac{128}{3} + \frac{20}{3} = \frac{148}{3} \approx 49{,}3$ (FE).

2a) Zunächst liefern die Äquivalenzen $x \in S(f, g) \Leftrightarrow f(x) - g(x) = 0 \Leftrightarrow x^2 - ax = 0 \Leftrightarrow x \in \{0, a\}$ die Menge $S(f, g) = \{0, a\}$ der Schnittstellen von f und g.

2b) Für die durch $h = f - g$ definierte Funktion $h : \mathbb{R} \longrightarrow \mathbb{R}$ gilt $h(x) = f(x) - g(x) = x^2 - ax$. Diese Funktion h besitzt dann etwa die Stammfunktion $H : \mathbb{R} \longrightarrow \mathbb{R}$ mit $H(x) = \frac{1}{3}x^3 - \frac{a}{2}x^2$. Wie man sofort sieht, besitzt H die beiden Funktionswerte $H(a) = \frac{1}{3}a^3 - \frac{1}{2}a^3 = \frac{1}{6}a^3$ und $H(0) = 0$.

2c) Mit $\int_{0}^{a} h = |H(a) - H(0)| = \frac{1}{6}a^3$ hat die zu untersuchende Fläche dann den Inhalt $A(f, g) = \frac{1}{6}a^3$.

2d) Die Äquivalenzen $A(f, g) = \frac{4}{3} \Leftrightarrow \frac{1}{6}a^3 = \frac{4}{3} \Leftrightarrow a^3 = 8 \Leftrightarrow a = 2$ liefern die gesuchte Zahl $a = 2$.

A2.650.11: Bestätigen Sie anhand der Funktion $k : [0, 5] \longrightarrow \mathbb{R}$ mit $k = \sqrt{5 \cdot id - id^2}$, daß die durch k beschriebene Kreishälfte (mit Mittelpunkt $(\frac{5}{2}, 0)$ und Radius $\frac{5}{2}$) tatsächlich den Flächeninhalt $A(k) = \frac{25}{8} \cdot \pi = \frac{1}{2} \cdot \pi \cdot (\frac{5}{2})^2$ besitzt. (Diese Funktion k wird auch in Beispiel 2.654.7 zur Berechnung der Funktions-Länge $s(k)$ verwendet.)

B2.650.11: Zu berechnen ist $A(k) = \int_0^5 k = \int_0^5 \sqrt{5 \cdot id - id^2} = \frac{25}{8} \cdot \pi$ (FE). Dazu nun im einzelnen:

1. Zunächst wird das Integral $\int k = \int \sqrt{5 \cdot id - id^2}$ berechnet: Bei der Zuordnungsvorschrift von k treten Differenzen $5 \cdot id - id^2 = id(5 - id)$ auf, die kein weiteres Radizieren erlauben. Sucht man nun nach Möglichkeiten, Differenzen durch Produkte gewissermaßen zu ersetzen, so bietet sich die Beziehung $1 - sin^2 = cos^2$ an. Substituiert man also $id(5 - id)$ durch $5 \cdot sin^2(5 - 5 \cdot sin^2) = 25 \cdot sin^2(1 - sin^2) = 25 \cdot sin^2 \cdot cos^2$ so bietet sich die Substitutions-Funktion $v = 5 \cdot sin^2$ an. Dabei ist v eine bijektive Funktion $v : [0, \frac{\pi}{2}] \longrightarrow [0, 5]$ mit der inversen Funktion $u = v^{-1} : [0, 5] \longrightarrow [0, \frac{\pi}{2}]$ mit $u(x) = arcsin(\sqrt{\frac{1}{5}x})$, wie folgende Berechnungen auch zeigen:

Es gilt $(u \circ v)(x) = u(v(x)) = u(5 \cdot sin^2(x)) = arcsin(\sqrt{\frac{1}{5} \cdot 5 \cdot sin^2(x)}) = x$ sowie $(v \circ u)(x) = v(u(x)) = v(arcsin(\sqrt{\frac{1}{5}x})) = 5(sin(arcsin(\sqrt{\frac{1}{5}x}))^2 = 5(\sqrt{\frac{1}{5}x})^2 = 5 \cdot \frac{1}{5} \cdot x = x$, also $u \circ v = id$ und $v \circ u = id$.

2. Mit den Bezeichnungen $G' = (k \circ v)v'$ und $K = G$ für Stammfunktionen K von k und G von G', wie sie in Bemerkung 2.507.6 verwendet sind, gilt dann $G' = (k \circ v)v' = \sqrt{5 \cdot sin^2(5 - 5 \cdot sin^2)} \cdot 10 \cdot sin \cdot cos = 50\sqrt{sin^2(1 - sin^2)} \cdot sin \cdot cos = 50 \cdot \sqrt{sin^2 \cdot cos^2} \cdot sin \cdot cos = 50 \cdot sin^2 \cdot cos^2$.

Es ist nun weiterhin das Integral $G = 50 \cdot \int (sin^2 \cdot cos^2)$ zu berechnen. Dazu liegen für eine Zwischenberechnung zwei unterschiedliche Methoden vor, die beide vorgerechnet werden:

a) Betrachtet man in G' den Faktor $h = sin^2 \cdot cos^2 = sin^2(1 - sin^2) = sin^2 - sin^4$, so gilt unter Verwendung von Beispiel 2.514.2/1 mit $n = 4$ dann $\int h = \int sin^2 - \int sin^4 = \int sin^2 + \frac{1}{4} \cdot sin^3 \cdot cos - \frac{3}{4} \cdot \int sin^2 = \frac{1}{4} \cdot (sin^3 \cdot cos + \int sin^2)$. Das gesuchte Integral von G' hat also die Darstellung $G = \frac{50}{4} \cdot (sin^3 \cdot cos + \int sin^2)$.

b) Verwendet man unmittelbar die in Aufgabe A2.514.09 angegebene Formel für die Exponenten $m = 2$ und $n = 2$, so ist $G = 50 \cdot \int (sin^2 \cdot cos^2) = \frac{50}{4} \cdot (sin^3 \cdot cos + \int (sin^2 \cdot cos^0)) = \frac{50}{4} \cdot (sin^3 \cdot cos + \int sin^2)$.

Beide Varianten liefern also $G = \frac{50}{4} \cdot (sin^3 \cdot cos + \int sin^2)$. Verwendet man nun noch den Zusatz a) zu Beispiel 2.514.2/1, also $\int sin^2 = \frac{1}{2}(id - sin \cdot cos)$, so ist schließlich $G = \frac{50}{4} \cdot (\frac{1}{2}(id - sin \cdot cos) + sin^3 \cdot cos) = \frac{50}{8}(id - sin \cdot cos + 2 \cdot sin^3 \cdot cos)$.

3. Corollar 2.617.2 zeigt nun $\int_0^k k = \int_{u(0)}^{u(5)} G' = G(u(5)) - G(u(0)) = G(u(5))$, denn dabei ist $u(0) = 0$ sowie $G(0) = 0$, also $G(u(0)) = 0$. Es bleibt also $G(u(5))$ zu berechnen: Beachtet man $u(5) = arcsin(1) = \frac{\pi}{2}$, so gilt $G(u(5)) = \frac{50}{4}(\frac{\pi}{2} - sin(\frac{\pi}{2}) \cdot cos(\frac{\pi}{2}) + 2 \cdot sin^3(\frac{\pi}{2}) \cdot cos(\frac{\pi}{2})) = \frac{50}{8}(\frac{\pi}{2} - 1 \cdot 0 + 2 \cdot 1^3 \cdot 0) = \frac{50}{8} \cdot \frac{\pi}{2} = \frac{25}{8} \cdot \pi = \frac{1}{2} \cdot (\frac{5}{2})^2 \cdot \pi$ mit dem Kreisradius $\frac{5}{2}$.

2.651 Berechnung von Flächeninhalten (Teil 2)

A2.651.01: Betrachten Sie die Familie $(f_a)_{a\in\mathbb{R}^+}$ der Funktionen $f_a : \mathbb{R} \longrightarrow \mathbb{R}$, definiert durch die Zuordnungsvorschrift $f_a(x) = (x + a)(x - a)(x - 3a)$, und berechnen Sie den Flächeninhalt $A(f_a)$ der Fläche, die f_a mit der Abszisse einschließt. Für welches $a \in \mathbb{R}^+$ ist $A(f_a) = 648$ FE?

B2.651.01: Zur Bearbeitung der Aufgabe im einzelnen:

1. Verschiebung von f_a um $a > 0$ in negativer Abszissenrichtung liefert die formgleiche Funktion g_a mit $g_a(x) = x(x+2a)(x-2a)$. Damit gilt auch $A(f_a) = A(g_a)$, im folgenden wird also der Einfachheit halber der Flächeninhalt $A(g_a)$ berechnet:
Mit $g_a(x) = x(x+2a)(x-2a) = x(x^2 - 4a^2) = x^3 - 4a^2x$ ist das Integral $\int g_a : \mathbb{R} \longrightarrow \mathbb{R}$ von g_a definiert durch die Vorschrift $(\int g_a)(x) = \frac{1}{4}x^4 - 4 \cdot a^2 \cdot \frac{1}{2} \cdot x^2 = \frac{1}{4}x^4 - 2a^2x^2$. Für die genannte Fläche gilt dann
$$A(g_a) = 2 \cdot \int_{-2a}^{0} g_a = 2((\int g_a)(0) - (\int g_a)(-2a)) = 2(0 - (\frac{1}{4}(-2a)^4 - 2a^2(-2a)^2)) = 2(-4a^4 + 8a^4) = 8a^4 \text{ FE}.$$

2. Es handelt sich dabei um die Lösung einer einfachen Gleichung: Unter Verwendung von $A(f_a) = 8a^4$ von Aufgabenteil 1 gelten die Äquivalenzen $A(f_a) = 648 \Leftrightarrow 8a^4 = 648 \Leftrightarrow a^4 = 81 \Leftrightarrow a = 3$, somit ist dann $A(f_3) = 648$ (FE).

A2.651.02: Betrachten Sie die Familie $(f_a)_{a\in\mathbb{R}^+}$ von Funktionen $f_a : \mathbb{R} \longrightarrow \mathbb{R}$, definiert durch die Zuordnungsvorschrift $f_a(x) = ax^3 - x$, und berechnen Sie den Flächeninhalt $A(f_a)$ der Fläche, die f_a mit der Abszisse einschließt. Bestimmen Sie ferner die durch die Zuordnung $a \longmapsto A(f_a)$ definierte Funktion A. Bestimmen Sie schließlich diejenige Zahl c, für die $A(f_c) = c$ gilt.

B2.651.02: Zur Bearbeitung der Aufgabe im einzelnen:

1. Mit $(\int f_a)(x) = \frac{1}{4}ax^4 - \frac{1}{2}x^2 + c$ ist $A(f_a) = 2 \cdot |\int_0^{\frac{1}{\sqrt{a}}} f_a| = 2 \cdot |-\frac{1}{4a}| = \frac{1}{2a}$ (FE).

2. Die durch $a \longmapsto A(f_a)$ definierte Funktion ist $A : \mathbb{R}^+ \longrightarrow \mathbb{R}$ mit der Zuordnungsvorschrift $A(a) = \frac{1}{2a}$.

3. Die angegebene Bedingung liefert $A(f_c) = c \Leftrightarrow \frac{1}{2c} = c \Leftrightarrow 1 = 2c^2 \Leftrightarrow c = \frac{1}{2}\sqrt{2}$.

A2.651.03: Betrachten Sie die durch $f(x) = sin(x) + sin(2x)$ definierte Funktion $f : [0, 2\pi] \longrightarrow \mathbb{R}$. Bilden Sie zunächst das Integral $\int f$ und überprüfen Sie Ihr Ergebnis durch Differentiation. Berechnen Sie dann den Flächeninhalt $A(f)$ der Fläche, die f mit der Abszisse einschließt.

B2.651.03: Zur Bearbeitung der Aufgabe im einzelnen:

1. Für die vorzunehmende Integration von f ist der Bau von f zu untersuchen: Der Summand g in der Summe $f = sin + g$ ist die Komposition $g = sin \circ h$, wobei h durch $h(x) = 2x$ definiert ist. Zunächst gilt $\int f = \int (sin + g) = \int sin + \int g$. weiterhin $\int g = \int (sin \circ h) = \frac{1}{2}(-cos \circ h) + \mathbb{R} = -\frac{1}{2}(cos \circ h) + \mathbb{R}$. Insgesamt gilt dann $\int f = \int sin + \int g = -cos - \frac{1}{2}(cos \circ h) + \mathbb{R}$ mit der Zuordnungsvorschrift $(\int f)(x) = -cos(x) - \frac{1}{2}cos(2x)$ (wobei eine Integrationskonstante c weggelassen wird).
Zur Prüfung wird diese Funktion differenziert: $(\int f)' = (-cos - \frac{1}{2}(cos \circ h))' = (-cos)' - \frac{1}{2}(cos \circ h)' = sin - \frac{1}{2}(cos' \circ h)h' = sin - (cos' \circ h) = sin + (sin \circ h) = sin + g = f$.

2. Der beschriebene Flächeninhalt ist $A(f) = 2 \cdot (\int_0^{\frac{2}{3}\pi} f + |\int_{\frac{2}{3}\pi}^{\pi} f|)$.

Dazu werden die folgenden Funktionswerte von $\int f$ benötigt: Es ist $(\int f)(\frac{2}{3}\pi) = -cos(\frac{2}{3}\pi) - \frac{1}{2}cos(\frac{4}{3}\pi) = -(-\frac{1}{2}) - \frac{1}{2}(-\frac{1}{2}) = \frac{1}{2} + \frac{1}{4} = \frac{3}{4}$, ferner $(\int f)(0) = -cos(0) - \frac{1}{2}cos(0) = -1 - \frac{1}{2}(1) = -1 - \frac{1}{2} = -\frac{3}{2}$ und schließlich $(\int f)(\pi) = -cos(\pi) - \frac{1}{2}cos(2\pi) = -(-1) - \frac{1}{2}(1) = 1 - \frac{1}{2} = \frac{1}{2}$.

Somit ist dann $A(f) = 2 \cdot (\int\limits_0^{\frac{2}{3}\pi} f + |\int\limits_{\frac{2}{3}\pi}^{\pi} f|) = 2((\int f)(\frac{2}{3}\pi) - (\int f)(0)) + 2|(\int f)(\pi) - (\int f)(\frac{2}{3}\pi)|$
$= 2(\frac{3}{4} + \frac{3}{2}) + 2|\frac{1}{2} - \frac{3}{4}| = \frac{9}{2} + \frac{1}{2} = 5$ (FE).

A2.651.04: Betrachten Sie die durch $f(x) = x + sin(x)$ und $g(x) = -x + sin(x)$ definierten Funktionen $f, g : [-2\pi, 2\pi] \longrightarrow \mathbb{R}$. Beweisen Sie, daß f und g punktsymmetrisch zum Koordinatenursprung sind. Berechnen Sie den Flächeninhalt $A(f, g)$ der Fläche, die von f und g und den Ordinatenparallelen durch -2π und 2π eingeschlossen wird. Weiterhin: f und g seien auf dem Intervall $[-a\pi, a\pi]$ mit $a > 0$ definiert. Nennen und beschreiben Sie die durch die Zuordnung $a \longmapsto A(f, g)$ definierte Funktion A.

B2.651.04: Zur Bearbeitung der Aufgabe im einzelnen:
1. Die Funktionen f und g sind punktsymmetrisch zu $(0, 0)$, denn für alle $x \in [-2\pi, 2\pi]$ gilt $-f(-x) = -(-x + sin(-x)) = x - sin(-x) = x + sin(x) = f(x)$ und $-g(-x) = -(-(-x) + sin(-x)) = -x - sin(-x) - x + sin(x) = g(x)$, wobei die durch $-sin(-x) = sin(x)$, für alle $x \in \mathbb{R}$, ausgedrückte Punktsymmetrie der Sinus-Funktion verwendet wurde.

2. Die Funktion $f - g$ ist definiert durch $(f - g)(x) = f(x) - g(x) = x + sin(x) + x - sin(x) = 2x$ und hat somit das durch $(\int(f - g))(x) = 2 \cdot \frac{1}{2} \cdot x^2 = x^2 + c$ definierte Integral $\int(f - g)$.
Mit der Nullstelle 0 von $f - g$ und der in Teil 1 gezeigten Punktsymmetrie bezüglich $(0, 0)$ ist dann
$A(f, g) = 2 \cdot \int\limits_0^{2\pi} (f - g) = 2((\int(f - g))(2\pi) - (\int(f - g))(0)) = 2(2\pi)^2 = 8\pi^2$ (FE).

3. Die Zuordnung $a \longmapsto A(f, g)$ mit $a > 0$ beschreibt eine Funktion $p : \mathbb{R}^+ \longrightarrow \mathbb{R}^+$ mit der Zuordnungsvorschrift $p(a) = 2(a\pi)^2 = 2\pi^2 a^2$. Die graphische Darstellung von p ist Teil einer Parabel mit dem Öffnungsfaktor $2\pi^2$.

A2.651.05: Betrachten Sie die durch $f(x) = a^{x+1} - 1$ definierte Funktion $f : \mathbb{R} \longrightarrow \mathbb{R}$ mit $a > 1$.
1. Berechnen Sie den Flächeninhalt $A(f)$ der Fläche, die f mit Abszisse und Ordinate einschließt. Geben Sie den Flächeninhalt $A(f)$ dann noch für den speziellen Fall $a = 3$ an.
2. Abszissen- und Ordinatenschnitt von f bilden die Seiten eines Rechtecks R, dessen Flächeninhalt mit $A(R)$ bezeichnet sei. Berechnen Sie $A(R) - A(f)$; geben Sie diesen Flächeninhalt ebenfalls für $a = 3$ an.
3. Begründen Sie mit Hilfe der Funktion log_e, daß der in Teil 1 berechnete Flächeninhalt $A(f)$ für jede Zahl $a > 1$ tatsächlich eine positive Maßzahl hat.

B2.651.05: Man beachte: Die Funktion f ensteht aus der durch $exp_a = a^x$ definierten Exponential-Funktion durch eine Verschiebung um 1 in negativer Abszissenrichtung und um eine anschließende Verschiebung um 1 nach in negativer Ordinatenrichtung. Es entsteht aus exp_a also f durch entgegengesetzte Verschiebungen.

1a) Das Integral der Funktion von $exp_a \circ g$ mit $g(x) = x + 1$ ist $\int(exp_a \circ g) = \bar{a}(exp_a \circ g) + \mathbb{R}$ mit dem Faktor $\bar{a} = \frac{1}{log_e(a)}$. Somit ist dann $\int f = \bar{a}(exp_a \circ g) - id + \mathbb{R}$ mit der Zuordnungsvorschrift $(\int f)(x) = \bar{a}a^{x+1} - x$ (ohne Integrationskonstante c).

1b) Wegen $f(x) \geq 0$ für $x \in [-1, 0]$ ist $A(f) = \int\limits_{-1}^{0} f = (\int f)(0) - (\int f)(-1) = \bar{a}a^1 - (\bar{a}a^0 - (-1)) =$
$\bar{a}a - \bar{a} - 1 = \bar{a}(a - 1) - 1$ (FE). Für $a = 3$ ist $A(f) = \bar{3}(3 - 1) - 1 = \bar{3} \cdot 2 - 1 = \frac{2}{log_e(3)} - 1 \approx 0,82$ (FE).

2. Der Abszissenabschnitt hat die Länge 1, der Ordinatenabschnitt die Länge $f(0) = a - 1$. Somit ist $A(R) = a - 1$ (FE), folglich ist $A(R) - A(f) = a - 1 - (\bar{a}(a - 1) - 1) = a - 1 - \bar{a}(a - 1) + 1 = a - \bar{a}(a - 1)$ (FE). Für $a = 3$ ist $A(R) - A(f) = 3 - \bar{3} \cdot 2 \approx 1,18$ (FE).

3. Zunächst gilt: $\bar{a}(a - 1) - 1 > 0 \Leftrightarrow \bar{a}(a - 1) > 1 \Leftrightarrow \frac{a-1}{log_e(a)} > 1$. Betrachtet man die durch $t(a) = a - 1$ definierte Funktion t, so gilt $t(a) > log_e(a)$, für alle $a \in \mathbb{R}^+$, denn t ist Tangente an log_e mit Berührpunkt $(1, 0)$. Ferner gilt $t(a) > 0$ und $log_e(a) > 0$ für alle $a > 1$, somit ist tatsächlich $\frac{a-1}{log_e(a)} = \frac{t(a)}{log_e(a)} > 1$, woraus die Behauptung $\bar{a}(a - 1) - 1 > 0$ folgt.

A2.651.06: Betrachten Sie die Familie $(f_a)_{a\in\mathbb{R}_0^+}$ von Funktionen $f_a : \mathbb{R} \longrightarrow \mathbb{R}$ mit $f_a(x) = (a+x)e^{-x}$. Berechnen Sie den Flächeninhalt $A(n, f_{a_1}, f_{a_2})$ der von f_{a_1}, f_{a_2}, der Ordinate und der Ordinatenparallelen durch $n \in \mathbb{N}$ eingeschlossenen Fläche. Untersuchen Sie die Folge $(A(n, f_{a_1}, f_{a_2}))_{n\in\mathbb{N}}$ auf Konvergenz.

B2.651.06: Man beachte: Die Zuordnungsvorschrift $f_a(x) = (a + x)e^{-x}$ zeigt, daß f_a ein Produkt $f_a = g_a \cdot h$ ist, wobei g_a durch $g_a(x) = a + x$ und h durch $h(x) = e^{-x}$ definiert ist. Dabei kann man den Faktor h auf zweierlei Weise näher betrachten: Wegen $e^{-x} = \frac{1}{e^x}$ ist $h = \frac{1}{exp_e}$ und damit f_a der Quotient $f_a = \frac{g_a}{exp_e}$. Aber auch: h läßt sich aber auch als Komposition $h = exp_e \circ (-id)$ darstellen, somit ist f_a das Produkt $f_a = g_a(exp_e \circ (-id))$, worauf im folgenden auch Bezug genommen wird.

Man beachte derner: Es gelten folgende Äquivalenzen: $a_1 < a_2 \Leftrightarrow a_1 + x < a_2 + x$, für alle $x \in \mathbb{R}$ $\Leftrightarrow (a_1 + x)e^{-x} < (a_2 + x)e^{-x}$, für alle $x \in \mathbb{R} \Leftrightarrow f_{a_1}(x) < f_{a_2}(x)$, für alle $x \in \mathbb{R} \Leftrightarrow f_{a_1} < f_{a_2}$. Dabei wurde verwendet, daß $e^{-x} > 0$ für alle $x \in \mathbb{R}$ gilt.

1. Die Berechnung des Flächeninhaltes $A(n, f_{a_1}, f_{a_2})$ bezieht sich auf diese Äquivalenzen: Dort wurde für den Fall $a_1 < a_2$ gezeigt, daß $f_{a_1} < f_{a_2}$, also $f_{a_2} - f_{a_1} > 0$ gilt. Damit gilt $A(n, f_{a_1}, f_{a_2}) = \int_0^n (f_{a_2} - f_{a_1})$.

Für die Indizes a_1 und a_2 gelte $a_1 < a_2$, also $f_{a_2} - f_{a_1} > 0$, mithin ist $A(n, f_{a_1}, f_{a_2}) = \int_0^n (f_{a_2} - f_{a_1})$. Die Funktion $f_{a_2} - f_{a_1}$ hat nach der Bemerkung zu Anfang die Form $f_{a_2} - f_{a_1} = g_{a_2}h - g_{a_1}h = (g_{a_2} - g_{a_1})h = (a_2 - a_1)h$ und besitzt folglich das Integral $\int (f_{a_2} - f_{a_1}) = (a_2 - a_1) \cdot \int h$. Weiter: Mit $h = exp_e \circ (-id)$ ist $\int h = (-1)(exp_e \circ (-id)) + \mathbb{R} = -(exp_e \circ (-id)) + \mathbb{R} = -h + \mathbb{R}$, womit dann aber schließlich $\int (f_{a_2} - f_{a_1}) = (a_2 - a_1)(-h) + \mathbb{R} = (a_1 - a_2)h + \mathbb{R}$ folgt.

Der gesuchte Flächeninhalt ist dann $A(n, f_{a_1}, f_{a_2}) = \int_0^n (f_{a_2} - f_{a_1}) = (\int (f_{a_2} - f_{a_1}))(n) - (\int (f_{a_2} - f_{a_1}))(0) = (a_1 - a_2)e^{-n} - (a_1 - a_2)e^0 = (a_1 - a_2)(e^{-n} - 1)$ (FE). (Eine Überlegung zur Kontrolle: Bei diesem Ergebnis sind beide Faktoren kleiner Null, das Produkt also größer Null.)

2. Nun ist die Folge $(A(n, f_{a_1}, f_{a_2}))_{n\in\mathbb{N}}$, also die Folge $((a_1 - a_2)(e^{-n} - 1))_{n\in\mathbb{N}}$ zu betrachten, wobei im Hinblick auf mögliche Konvergenz nur der zweite Faktor, $(e^{-n} - 1)$, eine Rolle spielt, da der erste konstant ist. Dabei ist wieder nur der Summand $e^{-n} = \frac{1}{e^n}$ von Belang, also gilt:

Da die Exponential-Funktion $exp_e > 0$ monoton und unbeschränkt ist, ist die Folge $(e^{-n})_{n\in\mathbb{N}}$ antiton mit 0 als größter unterer Schranke. Somit ist $lim(e^{-n})_{n\in\mathbb{N}} = 0$. Damit ist auch die Folge $(A(n, f_{a_1}, f_{a_2}))_{n\in\mathbb{N}}$ konvergent und es gilt $lim(A(n, f_{a_1}, f_{a_2}))_{n\in\mathbb{N}} = lim((a_1 - a_2)(e^{-n} - 1))_{n\in\mathbb{N}} = (a_1 - a_2) \cdot lim(e^{-n} - 1)_{n\in\mathbb{N}} = (a_1 - a_2)(-1) = a_2 - a_1$. Dabei ist $a_2 - a_1 > 0$, denn es wurde $a_1 < a_2$ gewählt.

A2.651.07: Betrachten Sie die Familie $(f_a)_{a\in\mathbb{R}^+}$ von Funktionen $f_a : \mathbb{R} \longrightarrow \mathbb{R}$, definiert durch die Zuordnungsvorschrift $f_a(x) = ax \cdot e^{ax+a}$. Beweisen Sie zunächst $(\int f_a)(x) = (x - \frac{1}{a})e^{ax+a} + c$, berechnen Sie dann den Inhalt $A(f_a)$ der Fläche, die von f, der Abszisse, der Ordinate und der Ordinatenparallelen durch den Wendepunkt von f_a eingeschlossen wird. Überprüfen Sie, ob die durch $a \longmapsto A(f_a)$ definierte Funktion $A : \mathbb{R}^+ \longrightarrow \mathbb{R}$ Minima besitzt. Wenn ja, welche(s)?

B2.651.07: Die Funktion f_a hat die Darstellung $f_a = g_a(exp \circ u_a)$ mit den durch $g_a(x) = ax$ und $u_a(x) = ax + a$ definierten Funktionen g_a und u_a. Zur weiteren Bearbeitung dann im einzelnen:

1. Mit $\int f_a = v_a(exp_e \circ u_a) + \mathbb{R}$, wobei v_a durch $v_a(x) = x - \frac{1}{a}$ definiert sei, liefert Differentiation dann $(\int f_a)' = v_a'(exp_e \circ u_a) + v_a(exp_e \circ u_a)' = (exp_e \circ u_a) + av_a(exp_e \circ u_a) = (1 + av_a)(exp_e \circ u_a) = g_a(exp_e \circ u_a)$, denn es ist $1 + av_a(x) = 1 + a(x - \frac{1}{a}) = 1 + ax - 1 = ax = g_a(x)$.

2. Berchnung des Wendepunktes von f_a: Zunächst ist $N(f_a'') = N(2a^2 + a^2 g_a) = \{-\frac{2}{a}\}$, denn es gilt: $2a^2 + a^2 ax = 0 \Leftrightarrow a^2(2 + ax) = 0 \Leftrightarrow 2 + ax = 0 \Leftrightarrow ax = -2 \Leftrightarrow x = -\frac{2}{a}$. Und weiterhin: Mit $f_a''' = (2a^2 + a^2 g_a)'(exp_e \circ u_a) + (2a^2 + a^2 g_a)(exp_e \circ u_a)' = a^3(exp_e \circ u_a) + a(2a^2 + a^2 g_a)(exp_e \circ u_a) = (a^3 + 2a^3 + a^3 g_a)(exp_e \circ u_a) = (3a^3 + a^3 g_a)(exp_e \circ u_a)$ ist $f_a'''(-\frac{2}{a}) = (3a^3 + a^3 a(-\frac{2}{a}))e^{a-2} = a^3 e^{a-2} \neq 0$, somit ist $(-\frac{2}{a}, f_a(-\frac{2}{a})) = (-\frac{2}{a}, -2e^{a-2})$ der Wendepunkt von f_a.

3. Da f_a in $[-\frac{2}{a}, 0]$ wegen $a > 0$ nur die eine Nullstelle 0 hat, gilt $A(f_a) = |\int_{-\frac{2}{a}}^{0} f_a| = |(\int f_a)(0) - (\int f_a)(-\frac{2}{a})|$
$= |(-\frac{1}{a})e^a - (-\frac{2}{a} - \frac{1}{a})e^{a-2}| = |\frac{1}{a}(3e^{a-2} - e^a)| = |\frac{1}{a}(\frac{3}{e^2} - 1)e^a| = |(\frac{3}{e^2} - 1)\frac{1}{a}e^a| \approx |(0,4 - 1)\frac{1}{a}e^a| =$

$|-0,6 \cdot \frac{1}{a} e^a| = 0,6 \cdot \frac{e^a}{a}$ (FE).

4. Die durch $A(a) \approx 0,6 \cdot \frac{1}{a} e^a$ definierte Funktion $A : \mathbb{R}^+ \longrightarrow \mathbb{R}$ hat nun die 1. Ableitungsfunktion $A' : \mathbb{R}^+ \longrightarrow \mathbb{R}$ mit der Zuordnungsvorschrift $A'(a) \approx 0,6 \cdot (-\frac{1}{a^2} e^a + \frac{1}{a} e^a) = 0,6 \cdot (\frac{1}{a} - \frac{1}{a^2}) e^a$, folglich wegen der Äquivalenzen $\frac{1}{a} - \frac{1}{a^2} = 0 \Leftrightarrow \frac{a-1}{a^2} = 0 \Leftrightarrow a = 1$ nur die Nullstelle 1.
Mit $A''(a) \approx 0,6 \cdot (\frac{2-a}{a^3} e^a + \frac{a-1}{a^2} e^a) = 0,6 \cdot (\frac{1}{a} - \frac{2}{a^2} + \frac{2}{a^3}) e^a$ ist $A''(1) \approx 0,6 \cdot 1 \cdot e^1 = 0,6 \cdot e > 0$, somit ist 1 die Minimalstelle von A mit dem Funktionswert $A(1) \approx 0,6 \cdot e \approx 1,6$ (FE).

A2.651.08: Betrachten Sie die durch $f(x) = \log_e^2(x) - 2 \cdot \log_e(x)$ definierte Funktion $f : \mathbb{R}^+ \longrightarrow \mathbb{R}$. Beweisen Sie, daß das Integral $\int f$ durch $(\int f)(x) = x \cdot \log_e^2(x) - 4x \cdot \log_e(x) + 4x + c$ definiert ist und berechnen Sie dann den Inhalt $A(f)$ der Fläche, die f mit der Abszisse bildet.

B2.651.08: Zur Bearbeitung der Aufgabe im einzelnen:

1. Wegen $x \in N(f) \Leftrightarrow f(x) = 0 \Leftrightarrow \log_e(x)(\log_e(x) - 2) = 0 \Leftrightarrow \log_e(x) = 0$ oder $\log_e(x) = 2 \Leftrightarrow x = 1$ oder $x = e^2 \Leftrightarrow x \in \{1, e^2\}$ ist $N(f) = \{1, e^2\}$.

2. Differentiation von $\int f$ liefert $(\int f)'(x) = \log_e^2(x) + 2x \cdot \log_e(x) \frac{1}{x} - 4 \cdot \log_e(x) - 4x \frac{1}{x} + 4$
$= \log_e^2(x) + 2 \cdot \log_e(x) - 4 \cdot \log_e(x) - 4 + 4 = \log_e^2(x) - 2 \cdot \log_e(x) = f(x)$.

3. Die von f und der Abszisse begrenzte Fläche hat den Flächeninhalt
$A(f) = |\int_1^{e^2} f| = |e^2 \cdot \log_e^2(e^2) - 4e^2 \cdot \log_e(e^2) + 4e^2 - (1^2 \cdot \log_e^2(1) - 4 \cdot 1 \cdot \log_e(1) + 4 \cdot 1)|$
$= |e^2 \cdot 2^2 - 4e^2 \cdot 2 + 4e^2 - (1 \cdot 0 - 4 \cdot 0 + 4)| = |4e^2 - 8e^2 + 4e^2 - 4| = |-4| = 4$ (FE).

2.652 BERECHNUNG VON ROTATIONS-VOLUMINA

A2.652.01: Berechnen Sie jeweils mittels eines geeigneten Geradenteils das Volumen (als Rotations-Volumen bezüglich Abszisse) eines
1. senkrechten Kreiskegels der Höhe h und mit Grundkreisradius r,
2. entsprechenden Kegelstumpfs der Höhe k mit Radien u, v mit $v > u$.

B2.652.01: Zur Bearbeitung der Aufgabe im einzelnen:
1. Zu betrachten ist der Geradenteil $f : [0, h] \longrightarrow [0, r]$ mit $f(x) = \frac{r}{h}x$ (für den insbesondere $f(h) = \frac{r}{h}h = r$ gilt). Mit $f^2 = \frac{r^2}{h^2}id^2$ und $\int f^2 = \frac{r^2}{3h^2}id^3 + \mathbb{R}$ ist dann $V(f) = \pi \int_0^h f^2 = \pi((\int f^2)(h) - (\int f^2)(0)) = \frac{r^2}{3h^2}h^3\pi = \frac{r^2}{3}h\pi = \frac{1}{3}\pi r^2 h$ (VE).
2. Zu betrachten ist der Geradenteil $f : [0, k] \longrightarrow [u, v]$ mit - wenn man die Abkürzung $a = \frac{v-u}{k}$ verwendet - der Zuordnungsvorschrift $f(x) = ax + u$ (für den insbesondere $f(k) = ak + u = \frac{v-u}{k}k + u = v$ gilt). Mit $f^2 = a^2 \cdot id^2 + 2au \cdot id + u^2$ und $\int f^2 = \frac{a^2}{3}id^3 + au \cdot id^2 + u^2 \cdot id + \mathbb{R}$ ist dann
$V(f) = \pi \int_0^k f^2 = \pi(\int f^2)(k) - (\int f^2)(0)) = \pi(\frac{a^2}{3}k^3 + auk^2 + u^2k) = \frac{\pi}{3}k(a^2k^2 + 3auk + 3u^2)$
$= \frac{\pi}{3}k((\frac{v-u}{k})^2k^2 + 3\frac{v-u}{k}uk + 3u^2) = \frac{\pi}{3}k((v-u)^2 + 3(v-u)u + 3u^2) = \frac{\pi}{3}k(v^2 + vu + u^2)$ (VE).

A2.652.02: Im folgenden soll für verschiedene streng monotone stetige (also bijektive) Funktionen $f : [0, b] \longrightarrow [f(0), f(b)]$ sowie Einschränkungen $f : [a, b] \longrightarrow [f(a), f(b)]$ mit $0 \leq a < b$ Rotations-Volumina $V_x(f)$ und $V_y(f)$ untersucht werden (siehe dazu auch Aufgabe A2.650.03), wobei die zugehörigen Flächen wie folgt definiert seien: Es bezeichne

a) $F_x(f)$ die von f, der Abszisse und den Ordinatenparallelen durch a und b begrenzte Fläche,

b) $F_y(f)$ die von f, der Ordinate und den Ordinatenparallelen durch $f(a)$ und $f(b)$ begrenzte Fläche.

1. Berechnen Sie $V_x(f)$ und $V_y(f)$ für Potenz-Funktionen $f = id^n : [a, b] \longrightarrow Bild(f)$ mit $n \in \mathbb{N}$.
2. Konkretisieren Sie die Ergebnisse zu Aufgabenteil 1 für $n = 3$, $a = 0$ und $b = 2$. Vergleichen Sie dann $V_x(f)$ mit dem Volumen V_K eines geeigneten senkrechten Kreiskegels K als einer sinnvollen oberen Schranke zu $V_x(f)$.
3. Finden Sie eine Funktion $g = id^u : [a^n, b^n] \longrightarrow Bild(g)$ mit $u \in \mathbb{Q}^+$, so daß $V_x(g) = n \cdot V_x(f)$ für die in Aufgabenteil 1 betrachtete Funktion f gilt.
4. Berechnen Sie $V_y(g)$ zu der in Aufgabenteil 3 zu konstruierenden Funktion g.
5. Konkretisieren Sie die Ergebnisse zu $V_x(g)$ und $V_y(g)$ für $n = 3$, $a = 0$ und $b = 2$. Vergleichen Sie dann $V_x(g)$ mit $V_y(g)$.

B2.652.02: Zur Bearbeitung der Aufgabe im einzelnen:
1. Für Potenz-Funktionen $f = id^n : [a, b] \longrightarrow [f(a), f(b)]$ mit $n \in \mathbb{N}$ und $[a, b] \subset \mathbb{R}_0^+$ gilt einerseits $V_x(f) = \pi \int_a^b f^2 = \pi \int_a^b id^{2n} = \pi \frac{1}{2n+1}(b^{2n+1} - a^{2n+1})$, andererseits gilt mit $f^{-1} = id^{\frac{1}{n}} : [f(a), f(b)] \longrightarrow [a, b]$ und $(f^{-1})^2 = id^{\frac{2}{n}} : [f(a), f(b)] \longrightarrow [a, b]$ sowie $\int (f^{-1})^2 = \int id^{\frac{2}{n}} = \frac{n}{n+2} \cdot id^{\frac{n+2}{n}} + \mathbb{R}$ dann $V_y(f) = V_x(f^{-1}) = \pi \int_{f(a)}^{f(b)} (f^{-1})^2 = \pi \int_{a^n}^{b^n} (f^{-1})^2 = \pi \frac{n}{n+2}((b^n)^{\frac{n+2}{n}} - (a^n)^{\frac{n+2}{n}}) = \pi \frac{n}{n+2}(b^{n+2} - a^{n+2})$.

2. Für die Daten $n = 3$, $a = 0$ und $b = 2$ ist $V_x(f) = \pi \cdot \frac{1}{7} \cdot 2^7 = \frac{128}{7}\pi \approx 57,5$ (VE). Entsprechend ist $V_y(f) = \pi \cdot \frac{3}{5} \cdot 2^5 = \frac{96}{5}\pi \approx 60,3$ (VE). Betrachtet man den Kreiskegel mit Radius $r = 2^3 = 8$ und Höhe $b = 2$ sowie sein Volumen $V_K = \frac{1}{3} \cdot \pi r^2 b = \frac{128}{3}\pi \approx 134,0$ (VE), dann gilt offenbar $V_x(f) : V_K = 3 : 7$, das bedeutet also $V_x(f) = \frac{3}{7} \cdot V_K$.

3. Es gilt $V_x(f) = \pi \frac{1}{2n+1}(b^{2n+1} - a^{2n+1}) = \pi \cdot \frac{1}{n} \cdot \frac{n}{2n+1}((b^n)^{\frac{2n+1}{n}} - (a^n)^{\frac{2n+1}{n}}) = \pi \cdot \frac{1}{n} \cdot \int_{a^n}^{b^n} id^{\frac{n+1}{n}} = \frac{1}{n} \cdot \pi \cdot \int_{a^n}^{b^n} (id^{\frac{n+1}{2n}})^2 = \frac{1}{n} \cdot V_x(g)$ für die Funktion $g = id^{\frac{n+1}{2n}} : [a^n, b^n] \longrightarrow Bild(g) = [a^{\frac{n+1}{2}}, b^{\frac{n+1}{2}}]$, wobei bei der Berechnung das Integral $\int id^{\frac{n+1}{n}} = \frac{n}{2n+1} \cdot id^{\frac{2n+1}{n}} + \mathbb{R}$ verwendet ist.

4. Für die Funktionen $g^{-1} = id^{\frac{2n}{n+1}} : [a^{\frac{n+1}{2}}, b^{\frac{n+1}{2}}] \longrightarrow [a^n, b^n]$ und $(g^{-1})^2 = id^{\frac{4n}{n+1}}$ sowie $\int (g^{-1})^2 = \int id^{\frac{4n}{n+1}} = \frac{n+1}{5n+1} \cdot id^{\frac{5n+1}{n+1}} + \mathbb{R}$ ist dann $V_y(f) = V_x(g^{-1}) = \pi \int_{a^{\frac{n+1}{2}}}^{b^{\frac{n+1}{2}}} (g^{-1})^2 = \pi \frac{n+1}{5n+1}(b^{\frac{5n+1}{2}} - a^{\frac{5n+1}{2}})$.

5. Für die Daten $n = 3$, $a = 0$ und $b = 2$ ist $V_x(g) = 3 \cdot V_x(f) = 3 \cdot \frac{128}{7} \cdot \pi \approx 172,3$ (VE). Nach Aufgabenteil 4 ist $V_y(g) = \pi \cdot \frac{1}{4} \cdot 2^8 = 64 \cdot \pi \approx 201,1$ (VE). Das liefert dann das Verhältnis $V_x(g) : V_y(g) = 6 : 7$.

2.662 SIMPSON- UND KEPLER-NÄHERUNG

A2.662.01: Für quadratische Funktionen $p: [a,b] \longrightarrow \mathbb{R}$ gilt $\int_a^b p = \frac{b-a}{6} \cdot (p(a) + p(b) + 4 \cdot p(\frac{a+b}{2}))$.
Beweisen Sie diesen Sachverhalt (ohne Rückgriff auf den Beweis von Satz 2.662.3) unter Verwendung der um $\frac{a+b}{2}$ in negativer Abszissen-Richtung verschobenen Funktion p, also $q: [-u, u] \longrightarrow \mathbb{R}$ mit den Daten $u = \frac{a+b}{2} - a$ und $q(x) = f(x + \frac{a+b}{2})$.

B2.662.01: Da das Riemann-Integral invariant gegenüber Verschiebungen der Funktion in Abszissen-Richtung ist, gilt $\int_a^b p = \int_{-u}^u q$.

a) Somit ist zunächst das Riemann-Integral $\int_{-u}^u q$ zu berechnen: Hat $q(x)$ die Darstellung der Form $q(x) = c_0 + c_1 x + c_2 x^2$, dann ist $Q: [-u, u] \longrightarrow \mathbb{R}$ mit der Vorschrift $Q(x) = c_0 x + \frac{1}{2} c_1 x^2 + \frac{1}{3} c_1 x^3$ eine Stammfunktion von q und es gilt $\int_{-u}^u q = Q(u) - Q(-u) = 2c_0 u + \frac{2}{3} c_2 u^3 = \frac{1}{3} u (6 c_0 + 2 c_2 u^2) =$
$\frac{1}{3} u (6 c_0 - c_1 u + c_1 u + 2 c_2 u^2) = \frac{1}{3} u ((c_0 - c_1 u + c_2 u^2) + (c_0 + c_1 u + c_2 u^2) + 4 c_0) = \frac{1}{3} u (q(-u) + q(u) + 4 q(0))$.

b) Beachtet man nun $u = \frac{a+b}{2} - a$, dann ist $u = \frac{b-a}{2}$ und $q(-u) = p(-u + \frac{a+b}{2}) = p(\frac{a-b}{2} + \frac{a+b}{2}) = p(a)$ sowie $q(u) = p(u + \frac{a+b}{2}) = p(\frac{b-a}{2} + \frac{a+b}{2}) = p(b)$ und $q(0) = p(\frac{a+b}{2})$. Somit liefert der in a) ermittelte Sachverhalt dann $\int_a^b p = \int_{-u}^u q = \frac{b-a}{6} (p(a) + p(b) + 4 \cdot p(\frac{a+b}{2}))$.

A2.662.02: Betrachten Sie die Funktion $log_e : [1, 3] \longrightarrow \mathbb{R}$.
a) Erzeugen Sie die durch die in Bemerkung 2.662.6 genannten drei Punkte erzeugte Interpolations-Parabel $p: [1, 3] \longrightarrow \mathbb{R}$ zu log_e und berechnen Sie die Näherung $\int_1^3 log_e \approx \int_1^3 p$.
b) Berechnen Sie $\int_1^3 log_e$ sowie den in Teil 1 auftretenden Verfahrensfehler $V_s(log_e) = \int_1^3 log_e - \int_1^3 p$ und geben Sie zusätzlich den relativen Verfahrensfehler in Prozent an.

B2.662.02:

a_1) Für die Interpolations-Parabel $p: [1, 3] \longrightarrow \mathbb{R}$ zu $log_e: [1, 3] \longrightarrow \mathbb{R}$ mit $p(x) = c_0 + c_1 x + c_2 x^2$ liefern die genannten drei Bedingungen das folgende Gleichungssystem (I, II, III):

$$\begin{array}{rlll}
\text{I}: & p(1) = & c_0 + c_1 + c_2 & = log_e(1) = 0 \\
\text{II}: & p(2) = & c_0 + 2c_1 + 4c_2 & = log_e(2) \\
\text{III}: & p(3) = & c_0 + 3c_1 + 9c_2 & = log_e(3) \\
\text{I}^* = \text{II} - \text{I}: & & c_1 + 3c_2 & = log_e(2) \\
\text{II}^* = \text{III} - \text{I}: & & 2c_1 + 8c_2 & = log_e(3) \\
\text{II}^* - 2 \cdot \text{I}^*: & & 8c_2 - 6c_2 & = log_e(3) - 2 \cdot log_e(2)
\end{array}$$

Die zuletzt genannte Gleichung liefert $c_2 = \frac{1}{2} \cdot log_e(3) - log_e(2) = log_e(\sqrt{3}) - log_e(2) = log_e(\frac{1}{2}\sqrt{3})$, woraus die Gleichung I^* dann $c_1 = log_e(2) - 3c_2 = log_e(2) - log_e(\frac{1}{8} \cdot 3\sqrt{3}) = log_e(\frac{16}{9}\sqrt{3})$ und Gleichung I schließlich $c_0 = -c_1 - c_2 = -log_e(\frac{16}{9}\sqrt{3}) - log_e(\frac{1}{2}\sqrt{3}) = -log_e(\frac{8}{3}) = log_e(\frac{3}{8})$ liefert.
Damit hat $p: [1, 3] \longrightarrow \mathbb{R}$ die Zuordnungsvorschrift $p(x) = log_e(\frac{3}{8}) + log_e(\frac{16}{9}\sqrt{3}) \cdot x + log_e(\frac{1}{2}\sqrt{3}) \cdot x^2$.

a_2) Mit einer Stammfunktion P von p ist dann das Riemann-Integral $\int_1^3 p = P(3) - P(1)$
$= 2 \cdot log_e(\frac{3}{8}) + 4 \cdot log_e(\frac{16}{9}\sqrt{3}) + \frac{26}{3} \cdot log_e(\frac{1}{2}\sqrt{3}) = log_e((\frac{3}{8})^2 \cdot (\frac{16}{9}\sqrt{3})^4 \cdot (\frac{1}{2}\sqrt{3})^{\frac{26}{3}}) = log_e(\frac{3^2 \cdot 16^4 \cdot \sqrt{3}^4 \cdot \sqrt{3}^{\frac{26}{3}}}{8^2 \cdot 9^4 \cdot 2^{\frac{26}{3}}})$
$= log_e(\frac{3^2 \cdot 2^{16} \cdot 3^2 \cdot 3^{\frac{26}{6}}}{2^6 \cdot 3^8 \cdot 2^{\frac{26}{3}}}) = log_e(2^{\frac{4}{3}} \cdot 3^{\frac{1}{3}}) = \frac{1}{3} \cdot log_e(2^4 \cdot 3) = \frac{1}{3} \cdot log_e(48) \approx 1,29040$.

b) Mit dem Integral $\int log_e = id(log_e - 1) + \mathbb{R}$ von log_e ist $\int_1^3 log_e = 3(log_e(3) - 1) - (log_e(1) - 1) = 3 \cdot log_e(3) - 2$. Der zu berechnende absolute Verfahrensfehler ist dann $V_s(log_e) = 3 \cdot log_e(3) - 2 - \frac{1}{3} \cdot log_e(48) \approx 1,29584$, der relative Verfahrensfehler $rV_s(log_e) = \frac{V_s(log_e)}{3 \cdot log_e(3) - 2} \approx 0,4\,\%$.

A2.662.03: Konstruieren Sie zu einer stetigen Funktion $f : [a, b] \longrightarrow \mathbb{R}$ die durch die drei Punkte $(a, f(a))$, $(\frac{a+b}{2}, f(\frac{a+b}{2}))$ und $(b, f(b))$ erzeugte Interpolations-Parabel $p : [a, b] \longrightarrow \mathbb{R}$ der Form $p(x) = c_0 + c_1 x + c_2 x^2$ unter Verwendung der Beziehungen $p(a) = f(a)$, $p(\frac{a+b}{2}) = f(\frac{a+b}{2})$ und $p(b) = f(b)$.

B2.662.03: Für die Interpolations-Parabel $p : [a, b] \longrightarrow \mathbb{R}$ zu $f : [a, b] \longrightarrow \mathbb{R}$ mit $p(x) = c_0 + c_1 x + c_2 x^2$ liefern die genannten drei Bedingungen mit den Abkürzungen $y_0 = f(a)$ sowie $y_1 = f(\frac{a+b}{2})$ und $y_2 = f(b)$ das folgende Gleichungssystem (I, II, III):

$$\begin{array}{rlrl}
\text{I}: & p(a) = & c_0 + c_1 a + c_2 a^2 & = y_0 \\
\text{II}: & p(\frac{a+b}{2}) = & c_0 + c_1(\frac{a+b}{2}) + c_2(\frac{a+b}{2})^2 & = y_1 \\
\text{III}: & p(b) = & c_0 + c_1 b + c_2 b^2 & = y_2 \\
\text{I}^* = \text{II} - \text{I}: & & c_1(\frac{b-a}{2}) + c_2((\frac{a+b}{2})^2 - a^2) & = y_1 - y_0 \\
\text{II}^* = \text{III} - \text{I}: & & c_1(b - a) + c_2(b^2 - a^2) & = y_2 - y_0 \\
\text{II}^* - 2 \cdot \text{I}^*: & & c_2(b^2 - a^2 - \frac{(a+b)^2}{2} + 2a^2) & = y_0 - 2y_1 + y_2
\end{array}$$

Die zuletzt genannte Gleichung liefert $c_2 = \frac{2}{(a-b)^2}(y_0 - 2y_1 + y_2)$, woraus die Gleichung II* dann $c_1 = \frac{1}{b-a}((y_2 - y_0 - \frac{2}{(a-b)^2}(y_0 - 2y_1 + y_2)(b^2 - a^2)) = \frac{1}{b-a}((y_2 - y_0 - \frac{2}{(a-b)^2}(y_0 - 2y_1 + y_2)(a+b))$
$= \frac{1}{b-a}((y_2 - y_0 - \frac{2(a+b)}{(b-a)}(y_0 - 2y_1 + y_2)) = \frac{1}{(b-a)^2}((y_2 - y_0)(b-a) - 2(a+b)(y_0 - 2y_1 + y_2))$
$= \frac{1}{(b-a)^2}(-y_2 b - 3y_2 a - 3y_0 b - y_0 a + 4y_1 a + 4y_1 b) = \frac{1}{(b-a)^2}((-y_2 - 3y_0 + 4y_1)b + (-3y_2 - y_0 + 4y_1)a)$.
Gleichung I liefert dann schließlich $c_0 = y_0 - c_1 a - c_2 a^2$
$= y_0 - \frac{a}{(a-b)^2}((-y_2 - 3y_0 + 4y_1)b + (-3y_2 - y_0 + 4y_1)a) - \frac{2a^2}{(a-b)^2}(y_2 - 2y_1)$
$= y_0 - \frac{a}{(a-b)^2}((-y_2 - 3y_0 + 4y_1)b - (y_0 + y_2)a)$.
Anmerkung: Verwendet man diese Zahlen c_1, c_2, c_3 für die Bearbeitung von Aufgabe A2.662.02 für die Funktion $log_e : [1, 3] \longrightarrow \mathbb{R}$, so ist mit $y_0 = 0$, $y_1 = log_e(2)$, $y_2 = log_e(3)$ sowie $a = 1$ und $b = 3$ dann beispielsweise $c_0 = -\frac{1}{4}((-log_e(3) + 4 \cdot log_e(2)) \cdot 3 - log_e(3)) = -\frac{1}{4}((-4) \cdot log_e(3) + 12 \cdot log_e(2)) = log_e(3) - 3 \cdot log_e(2) = log_e(\frac{3}{8})$.

A2.662.04: Zu dem Riemann-Integral einer stetigen Funktion $f : [a, b] \longrightarrow \mathbb{R}$ seien die Kepler-Näherung $K_f = \frac{b-a}{6}(f(a) + f(b) + 4 \cdot f(\frac{a+b}{2}))$ sowie zwei weitere Näherungen $C_f = (b-a)f(\frac{a+b}{2})$ und D_f betrachtet. Welche Näherung ist mit D_f gemeint, wenn $K_f = \frac{1}{3}(D_f + 2 \cdot C_f)$ gelten soll? Beschreiben Sie den geometrischen Hintergrund von C_f und D_f im Sinne von Flächeninhalten.

B2.662.04: Die vorgegebene Beziehung
$K_f = \frac{1}{3}(D_f + 2 \cdot C_f)$ bedeutet $D_f = 3 \cdot K_f - 2 \cdot C_f$
$= \frac{b-a}{2}(f(a) + f(b) + 4 \cdot f(\frac{a+b}{2})) - 2(b-a)f(\frac{a+b}{2})$
$= \frac{b-a}{2}(f(a) + f(b)) + \frac{4(b-a)}{2} \cdot f(\frac{a+b}{2}) - 2(b-a)f(\frac{a+b}{2})$
$= \frac{b-a}{2}(f(a) + f(b))$ (oder $= (b-a)\frac{f(a)+f(b)}{2}$).
Die nebenstehende Skizze zeigt die geometrische Bedeutung der beiden Näherungen C_f und D_f für den Inhalt der von f, der Abszisse und den Ordinatenparallelen durch a und b begrenzten Fläche.

C_f repräsentiert den Inhalt des Rechtecks mit den Seitenlängen $b - a$ und $f(\frac{a+b}{2})$.

D_f repräsentiert den Inhalt des Rechtecks mit den Seitenlängen $\frac{b-a}{2}$ und $f(a) + f(b)$ oder das mit den Seitenlängen $b - a$ und $\frac{f(a)+f(b)}{2}$.

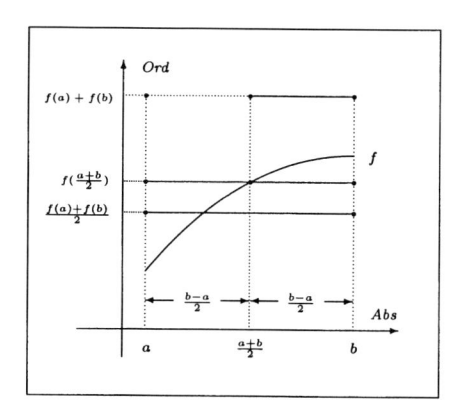

2.802 Lineare Differentialgleichungen der Ordnung 1

A2.802.01: Beweisen Sie, daß die angegebenen homogenen linearen Differentialgleichungen mit nichtkonstanten Koeffizienten (siehe Bemerkung 2.801.2/4) die angegebenen Lösungsmengen haben (dabei sei $id = id_{\mathbb{R}^+}$ abgekürzt):

(1) $id \cdot f + f' = 0$ mit Lösungsmenge $\mathbb{R} \cdot exp_e \circ (-\frac{1}{2} \cdot id)$,

(2) $\frac{1}{id} \cdot f + f' = 0$ mit Lösungsmenge $\mathbb{R} \cdot \frac{1}{id}$.

B2.802.01: Zur Bearbeitung der Gleichungen im einzelnen:

Beweis von 1.:

a) Ist $u \in \mathbb{R} \cdot exp_e \circ (-\frac{1}{2} \cdot id)$, so hat u die Form $u = c \cdot exp_e \circ (-\frac{1}{2} \cdot id)$ mit $c \in \mathbb{R}$, woraus die Beziehung $id \cdot u + u' = c \cdot id \cdot exp_e \circ (-\frac{1}{2} \cdot id) + c \cdot (-id) \cdot exp_e \circ (-\frac{1}{2} \cdot id) = 0$ folgt. Somit ist u eine Lösung von $id \cdot f + f' = 0$.

b) Ist $u : I \longrightarrow \mathbb{B}$ mit $u \neq 0$ eine Lösung von $id \cdot f + f' = 0$, so ist $id \cdot u + u' = 0$, woraus $-id = \frac{u'}{u}$ und somit $-\frac{1}{2} id^2 + c_1 = \int (-id) = \int \frac{u'}{u} = (log_e \circ u) + c_2$ nach Bemerkung 2.506.4/1 weiterhin also $-\frac{1}{2} id^2 = (log_e \circ u) + (c_2 - c_1)$ folgt. Damit ist dann $exp_e \circ (-\frac{1}{2} id^2) = (exp_e \circ log_e \circ u) \cdot exp_e (c_2 - c_1)$, woraus mit der Abkürzung $\frac{1}{c} = exp_e(c_2 - c_1)$ dann $u = c \cdot exp_e \circ (-\frac{1}{2} \cdot id)$ und somit $u \in \mathbb{R} \cdot exp_e \circ (-\frac{1}{2} \cdot id)$ folgt.

Beweis von 2.:

a) Ist $u \in \mathbb{R} \cdot \frac{1}{id}$, so hat u die Form $u = c \cdot \frac{1}{id}$ mit $c \in \mathbb{R}$, woraus die Beziehung $\frac{1}{id} \cdot u + u' = \frac{1}{id} \cdot c \cdot \frac{1}{id} + c(\frac{1}{id^2}) = c \cdot \frac{1}{id^2} - c \cdot \frac{1}{id^2} = 0$ folgt. Somit ist u eine Lösung von $\frac{1}{id} \cdot f + f' = 0$.

b) Ist $u : I \longrightarrow \mathbb{B}$ mit $u \neq 0$ eine Lösung von $\frac{1}{id} \cdot f + f' = 0$, so ist $\frac{1}{id} \cdot u + u' = 0$, woraus $-\frac{1}{id} = \frac{u'}{u}$ und somit $-log_e + c_1 = -\int \frac{1}{id} = \int (-\frac{1}{id}) = \int \frac{u'}{u} = (log_e \circ u) + c_2$ nach Bemerkung 2.506.4/1 Damit ist dann $-log_e = (log_e \circ u) + (c_2 - c_1)$, woraus $exp_e \circ (-log_e) = (exp_e \circ log_e \circ u) \cdot exp_e(c_2 - c_1)$, mit der Abkürzung $\frac{1}{c} = exp_e(c_2 - c_1)$ dann $exp_e \circ (-log_e) = u \cdot \frac{1}{c}$ und somit $\frac{1}{exp_e \circ log_e} = u \cdot \frac{1}{c}$, also $u = c \cdot \frac{1}{id} \in \mathbb{R} \cdot \frac{1}{id}$ folgt.

A2.802.02: Betrachten Sie die beiden folgenden Differentialgleichungen

(1) $f' + k \cdot f = 0$ und (2) $f' + k \cdot f = a \cdot sin \circ (m \cdot id)$.

1. Klären Sie zunächst den Zusammenhang beider Differentialgleichungen, verwenden Sie dabei die Form (D, u) allgemeiner Differentialgleichungen sowie die Struktur ihrer Lösungsmengen.
2. Berechnen Sie die Lösungsmengen beider Differentialgleichungen.
3. Ermitteln Sie diejenige Lösung der zweiten Differentialgleichung, die den Punkt $(0,1)$ enthält.

Hinweis: Verwenden Sie bei allen Berechnungen zur zweiten Differentialgleichung in Aufgabenteil 2 die Abkürzungen $e_{-k} = exp_e \circ (-k \cdot id)$, $e_k = exp_e \circ (k \cdot id)$, $s_m = sin \circ (m \cdot id)$ und $c_m = cos \circ (m \cdot id)$.

Anmerkung: In älterer Form werden beide Differentialgleichungen in sogenannter Differentialschreibweise (siehe Bemerkung 2.303.6) folgendermaßen angegeben, wobei mit $y = f(x)$ dann $\frac{dy}{dx} = f'(x)$ gemeint ist:

(1) $\frac{dy}{dx} + k \cdot y = 0$ und (2) $\frac{dy}{dx} + k \cdot y = a \cdot sin(mx)$.

B2.802.02: Zur Bearbeitung der Gleichungen im einzelnen:

1. Beiden Differentialgleichungen liegt die durch $D(f) = f' + kf$ definierte Differentiation zugrunde. Die erste Gleichung hat dann die Form $(D, 0)$ als homogene Differentialgleichung, die zweite Gleichung die Form $(D, a \cdot sin \circ (m \cdot id))$ als inhomogene Differentialgleichung. Die Lösungsmenge der homogenen Differentialgleichung ist $L(D, 0) = Kern(D)$, die der inhomogenen Differentialgleichung (D, h) ist $L(D, h) = f_0 + L(D, 0) = f_0 + Kern(D)$ mit einer speziellen Lösung der inhomogenen Gleichung.

2a) Die Lösungsmenge $L(D, 0)$ werden durch die folgenden Äquivalenzen geliefert. Es gilt $f \in L(D, 0) \Leftrightarrow D(f) = 0 \Leftrightarrow f' + kf = 0 \Leftrightarrow f' = -kf \Leftrightarrow \frac{f'}{f} = -k \Leftrightarrow \int \frac{f'}{f} = -\int k \Leftrightarrow log_e \circ f + k_1 = -k \cdot id + k_2 \Leftrightarrow f = exp_e \circ (-k \cdot id + k_2 - k_1) \Leftrightarrow f = exp_e \circ (-k \cdot id) \cdot exp_e (k_2 - k_1) = k_3 \cdot exp_e \circ (-k \cdot id) \Leftrightarrow f \in \mathbb{R} \cdot exp_e \circ (-k \cdot id)$, wobei die Abkürzung $k_3 = exp_e \circ (k_2 - k_1)$ als eine konstante Zahl verwendet ist. Damit ist $L(D,0) = \mathbb{R} \cdot exp_e \circ (-k \cdot id) = Kern(D)$ die Lösungsmenge der ersten Differentialgleichung.

2b) Mit den zu der Aufgabe genannten Abkürzungen wird zu der zweiten Differentialgleichung, das ist $f' + kf = a \cdot s_m$ die Darstellung $f = g \cdot e_{-k}$ (Verfahren der „Variation der Konstanten") betrachtet. Unter Verwendung von $f' = g'e_{-k} + g(e_{-k})' = g'e_{-k} - kge_{-k}$ ist dann $f' + kf = g'e_{-k} - kge_{-k} + kge_{-k} = g'e_{-k}$, woraus $g'e_{-k} = a \cdot s_m$ und dann $g' = a \cdot e_k s_m$ folgt.

Zu berechnen ist nun $g = a \cdot \int g' = a \cdot \int (e_k s_m)$, woraus dann am Ende $f_0 = g \cdot e_{-k}$ als eine spezielle Lösung der Differentialgleichung $(D, a \cdot s_m)$ folgt.

Das Integral $\int (e_k s_m)$ ist unter Verwendung der Funktionen $(e_k)' = k \cdot e_k$ sowie $s = -\frac{1}{m} \cdot c_m$ mit $s' = s_m$ dann $\int (e_k s_m) = e_k s - \int ((e_k)'s) = -\frac{1}{m} \cdot e_k c_m - k \int (e_k s) = -\frac{1}{m} \cdot e_k c_m + \frac{k}{m} \int (e_k c_m)$. Das dabei auftretende Integral $\int (e_k c_m)$ wird unter Verwendung der Funktion $t = \frac{1}{m} \cdot s_m$ mit $t' = c_m$ nach demselben Verfahren (Integration von Produkten) berechnet: Es ist $\int (e_k c_m) = e_k t - \int ((e_k)'t) = \frac{1}{m} \cdot e_k s_m - k \int (e_k t) = \frac{1}{m} \cdot e_k s_m - \frac{k}{m} \int (e_k s_m)$. Damit hat das Integral $\int (e_k s_m)$ die Darstellung $\int (e_k s_m) = -\frac{1}{m} \cdot e_k c_m + \frac{k}{m^2} \cdot e_k s_m - \frac{k^2}{m^2} \int (e_k s_m)$, also ist $(1 + \frac{k^2}{m^2}) \cdot \int (e_k s_m) = -\frac{1}{m} \cdot e_k c_m + \frac{k}{m^2} \cdot e_k s_m$, woraus mit $1 + \frac{k^2}{m^2} = \frac{k^2+m^2}{m^2}$ dann
$\int (e_k s_m) = \frac{m^2}{k^2+m^2} \cdot \frac{1}{m} \cdot e_k(\frac{k}{m} s_m - c_m) = \frac{m}{k^2+m^2} \cdot e_k(\frac{k}{m} s_m - c_m) = \frac{1}{k^2+m^2} \cdot e_k(k \cdot s_m - m \cdot c_m)$ folgt.

Schließlich ist damit dann $f_0 = g \cdot e_{-k} = a \cdot e_{-k} \cdot \int (e_k s_m) = \frac{a}{k^2+m^2} \cdot e_{-k} e_k (k \cdot s_m - m \cdot c_m) = \frac{a}{k^2+m^2} \cdot (k \cdot s_m - m \cdot c_m)$ eine spezielle Lösung der inhomogenen Differentialgleichung $(D, a \cdot s_m)$. Nach den Überlegungen zu Aufgabenteil 1 ist dann die Lösungsmenge der Differentialgleichung $(D, a \cdot s_m)$ die Menge $(D, a \cdot s_m) = Kern(D) + f_0 = \mathbb{R} \cdot e_{-k} + \frac{a}{k^2+m^2} \cdot (k \cdot s_m - m \cdot c_m)$.

3. Das Element $h \in (D, a \cdot s_m)$, das den Punkt $(0,1)$ enthält, gewinnt man durch die Nebenbedingung $h(0) = 1$ vermöge der Zuordnungsvorschrift $h(x) = c \cdot e_{-k}(x) + \frac{a}{k^2+m^2} \cdot (k \cdot s_m(x) - m \cdot c_m(x))$, die im zu untersuchenden Fall aus $h(0) = c \cdot e^0 + \frac{a}{k^2+m^2} \cdot (k \cdot s_m(0) - m \cdot c_m(0)) = c + \frac{a}{k^2+m^2} \cdot (k \cdot 0 - m \cdot 1) = c - \frac{am}{k^2+m^2} = 1$ die Konstante $c = 1 + \frac{am}{k^2+m^2}$ liefert. Damit hat h die Zuordnungsvorschrift $h(x) = (1 + \frac{am}{k^2+m^2}) \cdot e^{-kx} + f_0(x)$.

A2.802.03: Beschreiben Sie (anhand einer fiktiven Skizze) den Grund dafür, daß im allgemeinen eine einzige Zusatzbedingung der Form $f(x_0) = z_0$ nicht genügt, um eine eindeutig bestimmte Lösung der in Satz 2.806.1/1 genannten Differentialgleichung $f + f'' = 0$ zu erhalten. Gilt das auch für die zweite dort genannte Differentialgleichung $-f + f'' = 0$?

B2.802.03: Zu beiden Differentialgleichungen im einzelnen:

a) Die Differentialgleichung $f + f'' = 0$ besitzt beispielsweise die Lösungen sin und cos, denn es ist $sin + sin'' = sin - sin = 0$ und $cos + cos'' = cos - cos = 0$. Betrachtet man nun die Schnittstellen beider Funktionen, so wird durch deren Angabe sowohl sin als auch cos beschrieben, beispielsweise gilt $sin(\frac{\pi}{4}) = \frac{1}{2}\sqrt{2}$ und $cos(\frac{\pi}{4}) = \frac{1}{2}\sqrt{2}$. (Siehe dazu auch Satz 2.830.4.)

b) Die Differentialgleichung $-f + f'' = 0$ besitzt beispielsweise die beiden unterschiedlichen Lösungen $f_1 = exp_e$ und $f_2 = exp_e \circ (-id)$, denn es ist $f_i + f_i'' = f_i - f_i = 0$ für $i \in \{1,2\}$. Betrachtet man nun die Schnittstelle 0 beider Funktionen, so wird durch deren Angabe sowohl f_1 als auch f_2 beschrieben, denn es gilt $f_1(0) = 1$ und $f_2(0) = 1$.

2.806 Lineare Differentialgleichungen der Ordnung 2

A2.806.01: Beweisen Sie ohne Verwendung von Satz 2.806.1 und seinen beiden Corollaren, daß mit der Abkürzung $d = \frac{1}{2}\sqrt{b^2 - 4a}$ für den Fall $b^2 - 4a > 0$ die drei folgenden Aussagen äquivalent sind:
a) f ist Lösung der Gleichung $af + bf' + f'' = 0$.
b) $h = f \cdot (exp_e \circ (\frac{1}{2}b \cdot id))$ ist Lösung der Gleichung $-dh^2 + h'' = 0$.
c) $g = h \circ \frac{1}{d} \cdot id$ ist Lösung der Gleichung $-g + g'' = 0$.

Zeigen Sie dann die Gültigkeit der drei folgenden Aussagen:
1. $-g + g'' = 0$ hat die beiden Lösungen $g_{0,1} = exp_e \circ (\pm id)$.
2. $-dh^2 + h'' = 0$ hat die beiden Lösungen $h_{0,1} = exp_e \circ (\pm d \cdot id)$.
2. $af + bf' + f'' = 0$ hat die beiden Lösungen $f_{0,1} = exp_e \circ ((-\frac{1}{2}b \pm d) \cdot id)$.

B2.806.01: Zur Bearbeitung der Aufgabe im einzelnen:
a) $\Leftrightarrow$ b): Für die angegebene Funktion h ist zunächst $-d^2h + h'' = (af - \frac{1}{4}b^2 f) \cdot (exp_e \circ (\frac{1}{2}b \cdot id)) = (f'' + \frac{1}{2}bf' + \frac{1}{2}bf' + \frac{1}{4}b^2 f) \cdot (exp_e \circ (\frac{1}{2}b \cdot id)) = (af + bf' + f'') \cdot (exp_e \circ (\frac{1}{2}b \cdot id))$. Somit ist $-d^2h + h'' = 0$ genau dann der Fall, wenn $af + bf' + f'' = 0$ gilt, denn es ist $exp_e \circ (\frac{1}{2}b \cdot id) \neq 0$.
b) $\Leftrightarrow$ c): Für die angegebene Funktion g ist zunächst $-g + g'' = -(h \circ (\frac{1}{d} \cdot id)) + \frac{1}{d^2}(h'' \circ (\frac{1}{d} \cdot id))$. Gilt nun $-d^2 + h'' = 0$, also $h'' = d^2 h$, dann ist $-g + g'' = -(h \circ (\frac{1}{d} \cdot id)) + (h \circ (\frac{1}{d} \cdot id)) = 0$. Ist andererseits $-g + g'' = 0$, dann ist $-(h \circ (\frac{1}{d} \cdot id)) + \frac{1}{d^2}(h'' \circ (\frac{1}{d} \cdot id)) = 0$, woraus Komposition mit $d \cdot id$ von rechts dann $-h + \frac{1}{d^2}h'' = 0$, also $-d2h + h'' = 0$ liefert.
Von den drei zu beweisenden Aussagen ist die erste evident, die zweite folgt aus $h_{0,1} \circ (\frac{1}{d} \cdot id) = g_{0,1} = exp_e \circ (\pm id)$, die dritte schließlich aus $f_{0,1} \cdot (exp_e \circ (\frac{1}{2}b \cdot id)) = h_{0,1} = exp_e \circ (\pm id)$.

A2.806.02: Beweisen Sie ohne Verwendung von Satz 2.806.1 und seinen beiden Corollaren, daß mit der Abkürzung $w = \frac{1}{2}\sqrt{4a - b^2}$ für den Fall $b^2 - 4a < 0$ die beiden folgenden Aussagen äquivalent sind:
a) h ist Lösung der Gleichung $w^2 h + h'' = 0$.
b) $f = h \cdot (exp_e \circ (-\frac{1}{2}b \cdot id))$ ist Lösung der Gleichung $af + bf' + f'' = 0$.

Zeigen Sie dann unter Verwendung von Corollar 2.608.2/1, daß die Gleichung $af + bf' + f'' = 0$ die beiden Lösungen $f_0 = (exp_e \circ (-\frac{1}{2}b \cdot id)) \cdot (sin \circ (w \cdot id))$ und $f_1 = (exp_e \circ (-\frac{1}{2}b \cdot id)) \cdot (cos \circ (w \cdot id))$ hat.

B2.806.02: Zur Bearbeitung der Aufgabe im einzelnen:
a) $\Leftrightarrow$ b): Für die angegebenen Funktionen f und h ist zunächst
$f' = h' \cdot (exp_e \circ (-\frac{1}{2}b \cdot id)) + h \cdot (exp_e \circ (-\frac{1}{2}b \cdot id))' = (h' - \frac{1}{2}bh) \cdot (exp_e \circ (-\frac{1}{2}b \cdot id))$ und
$f'' = (h'' - bh' + \frac{1}{4}b^2 h) \cdot (exp_e \circ (-\frac{1}{2}b \cdot id))$.
Damit gilt dann $af + bf' + f'' = (ah + bh' - \frac{1}{2}b^2 h + h'' - bh'\frac{1}{4}b^2 h) \cdot (exp_e \circ (-\frac{1}{2}b \cdot id))$
$= ((a - \frac{1}{4}b^2)h + h'') \cdot (exp_e \circ (-\frac{1}{2}b \cdot id)) = (w^2 h + h'') \cdot (exp_e \circ (-\frac{1}{2}b \cdot id))$. Somit ist $af + bf' + f'' = 0$ genau dann der Fall, wenn $w^2 h + h'' = 0$ gilt, denn es ist $exp_e \circ (-\frac{1}{2}b \cdot id) \neq 0$.
Nach Corollar 2.806.2/1 hat $w^2 h + h'' = 0$ die beiden Lösungen $h_0 = sin \circ (w \cdot id)$ und $h_1 = cos \circ (w \cdot id)$, damit besitzt $af + bf' + f'' = 0$ die beiden Lösungen
$$f_0 = h_0 (exp_e \circ (-\frac{1}{2}b \cdot id)) = (exp_e \circ (-\frac{1}{2}b \cdot id)) \cdot (sin \circ (w \cdot id)) \text{ und}$$
$$f_1 = h_1 (exp_e \circ (-\frac{1}{2}b \cdot id)) = (exp_e \circ (-\frac{1}{2}b \cdot id)) \cdot (cos \circ (w \cdot id)).$$

2.812 UNGEBREMSTES (EXPONENTIELLES) WACHSTUM

A2.812.01: Repräsentiert die folgende Tabelle (Bevölkerungswachstum der USA, Angaben stark gerundet in Millionen) eine Funktion ungebremsten (exponentiellen) Wachstums? (Eine Sterberate soll nicht berücksichtigt werden.)

Jahr	1800	1820	1840	1860
Anzahlen	5,3	9,5	17,1	31,0

B2.812.01: Zu untersuchen ist, ob es für alle vorgegebenen Daten einen gemeinsamen Wachstumsfaktor a mit $N(t) = N_0 \cdot e^{a(t-t_0)}$ gibt, wobei $(t_0, N(t_0)) = (1800/5,3)$ als Anfangsbedingung verwendet sei. Nun liefert $N(t) = N_0 \cdot e^{a(t-t_0)}$ zunächst $e^{a(t-t_0)} = \frac{N(t)}{N_0}$ und damit $a(t-t_0) = log_e(\frac{N(t)}{N_0})$, schließlich $a = \frac{1}{t-t_0} \cdot log_e(\frac{N(t)}{N_0})$. Zu den gegebenen Daten ist dann $a_1 = \frac{1}{20} \cdot log_e(\frac{9,5}{5,3}) \approx \frac{1}{20} \cdot 0,5836 = 0,2918$, $a_2 = \frac{1}{40} \cdot log_e(\frac{17,1}{5,3}) \approx \frac{1}{40} \cdot 1,1714 = 0,2928$, $a_3 = \frac{1}{60} \cdot log_e(\frac{31,0}{5,3}) \approx \frac{1}{60} \cdot 1,7663 = 0,2944$. Im Rahmen der Datengenauigkeit liegt eine Funktion ungebremsten (exponentielles) Wachstum vor.

A2.812.02: Geben Sie zu einer Funktion $N : I \longrightarrow \mathbb{R}$ ungebremsten Wachstums mit Anfangsbedingung $N_0 = N(0)$ eine Funktion $t : \mathbb{N} \longrightarrow \mathbb{R}$ an, die für jede Vervielfachung von N_0 die zugehörige Zeitdauer angibt.

B2.812.02: Die Funkion N hat die Form $N(t) = N_0 \cdot e^{at}$. Die Äquivalenzen $N(t) = n \cdot N_0 \Leftrightarrow N_0 \cdot e^{at} = n \cdot N_0 \Leftrightarrow e^{at} = n \Leftrightarrow at = log_e(n) \Leftrightarrow t = \frac{1}{n} \cdot log_e(n)$ liefern dann die Zuordnungsvorschrift $n \longmapsto \frac{1}{n} \cdot log_e(n)$ für die gesuchte Funktion $t : \mathbb{N} \longrightarrow \mathbb{R}$.

Eine kleine Illustration für $a = 2$:

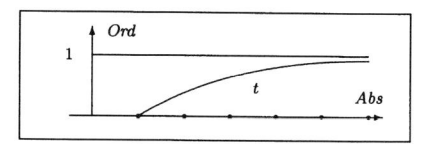

n	1	2	3	4	5	6	7
$t(n)$	0	0,35	0,55	0,69	0,81	0,90	0,97

A2.812.03: Bearbeiten/Beantworten Sie:

a) Untersuchen Sie zu einer gegen a konvergenten $\mathbb{R}$-Folge $(a_m)_{m \in \mathbb{N}}$ die punktweise Konvergenz der Folge $(f_m)_{m \in \mathbb{N}}$ von Funktionen $f_m = z \cdot exp_e \circ (a_m \cdot id) : \mathbb{R} \longrightarrow \mathbb{R}$.

b) Wie läßt sich Teil a) auf die Folge $(log_e(1 + \frac{i}{m})^m)_{m \in \mathbb{N}}$ mit $i \in (0,1)$ anwenden?

B2.812.03: Im einzelnen:

a) Es gilt $f = z \cdot exp_e \circ (a_m \cdot id) = z \cdot exp_e \circ (lim(a_m)_{m \in \mathbb{N}} \cdot id) = z \cdot exp_e \circ lim(a_m \cdot id)_{m \in \mathbb{N}} = z \cdot lim(exp_e \circ (a_m \cdot id))_{m \in \mathbb{N}} = lim(z \cdot exp_e \circ (a_m \cdot id))_{m \in \mathbb{N}} = lim(f_m)_{m \in \mathbb{N}}$.

b) Mit $a_m = log_e(1 + \frac{i}{m})^m$ und $lim(a_m)_{m \in \mathbb{N}} = lim(log_e(1 + \frac{i}{m})^m)_{m \in \mathbb{N}} = log_e(lim(1 + \frac{i}{m})^m)_{m \in \mathbb{N}} = log_e(e^i) = i$ konvergiert die Folge $(f_m)_{m \in \mathbb{N}}$ mit den Folgengliedern $f_m = exp_e \circ (log_e(1 + \frac{i}{m})^m \cdot id)$ gegen die Funktion $f = z \cdot exp_e \circ (i \cdot id)$. Das bedeutet dann $lim(f_m)_{m \in \mathbb{N}} = lim(z(1 + \frac{i}{m})^m \cdot e^x)_{m \in \mathbb{N}} = z \cdot e^{ix}$.

A2.812.04: Berechnen Sie die durch die Zusatzbedingung $N_0 = N(x_0)$ gelieferte eindeutig bestimmte Lösung der inhomogenen linearen Differentialgleichung $-aN + N' = -b$.

B2.812.04: Nach Satz 2.802.2/2 hat $N : I \longrightarrow \mathbb{R}$ die Form $N(x) = \frac{b}{a} + ce^{ax}$ mit $c \in \mathbb{R}_*$. Wegen $N_0 = N(x_0) = \frac{b}{a} + ce^{ax_0}$ ist $ce^{ax} = N_0 - \frac{b}{a}$ und somit $c = (N_0 - \frac{b}{a})e^{-ax_0}$. Damit folgt dann $N(x) = \frac{b}{a} + (N_0 - \frac{b}{a})e^{-ax_0}e^{ax} = \frac{b}{a} + (N_0 - \frac{b}{a})e^{a(x-x_0)}$.

2.816 Logistisches Wachstum

A2.814.01: Erstellen und untersuchen Sie die Funktion, die mit den Daten von Beispiel 2.814.5 die Sättigungsgrenze s in Abhängigkeit der Anpassungsrate a beschreibt.

A2.814.01: Mit $N(0) = N_0 = 100$ und $N(10) = 120$ ist $120 = N(10) = s - (s - 100)e^{10a} = s - se^{10a} + 100e^{10a} = s(1 - e^{10a}) + 100e^{10a}$ und damit dann $s = \frac{120 - 100e^{10a}}{1 - e^{10a}} = 100 \cdot \frac{\frac{6}{5} - e^{10a}}{1 - e^{10a}}$, womit die Zuordnungsvorschrift $a \longmapsto s$ für eine Funktion $S : \mathbb{R}_0^+ \longrightarrow \mathbb{R}$ gegeben ist. Man beachte, daß dabei die beiden Punkte $(0, 100)$ und $(10, 120)$ für die Funktion N benötigt wurden.

A2.816.01: Berechnen Sie die Ableitungsfunktionen f', f'', f''' der in Satz 2.816.4 besprochenen Funktion $f : \mathbb{R} \longrightarrow \mathbb{R}$ unter Verwendung der dort angegebenen Abkürzung $f = \frac{s}{1+g}$.

B2.816.01: Beachtet man $g' = -kg$, dann hat f die Ableitungsfunktionen
$f' = \frac{s'(1+g) - s(1+g)'}{(1+g)^2} = \frac{-sg'}{(1+g)^2} = \frac{skg}{(1+g)^2}$,
$f'' = sk \cdot \frac{g'(1+g)^2 - g((1+g)^2)'}{(1+g)^4} = sk \cdot \frac{g'(1+g) - 2gg'}{(1+g)^3} = sk \cdot \frac{g' - gg'}{(1+g)^3} = sk \cdot \frac{g'(1-g)}{(1+g)^3} = \frac{sk^2 g(g-1)}{(1+g)^3}$,
$f''' = sk^2 \cdot \frac{(g^2-g)'(1+g)^3 - g(g-1)((1+g)^3)'}{(1+g)^6} = sk^2 \cdot \frac{(2gg'-g')(1+g) - g(g-1)3g'}{(1+g)^4} = sk^2 \cdot \frac{g'(2g+2g^2-1-g) - g'(3g^2-3g)}{(1+g)^4}$
$= sk^2 \cdot \frac{g'(-1+4g-g^2)}{(1+g)^4} = \frac{sk^3 g(1-4g+g^2)}{(1+g)^4}$.

A2.816.02: Weisen Sie nach, daß die in Satz 2.816.4 besprochene Funktion $f : \mathbb{R} \longrightarrow \mathbb{R}$ punktsymmetrisch zu ihrem Wendepunkt ist. Hinweis: Berechnen Sie $v(x)$ und $-v(-x)$ für die Funktion v, die durch eine Verschiebung von f entsteht, die den Wendepunkt von f in $(0,0)$ überführt, unter Verwendung der dort angegebenen Abkürzung $f = \frac{s}{1+g}$.

B2.816.02: Zunächst ist $v(x) = \frac{s}{1+ze^{-k(x+\frac{1}{k}(d+\log_e(z)))+d}} - \frac{s}{2} = \frac{s}{1+e^{-kx}} - \frac{s}{2}$. Ferner ist $-v(-x) = -\frac{s}{1+e^{kx}} + \frac{s}{2} = \frac{s}{2}(1 - \frac{2}{1+e^{kx}}) = \frac{s}{2}(\frac{e^{kx}-1}{1+e^{kx}})$ und $v(x) = \frac{s}{2}(\frac{2}{1+e^{-kx}} - 1) = \frac{s}{2}(\frac{2-1-e^{-kx}}{1+e^{-kx}}) = \frac{s}{2}(\frac{1-e^{-kx}}{1+e^{-kx}}) = \frac{s}{2}(\frac{1-\frac{1}{e^{kx}}}{1+\frac{1}{e^{kx}}}) = \frac{s}{2}(\frac{\frac{e^{kx}-1}{e^{kx}}}{\frac{e^{kx}+1}{e^{kx}}}) = \frac{s}{2}(\frac{e^{kx}-1}{e^{kx}+1}) = -v(-x)$. Somit ist v punktsymmetrisch zu $(0,0)$.

A2.816.03: Bearbeiten/Beantworten Sie:
a) Beweisen Sie: Eine differenzierbare Funktion $f : \mathbb{R} \longrightarrow \mathbb{R}$ ist genau dann punktsymmetrisch bezüglich $(0,0)$, wenn f' ordinatensymmetrisch ist.
b) Wie läßt sich die Aussage von a) auf einen Symmetriepunkt $(p,q) \neq (0,0)$ übertragen?
c) Beweisen Sie die Aussage von Aufgabe A2.816.02 mit diesen Hilfsmitteln.

B2.816.03: Zur Bearbeitung der Aufgabe im einzelnen:
a) f ist genau dann punktsymmetrisch zu $(0,0)$, falls $f = -f \circ (-id)$ gilt. f' ist genau dann ordinatensymmetrisch, falls $f' = f' \circ (-id)$ gilt. Aus $f = -f \circ (-id)$ folgt einerseits $f' = (-f \circ (-id))' = (-1)(-f' \circ (-id)) = f' \circ (-id)$, aus $f' = f' \circ (-id)$ folgt andererseits $f = \int f' = \int (f' \circ (-id)) = (-1)(f \circ (-id)) = -f \circ (-id)$.
b) Genau dann, wenn f drehsymmetrisch zu (p,q) und f' spiegelsymmetrisch zu der Ordinatenparallelen durch p ist, ist $\tilde{f} = (f \circ (id - p)) - q$ drehsymmetrisch zu $(0,0)$ und $\tilde{f}' = f' \circ (id - p)$ ordinatensymmetrisch.
c) Die entsprechend Aufgabe A2.816.02 verschobene Funktion v ist definiert durch $v(x) = \frac{s}{1+e^{-kx}} - \frac{s}{2}$. Zu zeigen ist nun $v'(x) = v'(-x)$, für alle $x \in \mathbb{R}$. Es gilt $v'(x) = \frac{0 \cdot (1+e^{-kx}) - s(-k)e^{-kx}}{(1+e^{-kx})^2} = \frac{ske^{-kx}}{(1+e^{-kx})^2} = \frac{ske^{kx}}{(1+e^{kx})^2}$, also ist $v'(-x) = \frac{ske^{-kx}}{(1+e^{-kx})^2} = v'(x)$, für alle $x \in \mathbb{R}$.

2.818 EXPLOSIVES WACHSTUM

A2.818.01: Berechnen Sie die Ableitungsfunktionen f', f'', f''' der in Satz 2.818.4 besprochenen Funktion $f : D_{max}(f) \longrightarrow \mathbb{R}$ unter Verwendung der dort angegebenen Abkürzung $f = \frac{s}{1+h}$ sowie der entsprechenden Ableitungsfunktionen der in Satz 2.816.4 genannten Funktion f.

B2.818.01: Für die in Satz 2.816.4 genannte Funktion, hier mit $u = \frac{s}{1+g}$ bezeichnet, gilt $g' = -kg$. Da für die hier zu betrachtende Funktion $f = \frac{s}{1+h}$ aber $h' = kh$ gilt, unterscheiden sich f', f'', f''' von u', u'', u''' nur durch das Vorzeichen. Es gilt also $f' = \frac{s(-k)h}{(1+h)^2} = \frac{-skh}{(1+h)^2}$ sowie $f'' = \frac{s(-k)^2 h(h-1)}{(1+h)^3} = \frac{sk^2 h(h-1)}{(1+h)^3}$ und $f''' = \frac{-s(-k)^3 h(1-4h+h^2)}{(1+h)^4} = \frac{-sk^3 h(1-4h+h^2)}{(1+h)^4}$.

A2.818.02: Weisen Sie nach, daß $p = \frac{1}{k}(d - \log_e(z))$ Pol zu der in Satz 2.818.4 besprochenen Funktion f ist.

B2.818.02: Es sei $x : \mathbb{N} \longrightarrow \mathbb{R} \setminus \{p\}$ eine beliebige gegen $p = \frac{1}{k}(d - \log_e(z))$ konvergente Folge. Zu zeigen ist nun, daß die Folge $\frac{1}{f \circ x}$ gegen 0 konvergiert: Mit $\frac{1}{f \circ x}(n) = \frac{1}{f(x_n)} = \frac{1}{s}(1 + ze^{kx_n - d}) = \frac{1}{s} + \frac{z}{se^d} \cdot e^{kx_n}$ konvergiert die Folge $\frac{1}{f \circ x}$ gegen $\lim(\frac{1}{f \circ x}) = \frac{1}{s} + \frac{z}{se^d} \cdot \lim(e^{kx_n})_{n \in \mathbb{N}} = \frac{1}{s} + \frac{z}{se^d} \cdot e^{kp} = \frac{1}{s} + \frac{z}{se^d} \cdot e^{k(\frac{1}{k}(d-\log_e(z)))} = \frac{1}{s} + \frac{z}{se^d} \cdot e^d \cdot (-\frac{1}{z}) = \frac{1}{s} + \frac{ze^d}{sze^d} = \frac{1}{s} - \frac{1}{s} = 0$.

A2.818.03: Untersuchen und skizzieren Sie die in Satz 2.818.4 genannte Funktion f für den Fall $z > 0$ (insbesondere für $z = 1$) hinsichtlich $D_{max}(f)$, $Bild(f)$, Extrema und Wendepunkte.

B2.818.03: Es bezeichne u die in Satz 2.816.4 und dort f genannte Funktion, ferner sei $m = k \cdot id - d$ abgekürzt. Die Funktionen u und f haben dann die Zuordnungsvorschriften $u(x) = \frac{s}{1+ze^{-m(x)}}$ und $f(x) = \frac{s}{1+ze^{m(x)}}$. Die Funktionen u und f sind spiegelsymmetrisch zu der Ordinatenparallelen durch $\frac{d}{k}$ (Nullstelle von m), denn eine Verschiebung beider Funktionen „nach links" um $\frac{d}{k}$ liefert orinatensymmetrische Funktionen $\hat{u}$ und $\hat{f}$, denn es gilt $\hat{u}(x) = \frac{s}{1+ze^{-m(x+\frac{d}{k})}} = \frac{s}{1+ze^{-kx}}$ und $\hat{f}(x) = \frac{s}{1+ze^{m(x+\frac{d}{k})}} = \frac{s}{1+ze^{kx}}$, somit ist $\hat{u}(-x) = \hat{f}(x)$, für alle $x \in \mathbb{R}$.

Damit hat f analoge Eigenschaften wie u, nämlich: $D_{max}(f) = \mathbb{R}$ sowie $Bild(f) = (0, s)$ und $Ex(f) = \emptyset$, ferner hat f den Wendepunkt $(\frac{1}{k}(d - \log_e(z)), \frac{s}{2})$. Der Anstieg von f bei der Nullstelle x mit $ze^{m(x)} = 1$ ist dann $f'(x) = -\frac{1}{4} \cdot sk$.

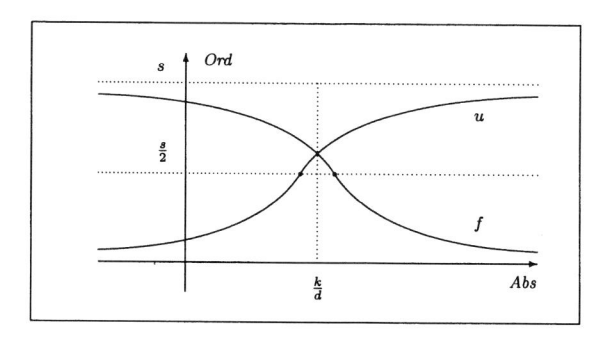

Für den Fall $z = 1$ sind die Wendepunkte von u und f identisch, nämlich gerade $(\frac{k}{d}, \frac{s}{2})$.

2.830 Ungedämpfte Harmonische Schwingungen

A2.830.01: Berechnen Sie (mit Probe) die im Beweis von Satz 2.830.3 angegebene jeweilige Lösung (c_1, c_2) für jedes der beiden genannten Gleichungssysteme.

B2.830.01: Zur Bearbeitung der Teile a) und b) im Beweis von Satz 2.830.3 im einzelnen:
a) Noch einmal zitiert: S hat zunächst die Form $S(x) = c_1 \cdot sin(a_1 x) + c_2 \cdot cos(a_1 x)$ mit $c_1, c_2 \in \mathbb{R}$. Die beiden Zusatzbedingungen $S_0 = S(x_0)$ und $S_1 = S'(x_0)$ liefern dann das lineare Gleichungssystem

$$S_0 = S(x_0) = c_1 \cdot sin(a_1 x_0) + c_2 \cdot cos(a_1 x_0)$$
$$S_1 = S'(x_0) = c_1 a_1 \cdot cos(a_1 x_0) + c_2 a_1 \cdot sin(a_1 x_0)$$

das die folgende Lösung (c_1, c_2) besitzt:

$$c_1 = \frac{S_1}{a_1} \cdot cos(a_1 x_0) + S_0 \cdot sin(a_1 x_0) \quad \text{und} \quad c_2 = S_0 \cdot cos(a_1 x_0) - \frac{S_1}{a_1} \cdot sin(a_1 x_0).$$

Mit der schon dort verwendeten Abkürzung $a_1 = \sqrt{a}$ sowie den weiteren Abkürzungen $s = sin(a_1 x_0)$ und $c = cos(a_1 x_0)$ hat das Gleichungssystem die Form

$$\text{I:} \quad S_0 = c_1 \cdot s + c_2 \cdot c$$
$$\text{II:} \quad S_1 = c_1 a_1 \cdot c - c_2 a_1 \cdot s$$

Dabei liefert (II) zunächst $\frac{S_1}{a_1} = c_1 c - c_2 s$, also $c_1 c = \frac{S_1}{a_1} + c_2 s$ und somit die Gleichung (III) $c_1 = \frac{S_1}{a_1} \cdot \frac{1}{c} + c_2 \cdot \frac{s}{c}$. (III) in (I) liefert $S_0 = (\frac{S_1}{a_1} \cdot \frac{1}{c} + c_2 \cdot \frac{s}{c})s + c_2 c = \frac{S_1}{a_1} \cdot \frac{s}{c} + c_2 \cdot \frac{s^2}{c} + c_2 c = \frac{S_1}{a_1} \cdot \frac{s}{c} + c_2 \cdot \frac{s^2}{c} + c_2 \cdot \frac{c^2}{c} = \frac{S_1}{a_1} \cdot \frac{s}{c} + c_2 \frac{1}{c}(s^2 + c^2) = \frac{S_1}{a_1} \cdot \frac{s}{c} + c_2 \frac{1}{c}$, also $S_0 - \frac{S_1}{a_1} \cdot \frac{s}{c} = c_2 \frac{1}{c}$ und somit die Gleichung (IV) $c_2 = S_0 c - \frac{S_1}{a_1} s$. Schließlich liefert (IV) in (III) dann $c_1 = \frac{S_1}{a_1} \cdot \frac{1}{c} + (S_0 c - \frac{S_1}{a_1} s) \cdot \frac{s}{c} = \frac{S_1}{a_1} \cdot \frac{1}{c} + S_0 s - \frac{S_1}{a_1} \cdot \frac{s^2}{c} = \frac{S_1}{a_1} \cdot \frac{1}{c}(1 - s^2) + S_0 s = \frac{S_1}{a_1} \cdot c + S_0 s$. Damit ist dann $(c_1, c_2) = (\frac{S_1}{a_1} \cdot c + S_0 s, S_0 c - \frac{S_1}{a_1} s)$.

b) Noch einmal zitiert: S hat zunächst die Form $S(x) = c_1 \cdot e^{-a_2 x} + c_2 \cdot e^{a_2 x}$ mit $c_1, c_2 \in \mathbb{R}$. Die beiden Zusatzbedingungen $S_0 = S(x_0)$ und $S_1 = S'(x_0)$ liefern dann das lineare Gleichungssystem

$$S_0 = S(x_0) = c_1 \cdot e^{-a_2 x_0} + c_2 \cdot e^{a_2 x_0}$$
$$S_1 = S'(x_0) = -c_1 a_2 \cdot e^{-a_2 x_0} + c_2 a_2 \cdot e^{a_2 x_0}$$

das die folgende Lösung (c_1, c_2) besitzt:

$$c_1 = \tfrac{1}{2}(S_0 - \tfrac{S_1}{a_2}) \cdot e^{a_2 x_0} \quad \text{und} \quad c_2 = \tfrac{1}{2}(S_0 + \tfrac{S_1}{a_2}) \cdot e^{-a_2 x_0}.$$

Mit der schon dort verwendeten Abkürzung $a_2 = \sqrt{-a}$ sowie den weiteren Abkürzungen $p = e^{-a_2 x_0}$ und $q = e^{a_2 x_0}$ (mit $pq = 1$) hat das Gleichungssystem die Form

$$\text{I:} \quad S_0 = c_1 \cdot p + c_2 \cdot q$$
$$\text{II:} \quad S_1 = -c_1 a_2 \cdot p + c_2 a_2 \cdot q$$

Dabei liefert (II) zunächst $\frac{S_1}{a_2} = -c_1 p + c_2 q$, also $c_1 p = c_2 q - \frac{S_1}{a_2}$ und somit die Gleichung (III) $c_1 = c_2 q \cdot \frac{1}{p} - \frac{S_1}{a_2} \cdot \frac{1}{p}$. (III) in (I) liefert $S_0 = (c_2 q \cdot \frac{1}{p} - \frac{S_1}{a_2} \cdot \frac{1}{p})p + c_2 q = c_2 q - \frac{S_1}{a_2} + c_2 q = 2c_2 q - \frac{S_1}{a_2}$, also $2c_2 q = S_0 + \frac{S_1}{a_2}$ und somit die Gleichung (IV) $c_2 = \frac{1}{2}(S_0 + \frac{S_1}{a_2})\frac{1}{q}$. Gleichung (IV) in (III) liefert dann schließlich $c_1 = \frac{1}{2}(S_0 + \frac{S_1}{a_2}) \cdot \frac{1}{q} \cdot q \cdot \frac{1}{p} = \frac{1}{2}(S_0 + \frac{S_1}{a_2})\frac{1}{p}$. Damit ist $(c_1, c_2) = (\frac{1}{2}(S_0 + \frac{S_1}{a_2})\frac{1}{p}, \frac{1}{2}(S_0 + \frac{S_1}{a_2})\frac{1}{q})$.

A2.830.02: Betrachten Sie die Differentialgleichung $af + f'' = 0$ für den speziellen Fall $a = 1$.
a) Zeigen Sie, daß die Funktionen sin und cos Lösungen dieser Gleichung sind.
b) Zeigen Sie, daß diese Gleichung die Lösungsmenge $\mathbb{R} \cdot sin + \mathbb{R} \cdot cos$ besitzt.
c) Zeigen Sie, daß die Anfangsbedingungen $f(0) = 1$ und $f'(0) = 0$ die eindeutige Lösung cos liefern.

B2.830.02: Zur Bearbeitung der Aufgabe im einzelnen:
a) Es gilt $sin + sin'' = sin + cos' = sin - sin = 0$ und $cos + cos'' = cos + (-sin)' = cos - cos = 0$.
b) Da die Gleichung $af + f'' = 0$ die Ordnung 2 hat, ist $\mathbb{R} \cdot sin + \mathbb{R} \cdot cos$ ihre Lösungsmenge.
c) Mit $f(0) = 1$ und $f'(0) = 0$ liegt folgendes lineare Gleichungssystem vor:

$$1 = f(0) = c_1 \cdot sin(0) + c_2 \cdot cos(0) = c_1 \cdot 0 + c_2 \cdot 1 = c_2$$
$$0 = f'(0) = c_1 \cdot cos(0) - c_2 \cdot sin(0) = c_1 \cdot 1 + c_2 \cdot 0 = c_1$$

Damit ist $(c_1, c_2) = (0, 1)$. Das bedeutet: Die einzige Lösung von $f + f'' = 0$, die den Punkt $(0, f(0)) = (0, 1)$ enthält, ist $c_1 \cdot sin + c_2 \cdot cos = 0 \cdot sin(0) + 1 \cdot cos = cos$.

2.910 Untersuchungen von Polynom-Funktionen (Teil 1)

A2.910.01 (D) : Betrachten Sie die Funktion $f : \mathbb{R} \longrightarrow \mathbb{R}$, definiert durch $f(x) = (x^2 - x - 2)(x + 6)$.
1. Untersuchen Sie f hinsichtlich Nullstellen, Extrema und Wendepunkte.
2. Zeichnen Sie f im Bereich $[-7, 3]$.
3. Beschreiben Monotonie- und Symmetrie-Eigenschaften von f (ohne Berechnungen).

B2.910.01: Zur Bearbeitung der Aufgabe im einzelnen:

1a) Bestimmung der Nullstellenmenge $N(f)$ von f: Die Äquivalenzen $x \in N(f) \Leftrightarrow f(x) = 0 \Leftrightarrow (x^2 - x - 2)(x + 6) = 0 \Leftrightarrow x^2 - x - 2 = 0$ oder $x + 6 = 0 \Leftrightarrow x = \frac{1}{2} - \sqrt{\frac{1}{4} + \frac{9}{4}} = \frac{1}{2} - \frac{3}{2} = -1$ oder $x = \frac{1}{2} + \frac{3}{2} = 2$ oder $x = -6 \Leftrightarrow x \in \{-6, -1, 2\}$ liefern die Nullstellenmenge $N(f) = \{-6, -1, 2\}$.

1b) Mit der Darstellung $f(x) = x^3 + 5x^2 - 8x - 12$ ist die Ableitungsfunktion $f' : \mathbb{R} \longrightarrow \mathbb{R}$ von f definiert durch $f'(x) = 3x^2 + 10x - 8$. Sie hat mit den Äquivalenzen $x \in N(f') \Leftrightarrow f'(x) = 0 \Leftrightarrow 3x^2 + 10x - 8 = 0 \Leftrightarrow x^2 + \frac{10}{3}x - \frac{8}{3} = 0 \Leftrightarrow x = -\frac{5}{3} - \sqrt{\frac{25}{9} + \frac{24}{9}} = -\frac{5}{3} - \frac{7}{3} = -4$ oder $x = -\frac{5}{3} + \frac{7}{3} = \frac{2}{3} \Leftrightarrow x \in \{-4, \frac{2}{3}\}$ die Nullstellenmenge $N(f') = \{-4, \frac{2}{3}\}$.

1c) Wegen $N(f') \neq \emptyset$ ist die 2. Ableitungsfunktion $f'' : \mathbb{R} \longrightarrow \mathbb{R}$ von f zu berechnen, nämlich $f''(x) = 6x + 10$. Wegen $f''(-4) = -24 + 10 = -14 < 0$ ist -4 die Maximalstelle von f, wegen $f''(\frac{2}{3}) = 6 \cdot \frac{2}{3} + 10 = 14 > 0$ ist $\frac{2}{3}$ die Minimalstelle von f.
Mit $f(-4) = (16 + 4 - 2)(-4 + 6) = 36$ und $f(\frac{2}{3}) = (\frac{4}{9} - \frac{6}{9} - \frac{18}{9}) \cdot (\frac{2}{3} + \frac{18}{3}) = -\frac{20}{9} \cdot \frac{20}{3} = -\frac{400}{27} \approx -14,8$ hat f das Maximum $(-4/36)$ sowie das Minimum $(\frac{2}{3} / -\frac{400}{27}) = (\approx 0,7 / \approx -14,8)$.

1d) Die oben genannte 2. Ableitungsfunktion $f'' : \mathbb{R} \longrightarrow \mathbb{R}$ von f hat nun wegen der Äquivalenzen $f''(x) = 0 \Leftrightarrow 6x + 10 = 0 \Leftrightarrow x = -\frac{5}{3}$ die Nullstelle $-\frac{5}{3}$. Wegen $f'''(-\frac{5}{3}) = -\frac{5}{3} \cdot 6 = -10 < 0$ ist $-\frac{5}{3}$ die Wendestelle und mit $f(-\frac{5}{3}) = (\frac{25}{9} + \frac{15}{9} - \frac{18}{9}) \cdot (-\frac{5}{3} + \frac{18}{3}) = \frac{22}{9} \cdot \frac{13}{3} = \frac{286}{27} \approx 10,6$ dann $(-\frac{5}{3}, f(-\frac{5}{3})) = (-\frac{5}{3}, \frac{286}{27}) = (\approx -1,7 / \approx 10,6)$ der Wendepunkt von f mit Rechts-Links-Krümmung.

2. Skizze der Funktion f:

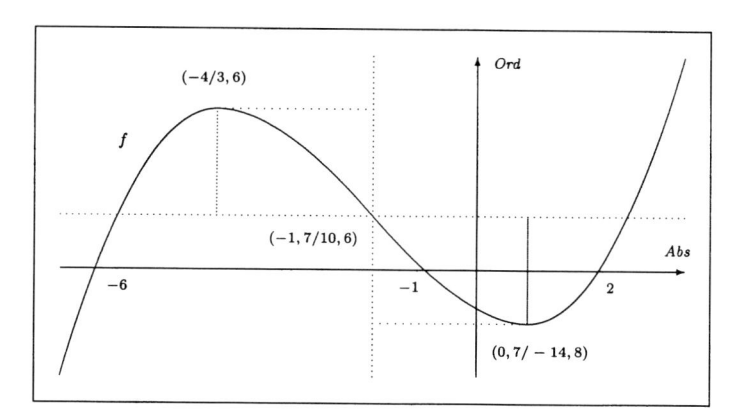

3a) Als Polynom-Funktion ist f stetig und kann folglich neben den in Aufgabenteil 2 berechneten (lokalen und auch globalen) Extrema keine weiteren Extrema besitzen. Aus der gegenseitigen Lage der beiden Extrema zueinander (wie auch aus dem positiven Vorzeichen von x^3) folgt, daß f im Intervall $(-\star, -4)$ monoton, im Intervall $(-4, \frac{2}{3})$ antiton und im Intervall $(\frac{2}{3}, \star)$ wieder monoton ist.

3b) Die Funktion ist punktsymmetrisch zu ihrem Wendepunkt. Man kann das beispielsweise dadurch nachprüfen, daß man die Funktion f so zu einer formgleichen Funktion g verschiebt, deren Wendepunkt der Koordinatenursprung ist, und dann die Punktsymmetrie von g zu $(0, 0)$ nachrechnet.

A2.910.02 (D) : Betrachten Sie die Funktion $f : \mathbb{R} \longrightarrow \mathbb{R}$, definiert durch $f(x) = -x^3 + 9x^2 - 24x + 12$.

1. Berechnen Sie die beiden Extrema und den Wendepunkt von f.
2. Weisen Sie durch Rechnung nach, daß die Funktion f punktsymmetrisch zu ihrem Wendepunkt ist.
3. Ermitteln Sie zwei einfache rationale Zahlen, zwischen denen die Nullstelle von f liegt.

B2.910.02: Zur Bearbeitung der Aufgabe im einzelnen:
1a) Nach Aufgabenstellung existieren Extrema und Wendepunkt von f, somit sind die Zuordnungsvorschriften der ersten drei Ableitungsfunktionen $f', f'', f''' : \mathbb{R} \longrightarrow \mathbb{R}$ von f zu berechnen: Es gilt $f'(x) = -3x^2 + 18x - 24$ sowie $f''(x) = -6x + 18$ und $f'''(x) = -6 < 0$.
1b) Wie man leicht nachrechnet, hat f' die beiden Nullstellen 2 und 4. Wegen $f''(2) = 6 > 0$ und $f''(4) = -6 < 0$ ist 2 die Minimalstelle und 4 die Maximalstelle von f. Mit den Funktionswerten $f(2) = -8$ und $f(4) = -2$ hat f dann das Minimum $(2, -8)$ und das Maximum $(4, -2)$.
1c) Wie man sofort sieht, hat f'' die Nullstelle 3. Wegen $f'''(3) = -6 \neq 0$ ist 3 die Wendestelle von f. Mit dem Funktionswert $f(3) = -6$ hat f dann den Wendepunkt $(3, -6)$.
2. Zum Nachweis der Punktsymmetrie von f bezüglich $(3, -6)$ wird zunächst die formgleiche Funktion $g : \mathbb{R} \longrightarrow \mathbb{R}$ durch Verschiebung von f um 3 Einheiten in negativer Abszissenrichtung und um 6 Einheiten in positiver Ordinatenrichtung erzeugt. Die so ermittelte Funktion g hat dann den Wendepunkt $(0, 0)$.
Die Funktion g ist definiert durch $g(x) = -(x+3)^3 + 9(x+3)^2 - 24(x+3) + 12 = -x^3 + 3x - 12$.
Für g und alle $x \in \mathbb{R}$ gilt nun $-g(-x) = -(-(-x)^3) - 3(-x)) - 12 = -x^3 + 3x - 12 g(x)$, folglich ist g punktsymmetrisch bezüglich $(0, 0)$ und f punktsymmetrisch bezüglich $(3, -6)$.
3. Zunächst zeigt die Lage der Extrema von f, daß f genau eine Nullstelle hat. Die beiden gesuchten rationalen Zahlen, zwischen denen diese Nullstelle liegt, sind etwa die Zahlen $\frac{1}{2}$ und $\frac{2}{3}$, denn es gilt $f(\frac{1}{2}) = \frac{17}{8} \approx 2$ und $f(\frac{2}{3}) = -\frac{8}{27} \approx -\frac{1}{3}$.

A2.910.03 (D, A) : Betrachten Sie die Funktion $f : \mathbb{R} \longrightarrow \mathbb{R}$ mit $f(x) = (x+2)(x-2)(x-6)$.

2. Weisen Sie durch Rechnung nach, daß die Funktion f punktsymmetrisch bezüglich $(2, 0)$ ist.
2. Geben Sie die Nullstellen von f an.
3. Untersuchen Sie f (unter Verwendung der Teile 1 und 2) hinsichtlich Extrema und Wendepunkte.
4. Berechnen Sie den Inhalt $A(f)$ der Fläche, die f mit der Abszisse einschließt.

B2.910.03: Zur Bearbeitung der Aufgabe im einzelnen:
1. Verschiebung der Funktion f um 2 Einheiten in negativer Abszissenrichtung liefert die Funktion $g : \mathbb{R} \longrightarrow \mathbb{R}$ mit $g(x) = ((x+2)+2)((x+2)-2)((x+2)-6) = x(x^2 - 16)$. Diese Funktion g ist punktsymmetrisch bezüglich $(0, 0)$, denn für alle $x \in \mathbb{R}$ ist $g(-x) = (-x)((-x)^2 - 16) = -x(x^2 - 16)$ und somit $-g(-x) = x(x^2 - 16) = g(x)$. Damit ist f punktsymmetrisch bezüglich $(2, 0)$.
2. Aus der Darstellung von $f(x)$ durch Linearfaktoren läßt sich unmittelbar $N(f) = \{-2, 2, 6\}$ ablesen.
3a) Aus der Lage der Nullstellen zueinander (gleicher Abstand 4 zur mittleren Nullstelle) läßt sich schon folgern, daß $(2, 0)$ der Wendepunkt von f ist, ferner, daß die jeweils ersten Komponenten der Extrema symmetrisch zu 2 und die jeweils zweiten Komponenten der Extrema symmetrisch zu 0 liegen. Diese Beobachtungen vereinfachen die weiteren Betrachtungen, werden aber aus Gründen der Übung im folgenden nur in geringem Maße berücksichtigt.
3b) Die Zuordnungsvorschrift der 1. Ableitungsfunktion $f' : \mathbb{R} \longrightarrow \mathbb{R}$ von f kann leicht aus der Darstellung $f(x) = (x^2 - 4)(x - 6)$ als $f'(x) = 2x(x - 6) + (x^2 - 4) = 3x^2 - 12x - 4$ oder aus der Darstellung $f(x) = x^3 - 6x^2 - 4x + 24$ als $f'(x) = 3x^2 - 12x - 4$ ermittelt werden.
3c) Die Äquivalenzen $x \in N(f') \Leftrightarrow f'(x) = 0 \Leftrightarrow 3x^2 - 12x - 4 = 0 \Leftrightarrow x^2 - 4x - \frac{4}{3} = 0$
$\Leftrightarrow x = 2 - \sqrt{\frac{12}{3} + \frac{4}{3}} = 2 - \frac{4}{3}\sqrt{3}$ oder $x = 2 + \frac{4}{3}\sqrt{3}$ liefern $N(f') = \{2 - \frac{4}{3}\sqrt{3}, 2 + \frac{4}{3}\sqrt{3}\}$.
3d) Mit der durch $f''(x) = 6x - 12$ definierten 2. Ableitungsfunktion $f'' : \mathbb{R} \longrightarrow \mathbb{R}$ von f gilt dann $f''(2 - \frac{4}{3}\sqrt{3}) = 6(2 - \frac{4}{3}\sqrt{3}) - 12 = -\frac{4}{3}\sqrt{3} < 0$ und entsprechend $f''(2 + \frac{4}{3}\sqrt{3}) = \frac{4}{3}\sqrt{3} > 0$. Damit ist $2 - \frac{4}{3}\sqrt{3}$ die Maximalstelle und $2 + \frac{4}{3}\sqrt{3}$ die Minimalstelle von f.

3e) Mit $f(2-\frac{4}{3}\sqrt{3}) = (4-\frac{4}{3}\sqrt{3})(-\frac{4}{3}\sqrt{3})(-4-\frac{4}{3}\sqrt{3}) = (-\frac{4}{3}\sqrt{3})((-\frac{4}{3}\sqrt{3})^2 - 4^2) = \frac{128}{9}\sqrt{3}$ hat f das Maximum $(2-\frac{4}{3}\sqrt{3}, \frac{128}{9}\sqrt{3}) = (\approx -0,3/\approx 24,6)$ und (siehe 3a)) das Minimum $(2+\frac{4}{3}\sqrt{3}, -\frac{128}{9}\sqrt{3}) = (\approx 4,3/\approx -24,6)$.

4. Nach Aufgabenteil 1 ist $A(f) = A(g)$ und $A(g)$ wegen $g(x) = x(x^2 - 16) = x^3 - 16x$ sowie der Nullstellen 0 und 4 einfacher zu berechnen: Die Funktion g besitzt das Integral $\int g = \frac{1}{4}id^4 - 8 \cdot id^2 + \mathbb{R}$ und damit eine Stammfunktion $G : \mathbb{R} \longrightarrow \mathbb{R}$ mit $G(x) = \frac{1}{4}x^4 - 8x^2$. Damit ist dann $A(g) = 2 \cdot \int_0^4 g = 2|G(4) - G(0)| = 2|G(4)| = 2 \cdot 4 \cdot 16 = 128$ (FE).

A2.910.04 (D) : Betrachten Sie die durch $f(x) = x^3 - 12x + 16$ definierte Funktion $f : \mathbb{R} \longrightarrow \mathbb{R}$.
1. Beweisen Sie $2 \in N(f)$ und bestimmen Sie dann ganz $N(f)$.
2. Berechnen Sie das Maximum und das Minimum von f.
3. Berechnen Sie den Wendepunkt von f.
4. Zeichnen Sie die Funktion f im Bereich $[-4, 3]$ mit geeigneten Maßstäben.
5. Berechnen Sie den Flächeninhalt $A(D)$ des Dreicks D, das die Wendetangente an f mit den beiden Koordinaten bildet.

B2.910.04 (D) : Für die Funktion $f : \mathbb{R} \longrightarrow \mathbb{R}$ mit $f(x) = x^3 - 12x + 16$ gilt im einzelnen:
1. Wegen $f(2) = 2^3 - 12 \cdot 2 + 16 = 0$ gilt $2 \in N(f)$. Ferner liefert damit dann die Polynom-Division $f(x) : (x-2) = x^2 + 2x - 8 = v(x)$ den quadratischen Faktor v von f mit $N(v) = \{-4, 2\}$, folglich ist $N(f) = \{2\} \cup N(v) = \{2\} \cup \{-4, 2\} = \{-4, 2\} = N(v)$.
2. Die Nullstellenmenge der 1. Ableitungsfunktion $f' : \mathbb{R} \longrightarrow \mathbb{R}$ mit $f'(x) = 3x^2 - 12$ ist offensichtlich $N(f') = \{-2, 2\}$. Ferner gilt mit der durch $f''(x) = 6x$ definierten 2. Ableitungsfunktion $f'' : \mathbb{R} \longrightarrow \mathbb{R}$ dann $f''(-2) = -12 < 0$ sowie $f''(2) = 12 > 0$. Somit ist $(-2, f(-2)) = (-2, 32)$ das Maximum und $(2, f(2)) = (2, 0)$ das Minimum von f.
3. Die Nullstellenmenge der 2. Ableitungsfunktion $f' : \mathbb{R} \longrightarrow \mathbb{R}$ mit $f''(x) = 6x$ ist offensichtlich $N(f'') = \{0\}$. Ferner gilt mit der durch $f'''(x) = 6$ definierten 3. Ableitungsfunktion $f''' : \mathbb{R} \longrightarrow \mathbb{R}$ dann $f'''(0) = 6 \neq 0$, somit ist $(0, f(0)) = (0, 16)$ der Wendepunkt von f.
5. Die Wendetagente $t : \mathbb{R} \longrightarrow \mathbb{R}$ an f ist definiert durch $t(x) = f'(0)x - f'(0) \cdot 0 + f(0) = 12x + 16$. Diese Tangente hat die Nullstelle $\frac{4}{3}$ sowie den Ordinatenabschnitt 16, somit ist $A(D) = \frac{1}{2} \cdot \frac{4}{3} \cdot 16 = \frac{32}{3}$ der gesuchte Inhalt des Dreiecks D.

A2.910.05 (A) : Beweisen Sie: Der Flächeninhalt A des Parabelsegments, das die nach unten geöffnete Parabel $f = a \cdot id - b \cdot id^2 : \mathbb{R} \longrightarrow \mathbb{R}$ (mit $a, b > 0$) mit der Abszisse einschließt, beträgt zwei Drittel des Produkts aus seiner Breite und seiner Höhe.

B2.910.05: Die Parabel f (siehe Skizze) hat die Nullstellenmenge $N(f) = \{0, \frac{a}{b}\}$. Es ist im folgenden also die Einschränkung $f = a \cdot id - b \cdot id^2 : [0, \frac{a}{b}] \longrightarrow \mathbb{R}$ zu untersuchen, wobei $A = A(f) = \frac{2}{3}sh$ mit $s = \frac{a}{b}$ und $h = f(\frac{a}{2b})$ gezeigt wird:

Es gilt: $A(f) = \int_0^s f = (\int f)(s) - (\int f)(0) = \frac{1}{2}a(\frac{a}{b})^2 - \frac{1}{3}b(\frac{a}{b})^3 - 0 =$
$\frac{1}{2} \cdot \frac{a^3}{b^2} - \frac{1}{3} \cdot \frac{a^3}{b^2} = \frac{1}{6} \cdot \frac{a^3}{b^2} = \frac{a}{b} \cdot (\frac{1}{6} \cdot \frac{a^2}{b}) = s \cdot (\frac{1}{6} \cdot \frac{a^2}{b}) = \frac{1}{3} \cdot s \cdot (\frac{1}{2} \cdot \frac{a^2}{b})$.

Mit $h = f(\frac{a}{2b}) = a \cdot \frac{1}{2} \cdot \frac{a}{b} - b \cdot \frac{1}{4} \cdot \frac{a^2}{b^2} = \frac{1}{4} \cdot \frac{a^2}{b}$ ist dann schließlich $A = A(f) = \frac{1}{3} \cdot s \cdot (\frac{1}{2} \cdot \frac{a^2}{b}) = \frac{1}{3} \cdot s \cdot (2 \cdot \frac{1}{4} \cdot \frac{a^2}{b}) = \frac{1}{3} \cdot s \cdot (2 \cdot h) = \frac{2}{3} \cdot s \cdot h$.

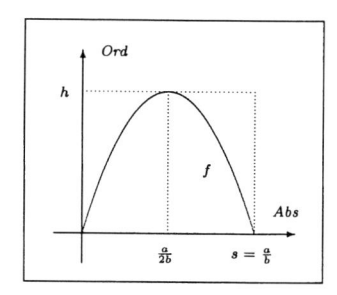

2.912 Untersuchungen von Polynom-Funktionen (Teil 3)

A2.912.01 (A): Berechnen Sie zu den folgenden Funktionen jeweils den Flächeninhalt $A(f)$ der Fläche, die von f, der Abszisse und den Ordinatenparallelen durch die Intervallgrenzen gebildet wird:
1. $f: [0,2] \longrightarrow \mathbb{R}$, $f(x) = -(x-1)^2 + 1$,
2. $f: [-2,4] \longrightarrow \mathbb{R}$, $f(x) = -(x-1)^2 + 1$,
3. $f: [0,a] \longrightarrow \mathbb{R}$, $f(x) = x^2 - 1$, $(a \in \mathbb{R}^+)$
4. $f: [-3,3] \longrightarrow \mathbb{R}$, $f(x) = \frac{1}{3}(x^4 - 10x^2 + 9)$,
5. $f: [-2,1] \longrightarrow \mathbb{R}$, $f(x) = x^5 + x^4 - 2x^3$,
6. $f: [0,4] \longrightarrow \mathbb{R}$, $f(x) = \frac{1}{3}x^3 - x^2 - x + 3$.

B2.912.01: Die Bearbeitung jeder der sechs Aufgaben erfolgt in Einzelschritten:

1a) Berechnung der Nullstellenmenge $N(f)$ von f: Die Äquivalenzen
$x \in N(f) \Leftrightarrow f(x) = 0 \Leftrightarrow -(x-1)^2 + 1 = -x^2 + 2x = 0 \Leftrightarrow x(2-x) = 0 \Leftrightarrow x = 0$ oder $x = 2 \Leftrightarrow x \in \{0,2\}$ liefern die Nullstellenmenge $N(f) = \{0,2\}$.

1b) Die Funktion $F: [0,2] \longrightarrow \mathbb{R}$, definiert durch die Zuordnungsvorschrift $F(x) = -\frac{1}{3}x^3 + x^2$, ist eine Stammfunktion von f.

1c) Es gilt $A(f) = |\int_0^2 f| = |F(2) - F(0)| = |-\frac{1}{3} \cdot 8 + 4 - 0| = |-\frac{8}{3} + \frac{12}{3}| = \frac{4}{3}$ (FE).

2a) Nach Aufgabe 1 hat f die Nullstellenmenge $N(f) = \{0,2\}$, da auch durch den vergrößerten Definitionsbereich keine weiteren Nullstellen hinzukommen.

2b) Die Funktion $F: [-2,4] \longrightarrow \mathbb{R}$, definiert durch die Zuordnungsvorschrift $F(x) = -\frac{1}{3}x^3 + x^2$, ist eine Stammfunktion von f.

2c) Es gilt $A(f) = |\int_{-2}^0 f| + A(f^*) + |\int_2^4 f|$, wobei f^* die auf $[0,2]$ eingeschränkte Funktion von Aufgabe 1 bezeichne, ferner gilt $\int_{-2}^0 f = \int_2^4 f$ wegen der Ordinatensymmetrie von f. Mit $|\int_{-2}^0 f| = |F(0) - F(-2)| = |0 - (\frac{1}{3} \cdot 8 + 4)| = |-(\frac{8}{3} + \frac{12}{3})| = \frac{20}{3}$ ist dann $A(f) = \frac{20}{3} + \frac{4}{3} + \frac{20}{3} = \frac{44}{3}$ (FE).

3a) Die Funktion $F: [0,a] \longrightarrow \mathbb{R}$, definiert durch die Zuordnungsvorschrift $F(x) = \frac{1}{3}x^2 - x$, ist eine Stammfunktion von f.

3b) Wegen der Nullstelle 1 von f sind zwei Fälle zu unterscheiden: Für den Fall $a \leq 1$ gilt $A_a(f) = |\int_0^a f| = |F(a) - F(0)| = |F(a)| = |\frac{1}{3}a^3 - a|$ (FE), für $a = 1$ ist insbesondere $A_1(f) = |\frac{1}{3} - 1| = \frac{2}{3}$ (FE).

Für den Fall $a > 1$ gilt $A_a(f) = A_1(f) + |\int_1^a f| = A_1(f) + |F(a) - F(1)| = A_1(f) + |\frac{1}{3}a^3 - a - (\frac{1}{3} - 1)| = A_1(f) + (\frac{1}{3}a^3 - a + \frac{2}{3}) = \frac{4}{3} + \frac{1}{3}a^3 - a$ (FE) (denn $\frac{1}{3}a^3 - a + \frac{2}{3} > 0$ für $a > 1$).

4a) Berechnung der Nullstellenmenge $N(f)$ von f: Die Äquivalenzen
$x \in N(f) \Leftrightarrow f(x) = 0 \Leftrightarrow \frac{1}{3}(x^4 - 10x^2 + 9) = 0 \Leftrightarrow x^4 - 10x^2 + 9 = 0 \Leftrightarrow x^2 = 5 - \sqrt{25-9} = 1$ oder $x^2 = 5 + 4 = 9 \Leftrightarrow x \in \{-3,-1,1,3\}$ liefern die Nullstellenmenge $N(f) = \{-3,-1,1,3\}$.

4b) Die Funktion $F: [-3,3] \longrightarrow \mathbb{R}$, definiert durch die Vorschrift $F(x) = \frac{1}{3}(\frac{1}{5}x^5 - 5x^3 + 9x)$, ist eine Stammfunktion von f.

4c) Wegen der Ordinatensymmetrie der Funktion f gilt zunächst die Beziehung $\frac{1}{2} \cdot A(f) = |\int_0^1 f| + |\int_1^3 f| = |F(0) - F(1)| + |F(3) - F(1)| = \frac{7}{5} + \frac{99}{5} - \frac{7}{5} = \frac{99}{5}$ (FE), also ist $A(f) = \frac{198}{5}$ (FE).

5a) Berechnung der Nullstellenmenge $N(f)$ von f: Die Äquivalenzen
$x \in N(f) \Leftrightarrow f(x) = 0 \Leftrightarrow x^5 + x^4 - 2x^3 = 0 \Leftrightarrow x^3(x^2 + x - 2) = 0 \Leftrightarrow x = 0$ oder $x = -\frac{1}{2} - \frac{3}{2} = -2$ oder $x = -\frac{1}{2} + \frac{3}{2} = 1 \Leftrightarrow x \in \{-2,0,1\}$ liefern die Nullstellenmenge $N(f) = \{-2,0,1\}$.

5b) Die Funktion $F: [-2,2] \longrightarrow \mathbb{R}$, definiert durch die Vorschrift $F(x) = \frac{1}{6}x^6 + \frac{1}{5}x^5 - \frac{1}{2}x^4$, ist eine Stammfunktion von f.

242

5c) Es gilt $A(f) = |\int_{-2}^{0} f| + |\int_{0}^{1} f| = |F(0) - F(-2)| + |F(1) - F(0)| = \frac{56}{15} + \frac{5}{15} = \frac{61}{15}$ (FE).

6a) Berechnung der Nullstellenmenge $N(f)$ von f: Durch Erraten findet man die Nullstelle 3 von f. Die Polynom-Division $f(x) : (x - 3) = u(x)$ liefert den quadratischen Faktor $u(x) = \frac{1}{3}x^2 - 1$, der als Funktion $u : [0, 4] \longrightarrow \mathbb{R}$ die Nullstelle $\sqrt{3}$ besitzt. Damit hat f die Nullstellenmenge $N(f) = \{\sqrt{3}, 3\}$.

6b) Die Funktion $F : [0, 4] \longrightarrow \mathbb{R}$, definiert durch die Vorschrift $F(x) = \frac{1}{12}x^4 - \frac{1}{3}x^3 - \frac{1}{2}x^2 + 3x$, ist eine Stammfunktion von f.

6c) Es gilt $A(f) = |\int_{0}^{\sqrt{3}} f| + |\int_{\sqrt{3}}^{3} f| + |\int_{3}^{4} f| = |F(\sqrt{3}) - F(0)| + |F(3) - F(\sqrt{3})| + |F(4) - F(3)| = (2\sqrt{3} - \frac{3}{4}) + (2\sqrt{3} - 3) + \frac{7}{4} = 4\sqrt{3} - \frac{15}{4} + \frac{7}{4} = 4\sqrt{3} - 2$ (FE).

A2.912.02 (A) : Berechnen Sie den Inhalt der Fläche, die durch die beiden Funktionen $f, g : \mathbb{R} \longrightarrow \mathbb{R}$ eingeschlossen ist:

1. $f(x) = -x^2 + \frac{3}{2}x + 4$, $g(x) = \frac{1}{2}x^2 + 1$,
2. $f(x) = -x^2 + 8$, $g(x) = x^2$,
3. $f(x) = \frac{1}{2}(x^3 + x^2 - 4x)$, $g(x) = \frac{1}{2}x^2$,
4. $f(x) = \frac{1}{4}x^2$, $g(x) = (x - 1)^2$,
5. $f(x) = x^2 + 2x - 1$, $g(x) = x + 1$,
6. $f(x) = \frac{1}{3}x^3 - \frac{4}{3}x$, $g(x) = \frac{1}{3}x^2 + \frac{2}{3}x$,
7. $f = id^2 - 6$, $g = 2 \cdot id + 2$,

B2.912.02: Die Bearbeitung jeder der sechs Aufgaben erfolgt in jeweils drei Einzelschritten:

1a) Berechnung der Schnittstellenmenge $S(f, g)$ von f und g: Die Äquivalenzen
$x \in S(f, g) \Leftrightarrow f(x) = g(x) \Leftrightarrow -x^2 + \frac{3}{2}x + 4 = \frac{1}{2}x^2 + 1 \Leftrightarrow -\frac{3}{2}x^2 + \frac{3}{2}x + 3 = 0 \Leftrightarrow x^2 - x - 2 = 0 \Leftrightarrow x = -1$ oder $x = 2 \Leftrightarrow x \in \{-1, 2\}$ liefern $S(f, g) = \{-1, 2\}$.

1b) Berechnung einer Stammfunktion $H : [-1, 2] \longrightarrow \mathbb{R}$ von $f - g$: Unter Verwendung der Vorschrift $(f - g)(x) = f(x) - g(x) = -\frac{3}{2}x^2 + \frac{3}{2}x + 3$ ist eine Stammfunktion H von $f - g : [-1, 2] \longrightarrow \mathbb{R}$ definiert durch die Zuordnungsvorschrift $H(x) = -\frac{1}{2}x^3 + \frac{3}{4}x^2 + 3x$.

1c) Der zu berechnende Flächeninhalt ist $A(f, g) = |\int_{-1}^{2}(f - g)| = |H(2) - H(-1)| = |14 - \frac{1}{2}| = \frac{27}{2}$ (FE).

2a) Die Schnittstellenmenge $S(f, g)$ von f und g ist $S(f, g) = \{-2, 2\}$.

2b) $H : [-2, 2] \longrightarrow \mathbb{R}$ mit $H(x) = -\frac{2}{3}x^3 + 8x$ ist eine Stammfunktion von $f - g$.

2c) Der zu berechnende Flächeninhalt ist $A(f, g) = |\int_{-2}^{2}(f - g)| = |H(2) - H(-2)| = \frac{64}{3}$ (FE).

3a) Die Schnittstellenmenge $S(f, g)$ von f und g ist $S(f, g) = \{-2, 0, 2\}$.

3b) $H : [-2, 2] \longrightarrow \mathbb{R}$ mit $H(x) = \frac{1}{6}x^4 - x^2$ ist eine Stammfunktion von $f - g$.

3c) Es gilt $A(f, g) = |\int_{-2}^{0}(f - g)| + |\int_{0}^{2}(f - g)| = |H(0) - H(-2)| + |H(2) - H(0)| = \frac{8}{3}$ (FE).

4a) Die Schnittstellenmenge $S(f, g)$ von f und g ist $S(f, g) = \{\frac{2}{3}, 2\}$.

4b) $H : [\frac{2}{3}, 2] \longrightarrow \mathbb{R}$ mit $H(x) = -\frac{1}{4}(x^3 - 4x^2 + 4x)$ ist eine Stammfunktion von $f - g$.

4c) Der zu berechnende Flächeninhalt ist $A(f, g) = |\int_{\frac{2}{3}}^{2}(f - g)| = |H(2) - H(\frac{2}{3})| = \frac{8}{27}$ (FE).

5a) Die Schnittstellenmenge $S(f, g)$ von f und g ist $S(f, g) = \{-1, 2\}$.

5b) $H : [-1, 2] \longrightarrow \mathbb{R}$ mit $H(x) = \frac{1}{3}x^3 + \frac{1}{2}x^2 - 2x$ ist eine Stammfunktion von $f - g$.

5c) Der zu berechnende Flächeninhalt ist $A(f, g) = |\int_{-1}^{2}(f - g)| = |H(2) - H(-1)| = \frac{3}{2}$ (FE).

6a) Die Schnittstellenmenge $S(f, g)$ von f und g ist $S(f, g) = \{-2, 3\}$.

6b) $H : [-2, 3] \longrightarrow \mathbb{R}$ mit $H(x) = \frac{1}{36}(3x^4 - 4x^3 - 36x^2)$ ist eine Stammfunktion von $f - g$.

6c) Der zu berechnende Flächeninhalt ist $A(f,g) = |\int_{-2}^{3}(f-g)| = |H(3) - H(-2)| = \frac{125}{36}$ (FE).

7a) Die Schnittstellenmenge $S(f,g)$ von f und g ist $S(f,g) = \{-2,4\}$.

7b) $H : [-2,4] \longrightarrow \mathbb{R}$ mit $H = \frac{1}{3} \cdot id^3 - id^2 - 8 \cdot id$ ist eine Stammfunktion von $f - g$.

7c) Der zu berechnende Flächeninhalt ist $A(f,g) = |\int_{-2}^{4}(f-g)| = |H(4) - H(-2)| = 36$ (FE).

A2.912.03 (A): Berechnen Sie zu den Funktionen $f, g : [-2,1] \longrightarrow \mathbb{R}$ mit $f(x) = x^3 + x^2$ und $g(x) = x^2 + x$ den Flächeninhalt $A(f,g)$ der Fläche, die von f, g und den Ordinatenparallelen durch die Intervallgrenzen gebildet wird.

B2.912.03: Die Bearbeitung erfolgt in vier Einzelschritten:

a) Berechnung der Schnittstellenmenge $S(f,g)$ von f und g: Die Äquivalenzen
$x \in S(f,g) \Leftrightarrow f(x) = g(x) \Leftrightarrow x^3 + x^2 = x^2 + x \Leftrightarrow x^3 + x^2 - x^2 - x = 0 \Leftrightarrow x^3 - x = 0$
$\Leftrightarrow x(x^2 - 1) = 0 \Leftrightarrow x \in \{-1, 0, 1\}$ liefern $S(f,g) = \{-1, 0, 1\}$.

b) Berechnung einer Stammfunktion $H : [-1,2] \longrightarrow \mathbb{R}$ von $f - g$: Mit $(f - g)(x) = x^3 - x$ ist eine solche Stammfunktion H von $f - g : [-1,2] \longrightarrow \mathbb{R}$ definiert durch $H(x) = \frac{1}{4}x^4 - \frac{1}{2}x^2$.

c) Die Gesamtfläche besteht aus drei Einzelflächen, deren Inhalte auch einzeln berechnet werden:
Es gilt $A_1(f,g) = |\int_{-2}^{-1}(f-g)| = |H(-1) - H(-2)| = \frac{9}{4}$ (FE), ferner ist $A_2(f,g) = |\int_{-1}^{0}(f-g)| = |H(0) - H(-1)| = \frac{1}{4}$ (FE) sowie $A_3(f,g) = |\int_{0}^{1}(f-g)| = |H(1) - H(0)| = \frac{1}{4}$ (FE).

d) Die Gesamtfläche hat dann den Inhalt $A(f,g) = A_1(f,g) + A_2(f,g) + A_3(f,g) = \frac{11}{4}$ (FE).

A2.912.04 (A): Berechnen Sie jeweils diejenige Zahl $a \in \mathbb{R}^+$, für die der Inhalt der von den beiden folgenden Funktionen $f, g : \mathbb{R} \longrightarrow \mathbb{R}$ eingeschlossenen Fläche gerade die jeweils angegebene Größe hat:

1. $A(f,g) = 72$ (FE) für $f(x) = -x^2 + 2a^2$ und $g(x) = x^2$,
2. $A(f,g) = \frac{4}{3}$ (FE) für $f(x) = x^2$ und $g(x) = ax$,
3. $A(f,g) = \frac{4}{3}$ (FE) für $f(x) = x^2 + 1$ und $g(x) = (a^2+1)x^2$.

B2.912.04: Die Bearbeitung jeder der drei Aufgaben erfolgt in jeweils vier Einzelschritten:

1a) Berechnung der Schnittstellenmenge $S(f,g)$ von f und g: Die Äquivalenzen
$x \in S(f,g) \Leftrightarrow f(x) = g(x) \Leftrightarrow -x^2 + 2a^2 = x^2 \Leftrightarrow 2x^2 = 2a^2 \Leftrightarrow x \in \{-a, a\}$ liefern $S(f,g) = \{-a, a\}$.

1b) Berechnung einer Stammfunktion $H : [-a, a] \longrightarrow \mathbb{R}$ von $f - g$: Mit $(f-g)(x) = -x^2 + 2a^2 - x^2 = 2(a^2 - x^2)$ ist eine Stammfunktion H von $f - g$ definiert durch $H(x) = 2(a^2 - \frac{1}{3}x^3)$.

1c) Es gilt $A(f,g) = |\int_{-a}^{a}(f-g)| = |H(a) - H(-a)| = 2 \cdot |a^2 - \frac{1}{3}a^3 - (a^2 + \frac{1}{3}a^3)| = |-\frac{2}{3}a^3| = \frac{2}{3}a^3$ (FE).

1d) Wegen der Äquivalenzen $A(f,g) = \frac{2}{3}a^3 = 72 \Leftrightarrow a^3 = 72 \cdot \frac{3}{2} = 3^3 \cdot 4 \Leftrightarrow a = 3 \cdot \sqrt[3]{4}$ ist schließlich $a = 3 \cdot \sqrt[3]{4}$ der gesuchte Parameter.

2a) Berechnung der Schnittstellenmenge $S(f,g)$ von f und g: Die Äquivalenzen
$x \in S(f,g) \Leftrightarrow f(x) = g(x) \Leftrightarrow x^2 = ax \Leftrightarrow x^2 - ax = 0 \Leftrightarrow x \in \{0, a\}$ liefern $S(f,g) = \{0, a\}$.

2b) Berechnung einer Stammfunktion $H : [0, a] \longrightarrow \mathbb{R}$ von $f - g$: Mit $(f-g)(x) = x^2 - ax$ ist eine Stammfunktion H von $f - g$ definiert durch $H(x) = \frac{1}{3}x^3 - \frac{1}{2}ax^2$.

2c) Es gilt $A(f,g) = |\int_{0}^{a}(f-g)| = |H(a) - H(0)| = |\frac{1}{3}a^3 - \frac{1}{2}a^2 - 0| = |-\frac{1}{6}a^3| = \frac{1}{6}a^3$ (FE).

2d) Wegen der Äquivalenzen $A(f,g) = \frac{1}{6}a^3 = \frac{4}{3} \Leftrightarrow a^3 = 6 \cdot \frac{4}{3} = 8 = 2^3 \Leftrightarrow a = 2$ ist schließlich $a = 2$ der gesuchte Parameter.

3a) Berechnung der Schnittstellenmenge $S(f,g)$ von f und g: Die Äquivalenzen

$x \in S(f,g) \Leftrightarrow f(x) = g(x) \Leftrightarrow x^2 + 1 = (a^2+1)x^2 \Leftrightarrow -a^2x^2 = 1 \Leftrightarrow x \in \{-\frac{1}{a}, \frac{1}{a}\}$ liefern $S(f,g) = \{-\frac{1}{a}, \frac{1}{a}\}$.

3b) Berechnung einer Stammfunktion $H : [-\frac{1}{a}, \frac{1}{a}] \longrightarrow \mathbb{R}$ von $f - g$: Mit $(f-g)(x) = -a^2x^2 + 1$ ist eine Stammfunktion H von $f - g$ definiert durch $H(x) = -\frac{1}{3}a^2x^3 + x$.

3c) $A(f,g) = |\int_{-\frac{1}{a}}^{\frac{1}{a}} (f-g)| = |H(\frac{1}{a}) - H(-\frac{1}{a})| = |-\frac{1}{3}a^2 \cdot \frac{1}{a^3} + \frac{1}{a} - (\frac{1}{3}a^2 \cdot \frac{1}{a^3} - \frac{1}{a})| = |-\frac{2}{3a} + \frac{2}{a}| = \frac{4}{3a}$ (FE).

3d) Wegen der Äquivalenzen $A(f,g) = \frac{4}{3} \cdot \frac{1}{a} = \frac{4}{3} \Leftrightarrow \frac{1}{a} = 1 \Leftrightarrow a = 1$ ist $a = 1$ der gesuchte Parameter.

A2.912.05 (A) : Berechnen Sie zu der Funktion $f : [0,6] \longrightarrow \mathbb{R}$ mit $f(x) = x + 1$ den Flächeninhalt $A(f)$ der Fläche, die von f, der Abszisse, der Ordinate und der Ordinatenparallelen durch 6 begrenzt wird
– zunächst elementar-geometrisch
– dann mit Hilfe einer Stammfunktion von f
– schließlich unter Verwendung des Streifen-Verfahrens nach *Archimedes*.
Fertigen Sie eine das erste und das dritte Verfahren illustrierende Skizze an.
(Hinweis zum dritten Verfahren: Klammern Sie bei (der Obersumme) S_n so aus, daß Sie die Formel $1 + 2 + ... + n = \frac{1}{2}n(n+1)$ verwenden können.)

B2.912.05: Zur Bearbeitung der Aufgabe:

Die drei in der Aufgabe genannten Verfahren liefern die folgenden Überlegungen:

1. Gemäß nebenstehender Skizze ist die zu betrachtende Fläche die Vereinigung einer Rechtecksfläche R mit einer Dreiecksfläche D, womit nach elementar-geometrischen Methoden $A(f) = A(R) + A(D) = 1 \cdot 6 + \frac{1}{2} \cdot 6 \cdot 6 = 6 + 18 = 24$ (FE) gilt.

2. Da die Funktion f die Eigenschaft $f > 0$ hat, ist unter Verwendung von $F : [0,6] \longrightarrow \mathbb{R}$ mit $F(x) = \frac{1}{2}x^2 + x$ als einer Stammfunktion von f dann $A(f) = \int_0^6 f = F(6) - F(0) = \frac{1}{2} \cdot 36 + 6 = 24$ (FE) als gesuchter Flächeninhalt.

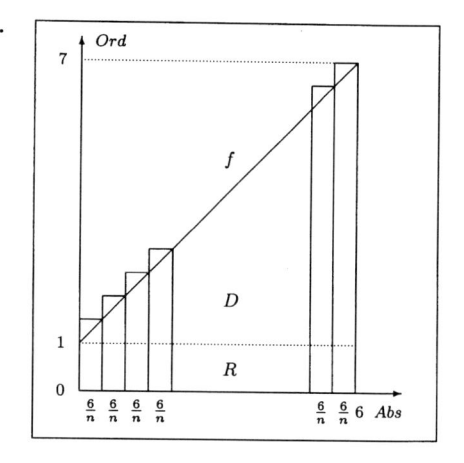

3. Jede äquidistante n-Zerlegung von $[0,6]$ liefert n Rechtecke R_k ($1 \leq k \leq n$) mit den Flächeninhalten $A(R_k) = \frac{6}{n} \cdot f(k \cdot \frac{6}{n}) = \frac{6}{n} \cdot (k \cdot \frac{6}{n} + 1)$. Die Summe S_n dieser n Flächeninhalte ist dann (als Obersumme) $S_n = \frac{6}{n} \cdot ((1 \cdot \frac{6}{n} + 1) + (2 \cdot \frac{6}{n} + 1) + ... + (n \cdot \frac{6}{n} + 1)) = \frac{6}{n} \cdot (\frac{6}{n} (1 + ... + n) + n) = \frac{6}{n} \cdot (\frac{6}{n} \cdot \frac{1}{2} \cdot n(n+1) + n) = \frac{6}{n} \cdot (3(n+1) + n) = \frac{6}{n}(4n+3) = 24 + \frac{18}{n}$. Damit ist schließlich $A(f) = lim(S_n)_{n \in \mathbb{N}} = lim(24 + \frac{18}{n})_{n \in \mathbb{N}} = lim(24)_{n \in \mathbb{N}} + lim(\frac{18}{n})_{n \in \mathbb{N}} = 24 + 0 = 24$ (FE).

A2.912.06 (A) : Die Innenfläche einer Tennishalle mit rechteckigem Grundriß soll 80 m lang und 40 m breit sein. Über der Grundfläche soll ein gewölbtes Dach errichtet werden, das an jeder Stelle einen parabelförmigen Querschnitt mit lichter Höhe 10 m aufweist.
1. Welches Volumen hat der Innenraum der Halle?
2. Welches Volumen resultiert aus einer lichten Höhe von 12 m?
3. Wie kann man die Vergrößerung des Volumens ohne Kenntnis der beiden Einzelvolumina berechnen?

B2.912.06: Bei den Aufgabenteilen 1 und 2 ist jeweils zuerst eine geeignete Funktion zu bestimmen:
1a) Die Daten der Halle lassen sich durch eine Parabel $f : [0,40] \longrightarrow \mathbb{R}$ der Form $f(x) = ax^2 + bx$ beschreiben, wobei die beiden Parameter a und b aus den beiden Beziehungen $0 = f(40) = a \cdot 40^2 + b \cdot 40$

und $10 = f(20) = a \cdot 20^2 + b \cdot 20$ errechnet werden können: Das System beider Gleichungen liefert $a = -\frac{1}{40}$ und $b = 1$. Somit hat f die Zuordnungsvorschrift $f(x) = -\frac{1}{40}x^2 + x$.

1b) $F : [0, 40] \longrightarrow \mathbb{R}$, definiert durch die Vorschrift $F(x) = -\frac{1}{120}x^3 + \frac{1}{2}x^2$, ist eine Stammfunktion von f.

1c) Die Querschnittsfläche der Halle hat den Flächeninhalt $A(f) = |\int_0^{40} f| = |F(40) - F(0)| = |F(40)| = 40^2|-\frac{40}{120} + \frac{1}{2}| = 40^2(\frac{1}{6}) = \frac{800}{3}m^2$. Die Halle hat dann das Volumen $V = \frac{800}{3} \cdot 80 = \frac{64000}{3}m^3$.

2a) Die veränderte lichte Höhe der Halle liefert eine analoge Parabel $g : [0, 40] \longrightarrow \mathbb{R}$ der Form $g(x) = cx^2 + dx$, wobei die beiden Parameter c und d aus den beiden Beziehungen $0 = g(40) = c \cdot 40^2 + d \cdot 40$ und $12 = g(20) = c \cdot 20^2 + d \cdot 20$ errechnet werden können: Das System beider Gleichungen liefert $c = -\frac{3}{100}$ und $b = \frac{6}{5}$. Somit hat g die Zuordnungsvorschrift $g(x) = -\frac{3}{100}x^2 + \frac{6}{5}x$.

2b) $G : [0, 40] \longrightarrow \mathbb{R}$, definiert durch die Vorschrift $G(x) = -\frac{1}{100}x^3 + \frac{3}{5}x^2$, ist eine Stammfunktion von g.

2c) Die Querschnittsfläche der Halle hat den Flächeninhalt $A(g) = |\int_0^{40} f| = |G(40) - G(0)| = |G(40)| = 40^2|-\frac{40}{100} + \frac{3}{5}| = 40^2(\frac{1}{5}) = 320m^2$. Die Halle hat dann das Volumen $V = 320 \cdot 80 = 25600m^3$.

3a) Der Flächenzuwachs $A(g) - A(f) = \frac{960}{3} - \frac{800}{3} = \frac{160}{3}m^2$ liefert einen Volumenzuwachs $V_z = V_g - V_f = \frac{76800}{3} - \frac{64000}{3} = \frac{12800}{3}m^3$, der im übrigen auch als Produkt $(A(g) - A(f)) \cdot 80 = \frac{160}{3} \cdot 80 = \frac{12800}{3}m^3$ berechnet werden kann.

3b) Ist lediglich nach dem Zuwachs der Fläche oder des Volumens gefragt, kann anstelle der Einzelberechnungen die Funktion $g - f : [0, 40] \longrightarrow \mathbb{R}$, definiert durch die Zuordnungsvorschrift $(g - f)(x) = g(x) - f(x) = -\frac{3}{100}x^2 + \frac{6}{5}x + \frac{1}{40}x^2 - x = -\frac{1}{200}x^2 + \frac{1}{5}x$ sowie als eine Stammfunktion von $g - f$ die Funktion $H : [0, 40] \longrightarrow \mathbb{R}$, definiert durch die Vorschrift $H(x) = -\frac{1}{600}x^3 + \frac{1}{10}x^2$, betrachtet werden. Der Flächenzuwachs ist dann $A(g - f) = |\int_0^{40}(g - f)| = |H(40) - H(0)| = |H(40)| = 40^2|-\frac{40}{500} + \frac{1}{10}| = 40^2(\frac{1}{30}) = \frac{160}{3}m^2$, der Volumenzuwachs dabei $V_z = \frac{160}{3} \cdot 80 = \frac{12800}{3}m^3$.

2.913 Untersuchungen von Polynom-Funktionen (Teil 4)

A2.913.01 (D): Im Rahmen einer (naturwissenschaftlichen) Beobachtung werden in einer gleichbleibenden Situation Daten aufgenommen (beispielsweise Meßdaten bei einem physikalischen Versuch). Die Menge dieser Daten sei mit $S = \{s_1, ..., s_n\}$ bezeichnet. Ein Merkmal für die Güte einer solchen Datenerhebung sind die Abweichungen $x - s_k$ der Daten s_k von einem idealen Datum x, die durch die Funktion $M : \mathbb{R} \longrightarrow \mathbb{R}$ mit $M(x) = \sum_{k \in \underline{n}}(x - s_k)^2$ (*Summe der Abweichungsquadrate*) beschrieben wird. Besitzt M ein Minimum?

B2.913.01: Zur Bearbeitung der Aufgabe im einzelnen:
Wie die Darstellung $M(x) = \sum_{k \in \underline{n}}(x - s_k)^2 = \sum_{k \in \underline{n}}(x^2 - 2s_k x + s_k^2) = \sum_{k \in \underline{n}} x^2 - \sum_{k \in \underline{n}} 2s_k x + \sum_{k \in \underline{n}} s_k^2 = nx^2 - 2x \sum_{k \in \underline{n}} s_k + \sum_{k \in \underline{n}} s_k^2$ noch einmal deutlich zeigt, ist M eine Polynom-Funktion (vom Grad 2) und als solche differenzierbar. M besitzt die Ableitungsfunktion $M' : \mathbb{R} \longrightarrow \mathbb{R}$ mit $M'(x) = 2nx - \sum_{k \in \underline{n}} s_k$, die ihrerseits die Nullstelle $\frac{1}{n} \sum_{k \in \underline{n}} s_k$ besitzt. Da nun ferner die 2. Ableitungsfunktion M'' wegen $M'' = 2n$ eine konstante Funktion mit $M > 0$ ist, ist $\frac{1}{n} \sum_{k \in \underline{n}} s_k$ die Minimalstelle von M. Wie sich gezeigt hat, ist diese Minimalstelle gerade das *Arithmetische Mittel* der Menge S.

A2.913.02: In den drei folgenden Aufgaben ist der Hinweis enthalten, daß es anstelle der Abstands-Funktion $d : D(f) \longrightarrow \mathbb{R}^+$ als Wurzel-Funktion genügt, die Funktion d^2 zu betrachten. Welcher Zusammenhang besteht zwischen $Ex(s^2)$ und $Ex(s)$ für eine geeignete Funktion $s : \mathbb{R} \longrightarrow \mathbb{R}^+$?

B2.913.02: Es wird die Situation $s(x) = \sqrt{u(x)} > 0$ mit einer Radikanden-Funktion u untersucht:
1. Es gilt $Ex(s) \subset N(s') \subset N((s^2)')$, denn $N((s^2)') = N((ss)') = N(2ss') = N(s) \cup N(s') \supset N(s')$.
2. Wegen $N(s) = \emptyset$ nach Voraussetzung gilt $N(s') = N((s^2)')$ (nach Teil 1).
3. Gilt $s'(x) = 0$ und $(s^2)''(x) < 0$, so gilt $s''(x) < 0$, wie die folgenden Implikationen zeigen:
$(s^2)''(x) < 0 \Rightarrow 2(ss')'(x) < 0 \Rightarrow (s's + ss'')(x) < 0 \Rightarrow (s's)(x) + (ss'')(x) < 0 \Rightarrow (ss'')(x) < 0$
$\Rightarrow s(x)s''(x) < 0$ (denn $s(x) > 0$).
4. Entsprechend zeigt man: Gilt $s'(x) = 0$ und $(s^2)''(x) > 0$, so gilt $s''(x) > 0$. mit Teil 2 gilt dann:
$((s^2)'(x) = 0$ und $(s^2)''(x) > 0 \Rightarrow x \in Min(s))$ und $((s^2)'(x) = 0$ und $(s^2)''(x) < 0 \Rightarrow x \in Max(s))$.

Bemerkung 1: Bei den drei folgenden Aufgaben wird folgender Sachverhalt verwendet: Sind in einem üblichen Cartesischen Koordinaten-System (K_1, K_2) zwei Punkte $P_0 = (x_0, y_0)$ und $P_1 = (x_1, y_1)$ vorgegeben, so zeigt eine einfache Skizze unter Verwendung des *Satzes des Pythagoras*: Der Abstand $d(P_0, P_1)$ der beiden Punkte wird durch $d^2(P_0, P_1) = (x_0 - x_1)^2 + (y_0 - y_1)^2$ beschrieben.
(Ein analoger Sachverhalt gilt für zwei Punkte $P_k = (x_k, y_k, z_k)$ in einem dreidimensionalen Koordinaten-System (K_1, K_2, K_3) mit der Beziehung $d^2(P_0, P_1) = (x_0 - x_1)^2 + (y_0 - y_1)^2 + (z_0 - z_1)^2$.)

Bemerkung 2: Der Abstand $d(P_0, f)$ eines Punktes P_0 zu einer (stetigen) Funktion $f : D(f) \longrightarrow \mathbb{R}$ ist definiert als die Zahl $d(P_0, f) = min\{d(P_0, F_x) \mid x \in D(f)\}$ für alle Punkte $F_x = (x, f(x))$ von f.

Bemerkung 3: Für die in ben beiden folgenden Aufgaben jeweils betrachtete Funktion d gelten die Beziehungen $Min(d) = Min(d^2)$ und $Max(d) = Max(d^2)$ (nach Aufgabe A2.913.02).

A2.913.03 (D): Betrachten Sie den Punkt $P_0 = (1,1)$ sowie die Funktion $f : \mathbb{R} \longrightarrow \mathbb{R}$, definiert durch die Zuordnungsvorschrift $f(x) = -x + 3$.
1. Zeigen Sie, daß P_0 kein Punkt von f ist.
2. Zeichnen Sie P_0 und f in einem Koordinaten-System und ermitteln Sie durch Messen eine Näherung für den Abstand $d(P_0, f)$.

3. Ermitteln Sie das Quadrat d^2 der Funktion $d : D(f) \longrightarrow \mathbb{R}^+$, die die Abstände $d(x) = d(P_0, F_x)$ des Punktes $P_0 \notin f$ und Punkten $F_x = (x, f(x))$ von f beschreibt.

4. Skizzieren Sie die Funktionen d^2 und d im Bereich $[0,3]$ anhand einer kleinen Wertetabelle.

5. Untersuchen Sie die Funktion d hinsichtlich Minimalstellen und berechnen Sie gegebenenfalls den Abstand $d(P_0, f)$. *Hinweis:* Untersuchen Sie anstelle von d die Funktion d^2 mit $Min(d^2) = Min(d)$.

6. Berechnen Sie denjenigen Punkt F_x von f mit $d(P_0, F_x) = d(P_0, f)$ (siehe obige Bemerkung 2).

B2.913.03: Zur Bearbeitung der Aufgabe im einzelnen:

1. $P_0 = (x_0, z_0) = (1, 1)$ ist kein Punkt von f, denn es gilt $f(x_0) = f(1) = 2 \neq 1 = z_0$.

3. Das Quadrat d^2 der gesuchten Funktion d hat allgemein die Zuordnungsvorschrift $d^2(x) = d^2(P_0, F_x) = (x_0 - x)^2 + (z_0 - f(x))^2$, im konkreten Fall also $d^2(x) = (1-x)^2 + (1-(-x+3))^2 = (1-x)^2 + (-2+x)^2 = 1 - 2x + x^2 + 4 - 4x + x^2 = 5 - 6x + 2x^2$.

2./4. Skizzen zu diesen Aufgabenteilen:

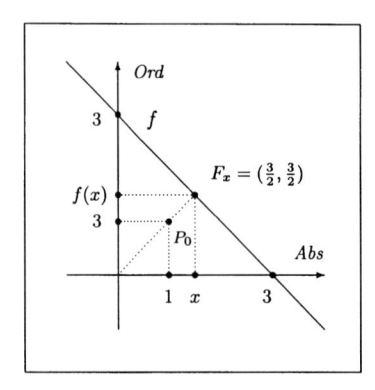

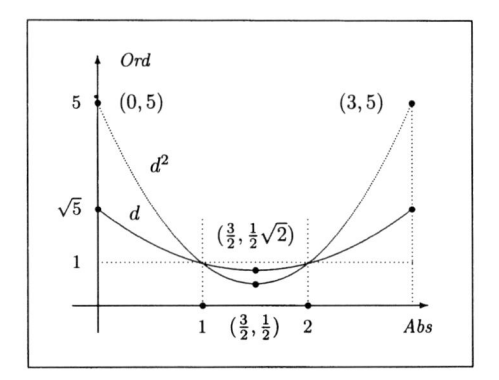

5. Mit $(d^2)'(x) = -6 + 4x$ hat die Funktion $(d^2)'$ die Nullstelle $\frac{3}{2}$. Mit der durch $(d^2)''(x) = 4 > 0$ definierten konstanten Funktion $(d^2)'' > 0$ ist $\frac{3}{2}$ die Minimalstelle der Funktion d^2 und zugleich von d. Damit ist $d^2(\frac{3}{2}) = \frac{1}{2}$ und folglich $d(\frac{3}{2}) = \frac{1}{2}\sqrt{2}$ der gesuchte Abstand $d(P_0, f)$.

6. Der gesuchte Punkt von f ist $F_x = (\frac{3}{2}, f(\frac{3}{2})) = (\frac{3}{2}, -\frac{3}{2} + 3) = (\frac{3}{2}, \frac{3}{2})$.

A2.913.04 (D): Betrachten Sie den Punkt $P_0 = (3, 0)$ sowie die Funktion $f : \mathbb{R} \longrightarrow \mathbb{R}$, definiert durch die Zuordnungsvorschrift $f(x) = x^2$.

1. Zeigen Sie, daß P_0 kein Punkt von f ist.

2. Zeichnen Sie P_0 und f in einem geeigneten Koordinaten-System und ermitteln Sie durch Messen eine Näherung für den Abstand $d(P_0, f)$.

3. Ermitteln Sie das Quadrat d^2 der Funktion $d : D(f) \longrightarrow \mathbb{R}^+$, die die Abstände $d(x) = d(P_0, F_x)$ des Punktes $P_0 \notin f$ und Punkten $F_x = (x, f(x))$ von f beschreibt.

4. Skizzieren Sie die Funktionen d^2 und d im Bereich $[-2, 2]$ anhand einer kleinen Wertetabelle.

5. Untersuchen Sie die Funktion d hinsichtlich Minimalstellen und berechnen Sie gegebenenfalls den Abstand $d(P_0, f)$. *Hinweis:* Untersuchen Sie anstelle von d die Funktion d^2 mit $Min(d^2) = Min(d)$.

6. Berechnen Sie denjenigen Punkt F_x von f mit $d(P_0, F_x) = d(P_0, f)$ (siehe obige Bemerkung 2).

Bearbeiten Sie dieselben Aufgaben für den Punkt $P_0 = (3, 0)$. Verwenden Sie dabei, daß die Ableitungsfunktion $(d^2)'$ den Linearfaktor $x - 1$ besitzt.

B2.913.04: Zur Bearbeitung beider Aufgaben im einzelnen:

1. $P_0 = (x_0, z_0) = (0,3)$ ist kein Punkt von f, denn es gilt $f(x_0) = f(0) = 0 \neq 3 = z_0$.

3. Das Quadrat d^2 der gesuchten Funktion d hat allgemein die Zuordnungsvorschrift $d^2(x) = d^2(P_0, F_x) = (x_0-x)^2 + (z_0-f(x))^2$, im konkreten Fall also $d^2(x) = (0-x)^2 + (3-x^2)^2 = x^2 + 3^2 - 6x^2 + x^4 = 9 - 5x^2 + x^4$.

2./4. Skizzen zu diesen Aufgabenteilen:

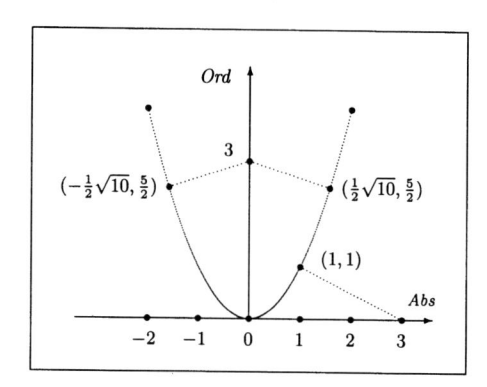

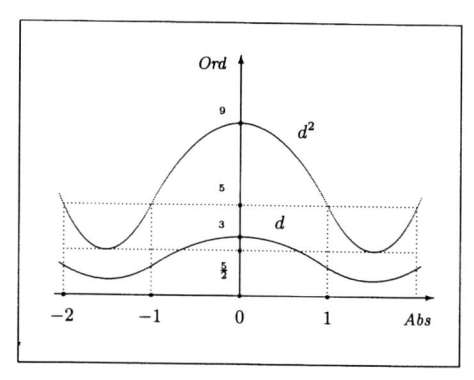

5. Mit $(d^2)'(x) = -10x + 4x^3 = 2x(-5 + 2x^2)$ hat die Funktion $(d^2)'$ die Nullstellenmenge $N((d^2)') = \{0, -\frac{1}{2}\sqrt{10}, \frac{1}{2}\sqrt{10}\}$. Mit der durch $(d^2)''(x) = 12x^2 - 10$ definierten 2. Ableitungsfunktion von d^2 gilt:

a) $(d^2)''(0) = -10 < 0$, folglich ist 0 Maximalstelle von d^2 und zugleich von d,

b) $(d^2)''(-\frac{1}{2}\sqrt{10}) = 20 > 0$, folglich ist $-\frac{1}{2}\sqrt{10}$ Minimalstelle von d^2 und zugleich von d,

c) $(d^2)''(\frac{1}{2}\sqrt{10}) = 20 > 0$, folglich ist $\frac{1}{2}\sqrt{10}$ Minimalstelle von d^2 und zugleich von d.

Damit ist dann $d^2(-\frac{1}{2}\sqrt{10}) = d^2(\frac{1}{2}\sqrt{10}) = \frac{11}{4}$ und folglich $d(-\frac{1}{2}\sqrt{10}) = d(\frac{1}{2}\sqrt{10}) = \frac{1}{2}\sqrt{11}$ schließlich der gesuchte Abstand $d(P_0, f)$.

6. Die beiden gesuchten Punkte von f sind die Punkte $F_1 = (-\frac{1}{2}\sqrt{10}, f(-\frac{1}{2}\sqrt{10})) = (-\frac{1}{2}\sqrt{10}, \frac{5}{2})$ und $F_2 = (\frac{1}{2}\sqrt{10}, f(\frac{1}{2}\sqrt{10})) = (\frac{1}{2}\sqrt{10}, \frac{5}{2})$ (wobei die Näherung $\frac{1}{2}\sqrt{10} \approx 1{,}58$ verwendet werden kann).

Anmerkung: Die Bearbeitung der Aufgabe macht noch einmal den Begriff des *lokalen* Maximums anhand von $d^2(0) = 9$, also anhand des Punktes $(0, d(0)) = (0,3)$ deutlich.

Im folgenden wird auf gleiche Weise der Abstand $d(P_0, f)$ für den Punkt $P_0 = (x_0, z_0) = (3,0)$ untersucht:

1. $P_0 = (x_0, z_0) = (3,0)$ ist kein Punkt von f, denn es gilt $f(x_0) = f(3) = 9 \neq 0 = z_0$.

2. Der Fall $P_0 = (3,0)$ ist schon in obiger Skizze enthalten.

3. Das Quadrat d^2 der gesuchten Funktion d hat allgemein die Zuordnungsvorschrift $d^2(x) = d^2(P_0, F_x) = (x_0 - x)^2 + (z_0 - f(x))^2$, im konkreten Fall also $d^2(x) = (3-x)^2 + (0-x^2)^2 = 9 - 6x + x^2 + x^4$.

5. Zunächst hat die 1. Ableitungsfunktion $(d^2)'$ die Zuordnungsvorschrift $(d^2)'(x) = -6 + 2x + 4x^3$. Mit dem vorgegebenen Linearfaktor $x-1$ von $(d^2)'$ läßt sich nun die Darstellung $(d^2)'(x) = (4x^2 + 4x + 6)(x-1)$ ermitteln, entweder durch Polynom-Division (siehe etwa Abschnitt 1.218) oder auf folgende Weise: Mit einer Zahl a muß $(d^2)'(x)$ die Darstellung $(d^2)'(x) = (4x^2 + ax + 6)(x-1) = 4x^3 + (a-4)x^2 + (6-a)x - 6$ haben, woraus durch Koeffizientenvergleich mit $4x^3 + 2x - 6$ dann $a - 4 = 0$ und $6 - a = 2$, also die Beziehung $a = 4$ folgt.

Wie man nun weiter sehen kann (Wurzelverfahren) liefert der Faktor $4x^2 + 4x + 6$ keine weiteren Nullstellen, es gilt also $N((d^2)') = \{1\}$. Mit der durch $(d^2)''(x) = 2 + 12x^2$ definierten 2. Ableitungsfunktion von d^2 gilt dann $(d^2)''(1) = 14 > 0$, folglich ist 1 die Minimalstelle von d^2 und zugleich von d. Damit ist $d^2(1) = 5$ und folglich $d(1) = \sqrt{5} \approx 2{,}24$ der gesuchte Abstand $d(P_0, f)$.

6. Der gesuchte Punkt von f ist $F_x = (1, f(1)) = (1,1)$ (siehe Skizze zum ersten Aufgabenteil).

A2.913.05 (D) : Der Pilot eines Hubschraubers, der sich gerade auf einem Rundflug über dem Golf von Biscaya befindet, stellt mit Entsetzen fest, daß sein Flugbenzin schneller als erwartet zur Neige geht. Er muß also versuchen, einen Landepunkt an der Küste (das ist die ziemlich geradlinige Côte d'Argent vor Bordeaux) mit kürzester Entfernung zu seiner gegenwärtigen Flugposition zu ermitteln.

Glücklicherweise ist ein Gerät an Bord, das – ähnlich wie bei GPS – seine geographischen Koordinaten (in Grad) in einem zweidimensionalen Cartesischen Koordinaten-System darstellt (eine dritte Koordinate für die Flughöhe spielt dabei keine Rolle). Auf dem Bildschirm dieses Geräts ist die Position des Hubschraubers durch den Punkt $P_0 = (-3, 5)$ und die Küstenlinie als Funktion f mit $f(x) = 2x$ angegeben.

1. Das Gerät erlaubt, das Koordinaten-System so zu verschieben, daß P_0 in dem verschobenen System zu $P_0^* = (0, 0)$ wird. Zeigen Sie, daß f dann durch f^* mit $f^*(x) = 2x - 11$ dargestellt wird.
2. Schildern Sie anhand einer geeigneten Skizze, wie man den Abstand $d(P_0, P_1)$ zweier Punkte P_0 und P_1 in einem üblichen Cartesischen Koordinaten-System berechnet.
3. Konstruieren Sie eine geeignete Funktion d, die für die oben genannten konkreten Daten (entweder für P_0 und f oder für P_0^* und f^*) den (kleinsten) Abstand $d(P_0, f)$ (oder $d(P_0^*, f^*)$) zu berechnen gestattet. Berechnen Sie dann den zugehörigen Punkt der Küstenlinie sowie den Abstand von P_0 zu diesem Punkt.
Hinweis: Verwenden Sie anstelle der Funktion d die Funktion d^2 mit $Min(d^2) = Min(d)$.
4. Nehmen Sie an, daß eine Längeneinheit in dem verwendeten Koordinaten-System der tatsächlichen Entfernung $10\,km$ entspricht. Kann der Hubschrauber mit 20 Litern Benzin und einem mittleren Verbrauch von 40 Litern pro $100\,km$ die Küste noch erreichen?

B2.913.05: Zur Bearbeitung der Aufgabe im einzelnen:

1. Die Verschiebung um 3 Einheiten in positiver Abszissenrichtung und um 5 Einheiten in negativer Ordinatenrichtung liefert aus dem Punkt $P_0 = (-3, 5)$ den Punkt $P_0^* = (0, 0)$, also liefern dieselben Verschiebungen aus der Funktion f mit $f(x) = 2x$ die Funktion f^* mit $f^*(x) = 2(x-3) - 5 = 2x - 11$.

2. Mit Hilfe des *Satzes des Pythagoras* erzeugen die Punkte $P_0 = (x_0, y_0)$ und $P_1 = (x_1, y_1)$ den Abstand $d(P_0, P_1)$ mit $d^2(P_0, P_1) = (x_0 - x_1)^2 + (y_0 - y_1)^2$.

3. Das Quadrat $d^2 : D(f) \longrightarrow \mathbb{R}$ der gesuchten Funktion $d : D(f) \longrightarrow \mathbb{R}$ hat allgemein die Zuordnungsvorschrift $d^2(x) = d^2(P_0, F_x) = (x_0 - x)^2 + (y_0 - f(x))^2$, für alle Punkte $F_x = (x, f(x))$ von f, im konkreten Fall also $d^2(x) = (-3 - x)^2 + (5 - 2x)^2 = 9 + 6x + x^2 + 25 - 20x + 4x^2 = 34 - 14x + 5x^2$.
Die 1. Ableitungsfunktion von d^2 ist dann definiert durch $(d^2)'(x) = -14 + 10x$ und besitzt die Nullstelle $\frac{7}{5}$. Da die 2. Ableitungsfunktion von d^2 eine konstante Funktion $(d^2)'' > 0$ ist, ist $\frac{7}{5}$ die Minimalstelle von d^2 und folglich zugleich die Minimalstelle von d.
Der gesuchte Landepunkt ist dann $F_x = (\frac{7}{5}, f(\frac{7}{5})) = (\frac{7}{5}, \frac{14}{5})$. Dieser Landepunkt hat zu der Position $P_0 = (-3, 5)$ des Hubschraubers den Abstand $d(P_0, F_x) = \sqrt{(-3 - \frac{7}{5})^2 + (5 - \frac{14}{5})^2} = \sqrt{(-\frac{22}{5})^2 + (\frac{11}{5})^2} = \frac{1}{5}\sqrt{484 + 121} = \frac{1}{5}\sqrt{605} = \sqrt{24,2} \approx 4,92$.

4. Die Reichweite r des Hubschraubers beträgt mit den genannten Daten wegen $\frac{40}{100} \cdot r = 20$ dann $r = 50\,km$. Der Hubschrauber kann also den etwa $49,2\,km$ entfernten Landeplatz gerade noch erreichen.

Anmerkung: Die Daten $P_0^* = (0, 0)$ und $f^*(x) = 2x - 11$ liefern eine Funktion d^2 mit der Vorschrift $d^2(x) = (0 - x)^2 + (0 - 2x + 11)^2 = 5x^2 - 44x + 121$, deren durch $(d^2)'(x) = 10x - 44$ definierte 1. Ableitungsfunktion die Nullstelle $\frac{22}{5}$ besitzt. Diese Nullstelle ist, wie man wieder anhand der 2. Ableitungsfunktion mit $(d^2)''(x) = 10$ feststellt, zugleich die Minimalstelle von d^2 und folglich auch die von d. Der Landepunkt ist demnach $(\frac{22}{5}, f^*(\frac{22}{5})) = (\frac{22}{5}, -\frac{11}{5})$, der zu P_0^* den schon oben berechneten Abstand besitzt.

A2.913.06 (D) : Der Chef eines Unternehmens möchte den Absatz (Verkauf) seiner Produkte durch Werbung erhöhen. Die mit dem Entwurf einer entsprechenden Werbestrategie beauftragte PR-Abteilung legt dazu ein Exposé mit einer Funktion f vor, die zu einem Einsatz x (Werbungskosten in Währungseinheiten WE) den wertmäßigen Absatz $f(x) = \frac{1}{a}(x - 18)^2 x^2$ (in WE) verspricht. Dabei sei $a > 0$ eine noch näher zu bestimmende konstante Zahl, ferner $D(f) = \mathbb{R}_0^+$.

Allgemeiner Hinweis: Alle Berechnungsergebnisse sind – sofern sie nicht ganze Zahlen sind – als (gekürzte) Brüche anzugeben. Näherungen sind dann nur als mögliche Zusätze am Ende vorgesehen.

1. Berechnen Sie die Funktionswerte von 0 und 9. Geben Sie ferner die Bildmenge von f an.
2. Geben Sie einen Bereich (Intervall) für a an, bei dem für den Einsatz $x = 9$ der Absatz größer als der Einsatz ist. Für welche Zahl a ist für $x = 9$ der Absatz doppelt so groß wie der Einsatz?

Hinweis 1: Bei allen folgenden Aufgabenteilen sei die Zahl $a = 9^2$ verwendet.

Hinweis 2: Bei folgenden Aufgabenteilen kann $f'(x) = \frac{4}{9^2}x(x-18)(x-9)$ und $f''(x) = \frac{12}{9^2}(x^2 - 18x + 54)$ verwendet werden.

3. Die PR-Abteilung behauptet, daß $x = 9$ die Maximalstelle der Absatz-Funktion f ist. Prüfen Sie anhand geeigneter Berechnungen nach, ob sie recht hat.
4. Zeigen Sie anhand der Funktionswerte $f(8)$ sowie $f(9)$ und $f(10)$, daß die Behauptung in Teil 2 plausibel ist. Wie ist dabei der Einsatz $x = 10$ betriebswirtschaftlich zu beurteilen?
5. Geben Sie hinsichtlich der Aufgabenteile 3 und 4 einen sinnvoll eingeschränkten Definitionsbereich für die Funktion f an.

Hinweis 3: Bei den folgenden Aufgabenteilen sei $D(f)$ gemäß Teil 5 betrachtet.

6. Berechnen Sie jeweils den Absatztrend für die Einsätze $x \in \{2, 3, 5, 6\}$ und geben Sie sie tabellarisch an. Kann man aufgrund dieser Daten eine Trendumkehr vermuten? Wenn ja, in welchem Bereich?
7. Berechnen Sie denjenigen Einsatz x, bei dem eine Trendumkehr stattfindet.
8. Warum ist eine Parabel $p : \mathbb{R}_0^+ \longrightarrow \mathbb{R}$ mit $p(x) = \frac{1}{a}x^4$ nicht geeignet, die Abhängigkeit des Absatzes vom Einsatz zu beschreiben, obwohl doch $p(0) = 0 = f(0)$ und $p(9) = \frac{1}{a} \cdot 9^4 = f(9)$ gilt?
9. Rechnen Sie nach, daß die obige Angabe für $f'(x)$ richtig ist.

B2.913.06: Zur Bearbeitung der Aufgabe im einzelnen:

1. Es gilt $f(0) = 0$ sowie $f(9) = \frac{1}{a}(9-18)^2 \cdot 9^2 = \frac{1}{a} \cdot (-9)^2 \cdot 9^2 = \frac{1}{a} \cdot 9^4$. Ferner gilt $Bild(f) = \mathbb{R}_0^+$, denn alle in $f(x)$ enthaltenen Faktoren sind nicht-negativ.

2. Die gannante Bedingung bedeutet $f(9) > 9$, also $\frac{1}{a} \cdot 9^4 > 9$, und ist äquivalent zu $a < 9^3$. Verdoppelung des Absatzes gegenüber dem Einsatz bedeutet $f(9) = 18$, also $\frac{1}{a} \cdot 9^4 = 18$. Diese Bedingung ist dann äquivalent zu $a = \frac{1}{2} \cdot 9^3$.

3. Wie die angegebene Darstellung von $f'(x)$ unmittelbar zeigt, gilt $N(f') = \{0, 9, 18\}$. Weiterhin zeigen die Funktionswerte $f''(0) = \frac{12}{9^2} \cdot 54 > 0$ sowie $f''(9) = \frac{12}{9^2}(81 - 162 + 54) = \frac{12}{9^2}(-27) < 0$ und $f''(18) = \frac{12}{9^2}(324 - 324 + 54) = \frac{12}{9^2} \cdot 54 > 0$, daß der Einsatz $x = 9$ die Maximalstelle von f ist.

4. Die erfragten Funktionswerte $f(8) = \frac{1}{9^2}(8-18)^2 \cdot 8^2 = \frac{1}{9^2} \cdot 6400$ sowie $f(9)\frac{1}{9^2} \cdot 9^4 = \frac{1}{9^2} \cdot 6561$ und $f(10)\frac{1}{9^2}(10-18)^2 \cdot 10^2 = \frac{1}{9^2} \cdot 6400$ zeigen, daß $x = 9$ unter diesen drei Einsätzen der Einsatz mit dem größten Absatz ist. Aus betriebswirtschaftlicher Sicht sind dann Einsätze $x > 9$ unsinnig.

5. Mit den bekannten Daten $f(0)$ und $f(9)$ wird $D(f)$ auf das Intervall $(0, 9)$ eingeschränkt.

6. Den jeweiligen Absatztrend für die Einsätze $x \in \{2, 3, 5, 6\}$ zeigt folgende Tabelle (mit $c = \frac{4}{9^2}$):

Einsatz x	2	3	5	6
Trend $f'(x)$	$2c(2-18)(2-9) = 224c$	$3c(3-18)(3-9) = 270c$	$260c$	$216c$

Wie die Tabelle zeigt, kann eine Trendumkehr im Bereich $(3, 5)$ vermutet werden.

7. Die Gleichung $f''(x) = 0$, also $x^2 - 18x + 54 = 0$ liefert die Nullstelle $9 - 3\sqrt{3}$ von f''. Mit $f'''(x) = \frac{12}{9^2}(2x - 18)$ ist dann $f'''(9 - 3\sqrt{3}) = 18 - 6\sqrt{3} - 18 = -6\sqrt{3} < 0$, folglich ist $9 - 3\sqrt{3} \approx 3,8$ die Wendestelle von f, also der Einsatz mit Trendumkehr.

8. Die angegebene Parabel p ist nach oben unbeschränkt, das heißt, sie würde einen beliebig hohen Absatz in Abhängigkeit eines stets größer werdenden Einsatzes beschreiben. Tatsächlich liegen für Abhängigkeiten dieser Art Maxima bzw. Sättigungsgrenzen vor.

9. Die Zuordnungsvorschrift von f' kann entweder mit der ausmultiplizierten Darstellung von $f(x)$, also mit $f(x) = \frac{1}{9^2}(x^4 - 36x^3 + 324x^2)$, oder mit der Produkt-Darstellung von $f(x)$ ermittelt werden: Die erste Darstellung liefert $f'(x) = \frac{1}{9^2}(4x^3 - 108x^2 + 648x) = \frac{4}{9^2}x(x^2 - 27x + 162) = \frac{4}{9^2}x(x-18)(x-9)$. Die Darstellung $f(x) = \frac{1}{9^2}(x-18)^2 x^2$ liefert $f'(x) = \frac{1}{9^2}2(x-18)x^2 + (x-18)^2 2x = \frac{1}{9^2}2x(x-18)(x+x-18) = \frac{1}{9^2}4x(x-18)(x-9) = \frac{4}{9^2}x(x-18)(x-9)$.

2.914 Untersuchungen von Polynom-Funktionen (Teil 5)

A2.914.01 (D): Betrachten Sie die Familie $(f_a)_{a \in \mathbb{R}^+}$ der Funktionen $f_a : \mathbb{R} \longrightarrow \mathbb{R}$, definiert durch die Zuordnungsvorschrift $f_a(x) = ax^2 + a$.

1. Berechnen Sie die möglichen Nullstellen, Extrema und Wendepunkte von f_a. Mit welchen Begründungen lassen sich diese Stellen/Punkte auch ohne Rechnung ermitteln?
2. Bestimmen Sie die Tangente $t_a : \mathbb{R} \longrightarrow \mathbb{R}$ an f_a bei 2. Berechnen Sie für $a \neq b$ den Schnittpunkt dieser Tangenten t_a und t_b.
3. Bestimmen Sie die Normale $n_a : \mathbb{R} \longrightarrow \mathbb{R}$ zu f_a bei 2. Berechnen Sie für $a \neq b$ den Schnittpunkt dieser Normalen n_a und n_b. Kommentieren Sie kurz die unterschiedliche Art dieser Tangenten- und Normalenschnittpunkte.
4. Bestimmen Sie die zu der Einschränkung $f_a : \mathbb{R}^+ \longrightarrow Bild(f_a)$ inverse Funktion $g_a : T \longrightarrow \mathbb{R}^+$ und ihre erste Ableitungsfunktion (geben Sie dabei auch $T = D(g_a)$ an).
5. Geben Sie die Folge $(f_{\frac{1}{n}}(2))_{n \in \mathbb{N}}$ an und bestimmen Sie gegebenenfalls ihren Grenzwert. Untersuchen Sie dann die analoge Aufgabe für eine beliebige Zahl $z \in \mathbb{R}$ anstelle von 2. Welche Konvergenz-Eigenschaften kann man daraus für die Folge $(f_{\frac{1}{n}})_{n \in \mathbb{N}}$ ableiten?
6. Skizzieren Sie f_a, t_a, n_a für $a = \frac{1}{2}$ und $a = \frac{1}{8}$ in einem Koodinaten-System. Welche Schnittpunkte liegen dabei gemäß den Aufgabenteilen 2 und 3 vor?

B2.914.01: Zur Bearbeitung der Aufgabe im einzelnen:

1. Wegen $x \in N(f_a) \Leftrightarrow f_a(x) = 0 \Leftrightarrow a(x^2+1) = 0 \Leftrightarrow x^2 = -1 \Leftrightarrow x \in \emptyset$ ist $N(f_a) = \emptyset$.
Mit $f'_a : \mathbb{R} \longrightarrow \mathbb{R}$, definiert durch $f'_a(x) = 2ax$, und $N(f'_a) = \{0\}$ sowie $f''_a : \mathbb{R} \longrightarrow \mathbb{R}$, definiert durch $f''_a(x) = 2a > 0$ ist $Ex(f_a) = Min(f_a) = \{0\}$ und somit $(0, f_a(0)) = (0, a)$ das Minimum von f_a.
Wegen $Wen(f_a) \subset N(f''_a) = \emptyset$ hat f_a keine Wendepunkte.

Die vorstehenden Berechnungsergebnisse lassen sich auch unmittelbar am Typ der Funktion f_a ablesen: Jede Funktion f_a ist eine um den Öffnungsfaktor a veränderte und um $a > 0$ in Ordinatenrichtung „nach oben" verschobene Normalparabel, die also keine Nullstellen, das Minimum $(0,a)$ und keinen Wendepunkt hat.

2. Die Tangente $t_a : \mathbb{R} \longrightarrow \mathbb{R}$ an f_a bei 2 für jeden Index a ist definiert durch die Zuordnungsvorschrift $t_a(x) = f'_a(2)x - f'_a(2) \cdot 2 + f_a(2) = 4ax - 8a + 4a + a = 4ax - 3a$.
Für Indices a und b mit $a \neq b$ gilt: $x \in S(t_a, t_b) \Leftrightarrow t_a(x) = t_b(x) \Leftrightarrow 4ax - 3a = 4bx - 4b \Leftrightarrow x = \frac{3}{4}$.
Mit $t_a(\frac{3}{4}) = 0$ ist dann $(\frac{3}{4}, 0)$ der von den Parametern a unabhängige Schnittpunkt aller Tangenten t_a der Familie $(t_a)_{a \in \mathbb{R}^+}$.

3. Die Normale $n_a : \mathbb{R} \longrightarrow \mathbb{R}$ zu t_a bei 2 für jeden Index a ist definiert durch die Zuordnungsvorschrift
$n_a(x) = -\frac{1}{f'_a(2)} \cdot x + \frac{1}{f'_a(2)} \cdot 2 + f_a(2) = -\frac{1}{4a} \cdot x + \frac{2}{4a} + 4a + a = -\frac{1}{4a} \cdot x + \frac{1}{2a} + 5a$.
Für Indices a und b mit $a \neq b$ gilt: $x \in S(n_a, n_b) \Leftrightarrow n_a(x) = n_b(x) \Leftrightarrow \frac{1}{4}x(\frac{1}{b} - \frac{1}{a}) = \frac{1}{2}(\frac{1}{b} - \frac{1}{a}) + 5(b-a) \Leftrightarrow x = 2 - 20ab$. Mit $n_a(2-20ab) = 5(a+b)$ ist dann $(2-20ab, 5(a+b))$ der von den Parametern a abhängige Schnittpunkt aller Normalen n_a der Familie $(n_a)_{a \in \mathbb{R}^+}$.

Kommentar zur Art der Tangenten- und Normalenschnittpunkte: Wie die jeweiligen Berechnungen zeigen, haben alle Tangenten t_a einen gemeinsamen, hingegen die Normalen einen paarweise unterschiedlichen Schnittpunkt.

4. Die zu f_a inverse Funktion $g_a : T \longrightarrow \mathbb{R}^+$ ist definiert durch $g_a(z) = \sqrt{\frac{1}{a}(z-a)}$. Wegen der notwendigen Bedingung $\frac{1}{a}(z-a) > 0$ und der dazu äquivalenten Bedingung $z > a$ ist $T = D(g_a) = Bild(f_a) = (a, \star)$ der Definitionsbereich der hierbei eingeschränkten Funktion f_a.
Die erste Ableitungsfunktion $g'_a : (a, \star) \longrightarrow \mathbb{R}^+$ von g_a ist definiert durch die Zuordnungsvorschrift $(g_a)^{-1}(z) = (\frac{1}{f'_a \circ (f_a)^{-1}})(z) = (\frac{1}{f'_a \circ g_a})(z) = \frac{1}{(f'_a \circ g_a)(z)} = \frac{1}{2\sqrt{a(z-a)}}$.

5. Es gilt $f_{\frac{1}{n}}(2) = \frac{1}{n} \cdot 2^2 + \frac{1}{n} = \frac{5}{n}$. Folglich ist die Folge $(f_{\frac{1}{n}}(2))_{n \in \mathbb{N}}$ konvergent mit $lim(f_{\frac{1}{n}}(2))_{n \in \mathbb{N}} = 0$.

Entsprechend gilt $f_{\frac{1}{n}}(z) = \frac{1}{n} \cdot z^2 + \frac{1}{n} = \frac{1}{n}(z^2 + 1)$, für jede beliebige Zahl $z \in \mathbb{R}$. Folglich ist die Folge $(f_{\frac{1}{n}}(z))_{n \in \mathbb{N}}$ konvergent mit $lim(f_{\frac{1}{n}}(z))_{n \in \mathbb{N}} = 0$.
Die Folge $(f_{\frac{1}{n}})_{n \in \mathbb{N}}$ konvergiert also punktweise gegen die Nullfunktion $0 : \mathbb{R} \longrightarrow \mathbb{R}$ (Abszisse).

A2.914.02 (D) : Betrachten Sie die Familie $(f_a)_{a \in \mathbb{R}}$ und von Funktionen $f_a : \mathbb{R} \longrightarrow \mathbb{R}$, definiert durch $f_a = id^3 - 2a \cdot id^2$.

1. Untersuchen Sie f_a hinsichtlich Symmetieeigenschaften und Nullstellen. Wie verhalten sich f_a und f_{-a} zueinander?
2. Untersuchen Sie f_a hinsichtlich Extrema und Wendepunkte.
3. Geben Sie die Funktion E an, die alle Extrema der Familie $(f_a)_{a \in \mathbb{R}}$ als Punkte enthält.
4. Geben Sie die Funktion W an, die alle Wendepunkte der Familie $(f_a)_{a \in \mathbb{R}}$ als Punkte enthält.

B2.914.02:   Zur Bearbeitung der Aufgabe im einzelnen:

1a) Berechnung der Nullstellen der Funktion f_a: Wegen der Äquivalenzen $x \in N(f_a) \Leftrightarrow f_a(x) = 0 \Leftrightarrow x^3 - 2ax^2 = 0 \Leftrightarrow x^2(x - 2a) = 0 \Leftrightarrow x^2 = 0$ oder $x - 2a = 0 \Leftrightarrow x \in \{0, 2a\}$ hat f_a im Fall $a \neq 0$ die beiden Nullstellen 0 und $2a$, wobei 0 eine Berührstelle mit der Abszisse ist. Im Fall $a = 0$ ist $f_0 = id^3$ mit $N(f_0) = \{0\}$.

1b) Keine der Funktionen f_a ist ordinatensymmetrisch, denn es gilt etwa $f_a(-1) = -1 - 2a$ und $f_a(1) = 1 - 2a$. Keine der Funktionen f_a mit Ausnahme von f_0 ist punktsymmetrisch, denn es gilt etwa $-f_a(-1) = 1 + 2a$ und $f_a(1) = 1 - 2a$.

1c) Für $a \neq 0$ ist $-f_a$ ordinatensymmetrisch zu f_{-a}, denn es gilt $-f_a(-x) = -(-x^3 - 2ax^2) = x^3 + 2ax^2$ und $f_{-a}(x) = x^3 - 2(-a)x^2 = x^3 + 2ax^2$, für alle $x \in \mathbb{R}$.

2a) Die Funktion $f_0 = id^3$ besitzt bekanntlich keine Extrema. Für die folgende Untersuchung von f_a hinsichtlich Extrema wird daher stets der Fall $a \neq 0$ betrachtet. Berechnung der Ableitungsfunktionen: Die zur weiteren Untersuchung benötigten Ableitungsfunktionen $f_a', f_a'', f_a''' : \mathbb{R} \longrightarrow \mathbb{R}$ haben die Zuordnungsvorschriften $f_a'(x) = 3x^2 - 4ax$, $f_a''(x) = 6x - 4a$ und $f_a'''(x) = 6$.
Berechnung möglicher Extrema von f_a: Wegen der Äquivalenzen $x \in N(f_a') \Leftrightarrow f_a'(x) = 0 \Leftrightarrow 3x^2 - 4ax = 0 \Leftrightarrow x = 0$ oder $x = \frac{4}{3}a \Leftrightarrow x \in \{0, \frac{4}{3}a\}$ und $f_a''(0) = -4a$ sowie $f_a''(\frac{4}{3}a) = 4a$ kann man folgendes feststellen:
Für den Fall $a > 0$ ist $f_a''(0) = -4a < 0$ sowie $f_a''(\frac{4}{3}a) = 4a > 0$, folglich ist $(0, f_a(0)) = (0, 0)$ dann das Maximum und $(\frac{4}{3}a, f_a(\frac{4}{3}a)) = (\frac{4}{3}a, -\frac{32}{27}a^3)$ das Minimum von f_a.
Für den Fall $a < 0$ ist $f_a''(0) = -4a > 0$ sowie $f_a''(\frac{4}{3}a) = 4a < 0$, folglich ist $(0, f_a(0)) = (0, 0)$ dann das Minimum und $(\frac{4}{3}a, f_a(\frac{4}{3}a)) = (\frac{4}{3}a, -\frac{32}{27}a^3)$ das Maximum von f_a.

2b) Berechnung möglicher Wendepunkte von f_a: Mit den Äquivalenzen $x \in N(f_a'') \Leftrightarrow f_a''(x) = 0 \Leftrightarrow 6x - 4a = 0 \Leftrightarrow x = \frac{2}{3}a$ und insbesondere $f_a'''(\frac{2}{3}a) = 6 \neq 0$ hat f_a die Wendestelle $\frac{2}{3}a$. Ihr Funktionswert ist $f_a(\frac{2}{3}a) = (\frac{2}{3}a)^3 - 2a(\frac{2}{3}a)^2 = \frac{8}{27}a^3 - 2\frac{4}{9}a^3 = -\frac{16}{27}a^3$, also hat f_a den einzigen Wendepunkt $(\frac{2}{3}a, -\frac{16}{27}a^3)$.
Insbesondere hat f_0 den einzigen Wendepunkt $(0, 0)$.

3. Die Zuordnung $\frac{4}{3}a \longmapsto -\frac{32}{27}a^3 = (-\frac{1}{2})(\frac{4}{3}a)^3$ liefert die Funktion $E : \mathbb{R} \longrightarrow \mathbb{R}$ mit der Zuordnungsvorschrift $E(x) = -\frac{1}{2}x^3$, die alle Extrema der Familie $(f_a)_{a \in \mathbb{R}}$ als Punkte enthält.

4. Die Zuordnung $\frac{2}{3}a \longmapsto -\frac{16}{27}a^3 = (-2)(\frac{2}{3}a)^3$ liefert die Funktion $W : \mathbb{R} \longrightarrow \mathbb{R}$ mit der Zuordnungsvorschrift $W(x) = -2x^3$, die alle Wendepunkte der Familie $(f_a)_{a \in \mathbb{R}}$ als Punkte enthält.

A2.914.03 (D) : Betrachten Sie die Familie $(f_a)_{a \in \mathbb{R}^+}$ von Funktionen $f_a : \mathbb{R} \longrightarrow \mathbb{R}$, definiert durch die Zuordnungsvorschrift $f_a(x) = x^4 - ax^2 + a$.

1. Untersuchen Sie Symmetrieeigenschaften von f_a. Geben Sie dann die Menge $N(f_a)$ der Nullstellen von f_a an.
2. Bestimmen Sie die gemeinsamen Punkte der Funktionen der Familie $(f_a)_{a \in \mathbb{R}^+}$.
3. Bestimmen Sie die Extrema von f_a.
4. Geben Sie die Funktion M an, die alle Maxima der Familie $(f_a)_{a \in \mathbb{R}^+}$ als Punkte enthält. Untersuchen Sie dann, ob es einen Index b gibt, so daß die Minima der Funktion f_b maximal bezüglich der Minima

aller Funktionen von $(f_a)_{a\in\mathbb{R}^+}$ sind.

5. Bearbeiten Sie die Aufgabenstellungen 3 und 4 für Wendepunkte. Geben Sie dann zu dem mit entsprechender Maximalitätseigenschaft existierenden Index b eine der beiden Wendetangenten an.

6. Gibt es Funktionen f_a, die den Punkt $(2,7)$ enthalten? Wenn ja, wieviele? Untersuchen Sie die analogen Fragen für einen beliebig, aber fest gewählten Punkt $(x_0, z_0) \in \mathbb{R}^2$.

7. Es sei $z \in \mathbb{R}$ ein beliebiges, aber fest gewähltes Element. Zu jedem Index $a \in \mathbb{R}^+$ sei $t_a : \mathbb{R} \longrightarrow \mathbb{R}$, die Tangente an f_a bei z. Geben Sie die Zuordnungsvorschrift von t_a an und untersuchen Sie die Familie $(f_a)_{a\in\mathbb{R}^+}$ dieser Tangenten hinsichtlich eines gemeinsamen Punktes (gegebenenfalls berechnen).

8. Die vorgelegte Familie $(f_a)_{a\in\mathbb{R}^+}$ sei um den Index $a = 0$ erweitert. Zeigen Sie, daß im Sinne punktweiser Konvergenz $f_0 = lim(f_{\frac{1}{n}})_{n\in\mathbb{N}}$ und $t_0 = lim(t_{\frac{1}{n}})_{n\in\mathbb{N}}$ für die Tangenten aus Aufgabenteil 7 gilt. Zeigen Sie dann ferner, daß die Tangente $t : \mathbb{R} \longrightarrow \mathbb{R}$ an f_0 bei z gerade t_0 ist.

9. Zeichnen Sie (in einem Koordinaten-System) anhand der in den obigen Aufgabenteilen ermittelten Daten sowie geeigneter zusätzlicher Wertetabellen einige der Funktionen $f_{\frac{1}{8}}$, $f_{\frac{1}{2}}$, f_1, f_2, f_3, f_4, f_5, f_6 sowie die Funktion M aus Aufgabenteil 4.

B2.914.03: Zur Bearbeitung der Aufgabe im einzelnen:

1. Da in $f_a(x)$ nur geradzahlige Potenzen von x auftreten, ist f_a ordinatensymmetrisch (und wegen $f_a) \neq 0$ nicht zugleich punktsymmetrisch).

Zur Berechnung der möglichen Nullstellen von f_a betrachte man zunächst die Äquivalenzen $x \in N(f_a) \Leftrightarrow f_a(x) = 0 \Leftrightarrow x^4 - ax^2 + a = 0 \Leftrightarrow (x^2)^2 - a(x^2) + a = 0 \Leftrightarrow x^2 = \frac{1}{2}(a - \sqrt{a(a-4)})$ oder $x^2 = \frac{1}{2}(a + \sqrt{a(a-4)})$. Damit sind folgende drei Fälle einzeln zu untersuchen:

Fall 1: Für $0 < a < 4$ liegen keine Nullstellen vor, denn aus $0 < a < 4$ folgt $a^2 < 4a$, daraus dann $a^2 - 4a < 0$, also $a(a-4) < 0$.

Fall 2: Für $a = 4$ ist $N(f_4) = \{-\sqrt{2}, \sqrt{2}\}$, denn in diesem Fall gilt $x^2 = \frac{1}{2}(4-0)$ oder $x^2 = \frac{1}{2}(4+0)$, also stets $x^2 = 2$.

Fall 3: Für $a > 4$ liegen die vier Nullstellen $\pm\sqrt{\frac{1}{2}(a \pm \sqrt{a(a-4)})}$ vor, denn in diesem Fall gilt
a) $a > 4 \Rightarrow a^2 > 4a \Rightarrow a^2 - 4a > 0 \Rightarrow a(a-4) > 0$ und
b) $0 > -4 \Rightarrow a > a - 4 \Rightarrow a^2 > a(a-4) \Rightarrow a > \sqrt{a(a-4)} \Rightarrow a - \sqrt{a(a-4)} > 0$.

2. Die gemeinsamen Punkte der Funktionen der Familie $(f_a)_{a\in\mathbb{R}^+}$ sind die Punkte $(-1,1)$ und $(1,1)$, die als solche von dem Parameter a unabhängig sind. Für die Berechnung der Schnittstellen seien Indices a und b mit $a \neq b$ betrachtet: $x \in S(f_a, f_b) \Leftrightarrow f_a(x) = f_b(x) \Leftrightarrow x^4 - ax^2 + a = x^4 - bx^2 + b \Leftrightarrow (b-a)x^2 = b - a \Leftrightarrow x^2 = 1 \Leftrightarrow x \in \{-1, 1\}$. Ferner gilt $f_a(-1) = 1$ und $f_a(1) = 1$.

3. Wegen $Ex(f_a) \subset N(f_a')$ wird zur Bestimmung der Extrema von f_a zunächst die 1. Ableitungsfunktion $f_a' : \mathbb{R} \longrightarrow \mathbb{R}$ von f_a gebildet: Sie hat die Zuordnungsvorschrift $f_a'(x) = 4x^3 - 2ax = 2x(2x^2 - a)$ und, wie man leicht sieht, die Nullstellenmenge $N(f_a') = \{-\frac{1}{2}\sqrt{2a}, 0, \frac{1}{2}\sqrt{2a}\}$.

Wegen $N(f_a') \neq \emptyset$ wird die 2. Ableitungsfunktion $f_a'' : \mathbb{R} \longrightarrow \mathbb{R}$ von f_a gebildet: Sie hat die Zuordnungsvorschrift $f_a''(x) = 12x^2 - 2a$. Mit $f_a''(-\frac{1}{2}\sqrt{2a}) = 4a > 0$ und $f_a''(0) = -2a < 0$ liegen dann das Maximum $(0, f_a(0)) = (0, a)$ sowie aus Symmetriegründen die beiden Minima $(-\frac{1}{2}\sqrt{2a}, f_a(-\frac{1}{2}\sqrt{2a})) = (-\frac{1}{2}\sqrt{2a}, -\frac{1}{4}a^2 + a)$ und $(\frac{1}{2}\sqrt{2a}, -\frac{1}{4}a^2 + a)$ vor.

4. Die Funktion M, die alle Maxima der Familie $(f_a)_{a\in\mathbb{R}^+}$ als Punkte enthält, hat zunächst auf $\mathbb{R}^+$ eingeschränkt die Zuordnung $\frac{1}{2}\sqrt{2a} \longmapsto -\frac{1}{4}a^2 + a$. Betrachtet man nun die Funktion $u : \mathbb{R}^+ \longrightarrow \mathbb{R}^+$ mit $u(a) = \frac{1}{2}\sqrt{2a}$, dann ist M definiert durch die Bedingung $(M \circ u)(a) = -\frac{1}{4}a^2 + a$, also durch $M \circ u = -\frac{1}{4}id^2 + id$.

Die Funktion $u = \frac{1}{2}\sqrt{2} \cdot id^{\frac{1}{2}}$ hat die Umkehrfunktion $u^{-1} = 2 \cdot id^2$, damit ist dann $M = (M \circ u) \circ u^{-1} = (-\frac{1}{4}id^2 + id) \circ 2 \cdot id^2 = -\frac{1}{4}id^2 \circ 2 \cdot id^2 + id \circ 2 \cdot id^2 = -id^4 + 2 \cdot id^2$. Symmetriegründe und stetige Fortsetzung bei 0 liefern dann die gesuchte Funktion $M = -id^4 + 2 \cdot id^2 : \mathbb{R} \longrightarrow \mathbb{R}$.

Bestimmung der Maxima von M, also der maximalen Minima der Familie $(f_a)_{a\in\mathbb{R}^+}$:

Methode 1: Die Funktion $v : \mathbb{R} \longrightarrow \mathbb{R}$ mit $v(a) = -\frac{1}{4}a^2 + a$ hat wegen $v'(a) = -\frac{1}{2}a + 1$ und $N(v') = \{2\}$ sowie $v''(a) = -\frac{1}{2} < 0$ die Maximalstelle 2 (und somit das Maximum $(2, v(2)) = (2,1)$). Somit hat mit $a = 2$ die Funktion f_2 die maximalen Minima.

Methode 2: Die Funktion $M : \mathbb{R} \longrightarrow \mathbb{R}$ hat wegen $M'(x) = -4x^3 + 4x = -4x(x^2 - 1)$ und $N(M') = \{-1, 0, 1\}$ sowie $M''(x) = -12x^2 + 4$ die beiden Maximalstellen -1 und 1, denn es ist $M''(-1) = M''(1) = -8 < 0$. Aus der Beziehung $-1 = u(a) = \frac{1}{2}\sqrt{2a}$, wie auch aus der Beziehung $1 = u(a)$, folgt dann $a = 2$, somit hat f_2 die maximalen Minima. (Man beachte in diesem Zusammenhang: Die Funktionen M und f_2 sind spiegelsymmetrisch bezüglich der konstanten Funktion 1.)

5. Wegen $Wen(f_a) \subset N(f_a'')$ wird zur Bestimmung der Wendepunkte von f_a die Nullstellenmenge der 2. Ableitungsfunktion $f_a'' : \mathbb{R} \longrightarrow \mathbb{R}$ mit $f_a''(x) = 12x^2 - 2a$ gebildet: Sie ist, wie man leicht sieht, $N(f_a'') = \{-\frac{1}{6}\sqrt{6a}, \frac{1}{6}\sqrt{6a}\}$.

Wegen $N(f_a'') \neq \emptyset$ wird die 3. Ableitungsfunktion $f_a''' : \mathbb{R} \longrightarrow \mathbb{R}$ von f_a gebildet: Sie hat die Zuordnungsvorschrift $f_a'''(x) = 24x$. Mit dem Funktionswert $f_a'''(\frac{1}{6}\sqrt{6a}) = 4\sqrt{6a} > 0$ hat f_a dann den Wendepunkt $(\frac{1}{6}\sqrt{6a}, f_a(-\frac{1}{6}\sqrt{6a})) = (\frac{1}{6}\sqrt{6a}, -\frac{5}{36}a^2 + a)$ mit Rechts-Links-Krümmung und aus Symmetriegründen den zweiten Wendepunkt $(-\frac{1}{6}\sqrt{6a}, -\frac{5}{36}a^2 + a)$ mit Links-Rechts-Krümmung.

Die Funktion W, die alle Wendepunkte der Familie $(f_a)_{a \in \mathbb{R}^+}$ als Punkte enthält, hat zunächst auf $\mathbb{R}^+$ eingeschränkt die Zuordnung $\frac{1}{6}\sqrt{6a} \longmapsto -\frac{5}{36}a^2 + a$. Betrachtet man nun die Funktion $u : \mathbb{R}^+ \longrightarrow \mathbb{R}^+$ mit $u(a) = \frac{1}{6}\sqrt{6a}$, dann ist W definiert durch die Bedingung $(W \circ u)(a) = -\frac{5}{36}a^2 + a$, also durch $W \circ u = -\frac{5}{36}id^2 + id$.

Die Funktion $u = \frac{1}{6}\sqrt{6} \cdot id^{\frac{1}{2}}$ hat die Umkehrfunktion $u^{-1} = 6 \cdot id^2$, damit ist dann $W = (W \circ u) \circ u^{-1} = (-\frac{5}{36}id^2 + id) \circ 6 \cdot id^2 = -\frac{5}{36}id^2 \circ 6 \cdot id^2 + id \circ 6 \cdot id^2 = -5 \cdot id^4 + 6 \cdot id^2$. Symmetriegründe und stetige Fortsetzung bei 0 liefern dann die gesuchte Funktion $W = -5 \cdot id^4 + 6 \cdot id^2 : \mathbb{R} \longrightarrow \mathbb{R}$.

Bestimmung der Maxima von W, also der maximalen Wendepunkte der Familie $(f_a)_{a \in \mathbb{R}^+}$ (nach der in Bearbeitungsteil 4 schon verwendeten Methode 2):

Die Funktion $W : \mathbb{R} \longrightarrow \mathbb{R}$ hat wegen $W'(x) = -20x^3 + 12x = -4x(5x^2 + 3)$ und der Nullstellenmenge $N(W') = \{-\frac{1}{5}\sqrt{15}, 0, \frac{1}{5}\sqrt{15}\}$ sowie $W''(x) = -60x^2 + 12$ die beiden Maximalstellen $-\frac{1}{5}\sqrt{15}$ und $\frac{1}{5}\sqrt{15}$, denn es ist $W''(-\frac{1}{5}\sqrt{15}) = M''(\frac{1}{5}\sqrt{15}) = -24 < 0$. Aus der Beziehung $\frac{1}{5}\sqrt{15} = u(a) = \frac{1}{6}\sqrt{6a}$ folgt dann $\frac{3}{5} = \frac{1}{36} \cdot 6a$, also $a = \frac{18}{5}$, somit hat $f_{\frac{18}{5}}$ die maximalen Wendepunkte der Familie $(f_a)_{a \in \mathbb{R}^+}$.

Jede Wendetangente $t_a : \mathbb{R} \longrightarrow \mathbb{R}$ an f_a mit positiver Komponente des Wendepunktes hat die Zuordnungsvorschrift $t_a(x) = f_a'(\frac{1}{6}\sqrt{6a}) \cdot x - f_a'(\frac{1}{6}\sqrt{6a}) \cdot \frac{1}{6}\sqrt{6a} + f_a(\frac{1}{6}\sqrt{6a})$, wobei mit $f_a'(\frac{1}{6}\sqrt{6a}) = -\frac{2}{9}a\sqrt{6a}$ dann $t_a(x) = -\frac{2}{9}a\sqrt{6a} \cdot x - \frac{13}{36}a^2 + a$ gilt.

Für $a = \frac{18}{5}$ gilt dann insbesondere $t_{\frac{18}{5}}(x) = -\frac{24}{25}\sqrt{15} \cdot x - \frac{558}{25}$.

6. Die Äquivalenzen $f_a(2) = 7 \Leftrightarrow 2^4 - 4a + a = 7 \Leftrightarrow a = 3$ zeigen, daß es genau eine Funktion f_a mit $f_a(2) = 7$ gibt, nämlich die Funktion f_3.

Für einen fest gewählten Punkt $(x_0, z_0) \in \mathbb{R}^2$ gelten zunächst folgende Äquivalenzen: $f_a(x_0) = z_0 \Leftrightarrow x_0^4 - ax_0^2 + a = z_0 \Leftrightarrow a(1 - x_0^2) = z_0 - x_0^4$. Damit liegt eine Gleichung des Typs $au = v$ für a vor, die mit folgender Fallunterscheidung zu untersuchen ist:

Fall 1: Es sei $x_0 \in \mathbb{R} \setminus \{-1, 1\}$, dann gibt es genau eine Funktion f_a mit $f_a(x_0) = z_0$, nämlich die Funktion f_a mit dem Index $a = \frac{z_0 - x_0^4}{1 - x_0^2} > 0$. Betrachtet man also den speziellen Punkt $(2, 7) \in \mathbb{R}^2$, dann liefert diese Formel ebenfalls die schon eingangs berechnete Zahl $a = \frac{7-16}{1-4} = \frac{-9}{-3} = 3$.

Fall 2: Es sei $x_0 \in \{-1, 1\}$ und $z_0 = 1$, dann ist (x_0, z_0) ein Punkt aller Funktionen f_a.

Fall 3: Es sei $x_0 \in \{-1, 1\}$ und $z_0 \neq 1$, dann gibt es keine Funktion f_a, die (x_0, z_0) enthält.

7. Es sei $z \in \mathbb{R}$ ein beliebig, aber fest gewähltes Element. Zu jedem Index $a \in \mathbb{R}^+$ ist die Tangente $t_a : \mathbb{R} \longrightarrow \mathbb{R}$ an f_a bei z definiert durch die Zuordnungsvorschrift $t_a(x) = f_a'(z)x - f_a'(z)z + f_a(z) = (4z^3 - 2az)x - (4z^3 - 2az)z + z^4 - az^2 + a = 2z(2z^2 - a)x - z^2(3z^2 - az) + a$.

Für Indices a und b mit $a \neq b$ gilt: $x \in S(t_a, t_b) \Leftrightarrow t_a(x) = t_b(x) \Leftrightarrow 2z(2z^2 - a)x - z^2(3z^2 - az) + a = 2z(2z^2 - b)x - z^2(3z^2 - bz) + b \Leftrightarrow x = \frac{1+z^2}{2z}$.

Fall 1: Ist $z = 0$, dann liegen keine gemeinsamen Tangentenschnittpunkte vor. In diesem Fall sind alle Tangenten t_a als Tangenten durch die jeweiligen Maxima von f_a parallel zueinander.

Fall 2: Gilt $z \neq 0$, dann hat $x = \frac{1+z^2}{2z}$ den Funktionswert $t_a(x) = t_a(\frac{1+z^2}{2z}) = z^2(2 - z^2)$, das heißt, alle Tangenten t_a an f_a bei einer bestimmten Stelle z haben den gemeinsamen Schnittpunkt $(\frac{1+z^2}{2z}, z^2(2 - z^2))$.

8. Einerseits ist $f_0 = id^4$. Für alle $x \in \mathbb{R}$ ist andererseits $f_{\frac{1}{n}}(x) = x^4 - \frac{1}{n}x^2 + \frac{1}{n}$, also ist $lim(f_{\frac{1}{n}}(x))_{n \in \mathbb{N}} =$

x^4, woraus $lim(f_{\frac{1}{n}})_{n\in\mathbb{N}} = id^4$ folgt.

Einerseits ist $t_0 = 4z^3 \cdot id - 3z^4$ nach Aufgabenteil 7. Für alle $x \in \mathbb{R}$ ist andererseits $t_{\frac{1}{n}}(x) = 4z^3 x - 2zx\frac{1}{n} - 3z^4 + \frac{1}{n}z^2 + \frac{1}{n}$, also ist $lim(f_{\frac{1}{n}}(x))_{n\in\mathbb{N}} = 4z^3 x - 3z^4$, woraus $lim(f_{\frac{1}{n}})_{n\in\mathbb{N}} = 4z^3 \cdot id - 3z^4$ folgt.

Die Tangente $t : \mathbb{R} \longrightarrow \mathbb{R}$ an f_0 bei z ist definiert durch $t(x) = f_0'(z)x - f_0'(z)z + f_0(z) = 4z^3 x - 4z^3 z + z^4 = 4z^3 x - 3z^4$, für alle $x \in \mathbb{R}$. Somit ist $t = 4z^3 \cdot id - 3z^4$ und damit $t = t_0$.

A2.914.04 (D, A) : Betrachten Sie die Familie $(f_a)_{a\in\mathbb{R}^+}$ von Funktionen $f_a : [0, n_a] \longrightarrow \mathbb{R}$, definiert durch die Vorschrift $f_a = (1+a)id - a \cdot id^3$, wobei n_a die positive Nullstelle von f_a bezeichne.
1. Berechnen Sie den Inhalt der von f_a und der Abszisse begrenzten Fläche.
2. Berechnen Sie das Minimum der durch $a \longmapsto A(f_a)$ definierten Funktion A.

B2.914.04: Zur Bearbeitung der Aufgabe im einzelnen:
1. Mit der durch $F_a = \frac{1+a}{2} \cdot id^2 - \frac{a}{4} \cdot id^4$ definierten Stammfunktion $F_a : [0, n_a] \longrightarrow \mathbb{R}$ von f_a und der Nullstelle $n_a = \sqrt{\frac{1+a}{a}}$ ist der gesuchte Flächeninhalt $A(f_a) = \frac{1+a}{2} \cdot n_a^2 - \frac{a}{4} \cdot n_a^4 = \frac{1+a}{2} \cdot \frac{1+a}{a} - \frac{a}{4} \cdot (\frac{1+a}{a})^2 = (1+a)^2(\frac{1}{2a} - \frac{a}{4a^2}) = (1+a)^2 \cdot \frac{1}{4a}$ (FE).

2. Die Funktion $A : \mathbb{R}^+ \longrightarrow \mathbb{R}$ mit der Zuordnungsvorschrift $A(a) = A(f_a) = \frac{1}{4} \cdot \frac{(1+a)^2}{a}$ hat die beiden Ableitungsfunktionen $A', A'' : \mathbb{R}^+ \longrightarrow \mathbb{R}$, definiert durch $A'(a) = \frac{1}{4} \cdot \frac{(1}{a^2} \cdot (2(1+a)a - (1+a)^2) = \frac{1}{4a^2}(a^2 - 1)$ und $A''(a) = \frac{1}{4} \cdot \frac{(1}{a^4} \cdot (2aa^2 - (a^2 - 1)2a) = \frac{1}{2a^3}$.
Wie man leicht sieht, ist 1 die einzige Nullstelle von A', ferner ist $A''(1) = \frac{1}{2} > 0$, also ist 1 die Minimalstelle und $(1, A(1)) = (1, 1)$ das Minimum der Funktion A. Das bedeutet, daß der Flächeninhalt $A(f_1) = 1$ minimal unter allen Flächeninhalten $A(f_a)$ ist.

A2.914.05 (A, V) : Betrachten Sie die Familie $(f_a)_{a\in\mathbb{R}^+}$ von Funktionen $f_a : [0, n_a] \longrightarrow \mathbb{R}$, definiert durch die Vorschrift $f_a = -a \cdot id^2 + 2$, wobei n_a die positive Nullstelle von f_a bezeichne.
1. Berechnen Sie den Inhalt der von f_a und der Abszisse begrenzeten Fläche. Für welche Zahl a ist $A(f_a) = \frac{8}{3}$ (FE) ?
2. Berechnen Sie Volumen $V(f_a)$ des Körpers, der durch Rotation um die Abszisse der in Aufgabenteil 1 zu betrachtetenden Fläche erzeugt wird.

B2.914.05: Die Nullstelle von f_a ist $n_a = \frac{1}{a}\sqrt{2a}$, folglich ist $D(f_a) = [0, \frac{1}{a}\sqrt{2a}]$.

1a) Mit dem Integral $\int f_a = -\frac{a}{3} \cdot id^3 + 2 \cdot id + \mathbb{R}$ von f_a ist $A(f_a) = |\int_0^{n_a} f_a| = |-\frac{a}{3} \cdot \frac{2}{a} \cdot \frac{1}{a}\sqrt{2a} + 2 \cdot \frac{1}{a}\sqrt{2a}| = \frac{4}{3} \cdot \frac{1}{a}\sqrt{2a} = \frac{4}{3a} \cdot \sqrt{2a}$ (FE).

1b) Die Gleichheit $A(f_a) = \frac{4}{3a} \cdot \sqrt{2a} = \frac{8}{3}$ liefert $\frac{1}{a}\sqrt{2a} = 2$, also $a = \frac{1}{2}$.

2. Mit dem Quadrat $f_a^2 = a^2 \cdot id^4 - 4a \cdot id^2 + 4$ von f_a ist $\int f_a^2 = \frac{1}{5}a^2 \cdot id^5 - \frac{4}{3}a \cdot id^3 + 4 \cdot id + \mathbb{R}$ und somit $V(f_a) = \pi |\int_0^{n_a} f_a^2| = \pi(\frac{1}{5}a^2 \cdot \frac{4}{a^3}\sqrt{2a} - \frac{4}{3}a\frac{2}{a^2}\sqrt{2a} + 4 \cdot \frac{1}{a}\sqrt{2a}) = \frac{32}{15} \cdot \pi \cdot \frac{1}{a}\sqrt{2a}$ (VE).

2.915 Untersuchungen von Polynom-Funktionen (Teil 6)

A2.915.01 (A): Betrachten Sie die Familie $(f_a)_{a \in \mathbb{R}^+}$ der Funktionen $f_a : \mathbb{R} \longrightarrow \mathbb{R}$, definiert durch die Zuordnungsvorschrift $f_a(x) = (x - 2a)(x + a)(x + 4a)$.

1. Welche Punkte von f_a lassen sich aus der Zuordnungsvorschrift unmittelbar ablesen?
2. Skizzieren Sie f_2 im Bereich $[-9, 5]$ anhand der Angaben in Aufgabenteil 1. Inwieweit ist eine solche Skizze willkürlich?
3. Betrachten Sie zu $a \in \mathbb{R}^+$ die Funktion $g_a : \mathbb{R} \longrightarrow \mathbb{R}$, definiert durch $g_a(x) = x(x - 3a)(x + 3a)$. Worin unterscheiden sich die Funktionen f_a und g_a, worin nicht?
4. Berechnen Sie die Inhalte $A(f_a)$ und $A(g_a)$ der Flächen, die f_a und g_a jeweils mit der Abszisse einschließen. (Beachten Sie dabei Aufgabenteil 3.)
5. Für welches $a \in \mathbb{R}^+$ ist $A(f_a) = 1944$ FE?
6. Beweisen Sie: Eine Polynom-Funktion vom Grad 3 mit drei Nullstellen der Form x_0, $x_0 + c$ und $x_0 + 2c$ mit $c > 0$ hat die mittlere Nullstelle als Wendepunkt.

B2.915.01: Zur Bearbeitung der Aufgabe im einzelnen:

1. Die drei Nullstellen der Funktionen f_a, nämlich $-4a$, $-a$ und $2a$, lassen sich aus den Linearfaktoren der Zuordnungsvorschrift unmittelbar ablesen.

2. Skizze der Funktion f_2:

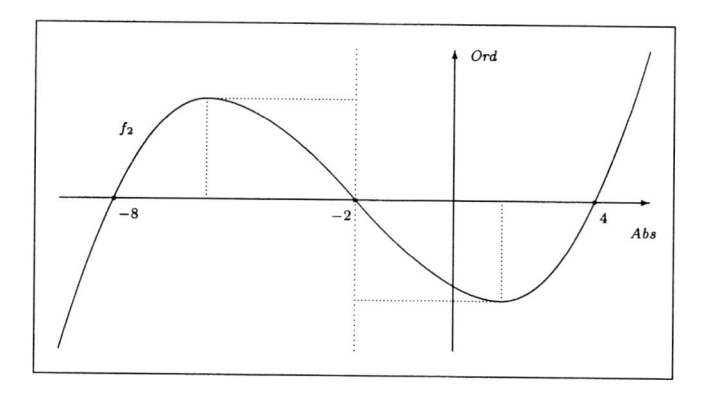

3. Die Berechnung $f_a(x - a) = (x - a - 2a)(x - a + a)(x - a + 4a) = (x - 3a)(x - 0)(x + 3a) = x(x - 3a)(x + 3a) = g_a(x)$, für alle $x \in \mathbb{R}$, zeigt, daß g_a die um $a > 0$ in positiver Abszissenrichtung verschobene Funktion f_a ist. Beide Funktionen haben also eine unterschiedliche Lage, aber dieselbe Form.

4. Nach Aufgabenteil 3 gilt $A(f_a) = A(g_a)$, es genügt also, einen dieser Flächeninhalte zu berechnen: Mit $g_a(x) = x(x - 3a)(x + 3a) = x(x^2 - 9a^2) = x^3 - 9a^2 x$ ist $\int g_a = \frac{1}{4}id^4 - \frac{9}{2}a^2 \cdot id^2 + \mathbb{R}$ das Integral von g_a und somit die durch $G_a(x) = \frac{1}{4}x^4 - \frac{9}{2}a^2x^2 = \frac{1}{2}(\frac{1}{2}x^4 - 9a^2x^2)$ definierte Funktion $G_a : \mathbb{R} \longrightarrow \mathbb{R}$ eine Stammfunktion von g_a. Der zu berechnende Flächeninhalt ist dann $A(g_a) = |\int_{-3a}^{0} g_a| + |\int_{0}^{3a} g_a| = |G_a(0) - G_a(-3a)| + |G_a(3a) - G_a(0)| = |\frac{1}{2}| - \frac{1}{2}(-3a)^4 + 9a^2(-3a)^2| + \frac{1}{2}|\frac{1}{2}(3a)^4 - 9a^2(3a)^2| = \frac{1}{2}| - \frac{81}{2}a^4 - 81a^4| + \frac{1}{2}|\frac{81}{2}a^4 + 81a^4| = \frac{243}{2}a^4$ (FE).

5. Beachtet man $A(f_a) = \frac{243}{2}a^4$ (FE) in Aufgabenteil 4, so liefern die Äquivalenzen $A(f_a) = 1944 \Leftrightarrow \frac{243}{2}a^4 = 1944 \Leftrightarrow a^4 = 16 \Leftrightarrow a = 2$ den Index 2, für den dann $A(f_2) = 1944$ (FE) gilt.

6. Eine Polynomfunktion $f : \mathbb{R} \longrightarrow \mathbb{R}$ mit den drei verschiedenen Nullstellen x_0, $x_0 + c$ und $x_0 + 2c$ hat

die Darstellung $f(x) = (x - x_0)(x - (x_0 + c))(x - (x_0 + 2c)) = x^3 - 3(x_0 + c)x^2 + z(x)$, wobei $z(x)$ alle Summanden mit dem Faktor x^1 und den konstanten Summanden enthalte. Die Ableitungsfunktionen $f', f'', f''' : \mathbb{R} \longrightarrow \mathbb{R}$ sind dann definiert durch die Vorschriften $f'(x) = 3x^2 - 6(x_0 + c)x + z'(x)$ sowie $f''(x) = 6x - 6(x_0 + c) = 6(x - (x_0 + c))$ und $f'''(x) = 6$. Wie man sieht, ist $x_0 + c$ die Nullstelle von f'' und wegen $f''' > 0$ die Wendestelle von f, also ist $(x_0 + c, 0)$ der Wendepunkt von f.

A2.915.02 (D, A) : Betrachten Sie die beiden Familien $(f_a)_{a \in \mathbb{R}^+}$ und $(g_a)_{a \in \mathbb{R}^+}$ von Funktionen $f_a, g_a : \mathbb{R} \longrightarrow \mathbb{R}$, definiert durch die Zuordnungsvorschriften $f_a(x) = x^2(x - a)$ und $g_a(x) = ax(a - x)$.
1. Untersuchen Sie f_a und g_a hinsichtlich Nullstellen, Extrema und Wendepunkten.
2. Berechnen Sie den Inhalt $A(f_a, g_a)$ der von f_a und g_a begrenzten Fläche.
3. Skizzieren Sie f_2 und g_2 in einem für den Aufgabenteil 2 geeigneten Bereich.

B2.915.02: Zur Bearbeitung der Aufgabe im einzelnen:
1a$_1$) Die Äquivalenzen $x \in N(f_a) \Leftrightarrow f_a(x) = 0 \Leftrightarrow x^2(x - a) = 0 \Leftrightarrow x^2 = 0$ oder $x - a = 0 \Leftrightarrow x \in \{0, a\}$ liefern $N(f_a) = \{0, a\}$.
1a$_2$) Die ersten drei Ableitungsfunktionen von f_a sind $f'_a, f''_a, f'''_a : \mathbb{R} \longrightarrow \mathbb{R}$ mit $f'_a(x) = x(3x - 2a)$ sowie $f''_a(x) = 6x - 2a$ und $f'''_a(x) = 6$.
1a$_3$) Für die beiden Elemente von $N(f'_a) = \{0, \frac{2}{3}a\}$ zeigt $f''_a(0) = -2a < 0$ sowie $f''_a(\frac{2}{3}a) = 6 \cdot \frac{2}{3}a - 2a = 4a - 2a = 2a > 0$, daß 0 die Maximalstelle und $\frac{2}{3}a$ die Minimalstelle von f_a ist. Damit ist $(0, f_a(0)) = (0, 0)$ das Maximum und $(\frac{2}{3}a, -\frac{4}{27}a^3)$ das Minimum von f_a.
1a$_4$) Die Äquivalenzen $x \in N(f''_a) \Leftrightarrow f''_a(x) = 0 \Leftrightarrow 6x - 2a = 0 \Leftrightarrow x = \frac{1}{3}a$ liefern die Wendestelle $\frac{1}{3}a$ und mit $f'''_a(\frac{1}{3}a) = 6 \neq 0$ den Wendepunkt $(\frac{1}{3}a, -\frac{2}{27}a^3)$ von f_a.
1b$_1$) Die Äquivalenzen $x \in N(g_a) \Leftrightarrow g_a(x) = 0 \Leftrightarrow ax(a - x) = 0 \Leftrightarrow x \in \{0, a\}$ liefern $N(g_a) = \{0, a\}$.
1b$_2$) Die ersten beiden Ableitungsfunktionen von g_a sind $g'_a, g''_a : \mathbb{R} \longrightarrow \mathbb{R}$ mit $g'_a(x) = a(a - 2x)$ und $g''_a(x) = -2a < 0$.
1b$_2$) Wie man sofort sieht, hat g'_a die Nullstelle $\frac{1}{2}a$, die wegen $g''_a(\frac{1}{2}a) = -2a < 0$ die Maximalstelle von g_a ist. Mit $g_a(\frac{1}{2}a) = (\frac{1}{2}a)^2(a - \frac{1}{2}a) = \frac{1}{4}a^3$, hat g_a das Maximum $(\frac{1}{2}a, \frac{1}{4}a^3)$.
1b$_3$) Wegen $Wen(g_a) \subset N(g''_a) = \emptyset$ besitzt g_a keine Wendestellen.

3. Skizze von f_2 und g_2:

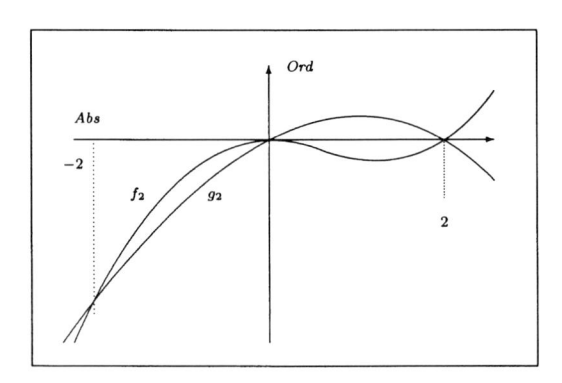

2a) Wegen der Äquivalenzen $x \in S(f_a, g_a) \Leftrightarrow f_a(x) = g_a(x) \Leftrightarrow x(x^2 - a^2) = 0 \Leftrightarrow x(x + a)(x - a) = 0 \Leftrightarrow x \in \{-a, 0, a\}$ gilt $S(f_a, g_a) = \{-a, 0, a\}$. Mit den Funktionswerten $g_a(-a) = (-a)^2(a + a) = -2a^3$ sowie $g_a(0) = 0$ und $g_a(a) = 0$ der drei Schnittstellen haben f_a und g_a dann die Schnittpunkte $(-a, -2a^3)$ sowie $(0, 0)$ und $(a, 0)$.
2b) Mit $f_a - g_a = id^3 - a^2 \cdot id x$ ist $\int(f_a - g_a) = \frac{1}{4}id^4 - \frac{1}{2}a^2 \cdot id^2 + \mathbb{R}$ das Integral von $f_a - g_a$ und die Funktion $H_a : \mathbb{R} \longrightarrow \mathbb{R}$ mit $H_a(x) = \frac{1}{4}x^4 - \frac{1}{2}a^2x^2$ eine Stammfunktion von $f_a - g_a$. Damit ist dann

$A(f_a, g_a) = \int_{-a}^{0}(f_a - g_a) + \int_{0}^{a}(g_a - f_a) = |H_a(0) - H_a(-a)| + |H_a(0) - H_a(a)| = |-(\frac{1}{4}(-a)^4 - \frac{1}{2}a^2(-a)^2)| + |\frac{1}{4}a^4 - \frac{1}{2}a^2a^2| = \frac{1}{2}a^4$ (FE).

A2.915.03 (D, A) : Betrachten Sie die Familie $(f_a)_{a\in\mathbb{R}^+}$ von Funktionen $f_a : \mathbb{R} \longrightarrow \mathbb{R}$, definiert durch die Zuordnungsvorschrift $f_a(x) = a^2x^3 - x$.

1. Untersuchen Sie die Funktionen f_a hinsichtlich Symmetrie, Nullstellen, Extrema und Wendepunkte (gegebenenfalls mit zugehörigen Wendetangenten).
2. Berechnen Sie den Inhalt $A(f_a)$ der jenigen Fläche, die f_a mit der Abszisse einschließt. Ermitteln Sie dann die durch die Zuordnung $a \longmapsto A(f_a)$ definierte Funktion A und skizzieren Sie sie.
3. Bestimmen Sie die Zahl b, für die $A(f_b) = \frac{1}{6}$ gilt. Nennen Sie für diese Zahl b die in Teil 1 berechneten Daten und zeichnen Sie f_b (mit Wendetangenten, sofern existent).

B2.915.03: Zur Bearbeitung der Aufgabe im einzelnen:

1a) Da in der Zuordnungsvorschrift von f_a nur ungerade Exponenten von x auftreten, ist jede der Funktionen f_a punktsymmetrisch bezüglich des Koordinatenursprungs $(0,0)$.

1b) Wie die Äquivalenzen $x \in N(f_a) \Leftrightarrow f_a(x) = 0 \Leftrightarrow x(a^2x^2 - 1) = 0 \Leftrightarrow x(ax+1)(ax-1) = 0 \Leftrightarrow x \in \{-\frac{1}{a}, 0, \frac{1}{a}\}$ zeigen, gilt $N(f_a) = \{-\frac{1}{a}, 0, \frac{1}{a}\}$.

1c) Die drei ersten Ableitungsfunktionen $f'_a, f''_a, f'''_a : \mathbb{R} \longrightarrow \mathbb{R}$ von f_a sind definiert durch $f'_a(x) = 3a^2x^2 - 1$, $f''_a(x) = 6a^2x$ und $f'''_a(x) = 6a^2$.

1d) Für die erste Nullstelle $\frac{1}{3a}\sqrt{3}$ von f'_a gilt $f''_a(\frac{1}{3a}\sqrt{3}) = 6a^2 \cdot \frac{1}{3a}\sqrt{3} = 2a\sqrt{3} > 0$, für die zweite Nullstelle $-\frac{1}{3a}\sqrt{3}$ von f'_a gilt $f''_a(-\frac{1}{3a}\sqrt{3}) = -6a^2 \cdot \frac{1}{3a}\sqrt{3} = -2a\sqrt{3} < 0$, somit hat f_a die Minimalstelle $\frac{1}{3a}\sqrt{3}$ und die Maximalstelle $-\frac{1}{3a}\sqrt{3}$. Berechnet man nun die Funktionswerte dieser beiden Stellen unter f_a, dann hat f_a das Minimum $(\frac{1}{3}\sqrt{3a}, -\frac{2}{9a}\sqrt{3})$. und das Maximum $(-\frac{1}{3}\sqrt{3a}, \frac{2}{9a}\sqrt{3})$.

1e) Für die Nullstelle 0 von f''_a gilt $f'''_a(0) = 6a^2 > 0$, folglich ist 0 die Wendestelle von f_a. Mit $f_a(0) = 0$ hat f_a dann den Wendepunkt $(0,0)$. Die zugehörige Wendetangente $t_a : \mathbb{R} \longrightarrow \mathbb{R}$ ist definiert durch $t_a(x) = f'_a(0)x - f'_a(0)0 + f_a(0) = -x$.

2a) Das Integral der Funktion f_a ist $\int f_a = \frac{1}{4}a^2 \cdot id^4 - \frac{1}{2}id^2 + \mathbb{R}$, somit ist eine Stammfumktion $F_a : \mathbb{R} \longrightarrow \mathbb{R}$ von f_a definiert durch $F_a(x) = \frac{1}{4}a^2x^4 - \frac{1}{2}x^2$.

2b) Der gesuchte Flächeninhalt ist dann $A(f_a) = 2 \cdot |\int_0^{\frac{1}{a}} f_a| = 2 \cdot |F_a(\frac{1}{a}) - F_a(0)| = 2 \cdot |\frac{1}{4}a^2(\frac{1}{a})^4| = 2 \cdot |\frac{1}{4a^2}| = \frac{1}{2a^2}$ (FE). Die durch $a \longmapsto A(f_a)$ definierte Funktion $A : \mathbb{R}^+ \longrightarrow \mathbb{R}$ ist damit definiert durch die Zuordnungsvorschrift $A(a) = \frac{1}{2a^2}$.

3a) Die Äqquivalenzen $A(f_b) = \frac{1}{6} \Leftrightarrow \frac{1}{2b^2} = \frac{1}{6} \Leftrightarrow 1 = \frac{2}{6} \Leftrightarrow b = \frac{1}{2}$ liefern den gesuchten Index, für den dann $A(f_{\frac{1}{2}}) = 2$ (FE) gilt.

3b) Mit der Menge $N(f_{\frac{1}{2}}) = \{-2, 0, 2\}$, dem Maximum $(-\frac{2}{3}\sqrt{3}, \frac{4}{9}\sqrt{3}) = (\approx -1,2 / \approx 0,8)$ und dem Minimum $(\frac{2}{3}\sqrt{3}, -\frac{4}{9}\sqrt{3}) = (\approx 1,2 / \approx -0,8)$ liegt dann folgende grobe Skizze vor:

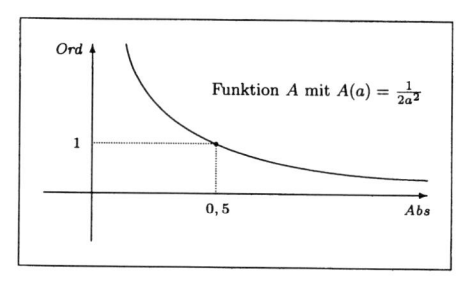

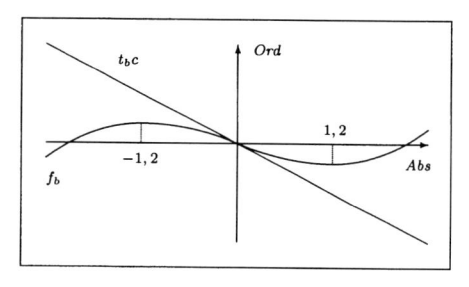

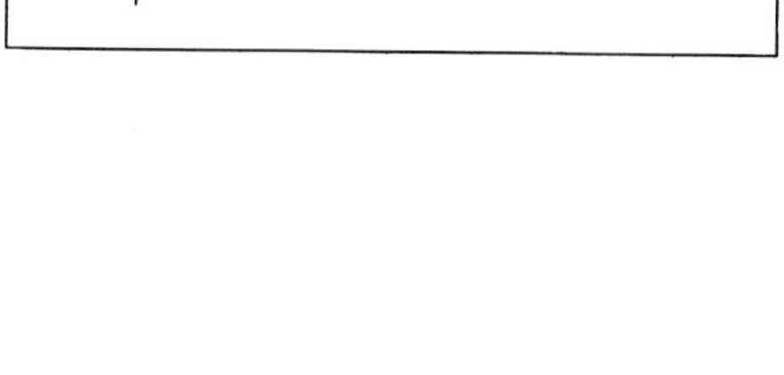

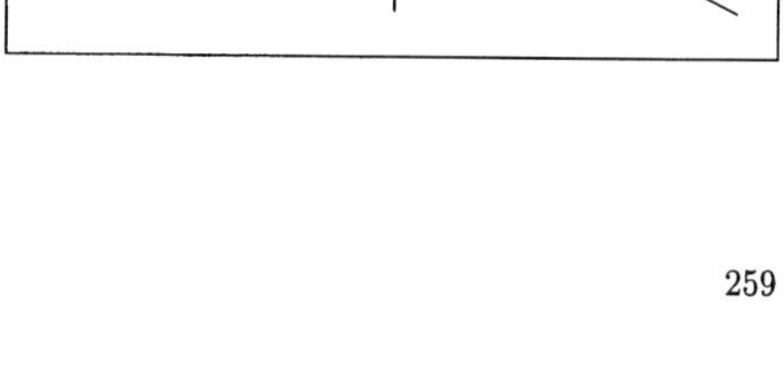

A2.915.04 (D, A): Betrachten Sie die Familie $(f_a)_{a\in\mathbb{R}^+}$ von Funktionen $f_a : [0, n_a] \longrightarrow \mathbb{R}$, definiert durch die Vorschrift $f_a = (1+a)id - a \cdot id^3$, wobei n_a die positive Nullstelle von f_a bezeichne.
1. Berechnen Sie den Inhalt der von f_a und der Abszisse begrenzten Fläche.
2. Berechnen Sie das Minimum der durch $a \longmapsto A(f_a)$ definierten Funktion A.

A2.915.06 (A, V): Betrachten Sie die Familie $(f_a)_{a\in\mathbb{R}^+}$ von Funktionen $f_a : [0, n_a] \longrightarrow \mathbb{R}$, definiert durch die Vorschrift $f_a = -\frac{1}{4} \cdot id^2 + a$, wobei n_a die positive Nullstelle von f_a bezeichne.
1. Berechnen Sie den Inhalt der von f_a und der Abszisse begrenzten Fläche. Für welche Zahl a ist $A(f_a) = \frac{32}{3}$ (FE) ?
2. Berechnen Sie Volumen $V(f_a)$ des Körpers, der durch Rotation um die Abszisse der in Aufgabenteil 1 zu betrachtenden Fläche erzeugt wird.

B2.915.06: Die Nullstelle von f_a ist $n_a = 2\sqrt{a}$, folglich ist $D(f_a) = [0, 2\sqrt{a}]$.

1a) Mit dem Integral $\int f_a = -\frac{1}{12} \cdot id^3 + a \cdot id + \mathbb{R}$ von f_a ist $A(f_a) = |\int_0^{n_a} f_a| = |-\frac{1}{12} \cdot 8a\sqrt{a} + 2a \cdot \sqrt{a}| =$
$|(-\frac{2}{3} + 2)a \cdot \sqrt{a}| = \frac{4}{3}a \cdot \sqrt{a}$ (FE).
1b) Die Gleichheit $A(f_a) = \frac{4}{3}a \cdot \sqrt{a} = \frac{32}{3}$ liefert $a\sqrt{a} = 8$, also $a = 4$.
2. Mit dem Quadrat $f_a^2 = \frac{1}{16} \cdot id^4 - \frac{1}{2}a \cdot id^2 + a^2$ von f_a ist $\int f_a^2 = \frac{1}{80} \cdot id^5 - \frac{1}{6}a \cdot id^3 + a^2 \cdot id + \mathbb{R}$ und somit $V(f_a) = \pi|\int_0^{n_a} f_a^2| = \pi(\frac{1}{80} \cdot 2^5 \cdot a^2\sqrt{a} - \frac{1}{6} \cdot a \cdot 2^3 \cdot a \cdot \sqrt{a} + a^2 \cdot 2 \cdot \sqrt{a}) = \frac{16}{15} \cdot \pi \cdot a^2\sqrt{a}$ (VE).

A2.915.07 (D, A, V): Betrachten Sie die beiden Familien $(f_a)_{a\in\mathbb{R}^+}$ und $(g_m)_{m\in\mathbb{R}^+}$ von Funktionen $f_a, g_m : \mathbb{R} \longrightarrow \mathbb{R}$, definiert durch die Vorschriften $f_a = -a \cdot id^2 + a^2 \cdot id$ und $g_m = m \cdot id$.
1. Berechnen Sie den Flächeninhalt $A(f_a, g_m)$ der von f_a und g_m eingeschlossenen Fläche.
2. Berechnen Sie das Volumen $V(f_a, g_m)$ des Körpers, der durch Rotation der von f_a und g_m eingeschlossenen Fläche um die Abszisse erzeugt wird.
3. Geben Sie $A(f_a, g_m)$ und $V(f_a, g_m)$ für den Fall an, in dem der Schnittpunkt $S \neq (0,0)$ von f_a und g_m mit dem Maximum von f_a übereinstimmt.

B2.915.07: Für die Aufgabenteile 1 und 2 ist zunächst die Menge $S(f_a, g_m)$ der Schnittstellen von f_a und g_m zu berechnen. Es gilt: $s \in S(f_a, g_m) \Leftrightarrow f_a(s) = g_m(s) \Leftrightarrow -as^2 + a^2 s = ms \Leftrightarrow s(-as + a^2 - m) = 0 \Leftrightarrow s = 0$ oder $s = a - \frac{m}{a}$, folglich ist $S(f_a, g_m) = \{0, a - \frac{m}{a}\}$. Die zweite Bedingung liefert nun die folgenden drei Möglichkeiten:
Fall 1: Ist $m = a^2$, dann ist $S(f_a, g_m) = \{0\}$ und damit $A(f_a, g_m) = 0$.
Fall 2: Ist $m < a^2$, dann ist $0 < a - \frac{m}{a} = s$ und damit künftig $f_a, g_m : [0, s] \longrightarrow \mathbb{R}$ zu betrachten.
Fall 3: Ist $m > a^2$, dann ist $0 > a - \frac{m}{a} = s$ und damit künftig $f_a, g_m : [s, 0] \longrightarrow \mathbb{R}$ zu betrachten.
Eine geeignete Skizze der Funktionen zeigt, daß f_a eine nach unten geöffnete Parabel mit den Nullstellen 0 und $a > 0$ und g_m eine Ursprungsgerade mit Anstig $m > 0$ ist.
1. Mit $f_a - g_m = -a \cdot id^2 + (a^2 - m)id^2$ ist $\int(f_a - g_m) = -\frac{a}{3}id^3 + \frac{1}{2}(a^2 - m)id + \mathbb{R}$, damit ist der gesuchte Flächeninhalt $A(f_a, g_m) = |\int_0^s (f_a - g_m)| = |-\frac{a}{3}s^3 + \frac{1}{2}(a^2 - m)s^2| = |-\frac{a}{3}(a - \frac{m}{a})^3 + \frac{1}{2}(a^2 - m)(a - \frac{m}{a})^2| = \frac{1}{6a^2}(a^2 - m)^2|a^2 - m|$ (FE).
2. Mit $f_a^2 - g_m^2 = a^2 \cdot id^4 - 2a^3 \cdot id^3 + (a^4 - m^2)id^2$ ist $\int(f_a^2 - g_m^2) = \frac{1}{5}a^2 \cdot id^5 - \frac{1}{2}a^3 \cdot id^4 + \frac{1}{3}(a^4 - m^2)id^3 + \mathbb{R}$, damit ist das gesuchte Volumen $V(f_a, g_m) = \pi|\int_0^s (f_a^2 - g_m^2)| = \pi|s^3(\frac{1}{5}a^2 s^2 - \frac{1}{2}a^3 s + \frac{1}{3}(a^4 - m^2))| = \pi|(a - \frac{m}{a})^3(\frac{1}{5}a^2(a - \frac{m}{a})^2 - \frac{1}{2}a^3(a - \frac{m}{a}) + \frac{1}{3}(a^4 - m^2)| = \pi \cdot \frac{1}{30a^3}(a^2 - m)^4(a^2 + 4m)$ (VE).
3. Die durch $f_a' = -2a \cdot id + a^2$ definierte Ableitungsfunktion f_a' von f_a hat die Nullstelle $\frac{a}{2}$. Da die durch $f_a'' = -2a < 0$ definierte 2. Ableitungsfunktion eine konstante Funktion unterhalb der Abszisse ist, ist $\frac{a}{2}$ die Maximalstelle von f_a.
Soll nun diese Maximalstelle $\frac{a}{2}$ mit der Schnittstelle $s = a - \frac{m}{a}$ übereinstimmen, dann folgt aus dieser

Gleichheit $\frac{a}{2} = a - \frac{m}{a}$ der Geradenanstieg $m = \frac{a^2}{2}$, der mit m_0 bezeichnet sei. Für die Gerade g_{m_0} gilt dann $A(f_a, g_{m_0}) = \frac{1}{48}a^4$ (FE) und $V(f_a, g_{m_0}) = \frac{1}{160}\pi a^7$ (VE).

A2.915.08 (A, V) : Betrachten Sie die beiden Familien $(f_a)_{a \in \mathbb{R}^+}$ und $(g_m)_{m \in \mathbb{R}^+}$ von Funktionen $f_a, g_m : [0, b] \longrightarrow \mathbb{R}$, wobei b die positive Schnittstelle von f_a und g_m bezeichne, definiert durch die Vorschriften $f_a = a \cdot id^2$ und $g_m = m \cdot id$.

1. Berechnen Sie den Flächeninhalt $A(f_a, g_m)$ der von f_a und g_m eingeschlossenen Fläche.
2. Berechnen Sie das Volumen $V_x(f_a, g_m)$ des Körpers, der durch Rotation der von f_a und g_m eingeschlossenen Fläche um die Abszisse erzeugt wird.
3. Berechnen Sie das Volumen $V_z(f_a, g_m)$ des Körpers, der durch Rotation der von f_a und g_m eingeschlossenen Fläche um die Ordinate erzeugt wird.

B2.915.08: Eine geeignete Skizze der Funktionen zeigt, daß f_a eine nach oben geöffnete Parabel mit Scheitelpunkt $(0,0)$ und g_m eine Ursprungsgerade mit Anstig $m > 0$ ist. Wie man sofort sieht, sind 0 und $b = \frac{m}{a}$ die beiden Schnittstellen von f_a und g_m, folglich werden die Funktionen $f_a, g_m : [0, \frac{m}{a}] \longrightarrow \mathbb{R}$ betrachtet.

1. Mit $g_m - f_a = m \cdot id - a \cdot id^2$ ist $\int(g_m - f_a) = \frac{m}{2} \cdot id^2 - \frac{a}{3} \cdot id^3 + \mathbb{R}$ und folglich der gesuchte Flächeninhalt dann $A(f_a, g_m) = |\int_0^b (g_m - f_a)| = |\int(g_m - f_a)(\frac{m}{a}) - 0| = |\frac{m}{2} \cdot \frac{m^2}{a^2} - \frac{a}{3} \cdot \frac{m^3}{a^3}| = \frac{1}{6} \cdot \frac{m^3}{a^2}$ (FE).

2. Mit $g_m^2 - f_a^2 = m^2 \cdot id^2 - a^2 \cdot id^4$ ist $\int(g_m^2 - f_a^2) = \frac{m^2}{3} \cdot id^3 - \frac{a^2}{5} \cdot id^5 + \mathbb{R}$ und folglich das gesuchte Volumen $V_x(f_a, g_m) = \pi|\int_0^b (g_m^2 - f_a^2)| = \pi|\int(g_m^2 - f_a^2)(\frac{m}{a}) - 0| = \pi(\frac{m^2}{3} \cdot \frac{m^3}{a^3} - \frac{a^2}{5} \cdot \frac{m^5}{a^5}) = \frac{2}{15} \cdot \pi \cdot \frac{m^5}{a^3}$ (VE).

3. Mit $g_m(b) = m \cdot \frac{m}{a} = \frac{m^2}{a}$ liegen bijektive Funktionen $f_a, g_m : [0, \frac{m}{a}] \longrightarrow [0, \frac{m^2}{a}]$ vor, deren inverse Funktionen $f_a^{-1}, g_m^{-1} : [0, \frac{m^2}{a}] \longrightarrow [0, \frac{m}{a}]$ durch $f_a^{-1}(x) = \sqrt{\frac{x}{a}}$ und $g_m^{-1}(x) = \frac{x}{m}$ definiert sind. Mit den Quadraten $(f_a^{-1})^2 = \frac{1}{a} \cdot id$ und $(g_m^{-1})^2 = \frac{1}{m^2} \cdot id^2$ dieser inversen Funktionen ist dann das zu verwendende Integral $\int((f_a^{-1})^2 - (g_m^{-1})^2) = \frac{1}{2a} \cdot id^2 - \frac{1}{3m^2} \cdot id^3 + \mathbb{R}$ und folglich das gesuchte Volumen $V_z(f_a, g_m) = V_x(f_a^{-1}, g_m^{-1}) = \pi|\int_0^{g(b)} ((f_a^{-1})^2 - (g_m^{-1})^2)| = \pi(\frac{1}{2a} \cdot \frac{m^4}{a^2} - \frac{1}{3m^2} \cdot \frac{m^6}{a^3}) = \frac{1}{6} \cdot \pi \cdot \frac{m^4}{a^3}$ (VE).

2.916 Untersuchungen von Polynom-Funktionen (Teil 7)

A2.916.01 (D, A, V) : Betrachten Sie die Familie $(f_a)_{a \in \mathbb{R}^+}$ der Funktionen $f_a : \mathbb{R} \longrightarrow \mathbb{R}$, definiert durch $f_a = -id^2 + a \cdot id$.

1. Untersuchen Sie f_a hinsichtlich Nullstellen und Extrema.
2. Geben Sie die Funktion E an, die alle Extrema $(m_a, f_a(m_a))$ mit $a \in \mathbb{R}^+$ als Punkte enthält.
3. Bilden Sie zu jedem $a \in \mathbb{R}^+$ die Tangente t_a bei a an f_a und untersuchen Sie dann die Familie $(t_a)_{a \in \mathbb{R}^+}$ auf Schnittpunkte. Berechnen und skizzieren Sie die Ergebnisse für $a_1 = 2$ und $a_2 = 3$.
4. Betrachten Sie aus der Familie $(f_a)_{a \in \mathbb{R}^+}$ die Folge $(f_{\frac{1}{n}})_{n \in \mathbb{N}}$. Geben Sie für eine fest gewählte Zahl $z \in \mathbb{R}^+$ die Zahlenfolge $(f_{\frac{1}{n}}(z))_{n \in \mathbb{N}}$ und ihren Grenzwert an. Geben Sie weiterhin die durch die Zuordnung $z \longmapsto lim(f_{\frac{1}{n}}(z))_{n \in \mathbb{N}}$ definierte Funktion an. Formulieren Sie schließlich anhand dieses Beispiels einen Konvergenz-Begriff für Folgen $(f_n)_{n \in \mathbb{N}}$ von Funktionen f_n.

Betrachten Sie zur übersichtlicheren Schreibweise die Einschränkungen $u_a = f_a|[0, a]$, $v_a = f_a|[0, 2a]$ und $w_a = f_a|[0, s]$, wobei s die positive Schnittstelle von f_a und id^2 bezeichne.

5. Skizzieren Sie anhand einer kleinen Wertetabelle die Funktionen v_3 und id_2 im Bereich $[0, 6]$.
6. Berechnen Sie die Flächeninhalte $A(u_a)$, $A(v_a)$ und $A(w_a, id^2)$.
7. Geben Sie die durch die Zuordnungen $a \longmapsto A(u_a)$, $a \longmapsto A(v_a)$ und $a \longmapsto A(w_a, id^2)$ definierten Funktionen u, v und w an. Nennen Sie dann jeweils den Zusammenhang zwischen je zweien dieser Funktionen. Nennen Sie ferner die Verhältnisse $A(u_a) : A(v_a)$, $A(u_a) : A(w_a, id^2)$ und $A(v_a) : A(w_a, id^2)$.
8. Berechnen Sie die Rotationsvolumina $V(u_a)$, $V(v_a)$ und $V(w_a, id^2)$.
9. Analoge Aufgabenstellung wie in Aufgabenteil 7 für die Volumina.

B2.916.01: Zur Bearbeitung der Aufgabe im einzelnen:

1. Wie die Äquivalenzen $x \in N(f_a) \Leftrightarrow f_a(x) = 0 \Leftrightarrow -x^2 + ax = 0 \Leftrightarrow x(a - x) = 0 \Leftrightarrow x \in \{0, a\}$ zeigen, ist $N(f_a) = \{0, a\}$. Mit Hilfe der beiden Ableitungsfunktionen $f'_a = -2 \cdot id$ und $f''_a = -2$ sieht man sofort $N(f'_a) = \{\frac{a}{2}\}$ und wegen $f''_a(\frac{a}{2}) = -2 < 0$ dann auch $Max(f'_a) = \{\frac{a}{2}\}$. Die Funktionen f_a haben also jeweils das Maximum $(\frac{a}{2}, f_a(\frac{a}{2})) = (\frac{a}{2}, \frac{a^2}{4})$ als einziges Extremum.

2. Die Funktion $E : \mathbb{R} \longrightarrow \mathbb{R}$, die zu jedem $a \in \mathbb{R}^+$ das Maximum $(\frac{a}{2}, \frac{a^2}{4})$ als Punkt *enthält*, ist naheliegenderweise die Normalparabel $E = id^2$, denn es gilt $E(\frac{a}{2}) = \frac{a^2}{4}$.

3. Zu jedem $a \in \mathbb{R}^+$ ist die Tangente $t_a : \mathbb{R} \longrightarrow \mathbb{R}$ an f_a bei a definiert durch die Zuordnungsvorschrift $t_a(x) = f'_a(a)x - f'_a(a)a + f_a(a) = (-2a + a)x - (-2a + x)a + (-a^2 + a^2) = -ax + a^2$.
Für $a, b \in \mathbb{R}^+$ sowie Tangenten t_a und t_b mit $a \neq b$ gilt dann: $x \in S(t_a, t_b) \Leftrightarrow t_a(x) = t_b(x) \Leftrightarrow -ax + a^2 = -bx + b^2 \Leftrightarrow (b-a)x = (b-a)(b+a) \Leftrightarrow x \in \{a + b\}$. ferner ist $t_a(a + b) = -ab$ und somit $S_{ab} = (a + b, -ab)$ der von a und b abhängige Schnittpunkt je zweier solcher Tangenten t_a und t_b. Für $a = 2$ und $b = 3$ ist $S = (5, -6)$.

4. Für jede fest gewählte Zahl $z \in \mathbb{R}^+$ hat zunächst die zugehörige Zahlenfolge $(f_{\frac{1}{n}}(z))_{n \in \mathbb{N}} = (-z^2 + \frac{z}{n})_{n \in \mathbb{N}}$ den Grenzwert $(-z^2 + \frac{z}{n})_{n \in \mathbb{N}} = -z^2$. Somit liefert die Zuordnung $z \longmapsto lim(f_{\frac{1}{n}}(z))_{n \in \mathbb{N}} = -z^2$ die Funktion $-id^2 : \mathbb{R}^+ \longrightarrow \mathbb{R}$.
Ausgehend von diesem Beispiel kann man einen Konvergenz-Begriff für Folgen $(f_n)_{n \in \mathbb{N}}$ von Funktionen f_n mit der Bezeichnung $lim(f_n)_{n \in \mathbb{N}} = f_0$ definieren durch die Bedingung: Für alle $z \in D(f_n)$ gilt für die zugehörigen Zahlenfolgen $lim(f_n(z))_{n \in \mathbb{N}} = f_0(z)$.

6. Unter Verwendung des Integrals $\int f_a = -\frac{1}{3} id^3 + \frac{1}{2} a \cdot id^2 + \mathbb{R}$ gilt

a) $A(u_a) = |\int_0^a u_a| = |(\int u_a)(a) - (\int u_a)(0)| = |-\frac{1}{3}a^3 + \frac{1}{2}aa^2| = \frac{1}{6}a^3$ (FE), insbesondere $A(u_3) = \frac{9}{2}$ (FE),

b) $A(v_a) = A(u_a) + |\int_a^{2a} v_a| = A(u_a) + |(\int v_a)(2a) - (\int v_a)(a)| = \frac{1}{6}a^3 + |-\frac{1}{3}8a^3 + \frac{1}{2}a4a^2 - \frac{1}{6}a^3| = \frac{1}{6}a^3 + |-\frac{5}{6}a^3| = a^3$ (FE), insbesondere ist $A(v_3) = 27$ (FE).

Unter Verwendung des Integrals $\int (w_a - id^2) = -\frac{2}{3}id^3 + \frac{1}{2}a \cdot id^2 + \mathbb{R}$ für $w_a - id^2 = -2id^2 + a \cdot id^2$ gilt

c) $A(w_a, id^2) = |\int_0^s (w_a - id^2)| = |(\int (w_a - id^2))(s)| = |-\frac{2}{3}s^3 + \frac{1}{2}as^2| = |-\frac{2}{3} \cdot \frac{a^3}{8}s^3 + \frac{1}{2}a \cdot \frac{a^2}{4}| = \frac{1}{24}a^3$ (FE),

insbesondere ist $A(w_3, id^2) = \frac{9}{8}$ (FE).

7. Die Definitionen der Funktionen $u, v, w : \mathbb{R}^+ \longrightarrow \mathbb{R}$ und ihre Zusammenhänge zeigt folgende Tabelle:

$u(a) = A(u_a) = \frac{1}{6}a^3$ (FE) $u = \frac{1}{6} \cdot v$ $u = 4 \cdot w$

$v(a) = A(v_a) = a^3$ (FE) $v = 6 \cdot u$ $v = 24 \cdot w$

$w(a) = A(w_a, id^2) = \frac{1}{24}a^3$ (FE) $w = \frac{1}{4} \cdot u$ $w = \frac{1}{24} \cdot v$

Die folgenden Verhältnisse sind jeweils von der Zahl a unabhängige Flächeninhalts-Verhältnisse:

$A(u_a) : A(v_a) \quad = \quad u(a) : v(a) \quad = \quad 1 : 6$

$A(u_a) : A(w_a, id^2) \quad = \quad u(a) : w(a) \quad = \quad 1 : 4$

$A(v_a) : A(w_a, id^2) \quad = \quad u(a) : w(a) \quad = \quad 24 : 1$

8. Unter Verwendung des Quadrats $f_a^2 = (-id^2 + a \cdot id)^2 = id^4 - 2a \cdot id^3 + a^2 \cdot id^2$ von f_a und des zugehörigen Integrals $\int f_a^2 = \frac{1}{5}id^5 - \frac{1}{2}a \cdot id^4 + \frac{1}{3}a^2 \cdot id^3 + \mathbb{R}$ gilt

a) $V(u_a) = \pi \cdot \int_0^a u_a^2 = \pi((\int u_a^2)(a) - (\int u_a^2)(0)) = \pi(\frac{1}{5}a^3 - \frac{1}{2}aa^4 + \frac{1}{3}a^2a^3) = \frac{1}{30}a^5$ (VE), insbesondere ist $V(u_3) = \frac{81}{10}\pi$ (VE),

b) $V(v_a) = \pi \cdot \int_0^{2a} v_a^2 = \pi(\frac{1}{5}2^5a^5 - \frac{1}{2}a2^4a^4 + \frac{1}{3}a^22^3a^3) = \frac{16}{15}\pi a^5$ (VE), insbesondere ist $V(v_3) = \frac{1296}{5}\pi$ (VE).

Unter Verwendung von $w_a^2 - (id^2)^2 = -2a \cdot id^3 + a^2 \cdot id^2$ und des zugehörigen Integrals $\int (w_a^2 - id^4) = -\frac{1}{2}id^4 + \frac{1}{3}a^2 \cdot id^3 + \mathbb{R}$ gilt

c) $V(w_a, id^2) = \pi|\int_0^s (w_a^2 - id^4)| = \pi|-\frac{1}{2}as^4 + \frac{1}{3}a^2s^3| = \pi|as^3(-\frac{1}{2}s + \frac{1}{3}a)| = \pi|a\frac{a^3}{8}(-\frac{1}{2} \cdot \frac{a}{2} + \frac{1}{3}a)| = \frac{1}{96}\pi a^5$

(VE), insbesondere ist $V(w_3, id^2) = \frac{81}{32}\pi$ (VE).

9. Die Definitionen der Funktionen $u, v, w : \mathbb{R}^+ \longrightarrow \mathbb{R}$ und ihre Zusammenhänge zeigt folgende Tabelle:

$u(a) = V(u_a) = \frac{1}{30}\pi a^5$ (VE) $u = \frac{1}{32} \cdot v$ $u = \frac{16}{5} \cdot w$

$v(a) = V(v_a) = \frac{16}{15}\pi a^5$ (VE) $v = 32 \cdot u$ $v = \frac{512}{5} \cdot w$

$w(a) = V(w_a, id^2) = \frac{1}{96}\pi a^5$ (VE) $w = \frac{5}{16} \cdot u$ $w = \frac{5}{512} \cdot v$

Die folgnden drei Verhältnisse sind jeweils von der Zahl a unabhängige Volumen-Verhältnisse:

$V(u_a) : V(v_a) \quad = \quad u(a) : v(a) \quad = \quad 1 : 32$

$V(u_a) : V(w_a, id^2) \quad = \quad u(a) : w(a) \quad = \quad 16 : 5$

$V(v_a) : V(w_a, id^2) \quad = \quad u(a) : w(a) \quad = \quad 512 : 5$

A2.916.02 (A) : Betrachten Sie die Familien $(f_a)_{a \in \mathbb{R}^+}$ und $(g_a)_{a \in \mathbb{R}^+}$ von Funktionen $f_a, g_a : \mathbb{R} \longrightarrow \mathbb{R}$, definiert durch die Zuordnungsvorschriften $f_a(x) = -a(x-1)^2 + a$ und $g_a(x) = \frac{1}{2}ax$.

1. Berechnen Sie den Inhalt $A(f_a)$ der Fläche, den f_a mit der Abszisse einschließt.

2. Berechnen Sie den Inhalt $A(f_a, g_a)$ der Fläche, den f_a mit g_a einschließt, und geben Sie dann das Verhältnis $A(f_a, g_a) : A(f_a)$ in Prozent an.

B2.916.02: Zur Bearbeitung der Aufgabe im einzelnen:

1a) Zunächst werden die Funktionen f_a hinsichtlich Nullstellen untersucht: Die Äquivalenzen $x \in N(f_a) \Leftrightarrow f_a(x) = 0 \Leftrightarrow -a(x-1)^2 + a = -ax^2 + 2ax = 0 \Leftrightarrow x(2a - ax) = 0 \Leftrightarrow x \in \{0, 2\}$ liefern die Nullstellenmenge $N(f_a) = \{0, 2\}$ mit den beiden von dem Parameter a unabhängigen Nullstellen von f_a.

1b) Zur Berechnung des Flächeninhaltes $A(f_a)$ wird eine Stammfunktion $F_a : [0, 2] \longrightarrow \mathbb{R}$ mit $F_a(x) = -\frac{a}{3}x^3 + ax^2$ der Einschränkung $f_a : [0, 2] \longrightarrow \mathbb{R}$ betrachtet. Damit ist der gesuchte Flächeninhalt dann

$A(f_a) = \int_0^2 f_a = |F_a(2) - F_a(0)| = |-\frac{8}{3}a + 4a| = \frac{4}{3}a$ (FE).

2a) Zunächst werden die Funktionen f_a hinsichtlich Schnittstellen untersucht: Die Äquivalenzen $x \in S(f_a, g_a) \Leftrightarrow f_a(x) = g_a(x) \Leftrightarrow -ax^2 + 2ax = \frac{1}{2}ax \Leftrightarrow -ax^2 + \frac{3}{2}ax = 0 \Leftrightarrow x(\frac{3}{2}a - ax) = 0 \Leftrightarrow x \in \{0, \frac{3}{2}\}$ liefern die Schnittstellenmenge $S(f_a, g_a) = \{0, \frac{3}{2}\}$ mit den beiden von dem Parameter a unabhängigen Schnittstellen von f_a und g_a.

2b) Zur Berechnung des Flächeninhaltes $A(f_a, g_a)$ wird zu der Einschränkung $f_a - g_a : [0, 2] \longrightarrow \mathbb{R}$ mit $(f_a - g_a)(x) = -ax^2 + \frac{3}{2}ax$ eine Stammfunktion $G_a : [0, 2] \longrightarrow \mathbb{R}$ mit $G_a(x) = -\frac{a}{3}x^3 + \frac{3}{4}ax^2$ betrachtet. Damit ist der gesuchte Flächeninhalt dann $A(f_a, g_a) = \int_0^{\frac{3}{2}}(f_a - g_a) = |G_a(\frac{3}{2}) - G_a(0)| = |-\frac{a}{3} \cdot (\frac{3}{2})^3 + \frac{3}{4}a(\frac{3}{2})^2| = |-\frac{9a}{8} + \frac{27a}{16}| = \frac{9}{16}a$ (FE).

2c) Das Verhältnis der berechneten Flächeninhalte ist $A(f_a, g_a) : A(f_a) = \frac{9}{16} \cdot \frac{3}{4} = \frac{27}{64}$ und ebenfalls unabhängig von dem Parameter a. Das bedeutet, daß der Flächeninhalt $A(f_a, g_a)$ etwa $42,2\%$ des Flächeninhaltes $A(f_a)$ beträgt.

A2.916.03 (D, A) : Betrachten Sie die Familie $(f_a)_{a \in \mathbb{R}^+}$ der Funktionen $f_a : [0, 1] \longrightarrow \mathbb{R}$, definiert durch $f_a(x) = \frac{1}{a}x^3 + a^2$.

1. Berechnen Sie den Inhalt $A(f_a)$ der von f_a erzeugten Fläche $F(f_a)$.
2. Geben Sie diejenige(n) Funktion(en) f_a an, für die $A(f_a) = \frac{5}{4}$ (FE) gilt. (Hinweis: Die bei der Bearbeitung der Aufgabe auftretende kubische Gleichung besitzt als eine Lösung die Zahl 1.)
3. Berechnen Sie ferner das Minimum der durch die Zuordnung $a \longmapsto A(a) = A(f_a)$ definierten Funktion $A : \mathbb{R}^+ \longrightarrow \mathbb{R}$. (Hinweis: Bei diesem Aufgabenteil wird die Differentiation von Potenz-Funktionen benötigt.)

Anmerkung: Die Funktionen f_a in der erweiterten Form $f_a : \mathbb{R} \longrightarrow \mathbb{R}$ sind kubische Parabeln und haben jeweils die Nullstelle $-a$ sowie den Wendepunkt $(0, a^2)$ mit waagerechter Wendetangente (besitzen also keine Extrema).

B2.916.03: Zur Bearbeitung der Aufgabe im einzelnen:

1. Die Äquivalenzen $x \in N(f_a) \Leftrightarrow f_a(x) = 0 \Leftrightarrow \frac{1}{a}x^3 + a^2 = 0 \Leftrightarrow x^3 = -a^3 \Leftrightarrow x = -a \notin D(f_a)$ die Nullstellenmenge $N(f_a) = \emptyset$. Folglich kann unter Verwendung der durch $F(x) = \frac{1}{4a}x^4 + a^2 x$ definierten Stammfunktion $F_a : [0, 1] \longrightarrow \mathbb{R}$ von f_a der gesuchte Flächeninhalt unmittelbar berechnet werden: Es gilt $A(f_a) = |F_a(1) - F_a(0)| = F_a(1) = \frac{1}{4a} + a^2$ (FE).

2. Zunächst liefern die Äquivalenzen $A(f_a) = \frac{5}{4} \Leftrightarrow \frac{1}{4a} + a^2 = \frac{5}{4} \Leftrightarrow 1 + 4a^3 - 5a = 0 \Leftrightarrow 4a^3 - 5a + 1 = 0$ eine kubische Gleichung, die nach Voraussetzung die Lösung 1 besitzt. Dazu liefert die Polynom-Division $(4a^3 - 5a + 1) : (x - 1) = 4a^2 + 4a - 1$ einen quadratischen Faktor, der (wegen $a > 0$) die weitere Lösung $a = \frac{1}{2}(-1 + \sqrt{2})$ der kubischen Gleichung ergibt. Folglich sind die Funktionen f_1 und $f_{\frac{1}{2}(-1+\sqrt{2})}$ die beiden gesuchten Funktionen.

3. Die 1. Ableitungsfunktion $A' : \mathbb{R}^+ \longrightarrow \mathbb{R}$ der durch $A(a) = \frac{1}{4a} + a^2 = \frac{1}{4}a^{-1} + a^2$ definierten Funktion $A : \mathbb{R}^+ \longrightarrow \mathbb{R}$ hat die Zuordnungsvorschrift $A'(a) = -\frac{1}{4}a^{-2} + 2a = -\frac{1}{4a^2} + 2a$. Wie die Äquivalenzen $a \in N(A') \Leftrightarrow A'(a) = 0 \Leftrightarrow -\frac{1}{4a^2} + 2a = 0 \Leftrightarrow -1 + 8a^3 = 0 \Leftrightarrow a^3 = \frac{1}{8} \Leftrightarrow a \in \{\frac{1}{2}\}$ zeigen, besitzt A' die einzige Nullstelle $\frac{1}{2}$.

Mit der 2. Ableitungsfunktion $A'' : \mathbb{R}^+ \longrightarrow \mathbb{R}$, definiert durch $A''(a) = \frac{1}{2a^3} + 2$, gilt dann $A''(\frac{1}{2}) = 6 > 0$, folglich ist $\frac{1}{2}$ die Minimalstelle von A und liefert das Minimum $(\frac{1}{2}, A(\frac{1}{2})) = (\frac{1}{2}, \frac{1}{2} + \frac{1}{4}) = (\frac{1}{2}, \frac{3}{4})$. Das bedeutet, daß $A(\frac{1}{2}) = \frac{3}{4}$ (FE) unter allen möglichen Flächeninhalten minimal ist.

A2.916.04 (D, A) : Betrachten Sie die Funktion $f : \mathbb{R} \longrightarrow \mathbb{R}$, definiert durch $f(x) = (x - 2)^2(x - 4)^2$. Bearbeiten Sie dann die folgenden Einzelaufgaben in der angegebenen Reihenfolge:

1. Berechnen Sie die Nullstellen von f.
2. Geben Sie mit Begründung die Bildmenge $Bild(f)$ von f an. Was besagt $Bild(f)$ hinsichtlich der Art der Nullstellen von f (in einem anschaulichen Sinne)?
3. Geben Sie mit Begründung eine Gerade an, die als Symmetrie-Gerade zu f in Frage kommen kann. Beweisen Sie dann Ihre Vermutung (sofern sie richtig ist) allein unter Verwendung des Kriteriums für Ordinaten-Symmetrie.

Hinweis: Verwenden Sie eine geeignete Verschiebung g von f.

4. Untersuchen Sie die Funktion f hinsichtlich lokaler Extrema – allerdings zunächst ohne Verwendung von Ableitungsfunktionen (also ohne die Theorie der Differenzierbaren Funktionen).

5. Bestätigen Sie Ihre Ergebnisse zu Aufgabenteil 4 (sofern sie richtig sind) durch Berechnungen, die nun unter Verwendung von Ableitungsfunktionen durchzuführen sind.

6. Berechnen Sie den Inhalt $A(f)$ der Fläche, die durch f, die Abszisse, die Ordinate und die Ordinatenparallele durch 6 begrenzt ist. Stellen Sie dann zu Ihrem Ergebnis eine Plausibilitätsbetrachtung anhand eines naheliegenden Rechtecks an.

7. Beschreiben Sie zu den bisherigen Aufgabenteilen den Einfluß auf die jeweiligen Ergebnisse, wenn anstelle von $f(x)$ die Zuordnungsvorschrift $f_a(x) = a(x-2)^2(x-4)^2$ mit einer Zahl $a \in \mathbb{R}^+$ zu betrachten ist. (Es sollen hierzu keine Berechnungen durchgeführt werden.)

8. Bearbeiten Sie die Aufgabenteile 1 bis 6 für eine Funktion $f_{uv} : \mathbb{R} \longrightarrow \mathbb{R}$, definiert durch die Vorschrift $f_{uv}(x) = (x - 2u)^2(x - 2v)^2$ mit konstant gewählten Zahlen $u, v \in \mathbb{N}$.

9. Betrachten Sie die Funktion $g_b : \mathbb{R} \longrightarrow \mathbb{R}$ mit $g_b(x) = f(x+3) - b$ mit einer Zahl $b \in \mathbb{R}_0^+$.

a) Welcher Zusammenhang besteht zwischen g_b und f? Geben Sie $Bild(g_b)$ an.

b) Untersuchen Sie die Funktion g_b hinsichtlich Nullstellen.

c) Ermitteln Sie die lokalen Extrema der Funktion g_b.

d) Geben Sie eine Stammfunktion $G_b : \mathbb{R} \longrightarrow \mathbb{R}$ zu der Funktion $g_b : \mathbb{R} \longrightarrow \mathbb{R}$ an.

10. Betrachten Sie die in Aufgabenteil 9 genannte Funktion g_b für die Zahl $b = \frac{1}{4}$.

a) Nennen Sie die beiden positiven Nullstellen x_1 und x_2 mit $x_1 < x_2$. Für welche Zahl c_1 liegt der Zusammenhang $x_2 = c_1 \cdot x_1$ vor?

b) Berechnen Sie die beiden Flächeninhalte $A_1 = |\int_0^{x_1} g_b|$ und $A_2 = |\int_{x_1}^{x_2} g_b|$. Für welche Zahl c_2 liegt der Zusammenhang $A_2 = c_2 \cdot A_1$ vor?

B2.916.04: Zur Bearbeitung der Aufgabe im einzelnen:

1. Die Äquivalenzen $x \in N(f) \Leftrightarrow f(x) = 0 \Leftrightarrow (x-2)^2(x-4)^2 = 0 \Leftrightarrow x - 2 = 0$ oder $x - 4 = 0 \Leftrightarrow x \in \{2, 4\}$ liefern die Nullstellenmenge $N(f) = \{2, 4\}$.

Anmerkung: Man kann $N(f) = \{2, 4\}$ auch durch Hinweis auf die Linearfaktoren von f begründen.

2. Da in $f(x)$ nur Quadrate auftreten, gilt $Bild(f) = \mathbb{R}_0^+$. Somit sind alle Funktionswerte von f nichtnegative reelle Zahlen, das heißt insbesondere, daß die beiden Nullstellen von f sogenannte Berührstellen mit der Abszisse sind.

3. Wegen der Lage der beiden Nullstellen von f kommt nur die Ordinaten-Parallele durch 3 als Symmetrie-Gerade zu f in Betracht. Diese Gerade ist in der Tat die Symmetrie-Gerade zu f, wie die folgende Überlegung zeigt:

Verschiebt man die Funktion f um drei Einheiten in negativer Abszissenrichtung, so entsteht eine Funktion $g : \mathbb{R} \longrightarrow \mathbb{R}$ mit $g(x) = (x-1)^2(x+1)^2$. Diese Funktion ist Ordinaten-symmetrisch, denn für alle Elemente $x \in \mathbb{R}$ gilt $g(-x) = (-x-1)^2(-x+1)^2 = (-1)^2(x+1)^2(-1)^2(x-1)^2 = (x+1)^2(x-1)^2 = g(x)$. Verschiebt man nun g um drei Einheiten in positiver Abszissenrichtung, so folgt die Behauptung zu f.

4. Wegen $Bild(f) = \mathbb{R}_0^+$ müssen die beiden Nullstellen von f zugleich Minimalstellen von f sein und liefern somit die beiden Minima $(2, 0)$ und $(4, 0)$. Weiterhin muß f zwischen den beiden Minimalstellen eine Maximalstelle haben (denn es gilt $D(f) = \mathbb{R}$). Diese Maximalstelle muß aus Symmetriegründen (siehe Bearbeitungsteil 3) die Zahl 3 sein, womit dann das Maximum $(3, f(3)) = (3, 1)$ von f vorliegt.

5. Anstelle der Funktion f wird zunächst wieder die Funktion g betrachtet:

a) Mit der Darstellung $g(x) = (x-1)^2(x+1)^2 = ((x-1)(x+1))^2 = (x^2 - 1)^2 = x^4 - 2x^2 + 1$ ist $g' : \mathbb{R} \longrightarrow \mathbb{R}$ durch $g'(x) = 4x^3 - 4x = 4x(x^2 - 1)$ definiert und besitzt die Nullstellenmenge $N(g') = \{-1, 0, 1\}$.

Anmerkung: Bei der Differentiation kann mit $g(x) = (x^2 - 1)^2$ auch $g' = 2g'g$ verwendet werden.

b) Mit $g'' : \mathbb{R} \longrightarrow \mathbb{R}$, definiert durch $g''(x) = 12x^2 - 4$, gilt dann $g''(-1) = 8 > 0$ sowie $g''(0) = -4 < 0$ und $g''(1) = 8 > 0$. Damit sind -1 und 1 die Minimalstellen von g mit den zugehörigen Minima $(-1, 0)$ und $(1, 0)$, ferner ist 0 die Minimalstelle von g mit dem zugehörigen Maximum $(0, g(0)) = (0, 1)$.

c) Hinsichtlich der Extrema von g hat f dann die entsprechend zu verschiebenden Extrema: die beiden Minima $(2,0)$ und $(4,0)$ sowie das Maximum $(3, f(3)) = (3, 1)$.

Anmerkung: Wegen $Bild(f) = \mathbb{R}_0^+$ sind $(2,0)$ und $(4,0)$ globale Minima, aber $(3,1)$ lokales Maximum.

6. Da Flächeninhalte zu Flächen der beschriebenen Art invariant gegenüber Abszissen-Verschiebungen sind, wird anstelle der Funktion f wieder die leichter zu verwendende Funktion g betrachtet:

a) Mit $g(x) = x^4 - 2x^2 + 1$ (siehe Bearbeitungsteil 5a)) hat eine Stammfunktion $G : [0, 6] \longrightarrow \mathbb{R}$ zu der Funktion $g : [0, 6] \longrightarrow \mathbb{R}$ die Zuordnungsvorschrift $G(x) = \frac{1}{5}x^5 - \frac{2}{3}x^3 + x$.

b) Damit gilt $A(f) = A(g) = 2 \cdot |G(3) - G(0)| = 2 \cdot |\frac{168}{5} - 0| = \frac{336}{5} \approx 67$ (FE).

c) Die Berechnung zu $A(f)$ ist im Vergleich mit dem Inhalt des Rechtecks R mit den Seitenlängen 6 (Abszisse) und $f(0) = 64$ (Ordinate), also im Vergleich mit $A(R) = 6 \cdot 64$ plausibel, denn dieser Vergleich liefert (im Zusammenhang mit einer entsprechenden Skizze) dann $A(f) \approx \frac{1}{6} \cdot A(R)$.

7. Da der Faktor $a \in \mathbb{R}^+$ bei Ableitungs- und Stammfunktionen stets als konstanter Faktor erhalten bleibt, hat er bei allen Nullstellenberechnungen keinen numerischen Einfluß, das heißt, Nullstellen und Extremstellen von f werden unverändert auf f_a übertragen. Damit gilt:

a) Die Funktion f_a besitzt dieselben Minima wie f, jedoch das Maximum $(3, f_a(3)) = (3, a)$.

b) Bei der Flächeninhaltsberechnung tritt a als konstanter Faktor auf und liefert $A(f_a) = a \cdot A(f)$.

8. Zur Untersuchung der Funktion $f_{uv} : \mathbb{R} \longrightarrow \mathbb{R}$ mit $f_{uv}(x) = (x - 2u)^2(x - 2v)^2$:

8a) Für die Funktion f_{uv} gilt $N(f_{uv}) = \{2u, 2v\}$ sowie $Bild(f_{uv}) = \mathbb{R}_0^+$.

8b) Wegen der Lage der beiden Nullstellen von f_{uv} kommt nur die Ordinaten-Parallele durch $u + v$ als Symmetrie-Gerade zu f_{uv} in Betracht. Diese Gerade ist in der Tat die Symmetrie-Gerade zu f_{uv}, wie die folgende Überlegung zeigt:

Verschiebt man die Funktion f_{uv} um $u + v$ Einheiten in negativer Abszissenrichtung, so entsteht eine Ordinaten-symmetrische Funktion $g_{uv} : \mathbb{R} \longrightarrow \mathbb{R}$ mit $g_{uv}(x) = ((x + u + v) - 2u)^2((x + u + v) - 2v)^2 = (x - (u - v))^2(x + (u - v))^2 = (x^2 - (u - v)^2)^2$. Verschiebt man nun g_{uv} um $u + v$ Einheiten in positiver Abszissenrichtung, so folgt die Behauptung zu f_{uv}.

8c) Wegen $Bild(f_{uv}) = \mathbb{R}_0^+$ müssen die beiden Nullstellen von f_{uv} zugleich Minimalstellen von f_{uv} sein und liefern somit die beiden Minima $(2u, 0)$ und $(2v, 0)$. Weiterhin muß f_{uv} zwischen den beiden Minimalstellen eine Maximalstelle haben (denn es gilt $D(f) = \mathbb{R}$). Diese Maximalstelle muß aus Symmetriegründen (siehe Bearbeitungsteil 8b)) die Zahl $u + v$ sein, womit dann das Maximum $(u + v, f_{uv}(u + v)) = (u + v, (v - u)^2)$ von f_{uv} vorliegt.

8d) Da Flächeninhalte zu Flächen der beschriebenen Art invariant gegenüber Abszissen-Verschiebungen sind, wird anstelle der Funktion f_{uv} wieder die leichter zu verwendende Funktion g_{uv} betrachtet:

d_1) Mit $g_{uv}(x) = x^4 - 2(u - v)^2 x^2 + (u - v)^4$ (siehe Bearbeitungsteil 8b)) hat dann eine Stammfunktion $G_{uv} : [0, u + v] \longrightarrow \mathbb{R}$ zu der Funktion $g_{uv} : [0, u + v] \longrightarrow \mathbb{R}$ (wobei man $f_{uv}(0) = g_{uv}(u + v) = 16u^2v^2$ beachte) die Vorschrift $G_{uv}(x)(x) = \frac{1}{5}x^5 - \frac{2}{3}(u - v)^2 x^3 + (u - v)^4 x = x(\frac{1}{5}x^4 - \frac{2}{3}(u - v)^2 x^2 + (u - v)^4)$.

d_2) Mit dem Funktionswert $G_{uv}(u + v) = (u + v)(\frac{1}{5}(u + v)^4 - \frac{2}{3}(u - v)^2(u + v)^2 + (u - v)^4)$
$= (u + v)(\frac{1}{5}(u + v)^4 - \frac{2}{3}(u^2 - v^2)^2 + (u - v)^4)$
gilt dann $A(f_{uv}) = A(g_{uv}) = 2(u + v)(\frac{1}{5}(u + v)^4 - \frac{2}{3}(u^2 - v^2)^2 + (u - v)^4)$.

9a) Verschiebt man die Funktion f um drei Einheiten in negativer Abszissenrichtung (wodurch die Funktion g entsteht) und um b in negativer Ordinatenrichtung, so entsteht die Funktion g_b, wie auch die Zuordnungsvorschrift mit $g_b(x) = f(x + 3) - b = (x - 1)^2(x + 1)^2 - b$ zeigt. Dabei gilt dann $Bild(g_b) = [-b, \star)$.

9b) Die Äquivalenz $(x - 1)^2(x + 1)^2 = (x^2 - 1)^2 = b \Leftrightarrow x^2 \in \{1 - \sqrt{b}, 1 + \sqrt{b}\}$ zeigt:

$9b_1$) Im Fall $b = 0$ gilt $N(g_b) = N(g) = \{-1, 1\}$.

$9b_2$) Im Fall $0 < b < 1$ gilt $N(g_b) = \{-\sqrt{1 + \sqrt{b}}, -\sqrt{1 - \sqrt{b}}, \sqrt{1 - \sqrt{b}}, \sqrt{1 + \sqrt{b}}\}$.

$9b_3$) Im Fall $b = 1$ gilt $N(g_b) = \{-\sqrt{1 + \sqrt{b}}, 0, \sqrt{1 + \sqrt{b}}\} = \{-\sqrt{2}, 0, \sqrt{2}\}$.

$9b_4$) Im Fall $b > 1$ gilt $N(g_b) = \{-\sqrt{1 + \sqrt{b}}, \sqrt{1 + \sqrt{b}}\}$.

9c) Die Extremstellen von g_b sind die dieselben wie die von g, damit liegen die beiden Minima $(-1, -b)$ und $(1, -b)$ sowie das Maximum $(0, 1 - b)$ vor.

9d) Eine Stammfunktion $G_b : \mathbb{R} \longrightarrow \mathbb{R}$ zu g_b ist definiert durch $G_b(x) = \frac{1}{5}x^5 - \frac{2}{3}x^3 + (1-b)x$.

10. Für die Zahl $b = \frac{1}{4}$ gelten hinsichtlich g_b folgende Sachverhalte:

10a) Die beiden positiven Nullstellen x_1 und x_2 mit $x_1 < x_2$ von g_b sind $x_1 = \frac{1}{2}\sqrt{2}$ und $x_2 = \frac{1}{2}\sqrt{6}$. Damit hat der Zusammenhang $x_2 = c_1 \cdot x_1$ die Darstellung $x_2 = \sqrt{3} \cdot x_1$.

10b) Mit der Stammfunktion $G_b : \mathbb{R} \longrightarrow \mathbb{R}$ zu g_b mit $G_b(x) = \frac{1}{5}x^5 - \frac{2}{3}x^3 + \frac{3}{4}x = x(\frac{1}{5}x^4 - \frac{2}{3}x^2 + \frac{3}{4})$, gilt:

$A_1 = |\int_0^{x_1} g_b| = |G_b(\frac{1}{2}\sqrt{2}) - G_b(0)| = |\frac{1}{2}\sqrt{2}(\frac{1}{5} \cdot \frac{1}{4} + \frac{2}{3} \cdot \frac{1}{2} + \frac{3}{4})| = \frac{1}{2}\sqrt{2} \cdot \frac{7}{15} = \frac{7}{30}\sqrt{2}$ (FE) und

$A_2 = |\int_{x_1}^{x_2} g_b| = |G_b(\frac{1}{2}\sqrt{6}) - G_b(\frac{1}{2}\sqrt{2})| = |\frac{1}{10}\sqrt{6} - \frac{7}{30}\sqrt{2}| = |\frac{3}{30}\sqrt{2}\sqrt{3} - \frac{7}{30}\sqrt{2}| = \frac{7}{30}\sqrt{2} \cdot |\frac{3}{7}\sqrt{3} - 1|$ (FE).

Damit hat der Zusammenhang $A_2 = c_2 \cdot A_1$ die Darstellung $A_2 = |\frac{3}{7}\sqrt{3} - 1| \cdot A_1 \approx \frac{1}{4} \cdot A_1$.

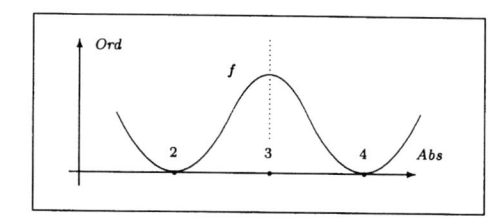

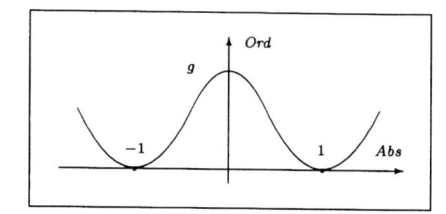

A2.916.05 (A) : Zunächst zwei Definitionen:

a) Zu einer Funktion $h : [a,b] \longrightarrow \mathbb{R}$ mit Nullstellen bezeichne $A^o(h)$ bzw. $A^u(h)$ den Anteil an $A(h)$, der von Flächen oberhalb bzw. unterhalb der Abszisse erzeugt wird. Die Funktion h heißt *A-balanciert*, falls $A^o(h) = A^u(h)$ gilt.

b) Eine Funktion $h : [a,b] \longrightarrow \mathbb{R}$ mit Nullstellen, die in der Form $a < s_1 < ... < s_n < b$ angeordnet seien, heißt *N-balanciert*, falls $s_1 - a = s_2 - s_1 = ... = b - s_n$ gilt.

Beispiele: Für alle $a \in \mathbb{R}$ ist die Funktion $sin : [-a, a] \longrightarrow \mathbb{R}$ A-balanciert, ferner ist für alle $n \in \mathbb{N}$ die Funktion $sin : [-n\pi, n\pi] \longrightarrow \mathbb{R}$ N-balanciert. Entsprechende Beispiele kann man mit cos bilden.

1. Bestimmen Sie diejenige Zahl a, so daß die Funktion $f_d : [-a, a] \longrightarrow \mathbb{R}$, definiert durch die Vorschrift $f_d(x) = x^2 - d$ mit einer Zahl $d \in \mathbb{R}^+$, zwei Nullstellen besitzt und *N*-balanciert ist.

2. Bestimmen Sie diejenige Zahl a, so daß die Funktion $f_d : [-a, a] \longrightarrow \mathbb{R}$, definiert durch die Vorschrift $f_d(x) = x^2 - d$ mit einer Zahl $d \in \mathbb{R}^+$, zwei Nullstellen besitzt und *A*-balanciert ist.

3. Beweisen Sie, daß Stammfunktionen F punktsymmetrischer Funktionen $f : (-a, a) \longrightarrow \mathbb{R}$ Ordinaten-symmetrisch sind, also $F(x) = F(-x)$, für alle $x \in (-a, a)$ mit $a \in \mathbb{R}^*$ gilt. Geben Sie dazu einige Beispiele an.

4. Beweisen Sie: Punktsymmetrische Funktionen $f : [-a, a] \longrightarrow \mathbb{R}$ sind stets A-balanciert.

5. Zeigen Sie anhand kleiner, kommentierter Skizzen einer differenzierbaren (nur stetigen, nicht stetigen) Funktion, daß die Umkehrung der Aussage in Aufgabenteil 3 im allgemeinen nicht gilt.

B2.916.05: Zur Bearbeitung der Aufgabe im einzelnen:

1. Die angegebene Funktion $f_d : [-a, a] \longrightarrow \mathbb{R}$ besitzt die beiden Nullstellen $s_1 = -\sqrt{d}$ und $s_2 = \sqrt{d}$, folglich ist wegen $s_2 - s_1 = 2\sqrt{d}$ dann die Funktion $f_d : [-3\sqrt{d}, 3\sqrt{d}] \longrightarrow \mathbb{R}$ N-balanciert.

2. Zu der Funktion $f_d : [-a, a] \longrightarrow \mathbb{R}$ sei die Stammfunktion $F_d : [-a, a] \longrightarrow \mathbb{R}$, definiert durch die Vorschrift $F_d(x) = \frac{1}{3}x^3 - dx = x(\frac{1}{3}x^2 - d)$ betrachtet. Unter Verwendung der Ordinaten-Symmetrie und der positiven Nullstelle $s = \sqrt{d}$ von f_d muß die zu berechnende Zahl a die Bedingung

$$\frac{1}{2} \cdot A^u(f_d) = |\int_0^s f_d| = |\int_s^a f_d| = \frac{1}{2} \cdot A^o(f_d)$$

erfüllen. Sie wird mit $F_d(\sqrt{d}) = \sqrt{d}(\frac{1}{3}d - d) = -\frac{2}{3}d\sqrt{d}$ durch die folgenden Äquivalenzen geliefert:

$|\int_0^s f_d| = |\int_s^a f_d| \Leftrightarrow |F_d(\sqrt{d}) - F_d(0)| = |F_d(a) - F_d(\sqrt{d})| \Leftrightarrow |-\frac{2}{3}d\sqrt{d}| = |a(\frac{1}{3}a^2 - d) + \frac{2}{3}d\sqrt{d}| \Leftrightarrow \frac{2}{3}d\sqrt{d} =$

$a(\frac{1}{3}a^2 - d) + \frac{2}{3}d\sqrt{d} \Leftrightarrow a(\frac{1}{3}a^2 - d) = 0 \Leftrightarrow \frac{1}{3}a^2 - d = 0 \Leftrightarrow a = \sqrt{3d}$ (unter Verwendung von $a > 0$).
Damit ist dann die Funktion $f_d : [-\sqrt{3d}, \sqrt{3d}] \longrightarrow \mathbb{R}$, definiert durch $f_d(x) = x^2 - d$, A-balanciert.

3a) Die Behauptung liefern die folgenden Implikationen mit einem beliebig, aber fest gewählten Element $x \in (-a, a)$. Es gilt: $f(x) = -f(-x) \Rightarrow f(x) = -(f \circ (-id))(x) \Rightarrow f(x) = (-1)(f \circ (-id))(x) \Rightarrow F'(x) = (F \circ (-id))'(x) \Rightarrow F(x) = (F \circ (-id))(x) \Rightarrow F(x) = F(-x)$.

3b) Beispiele anhand von Zuordnungsvorschriften von Funktionen mit geeigneten Definitionsbereichen:
$f(x) = ax^{2n-1}$ liefert $F(x) = \frac{a}{2n}x^{2n}$, $f(x) = \sin(x)$ liefert $F(x) = -\cos(x)$.

4. Eine Funktion $f : [-a, a] \longrightarrow \mathbb{R}$ sei punktsymmetrisch und habe o.B.d.A. die Nullstellenmenge $N(f) = \{-a, 0, a\}$, ferner gelte $f\,|\,[-a, 0] \leq 0$ und $f\,|\,[0, a] \geq 0$. Für alle $x \in [0, a]$ gilt dann
$$|\int_{-x}^{0} f| = |F(0) - F(-x)| = |F(0) - F(x)| = |F(x) - F(0)| = |\int_{0}^{x} f|$$
Dabei wurde Aufgabenteil 3 verwendet.

5. Wie die folgenden Skizzen A-balancierter Funktionen zeigen, gilt die Umkehrung zu Teil 3 nicht:

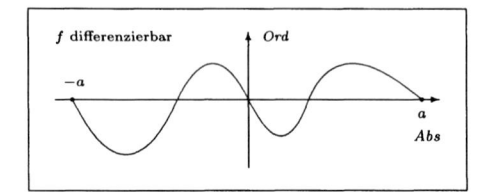

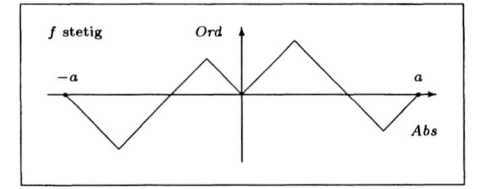

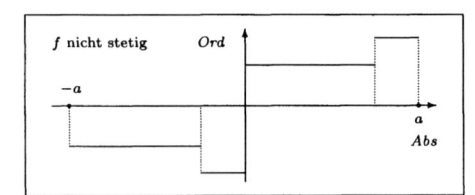

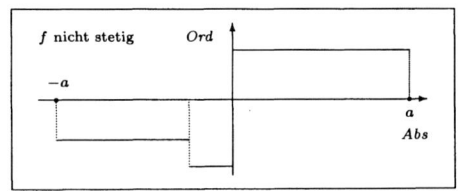

2.917 UNTERSUCHUNG VON POLYNOM-FUNKTIONEN (TEIL 8)

A2.917.01:

Betrachten Sie ein Quadrat gemäß nebenstehender Skizze, dessen Seiten die Länge a haben sollen. Aus diesem Quadrat werden nun an den Ecken vier kleine Quadrate mit der Seitenlänge x ausgeschnitten. Klappt man nun die verbleibenden vier Rand-Rechtecke an den perforierten Linien nach oben, so entsteht eine (oben offene) Schachtel.

Geben Sie von den auf diese Weise beschriebenen Schachteln diejenige mit maximalem Volumen, also die Kantenlänge y der Grundfläche und die Höhe x, sowie dieses Volumen V_{max} selbst an.

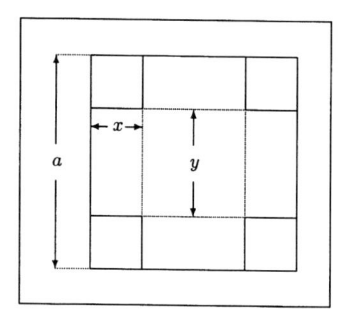

B2.917.01: Zur Bearbeitung der Aufgabe im einzelnen:

1. Zunächst werden die Volumina der genannten Schachteln durch eine Funktion V mit $V(x,y) = xy^2$ beschrieben. Beachtet man jedoch $y = a - 2x$, so werden die Volumina durch $V : (0, \frac{1}{2}a) \longrightarrow \mathbb{R}$ mit der Zuordnungsvorschrift $V(x) = xy^2 = x(a - 2x)^2 = 4x^3 - 4ax^2 + a^2 x$ beschrieben.

2. Die Funktion V ist als Polynom-Funktion (mit $grad(V) = 3$) differenzierbar mit der 1. Ableitungsfunktion $V' : (0, \frac{1}{2}a) \longrightarrow \mathbb{R}$ mit der Zuordnungsvorschrift $V'(x) = 12x^2 - 8ax + a^2$. Wegen der Äquivalenzen
$x \in N(V') \Leftrightarrow V'(x) = 0 \Leftrightarrow 12x^2 - 8ax + a^2 = 0 \Leftrightarrow x^2 - \frac{2}{3}ax + \frac{1}{12}a^2 = 0 \Leftrightarrow x = \frac{1}{3}a - \sqrt{\frac{4}{36}a^2 - \frac{3}{36}a^2} \Leftrightarrow x = \frac{1}{3}a - \frac{1}{6}a = \frac{1}{6}a \Leftrightarrow x \in \{\frac{1}{6}a\}$ hat V' die Nullstelle $\frac{1}{6}a$.
Mit der 2. Ableitungsfunktion $V'' : (0, \frac{1}{2}a) \longrightarrow \mathbb{R}$, $V''(x) = 24x - 8a$, ist $V''(\frac{1}{6}a) = -4a < 0$, also ist $\frac{1}{6}a$ die Maximalstelle von V und $(\frac{1}{6}a, A(\frac{1}{6}a)) = (\frac{1}{6}a, \frac{2}{27}a^3)$ dann schließlich das Maximum der Funktion V.

3. Die Schachtel mit der Höhe $x = \frac{1}{6}a$ und der Kantenlänge $y = a - 2x = \frac{2}{3}a$ des Grundflächenquadrats hat das maximale Volumen $V_{max} = \frac{2}{27}a^3$.

A2.917.02:

Betrachten Sie ein Dreieck gemäß nebenstehender Skizze, dessen Grundseite die Länge s und dessen Höhe die Länge h habe, ferner ein einbeschriebenes Rechteck mit den Seitenlängen y und x, dessen eine Seite ganz auf der Grundseite des Dreiecks liegen soll.

Geben Sie von den auf diese Weise beschriebenen Rechtecken dasjenige mit maximalem Flächeninhalt, also dessen Seitenlängen, sowie diesen Flächeninhalt A_{max} selbst an.

Hinweis: Begründen Sie zunächst mit den Daten der Skizze die Beziehung $y = \frac{s}{h}(h-x)$.

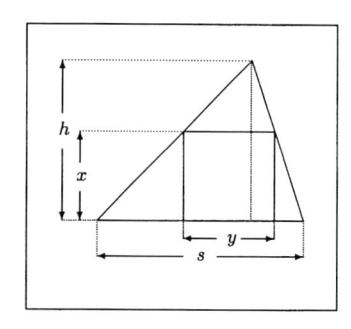

B2.917.02: Zur Bearbeitung der Aufgabe im einzelnen:

1. Zunächst werden die Flächeninhalte der genannten Rechtecke durch eine Funktion A mit $A(x,y) = xy$ beschrieben. Einer der Strahlensätze liefert nun die Beziehung $\frac{h}{s} = \frac{h-x}{y}$, woraus sofort $y = \frac{s}{h}(h-x)$ folgt. Somit können die Flächeninhalte durch eine Funktion $A : (0, h) \longrightarrow \mathbb{R}$ mit der Zuordnungsvorschrift $A(x) = xy = x\frac{s}{h}(h-x) = \frac{s}{h}(hx - x^2)$ beschrieben werden.

2. Die Funktion A ist als Polynom-Funktion (mit $grad(A) = 2$) differenzierbar mit der 1. Ableitungsfunktion $A' : (0, h) \longrightarrow \mathbb{R}$ mit der Zuordnungsvorschrift $A'(x) = \frac{s}{h}(h - 2x)$. Wegen der Äquivalenzen $x \in N(A') \Leftrightarrow A'(x) = 0 \Leftrightarrow h - 2x = 0 \Leftrightarrow x \in \{\frac{1}{2}h\}$ hat A' die Nullstelle $\frac{1}{2}h$.

Da die 2. Ableitungsfunktion $A'' : (0, h) \longrightarrow \mathbb{R}$ eine konstante Funktion mit der Zuordnungsvorschrift $A''(x) = -2\frac{s}{h} < 0$ ist, ist $\frac{1}{2}h$ die Maximalstelle von A und $(\frac{1}{2}h, A(\frac{1}{2}h)) = (\frac{1}{2}h, \frac{1}{4}hs)$ dann schließlich das Maximum der Funktion A.

3. Das Rechteck mit den Seitenlängen $x = \frac{1}{2}h$ und $y = \frac{s}{h}(h-x) = \frac{s}{h} \cdot \frac{1}{2}h = \frac{1}{2}s$ hat den maximalen Flächeninhalt $A_{max} = \frac{1}{4}hs$.

A2.917.03:

Gemäß nebenstehender Skizze von Querschnitten soll aus einem runden Baumstamm (Rundholz, Zylinder) mit Grundkreisradius r ein Balken (Quader) mit rechteckigem Querschnitt geschnitten werden, so daß die vier Längsseiten des Quaders die Zylinderwand berühren. Bezeichnet man die beiden aneinanderliegenden Seiten des Querschnitt-Rechtecks des Balkens mit x (Breite des Balkens) und y (Höhe des Balkens), dann läßt sich unter Verwendung einer sogenannten Materialkonstanten c die Tragfähigkeit des Balkens durch die Beziehung $T(x, y) = c^2 xy^2$ beschreiben.

Geben Sie von den auf diese Weise beschriebenen Balken denjenigen mit maximaler Tragfähigkeit, also die Kantenlängen x und y des Querschnitt-Rechtecks, sowie diese Tragfähigkeit T_{max} selbst an.

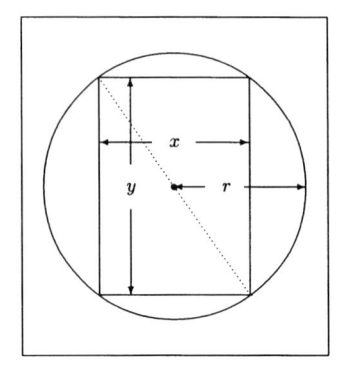

B2.917.03:
Zur Bearbeitung der Aufgabe im einzelnen:

1. Zunächst wird die Tragfähigkeit des Balkens durch eine Funktion T mit $T(x, y) = c^2 xy^2$ beschrieben. Beachtet man jedoch $x^2 + y^2 = (2r)^2$ nach dem *Satz des Pythagoras* und damit $y^2 = 4r^2 - x^2$, so wird die Tragfähigkeit durch die Funktion $T : (0, 2r) \longrightarrow \mathbb{R}$ mit der Zuordnungsvorschrift $T(x) = c^2 xy^2 = c^2(4r^2 x - x^3)$ beschrieben.

2. Die Funktion T ist als Polynom-Funktion (mit $grad(V) = 3$) differenzierbar mit der 1. Ableitungsfunktion $T' : (0, 2r) \longrightarrow \mathbb{R}$ mit der Zuordnungsvorschrift $T'(x) = c^2(4r^2 - 3x^2)$. Wegen der Äquivalenzen $x \in N(T') \Leftrightarrow T'(x) = 0 \Leftrightarrow 4r^2 - 3x^2 = 0 \Leftrightarrow x \in \{\frac{2}{3}\sqrt{3}r\}$ hat T' die Nullstelle $\frac{2}{3}\sqrt{3}r$.

Mit der 2. Ableitungsfunktion $T'' : (0, 2r) \longrightarrow \mathbb{R}$, $T''(x) = 6c^2 x$, ist $T''(\frac{2}{3}\sqrt{3}r) = -4\sqrt{3}c^2 r < 0$, also ist $\frac{2}{3}\sqrt{3}r$ die Maximalstelle von T und $(\frac{2}{3}\sqrt{3}r, T(\frac{2}{3}\sqrt{3}r)) = (\frac{2}{3}\sqrt{3}r, \frac{16}{9}\sqrt{3}c^2 r^3)$ dann schließlich das Maximum der Funktion T.

3. Der Balken mit der Breite $x = \frac{2}{3}\sqrt{3}r$ und der Höhe $y = \frac{4}{3}\sqrt{3}r = 2x$ (folgt aus $y^2 = 4r^2 - x^2$) hat die maximale Tragfähigkeit $T_{max} = T(\frac{2}{3}\sqrt{3}r) = \frac{16}{9}\sqrt{3}c^2 r^3$.

Anmerkung: Die Entscheidung, die Funktion T in Abhängigkeit der Balkenquerschnittsbreite x zu konstruieren, also $T(x) = c^2 x(4r^2 - x^2)$ zu untersuchen, ist nicht zwangsläufig, sondern beruht lediglich auf Gründen der rechnerischen Einfachheit, wie die folgenden Überlegungen zeigen:

Betrachtet man eine Funktion T^* in Abhängigkeit der Balkenquerschnittshöhe y, so ist durch die Vorschrift $T^*(y) = c^2 y^2 \sqrt{4r^2 - y^2}$ eine Funktion $T^* : (0, 2r) \longrightarrow \mathbb{R}$ definiert. Zur weiteren Behandlung von T^* kann man nun folgendermaßen verfahren: Entweder werden die Methoden zur Differentiation von Wurzel-Funktionen herangezogen oder es wird anstelle von T^* die Funktion $Q = (T^*)^2 : (0, 2r) \longrightarrow \mathbb{R}$ mit der Zuordnungsvorschrift $Q(y) = c^4 y^4 (4r^2 - y^2) = c^4 (4r^2 y^4 - y^6)$ betrachtet. Allerdings ist bei dieser Variante die im allgemeinen echte Inklusion $Ex(T^*) \subset Ex(Q)$ zu beachten.

Führt man diese Variante nun weiter aus, so hat die durch $Q'(y) = c^4(16r^2 y^3 - 6y^5)$ definierte Ableitungsfunktion $Q' : (0, 2r) \longrightarrow \mathbb{R}$ die einzige Nullstelle $\frac{2}{3}\sqrt{6}r$, die sich aus der Betrachtung der Äquivalenzen $y \in N(Q') \Leftrightarrow Q'(y) = 0 \Leftrightarrow c^4(16r^2 y^3 - 6y^5) = 0 \Leftrightarrow y^3(16r^2 - 6y^2) = 0 \Leftrightarrow y^2 = \frac{8}{3}r^2 \Leftrightarrow y = \frac{2}{3}\sqrt{6}r$ ergibt. Diese Nullstelle von Q' ist (lokale) Maximalstelle von Q, da die durch $Q''(y) = c^4(48r^2 y^2 - 30y^4) = 6c^4 y^2 (8r^2 - 5y^2)$ definierte 2. Ableitungsfunktion $Q'' : (0, 2r) \longrightarrow \mathbb{R}$ den Funktionswert $Q''(\frac{2}{3}\sqrt{6}r) = 6c^4 \frac{8}{3}r^2(8r^2 - \frac{40}{3}r^2) = -\frac{16^2}{3}c^4 r^4 < 0$ liefert.

Wegen $T^*(\frac{2}{3}\sqrt{6}r) = c^2 \frac{8}{3}r^2 \sqrt{4r^2 - \frac{8}{3}r^2} = c^2 \frac{8}{3}r^2 2r \frac{1}{3}\sqrt{3} = \frac{16}{9}\sqrt{3}c^2 r^3 \neq 0$ ist diese Maximalstelle $\frac{2}{3}\sqrt{6}r$ von

Q auch die Maximalstelle von T^*. Folglich ist $T^*_{max} = T^*(\frac{2}{3}\sqrt{6}r) = \frac{16}{9}\sqrt{3}c^2r^3$ die maximale Tragfähigkeit des Balkens nach dieser Variante, die mit der nach dem ersten Verfahren berechneten Tragfähigkeit übereinstimmt.

A2.917.04:

Ein Sportfeld bestehe gemäß nebenstehender Skizze aus einem rechteckigen Hauptfeld und zwei halbkreisförmigen Nebenfeldern mit Radius r. Dabei soll der Umfang U des Gesamtfeldes vorgegeben sein (beispielsweise $400\ m$).

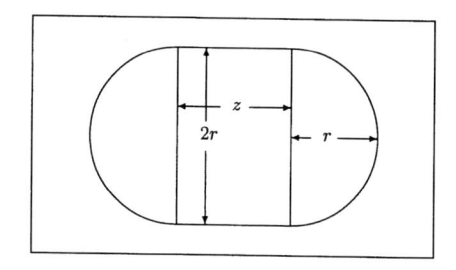

Geben Sie von den auf diese Weise beschriebenen Hauptfeldern dasjenige mit maximalem Flächeninhalt, also die Seitenlängen $2r$ und z, sowie diesen Flächeninhalt A_{max} selbst an.

B2.917.04: Zur Bearbeitung der Aufgabe im einzelnen:

1. Zunächst werden die Flächeninhalte der genannten Hauptfelder durch eine Funktion A mit $A(r,z) = 2rz$ beschrieben. Aus der Beziehung $U = 2z + 2\pi r$ mit dem Gesamtumfang U folgt $z = \frac{1}{2}U - \pi r$. Somit können die Flächeninhalte durch eine Funktion $A : (0, \frac{1}{2\pi}U) \longrightarrow \mathbb{R}$ mit der Zuordnungsvorschrift $A(r) = 2rz = 2r(\frac{1}{2}U - \pi r) = Ur - 2\pi r^2$ beschrieben werden.

2. Die Funktion A ist als Polynom-Funktion (mit $grad(A) = 2$) differenzierbar mit der 1. Ableitungsfunktion $A' : (0, \frac{1}{2\pi}U) \longrightarrow \mathbb{R}$ mit der Zuordnungsvorschrift $A'(r) = U - 4\pi r$. (Die obere Grenze von $D(A)$ liefert $z = 0$ aus $U = 2z + 2\pi r$.) Wegen der Äquivalenzen $x \in N(A') \Leftrightarrow A'(x) = 0 \Leftrightarrow U - 4\pi r = 0 \Leftrightarrow x \in \{\frac{1}{4\pi}U\}$ hat A' die Nullstelle $\frac{1}{4\pi}U$.

Da die 2. Ableitungsfunktion $A'' : (0, \frac{1}{2\pi}U) \longrightarrow \mathbb{R}$ eine konstante Funktion mit der Zuordnungsvorschrift $A''(x) = -4\pi < 0$ ist, ist $\frac{1}{4\pi}U$ die Maximalstelle von A und $(\frac{1}{4\pi}U, A(\frac{1}{4\pi}U)) = (\frac{1}{4\pi}U, \frac{1}{8\pi}U^2)$ dann schließlich das Maximum der Funktion A.

3. Das Hauptfeld mit den Seitenlängen $2r$ und $z = \frac{1}{2}U - \pi r$ hat den maximalen Flächeninhalt $A_{max} = \frac{1}{8\pi}U^2$. Für $U = 400m$ ist $r = \frac{100}{\pi}$ und $z = 200 - \pi\frac{100}{\pi} = 100$ sowie $A_{max} = \frac{400^2}{8\pi} = \frac{20000}{\pi} \approx 6366\ (m^2)$.

Anmerkung 1: Man kann auch nach der Maximalität des Gesamtfeldes fragen und dazu eine Funktion $A : (0, \frac{1}{2\pi}U) \longrightarrow \mathbb{R}$ mit $A(r) = Ur - 2\pi r^2 + \pi r^2 = Ur - \pi r^2$ betrachten. In diesem Fall ist $z = 0$ und das Gesamtfeld ein Kreis mit Radius r und $A_{max} = \pi r^2$, im speziellen Fall dann $A_{max} = \frac{200^2}{\pi} = \frac{40000}{\pi} \approx 12732\ (m^2)$.

Anmerkung 2: Anstelle der oben genannten Fuktion A hätte man auch die Funktion $A^* : (0, \frac{1}{2}U) \longrightarrow \mathbb{R}$ mit der Zuordnungsvorschrift $A^*(z) = 2rz = \frac{1}{\pi}(Uz - 2z^2)$ untersuchen können.

A2.917.05:

Betrachten Sie gemäß nebenstehender Skizze den Längsschnitt eines senkrechten Kreiskegels und einen einbeschriebenen Zylinder. Für den Kegel seien die Daten h_k und $d_k = 2r_k$ vorgegeben.

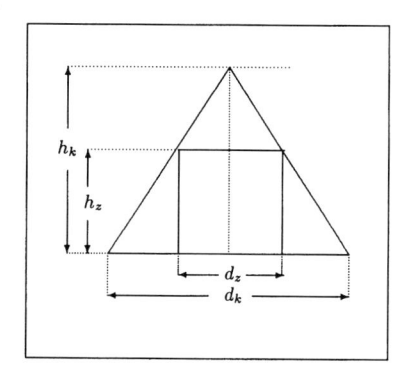

1. Geben Sie von den auf diese Weise beschriebenen Zylindern denjenigen mit maximalem Oberflächeninhalt (mit Deckeln), also den Grundkreisradius r_z und die Höhe h_z, sowie diesen Oberflächeninhalt A_{max} selbst an.

2. Geben Sie von den auf diese Weise beschriebenen Zylindern denjenigen mit maximalem Volumen, also den Grundkreisradius r_z und die Höhe h_z, sowie dieses Volumen V_{max} selbst an.

B2.917.05: Zur Bearbeitung der Aufgabe im einzelnen:

1a) Zunächst werden die Oberflächeninhalte der genannten Zylinder durch eine Funktion A mit $A(r_z, h_z) = 2\pi r_z^2 + 2\pi r_z h_z$ beschrieben. Einer der Strahlensätze liefert nun die Beziehung $\frac{h_k - h_z}{r_z} = \frac{h_k}{r_k}$, woraus sofort $h_z = h_k - \frac{r_z}{r_k} h_k$ folgt. Somit können die Oberflächeninhalte durch eine Funktion $A : (0, h_k) \longrightarrow \mathbb{R}$ mit der Zuordnungsvorschrift $A(r_z) = 2\pi r_z^2 + 2\pi r_z h_z = 2\pi r_z^2 + 2\pi r_z (h_k - \frac{r_z}{r_k} h_k) = 2\pi ((1 - \frac{h_k}{r_k}) r_z^2 + h_k r_z)$ beschrieben werden.

1b) Die Funktion A ist als Polynom-Funktion (mit $grad(A) = 2$) differenzierbar mit der 1. Ableitungsfunktion $A' : (0, h_k) \longrightarrow \mathbb{R}$ mit der Zuordnungsvorschrift $A'(r_z) = 2\pi (2(1 - \frac{h_k}{r_k}) r_z + h_k)$. Wegen der Äquivalenzen $r_z \in N(A') \Leftrightarrow A'(r_z) = 0 \Leftrightarrow 2(1 - \frac{h_k}{r_k}) r_z + h_k = 0 \Leftrightarrow r_z = \frac{h_k r_k}{2(h_k - r_k)}$ hat A' die Nullstelle $\frac{h_k r_k}{2(h_k - r_k)}$. Dabei muß jedoch $0 < r_k < h_k$ gelten, denn im Fall
$r_k = 0$ wäre diese Nullstelle nicht in $D(A)$ enthalten,
$r_k = h_k$ hätte A' keine Nullstelle,
$r_k > h_k$ wäre die Nullstelle negativ, also ebenfalls nicht in $D(A)$ enthalten.

Da die 2. Ableitungsfunktion $A'' : (0, r_k) \longrightarrow \mathbb{R}$ eine konstante Funktion mit der Zuordnungsvorschrift $A''(r_z) = 4\pi (1 - \frac{h_k}{r_k}) < 0$ (wegen $0 < r_k < h_k$) ist, ist $\frac{h_k r_k}{2(h_k - r_k)}$ die Maximalstelle von A und dann schließlich $(\frac{h_k r_k}{2(h_k - r_k)}, A(\frac{h_k r_k}{2(h_k - r_k)})) = (\frac{h_k r_k}{2(h_k - r_k)}, \frac{1}{2}\pi \frac{h_k^2 r_k}{2(h_k - r_k)})$ das Maximum der Funktion A.

1c) Der Zylinder mit dem Grundkreisradius $r_z = \frac{h_k r_k}{2(h_k - r_k)}$ und der Höhe $h_z = h_k - \frac{r_z}{r_k} h_k = \frac{h_k(h_k - 2r_k)}{2(h_k - r_k)}$ hat den maximalen Oberflächeninhalt $A_{max} = \frac{1}{2}\pi \frac{h_k^2 r_k}{2(h_k - r_k)}$.

2a) Zunächst werden die Volumina der genannten Zylinder durch eine Funktion V mit $V(r_z, h_z) = \pi r_z^2 h_z$ beschrieben. Einer der Strahlensätze liefert nun die Beziehung $\frac{h_k - h_z}{r_z} = \frac{h_k}{r_k}$, woraus sofort $h_z = h_k - \frac{r_z}{r_k} h_k$ folgt. Somit können die Volumina durch eine Funktion $V : (0, h_k) \longrightarrow \mathbb{R}$ mit der Zuordnungsvorschrift $V(r_z) = \pi r_z^2 h_z = \pi r_z^2 (h_k - \frac{r_z}{r_k} h_k) = \pi (h_k r_z^2 - \frac{h_k}{r_k} r_z^3)$ beschrieben werden.

2b) Die Funktion V ist als Polynom-Funktion (mit $grad(A) = 3$) differenzierbar mit der 1. Ableitungsfunktion $V' : (0, h_k) \longrightarrow \mathbb{R}$ mit der Zuordnungsvorschrift $V'(r_z) = \pi (2 h_k r_z - 3 \frac{h_k}{r_k} r_z^2)$. Wegen der Äquivalenzen $r_z \in N(V') \Leftrightarrow V'(r_z) = 0 \Leftrightarrow r_z (2 h_k - 3 \frac{h_k}{r_k} r_z) = 0 \Leftrightarrow r_z = \frac{2}{3} r_k$ hat V' die Nullstelle $\frac{2}{3} r_k$.
Mit der 2. Ableitungsfunktion $V'' : (0, r_k) \longrightarrow \mathbb{R}$, definiert durch die Zuordnungsvorschrift $V''(r_z) = \pi (2 h_k - 6 \frac{h_k}{r_k} r_z)$, ist $V''(\frac{2}{3} r_k) = \pi (2 h_k - 4 \frac{h_k}{r_k} r_k) = \pi (2 h_k - 4 h_k) = -2\pi h_k < 0$, also ist $\frac{2}{3} r_k$ die Maximalstelle von V und dann schließlich $(\frac{2}{3} r_k, V(\frac{2}{3} r_k)) = (\frac{2}{3} r_k, \frac{4}{27} \pi h_k r_k^2)$ das Maximum der Funktion V.

2c) Der Zylinder mit dem Grundkreisradius $r_z = \frac{h_k r_k}{2(h_k - r_k)}$ und der Höhe $h_z = h_k - \frac{h_k}{r_k} r_z = h_k - \frac{2 h_k}{3 r_k} r_k = \frac{1}{3} h_k$ hat das maximale Volumen $V_{max} = \frac{4}{27} \pi h_k r_k^2$.

Anmerkung: Ein Vergleich des maximalen Zylindervolumens $V_{max} = \frac{4}{27} \pi h_k r_k^2$ mit dem Volumen $V_k = \frac{1}{3} \pi h_k r_k^2$ des Kegels zeigt, daß ein einbeschriebener Zylinder maximal das $\frac{4}{9}$-fache des Kegelvolumens erreichen kann.

A2.917.06:

Betrachten Sie Quadrate gemäß nebenstehenden Skizzen, deren Seiten die Länge a haben sollen, sowie das einbeschriebene Rechteck (Quadrat). Wie müssen deren Seitenlängen gewählt werden, so daß
1. bei Skizze I das Rechteck maximalen Flächeninhalt (maximalen Umfang) hat,
2. bei Skizze II das Quadrat minimalen Flächeninhalt (minimalen Umfang) hat?

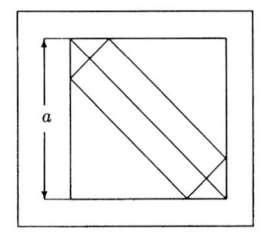

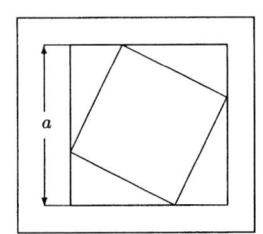

Hinweis: Betrachten Sie bei beiden Skizzen jeweils einen Eckpunkt der einbeschriebenen Figur, der die Seitenlänge a in die Teile x und $a - x$ zerlegt. Konstruieren Sie dann jeweils Funktionen A (Flächeninhalt) und U (Umfang) in Abhängigkeit von x.

B2.917.06: Zur Bearbeitung der Aufgabe im einzelnen:

Berechnungen zur Skizze I: 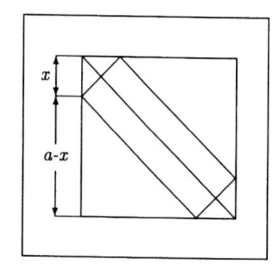
Betrachtet man die Seiten des Rechtecks jeweils als Hypotenusen rechtwinkliger gleichseitiger Dreiecke mit den Kathetenlängen x bzw. $a-x$, dann haben die zugehörigen Hypotenusen die Längen $x\sqrt{2}$ und $(a-x)\sqrt{2}$. Damit werden die Flächeninhalte der Rechtecke durch die Funktion $A : (0,a) \longrightarrow \mathbb{R}$ mit der Zuordnungsvorschrift $A(x) = x\sqrt{2} \cdot (a-x)\sqrt{2} = 2x(a-x) = 2ax - 2x^2$ beschrieben.
Die 1. Ableitungsfunktion $A' : (0,a) \longrightarrow \mathbb{R}$ mit $A'(x) = 2(a-2x)$ hat die Nullstelle $\frac{a}{2}$, die zugleich die Maximalstelle von A ist, denn die 2. Ableitungsfunktion A'' ist konstant mit $A'' = -4 < 0$. Damit ist $(\frac{a}{2}, A(\frac{a}{2})) = (\frac{a}{2}, \frac{1}{2}a^2)$ das Maximum der Funktion A.

Die Umfänge solcher Rechtecke werden durch die Funktion $U : (0,a) \longrightarrow \mathbb{R}$ mit der Zuordnungsvorschrift $U(x) = 2x\sqrt{2} + 2(a-x)\sqrt{2} = 2\sqrt{2}(x + (a-x)) = 2\sqrt{2}a$ beschrieben. Diese Funktion ist aber eine konstante Funktion, das bedeutet, daß der Umfang des Rechtecks unabhängig von den Seitenlängen ist, alle solche Rechtecke also denselben Umfang haben.

Berechnungen zur Skizze II: 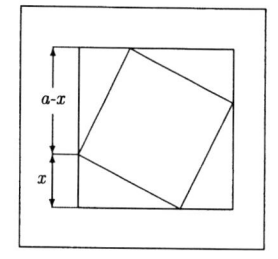
Betrachtet man die Seiten des Quadrats jeweils als Hypotenuse eines rechtwinkligen Dreiecks mit den Kathetenlängen x und $a-x$, dann ist das zugehörige Hypotenusenquadrat $x^2 + (a-x)^2$, das gerade den Flächeninhalt des Quadrats repräsentiert. Damit werden die Flächeninhalte der Quadrate durch die Funktion $A : (0,a) \longrightarrow \mathbb{R}$ mit $A(x) = x^2 + (a-x)^2 = 2x^2 - 2ax + a^2$ beschrieben.
Die 1. Ableitungsfunktion $A' : (0,a) \longrightarrow \mathbb{R}$ mit $A'(x) = 4x - 2a$ hat die Nullstelle $\frac{a}{2}$, die zugleich die Minimalstelle von A ist, denn die 2. Ableitungsfunktion A'' ist konstant mit $A'' = 4 > 0$. Damit ist $(\frac{a}{2}, A(\frac{a}{2})) = (\frac{a}{2}, \frac{1}{2}a^2)$ das Minimum der Funktion A.

Die Umfänge solcher Quadrate werden durch die Funktion $U : (0,a) \longrightarrow \mathbb{R}$ mit der Zuordnungsvorschrift $U(x) = 4\sqrt{2x^2 - 2ax + a^2}$ beschrieben. Da diese Funktion aber keine Polynom-Funktion ist, wird an ihrer Stelle die Funktion U^2 betrachtet und bezüglich Minima untersucht. Man beachte dabei, daß ein Minimum z von U^2 das Minimum $\sqrt{z}$ von U liefert.

Die Funktion $U^2 : (0,a) \longrightarrow \mathbb{R}$ mit der Zuordnungsvorschrift $U^2(x) = 16(2x^2 - 2ax + a^2)$ hat die 1. Ableitungsfunktion $(U^2)' : (0,a) \longrightarrow \mathbb{R}$ mit der Zuordnungsvorschrift $(U^2)'(x) = 16(4x - 2a)$, deren Nullstelle gerade $\frac{1}{2}a$ ist. Da nun die 2. Ableitungsfunktion $(U^2)''$ eine konstante Funktion mit $(U^2)'' = 64 > 0$ ist, ist $\frac{1}{2}a$ die Minimalstelle von U^2 und somit $\frac{1}{2}\sqrt{2a}$ die Minimalstelle von U. Folglich hat das Quadrat mit minimalem Umfang den Umfang $U_{min} = 4\frac{1}{2}\sqrt{2a} = 2\sqrt{2}a$.

A2.917.07: Eine (senkrechte) Säule S habe als Querschnittsfläche ein gleichseitiges Dreieck D mit der Seitenlänge a. Wie groß muß a gewählt werden, damit bei vorgegebener Größe $A(S) = 200$ (cm^2) der Oberfläche der Säule das Volumen $V(S)$ maximal ist?

Hinweis: Der Flächeninhalt des zu betrachtenden Querschnitt-Dreiecks ist $A(D) = \frac{1}{4}\sqrt{3} \cdot a^2$ (cm^2).)

Nebenaufgaben: Verifizieren Sie zunächst $A(D) = \frac{1}{4}\sqrt{3} \cdot a^2$. Berechnen Sie dann zu der ermittelten Zahl a (mit maximalem Volumen) die zugehörige Höhe $h(a)$ und das Volumen $V(a)$ der Säule. Prüfen Sie dann mit diesen Daten a und $h(a)$ die Beziehung $A(S) = 200$ nach. Schließlich soll mit gerundeten Zahlen für a und $h(a)$ (Taschenrechner, eine Nachkommastelle) noch eine Überschlagsrechnung für das maximale Volumen der Säule vorgenommen werden.

B2.917.07: Zur Bearbeitung der Aufgabe im einzelnen:

1. Berechnung von $A(D)$: Das Quadrat der Höhe eines gleichseitigen Dreiecks mit der Seitenlänge a ist nach dem Satz des Pythagoras $a^2 - (\frac{1}{2}a)^2 = \frac{3}{4}a^2$, die Höhe selbst also $\frac{1}{2}\sqrt{3} \cdot a$. Damit ist $A(D) = \frac{1}{2}a \cdot \frac{1}{2}\sqrt{3} \cdot a = \frac{1}{4}\sqrt{3} \cdot a^2$.

2. Das zu untersuchende Volumen $V(S)$ der Säule setzt sich multiplikativ aus dem Inhalt $A(D)$ der Dreiecksfläche und der Höhe h der Säule zusammen, es ist also $V(S) = A(D) \cdot h$. Da $A(D)$ schon vorgegeben ist, ist also die Höhe h aus der Oberfläche $A(S) = 200$ zu ermitteln.

3. Die Oberfläche $A(S)$ der Säule setzt sich additiv aus den Teilflächen $2 \cdot A(D) = 2 \cdot \frac{1}{4}\sqrt{3} \cdot a^2$ der Grund- und Deckfläche sowie dem Inhalt $3ah$ der Mantelfläche (bestehend aus drei Rechtecksflächen) zusammen, es gilt also $A(S) = 2 \cdot \frac{1}{4}\sqrt{3} \cdot a^2 + 3ah = \frac{1}{2}\sqrt{3} \cdot a^2 + 3ah$. Mit $A(S) = 200$ ist dann $h = \frac{1}{3a}(200 - \frac{1}{2}\sqrt{3} \cdot a^2)$.

4. In der vorstehenden Berechnung ist h allein durch a formuliert. Das bedeutet, daß auch das Volumen $V(S) = A(D) \cdot h$ allein durch a formuliert werden kann. Somit ist im weiteren Gang der Handlung die Funktion $V : (0, m) \longrightarrow \mathbb{R}$ mit der Zuordnungsvorschrift $V(a) = \frac{1}{4}\sqrt{3} \cdot a^2 \cdot \frac{1}{3a}(200 - \frac{1}{2}\sqrt{3} \cdot a^2) = \frac{50}{3}\sqrt{3} \cdot a - \frac{1}{8} \cdot a^3$ zu untersuchen. Die obere Intervallgrenze m in $D(V) = (0, m)$ folgt dabei aus der Vorstellung einer Säule mit Höhe 0, also mit der Oberfläche $A(S) = 2 \cdot A(D)$. Diese Beziehung liefert $A(D) = 100$, also $\frac{1}{4}\sqrt{3} \cdot m^2 = 100$, woraus $m = \frac{20}{\sqrt[4]{3}} \approx 15,2$ folgt. Es ist also die Funktion $V : (0, \frac{20}{\sqrt[4]{3}}) \longrightarrow \mathbb{R}$ zu betrachten.

5. Zur Berechnung möglicher Maxima der Funktion V wird zunächst ihre erste Ableitungsfunktion $V' : (0, m) \longrightarrow \mathbb{R}$ mit der Zuordnungsvorschrift $V'(a) = \frac{50}{3}\sqrt{3} - \frac{3}{8} \cdot a^2$ hinsichtlich Nullstellen untersucht: Die Äquivalenzen $a \in N(V') \Leftrightarrow V'(a) = 0 \Leftrightarrow \frac{50}{3}\sqrt{3} - \frac{3}{8} \cdot a^2 = 0 \Leftrightarrow \frac{50}{3}\sqrt{3} = \frac{3}{8} \cdot a^2 \Leftrightarrow a^2 = \frac{400}{9}\sqrt{3} \Leftrightarrow a = \frac{20}{3}\sqrt[4]{3}$ liefern die einzige Nullstelle $\frac{20}{3}\sqrt[4]{3}$ von V'. Diese Stelle ist zugleich die Maximalstelle der Funktion V, denn mit der 2. Ableitungsfunktion $V'' : (0, m) \longrightarrow \mathbb{R}$, definiert durch $V''(a) = -\frac{3}{4} \cdot a$, gilt $V''(\frac{20}{3}\sqrt[4]{3}) = -5\sqrt[4]{3} < 0$.

6. Die zu der maximalen Dreiecksseitenlänge a zugehörige Säulenhöhe ist $h(a) = \frac{1}{3a}(200 - \frac{1}{2}\sqrt{3} \cdot a^2) = \frac{1}{20\sqrt[4]{3}}(200 - \frac{1}{2}\sqrt{3} \cdot \frac{400}{9}\sqrt{3}) = \frac{1}{\sqrt[4]{3}}(10 - \frac{1}{2}\sqrt{3} \cdot \frac{20}{9}\sqrt{3}) = \frac{1}{\sqrt[4]{3}}(10 - \frac{1}{2} \cdot 3 \cdot \frac{20}{9}) = \frac{20}{3\sqrt[4]{3}} \approx 5,1$.

7. Das maximale Volumen $V(a) = \frac{1}{4}\sqrt{3} \cdot a^2 \cdot h$ der Säule ist dann $V(\frac{20}{3}\sqrt[4]{3}) = \frac{1}{4}\sqrt{3} \cdot (\frac{20}{3}\sqrt[4]{3})^2 \cdot h(a) = \frac{1}{4}\sqrt{3} \cdot \frac{400}{9}\sqrt{3} \cdot \frac{20}{3\sqrt[4]{3}} = \frac{2000}{9\sqrt[4]{3}} \approx 168,6$.

8. Eine Kontrollrechnung zu den ermittelten Daten liefert in der Tat die vorgelegte Oberfläche, nämlich $A(S) = \frac{1}{2}\sqrt{3} \cdot a^2 + 3ah = \frac{1}{2}\sqrt{3} \cdot \frac{400}{9}\sqrt{3} + 3 \cdot \frac{20}{3}\sqrt[4]{3} \cdot \frac{20}{3\sqrt[4]{3}} = \frac{200}{3} + \frac{400}{3} = \frac{600}{3} = 200$.

9. Schließlich noch eine Überschlagsrechnung mit den ermittelten Daten für maximales Volumen: Mit $A(D) \approx 33,5$ und $h(a) \approx 5,1$ ist $V(a) \approx 170,8$ und annähernd gleich mit der in Teil 7 ermittelten Näherung $V(a) \approx 168,6$.

A2.917.08:

Betrachten Sie gemäß nebenstehender Skizze alle möglichen Geraden G, die einerseits den Punkt $P = (8, 1)$ enthalten und andererseits Koordinatenabschnitte $x, y \in \mathbb{R}^+$ besitzen. Gesucht ist nun diejenige Gerade G, für die der Abstand $d(P_x, P_y)$ mit $P_x = (x, 0)$ und $P_y = (0, y)$ minimal ist.

Hinweis: Berechnen Sie zunächst die Punkte P_x und P_y und ermitteln Sie dann die definierende Gleichung der Form $ax_1 + bx_2 = c$ zu G (siehe Abschnitt 5.042). Beachten Sie ferner auch Aufgabe A2.913.02.

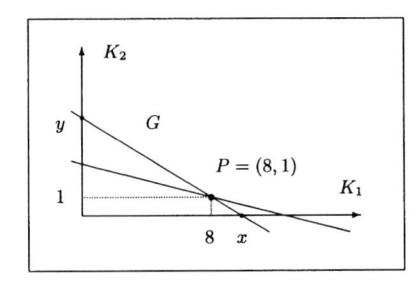

B2.917.08: Zur Bearbeitung der Aufgabe im einzelnen:

1. Konstruktion einer geeigneten Funktion d, die den Abstand $d(P_x, P_y)$ in Abhängigkeit von x beschreibt: Zunächst gilt $d(P_x, P_y) = \sqrt{x^2 + y^2}$ nach dem Satz des Pythagoras. Nun liefert aber ein Strahlensatz die Beziehung $\frac{8}{x} = \frac{y-1}{y}$, woraus $8y = x(y-1)$, also $8y - xy = -x$ und schließlich $y = \frac{x}{x-8}$ folgt. Damit wird eine Funktion $d : \mathbb{R}^+ \longrightarrow \mathbb{R}$ festgelegt, deren Quadrat durch $d^2(x) = x^2 + (\frac{x}{x-8})^2$ definiert ist.

2. $(d^2)' : \mathbb{R}^+ \longrightarrow \mathbb{R}$ mit $(d^2)'(x) = \frac{2x(x-8)^3 - 8}{(x-8)^3}$ liefert die Nullstelle 10, die zugleich Minimalstelle von d^2 und somit auch von d ist. Damit ist $y = 5$ und $d(P_x, P_y) = 5\sqrt{5}$ der kleinste solche Geradenabschnitt. Die definierende Gleichung zu G (als Relation in $\mathbb{R}^2$) ist $x_2 = -\frac{1}{2}x_1 + 5$, also $x_1 + 2x_2 = 10$.

2.918 UNTERSUCHUNG VON POLYNOM-FUNKTIONEN (TEIL 9)

A2.918.01:

Betrachten Sie gemäß nebenstehender Skizze die Funktion $f : [n_1, n_2] \longrightarrow \mathbb{R}$ mit der Zuordnungsvorschrift $f(x) = c - ax^2$ mit $a, c > 0$ (das ist also die auf den Bereich zwischen ihren beiden Nullstellen eingeschränkte und nach unten geöffnete Parabel mit dem Scheitelpunkt $(c, 0)$. Bearbeiten Sie die beiden folgenden, voneinander unabhängigen Aufgaben:

1. Diesem Parabelstück soll ein Rechteck mit maximalem Umfang U_{max} einbeschrieben werden.

2. Diesem Parabelstück soll ein Rechteck mit maximalem Flächeninhalt A_{max} einbeschrieben werden.

Verwenden Sie bei beiden Aufgabenteilen die eingezeichneten Punkte $(x, 0)$ und $(x, f(x))$.

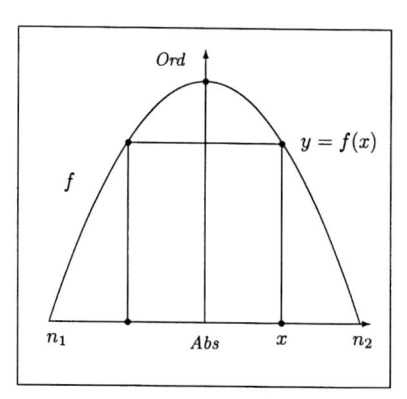

3. Untersuchen Sie bei Aufgabenteil 1 und Aufgabenteil 2, welche besondere Bedingung an das Verhältnis der Zahlen a und c zueinander zu stellen ist (Hinweis: Verschiebung von f in Ordinatenrichtung vermöge verschiedener Wahlen von c.)

4. Berechnen Sie diejenige Zahl a, für die die Rechtecke in den Aufgabenteilen gleich sind, und geben Sie die zugehörigen Zahlen $U_{max}(a)$ und $A_{max}(a)$ an.

B2.918.01: Zur Bearbeitung der Aufgabe im einzelnen:

1a) Zunächst wird der Umfang der vorgegebenen Rechtecke jeweils durch eine Funktion U mit $U(x, y) = 4x + 2y$ beschrieben. Beachtet man jedoch $y = f(x) = c - ax^2$, so wird der jeweilige Umfang durch die Funktion $U : (0, \sqrt{\frac{c}{a}}) \longrightarrow \mathbb{R}$ mit der Zuordnungsvorschrift $U(x) = 4x + 2f(x) = 4x + 2c - 2ax^2 = 2(2x + c - ax^2)$ geliefert, wobei $n_2 = \sqrt{\frac{c}{a}}$ die positive Nullstelle von f ist.

1b) Die Funktion U ist als Polynom-Funktion (mit $grad(U) = 2$) differenzierbar mit der 1. Ableitungsfunktion $U' : (0, \sqrt{\frac{c}{a}}) \longrightarrow \mathbb{R}$ mit der Zuordnungsvorschrift $U'(x) = 2(2 - 2ax) = 4(1 - ax)$. Wegen der Äquivalenzen $x \in N(U') \Leftrightarrow U'(x) = 0 \Leftrightarrow 1 - ax = 0 \Leftrightarrow x = \frac{1}{a} \Leftrightarrow x \in \{\frac{1}{a}\}$ hat U' die Nullstelle $\frac{1}{a}$. Mit der 2. Ableitungsfunktion $U'' : (0, \sqrt{\frac{c}{a}}) \longrightarrow \mathbb{R}$, $U''(x) = -4a < 0$, ist auch $U''(\frac{1}{a}) = -4a < 0$, also ist $\frac{1}{a}$ die Maximalstelle von U und $(\frac{1}{a}, U(\frac{1}{a})) = (\frac{1}{a}, 2(c + \frac{1}{a}))$ schließlich das Maximum der Funktion U.

1c) Das Rechteck mit den Kantenlängen $2x = \frac{2}{a}$ und $y = c - \frac{1}{a}$ hat den maximalen Umfang $U_{max} = 2(c + \frac{1}{a})$ (LE).

2a) Zunächst wird der Flächeninhalt der vorgegebenen Rechtecke jeweils durch eine Funktion A mit $A(x, y) = 2xy$ beschrieben. Beachtet man jedoch $y = f(x) = c - ax^2$, so wird der jeweilige Flächeninhalt durch die Funktion $A : (0, \sqrt{\frac{c}{a}}) \longrightarrow \mathbb{R}$ mit der Zuordnungsvorschrift $A(x) = 2x \cdot f(x) = 2x(c - ax^2) = 2(cx - ax^3)$ geliefert, wobei $n_2 = \sqrt{\frac{c}{a}}$ die positive Nullstelle von f ist.

2b) Die Funktion A ist als Polynom-Funktion (mit $grad(A) = 3$) differenzierbar mit der 1. Ableitungsfunktion $A' : (0, \sqrt{\frac{c}{a}}) \longrightarrow \mathbb{R}$ mit der Zuordnungsvorschrift $A'(x) = 2(c - 3ax^2)$. Wegen der Äquivalenzen $x \in N(A') \Leftrightarrow A'(x) = 0 \Leftrightarrow c - 3ax^2 = 0 \Leftrightarrow x = \sqrt{\frac{c}{3a}} \Leftrightarrow x \in \{\sqrt{\frac{c}{3a}}\}$ hat A' die Nullstelle $\sqrt{\frac{c}{3a}}$. Mit der 2. Ableitungsfunktion $A'' : (0, \sqrt{\frac{c}{a}}) \longrightarrow \mathbb{R}$, $A''(x) = -12ax$, ist auch $A''(\sqrt{\frac{c}{3a}}) = -12a\sqrt{\frac{c}{3a}} < 0$, also ist $\sqrt{\frac{c}{3a}}$ die Maximalstelle von A und $(\sqrt{\frac{c}{3a}}, A(\sqrt{\frac{c}{3a}})) = (\sqrt{\frac{c}{3a}}, \frac{4}{3}c\sqrt{\frac{c}{3a}})$ dann schließlich das Maximum der Funktion A.

2c) Das Rechteck mit den Kantenlängen $2x = 2\sqrt{\frac{c}{3a}}$ und $y = c - a\frac{c}{3a} = \frac{2}{3}c$ hat den maximalen Flächeninhalt $A_{max} = \frac{4}{3}c\sqrt{\frac{c}{3a}}$ (FE).

275

3. Bei Aufgabenteil 1 (Berechnung des maximalen Umfangs) muß $c > \frac{1}{a}$ vorausgesetzt werden, denn: Da die Länge $2x = \frac{2}{a}$ der waagerechten Rechteckskante nicht von c abhängt (also invariant gegenüber Verschiebung von f in Ordinatenrichtung ist), ist im Fall $\frac{1}{a} \geq c$ dann $\frac{1}{a}$ nicht im Definitionsbereich von f enthalten, denn: $\frac{1}{a} \geq c \Rightarrow \frac{1}{a^2} \geq \frac{c}{a} \Rightarrow \frac{1}{a} \geq \sqrt{\frac{c}{a}} = n_2$. Das heißt auch: Im Fall $\frac{1}{a} \geq c$ wäre die Länge der senkrechten Rechteckskante $y = f(\frac{1}{a}) = c - \frac{1}{a} \leq 0$.
Bei Aufgabenteil 2 (Berechnung des maximalen Flächeninhalts) liegt keine entsprechende Restriktion vor.

4. Gleiche Rechtecke bedeuten dieselben Kantenlängen, das heißt, es ist diejenige Zahl a gesucht, für die $\frac{1}{a} = \sqrt{\frac{c}{3a}}$ gilt. Das ist genau dann der Fall, wenn $a = \frac{3}{c}$ gilt. In diesem Fall ist dann $U_{max}(\frac{3}{c}) = 2(c + \frac{c}{3}) = \frac{8}{3}c$ (LE) und $A_{max}(\frac{3}{c}) = \frac{4}{3}c\sqrt{\frac{c^2}{9}} = \frac{4}{9}c^2$ (FE).

A2.918.02:

1. Gemäß nebenstehender Skizze soll einem Kreis mit vorgegebenem Radius r ein Rechteck mit Breite x und Höhe y einbeschrieben werden (das heißt, die Eckpunkte des Rechtecks sollen zugleich Punkte der Kreislinie sein). Bestimmen Sie dasjenige Rechteck mit maximalem Flächeninhalt A_{max}. Verwenden Sie dabei Aufgabenteil 2.

2. Beweisen Sie für zweimal differenzierbare Funktionen $f : I \longrightarrow \mathbb{R} \setminus \{0\}$ mit geeignetem Definitionsbereich $I \subset \mathbb{R}$ und Elementen $x \in I$ folgenden Sachverhalt: Gilt $(f^2)'(x) = 0$ und $(f^2)''(x) \neq 0$, dann gilt auch $f'(x) = 0$ und $f''(x) \neq 0$, also insbesondere $x \in Ex(f)$.

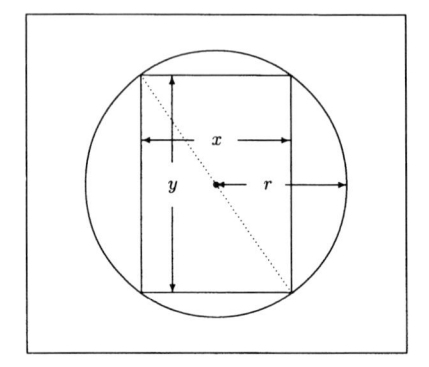

B2.918.02: Zur Bearbeitung der Aufgabe im einzelnen:

1a) Zunächst werden die Flächeninhalte der genannten Rechtecke durch eine Funktion A mit $A(x, y) = xy$ beschrieben. Beachtet man jedoch $(2r)^2 = x^2 + y^2$, also $y^2 = 4r^2 - x^2$, so werden die Flächeninhalte durch eine Funktion $A : (0, 2r) \longrightarrow \mathbb{R}$ beschrieben, für deren Zuordnungsvorschrift die Beziehung $(A^2)(x) = (xy)^2 = x^2(4r^2 - x^2) = 4r^2x^2 - x^4$ gilt. Gemäß Aufgabenteil 2 wird im weiteren Verfahren die Funktion $h = A^2 : (0, r) \longrightarrow \mathbb{R}$ betrachtet, denn wegen $0 \notin D(A)$ gilt auch $0 \notin Bild(A) \subset (0, 4r^2)$.

1b) Die Funktion h ist als Polynom-Funktion (mit $grad(h) = 4$) zweimal differenzierbar mit der 1. Ableitungsfunktion $h' : (0, r) \longrightarrow \mathbb{R}$ mit der Zuordnungsvorschrift $h'(x) = 8r^2x - 4x^3$. Wegen der Äquivalenzen $x \in N(h') \Leftrightarrow h'(x) = 0 \Leftrightarrow 8r^2x - 4x^3 = 0 \Leftrightarrow x(8r^2 - 4x^2) = 0 \Leftrightarrow 8r^2 - 4x^2 = 0$ (denn $0 \notin D(h)$) $\Leftrightarrow 4x^2 = 8r^2 \Leftrightarrow x^2 = 2r^2 \Leftrightarrow x = r\sqrt{2}$ (denn $-r\sqrt{2} \notin D(h)$) $\Leftrightarrow x \in \{r\sqrt{2}\}$ hat h' die Nullstelle $r\sqrt{2}$.
Mit der 2. Ableitungsfunktion $h'' : (0, r) \longrightarrow \mathbb{R}$ mit $h''(x) = 8r^2 - 12x^2$, ist $h''(r\sqrt{2}) = 8r^2 - 12(r\sqrt{2})^2 = 8r^2 - 24r^2 = -16r^2 < 0$, also ist $r\sqrt{2}$ die Maximalstelle von h und $(r\sqrt{2}, h(r\sqrt{2})) = (r\sqrt{2}, 4r^4)$ das Maximum der Funktion h. Betrachtet man anstelle der Funktion h nun wieder die Funktion A, so hat nach Aufgabenteil 2 die Funktion A das Maximum $(r\sqrt{2}, \sqrt{4r^4})) = (r\sqrt{2}, 2r^2)$.

1c) Das Rechteck mit den Seitenlängen $x = r\sqrt{2}$ und $y = r\sqrt{2}$ (denn es ist $y^2 = 4r^2 - 2r^2 = 2r^2$ nach der Vorüberlegung in Aufgabenteil 1a)) hat unter allen genannten Rechtecken den maximalen Flächeninhalt $A_{max} = 2r^2$. Dieses Rechteck ist also das dem Kreis einbeschriebene Quadrat.

2. Die Behauptung folgt aus den beiden folgenden Einzelschritten:
a) Gilt $(f^2)'(x) = 0$, dann ist $2(ff')(x) = 0$, also $2(f)(x)(f')(x) = 0$, woraus wegen $f(x) \neq 0$ dann $f'(x) = 0$ folgt.
b) Gilt $(f^2)'(x) = 0$ und $(f^2)''(x) \neq 0$, dann $2(f'f' + f''f)(x) \neq 0$, also $(f'f')(x) + (f''f)(x) = f'(x)f'(x) + f''(x)f(x) = 0 + f''(x)f(x) \neq 0$ (mit der Eigenschaft $f'(x) = 0$ in Teil a)), somit gilt $f''(x) \neq 0$.
Kommentar zur Bedeutung dieses Sachverhalts: Im Hinblick auf Extrema von f bedeutet das: Ist $(x, f^2(x))$ ein Extremum von f^2, dann ist $(x, f(x))$ ein Extremum von f.

A2.918.03: Betrachten Sie im Teil 1 von Aufgabe A2.918.02 anstelle eines Kreises eine Ellipse mit den beiden Halbachsen a und b, wobei o.B.d.A. $a \geq b$ sei. Bearbeiten Sie die analoge Aufgabenstellung wie dort (wieder unter Verwendung des dortigen Aufgabenteils 2).

B2.918.03: Zur Bearbeitung der Aufgabe im einzelnen:

a) Bezieht man sich auf die definierende Gleichung $\frac{x^2}{a^2} + \frac{y^2}{b^2} = 1$ von Ellipsen, dann werden die Flächeninhalte solcher Ellipsen durch eine Funktion A mit $A(x,y) = 2x2y$ beschrieben. Die Zahlen x und y repräsentieren also jeweils die Längen der halben Rechtecksseiten. Beachtet man nach der definierenden Gleichung die Beziehung $y^2 = \frac{b^2}{a^2}(a^2 - x^2)$, so werden die Flächeninhalte durch Funktionen $A : (0, a) \longrightarrow \mathbb{R}$ beschrieben, für deren Zuordnungsvorschrift die Beziehung $(A^2)(x) = (2x2y)^2 = 16\frac{b^2}{a^2}(a^2x^2 - x^4)$ gilt. Gemäß Aufgabenteil 2 wird im weiteren Verfahren die Funktion $h = A^2 : (0,a) \longrightarrow \mathbb{R}$ betrachtet, denn wegen $0 \notin D(A)$ gilt auch $0 \notin Bild(A) \subset (0, 4ab)$.

b) Die wesentlichen Berechnungsergebnisse sind: Die Ableitungsfunktionen $h', h'' : (0, a) \longrightarrow \mathbb{R}$ sind definiert durch die Zuordnungsvorschriften $h'(x) = 32\frac{b^2}{a^2}(a^2x - 2x^3)$ und $h''(x) = 32\frac{b^2}{a^2}(a^2 - 6x^3)$. Dabei besitzt h' die (von b unabhängige) Nullstelle $\frac{a}{2}\sqrt{2}$, für die $h''(\frac{a}{2}\sqrt{2}) = -64b^2 < 0$ gilt. Somit ist $\frac{a}{2}\sqrt{2}$ die Maximalstelle und $(\frac{a}{2}\sqrt{2}, h(\frac{a}{2}\sqrt{2})) = (\frac{a}{2}\sqrt{2}, 4a^2b^2)$ das Maximum von h. Betrachtet man anstelle der Funktion h nun wieder die Funktion A, so hat die Funktion A das Maximum $(\frac{a}{2}\sqrt{2}, 2ab)$.

c) Das Rechteck mit den Seitenlängen $x = \frac{a}{2}\sqrt{2}$ und $y = \frac{b}{2}\sqrt{2}$ (denn es ist $y^2 = \frac{b^2}{a^2}(a^2 - \frac{a^2}{2}) = \frac{b^2}{2}$ nach der Vorüberlegung in Aufgabenteil 1a)) hat unter allen genannten Rechtecken den maximalen Flächeninhalt $A_{max} = 2ab$. (Man beachte: Für $a = b$ liegt ein Kreis und damit das Ergebnis von A2.918.02 vor.)

A2.918.04:

Gemäß der nebenstehenden Skizze seien eine Funktion $f_a : [u_a, v_a] \longrightarrow \mathbb{R}$ mit der Zuordnungsvorschrift $f_a(x) = ax^2$ mit $a > 0$ sowie ein konstant markierter Punkt $M = (0, m)$ mit $m > 0$ auf der Ordinate vorgelegt.

1. Berechnen Sie denjenigen Punkt $X = (x, f_a(x))$ auf der Parabel f_a, der zu M minimalen Abstand $d(M, X)$ besitzt. Geben Sie diesen Abstand $d_{min}(M, X)$ an. Für welche Zahlen a liegen zwei solche Punkte X und $\overline{X}$, für welche nur ein solcher Punkt vor?

2. Untersuchen Sie die analoge Fragestellung für eine durch die Vorschrift $f_{(a,c)}(x) = ax^2 + c$ definierte Funktion. Wie wirken sich also Verschiebungen in Ordinatenrichtung, die vermöge c vorgenommen werden können, auf die Abstände $d(M, X)$ aus?

Hinweis: Verwenden Sie auch die bei X eingezeichnete waagerechte Linie.

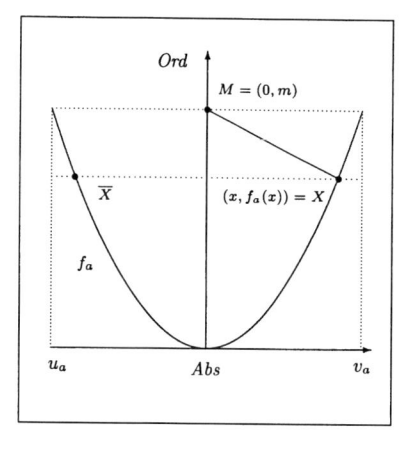

B2.918.04: Zur Bearbeitung der Aufgabe im einzelnen:

1a) Wie die in der Aufgabenstellung angegebene Skizze mit der bei M eingezeichneten Linie zeigt, sind die Grenzen u_a und v_a des Definitionsbereichs von f_a durch die Eigenschaften $f_a(u_a) = m = f_a(v_a)$ definiert. Demgemäß liefert $f_a(z) = az^2 = m$ dann $z = u_a = -\sqrt{\frac{m}{a}}$ oder $z = v_a = \sqrt{\frac{m}{a}}$. Somit liegt zu jedem $a \in \mathbb{R}^+$ eine Funktion $f_a : [-\sqrt{\frac{m}{a}}, \sqrt{\frac{m}{a}}] \longrightarrow \mathbb{R}$, man kann auch sagen, eine Familie $(f_a)_{a \in \mathbb{R}^+}$, vor.

1b) Kürzt man $d = d(M, X)$ ab, dann liefert die bei X eingezeichnete waagerechte Linie nach dem *Satz des Pythagoras* die Beziehung $d^2 = (m - f_a(x))^2 + x^2$. Nun wird dieser von x abhängige Abstand durch die Funktion $d_a : [-\sqrt{\frac{m}{a}}, \sqrt{\frac{m}{a}}] \longrightarrow \mathbb{R}$ beschrieben, für deren Zuordnungsvorschrift $d_a^2(x) = (m - f_a(x))^2 + x^2$ gilt. Im Hinblick auf die folgende Untersuchung von d_a kann wegen $Bild(d_a) = (0, m) \subset \mathbb{R}^+$ ersatzweise die Funktion $h = d_a^2 : [-\sqrt{\frac{m}{a}}, \sqrt{\frac{m}{a}}] \longrightarrow \mathbb{R}$ mit der Zuordnungsvorschrift $h(x) = (m - f_a(x))^2 + x^2 = (m - ax^2)^2 + x^2 = m^2 - 2amx^2 + a^2x^4 + x^2 = m^2 + (1 - 2am)x^2 + a^2x^4$ betrachtet werden (siehe Teil 2 der Aufgabe A2.918.02).

1c) Die auf das offene Intervall eingeschränkte Funktion $h : (-\sqrt{\frac{m}{a}}, \sqrt{\frac{m}{a}}) \longrightarrow \mathbb{R}$ ist als Polynomfunktion (mit $grad(h) = 2$) zweimal differenzierbar, ihre erste Ableitungsfunktion $h' : (-\sqrt{\frac{m}{a}}, \sqrt{\frac{m}{a}}) \longrightarrow \mathbb{R}$ ist definiert durch $h'(x) = 2(1 - 2am)x + 4a^2x^3 = (2 - 4am)x + 4a^2x^3$. Wegen der Äquivalenzen $h'(x) = 0 \Leftrightarrow (2 - 4am)x + 4a^2x^3 = 0 \Leftrightarrow x((2 - 4am) + 4a^2x^2) = 0 \Leftrightarrow x = 0$ oder $(2 - 4am) + 4a^2x^2 = 0 \Leftrightarrow x = 0$ oder $4a^2x^2 = 4am - 2 \Leftrightarrow x = 0$ oder $x^2 = \frac{4am-2}{4a^2} \Leftrightarrow x = 0$ oder $x = -\frac{1}{2a}\sqrt{4am - 2}$ oder $x = \frac{1}{2a}\sqrt{4am - 2}$ ist die Nullstellenmenge $N(h') = \{-\frac{1}{2a}\sqrt{4am - 2}, 0, \frac{1}{2a}\sqrt{4am - 2}\}$. Allerdings existieren die beiden Nullstellen ungleich Null nur für den Fall $4am - 2 > 0$, also für Zahlen a mit $2am > 1$.

Die zweite Ableitungsfunktion $h'' : (-\sqrt{\frac{m}{a}}, \sqrt{\frac{m}{a}}) \longrightarrow \mathbb{R}$ von $h : (-\sqrt{\frac{m}{a}}, \sqrt{\frac{m}{a}}) \longrightarrow \mathbb{R}$ ist nun definiert durch die Zuordnungsvorschrift $h''(x) = (2 - 4am) + 12a^2x^2$.

Für die Nullstellen von h' gilt nun $h''(\frac{1}{2a}\sqrt{4am - 2}) = 2 - 4am + 12a^2 \frac{1}{4a^2}(4am - 2) = 2 - 4am + 3(4am - 2) = 8am - 4 = 4(2am - 1)$. Dabei gilt $4(2am - 1) > 0$ genau dann, wenn $2am > 1$ gilt. Das bedeutet, daß in diesem Fall $\frac{1}{2a}\sqrt{4am - 2}$ eine Minimalstelle von h ist. Naheliegenderweise (h'' ist rein-quadratisch) gilt der entsprechende Sachverhalt für die Nullstelle $-\frac{1}{2a}\sqrt{4am - 2}$.

Betrachtet man nun $h''(0) = 2 - 4am$, dann bedeutet die Bedingung $h''(0) = 2 - 4am > 0$ gerade $2am < 1$.

1d) Es bleibt noch, die Funktionswerte dieser Nullstellen zu berechnen: Neben dem Funktionswert $h(0) = m^2$ ist $h(\frac{1}{2a}\sqrt{4am - 2}) = m^2 - (2am - 1)\frac{1}{4a^2}(4am - 2) + \frac{a^2}{16a^4}(4am - 2) = m^2 + (4am - 2)^2(-\frac{1}{8a^2} + \frac{1}{16a^2}) = m^2 + (4am - 2)^2(-\frac{1}{16a^2}) = m^2 - \frac{1}{16a^2}(16a^2m^2 - 16am + 4) = \frac{am}{a^2} - \frac{1}{4a^2} = \frac{4am-1}{4a^2}$, entsprechend ist $h(-\frac{1}{2a}\sqrt{4am - 2}) = \frac{4am-1}{4a^2}$.

1e) Zusammenfassung der bisherigen Untersuchungen:

Für alle Zahlen a mit $a > \frac{1}{2m}$ besitzt die Funktion h zwei ordinatensymmetrische Minima, folglich besitzt in diesem Fall auch die Funktion d_a zwei ordinatensymmetrische Minima, deren zweite Komponenten $d_{min} = \frac{1}{2a}\sqrt{4am - 1}$ den minimalen Abstand von Punkten X auf der Parabel f_a zu dem Punkt M angeben.

Für alle Zahlen a mit $a < \frac{1}{2m}$ besitzt die Funktion h das Minimum $(0, m^2)$, folglich besitzt in diesem Fall die Funktion d_a das Minimum $(0, m)$, es gilt also $d_{min} = m$ als minimaler Abstand des Punktes $X = (0,0)$ auf der Parabel f_a zu dem Punkt M.

A2.918.05: Bestimmen Sie das Rechteck maximaler Fläche mit vorgegebenem Umfang U.

Anmerkung: Betrachten Sie die dazu gewissermaßen duale Situation in Aufgabe A2.928.02.

B2.918.05: Sind x und y die Seitenlängen eines Rechtecks, dann ist $2x + 2y = U$, woraus $y = \frac{1}{2}U - x$ ermittelt wird. Betrachtet man nun den Flächeninhalt $A(x)$ des Rechtecks in Abhängigkeit der Seitenlänge x, dann ist durch $A(x) = xy = \frac{1}{2}Ux - x^2$ die zu untersuchende Flächeninhalts-Funktion $A : (0, x) \longrightarrow \mathbb{R}$ definiert.

Die beiden Ableitungsfunktionen $A', A'' : (0, x) \longrightarrow \mathbb{R}$ mit $A'(x) = \frac{1}{2}U - 2x$ und $A''(x) = -2 < 0$ zeigen, daß $\frac{1}{4}U$ die Maximalstelle von A ist. Demnach ist das zu ermittelnde Rechteck ein Quadrat mit der Seitenlänge $\frac{1}{4}U$ und dem Flächeninhalt $A_{max} = \frac{1}{16}U^2$ (FE).

A2.918.06: Eine Aufgabe, die auf den ersten, aber nur auf den ersten Blick so aussieht wie Aufgabe A2.917.01: Aus einem Stück Blech mit vorgegebenem Flächeninhalt A soll ein quaderförmiger Kanister mit quadratischer Grundfläche und maximalem Volumen hergestellt werden.

B2.918.06: Bezeichnet man die Länge der Grundkante mit x und die der Höhe mit h, dann ist $A = 2x^2 + 4xh$ der Inhalt der Oberfläche und $V = x^2h$ das Volumen des Quaders. Die erste Beziehung liefert $h = \frac{1}{4x}(A - 2x^2)$, womit dann eine Volumen-Funktion $V : (0, \frac{1}{2}A) \longrightarrow \mathbb{R}$ durch die Zuordnungsvorschrift $V(a) = x^2 \cdot \frac{1}{4x}(A - 2x^2) = \frac{1}{4}Ax - \frac{1}{2}x^3$ definiert werden kann.

Die beiden Ableitungsfunktionen $V', V'' : (0, \frac{1}{2}A) \longrightarrow \mathbb{R}$ mit $V'(x) = \frac{1}{4}A - \frac{3}{2}x^2$ und $V''(x) = -3x$ zeigen, daß $\sqrt{\frac{A}{6}}$ die Maximalstelle von V, ferner ebenfalls $h = \sqrt{\frac{A}{6}}$ die Höhe und $V_{max} = V(\sqrt{\frac{A}{6}}) = \frac{A}{6}h = \frac{A}{6} \cdot \sqrt{\frac{A}{6}}$ (VE) das zugehörige maximale Volumen des Würfels ist.

A2.918.07: Einer Kugel mit vorgegebenem Radius r soll ein senkrechter Kreiskegel so einbeschrieben werden, daß der Grundkreis und die Spitze des Kreiskegels Teil der Kugeloberfläche sind. Berechnen Sie die Daten desjenigen Kreiskegels, der maximales Volumen hat.

Hinweis: Berechnen Sie das Volumen des Kreiskegels in Abhängigkeit seiner Höhe und überlegen Sie, daß eine entsprechende Abhängigkeit vom Radius des Kegels zu einer Wurzel-Funktion führt.

B2.918.07: Zur Bearbeitung der Aufgabe im einzelnen:

1. Konstruktion einer geeigneten Funktion, die das Volumen des Kreiskegels in Abhängigkeit seiner Höhe beschreibt, wobei im folgenden r den Radius der Kugel, r_e den Radius des Grundkreises und h die Höhe des Kegels bezeichne: Zunächst hat der Kreiskegel das Volumen $V(h,r) = \frac{1}{3}\pi r_e^2 h$. Beachtet man (nötigenfalls anhand einer kleinen Skizze) die Beziehung $r_e^2 + (h-r)^2 = r^2$ (nach dem *Satz des Pythagoras*), so folgt $r_e^2 = r^2 - (h-r)^2$. Damit kann das Volumen des Kreiskegels durch die Funktion $V : (0, 2r) \longrightarrow \mathbb{R}$ mit der Zuordnungsvorschrift $V(h) = \frac{1}{3}\pi(r^2 - (h-r)^2)h = \frac{1}{3}\pi(2rh^2 - h^3)$ beschrieben werden.

2. Die 1. Ableitungsfunktion $V' : (0, 2r) \longrightarrow \mathbb{R}$ von V ist definiert durch $V'(h) = \frac{1}{3}\pi(4rh - 3h^2)$ und besitzt die Nullstelle $\frac{4}{3}r$. Die 2. Ableitungsfunktion $V'' : (0, 2r) \longrightarrow \mathbb{R}$ von V mit $V''(h) = \frac{1}{3}\pi(4r - 6h)$ zeigt dann $V''(\frac{4}{3}r) = \frac{1}{3}\pi(4r - 8r) = -\frac{4}{3}\pi r < 0$, folglich ist $\frac{4}{3}r$ die Maximalstelle von V.

3. Das gesuchte maximale Volumen ist dann $V_{max} = V(\frac{4}{3}r) = \frac{2^5}{3^3}\pi r^3$ (VE). Der Kegel mit diesem Volumen hat dabei – wie man mit V_{max} berechnen kann – den Grundkreisradius $r_e = \frac{2r}{3\pi}\sqrt{6\pi r}$.

Anmerkung: Das Volumen des Kreiskegels in Abhängigkeit von seinem Grundkreisradius r_e führt unter Verwendung der Beziehung $r_e^2 + (h-r)^2 = r^2$ zu der durch $V^*(r_e) = \frac{1}{3}\pi r_e^2 h = \frac{1}{3}\pi r_e^2(r + \sqrt{r^2 - r_e^2})$ definierten Wurzel-Funktion $V^* : (0, 2r) \longrightarrow \mathbb{R}$.

A2.918.08:

Gemäß nebenstehender Skizze sollen einer Halbkugel mit vorgegebenem Radius r ein senkrechter Zylinder Z und ein senkrechter Kreiskegel K so einbeschrieben werden, daß das Volumen $V = V(Z) + V(K)$ maximal ist. Welche Daten R sowie H und $r - H$ haben die beiden Körper in diesem Fall, was ist V_{max}?

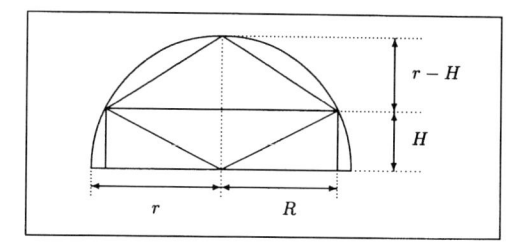

B2.918.08: Zur Bearbeitung der Aufgabe im einzelnen:

1. Mit den Daten in der Skizze ist zunächst $V(Z) = \pi R^2 H = \pi(r^2 - H^2)H$ und $V(K) = \frac{1}{3}\pi R^2(r-h)$ $= \frac{1}{3}\pi(r^2 - H^2)(r - h) = \frac{1}{3}\pi(r^3 - r^2H - H^2r + H^3)$, damit ist die Summe beider Volumina dann $V = V(Z) + V(K) = \frac{1}{3}\pi(2r^2H - 2H^3 + r^3 - H^2r)$. Die hinsichtlich der Existenz von Maxima zu untersuchende Funktion ist somit die Funktion $V : (0, r) \longrightarrow \mathbb{R}$ mit der Zuordnungsvorschrift $V(H) = \frac{1}{3}\pi(2r^2H - 2H^3 + r^3 - H^2r)$.

2. Die 1. Ableitungsfunktion $V' : (0, r) \longrightarrow \mathbb{R}$ von V ist definiert durch $V'(H) = \frac{1}{3}\pi(2r^2 - 6H^2 - 2Hr)$ und besitzt wegen der Äquivalenzen $x \in N(V') \Leftrightarrow V'(x) = 0 \Leftrightarrow 2r^2 - 6H^2 - 2Hr = 0 \Leftrightarrow H^2 + \frac{1}{3}Hr - \frac{1}{3}r^2 \Leftrightarrow H = \frac{r}{6}(\sqrt{13} - 1)$ die Nullstelle $\frac{r}{6}(\sqrt{13} - 1)$.

3. Wegen $Ex(V) \subset N(V')$ ist die 2. Ableitungsfunktion $V'' : (0, r) \longrightarrow \mathbb{R}$ von V zu bilden. Sie ist definiert durch $V''(H) = \frac{1}{3}\pi(-12H - 2r)$ und liefert $V''(\frac{r}{6}(\sqrt{13} - 1)) = \frac{1}{3}\pi(-12(\frac{r}{6}(\sqrt{13} - 1)) - 2r) = \frac{1}{3}\pi(-2r(\sqrt{13} - 1)) - 2r) = \frac{1}{3}\pi(-2r\sqrt{13}) < 0$, folglich ist $\frac{r}{6}(\sqrt{13} - 1)$ die Maximalstelle von V.

4. Für den zu V_{max} zugehörigen Zylinder- und zugleich Kreiskegelradius gilt neben $H = \frac{r}{6}(\sqrt{13} - 1)$ dann $R^2 = r^2 - H^2 = r^2 - (\frac{r}{6}(\sqrt{13} - 1))^2 = \frac{r^2}{18}(\sqrt{13} + 11)$, also $R = \frac{1}{2}\sqrt{2} \cdot r \cdot \sqrt{\sqrt{13} + 11}$.

5. Mit den zu V_{max} zugehörigen beiden Einzeldaten $H^2 = (\frac{r}{6}(\sqrt{13} - 1))^2 = \frac{r^2}{18}(7 - \sqrt{13})$ und $H^3 = H(\frac{r}{6}(\sqrt{13} - 1))^2 = \frac{r^3}{27}(2\sqrt{13} - 5)$ ist mit $V(H) = \frac{1}{3}\pi(2r^2H - 2H^3 + r^3 - H^2r)$ dann schließlich $V_{max} = V(\frac{r}{6}(\sqrt{13} - 1)) = \frac{1}{3}\pi(\frac{r^3}{3}(\sqrt{13} - 1) - \frac{r^3}{6}(7 - \sqrt{13}) - \frac{2r^3}{27}(2\sqrt{13} - 5) + r^3)$

$= \frac{1}{3}\pi(\frac{r^3}{3}\sqrt{13} - \frac{r^3}{18} - \frac{7r^3}{18} + \frac{r^3}{18}\sqrt{13} - \frac{4r^3}{27}\sqrt{13} + \frac{10r^3}{27} + r^3) = \frac{1}{3}\pi((\frac{18}{54} + \frac{3}{54} - \frac{8}{54})r^3\sqrt{13} + (-\frac{18}{54} - \frac{21}{54} + \frac{20}{54} + \frac{54}{54})r^3)$
$= \frac{1}{162}(35 + 13\sqrt{13})\pi r^3 \approx \frac{1}{2}\pi r^3$ (VE).

Anmerkung: Das Volumen V_H der Halbkugel ist $V_H = \frac{2}{3}\pi r^3$ (VE). Es gilt also $V_{max} < V_H$.

A2.918.09:

Gemäß nebenstehender Skizze soll eine ebene Figur F betrachtet werden, die aus einem Rechteck R und zwei angesetzten gleichseitigen Dreiecken D bestehen soll. Dabei soll der Umfang U der gesamten Figur F vorgegeben sein (etwa $100\,m$).

Geben Sie von den auf diese Weise beschriebenen Figuren F diejenige mit maximalem Flächeninhalt (also zunächst die Seitenlängen x und y) sowie diesen Flächeninhalt A_{max} selbst an.

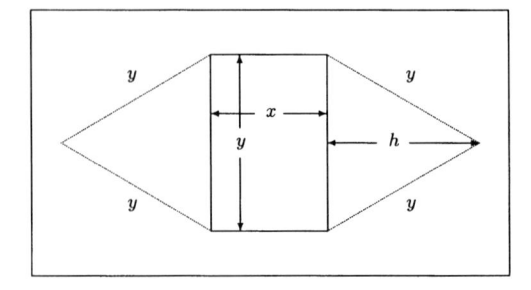

Zusatz: Berechnen Sie $A(F) = A(x,y)$ für $x = 5$ und $y = 10$, also für $U = 50$, auf elementar-geometrische Weise und vergleichen Sie das Ergebnis mit dem zu berechnenden maximalen Flächeninhalt.

Anmerkung: Diese Aufgabe hat eine gewisse Ähnlichkeit mit Aufgabe A2.917.04, allerdings mit folgendem Unterschied: Während dort lediglich nach dem Rechteck (Hauptfeld) mit maximalem Flächeninhalt gefragt ist, ist hier diejenige Gesamtfigur F mit maximalem Flächeninhalt zu ermitteln. Man könnte diese Aufgabe hier aber durchaus entsprechend abändern (wodurch sich eine numerisch sehr viel einfachere Bearbeitung ergibt).

B2.918.09: Zur Bearbeitung der Aufgabe im einzelnen:

1. Konstruktion einer geeigneten Funktion A, die den Flächeninhalt der Figur F zu beschreiben gestattet: Zunächst gilt $A(F) = A(R) + 2 \cdot A(D)$, mit den Bezeichnungen der Skizze also $A(x,y) = xy + 2 \cdot A(D)$. Beachtet man dabei $h^2 + (\frac{1}{2}y)^2 = y^2$, woraus $h = \frac{1}{2}\sqrt{3} \cdot y$ folgt, dann ist $A(D) = \frac{1}{2}yh = \frac{1}{4}\sqrt{3} \cdot y^2$. Folglich gilt dann $A(x,y) = xy + \frac{1}{2}\sqrt{3} \cdot y^2$. Verwendet man weiterhin $U = 2x + 4y$, also $x = \frac{U}{2} - 2y$, und ersetzt x durch y in $A(x,y)$, so liegt schließlich die Funktionsvorschrift $A(y) = (\frac{U}{2} - 2y)y + \frac{1}{2}\sqrt{3} \cdot y^2 = (\frac{1}{2}\sqrt{3} - 2)y^2 + \frac{U}{2}y$ der Funktion $A : (0, \frac{U}{2}) \longrightarrow \mathbb{R}$ vor.

2. Untersuchung der Funktion A hinsichtlich möglicher Extrema:

a) Die erste Ableitungsfunktion $A' : (0, \frac{U}{2}) \longrightarrow \mathbb{R}$ von A ist definiert durch $A'(y) = (2\sqrt{3} - 4)y + \frac{U}{2}$ und besitzt die Nullstelle $\frac{U}{8-2\sqrt{3}}$. Da die zweite Ableitungsfunktion A'' von A eine konstante Funktion $A'' = 2\sqrt{3} - 4 < 0$ ist, ist die Nullstelle $y_0 = \frac{U}{8-2\sqrt{3}}$ von A' zugleich die Maximalstelle von A.

b) Zu y_0 gehört dann $x_0 = \frac{U}{2} - 2y_0 = \frac{U}{2} - \frac{2U}{8-2\sqrt{3}} = \frac{U(4-\sqrt{3})-2U}{8-2\sqrt{3}} = \frac{U}{8-2\sqrt{3}}(2 - \sqrt{3}) = y_0(2-\sqrt{3})$.

c) Der von x_0 und y_0 erzeugte Flächeninhalt ist dann $A_{max} = A(x_0, y_0) = x_0 y_0 + \frac{1}{2}\sqrt{3} \cdot y_0^2$
$= (2 - \sqrt{3})y_0^2 + \frac{1}{2}\sqrt{3} \cdot y_0^2 = (2 - \frac{1}{2}\sqrt{3})y_0^2 = (2 - \frac{1}{2}\sqrt{3}) \cdot (\frac{U}{8-2\sqrt{3}})^2 = \frac{8-2\sqrt{3}}{4} \cdot (\frac{U}{8-2\sqrt{3}})^2 = \frac{U^2}{8(4-\sqrt{3})}$.

Zusatz: Für die Daten $x = 5$ und $y = 10$, also für $U = 50$, ist $A(F) = A(x,y) = xy + \frac{1}{2}\sqrt{3} \cdot y^2 = 50 + 50\sqrt{3} = 50(1 + \sqrt{3}) \approx 136,6$ (FE). Für denselben Umfang $U = 50$ liefern die obigen Berechnungen dann $A_{max} = A(x_0, y_0) = \frac{50^2}{8(4-\sqrt{3})} \approx 137,8$ (FE). (Die Daten $x = 5$ und $y = 10$ kommen also den berechneten Daten $x_0 \approx 2,96$ und $y_0 \approx 11,02$ vergleichsweise schon sehr nahe.)

Zur Anmerkung: Wie in der Anmerkung zur Aufgabe angedeutet, kann man auch – bei gegebenem Gesamtumfang U der Figur F – die Frage nach einem maximalen Flächeninhalt des Rechtecks R stellen. Zu dieser veränderten Aufgabenstellung wird dann wie folgt verfahren:

a) Konstruktion einer geeigneten Funktion A, die den Flächeninhalt von R zu beschreiben gestattet: Zunächst gilt $A(R) = A(x,y) = xy$. Beachtet man wieder $U = 2x + 4y$, also $x = \frac{U}{2} - 2y$, und ersetzt x durch y in $A(x,y)$, so liegt mit $A(y) = (\frac{U}{2} - 2y)y = \frac{U}{2}y - 2y^2$ die Funktion $A : (0, \frac{U}{2}) \longrightarrow \mathbb{R}$ vor.

b) Nun zur Untersuchung der Funktion A hinsichtlich möglicher Extrema: Die erste Ableitungsfunktion $A' : (0, \frac{U}{2}) \longrightarrow \mathbb{R}$ von A ist definiert durch $A'(y) = -4y + \frac{U}{2}$ und besitzt die Nullstelle $\frac{U}{8}$. Da die zweite Ableitungsfunktion A'' von A eine konstante Funktion $A'' = -4 < 0$ ist, ist die Nullstelle $y_0 = \frac{U}{8}$ von A' zugleich die Maximalstelle von A. Zu y_0 gehört dann $x_0 = \frac{U}{2} - 2y_0 = \frac{U}{2} - \frac{2U}{8} = \frac{U}{4} = 2y_0$.

c) Der von x_0 und y_0 erzeugte Flächeninhalt ist dann $A_{max} = A(x_0, y_0) = x_0 y_0 = \frac{U^2}{32}$. Betrachtet man für diese Daten den Flächeninhalt $A(F) = A(R) + 2 \cdot A(D)$, so gilt $A(F) = \frac{U^2}{32} + \frac{1}{2}\sqrt{3} \cdot \frac{U^2}{64} = \frac{1}{128}(4 + \sqrt{3})U^2$. Mit den konkreten Daten $x_0 = 5$ und $y_0 = 10$ ist dann $A(F) \approx 111,95$ (FE).

A2.918.10 (D) : Die im folgenden zu untersuchenden Funktionen f und b beschreiben sogenannte *Stablinien*: Man stelle sich einen geringfügig biegsamen Eisenstab der Länge $2a$ (etwa 8 m) mit vergleichsweise kleinem Querschnitt (etwa 2 cm^2) vor, der an seinen beiden Enden in Halterungen eingespannt ist, entweder in feste, vertikal nicht drehbare Halterungen (das ist der Fall f) oder in drehbare, bewegliche Halterungen (das ist der Fall b). Durch sein Eigengewicht wird der Stab nun aber durchhängen und repräsentiert eine Kurve, die jeweils durch die Funktionen f und b beschrieben wird. (Daß die Stabenden dabei etwas nach innen gezogen werden, soll hier nicht weiter berücksichtigt werden.)
Betrachten Sie die beiden durch die Zuordnungen $f(x) = c(a^2 - x^2)^2$ und $b(x) = c(a^2 - x^2)(5a^2 - x^2)$ definierten Funktionen $f, b : [-a, a] \longrightarrow \mathbb{R}$ mit einem konstanten (Material-)Parameter $c < 0$.
1. Untersuchen Sie f und b hinsichtlich Extrema und Wendepunkte.
2. Skizzieren Sie beide Funktionen für $a = 4$ und $c = -\frac{1}{2560}$.
3. Vergleichen Sie die Lage der Wendepunkte von b mit denen der Funktion $h = exp_e \circ (-id^2)$.

B2.918.10: Beide Funktionen – die im übrigen aus sachlichen Gründen (Stab) und aus formalen Gründen (x tritt in $f(x)$ und $b(x)$ jeweils nur quadratisch auf) Ordinaten-symmetrisch sind – werden im folgenden getrennt untersucht:

1a) Die erste Ableitungsfunktion $f' : (-a, a) \longrightarrow \mathbb{R}$ der Einschränkung $f : (-a, a) \longrightarrow \mathbb{R}$ ist definiert durch die Vorschrift $f'(x) = -4cx(a^2 - x^2)$ und besitzt die einzige Nullstelle 0. Die zweite Ableitungsfunktion $f'' : (-a, a) \longrightarrow \mathbb{R}$ von f, definiert durch $f''(x) = -4c(a^2 - 3x^2)$, zeigt mit $f''(0) = -4ca^2 > 0$, daß 0 die Minimalstelle und $(0, f(0)) = (0, ca^4)$ das Minimum von f ist.
Weiterhin hat f'' die beiden Nullstellen $-\frac{a}{3}\sqrt{3}$ und $\frac{a}{3}\sqrt{3}$ (wegen $-a < -\frac{a}{3}\sqrt{3}$ und $\frac{a}{3}\sqrt{3} < a$). Mit der durch $f'''(x) = -24cx$ definierten dritten Ableitungsfunktion $f''' : (-a, a) \longrightarrow \mathbb{R}$ gilt $f'''(-\frac{a}{3}\sqrt{3}) = -8ac\sqrt{3} > 0$ und $f'''(\frac{a}{3}\sqrt{3}) = 8ac\sqrt{3} < 0$, somit hat f die beiden Wendestellen $-\frac{a}{3}\sqrt{3}$ und $\frac{a}{3}\sqrt{3}$ sowie die beiden Wendepunkte $(-\frac{a}{3}\sqrt{3}, \frac{2}{3}ca^2)$ und $(\frac{a}{3}\sqrt{3}, \frac{2}{3}ca^2)$.

1b) Die erste Ableitungsfunktion $b' : (-a, a) \longrightarrow \mathbb{R}$ der Einschränkung $b : (-a, a) \longrightarrow \mathbb{R}$ ist definiert durch die Vorschrift $b'(x) = 4cx(x^2 - 3a^2)$ und besitzt die einzige Nullstelle 0 (denn die beiden weiteren Lösungen $-a\sqrt{3}$ und $a\sqrt{3}$ der Gleichung $(b', 0)$ bezüglich $D(b) = \mathbb{R}$ liegen außerhalb des Intervalls $[-a, a]$).
Die zweite Ableitungsfunktion $b'' : (-a, a) \longrightarrow \mathbb{R}$ von b, definiert durch $b''(x) = 12c(x^2 - a^2)$, zeigt mit $b''(0) = -12ca^2 > 0$, daß 0 die Minimalstelle und $(0, b(0)) = (0, 5ca^4)$ das Minimum von b ist.
Da die Funktion b'' keine Nullstellen besitzt (denn die beiden Lösungen $-a$ und a der Gleichung $(b'', 0)$ bezüglich $D(b) = \mathbb{R}$ liegen außerhalb des Intervalls $(-a, a)$), besitzt b keine Wendepunkte.

Fazit: Die beiden Minima, $(0, ca^4)$ von f und $(0, 5ca^4)$ von b, zeigen, daß bei den für die Funktionen beschriebenen Aufhängungsarten der Stab zu b um das Fünffache mehr durchhängt als der Stab zu f.

2. Die beiden Minima von f und b sind für die vorgegebenen konkreten Daten $a = 4$ und $c = -\frac{1}{2560}$ dann $(0, -\frac{1}{10})$ für f und $(0, -\frac{1}{2})$ für b, wie die nebenstehende Skizze andeutet. Man beachte, daß die beiden Koordinaten unterschiedliche Maßstäbe haben und ein Zusammenziehen der Aufhängungspunkte nicht berücksichtigt wurde.

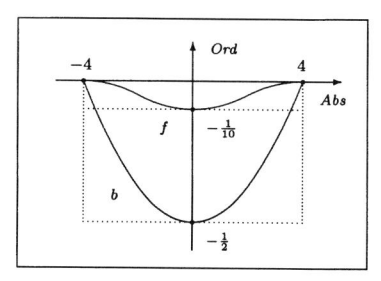

2.919 Untersuchung von Polynom-Funktionen (Teil 10)

A2.919.01: Die Produktionskosten einer Ware in Abhängigkeit von Mengeneinheiten (ME) seien durch eine Funktion K mit $K(m) = 0,04m^3 - 0,6m^2 + 3m + 2$, der zugehörige Gesamterlös durch eine Funktion E mit $E(m) = -0,16m^2 + 2,8m$ beschrieben. Der Gewinn G ist $G = E - K$. Zeichnen Sie anhand von Wertetabellen die Funktionen K, E und G in ein Koordinaten-System und ermitteln Sie zunächst aus dieser Skizze den maximalen Gewinn. Berechnen Sie dann den maximalen Gewinn.

B2.919.01: Aufgaben dieser Art sind stets in drei Hauptteilen zu bearbeiten: Der erste Teil versucht, die meist in nicht-mathematischen Formulierungen vorliegenden Fragestellungen in geeignete mathematischeTheorien einzubetten (wobei bei komplexeren Fragen die Wahl und die Art einer solchen Theorie ausgesprochen schwierig sein kann). Der zweite Teil besteht aus den Darstellungen und Berechnungen der in die Theorie übersetzten Frage und führt im positiven Fall zu einem qualitativen und nötigenfalls auch zu einem quantitativen Berechnungsergebnis. Der dritte Teil schließlich muß die Ergebnisse aus dem zweiten Teil wieder in die Sprache der ursprünglichen Fragestellung zurückübersetzen und zugleich eine Handlungsanleitung enthalten.

1. Die zu behandelnden Sachverhalte sind durch Zuordnungsvorschriften schon numerisch vorgegeben (sie aus anderen Daten zu ermitteln, wäre der eigentlich schwierige Teil), allerdings sollten die Funktionen vollständig angegeben werden: Zunächst liegen wegen der Angabe ME (Mengen-Einheiten) Funktionen der Form $E, K, G : \mathbb{N}_0 \longrightarrow \mathbb{R}$ vor, wofür auch die folgende Wertetabelle eingerichtet ist. Allerdings ist die Zuordnungsvorschrift von $G = E - K$ noch anzugeben; sie ist $G(m) = -0,04m^3 + 0,44m^2 - 0,2m - 2$.

2. Wertetabellen (mit Näherungen) für die drei Funktionen $E, K, G : [0,10]_\mathbb{N} \longrightarrow \mathbb{R}$, die sinnvollerweise spaltenweise hergestellt werden sollten, mit ausreichendem Definitionsbereich (wobei die obere Grenze 10 auf der Annahme basiert, daß G kein weiteres Maximum besitzt):

m	0	1	2	3	4	5	6	7	8	9	10
$E(m)$	0,00	2,64	4,96	6,96	8,64	10,00	11,04	11,76	12,16	12,24	12,00
$K(m)$	2,00	4,44	5,92	6,68	6,96	7,00	7,04	7,32	8,08	9,56	12,00
$G(m)$	-2,00	-1,80	-0,96	0,28	1,68	3,00	4,00	4,44	4,08	2,68	0,00

Man beachte, daß die hier nicht angegebene Skizze der drei Funktionen wegen der Wahl des Definitionsbereichs $[0,10]_\mathbb{N} \subset \mathbb{N}_0$ aus jeweils diskreten Punkten besteht.

3. Wie man sowohl der Tabelle als auch einer Skizze entnehmen kann, erbringt die Menge $m = 7$ ME den maximalen Gewinn $G(7) \approx 4,44$ WE (Währungs-Einheiten). Dieser Sachverhalt ist für ganzzahlige Mengeneinheiten richtig, wird aber für Zwischengrößen, wenn eine Mengeneinheit ein Packet von Untereinheiten darstellt, im folgenden behandelt.

4. Zunächst muß zur Erzeugung einer differenzierbaren Funktion G ein geeigneter Definitionsbereich festgelegt werden. Da dabei prinzipiell nur $\mathbb{R}$, offene Intervalle $I \subset \mathbb{R}$ oder Vereinigungen solcher offenen Intervalle zulässig sind, aber ganz $\mathbb{R}$ aus sachlichen Gründen nicht in Frage kommt (wegen negativer Zahlen), wird $D(G) = (0, \star) = \mathbb{R}^+$ festgelegt.

5. Untersuchung von $G : \mathbb{R}^+ \longrightarrow \mathbb{R}$ mit $G(m) = -0,04m^3 + 0,44m^2 - 0,2m - 2$ hinsichtlich Extrema:

5a) Die 1. Ableitungsfunktion $G' : \mathbb{R}^+ \longrightarrow \mathbb{R}$ von G ist definiert durch die Zuordnungsvorschrift $G'(m) = -0,12m^2 + 0,88m - 0,2$.

5b) Die Äquivalenzen $m \in N(G') \Leftrightarrow G'(m) = 0 \Leftrightarrow -0,12m^2 + 0,88m - 0,2 = 0$
$\Leftrightarrow m^2 - \frac{22}{3}m + \frac{5}{3} = 0 \Leftrightarrow m = \frac{1}{3}(11 - \sqrt{106})$ oder $m = \frac{1}{3}(11 + \sqrt{106})$ liefern die Nullstellenmenge $N(G') = \{\frac{1}{3}(11 - \sqrt{106}), \frac{1}{3}(11 + \sqrt{106})\}$ von G'.

5c) Die 2. Ableitungsfunktion $G'' : \mathbb{R}^+ \longrightarrow \mathbb{R}$ von G ist definiert durch die Zuordnungsvorschrift $G*'(m) = -0,24m + 0,88$.

5d) Test der beiden Nullstellen von G' bezüglich G''. Es gilt:
$G''(\frac{1}{3}(11 - \sqrt{106})) = -0,08(11 - \sqrt{106}) + 0,88 = 0.08\sqrt{106} > 0$ und entsprechend $G''(\frac{1}{3}(11 + \sqrt{106})) = -0.08\sqrt{106} < 0$. Somit ist $\frac{1}{3}(11 - \sqrt{106})$ die Minimalstelle und $\frac{1}{3}(11 + \sqrt{106})$ die Maximalstelle von G.

6. Es bleibt noch, zu der Maximalstelle von G den Funktionswert zu berechnen, wobei im vorliegenden

Rahmen allerdings die Näherung $\frac{1}{3}(11+\sqrt{106}) \approx 7,1$ zu verwenden sinnvoll ist. Sie liefert die Näherung $G(7,1) \approx 4,44$ WE.

Anmerkung: Die Funktion G hat das Minimum ($\approx 0,23/ \approx -2,02$) und den Wendepunkt ($\frac{11}{3}/ \approx 1,21$), ferner die Nullstellen $\approx 2,7$ und ≈ 10, so daß man von dem offenen Intervall ($\approx 2,7, \approx 10$) als sogenanntem Gewinnsektor sprechen kann.

A2.919.02: Die Löslichkeit eines Salzes (etwa Kaliumchlorid $K^+ Cl^-$) in Wasser nimmt mit der Temperatur des Wassers linear zu (einfache Annahme) und wird beispielsweise (einfache Zahlen) durch die Funktion $L : [10, 100] \longrightarrow \mathbb{R}$ mit dem gelösten Anteil $L(t)$ in % (absolut: Gramm pro $100\,ml$ Wasser) in Abhängigkeit der Temperatur in $°C$ beschrieben.

Eine Messung für eine bestimmte Lösung liefert den Punkt $P_0 = (t, L(t)) = (22, 14)$, wobei die zulässige Fehlertoleranz (Meßgenauigkeit) eine Kreisscheibe um P_0 mit Radius 1 vorgegeben ist. Ist die Messung genügend genau?

B2.919.02: Es muß der Abstand $d(P_0, L)$ von P_0 zur Geraden L ermittelt werden, womit dann durch Vergleich mit dem Kreisradius 1 festgestellt werden kann, ob die Messung genügend genau ist. Dazu im einzelnen:

1. Die Abstände zwischen P_0 und Punkten $(t, L(t))$ der Geraden werden durch eine Funktion $d : \mathbb{R}^+ \longrightarrow \mathbb{R}$ beschrieben, deren Quadrat durch $d^2(t) = (22-t)^2 + (14-L(t))^2$ definiert ist. Um den Abstand $d(P_0, L)$ zu ermitteln, muß nun derjenige Punkt $T_0 = (t_0, L(t_0))$ von L berechnet werden, für den die Beziehung $d(P_0, T_0) = d(P_0, L)$ gilt.

2. Zu diesem Zweck wird die Funktion d^2 mit $d^2(x) = (22-t)^2 + (14-L(t))^2 = (22-t)^2 + (14-\frac{1}{4}t-10)^2 = 484 - 44t + t^2 + 16 - 2t + \frac{1}{16}t^2 = 500 - 46t + \frac{17}{16}t^2$ hinsichtlich Minima untersucht:

a) Die erste Ableitungsfunktion $(d^2)' : \mathbb{R}^+ \longrightarrow \mathbb{R}$ ist definiert durch $(d^2)'(t) = \frac{17}{8}t - 46$ und besitzt die Nullstelle $t_0 = \frac{368}{17} \approx 21,647$.

b) Da für die zweite Ableitungsfunktion $(d^2)'' > 0$ gilt, ist $t_0 = \frac{368}{17}$ die Minimalstelle der Funktion d^2 und somit auch der Funktion d. Diese Minimalstelle liefert dann weiterhin das Minimum $T_0 = (t_0, L(t_0)) = (\frac{368}{17}, L(\frac{368}{17})) = (\frac{368}{17}, \frac{262}{17}) \approx (21,647/15,412)$.

3. Schließlich gilt $d^2(P_0, T_0) = d^2(P_0, L) = (22-\frac{368}{17})^2 + (14-\frac{262}{17})^2 = \frac{612}{289}$ und somit $d(P_0, T_0) = d(P_0, L) = \sqrt{\frac{612}{289}} \approx 1,455$. Das bedeutet also, daß die Messung unter der vorgegebenen Genauigkeitsgrenze nicht genügend genau ist.

4. Zur besseren Übersicht noch eine kleine Skizze (Ausschnitt) der betrachteten Situation:

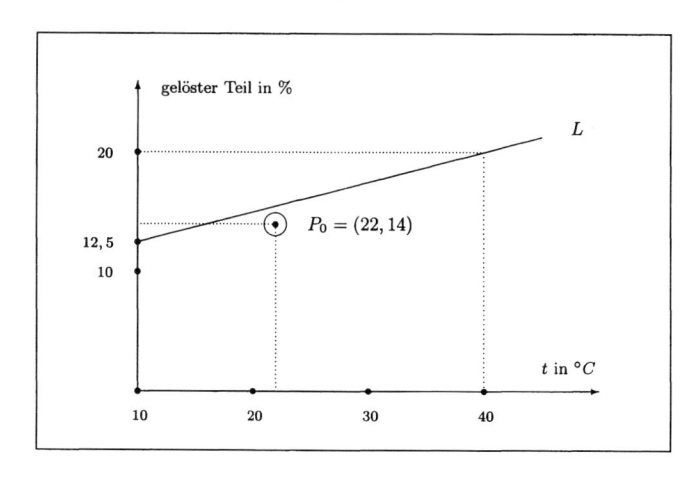

2.920 Untersuchungen von Potenz-Funktionen (Teil 1)

A2.920.01 (D) : Betrachten Sie zu der durch $g(x) = x^2 - 1$ definierten Funktion $g : \mathbb{R} \longrightarrow \mathbb{R}$ die Komposition $f = id^{\frac{2}{3}} \circ g$.

1. Geben Sie zunächst den maximalen Definitionsbereich von f sowie die Funktionswerte $f(x)$ und die Nullstellenmenge $N(f)$ von f an. Zeigen Sie dann, wie sich die Symmetrieeigenschaft von g auf die entsprechende Eigenschaft bei f auswirkt und formulieren Sie diesen Sachverhalt in allgemeiner Form.

2. Berechnen Sie das Maximum und die Wendepunkte von f, wobei $Wen(f) = N(f'')$ gesichert sei.

B2.920.01: Zur Bearbeitung der Aufgabe im einzelnen:

1. Der maximale Definitionsbereich $D(h)$ von Kompositionen der Form $h = id^{\frac{n}{m}} \circ u$ ist stets die Teilmenge der nicht-negativen Elemente von $D(u^n)$, denn es gilt $h = id^{\frac{n}{m}} \circ u = id^{\frac{1}{m}} \circ u^n$. Im vorliegenden Fall ist $g^2 \geq 0$, folglich ist mit $D(g) = \mathbb{R}$ auch $D(f) = \mathbb{R}$. Diesen Sachverhalt kann man auch an der Zuordnungsvorschrift $f(x) = (x^2 - 1)^{\frac{2}{3}} = \sqrt[3]{(x^2 - 1)^2}$ von f erkennen.

Wie die Äquivalenzen $x \in N(f) \Leftrightarrow f(x) = 0 \Leftrightarrow \sqrt[3]{(x^2 - 1)^2} = 0 \Leftrightarrow (x^2 - 1)^2 = 0 \Leftrightarrow x^2 - 1 = 0$
$\Leftrightarrow x = -1$ oder $x = 1 \Leftrightarrow x \in \{-1, 1\}$ zeigen, hat f die Nullstellenmenge $N(f) = \{-1, 1\}$.

Zunächst ist die Funktion g Ordinaten-symmetrisch, denn für alle Elemente $x \in D(g) = \mathbb{R}$ gilt mit $(-x)^2 = x^2$ auch $g(-x) = (-x)^2 - 1 = x^2 - 1 = g(x)$. (Man beachte in diesem Zusammenhang den allgemeinen Sachverhalt: Eine Ordinaten-symmetrische Funktion $h \neq 0$ kann nicht zugleich punktsymmetrisch sein.) Weiterhin gilt generell: Kompositionen $v \circ u$ mit Ordinaten-symmetrischer Funktion u sind ebenfalls Ordinaten-symmetrisch, wie die Berechnung $(v \circ u)(-x) = v(u(-x)) = v(u(x)) = (v \circ u)(x)$, für alle $x \in D(v \circ u) \subset D(u)$ zeigt. Im vorliegenden Fall ist mit g dann auch $f = id^{\frac{2}{3}} \circ g$ Ordinatensymmetrisch.

2. Wie die Berechnung $f' = (id^{\frac{2}{3}} \circ g)' = ((id^{\frac{2}{3}})' \circ g)g' = \frac{2}{3}(id^{-\frac{1}{3}} \circ g)g' = \frac{4}{3}id(id^{-\frac{1}{3}} \circ g)$ zeigt, ist f' ein Quotient mit der Zählerfunktion $\frac{4}{3}id$ und der Nennerfunktion $id^{\frac{1}{3}} \circ g$ mit $N(id^{\frac{1}{3}} \circ g) = \{-1, 1\}$, folglich existiert f' nur für die Elemente aus $\mathbb{R} \setminus \{-1, 1\}$. Das heißt, nur die eingeschränkte Funktion $f : \mathbb{R} \setminus \{-1, 1\} \longrightarrow \mathbb{R}$ besitzt diese Ableitungsfunktion. Damit gilt dann $N(f') = N(\frac{4}{3}id) \cup N(id^{-\frac{1}{3}} \circ g) = \{0\} \cup \emptyset = \{0\}$.

Wegen $N(f') \neq \emptyset$ muß die zweite Ableitungsfunktion $f'' : \mathbb{R} \setminus \{-1, 1\} \longrightarrow \mathbb{R}$ von f untersucht werden. Sie ist $f'' = \frac{4}{3}(id(id^{-\frac{1}{3}} \circ g))' = \frac{4}{3}(id'(id^{-\frac{1}{3}} \circ g) + id(id^{-\frac{1}{3}} \circ g)') = \frac{4}{3}((id^{-\frac{1}{3}} \circ g) + id(-\frac{1}{3})(id^{-\frac{4}{3}} \circ g)g') = \frac{4}{3}((id \circ g)(id^{-\frac{1}{3}} \circ g) - \frac{2}{3}id^2(id^{-\frac{4}{3}} \circ g)) = \frac{4}{3}(g - \frac{2}{3}id^2)(id^{-\frac{4}{3}} \circ g) = \frac{4}{9}(id^2 - 3)(id^{-\frac{4}{3}} \circ g)$.
Die Nullstelle 0 von f' hat dann den Funktionswert $f''(0) = \frac{-12}{(-9)(-1)} = -\frac{4}{3} < 0$, also ist 0 die Maximalstelle und $(0, f(0)) = (0, \sqrt[3]{1}) = (0, 1)$ das Maximum von f.

Die Berechnung $N(f'') = N(id^2 - 3) \cup N(id^{-\frac{4}{3}} \circ g) = \{-\sqrt{3}, \sqrt{3}\} \cup \emptyset = \{-\sqrt{3}, \sqrt{3}\} = Wen(f)$ (nach Voraussetzung) zeigt, daß f die Wendestellen $-\sqrt{3}$ und $\sqrt{3}$ besitzt. Zusammen mit ihren Funktionswerten $f(-\sqrt{3}) = \sqrt[3]{((-\sqrt{3})^2 - 1)^2} = \sqrt[3]{4}$ und $f(\sqrt{3}) = \sqrt[3]{4}$ hat f dann die beiden Wendepunkte $(-\sqrt{3}/ \approx 1,6)$ und $(\sqrt{3}/ \approx 1,6)$.

A2.920.02 (D) : Es seien die Funktionen $f = id^{\frac{1}{2}}$ und $g = id^{-1}$ auf dem Durchschnitt $\mathbb{R}^+$ ihrer jeweils maximalem Definitionsbereiche vorgelegt.

1. Berechnen Sie den Schnittpunkt und das Maß des Schnittwinkels von f und g.
2. Untersuchen Sie die Funktion $h = f + g$ hinsichtlich Extrema.
3. Berechnen Sie den Wendepunkt und die zugehörige Wendetangente von h.

B2.920.02: Zur Bearbeitung der Aufgabe im einzelnen:

1. Die Schnittstelle von f und g ist 1, der zugehörige Schnittpunkt also $(1, 1)$. Zur Berechnung des Schnittwinkelmaßes werden die Ableitungsfunktionen $f', g' : \mathbb{R}^+ \longrightarrow \mathbb{R}$ mit $f' = \frac{1}{2}id^{-\frac{1}{2}}$ und $g' = -id^{-2}$ benötigt. Für die Schnittstelle 1 gilt dann $f'(1) = \frac{1}{2\sqrt{1}} = \frac{1}{2} = \tan(\alpha_f)$ und $g'(1) = -\frac{1}{1^2} = -1 = \tan(\alpha_g)$,

wobei α_f und α_g die Maße der Anstiegswinkel von f und g im Schnittpunkt $(1,1)$ seien. Somit ist $\alpha = \alpha_f + (180° - \alpha_g) \approx 26{,}6° + 45° = 71{,}6°$ dann das Maß des Schnittwinkels von f und g.

2. Die erste Ableitungsfunktion $h' : \mathbb{R}^+ \longrightarrow \mathbb{R}$ von h ist $h' = (f+g)' = f' + g' = \frac{1}{2}id^{-\frac{1}{2}} - id^{-2}$. Wie die Äquivalenzen $x \in N(h') \Leftrightarrow (f'+g')(x) = 0 \Leftrightarrow \frac{1}{2\sqrt{x}} = \frac{1}{x^2} \Leftrightarrow 2\sqrt{x} = x^2 \Leftrightarrow 4x = x^4 \Leftrightarrow 4 = x^3 \Leftrightarrow x = \sqrt[3]{4}$ zeigen, hat h' die einzige Nullstelle $\sqrt[3]{4}$.

Die zweite Ableitungsfunktion $h'' : \mathbb{R}^+ \longrightarrow \mathbb{R}$ von h ist $h'' = \frac{1}{2}(id^{-\frac{1}{2}} - id^{-2})' = \frac{1}{2}(id^{-\frac{1}{2}})' - (id^{-2})' = -\frac{1}{4} \cdot id^{-\frac{3}{2}} + 2 \cdot id^{-3}$. Die Berechnung $h''(\sqrt[3]{4}) = -\frac{1}{4\sqrt{4}} + \frac{2}{4} = -\frac{1}{8} + \frac{1}{2} = \frac{3}{8} > 0$ zeigt, daß $\sqrt[3]{4}$ die Minimalstelle und somit $(\sqrt[3]{4}, h(\sqrt[3]{4})) \approx (1{,}6/1{,}0)$ das Minimum von $h = f+g$ ist.

3. Betrachtet man die dritte Ableitungsfunktion $h''' : \mathbb{R}^+ \longrightarrow \mathbb{R}$ von h mit $h''' = \frac{3}{8}id^{-\frac{5}{2}} - 6id^{-4}$, so gilt für die Nullstelle 4 von h'' dann $h'''(4) = \frac{3}{8 \cdot 4^2 \cdot \sqrt{4}} - \frac{6}{4^4} = \frac{-3}{4^4} \neq 0$, folglich besitzt h die Wendestelle 4 mit zugehörigem Wendepunkt $(4, h(4)) = (4, \frac{9}{4})$. Die zugehörige Wendetangente $t : \mathbb{R} \longrightarrow \mathbb{R}$ an h bei 4 hat dann die Zuordnungsvorschrift $t(x) = h'(4)x - h'(4)4 + h(4) = \frac{3}{16}x + \frac{3}{2}$.

A2.920.03 (A, V): Es seien die durch $f(x) = x(1 + \sqrt{x})$ definierte Funktion $f : [0,4] \longrightarrow \mathbb{R}$ sowie die Familie $(h_a)_{a \in \mathbb{R}_0^+}$ von Funktionen $h_a = a \cdot id : [0,4] \longrightarrow \mathbb{R}$ vorgelegt. Ferner sei die Ordinatenparallele durch 4 mit p und die von f, h_a und p begrenzte Fläche mit $F(f, h_a)$ bezeichnet.

1. Zeichnen Sie f und $h_{\frac{1}{2}}$ anhand einer kleinen Wertetabelle mit Schrittlänge $\frac{1}{2}$.
2. Berechnen Sie zunächst auf elementar-geometrische Weise eine sinnvolle obere Schranke für den Inhalt $A(f, h_{\frac{1}{2}})$ von $F(f, h_{\frac{1}{2}})$, dann auf zweierlei Weise den tatsächlichen Flächeninhalt.
3. Berechnen Sie $A(f, h_a)$ für beliebige Zahlen $a \in \mathbb{R}_0^+$.
4. Berechnen Sie zunächst auf elementar-geometrische Weise eine sinnvolle obere Schranke für das von $F(f, h_{\frac{1}{2}})$ erzeugte Rotationsvolumen $V(f, h_{\frac{1}{2}})$ (bezüglich Abszisse), dann auf zweierlei Weise das tatsächliche Volumen.
5. Berechnen Sie $V(f, h_a)$ für beliebige Zahlen $a \in \mathbb{R}_0^+$.

B2.920.03: Zur Bearbeitung der Aufgabe im einzelnen:

1. Wertetabelle für die Funktion f (mit Rundungen auf Zeichengenauigkeit):

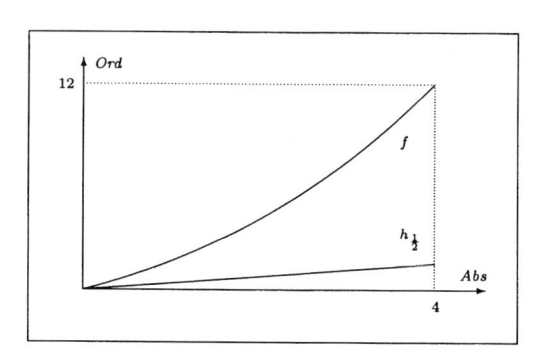

x	0	$\frac{1}{2}$	1	$\frac{3}{2}$	2	$\frac{5}{2}$	3	$\frac{7}{2}$	4
$f(x)$	0	0,9	2	3,3	4,8	6,5	8,2	10,0	12

2. Betrachtet man das Dreieck mit den Eckpunkten $(0,0)$, $(0,4)$ und $(4,12)$, dann ist dessen Flächeninhalt gemäß Skizze eine obere Schranke des Flächeninhalts $A(f)$. Damit gilt für $A(f, h_{\frac{1}{2}})$ dann die Abschätzung $A(f, h_{\frac{1}{2}}) < A(f) - A(h_{\frac{1}{2}}) = \frac{1}{2} \cdot 4 \cdot 12 - \frac{1}{2} \cdot 2 \cdot 4 = 20$ (FE).

Der Flächeninhalt $A(f, h_{\frac{1}{2}})$ läßt sich einerseits durch $A(f, h_{\frac{1}{2}}) = A(f) - A(h_{\frac{1}{2}})$ berechnen, wobei man $A(h_{\frac{1}{2}}) = 4$ (FE) verwenden kann, andererseits ist $A(f, h_{\frac{1}{2}}) = A(f - h_{\frac{1}{2}})$.

Die erste Methode liefert mit $f = id(1 + id^{\frac{1}{2}}) = id + id^{\frac{3}{2}}$ und dem Integral $\int f = \frac{1}{2} \cdot id^2 + \frac{2}{5} \cdot id^{\frac{5}{2}} + \mathbb{R}$ dann den Flächeninhalt $A(f) = \int_0^4 f = \frac{1}{2} \cdot 4^2 + \frac{2}{5} \cdot 4^{\frac{5}{2}} = 8 + \frac{2}{5} \cdot 32 = 8 + \frac{64}{5}$ (FE). Damit ist dann $A(f, h_{\frac{1}{2}}) = A(f) - A(h_{\frac{1}{2}}) = 8 + \frac{64}{5} - 4 = \frac{84}{5} = 16,8$ (FE). Die zweite Methode liefert mit der Funktion $f - h_{\frac{1}{2}} = id + id^{\frac{3}{2}} - \frac{1}{2} \cdot id = \frac{1}{2} \cdot id + id^{\frac{3}{2}}$ und dem Integral $\int (f - h_{\frac{1}{2}}) = \frac{1}{2} \cdot \frac{1}{2} \cdot id^2 + \frac{2}{5} \cdot id^{\frac{5}{2}} + \mathbb{R}$ dann den Flächeninhalt $A(f, h_{\frac{1}{2}}) = A(f - h_{\frac{1}{2}}) = \int_0^4 (f - h_{\frac{1}{2}}) = \frac{1}{2} \cdot \frac{1}{2} \cdot 4^2 + \frac{2}{5} \cdot 4^{\frac{5}{2}} = 4 + \frac{2}{5} \cdot 32 = 4 + \frac{64}{5} = \frac{84}{5} = 16,8$ (FE).

3. Zunächst werden die Funktionen f und h_a hinsichtlich möglicher Schnittstellen untersucht: Wie die Äquivalenzen $s \in S(f, g_a) \Leftrightarrow s(1 + \sqrt{s}) = as \Leftrightarrow s(1 + \sqrt{s} - a) = 0 \Leftrightarrow s = 0$ oder $\sqrt{s} = a - 1$ zeigen, ist im Fall $a \in \mathbb{R}_0^+ \setminus [1, 3]$ die Schnittstellenmenge $S(f, h_a) = \{0\}$, im Fall $a \in [1, 3]$ jedoch $S(f, g_a) = \{0, (a - 1)^2\}$.

Mit der Funktion $f - h_a = id + id^{\frac{3}{2}} - a \cdot id = (1 - a)id + id^{\frac{3}{2}}$ und ihrem Integral $\int (f - h_a) = \frac{1}{2}(1 - a)id^2 + \frac{2}{5} \cdot id^{\frac{5}{2}} + \mathbb{R}$ ist dann im Fall

a) $a \in \mathbb{R}_0^+ \setminus [1, 3]$ der Flächeninhalt $A(f, h_a) = A(f - h_a) = |\int_0^4 (f - h_a)| = |\frac{1}{2}(1 - a)4^2 + \frac{2}{5} \cdot 4^{\frac{5}{2}}| = |8(1 - a) + \frac{64}{5}| = |8(1 - a + \frac{8}{5})| = 8|\frac{13}{5} - a|$ (FE),

b) $a \in [1, 3]$ der Flächeninhalt $A(f, h_a) = |\int_0^{(a-1)^2} (f - h_a)| + |\int_{(a-1)^2}^4 (f - h_a)|$
$= |\frac{1}{2}(1 - a)(a - 1)^4 + \frac{2}{5} \cdot (a - 1)^5| + |\frac{1}{2}(1 - a)4^2 + \frac{2}{5} \cdot 4^{\frac{5}{2}} - \frac{1}{2}(1 - a)(a - 1)^4 + \frac{2}{5} \cdot (a - 1)^5|$
$= |(-\frac{1}{10})(a - 1)^5| + |8(\frac{13}{5} - a) - (-\frac{1}{10})(a - 1)^5| = \frac{1}{10}(a - 1)^5 + |8(\frac{13}{5} - a) + \frac{1}{10}(a - 1)^5|$ (FE).

4. Betrachtet man wieder das Dreieck mit den Eckpunkten $(0, 0)$, $(0, 4)$ und $(4, 12)$, dann ist der von dessen Fläche gemäß Skizze erzeugte Rotationskörper ein senkrechter Kreiskegel mit der Höhe 4 (LE) und dem Grundkreisradius 12 (LE), also mit dem Volumen $V(K) = \frac{1}{3} \cdot \pi \cdot 12^2 \cdot 4 = \frac{16}{3} \cdot \pi$ (VE) als eine obere Schranke für das Volumen $V(f)$. Betrachtet man ferner den von $h_{\frac{1}{2}}$ erzeugten Kreiskegel mit derselben Höhe und dem Grundkreisradius 2 (LE) sowie dem Volumen $V(h_{\frac{1}{2}}) = \frac{1}{3} \cdot \pi \cdot 2^2 \cdot 4 = \frac{16}{3} \cdot \pi$ (VE), dann liegt für das Volumen $V(f, h_{\frac{1}{2}})$ die Abschätzung $V(f, h_{\frac{1}{2}}) < V(K) - V(h_{\frac{1}{2}}) = \frac{1}{3} \cdot \pi \cdot 12^2 \cdot 4 - \frac{1}{3} \cdot \pi \cdot 2^2 \cdot 4 = (\frac{576}{3} - \frac{16}{3}) \cdot \pi = \frac{560}{3} \cdot \pi \approx 586$ (VE) vor.

Das Volumen $V(f, h_{\frac{1}{2}})$ läßt sich einerseits durch $V(f, h_{\frac{1}{2}}) = V(f) - V(h_{\frac{1}{2}})$ berechnen, wobei man $V(h_{\frac{1}{2}}) = \frac{16}{3} \cdot \pi$ (VE) verwenden kann, andererseits ist $V(f, h_{\frac{1}{2}}) = V(f - h_{\frac{1}{2}})$.

Die erste Methode liefert mit $f^2 = (id(1 + id^{\frac{1}{2}}))^2 = (id + id^{\frac{3}{2}})^2 = id^2 + id^3 + 2 \cdot id^{\frac{5}{2}}$ und dem Integral $\int f^2 = \frac{1}{3} \cdot id^3 + \frac{1}{4} \cdot id^4 + \frac{4}{7} \cdot id^{\frac{7}{2}} + \mathbb{R}$ dann das Volumen $V(f) = \int_0^4 f^2 = \frac{1}{3}4^3 + \frac{1}{4}4^4 + \frac{4}{7}4^{\frac{7}{2}} - 0 = \frac{4^3 \cdot 28 + 4^4 \cdot 21 + 4^4 \cdot 2 \cdot 12}{84} = 4^3 \cdot (\frac{28 + 84 + 96}{84}) = 4^3 \cdot \frac{208}{84} = \frac{3328}{21}$. Weiterhin gilt dann $V(f, h_{\frac{1}{2}}) = V(f) - V(h_{\frac{1}{2}}) = \pi \cdot (\int_0^4 f^2 - \frac{16}{3}) = \pi \cdot (\frac{3328}{21} - \frac{112}{21}) = \pi \cdot \frac{1072}{7} \approx 481$ (VE). Die zweite Methode nun liefert mit der Funktion $f^2 - h_{\frac{1}{2}}^2 = id^2 + id^3 + 2 \cdot id^{\frac{5}{2}} - \frac{1}{4} \cdot id^2 = \frac{3}{4} \cdot id^2 + id^3 + 2 \cdot id^{\frac{5}{2}}$ und dem Integral $\int (f^2 - h_{\frac{1}{2}}^2) = \frac{1}{4} \cdot id^3 + \frac{1}{4} \cdot id^4 + \frac{4}{7} \cdot id^{\frac{7}{2}} + \mathbb{R}$ wieder dasselbe Volumen $V(f, h_{\frac{1}{2}}) = V(f - h_{\frac{1}{2}}) = \pi \cdot \int_0^4 (f^2 - h_{\frac{1}{2}}^2) = \pi(\frac{1}{4} \cdot 4^3 + \frac{1}{4} \cdot 4^4 + \frac{4}{7} \cdot 4^{\frac{7}{2}}) = \pi \cdot 4^2(1 + 4 + \frac{32}{7}) = \pi \cdot \frac{1072}{7} \approx 481$ (VE).

5. Mit den Funktionen $f^2 = id^2(1 + 2 \cdot id^{\frac{1}{2}} + id)$ und $h_a^2 = a^2 \cdot id^2$ ist $f^2 - h_a^2 = id^2(1 + 2 \cdot id^{\frac{1}{2}} + id - a^2)$ $= (1 - a^2)id^2 + 2 \cdot id^{\frac{5}{2}} + id^3$ und somit $\int (f^2 - h_a^2) = \frac{1}{4}id^4 + \frac{1}{3}(1 - a^2)id^3 + \frac{4}{7}id^{\frac{7}{2}} + \mathbb{R}$.

Damit ist $V(f, g_a) = \pi \int_0^4 (f^2 - g_a^2) = \pi(\frac{1}{4} \cdot 4^4 + \frac{1}{3}(1 - a^2) \cdot 4^3 + \frac{4}{7} \cdot 4^{\frac{7}{2}}) = 4^3 \cdot \pi \cdot (1 + \frac{1}{3}(1 - a^2) + \frac{8}{7})$ (VE) das gesuchte Volumen (mit $V(f, h_{\frac{1}{2}}) = 4^3 \cdot \pi \cdot (1 + \frac{3}{12} + \frac{8}{7}) = 4^3 \cdot \pi \cdot (\frac{15}{12} + \frac{8}{7}) = 4^3 \cdot \pi \cdot \frac{201}{84} \approx 481$ (VE)).

A2.920.04 (D, A, V): Betrachten Sie die Funktion $f = 4 \cdot id(\frac{3}{2} - id^{\frac{1}{2}}) : [0,4] \longrightarrow \mathbb{R}$.

1. Untersuchen Sie f hinsichtlich Nullstellen sowie lokaler Extrema.

2. Berechnen Sie den Flächeninhalt $A(f)$ der Fläche $F(f)$, die von der Funktion f, der Abszisse und der Ordinatenparallelen durch 4 begrenzt ist.

3. Berechnen Sie schließlich das Volumen $V(f)$ des von $F(f)$ erzeugten Rotationskörpers.

4. Betrachten Sie die Funktion f mit dem Definitionsbereich $[0,a]$, wobei $a > N(f)$ gelte. Für welche solche Zahl a haben die beiden Teilflächen von f (die sich aus der Nullstellenlage ergeben) denselben Flächeninhalt?

B2.920.04: Zur Bearbeitung der Aufgabe im einzelnen:

1a) Wegen $x \in N(f) \Leftrightarrow f(x) = 0 \Leftrightarrow 4x(\frac{3}{2} - \sqrt{x}) = 0 \Leftrightarrow x = 0$ oder $x = \frac{9}{4}$ ist $N(f) = \{0, \frac{9}{4}\}$.

1b) Die erste Ableitungsfunktion $f' : (0,4) \longrightarrow \mathbb{R}$ der auf das offene Intervall $(0,4)$ eingeschränkten Funktion $f = 6 \cdot id - 4 \cdot id^{\frac{3}{2}}$ ist $f' = 6 - 6 \cdot id^{\frac{1}{2}}$ und besitzt die Nullstellenmenge $N(f') = \{1\}$. Die zweite Ableitungsfunktion $f'' : (0,4) \longrightarrow \mathbb{R}$ von f ist $f'' = -3 \cdot id^{-\frac{1}{2}}$. Der Funktionswert $f''(1) = -3 < 0$ zeigt, daß 1 die Maximalstelle und $(1, f(1)) = (1, 2)$ das Maximum von f ist.

2. Mit dem Integral $\int f = 3 \cdot id^2 - \frac{8}{5} \cdot id^2 \cdot id^{\frac{3}{2}} + \mathbb{R}$ von f ist der gesuchte Flächeninhalt dann $A(f) = \int_0^{\frac{9}{4}} f + |\int_{\frac{9}{4}}^4 f|$. Beachtet man dabei $\int_0^{\frac{9}{4}} f = (\int f)(\frac{9}{4}) = \frac{243}{80}$ und

$|\int_{\frac{9}{4}}^4 f| = |(\int f)(4) - (\int f)(\frac{9}{4})| = |3 \cdot 4^2 - \frac{8}{5} \cdot 4^2 \cdot 2 - \frac{243}{80}| = |\frac{16^2}{80}(15-16) - \frac{243}{80}| = |-\frac{499}{80}| = \frac{499}{80}$,

dann ist schließlich $A(f) = \frac{243}{80} + \frac{499}{80} = \frac{744}{80} = \frac{372}{40} = 9,3$ (FE) der zu berechnende Flächeninhalt.

3. Die Funktion $f^2 = (4 \cdot id(\frac{3}{2} - id^{\frac{1}{2}}))^2 = 36 \cdot id^2 - 48 \cdot id^{\frac{5}{2}} + 16 \cdot id^3$ besitzt zunächst das Integral $\int f^2 = 12 \cdot id^3 - \frac{96}{7} \cdot id^{\frac{7}{2}} + 4 \cdot id^4 + \mathbb{R}$. Damit ist das zu berechnende Rotationsvolumen dann $V(f) = \pi \int_0^4 f^2 = \pi(\int f^2)(4) = \pi(12 \cdot 4^3 - \frac{96}{7} \cdot 4^3 \cdot 2 + 4 \cdot 4^4) = \pi \cdot 4^4(3 - \frac{48}{7} + 4) = \pi \cdot 4^4 \cdot \frac{1}{7} = \pi \frac{256}{7} \approx 115$ (VE).

4. Betrachtet man neben der Zahl $\int_0^{\frac{9}{4}} f = \frac{243}{80}$ das Riemann-Integral $|\int_{\frac{9}{4}}^a f| = |(\int f)(a) - (\int f)(\frac{9}{4})| = |a^2(3 - \frac{8}{5}\sqrt{a}) - \frac{243}{80}|$, dann folgt die zu berechnende Zahl aus der Gleichung $a^2(3 - \frac{8}{5}\sqrt{a}) = 0$, die wegen $a > 0$ die Lösung $a = \frac{15^2}{8^2} = \frac{225}{64}$ besitzt.

2.922 Untersuchungen von Potenz-Funktionen (Teil 3)

A2.922.01 (V) : Betrachten Sie die Relation (Kurve) $P_d = \{(x,z) \in \mathbb{R}^2 \mid z^2 = dx\}$ mit $d \in \mathbb{R}^+$ (Parabel mit Brennpunkt $(d,0)$), ferner die (Halb-)Gerade $g = m \cdot id : \mathbb{R}_0^+ \longrightarrow \mathbb{R}$ mit $m \geq 0$.

1. Berechnen Sie das von der Einschränkung $g : [0,b] \longrightarrow \mathbb{R}$ erzeugte Rotationsvolumen $V(g)$ (bei Rotation von g um die Abszisse) auf zweierlei Weise.
2. Betrachten Sie den Teil $\{(x,z) \in P_d \mid z \geq 0\}$ von P_d als Funktion f. Berechnen Sie das von der Einschränkung $f : [0,b] \longrightarrow \mathbb{R}$ erzeugte Rotationsvolumen $V(f)$ (bei Rotation von f um die Abszisse). Man nennt $K(f)$ das von f erzeugte *Rotations-Paraboloid*.
3. Berechnen Sie $V(f,g)$, insbesondere auch für den Sonderfall $m=d$, für die von f und g vollständig begrenzte Fläche $F(f,g)$.

B2.922.01: Zur Bearbeitung der Aufgabe im einzelnen:

1a) Mit $g^2 = m^2 \cdot id^2$ ist $\int g^2 = \frac{1}{3}m^2 \cdot id^3 + \mathbb{R}$. Betrachtet man den von $g : [0,b] \longrightarrow \mathbb{R}$ erzeugten Rotations-Kegel, dann hat er das Volumen
$$V(g) = \pi \int_0^b g^2 = \pi((\int g^2)(b) - (\int g^2)(0)) = \frac{1}{3}\pi m^2 b^3 \text{ (VE)}.$$

1b) Eine Berechnung des Kegelvolumens auf elementar-geometrische Weise liefert ebenfalls $V(K) = \frac{1}{3}\pi g(b)^2 b = \frac{1}{3}\pi m^2 b^3$ (VE).

2. Die Relation P_d liefert die Funktion $f = f_d : [0,b] \longrightarrow \mathbb{R}$ mit $f(x) = z = \sqrt{dx} = \sqrt{d}\sqrt{x}$. Mit $f^2 = d \cdot id$ ist dann das Integral $\int f^2 = \frac{1}{2}d \cdot id^2 + \mathbb{R}$ und somit ist das gesuchte Volumen des Rotations-Paraboloids $V(f) = \pi \int_0^b f^2 = \pi((\int f^2)(b) - (\int f^2)(0)) = \frac{1}{2}\pi d b^2$ (VE).

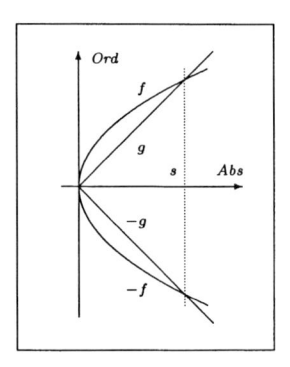

3. Zunächst ist die Schnittstelle $s > 0$ von f und g zu berechnen: Sie wird geliefert durch die Äquivalenzen $f(s) = g(s) \Leftrightarrow \sqrt{ds} = ms \Leftrightarrow ds = m^2 s^2 \Leftrightarrow s(m^2 s - d) = 0 \Leftrightarrow s = 0$ oder $s = \frac{d}{m^2}$. Somit sind die Funktionen $f, g : [0, \frac{d}{m^2}] \longrightarrow \mathbb{R}$ zu betrachten. Unter Verwendung der Aufgabenteile 1 und 2 ist dann
$V(f,g) = V(f) - V(g) = \frac{1}{2}\pi d(\frac{d}{m^2})^2 - \frac{1}{3}\pi m^2(\frac{d}{m^2})^3 = \pi(\frac{1}{2}(\frac{d^3}{m^4}) - \frac{1}{3}(\frac{d^3}{m^4})) = \frac{1}{6}\pi \cdot \frac{d^3}{m^4}$ (VE).
Für den Sonderfall $m = d$ ist insbesondere $V(f,g) = \frac{1}{6m}\pi$ (VE) mit der Schnittstelle $s = \frac{1}{m}$.

Anmerkung: In Teil 3 wurde die Beziehung $\int(f^2 - g^2) = \int f^2 - \int g^2$ verwendet, wobei zu beachten ist, daß im vorliegenden Fall die Berechnung von $\int(f^2 - g^2)$ ohne Verwendung jener Formel keine Vereinfachung des Verfahrens erbringt, denn es ist $f^2 - g^2 = id^2(\frac{1}{2}d - \frac{1}{3}m^2 \cdot id)$.

A2.922.02 (D) : Betrachten Sie die durch die Zuordnungsvorschrift $f(x) = \sqrt{x^2 - 4}$ definierte Wurzelfunktion $f : D_{max}(f) \longrightarrow \mathbb{R}$.

1. Bestimmen Sie den maximalen Definitionsbereich $D_{max}(f)$ und die Nullstellenmenge $N(f)$ von f.
2. Untersuchen Sie f hinsichtlich möglicher Symmetrieeigenschaften.
3. Untersuchen Sie die auf einen geeigneten Definitionsbereich eingeschränkte Funktion f hinsichtlich Extrema und Wendepunkte.
4. Bestimmen Sie die Tangente $t : \mathbb{R} \longrightarrow \mathbb{R}$ an f bei 3.
5. Zeichnen Sie f und t und ergänzen Sie diese Zeichnung um $-f$ (Darstellungsbereich: $[-5,5]$).
6. Beschreiben und begründen Sie einen Zusammenhang zwischen f und den Halbgeraden $id : (0, \star) \longrightarrow \mathbb{R}$ und $-id : (-\star, 0) \longrightarrow \mathbb{R}$. Welche geometrische Figur liegt vor, wenn man f und $-f$ zusammen, also als Relationsgraphen betrachtet?

B2.922.02: Zur Bearbeitung der Aufgabe im einzelnen:

1a) Für Zahlen $x \in (-2,2)$ ist $x^2 - 4 < 0$, folglich ist $D_{max}(f) = \mathbb{R} \setminus (-2,2)$.

1b) Wegen der Äquivalenzen $x \in N(f) \Leftrightarrow f(x) = 0 \Leftrightarrow \sqrt{x^2-4} = 0 \Leftrightarrow x^2 - 4 = 0 \Leftrightarrow x \in \{-2,2\}$ ist $N(f) = \{-2, 2\}$ die Nullstellenmenge von f.

2. Die Funktion f ist ordinatensymmetrisch, denn für alle Elemente $x \in D_{max}(f) = \mathbb{R} \setminus (-2,2)$ gilt $f(-x) = \sqrt{(-x)^2 - 4} = \sqrt{x^2 - 4} = f(x)$. Wegen $f \neq 0$ ist f nicht zugleich punktsymmetrisch.

3. Wegen $Ex(f) \subset N(f')$ ist zunächst die 1. Ableitungsfunktion $f' : \mathbb{R} \setminus [-2,2] \longrightarrow \mathbb{R}$ der auf die Vereinigung zweier offener Intervalle eingeschränkten Funktion $f : \mathbb{R} \setminus [-2,2] \longrightarrow \mathbb{R}$ zu bilden. Sie hat mit der Darstellung von f als Komposition $f = id^{\frac{1}{2}} \circ h$ mit $h(x) = x^2 - 4$ die nach der Kompositionsregel der Differentiation gebildete Vorschrift $f'(x) = (id^{\frac{1}{2}} \circ h)'(x) = (id^{\frac{1}{2}})'(h(x)) \cdot h'(x) = \frac{1}{2\sqrt{x^2-4}} \cdot 2x = \frac{x}{\sqrt{x^2-4}}$.

Wegen $N(f') = \emptyset$ (denn $0 \notin D_{max}(f) = \mathbb{R} \setminus (-2,2)$) hat f keine Extrema.

Wegen $Wen(f) \subset N(f'')$ ist nun die 2. Ableitungsfunktion $f'' : \mathbb{R} \setminus [-2,2] \longrightarrow \mathbb{R}$ von f zu bilden. Sie hat mit der Darstellung von f' als Quotient $f' = \frac{id}{f}$ die nach der Quotientenregel der Differentiation gebildete Zuordnungsvorschrift $f''(x) = (\frac{id}{f})'(x) = \frac{1 \cdot f(x) - x \cdot f'(x)}{f^2(x)} = \frac{x^2 - 4 + x^2}{(x^2-4)\sqrt{x^2-4}} = \frac{-4}{(\sqrt{x^2-4})^3}$.

Wegen $N(f'') = \emptyset$ hat f keine Wendepunkte.

Bemerkung: An der Ableitung $f'(x) = \frac{x}{\sqrt{x^2-4}}$ läßt sich gut erkennen, daß Ableitungsfunktionen stets nur auf (Vereinigungen von) offenen Intervallen definiert werden können, denn verwendete man im vorliegenden Fall den ursprünglichen Definitionsbereich $D_{max}(f) = \mathbb{R} \setminus (-2,2) = (-\star, -2] \cup [2, \star)$, so entstünde im Nenner von $f'(x)$ die Zahl Null.

4. Mit der Ableitung $f'(3) = \frac{3}{5}\sqrt{5}$ von f bei 3 hat die zugehörige Tangente $t : \mathbb{R} \longrightarrow \mathbb{R}$ die Zuordnungsvorschrift $t(x) = f'(3) \cdot x - f'(3) \cdot 3 + f(3) = \frac{3}{5}\sqrt{5} \cdot x - \frac{3}{5}\sqrt{5} \cdot 3 + \sqrt{5} = \frac{3}{5}\sqrt{5} \cdot x - \frac{4}{5}\sqrt{5}$.

6. Zunächst kann man feststellen, daß die Halbgeraden $id : (0, \star) \longrightarrow \mathbb{R}$ und $-id : (-\star, 0) \longrightarrow \mathbb{R}$ asymptotische Funktionen zu f sind. Betrachtet man beispielsweise zu der Folge $(n)_{n \in \mathbb{N}}$ und der Darstellung $id(x) = \sqrt{x^2}$ die Folge $(\sqrt{n^2} - \sqrt{n^2 - 4})_{n \in \mathbb{N}}$, dann konvergiert diese Folge offenbar gegen 0, denn mit zunehmendem n spielt der Summand -4 eine immer kleiner werdende Rolle. Auf analoge Weise liefert die Betrachtung der Folge $(-n)_{n \in \mathbb{N}}$ das asymptotische Verhalten von $-id$ zu dem „linken Teil" von f.

Nimmt man f und $-f$ zusammen, so entsteht ein Hyperbelpaar H mit der Abszisse als Symmetrieachse. Betrachtet man nämlich $z^2 = f^2(x) = x^2 - 4$, dann ist $\frac{x^2}{4} - \frac{z^2}{4} = 1$ die definierende Gleichung der allgemeinen Hyperbel-Relation $H = \{(x,z) \in \mathbb{R} \times \mathbb{R} \mid \frac{x^2}{a^2} - \frac{z^2}{b^2} = 1\}$ mit sogenannten Brennpunkten $e = \pm\sqrt{a^2 + b^2}$.

A2.922.03 (L): Betrachten Sie die (auch schon in Beispiel 2.654.5 näher beschriebene) *Neilsche Parabel* zunächst als Relation (Kurve) $N_d = \{(x,z) \in \mathbb{R}^2 \mid z^2 = dx^3\}$ mit $d \in \mathbb{R}^+$. Teile des nicht-negativen Teils $\{(x,z) \in N_d \mid z \geq 0\}$ von N_d können dann jeweils als Funktion $f : [a,b] \longrightarrow \mathbb{R}$ mit $0 \leq a \leq b$ beschrieben werden. Diese Funktionen haben dann die Zuordnungsvorschrift $f_d(x) = x\sqrt{dx}$, also eine Darstellung der Form $f_d = id(d \cdot id)^{\frac{1}{2}} = \sqrt{d} \cdot id^{\frac{3}{2}}$.

1. Berechnen Sie die Länge $s(f_d)$ der Funktion f_d. Geben Sie insbesondere $s(f_1)$ an.

2. Ermitteln Sie für den Fall $a = 0$ die durch die Zuordnung $b \overset{u}{\mapsto} s(f_d)$ definierte Funktion u und ihre inverse Funktion $v = u^{-1}$ an. Skizzieren Sie beide Funktionen für $d = 1$ in einem sinnvollen Darstellungsbereich.

3. Welcher Zusammenhang besteht zwischen der Funktion v und Integral-Gleichungen der Form (H_h, c) für $h = \sqrt{1 + (f'_d)^2}$ im Fall $a = 0$ (wobei H_h die Integralfunktion zu h bezeichne (siehe Abschnitt 2.614 zur Definition der Begriffe))? Für welche Zahl b gilt $s(f_1) = \frac{117}{27}$?

B2.922.03: Zur Bearbeitung der Aufgabe im einzelnen:

Für die rein numerischen Teile wird im folgenden die Abkürzung $f = f_d$ verwendet.

1. Mit $f' = \sqrt{d} \cdot \frac{3}{2} \cdot id^{\frac{1}{2}}$ ist $(f')^2 = \frac{9d}{4} \cdot id$ und $1 + (f')^2 = 1 + \frac{9d}{4} \cdot id$ und somit $\sqrt{1 + (f')^2} = id^{\frac{1}{2}} \circ (1 + \frac{9d}{4} \cdot id)$. Nach Corollar 2.507.3 (das das Integral $\int (s \circ t)$ mit Geraden t behandelt) ist dann

$\int \sqrt{1+(f')^2} = \int (id^{\frac{1}{2}} \circ (1 + \frac{9d}{4} \cdot id)) = \frac{4}{9d}(\frac{2}{3} \cdot id^{\frac{3}{2}} \circ (1 + \frac{9d}{4} \cdot id)) = \frac{1}{d}(\frac{4}{9} \cdot id)^{\frac{3}{2}} \circ (1 + \frac{9d}{4} \cdot id) + \mathbb{R}$
$= \frac{1}{d}(\frac{4}{9}(1 + \frac{9d}{4} \cdot id))^{\frac{3}{2}} + \mathbb{R} = \frac{1}{d}((\frac{4}{9} + d) \cdot id)^{\frac{3}{2}} + \mathbb{R}$.

Damit hat f_d dann die Länge $s(f_d) = \int_a^b \sqrt{1+(f')^2} = \frac{1}{d}(\frac{4}{9}+db)^{\frac{3}{2}} - \frac{1}{d}(\frac{4}{9}+da)^{\frac{3}{2}}$ (LE).

Insbesondere ist dann (wie in Beispiel 2.654.5 schon gezeigt wurde) $s(f_1) = (\frac{4}{9}+b)^{\frac{3}{2}} - (\frac{4}{9}+a)^{\frac{3}{2}}$ (LE).

2. Die Funktion $u : \mathbb{R}_0^+ \longrightarrow \mathbb{R}_0^+$ ist definiert durch die Vorschrift $u(b) = \frac{1}{d}(\frac{4}{9}+db)^{\frac{3}{2}} - \frac{8}{27d}$. Sie hat also die Darstellung $u = (id - \frac{8}{27d}) \circ (\frac{1}{d} \cdot id^{\frac{3}{2}}) \circ (d \cdot id + \frac{4}{9})$ und ist als Komposition bijektiver Funktionen ebenfalls bijektiv mit der inversen Funktion $v = u^{-1} : \mathbb{R}_0^+ \longrightarrow \mathbb{R}_0^+$, definiert durch $v = u^{-1} = \frac{1}{d}(id - \frac{4}{9}) \circ (d \cdot id)^{\frac{2}{3}} \circ (id + \frac{8}{27d})$, also ist $v(z) = \frac{1}{d}(d(z+\frac{8}{27d}))^{\frac{2}{3}} - \frac{4}{9}) = \frac{1}{9d}((27dz+8)^{\frac{2}{3}} - 4)$.

Wertetabelle für die Funktion v (Zahlen gerundet):

z	0	4	10	20
$v(z)$	0	2,2	4,3	7,0

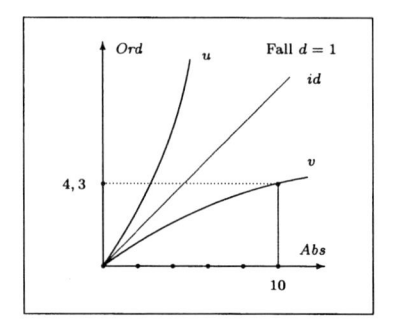

3. Den erfragten Zusammenhang zwischen v und (H_h, c) zeigen die Äquivalenzen
$b \in L(H_h, c) \Leftrightarrow H_h(b) = c \Leftrightarrow \int_a^b \sqrt{1+(f')^2} = c \Leftrightarrow s(f) = c \Leftrightarrow u(b) = c \Leftrightarrow v(c) = b \Leftrightarrow c \in L(v, b)$.

Die Frage, wie b und damit $D(f) = [0, b]$ zu vorgegebener Funktionslänge c zu wählen ist, wird also einfach durch den Funktionswert $b = v(c)$ unter der Funktion v beantwortet. Es gilt $v(\frac{117}{27}) = \frac{7}{3}$.

A2.922.04 (D) : Diese Aufgabe behandelt zwei Funktionen, die aus der schon in Aufgabe A2.922.03 behandelten *Neilschen Parabel* (es wird der Fall $d = 1$ betrachtet) durch leichte Abänderung des Radikanden und damit des maximalen Definitionsbereichs entstehen.

Betrachten Sie *parallel* die durch $f(x) = x\sqrt{x+2}$ und $g(x) = x\sqrt{x-2}$ definierten Wurzel-Funktionen $f : D_{max}(f) \longrightarrow \mathbb{R}$ und $g : D_{max}(g) \longrightarrow \mathbb{R}$.

1. Bestimmen Sie die maximalen Definitionsbereiche $D_{max}(f)$ und $D_{max}(g)$ beider Funktionen.
2. Bestimmen Sie die Nullstellenmengen $N(f)$ und $N(g)$ beider Funktionen.
3. Untersuchen Sie die beiden Funktionen f und g hinsichtlich Extrema.
4. Untersuchen Sie die beiden Funktionen f und g hinsichtlich Wendepunkte und Wendetangenten.
5. Bestimmen Sie die Tangente $t : \mathbb{R} \longrightarrow \mathbb{R}$ an f bei 0.
6. Welche Form haben die Relationen $R_f = f \cup -f$ und $R_g = g \cup -g$ bei der Nullstelle ungleich Null?
7. Skizzieren Sie die Relationen R_f und R_g.

B2.922.04: Die numerischen Bearbeitungsergebnisse werden im folgenden tabellarisch angegeben:

Untersuchung von f mit $f(x) = x\sqrt{x+2}$ Untersuchung von g mit $g(x) = x\sqrt{x-2}$

$f = id \cdot u$ mit $u = \sqrt{id + 2}$ $g = id \cdot v$ mit $u = \sqrt{id - 2}$

$D(u) = \{x \in \mathbb{R} \mid x + 2 \geq 0\} = \{x \in \mathbb{R} \mid x \geq -2\}$ $D(v) = \{x \in \mathbb{R} \mid x - 2 \geq 0\} = \{x \in \mathbb{R} \mid x \geq 2\}$

$D_{max}(f) = D(u) = [-2, \star)$ $D_{max}(g) = D(v) = [2, \star)$

$N(f) = N(id) \cup N(u) = \{0\} \cup \{-2\} = \{0, -2\}$ $N(g) = N(id) \cup N(v) = \emptyset \cup \{0\} = \{0\}$

1. Ableitungsfunktion $f' : (-2, \star) \longrightarrow \mathbb{R}$ von f 1. Ableitungsfunktion $g' : (2, \star) \longrightarrow \mathbb{R}$ von g

ist $f' = (id \cdot u)' = u + \frac{id}{2u} = \frac{2u^2+id}{2u} = \frac{3 \cdot id+4}{2u}$ ist $g' = (id \cdot v)' = v + \frac{id}{2v} = \frac{2v^2+id}{2v} = \frac{3 \cdot id-4}{2v}$

mit $f'(x) = \frac{3x+4}{2\sqrt{x+2}}$ mit $g'(x) = \frac{3x-4}{2\sqrt{x-2}}$

$N(f') = N(3 \cdot id + 4) = D(f) \cap \{-\frac{4}{3}\} = \{-\frac{4}{3}\}$ $N(g') = N(3 \cdot id - 4) = D(g) \cap \{\frac{4}{3}\} = \emptyset$

290

2. Ableitungsfunktion $f'' : (-2, \star) \longrightarrow \mathbb{R}$ von f	2. Ableitungsfunktion $g'' : (2, \star) \longrightarrow \mathbb{R}$ von g

2. Ableitungsfunktion $f'' : (-2, \star) \longrightarrow \mathbb{R}$ von f
ist $f'' = (\frac{3 \cdot id + 4}{2u})' = \frac{3 \cdot id + 16}{4u^3}$
mit $f''(x) = \frac{3x+16}{4(x+2)\sqrt{x+2}}$
$N(f'') = N(3 \cdot id + 16) = D(f) \cap \{-\frac{16}{3}\} = \emptyset$

Untersuchung von f hinsichtlich Extrema:
Wegen $f''(-\frac{4}{3}) = \frac{9\sqrt{3}}{2\sqrt{2}} > 0$
ist $-\frac{4}{3}$ die Minimalstelle von f.
Mit dem Funktionswert $f'(-\frac{4}{3}) = -\frac{4}{9}\sqrt{6}$
hat f das Minimum $(-\frac{4}{3}, -\frac{4}{9}\sqrt{6})$.

Untersuchung von f hinsichtlich Wendepunkte:
Wegen $Wen(f) \subset N(f'') = \emptyset$
hat f keine Wendepunkte.

Für die Tangente $t : \mathbb{R} \longrightarrow \mathbb{R}$ an f bei 0 gilt
$t(x) = f'(0)x - f'(0)0 + f(0) = \sqrt{2}x$.

---

2. Ableitungsfunktion $g'' : (2, \star) \longrightarrow \mathbb{R}$ von g
ist $g'' = (\frac{3 \cdot id - 4}{2v})' = \frac{3 \cdot id - 16}{4v^3}$
mit $g''(x) = \frac{3x-16}{4(x-2)\sqrt{x-2}}$
$N(g'') = N(3 \cdot id - 16) = D(g) \cap \{\frac{16}{3}\} = \{\frac{16}{3}\}$

Untersuchung von g hinsichtlich Extrema:
Wegen $Ex(g) \subset N(g') = \emptyset$
hat g keine Extrema.

Untersuchung von g hinsichtlich Wendepunkte:
3. Ableitungsfunktion $g''' : (2, \star) \longrightarrow \mathbb{R}$ von g
ist $g''' = (\frac{3 \cdot id - 16}{4v^3})' = -\frac{3}{8} \cdot \frac{id+12}{v^5}$
Wegen $g'''(\frac{16}{3}) = -\frac{27}{5\sqrt{30}} < 0$
ist $\frac{16}{3}$ die Wendestelle von g.
Mit dem Funktionswert $g(\frac{16}{3}) = \frac{16}{9}\sqrt{30}$
hat g den Wendepunkt $(\frac{16}{3}, \frac{16}{9}\sqrt{30})$.

Für die Wendetangente $t : \mathbb{R} \longrightarrow \mathbb{R}$ an g bei $\frac{16}{3}$ gilt
$t(x) = g'(\frac{16}{3})x - g'(\frac{16}{3})\frac{16}{3} + g(\frac{16}{3})$
$t(x) = \frac{3}{5}\sqrt{30}x + 16(\frac{1}{9} - \frac{1}{5})\sqrt{30}$.

Zur Untersuchung der Relation $R_f = f \cup -f$ bei -2 sowie der Relation $R_g = g \cup -g$ bei 2 werden jeweils antitone gegen diese Zahlen konvergente Folgen $x : \mathbb{N} \longrightarrow \mathbb{R}$ sowie die jeweils von x erzeugte zugehörige Folge der Kehrwerte der Steigungen betrachtet. Im einzelnen:

Für $x : \mathbb{N} \longrightarrow [-2, \star)$ mit $lim(x) = -2$ gilt
$lim(\frac{1}{f'} \circ x) = lim(\frac{1}{f' \circ x}) = \frac{0}{-2} = 0$
mit $lim(2\sqrt{x_n + 2})_{n \in \mathbb{N}} = 0$
und $lim(3x_n + 4)_{n \in \mathbb{N}} = -2$.

Für $x : \mathbb{N} \longrightarrow [2, \star)$ mit $lim(x) = 2$ gilt
$lim(\frac{1}{g'} \circ x) = lim(\frac{1}{g' \circ x}) = \frac{0}{2} = 0$
mit $lim(2\sqrt{x_n - 2})_{n \in \mathbb{N}} = 0$
und $lim(3x_n - 4)_{n \in \mathbb{N}} = 2$.

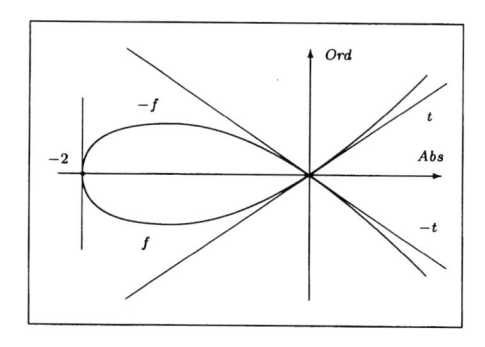

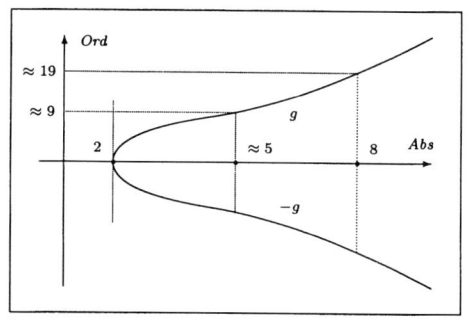

A2.922.05 (D, A): Betrachten Sie die durch $f(x) = \sqrt{x+4}$ und $g(x) = \frac{1}{3}x + 3 - \sqrt{x+4}$ auf ihren maximalen Definitionsbereichen definierten Funktionen $f : D_{max}(f) \longrightarrow \mathbb{R}$ und $g : D_{max}(g) \longrightarrow \mathbb{R}$.
1. Bestimmen Sie die Definitionsbereiche $D_{max}(f)$ und $D_{max}(g)$.
2. Berechnen Sie die Schnittstellen von f und g mit den Koordinaten.
3. Untersuchen Sie f und g hinsichtlich Ordinaten- und Punktsymmetrie (zum Koordinatenursprung).

4. Untersuchen Sie die beiden Funktionen f und g (auf entsprechenden Einschränkungen von $D_{max}(f)$ und $D_{max}(g)$) hinsichtlich möglicher Extrema und Wendepunkte.

5. Es bezeichne a die gemeinsame untere Grenze von $D_{max}(f)$ und $D_{max}(g)$. Betrachten Sie dazu geeignete antitone Testfolgen x mit $lim(x) = a$ und bilden Sie die zugehörigen Folgen (der Kehrwerte) von Tangentenanstiegen bezüglich f und g. Sind diese Folgen konvergent und was (im geometrischen Sinne) besagen gegebenenfalls ihre Grenzwerte?

6. Berechnen Sie die Schnittpunkte von f und g und skizzieren Sie dann beide Funktionen.

7. Berechnen Sie den Inhalt $A(f,g)$ der von f und g vollständig begrenzten Fläche.

8. Geben Sie den maximalen bijektiven Teil von g an und berechnen Sie dann die Zahl $(g^{-1})'(1)$.

B2.922.05: Zur Bearbeitung der Aufgabe im einzelnen:

1. Zunächst liefern die Äquivalenzen $x \in D_{max}(f) \Leftrightarrow x + 4 \geq 0 \Leftrightarrow x \geq -4 \Leftrightarrow x \in [-4, \star)$ den maximalen Definitionsbereich $D_{max}(f) = [-4, \star)$. Beachtet man ferner $g = u - f$ mit der durch $u(x) = \frac{1}{3}x + 3$ definierten Geraden $u : \mathbb{R} \longrightarrow \mathbb{R}$, so ist $D_{max}(g) = D(u) \cap D_{max}(f) = D_{max}(f) = [-4, \star)$.

2a) Die Äquivalenzen $x \in N(f) \Leftrightarrow f(x) = 0 \Leftrightarrow \sqrt{x+4} = 0 \Leftrightarrow x + 4 = 0 \Leftrightarrow x = -4 \Leftrightarrow x \in \{-4\}$ liefern die einzige Nullstelle -4 von f. Ferner hat f den Ordinatenabschnitt $f(0) = \sqrt{4} = 2$, also den Ordinatenschnittpunkt $(0, 2)$.

2b) Die Äquivalenzen $x \in N(g) \Leftrightarrow g(x) = 0 \Leftrightarrow \frac{1}{3}x + 3 - \sqrt{x+4} = 0 \Leftrightarrow \frac{1}{3}x + 3 = \sqrt{x+4} \Leftrightarrow (\frac{1}{3}x+3)^2 = x+4 \Leftrightarrow \frac{1}{9}x^2 + x + 5 = 0 \Leftrightarrow x^2 + 9x + 45 = 0 \Leftrightarrow x \in \emptyset$ zeigen, daß g keine Nullstelle besitzt. (Man beachte: Das vierte Äquivalenzzeichen gilt wegen $\frac{1}{3}x + 3 \geq 0$ und $\sqrt{x+4} \geq 0$.) Ferner hat g den Ordinatenabschnitt $g(0) = 3 - \sqrt{4} = 1$, also den Ordinatenschnittpunkt $(0, 1)$.

3. Die Funktion f ist weder ordinaten- noch punktsymmetrisch, denn es gilt beispielsweise $f(-1) = \sqrt{3} \neq \sqrt{5} = f(1)$ und $-f(-1) = -\sqrt{3} \neq \sqrt{5} = f(1)$. Die Funktion g ist gleichfalls weder ordinaten- noch punktsymmetrisch wegen der Darstellung $g = \frac{1}{3}id + 3 - f$.

4a) Die Darstellung $f = id^{\frac{1}{2}} \circ (id + 4)$ von f zeigt, daß f die um 4 in negativer Abszissenrichtung verschobene Wurzel-Funktion ist. Folglich besitzt f weder lokale Extrema noch Wendepunkte. (Allerdings ist der Punkt $(-4, 0)$ ein globales Minimum hinsichtlich $D(f) = [-4, \star)$.)

4b) Im folgenden wird die auf den Definitionsbereich $(-4, \star)$ eingeschränkte Funktion g betrachtet. Die 1. Ableitungsfunktion $g' : (-4, \star) \longrightarrow \mathbb{R}$ ist definiert durch die Vorschrift $g'(x) = \frac{1}{3} - \frac{1}{2\sqrt{x+4}} = \frac{2\sqrt{x+4}-3}{6\sqrt{x+4}}$ und besitzt die Nullstelle $-\frac{7}{4}$ als Nullstelle der Zählerfunktion von g' (die nicht zugleich Nullstelle der Nennerfunktion von g' ist). Somit ist die 2. Ableitungsfunktion $g'' : (-4, \star) \longrightarrow \mathbb{R}$ von g zu bilden: Sie ist definiert durch die Vorschrift $g''(x) = \frac{1}{4\sqrt{(x+4)^3}}$ und liefert den Funktionswert $g''(-\frac{7}{4}) = \frac{2}{27} > 0$. Folglich ist $-\frac{7}{4}$ die Minimalstelle und $(-\frac{7}{4}, g(-\frac{7}{4})) = (-\frac{7}{4}, \frac{11}{12})$ das Minimum von g.

4c) Wie man sofort sieht, besitzt g'' keine Nullstellen, folglich besitzt g keine Wendpunkte.

5. bei den beiden folgenden Einzelbetrachtungen wird jeweils eine beliebig gewählte antitone und gegen die Zahl -4 konvergente Folge $x : \mathbb{N} \longrightarrow (-4, \star)$ betrachtet. Für derartige Folgen x gilt dann:

a) Die Folge $\frac{1}{f' \circ x} = (\frac{1}{f'(x_n)})_{n \in \mathbb{N}} = (2\sqrt{x_n + 4})_{n \in \mathbb{N}}$ ist offensichtlich nullkonvergent. Stellt man sich nun die von f und $-f$ erzeugte Relation $(f, -f)$ vor, so bedeutet diese Berechnung, daß die Ordinatenparallele durch -4 eine Tangente (im geometrischen Sinne) an $(f, -f)$ bei -4 ist. (Die Relation $(f, -f)$ hat dort also keine Spitze.)

b) Die Folge $\frac{1}{g' \circ x} = (\frac{1}{g'(x_n)})_{n \in \mathbb{N}} = (\frac{6\sqrt{x_n+4}}{2\sqrt{x_n+4}-3})_{n \in \mathbb{N}}$ ist ein Quotient zweier Folgen, wobei alle Folgenglieder von Zähler- und Nennerfolge heweils ungleich Null sind. Ferner ist die Zählerfolge nullkonvergent, hingegen ist die Nennerfolge gegen -3 konvergent. Folglich existiert der Grenzwert $lim(\frac{1}{g' \circ x})$ dieser Quotientenfolge mit $lim(\frac{1}{g' \circ x}) = \frac{0}{-3} = 0$. Mithin gilt das in Teil a) für die Relation $(f, -f)$ Gesagte in gleicher Weise auch für die von g und $-g$ erzeugte Relation $(g, -g)$.

6. Wie die folgenden Äquivalenzen zeigen, besitzen f und g genau zwei Schnittpunkte, nämlich:
$x \in S(f, g) \Leftrightarrow f(x) = g(x) \Leftrightarrow \sqrt{x+4} = \frac{1}{3}x + 3 - \sqrt{x+4} \Leftrightarrow 2\sqrt{x+4} = \frac{1}{3}x + 3$
$\Leftrightarrow 4(x+4) = (\frac{1}{3}x+3)^2 \Leftrightarrow x^2 - 18x - 63 = 0 \Leftrightarrow (x+3)(x-21) = 0 \Leftrightarrow x \in \{-3, 21\}$.
Damit haben f und g die beiden Schnittpunkte $(-3, f(-3)) = (-3, 1)$ und $(21, f(21)) = (21, 5)$.

Skizze von f und g (mit gestauchtem positiven Teil der Abszisse):

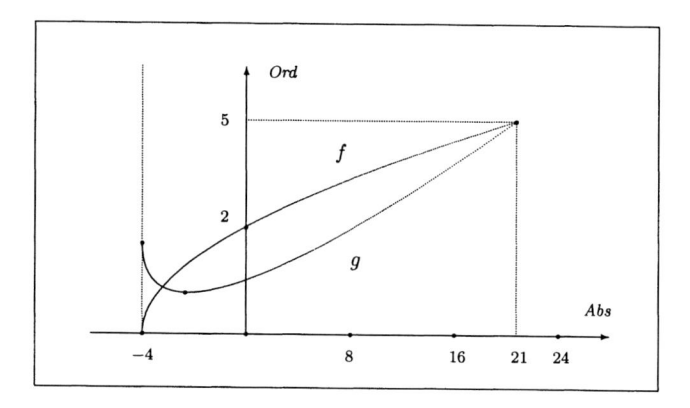

7. Zur Berechnung des Flächeninhalts $A(f,g)$ wird zunächst eine Stammfunktion $H : [-4, \star) \longrightarrow \mathbb{R}$ zu der Funktion $g - f : [-4, \star) \longrightarrow \mathbb{R}$ gebildet: Beachtet man $(g-f)(x) = \frac{1}{3}x + 3 - 2\sqrt{x+4}$, so ist eine zugehörige Stammfunktion H definiert durch die Vorschrift $H(x) = \frac{1}{6}x^2 + 3x - \frac{4}{3}\sqrt{(x+4)^3}$. Damit ist dann $A(f,g) = |H(21) - H(-3)| = |(\frac{441}{6} + 63 - \frac{4}{3} \cdot 125) - (\frac{9}{6} - 9 - \frac{4}{3} \cdot 1)| = \frac{64}{3} \approx 21,3$ (FE).

8. Wie die obige Skizze auch zeigt, ist die Einschränkung $g : (-\frac{7}{4}, \star) \longrightarrow (\frac{11}{12}, \star)$ mit der Minimalstelle $-\frac{7}{4}$ der Ausgangsfunktion $g : [-4, \star) \longrightarrow \mathbb{R}$ streng monoton und folglich eine bijektive sowie differenzierbare Funktion mit invrser Funktion $g^{-1} : (\frac{11}{12}, \star) \longrightarrow (-\frac{7}{4}, \star)$. Mit der Beziehung $(g^{-1})' = \frac{1}{g' \circ g^{-1}}$ (siehe Satz 2.317.1/2) ist dann schließlich $(g^{-1})'(1) = \frac{1}{(g' \circ g^{-1})(1)} = \frac{1}{(g'(g^{-1})(1))} = \frac{1}{g'(0)} = \frac{1}{\frac{1}{3} - \frac{1}{4}} = 12$.

2.924 Untersuchungen von Potenz-Funktionen (Teil 5)

A2.924.01 (D, V) : Betrachten Sie die Familie $(f_a)_{a \in \mathbb{R}^+}$ von Funktionen $f_a : \mathbb{R}^+ \longrightarrow \mathbb{R}$, definiert durch die Zuordnungsvorschriften $f_a(x) = 2 - \sqrt{ax}$.
1. Beweisen Sie, daß f_1 diejenige Funktion ist, die den Punkt $(1,1)$ enthält, und f_4 diejenige, die in ihrem Schnittpunkt mit der Abszisse den Anstiegswinkel $135°$ besitzt.
2. Betrachten Sie die Fläche F, die f_4 mit den beiden Koordinaten einschließt, und berechnen Sie das Volumen $V(F)$ des Körpers, der durch Rotation von F um die Ordinate entsteht.
3. Ermitteln Sie zu einem beliebigen Punkt $(x_0, f_1(x_0))$ die Normale zu f_1. Betrachten Sie dann das rechtwinklige Dreieck, das diese Normale mit der Abszissenparallelen durch 2 und der Ordinatenparallelen durch x_0 bildet. Berechnen Sie die Länge der zur Abszisse parallelen Dreiecksseite. Warum schneidet keine solche Normale die Strecke mit den Endpunkten $(0,2)$ und $(\frac{1}{2}, 2)$?

B2.924.01: Zur Bearbeitung der Aufgabe im einzelnen:
1a) Die Bedingung, daß $(1,1)$ Punkt einer Funktion f_a ist, bedeutet, daß $f_a(1) = 2 - \sqrt{a} = 1$ ist. Diese Form der Bedingung ist aber äquivalent zu $\sqrt{a} = 1$ und wegen $a \in \mathbb{R}^+$ auch äquivalent zu $a = 1$.
1b) Es ist sinnvoll, f_a zunächst hinsichtlich Nullstellen zu untersuchen: Wegen der Äquivalenzen
$x \in N(f_a) \Leftrightarrow f_a(x) = 0 \Leftrightarrow 2 - \sqrt{ax} = 0 \Leftrightarrow \sqrt{ax} = 2 \Leftrightarrow \sqrt{x} = \frac{2}{\sqrt{a}} \Leftrightarrow x = \frac{4}{a}$ hat f_a die Nullstelle $\frac{4}{a}$.
Die in der Aufgabenstellung genannte Bedingung hat dann die Form $f_a'(\frac{4}{a}) = tan(135°) = tan(\frac{3}{4}\pi) = -1$, folglich ist die 1. Ableitungsfunktion $f_a' : \mathbb{R}^+ \longrightarrow \mathbb{R}$ zu bestimmen: Sie hat die Zuordnungsvorschrift $f_a'(x) = -\sqrt{a} \cdot \frac{1}{2\sqrt{x}}$. Damit ist $f_a'(\frac{4}{a}) = -1$ äquivalent zu $-\sqrt{a} \cdot \frac{1}{2\sqrt{\frac{4}{a}}} = -1$, somit auch äquivalent zu $\sqrt{a}\sqrt{a} = 2\sqrt{4} = 4$, also schließlich (wegen $a \in \mathbb{R}^+$) auch äquivalent zu $a = 4$.
Anmerkung: Man kann $a = 4$ auch ohne explizite Kenntnis der Nullstelle von f_a berechnen: Ist x_0 die Nullstelle von f_a mit der vorgegebenen Eigenschaft $f_a'(x_0) = tan(135°) = -1$, dann ist einerseits $-\sqrt{a} \cdot \frac{1}{2\sqrt{x_0}} = -1$, andererseits $f_a(x_0) = 2 - \sqrt{a}\sqrt{x_0} = 0$. Damit liegen die beiden Bedingungen $\sqrt{a} = 2\sqrt{x_0}$ und $\sqrt{a} = \frac{2}{\sqrt{x_0}}$ vor. Sie sind äquivalent zu $2\sqrt{x_0} = \frac{2}{\sqrt{x_0}}$, also zu $\sqrt{x_0} = 1$ und damit zu $x_0 = 1$. Jede der Einzelbedingungen, etwa die zweite, liefert dann $2 - \sqrt{a} = 0$, also ist $a = 4$.
2. In den folgenden Berechnungen sei $f = f_4|[0,1]$ abgekürzt.
a) Zu der bijektiven Funktion $f : [0,1] \longrightarrow [f(1), f(0)] = [0,2]$ wird nun zunächst die inverse Funktion $f^{-1} : [0,2] \longrightarrow [0,1]$ betrachtet, deren Zuordnungsvorschrift die folgenden Äquivalenzen liefern: Es gilt $f(x) = 2 - 2\sqrt{x} = z \Leftrightarrow z - 2 = -2\sqrt{x} \Leftrightarrow \sqrt{x} = 1 - \frac{z}{2} \Leftrightarrow f^{-1}(z) = x = (1 - \frac{z}{2})^2 = \frac{1}{4}(2-z)^2$.
b) Betrachtet man die durch $u(z) = 2 - z$ definierte Funktion $u : [0,2] \longrightarrow [0,1]$, dann ist $(f^{-1})^2 = \frac{1}{16}u^4$ und damit dann $V(F) = V_y(f) = \pi \int_0^2 (f^{-1})^2 = \frac{1}{16}\pi \int_0^2 u^4$. Verwendet man für nicht-konstante Geraden v die Formel $\int v^n = \frac{1}{v'} \cdot \frac{1}{n+1} v^{n+1}$ (siehe Anmerkung 1), dann ist $\int u^4 = -\frac{1}{5}u^5$ und das Volumen $V(F) = \frac{1}{16}\pi((\int u^4)(2) - (\int u^4)(0)) = \frac{1}{16}\pi(-\frac{1}{5}(2-2)^5 - (-\frac{1}{5}(2-0)^5)) = \frac{1}{16}\pi(\frac{1}{5}2^5) = \frac{1}{16}\pi(\frac{1}{5} \cdot 32) = \frac{2}{5}\pi$ (VE).
Anmerkung 1: Verwendet man die für $\int v^n$ genannte allgemeine Formel nicht, dann muß außerdem zunächst $u^4(z) = 16 - 32z + 24z^2 - 8z^3 + z^4$ sowie $(\int u^4)(z) = 16z - 16z^2 + 8z^3 - 2z^4 + \frac{1}{5}z^5$ berechnet werden. Damit ist dann $(\int u^4)(2) = 32 - 64 + 64 - 32 + \frac{1}{5} \cdot 32 = \frac{32}{5}$.
Anmerkung 2: Bei dieser Funktion f ist die Volumen-Formel $V_y(f) = \pi \int_a^b (id^2 \cdot |f'|)$ für differenzierbare Funktionen $f : (a,b) \longrightarrow \mathbb{R}$ anzuwenden: Mit $id^2 \cdot |f'| = id^2 \cdot |-id^{-\frac{1}{2}}| = id^{\frac{3}{2}}$ ist dann $\int (id^2 \cdot |f'|) = \int id^{\frac{3}{2}} = \frac{2}{5} \cdot id^{\frac{5}{2}}$ und damit dann $V_y(f) = \pi \int_0^1 (id^2 \cdot |f'|) = \pi(\frac{2}{5} \cdot 1^{\frac{5}{2}}) = \frac{2}{5}\pi$ (VE).

3. In den folgenden Berechnungen sei $f = f_1$ abgekürzt.
a) Ausgehend von der Zuordnungsvorschrift $t(x) = f'(x_0)x - f'(x_0)x_0 + f(x_0)$ der Tangente $t : \mathbb{R} \longrightarrow \mathbb{R}$ an f bei x_0 hat die zugehörige Normale $n : \mathbb{R} \longrightarrow \mathbb{R}$ wegen ihres Anstiegs $n'(x_0) = -\frac{1}{f'(x_0)}$ bei x_0 die

Zuordnungsvorschrift $n(x) = -\frac{1}{f'(x_0)} \cdot x + \frac{1}{f'(x_0)} \cdot x_0 + f(x_0)$. Beachtet man $f'(x_0) = -\frac{1}{2\sqrt{x_0}}$, dann hat $n(x)$ die Darstellung $n(x) = 2\sqrt{x_0} \cdot x - 2\sqrt{x_0} \cdot x_0 + 2 - \sqrt{x_0}$.

b) Es bezeichne z die Schnittstelle des Schnittpunktes der Normalen n und der Abszissenparallelen durch 2. Diese Schnittstelle wird dann durch die Bedingung $n(z) = 2$ durch die Äquivalenzen $n(z) = 2 \Leftrightarrow n(z) = 2\sqrt{x_0}z - 2\sqrt{x_0}x_0 + 2 - \sqrt{x_0} = 2 \Leftrightarrow 2\sqrt{x_0}z = 2\sqrt{x_0}x_0 + \sqrt{x_0} \Leftrightarrow z = x_0 + \frac{1}{2}$ geliefert. Das bedeutet einerseits, daß die zu betrachtende Dreiecksseite die Länge $(x_0 + \frac{1}{2}) - x_0 = \frac{1}{2}$ hat, andererseits haben die Schnittpunkte beliebiger Normalen zu f mit der Ordinatenparallelen durch 2 die Form $(x_0 + \frac{1}{2}, 2)$, folglich kann wegen $x_0 > 0$ keiner dieser Schnittpunkte ein Punkt der Strecke mit den Endpunkten $(0, 2)$ und $(\frac{1}{2}, 2)$ sein.

A2.924.02 (D) : Zu untersuchen ist die Familie $(f_a)_{a \in \mathbb{R}}$ von Funktionen $f_a : D_{max}(f_a) \longrightarrow \mathbb{R}$, definiert durch die Zuordnungsvorschriften $f_a(x) = x\sqrt{x + a}$.
Hinweis: Unterscheiden Sie für $a \in \mathbb{R}$ nötigenfalls die Fälle $a < 0$ sowie $a = 0$ und $a > 0$.

1. Geben Sie den maximalen Definitionsbereich $D_{max}(f_a)$ und die Nullstellenmenge $N(f_a)$ von f_a an.
2. Untersuchen Sie die Funktionen f_a hinsichtlich möglicher Extrema.
3. Untersuchen Sie die Funktionen f_a hinsichtlich möglicher Wendepunkte und Wendetangenten.
4. Kann man Funktionen angeben, die – sofern existent – jeweils die Extrema oder die Wendepunkte aller oder einiger der Funktionen f_a der Familie $(f_a)_{a \in \mathbb{R}}$ enthalten?
5. Untersuchen Sie das Verhalten der Relationen $R_a = f_a \cup -f_a$ bei ihren Nullstellen ungleich Null.
6. Skizzieren Sie die Relationen R_{-2}, R_{-1}, R_0, R_1 und R_2.

B2.924.02: Zur Bearbeitung der Aufgabe im einzelnen:

1a) Für alle $a \in \mathbb{R}$ ist $D_{max}(f_a) = [-a, \star)$, beispielsweise ist $D_{max}(f_1) = [-1, \star)$ sowie $D_{max}(f_{-1}) = [1, \star)$ und $D_{max}(f_0) = [0, \star)$.

1b) Definiert man der Einfachheit halber $w_a = \sqrt{id + a} = (id + a)^{\frac{1}{2}}$, dann hat $f_a = id \cdot w_a : [-a, \star) \longrightarrow \mathbb{R}$ die Nullstellenmenge

$$N(f_a) = N(id) \cup N(w_a) = \begin{cases} \{0\} \cup N(w_a) = \{0\} \cup \{-a\} = \{0, -a\}, & \text{falls } a \geq 0 \\ \emptyset \cup N(w_a) = \{-a\}, & \text{falls } a < 0. \end{cases}$$

Beispielsweise ist $N(f_1) = \{0, -1\}$ sowie $N(f_{-1}) = \{1\}$ und $N(f_0) = \{0\}$.

2a) Die 1. Ableitungsfunktion $f_a' : (-a, \star) \longrightarrow \mathbb{R}$ der auf das offene Intervall $(-a, \star)$ einzuschränkenden Funktion f_a ist $f_a' = (id \cdot w_a)' = id' \cdot w_a + id w_a' = w_a + \frac{id}{2w_a} = \frac{2w_a^2 + id}{2w_a} = \frac{3 \cdot id + 2a}{2w_a}$ mit der elementweisen Zuordnung $f_a'(x) = \frac{3x + 2a}{2\sqrt{x+a}}$. Beispielsweise ist $f_1'(x) = \frac{3x+2}{2\sqrt{x+1}}$ sowie $f_{-1}'(x) = \frac{3x-2}{2\sqrt{x-1}}$ und $f_0'(x) = \frac{3}{2}\sqrt{x}$.

2b) Beachtet man $N(f_a') = N(3 \cdot id + 2a)$, dann liefert die Äquivalenz $3x + 2a = 0 \Leftrightarrow x = -\frac{2}{3}a$ den Sachverhalt

$$Ex(f_a) \subset N(f_a') = N(3 \cdot id + 2a) = \begin{cases} \{-\frac{2}{3}a\}, & \text{falls } a > 0 \\ \emptyset, & \text{falls } a \leq 0. \end{cases}$$

Beispielsweise ist $N(f_1') = \{-\frac{2}{3}\}$ sowie $N(f_{-1}') = \emptyset$ und $N(f_0') = \emptyset$.

2c) Hinsichtlich des Falls $a > 0$ (und Aufgabenteil 3) ist die 2. Ableitungsfunktion $f_a'' : (-a, \star) \longrightarrow \mathbb{R}$ von f_a zu ermitteln: Es gilt $f_a'' = (\frac{3 \cdot id + 2a}{2w_a})' = \frac{3 \cdot id + 4a}{4w_a^3}$ mit der elementweisen Zuordnung $f_a''(x) = \frac{3x + 4a}{4(x+a)\sqrt{x+a}}$. Beispielsweise ist $f_1''(x) = \frac{3x+4}{4(x+1)\sqrt{x+1}}$ sowie $f_{-1}''(x) = \frac{3x-4}{4(x-1)\sqrt{x-1}}$ und $f_0''(x) = \frac{3x}{4x\sqrt{x}} = \frac{3}{4\sqrt{x}}$.
Für den Fall $a > 0$ gilt stets $f_a'' > 0$, das bedeutet dann, daß $-\frac{2}{3}a$ die Minimalstelle von f_a ist. Die Berechnung $f_a(-\frac{2}{3}a) = -\frac{2}{3}a\sqrt{\frac{1}{3}a} = -\frac{2}{9}a\sqrt{3a}$ liefert dann das Minimum von f_a für $a > 0$.

3a) Beachtet man $N(f_a'') = N(3 \cdot id + 4a)$, dann liefert die Äquivalenz $3x + 4a = 0 \Leftrightarrow x = -\frac{4}{3}a$ den Sachverhalt

$$Wen(f_a) \subset N(f_a'') = N(3 \cdot id + 4a) = \begin{cases} \{-\frac{4}{3}a\}, & \text{falls } a < 0 \\ \emptyset, & \text{falls } a \geq 0. \end{cases}$$

Beispielsweise ist $N(f_{-1}'') = \{\frac{4}{3}\}$ sowie $N(f_1'') = \emptyset$ und $N(f_0'') = \emptyset$.

3b) Hinsichtlich des Falls $a < 0$ ist die 3. Ableitungsfunktion $f_a''' : (-a, \star) \longrightarrow \mathbb{R}$ von f_a zu ermitteln: Es gilt $f_a''' = (\frac{3 \cdot id + 4a}{4w_a^3})' = -\frac{3}{8} \cdot \frac{id + 2a}{w_a^5}$ mit der Zuordnungsvorschrift $f_a'''(x) = -\frac{3}{8} \cdot \frac{x+2a}{(x+a)^2 \cdot \sqrt{x+a}}$.

Für den Fall $a < 0$ gilt stets $f_a''' < 0$, das bedeutet dann, daß $-\frac{4}{3}a$ die Wendestelle von f_a ist. Die Berechnung $f_a(-\frac{4}{3}a) = -\frac{4}{9}a\sqrt{-\frac{1}{3}a} = -\frac{4}{9}a\sqrt{-3a}$ liefert dann den Wendepunkt von f_a für $a < 0$.

3c) Die Wendetangente $t_a : \mathbb{R} \longrightarrow \mathbb{R}$ an f_a bei $-\frac{4}{3}a$ ist für $a < 0$ definiert durch die Zuordnungsvorschrift $t_a(x) = f_a'(-\frac{4}{3}a)x - f_a'(-\frac{4}{3}a)(-\frac{4}{3}a) + f_a(-\frac{4}{3}a)$. Mit den darin enthaltenen Einzeldaten $f_a'(-\frac{4}{3}a) = \sqrt{-3a}$ und $f_a(-\frac{4}{3}a) = -\frac{4}{9}a\sqrt{-3a}$ ist dann $t_a(x) = \sqrt{-3a} \cdot x - \frac{4}{9}a\sqrt{-3a}$.

4a) Nach Aufgabenteil 2c) ist $(-\frac{2}{3}a, -\frac{2}{9}a\sqrt{3a})$ für $a > 0$ das Minimum von f_a. Damit liefert die Zuordnung $-\frac{2}{3}a \longmapsto -\frac{2}{9}a\sqrt{3a}$ dann die Funktion $E : \mathbb{R}^- \longrightarrow \mathbb{R}$ mit $E(x) = \frac{1}{2}x\sqrt{-2x}$, für die mit $a > 0$ dann $E(-\frac{2}{3}a) = \frac{1}{2}(-\frac{2}{3}a)\sqrt{(-2)(-\frac{2}{3}a)} = -\frac{1}{3}a \cdot 2\sqrt{\frac{1}{3}a} = -\frac{2}{9}a\sqrt{-3a}$ gilt.

4b) Nach Aufgabenteil 3b) ist $(-\frac{4}{3}a, -\frac{4}{9}a\sqrt{-3a})$ für $a < 0$ der Wendepunkt von f_a. Die Zuordnung $-\frac{4}{3}a \longmapsto -\frac{4}{9}a\sqrt{-3a}$ liefert dann die Funktion $W : \mathbb{R}^+ \longrightarrow \mathbb{R}$ mit $W(a) = \frac{1}{2}x\sqrt{x}$, für die mit $a < 0$ dann $W(-\frac{4}{3}a) = \frac{1}{2}(-\frac{4}{3}a)\sqrt{\frac{4}{3}a} = -\frac{4}{3}a \cdot \frac{1}{3}\sqrt{\frac{1}{3}a} = -\frac{4}{9}a\sqrt{-3a}$ gilt.

Anmerkung: Für die Funktionen $W, f_0 : \mathbb{R}^+ \longrightarrow \mathbb{R}$ gilt $W = \frac{1}{2}f_0$.

5. Um zu entscheiden, ob R_a bei der Nullstelle $-a$ eine Tangente besitzt (oder eine Spitze aufweist), werden gegen $-a$ konvergente Folgen x betrachtet und die Bildfolgen $f_a' \circ x$, $\frac{1}{f_a'} \circ x = \frac{1}{f_a' \circ x}$ untersucht:

5a) Die Relation R_0 hat bei ihrer Nullstelle keine Tangente (also eine Spitze), denn: Ist $x : \mathbb{N} \longrightarrow [0, \star)$ eine beliebige antitone Folge mit $lim(x) = 0$, dann ist auch die zugehörige Folge $f_0' \circ x : \mathbb{N} \longrightarrow [0, \star)$ der Steigungen von f_0 bei x_n konvergent, denn es ist $lim(f_0'(x_n))_{n \in \mathbb{N}} = lim(\frac{3}{2}\sqrt{x_n})_{n \in \mathbb{N}} = \frac{3}{2} \cdot lim(\sqrt{x_n})_{n \in \mathbb{N}} = \frac{3}{2} \cdot \sqrt{lim(x_n)_{n \in \mathbb{N}}} = \frac{3}{2} \cdot 0 = 0$.

5b) Die Relation R_a hat bei ihrer Nullstelle $-a$ eine (senkrechte) Tangente, denn: Ist $x : \mathbb{N} \longrightarrow [0, \star)$ eine beliebige antitone Folge mit $lim(x) = -a$, dann ist auch die zugehörige Folge $\frac{1}{f_a' \circ x} : \mathbb{N} \longrightarrow [0, \star)$ der Kehrwerte der Steigungen von f_a bei x_n konvergent gegen 0, denn in der Darstellung $\frac{1}{f_a' \circ x} = (\frac{1}{f_a'(x_n)})_{n \in \mathbb{N}} = (\frac{2\sqrt{x_n + a}}{3x_n + 2a})_{n \in \mathbb{N}}$ gilt einerseits $lim(3x_n + 2a)_{n \in \mathbb{N}} = lim(3x_n)_{n \in \mathbb{N}} + 2a = 3 \cdot lim(x_n)_{n \in \mathbb{N}} + 2a = -3a + 2a_- a \neq 0$, andererseits gilt $lim(2\sqrt{x_n + a})_{n \in \mathbb{N}} = 2 \cdot lim(\sqrt{x_n + a})_{n \in \mathbb{N}} = 2\sqrt{lim(x_n)_{n \in \mathbb{N}} + a} = 2 \cdot \sqrt{-a + a} = 2 \cdot 0 = 0$. Wegen $lim(\frac{1}{f_a' \circ x}) = 0$ besitzt die Relation R_a bei der Nullstelle a eine senkrechte Tangente.

6a) Skizzen der Relationen R_{-2}, R_{-1} und R_0:

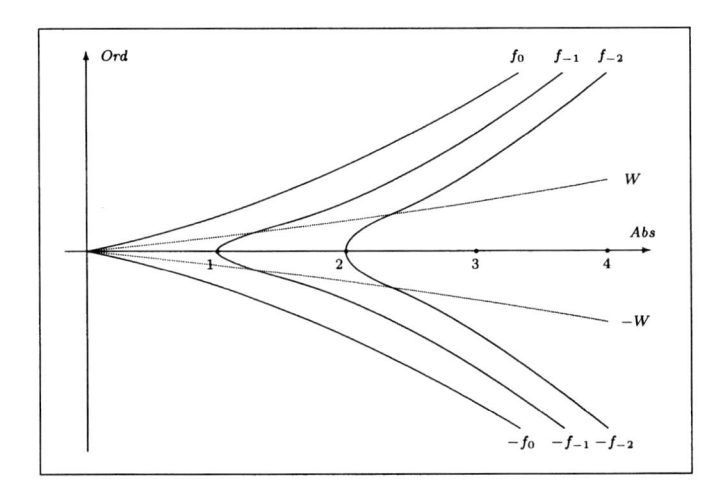

6b) Skizze der Relation R_2:

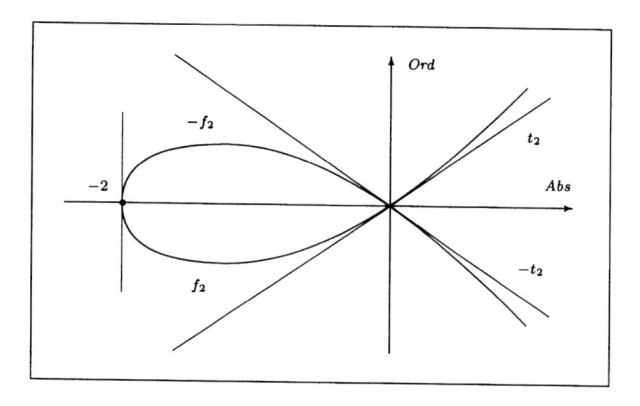

A2.924.03 (A): Die Familie $(R_a)_{a \in \mathbb{R}^+}$ von Relationen $R_a = \{(x,z) \in \mathbb{R}^2 \mid (az)^2 = x^2(a-x)\}$ ist im folgenden zu untersuchen.

1. Berechnen Sie den Flächeninhalt $A(R_a)$ der Fläche, die von R_a vollständig begrenzt wird.
2. Skizzieren Sie R_5 in einem geeigneten Darstellungsbereich.
3. Welche Funktion A wird durch die Zuordnung $a \longmapsto A(R_a)$ definiert?

B2.924.03: Zur Bearbeitung der Aufgabe im einzelnen:

2. Skizze von $R_5 = f_5 \cup -f_5$:

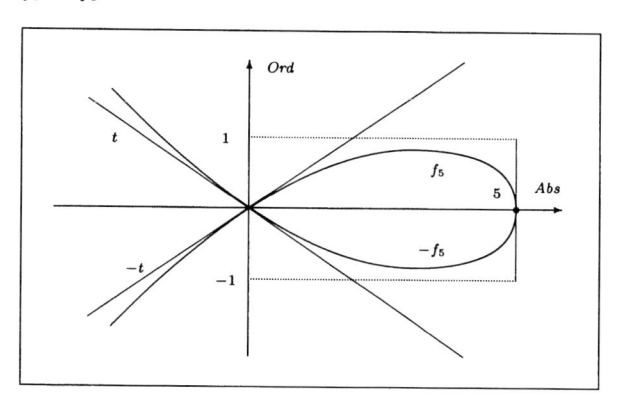

1a) Der Teil $\{(x,z) \in R_a \mid z \geq 0\}$ der Relation $R_a = \{(x,z) \in \mathbb{R}^2 \mid (az)^2 = x^2(a-x)\}$ liefert mit den Äquivalenzen $(az)^2 = x^2(a-x) \Leftrightarrow z^2 = \frac{1}{a^2}x^2(a-x) \Leftrightarrow z = \frac{1}{a}x\sqrt{a-x}$ eine Funktion $f_a : (-\star, a] \longrightarrow \mathbb{R}$ mit $f_a(x) = z = \frac{1}{a}x\sqrt{a-x}$. Im folgenden wird die Einschränkung $f_a : [0,a] \longrightarrow \mathbb{R}$ betrachtet, womit dann $A(R_a) = 2 \cdot A(f_a)$ ist.

1b) Zunächst wird das Integral von $f_a = \frac{1}{a} \cdot id \cdot (a-id)^{\frac{1}{2}}$ berechnet: Unter Verwendung von Corollar 2.506.2 und Lemma 2.512.2 gilt $\int f_a = \frac{1}{a} \cdot \int (id \cdot (a-id)^{\frac{1}{2}}) = \frac{1}{a} \cdot (id \cdot \int (a-id)^{\frac{1}{2}} - \int (id' \cdot \int (a-id)^{\frac{1}{2}})) = \frac{1}{a} \cdot (id \cdot (-\frac{2}{3})(a-id)^{\frac{3}{2}} - \int (-\frac{2}{3}(a-id)^{\frac{3}{2}})) = -\frac{2}{3a} \cdot (id \cdot (a-id)^{\frac{3}{2}} - (-\frac{2}{5}(a-id)^{\frac{5}{2}}))$
$= -\frac{2}{3a} \cdot (id + \frac{2}{5} \cdot (a-id))(a-id)^{\frac{3}{2}} = -\frac{2}{15a} \cdot (3 \cdot id + 2a)(a-id)^{\frac{3}{2}}$.

1c) Es gilt nun $A(f_a) = \int_0^a f_a = (\int f_a)(a) - (\int f_a)(0) = 0 - (-\frac{2}{15a} \cdot 2a \cdot a^{\frac{3}{2}}) = \frac{4}{15} \cdot a \cdot \sqrt{a}$ (FE) und somit $A(R_a) = \frac{8}{15} \cdot a \cdot \sqrt{a}$ (FE). Insbesondere gilt $A(f_5) = \frac{4}{3} \cdot \sqrt{5}$ (FE) und $A(R_5) = \frac{4}{3} \cdot \sqrt{5} \approx 6$ (FE).

3. Die Zuordnung $a \longmapsto A(R_a)$ liefert die Funktion $A : \mathbb{R}^+ \longrightarrow \mathbb{R}$ mit der Vorschrift $A(a) = \frac{8}{15} \cdot a \cdot \sqrt{a}$.

Anmerkung: Die Funktion f_5 hat das lokale Maximum $(\frac{10}{3}, \frac{2}{9}\sqrt{15}) \approx (3, 3/0, 9)$. Wie die folgende Skizze auch zeigt, hat die Relation R_a bei a eine senkrechte Tangente.

A2.924.04 (D) : Zu untersuchen ist die Familie $(f_a)_{a \in \mathbb{R}^+}$ von Funktionen $f_a : \mathbb{R}^+ \longrightarrow \mathbb{R}$ mit den Zuordnungsvorschriften $f_a(x) = (1 - ax)\sqrt{kax}$ mit beliebig, aber fest gewählter Zahl $k \in \mathbb{N}$.

1. Zeigen Sie, daß f_a eine stetige Fortsetzung $f_a^* : \mathbb{R}_0^+ \longrightarrow \mathbb{R}$ besitzt.
2. Untersuchen Sie f_a und f_a^* hinsichtlich Nullstellen und Extrema.
3. Existiert eine Funktion, die alle Extrema der Funktionen von $(f_a)_{a \in \mathbb{R}^+}$ enthält?
4. Ermitteln Sie die Relationen $R_a^* = f_a^* \cup -f_a^*$ und die Tangenten an R_a^* bei den Nullstellen.
5. Welchen Einfluß hat die Zahl k auf die Form und/oder die Lage von f_a ?

B2.924.04: Zur Bearbeitung der Aufgabe im einzelnen:

Im folgenden wird f_a als Produkt $f_a = g_a \cdot w_a$ mit $g_a = 1 - a \cdot id$ und $w_a = \sqrt{ka \cdot id}$ betrachtet. Entsprechend sei die stetige Fortsetzung $f_a^* = g_a \cdot w_a^* : \mathbb{R}_0^+ \longrightarrow \mathbb{R}$ bezeichnet.

1. Die stetige Fortsetzung $f_a^* : \mathbb{R}_0^+ \longrightarrow \mathbb{R}$ von f_a ist an der Stelle 0 definiert durch $f_a^*(0) = 0$. Daß diese Festlegung zu einer bei 0 stetigen Funktion f_a^* führt, zeigt folgende Betrachtung: Für beliebige antitone Folgen $x : \mathbb{N} \longrightarrow \mathbb{R}^+$ mit $lim(x) = 0$ konvergieren auch die Bildfolgen $f_a \circ x : \mathbb{N} \longrightarrow \mathbb{R}^+$ gegen 0, denn es gilt $lim(f_a \circ x) = lim(g_a w_a \circ x) = lim((g_a \circ x) \cdot (w_a \circ x)) = lim(g_a \circ x) \cdot lim(w_a \circ x) = 1 \cdot 0 = 0$ oder in Indexschreibweise $lim(f_a(x_n))_{n \in \mathbb{N}} = lim((1 - ax_n)\sqrt{kax_n})_{n \in \mathbb{N}} = lim(1 - ax_n)_{n \in \mathbb{N}} \cdot lim(\sqrt{kax_n})_{n \in \mathbb{N}} = 1 \cdot 0 = 0$.

2a) Es ist $N(f_a) = N(g_a) \cup N(w_a) = \{\frac{1}{a}\} \cup \emptyset = \{\frac{1}{a}\}$ und $N(f_a^*) = N(g_a) \cup N(w_a^*) = \{\frac{1}{a}\} \cup \{0\} = \{0, \frac{1}{a}\}$.

2b) Die 1. Ableitungsfunktion $f_a' : \mathbb{R}^+ \longrightarrow \mathbb{R}$ von f_a ist $f_a' = (g_a \cdot w_a)' = g_a' w_a + g_a w_a' = \frac{ka}{2} \cdot \frac{1 - 3a \cdot id}{w_a}$ mit der Zuordnungsvorschrift $f_a'(x) = \frac{ka}{2} \cdot \frac{1 - 3ax}{\sqrt{kax}}$. Wegen $N(f_a') = N(1 - 3a \cdot id)$ hat f_a die Nullstelle $\frac{1}{3a}$.

2c) Die 2. Ableitungsfunktion $f_a'' : \mathbb{R}^+ \longrightarrow \mathbb{R}$ von f_a ist $f_a'' = \frac{ka}{2} \cdot (1 - \frac{3a \cdot id}{w_a})' = \frac{k^2 a^2}{4} \cdot \frac{-1 - 3a \cdot id}{w_a^3}$. mit der Zuordnungsvorschrift $f_a''(x) = \frac{k^2 a^2}{4} \cdot \frac{-1 - 3ax}{kax\sqrt{kax}}$. Für die Nullstelle von f_a' gilt dann $f_a''(\frac{1}{3a}) = -\frac{k^2 a^2}{4} \cdot \frac{3\sqrt{3}}{k\sqrt{k}} = -\frac{3}{2}a^2\sqrt{3k} < 0$, somit ist $\frac{1}{3a}$ die Maximalstelle und $(\frac{1}{3a}, \frac{2}{9}\sqrt{3k})$ das Maximum von f_a.

3. Die konstante Funktion $E : \mathbb{R}^+ \longrightarrow \mathbb{R}$ mit $E(x) = \frac{2}{9}\sqrt{3k}$ ist die gesuchte Funktion.

4a) Die gesuchten Relationen sind $R_a = \{(x, y) \in \mathbb{R} \times \mathbb{R} \mid y = f_a(x)\} \cup \{(x, y) \in \mathbb{R} \times \mathbb{R} \mid y = -f_a(x)\}$
$= \{(x, y) \in \mathbb{R} \times \mathbb{R} \mid y^2 = (1 - ax)^2 kax\}$.

4b) Die Tangenten $t, -t : \mathbb{R} \longrightarrow \mathbb{R}$ an R_a bei $\frac{1}{a}$ sind definiert durch $t(x) = f_a'(\frac{1}{a})x - f_a'(\frac{1}{a})\frac{1}{a} + f_a(\frac{1}{a}) = -kax + k + 0 = -kax + k$ und $(-t)(x) = -t(x) = kax - k$.

4c) Bei der Nullstelle 0 besitzt R_a^* eine senkrechte Tangente, denn betrachtet man zu jeder antitonen Folge $x : \mathbb{N} \longrightarrow \mathbb{R}^+$ mit $lim(x) = 0$ die zugehörige Folge $\frac{1}{f_a'} \circ x = \frac{1}{f_a' \circ x}$ der Kehrwerte der Steigungen, dann ist mit $lim(\sqrt{kax_n})_{n \in \mathbb{N}} = 0$ und $lim(1 - 3ax_n)_{n \in \mathbb{N}} = 1$ schließlich $lim(\frac{1}{f_a' \circ x}) = \frac{0}{1} = 0$.

5. Zur Frage nach dem Einfluß der Zahl k auf die Form und/oder die Lage von f_a:

a) Man kann anstelle der Familie $(f_a)_{a \in \mathbb{R}^+}$ die Familie $(f_k)_{k \in \mathbb{N}}$ mit fest gewählter Zahl $a \in \mathbb{R}^+$ betrachten.

b) Man kann darüber hinaus die Familie $(f_{(a,k)})_{(a,k) \in \mathbb{R}^+ \times \mathbb{N}}$ von Funktionen $f_{(a,k)}$, die also von zwei Indices abhängen, betrachten.

2.925 Untersuchungen von Potenz-Funktionen (Teil 6)

A2.925.01 (A, M) : In dieser Aufgabe soll gezeigt werden, daß Kreise mit Radien r stets den Flächeninhalt $A(r) = \pi r^2$ (FE) und die zugehörigen Kugeln (als Rotationskörper) den Oberflächeninhalt $M(r) = 4\pi r^2$ (FE) haben. Dazu werden zwei Varianten betrachtet, die sich in der Lage des Kreises im Koordinaten-System unterscheiden: Zeigen Sie nun diese Behauptungen für einen Kreis mit Mittelpunkt
a) $M = (0,0)$ unter Verwendung von $\int \sqrt{u^2 - id^2} = \frac{1}{2}(id\sqrt{u^2 - id^2} + u^2 \cdot arcsin(\frac{1}{u} \cdot id)) + \mathbb{R}$,
b) $M = (r,0)$ unter Verwendung von $\int \sqrt{u \cdot id - id^2} = \frac{1}{2}((id - \frac{u}{2})\sqrt{u \cdot id - id^2} - \frac{u^2}{4} \cdot arcsin(1 - \frac{2}{u} \cdot id)) + \mathbb{R}$.

B2.925.01 Es wird (bezüglich der Lage von Kreisen) in zwei Varianten gezeigt, daß Kreise mit Radien r den Flächeninhalt $A(r) = \pi r^2$ und die zugehörigen Kugeln den Oberflächeninhalt $M(r) = 4\pi r^2$ haben:

a_1) Der Mittelpunkt $M = (0,0)$ bedeutet, daß der zu untersuchende Kreis zunächst durch die Relation $k(O,r) = \{(x,z) \in \mathbb{R}^2 \mid x^2 + z^2 = r^2\}$ beschrieben ist, deren definierende Gleichung dann $z^2 = r^2 - x^2$ liefert. Somit wird im folgenden die Funktion $k : [0,r] \longrightarrow \mathbb{R}$ mit der Zuordnungsvorschrift $k(x) = z = \sqrt{r^2 - x^2}$ betrachtet.
Mit dem im Aufgabentext angegebenen Integral ($u = r$) gilt dann $A(k) = \int\limits_0^r k = (\int k)(r) - (\int k)(0)$
$= \frac{1}{2}(r\sqrt{r^2 - r^2} + r^2 \cdot arcsin(\frac{1}{r} \cdot r)) - \frac{1}{2} \cdot 0 = \frac{1}{2}(0 + r^2 \cdot arcsin(1)) = \frac{1}{2}r^2(arcsin(1)) = \frac{1}{2}r^2(\frac{\pi}{2}) = \frac{1}{4}\pi r^2$
(FE). Dieser Flächeninhalt stellt den Inhalt der „Hälfte des oberen Teils" der gesamten Kreisfläche dar, folglich hat der Kreis den Flächeninhalt $A(r) = 4 \cdot A(k) = \pi r^2$ (FE).

b_1) Der Mittelpunkt $M = (r,0)$ bedeutet, daß der zu untersuchende Kreis zunächst durch die Relation $k(M,r) = \{(x,z) \in \mathbb{R}^2 \mid (x-r)^2 + z^2 = r^2\}$ beschrieben ist, deren definierende Gleichung dann die Darstellung $z^2 = r^2 - (x-r)^2 = r^2 - x^2 + 2rx - r^2 = 2rx - x^2$ liefert. Somit wird im folgenden die Funktion $k : [0,2r] \longrightarrow \mathbb{R}$ mit der Zuordnungsvorschrift $k(x) = z = \sqrt{2rx - x^2}$ betrachtet.
Mit dem im Aufgabentext angegebenen Integral ($u = 2r$) gilt dann $A(k) = \int\limits_0^{2r} k = (\int k)(2r) - (\int k)(0)$
$= \frac{1}{2}((2r - r)\sqrt{2r \cdot 2r - 4r^2} - r^2 \cdot arcsin(1 - \frac{2}{2r} \cdot 2r)) - \frac{1}{2}((0 - r)\sqrt{0} - r^2 \cdot arcsin(1 - 0))$
$= \frac{1}{2}(0 - r^2 \cdot arcsin(-1)) - \frac{1}{2}(0 - r^2 \cdot arcsin(1)) = \frac{1}{2}(r^2 \cdot \frac{\pi}{2} + r^2 \cdot \frac{\pi}{2}) = \frac{1}{2}\pi r^2$ (FE). Dieser Flächeninhalt stellt den Inhalt des „oberen Teils" der gesamten Kreisfläche dar, folglich hat der Kreis den Flächeninhalt $A(r) = 2 \cdot A(k) = \pi r^2$ (FE).

a_2) Zur weiteren Berechnung werden für die in a_1) angegebene Funktion $k : [0,r] \longrightarrow \mathbb{R}$ mit der Vorschrift $k(x) = \sqrt{r^2 - x^2}$ folgende Betrachtungen angestellt: Mit $k'(x) = \frac{-x}{\sqrt{r^2 - x^2}}$ ist $(k')^2(x) = \frac{x^2}{r^2 - x^2}$ und damit $1 + (k')^2(x) = \frac{r^2 - x^2 + x^2}{r^2 - x^2} = \frac{r^2}{r^2 - x^2}$. Somit ist $\sqrt{1 + (k')^2(x)} = \sqrt{\frac{r^2}{r^2 - x^2}} = \frac{r}{\sqrt{r^2 - x^2}} = \frac{r}{k(x)}$, woraus schließlich $k(x)\sqrt{1 + (k')^2(x)} = r$ folgt.
Mit dieser Vorbetrachtung ist $k\sqrt{1 + (k')^2} = r$, weiterhin $\int k\sqrt{1 + (k')^2} = \int r = r \cdot id + \mathbb{R}$, folglich $M(k) = 2\pi \int\limits_0^r k\sqrt{1 + (k')^2} = 2\pi (r^2 - 0) = 2\pi r^2$ (FE). Dieser Flächeninhalt stellt aber nur den Inhalt des „rechten Teils" der gesamten Kugeloberfläche dar, folglich hat die vollständige Kugel den Oberflächeninhalt $M(r) = 2 \cdot M(k) = 4\pi r^2$ (FE).

b_2) Zur weiteren Berechnung werden für die in b_1) angegebene Funktion $k : [0,2r] \longrightarrow \mathbb{R}$ mit der Vorschrift $k(x) = \sqrt{2rx - x^2}$ folgende Betrachtungen angestellt: Mit $k'(x) = \frac{r-x}{\sqrt{2rx - x^2}}$ ist $(k')^2(x) = \frac{(r-x)^2}{2rx - x^2}$ und damit $1 + (k')^2(x) = \frac{2rx - x^2 + r^2 - 2rx + x^2}{2rx - x^2} = \frac{r^2}{2rx - x^2}$. Somit ist $\sqrt{1 + (k')^2(x)} = \sqrt{\frac{r^2}{2rx - x^2}} = \frac{r}{\sqrt{2rx - x^2}} = \frac{r}{k(x)}$, woraus schließlich $k(x)\sqrt{1 + (k')^2(x)} = r$ folgt.
Mit dieser Vorbetrachtung ist $k\sqrt{1 + (k')^2} = r$, weiterhin $\int k\sqrt{1 + (k')^2} = \int r = r \cdot id + \mathbb{R}$, folglich $M(k) = \pi \int\limits_0^{2r} k\sqrt{1 + (k')^2} = \pi(2r^2 - 0) = 2\pi r^2$ (FE). Dieser Flächeninhalt stellt aber nur den Inhalt der Oberfläche der Halbkugel dar, folglich hat die vollständige Kugel den Oberflächeninhalt $M(r) = 2 \cdot M(k) = 4\pi r^2$ (FE).

A2.925.02 (D, V, M) : Ein symmetrisch zur Koordinate K_1 (Abszisse) liegender Kreis $k(M,r)$ habe den Mittelpunkt $M = (3,0)$. Teile des nicht-negativen Teils $\{(x,z) \in k(M,r) \mid z \geq 0\}$ des Kreises $k(M,r)$ seien durch die Familie $(k_c)_{c\in[0,2]}$ von Funktionen $k_c : [0,3c] \longrightarrow \mathbb{R}$ mit $k_c = \sqrt{6 \cdot id - id^2}$ vorgelegt.

1. Bestimmen Sie den Radius des Kreises $k(M,r)$ und skizzieren Sie $k(M,r)$ in einem Cartesischen Koordinaten-System im Maßstab 1 : 1. Welche Lage hat dieser Kreis zur Koordinate K_2?
2. Berechnen Sie das Volumen $V(k_c)$ des Körpers, den k_c durch Rotation um die Abszisse erzeugt.
3. Stellen Sie die Abhängigkeit des Volumens $V(k_c)$ von c als Funktion V dar. Untersuchen Sie V dann hinsichtlich Nullstellen, Extrema und Wendepunkte. Bestimmen Sie ferner die Tangente t an V bei 1. Skizzieren Sie dann V und t und kommentieren Sie die Untersuchungsergebnisse im Zusammenhang mit der Bedeutung von $V(k_c)$ als Volumen.
4. Bestimmen Sie die durch $V(k_c) = 36\pi$ (VE) festgelegte Zahl c als Lösung einer geeigneten Gleichung.
5. Berechnen Sie die jeweils kleinste Zahl $c > 0$, für die k_c mit der Geraden id bzw. der Geraden $\frac{1}{2}id$ eine geschlossene Fläche (mit nicht-leerem Flächeninhalt) bildet.
6. Berechnen Sie die Volumina $V(k_c, id)$ und $V(k_c, \frac{1}{2} \cdot id)$ der Körper, die die in Aufgabenteil 5 beschriebenen beiden Flächen durch Rotation um die Abszisse erzeugen.
7. Berechnen Sie den Inhalt $M(k_c)$ der Mantelfläche des Körpers, der durch Rotation von k_c um die Abszisse erzeugt wird.
8. Betrachten Sie den Körper, der von der von k_c und der Geraden $\frac{1}{2}id$ eingeschlossenen Fläche (siehe Aufgabenteil 5) durch Rotation um die Abszisse erzeugt wird, und berechnen Sie den Inhalt $M(k_c, id)$ seiner Mantelfläche.
9. Berechnen Sie analog zu Aufgabenteil 8 den Flächeninhalt $M(k_c, \frac{1}{2} \cdot id)$.

B2.925.02: Zur Bearbeitung der Aufgabe:

1. Zunächst wird der Radius des Kreises $k(M,r)$ mit $M = (3,0)$ berechnet: Nach der Beschreibung des Kreises hat er als Relation die Form
$$k(M,r) = \{(x,z) \in \mathbb{R}^2 \mid \tfrac{(x-r)^2}{r^2} + \tfrac{z^2}{r^2} = 1\},$$
woraus für den nicht-negativen Teil k als Funktion $k : [0,2r] \longrightarrow \mathbb{R}$ die Zuordnungsvorschrift $k = \sqrt{2r \cdot id - id^2}$ folgt. Ein Vergleich mit der gegebenen Zuordnungsvorschrift $k_c = \sqrt{6 \cdot id - id^2}$ liefert $2r = 6$, also ist $r = 3$. Wegen $M = (3,0)$ und $r = 3$ ist die Koordinate K_2 (Ordinate) Tangente zu $k(M,r)$ im Punkt $(0,0)$.

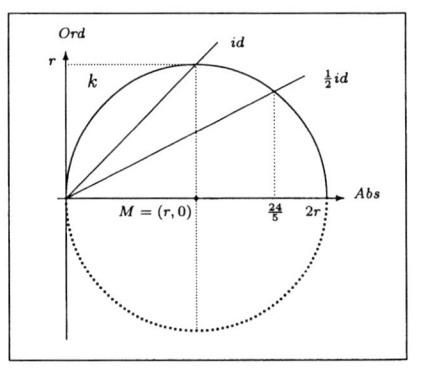

2. Mit $k_c^2 = 6 \cdot id - id^2$ ist $\int k_c^2 = 3 \cdot id^2 - \frac{1}{3}id^3 + \mathbb{R}$, somit ist das Volumen $V(k_c) = \pi \int_0^{3c} k_c^2 = \pi((\int k_c^2)(3c) - (\int k_c^2)(0)) = \pi(3 \cdot 9c^2 - \frac{1}{3} \cdot 27c^3) = 9\pi(3c^2 - c^3)$.

3. Die zu untersuchende Funktion $V : [0,2] \longrightarrow \mathbb{R}$ ist definiert durch $V(c) = V(k_c) = 9\pi(3c^2 - c^3)$.

a) Wegen $V(c) = 0 \Leftrightarrow c^2(3-c) = 0 \Leftrightarrow c = 0$ hat V die Nullstelle 0 (denn es gilt $3 \notin [0,2]$).

b) Zur näheren Kennzeichnung der Intervallgrenzen von $[0,2]$ wird nun vorübergehend die Funktion $V : (-1,3) \longrightarrow \mathbb{R}$ betrachtet. Ihre 1. Ableitungsfunktion $V' : (-1,3) \longrightarrow \mathbb{R}$ mit $V' = 9\pi(6 \cdot id - 3 \cdot id^2)$ hat die Nullstellenmenge $N(V') = \{0,2\}$. Die 2. Ableitungsfunktion $V'' : (-1,3) \longrightarrow \mathbb{R}$ mit $V'' = 9\pi(6 - 6 \cdot id)$ zeigt $V''(0) = 54\pi > 0$ und $V''(2) = -54\pi < 0$, folglich ist $(0, V(0)) = (0,0)$ das Minimum und $(2, V(2)) = (2, 36\pi)$ das Maximum von V. Dasselbe gilt für die Funktion $V : [0,2] \longrightarrow \mathbb{R}$.

c) Die 3. Ableitungsfunktion $V''' : (-1, 3) \longrightarrow \mathbb{R}$ mit $V''' = 9\pi(-6) = -54\pi$ zeigt als konstante Funktion, daß $V'''(1) \neq 0$ für die Nullstelle 1 von V'' ist. Somit ist $(1, V(1)) = (1, 18\pi)$ der Wendepunkt von V.

d) Schließlich ist mit $V'(1) = 9\pi(6 - 3) = 27\pi$ die Tangente $t : \mathbb{R} \longrightarrow \mathbb{R}$ an V bei 1, also die Wendetangente, definiert durch
$$t(x) = V'(1)x - V'(1) + V(1) = 27\pi \cdot x - 9\pi.$$

Die nebenstehende Skizze zeigt, daß die Zunahme des Volumens $V(k_c)$ in der Nähe von $c = 1$, also bei $x = 3c = 3$, am größten, in der Nähe von $c = 0$, also bei $x = 3 \cdot 0 = 0$, und bei $c = 2$, also bei $x = 3 \cdot 2 = 6$, am geringsten ist.

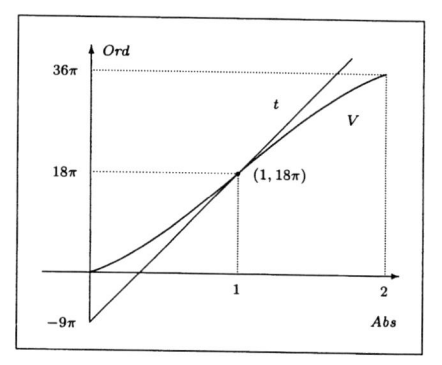

4. Zu betrachten ist die Integral-Gleichung $V(c) = \pi \int_0^{3c} k_c^2 = 36\pi$. Mit den Äquivalenzen $V(c) = 36\pi \Leftrightarrow 9\pi(3c^2 - c^3) = 36\pi \Leftrightarrow 3c^2 - c^3 = c^2(3 - c) = 4 \Leftrightarrow c = 2$ ist $c = 2$ die gesuchte Lösung der Gleichung.

5a) Zu berechnen sind die Schnittstellen von k_c mit id: Die Äquivalenzen $s \in S(k_c, id) \Leftrightarrow k_c(s) = id(s) \Leftrightarrow \sqrt{6s - s^2} = s \Leftrightarrow 6s - s^2 = s^2 \Leftrightarrow s = 0$ oder $s = 3$ liefern numerisch zunächst die beiden Zahlen 0 und 3. Wegen $s = 3c$ folgt mit der Bedingung $c > 0$ dann aber $3 = s = 3c$, also $c = 1$. Die gesuchte Funktion ist also k_1. Der zugehörige Schnittpunkt von k_1 mit id ist dann $(3, 3)$.

5b) Zu berechnen sind die Schnittstellen von k_c mit $\frac{1}{2}id$: Die Äquivalenzen $s \in S(k_c, \frac{1}{2}id) \Leftrightarrow k_c(s) = (\frac{1}{2}id)(s) \Leftrightarrow \sqrt{6s - s^2} = \frac{1}{2}s \Leftrightarrow 6s - s^2 = \frac{1}{4}s^2 \Leftrightarrow s = 0$ oder $s = \frac{24}{5}$ liefern numerisch zunächst die beiden Zahlen 0 und $\frac{24}{5}$. Wegen $s = 3c$ folgt mit der Bedingung $c > 0$ dann aber $\frac{24}{5} = s = 3c$, also $c = \frac{8}{5}$. Die gesuchte Funktion ist also $k_{\frac{8}{5}}$. Der zugehörige Schnittpunkt von $k_{\frac{8}{5}}$ mit $\frac{1}{2}id$ ist dann $(\frac{24}{5}, \frac{12}{5})$.

6a) Nach Aufgabenteil 5 ist die Funktion k_1 zu betrachten, also das Volumen $V(k_1, id)$ zu berechnen: Für die Funktionen $k_1, : [0, 3] \longrightarrow \mathbb{R}$ ist $k_1^2 - id^2 = 6 \cdot id - id^2 - id^2 = 6 \cdot id - 2 \cdot id^2$ und $\int(k_1^2 - id^2) = 3 \cdot id^2 - \frac{2}{3} \cdot id^3 + \mathbb{R}$. Das gesuchte Volumen ist $V(k_1, id) = \pi \int_0^3 (k_1^2 - id^2) = \pi(3 \cdot 9 - 27 \cdot \frac{2}{3}) = 9\pi$ (VE).

6b) Nach Aufgabenteil 5 ist die Funktion $k_{\frac{8}{5}}$ zu betrachten, also das Volumen $V(k_{\frac{8}{5}}, \frac{1}{2}id)$ zu berechnen: Für die Funktionen $k_{\frac{8}{5}}, \frac{1}{2} \cdot id : [0, 3] \longrightarrow \mathbb{R}$ ist $k_{\frac{8}{5}}^2 - (\frac{1}{2} \cdot id)^2 = 6 \cdot id - id^2 - \frac{1}{4} \cdot id^2 = 6 \cdot id - \frac{5}{4} \cdot id^2$ und $\int(k_{\frac{8}{5}}^2 - (\frac{1}{2} \cdot id)^2) = 3 \cdot id^2 - \frac{5}{12} \cdot id^3 + \mathbb{R}$. Somit ist dann das gesuchte Volumen $V(k_{\frac{8}{5}}, \frac{1}{2} \cdot id) = \pi \int_0^{\frac{24}{5}} (k_{\frac{8}{5}}^2 - (\frac{1}{2} \cdot id)^2) = \pi(3 \cdot (\frac{24}{5})^2 - \frac{5}{12} \cdot (\frac{24}{5})^3) = (\frac{24}{5})^2 \pi(3 - 2) = (\frac{24}{5})^2 \pi \approx 23\pi \approx 72,4$ (VE).

7. Im folgenden wird wegen der Bildung der Ableitungsfunktion die Einschränkung $k_c : (0, 3c) \longrightarrow \mathbb{R}$ betrachtet. Mit der Form $k_c = id^{\frac{1}{2}} \circ (6 \cdot id - id^2)$ ist $k_c' = (6 - 2 \cdot id) \cdot ((id^{\frac{1}{2}})' \circ (6 \cdot id - id^2)) = (6 - 2 \cdot id) \cdot \frac{1}{2} \cdot (id^{-\frac{1}{2}} \circ (6 \cdot id - id^2)) = (3 - id) \cdot \frac{1}{k_c}$. Somit ist $(k_c')^2 = (3 - id)^2 \cdot \frac{1}{k_c^2}$, also $1 + (k_c')^2 = \frac{9}{k_c^2}$, somit folglich $k_c \sqrt{1 + (k_c')^2} = k_c \cdot \frac{3}{k_c} = 3$. Damit ist dann $\int(k_c \sqrt{1 + (k_c')^2}) = \int 3 = 3 \cdot id + \mathbb{R}$ und $M(k_c) = 2\pi \int_0^{3c} 3 = 2\pi((\int 3)(3c) - (\int 3)(0)) = 2\pi(9c) = 18\pi c$ (FE).

8a) Nach Teil 5 ist die Funktion k_1 zu betrachten. Nach Teil 7 ist dann $M(k_1) = 18\pi$ (FE).

8b) Daneben hat der von dem Geradenstück $\frac{1}{2} \cdot id$ erzeugte Rotationskörper den Kegelmantel-Flächeninhalt $M = \pi rs$ mit dem Grundkreis-Radius r und der Länge u der Seitenrißlinie. Dabei ist $r = id(3) = 3$ und und $u^2 = 3^2 + 3^2$, also $u = 3\sqrt{2}$. Damit ist dann $M = 9\sqrt{2}\pi$ (FE).

8c) Schließlich ist $M(k_1, id) = M(k_1) + M = 18\pi + 9\sqrt{2}\pi = 9(2 + \sqrt{2})\pi \approx 30,7\pi$ (FE).

9a) Nach Teil 5 ist die Funktion $k_{\frac{8}{5}}$ zu betrachten. Nach Teil 7 ist dann $M(k_{\frac{8}{5}}) = 18\pi \cdot \frac{8}{5} = \frac{144}{5}\pi$ (FE).

9b) Daneben hat der von dem Geradenstück $\frac{1}{2} \cdot id$ erzeugte Rotationskörper den Kegelmantel-Flächeninhalt

$M = \pi rs$ mit dem Grundkreis-Radius r und der Länge u der Seitenrißlinie. Dabei ist $r = (\frac{1}{2} \cdot id)(\frac{24}{5}) = \frac{12}{5}$ und $u^2 = (\frac{24}{5})^2 + (\frac{12}{5})^2 = \frac{144}{5}$, also $u = \frac{12}{5}\sqrt{5}$. Damit ist dann $M = \pi \cdot \frac{12}{5} \cdot \frac{12}{5}\sqrt{5} = \frac{144}{25}\sqrt{5}\pi$ (FE).

9c) Schließlich ist $M(k_{\frac{8}{5}}, \frac{1}{2} \cdot id) = M(k_{\frac{8}{5}}) + M = \frac{144}{5}\pi + \frac{144}{25}\sqrt{5}\pi = (1 + \frac{1}{5}\sqrt{5})\frac{144}{5}\pi \approx 41,7\pi$ (FE).

A2.925.03 (M): Ein symmetrisch zur Koordinate K_1 (Abszisse) liegender Kreis $k(M,r)$ habe den Mittelpunkt $M = (r, 0)$.

1. Geben Sie die Relation $k(M,r)$ und den nicht-negativen Teil von $k(M,r)$ als Funktion k an.

2. Teile der Funktion k seien durch eine Familie $(k_c)_{c \in [0,2]}$ von Funktionen $k_c : [0, cr] \longrightarrow \mathbb{R}$ als Einschränkungen von k beschrieben. Berechnen Sie den Inhalt $M(k_c)$ der Mantelfläche des Körpers, den k_c durch Rotation um die Abszisse erzeugt.

3. Stellen Sie die Abhängigkeit des Flächeninhalts $M(k_c)$ von c als Funktion M dar und kommentieren Sie den Typ von M in bezug auf den dadurch beschriebenen Mantelflächeninhalt.

4. Betrachten Sie den Körper, der von der von k und der Geraden $m \cdot id$ (mit $m \geq 0$) eingeschlossenen Fläche durch Rotation um die Abszisse erzeugt wird, und berechnen Sie den Inhalt $M(k, m \cdot id)$ seiner Mantelfläche.

5. Betrachten Sie zu einer gegen 2 konvergenten Folge $c : \mathbb{N} \longrightarrow [0,2]$ die Folge $M : \mathbb{N} \longrightarrow \mathbb{R}$ mit der Zuordnung $n \longmapsto M(k_{c_n})$, definiert wie in Aufgabenteil 2. Zeigen Sie, daß M gegen $M(k)$ konvergiert.

6. Betrachten Sie die Folge $g : \mathbb{N} \longrightarrow Abb(\mathbb{R}, \mathbb{R})$, definiert durch die Zuordnung $g_n = \frac{1}{n} \cdot id$, von Geraden sowie die Folge $M : \mathbb{N} \longrightarrow \mathbb{R}$ mit der Zuordnung $n \longmapsto M(k_{c_{\frac{1}{n}}}, g_n)$, definiert wie in Aufgabenteil 4. Zeigen Sie, daß M gegen $M(k)$ konvergiert.

B2.925.03: Zur Bearbeitung der Aufgabe im einzelnen:

1. Die Relation $k(M,r)$ hat die Form $k(M,r) = \{(x,z) \in \mathbb{R}^2 \mid (x-r)^2 + z^2 = r^2\}$, die beschriebene Funktion k des nicht-negativen Teils von $k(M,r)$ ist dann $k : [0, 2r] \longrightarrow \mathbb{R}$ mit der Zuordnungsvorschrift $k = \sqrt{2r \cdot id - id^2}$.

2. Im folgenden wird wegen der Bildung der Ableitungsfunktion die Einschränkung $k_c : (0, cr) \longrightarrow \mathbb{R}$ betrachtet. Mit der Form $k_c = id^{\frac{1}{2}} \circ (2r \cdot id - id^2)$ ist $k_c' = (2r - 2 \cdot id) \cdot ((id^{\frac{1}{2}})' \circ (2r \cdot id - id^2)) = (2r - 2 \cdot id) \cdot \frac{1}{2} \cdot (id^{-\frac{1}{2}} \circ (2r \cdot id - id^2)) = (r - id) \cdot \frac{1}{k_c}$. Somit ist $(k_c')^2 = (r - id)^2 \cdot \frac{1}{k_c^2}$, also $1 + (k_c')^2 = \frac{(r - id)^2}{k_c^2} = \frac{k_c^2 + r^2 - 2r \cdot id + id^2}{k_c^2} = \frac{k_c^2 + r^2 - k_c^2}{k_c^2} = \frac{r^2}{k_c^2} = (\frac{r}{k_c})^2$, woraus schließlich $k_c \sqrt{1 + (k_c')^2} = k_c \cdot \frac{r}{k_c} = r$ folgt. Die zu integrierende Funktion ist also eine konstante Funktion und hat das Integral $\int (k_c \sqrt{1 + (k_c')^2}) = \int r = r \cdot id + \mathbb{R}$. Damit ist der Mantelflächeninhalt $M(k_c) = 2\pi \int_0^{cr} r = 2\pi((\int r)(cr) - (\int r)(0)) = 2\pi r(cr) = 2\pi r^2 c$ (FE).

3. Die gesuchte Funktion M ist dann die Gerade $M : [0, 2] \longrightarrow \mathbb{R}$ mit $M(c) = M(k_c) = 2\pi r^2 c$ und dem Anstieg $2\pi r^2$.

Insbesondere ist $M(2) = M(k_2) = 4\pi r^2$ (FE).

Das bedeutet, daß der Mantelflächeninhalt von Kugelabschnitten linear zunimmt. Anders gesagt: Jeder Kugelabschnitt (insbesondere auch die Kugelkappen) mit gleicher Dicke haben wegen unterschiedlicher Krümmung denselben Mantelflächeninhalt.

Beispielsweise gilt $M(1) - M(\frac{4}{5}) = M(\frac{1}{5})$, denn es ist $M(1) - M(\frac{4}{5}) = 2\pi r^2 - 2\pi r^2(\frac{4}{5}) = 2\pi r^2(1 - \frac{4}{5}) = 2\pi r^2(\frac{1}{5}) = M(\frac{1}{5})$.

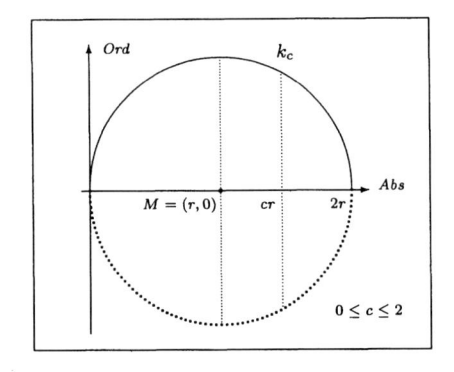

4. Zunächst werden die Schnittstellen von k und der Geraden $m \cdot id$ (mit $m \geq 0$) berechnet:
Die Äquivalenzen
$s \in S(k,g) \Leftrightarrow k(s) = g(s) \Leftrightarrow \sqrt{2rs - s^2} = ms$
$\Leftrightarrow 2rs - s^2 = m^2 s^2 \Leftrightarrow s(2r - s - m^2 s) = 0$
$\Leftrightarrow s = 0$ oder $s = \frac{2r}{1+m^2} = \frac{2}{1+m^2} r = c_m r$
liefern die beiden Schnittstellen 0 und $c_m r$.

Zu untersuchen sind also die Funktionen
$k_{c_m}, g : [0, c_m] \longrightarrow \mathbb{R}$ mit $c_m = \frac{2}{1+m^2}$.
Dabei ist $M(k_{c_m}) = 2\pi r^2 c_m$ nach Aufgabeil 2 und $M(g) = \pi (c_m r)^2 m\sqrt{1+m^2}$ nach Beispiel 2.656.4.
Die Summe $M(k_{c_m}) + M(g)$ ist dann der gesuchte Mantelflächeninhalt.

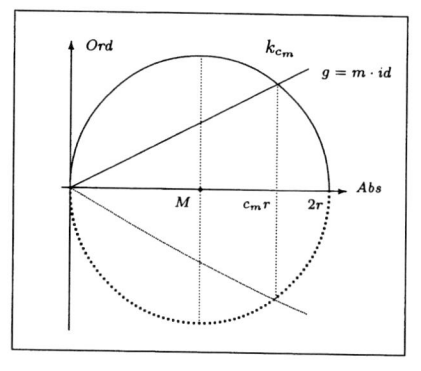

Es gilt $M(k_c, g) = M(k_{c_m}) + M(g) = 2\pi r^2 c_m + \pi (c_m r)^2 m\sqrt{1+m^2} = \pi r^2 (2c_m + c_m^2 m\sqrt{1+m^2}) = \pi r^2 (\frac{4}{1+m^2} + \frac{4}{(1+m^2)^2} m\sqrt{1+m^2}) = 4\pi r^2 (\frac{1}{1+m^2} + m(1+m^2)^{-\frac{3}{2}})$ (FE).

5. Betrachtet man zu einer gegen 2 konvergenten Folge $c : \mathbb{N} \longrightarrow [0,2]$ die Folge $M : \mathbb{N} \longrightarrow \mathbb{R}$ mit der Zuordnung $M_n = M(k_{c_n}) = 2\pi r^2 \cdot c_n$, dann ist $lim(M) = lim(2\pi r^2 \cdot c) = 2\pi r^2 \cdot lim(c) = 2\pi r^2 \cdot 2 = 4\pi r^2 = M(k)$, also konvergiert M gegen $M(k)$.

6. Man betrachte die Folge $g : \mathbb{N} \longrightarrow Abb(\mathbb{R}, \mathbb{R})$, definiert durch die Zuordnung $g_n = \frac{1}{n} \cdot id$, von Geraden sowie die Folge $M : \mathbb{N} \longrightarrow \mathbb{R}$ mit der Zuordnung $n \longmapsto M(k_{c_{\frac{1}{n}}}, g_n)$, definiert wie in Aufgabenteil 4. Mit $c_{\frac{1}{n}} = \frac{2}{1+(\frac{1}{n})^2} = 2 \cdot \frac{n^2}{1+n^2}$ liegt eine gegen 2 konvergente Folge $(c_{\frac{1}{n}})_{n \in \mathbb{N}}$ vor, denn die Folge $(\frac{n^2}{1+n^2})_{n \in \mathbb{N}}$ konvergiert gegen 1. Ferner ist $M(k_{c_{\frac{1}{n}}}, g_n) = \pi r^2 (2c_{\frac{1}{n}} + (c_{\frac{1}{n}})^2 \cdot \frac{1}{n} \cdot \sqrt{1+(\frac{1}{n})^2})$, wobei die Folge $(2c_{\frac{1}{n}})_{n \in \mathbb{N}}$ gegen 4, die Folge $((c_{\frac{1}{n}})^2)_{n \in \mathbb{N}}$ gegen 4, $(\frac{1}{n})_{n \in \mathbb{N}}$ gegen 0 und die Folge $(\sqrt{1+(\frac{1}{n})^2})_{n \in \mathbb{N}}$ gegen 1 konvergiert. Somit ist die Folge M konvergent mit $lim(M) = lim(M(k_{c_{\frac{1}{n}}}, g_n))_{n \in \mathbb{N}} = \pi r^2 \cdot lim(2c_{\frac{1}{n}})_{n \in \mathbb{N}} = 4\pi r^2 = M(k)$.

A2.925.04 (V) : Ein symmetrisch zur Koordinate K_1 (Abszisse) liegender Kreis $k(M, r)$ habe den Mittelpunkt $M = (r, 0)$.

1. Geben Sie die Relation $k(M, r)$ und den nicht-negativen Teil von $k(M, r)$ als Funktion k an.
2. Teile der Funktion k seien durch eine Familie $(k_c)_{c \in [0,2]}$ von Funktionen $k_c : [0, cr] \longrightarrow \mathbb{R}$ als Einschränkungen von k beschrieben. Berechnen Sie das Volumen $V(k_c)$ des Körpers, den k_c durch Rotation um die Abszisse erzeugt. Wie groß ist $V(k_2)$?
3. Stellen Sie die Abhängigkeit des Volumens $V(k_c)$ von c als Funktion V dar und kommentieren Sie den Typ von V in bezug auf das dadurch beschriebene Volumen.
4. Betrachten Sie den Körper, der von der von k und der Geraden $g_m = m \cdot id$ (mit $m \geq 0$) eingeschlossenen Fläche durch Rotation um die Abszisse erzeugt wird, und berechnen Sie den Inhalt $V(k, g_m)$ seines Volumens. Wie groß ist $V(k, g_0)$?

B2.925.04: Zur Bearbeitung der Aufgabe im einzelnen:

1. Der beschriebene Kreis hat die Form $k(M, r) = \{(x, z) \in \mathbb{R}^2 \mid \frac{(x-r)^2}{r^2} + \frac{z^2}{r^2} = 1\}$ mit Mittelpunkt $M = (r, 0)$ und Radius r. Teile des nicht-negative Teils von $k(M, r)$ werden dann durch die Funktionen $k_c : [0, ca] \longrightarrow \mathbb{R}$ mit $k_c(x) = \sqrt{2rx - x^2}$, also durch $k_c = \sqrt{2r \cdot id - id^2}$ beschrieben, wobei $0 \leq c \leq 2$ gelte.

2. Das Quadrat $k_c^2 = 2r \cdot id - id^2$ liefert das Integral $\int k_c^2 = r \cdot id^2 - \frac{1}{3} \cdot id^3) + \mathbb{R}$. Damit ist dann $V(k_c) = \pi \int_0^{ca} k_c^2 = \pi ((\int k_c^2)(cr) - (\int k_c^2)(0)) = \pi \cdot (c^2 r^3 - \frac{c^3 r^3}{3}) = \pi r^3 c^2 (1 - \frac{1}{3}c)$ (VE) das von k_c erzeugte Volumen. Für den Fall $c = 2$ ist $V(k_2) = 4\pi r^3 (1 - \frac{2}{3}) = \frac{4}{3}\pi r^3$ (VE) das Volumen der gesamten Kugel.

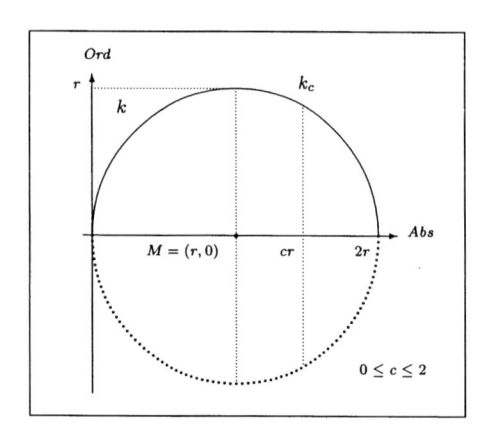

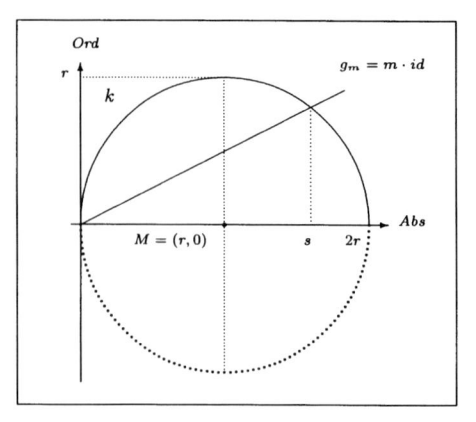

3. Die Abhängigkeit des Volumens $V(k_c)$ von c wird durch die kubische Funktion $V : [0,2] \longrightarrow \mathbb{R}$ mit $V(c) = V(k_c) = \pi r^3 c^2(1 - \frac{1}{3}c)$ beschrieben. Die Funktion V hat den Wendepunkt $(1, \frac{2}{3}\pi r^3)$.

4a) Es werden die Funktionen $k, g_m : [0,s] \longrightarrow \mathbb{R}$ mit $k(x) = \sqrt{2rx - x^2}$ und $g_m(x) = mx$ betrachtet, wobei s die Schnittstelle $s > 0$ von k und g_m bezeichne. Diese Schnittstelle ist $s = \frac{2r}{1+m^2}$, wie die folgenden Äquivalenzen zeigen: $k(s) = g_m(s) \Leftrightarrow \sqrt{2rs - s^2} = ms \Leftrightarrow 2rs - s^2 = m^2s^2 \Leftrightarrow s(2r - s - m^2s) = 0 \Leftrightarrow s = 0$ oder $2r = s(1+m^2) \Leftrightarrow s = 0$ oder $s = \frac{2r}{1+m^2}$.

4b) Für die beiden Funktionen $k, g_m : [0,s] \longrightarrow \mathbb{R}$ ist dann zunächst $k^2 - g_m^2 = 2r \cdot id - id^2 - m^2 \cdot id^2 = 2r \cdot id - (1+m^2) \cdot id^2$, woraus $\int (k^2 - g_m^2) = r \cdot id^2 - \frac{1}{3}(1+m^2) \cdot id^3 + \mathbb{R}$ folgt. Damit ist das zu berechnende Volumen $V(k, g_m) = \pi \int_0^s (k^2 - g_m^2) = \pi(rs^2 - \frac{1}{3}(1+m^2) \cdot s^3) = \pi s^2(r - \frac{1}{3}(1+m^2)s)$
$= \pi s^2(r - \frac{1}{3}(1+m^2) \cdot \frac{2r}{1+m^2}) = \pi s^2(r - \frac{2}{3}r) = \frac{1}{3}\pi r s^2 = \frac{4}{3}\pi \frac{r^3}{(1+m^2)^2}$ (VE). Für den Fall $m = 0$ ist $V(k, g_0) = \frac{4}{3}\pi r^3$ (VE) das Volumen der gesamten Kugel.

A2.925.05 (V) : Betrachten Sie als Relation den Kreis $k(O, r) = \{(x, z) \in \mathbb{R}^2 \mid x^2 + z^2 = r^2\}$ mit Mittelpunkt $O = (0,0)$ und Radius r.

1. Stellen Sie den oberen Teil $\{(x, z) \in k(O, r) \mid z \geq 0\}$ des Kreises als Funktion k dar.
2. Berechnen Sie das Volumen des von k erzeugten Rotations-Körpers.
3. Bei Aufgabenteil 3 wird das Integral $\int \sqrt{u^2 - id^2} = \frac{1}{2}(id\sqrt{u^2 - id^2} + u^2 \cdot arcsin(\frac{1}{u} \cdot id)) + \mathbb{R}$ (mit beliebiger Zahl $u \neq 0$) benötigt. Beweisen Sie diese Beziehung durch Differentiation.
4. Der Kreis $k(O, r)$ werde um nr mit $n \in [1, \star)$ in Richtung der Ordinate (also „nach oben") verschoben. Berechnen Sie das von diesem verschobenen Kreis erzeugte Rotations-Volumen V_n (des sogenannten Torus', das ist also ein Ring mit kreisförmigem Querschnitt). Fertigen Sie dazu eine geeignete Skizze an.
5. Zerlegen Sie die Zahl V_n in ein Produkt zweier Faktoren, wobei der eine Faktor die Kreisfläche repräsentieren soll. Welche geometrische Bedeutung hat dann der andere Faktor?
6. Gemäß der in Aufgabenteil 4 anzufertigenden Skizze liefert der oben ausgeschlossene Fall $n = 0$ als Rotationskörper eine Kugel. Warum ist jedoch $V_0 = 0$ und nicht das tatsächliche Kugelvolumen $V = \frac{4}{3}\pi r^3$ (VE) ?
7. Geben Sie schließlich die durch die Zuordnung $n \longmapsto V_n$ definierte Funktion an.

B2.925.05: Zur Bearbeitung der Aufgabe:

1. Man betrachte – ausgehend von der definierenden Gleichung der vorgelegten Kreis-Relation – zunächst die Äquivalenzen
$$x^2 + z^2 = r^2 \Leftrightarrow z^2 = r^2 - x^2 \Leftrightarrow z = \sqrt{r^2 - x^2}.$$
Betrachtet man die Zuordnungsvorschrift $k(x) = z$, dann wird der obere Teil des Kreises durch die Funktion
$$k: [-r, r] \longrightarrow \mathbb{R} \text{ mit } k(x) = \sqrt{r^2 - x^2},$$
also die Darstellung $k = \sqrt{r^2 - id^2}$, beschrieben.
Man beachte im übrigen $Bild(k) = [-r, r]$.

2. Mit $k^2 = r^2 - id^2$ ist das zugehörige Integral dann
$\int k^2 = \int r^2 - \int id^2 = r^2 id - \frac{1}{3}id^3 + \mathbb{R}$.

Das zu berechnende Volumen der Kugel ist somit
$V = 2\pi \int_0^r k^2 = 2\pi((\int k^2)(r) - (\int k^2)(0)) = \frac{4}{3}\pi r^3$ (VE).

4a) Im folgenden Teil b) wird das Riemann-Integral $\int_0^r k$ der eingeschränkten Funktion $k: [0, r] \longrightarrow \mathbb{R}$ benötigt und durch folgende Berechnung ermittelt:

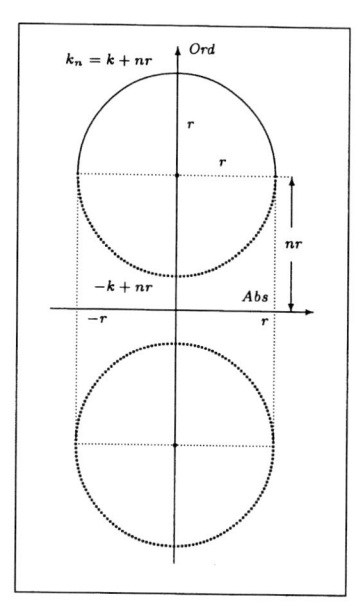

Mit dem im Aufgabentext angegebenen Integral (mit $u = r$) gilt dann $\int_0^r k = (\int k)(r) - (\int k)(0)$
$= \frac{1}{2}(r\sqrt{r^2 - r^2} + r^2 \cdot arcsin(\frac{1}{r} \cdot r)) - \frac{1}{2} \cdot 0 = \frac{1}{2}(0 + r^2 \cdot arcsin(1)) = \frac{1}{2}r^2(arcsin(1)) = \frac{1}{2}r^2(\frac{\pi}{2}) = \frac{1}{4}\pi r^2$.

4b) Betrachtet man nun $k_n = k + nr : [0, r] \longrightarrow \mathbb{R}$, dann gilt $V(k_n) = \pi(\int_0^r (k+nr)^2 - \int_0^r (-k+nr)^2) =$
$\pi(\int_0^r ((k+nr)^2 - (-k+nr)^2) = \pi(\int_0^r (k^2 + 2nrk + (nr)^2 - k^2 + 2nrk - (nr)^2) = \pi \int_0^r (4nrk) = 4nr \cdot \pi \int_0^r k =$
$4nr \cdot \pi \cdot \frac{r^2}{4}\pi = r^3 n\pi^2$ (VE). Da wegen des verwendeten Definitionsbereichs $[0, r]$ damit nur die Hälfte des Volumens V_n vorliegt, ist schließlich das gesamte Volumen $V_n = 2 \cdot V(k_n) = 2r^3 n\pi^2$ (VE).

3. Mit $H = \frac{1}{2}(id\sqrt{u^2 - id^2} + u^2 \cdot arcsin(\frac{1}{u} \cdot id))$ ist
$H' = \frac{1}{2}((u^2 - id^2)^{\frac{1}{2}} + id \cdot \frac{1}{2} \cdot (u^2 - id^2)^{-\frac{1}{2}}(-2 \cdot id) + u^2 \cdot (u^2 - id^2)^{-\frac{1}{2}} = \frac{1}{2}((u^2 - id^2)^{\frac{1}{2}} + (u^2 - id^2)^{-\frac{1}{2}}(u^2 - id^2))$
$= \frac{1}{2}((u^2 - id^2)^{\frac{1}{2}} + (u^2 - id^2)^{\frac{1}{2}}) = (u^2 - id^2)^{\frac{1}{2}} = \sqrt{u^2 - id^2}$.

5. Das Rotationsvolumen $V_n = 2r^3 n\pi^2$ (VE) des Torus' kann in der Form $V_n = (\pi r^2) \cdot (2nr\pi)$ mit dem Kreisflächeninhalt $A_n = \pi r^2$ und dem Faktor $s_n = 2nr\pi$ dargestellt werden, wobei s_n gerade die Weglänge darstellt, die der Kreismittelpunkt bei einer Rotation zurücklegt.

6. Bei der Subtraktion $V(k_n) = \pi(\int_0^r (k+nr)^2 - \int_0^r (-k+nr)^2)$ liefert der oben ausgeschlossene Fall $n = 0$ die Beziehung $V(k_n) = \pi(\int_0^r k^2 - \int_0^r (-k)^2) = 0$, das heißt, von dem Halbkugel-Volumen $\pi \int_0^r k^2$ wird dasselbe Volumen $\pi \int_0^r (-k)^2 = \pi \int_0^r k^2$ subtrahiert.

7. Die Funktion $[1, \star) \longrightarrow \mathbb{R}$ mit der Zuordnung $n \longmapsto V_n = 2\pi^2 r^3 \cdot n$ ist Teil einer Geraden durch den Nullpunkt. Das Volumen V_n hängt von n also linear ab.

A2.925.06 (D, V, L, M): Betrachten Sie den durch die Funktion $k: [0, 5] \longrightarrow \mathbb{R}$ mit $k(x) = \sqrt{x(5-x)}$ beschriebenen Halbkreis $k(M, \frac{5}{2})$ mit Mittelpunkt $M = (\frac{5}{2}, 0)$.
Berechnen Sie unter Verwendung der entsprechenden Integrale den Inhalt $A(k)$ der von k und der Abszisse begrenzten Fläche $F(k)$, ferner das Volumen $V(k)$ des von $F(k)$ erzeugten Rotationskörpers (bezüglich Abszisse) sowie die Länge $L(k)$ der Halbkreislinie (Bogenlänge des Halbkreises), schließlich den Inhalt

$M(k)$ der gekrümmten Oberfläche der zugehörigen Halbkugel.

Hinweis: Verwenden Sie die Bearbeitungen zu den Aufgaben A2.617.03 und 2.617.04.

B2.925.06: Zur Bearbeitung der vier Aufgabenteile im einzelnen:

1. Berechnung von $A(k)$: Da k innerhalb des Intervalls $(0,5)$ keine Nullstellen hat, gilt mit $k \geq 0$ zunächst $A(k) = \int_0^5 k$. Dieses Riemann-Integral ist in B2.617.03 ausführlich berechnet, womit hier unmittelbar $A(k) = \int_0^5 k = \frac{25}{8} \cdot \pi$ (FE) festgestellt werden kann.

Anmerkung: Dieses Ergebnis liefert auch die Formel $A = \pi r^2$ (FE) (Kreisflächeninhalt) für $r = \frac{5}{2}$.

2. Berechnung von $V(k)$: Zur Berechnung dieses Volumens liefert die Beziehung Formel $V(k) = \pi \int_0^5 k^2 =$
$\pi \int_0^5 (5 \cdot id - id^2) = \pi(\int_0^5 (5 \cdot id) - \int_0^5 id^2)$ zusammen mit den beiden Integralen $\int (5 \cdot id) = \frac{5}{2} \cdot id^2 + \mathbb{R}$ und $\int id^2 = \frac{1}{3} \cdot id^3 + \mathbb{R}$ dann das Volumen $V(k) = \pi((\frac{5}{2} \cdot 5^2 - \frac{5}{2} \cdot 0^2) - (\frac{1}{3} \cdot 5^3 - \frac{1}{3} \cdot 0^3)) = \pi(\frac{125}{2} - \frac{125}{3}) = \pi(\frac{375}{6} - \frac{250}{6}) = \frac{125}{6} \cdot \pi$ (VE).

Anmerkung: Dieses Ergebnis liefert auch die Formel $V = \frac{4}{3}\pi r^3$ (Kugelvolumen) für $r = \frac{5}{2}$.

3. Berechnung von $L(k)$: Zur Berechnung dieser Bogenlänge wird die Beziehung $L(k) = \int_0^5 (\sqrt{1 + (k')^2}) = \int_0^5 (1+(k')^2)^{\frac{1}{2}}$ verwendet. Dazu wird zunächst der Integrand $(1+(k')^2)^{\frac{1}{2}}$ berechnet: Mit $k = \sqrt{5 \cdot id - id^2} = (5 \cdot id - id^2)^{\frac{1}{2}}$ ist $k' = \frac{1}{2} \cdot (5 - 2 \cdot id) \cdot (5 \cdot id - id^2)^{-\frac{1}{2}}$ und somit $(k')^2 = \frac{1}{4} \cdot (5 - 2 \cdot id)^2 \cdot (5 \cdot id - id^2)^{-1}$, woraus dann $1 + (k')^2 = \frac{25}{4} \cdot (5 \cdot id - id^2)^{-1}$ und schließlich $(1 + (k')^2)^{\frac{1}{2}} = \frac{5}{2} \cdot (5 \cdot id - id^2)^{-\frac{1}{2}}$ folgt. Das Riemann-Integral dieser Funktion ist in der Bearbeitung B2.617.04 ausführlich berechnet mit dem Ergebnis $\int_0^5 (\frac{5}{2} \cdot (5 \cdot id - id^2)^{-\frac{1}{2}}) = \frac{5}{2}\pi$, womit dann unmittelbar $L(k) = \frac{5}{2}\pi$ (LE) festgestellt werden kann.

Anmerkung: Dieses Ergebnis liefert auch die Formel $U = 2\pi r$ (Kreisumfang) für $r = \frac{5}{2}$.

4. Berechnung von $M(k)$: Zur Berechnung des Inhalts dieser Mantelfläche wird die Beziehung $M(k) = 2\pi \cdot \int_0^5 (k \cdot \sqrt{1 + (k')^2}) = 2\pi \cdot \int_0^5 k(1 + (k')^2)^{\frac{1}{2}}$ verwendet. Der darin enthaltene Integrand ist mit dem Integranden aus Teil 3 dann $k(1 + (k')^2)^{\frac{1}{2}} = \frac{5}{2} \cdot (5 \cdot id - id^2)^{\frac{1}{2}}(5 \cdot id - id^2)^{-\frac{1}{2}} = \frac{5}{2}$. Schließlich ist damit dann $M(k) = 2\pi \cdot \int_0^5 \frac{5}{2} = 5\pi(id(5) - id(0)) = 25 \cdot \pi \approx 78,64$ (FE).

Anmerkung: Dieses Ergebnis liefert auch die Formel $M = 8\pi r^2$ (FE) (Kugeloberflächeninhalt) für $r = \frac{5}{2}$.

2.926 Untersuchungen von Potenz-Funktionen (Teil 7)

A2.926.01 (D): Betrachten Sie als Relation die Ellipse $e(O, a, b) = \{(x, z) \in \mathbb{R}^2 \mid \frac{x^2}{a^2} + \frac{z^2}{b^2} = 1\}$ mit Mittelpunkt $O = (0,0)$, großer Halbachse a und kleiner Halbachse b.
1. Stellen Sie den oberen Teil $\{(x, z) \in e(O, a, b) \mid z \geq 0\}$ der Ellipse als Funktion e dar.
2. Skizzieren Sie die Relation $e(O, a, b)$ sowie die Funktion e.
3. Berechnen Sie die Nullstellen der Funktion e.
4. Untersuchen Sie eine geeignete Einschränkung von e hinsichtlich Extrema.
5. Untersuchen Sie eine geeignete Einschränkung von e hinsichtlich Wendepunkte.
6. Berechnen Sie die Tangente t_c an e bei einer Zahl $c \in (-a, a)$.

B2.926.01: Zur Bearbeitung der Aufgabe:
1. Man betrachte – ausgehend von der definierenden Gleichung der vorgelegten Ellipsen-Relation – zunächst die Äquivalenzen
$$\frac{x^2}{a^2} + \frac{z^2}{b^2} = 1 \Leftrightarrow \frac{z^2}{b^2} = 1 - \frac{b^2 x^2}{a^2 b^2}$$
$$\Leftrightarrow z^2 = b^2 (1 - \frac{x^2}{a^2})$$
$$\Leftrightarrow z^2 = \frac{b^2}{a^2}(a^2 - x^2)$$
$$\Leftrightarrow z = \frac{b}{a}\sqrt{a^2 - x^2}$$

Betrachtet man die Zuordnungsvorschrift $e(x) = z$, dann wird der obere Teil der Ellipse durch
$$e : [-a, a] \longrightarrow \mathbb{R} \text{ mit } e(x) = \frac{b}{a}\sqrt{a^2 - x^2},$$
also die Darstellung $e = \frac{b}{a}\sqrt{a^2 - id^2}$, beschrieben. Man beachte im übrigen $Bild(e) = [-b, b]$.

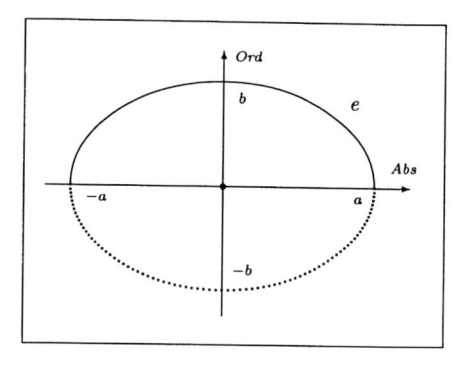

3. Die Äquivalenzen $x \in N(e) \Leftrightarrow e(x) = 0 \Leftrightarrow \sqrt{a^2 - x^2} = 0 \Leftrightarrow a^2 - x^2 = 0 \Leftrightarrow x \in \{-a, a\}$ liefern die Nullstellenmenge $N(e) = \{-a, a\}$ der Funktion e.

4a) Die 1. Ableitungsfunktion $e' : (-a, a) \longrightarrow \mathbb{R}$ der Einschränkung $e : (-a, a) \longrightarrow \mathbb{R}$ ist definiert durch $e' = \frac{b}{a}((a^2 - id^2)^{\frac{1}{2}})' = -\frac{b}{a} \cdot id \cdot (a^2 - id^2)^{-\frac{1}{2}}$, also durch $e(x) = -\frac{b}{a} \cdot x \cdot (a^2 - x^2)^{-\frac{1}{2}}$.

4b) Wie man wegen $D(e) = D(e') = (a, b)$ sofort sieht, hat e' lediglich die Nullstelle 0.

4b) Die 2. Ableitungsfunktion $e'' : (-a, a) \longrightarrow \mathbb{R}$ der Einschränkung $e : (-a, a) \longrightarrow \mathbb{R}$ ist definiert durch
$e'' = -\frac{b}{a} \cdot (id \cdot (a^2 - id^2)^{-\frac{1}{2}})' = -\frac{b}{a} \cdot ((a^2 - id^2)^{-\frac{1}{2}} + id \cdot (-2 \cdot id)(-\frac{1}{2})(a^2 - id^2)^{-\frac{3}{2}}$
$= -\frac{b}{a} \cdot ((a^2 - id^2)^{-\frac{3}{2}}(a^2 - id^2) + id^2 \cdot (a^2 - id^2)^{-\frac{3}{2}} = -ab(a^2 - id^2)^{-\frac{3}{2}}$.

4c) Der Funktionswert $e''(0) = -ab(a^2)^{-\frac{3}{2}} = -aba^{-3} = -ba^{-2}$ zeigt, daß 0 die Maximalstelle und $(0, e(0)) = (0, \frac{b}{a}\sqrt{a^2}) = (0, b)$ das Maximum der Funktion e ist.

5. Wie man bei $e''(x)$ sofort sieht, hat e'' keine Nullstellen, also e keine Wendepunkte.

6. Die Tangente $t_c : \mathbb{R} \longrightarrow \mathbb{R}$ an e bei $c \in (-a, a)$ ist definiert durch $t_c(x) = e'(c)x - e'(c)c + e(c)$
$= -\frac{b}{a} \cdot c \cdot (a^2 - c^2)^{-\frac{1}{2}}x + \frac{b}{a} \cdot c \cdot (a^2 - c^2)^{-\frac{1}{2}}c + \frac{b}{a} \cdot (a^2 - c^2)^{\frac{1}{2}} = \frac{b}{a} \cdot (a^2 - c^2)^{-\frac{1}{2}}(-cx + c^2 + a^2 - c^2)$
$= \frac{b}{a} \cdot (a^2 - c^2)^{-\frac{1}{2}}(-cx + a^2)$.

A2.926.02 (A, M): In dieser Aufgabe soll gezeigt werden, daß Ellipsen mit Halbachsen-Längen a und b stets den Flächeninhalt $A(a, b) = \pi ab$ (FE) haben. Dazu werden zwei Varianten betrachtet, die sich in der Lage der Ellipse im Koordinaten-System unterscheiden: Zeigen Sie nun diese Behauptung für eine Ellipse mit Mittelpunkt

a) $M = (0, 0)$ unter Verwendung von $\int \sqrt{u^2 - id^2} = \frac{1}{2}(id\sqrt{u^2 - id^2} + u^2 \cdot arcsin(\frac{1}{u} \cdot id)) + \mathbb{R}$,

b) $M = (a, 0)$ unter Verwendung von $\int \sqrt{u \cdot id - id^2} = \frac{1}{2}((id - \frac{u}{2})\sqrt{u \cdot id - id^2} - \frac{u^2}{4} \cdot arcsin(1 - \frac{2}{u} \cdot id)) + \mathbb{R}$.

B2.926.02 Es wird (bezüglich der Lage von Ellipsen) in zwei Varianten gezeigt, daß Ellipsen mit großer Halbachse a und kleiner Halbachse b den Flächeninhalt $A(a,b) = \pi ab$ (FE) haben:

a) Der Mittelpunkt $M = (0,0)$ bedeutet, daß die zu untersuchende Ellipse zunächst durch die Relation $e(O,a,b) = \{(x,z) \in \mathbb{R}^2 \mid \frac{x^2}{a^2} + \frac{z^2}{b^2} = 1\}$ beschrieben ist, deren definierende Gleichung dann $z^2 = \frac{b^2}{a^2}(a^2 - x^2)$ liefert. Somit wird im folgenden die Funktion $e : [0,a] \longrightarrow \mathbb{R}$ mit der Zuordnungsvorschrift $e(x) = z = \frac{b}{a}\sqrt{a^2 - x^2}$ betrachtet.

Mit $\int e = \frac{b}{a} \int \sqrt{a^2 - id^2} = \frac{b}{2a}(id\sqrt{a^2 - id^2} + a^2 \cdot arcsin(\frac{1}{a} \cdot id)) + \mathbb{R}$, das ist das im Aufgabentext angegebene Integral für die Zahl $u = a$ und dem konstanten Faktor $\frac{b}{a}$, gilt dann $A(e) = \int_0^a e = (\int e)(a) - (\int e)(0) = \frac{b}{2a}(a\sqrt{a^2 - a^2} + a^2 \cdot arcsin(\frac{1}{a} \cdot a)) - \frac{b}{2a}(0\sqrt{a^2 - 0} + a^2 \cdot arcsin(0)) = \frac{b}{2a}(0 + a^2 \cdot arcsin(1) - 0 - 0) = \frac{b}{2a}(a^2 \cdot arcsin(1)) = \frac{b}{2a}(a^2 \frac{\pi}{2}) = \frac{1}{4}\pi ab$ (FE). Dieser Flächeninhalt stellt den Inhalt der „Hälfte des oberen Teils" der gesamten Ellipsenfläche dar, folglich hat die Ellipse den Flächeninhalt $A(a,b) = 4 \cdot A(e) = \pi ab$ (FE).

b) Der Mittelpunkt $M = (a,0)$ bedeutet, daß die zu untersuchende Ellipse zunächst durch die Relation $e(M,a,b) = \{(x,z) \in \mathbb{R}^2 \mid \frac{(x-a)^2}{a^2} + \frac{z^2}{b^2} = 1\}$ beschrieben ist, deren definierende Gleichung dann die Darstellung $z^2 = \frac{b^2}{a^2}(2ax - x^2)$ liefert. Somit wird im folgenden die Funktion $e : [0,2a] \longrightarrow \mathbb{R}$ mit der Zuordnungsvorschrift $e(x) = z = \frac{b}{a}\sqrt{2ax - x^2}$ betrachtet.

Mit $\int e = \frac{b}{a} \int \sqrt{2a \cdot id - id^2} = \frac{b}{2a}((id - a)\sqrt{2a \cdot id - id^2} - a^2 \cdot arcsin(1 - \frac{1}{a} \cdot id)) + \mathbb{R}$, das ist das im Aufgabentext angegebene Integral für die Zahl $u = 2a$ und dem konstanten Faktor $\frac{b}{a}$, gilt dann
$A(e) = \int_0^{2a} e = (\int e)(2a) - (\int e)(0)$
$= \frac{b}{2a}((2a - a)\sqrt{2a \cdot 2a - 4a^2} - a^2 \cdot arcsin(1 - \frac{2}{2a} \cdot 2a)) - \frac{b}{2a}((0-a)\sqrt{0} - a^2 \cdot arcsin(1 - 0))$
$= \frac{b}{2a}(0 - a^2 \cdot arcsin(-1) - 0 + a^2 \cdot arcsin(1)) = \frac{b}{2a}(a^2 \cdot \frac{\pi}{2} + a^2 \cdot \frac{\pi}{2}) = \frac{b}{2a} \cdot a^2\pi = \frac{1}{2}\pi ab$ (FE). Dieser Flächeninhalt stellt den Inhalt des „oberen Teils" der gesamten Ellipsenfläche dar, folglich hat die Ellipse den Flächeninhalt $A(a,b) = 2 \cdot A(e) = \pi ab$ (FE).

Anmerkung: Anders als in der entsprechenden Aufgabe A2.925.02 für Kreise wird hier nicht nach der Berechnung der Oberfläche des Ellipsoids gefragt, da die Berechnung des Integrals $\int e\sqrt{1 + (e')^2}$ nicht auf ebenso einfache Weise wie dort möglich ist.

A2.926.03 (D) : Betrachten Sie als Relation die Ellipse $e(O,a,b) = \{(x,z) \in \mathbb{R}^2 \mid \frac{x^2}{a^2} + \frac{z^2}{b^2} = 1\}$ mit Mittelpunkt $O = (0,0)$, großer Halbachse a und kleiner Halbachse b.
1. Stellen Sie den oberen Teil $\{(x,z) \in e(O,a,b) \mid z \geq 0\}$ der Ellipse als Funktion e dar.
2. Betrachten Sie die Familie $(e_b)_{b \in \mathbb{R}^+}$ analog definierter Funktionen e_b (wobei a also als konstante Zahl angesehen wird), ferner zu jeder Zahl $b \in \mathbb{R}^+$ die Tangente t_b an e_b bei ca mit $0 < c < 1$. Untersuchen Sie die Familie $(t_b)_{b \in \mathbb{R}^+}$ hinsichtlich möglicher Schnittpunkte zunächst für $c = \frac{4}{5}$, dann für eine beliebige Zahl c und kommentieren Sie das Ergebnis.
3. Untersuchen Sie die zu Aufgabenteil 2 analoge Frage für die Familie $(n_b)_{b \in \mathbb{R}^+}$ der Normalen n_b zu e_b.
4. Skizzieren Sie die Funktionen e_a und $e_{\frac{2}{3}a}$ sowie die Tangenten t_a und $t_{\frac{2}{3}a}$.

B2.926.03: Zur Bearbeitung der Aufgabe im einzelnen:
1. Man betrachte – ausgehend von der definierenden Gleichung der vorgelegten Ellipse – zunächst die Äquivalenzen $\frac{x^2}{a^2} + \frac{z^2}{b^2} = 1 \Leftrightarrow \frac{z^2}{b^2} = 1 - \frac{b^2 x^2}{a^2 b^2} \Leftrightarrow z^2 = b^2(1 - \frac{x^2}{a^2}) \Leftrightarrow z^2 = \frac{b^2}{a^2}(a^2 - x^2) \Leftrightarrow z = \frac{b}{a}\sqrt{a^2 - x^2}$. Betrachtet man die Zuordnungsvorschrift $e(x) = z$, dann wird der gesuchte obere Teil der Ellipse durch $e : [-a,a] \longrightarrow \mathbb{R}$ mit $e(x) = \frac{b}{a}\sqrt{a^2 - x^2}$, also die Darstellung $e = \frac{b}{a}\sqrt{a^2 - id^2}$, beschrieben. Man beachte im übrigen $Bild(e) = [-b,b]$.

2a) Zunächt wird mit Hilfe von $e' = -\frac{b}{a} \cdot id \cdot (a^2 - id^2)^{-\frac{1}{2}}$ die Zuordnungsvorschrift der Tangente $t_b : \mathbb{R} \longrightarrow \mathbb{R}$ berechnet. Beachtet man $e'(ca) = -\frac{b}{a}ca(a^2 - c^2a^2)^{-\frac{1}{2}} = -\frac{b}{a}c(1 - c^2)^{-\frac{1}{2}}$, dann ist $t_b(x) = e'(ca)x - e'(ca)ca + e(ca) = -\frac{b}{a}c(1 - c^2)^{-\frac{1}{2}}x + \frac{b}{a}c \cdot (1 - c^2)^{-\frac{1}{2}}ca + \frac{b}{a} \cdot (a^2 - c^2a^2)^{\frac{1}{2}}$
$= b(1-c^2)^{-\frac{1}{2}}(-\frac{c}{a}x + c^2 + 1 - c^2) = b(1-c^2)^{-\frac{1}{2}}(-\frac{c}{a}x + 1)$.

308

2b) Betrachtet man $c = \frac{4}{5}$, dann ist die Tangente t_b an e_b bei $\frac{4}{5}a$ definiert durch
$t_b(x) = b(1 - \frac{16}{25})^{-\frac{1}{2}}(-\frac{4}{5a}x + 1) = -\frac{4b}{3a}x + \frac{5}{3}b$. Für Zahlen $b_1, b_2 \in \mathbb{R}^+$ mit $b_1 \neq b_2$, also mit $b_2 - b_1 \neq 0$ gelten die folgenden Äquivalenzen: $x \in S(t_{b_1}, t_{b_2}) \Leftrightarrow t_{b_1}(x) = t_{b_2}(x) \Leftrightarrow -\frac{4b_1}{3a}x + \frac{5}{3}b_1 = -\frac{4b_2}{3a}x + \frac{5}{3}b_2 \Leftrightarrow \frac{4}{3a}x(b_2 - b_1) = \frac{5}{3}(b_2 - b_1) \Leftrightarrow \frac{4}{3a}x = \frac{5}{3} \Leftrightarrow x = \frac{5}{3} \cdot \frac{3a}{4} = \frac{5}{4}a$ Damit ist $\frac{5}{4}a$ die Schnittstelle und $(\frac{5}{4}a, t_b(\frac{5}{4}a)) = (\frac{5}{4}a, 0)$ der Schnittpunkt je zweier Tangenten t_{b_1} und t_{b_2}. Diese Zahlen zeigen, daß die Schnittpunkte unabhängig von b sind.

2c) Ein analoger Sachverhalt liegt für den allgemeinen Fall, also für eine beliebige Zahl c mit $0 < c < 1$ vor, denn kürzt man $u = (1 - c^2)^{-\frac{1}{2}}$ ab, dann liefern für $b_1 \neq b_2$ die entsprechenden Äquivalenzen $x \in S(t_{b_1}, t_{b_2}) \Leftrightarrow t_{b_1}(x) = t_{b_2}(x) \Leftrightarrow -\frac{ucb_1}{a}x + ub_1 = -\frac{ucb_2}{a}x + ub_2 \Leftrightarrow \frac{uc}{a}x(b_2 - b_1) = u(b_2 - b_1) \Leftrightarrow \frac{uc}{a}x = u \Leftrightarrow x = \frac{a}{c}$ die Schnittstelle $\frac{a}{c}$ und den Schnittpunkt $(\frac{a}{c}, t_b(\frac{a}{c})) = (\frac{a}{c}, 0)$ je zweier Tangenten t_{b_1} und t_{b_2}. Auch diese Zahlen zeigen, daß die Schnittpunkte unabhängig von b sind.

4. Skizze der Funktionen e_a und $e_{\frac{2}{3}a}$ sowie der Tangenten t_a und $t_{\frac{2}{3}a}$.

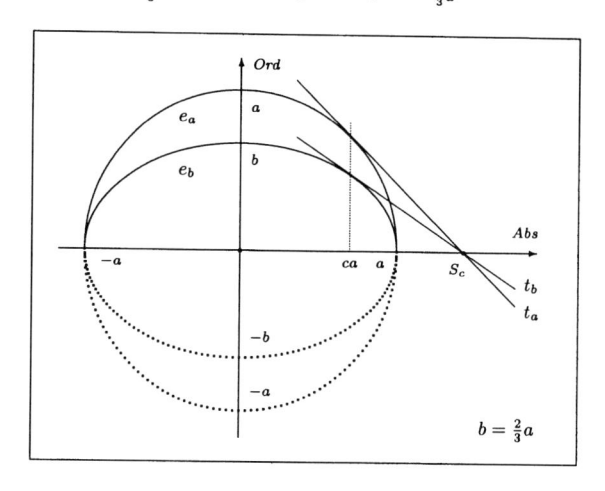

A2.926.04 (D, V) : Eine symmetrisch zur Koordinate K_1 (Abszisse) liegende Ellipse $e(M, a, b)$ habe den Mittelpunkt $M = (3, 0)$. Teile des nicht-negativen Teils $\{(x, z) \in e(M, a, b) \mid z \geq 0\}$ der Ellipse $e(M, a, b)$ seien durch die Familie $(e_c)_{c \in [0,2]}$ von Funktionen $e_c : [0, 3c] \longrightarrow \mathbb{R}$ mit $e_c = \frac{1}{2}\sqrt{6 \cdot id - id^2}$ vorgelegt.

1. Bestimmen Sie die beiden Halbachsen der Ellipse $e(M, a, b)$ und skizzieren Sie $e(M, a, b)$ in einem Cartesischen Koordinaten-System im Maßstab 1 : 1. Welche Lage hat diese Ellipse zur Koordinate K_2?
2. Berechnen Sie das Volumen $V(e_c)$ des Körpers, den e_c durch Rotation um die Abszisse erzeugt.
3. Stellen Sie die Abhängigkeit des Volumens $V(e_c)$ von c als Funktion V dar. Untersuchen Sie V dann hinsichtlich Nullstellen, Extrema und Wendepunkte. Bestimmen Sie ferner die Tangente t an V bei 1. Skizzieren Sie dann V und t und kommentieren Sie die Untersuchungsergebnisse im Zusammenhang mit der Bedeutung von $V(e_c)$ als Volumen.
4. Bestimmen Sie die durch $V(e_c) = 9\pi$ (VE) festgelegte Zahl c als Lösung einer geeigneten Gleichung.
5. Berechnen Sie kleinste Zahl $c > 0$, für die e_c mit der Geraden $\frac{1}{2}id$ eine geschlossene Fläche (mit nicht-leerem Flächeninhalt) bildet.
6. Berechnen Sie das Volumen $V(e_c, \frac{1}{2} \cdot id)$ des Körpers, den die in Aufgabenteil 5 beschriebene Fläche durch Rotation um die Abszisse erzeugt.
7. Betrachten Sie eine Familie $(k_c)_{c \in [0,2]}$ von Halbkreis-Funktionen $k_c \geq 0$, wobei die zugehörigen Kreise die Radien r_c und die Mittelpunkte $M_c = (r_c, 0)$ haben. Wie groß sind die Radien r_c, wenn die von k_c um Rotation um die Abszisse erzeugten Kugeln jeweils das Volumen $V(e_c)$ (siehe Aufgabenteil 2) haben sollen?
8. Haben die Funktionen k_c und e_c Schnittpunkte? Wenn ja, geben Sie sie für $c = 1$ an.

B2.926.04: Zur Bearbeitung der Aufgabe im einzelnen:

1. Zunächst werden die Längen der beiden Halbachsen der Ellipse $e(M, a, b)$ mit $M = (3,0)$ berechnet: Nach der Beschreibung der Ellipse hat sie als Relation die Form

$$e(M, a, b) = \{(x, z) \in \mathbb{R}^2 \mid \frac{(x-a)^2}{a^2} + \frac{z^2}{b^2} = 1\},$$

woraus für den nicht-negativen Teil e als Funktion $e : [0, 2a] \longrightarrow \mathbb{R}$ die Zuordnungsvorschrift $e = \frac{b}{a}\sqrt{2a \cdot id - id^2}$ folgt. Ein Vergleich mit der gegebenen Zuordnungsvorschrift $e_c = \frac{1}{2}\sqrt{6 \cdot id - id^2}$ liefert $2a = 6$ und $\frac{b}{a} = \frac{1}{2}$, also ist $a = 3$ und $b = \frac{3}{2}$. Wegen $M = (3, 0)$ und $a = 3$ ist die Koordinate K_2 (Ordinate) Tangente zu $e(M, a, b)$ im Punkt $(0, 0)$.

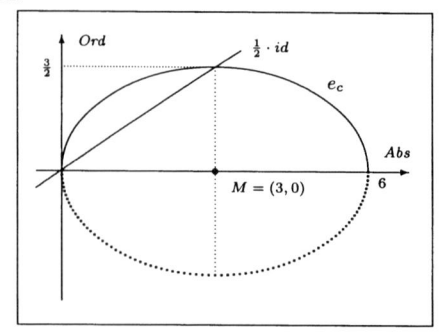

2. Mit $e_c^2 = \frac{1}{4}(6 \cdot id - id^2)$ ist $\int e_c^2 = \frac{1}{4}(3 \cdot id^2 - \frac{1}{3}id^3) + \mathbb{R}$, somit ist das Volumen $V(e_c) = \pi \int_0^{3c} e_c^2 = \pi((\int e_c^2)(3c) - (\int e_c^2)(0)) = \pi \cdot \frac{1}{4}(3 \cdot 9c^2 - \frac{1}{3} \cdot 27c^3) = \frac{9}{4}\pi(3c^2 - c^3).$

3. Die zu untersuchende Funktion $V : [0, 2] \longrightarrow \mathbb{R}$ ist definiert durch $V(c) = V(e_c) = \frac{9}{4}\pi(3c^2 - c^3)$.

a) Wegen $V(c) = 0 \Leftrightarrow c^2(3 - c) = 0 \Leftrightarrow c = 0$ hat V die Nullstelle 0 (denn es gilt $3 \notin [0, 2]$).

b) Zur näheren Kennzeichnung der Intervallgrenzen von $[0, 2]$ wird nun vorübergehend die Funktion $V : (-1, 3) \longrightarrow \mathbb{R}$ betrachtet. Ihre 1. Ableitungsfunktion $V' : (-1, 3) \longrightarrow \mathbb{R}$ mit $V' = \frac{9}{4}\pi(6 \cdot id - 3 \cdot id^2)$ hat die Nullstellenmenge $N(V') = \{0, 2\}$. Die 2. Ableitungsfunktion $V'' : (-1, 3) \longrightarrow \mathbb{R}$ mit $V'' = \frac{9}{4}\pi(6 - 6 \cdot id)$ zeigt $V''(0) = \frac{27}{2}\pi > 0$ und $V''(2) = -27\pi < 0$, folglich ist $(0, V(0)) = (0, 0)$ das Minimum und $(2, V(2)) = (2, 9\pi)$ das Maximum von V. Dasselbe gilt für die Funktion $V : [0, 2] \longrightarrow \mathbb{R}$.

c) Die 3. Ableitungsfunktion $V''' : (-1, 3) \longrightarrow \mathbb{R}$ mit $V''' = \frac{9}{4}\pi(-6) = -\frac{27}{2}\pi$ zeigt als konstante Funktion, daß $V'''(1) \neq 0$ für die Nullstelle 1 von V'' ist. Somit ist $(1, V(1)) = (1, \frac{9}{2}\pi)$ der Wendepunkt von V.

d) Schließlich ist mit $V'(1) = \frac{9}{4}\pi(6 - 3) = \frac{27}{4}\pi$ die Tangente $t : \mathbb{R} \longrightarrow \mathbb{R}$ an V bei 1, also die Wendetangente, definiert durch

$$t(x) = V'(1)x - V'(1) + V(1) = \frac{27}{4}\pi \cdot x - \frac{9}{4}\pi.$$

Die nebenstehende Skizze zeigt, daß die Zunahme des Volumens $V(e_c)$ in der Nähe von $c = 1$, also bei $x = 3c = 3$, am größten ist, in der Nähe von $c = 0$, also bei $x = 3 \cdot 0 = 0$, und bei $c = 2$, also bei $x = 3 \cdot 2 = 6$, am geringsten ist.

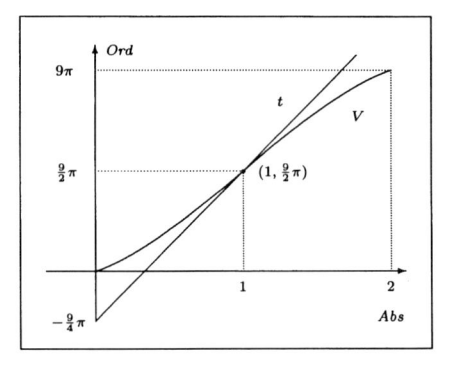

4. Zu betrachten ist die Integral-Gleichung $V(c) = \pi \int_0^{3c} e_c^2 = 9\pi$. Mit den Äquivalenzen $V(c) = 9\pi \Leftrightarrow \frac{9}{4}\pi(3c^2 - c^3) = 9\pi \Leftrightarrow 3c^2 - c^3 = c^2(3 - c) = 4 \Leftrightarrow c = 2$ ist $c = 2$ die gesuchte Lösung der Gleichung.

5. Zu berechnen sind die Schnittstellen von e_c mit $\frac{1}{2}id$: Die Äquivalenzen $s \in S(e_c, \frac{1}{2}id) \Leftrightarrow e_c(s) = (\frac{1}{2}id)(s) \Leftrightarrow \frac{1}{2}\sqrt{6s - s^2} = \frac{1}{2}s \Leftrightarrow 6s - s^2 = s^2 \Leftrightarrow s = 0$ oder $s = 3$ liefern numerisch zunächst die beiden Zahlen 0 und 3. Wegen $s = 3c$ folgt mit der Bedingung $c > 0$ dann aber $3 = s = 3c$, also $c = 1$. Die gesuchte Funktion ist also e_1. Der zugehörige Schnittpunkt von e_1 mit $\frac{1}{2}id$ ist dann $(3, \frac{3}{2})$.

6. Nach Aufgabenteil 5 ist die Funktion e_1 zu betrachten, also das Volumen $V(e_1, \frac{1}{2} \cdot id)$ zu berechnen: Für die Funktionen $e_1, \frac{1}{2} \cdot id : [0, 3] \longrightarrow \mathbb{R}$ ist $e_1^2 - (\frac{1}{2} \cdot id)^2 = \frac{1}{4}(6 \cdot id - id^2) - \frac{1}{4} \cdot id^2 = \frac{3}{2} \cdot id - \frac{1}{2} \cdot id^2$ und $\int (e_1^2 - (\frac{1}{2} \cdot id)^2) = \frac{3}{4} \cdot id^2 - \frac{1}{6} \cdot id^3 + \mathbb{R}$. Somit ist dann das gesuchte Volumen $V(e_1, \frac{1}{2} \cdot id) = \pi \int_0^3 (e_1^2 - (\frac{1}{2} \cdot id)^2) = \pi(9 \cdot \frac{3}{4} - 24 \cdot \frac{1}{6}) = \pi(\frac{27}{4} - \frac{18}{4}) = \frac{9}{4}\pi$ (VE).

7. Mit dem Kugel-Volumen $V(k_c) = \frac{4}{3}\pi r_c^3$ liefern die Äquivalenzen den gesuchten Kreisradius r_c:
$V(k_c) = V(e_c) \Leftrightarrow \frac{4}{3}\pi r_c^3 = \frac{9}{4}\pi(3c^2 - c^3) \Leftrightarrow r_c^3 = \frac{27}{16}(3c^2 - c^3) \Leftrightarrow r_c = \frac{3}{2}\sqrt[3]{\frac{1}{2}(3c^2 - c^3)}$.

8. Zur Schnittstellen-Berechnung liefern die Äquivalenzen $k_c(s) = e_c(s) \Leftrightarrow \sqrt{2r_c s - s^2} = \frac{1}{2}\sqrt{6s - s^2} \Leftrightarrow 2r_c s - s^2 = \frac{1}{4}(6s - s^2) \Leftrightarrow s(2r_c - s - \frac{3}{2} + \frac{1}{4}s) = 0 \Leftrightarrow s = 0$ oder $s = \frac{8}{3}r_c - 2$ die beiden Schnittstellen 0 und $\frac{8}{3}r_c - 2$. Damit haben k_c und e_c jeweils zwei Schnittpunkte von denen einer $(0,0)$ ist. Für $c = 1$ ist dann $r_1 = \frac{3}{2}\sqrt[3]{\frac{1}{2}(3-1)} = \frac{3}{2}\sqrt[3]{\frac{1}{2}\cdot 2} = \frac{3}{2}$ und $s_1 = \frac{8}{3}r_1 - 2 = \frac{8}{3}\cdot\frac{3}{2} - 2 = 2$ sowie $k_1(2) = \sqrt{4r_1 - 2^2} = \sqrt{6-4} = \sqrt{2}$, also ist $(2,\sqrt{2})$ der zweite Schnittpunkt von k_1 und e_1.

A2.926.05 (V): Eine symmetrisch zur Koordinate K_1 (Abszisse) liegende Ellipse $e(M,a,b)$ habe den Mittelpunkt $M = (a,0)$.

1. Geben Sie die Relation $e(M,a,b)$ und den nicht-negativen Teil von $e(M,a,b)$ als Funktion e an.
2. Teile der Funktion e seien durch eine Familie $(e_c)_{c\in[0,2]}$ von Funktionen $e_c : [0, ca] \longrightarrow \mathbb{R}$ als Einschränkungen von e beschrieben. Berechnen Sie das Volumen $V(e_c)$ des Körpers, den e_c durch Rotation um die Abszisse erzeugt. Wie groß ist $V(e_2)$?
3. Stellen Sie die Abhängigkeit des Volumens $V(e_c)$ von c als Funktion V dar und kommentieren Sie den Typ von V in bezug auf das dadurch beschriebene Volumen.
4. Betrachten Sie den Körper, der von der von e und der Geraden $g_m = m \cdot id$ (mit $m \geq 0$) eingeschlossenen Fläche durch Rotation um die Abszisse erzeugt wird, und berechnen Sie den Inhalt $V(e, g_m)$ seines Volumens. Wie groß ist $V(e, g_0)$?

B2.926.05: Zur Bearbeitung der Aufgabe im einzelnen:

1. Die beschriebene Ellipse hat die Form $e(M,a,b) = \{(x,z) \in \mathbb{R}^2 \mid \frac{(x-a)^2}{a^2} + \frac{z^2}{b^2} = 1\}$ mit Mittelpunkt $M = (a,0)$, großer Halbachse a und kleiner Halbachse b. Teile des nicht-negativen Teils von $e(M,a,b)$ werden dann durch die Funktionen $e_c : [0, ca] \longrightarrow \mathbb{R}$ mit $e_c(x) = \frac{b}{a}\sqrt{2ax - x^2}$, also durch $e_c = \frac{b}{a}\sqrt{2a \cdot id - id^2}$ beschrieben, wobei $0 \leq c \leq 2$ gelte.

2. Das Quadrat $e_c^2 = \frac{b^2}{a^2}(2a \cdot id - id^2)$ liefert das Integral $\int e_c^2 = \frac{b^2}{a^2}(a \cdot id^2 - \frac{1}{3}\cdot id^3) + \mathbb{R}$. Damit ist dann $V(e_c) = \pi \int_0^{ca} e_c^2 = \pi((\int e_c^2)(2a) - (\int e_c^2)(0)) = \pi \cdot \frac{b^2}{a^2}(c^2a^2 - \frac{c^3a^3}{3}) = \pi a b^2 c^2(1 - \frac{1}{3}c)$ (VE) das von e_c erzeugte Volumen. Für den Fall $c = 2$ ist $V(e_2) = 4\pi ab^2(1 - \frac{2}{3}) = \frac{4}{3}\pi ab^2$ (VE) das Volumen des gesamten Ellipsoids.

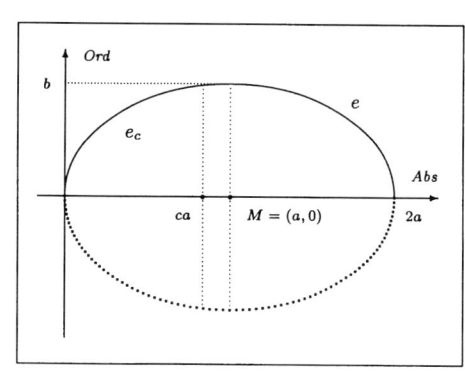

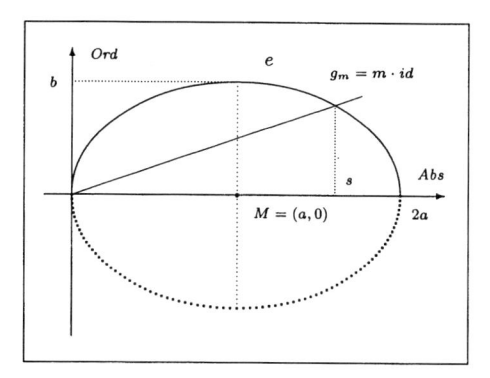

3. Die Abhängigkeit des Volumens $V(e_c)$ von c wird durch die kubische Funktion $V : [0,2] \longrightarrow \mathbb{R}$ mit $V(c) = V(e_c) = \pi ab^2 c^2(1 - \frac{1}{3}c)$ beschrieben. Die Funktion V hat den Wendepunkt $(1, \frac{2}{3}\pi ab^2)$.

4a) Es werden die Funktionen $e, g_m : [0, s] \longrightarrow \mathbb{R}$ mit $e(x) = \frac{b}{a}\sqrt{2ax - x^2}$ und $g_m(x) = mx$ betrachtet, wobei s die Schnittstelle $s > 0$ von e und g_m bezeichne. Diese Schnittstelle ist $s = \frac{2ab^2}{b^2 + a^2 m^2}$, wie die folgenden Äquivalenzen zeigen: $e(s) = g_m(s) \Leftrightarrow \frac{b}{a}\sqrt{2as - s^2} = ms \Leftrightarrow \frac{b^2}{a^2}(2as - s^2) = m^2 s^2 \Leftrightarrow$

311

$\frac{b^2}{a^2} \cdot s(2a - s - \frac{a^2m^2s}{b^2}) = 0 \Leftrightarrow s = 0$ oder $2a = s(1 + \frac{a^2m^2}{b^2}) \Leftrightarrow s = 0$ oder $2a = s\frac{b^2+a^2m^2}{b^2} \Leftrightarrow s = 0$ oder $s = \frac{2ab^2}{b^2+a^2m^2}$.

4b) Für die Funktionen $e, g_m : [0, s] \longrightarrow \mathbb{R}$ ist dann zunächst $e^2 - g_m^2 = \frac{b^2}{a^2}(2a \cdot id - id^2) - m^2 \cdot id^2 = \frac{b^2}{a^2}(2a \cdot id - (1 + \frac{a^2m^2}{b^2}) \cdot id^2)$, woraus $\int(e^2 - g_m^2) = \frac{b^2}{a^2}(a \cdot id^2 - \frac{1}{3}(1 + \frac{a^2m^2}{b^2}) \cdot id^3) + \mathbb{R}$ folgt. Damit ist das zu berechnende Volumen $V(e, g_m) = \pi \int\limits_0^s (e^2 - g_m^2) = \pi \frac{b^2}{a^2}(as^2 - \frac{1}{3}(1 + \frac{a^2m^2}{b^2}) \cdot s^3) = \pi \frac{b^2}{a^2}s^2(a - \frac{1}{3}(1 + \frac{a^2m^2}{b^2})s) = \pi \frac{b^2}{a^2}s^2(a - \frac{1}{3}(\frac{b^2+a^2m^2}{b^2} \cdot \frac{2ab^2}{b^2+a^2m^2})) = \pi \frac{b^2}{a^2}s^2(a - \frac{2}{3}a) = \frac{1}{3}\pi \frac{b^2}{a}s^2 = \frac{4}{3}\pi \frac{ab^6}{(b^2+a^2m^2)^2}$ (VE). Für den Fall $m = 0$ ist $V(e, g_0) = \frac{4}{3}\pi ab^2$ (VE) das Volumen des gesamten Ellipsoids.

A2.926.06 (V) : Betrachten Sie als Relation die Ellipse $e(O, a, b) = \{(x, z) \in \mathbb{R}^2 \mid \frac{x^2}{a^2} + \frac{z^2}{b^2} = 1\}$ mit Mittelpunkt $O = (0, 0)$, großer Halbachse a und kleiner Halbachse b.

1. Stellen Sie den oberen Teil $\{(x, z) \in e(O, a, b) \mid z \geq 0\}$ der Ellipse als Funktion e dar.
2. Berechnen Sie das Volumen des von e erzeugten Rotations-Ellipsoids.
3. Die Ellipse $e(O, a, b)$ werde um nb mit $n \in \mathbb{N}$ in Richtung der Ordinate (also „nach oben") verschoben. Berechnen Sie das von dieser verschobenen Ellipse erzeugte Rotations-Volumen V_n (des sogenannten *Elliptischen Torus'*, das ist also ein Ring mit elliptischem Querschnitt). Fertigen Sie dazu eine geeignete Skizze an.
4. Geben Sie schließlich die durch die Zuordnung $n \longmapsto V_n$ definierte Funktion an.

Hinweis: Bei Aufgabenteil 3 wird das Integral $\int \sqrt{u^2 - id^2} = \frac{1}{2}(id\sqrt{u^2 - id^2} + u^2 \cdot arcsin(\frac{1}{u} \cdot id)) + \mathbb{R}$ (mit beliebiger Zahl u) benötigt.

B2.926.06: Zur Bearbeitung der Aufgabe:

1. Man betrachte – ausgehend von der definierenden Gleichung der vorgelegten Ellipsen-Relation – zunächst die Äquivalenzen

$\frac{x^2}{a^2} + \frac{z^2}{b^2} = 1 \Leftrightarrow \frac{z^2}{b^2} = 1 - \frac{b^2x^2}{a^2b^2}$
$\Leftrightarrow z^2 = b^2(1 - \frac{x^2}{a^2})$
$\Leftrightarrow z^2 = \frac{b^2}{a^2}(a^2 - x^2)$
$\Leftrightarrow z = \frac{b}{a}\sqrt{a^2 - x^2}$

Betrachtet man die Zuordnungsvorschrift $e(x) = z$, dann wird der obere Teil der Ellipse durch

$e : [-a, a] \longrightarrow \mathbb{R}$ mit $e(x) = \frac{b}{a}\sqrt{a^2 - x^2}$,

also die Darstellung $e = \frac{b}{a}\sqrt{a^2 - id^2}$, beschrieben. Man beachte im übrigen $Bild(e) = [-b, b]$.

2. Mit $e^2 = \frac{b^2}{a^2}(a^2 - id^2) = b^2 - \frac{b^2}{a^2}id^2$ ist dann $\int e^2 = \int b^2 - \frac{b^2}{a^2}\int id^2 = b^2 id - \frac{b^2}{3a^2}id^3 + \mathbb{R}$. Das zu berechnende Volumen des Ellipsoids ist dann $V = 2\pi \int\limits_0^a e^2 = 2\pi((\int e^2)(a) - (\int e^2)(0)) = 2\pi(b^2a - \frac{b^2}{3a^2}a^3) = \frac{4}{3}\pi ab^2$ (VE).

3a) Im folgenden Teil b) wird das Riemann-Integral $\int\limits_0^a e$ der eingeschränkten Funktion $e : [0, a] \longrightarrow \mathbb{R}$ benötigt und durch folgende Berechnung ermittelt:

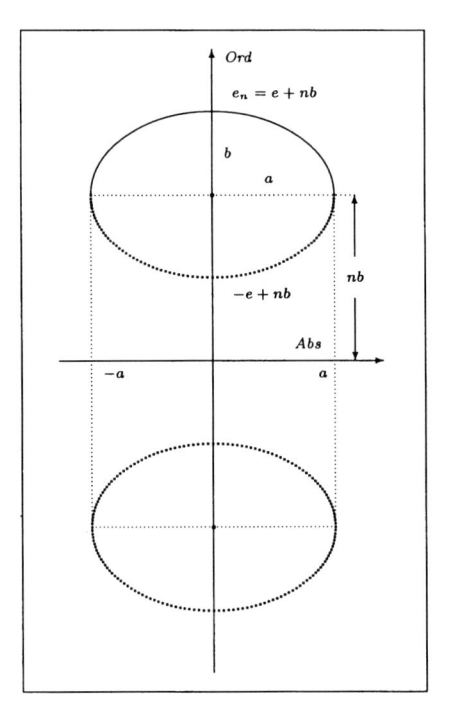

Mit $\int e = \frac{b}{a}\int \sqrt{a^2 - id^2} = \frac{b}{2a}(id\sqrt{a^2 - id^2} + a^2 \cdot arcsin(\frac{1}{a} \cdot id)) + \mathbb{R}$, das ist das im Aufgabentext angegebene Integral für die Zahl $u = a$ und dem konstanten Faktor $\frac{b}{a}$, gilt dann $\int\limits_0^a e = (\int e)(a) - (\int e)(0) =$

312

$\frac{b}{2a}(a\sqrt{a^2-a^2} + a^2 \cdot arcsin(\frac{1}{a} \cdot a)) - \frac{b}{2a}(0\sqrt{a^2-0} + a^2 \cdot arcsin(0)) = \frac{b}{2a}(0 + a^2 \cdot arcsin(1) - 0 - 0) = \frac{b}{2a}(a^2 \cdot arcsin(1)) = \frac{b}{2a}(a^2 \frac{\pi}{2}) = \frac{1}{4}\pi ab.$

3b) Betrachtet man die Funktion $e_n = e+nb : [0,a] \longrightarrow \mathbb{R}$, dann gilt $V(e_n) = \pi(\int_0^a (e+nb)^2 - \int_0^a (-e+nb)^2) = \pi(\int_0^a ((e+nb)^2 - (-e+nb)^2) = \pi(\int_0^a (e^2 + 2nbe + (nb)^2 - e2 + 2nbe - (nb)^2) = \pi \int_0^a (4nbe) = 4nb \cdot \pi \int_0^a e = 4nb \cdot \pi \cdot \frac{ab}{4}\pi = ab^2 n\pi^2$ (VE). Da wegen des verwendeten Definitionsbereichs $[0,a]$ damit nur die Hälfte des Volumens V_n vorliegt, ist schließlich das gesamte Volumen $V_n = 2 \cdot V(e_n) = 2ab^2 n\pi^2$ (VE).

4. Die Funktion $\mathbb{N} \longrightarrow \mathbb{R}$ mit der Zuordnung $n \longmapsto V_n = 2\pi^2 ab^2 \cdot n$ ist Teil einer Geraden durch den Nullpunkt. Das Volumen V_n hängt von n also linear ab.

2.927 Untersuchungen von Potenz-Funktionen (Teil 8)

A2.927.01 (D) : Betrachten Sie einen (senkrechten) Zylinder mit Grundkreisradius r, Grundkreisdurchmesser d und Höhe h.
1. Welchen minimalen Oberflächeninhalt A (mit beiden Grundkreisflächen) hat der Zylinder bei vorgebenem Volumen V?
2. Welches maximale Volumen V hat der Zylinder bei vorgegebenem Oberflächeninhalt A (mit beiden Grundkreisflächen)?
3. Beschreiben Sie den jeweiligen Extremalfall in den Aufgabenteilen 1 und 2 anhand des Verhältnisses $h:d$. Welche Art von Quader kommt als minimale Verpackung des Zylinders in Frage?

B2.927.01: Zur Bearbeitung der Aufgabe im einzelnen:

1a) Zunächst wird der Oberflächeninhalt des Zylinders durch eine Funktion A mit $A(r,h) = 2\pi r^2 + 2\pi rh$ beschrieben. Beachtet man jedoch das vorgegebene Volumen $V = \pi r^2 h$ und daraus die Höhe $h = \frac{V}{\pi r^2}$, so wird der jeweilige Oberflächeninhalt durch die Funktion $A : (0, r_m) \longrightarrow \mathbb{R}$ mit der Zuordnungsvorschrift $A(r) = 2\pi r^2 + 2\pi r \frac{V}{\pi r^2} = 2\pi r^2 + \frac{2V}{r}$ geliefert, wobei $r_m = \sqrt{\frac{V}{\pi h}}$ aus $V = \pi r^2 h$ berechnet wurde.

1b) Die Funktion A ist als Summe einer Polynom-Funktion und einer rationalen Funktion differenzierbar mit der 1. Ableitungsfunktion $A' : (0, r_m) \longrightarrow \mathbb{R}$ mit der Zuordnungsvorschrift $A'(r) = 4\pi r + 2V(-\frac{1}{r^2}) = 2(2\pi r - \frac{V}{r^2})$. Wegen der Äquivalenzen $r \in N(A') \Leftrightarrow A'(x) = 0 \Leftrightarrow 2\pi r - \frac{V}{r^2} = 0 \Leftrightarrow 2\pi r = \frac{V}{r^2} \Leftrightarrow 2\pi r^3 = V \Leftrightarrow r = \sqrt[3]{\frac{V}{2\pi}}$ hat A' die Nullstelle $\sqrt[3]{\frac{V}{2\pi}}$.

Mit der 2. Ableitungsfunktion $A'' : (0, r_m) \longrightarrow \mathbb{R}$ mit $A''(r) = 2(2\pi - V(-\frac{2}{r^3})) = 4(\pi + \frac{V}{r^3})$ ist dann also $A''(\sqrt[3]{\frac{V}{2\pi}}) = 4(\pi + 2\pi) = 12\pi > 0$, also ist $\sqrt[3]{\frac{V}{2\pi}}$ die Minimalstelle von A und $(\sqrt[3]{\frac{V}{2\pi}}, A(\sqrt[3]{\frac{V}{2\pi}})) = (\sqrt[3]{\frac{V}{2\pi}}, 2\pi(\frac{V}{2\pi})^{\frac{2}{3}} + 2V(\frac{V}{2\pi})^{-\frac{1}{3}})$ schließlich das Minimum der Funktion A.

1c) Der Zylinder mit dem Grundkreisradius $r = \sqrt[3]{\frac{V}{2\pi}}$ und der Höhe $h = \frac{V}{\pi r^2} = \frac{V}{\pi(\frac{V}{2\pi})^{\frac{2}{3}}}$ hat den minimalen Oberflächeninhalt $A_{min} = 2\pi(\frac{V}{2\pi})^{\frac{2}{3}} + 2V(\frac{V}{2\pi})^{-\frac{1}{3}}$ (FE).

2a) Zunächst wird das Volumen des Zylinders durch eine Funktion V mit $V(r,h) = \pi r^2 h$ beschrieben. Beachtet man jedoch den vorgegebenen Oberflächeninhalt $A = 2\pi r^2 + 2\pi rh$ und daraus die Höhe $h = \frac{A}{2\pi r} - r$, so wird das jeweilige Volumen durch die Funktion $V : (0, r_n) \longrightarrow \mathbb{R}$ mit der Zuordnungsvorschrift $V(r) = \pi r^2(\frac{A}{2\pi r} - r) = \frac{Ar}{2} - \pi r^3$ geliefert, wobei $r_n = -\frac{h}{2} + \frac{1}{2}\sqrt{h^2 + \frac{2A}{\pi}}$ aus $A = 2\pi r^2 + 2\pi rh$ berechnet wurde.

2b) Die Funktion V ist als Polynom-Funktion (mit $grad(V) = 3$) differenzierbar mit der 1. Ableitungsfunktion $V' : (0, r_n) \longrightarrow \mathbb{R}$ mit der Zuordnungsvorschrift $V'(r) = \frac{A}{2} - 3\pi r^2$. Wegen der Äquivalenzen $r \in N(V') \Leftrightarrow V'(x) = 0 \Leftrightarrow \frac{A}{2} - 3\pi r^2 = 0 \Leftrightarrow 3\pi r^2 = \frac{A}{2} \Leftrightarrow r^2 = \frac{A}{6\pi} \Leftrightarrow r = \sqrt{\frac{A}{6\pi}}$ hat V' die Nullstelle $\sqrt{\frac{A}{6\pi}}$.

Mit der 2. Ableitungsfunktion $V'' : (0, r_n) \longrightarrow \mathbb{R}$ mit $V''(r) = -6\pi r$ ist dann $V''(\sqrt{\frac{A}{6\pi}}) = -6\pi\sqrt{\frac{A}{6\pi}} < 0$, also ist $\sqrt{\frac{A}{6\pi}}$ die Maximalstelle von V und $(\sqrt{\frac{A}{6\pi}}, V(\sqrt{\frac{A}{6\pi}})) = (\sqrt{\frac{A}{6\pi}}, \frac{1}{3}A\sqrt{\frac{A}{6\pi}})$ schließlich das Maximum der Funktion V.

2c) Der Zylinder mit dem Grundkreisradius $r = \sqrt{\frac{A}{6\pi}}$ und der Höhe $h = \frac{A}{2\pi\sqrt{\frac{A}{6\pi}}} - \sqrt{\frac{A}{6\pi}} = 2\frac{A\sqrt{6\pi}}{6\pi\sqrt{A}} = 2r^2\frac{1}{r} = 2r$ hat das maximale Volumen $V_{max} = \frac{1}{3}A\sqrt{\frac{A}{6\pi}}$ (VE).

3a) Die Berechnungsergebnisse in Aufgabenteil 1 zeigen $\frac{h}{r} = \frac{V}{\pi(\frac{V}{2\pi})^{\frac{2}{3}} \cdot (\frac{V}{2\pi})^{\frac{1}{3}}} = \frac{V}{\pi \frac{V}{2\pi}} = \frac{2V\pi}{V\pi} = \frac{2}{1}$, also ist das gesuchte Verhältnis zwischen Höhe und Durchmesser gerade $h:d = 1:1$.

3b) Die Berechnungsergebnisse in Aufgabenteil 2 zeigen $\frac{h}{r} = \frac{2r}{r} = \frac{2}{1}$, also ist das gesuchte Verhältnis zwischen Höhe und Durchmesser ebenfalls $h : d = 1 : 1$.

3c) Die nach den Aufgaben 1 und 2 erzeugten Zylinder lassen sich jeweils einem Würfel einbeschreiben.

A2.927.02 (D) :

Betrachten Sie einen senkrechten Kreiskegel mit Grundkreisradius r und Höhe h (siehe nebenstehende Skizze).

1. Welchen minimalen Mantelflächeninhalt A (ohne Grundkreisfläche) hat der Kegel bei vorgegebenem Volumen V ?
2. Welches maximale Volumen V hat der Kegel bei vorgegebenem Mantelflächeninhalt A (ohne Grundkreisfläche)?
3. Beschreiben Sie den jeweiligen Extremalfall in den Aufgabenteilen 1 und 2 anhand des Verhältnisses $s : h : r$ mit der in der Skizze angegebenen Strecke der Länge s.

Hinweis: Untersuchen Sie anhand der Funktionen A respective V die Funktionen $g = A^2$ respective $h = V^2$ (siehe A2.918.02/2).

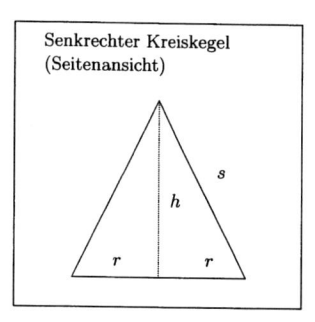

B2.927.02: Zur Bearbeitung der Aufgabe im einzelnen:

1a) Zunächst wird der Mantelflächeninhalt des Kegels durch eine Funktion A mit $A(r,h) = \pi r s = \pi r \sqrt{r^2 + h^2}$ beschrieben. Beachtet man jedoch das vorgegebene Volumen $V = \frac{1}{3}\pi r^2 h$ und daraus die Höhe $h = \frac{3V}{\pi r^2}$, so wird der jeweilige Mantelflächeninhalt durch die Funktion $A : (0, r_m) \longrightarrow \mathbb{R}$ mit der Zuordnungsvorschrift $A(r) = \pi r \sqrt{r^2 + \frac{9V^2}{\pi^2 r^4}} = \pi \sqrt{r^4 + (\frac{3V}{\pi r})^2}$ geliefert, wobei $r_m = \sqrt{\frac{3V}{\pi h}}$ aus $V = \frac{1}{3}\pi r^2 h$ berechnet wurde.

Anstelle der Funktion A wird nun vorübergehend die Funktion $g = A^2 : (0, r_m) \longrightarrow \mathbb{R}$ mit der Zuordnungsvorschrift $g(r) = \pi^2 (r^4 + (\frac{3V}{\pi r})^2)$ betrachtet.

1b) Die Funktion g ist als Summe einer Polynom-Funktion und einer rationalen Funktion differenzierbar mit der 1. Ableitungsfunktion $g' : (0, r_m) \longrightarrow \mathbb{R}$ mit der Vorschrift $g'(r) = \pi^2(4r^3 + \frac{9V^2}{\pi^2}(-\frac{2}{r^3})) = 2\pi^2(2r^3 - \frac{9V^2}{\pi^2 r^3})$. Wegen der Äquivalenzen $r \in N(g') \Leftrightarrow g'(x) = 0 \Leftrightarrow 2r^3 - \frac{9V^2}{\pi^2 r^3} = 0 \Leftrightarrow r^3 = \frac{9V^2}{2\pi^2 r^3} \Leftrightarrow r^6 = \frac{9V^2}{2\pi^2} \Leftrightarrow r = \sqrt[6]{\frac{9V^2}{2\pi^2}}$ hat g' die Nullstelle $\sqrt[6]{\frac{9V^2}{2\pi^2}} = (\frac{9V^2}{2\pi^2})^{\frac{1}{6}}$.

Mit der 2. Ableitungsfunktion $g'' : (0, r_m) \longrightarrow \mathbb{R}$ mit $g''(r) = 6\pi^2(2r^3 + \frac{9V^2}{\pi^2 r^3})$ ist dann $g''((\frac{9V^2}{2\pi^2})^{\frac{1}{6}}) > 0$, also ist $(\frac{9V^2}{2\pi^2})^{\frac{1}{6}}$ die Minimalstelle von g und somit auch die Minimalstelle von A.

1c) Zu dem Grundkreisradius $r = (\frac{9V^2}{2\pi^2})^{\frac{1}{6}}$ ist die zugehörige Höhe $h = \frac{3V}{\pi r^2} = \frac{3V}{\pi(\frac{9V^2}{2\pi^2})^{\frac{1}{3}}} = \frac{(27V^3)^{\frac{1}{3}}}{\pi(\frac{9V^2}{2\pi^2})^{\frac{1}{3}}} = \frac{1}{\pi}(\frac{27V^3 2\pi^2}{9V^2})^{\frac{1}{3}} = \frac{1}{\pi}(\frac{6V\pi^3}{\pi})^{\frac{1}{3}} = (\frac{6V}{\pi})^{\frac{1}{3}}$, ferner ist $s^2 = r^2 + h^2 = (\frac{9V^2}{2\pi^2})^{\frac{1}{3}} + (\frac{6V}{\pi})^{\frac{2}{3}} = (\frac{36V^2}{8\pi^2})^{\frac{1}{3}} + (\frac{6V}{\pi})^{\frac{2}{3}} = (\frac{1}{8})^{\frac{1}{3}}(\frac{6V}{\pi})^{\frac{2}{3}} + (\frac{6V}{\pi})^{\frac{2}{3}} = (\frac{1}{2} + 1)(\frac{6V}{\pi})^{\frac{2}{3}} = \frac{3}{2}(\frac{6V}{\pi})^{\frac{2}{3}}$ und damit die zugehörige Streckenlänge $s = \frac{1}{2}\sqrt{6} \cdot (\frac{6V}{\pi})^{\frac{1}{3}} = \frac{1}{2}\sqrt{6} \cdot h$.

1d) Der Kegel mit dem Grundkreisradius $r = (\frac{9V^2}{2\pi^2})^{\frac{1}{6}} = (\frac{36V^2}{8\pi^2})^{\frac{1}{6}} = (\frac{1}{8})^{\frac{1}{6}}\cdot(\frac{6V}{\pi})^{\frac{1}{3}} = (\frac{1}{2})^{\frac{1}{2}} \cdot (\frac{6V}{\pi})^{\frac{1}{3}} = \frac{1}{2}\sqrt{2} \cdot h$ und der zugehörigen Seitenlänge $s = \frac{1}{2}\sqrt{6} \cdot h$ hat den minimalen Mantelflächeninhalt $A_{min} = \pi r s = \pi \cdot \frac{1}{2}\sqrt{2} \cdot h \cdot \frac{1}{2}\sqrt{6} \cdot h = \frac{1}{2}\sqrt{3} \cdot \pi \cdot h^2 = \frac{1}{2}\sqrt{3}\cdot\pi\cdot(\frac{6V}{\pi})^{\frac{2}{3}} = \frac{1}{2}\sqrt{3}\cdot\pi\cdot(\frac{36V^2}{\pi^2})^{\frac{1}{3}} = \frac{1}{2}\sqrt{3}\cdot(\frac{36V^2\pi^3}{\pi^2})^{\frac{1}{3}} = \frac{1}{2}\sqrt{3}\cdot(\frac{72V^2\pi}{2})^{\frac{1}{3}} = \sqrt{3}\cdot(\frac{9V^2\pi}{2})^{\frac{1}{3}}$ (FE).

2a) Zunächst wird das Volumen des Kegels durch eine Funktion V mit $V(r,h) = \frac{1}{3}\pi r^2 h$ beschrieben. Beachtet man jedoch den vorgegebenen Mantelflächeninhalt $A = \pi r \sqrt{r^2 + h^2}$ und daraus die Höhe $h = \sqrt{\frac{A^2}{\pi^2 r^2} - r^2}$, so wird das jeweilige Volumen durch die Funktion $V : (0, r_n) \longrightarrow \mathbb{R}$ mit der Zuordnungsvorschrift $V(r) = \frac{1}{3}\pi r^2 \cdot \sqrt{\frac{A^2}{\pi^2 r^2} - r^2}$ geliefert, wobei r_n aus $A = \pi r_n \sqrt{r_n^2 + h^2}$ berechnet wird.

Anstelle der Funktion V wird nun vorübergehend die Funktion $h = V^2 : (0, r_n) \longrightarrow \mathbb{R}$ mit der Zuordnungsvorschrift $h(r) = \frac{1}{9}\pi^2 r^4 (\frac{A^2}{\pi^2 r^2} - r^2) = \frac{1}{9}(A^2 r^2 - \pi^2 r^6)$ betrachtet.

2b) Die Funktion h ist als Polynom-Funktion (mit $grad(h) = 6$) differenzierbar mit der 1. Ableitungs-

funktion $h' : (0, r_n) \longrightarrow \mathbb{R}$ mit der Vorschrift $h'(r) = \frac{2}{9}(A^2 r - 3\pi^2 r^5)$. Wegen der Äquivalenzen
$r \in N(h') \Leftrightarrow h'(x) = 0 \Leftrightarrow A^2 r - 3\pi^2 r^5 = 0 \Leftrightarrow r(A^2 - 3\pi^2 r^4) = 0 \Leftrightarrow r^4 = \frac{A^2}{3\pi^2} \Leftrightarrow r = \sqrt[4]{\frac{A^2}{3\pi^2}}$ hat h'
die Nullstelle $\sqrt[4]{\frac{A^2}{3\pi^2}} = (\frac{A^2}{3\pi^2})^{\frac{1}{4}}$.

Mit der 2. Ableitungsfunktion $h'' : (0, r_n) \longrightarrow \mathbb{R}$ mit $h''(r) = \frac{2}{9}(A^2 - 15\pi^2 r^4)$ ist dann $h''(\sqrt[4]{\frac{A^2}{3\pi^2}}) = \frac{2}{9}(A^2 - 15\pi^2 \frac{A^2}{3\pi^2}) = \frac{2}{9}(A^2 - 5A^2) = -\frac{8}{9}A^2 < 0$, also ist $\sqrt[4]{\frac{A^2}{3\pi^2}}$ die Maximalstelle von h und somit auch die Maximalstelle von V.

2c) Zu dem Grundkreisradius $r = \sqrt[4]{\frac{A^2}{3\pi^2}}$ und demnach $r^2 = \frac{A}{\pi\sqrt{3}}$ ist zunächst $h^2 = \frac{A^2}{\pi^2 r^2} - r^2 = \frac{A^2}{\pi^2 \cdot \frac{A}{\pi\sqrt{3}}} - \frac{A}{\pi\sqrt{3}} = \frac{A^2}{\pi^2} \cdot \frac{\pi\sqrt{3}}{A} - \frac{A}{\pi\sqrt{3}} = \frac{\sqrt{3}A}{\pi} - \frac{A}{\pi\sqrt{3}} = \frac{3A - A}{\pi\sqrt{3}} = \frac{2A}{\pi\sqrt{3}} = \sqrt{3} \cdot \frac{2A}{3\pi}$, also ist die zugehörige Höhe $h = (\sqrt{3} \cdot \frac{2A}{3\pi})^{\frac{1}{2}}$, ferner ist $s^2 = r^2 + h^2 = \frac{A}{\pi\sqrt{3}} + \frac{2A}{\pi\sqrt{3}} = \frac{3A}{\pi\sqrt{3}} = \sqrt{3} \cdot \frac{A}{\pi}$ und damit die zugehörige Streckenlänge $s = (\sqrt{3} \cdot \frac{A}{\pi})^{\frac{1}{2}}$.

1d) Der Kegel mit dem Grundkreisradius $r = \sqrt[4]{\frac{A^2}{3\pi^2}}$ hat das maximale Volumen $V = \frac{1}{3}\pi r^2 \cdot \sqrt{\frac{A^2}{\pi^2 r^2} - r^2} = \frac{1}{3}\sqrt{A^2 r^2 - \pi^2 r^6} = \frac{1}{3}\sqrt{A^2 \frac{A}{\pi\sqrt{3}} - \pi^2 \frac{A^3}{3\pi^3\sqrt{3}}} = \frac{1}{3}\sqrt{\frac{A^3}{\pi\sqrt{3}} - \frac{A^3}{3\pi\sqrt{3}}} = \frac{1}{3}\sqrt{\frac{2A^3}{3\pi\sqrt{3}}} = \frac{1}{9}A\sqrt{\frac{2A\sqrt{3}}{\pi}}$ (VE).

3a) Beachtet man bei Aufgabenteil 1 (Berechnung des minimalen Flächeninhalts) $s = \frac{1}{2}\sqrt{6} \cdot (\frac{6V}{\pi})^{\frac{1}{3}} = \frac{1}{2}\sqrt{6} \cdot h$ sowie $h = (\frac{6V}{\pi})^{\frac{1}{3}}$, dann ist $s : h = \frac{1}{2}\sqrt{6} : 1$. Beachtet man ferner $r = \frac{1}{2}\sqrt{2} \cdot (\frac{6V}{\pi})^{\frac{1}{3}} = \frac{1}{2}\sqrt{2} \cdot h$, dann ist $s : h : r = \frac{1}{2}\sqrt{6} : 1 : \frac{1}{2}\sqrt{2}$. Dividiert man diese Beziehung durch $\frac{1}{2}\sqrt{2}$, dann folgt $s : h : r = \sqrt{3} : \sqrt{2} : 1$.

3b) Beachtet man bei Aufgabenteil 2 (Berechnung des maximalen Kegelvolumens) $r = \sqrt[4]{\frac{A^2}{3\pi^2}} = (\frac{A}{\pi\sqrt{3}})^{\frac{1}{2}} = (\sqrt{3} \cdot \frac{A}{3\pi})^{\frac{1}{2}}$ sowie $h = (\sqrt{3} \cdot \frac{2A}{3\pi})^{\frac{1}{2}} = \sqrt{2}(\sqrt{3} \cdot \frac{A}{3\pi})^{\frac{1}{2}} = \sqrt{2} \cdot r$ und $s = (\sqrt{3} \cdot \frac{A}{\pi})^{\frac{1}{2}} = (\sqrt{3} \cdot \frac{3A}{3\pi})^{\frac{1}{2}} = \sqrt{3}(\sqrt{3} \cdot \frac{A}{3\pi})^{\frac{1}{2}} = \sqrt{3} \cdot r$, dann ist ebenfalls $s : h : r = r\sqrt{3} : r\sqrt{2} : r = \sqrt{3} : \sqrt{2} : 1$.

A2.927.03 (V): Durch Abschneiden gleicher Kappen entsteht aus einem Ellipsoid ein symmetrisch geformtes Faß. Das stehende Faß habe die Höhe $h = 8\,\text{m}$, ferner $d_1 = 8\,\text{m}$ als größten und $d_2 = 4,8\,\text{m}$ als kleinsten Durchmesser. (Alle Maße seien Innenmaße.)

1. Welches Fassungsvermögen hat das Faß?
2. Wie hoch steht in dem stehenden Faß eine Flüssigkeit, wenn es zu einem Drittel gefüllt ist? (Geben Sie die dabei auftretende kubische Gleichung mit ganzzahligen Koeffizienten an; die Lösung dieser Gleichung ist dann näherungsweise mit einem Taschenrechner (mit drei Nachkommastellen) zu ermitteln.)
3. Ein zweites Faß habe eine parabolisch geformte Wand, sonst gleiche Maße. Wie verhalten sich beide Volumina zueinander?

B2.927.03: Zur Bearbeitung der Aufgabe:

1a) Zunächst werden die Längen der beiden Halbachsen der dem Faß als Rotationskörper zugrunde liegenden Ellipse berechnet: Bezeichnet b die kleine Halbachse, dann ist $d_1 = 2b$, also $b = 4$. Die definierende Gleichung $\frac{x^2}{a^2} + \frac{z^2}{b^2} = 1$ liefert dann $a^2 = \frac{16x^2}{16 - z^2} = \frac{16 \cdot \frac{1}{4}h^2}{16 - \frac{1}{4}h^2} = \frac{16 \cdot 16}{16 - 5,76} = \frac{256}{10,24} = 25$, also ist $a = 5$ die Länge der großen Halbachse.

Betrachtet man die Zuordnungsvorschrift $e(x) = z$, dann wird der obere Teil der Ellipse durch
$e : [-5, 5] \longrightarrow \mathbb{R},\ e(x) = \frac{b}{a}\sqrt{a^2 - x^2} = \frac{4}{5}\sqrt{25 - x^2}$,
also die Darstellung $e = \frac{4}{5}\sqrt{25 - \text{id}^2}$, beschrieben.
Man beachte im übrigen $\text{Bild}(e) = [-4, 4]$.

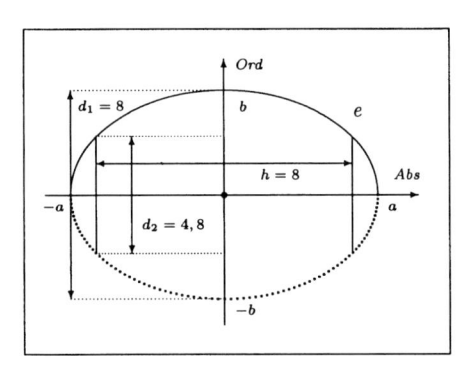

1b) Im folgenden wird nun für die Hälfte des Fasses die Funktion $f : [0, 4] \longrightarrow \mathbb{R}$ mit $f(x) = \frac{4}{5}\sqrt{25 - x^2}$

betrachtet (man beachte die abgeschnittene Kappe). Diese Funktion liefert das Quadrat $f^2 : [0,4] \longrightarrow \mathbb{R}$ mit $f^2 = \frac{16}{25}(25 - idx^2) = 16 - \frac{16}{25}id^2$ sowie dessen Integral $\int f^2 = 16 \cdot id - \frac{16}{75}id^3 + \mathbb{R}$, damit ist dann $V_e = 2 \cdot V(f) = 2\pi \cdot \int_0^4 f^2 = 2\pi \cdot 16(4 - \frac{64}{75}) = \frac{7552}{75}\pi \approx 316,3$ m^3 das Volumen des Fasses mit elliptisch geformter Wand. (Als Plausibilitätsprüfung kann man sich überlegen, daß der Quader mit der Kantenlänge 8 m das Volumen 512 m^3 hat.)

2. Betrachtet man nun das zu einem Drittel gefüllte stehende Faß, dann entspricht dem Volumen $\frac{1}{3}V_e$ die Flüssigkeitshöhe $\frac{1}{2}h - c = 4 - c$ (siehe die Längen in nebenstehender Skizze). Das restliche Volumen des zur Hälfte gefüllten Fasses ist dann $\frac{1}{2}V_e - \frac{1}{3}V_e = \frac{1}{6}V_e$, dem dann die Resthöhe c entspricht. Das heißt nun: Es ist eine Lösung c der Gleichung $\frac{1}{6} \cdot V_e = \pi \cdot \int_0^c f^2$ zu suchen.

Die Äquivalenzen $\frac{1}{6} \cdot V_e = \pi \cdot \int_0^c f^2 \Leftrightarrow \frac{7552}{6 \cdot 75}\pi = 16\pi(c - \frac{1}{75} \cdot c^3) \Leftrightarrow \frac{236}{225} = c - \frac{1}{75} \cdot c^3 \Leftrightarrow 236 = 225c - 3c^3$ liefern die angegebene kubische Gleichung, die genau eine Lösung c besitzt. Eine mit einem Taschenrechner ermittelte Näherung für c ist $c \approx 1,065$, folglich ist die gesuchte Höhe dann $4 - c \approx 2,935$ m.

3. Für ein Faß mit parabolischer Wand ist gemäß nebenstehender Skizze eine Funktion der Form $p : [0,4] \longrightarrow \mathbb{R}$ mit $p(x) = -ux^2 + 4$, also der Darstellung $p = -u \cdot id^2 + 4$, sinnvoll. Dabei wird der Parameter u mit Hilfe der sonst vorgegebenen Daten berechnet: Die Bedingungen $p(4) = -u \cdot 4^2 + 4$ und $p(4) = \frac{1}{2}d_2 = 2,4$ liefern $-u = \frac{2,4-4}{16} = -\frac{1,6}{16} = -\frac{1}{10}$, also ist $u = \frac{1}{10}$.

Nun liefert $p^2 = (-\frac{1}{10} \cdot id^2 + 4)^2 = \frac{1}{100} \cdot id^4 - \frac{8}{10} \cdot id^2 + 16$ das Integral $\int p^2 = \frac{1}{500} \cdot id^5 - \frac{8}{30} \cdot id^3 + 16 \cdot id + \mathbb{R} = \frac{1}{1500} \cdot id(3 \cdot id^4 - 400 \cdot id^2 + 24000) + \mathbb{R}$, also ist damit dann

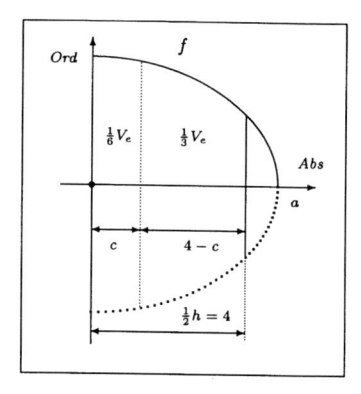

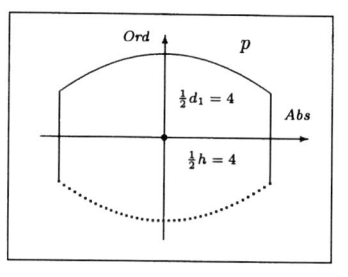

$V_p = 2 \cdot V(p) = 2\pi \cdot \int_0^4 p^2 = 2\pi \cdot \frac{4}{1500}(3 \cdot 256 - 25 \cdot 256 + 24000) = \frac{79616}{750}\pi \approx 333,5$ m^3 das Volumen des Fasses mit parabolisch geformter Wand.

Das Verhältnis der beiden Volumina V_e und V_p ist schließlich $V_p : V_e = \frac{79616}{750} \cdot \frac{75}{7552} = \frac{311}{295} \approx 1,054 : 1$.

A2.927.04 (D) : Betrachten Sie eine Halbkugel mit vorgegebenem Radius a sowie einen einbeschriebenen senkrechten Kreiszylinder (eine Zylinderkreisfläche sei also Teil der Halbkugelkreisfläche). Berechnen Sie denjenigen Radius r, für den die Mantelfläche des Zylinders (also nicht die gesamte Oberfläche) maximalen Inhalt hat.

B2.927.04 (D) : Die zu untersuchende Funktion, die den Mantelflächeninhalt des Zylinders beschreibt, ist die Funktion $M : (0,a) \longrightarrow \mathbb{R}$ mit $M(r) = 2\pi rh = 2\pi r\sqrt{a^2 - r^2}$, wobei h die Zylinderhöhe mit $a^2 = r^2 + h^2$ sei.

Die erste Ableitungsfunktion $M' : (0,a) \longrightarrow \mathbb{R}$ von M ist nun definiert durch die Zuordnungsvorschrift $M'(r) = 2\pi(\sqrt{a^2 - r^2} + r \cdot \frac{-2r}{2\sqrt{a^2-r^2}}) = 2\pi \cdot \frac{a^2 - 2r^2}{\sqrt{a^2-r^2}}$ und besitzt die einzige Nullstelle $\frac{a}{2}\sqrt{2}$. Wie man entsprechend nachrechnet, ist die zweite Ableitungsfunktion $M'' : (0,a) \longrightarrow \mathbb{R}$ von M definiert durch $M''(r) == 2\pi \cdot \frac{2r^2 - 3a^2}{(a^2-r^2)\sqrt{a^2-r^2}}$, ferner gilt $M''(\frac{a}{2}\sqrt{2}) = -8\pi < 0$. Somit ist $\frac{a}{2}\sqrt{2}$ die Maximalstelle von M und ihr Funktionswert $M(\frac{a}{2}\sqrt{2}) = \pi a^2$ der zugehörige Mantelflächeninhalt.

2.928 UNTERSUCHUNGEN VON POTENZ-FUNKTIONEN (TEIL 9)

A2.928.01: Eine Lichtquelle L sei gemäß nebenstehender Skizze in vertikaler Richtung verschiebbar angeordnet. Ferner sei ein Punkt A mit konstantem Abstand $a = d(0, A)$ betrachtet. Bei welcher Höhe h ist die Beleuchtungsstärke J im Punkt A maximal?

Hinweis: Gemäß den geometrischen Daten α und r in nebenstehender Skizze ist die Beleuchtungsstärke (für Lichtquellen, die in jeder Richtung gleichmäßig strahlen) durch $J(\alpha, r) = c \cdot \frac{1}{r^2} \cdot sin(\alpha)$ mit einer Materialkonstanten c definiert.

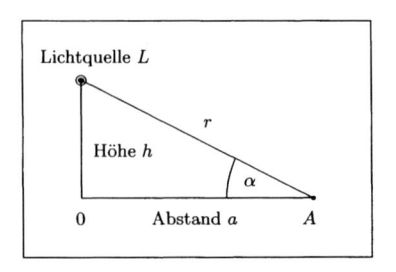

B2.928.01: Zur Bearbeitung der Aufgabe im einzelnen:

1. Bestimmung einer geeigneten Funktion $J : \mathbb{R}^+ \longrightarrow \mathbb{R}$, die die Beleuchtungsstärke J in Abhängigkeit der Lichtquellenhöhe h beschreibt: Wie die Skizze der Geometrie zeigt, können der Winkel α vermöge $sin(\alpha) = \frac{h}{r}$ und der Radius r vermöge $r^2 = a^2 + h^2$ in der Vorschrift $J(\alpha, r) = c \cdot \frac{1}{r^2} \cdot sin(\alpha)$ durch die Höhe h ersetzt werden. Das liefert dann die Vorschrift $J(h) = c \cdot \frac{1}{r^2} \cdot \frac{h}{r} = c \cdot \frac{h}{r^3} = c \cdot h \cdot (a^2 + h^2)^{-\frac{3}{2}}$.

2. Die soeben ermittelte Funktion J ist als Produkt (Quotient) differenzierbarer Funktionen ebenfalls differenzierbar und besitzt die 1. Ableitungsfunktion $J' : \mathbb{R}^+ \longrightarrow \mathbb{R}$ mit der Zuordnungsvorschrift $J'(h) = c \cdot ((a^2 + h^2)^{-\frac{3}{2}} + h(-\frac{3}{2}(a^2 + h^2)^{-\frac{5}{2}} \cdot 2h) = c \cdot ((a^2 + h^2)(a^2 + h^2)^{-\frac{5}{2}} - \frac{3}{2} \cdot 2h^2(a^2 + h^2)^{-\frac{5}{2}}) = c \cdot (a^2 + h^2 - 3h^2)(a^2 + h^2)^{-\frac{5}{2}} = c \cdot (a^2 - 2h^2)(a^2 + h^2)^{-\frac{5}{2}}$.

3. Wie nun die vier Äquivalenzen $h \in N(J') \Leftrightarrow J'(h) = 0 \Leftrightarrow c \cdot \frac{(a^2 - 2h^2)}{(a^2 + h^2)^{\frac{5}{2}}} = 0 \Leftrightarrow a^2 - 2h^2 = 0 \Leftrightarrow h \in \{\frac{1}{2}\sqrt{2} \cdot a\}$ zeigen, besitzt J' die einzige Nullstelle $\frac{1}{2}\sqrt{2} \cdot a$. Diese Nullstelle von J' ist aber auch die Maximalstelle der Funktion J, wie man entweder durch den Test $J''(\frac{1}{2}\sqrt{2} \cdot a) < 0$ oder durch Nachweis eines Vorzeichenwechsels von Plus nach Minus zeigen kann.

4. Die maximale Beleuchtungsstärke im Punkt A ist dann $J(\frac{1}{2}\sqrt{2} \cdot a) = c \cdot \frac{1}{2}\sqrt{2} \cdot a \cdot (a^2 + \frac{1}{2} \cdot a^2)^{-\frac{3}{2}} = c \cdot \frac{1}{2}\sqrt{2} \cdot a \cdot (\frac{3}{2} \cdot a^2)^{-\frac{3}{2}} = c \cdot \frac{2}{9}\sqrt{3} \cdot \frac{1}{a^2}$.

A2.928.02:

Gemäß nebenstehender Skizze seien zwei Punkte A und B auf derselben Seite der Abszisse betrachtet. Gesucht ist der Punkt R auf der Abszisse, also der Abstand $x = d(0, R)$, für den die Abstandssumme $d(A, R) + d(R, B)$ minimal ist.

Die Aufgabe behandelt das sogenannte *Fermatsche Prinzip der Reflexion von Lichtstrahlen* (mit Spiegelung an der Abszisse), dessen Ergebnis die Gleichheit $\alpha = \beta$ der in der Skizze eingezeichneten Winkelmaße ist. Das heißt, für $\alpha = \beta$ nimmt ein Lichtstrahl von A nach B über R die kürzeste Zeit in Anspruch.

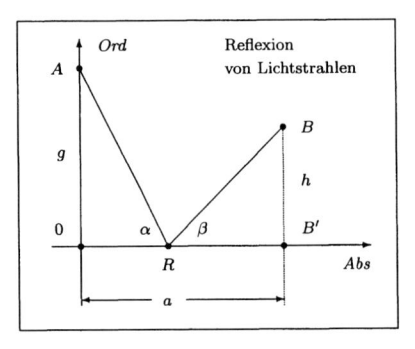

a) Beweisen Sie für eine geeignete Funktion S die Äquivalenz: S hat ein Minimum $\Leftrightarrow \alpha = \beta$.
b) Berechnen Sie dann dieses im Fall $\alpha = \beta$ vorliegende Minimum.

B2.928.02: Für die Abstandssumme $d(A, R) + d(R, B)$ wird zunächst eine Funktion S in Abhängigkeit des Abstands $x = d(0, R)$ ermittelt: Wie die Skizze zeigt, gelten mit den Abkürzungen $g = d(0, A)$ und $h = d(B, B')$ nach dem *Satz des Pythagoras* die Beziehungen $d(A, R) = \sqrt{x^2 + g^2}$ und $d(R, B) = \sqrt{(a - x)^2 + h^2}$. Hinsichtlich des gestellten Minimalproblems für $d(A, R) + d(R, B)$ ist dann die Funktion $S : (0, a) \longrightarrow \mathbb{R}$ mit der Zuordnungsvorschrift $S(x) = \sqrt{x^2 + g^2} + \sqrt{(a - x)^2 + h^2}$ mit den konstanten

Daten g und h das geeignete Untersuchungshilfsmittel. Für diese Funktion gilt:

Die erste Ableitungsfunktion $S' : (0, a) \longrightarrow \mathbb{R}$ der Funktion S ist definiert durch die Zuordnungsvorschrift $S'(x) = \frac{x}{\sqrt{x^2+g^2}} - \frac{a-x}{\sqrt{(x-a)^2+h^2}}$. Die zweite Ableitungsfunktion $S'' : (0, a) \longrightarrow \mathbb{R}$ der Funktion S ist definiert durch die Zuordnungsvorschrift $S''(x) = \frac{g^2}{(\sqrt{x^2+g^2})^3} + \frac{h^2}{(\sqrt{(x-a)^2+h^2})^3} > 0$. Es gilt $S'' > 0$.

a) Es gelten (mit den geometrischen Daten der obigen Skizze und $S'' > 0$) nun folgende Äquivalenzen:
$N(S') = \{x_0\} \Leftrightarrow S'(x_0) = 0 \Leftrightarrow \frac{x_0}{\sqrt{x_0^2+g^2}} = \frac{a-x_0}{\sqrt{(x_0-a)^2+h^2}} \Leftrightarrow cos(\alpha) = cos(\beta) \Leftrightarrow \alpha = \beta$.

b) Die Äquivalenzen $x \in N(S') \Leftrightarrow S'(x_0) = 0 \Leftrightarrow \frac{x}{\sqrt{x^2+g^2}} = \frac{a-x}{\sqrt{(x-a)^2+h^2}} \Leftrightarrow \frac{x^2}{x^2+g^2} = \frac{(a-x)^2}{(x-a)^2+h^2} \Leftrightarrow$
$x^2(a-x)^2 + x^2 h^2 = (a^2 - 2ax + x^2)(x^2 + g^2) \Leftrightarrow (h^2 - g^2)x^2 + 2ag^2 x - g^2 a^2 = 0 \Leftrightarrow x^2 - \frac{2ag^2 x}{g^2 - h^2} + \frac{g^2 a^2}{g^2 - h^2} = 0$
$\Leftrightarrow x = \frac{ag^2}{g^2-h^2} - \frac{agh}{g^2-h^2} \Leftrightarrow x = \frac{ag(g-h)}{(g-h)(g+h)} \Leftrightarrow x = \frac{ag}{g+h}$ liefern die Nullstelle $\frac{ag}{g+h}$ von S'.

Anmerkung: Die numerisch zweite Lösung $x = \frac{ag}{g-h}$ kommt wegen des Sonderfalls $g = h$ mit $x = \frac{a}{2} = \frac{ah}{2h} = \frac{ah}{h+h}$ nicht in Betracht.

Wegen $S'' > 0$ ist diese Nullstelle von S' zugleich die Minimalstelle von S. Der zugehörige Funktionswert $f(\frac{ag}{g+h}) = \frac{1}{g+h}\sqrt{a^2 g^2 + h^2(g^2 + h^2)} + \frac{h}{g+h}\sqrt{a^2 + (g+h)^2}$ liefert dann das Minimum von S.

A2.928.03:

Gemäß nebenstehender Skizze seien zwei Punkte A und B auf verschiedenen Seiten der Abszisse betrachtet. Gesucht ist der Punkt S auf der Abszisse, also der Abstand $x = d(0, S)$, für den die Zeitsumme $t(A, S) + t(S, B)$ bei Geschwindigkeiten v_A für den Weg $s(A, S)$ und v_B für den Weg $s(S, B)$ minimal ist.

Die Aufgabe behandelt das sogenannte *Snelliussche Prinzip der Brechung von Lichtstrahlen* (beim Übergang von einem Medium in ein anderes Medium), dessen Ergebnis die Gleichheit $\frac{sin(\alpha)}{sin(\beta)} = \frac{v_A}{v_B}$ mit den beiden in der Skizze eingezeichneten Winkelmaßen ist.

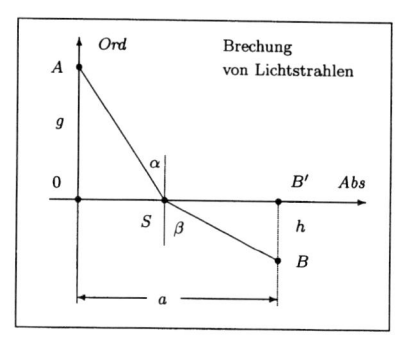

a) Beweisen Sie für eine geeignete Funktion T die Äquivalenz: S hat ein Minimum $\Leftrightarrow \frac{sin(\alpha)}{sin(\beta)} = \frac{v_A}{v_B}$.
b) Berechnen Sie dann dann das in diesem Fall vorliegende Minimum.

B2.928.03: Für die Zeitsumme $t(A, S) + t(S, B)$ wird zunächst eine Funktion T in Abhängigkeit des Abstands $x = d(0, S)$ ermittelt: Wie die Skizze zeigt, gelten mit den Abkürzungen $g = d(0, A)$ und $h = d(B, B')$ nach dem *Satz des Pythagoras* die Beziehungen $d(A, S) = \sqrt{x^2 + g^2}$ und $d(S, B) = \sqrt{(a-x)^2 + h^2}$. Hinsichtlich des gestellten Minimalproblems für $t(A, R) + t(R, B)$ sind die zugehörigen Zeiten mit $v = \frac{s}{t}$, also mit $t = \frac{s}{v}$, dann $t(A, S) = \frac{1}{v_A}\sqrt{x^2 + g^2}$ und $t(S, B) = \frac{1}{v_B}\sqrt{(a-x)^2 + h^2}$. Somit ist die Funktion $T : (0, a) \longrightarrow \mathbb{R}$ mit der Zuordnungsvorschrift $T(x) = \frac{1}{v_A}\sqrt{x^2 + g^2} + \frac{1}{v_B}\sqrt{(a-x)^2 + h^2}$ mit den konstanten Daten v_A und v_B sowie g und h das geeignete Untersuchungshilfsmittel.

Die erste Ableitungsfunktion $T' : (0, a) \longrightarrow \mathbb{R}$ der Funktion T ist definiert durch die Zuordnungsvorschrift $T'(x) = \frac{1}{v_A}\frac{x}{\sqrt{x^2+g^2}} - \frac{1}{v_B}\frac{a-x}{\sqrt{(x-a)^2+h^2}}$. Die zweite Ableitungsfunktion $T'' : (0, a) \longrightarrow \mathbb{R}$ der Funktion S ist definiert durch die Zuordnungsvorschrift $T''(x) = \frac{1}{v_A}\frac{g^2}{(\sqrt{x^2+g^2})^3} + \frac{1}{v_B}\frac{h^2}{(\sqrt{(x-a)^2+h^2})^3} > 0$. Es gilt $S'' > 0$.

a) Es gelten (mit den geometrischen Daten der obigen Skizze und $T'' > 0$) nun folgende Äquivalenzen:
$N(T') = \{x_0\} \Leftrightarrow T'(x_0) = 0 \Leftrightarrow \frac{1}{v_A}\frac{x_0}{\sqrt{x_0^2+g^2}} = \frac{1}{v_B}\frac{a-x_0}{\sqrt{(x_0-a)^2+h^2}} \Leftrightarrow \frac{1}{v_A}sin(\alpha) = \frac{1}{v_B}sin(\beta)$
$\Leftrightarrow \frac{sin(\alpha)}{sin(\beta)} = \frac{v_A}{v_B}$.

b) Dieser Aufgabenteil wird entsprechend den Berechnungen in Aufgabe A2.928.02 bearbeitet.

A2.928.04: Bestimmen Sie das Rechteck mit maximalem Umfang bei vorgegebenem Flächeninhalt A.
Anmerkung: Betrachten Sie die dazu gewissermaßen duale Situation in Aufgabe A2.918.05.

B2.928.04: Sind x und y die Seitenlängen eines Rechtecks, dann ist $xy = A$, woraus $y = \frac{A}{x}$ ermittelt wird. Betrachtet man nun den Umfang $U(x)$ des Rechtecks in Abhängigkeit der Seitenlänge x, dann ist durch $U(x) = 2x + 2y = 2x + \frac{2A}{x}$ die zu untersuchende Umfangs-Funktion $U : (0, A) \longrightarrow \mathbb{R}$ definiert. Die beiden Ableitungsfunktionen $U', U'' : (0, A) \longrightarrow \mathbb{R}$ mit $U'(x) = 2(1 - \frac{A}{x^2})$ und $U''(x) = \frac{2A}{x^3} < 0$ zeigen, daß $\sqrt{A}$ die Maximalstelle von U ist. Die zugehörige Seitenlänge y ist dann $y = \frac{A}{\sqrt{A}} = \sqrt{A}$. Demnach ist das zu ermittelnde Rechteck ein Quadrat mit der Seitenlänge $\sqrt{A}$ und dem Umfang $U_{max} = 4 \cdot \sqrt{A}$ (LE).

2.930 Untersuchungen rationaler Funktionen (Teil 1)

A2.930.01 (D): Betrachten Sie die durch $f(x) = \frac{20}{x^2+5}$ definierte Funktion $f : D(f) \longrightarrow \mathbb{R}$ mit maximalem Definitionsbereich $D(f) \subset \mathbb{R}$.

1. Begründen Sie $D(f) = \mathbb{R}$ sowie $N(f) = \emptyset$ für die Menge der Nullstellen von f.
2. Wie verhalten sich f und die Nullfunktion (Abszisse) zueinander?
3. Untersuchen Sie f hinsichtlich Extrema (ohne Verwendung der Angaben in Aufgabenteil 4). Verwenden Sie dabei (ohne weitere Berechnung) die Zuordnungsvoschrift $f''(x) = \frac{40(3x^2-5)}{(x^2+5)^3}$ der 2. Ableitungsfunktion $f'' : \mathbb{R} \longrightarrow \mathbb{R}$ von f.
4. Skizzieren Sie f im Bereich $[-5, 5]$. Verwenden Sie dabei, daß f genau die beiden Wendestellen $-\frac{1}{3}\sqrt{15}$ und $\frac{1}{3}\sqrt{15}$ besitzt.
5. Wie kann man mit den Angaben in Aufgabenteil 4 und den sonstigen Eigenschaften von f, aber ohne die Berechnungen zu Aufgabenteil 3 zu verwenden, begründen, daß f das Maximum $(0, f(0))$ besitzt?
6. Betrachten Sie ordinatensymmetrische Rechtecke $R(x)$ mit den Eckpunkten $(x, 0)$, $(x, f(x))$, $(-x, 0)$ und $(-x, f(x))$. Ergänzen Sie zunächst die Skizze zu Aufgabenteil 4 um das Rechteck $R(2)$. Betrachten Sie nun die Funktion $A : \mathbb{R}^+ \longrightarrow \mathbb{R}$ mit der Zuordnungsvorschrift $A(x) = 2x \cdot f(x)$. Welchen geometrischen Sachverhalt beschreibt diese Funktion? Untersuchen Sie A hinsichtlich Extrema unter Verwendung (ohne Berechnung) der Zuordnungsvoschrift $A''(x) = \frac{40x(x^2-15)}{(x^2+5)^3}$ der 2. Ableitungsfunktion $A'' : \mathbb{R}^+ \longrightarrow \mathbb{R}$ von A. Beschreiben Sie schließlich die geometrische Bedeutung solcher möglicherweise existierenden Extrema.

B2.930.01: *Vorbemerkung*: Die Funktion f hat als rationale Funktion die Form $f = \frac{u}{v}$ mit der konstanten Funktion $u : \mathbb{R} \longrightarrow \mathbb{R}$ mit $u(x) = 20$ und der quadratischen Funktion $v : \mathbb{R} \longrightarrow \mathbb{R}$ mit $v(x) = x^2 + 5$.

1. Wegen $N(v) = \emptyset$ gilt $D(f) = \mathbb{R} \setminus N(v) = \mathbb{R} \setminus N(v) = \mathbb{R} \setminus \emptyset = \mathbb{R}$. Wegen $N(u) = \emptyset$ gilt $N(f) = N(u) \setminus N(v) = \emptyset$.

2. Wegen $grad(u) < grad(v)$ folgt aus der Darstellung $f = 0 + \frac{u}{v}$, daß die Nullfunktion asymptotische Funktion zu f ist.

3. Die 1. Ableitungsfunktion $f' : \mathbb{R}^+ \longrightarrow \mathbb{R}$ von f ist definiert durch $f'(x) = (\frac{u}{v})'(x) = \frac{u'(x)v(x)-u(x)v'(x)}{v^2(x)}$ $= \frac{-40x}{(x^2+5)^2}$ und besitzt offensichtlich die Nullstelle 0. Mit der vorgegebenen 2. Ableitungsfunktion $f'' : \mathbb{R}^+ \longrightarrow \mathbb{R}$ von f, definiert durch $f''(x) = \frac{40(3x^2-5)}{(x^2+5)^3}$, ist dann $f''(0) = -\frac{200}{125} = -\frac{8}{5} < 0$, also ist 0 die Maximalstelle und $(0, f(0)) = (0, 4)$ das Maximum von f.

4. Mit $\frac{1}{3}\sqrt{15} \approx 1{,}3$ und $f(\frac{1}{3}\sqrt{15}) = 3$ sowie $f(5) = \frac{20}{30} \approx 0{,}7$ liegen folgende kleine Wertetabelle und eine zugehörige Skizze von f vor:

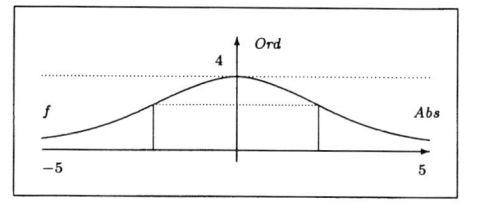

x	-5	$-1{,}3$	0	$1{,}3$	5
$f(x)$	$0{,}7$	3	4	3	$0{,}7$

5. Da die Funktion f ordinatensymmetrisch ist, genau zwei (ordinatensymmetrische) Wendepunkte besitzt, auf ganz $\mathbb{R}$, insbesondere für 0 definiert ist, muß $(0, f(0))$ das Extremum von f sein. Da die Funktion f ferner die Abszisse als asymptotische Funktion besitzt und die Eigenschaft $Bild(f) \subset \mathbb{R}^+$ hat, muß $(0, f(0))$ das Maximum von f sein.

6. Die Funktion $A : \mathbb{R}^+ \longrightarrow \mathbb{R}$ mit der Zuordnungsvorschrift $A(x) = 2x \cdot f(x) = 2x \cdot \frac{20}{x^2+5} = \frac{40x}{x^2+5}$ beschreibt offensichtlich die Flächeninhalte der Rechtecke $R(x)$.

Die 1. Ableitungsfunktion $A' : \mathbb{R}^+ \longrightarrow \mathbb{R}$ von A ist definiert durch $A'(x) = \frac{40(x^2+5) - 80x^2}{(x^2+5)^2} = -\frac{40(x^2-5)}{(x^2+5)^2}$ und besitzt die Nullstelle $\sqrt{5}$. Mit der vorgegebenen 2. Ableitungsfunktion $A'' : \mathbb{R}^+ \longrightarrow \mathbb{R}$ von A, definiert durch $A''(x) = \frac{40x(x^2-15)}{(x^2+5)^3}$ ist dann $A''(\sqrt{5}) = -\frac{2}{3}\sqrt{5} < 0$, also ist $\sqrt{5}$ die Maximalstelle und $(\sqrt{5}, A(\sqrt{5})) = (\sqrt{5}, 4\sqrt{5})$ das Maximum von A.

Existenz und Aussehen dieses Maximums besagt, daß unter allen Rechtecken $R(x)$ das Rechteck $R(\sqrt{5})$ den maximalen Flächeninhalt besitzt. Dieser Flächeninhalt ist $A = 4\sqrt{5}$ (FE).

A2.930.02 (D): Betrachten Sie die durch $f(x) = \frac{x^2+x-6}{2x-1}$ definierte Funktion $f : D(f) \longrightarrow \mathbb{R}$ mit maximalem Definitionsbereich $D(f) \subset \mathbb{R}$.

1. Ermitteln Sie $D(f)$ sowie die Mengen $N(f)$ und $Pol(f)$ der Nullstellen und Pole von f.
2. Begründen Sie, daß f keine Darstellung als Polynom-Funktion besitzt und geben Sie die asymptotische Funktion $a : D(a) \longrightarrow \mathbb{R}$ zu f an.
3. Untersuchen Sie die Funktion f hinsichtlich Extrema.

B2.930.02: *Vorbemerkung:* Die Funktion f ist von der Form $f = \frac{u}{v}$ mit Polynom-Funktionen $u, v : \mathbb{R} \longrightarrow \mathbb{R}$, definiert duch $u(x) = x^2 + x - 6$ und $v(x) = 2x - 1$.

1a) Zunächst gilt $N(v) = \{\frac{1}{2}\}$ sowie $N(u) = \{-3, 2\}$, wie die Äquivalenzen $x \in N(u) \Leftrightarrow u(x) = 0 \Leftrightarrow x^2 + x - 6 = 0 \Leftrightarrow x = -\frac{1}{2} - \sqrt{\frac{25}{4}} = -\frac{1}{2} - \frac{5}{2} = -3$ oder $x = -\frac{1}{2} + \frac{5}{2} = 2 \Leftrightarrow x \in \{-3, 2\}$ zeigen.

1b) Mit den Berechnungen zu Aufgabenteil 1a) ist $D(f) = \mathbb{R} \setminus N(v) = \mathbb{R} \setminus \{\frac{1}{2}\}$ der Definitionsbereich, $N(f) = N(u) \setminus N(v) = N(u) = \{-3, 2\}$ die Nullstellenmenge und $Pol(f) = N(v) \setminus N(u) = \{\frac{1}{2}\} \setminus \{-3, 2\} = \{\frac{1}{2}\}$, folglich besitzt f bei $\frac{1}{2}$ eine senkrechte Asymptote.

2. Die Polynom-Division $u(x) : v(x) = (x^2 + x - 6) : (2x - 1) = \frac{1}{2}x + \frac{3}{4} - \frac{21}{4(2x+1)}$ liefert die asymptotische Funktion $a : \mathbb{R} \longrightarrow \mathbb{R}$ mit $a(x) = \frac{1}{2}x + \frac{3}{4}$, ferner zeigt die Restfunktion r mit $r(x) = -\frac{21}{4(2x+1)}$, daß f nicht als Polynom-Funktion darstellbar ist.

3. Wegen $Ex(f) \subset N(f')$ ist die 1. Ableitungsfunktion $f' : D(f) \longrightarrow \mathbb{R}$ zu untersuchen. Sie hat die Zuordnungsvorschrift $f'(x) = \frac{2x^2 - 2x + 11}{(2x-1)^2}$ sowie die Nullstellenmenge $N(f') = \emptyset$, wie die folgenden Äquivalenzen für $s(x) = 2x^2 - 2x + 11$ zeigen: $x \in N(s) \Leftrightarrow s(x) = 0 \Leftrightarrow 2x^2 - 2x + 11 = 0 \Leftrightarrow x^2 - x + \frac{11}{2} = 0 \Leftrightarrow x = -\frac{1}{2} - \sqrt{\frac{1}{4} - \frac{22}{4}} \notin \mathbb{R} \Leftrightarrow x \in \emptyset$ zeigen.

Wegen $Ex(f) \subset N(f') = \emptyset$ besitzt f also keine Extrema.

A2.930.03 (D): Betrachten Sie die durch $f(x) = \frac{2x+4}{x^2+\frac{3}{2}x-1}$ definierte Funktion $f : D(f) \longrightarrow \mathbb{R}$ mit maximalem Definitionsbereich $D(f) \subset \mathbb{R}$.

1. Ermitteln Sie $D(f)$ sowie die Mengen $N(f)$ und $L(f)$ der Nullstellen und Lücken von f.
2. Begründen Sie, daß f keine Darstellung als Polynom-Funktion besitzt und geben Sie die asymptotische Funktion $a : D(a) \longrightarrow \mathbb{R}$ zu f sowie die Menge $Pol(f)$ der Pole zu f an.
3. Untersuchen Sie die Funktion f hinsichtlich Extrema und Wendepunkte.

B2.930.03: *Vorbemerkung:* Die Funktion f ist von der Form $f = \frac{u}{v}$ mit Polynom-Funktionen $u, v : \mathbb{R} \longrightarrow \mathbb{R}$, definiert duch $u(x) = 2x + 4$ und $v(x) = x^2 + \frac{3}{2}x - 1$.

1a) Zunächst gilt $N(u) = \{-2\}$ und $N(v) = \{-2, \frac{1}{2}\}$, wie die Äquivalenzen $x \in N(v) \Leftrightarrow v(x) = 0 \Leftrightarrow x^2 + \frac{3}{2}x - 1 = 0 \Leftrightarrow x = -\frac{3}{4} - \sqrt{\frac{25}{16}} = -\frac{3}{4} - \frac{5}{4} = -2$ oder $x = -\frac{3}{4} - \frac{5}{4} = \frac{1}{2} \Leftrightarrow x \in \{-2, \frac{1}{2}\}$ zeigen.

1b) Mit den Berechnungen zu Aufgabenteil 1a) ist $D(f) = \mathbb{R} \setminus N(v) = \mathbb{R} \setminus \{-2, \frac{1}{2}\}$ der Definitionsbereich, $N(f) = N(u) \setminus N(v) = \emptyset$ die Nullstellenmenge und $L(f) = N(u) \cap N(v) = \{-2\}$ die Menge der Lücken zu f.

2a) Wegen $grad(u) < grad(v)$ ist die Nullfunktion (Abszisse) $0 : \mathbb{R} \longrightarrow \mathbb{R}$ die asymptotische Funktion zu f. Ebenso zeigt $grad(u) < grad(v)$, daß f nicht als Polynom-Funktion darstellbar ist.

2b) Es gilt $Pol(f) = N(v) \setminus N(u) = \{-2, \frac{1}{2}\} \setminus \{-2\} = \{\frac{1}{2}\}$, folglich besitzt f bei $\frac{1}{2}$ eine senkrechte Asymptote.

3. Im folgenden wird anstelle von f die stetige Fortsetzung von f, $f : \mathbb{R} \setminus \{\frac{1}{2}\} \longrightarrow \mathbb{R}$ mit der gekürzten Zuordnungsvoschrift $f(x) = \frac{2(x+2)}{(x+2)(x-\frac{1}{2})} = \frac{2}{(x-\frac{1}{2})}$, betrachtet.

3a) Wegen $Ex(f) \subset N(f')$ ist die 1. Ableitungsfunktion $f' : D(f) \longrightarrow \mathbb{R}$ zu untersuchen. Sie hat die Zuordnungsvorschrift $f'(x) = \frac{-2}{(x-\frac{1}{2})^2}$ sowie die Nullstellenmenge $N(f') = \emptyset$. Wegen $Ex(f) \subset N(f') = \emptyset$ besitzt f also keine Extrema.

3b) Wegen $Wen(f) \subset N(f'')$ ist die 2. Ableitungsfunktion $f'' : D(f) \longrightarrow \mathbb{R}$ zu untersuchen. Sie hat die Zuordnungsvorschrift $f''(x) = \frac{4}{(x-\frac{1}{2})^3}$ sowie die Nullstellenmenge $N(f'') = \emptyset$. Aus analogem Grund wie in Aufgabenteil 3a), nämlich $Wen(f) \subset N(f'') = \emptyset$, besitzt f also auch keine Wendepunkte.

A2.930.04 (D) : Betrachten Sie beiden nachstehend skizzierten Funktionen u (Gerade) mit $u(x) = \frac{1}{2}x$ und h (Hyperbel) mit $h(x) = \frac{2}{x^2}$.

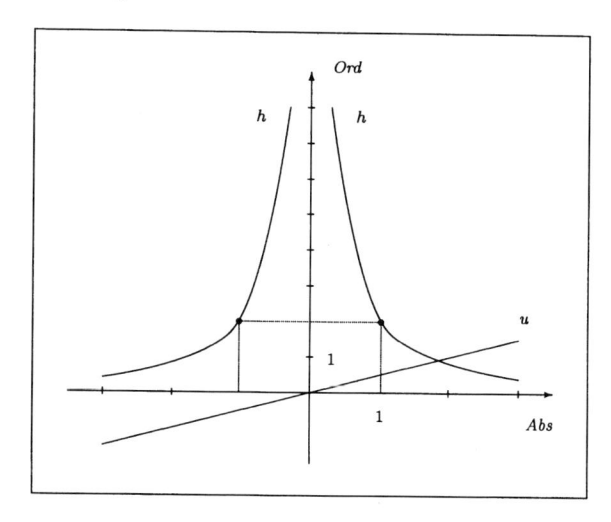

1. Erstellen Sie eine kleine Wertetabelle mit den Zahlen $-3, -2, -1, -\frac{1}{2}, \frac{1}{2}, 1, 2, 3$ für die drei Funktionen u, h, $f = u + h$ und ergänzen Sie damit dann die beigefügte Skizze um die Funktion f.

2. Beschreiben Sie – soweit in der Skizze erkennbar – im Vergleich die Funktionen h und f jeweils hinsichtlich Definitionsbereich, Symmetrie, Pole, Lücken, asymptotische Funktionen, Extrema und Wendepunkte.

3. Welche Eigenschaften von h bleiben – gemäß Skizze – erhalten, wenn zu h eine beliebige lineare Funktion v addiert wird.

4. Zeigen Sie $f(x) = \frac{x^3+4}{2x^2}$ und berechnen Sie (also ohne Verwendung der Skizze) das Extremum von f. Begründen Sie mit Hilfe von f'', daß f keine Wendepunkte haben kann.

5. Betrachten Sie eine beliebige lineare Funktion $v : \mathbb{R} \longrightarrow \mathbb{R}$ der Form $v(x) = ax + b$ sowie die Funktion $g : D(g) \longrightarrow \mathbb{R}$ mit $g(x) = \frac{ax^3+bx^2+c}{x^2}$ mit $c \neq 0$. Begründen Sie, daß
a) v stets asymptotische Funktion zu g ist,
b) g stets den Pol 0 besitzt.

B2.930.04: Zur Bearbeitung der Aufgabe im einzelnen:

1. Wertetabelle für die drei Funktionen u, h und $f = u + h$:

x	-3	-2	-1	$-\frac{1}{2}$	$\frac{1}{2}$	1	2	3
$u(x)$	$-1,5$	$-1,0$	$-0,5$	$-0,25$	$0,25$	$0,5$	$1,0$	$1,5$
$h(x)$	$0,2$	$0,5$	$2,0$	$8,0$	$8,0$	$2,0$	$0,5$	$0,2$
$f(x) = u(x) + h(x)$	$-1,3$	$-0,5$	$1,5$	$7,75$	$8,25$	$2,5$	$1,5$	$1,7$

2. Einen Vergleich der wichtigsten Eigenschaften von h und f zeigt die Tabelle:

Stichwort:	Beschreibungen:
Definitionsbereich:	Es gilt $D(h) = D(f) = \mathbb{R} \setminus \{0\}$.
Symmetrie:	h ist ordinatensymmetrisch, f besitzt keine Symmetrie-Eigenschaften.
Pole:	Es gilt $Pol(h) = Pol(f) = \{0\}$.
Lücken:	Weder h noch f hat Lücken.
asymptotische Funktionen:	h besitzt 0, f besitzt u als asymptotische Funktion.
Extrema:	h besitzt keine Extrema, hingegen hat f ein Minimum.
Wendepunkte:	Weder h noch f besitzt Wendepunkte.

3. Die Funktionen h und f haben denselben Definitionsbereich $\mathbb{R}\setminus\{0\}$ und denselben Pol 0. Ferner bleibt die Existenz einer asymptotischen Funktion erhalten, sie tritt bei beiden Funktionen als erster Summand in den Darstellungen $h = 0 + h$ und $f = u + h$ auf.

4a) Zunächst gilt $f(x) = u(x) + h(x) = \frac{x}{2} + \frac{2}{x^2} = \frac{x^3}{2x^2} + \frac{4}{2x^2} = \frac{x^3+4}{2x^2}$ für die Zuordnungsvorschrift von f. Zur Untersuchung von f wird zunächst die 1. Ableitungsfunktion $f': \mathbb{R}\setminus\{0\} \longrightarrow \mathbb{R}$ von f betrachtet: Sie ist definiert durch die Vorschrift $f'(x) = \frac{3x^2 2x^2 - (x^3+4)4x}{2x^2} = \frac{6x^4 - 4x^4 - 16x}{4x^4} = \frac{x^3-8}{2x^3}$ und besitzt offensichtlich die Nullstelle 2.

Die 2. Ableitungsfunktion $f'': \mathbb{R}\setminus\{0\} \longrightarrow \mathbb{R}$ von f ist nun definiert durch die Vorschrift $f''(x) = \frac{3x^2 2x^3 - (x^3-8)6x^2}{8x^6} = \frac{6x^5 - 6x^5 + 48x^2}{8x^6} = \frac{12}{x^4}$. Wegen $f''(2) = \frac{12}{16} = \frac{3}{4} > 0$ ist 2 also die Minimalstelle und $(2, f(2)) = (2, \frac{3}{2})$ das Minimum von f.

4b) Da f'' offensichtlich keine Nullstellen hat, hat f wegen $Wen(f) \subset N(f'') = \emptyset$ keine Wendepunkte.

5a) Die Darstellung $g(x) = \frac{ax^3+bx^2}{x^2} + \frac{c}{x^2} = ax + b + \frac{c}{x^2}$ von g zeigt, daß v asymptotische Funktion von g ist, denn in dem Summanden $r(x) = \frac{c}{x^2}$ ist der Grad des Zählers kleiner als der des Nenners.

5b) Betrachtet man g als Quotient $g = \frac{s}{t}$, dann gilt $N(t) = \{0\}$, jedoch ist $0 \notin N(s)$ wegen des Summanden $c \neq 0$ im Zähler. Somit ist $Pol(g) = N(t) \setminus N(s) = \{0\}$.

A2.930.05 (D, A): Betrachten Sie die durch $f(x) = \frac{x^2-5}{2x-6}$ definierte Funktion $f: D(f) \longrightarrow \mathbb{R}$.

1. Bestimmen Sie den maximalen Definitionsbereich $D(f)$ von f, die Schnittpunkte von f mit den beiden Koordinaten sowie die Mengen $L(f)$ der Lücken und $Pol(f)$ der Pole von f.
2. Untersuchen Sie f hinsichtlich lokaler Extrema und Wendepunkte.
3. Berechnen Sie die Zuordnungsvorschrift der asymptotischen Funktion $a: \mathbb{R} \longrightarrow \mathbb{R}$ zu f.
4. Berechnen Sie den Inhalt $A(f)$ der Fläche, die durch f und die Abszisse vollständig begrenzt ist.

B2.930.05: Zur Bearbeitung der Aufgabe im einzelnen: Im folgenden wird f in der Form $f = \frac{u}{v}$ mit den Polynom-Funktionen $u, v: \mathbb{R} \longrightarrow \mathbb{R}$, definiert durch $u(x) = x^2 - 5$ und $v(x) = 2x - 6 = 2(x-3)$, dargestellt.

1. Wegen $N(f) = \{-\sqrt{5}, \sqrt{5}\}$ und $N(v) = \{3\}$ gilt zunächst $N(u) \cap N(v) = \emptyset$. Damit ist $D(f) = \mathbb{R}\setminus\{3\}$ und $N(f) = N(u)\setminus N(v) = N(u)$, ferner ist $L(f) = \emptyset$ und $Pol(f) = \{3\}$. Weiterhin liefert $f(0) = \frac{-5}{-6} = \frac{5}{6}$ den Schnittpunkt $(0, \frac{5}{6})$ von f mit der Ordinate.

2a) Zur Bestimmung möglicher Extrema von f wird zunächst die 1. Ableitungsfunktion $f': D(f) \longrightarrow \mathbb{R}$ von f berechnet: Sie hat die Zuordnungsvorschrift $f'(x) = \left(\frac{u}{v}\right)'(x) = \frac{u'(x)v(x) - u(x)v'(x)}{v^2(x)} = \frac{1}{2} \cdot \frac{x^2-6x+5}{(x-3)^2}$, die sich vermöge quadratischer Ergänzung im Zähler auch in der Form $f'(x) = \frac{1}{2} - \frac{2}{(x-3)^2}$ darstellen läßt.

2b) Die Funktion s mit $s(x) = x^2 - 6x + 5$ hat wegen der Äquivalenzen $x \in N(s) \Leftrightarrow s(x) = 0 \Leftrightarrow x^2 - 6x + 5 = 0 \Leftrightarrow x \in \{1, 5\}$ sowie $1,5 \notin N(v)$ die beiden Nullstellen 1 und 5.

Betrachtet man nun die 2. Ableitungsfunktion $f': D(f) \longrightarrow \mathbb{R}$ von f mit der Zuordnungsvorschrift $f''(x) = -\frac{-2(x-3)}{(x-3)^4} = \frac{2}{(x-3)^3}$, dann liefert $f''(1) = -\frac{1}{4} < 0$ die (lokale) Maximalstelle 1 und $f''(5) = \frac{1}{4} > 0$ die (lokale) Minimalstelle 5 von f. Schließlich liefern die Berechnungen $f(1) = \frac{-4}{-4} = 1$ das (lokale) Maximum $(1, f(1)) = (1,1)$ und $f(5) = \frac{20}{4} = 5$ das (lokale) Minimum $(5, f(5)) = (5,5)$ von f.

2b) Wie $N(f'') = \emptyset$ zeigt, besitzt f keine Wendepunkte.

3. Die Polynomdivision $u(x) : v(x) = (x^2-5) : (2x-6) = \frac{1}{2}x + \frac{3}{2} + \frac{2}{x-3}$ liefert die Zuordnungsvorschrift $a(x) = \frac{1}{2}x + \frac{3}{2}$ der asymptotischen Funktion a zu f, denn für die beiden Polynome des Summanden $\frac{2}{x-3}$ gilt $grad(2) < grad(x-3)$.

4a) Zur Berechnung des gesuchten Flächeninhalts $A(f)$ wird das durch die beiden Nullstellen von f erzeugte Intervall $[-\sqrt{5}, \sqrt{5}]$ betrachtet, wobei wegen $D(f) = \mathbb{R} \setminus \{3\}$ und der Tatsache, daß 3 nicht Element des Intervalls $[-\sqrt{5}, \sqrt{5}]$ ist, die Einschränkung $f : [-\sqrt{5}, \sqrt{5}] \longrightarrow \mathbb{R}$ von f existiert. Die im Teil 3 gewonnene Darstellung $f(x) = \frac{1}{2}x + \frac{3}{2} + \frac{2}{x-3}$ liefert dann das Integral $\int f : [-\sqrt{5}, \sqrt{5}] \longrightarrow \mathbb{R}$ von f mit der Zuordnungsvorschrift $(\int f)(x) = \frac{1}{4}x^2 + \frac{3}{2}x + 2 \cdot log_e(|x-3|)$.

4b) Der gesuchte Flächeninhalt ist (mit $f \geq 0$ für die Einschränkung von f auf das Intervall $[-\sqrt{5}, \sqrt{5}]$) dann $A(f) = (\int f)(\sqrt{5}) - (\int f)(-\sqrt{5}) = \frac{1}{4} \cdot 5 + \frac{3}{2}\sqrt{5} + 2 \cdot log_e(|\sqrt{5}-3|) - (\frac{1}{4} \cdot 5 - \frac{3}{2}\sqrt{5} + 2 \cdot log_e(|-\sqrt{5}-3|)) = 3\sqrt{5} + 2 \cdot log_e(3-\sqrt{5}) - 2 \cdot log_e(3+\sqrt{5}) \approx 6,71 - 0,54 - 3,31 = 2,86$ (FE).

A2.930.06 (D) : Betrachten Sie die durch $f(x) = \frac{x^3}{x+1}$ definierte Funktion $f : D_{max}(f) \longrightarrow \mathbb{R}$.

1. Beschreiben Sie zunächst im einzelnen den Bau von f.
2. Geben Sie $D_{max}(f)$ an (mit Begründung) und berechnen Sie die Nullstellen von f.
3. Rechnen Sie nach, daß $-\frac{3}{2}$ lokale Minimalstelle von f ist und geben Sie den zugehörigen Punkt an. Verwenden Sie dabei $f''(x) = \frac{2x(x^2+3x+3)}{(x+1)^3}$.
4. Begründen Sie, daß der Wendepunkt $(0,0)$ von f (das sei bekannt) Sattelpunkt von f ist.
5. Untersuchen Sie f hinsichtlich Lücken und Pole mit Angabe des jeweiligen Verfahrens.
6. Bestimmen Sie die asymptotische Funktion h zu f.
7. Betrachten Sie die durch $g(x) = \frac{x^3(x-1)}{x^2-1}$ definierte Funktion g mit maximalem Definitionsbereich $D_{max}(g) \subset \mathbb{R}$. Worin unterscheidet sich g von f? Was haben beide Funktionen gemeinsam?
8. Verschieben Sie die Funktion f so zu einer Funktion f_0, daß die in Aufgabenteil 6 ermittelte asymptotische Funktion h zu einer ordinatensymmetrischen Funktion h_0 wird. Geben Sie die Funktionen h_0 und f_0 sowie den Sattelpunkt von f_0 an und kommentieren Sie dabei Ihre Verfahrensweise.

B2.930.06: Zur Bearbeitung der Aufgabe im einzelnen:

1. Die Funktion f hat die Darstellung $f = \frac{u}{v}$ mit den durch $u(x) = x^3$ und $v(x) = x+1$ definierten Polynom-Funktionen $u, v : \mathbb{R} \longrightarrow \mathbb{R}$.

2. Die Funktion f hat den maximalen Definitionsbereich $D(f) = \mathbb{R} \setminus N(v) = \mathbb{R} \setminus \{-1\}$. Die Menge $N(f)$ der Nullstellen von f ist $N(f) = N(u) \setminus N(v) = \{0\} \setminus \{-1\} = \{0\}$.

3. Die erste Ableitungsfunktion $f' : D(f) \longrightarrow \mathbb{R}$ von f ist definiert durch die Zuordnungsvorschrift $f'(x) = \frac{u'(x)v(x)-u(x)v'(x)}{v^2(x)} = \frac{3x^2(x+1)-x^3}{(x+1)^2} = \frac{3x^3+3x^2-x^3}{(x+1)^2} = \frac{2x^3+3x^2}{(x+1)^2} = \frac{x^2(2x+3)}{(x+1)^2}$.
Bezeichnet man $s(x) = 2x^3 + 3x^2$, so liefern die Äquivalenzen $x \in N(f') \Leftrightarrow x \in N(s) \setminus N(v) \Leftrightarrow x^2(2x+3) = 0 \Leftrightarrow x = 0$ oder $x = -\frac{3}{2} \Leftrightarrow x \in \{0, -\frac{3}{2}\}$ die Menge $N(f') = \{0, -\frac{3}{2}\}$ mit $Ex(f) \subset N(f')$. Wegen $N(f') \neq \emptyset$ wird die zweite Ableitungsfunktion $f'' : D(f) \longrightarrow \mathbb{R}$ benötigt. Der Test der Zahl $-\frac{3}{2}$ unter f'' liefert mit der Vorgabe $f''(x) = \frac{2x(x^2+3x+3)}{(x+1)^3}$ dann $f''(-\frac{3}{2}) = \frac{2(-\frac{3}{2})(\frac{9}{4} - \frac{9}{2} + 3)}{(-\frac{3}{2}+1)^3} = \frac{-\frac{18}{8}}{-\frac{3}{8}} = 18 > 0$, somit ist $-\frac{3}{2}$ eine lokale Minimalstelle von f mit dem Funktionswert $f(-\frac{3}{2}) = \frac{-\frac{27}{8}}{-\frac{3}{2}} = \frac{27}{4}$.

4. Nach Aufgabenteil 3 gilt $0 \in N(f')$, folglich ist der Wendepunkt $(0,0)$ definitionsgemäß Sattelpunkt.

5. Da die Funktionen u und v keine gemeinsamen Linearfaktoren haben, gilt $L(f) = N(u) \cap N(v) = \emptyset$ und $Pol(f) = N(v) \setminus N(u) = \{-1\} \setminus \{0\} = \{-1\}$. Die Funktion f hat also keine Lücken, es gibt jedoch eine Polstelle zu f, nämlich -1.

6. Wie die anschließend ausgeführte Polynomdivision $\frac{u(x)}{v(x)} = h(x) + R(x)$ zeigt, ist die Funktion $h : \mathbb{R} \longrightarrow \mathbb{R}$, definiert durch $h(x) = x^2 - x + 1$, die asymptotische Funktion zu f.

$$
\begin{array}{rcl}
(x^3) \; : \; (x+1) & = & x^2 - x + 1 - \frac{1}{x+1} \\
\underline{-(x^3 + x^2)} & & \\
-x^2 & & \\
\underline{-(-x^2 - x)} & & \\
x & & \\
\underline{-(x+1)} & & \\
-1 & &
\end{array}
$$

7. Aus der Darstellung $g(x) = \frac{x^3(x-1)}{x^2-1} = \frac{x^3(x-1)}{(x+1)(x-1)} = f(x) \cdot \frac{x-1}{x-1}$ folgt $D(g) = D(f) \setminus \{1\} = \mathbb{R} \setminus \{-1, 1\}$ sowie $L(g) = L(f) \cup \{1\} = \{1\}$ und $Pol(g) = \{-1, 1\} \setminus \{0, 1\} = \{-1\} = Pol(f)$. Im übrigen gilt $f \,|\, D_{max}(g) = f$, das heißt, mit Ausnahme der Lücke von g stimmen die beiden Funktionen f und g sonst überein.

8. Beschreibung des Verfahrens: Die asymptotische Funktion h zu f ist eine quadratische Funktion, deren (lokale und globale) Minimalstelle die Nullstelle der ersten Ableitungsfunktion h' sein muß und somit aus der Gleichung $2x - 1 = 0$ folgt, also $\frac{1}{2}$.
Verschiebt man h in Abszissenrichtung um $-\frac{1}{2}$ (um $\frac{1}{2}$ „nach links"), so entsteht die ordinatensymmetrische Funktion $h_0 : \mathbb{R} \longrightarrow \mathbb{R}$ mit $h_0(x) = (x + \frac{1}{2})^2 - (x + \frac{1}{2}) + 1 = x^2 + x + \frac{1}{4} - x - \frac{1}{2} + 1 = x^2 + \frac{3}{4}$.
Die analog ausgeführte Verschiebung von f liefert dann die Funktion $f_0 : \mathbb{R} \setminus \{-\frac{1}{2}\} \longrightarrow \mathbb{R}$, definiert durch die Vorschrift $f_0(x) = \frac{(x+\frac{1}{2})^3}{x+\frac{3}{2}}$, mit dem Sattelpunkt $(-\frac{1}{2}, 0)$.

2.931 Untersuchungen rationaler Funktionen (Teil 2)

A2.931.01 (D): Betrachten Sie die durch $f(x) = \frac{x^2}{x^2-4}$ definierte Funktion $f : D_{max}(f) \longrightarrow \mathbb{R}$ mit maximalem Definitionsbereich $D_{max}(f) \subset \mathbb{R}$.

1. Bestimmen Sie $D_{max}(f)$ und die Menge $N(f)$ der Nullstellen von f.
2. Besitzt f Symmetrie-Eigenschaften? (Antwort mit Begründung)
3. Untersuchen Sie f hinsichtlich Lücken und Pole.
4a) Berechnen Sie die asymptotische Funktion a zu f, ferner den Grenzwert $lim(f(n) - a(n))_{n \in \mathbb{N}} = 0$.
4b) Erläutern Sie dann kurz den Zusammenhang dieser Konvergenz zu der Funktion a.
5. Untersuchen Sie f hinsichtlich Extrema.
6. Untersuchen Sie f hinsichtlich Wendepunkte.
7. Skizzieren Sie f in einem sinnvollen Bereich.
8. Berechnen und beschreiben Sie die Lösungsmengen $L(f, c)$ der Gleichungen (f, c) mit beliebigem $c \in \mathbb{R}$.

B2.931.01: Zur Bearbeitung der Aufgabe im einzelnen:

Vorbemerkung: Die Funktion f hat als rationale Funktion die Form $f = \frac{u}{v}$ mit den Polynom-Funktionen $u, v : \mathbb{R} \longrightarrow \mathbb{R}$ mit $u(x) = x^2$ und $v(x) = x^2 - 4$.

1. Wegen $N(v) = \{-2, 2\}$ gilt $D_{max}(f) = \mathbb{R} \setminus \{-2, 2\}$. Mit $N(u) = \{0\}$ und $0 \notin N(v)$ gilt $N(f) = N(u) = \{0\}$.

2. Die Funktion f ist ordinatensymmetrisch, da x in $f(x)$ nur quadratisch auftritt.

3. Es gilt $L(f) = N(u) \cap N(v) = \{0\} \cap \{-2, 2\} = \emptyset$ und $Pol(f) = N(v) \setminus N(u) = \{-2, 2\} \setminus \{0\} = \{-2, 2\}$. Dabei ist -2 ein $(+, -)$-Pol und 2 ein $(-, +)$-Pol zu f, denn hinsichtlich der Nullstelle 0 und der Ordinatensymmetrie von f ist $f(-3) = f(3) = \frac{9}{5} > 0$ und $f(-\frac{1}{2}) = f(\frac{1}{2}) = -\frac{1}{15} < 0$.

4a) Die Polynom-Division $u(x) : v(x) = 1 + \frac{4}{v(x)}$ zeigt wegen $grad(4) < grad(v)$, daß die konstante Funktion $a : \mathbb{R} \longrightarrow \mathbb{R}$ mit $a(x) = 1$ die asymptotische Funktion zu f ist.
Ferner gilt $lim(f(n) - a(n))_{n \in \mathbb{N}} = lim(\frac{n^2}{n^2-4} - 1)_{n \in \mathbb{N}} = 0$, denn: Zu beliebigem $\epsilon > 0$ liefern für $n > 2$ die Äquivalenzen $|\frac{4}{n^2-4}| < \epsilon \Leftrightarrow \frac{4}{\epsilon} < n^2 - 4 \Leftrightarrow \frac{4}{\epsilon} + \frac{4\epsilon}{\epsilon} < n^2 \Leftrightarrow 2\sqrt{\frac{1}{\epsilon}+1} < n$ den zugehörigen Grenzindex $n(\epsilon) = [2\sqrt{\frac{1}{\epsilon}+1}]$.

4b) Wie der vorstehende Nachweis der Konvergenz zeigt, ist dabei die Kenntnis von a notwendig. Man kann diesen Konvergenzbeweis aber auch vermöge $lim(f(n))_{n \in \mathbb{N}} - lim(a(n))_{n \in \mathbb{N}} = 1 - 1 = 0$ führen.

5. Die 1. Ableitungsfunktion $f' : \mathbb{R} \setminus \{-2, 2\} \longrightarrow \mathbb{R}$ von f mit $f'(x) = (\frac{u}{v})'(x) = \frac{u'(x)v(x) - u(x)v'(x)}{v^2(x)} = \frac{2x(x^2-4) - x^2(2x)}{(x^2-4)^2} = -\frac{8x}{(x^2-4)^2}$ hat die Nullstelle 0. Mit der 2. Ableitungsfunktion $f'' : \mathbb{R} \setminus \{-2, 2\} \longrightarrow \mathbb{R}$ von f, definiert durch $f''(x) = -\frac{8(x^2-4)^2 - 32x^2(x^2-4)}{(x^2-4)^4} = 8 \cdot \frac{3x^2+4}{(x^2-4)^3}$ ist dann $f''(0) = -\frac{32}{4^3} = -\frac{1}{2} < 0$, also ist 0 die Maximalstelle und $(0, f(0)) = (0, 0)$ das Maximum von f.

6. Die Äquivalenzen $x \in N(f'') \Leftrightarrow 3x^2 + 4 = 0 \Leftrightarrow 3x^2 = -4 \Leftrightarrow x \in \emptyset$ zeigen, daß f keine Wendepunkte hat.

8. Es gelten folgende Äquivalenzen: $x \in L(f, c) \Leftrightarrow f(x) = c \Leftrightarrow \frac{x^2}{x^2-4} = c \Leftrightarrow x^2 = c(x^2-4) \Leftrightarrow$
$x^2 - cx^2 = -4c \Leftrightarrow x^2(1-c) = -4c \Leftrightarrow x^2 = \frac{-4c}{c-1} \Leftrightarrow \begin{cases} x \in \emptyset, & \text{falls } c = 1, \\ x \in \emptyset, & \text{falls } \frac{-c}{c-1} < 0, \\ x = -2\sqrt{\frac{-c}{c-1}} \text{ oder } x = 2\sqrt{\frac{-c}{c-1}}, & \text{falls } \frac{-c}{c-1} \geq 0. \end{cases}$

Dabei gilt: $\frac{-c}{c-1} < 0 \Leftrightarrow c > 0$ und $c - 1 > 0 \Leftrightarrow 0 < c$ und $c < 1 \Leftrightarrow 0 < c < 1$.
Fazit: Für $c \in (0, 1]$ besitzt (f, c) keine Lösung, für $c \in \mathbb{R} \setminus (0, 1]$ besitzt (f, c) zwei Lösungen, wie auch die Skizze von f mit Abszissenparallelen durch Zahlen c zeigt.

7. Skizze von f:

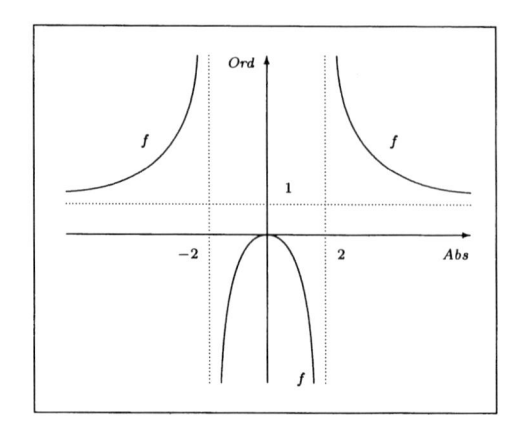

A2.931.02 (D, A) : Betrachten Sie die durch $f(x) = \frac{4(x-1)}{x^3}$ definierte Funktion $f : D_{max}(f) \longrightarrow \mathbb{R}$ mit maximalem Definitionsbereich $D_{max}(f) \subset \mathbb{R}$.

1. Bestimmen Sie $D_{max}(f)$ und die Menge $N(f)$ der Nullstellen von f.
2. Untersuchen Sie f hinsichtlich Lücken und Pole.
3. Untersuchen Sie f hinsichtlich Extrema.
4. Untersuchen Sie f hinsichtlich Wendepunkte.
5. Berechnen Sie die asymptotische Funktion a zu f.
6. Ermitteln Sie eine Stammfunktion F zu f und weisen Sie $F' = f$ nach.
7. Berechnen Sie den Flächeninhalt $A(f)$ der Fläche, die von dem Graphen von f, der Abszisse und der Ordinatenparallelen durch 2 eingeschlossen ist.
8a) Berechnen Sie den Inhalt $A(u, f)$ der Fläche, die durch f, die Abszisse und die Ordinatenparallele durch $u \in \mathbb{R}^+$ vollständig begrenzt wird.
8b) Für welche Zahl u ist $A(u, f) = \frac{1}{2}$ (FE) ?
9. Betrachten Sie ferner die Funktion $g : D_{max}(g) \longrightarrow \mathbb{R}$, definiert durch $g(x) = \frac{x^3}{4(x-1)}$.
9a) Geben Sie $D_{max}(g)$ an und untersuchen Sie g hinsichtlich der Existenz asymptotischer Funktionen.
9b) Stellen Sie sich vor, jemand käme auf die Idee zu behaupten:

Es gibt eine Abszissenparallele, zu der f und g spiegelbildlich zueinander sind.

Erläutern Sie zwei Methoden, wie man zeigen kann, daß diese Behauptung falsch ist,
a) mit einem der anderen Aufgabenteile,
b) mit elementaren Kenntnissen über Funktionen und Funktionswerte.

B2.931.02: Zur Bearbeitung der Aufgabe im einzelnen:
Vorbemerkung: Die Funktion f hat als rationale Funktion die Form $f = \frac{u}{v}$ mit den Polynom-Funktionen $u, v : \mathbb{R} \longrightarrow \mathbb{R}$ mit $u(x) = 4(x-1)$ und $v(x) = x^3$.

1. Wegen $N(v) = \{0\}$ gilt $D_{max}(f) = \mathbb{R} \setminus N(v) = \mathbb{R} \setminus \{0\}$. Mit $N(u) = \{1\}$ und $1 \notin N(v)$ gilt $N(f) = N(u) \setminus N(v) = \{1\} \setminus \{0\} = \{1\}$.

2. Es gilt $L(f) = N(u) \cap N(v) = \{1\} \cap \{0\} = \emptyset$ und $Pol(f) = N(v) \setminus N(u) = \{0\} \setminus \{1\} = \{0\}$. Da in $[-\frac{1}{2}, \frac{1}{2}]$ keine Nullstelle von f vorliegt, zeigen die Berechnungen $f(-\frac{1}{2}) = 48 > 0$ und $f(\frac{1}{2}) = -16 < 0$, daß 0 ein $(+, -)$-Pol zu f ist.

3. Die 1. Ableitungsfunktion $f' : \mathbb{R} \setminus \{0\} \longrightarrow \mathbb{R}$ von f mit $f'(x) = (\frac{u}{v})'(x) = \frac{u'(x)v(x) - u(x)v'(x)}{v^2(x)} = \frac{4(-2x+3)}{x^4}$ hat die Nullstelle $\frac{3}{2}$. Mit der 2. Ableitungsfunktion $f'' : \mathbb{R} \setminus \{0\} \longrightarrow \mathbb{R}$ von f, definiert durch $f''(x) = \frac{24(x-2)}{x^5}$ ist dann $f''(\frac{3}{2}) = 24(-\frac{2^4}{3^5}) < 0$, also ist $\frac{3}{2}$ die Maximalstelle und $(\frac{3}{2}, f(\frac{3}{2})) = (\frac{3}{2}, \frac{16}{27})$ das

328

Maximum von f.

4. Für $N(f'') = \{2\}$ gilt mit $f''' : \mathbb{R} \setminus \{0\} \longrightarrow \mathbb{R}$ von f, definiert durch $f'''(x) = \frac{48(5-2x)}{x^6}$, dann $f'''(2) = \frac{48}{64} = \frac{3}{4} \neq 0$. Also ist 2 die Wendestelle und $(2, f(2)) = (2, \frac{1}{2})$ der Wendepunkt von f.

5. Wegen $grad(u) < grad(v)$ ist die Null-Funktion (Abszisse) $0 : \mathbb{R} \longrightarrow \mathbb{R}$ die asymptotische Funktion zu f, anders gesagt, wegen $grad(u) < grad(v)$ hat f hat die Euklidische Darstellung $f = 0 + \frac{u}{v}$.

6. Eine Stammfunktion $F : \mathbb{R} \setminus \{0\} \longrightarrow \mathbb{R}$ zu f kann durch die Betrachtung von $f(x) = s(x) - t(x)$ mit $s(x) = \frac{4x}{x^3} = 4x^{-2}$ und $s(x) = \frac{4}{x^3} = 4x^{-3}$ sowie $\int f = \int s - \int t$ mit $(\int s)(x) = -4x^{-1}$ und $(\int t)(x) = -2x^{-2}$ ermittelt werden: F ist definiert durch $F(x) = -4x^{-1} + 2x^{-2} = \frac{2-4x}{x^2}$. Das zeigt im übrigen auch die Berechnung $F'(x) = \frac{-4x^2 - (2-4x)2x}{x^4} = \frac{-4x^2 - 4x + 8x^2}{x^4} = \frac{4x-4}{x^3} = f(x)$.

7. Der gesuchte Flächeninhalt ist $A(f) = |F(2) - F(1)| = |\frac{2-8}{4} - \frac{2-4}{1}| = |-\frac{3}{2} + \frac{4}{2}| = |-\frac{1}{2}| = \frac{1}{2}$ (FE).

$8a_1$) Für den Fall $0 < t \leq 1$ ist $A(u,f) = |\int_u^1 f| = |F(1) - F(u)| = |-2 - \frac{2-4u}{u^2}| = |\frac{-2u^2 + 4u - 2}{u^2}| = |\frac{2u^2 - 4u + 2}{u^2}|$.

$8a_2$) Für den Fall $t \geq 1$ ist wegen $\int_u^1 f = -\int_1^u f$ dann ebenfalls $A(u,f) = |\int_1^u f| = |\int_u^1 f| = |\frac{2u^2 - 4u + 2}{u^2}|$.

8b) Zur Berechnung von u mit $A(u,f) = \frac{1}{2}$ sind nun die beiden Gleichungen $2u^2 - 4u + 2 = \frac{1}{2}u^2$ und $2u^2 - 4u + 2 = -\frac{1}{2}u^2$ zu untersuchen: Die erste dieser beiden Gleichungen liefert wegen der Äquivalenzen $2u^2 - 4u + 2 = \frac{1}{2}u^2 \Leftrightarrow \frac{3}{2}u^2 - 4u + 2 = 0 \Leftrightarrow u^2 - \frac{8}{3}u + \frac{4}{3} = 0 \Leftrightarrow u = \frac{2}{3}$ oder $u = 2$ die beiden Zahlen $u_1 = \frac{2}{3}$ und $u_2 = 2$. Die zweite Gleichung liefert keine reellen Lösungen.

$9a_1$) Der maximale Definitionsbereich von g ist $D_{max}(g) = \mathbb{R} \setminus \{1\}$.

$9a_2$) Für $g = \frac{u}{v}$ gilt hingegen die Beziehung $grad(u) > grad(v)$, folglich muß die asymptotische Funktion h durch Polynom-Division $\frac{u(x)}{v(x)} = h(x) + R(x)$ ermittelt werden:

$$\begin{array}{rcl}
(x^3) : (4x - 4) & = & \frac{1}{4}x^2 + \frac{1}{4}x + \frac{1}{4} + \frac{1}{4x-4} \\
\underline{-(x^3 - x^2)} & & \\
x^2 & & \\
\underline{-(x^2 - x)} & & \\
x & & \\
\underline{-(x - 1)} & & \\
1 & &
\end{array}$$

Damit ist die Funktion $h : \mathbb{R} \longrightarrow \mathbb{R}$ mit $h(x) = \frac{1}{4}(x^2 + x + 1)$ die asymptotische Funktion zu g.

$9b_1$) Wegen $D_{max}(f) \neq D_{max}(g)$ können f und g nicht spiegelbildlich zu einer Abszissenparallelen sein.

$9b_2$) Es gilt beispielsweise $f(2) = \frac{1}{2}$ und $g(2) = 2$, also müßte eine Spiegelgerade p durch $p(x) = \frac{1}{2}(\frac{1}{2} + 2) = \frac{5}{4}$ definiert sein. Betrachtet man andererseits beispielsweise $f(-1) = 8$ und $g(-1) = \frac{1}{8}$, dann müßte die durch diese Funktionswerte erzeugte Spiegelgerade p^* durch $p^*(x) = \frac{1}{2}(\frac{1}{8} + 8) = \frac{65}{16}$ definiert sein, wobei jedoch $p \neq p^*$ gilt, das heißt, es kann keine solche Spiegelgerade geben.

A2.931.03 (S, D) : Betrachten Sie die durch $f(x) = \frac{x^2+1}{x-1}$ und $g(x) = \frac{x^2-1}{x-1}$ definierte Funktionen $f : D_{max}(f) \longrightarrow \mathbb{R}$, $g : D_{max}(g) \longrightarrow \mathbb{R}$ mit maximalen Definitionsbereichen $D_{max}(f), D_{max}(f) \subset \mathbb{R}$. Bearbeiten Sie *parallel* die folgenden Aufgaben:

1. Ermitteln Sie $D_{max}(f)$ und $D_{max}(g)$ sowie die Mengen der Lücken, Pole und Nullstellen von f und g.
2. Untersuchen Sie f und g hinsichtlich geeigneter stetiger Fortsetzungen.
3. Untersuchen Sie f und g hinsichtlich Extrema und Wendepunkte.
4. Untersuchen Sie f und g hinsichtlich asymptotischer Funktionen.
5. Weisen Sie nach, daß weder $1 \in Bild(f)$ noch $2 \in Bild(g)$ gilt.

B2.931.03: Im folgenden werden sinngemäß die Darstellungen $f = \frac{u}{w}$ und $g = \frac{v}{w}$ verwendet:

1a) Wegen $N(w) = \{1\}$ ist $D_{max}(f) = \mathbb{R} \setminus N(w) = \mathbb{R} \setminus \{1\}$. Mit $N(u) = \emptyset$ und folglich $N(u) \cap N(w) = \emptyset$ ist

$L(f) = \emptyset$, wegen $N(w) \setminus N(u) = \{1\} \setminus \emptyset = \{1\}$ ist $Pol(f) = \{1\}$ mit zugehöriger senkrechter Asymptote. Schließlich ist $N(f) = N(u) \setminus N(w) = \emptyset \setminus \{1\} = \emptyset$.

1b) Wegen $N(w) = \{1\}$ ist $D_{max}(g) = \mathbb{R} \setminus N(w) = \mathbb{R} \setminus \{1\}$. Mit $N(v) = \{-1, 1\}$ und dem daraus folgenden Durchschnitt $N(v) \cap N(w) = \{1\}$ ist $L(g) = \{1\}$, wegen $N(w) \setminus N(v) = \{1\} \setminus \{-1, 1\} = \emptyset$ ist $Pol(g) = \emptyset$. Schließlich ist $N(g) = N(v) \setminus N(w) = \{-1, 1\} \setminus \{1\} = \{-1\}$.

2a) Wegen $L(f) = \emptyset$ und $Pol(f) = \{1\}$ besitzt f keine stetige Fortsetzung auf ganz $\mathbb{R}$.

2b) Wegen $L(g) = \{1\}$ besitzt g die stetige Fortsetzung $g^* : \mathbb{R} \longrightarrow \mathbb{R}$ mit
$$g^*(x) = \begin{cases} g(x) = \frac{(x+1)(x-1)}{x-1} = x+1, & \text{falls } x \neq 1, \\ 2, & \text{falls } x = 1. \end{cases}$$

3a) Die 1. Ableitungsfunktion $f' : \mathbb{R} \setminus \{1\} \longrightarrow \mathbb{R}$ von f ist definiert durch $f' = (\frac{u}{w})' = \frac{id^2 - 2 \cdot id - 1}{w^2}$ und besitzt die Nullstellenmenge $N(f') = \{1 - \sqrt{2}, 1 + \sqrt{2}\}$. Die 2. Ableitungsfunktion $f'' : \mathbb{R} \setminus \{1\} \longrightarrow \mathbb{R}$ von f ist definiert durch $f'' = (\frac{id^2 - 2 \cdot id - 1}{w^2})' = \frac{4}{w^3}$ und liefert die Funktionswerte $f''(1-\sqrt{2}) = -\sqrt{2} < 0$ sowie $f''(1+\sqrt{2}) = \sqrt{2} > 0$. Damit ist $1-\sqrt{2}$ die Maximalstelle und $1+\sqrt{2}$ die Minimalstelle von f. Zusammen mit ihren jeweiligen Funktionswerten liefern sie dann das Maximum $(1-\sqrt{2}, 2-2\sqrt{2}) = (\approx 0, 4/\approx 0, 8)$ und das Minimum $(1+\sqrt{2}, 2+2\sqrt{2}) = (\approx 2, 4/\approx 4, 8)$ von f. Schließlich: Wegen $Wen(f) \subset N(f'') = \emptyset$ besitzt f keine Wendepunkte.

3b) Die 1. Ableitungsfunktion $g' : \mathbb{R} \setminus \{1\} \longrightarrow \mathbb{R}$ von g ist definiert durch $g' = (\frac{v}{w})' = (id + 1)' = 1$, besitzt also die Nullstellenmenge $N(g') = \emptyset$. Wegen $Ex(g) \subset N(g') = \emptyset$ besitzt g also keine Extrema. Ferner besitzt g als Teil der Geraden g^* natürlich auch keine Wendepunkte.

4a) Die Darstellung $f(x) = u(x) : w(x) = x + 1 + \frac{2}{x-1}$ zeigt, daß $a : \mathbb{R} \longrightarrow \mathbb{R}$ mit $a(x) = x + 1$ asymptotische Funktion zu f ist.

4b) Die Frage entfällt bei g, es sei denn, man betrachtet Geraden als ihre eigenen Asymptoten.

5a) Die Annahme $1 \in Bild(f)$ bedeutet: Es gibt $x \in D(f)$ mit $f(x) = 1$. Solche Elemente kann es wegen der Äquivalenzen $f(x) = 1 \Leftrightarrow \frac{x^2+1}{x-1} = 1 \Leftrightarrow x^2 + 1 = x - 1 \Leftrightarrow x = \frac{1}{2} - \frac{1}{2}\sqrt{-7}$ in $\mathbb{R}$ nicht geben.

5b) $Wegen D(g) = \mathbb{R} \setminus \{1\}$ und $f^*(1) = 2$ gilt $2 \notin Bild(g)$.

A2.931.04 (D): Betrachten Sie die durch $f(x) = \frac{x}{x^3 - 4x}$ definierte Funktion $f : D_{max}(f) \longrightarrow \mathbb{R}$ mit maximalem Definitionsbereich $D_{max}(f) \subset \mathbb{R}$.

1. Ermitteln Sie $D_{max}(f)$ sowie die Mengen der Lücken, Pole und Nullstellen von f.
2. Untersuchen Sie f hinsichtlich einer stetigen Fortsetzung.
3. Untersuchen Sie f hinsichtlich Extrema und Wendepunkte.
4. Untersuchen Sie f hinsichtlich asymptotischer Funktionen.

B2.931.04: Im folgenden wird sinngemäß die Darstellung $f = \frac{u}{v}$ verwendet. Im einzelnen:

1. Wegen $N(v) = \{-2, 0, 2\}$ ist $D_{max}(f) = \mathbb{R} \setminus N(v) = \mathbb{R} \setminus \{-2, 0, 2\}$. Mit $N(u) = \{0\}$ und folglich $N(u) \cap N(v) = \{0\}$ ist $L(f) = \{0\}$, wegen $N(v) \setminus N(u) = \{-2, 0, 2\} \setminus \{0\} = \{-2, 2\}$ ist $Pol(f) = \{-2, 2\}$ mit zugehörigen senkrechten Asymptoten. Schließlich ist $N(f) = N(u) \setminus N(v) = \{0\} \setminus \{-2, 0, 2\} = \emptyset$.

2. Wegen $L(f) = \{0\}$ besitzt f die stetige Fortsetzung $f^* : \mathbb{R} \setminus \{-2, 2\} \longrightarrow \mathbb{R}$ mit
$$f^*(x) = \begin{cases} f(x) = \frac{1}{x^2 - 4}, & \text{falls } x \neq 0, \\ -\frac{1}{4}, & \text{falls } x \in L(f) = \{0\}. \end{cases}$$

3. Die 1. Ableitungsfunktion $f' : \mathbb{R} \setminus \{-2, 0, 2\} \longrightarrow \mathbb{R}$ von f ist definiert durch $f'(x) = (\frac{u}{v})'(x) = \frac{-2x}{v^2}$ und besitzt wegen $0 \notin D(f)$ die Nullstellenmenge $N(f') = \emptyset$. Wegen $Ex(f) \subset N(f') = \emptyset$ besitzt f also keine Extrema.
Die 2. Ableitungsfunktion $f'' : \mathbb{R} \setminus \{-2, 0, 2\} \longrightarrow \mathbb{R}$ von f ist definiert durch $f''(x) = \frac{6x^2 + 8}{v^3}$ und besitzt wegen der Äquivalenzen $x \in N(f'') \Leftrightarrow f''(x) = 0 \Leftrightarrow 6x^2 + 8 = 0 \Leftrightarrow x^2 = -\frac{4}{3} \Leftrightarrow x \notin \mathbb{R}$ keine Nullstellen. Wegen $Wen(f) \subset N(f'') = \emptyset$ besitzt f also keine Wendepunkte.

4. Wegen $grad(u) < grad(v)$ ist die Null-Funktion (Abszisse) die asymptotische Funktion zu f.

A2.931.05 (D): Betrachten Sie die durch $f(x) = \frac{x^3+9x}{x^2+1}$ definierte Funktion $f : D_{max}(f) \longrightarrow \mathbb{R}$ mit maximalem Definitionsbereich $D_{max}(f) \subset \mathbb{R}$.

1. Ermitteln Sie $D_{max}(f)$ sowie die Mengen der Lücken, Pole und Nullstellen von f.
2. Untersuchen Sie f hinsichtlich Extrema, Wendepunkte und Wendetangenten.
3. Untersuchen Sie f hinsichtlich asymptotischer Funktionen.
4. Skizzieren Sie f und – sofern existent – die Wendetangenten zu f.

B2.931.05 (D): Im folgenden wird sinngemäß die Darstellung $f = \frac{u}{v}$ verwendet. Im einzelnen:

1. Wegen $N(v) = \emptyset$ ist $D_{max}(f) = \mathbb{R} \setminus N(v) = \mathbb{R}$. Mit $N(u) = \{0\}$ und folglich $N(u) \cap N(v) = \emptyset$ ist $L(f) = \emptyset$, wegen $N(v) \setminus N(u) = \emptyset \setminus \{0\} = \emptyset$ ist $Pol(f) = \emptyset$. Ferner ist $N(f) = N(u) \setminus N(v) = \{0\} \setminus \emptyset = \{0\}$.

2a) Die 1. Ableitungsfunktion $f' : \mathbb{R} \longrightarrow \mathbb{R}$ von f ist definiert durch $f'(x) = (\frac{u}{v})'(x) = (\frac{x^2-3}{x^2+1})^2$ und besitzt die Nullstellenmenge $N(f') = \{-\sqrt{3}, \sqrt{3}\}$.

Die 2. Ableitungsfunktion $f'' : \mathbb{R} \longrightarrow \mathbb{R}$ von f ist definiert durch $f''(x) = 16(\frac{x(x^2-3)}{v^3})$ und liefert die Funktionswerte $f''(-\sqrt{3}) = 0$ sowie $f''(\sqrt{3}) = 0$. Damit besitzt f keine Extrema.

2b) Die 2. Ableitungsfunktion f'' besitzt die Nullstellenmenge $N(f'') = \{-\sqrt{3}, 0, \sqrt{3}\}$. Die 3. Ableitungsfunktion $f''' : \mathbb{R} \longrightarrow \mathbb{R}$ von f ist definiert durch $f'''(x) = 48(\frac{-x^4+6x^2-1}{v^4})$ und liefert die Funktionswerte $f'''(-\sqrt{3}) = \frac{3}{2} \neq 0$, $f'''(0) = -48 \neq 0$ sowie $f'''(\sqrt{3}) = \frac{3}{2} \neq 0$. Damit ist $Wen(f) = N(f'') = \{-\sqrt{3}, 0, \sqrt{3}\}$. Mit den Funktionswerten $f(-\sqrt{3}) = -3\sqrt{3}$, $f(0) = 0$ sowie $f(\sqrt{3}) = \sqrt{3}$ liegen die drei Wendepunkte $(-\sqrt{3}, -3\sqrt{3})$ sowie $(0,0)$ und $(\sqrt{3}, 3\sqrt{3})$ von f vor.

2c) Die drei Wendetangenten $t_{-\sqrt{3}}, t_0, t_{-\sqrt{3}} : \mathbb{R} \longrightarrow \mathbb{R}$ sind definiert durch die Zuordnungsvorschriften $t_{-\sqrt{3}}(x) = 0x - 0 - 3\sqrt{3} = -3\sqrt{3}$ sowie $t_0(x) = 9x - 0 + 0 = 9x$ und $t_{\sqrt{3}}(x) = 0x - 0 + 3\sqrt{3} = 3\sqrt{3}$.

3. Die Darstellung $f(x) = u(x) : v(x) = (x^3+9x) : (x^2+1) = x + \frac{8x}{x^2+11}$ zeigt, daß $a = id : \mathbb{R} \longrightarrow \mathbb{R}$ die asymptotische Funktion zu f ist.

4. Skizze von f mit Wendetangenten:

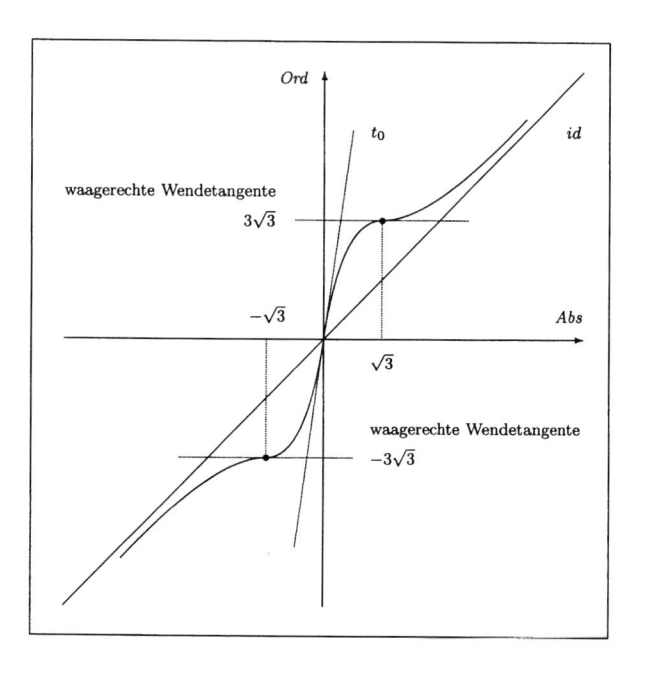

A2.931.06: Betrachten Sie die Familie $(f_a)_{a\in\mathbb{R}^+}$ von Funktionen $f_a : \mathbb{R}_* \longrightarrow \mathbb{R}$, definiert durch die Vorschriften $f_a(x) = x + 3a - \frac{4a^3}{x^2}$ (mit $\mathbb{R}_* = \mathbb{R} \setminus \{0\}$).

1. Berechnen Sie unter Verwendung der Nullstelle a die zweite Nullstelle von f_a.
2. Untersuchen Sie f_a hinsichtlich Pole.
3. Nennen Sie die asymptotische Funktion $s_a : \mathbb{R} \longrightarrow \mathbb{R}$ zu f_a.
4. Zeigen Sie $f_a < s_a$ (also $f_a(x) < s_a(x)$, für alle $x \in \mathbb{R}_*$).
5. Begründen Sie anhand der Berechnung zu Aufgabenteil 1 und der Aussage in Aufgabenteil 4, daß $-2a$ lokale Maximalstelle von f_a ist. (Weitere Extrema oder Wendepunkte liegen nicht vor.)
6. Skizzieren Sie f_1 und s_1 anhand der zu den bisherigen Aufgabenteilen gewonnenen Daten.
7. Betrachten Sie ferner die Gerade $g : \mathbb{R} \longrightarrow \mathbb{R}$ mit $g(x) = x + 2$. Bestimmen Sie die Menge P derjenigen Parameter $a \in \mathbb{R}^+$, für die f_a eine Strecke von g ausschneidet. Zeigen Sie dann, daß alle diese Strecken von der Ordinate halbiert werden.

B2.931.06: Im folgenden wird auch die Darstellung $f_a(x) = \frac{u_a(x)}{v(x)} = \frac{x^3+3ax^2-4a^3}{x^2}$ von $f_a(x)$ verwendet.

1. Mit dem Linearfaktor $x - a$ liefert die Polynom-Division $u_a(x) : (x - a) = (x^3 + 3ax^2 - 4a^3) : (x - a) = x^2 + 4ax + 4a^2$ den quadratischen Faktor $p_a(x) = x^2 + 4ax + 4a^2 = (x + 2a)^2$ von $u_a(x)$, der die doppelt auftretende Nullstelle $-2a$ hat. Somit ist $N(f_a) = \{a\} \cup N(u_a) = \{a, -2a\}$.

2. Es gilt $pol(f_a) = N(v) \setminus N(u_a) = \{0\} \setminus \{a, -2a\} = \{0\}$.

3. Mit $s_a(x) = x + 3a$ zeigt die Darstellung $f_a = s_a - \frac{4a^3}{v}$ wegen $0 = grad(4a^3) < grad(v) = 2$, daß s_a asymptotische Funktion zu f_a ist.

4. Für alle $x \in \mathbb{R}_*$ gilt $\frac{4a^3}{x^2} > 0$, somit gilt $s_a(x) = x + 3a > x + 3a - \frac{4a^3}{x^2} = f_a(x)$, für alle $x \in \mathbb{R}_*$.

5. Da $-2a$ als Nullstelle von p_a doppelt auftritt (nach Aufgabenteil 1), ist $-2a$ Berührstelle mit der Abszisse (als Nullstelle von f_a). Wegen $s_a > f_a$ (nach Aufgabenteil 4) muß $-2a$ Maximalstelle von f_a sein. Insbesondere hat f_1 die Nullstellen -2 und 1, wobei $(-1, 0)$ zugleich Maximum von f_1 ist.

6. Skizze der Funktionen f_1 mit $f_1(x) = x + 3 - \frac{4}{x^2}$ und s_1 mit $s_1(x) = x + 3$:

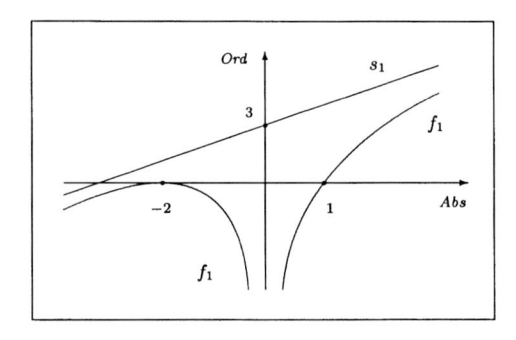

7. Gesucht ist die Menge $P = \{a \in \mathbb{R}^+ \mid card(S(f_a, g)) = 2\}$, somit ist zunächst die Menge $S(f_a, g)$ der Schnittstellen von f_a und g zu berechnen, die durch folgende Äquivalenzen geliefert wird: $x \in S(f_a, g) \Leftrightarrow f_a(x) = g(x) \Leftrightarrow x + 3a - \frac{4a^3}{x^2} = x + 2 \Leftrightarrow 3a - \frac{4a^3}{x^2} = 2 \Leftrightarrow 3ax^2 - 4a^3 = 2x^2 \Leftrightarrow (3a-2)x^2 = 4a^3 \Leftrightarrow x^2 = \frac{4a^3}{3a-2}$ und $a > \frac{2}{3} \Leftrightarrow x \in \{-2a\sqrt{\frac{a}{3a-2}}, 2a\sqrt{\frac{a}{3a-2}}\}$ und $a > \frac{2}{3}$. Damit ist $P = \{a \in \mathbb{R}^+ \mid a > \frac{2}{3}\}$.

Ist $M = (m, g(m))$ der Mittelpunkt der von f_a mit $a \in P$ und g erzeugten (oben beschriebenen) Strecke, dann ist $m = \frac{1}{2}(-2a\sqrt{\frac{a}{3a-2}} + 2a\sqrt{\frac{a}{3a-2}}) = \frac{1}{2} \cdot 0 = 0$, also wird diese Strecke durch die Ordinate halbiert.

A2.931.07: Betrachten Sie die beiden Funktionen $f, g : \mathbb{R}^+ \longrightarrow \mathbb{R}$ mit $f(x) = \frac{3}{x}$ und $g(x) = \frac{1}{2}x + 1$.

1. Berechnen Sie den Schnittpunkt $S = (s, g(s))$ von f und g.

2. Skizzieren Sie f und g in einem Koordinaten-System anhand einer Näherung für S sowie zweier zusätzlicher Punkte.

3. Betrachten Sie zwei Zahlen $a, b \in \mathbb{R}^+$ mit $a < s < b$ und $b - a = 1$. Ergänzen Sie die Skizze um die Ordinatenparallelen durch a und b und kennzeichnen Sie die Fläche $F(a,b)$, die durch diese Ordinatenparallelen, die Abszisse und durch die Funktionen f und g begrenzt wird.

4. Berechnen Sie den Flächeninhalt $A(f,g)$ der Fläche $F(a,b)$. (Hinweis: Verwenden Sie dabei die Näherung $s \approx 1,7$.)

5. Betrachten Sie die durch die Zuordnung $a \longmapsto A(a,b)$ definierte Funktion A und berechnen Sie ihre Maximalstelle a_{max}. Geben Sie dann zu dieser Maximalstelle den Flächeninhalt $A(a_{max}, b)$ an.

B2.931.07: Zur Bearbeitung der Aufgabe im einzelnen:

1. Berechnung des Schnittpunktes S von f und g: Zunächst liefern die Äquivalenzen $s \in S(f,g) \Leftrightarrow f(s) = g(s) \Leftrightarrow \frac{3}{s} = \frac{1}{2}s + 1 \Leftrightarrow 3 = \frac{1}{2}s^2 + s \Leftrightarrow s^2 + 2s - 6 = 0 \Leftrightarrow s = -1 + \sqrt{7}$ die Schnittstelle $s = -1 + \sqrt{7}$ von f und g. Mit $g(s) = g(-1+\sqrt{7}) = \frac{1}{2}(1+\sqrt{7})$ ist dann $S = (-1+\sqrt{7}, \frac{1}{2}(1+\sqrt{7}))$ der Schnittpunkt von f und g.

2./3. Skizze von f und g sowie Kennzeichnung der Fläche $F(a,b)$: Mit der Näherung $S \approx (1,7/1,8)$ sowie den Punkten $(1, f(1)) = (1,3)$ und $(3, f(3)) = (3,1)$ liegt dann folgende Skizze vor:

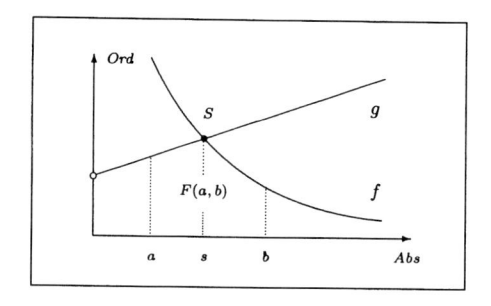

4. Berechnung des Flächeninhalts $A(a,b)$ der Fläche $F(a,b)$: Wegen $f, g > 0$ (siehe Skizze) gilt mit Stammfunktionen $F, G : [a,b] \longrightarrow \mathbb{R}$ zu den Einschränkungen $f, g : [a,b] \longrightarrow \mathbb{R}$ zunächst die Beziehung
$A(a,b) = \int_a^s g + \int_s^b f = G(s) - G(a) + F(a+1) - F(s)$, wobei $b = a+1$ verwendet ist. Geeignete Stammfunktionen F und G sind definiert durch die Vorschriften $F(x) = 3 \cdot \log_e(x)$ und $G(x) = \frac{1}{4}x^2 + x$, damit ist dann $A(a,b) = G(s) - (\frac{1}{4}a^2 + a) + 3 \cdot \log_e(a+1) - F(s) = G(s) - F(s) - \frac{1}{4}a^2 - a + 3 \cdot \log_e(a+1) \approx G(1,7) - F(1,7) - \frac{1}{4}a^2 - a + 3 \cdot \log_e(a+1) \approx 0,83 - \frac{1}{4}a^2 - a + 3 \cdot \log_e(a+1)$ (FE).

5. Die Funktion $A : \mathbb{R}^+ \longrightarrow \mathbb{R}$ mit $A(a) = G(s) - G(a) + F(a+1) - F(s)$ besitzt die 1. Ableitungsfunktion $A' : \mathbb{R}^+ \longrightarrow \mathbb{R}$ mit $A'(a) = -g(a) + f(a+1) = -(\frac{1}{2}a+1) + \frac{3}{a+1}$. Damit gilt dann: $a \in N(A') \Leftrightarrow A'(a) = 0 \Leftrightarrow -\frac{1}{2}a - 1 + \frac{3}{a+1} = 0 \Leftrightarrow -\frac{1}{2}a(a+1) - (a+1) + 3 = 0 \Leftrightarrow -\frac{1}{2}a^2 - \frac{1}{2}a - a + 2 = 0 \Leftrightarrow a^2 + a + 2a - 4 = 0 \Leftrightarrow a^2 + 3a - 4 = 0 \Leftrightarrow a = -\frac{3}{2} + \sqrt{\frac{9}{4} + 4} = -\frac{3}{2} + \frac{5}{2} = 1$, somit ist 1 die Nullstelle von A'. Mit $A'' : \mathbb{R}^+ \longrightarrow \mathbb{R}$ mit $-g'(a) + f'(a+1) = -\frac{1}{2} - \frac{3}{(a+1)^2}$ ist dann $A''(1) = -\frac{1}{2} - \frac{3}{4} = -\frac{5}{4} < 0$, also ist 1 die Maximalstelle von A. Schließlich ist damit der gesuchte Flächeninhalt $A(a_{max}, b) = A(1, 2) \approx 0,83 - \frac{1}{4} - 1 + 3 \cdot \log_e(2) \approx -0,42 + 3 \cdot 0,69 = 1,65$ (FE).

A2.931.08 (D, A): Betrachten Sie die Funktion $f : D_{max}(f) \longrightarrow \mathbb{R}$, definiert durch $f(x) = \frac{x(x+2)}{(x+1)^2}$.

1. Geben Sie beiden Mengen $D_{max}(f)$ und $N(f)$ an.
2. Wie verhält sich die Zahl -1 zu der Funktion f?
3. Untersuchen Sie die Funktion f hinsichtlich lokaler Extrema.
4. Zeigen Sie, daß die Funktion $F : D_{max}(F) \longrightarrow \mathbb{R}$, definiert durch die Zuordnungsvorschrift $F(x) = \frac{x^2}{x+1}$, eine Stammfunktion von f ist. Welcher Zusammenhang besteht zwischen $D_{max}(F)$ und $D_{max}(f)$?

5. Berechnen Sie den Inhalt $A(f)$ der von dem Graphen von f, der Abszisse und den beiden Ordinatenparallelen durch 1 und 2 begrenzten Fläche.

6. Berechnen Sie den Inhalt $A_n(f)$ der von dem Graphen von f, der Abszisse und den beiden Ordinatenparallelen durch n und $n+1$ begrenzten Fläche. Untersuchen Sie dann das Konvergenz-Verhalten der Folge $(A_n(f))_{n \in \mathbb{N}}$.

B2.931.08: Mit der Darstellung $f = \frac{u}{v}$ von f gilt im einzelnen:

1. Es gilt $D_{max}(f) = \mathbb{R} \setminus N(v) = \mathbb{R} \setminus \{-1\}$ sowie $N(f) = N(u) \setminus N(v) = \{-2, 0\} \setminus \{-1\} = \{-2, 0\}$.

2. Die Zahl -1 ist Polstelle zu der Funktion f, denn sie ist (die) Nullstelle von v, aber nicht von u.

3. Die 1. Ableitungsfunktion $f' : \mathbb{R} \setminus \{-1\} \longrightarrow \mathbb{R}$ von f ist definiert duch die Zuordnungsvorschrift $f'(x) = \frac{(2x+2)(x+1)^2 - (x^2+2x)2(x+1)}{(x+1)^4} = \frac{(2x+2)(x+1) - 2x(x+2)}{(x+1)^3} = \frac{2}{(x+1)^3}$ und besitzt wegen der konstanten Zähler-Funktion 2 also keine Nullstellen, folglich besitzt f keine Extrema.

4. Die angegebene Funktion $F : D_{max}(F) \longrightarrow \mathbb{R}$ mit $F(x) = \frac{x^2}{x+1}$ ist eine Stammfunktion von f, denn es gilt $F'(x) = \frac{2x(x+1) - x^2}{(x+1)^2} = \frac{2x^2+2x-x^2}{(x+1)^2} = \frac{x^2+2x}{(x+1)^2} = \frac{x(x+2)}{(x+1)^2}$. Dabei gilt $D_{max}(F) = D_{max}(f) = \mathbb{R} \setminus \{-1\}$.

5. Es gilt $A(f) = F(2) - F(1) = \frac{2^2}{3} - \frac{1^2}{2} = \frac{4}{3} - \frac{1}{2} = \frac{8}{6} - \frac{3}{6} = \frac{5}{6}$ (FE).

6. Es gilt $A_n(f) = F(n+1) - F(n) = \frac{(n+1)^2}{n+2} - \frac{n^2}{n+1} = \frac{(n+1)^3 - n^2(n+2)}{(n+1)(n+2)} = \frac{n^2+3n+1}{n^2+3n+2}$ (FE). Betrachtet man nun die Folge $(A_n(f))_{n \in \mathbb{N}}$ und erweitert jedes Folgenglied mit $\frac{1}{n^2}$ so hat diese Folge eine Darstellung, deren Zähler- und Nennerfolge jeweils gegen 1 konvergieren, folglich konvergiert auch die gesamte Folge gegen 1. Dieses Ergebnis ist auch anschaulich klar, wenn man beachtet, daß die konstante Funktion 1 die asymptotische Funktion zu f ist.

2.932 Untersuchungen rationaler Funktionen (Teil 3)

A2.932.01 (D): Betrachten Sie die durch die Zuordnungsvorschrift $f(x) = \frac{u(x)}{v(x)} = \frac{2x^2-5x+2}{(x+1)^2}$ definierte rationale Funktion $f : D_{max}(f) \longrightarrow \mathbb{R}$ bezüglich der Polynom-Funktionen $u, v : \mathbb{R} \longrightarrow \mathbb{R}$.

1. Bestimmen Sie den maximalen Definitionsbereich von f sowie den Ordinatenabschnitt von f.
2. Bestimmen Sie die Mengen $L(f)$ sowie $Pol(f)$ und $N(f)$.
3. Untersuchen Sie f hinsichtlich asymptotischer Funktionen und deren Schnittpunkte mit f.
4. Untersuchen Sie f hinsichtlich möglicher Extrema und Wendepunkte.
5. Vermuten und beweisen Sie eine Formel für die n-te Ableitungsfunktion $f^{(n)}$ von f.

B2.932.01: Zur Bearbeitung der Aufgabe im einzelnen:

1a) Der maximale Definitionsbereich von f ist $D_{max}(f) = \mathbb{R} \setminus N(v) = \mathbb{R} \setminus \{-1\}$.

1b) Der Ordinatenabschnitt von f ist $f(0) = \frac{2}{1} = 2$.

2. Beachtet man zunächst $N(u) = \{\frac{1}{2}, 2\}$ und $N(v) = \{-1\}$, so gilt $L(f) = N(u) \cap N(v) = \emptyset$, das heißt, daß f keine Lücken besitzt. Hingegen gilt $Pol(f) = N(v) \setminus N(u) = \{-1\}$, somit ist -1 der Pol von f und die Ordinatenparallele durch -1 senkrechte Asymptote zu f. Schließlich gilt $N(f) = N(u) \setminus N(v) = N(u) = \{\frac{1}{2}, 2\}$.

3. Zunächst zeigt die Polynom-Division $u(x) : v(x) = 2 - \frac{9x}{v(x)}$, daß die konstante Funktion $a : \mathbb{R} \longrightarrow \mathbb{R}$ mit $a(x) = 2$ die asymptotische Funktion zu $f : \mathbb{R} \setminus \{-1\} \longrightarrow \mathbb{R}$ ist. Man kann diesen Sachverhalt auch anhand der Bildfolgen $f \circ x$ und $f \circ y$ mit den Folgen $x = (-n)_{n \in \mathbb{N}}$ und $y = (n)_{n \in \mathbb{N}}$ beweisen, denn diese Bildfolgen sind beide konvergent gegen die Zahl 2, wie folgende Berechnungen zeigen:

a) Es gilt $lim(f \circ x) = lim(\frac{2n^2+5n+2}{(-n+1)^2})_{n \in \mathbb{N}} = lim(\frac{2n^2+5n+2}{n^2-2n+1})_{n \in \mathbb{N}} = lim(\frac{2+\frac{5}{n}+\frac{2}{n^2}}{1-\frac{2}{n}+\frac{1}{n^2}})_{n \in \mathbb{N}} = 2$.

b) Es gilt $lim(f \circ y) = lim(\frac{2n^2-5n+2}{(n+1)^2})_{n \in \mathbb{N}} = lim(\frac{2n^2+5n+2}{n^2+2n+1})_{n \in \mathbb{N}} = lim(\frac{2-\frac{5}{n}+\frac{2}{n^2}}{1+\frac{2}{n}+\frac{1}{n^2}})_{n \in \mathbb{N}} = 2$.

Hinsichtlich möglicher Schnittpunkte der asymptotischen Funktion a mit der Funktion f zeigen die Äquivalenzen $x \in S(a, f) \Leftrightarrow a(x) = f(x) \Leftrightarrow 2 = \frac{2x^2-5x+2}{(x+1)^2} \Leftrightarrow 2x^2 + 4x + 2 = 2x^2 - 5x + 2 \Leftrightarrow 9x = 0 \Leftrightarrow x \in \{0\}$, daß der Punkt $(0, 2)$ der Schnittpunkt von a und f ist.

4a) Die 1. Ableitungsfunktion $f' : \mathbb{R} \setminus \{-1\} \longrightarrow \mathbb{R}$ von f ist definiert durch $f'(x) = \frac{9(x-1)}{(x+1)^3}$ und besitzt die Nullstelle 1. Weiterhin ist die 2. Ableitungsfunktion $f'' : \mathbb{R} \setminus \{-1\} \longrightarrow \mathbb{R}$ von f definiert durch $f''(x) = -\frac{18(x-2)}{(x+1)^4}$. Wegen $f''(1) = \frac{9}{8} > 0$ ist 1 die Minimalstelle und $(1, f(1)) = (1, -\frac{1}{4})$ das Minimum von f.

4b) Die 2. Ableitungsfunktion f'' besitzt die Nullstelle 2. Weiterhin ist die 3. Ableitungsfunktion $f''' : \mathbb{R} \setminus \{-1\} \longrightarrow \mathbb{R}$ von f definiert durch $f'''(x) = \frac{54(x-3)}{(x+1)^5}$. Wegen $f'''(2) = -\frac{54}{243} < 0$ ist 2 die Wendestelle und $(2, f(2)) = (2, 0)$ der Wendepunkt von f mit Links-Rechts-Krümmung.

5. Die n-te Ableitungsfunktion $f^{(n)}$ von f ist definiert durch $f^{(n)}(x) = \frac{(-1)^{2n+1} \cdot n! \cdot 9 \cdot (x-n)}{(x+1)^{n+2}}$.

A2.932.02 (D): Betrachten Sie die durch die Zuordnungsvorschrift $f(x) = \frac{u(x)}{v(x)} = \frac{x^3-6x^2+11x-6}{x^2-1}$ definierte rationale Funktion $f : D_{max}(f) \longrightarrow \mathbb{R}$ bezüglich der Polynom-Funktionen $u, v : \mathbb{R} \longrightarrow \mathbb{R}$. Hinweis: Die dabei verwendete Funktion u hat die Nullstelle 3.

1. Bestimmen Sie den maximalen Definitionsbereich von f sowie den Ordinatenabschnitt von f.
2. Bestimmen Sie die Mengen $L(f)$ sowie $Pol(f)$ und $N(f)$.
3. Untersuchen Sie f hinsichtlich asymptotischer Funktionen.
4. Berechnen Sie die Lösungsmengen der Gleichungen $(f, 6)$ und $(f, -6)$.
5. Untersuchen Sie die Bildfolge einer einfachen gegen 1 konvergenten Folge hinsichtlich Konvergenz und kommentieren Sie das Ergebnis bezüglich des Verhältnisses der Zahl 2 zu der Funktion f.

6. Untersuchen Sie f hinsichtlich möglicher Extrema.

7. Begründen Sie die Tatsache, daß f keine Wendepunkte besitzt.

8. Skizzieren Sie f anhand der in den Aufgabenteilen 1 bis 7 ermittelten Daten (mit $\sqrt{3} \approx 1,7$).

9. Berechnen Sie (unabhängig von anderen Aufgabenteilen) die Lösungsmenge der Gleichung (f,b) für $b \in \mathbb{R}$ und ermitteln Sie dabei den Bereich Z derjenigen Zahlen, für die $L(f,b) = \emptyset$ gilt. Welcher Zusammenhang besteht zwischen dieser Menge Z und dem Ergebnis von Aufgabenteil 6 ?

B2.932.02: Zur Bearbeitung der Aufgabe im einzelnen:

1a) Der maximale Definitionsbereich von f ist $D_{max}(f) = \mathbb{R} \setminus N(v) = \mathbb{R} \setminus \{-1, 1\}$.

1b) Der Ordinatenabschnitt von f ist $f(0) = \frac{-6}{-1} = 6$.

2. Mit der Nullstelle 3 von f liefert die Polynom-Division $u(x) : (x-4) = x^2 - 3x + 2$ einen quadratischen Faktor von f, der nach dem Wurzelverfahren seinerseits die Nullstellen 1 und 2 liefert. Damit hat f die Darstellung $f(x) = \frac{u(x)}{v(x)} = \frac{(x-1)(x-2)(x-3)}{(x-1)(x+1)}$, die unmittelbar die folgenden Mengen liefert. Es gilt:
$L(f) = N(u) \cap N(v) = \{1,2,3\} \cap \{-1,1\} = \{1\}$ sowie $Pol(f) = N(v) \setminus N(u) = \{-1,1\} \setminus \{1,2,3\} = \{-1\}$
und $N(f) = N(u) \setminus N(v) = \{1,2,3\} \setminus \{-1,1\} = \{2,3\}$.

3. Die Polynom-Division $u(x) : v(x) = x - 6 - \frac{12(x-1)}{x^2-1}$ liefert die asymptotische Funktion $a: \mathbb{R} \longrightarrow \mathbb{R}$ mit der Zuordnungsvorschrift $a(x) = x - 6$ zu f.

4. Zur Berechnung der Lösungsmengen der Gleichungen $(f,6)$ und $(f,-6)$ im einzelnen: Die

a) Äquivalenzen $x \in L(f,6) \Leftrightarrow f(x) = 6 \Leftrightarrow \frac{s(x)}{t(x)} = \frac{(x-2)(x-3)}{x+1} = 6 \Leftrightarrow (x-2)(x-3) - 6(x+1) = 0$
$\Leftrightarrow x^2 - 11x = 0 \Leftrightarrow x \in \{0, 11\}$ liefern $L(f,6) = \{0, 11\}$,

b) Äquivalenzen $x \in L(f,-6) \Leftrightarrow f(x) = -6 \Leftrightarrow \frac{s(x)}{t(x)} = \frac{(x-2)(x-3)}{x+1} = -6 \Leftrightarrow (x-2)(x-3) + 6(x+1) = 0$
$\Leftrightarrow x^2 + x + 12 = 0 \Leftrightarrow x \in \emptyset$ liefern $L(f,-6) = \emptyset$.

5. Die Bildfolge der Folge $(1+\frac{1}{n})_{n\in\mathbb{N}}$ hat mit der Darstellung $f(x) = \frac{s(x)}{t(x)} = \frac{(x-2)(x-3)}{x+1}$ von f die Form
$(\frac{(1+\frac{1}{n}-2)(1+\frac{1}{n}-3)}{(1+\frac{1}{n}+1)})_{n\in\mathbb{N}} = (\frac{(\frac{1}{n}-1)(\frac{1}{n}-2)}{\frac{1}{n}+2})_{n\in\mathbb{N}} = (\frac{\frac{1}{n^2}-\frac{3}{n}+2}{\frac{1}{n}+2})_{n\in\mathbb{N}}$ und konvergiert folglich gegen 1. (Im übrigen liefert die Bildfolge der Folge $(1-\frac{1}{n})_{n\in\mathbb{N}}$ denselben Grenzwert 1). Kommentar: Die um den Punkt $(1,1)$ ergänzte Funktion f ist die stetige Fortsetzung $f^* : \mathbb{R} \setminus \{-1\} \longrightarrow \mathbb{R}$ von f.

6a) Unter Verwendung der Darstellung $f(x) = \frac{s(x)}{t(x)} = \frac{(x-2)(x-3)}{x+1} = \frac{x^2-5x+6}{x+1}$ von f ist die 1. Ableitungsfunktion $f' : \mathbb{R} \setminus \{-1, 1\} \longrightarrow \mathbb{R}$ von f definiert durch $f'(x) = \frac{s'(x)t(x) - s(x)t'(x)}{t^2(x)} = \frac{(2x-5)(x+1) - (x^2-5x+6)}{(x+1)^2} =$
$\frac{(2x^2-3x-5)-(x^2-5x+6)}{(x+2)^2} = \frac{x^2+2x-11}{(x+2)^2}$. Wie man anhand des Wurzelverfahrens zur Berechnung möglicher Nullstellen quadratischer Funktionen leicht sieht, besitzt die durch $z(x) = x^2 + 2x - 11$ definierte Zähler-Funktion die Nullstellen $-1 - \sqrt{1+11} = -1 - 2\sqrt{3}$ und $-1 + 2\sqrt{3}$, also ist $N(z) = \{-1 - 2\sqrt{3}, -1 + 2\sqrt{3}\}$. Wegen $N(z) \cap N(t) = \emptyset$ gilt damit $N(f) = N(z) = \{-1 - 2\sqrt{3}, -1 + 2\sqrt{3}\}$.

6b) Unter Verwendung der Darstellung $f'(x) = \frac{z(x)}{t^2(x)} = \frac{x^2+2x-11}{(x+1)^2}$ von f' ist die 2. Ableitungsfunktion $f'' : \mathbb{R} \setminus \{-1, 1\} \longrightarrow \mathbb{R}$ von f definiert durch $f''(x) = \frac{z'(x)t^2(x) - z(x)2t(x)t'(x)}{t^4(x)} = \frac{z'(x)t(x) - z(x)2t'(x)}{t^3(x)} =$
$\frac{(2x+2)(x+1) - 2(x^2+2x-11)}{(x+1)^3} = \frac{2x^2+4x+2-2(x^2+2x-11)}{(x+1)^3} = \frac{22}{(x+1)^3}$.

6c) Wie die Berechnungen $f''(-1-2\sqrt{3}) = \frac{22}{(-1-2\sqrt{3}+1)^3} = \frac{22}{(-2\sqrt{3})^3} = \frac{22}{-24\sqrt{3}} = -\frac{11}{12\sqrt{3}} < 0$ und $f''(-1+2\sqrt{3}) = \frac{22}{(-1+2\sqrt{3}+1)^3} = \frac{22}{(2\sqrt{3})^3} = \frac{11}{12\sqrt{3}} > 0$ zeigen, ist $-1 - 2\sqrt{3}$ die Maximalstelle und $-1 + 2\sqrt{3}$ die Minimalstelle von f. Zusammen mit $f(-1-2\sqrt{3}) = \frac{s(-1-2\sqrt{3})}{t(-1-2\sqrt{3})} = \frac{(-1-2\sqrt{3}-2)(-1-\sqrt{30}-3)}{-1-2\sqrt{3}+1} = -7 - 4\sqrt{3}$
und $f(-1+2\sqrt{3}) = \frac{s(-1+2\sqrt{3})}{t(-1+2\sqrt{3})} = \frac{(-1+2\sqrt{3}-2)(-1+2sqrt3-3)}{-1+2\sqrt{3}+1} = -7 + 4\sqrt{3}$ hat die Funktion f dann das Maximum $(-1-2\sqrt{3}, -7-4\sqrt{3})$ und das Minimum $(-1+2\sqrt{3}, -7+4\sqrt{3})$.

7. Da f'' wegen des Zählers 22 von $f''(x)$ keine Nullstellen besitzt, besitzt f wegen $Wen(f) \subset N(f'') = \emptyset$ keine Wendestellen, also auch keine Wendepunkte.

8. Skizze von f unter Verwendung der Näherung $(-4,7/-13,9)$ für das Maximum und $(2,5/-0,1)$ für das Minimum von f (fast maßstabsgerecht):

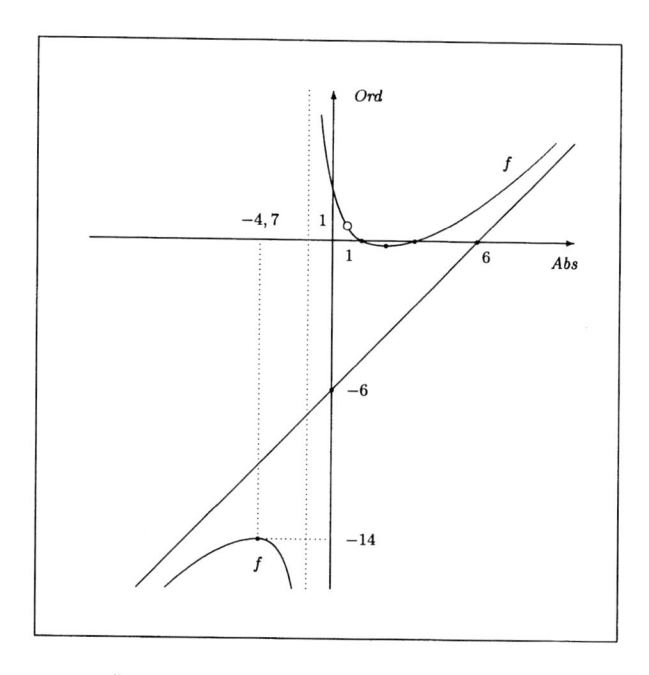

9. Zunächst liegen folgende Äquivalenzen vor: $x \in L(f,b) \Leftrightarrow f(x) = b \Leftrightarrow \frac{s(x)}{t(x)} = \frac{(x-2)(x-3)}{x+1} = b$
$\Leftrightarrow (x-2)(x-3) - b(x+1) = 0 \Leftrightarrow x^2 - 5x + 6 - bx - b = 0 \Leftrightarrow x^2 - (5+b)x + (6-b) = 0$
$\Leftrightarrow x \in \{\frac{5+b}{2} - \frac{1}{2}\sqrt{b^2 + 14b + 1}, \frac{5+b}{2} + \frac{1}{2}\sqrt{b^2 + 14b + 1}\}$. Solche Zahlen x existieren offenbar genau dann, wenn $b^2 + 14b + 1 \geq 0$ gilt. Das ist aber (nach dem Wurzelverfahren) wiederum genau dann der Fall, wenn entweder $b \geq -7 + 4\sqrt{3}$ oder $b \leq -7 - 4\sqrt{3}$ gilt. Ein Vergleich mit Aufgabenteil 6 zeigt erwartungsgemäß, daß diese beiden Zahlen gerade die Funktionswerte der Extremstellen von f sind.

Beachtet man weiterhin, daß die Lücke zu f der Punkt $(1,1)$ ist (siehe Aufgabenteil 5), dann ist insgesamt $Z = (-7 - 4\sqrt{3}, -7 + 4\sqrt{3}) \cup \{1\}$ die Menge genau derjenigen Zahlen b, für die die Lösungsmenge $L(f,b)$ leer ist.

A2.932.03: Betrachten Sie die durch die Zuordnungsvorschrift $f(x) = \frac{u(x)}{v(x)} = \frac{x^3 - 9x^2 + 26x - 24}{x^2 - 4}$ definierte rationale Funktion $f : D_{max}(f) \longrightarrow \mathbb{R}$ bezüglich der Polynom-Funktionen $u, v : \mathbb{R} \longrightarrow \mathbb{R}$.
Hinweis: Die dabei verwendete Funktion u hat die Nullstelle 4.

1. Bestimmen Sie den maximalen Definitionsbereich von f sowie den Ordinatenabschnitt von f.
2. Bestimmen Sie die Mengen $L(f)$ sowie $Pol(f)$ und $N(f)$.
3. Untersuchen Sie f hinsichtlich asymptotischer Funktionen.
4. Berechnen Sie die Lösungsmengen der Gleichungen $(f, 6)$ und $(f, -6)$.
5. Untersuchen Sie die Bildfolge einer einfachen gegen 2 konvergenten Folge hinsichtlich Konvergenz und kommentieren Sie das Ergebnis bezüglich des Verhältnisses der Zahl 2 zu der Funktion f.
6. Untersuchen Sie f hinsichtlich möglicher Extrema.
7. Begründen Sie die Tatsache, daß f keine Wendepunkte besitzt.
8. Skizzieren Sie f anhand der in den Aufgabenteilen 1 bis 7 ermittelten Daten (mit $\sqrt{30} \approx 5,5$).
9. Berechnen Sie (unabhängig von anderen Aufgabenteilen) die Lösungsmenge der Gleichung (f, b) für $b \in \mathbb{R}$ und ermitteln Sie dabei den Bereich Z derjenigen Zahlen, für die $L(f,b) = \emptyset$ gilt. Welcher Zusammenhang besteht zwischen dieser Menge Z und dem Ergebnis von Aufgabenteil 6 ?

B2.932.03: Zur Bearbeitung der Aufgabe im einzelnen:
1a) Der maximale Definitionsbereich von f ist $D_{max}(f) = \mathbb{R} \setminus N(v) = \mathbb{R} \setminus \{-2, 2\}$.

1b) Der Ordinatenabschnitt von f ist $f(0) = \frac{-24}{-4} = 6$.

2. Mit der Nullstelle 4 von f liefert die Polynom-Division $u(x) : (x-4) = x^2 - 5x + 6$ einen quadratischen Faktor von f, der nach dem Wurzelverfahren seinerseits die Nullstellen 2 und 3 liefert. Damit hat f die Darstellung $f(x) = \frac{u(x)}{v(x)} = \frac{(x-2)(x-3)(x-4)}{(x-2)(x+2)}$, die unmittelbar die folgenden Mengen liefert. Es gilt:
$L(f) = N(u) \cap N(v) = \{2,3,4\} \cap \{-2,2\} = \{2\}$ sowie $Pol(f) = N(v) \setminus N(u) = \{-2,2\} \setminus \{2,3,4\} = \{-2\}$
und $N(f) = N(u) \setminus N(v) = \{2,3,4\} \setminus \{-2,2\} = \{3,4\}$.

3. Die Polynom-Division $u(x) : v(x) = x - 9 - \frac{6(x+4)}{x^2-4}$ liefert die asymptotische Funktion $a : \mathbb{R} \longrightarrow \mathbb{R}$ mit der Zuordnungsvorschrift $a(x) = x - 9$ zu f.

4. Zur Berechnung der Lösungsmengen der Gleichungen $(f, 6)$ und $(f, -6)$ im einzelnen: Die

a) Äquivalenzen $x \in L(f, 6) \Leftrightarrow f(x) = 6 \Leftrightarrow \frac{s(x)}{t(x)} = \frac{(x-3)(x-4)}{x+2} = 6 \Leftrightarrow (x-3)(x-4) - 6(x+2) = 0$
$\Leftrightarrow x^2 - 13x = 0 \Leftrightarrow x \in \{0, 13\}$ liefern $L(f, 6) = \{0, 13\}$,

b) Äquivalenzen $x \in L(f, -6) \Leftrightarrow f(x) = -6 \Leftrightarrow \frac{s(x)}{t(x)} = \frac{(x-3)(x-4)}{x+2} = -6 \Leftrightarrow (x-3)(x-4) + 6(x+2) = 0$
$\Leftrightarrow x^2 - x + 12 = 0 \Leftrightarrow x \in \emptyset$ liefern $L(f, -6) = \emptyset$.

5. Die Bildfolge der Folge $(2 + \frac{1}{n})_{n \in \mathbb{N}}$ hat mit der Darstellung $f(x) = \frac{s(x)}{t(x)} = \frac{(x-3)(x-4)}{x+2}$ von f die Form
$(\frac{(2+\frac{1}{n}-3)(2+\frac{1}{n}-4)}{(2+\frac{1}{n}+2)})_{n \in \mathbb{N}} = (\frac{(\frac{1}{n}-1)(\frac{1}{n}-2)}{\frac{1}{n}+4})_{n \in \mathbb{N}} = (\frac{\frac{1}{n^2}-\frac{3}{n}+2}{\frac{1}{n}+4})_{n \in \mathbb{N}}$ und konvergiert folglich gegen $\frac{1}{2}$. (Im übrigen liefert die Bildfolge der Folge $(2 - \frac{1}{n})_{n \in \mathbb{N}}$ denselben Grenzwert $\frac{1}{2}$). Kommentar: Die um den Punkt $(2, \frac{1}{2})$ ergänzte Funktion f ist die stetige Fortsetzung $f^* : \mathbb{R} \setminus \{-2\} \longrightarrow \mathbb{R}$ von f.

6a) Unter Verwendung der Darstellung $f(x) = \frac{s(x)}{t(x)} = \frac{(x-3)(x-4)}{x+2} = \frac{x^2-7x+12}{x+2}$ von f ist die 1. Ableitungsfunktion $f' : \mathbb{R} \setminus \{-2, 2\} \longrightarrow \mathbb{R}$ von f definiert durch $f'(x) = \frac{s'(x)t(x)-s(x)t'(x)}{t^2(x)} = \frac{(2x-7)(x+2)-(x^2-7x+12)}{(x+2)^2} = \frac{(2x^2-3x-14)-(x^2-7x+12)}{(x+2)^2} = \frac{x^2+4x-26}{(x+2)^2}$. Wie man anhand des Wurzelverfahrens zur Berechnung möglicher Nullstellen quadratischer Funktionen leicht sieht, besitzt die durch $z(x) = x^2 + 4x - 26$ definierte Zähler-Funktion die Nullstellen $-2 - \sqrt{4+26} = -2 - \sqrt{30}$ und $-2 + \sqrt{30}$, also ist $N(z) = \{-2 - \sqrt{30}, -2 + \sqrt{30}\}$. Wegen $N(z) \cap N(t) = \emptyset$ gilt damit $N(f') = N(z) = \{-2 - \sqrt{30}, -2 + \sqrt{30}\}$.

6b) Unter Verwendung der Darstellung $f'(x) = \frac{z(x)}{t^2(x)} = \frac{x^2+4x-26}{(x+2)^2}$ von f' ist die 2. Ableitungsfunktion $f'' : \mathbb{R} \setminus \{-2, 2\} \longrightarrow \mathbb{R}$ von f definiert durch $f''(x) = \frac{z'(x)t^2(x)-z(x)2t'(x)t(x)}{t^4(x)} = \frac{z'(x)t(x)-z(x)2t'(x)}{t^3(x)} = \frac{(2x+4)(x+2)-2(x^2+4x-26)}{(x+2)^3} = \frac{2x^2+8x+8-2(x^2+4x-26)}{(x+2)^3} = \frac{60}{(x+2)^3}$.

6c) Wie die Berechnungen $f''(-2 - \sqrt{30}) = \frac{60}{(-2-\sqrt{30}+2)^3} = \frac{60}{(-\sqrt{30})^3} = \frac{60}{-30\sqrt{30}} = -\frac{2}{\sqrt{30}} < 0$ und $f''(-2 + \sqrt{30}) = \frac{60}{(-2+\sqrt{30}+2)^3} = \frac{60}{(\sqrt{30})^3} = \frac{2}{\sqrt{30}} > 0$ zeigen, ist $-2 - \sqrt{30}$ die Maximalstelle und $-2 + \sqrt{30}$ die Minimalstelle von f. Zusammen mit $f(-2 - \sqrt{30}) = \frac{s(-2-\sqrt{30})}{t(-2-\sqrt{30})} = \frac{(-2-\sqrt{30}-3)(-2-\sqrt{30}-4)}{-2-\sqrt{30}+2} = -11 - 2\sqrt{30}$ und $f(-2 + \sqrt{30}) = \frac{s(-2+\sqrt{30})}{t(-2+\sqrt{30})} = \frac{(-2+\sqrt{30}-3)(-2+\sqrt{30}-4)}{-2+\sqrt{30}+2} = -11 + 2\sqrt{30}$ hat die Funktion f dann das Maximum $(-2 - \sqrt{30}, -11 - 2\sqrt{30})$ und das Minimum $(-2 + \sqrt{30}, -11 + 2\sqrt{30})$.

7. Da f'' wegen des Zählers 60 von $f''(x)$ keine Nullstellen besitzt, besitzt f wegen $Wen(f) \subset N(f'') = \emptyset$ keine Wendestellen, also auch keine Wendepunkte.

8. Die Skizze von f entspricht in wesentlichen Eigenschaften der Skizze zu Aufgabe A2.932.01.

9. Zunächst liegen folgende Äquivalenzen vor: $x \in L(f, b) \Leftrightarrow f(x) = b \Leftrightarrow \frac{s(x)}{t(x)} = \frac{(x-3)(x-4)}{x+2} = b$
$\Leftrightarrow (x-3)(x-4) - b(x+2) = 0 \Leftrightarrow x^2 - 7x + 12 - bx - 2b = 0 \Leftrightarrow x^2 - (7+b)x + (12 - 2b) = 0$
$\Leftrightarrow x \in \{\frac{7+b}{2} - \frac{1}{2}\sqrt{b^2 + 22b + 1}, \frac{7+b}{2} + \frac{1}{2}\sqrt{b^2 + 22b + 1}\}$. Solche Zahlen x existieren offenbar genau dann, wenn $b^2 + 22b + 1 \geq 0$ gilt. Das ist aber (nach dem Wurzelverfahren) wiederum genau dann der Fall, wenn entweder $b \geq -11 + 2\sqrt{30}$ oder $b \leq -11 - 2\sqrt{30}$ gilt. Ein Vergleich mit Aufgabenteil 6 zeigt erwartungsgemäß, daß diese beiden Zahlen gerade die Funktionswerte der Extremstellen von f sind. Beachtet man weiterhin, daß die Lücke zu f der Punkt $(2, \frac{1}{2})$ ist (siehe Aufgabenteil 5), dann ist insgesamt $Z = (-11 - 2\sqrt{30}, -11 + 2\sqrt{30}) \cup \{\frac{1}{2}\}$ die Menge genau derjenigen Zahlen b, für die die Lösungsmenge $L(f, b)$ leer ist.

2.934 UNTERSUCHUNGEN RATIONALER FUNKTIONEN (TEIL 5)

A2.934.01 (D): Betrachten Sie die Familie $(f_a)_{a\in\mathbb{R}^+}$ von Funktionen $f_a : D_{max}(f_a) \longrightarrow \mathbb{R}$, definiert durch die Zuordnungsvorschriften $f_a(x) = \frac{ax^2}{x+a}$, mit maximalem Definitionsbereich $D_{max}(f_a) \subset \mathbb{R}$.
1. Bestimmen Sie $D_{max}(f_a)$ und die Nullstellenmenge $N(f_a)$ von f_a.
2. Untersuchen Sie f_a hinsichtlich Lücken, Pole und asymptotischer Funktionen.
3. Untersuchen Sie f_a hinsichtlich Symmetrieeigenschaften.
4. Berechnen Sie die Extrema von f_a. Bestimmen Sie ferner die Funktion, die die nicht-konstanten Extrema der Funktionen von $(f_a)_{a\in\mathbb{R}^+}$ liegen.
5. Zeichnen Sie f_1 anhand der in den Teilen 1 bis 4 ermittelten Daten.

B2.934.01: Im folgenden wird die Darstellung $f_a = \frac{u_a}{v_a}$ mit den Funktionen $u_a, v_a : \mathbb{R} \longrightarrow \mathbb{R}$ mit $u_a = a \cdot id^2$ sowie $v_a = id + a$ verwendet.

5. Skizze von f_1 anhand der in den Teilen 1 bis 4 ermittelten Daten:

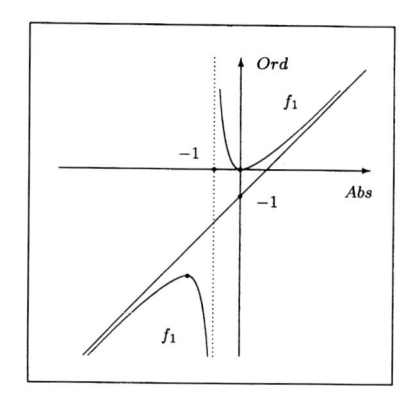

1. Es gilt $D_{max}(f_a) = \mathbb{R} \setminus N(v_a) = \mathbb{R} \setminus \{-a\}$. Ferner ist $N(f_a) = N(u_a) \setminus N(v_a) = \{0\} \setminus \{-a\} = \{0\}$.

2. Mit $L(f_a) = N(u_a) \cap N(v_a) = \emptyset$ ist $Pol(f_a) = N(u_a) \setminus L(f_a) = \{-a\} \setminus \emptyset = \{-a\}$. Die Funktion f_a besitzt also eine senkrechte Asymptote durch den Pol $-a$. Ferner: Die Polynom-Division $u_a(x) : v_a(x) = ax^2 : (x+a) = ax - a^2 + \frac{a^3}{x+a}$ zeigt, daß die Funktion $c_a = a \cdot id - a^2 : \mathbb{R} \longrightarrow \mathbb{R}$ die asymptotische Funktion zu f_a ist.

3. f_a ist weder ordinaten- noch punktsymmetrisch zu $(0,0)$. Allerdings ist f_a punktsymmetrisch zu dem Punkt $(-a, -2a^2)$, den man durch den Pol $-a$ und seinen Funktionswert $c_a(-a) = -2a^2$ gewinnt. Zum Nachweis dieser Punktsymmetrie wird aus f_a eine Funktion g_a durch entsprechende Verschiebung so erzeugt, daß g_a punktsymmetrisch zu $(0,0)$ ist: Für die durch $g_a(x) = \frac{a(x-a)^2}{(x-a)+a} + 2a^2 = \frac{a(x^2+a^2)}{x}$ definierte Fnktion g_a und alle $x \in D(g_a)$ gilt $-g_a(-x) = -\frac{a((-x)^2+a^2)}{-x} = \frac{a(x^2+a^2)}{x} = g_a(x)$.

4. Die 1. Ableitungsfunktion $f_a' : \mathbb{R}\setminus\{-a\} \longrightarrow \mathbb{R}$ von f_a mit $f_a' = (\frac{u_a}{v_a})' = \frac{u_a'v_a - u_a v_a'}{v_a^2} = \frac{2a \cdot id(id+a) - a \cdot id^2}{(id+a)^2} = \frac{a(id^2+2a\cdot id)}{(id+a)^2}$ hat die Nullstellenmenge $N(f_a') = N(a(id^2+2a\cdot id)) \setminus N(v_a) = \{-2a, 0\}$.

Mit der 2. Ableitungsfunktion $f_a'' : \mathbb{R}\setminus\{-a\} \longrightarrow \mathbb{R}$ von f_a mit $f_a'' = \frac{2a^3}{(id+a)^3}$ ist $f_a''(-2a) = \frac{2a^3}{(-a)^3} = -2 < 0$ und $f_a''(0) = \frac{2a^3}{a^3} = 2 > 0$, also ist $-2a$ die Maximalstelle und 0 die Minimalstelle von f_a. Mit den zugehörigen Funktionswerten ist dann $(-2a, f_a(-2a)) = (-2a, -4a^2)$ das Maximum und $(0, f_a(0)) = (0,0)$ das Minimum von f_a.

Die Zuordnung $-2a \longmapsto -4a^2$ liefert dann die Funktion $E : \mathbb{R} \longrightarrow \mathbb{R}$, auf deren Graph jeweils die nichtkonstanten Extrema der Funktionen von $(f_a)_{a \in \mathbb{R}^+}$ liegen. Sie ist durch $E(a) = -a^2$ definiert, denn es gilt $E(-2a) = -(-2a)^2 = -4a^2$.

A2.934.02 (D) : Betrachten Sie die Familie $(f_a)_{a \in \mathbb{R}^+}$ von Funktionen $f_a : D_{max}(f_a) \longrightarrow \mathbb{R}$, definiert durch die Zuordnungsvorschriften $f_a(x) = \frac{2a^2 x}{x^2+a^2}$, mit maximalem Definitionsbereich $D_{max}(f_a) \subset \mathbb{R}$.
1. Bestimmen Sie $D_{max}(f_a)$ und die Nullstellenmenge $N(f_a)$ von f_a.
2. Untersuchen Sie f_a hinsichtlich Symmetrieeigenschaften.
3. Untersuchen Sie f_a hinsichtlich Lücken, Pole und asymptotischer Funktionen.
4. Berechnen Sie die Extrema und Wendepunkte von f_a. Bestimmen Sie ferner die drei Wendetangenten t_1, t_2 und t_3 an f_a.
5. Bestimmen Sie die Funktion W, die die Wendepunkte der Funktionen von $(f_a)_{a \in \mathbb{R}^+}$ enthält.
6. Zeichnen Sie f_2, die zugehörigen Wendetangenten an f_2 sowie die Funktion W anhand der in den Aufgabenteilen 1 bis 5 ermittelten Daten.

B2.934.02: Im folgenden wird die Darstellung $f_a = \frac{u_a}{v_a}$ mit den Funktionen $u_a, v_a : \mathbb{R} \longrightarrow \mathbb{R}$ mit $u_a = 2a^2 \cdot id$ sowie $v_a = id^2 + a^2$ verwendet.

1. Wegen $N(v_a) = N(id^2 + a^2) = \emptyset$ ist $D_{max}(f_a) = \mathbb{R} \setminus N(id^2 + a^2) = \mathbb{R} \setminus \emptyset = \mathbb{R}$.
Ferner: Wegen $N(u_a) \cap N(v_a) = \{0\} \cap \emptyset = \emptyset$ ist $N(f_a) = N(u_a) \setminus N(v_a) = \{0\} \setminus \emptyset = \{0\}$.

2. Die Funktion f_a ist punktsymmetrisch, denn für alle $x \in D(f_a) = \mathbb{R}$ gilt $-f_a(-x) = -\frac{2a^2(-x)}{(-x)^2 + a^2} = \frac{2a^2 x}{x^2+a^2} = f_a(x)$.

3. Wegen $D(f_a) = \mathbb{R}$ ist $L(f_a) = \emptyset$ und $Pol(f_a) = \emptyset$.
Wegen $grad(u_a) = 1 < 2 = grad(v_a)$ ist die Nullfunktion die asymptotische Funktion zu f_a.

4. Die 1. Ableitungsfunktion $f_a' : \mathbb{R} \longrightarrow \mathbb{R}$ von f_a mit $f_a' = (\frac{u_a}{v_a})' = \frac{u_a' v_a - u_a v_a'}{v_a^2} = \frac{2a^2(a^2 - id^2)}{(id^2+a^2)^2}$ hat die Nullstellenmenge $N(f_a') = N(a^2 - id^2) \setminus N(v_a) = \{-a, a\}$, denn $N(v_a) = \emptyset$.
Mit der 2. Ableitungsfunktion $f_a'' : \mathbb{R} \longrightarrow \mathbb{R}$ von f_a mit $f_a'' = \frac{-4a^2 \cdot id(3a^2 - id^2)}{(id^2+a^2)^3}$ ist $f_a''(-a) = \frac{1}{a} = -2 > 0$ und $f_a''(a) = -\frac{1}{a} < 0$, also ist $-a$ die Minimalstelle und a die Maximalstelle von f_a. Mit den zugehörigen Funktionswerten ist dann $(-a, f_a(-a)) = (-a, -a)$ das Minimum und $(a, f_a(a)) = (a, a)$ das Maximum von f_a.
Weiterhin ist $N(f_a'') = N(id(3a^2 - id^2)) = \{-a\sqrt{3}, 0, a\sqrt{3}\}$, somit wird auch die 3. Ableitungsfunktion $f_a''' : \mathbb{R} \longrightarrow \mathbb{R}$ berechnet. Sie ist definiert durch $f_a''' = \frac{-12a^2(a^4 - 6a^2 \cdot id^2 + id^4)}{(id^2+a^2)^4}$. Wie nun die Funktionswerte $f_a'''(-a\sqrt{3}) = \frac{3}{8} \cdot \frac{1}{a^2} \neq 0$ sowie $f_a'''(0) = -12 \cdot \frac{1}{a^2} \neq 0$ und $f_a'''(a\sqrt{3}) = f_a'''(-a\sqrt{3}) = \frac{3}{8} \cdot \frac{1}{a^2} \neq 0$ der drei Nullstellen von f_a'' zeigen, besitzt f_a drei Wendepunkte, nämlich $(-a\sqrt{3}, -\frac{1}{2}a\sqrt{3})$ sowie $(0,0)$ und $(a\sqrt{3}, \frac{1}{2}a\sqrt{3})$.

Die Zuordnungsvorschriften der drei Wendetangenten $t_1, t_2, t_3 : \mathbb{R} \longrightarrow \mathbb{R}$ an f_a sind
$t_1(x) = f_a'(-a\sqrt{3})x - f_a'(-a\sqrt{3})(-a\sqrt{3}) + f_a(-a\sqrt{3}) = -\frac{1}{4}x - \frac{3}{4}a\sqrt{3}$,
$t_2(x) = f_a'(0)x - f_a'(0) \cdot 0 + f_a(0) = 2x$ und
$t_3(x) = f_a'(a\sqrt{3})x - f_a'(a\sqrt{3})(a\sqrt{3}) + f_a(a\sqrt{3}) = -\frac{1}{4}x + \frac{3}{4}a\sqrt{3}$.

5. Die Zuordnungen $-a\sqrt{3} \longmapsto -\frac{1}{2}a\sqrt{3}$ sowie $0 \longmapsto 0$ und $a\sqrt{3} \longmapsto \frac{1}{2}a\sqrt{3}$ liefern dann die Funktion $W : \mathbb{R} \longrightarrow \mathbb{R}$, auf deren Graph jeweils die Wendepunkte der Funktionen von $(f_a)_{a \in \mathbb{R}^+}$ liegen. Sie ist durch $W(a) = \frac{1}{2}a$ definiert ist, denn es gilt beispielsweise $W(a\sqrt{3}) = \frac{1}{2}a\sqrt{3}$.

A2.934.03 (S, D) : Im folgenden bezeichne $\mathbb{R}_* = \mathbb{R} \setminus \{0\}$. Betrachten Sie die Familie $(f_a)_{a \in \mathbb{R}_*}$ von Funktionen $f_a : \mathbb{R}_* \longrightarrow \mathbb{R}$ mit den Zuordnungsvorschriften $f_a(x) = \frac{x+a}{x^2}$.
1. Untersuchen Sie f_a hinsichtlich Nullstellen, Extrema und Wendepunkte.
2. Bestimmen Sie diejenigen Parameter a, für die der Winkel $w(f_a, Abs) = 45°$ beträgt.
3. Weisen Sie nach, daß keine der Funktionen f_a eine stetige Fortsetzung auf $\mathbb{R}$ besitzt.

4. Wie verhalten sich die Funktionen f_a und f_{-a} zueinander?

5. Weisen Sie nach, daß je zwei Funktionen f_a und f_b der zu betrachtenden Familie in $\mathbb{R}^+$ asymptotisches Verhalten zueinander haben.

6. Erweitern Sie den Parameterbereich der Familie $(f_a)_{a\in\mathbb{R}_*}$ um $a = 0$, stellen Sie f_0 in geeigneter Form dar und untersuchen Sie f_0 ebenfalls im Sinne der Aufgabenteile 1 bis 5, sofern jeweils eine sinnvolle Fragestellung vorliegt.

7. Skizzieren Sie f_{-1}, f_1 und f_2 innerhalb eines sinnvollen Ausschnitts in einem geeigneten Koordinaten-System.

B2.934.03: Im folgenden wird die Darstellung $f_a = \frac{u_a}{v_a}$ mit den Funktionen $u_a, v_a : \mathbb{R} \longrightarrow \mathbb{R}$ mit $u_a = id + a$ sowie $v_a = id^2$ verwendet.

1. Wegen $N(u_a) \cap N(v_a) = \emptyset$ gilt $N(f_a) = N(u_a) = \{-a\}$.

Die 1. Ableitungsfunktion $f_a' : \mathbb{R}_* \longrightarrow \mathbb{R}$ von f_a mit $f_a' = (\frac{u_a}{v_a})' = \frac{u_a' v_a - u_a v_a'}{v_a^2} = -\frac{2a+id}{(id)^3}$ hat die Nullstellenmenge $N(f_a') = N(2a+id) \setminus N(v_a) = \{-2a\}$.

Mit der 2. Ableitungsfunktion $f_a'' : \mathbb{R}_* \longrightarrow \mathbb{R}$ von f_a mit $f_a'' = \frac{-6a + 2 \cdot id}{id^4}$ ist $f_a''(-2a) = -\frac{5}{8a^3} \neq 0$. Es gilt: Im Fall $a > 0$ hat f_a die Zahl $-2a$ als Maximalstelle und das zugehörige Maximum $(-2a, -\frac{1}{4a})$, im Fall $a < 0$ hat f_a die Zahl $-2a$ als Minimalstelle und das zugehörige Minimum $(-2a, -\frac{1}{4a})$.

Wegen $N(f_a'') = \{3a\} \neq \emptyset$ wird die 3. Ableitungsfunktion $f_a''' : \mathbb{R}_* \longrightarrow \mathbb{R}$ von f_a berechnet. Sie ist durch $f_a''' = \frac{24a - 6 \cdot id}{id^5}$ definiert und liefert mit $f_a'''(3a) = \frac{2}{81a^4} \neq 0$ dann den Wendepunkt $(3a, f_a(3a)) = (3a, \frac{4}{9a})$ von f_a.

2. Wegen $N(f_a) = \{-a\}$ sind die Parameter $a \in \mathbb{R}_*$ zu bestimmen, für die $f_a'(-a) = tan(f_a, Abs) = tan(45°) = 1$ gilt. Wegen $f_a'(-a) = \frac{1}{a^2}$ ist dann $f_a'(-a) = \frac{1}{a^2} = 1$ äquivalent zu $a \in \{-1, 1\}$. Somit gilt $w(f_{-1}, Abs) = w(f_1, Abs) = 1$.

3. Wegen $L(f_a) = \emptyset$ besitzt keine der Funktionen f_a eine stetige Fortsetzung auf $\mathbb{R}$.

4. f_{-a} ist drehsymmetrisch zu f_a bezüglich $(0,0)$, denn für alle $x \in \mathbb{R}_*$ ist $-f_{-a}(-x) = f_a(x)$.

5. Zu $a, b \in \mathbb{R}_*$ betrachte man die Funktion $d = f_a - f_b$, dann ist $d(n) = \frac{n+a}{n^2} - \frac{n+b}{n^2} = \frac{a-b}{n^2}$ und $lim(d(n))_{n\in\mathbb{N}} = 0$. Entsprechend gilt $lim(d(-n))_{n\in\mathbb{N}} = 0$.

6. Die Funktion $f_0 = \frac{1}{id} : \mathbb{R}_* \longrightarrow \mathbb{R}$ hat bekanntlich keine Nullstellen, keine Extrema und keine Wendepunkte; sie läßt sich auf $\mathbb{R}$ nicht stetig fortsetzen. Ferner ist f_0 drehsymmetrisch zu sich selbst bezüglich $(0,0)$. Da f_0 asymptotisch zur Abszisse ist, folgt aus Teil 5, daß jede der Funktionen f_a ebenfalls asymptotisch zur Abszisse ist.

A2.934.04 (D): Im folgenden bezeichne $\mathbb{R}_* = \mathbb{R} \setminus \{0\}$. Betrachten Sie die Familie $(f_a)_{a\in\mathbb{R}_*}$ von Funktionen $f_a : \mathbb{R}_* \longrightarrow \mathbb{R}$ mit den Zuordnungsvorschriften $f_a(x) = \frac{8}{x^2} - \frac{a}{2}x^2$.

1. Untersuchen Sie f_a hinsichtlich Symmetrieeigenschaften, Nullstellen und Extrema.

2. Besitzt f_a senkrechte Asymptoten und/oder asymptotische Funktionen?

3. Bestimmen Sie reelle Zahlen b und c mit $0 < c < \pi$, so daß die Funktion g differenzierbar ist:

$$g : \mathbb{R} \longrightarrow \mathbb{R}, \quad g(x) = \begin{cases} b + cos(cx), & \text{falls } |x| < 2, \\ f_{-1}(x), & \text{falls } |x| \geq 2, \end{cases}$$

B2.934.04: Zur Bearbeitung der Aufgabe im einzelnen:

1a) Die Funktionen f_a sind ordinatensymmetrisch, denn es gilt $f_a(-x) = \frac{8}{(-x)^2} - \frac{a}{2}(-x)^2 = \frac{8}{x^2} - \frac{a}{2}x^2 = f_a(x)$, für alle $x \in \mathbb{R}_*$.

1b) Man betrachte zunächst die Äquivalenzen $x \in N(f_a) \Leftrightarrow f_a(x) = 0 \Leftrightarrow \frac{8}{x^2} - \frac{a}{2}x^2 = 0 \Leftrightarrow \frac{16}{a} = x^4$. Sie führen zu folgender Fallunterscheidung: Ist $a > 0$, dann f_a die beiden Nullstellen $-\frac{2}{\sqrt[4]{a}}$ und $\frac{2}{\sqrt[4]{a}}$, im Fall $a < 0$ ist $N(f_a) = \emptyset$.

1c) Wegen $Ex(f_a) \subset N(f_a')$ ist zunächst die 1. Ableitungsfunktion $f_a' : \mathbb{R}_* \longrightarrow \mathbb{R}$ zu bilden. Sie hat die Zuordnungsvorschrift $f_a'(x) = -\frac{16}{x^3} - ax$. Man betrachte wieder zunächst die Äquivalenzen $x \in N(f_a') \Leftrightarrow f_a'(x) = 0 \Leftrightarrow \frac{16}{x^3} - ax = 0 \Leftrightarrow \frac{16}{-a} = x^4$. Sie führen zu folgender Fallunterscheidung: Ist

$a < 0$, dann f'_a die beiden Nullstellen $-\frac{2}{\sqrt[4]{-a}}$ und $\frac{2}{\sqrt[4]{-a}}$, im Fall $a > 0$ ist $N(f'_a) = \emptyset$.

1d) Es gelte $a < 0$. Wegen $N(f'_a) = \emptyset$ wird für diesen Fall die 2. Ableitungsfunktion $f''_a : \mathbb{R}_* \longrightarrow \mathbb{R}$ gebildet. Sie hat die Zuordnungsvorschrift $f''_a(x) = \frac{48}{x^4} - a$. Nun werden die Nullstellen von f'_a dem Test bezüglich f''_a unterworfen: Wegen $f''_a(-\frac{2}{\sqrt[4]{-a}}) = f''_a(\frac{2}{\sqrt[4]{-a}}) = -4a > 0$ sind die beiden Nullstellen von f'_a tatsächlich Minimalstellen von f_a. Sie haben die Funktionswerte $f_a(-\frac{2}{\sqrt[4]{-a}}) = f_a(\frac{2}{\sqrt[4]{-a}}) = 4\sqrt{-a}$, also hat f_a im Fall $a < 0$ die beiden Minima $(-\frac{2}{\sqrt[4]{-a}}, 4\sqrt{-a})$ und $(\frac{2}{\sqrt[4]{-a}}, 4\sqrt{-a})$. (Im Fall $a > 0$ liegen keine Extrema vor.)

2. Die leicht nuancierte Darstellung $f_a(x) = \frac{16-ax^4}{2x^2}$ zeigt, daß f_a den Pol 0 besitzt, denn 0 ist die Nullstelle der Nennerfunktion, aber nicht zugleich Nullstelle der Zählerfunktion von f_a. Die vorgegebene Darstellung $f_a(x) = \frac{8}{x^2} - \frac{a}{2}x^2 = -\frac{a}{2}x^2 + \frac{8}{x^2}$ zeigt unmittelbar, daß f_a die durch $s_a(x) = -\frac{a}{2}x^2$ definierte asymptotische Funktion $s_a : \mathbb{R} \longrightarrow \mathbb{R}$ besitzt.

3. Damit die Funktion g differenzierbar ist, müssen die beiden Parameter b und c so gewählt werden, daß die beiden Beziehungen $(\cos \circ (c \cdot id) + b)(2) = f_{-1}(2)$ und $(\cos \circ (c \cdot id) + b)'(2) = f'_{-1}(2)$ für 2 und auch für -2 gelten. Gelten sie für 2, so gelten sie auch für -2, denn $\cos \circ (c \cdot id) + b$ und f_{-1} sind beide ordinatensymmetrisch.

Die zweite Beziehung hat mit der Ableitungsfunktion $f'_{-1} : \mathbb{R}_* \longrightarrow \mathbb{R}$, definiert durch $f'_{-1}(x) = -\frac{16}{x^3} + x$, und $f'_{-1}(2) = 0$ dann die Form $-c \cdot \sin(2c) = 0$, woraus wegen der Bedingung $0 < c < \pi$ dann $c = \frac{\pi}{2}$ folgt. Die erste Beziehung liefert mit $f_{-1}(2) = 4$ und $c = \frac{\pi}{2}$ zunächst $b + \cos(\pi) = 4$, also $\cos(\pi) = 4 - b$, woraus mit $\cos(\pi) = -1$ dann $b = 5$ folgt.

A2.934.05 (D, A) : Betrachten Sie die Familie $(f_a)_{a \in \mathbb{R}^+}$ von Funktionen $f_a : D(f_a) \longrightarrow \mathbb{R}$, definiert durch die Zuordnungsvorschriften $f_a(x) = \frac{x^2+ax-1}{ax}$.

1. Bestimmen Sie den maximalen Definitionsbereich $D(f_a)$ und die Nullstellenmenge $N(f_a)$ von f_a.
2. Weisen Sie nach, daß alle Funktionen f_a bezüglich $Z = (0,1)$ punktsymmetrisch sind.
3. Bestimmen Sie die asymptotische Funktion $t_a : \mathbb{R} \longrightarrow \mathbb{R}$ zu f_a.
4. Untersuchen Sie f_a hinsichtlich Extrema.
5. Untersuchen Sie f_a hinsichtlich Wendepunkte.
6. Weisen Sie nach, daß der Kreis $K = k(0,r)$, der die Funktion f_2 im Punkt $B = (-1,1)$ berührt, die Funktion f_2 im Punkt $S = (1,1)$ orthogonal schneidet.
7. Die Funktion f_a mit $a > 1$ begrenzt mit der asymptotischen Funktion t_a (siehe Aufgabenteil 3) sowie den beiden Ordinatenparallelen durch -1 und die Nullstelle von t_a eine Fläche, deren Inhalt mit $A(a)$ bezeichnet sei. Berechnen Sie $A(a)$ und weisen Sie dann nach, daß in der Familie $(A(a))_{a \in (1,*)}$ ein Maximum existiert.

B2.934.05: Zur Bearbeitung der Aufgabe im einzelnen: Wie die Zuordnungsvorschriften von f_a zeigen, ist f_a der Quotient $f_a = \frac{u_a}{v_a}$ der beiden durch $u_a(x) = x^2 + ax - 1$ und $v_a(x) = ax$ definierten und beliebig oft differenzierbaren Polynom-Funktionen $u_a, v_a : \mathbb{R} \longrightarrow \mathbb{R}$, also eine rationale Funktion.

1a) Wegen $N(v_a) = \{0\}$ ist $D(f_a) = \mathbb{R} \setminus N(v_a) = \mathbb{R} \setminus \{0\}$ der maximale Definitionsbereich von f_a.

1b) Die Äquivalenzen $x \in N(u_a) \Leftrightarrow u_a(x) = 0 \Leftrightarrow x^2 + ax - 1 = 0$
$\Leftrightarrow x = -\frac{a}{2} - \sqrt{\frac{a^2}{4}+1}$ oder $x = -\frac{a}{2} + \sqrt{\frac{a^2}{4}+1} \Leftrightarrow x \in \{-\frac{a}{2} - \sqrt{\frac{a^2}{4}+1}, -\frac{a}{2} + \sqrt{\frac{a^2}{4}+1}\}$ liefern zunächst die Nullstellenmenge $N(u_a) = \{-\frac{1}{2}(a + \sqrt{a^2+4}), -\frac{1}{2}(a - \sqrt{a^2+4})\}$ des Zählers u_a von f_a.
Da andererseits $N(v_a) = \{0\}$ gilt, ist $N(f_a) = N(u_a) \setminus N(v_a) = N(u_a)$.

2. Wird anstelle von f_a die Funktion $h_a = f_a - 1$ mit $h_a(x) = \frac{x^2+ax-1}{ax} - 1 = \frac{x^2-1}{ax}$ betrachtet, dann gilt $-h_a(-x) = -\frac{(-x)^2-1}{-ax} = \frac{x^2-1}{ax} = h_a(x)$, für alle $x \in D(f_a)$, also ist h_a punktsymmetrisch zu $(0,0)$ und damit f_a punktsymmetrisch zu $Z = (0,1)$.

3. Die Darstellung (Polynom-Division) $\frac{u_a(x)}{v_a(x)} = \frac{x^2+ax-1}{ax} = \frac{x}{a} + 1 - \frac{1}{ax}$ liefert wegen $grad(1) < grad(v_a)$ die Zuordnungsvorschrift $t_a(x) = \frac{1}{a}x + 1$ der asymptotischen Funktion $t_a : \mathbb{R} \longrightarrow \mathbb{R}$ zu f_a.

4a) Bestimmung der 1. Ableitungsfunktion $f'_a : D(f_a) \longrightarrow \mathbb{R}$ von f_a: Die Funktion $f'_a = (\frac{u_a}{v_a})'$ besitzt die

Zuordnungsvorschrift $f'_a(x) = \frac{u'_a(x)v_a(x) - u_a(x)v'_a(x)}{v_a^2(x)} = \frac{(2x+a)ax - (x^2+ax-1)a}{a^2x^2} = \frac{x^2+1}{ax^2}$. Mit $s_a(x) = x^2 + 1$ und $t_a(x) = ax^2$ hat f'_a dann die Darstellung $f'_a = \frac{s_a}{t_a}$.

4b) Wegen $Ex(f_a) \subset N(f'_a)$ und $N(f'_a) = N(s_a) = \emptyset$ gilt $Ex(f_a) = \emptyset$.

5a) Bestimmung der 2. Ableitungsfunktion $f''_a : D(f_a) \longrightarrow \mathbb{R}$ von f_a: Die Funktion $f''_a = (\frac{s_a}{t_a})'$ besitzt die Zuordnungsvorschrift $f''_a(x) = \frac{s'_a(x)t_a(x) - s_a(x)t'_a(x)}{t_a^2(x)} = \frac{2x \cdot ax^2 - (x^2+1)2ax}{a^2x^4} = \frac{-2}{ax^3}$. Mit $z_a(x) = -2$ und $n_a(x) = ax^3$ hat f''_a dann die Darstellung $f''_a = \frac{z_a}{n_a}$.

5b) Wegen $Wen(f_a) \subset N(f''_a)$ und $N(f''_a) = N(z_a) = \emptyset$ gilt $Wen(f_a) = \emptyset$.

6a) Der zu betrachtende Kreis $K = k(0, r)$ hat nach Vorgabe des Punktes B den Radius $r = \sqrt{2}$.

6b) Die Funktion $k : [-r, r] \longrightarrow \mathbb{R}$ (Halbkreis) hat die Zuordnungsvorschrift $k(x) = \sqrt{2 - x^2}$. Daß der angegebene Punkt $S = (1, 1)$ tatsächlich ein Schnittpunkt von f_2 und k ist, zeigt die Gleichheit der Funktionswerte $f_2(1) = 1$ und $k(1) = 1$. (Dieser Sachverhalt folgt im übrigen auch aus der in Aufgabenteil 2 nachgewiesenen Punktsymmetrie von f_2 bezüglich $Z = (0, 1)$.)

6c) Die Orthogonalität von f_2 und k bedeutet die Orthogonalität der entsprechenden Tangenten an f_2 und k im Punkt S und ist demgemäß durch die Beziehung $f'_2(1) \cdot k'(1) = -1$ gezeigt. Unter Verwendung der 1. Ableitungsfunktion $k' : (-r, r) \longrightarrow \mathbb{R}$ der Einschränkung $k : (-r, r) \longrightarrow \mathbb{R}$ mit $k'(x) = \frac{-x}{k(x)}$ gilt in der Tat $f'_2(1) \cdot k'(1) = \frac{1+2-1}{2} \cdot \frac{-1}{1} = -1$.

7a) Mit der durch $g_a(x) = f_a(x) - t_a(x) = -\frac{1}{ax}$ definierten Differenz $g_a = f_a - t_a$ sowie einer durch $G_a(x) = -\frac{1}{a} \cdot log_e(|x|)$ definierten Stammfunktion $G_a : \mathbb{R} \longrightarrow \mathbb{R}$ von g_a sowie der Nullstelle $-a$ von t_a ist dann $A(a) = |G_a(-1) - G_a(-a)| = |-\frac{1}{a} \cdot log_e(|-1|) - \frac{1}{a} \cdot log_e(|-a|)| = |-\frac{1}{a} \cdot 0 - \frac{1}{a} \cdot log_e(a)| = \frac{1}{a} \cdot log_e(a)$ (FE) der gesuchte Flächeninhalt.

7b$_1$) Zu untersuchen ist nun die durch $A(a) = \frac{1}{a} \cdot log_e(a)$ definierte Funktion $A : (1, \star) \longrightarrow \mathbb{R}$. Sie besitzt die 1. Ableitungsfunktion $A' : (1, \star) \longrightarrow \mathbb{R}$ mit $A'(a) = -\frac{1}{a^2} \cdot log_e(a) + \frac{1}{a} \cdot \frac{1}{a} = \frac{1}{a^2}(1 - log_e(a))$ mit der Nullstelle e.

7b$_2$) Die 2. Ableitungsfunktion $A'' : (1, \star) \longrightarrow \mathbb{R}$ von A ist durch $A''(a) = -\frac{2}{a^3}(1 - log_e(a)) + \frac{1}{a^2}(-\frac{1}{a})$ definiert, womit dann insbesondere $A''(e) = -\frac{2}{e^3}(1 - log_e(e)) + \frac{1}{e^2}(-\frac{1}{e}) = -\frac{2}{e^3}(1-1) - \frac{1}{e^3} = -\frac{1}{e^3} < 0$ folgt. Somit ist e die Maximalstelle und $(e, f_a(e))$ das Maximum von A.

A2.934.06 (D) : Betrachten Sie die Familie $(f_a)_{a \in \mathbb{R}^+}$ von Funktionen $f_a : D_{max}(f_a) \longrightarrow \mathbb{R}$, definiert durch die Zuordnungsvorschriften $f_a(x) = \frac{x^2 - 2ax + 2a^2}{a - x}$, mit maximalem Definitionsbereich $D_{max}(f_a) \subset \mathbb{R}$.
1. Bestimmen Sie $D_{max}(f_a)$ sowie die Mengen der Nullstellen, Lücken und Pole von f_a.
2. Untersuchen Sie f_a hinsichtlich asymptotischer Funktionen.
3. Untersuchen Sie f_a hinsichtlich möglicher Extrema.
4. Gibt es Funktionen, die alle Minima oder Maxima der Familie $(f_a)_{a \in \mathbb{R}^+}$ enthalten?
5. Untersuchen Sie f_a hinsichtlich möglicher Wendepunkte.

B2.934.06: Bei der Bearbeitung der Aufgabe wird sinngemäß $f_a = \frac{u_a}{v_a}$ verwendet. Im einzelnen:
1. Wegen $N(v_a) = \{a\}$ ist $D_{max}(f_a) = \mathbb{R} \setminus \{a\}$ der maximale Definitionsbereich von f_a. Mit $N(u_a) = \emptyset$ und folglich $N(u_a) \cap N(v_a) = \emptyset$ ist $L(f_a) = \emptyset$, wegen $N(v_a) \setminus N(u_a) = \{a\} \setminus \emptyset = \{a\}$ ist $Pol(f_a) = \{a\}$. Ferner ist $N(f_a) = N(u_a) \setminus N(v_a) = \emptyset \setminus \{a\} = \emptyset$.

2. Die Polynom-Division $f_a(x) = u_a(x) : v_a(x) = (x^2 - 2ax + 2a^2) : (a - x) = a - x + \frac{2a^2}{a - x}$ liefert die durch $c(x) = a - x$ definierte asymptotische Funktion $c : \mathbb{R} \longrightarrow \mathbb{R}$ zu f_a.

3. Im folgenden werden die Funktionen f_a in der Form $f_a(x) = (a - x) + \frac{a^2}{a - x}$ betrachtet: Die 1. Ableitungsfunktion $f'_a : \mathbb{R} \setminus \{a\} \longrightarrow \mathbb{R}$ von f_a ist definiert durch die Vorschrift $f'_a(x) = -1 + \frac{a^2}{(a-x)^2}$ und besitzt die Nullstellenmenge $N(f'_a) = \{0, 2a\}$. Die 2. Ableitungsfunktion $f''_a : \mathbb{R} \setminus \{a\} \longrightarrow \mathbb{R}$ von f_a ist definiert durch $f''_a(x) = \frac{2a^2}{(a-x)^3}$ und liefert die Funktionswerte $f''_a(0) = \frac{2}{a} > 0$ und $f''_a(2a) = -\frac{2}{a} < 0$. Die Funktion f_a hat also die Minimalstelle 0 und das Minimum $(0, f_a(2a)) = (0, 2a)$ sowie die Maximalstelle $2a$ und das Maximum $(2a, f_a(2a)) = (2a, -2a)$.

4. Alle Minima der Familie $(f_a)_{a \in \mathbb{R}^+}$ sind Teil der Funktion $-id : \mathbb{R} \longrightarrow \mathbb{R}$. Da die Maxima der Familie $(f_a)_{a \in \mathbb{R}^+}$ alle Teil der Ordinate sind, gibt es für die Maxima keine entsprechende Funktion.

5. Da die 2. Ableitungsfunktion f_a'' von f_a keine Nullstellen besitzt, hat f_a keine Wendepunkte.

A2.934.07 (D, A): Betrachten Sie die Familie $(f_a)_{a \in \mathbb{R}^+}$ von Funktionen $f_a : D_{max}(f_a) \longrightarrow \mathbb{R}$, definiert durch die Zuordnungsvorschriften $f_a(x) = \frac{x}{x^2+a^2}$, mit maximalem Definitionsbereich $D_{max}(f_a) \subset \mathbb{R}$.

1. Bestimmen Sie $D_{max}(f_a)$, ferner die Mengen der Nullstellen, Lücken und Pole von f_a.
2. Untersuchen Sie f_a hinsichtlich möglicher Symmetrie-Eigenschaften.
3. Untersuchen Sie f_a hinsichtlich asymptotischer Funktionen.
4. Untersuchen Sie f_a hinsichtlich möglicher Extrema.
5. Berechnen Sie die Wendepunkte und Wendetangenten von f_a. (Verwenden Sie $Wen(f_a) = N(f_a'')$).
6. Geben Sie die Funktion an, die alle Wendepunkte der Familie $(f_a)_{a \in \mathbb{R}^+}$ enthält.
7. Zeigen Sie sowohl durch Differentiation als auch durch Integration, daß eine Stammfunktion F_a von f_a durch $F_a(x) = \frac{1}{2} \cdot log_e(x^2 + a^2)$ definiert ist.
8. Berechnen Sie zunächst die Menge derjenigen Indices a, für die die Funktionen f_a mit der Funktion $g = \frac{1}{4} \cdot id : \mathbb{R} \longrightarrow \mathbb{R}$, also mit $g(x) = \frac{1}{4}x$, eine Fläche vollständig begrenzen. Berechnen Sie dann den Flächeninhalt $A(f_1, g)$.

B2.934.07: Bei der Bearbeitung der Aufgabe wird sinngemäß $f_a = \frac{u_a}{v_a}$ verwendet. Im einzelnen:

1. Wegen $N(v_a) = \emptyset$ ist $D_{max}(f_a) = \mathbb{R}$ der maximale Definitionsbereich von f_a. Mit $N(u_a) = \{0\}$ und folglich $N(u_a) \cap N(v_a) = \emptyset$ ist $L(f_a) = \emptyset$, wegen $N(v_a) \setminus N(u_a) = \emptyset \setminus \{0\} = \emptyset$ ist $Pol(f_a) = \emptyset$. Ferner ist $N(f_a) = N(u_a) \setminus N(v_a) = \{0\} \setminus \emptyset = \{0\}$.

2. Die Funktionen f_a sind punktsymmetrisch, denn es gilt $f_a(-x) = \frac{-x}{(-x)^2+a^2} = -\frac{x}{x^2+a^2} = -f_a(x)$, für alle Elemente $x \in \mathbb{R}$.

3. Wegen $grad(u_a) < grad(v_a)$ ist die Null-Funktion (Abszisse) die asymptotische Funktion zu f_a.

4. Die 1. Ableitungsfunktion $f_a' : \mathbb{R} \longrightarrow \mathbb{R}$ von f_a ist definiert durch die Zuordnungsvorschrift $f_a'(x) = (\frac{u_a}{v_a})'(x) = \frac{u_a'(x)v_a(x) - u_a(x)v_a'(x)}{v_a^2(x)} = \frac{-x^2+a^2}{v_a^2(x)}$ und besitzt die Nullstellenmenge $N(f_a') = \{-a, a\}$. Die 2. Ableitungsfunktion $f_a'' : \mathbb{R} \longrightarrow \mathbb{R}$ von f_a ist definiert durch $f_a''(x) = \frac{2x^3 - 6a^2 x}{v_a^3(x)}$ und liefert die Funktionswerte $f_a''(-a) = \frac{1}{2a^3} > 0$ und $f_a''(a) = -\frac{1}{2a^3} < 0$. Die Funktion f_a hat also die Minimalstelle $-a$ und das Minimum $(-a, f_a(-a)) = (-a, -\frac{1}{2a})$ sowie die Maximalstelle a und das Maximum $(a, f_a(a)) = (a, \frac{1}{2a})$.

5. Die Nullstellenmenge von f_a'' ist $N(f_a'') = \{-a\sqrt{3}, 0, a\sqrt{3}\} = Wen(f_a)$ nach Vorgabe. Mit den Funktionswerten $f_a(-a\sqrt{3}) = -\frac{1}{4a}\sqrt{3}$ sowie $f_a(0) = 0$ und $f_a(a\sqrt{3}) = \frac{1}{4a}\sqrt{3}$ hat f_a dann die drei Wendepunkte $(-a\sqrt{3}, -\frac{1}{4a}\sqrt{3})$ sowie $(0, 0)$ und $(a\sqrt{3}, \frac{1}{4a}\sqrt{3})$.

6. Die Funktion, die alle Wendepunkte von $(f_a)_{a \in \mathbb{R}^+}$ – allerdings mit Ausnahme von $(0, 0)$ – enthält, ist die Funktion $W : \mathbb{R}_* \longrightarrow \mathbb{R}$ mit $W(x) = \frac{3}{4} \cdot \frac{1}{x}$. Es gilt dann $W(-a\sqrt{3}) = -\frac{1}{4a}\sqrt{3}$ sowie $W(a\sqrt{3}) = \frac{1}{4a}\sqrt{3}$.

8a) Zunächst sind die Schnittstellen von f_a und g zu berechnen: Die Äquivalenzen $x \in S(f_a, g) \Leftrightarrow f_a(x) = g(x) \Leftrightarrow \frac{x}{x^2+a^2} = \frac{x}{4} \Leftrightarrow 4x = x^3 + a^2 x \Leftrightarrow x^3 + (a^2 - 4)x = 0 \Leftrightarrow x = 0$ oder $x^2 = 4 - a^2 \Leftrightarrow x \in \{-\sqrt{4-a^2}, 0, \sqrt{4-a^2}\}$ zeigen, daß einerseits 0 für alle $a \in \mathbb{R}^+$ eine Schnittstelle und damit $(0, 0)$ ein Schnittpunkt von f_a und g ist, andererseits aber nur für $a \in (0, 4)$ weitere Schnittstellen und zugehörige Schnitpunkte vorliegen.

8b) Unter Verwendung der Stammfunktion F_1 von Aufgabenteil 7 und der Stammfunktion $G = \frac{1}{8} \cdot id^2$ von $g = \frac{1}{4} \cdot id$ ist eine Stammfunktion H_1 von $f_1 - g$ definiert durch $H_1 = F_1 - G$ mit $H_1(x) = \frac{1}{2} \cdot log_e(x^2 + 1) - \frac{1}{8}x^2$.

8c) Wegen der Punktsymmetrie von f_a ist der gesuchte Flächeninhalt dann $A(f_1, g) = 2 \cdot \int\limits_0^{\sqrt{3}} (f_1 - g) = 2(H_1(\sqrt{3}) - H_1(0)) = 2H_1(\sqrt{3}) = 2(\frac{1}{2} \cdot log_e((\sqrt{3})^2 + 1) - \frac{1}{8}(\sqrt{3})^2) = log_e(4) - \frac{3}{4} \approx 0,64$ (FE).

2.935 Untersuchungen rationaler Funktionen (Teil 6)

A2.935.01 (D): Betrachten Sie die Familie $(f_a)_{a\in\mathbb{R}}$ von Funktionen $f_a : D_{max}(f_a) \longrightarrow \mathbb{R}$, definiert durch die Zuordnungsvorschriften $f_a(x) = \frac{2a}{a-x^2}$, mit maximalem Definitionsbereich $D_{max}(f_a) \subset \mathbb{R}$.

1. Bestimmen Sie $D_{max}(f_a)$.
2. Untersuchen Sie f_a hinsichtlich möglicher Symmetrie-Eigenschaften.
3. Untersuchen Sie f_a hinsichtlich der Nullstellen, Lücken und Pole sowie asymptotischer Funktionen.
4. Untersuchen Sie f_a hinsichtlich möglicher Extrema und Wendepunkte. (Verwenden Sie dabei – sofern vorhanden – die Nullstellen von f_a'' als Wendestellen von f_a.)
5. Berechnen Sie diejenige Zahl a, für die die beiden Wendetangenten im Fall $a < 0$ die Steigungen -2 bzw. 2 haben.
6. Skizzieren Sie die beiden Einschränkungen $f_{-2}, f_2 : [-4, 4] \longrightarrow \mathbb{R}$ anhand zusätzlicher Wertetabellen.
7. Es sei zunächst f_2 betrachtet. Jeder Punkt $(x, f_2(x)) \neq (0, f_2(0))$ liefert mit seiner Projektion auf die Abszisse und dem Punkt $(0,0)$ ein Dreieck D_x mit Flächeninhalt $A(D_x)$. Zeigen Sie, daß die durch die Zuordnung $x \longmapsto A(D_x)$ definierte Funktion A keine Maxima besitzt. Gilt das auch für andere Funktionen der Familie $(f_a)_{a\in\mathbb{R}}$?

B2.935.01: Zur Bearbeitung im einzelnen, wobei im folgenden $f_a = \frac{u_a}{v_a}$ mit der konstanten Funktion $u_a : D_{max}(f_a) \longrightarrow \mathbb{R}$ mit $u_a(x) = 2a$ sowie mit der Funktion $v_a : D_{max}(f_a) \longrightarrow \mathbb{R}$ mit $v_a(x) = a - x^2$ verwendet sei:

Vorbemerkung: Die Funktion f_0 ist die auf $\mathbb{R} \setminus \{0\}$ eingeschränkte Null-Funktion. Sie ist ordinatensymmetrisch, ist stetig fortsetzbar durch $f_0(0) = 0$, hat aber weder Extrema noch Wendepunkte. Im folgenden werden dann also nur die Fälle $a < 0$ und $a > 0$ untersucht.

1. Es gilt $D_{max}(f_a) = \mathbb{R} \setminus N(v_a) = \begin{cases} \mathbb{R} \setminus \{-\sqrt{a}, \sqrt{a}\}, & \text{falls } a > 0, \\ \mathbb{R} \setminus \emptyset = \mathbb{R}, & \text{falls } a < 0, \end{cases}$

denn im Fall $a < 0$ besitzt die Funktion v_a keine (reellen) Nullstellen.

2. Alle Funktionen f_a sind ordinatensymmetrisch, da x in $f_a(x)$ nur quadratisch auftritt.

3a) Es gilt $N(f_a) = N(u_a) \setminus N(v_a) = \begin{cases} \emptyset \setminus \{-\sqrt{a}, \sqrt{a}\} = \emptyset, & \text{falls } a \neq 0, \\ \mathbb{R} \setminus \{0\}, & \text{falls } a = 0. \end{cases}$

3b) Es gilt $L(f_a) = N(u_a) \cap N(v_a) = \begin{cases} \emptyset \cap \{-\sqrt{a}, \sqrt{a}\} = \emptyset, & \text{falls } a \neq 0, \\ \mathbb{R} \cap \{0\} = \{0\}, & \text{falls } a = 0. \end{cases}$

3c) Es gilt $Pol(f_a) = N(v_a) \setminus N(u_a) = \begin{cases} \{-\sqrt{a}, \sqrt{a}\} \setminus \emptyset = \{-\sqrt{a}, \sqrt{a}\}, & \text{falls } a > 0, \\ \emptyset \setminus \emptyset = \emptyset, & \text{falls } a < 0. \end{cases}$

3d) Neben den senkrechten Asymptoten bei den beiden Polen von f_a im Fall $a > 0$ besitzt f_a wegen der Beziehung $grad(u_a) < grad(v_a)$ lediglich die Abszisse als asymptotische Funktion.

4a) Die 1. Ableitungsfunktion $f_a' : D_{max}(f_a) \longrightarrow \mathbb{R}$ von f_a mit $D_{max}(f_a) = \mathbb{R} \setminus \{-\sqrt{a}, \sqrt{a}\}$ oder $D_{max}(f_a) = \mathbb{R}$ in den Fällen $a \neq 0$ ist definiert durch die Zuordnungsvorschrift $f_a'(x) = \left(\frac{u_a}{v_a}\right)'(x) = \frac{u_a'(x)v_a(x) - u_a(x)v_a'(x)}{v_a^2(x)} = \frac{4ax}{v_a^2(x)}$ und besitzt die Nullstellenmenge $N(f_a') = \{0\}$, denn wegen $a \neq 0$ ist $0 \notin N(v_a)$. Die 2. Ableitungsfunktion $f_a'' : D_{max}(f_a) \longrightarrow \mathbb{R}$ von f_a ist definiert durch die Vorschrift $f_a''(x) = 4a\frac{a+3x^2}{v_a^3(x)}$ und liefert damit dann den Funktionswert $f_a''(0) = \frac{4}{a}$. Also folgendes Fazit:

Die Funktion f_a hat also für den Fall $a > 0$ die Minimalstelle 0 und das Minimum $(0, f_a(0)) = (0, 2)$, für den Fall $a < 0$ die Maximalstelle 0 und das Maximum $(0, f_a(0)) = (0, 2)$, beides unabhängig von a.

Anmerkung: Beispielsweise liegen die Funktionswerte $f_2''(x) = 8\frac{3x^2+2}{(2-x^2)^3}$ und $f_{-2}''(x) = 8\frac{3x^2-2}{(2+x^2)^3}$ vor.

4b) Im Fall $a > 0$ gilt: Wegen $Wen(f_a) \subset N(f_a'') = \emptyset$ besitzt f_a keine Wendepunkte. Der Fall $a < 0$ ist noch genauer zu untersuchen: In diesem Fall gilt $N(f_a'') = \{-\frac{1}{3}\sqrt{-3a}, \frac{1}{3}\sqrt{-3a}\}$ und nach Vorgabe

$Wen(f_a) = N(f_a'')$. Nun zeigt aber die Berechnung $f_a(-\frac{1}{3}\sqrt{-3a}) = \frac{3}{2} = f_a(\frac{1}{3}\sqrt{-3a})$, daß alle Wendepunkte von f_a im Fall $a < 0$ Punkte der konstanten Funktion $c : \mathbb{R} \longrightarrow \mathbb{R}$ mit $c(x) = \frac{3}{2}$ sind.

5. Nun zur Berechnung derjenigen Zahl a, für die die beiden Wendetangenten im Fall $a < 0$ die Steigungen -2 bzw. 2 haben: Zunächst gilt $f_a'(-\frac{1}{3}\sqrt{-3a}) = -\frac{3}{4a}\sqrt{-3a}$ und entsprechend $f_a'(\frac{1}{3}\sqrt{-3a}) = \frac{3}{4a}\sqrt{-3a}$. Damit ist die Lösung a der Gleichung $\frac{3}{4a}\sqrt{-3a} = 2$ zu ermitteln (man beachte, daß die erste Gleichung nach Multiplikation mit -1 mit dieser Gleichung identisch ist): Die Äquivalenzen $\frac{3}{4a}\sqrt{-3a} = 2 \Leftrightarrow \frac{3}{8a}\sqrt{-3a} = 1 \Leftrightarrow \frac{9}{64a^2}(-3a) = 1 \Leftrightarrow -\frac{27}{64a} = 1 \Leftrightarrow a = -\frac{27}{64}$ zeigen, daß für die Zahl $a = -\frac{27}{64}$ die zugehörigen Wendetangenten die Steigungen -2 und 2 haben.

6. Für die Funktionen $f_{-2}, f_2 : [-4, 4] \longrightarrow \mathbb{R}$ zunächst jeweils eine Wertetabelle (mit Näherungen):

x	0	$\frac{1}{2}$	1	$\frac{3}{2}$	2	$\frac{5}{2}$	3	$\frac{1}{2}$	4
f_{-2}	2	1,77	1,33	0,94	0,66	0,48	0,36	0,28	0,22
f_2	2	2,29	4	-16	-2	$-0,94$	$-0,57$	$-0,39$	$-0,26$

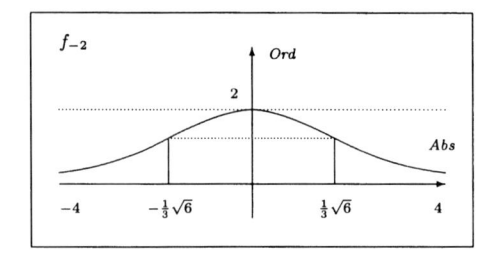

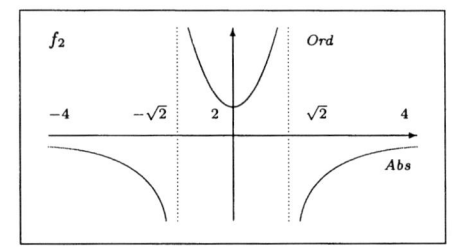

7a) Der Flächeninhalt des im Aufgabentext beschriebenen und offenbar rechtwinkligen Dreiecks ist $A(D_x) = \frac{1}{2} \cdot |x| \cdot |f_2(x)| = \frac{1}{2} \cdot |x| \cdot |\frac{4}{2-x^2}| = |\frac{2x}{2-x^2}|$. Aus Symmetriegründen kann man $sign(x) = sign(2-x^2)$ annehmen und somit die durch $A(x) = A(D_x) = \frac{2x}{2-x^2}$ definierte Funktion $A : \mathbb{R} \setminus \{-\sqrt{2}, 0, \sqrt{2}\} \longrightarrow \mathbb{R}$ betrachten, deren Ableitungsfunktion $A' : \mathbb{R} \setminus \{-\sqrt{2}, 0, \sqrt{2}\} \longrightarrow \mathbb{R}$ durch $A'(x) = 2 \cdot \frac{2+x^2}{(2-x^2)^2}$ definiert ist. Da die dabei im Zähler auftretende Funktion keine Nullstelle hat, hat auch A' keine Nullstelle, A also keine Extrema.

7b) Eine entsprechende Betrachtung für einen beliebigen Index $a \neq 0$ liefert die allgemeinere Funktion $A : \mathbb{R} \setminus \{-\sqrt{a}, 0, \sqrt{a}\} \longrightarrow \mathbb{R}$ mit $A(x) = A(D_x) = \frac{ax}{a-x^2}$, deren Ableitungsfunktion A' durch $A'(x) = a \cdot \frac{a+x^2}{(a-x^2)^2}$ definiert ist. Im Fall $a > 0$ besitzt A' keine Nullstelle, A also keine Extrema.

A2.935.02 (D, V): Betrachten Sie die Familie $(f_a)_{a \in \mathbb{R}^+}$ von Funktionen $f_a : \mathbb{R} \setminus \{a\} \longrightarrow \mathbb{R}$, definiert durch die Zuordnungsvorschriften $f_a(x) = \frac{1}{a}x + \frac{a}{x-a}$.

1. Untersuchen Sie f_a hinsichtlich Schnittpunkte mit den beiden Koordinaten.

2. Untersuchen Sie f_a hinsichtlich Pole und Lücken.

3. Besitzt f_a asymptotische Funktionen?

4. Untersuchen Sie f_a hinsichtlich Extrema und Wendepunkte.

5. Berechnen Sie die gemeinsamen Punkte von f_1 und f_2 und zeigen Sie, daß einer dieser Punkte Berührungspunkt aller Funktionen f_a der Familie $(f_a)_{a \in \mathbb{R}^+}$ ist.

6. Berechnen Sie das Volumen $V(f_2)$ des Körpers, der von $f_2 : [3, 7] \longrightarrow \mathbb{R}$ durch Rotation um die Abszisse erzeugt wird. Hinweis: Verwenden Sie dabei das Integral $\int \frac{id}{c \cdot id + d} = \frac{1}{c} \cdot id - \frac{d}{c^2} \cdot \log_e \circ (c \cdot id + d) + \mathbb{R}$.

B2.935.02: Zur Bearbeitung einiger Teilaufgaben sind folgende Darstellungen von f_a sinnvoll:
$f_a = \frac{u_a}{v_a}$ mit Polynom-Funktionen $u_a, v_a : \mathbb{R} \longrightarrow \mathbb{R}$ mit $u_a(x) = x^2 - ax + a^2$ und $v_a(x) = ax - a^2$,
$f_a = g_a + h_a$ mit den Summanden $g_a, h_a : \mathbb{R} \setminus \{a\} \longrightarrow \mathbb{R}$ mit $g_a(x) = \frac{1}{a}x$ und $h_a(x) = \frac{a}{x-a}$.

1a) Mit der Nullstellenmenge $N(u_a) = \emptyset$ ist wegen $N(v_a) = \{a\}$ auch $N(f_a) = \emptyset$.

1b) Wegen $f_a(0) = 0 - 1 = -1$ ist $(0, -1)$ der Schnittpunkt aller Funktionen f_a mit der Ordinate.

2. Es gilt $Pol(f_a) = N(v_a) \setminus N(u_a) = \{a\} \setminus \emptyset = \{a\}$ und $L(f_a) = N(u_a) \cap N(v_a) = \emptyset \cap \{a\} = \emptyset$.

3. Die Darstellung $f_a = g_a + h_a$ zeigt mit $grad(a) < grad(id - a)$, daß die (auch auf ganz $\mathbb{R}$ definierte) Funktion g_a die asymptotische Funktion zu f_a ist.

4. Die erste Ableitungsfunktion $f'_a : \mathbb{R} \setminus \{a\} \longrightarrow \mathbb{R}$ zu f_a ist $f'_a = g'_a + h'_a$ mit der Darstellung $f'_a(x) = g'_a(x) + h'_a(x) = \frac{1}{a} + \frac{-a}{(x-a)^2} = \frac{x(x-2a)}{a(x-a)^2} = \frac{s_a(x)}{t_a(x)}$, wobei $N(f'_a) = N(s_a) = \{0, 2a\}$ gilt.

Die zweite Ableitungsfunktion $f''_a : \mathbb{R} \setminus \{a\} \longrightarrow \mathbb{R}$ zu f_a ist definiert durch $f''_a(x) = -\frac{-a(2(x-a))}{(x-a)^4} = \frac{2a}{(x-a)^3}$. Damit gilt nun $f''_a(0) = -\frac{2}{a^2} < 0$, folglich ist 0 Maximalstelle und $(0, f_a(0)) = (0, -1)$ Maximum von f_a, ferner gilt $f''_a(2a) = \frac{2}{a^2} > 0$, folglich ist $2a$ Minimalstelle und $(2a, f_a(2a)) = (2a, 3)$ das Minimum von f_a. Schließlich gilt: Wegen $N(f''_a) = \emptyset$ hat f_a keine Wendepunkte.

5. Für die Schnittstellenmenge $S(f_1, f_2)$ von f_1 und f_2 liefern die Äquivalenzen $x \in S(f_1, f_2) \Leftrightarrow f_1(x) = f_2(x) \Leftrightarrow g_1(x) - g_2(x) = f_2(x) - f_1(x) \Leftrightarrow \frac{1}{2}x = \frac{2}{x-2} - \frac{1}{x-1} \Leftrightarrow \frac{1}{2}x^2(x-3) = 0 \Leftrightarrow x \in \{0, 3\}$ die Schnittstellenmenge $S(f_1, f_2) = \{0, 3\}$, womit dann die Schnittpunkte $(0, f_1(0)) = (0, -1)$ und $(3, f_1(3)) = (3, \frac{7}{2})$ vorliegen. Dabei ist $(0, -1)$ nach Aufgabenteil 4 das Maximum aller Funktionen f_a und somit zugleich ihr Berührungspunkt.

6. Zunächst ist $f_a^2 = (g_a + h_a)^2 = \frac{1}{a^2} id^2 + 2\frac{id}{id-a} + a^2 \frac{1}{(id-a)^2}$ mit Einzelintegralen $\int \frac{1}{a^2} id^2 = \frac{1}{3a^2} id^3 + \mathbb{R}$ sowie $2 \int \frac{id}{id-a} = 2(id + a \cdot log_e \circ (id - a)) + \mathbb{R}$ und $a^2 \int \frac{1}{(id-a)^2} = a^2 \int (id-a)^{-2} = -a^2(id-a)^{-1} + \mathbb{R}$. Damit ist dann $\int f_a^2 = \frac{1}{3a^2} id^3 + 2(id + a \cdot log_e \circ (id - a)) - a^2(id-a)^{-1} + \mathbb{R}$.

Mit einer entsprechend definierten Stammfunktion H von f_2^2 liegen dann zunächst die beiden Funktionswerte $H(7) = \frac{1}{12} \cdot 7^3 + 2(7 + 2 \cdot log_e(5)) - 4 \cdot \frac{1}{5} \approx 28,58 + 20,44 - 0,8 = 48,22$ sowie $H(3) = \frac{1}{12} \cdot 3^3 + 2(3 + 2 \cdot log_e(1)) - 4 \cdot 1 = \frac{17}{4} = 3,25$ vor, womit dann schließlich das gesuchte Rotationsvolumen $V(f_2) = \pi \cdot \int_3^7 f_2^2 = H(7) - H(3) \approx 45\pi$ (VE) folgt.

A2.935.03 (D, A) : Betrachten Sie die Familie $(f_a)_{a \in \mathbb{R}}$ von Funktionen $f_a : D_{max}(f_a) \longrightarrow \mathbb{R}$, definiert durch die Zuordnungsvorschriften $f_a(x) = \frac{x^3}{3(x-a)^2}$, mit maximalem Definitionsbereich $D_{max}(f_a) \subset \mathbb{R}$.

1. Beschreiben Sie kurz den Bau von f_a und bestimmen Sie $D_{max}(f_a)$.

2. Untersuchen Sie f_a hinsichtlich Nullstellen, Lücken und Pole. Geben Sie gegebenenfalls die stetige Fortsetzung f_a^* zu f_a an.

3. Untersuchen Sie f_a hinsichtlich Extrema und Wendepunkte. Geben Sie gegebenenfalls diejenige Funktion E an, die alle Extrema der Funktionen der Familie $(f_a)_{a \in \mathbb{R}}$ enthält.

4. Weisen Sie nach, daß alle Funktionen f_a mit $a \neq 0$ jeweils die Funktion $g_a : \mathbb{R} \longrightarrow \mathbb{R}$ mit der Zuordnungsvorschrift $g_a(x) = \frac{1}{3}(x + 2a)$ als asymptotische Funktion besitzen.

5. Nennen Sie die bislang ermittelten Daten für f_1 und zeichnen Sie $f_1 : [-5, 5] \longrightarrow \mathbb{R}$.

6. Untersuchen Sie die Familie $(f_a)_{a \in \mathbb{R}}$ hinsichtlich gemeinsamer Punkte und beschreiben Sie das dabei ermittelte Rechenergebnis.

7. Zeigen Sie auf zweierlei Weise: Die Funktion $D : (1, \star) \longrightarrow \mathbb{R}$ mit $D(x) = log_e(x-1) - \frac{1}{3(x-1)}$ ist eine Stammfunktion der durch $d(x) = f_1(x) - g_1(x)$ (siehe Aufgabenteil 4) definierten Funktion $d : (1, \star) \longrightarrow \mathbb{R}$. Zeigen Sie dazu zunächst $d(x) = \frac{3x-2}{3(x-1)^2}$.

8. Geben Sie diejenige Funktion A an, die den Flächeninhalt $A(z)$ der Fläche $F(z)$ beschreibt, die durch die Funktionen f_1 und g_1 sowie die Ordinatenparallelen durch 2 und $z > 2$ begrenzt ist. Untersuchen Sie dann anhand einer geeigneten Folge, ob die Funktion A beschränkt oder unbeschränkt ist.

B2.935.03: Zur Bearbeitung der Aufgabe im einzelnen:

1. Die Funktionen f_a haben die Form $f_a = \frac{u}{v_a}$ mit Polynom-Funktionen $u, v_a : \mathbb{R} \longrightarrow \mathbb{R}$, definiert durch die Vorschriften $u(x) = x^3$ und $v_a(x) = 3(x-a)^2$. Damit ist $D_{max}(f_a) = \mathbb{R} \setminus N(v_a) = \mathbb{R} \setminus \{a\}$, für alle Indices $a \in \mathbb{R}$.

2a) Die Menge der Nullstellen von f_a ist $N(f_a) = N(u) \setminus N(v_a) = \{0\} \setminus \{a\} = \begin{cases} \emptyset, & \text{falls } a = 0, \\ \{0\}, & \text{falls } a \neq 0. \end{cases}$

2b) Die Menge der Lücken zu f_a ist $L(f_a) = N(u) \cap N(v_a) = \{0\} \cap \{a\} = \begin{cases} \{0\}, & \text{falls } a = 0, \\ \emptyset, & \text{falls } a \neq 0. \end{cases}$

2c) Die Menge der Pole zu f_a ist $Pol(f_a) = N(v_a) \setminus N(u) = \{a\} \setminus \{0\} = \begin{cases} \emptyset, & \text{falls } a = 0, \\ \{a\}, & \text{falls } a \neq 0. \end{cases}$

2d) Da lediglich f_0 eine Lücke besitzt, hat nur f_0 eine stetige Fortsetzung, nämlich die durch $f_0^*(x) = \frac{1}{3}x$ definierte Funktion $f_0^* : \mathbb{R} \longrightarrow \mathbb{R}$.

3a) Die 1. Ableitungsfunktion $f_a' : \mathbb{R} \setminus \{a\} \longrightarrow \mathbb{R}$ von $f_a : \mathbb{R} \setminus \{a\} \longrightarrow \mathbb{R}$ ist definiert durch die Zuordnungsvorschrift $f_a'(x) = \frac{u'(x)v_a(x) - u(x)v_a'(x)}{v_a^2(x)} = \frac{x^2(x-3a)}{3(x-a)^3}$.

3b) Mit der Darstellung $f_a' = \frac{s_a}{t_a}$ sowie $N(s_a) = \{0, 3a\}$ und $N(t_a) = \{a\}$ ist $N(f_a') = N(s_a) \setminus N(t_a) = \{0, 3a\} \setminus \{a\} = \{0, 3a\} = \begin{cases} \emptyset, & \text{falls } a = 0, \\ \{0, 3a\}, & \text{falls } a \neq 0. \end{cases}$ Das bedeutet also insbesondere $Ex(f_0) \subset N(f_0') = \emptyset$.

3c) Wegen $Ex(f_a) \subset N(f_a') \neq \emptyset$ für den Fall $a \neq 0$ ist die 2. Ableitungsfunktion $f_a'' : \mathbb{R} \setminus \{a\} \longrightarrow \mathbb{R}$ zu ermitteln. Sie hat die Zuordnungsvorschrift $f_a''(x) = \frac{s_a'(x)t_a(x) - s_a(x)t_a'(x)}{v_a^2(x)} = \frac{2a^2 x}{(x-a)^4}$.

3d) Berechnung der Funktionswerte $f_a''(0)$ und $f_a''(3a)$ (für den Fall $a \neq 0$, siehe Teil 3b)): Es gilt $f_a''(0) = 0$ sowie $f_a''(3a) = \frac{6a^3}{16a^4} = \frac{3}{8a} \begin{cases} < 0, & \text{falls } a < 0, \\ > 0, & \text{falls } a > 0, \end{cases}$ folglich ist $3a$ für $a < 0$ eine Maximalstelle und für $a > 0$ eine Minimalstelle von f_a. (Der Fall $f_a''(0) = 0$ wird noch in Teil 3f) untersucht.)

3e) Mit $f_a(3a) = \frac{27a^3}{3 \cdot 4a^2} = \frac{9}{4}a$ ist $(3a, \frac{9}{4}a)$ ein Extremum von f_a.

3f) Die 3. Ableitungsfunktion $f_a''' : \mathbb{R} \setminus \{a\} \longrightarrow \mathbb{R}$ ist definiert durch $f_a'''(x) = -\frac{6a^2 x + 2a^3}{(x-a)^5}$. Wegen $f_a'''(0) = -\frac{2}{a^3} \neq 0$ und $f_a'(0) = f_a''(0) = 0$ ist $(0, f_a(0)) = (0, 0)$ der für alle Funktionen f_a mit $a \neq 0$ gemeinsame Sattelpunkt mit Links-Rechts-Krümmung.

3g) Jede Funktion f_a mit $a \neq 0$ besitzt nach den Teilen 3d) und 3f) genau das Extremum $(3a, \frac{9}{4}a)$. Die Zuordnung $3a \longmapsto \frac{9}{4}a$ liefert die Zuordnung $a \longmapsto \frac{3}{4}a$ als Vorschrift der Funktion $E : \mathbb{R} \longrightarrow \mathbb{R}$, die alle Extrema der Funktionen der Familie $(f_a)_{a \in \mathbb{R}}$ mit $a \neq 0$ enthält.

4. Für den Fall $a \neq 0$ liefern die Polynom-Division
$$u(x) : v_a(x) = (x^3) : (3x^2 - 6ax + 3a^2) = \frac{1}{3}x + \frac{2}{3}a + \frac{2a^2(2x-a)}{v_a(x)}$$
und $h(x) = 2a^2(2x - a)$ wegen $grad(h) < grad(v_a)$ die asymptotische Funktion $g_a : \mathbb{R} \longrightarrow \mathbb{R}$ mit $g_a(x) = \frac{1}{3}(x + 2a)$ zu der jeweiligen Funktion f_a mit $a \neq 0$. Man beachte, daß alle Geraden g_a denselben Anstieg haben und folglich parallel sind. Ferner: Im Fall $a = 0$ hat Teil 2d) gezeigt, daß f_0 keine asymptotische Funktion besitzen kann (jedoch ist g_a parallel zu f_0^*).

5. Für die Skizze von f_1 seien zunächst die bislang zur Verfügung stehenden Daten genannt: f_1 hat den Sattelpunkt $(0,0)$, den Pol 1 (mit senkrechter Asymptote bei 1) und das Minimum $(3, \frac{9}{4}) = (3/2, 25)$. Ferner ist $g_1 : \mathbb{R} \longrightarrow \mathbb{R}$ mit $g_1(x) = \frac{1}{3}(x + 2)$ die asymptotische Funktion zu f_1.

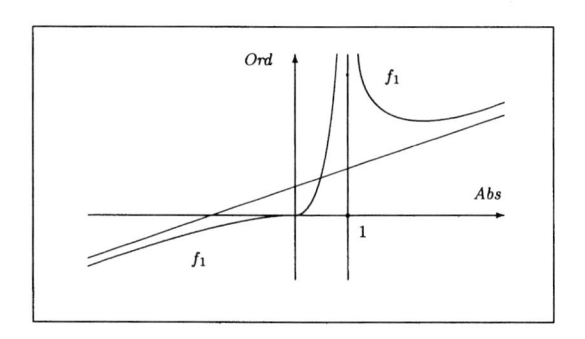

6. Für Indices $a, b \in \mathbb{R} \setminus \{0\}$ mit $a \neq b$ zeigen die Äquivalenzen $f_a(x) = f_b(x) \Leftrightarrow \frac{x^3}{3(x-a)^2} = \frac{x^3}{3(x-b)^2}$
$\Leftrightarrow 3x^3(x-b)^2 = 3x^3(x-a)^2 \Leftrightarrow x^3((x-b)^2 - (x-a)^2) = 0 \Leftrightarrow x = 0$ oder $x^2 - 2bx + b^2 - x^2 + 2ax - a^2 = 0$

$\Leftrightarrow x = 0$ oder $2(a-b)x = a^2 - b^2 = (a-b)(a+b) \Leftrightarrow x = 0$ oder $x = \frac{1}{2}(a+b)$, daß alle Funktionen f_a mit $a \neq 0$ den gemeinsamen Punkt $(0,0)$ (als Sattelpunkt, siehe Teil 3f)) und paarweise den gemeinsamen Punkt $(\frac{a+b}{2}, f(\frac{a+b}{2})) = (\frac{a+b}{2}, \frac{(a+b)^3}{6(b-a)^2})$ besitzen.

7a) Die Funktion $d : (1, \star) \longrightarrow \mathbb{R}$ ist mit den Einschränkungen $f_1, g_1 : (1, \star) \longrightarrow \mathbb{R}$ definiert durch die Vorschrift $d(x) = f_1(x) - g_1(x) = \frac{x^3}{3(x-1)^2} - \frac{1}{3}(x+2) = \frac{x^3 - \frac{1}{3}(x+2)(3(x-1)^2)}{3(x-1)^2} = \frac{x^3 - (x+2)(x-1)^2}{3(x-1)^2} = \frac{x^3 - (x+2)(x^2-2x+1)}{3(x-1)^2} = \frac{3x-2}{3(x-1)^2}$.

7b) Es gilt $D'(x) = log'_e(x-1) - \frac{1}{3} \cdot \frac{1}{(x-1)^2} = \frac{1}{x-1} - \frac{1}{3} \cdot \frac{1}{(x-1)^2} = \frac{3(x-1)}{3(x-1)^2} - \frac{1}{3(x-1)^2} = \frac{3x-2}{3(x-1)^2} = d(x)$.

7c) Die zweite Methode für den Nachweis von $D' = d$ ist die Bildung des Integrals von d. Wie die folgende Berechnung zeigt, gilt in der Tat $\int d = log_e \circ (id - 1) - \frac{1}{3(id-1)} + \mathbb{R}$, wie auf zwei Weisen gezeigt wird:

7c$_1$) Mit der klassischen Darstellung des Integrals und der Substitution $z = x-1$ mit $\frac{dz}{dx} = 1$, also $dz = dx$, gilt $(\int d)(x) = \int \frac{3x-2}{3(x-1)^2} dx = \int \frac{3z+1}{3z^2} dz = \int \frac{1}{z} dz + \frac{1}{3} \int z^{-2} dz = log_e(z) + \frac{1}{3}(-1)z^{-1} = log_e(z) - \frac{1}{3z} = log_e(x-1) - \frac{1}{3(x-1)}$.

7c$_2$) Die Form des Nenners von $d(x)$ legt nahe, die Funktion d als Komposition $d = v \circ h$ mit den Funktionen $h : (1, \star) \longrightarrow \mathbb{R}^+$ und $v : \mathbb{R}^+ \longrightarrow \mathbb{R}$ mit den Vorschriften $h(x) = x-1$ und $v(x) = \frac{3x+1}{3x^2}$ darzustellen (dabei ist also $(v \circ h)(x) = \frac{3h(x)+1}{3h(x)^2} = \frac{3(x-1)+1}{3(x-1)^2} = \frac{3x-2}{3(x-1)^2} = d(x)$). Der Zweck dieser Darstellung ist die leichte Integrierbarkeit von v, die mit der Darstellung $v(x) = \frac{1}{x} + \frac{1}{3}x^{-2}$ eine Stammfunktion $V_0 : \mathbb{R}^+ \longrightarrow \mathbb{R}$ mit der Vorschrift $V_0(x) = log_e(x) - \frac{1}{3}x^{-1} = log_e(x) - \frac{1}{3x}$ besitzt.
Wendet man nun Corollar 2.507.3 (Integration einer Komposition mit einer Geraden) an, so ist damit dann $(\int d)(x) = (\int (v \circ h))(x) = (V_0 \circ h)(x) = V_0(h(x)) = log_e(h(x)) - \frac{1}{3h(x)} = log_e(x-1) - \frac{1}{3(x-1)}$.

8a) Da nach Vorgabe in Aufgabenteil 7 die Funktion D eine Stammfunktion von d ist, ist $A(z) = |(D(z) - D(2)| = |log_e(z-1) - \frac{1}{3(z-1)} - log_e(1) + \frac{1}{3}| = |log_e(z-1) - \frac{1}{3(z-1)} + \frac{1}{3}| = log_e(z-1) - \frac{1}{3}(\frac{1}{z-1} - 1)$ der gesuchte Flächeninhalt.

8b) Die so definierte Funktion $A : [2, \star) \longrightarrow \mathbb{R}$ ist nach unten durch $A(2) = 0$ beschränkt, aber nach oben unbeschränkt, denn die Folge $(A(n))_{n \in \mathbb{N} \setminus \{1\}}$ besitzt den nach oben unbeschränkten Summanden $(log_e(n-1))_{n \in \mathbb{N} \setminus \{1\}}$, während der zweite Summand, $(\frac{1}{3}(\frac{1}{n-1} - 1))_{n \in \mathbb{N} \setminus \{1\}}$, gegen Null konvergiert.

A2.935.04 (D) : Betrachten Sie die Familie $(f_a)_{a \in \mathbb{R}^+}$ von Funktionen $f_a : \mathbb{R} \setminus \{0\} \longrightarrow \mathbb{R}$, definiert durch die Zuordnungsvorschriften $f_a(x) = \frac{a^3 x^3 - 8}{4ax^2}$.

1. Beschreiben Sie kurz den Bau von f_a und bestimmen Sie (mit Begründung) die Nullstelle von f_a.

2. Nennen Sie den Pol von f_1 (mit Begründung) und beschreiben Sie anhand zweier einfacher Funktionswerte $f_1(x)$ die Art dieses Pols.

3. Berechnen Sie die asymptotische Funktion $g_a : \mathbb{R} \longrightarrow \mathbb{R}$ zu f_a und begründen Sie $grad(g_a) = 1$ anhand allgemein gültiger Sachverhalte.

4. Untersuchen Sie f_a hinsichtlich Extrema.

5. Es bezeichne x_1 die Nullstelle von f_1. Zeichnen Sie zunächst in einem üblichen Koordinaten-System das Trapez T, das durch die Abszisse, die asymptotische Funktion g_1 zu f_1 sowie die Ordinatenparallelen durch x_1 und eine Zahl $u > x_1$ gebildet wird. Ergänzen Sie dann diese Skizze durch f_1. Berechnen Sie nun diejenige Zahl $u > x_1$, für die f_1 das Trapez T in zwei inhaltsgleiche Teilflächen teilt.

Hinweis: Bei einer Berechnung tritt eine kubische Gleichung auf. Eine ihrer Lösungen ist 2. Begründen Sie diesen Sachverhalt anhand der Zeichnung.

B2.935.04: Zur Bearbeitung der Aufgabe im einzelnen:

1. Die Funktionen f_a haben die Form $f_a = \frac{u_a}{v_a}$ mit Polynom-Funktionen $u_a, v_a : \mathbb{R} \longrightarrow \mathbb{R}$, definiert durch die Vorschriften $u_a(x) = a^3 x^3 - 8$ und $v_a(x) = 4ax^2$. Damit gilt dann $N(f_a) = N(u_a) \setminus N(v_a) = \{\frac{2}{a}\} \setminus \{0\} = \{\frac{2}{a}\}$. Der Pol 0 zu f_1 ist ein $(-, -)$-Pol, wie die beiden Funktionswerte $f_1(-1) = -\frac{9}{4} < 0$ und entsprechend $f_1(1) = -\frac{7}{4} < 0$ zeigen.

2. Für die Menge der Pole zu f_a gilt hier $Pol(f_a) = N(v_a) \setminus N(u_a) = \{0\} \setminus \{\frac{2}{a}\} = \{0\}$, denn es gilt stets

$\frac{2}{a} \neq 0$ wegen der Voraussetzung $a \in \mathbb{R}^+$.

3. Die Darstellung $f_a(x) = \frac{a^3x^3-8}{4ax^2} = \frac{a^3x^3}{4ax^2} - \frac{8}{4ax^2} = \frac{a^2}{4}x - \frac{8}{4ax^2}$ zeigt unmittelbar die Zuordnungsvorschrift $g_a(x) = \frac{a^2}{4}x$ der asymptotischen Funktion g_a zu f_a. Dabei gilt generell die Beziehung

$$grad(g_a) = \begin{cases} grad(u_a) - grad(v_a), & \text{falls } grad(u_a) \geq grad(v_a), \\ 0, & \text{falls } grad(u_a) < grad(v_a), \end{cases}$$

im vorliegenden Fall liegt also die Beziehung $grad(g_a) = grad(u_a) - grad(v_a) = 3 - 2 = 1$ vor.

4a) Die 1. Ableitungsfunktion $f'_a : \mathbb{R} \setminus \{0\} \longrightarrow \mathbb{R}$ von $f_a : \mathbb{R} \setminus \{0\} \longrightarrow \mathbb{R}$ ist mit der in Teil 3 genannten Darstellung definiert durch die Zuordnungsvorschrift $f'_a(x) = \frac{a^2}{4} - \frac{(-8)8ax}{16a^2x^4} = \frac{4}{ax^3} + \frac{a^2}{4}$.

4b) Die Äquivalenzen $x \in N(f'_a) \Leftrightarrow \frac{4}{ax^3} + \frac{a^2}{4} = 0 \Leftrightarrow -\frac{4}{ax^3} = \frac{a^2}{4} \Leftrightarrow -16 = a^3x^3 \Leftrightarrow x = -\frac{2}{a}\sqrt[3]{2}$ zeigen, daß $-\frac{2}{a}\sqrt[3]{2}$ die Nullstelle von f'_a ist.

4c) Wegen $Ex(f_a) \subset N(f'_a) \neq \emptyset$ ist die 2. Ableitungsfunktion $f''_a : \mathbb{R} \setminus \{0\} \longrightarrow \mathbb{R}$ zu ermitteln. Sie hat die Zuordnungsvorschrift $f''_a(x) = \frac{4}{a} \cdot (-\frac{3}{x^4}) = -\frac{12}{ax^4}$.

4d) Wegen $f''_a(-\frac{2}{a}\sqrt[3]{2}) = -\frac{3a^4}{8\sqrt[3]{2}} < 0$, ist $-\frac{2}{a}\sqrt[3]{2}$ die Maximalstelle von f_a und damit $(-\frac{2}{a}\sqrt[3]{2}, f_a(-\frac{2}{a}\sqrt[3]{2})) = (-\frac{2}{a}\sqrt[3]{2}, -\frac{3}{a}a\sqrt[3]{2})$ das Maximum von f_a.

5. Es bezeichne $A(T)$ den Flächeninhalt des beschriebnen Trapezes, ferner $A(u)$ den Inhalt der Fläche, die durch f_1, die Abszisse, die Ordinatenparallelen durch $x_1 = 2$ (siehe Aufgabenteil 1) und eine Zahl $u > 2$ gebildet wird. Es ist dann diejenige Zahl u zu berechnen, für die $A(u) = \frac{1}{2} \cdot A(T)$ gilt. Dazu im einzelnen folgende Überlegungen:

a) Betrachtet man auf der Abszisse die beiden Zahlen 2 und u sowie ihren Mittelpunkt $2 + \frac{1}{2}(u-2)$, so hat das Trapez aus elementar-geometrischen Gründen den Flächeninhalt $A(T) = (u-2) \cdot g_1(2 + \frac{1}{2}(u-2)) = (u-2) \cdot \frac{1}{4}(1 + \frac{1}{2}u) = (u-2) \cdot (\frac{1}{4} + \frac{1}{8}u) = \frac{1}{4}u + \frac{1}{8}u^2 - \frac{1}{2} - \frac{1}{4}u = \frac{1}{2}(\frac{1}{4}u^2 - 1)$ (FE).

b) Zur Berechnung von $A(u)$ ist zunächst eine Stammfunktion F_1 von f_1 zu ermitteln: Mit der Darstellung $f_1(x) = \frac{x^3-8}{4x^2} = \frac{1}{4}x - \frac{2}{x^2} = \frac{1}{4}x - 2 \cdot x^{-2}$ ist F_1 dann definiert durch $F_1(x) = \frac{1}{8}x^2 + 2 \cdot x^{-1} = \frac{1}{8}x^2 + \frac{2}{x}$.

c) Es gilt $A(u) = |F_1(u) - F_1(2)| = |\frac{1}{8}u^2 + \frac{2}{u} - \frac{1}{2} - 1| = |\frac{1}{8}u^2 + \frac{2}{u} - \frac{3}{2}|$ (FE).

d) Die erste der beiden Skizzen zeigt einen Ausschnitt mit den wesentlichen Eigenschaften der Funktion f_1 (asymptotische Funktion g_1, den Pol 0 und die Lage des Maximums). Die zweite Skizze zeigt einen weiteren Ausschnitt mit dem zu untersuchenden Trapez T:

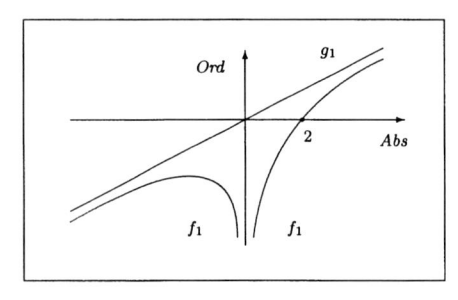

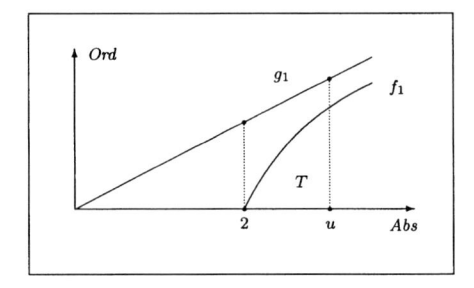

e) Die vier Äquivalenzen $A(u) = \frac{1}{2} \cdot A(T) \Leftrightarrow \frac{1}{8}u^2 + \frac{2}{u} - \frac{3}{2} = \frac{1}{2}(\frac{1}{4}u^2 - \frac{1}{2}) \Leftrightarrow \frac{1}{16}u^2 + \frac{2}{u} - \frac{5}{4} = 0$
$\Leftrightarrow u^2 + \frac{32}{u} - 20 = 0 \Leftrightarrow u^3 - 20u + 32 = 0$ führen zu der Polynom-Division $(u^3 - 20u + 32) : (u - 2) = u^2 + 2u - 16$, wobei die Gleichung $u^2 + 2u - 16 = 0$ die beiden Lösungen $u = -1 - \sqrt{17}$ und $u = -1 + \sqrt{17}$ besitzt, wobei allerdings nur $u = -1 + \sqrt{17} > 2$ gilt. Also ist $u = -1 + \sqrt{17} \approx 3{,}1$ die gesuchte Zahl. Daß 2 eine Lösung der kubischen Gleichung ist, beruht auf $A(2) = 0$ und $A(T) = 0$ für $u = 2$.

2.938 UNTERSUCHUNGEN RATIONALER FUNKTIONEN (TEIL 9)

A2.938.01: Eine Automobilfirma stellt in einem Werk unterschiedliche Wagentypen (an parallel arbeitenden Fließbändern) her. Für alle Bandstraßen steht jedoch nur eine Stanzpresse zur Verfügung, die nach jeweiliger Umrüstung die zu jedem Wagentyp passende Motorhaube produziert. Da eine solche Umrüstung einige Zeit und Personal in Anspruch nimmt (und somit einen Kostenfaktor darstellt) ist es sinnvoll, jeweils eine bestimmte Anzahl (eine Palette) gleicher Motorhauben herzustellen, die dann bei kontinuierlicher Abgabe an ein Produktionsband linear abnimmt.

Bei der Herstellung solcher Motorhauben fallen (vereinfacht betrachtet) folgende Kosten an: Neben den Umrüstungskosten bei der Stanzpresse (die mit konstant k_M WE (Währungs-Einheiten) pro Umrüstung veranschlagt seien) insbesondere Produktionskosten k_P und Lagerkosten k_L (deren Konstruktion weiter unten erläutert sei), also aus diesen drei Bestandteilen resultierende Gesamtkosten k.

Nach den derzeit gültigen Planungsdaten sollen vom Modell *Floh* in dem Gesamtzeitraum t_0 (etwa 144 Tage) insgesamt x_0 Exemplare (beispielsweise 2400 Stück) hergestellt werden. Hinsichtlich der Stanzpresse liegt dann folgende Frage vor: Bei welcher Palettengröße sind die Gesamtkosten zur Herstellung von Motorhauben minimal?

Anmerkung: Der Sinn der Aufgabe liegt also darin, eine optimale Balance zwischen zunehmenden Lagerkosten bei größeren Paletten und dabei gleichzeitig abnehmenden Umrüstungskosten (als Teil der Produktionskosten) zu finden.

Bemerkung zur Strategie: Die genannten sowie die zusätzlich zu implementierenden Bedingungen/Sachverhalte/Daten müssen zu einer geeigneten (insbesondere zweimal differenzierbaren) Funktion verzahnt werden, die dann nach den mathematischen Standard-Verfahren hinsichtlich Existenz und Aussehen von Minima zu untersuchen ist.

1. Die folgende Skizze zeigt für den Zeitraum t_0 die Produktion von 6 Paletten von Motorhauben, die jeweils $\frac{1}{6}x_0$ Exemplare umfassen, dabei insbesondere eine Funktion $u_6 : [0, \frac{1}{6}t_0] \longrightarrow \mathbb{R}$, die die (als kontinuierlich gedacht) Abnahme des Palettenbestandes repräsentiert:

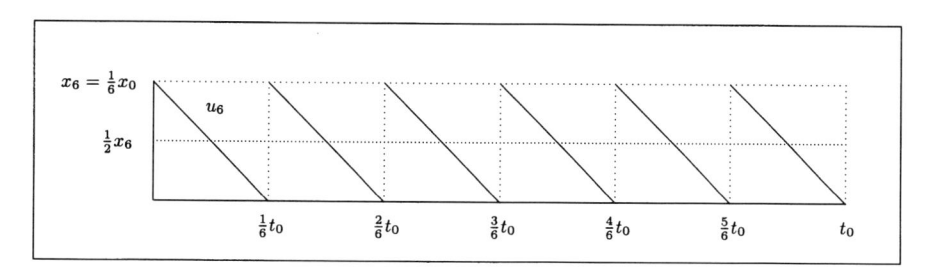

Geben Sie zunächst die Zuordnungsvorschrift der Funktion u_6 an, ferner die Funktion u_a für eine allgemeine Anzahl a von Paletten zu den konstanten Daten x_0 und t_0. Was haben diese Funktionen u_a gemeinsam, was unterscheidet sie? Skizzieren Sie hierzu eine analoge Situation mit 4 Paletten.

2. Eine Funktion k_P, die die Produktionskosten der Motorhauben in Abhängigkeit der Palettengröße x_a beschreiben soll, besteht zunächst aus den Produktionskosten $x_0 k_e$ aller x_0 Motorhauben (zu Einzelkosten k_e), die allerdings korrigiert werden müssen durch einen Summanden, der die Palettengröße sowie die Umrüstkosten enthält. Begründen Sie, daß dieser Summand die Form $ak_m = \frac{x_0}{x_a}k_m$ und damit k_P die Form $k_P(x) = x_0 k_e + x_0 k_m \cdot \frac{1}{x_a}$ besitzt.

3. Eine Funktion k_L, die die Lagerkosten der Motorhauben in Abhängigkeit der Palettengröße x_a beschreiben soll, basiert einerseits auf der Anzahl a der veranschlagten Paletten, andererseits auf der zu einem bestimmten Zeitpunkt jeweils noch vorhandenen Motorhauben. Begründen Sie, daß eine solche Funktion

durch $k_L(x_a) = a \cdot \frac{1}{2} x_a \cdot x_0$ definiert ist, wobei die Bedeutung des Faktors $\frac{1}{2} x_a$ anhand der Linie zu $\frac{1}{2} x_6$ in obiger Skizze zu ersehen ist.

4. Skizzieren Sie (nur hinsichtlich ihres Typs) die Funktionen k_P sowie k_L und $k = k_P + k_L$ in einem Koordinaten-System. Untersuchen Sie dann die Funktion $k = k_P + k_L$ hinsichtlich Minima.

5. Verwenden Sie die konkreten Daten der Aufgabe und berechnen Sie dazu die optimale Palettengröße x_a^*, die Anzahl a der Paletten sowie die zeitlichen Stanzabstände $t_1 = \frac{1}{a} t_0$, ferner die Gesamtkosten $k(x_a^*)$. Im einzelnen folgende Daten:

$t_0 = 144\, d$ als gesamte Produktionszeit (in Tagen als Einheit der Zeit),

$x_0 = 2400$ als Gesamtanzahl der herzustellenden Motorhauben,

$k_e = 1000\, WE$ als Herstellungskosten für eine Motorhaube,

$k_m = 30\, WE$ als Umrüstungskosten für eine Palette,

$k_1 = 10\, WE\, d^{-1}$ (ferner auch $k_1 = 0,1\, WE\, d^{-1}$) als Lagerkosten für eine Motorhaube pro Tag.

B2.938.01: Zur Bearbeitung der Aufgabe im einzelnen:

1. Die in der Aufgabe skizzierte Funktion $u_6 : [0, \frac{1}{6} t_0] \longrightarrow \mathbb{R}$ ist definiert durch $u_6(t) = -\frac{x_0}{t_0} \cdot t + \frac{1}{6} x_0$, wobei insbesondere $u_6(0) = \frac{1}{6} x_0$ sowie $u_6(\frac{1}{6} t_0) = 0$ gilt. Ferner ist dabei $Bild(u_6) = [0, \frac{1}{6} x_0]$.

Eine zu der Skizze in der Aufgabe analoge Skizze für die Verteilung der Gesamtanzahl x_0 auf 4 Paletten zeigt die Funktion $u_4 : [0, \frac{1}{4} t_0] \longrightarrow [0, \frac{1}{4} x_0]$ mit $u_4(t) = -\frac{x_0}{t_0} \cdot t + \frac{1}{4} x_0$, wobei insbesondere $u_4(0) = \frac{1}{4} x_0$ sowie $u_4(\frac{1}{4} t_0) = 0$ gilt:

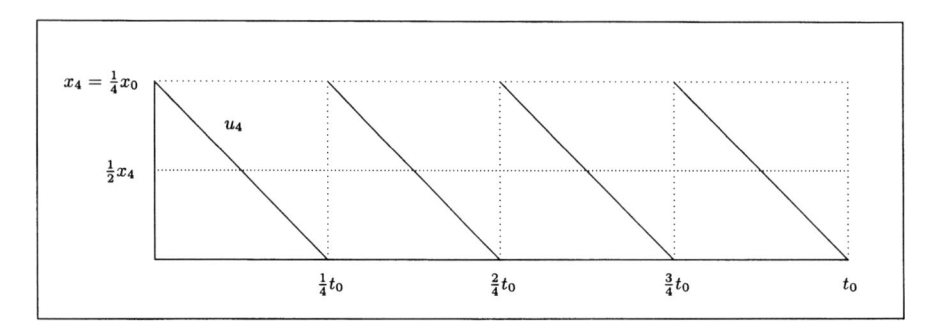

Dabei kann man allgemein feststellen: Für alle Palettenanzahlen a (als gemeinsamem Teiler der Zahlen $t_0, x_0 \in \mathbb{N}$) haben die Funktionen $u_a : [0, \frac{1}{a} t_0] \longrightarrow [0, \frac{1}{a} x_0]$ mit $u_a(t) = -\frac{x_0}{t_0} \cdot t + \frac{1}{a} x_0$ (bei konstanten Grunddaten t_0 und x_0) dieselben Anstiege $-\frac{x_0}{t_0}$, werden in der Skizze also durch parallele Strecken repräsentiert.

2. Zur Konstruktion der Zuordnungsvorschrift $k_P(x_a) = x_0 k_e + x_0 k_m \cdot \frac{1}{x_a}$ einer auf $\mathbb{R}^+$ sinnvoll erweiterten Funktion $k_P : \mathbb{R}^+ \longrightarrow \mathbb{R}$: Der Summand $x_0 k_e$ repräsentiert die von der Palettenanzahl a unabhängigen Material-, Transport- und Prsonalkosten für insgesamt x_0 Motorhauben zu Einzelkosten k_e. Der zweite Summand hat zunächst die Form $a k_m$ und repräsentiert die gesamten, natürlich von der Palettenanzahl a abhängigen Umrüstungskosten zu Einzelkosten k_m. Mit $x_a = \frac{1}{a} x_0$ gilt dabei $a = \frac{x_0}{x_a}$, also hat $a k_m$ die Darstellung $a k_m = \frac{x_0}{x_a} k_m = x_0 k_m \cdot \frac{1}{x_a}$.

3. Zur Konstruktion der Zuordnungsvorschrift $k_L(x_a) = \frac{1}{2} \cdot k_1 t_0 \cdot x_a$ einer wieder auf $\mathbb{R}^+$ sinnvoll erweiterten Funktion $k_P : \mathbb{R}^+ \longrightarrow \mathbb{R}$: Die Lagerkosten für $x_a - 1$ Motorhauben (eine wird sofort nach Herstellung weiterverarbeitet) betragen im Intervall $[0, t_1] = [0, \frac{1}{a} t_0]$ gerade $k_1 \cdot \frac{1}{x_a - 1} \cdot t_1 + k_1 \cdot \frac{2}{x_a - 1} \cdot t_1 + \ldots + k_1 \cdot \frac{x_a - 1}{x_a - 1} \cdot t_1 = k_1 t_1 \cdot \frac{1}{x_a - 1} \cdot (1 + 2 + \ldots + x_a - 1) = k_1 t_1 \cdot \frac{1}{x_a - 1} \cdot \frac{1}{2} \cdot x_a(x_a - 1) = \frac{1}{2} \cdot k_1 t_1 x_a = \frac{1}{2} \cdot k_1 \cdot \frac{1}{a} \cdot t_0 \cdot x_a$. Betrachtet man nun alle a Intervalle, also die gesamte Produktionszeit t_0, so liefert Multiplikation mit a dann $k_L(x_a) = \frac{1}{2} \cdot k_1 t_0 \cdot x_a$ als Lagerkosten im gesamten Produktionszeitraum $[0, t_0]$.

4. Die folgende Skizze zeigt Typ und Aussehen der drei Funktionen k_P sowie k_L und $k = k_P + k_L$, wobei

k_P offenbar eine (um $x_0 k_e$ in positiver Ordinatenrichtung verschobene) hyperbelförmige Funktion und k_L eine lineare Funktion ist:

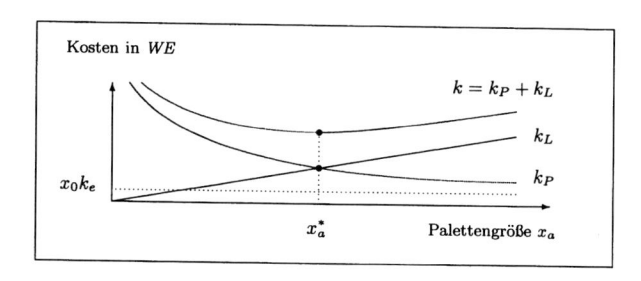

[Diagramm: Kosten in WE über Palettengröße x_a; Kurven $k = k_P + k_L$, k_L, k_P; Horizontale bei $x_0 k_e$; Minimum bei x_a^*]

Die Funktion $k = k_P + k_L : \mathbb{R}^+ \longrightarrow \mathbb{R}$, die die Gesamtkosten in Abhängigkeit von x_a beschreibt, ist definiert durch $k(x_a) = k_P(x_a) + k_L(x_a) = x_0 k_e + x_0 k_m \cdot \frac{1}{x_a} + \frac{1}{2} \cdot k_1 t_0 \cdot x_a$ und besitzt die 1. Ableitungsfunktion $k' = k_P' + k_L' : \mathbb{R}^+ \longrightarrow \mathbb{R}$, definiert durch $k'(x_a) = k_P'(x_a) + k_L'(x_a) = -x_0 k_m \cdot \frac{1}{x_a^2} + \frac{1}{2} \cdot t_0 k_1$.

Wie die Äquivalenzen $x_a^* \in N(k') \Leftrightarrow k'(x_a^*) = 0 \Leftrightarrow -x_0 k_m \cdot \frac{1}{(x_a^*)^2} = \frac{1}{2} \cdot t_0 k_1 \Leftrightarrow (x_a^*)^2 = \frac{2 x_0 k_m}{t_0 k_1}$
$\Leftrightarrow x_a^* = \sqrt{\frac{2 x_0 k_m}{t_0 k_1}}$ zeigen, besitzt k' die eine Nullstelle $x_a^* = \sqrt{\frac{2 x_0 k_m}{t_0 k_1}}$.

Die 2. Ableitungsfunktion $k'' : \mathbb{R}^+ \longrightarrow \mathbb{R}$ von k ist definiert durch $k''(x_a) = 2 x_0 k_m \cdot \frac{1}{x_a^3}$, womit dann $k''(x_a^*) = 2 x_0 k_m \cdot \frac{1}{\frac{2 x_0 k_m}{t_0 k_1}} \cdot \frac{1}{\sqrt{x_a^*}} = \frac{t_0 k_1}{\sqrt{x_a^*}} > 0$ gilt, das heißt, x_a^* ist die Minimalstelle von k.

Die für die optimale Palettengröße x_a^* zugehörigen Gesamtkosten $k(x_a^*)$ sind dann
$k(x_a^*) = k_P(x_a^*) + k_L(x_a^*) = x_0 k_e + x_0 k_m \cdot \frac{1}{x_a^*} + \frac{1}{2} \cdot k_1 t_0 \cdot x_a^* = x_0 k_e + x_0 k_m \cdot \frac{x_a^* \cdot 1}{(x_a^*)^2} + \frac{1}{2} k_1 t_0 \cdot x_a^* =$
$x_0 k_e + x_0 k_m \cdot \frac{t_0 k_1}{2 x_0 k_m} \cdot x_a^* + \frac{1}{2} k_1 t_0 \cdot x_a^* = x_0 k_e + (\frac{1}{2} k_1 t_0 + \frac{1}{2} k_1 t_0) x_a^* = x_0 k_e + k_1 t_0 \cdot x_a^* = x_0 k_e + \sqrt{2 t_0 x_0 k_1 k_m}$.

5. Mit den in der Aufgabe genannten Daten ist im Fall $k_1 = 10 \, WE \, d^{-1}$ dann im einzelnen
$x_a^* = \sqrt{\frac{2 \cdot 2400 \cdot 30 \, WE}{144 \, d \cdot 10 \, WE \, d^{-1}}} = \sqrt{\frac{6 \cdot 2400}{144}} = \sqrt{100} = 10$ die optimale Palettengröße,
$a = \frac{x_0}{x_a^*} = \frac{2400}{10} = 240$ die zugehörige Anzahl von Paletten,
$t_1 = \frac{1}{a} \cdot t_0 = \frac{1}{240} \cdot 144 \, d = 0,6 \, d = 14,4 \, h$ als zeitlicher Abstand zwischen je zwei Umrüstungen,
$k(x_a^*) = x_0 k_e + \sqrt{2 t_0 x_0 k_1 k_m} = 2400 \cdot 1000 \, WE + \sqrt{2 \cdot 144 \, d \cdot 2400 \cdot 10 \, WE \, d^{-1} \cdot 30 \, WE}$
$= 2400 \cdot 1000 \, WE + 100 \cdot 144 \, WE = 2414400 \, WE$ als Gesamtkostenbetrag bei optimaler Palettengröße.

Für den Fall $k_1 = 0,1 \, WE \, d^{-1}$ liegen dann folgende Daten vor: Die optimale Palettengröße ist $x_a^* = 100$, ferner $a = 24$ die zugehörige Anzahl von Paletten sowie $t_1 = 6 \, d$. Die Gesamtkosten betragen in diesem Fall schließlich $k(x_a^*) = 2400 \cdot 1000 \, WE + 144 \, WE = 2400144 \, WE$.

A2.938.02: Zur Untersuchung (eines Teilaspekts) der Rentabilität einer Maschine seien zunächst die absoluten Kosten $ak(t) = c_0 + w(t)$ in Abhängigkeit der Nutzungsdauer t (in Jahren) betrachtet, wobei der Summand c_0 den Anschaffungspreis (Abschreibungsbetrag) und $w(t)$ die gesamten Zusatzkosten (Wartungs-, Reparatur- und Pflegekosten) während der Nutzungsdauer t bezeichne. Dazu werden dann die während der Nutzungsdauer t entstehenden mittleren Kosten durch die Funktion $k : \mathbb{R}^+ \longrightarrow \mathbb{R}$ mit $k(t) = \frac{1}{t} \cdot ak(t) = \frac{1}{t}(c_0 + w(t))$ beschrieben.

Die Frage, die nun untersucht werden soll, ist die nach der im Sinne der Kosten optimalen Nutzungsdauer der Maschine, also die nach dem Zeitpunkt t^*, bei dem die mittleren Kosten $k(t^*)$ minimal sind. Es ist also die Minimalstelle t^* der Funktion k zu ermitteln. Als Laufzeit der Maschine legt man dann das Zeitintervall $[0, t^*]$ fest.

Dieser Zeitpunkt t^* hängt offenbar von der Entwicklung der Zusatzkosten $w(t)$ ab. Diese Zusatzkosten können sich beispielsweise quadratisch erhöhen und sollen im folgenden durch eine Funktion $w : \mathbb{R}^+ \longrightarrow \mathbb{R}$ mit $w(t) = at + \frac{1}{2} bt(t+1)$ mit geeignet zu wählenden Parametern a und b beschrieben sein.

Anmerkung: Zum Bau der Funktion w nur ein Hinweis: Beobachtet man zu der Folge 0, 1, 2, ..., n von Zeitpunkten (jeweils ein Jahr) Zusatzkosten w_i im Intervall $[i-1, i]$, so kann man als gesamte Zusatzkosten in n solchen Zeitintervallen (Jahren) $w(n) = \sum_{1 \leq i \leq n} w_i$ feststellen. Ferner kann man (mit statistischen Methoden) w_i in linearisierter Form durch $w_i = a + bi$ mit Parametern a und b berechnen, womit dann $w(n) = \sum_{1 \leq i \leq n} w_i = \sum_{1 \leq i \leq n}(a+bi) = \sum_{1 \leq i \leq n} a + b \cdot \sum_{1 \leq i \leq n} i = an + \frac{1}{2}bn(n+1)$ folgt.

1. Geben Sie die Zuordnungsvorschrift der Funktion $k : \mathbb{R}^+ \longrightarrow \mathbb{R}$ an.
2. Skizzieren Sie in einem ersten Koordinaten-System die Funktion $ak = c_0 + w$, in einem zweiten Koordinaten-System die beiden Summanden von k (mit Angabe ihrer Zuordnungsvorschriften) und k.
3. Untersuchen Sie die Funktion $k : \mathbb{R}^+ \longrightarrow \mathbb{R}$ hinsichtlich Minimalstellen.
4. Berechnen Sie die minimalen mittleren Kosten je Nutzungsjahr.
5. Berechnen Sie für die konkreten Daten $c_0 = 81920\,WE$, $a = 700\,WE$ und $b = 1000\,WE$ die optimale Nutzungsdauer (Laufzeit), die mittleren Kosten je Nutzungsjahr sowie die gesamten Kosten und die Zusatzkosten während der Laufzeit.

B2.938.02: Zur Bearbeitung der Aufgabe im einzelnen:

1. Die Funktion $k : \mathbb{R}^+ \longrightarrow \mathbb{R}$, die die mittleren Kosten in Abhängigkeit der Nutzungsdauer t repräsentiert, ist nach den Angaben in der Aufgabe dann definiert durch die Zuordnungsvorschrift $k(t) = \frac{1}{t} \cdot ak(t) = \frac{1}{t}(c_0 + w(t)) = \frac{1}{t}(c_0 + at + \frac{1}{2}bt(t+1)) = \frac{1}{t}c_0 + a + \frac{1}{2}b(t+1)) = \frac{1}{t}c_0 + \frac{1}{2}bt + (a + \frac{1}{2}b)$.

2. Die beiden Summanden der Funktion k sind die Funktionen u und v mit den Zuordnungsvorschriften $u(t) = \frac{1}{t}c_0$ und $v(t) = \frac{1}{t}w(t) = \frac{1}{2}bt + (a + \frac{1}{2}b)$, die in der zweiten Skizze dargestellt sind.

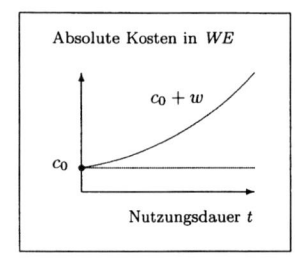

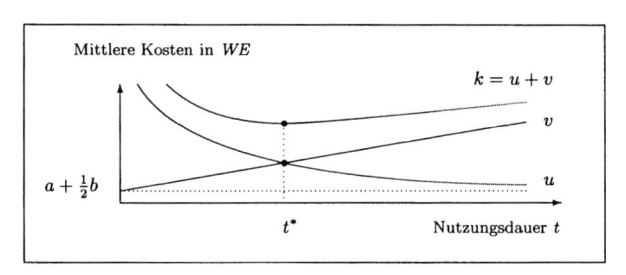

3. Die erste Ableitungsfunktion $k' : \mathbb{R}^+ \longrightarrow \mathbb{R}$ von k ist nun definiert durch die Zuordnungsvorschrift $k'(t) = -\frac{1}{t^2}c_0 + \frac{1}{2}b$ und besitzt wegen der folgenden Äquivalenzen die dabei ermittelte Nullstelle t^*:
$t^* \in N(k') \Leftrightarrow k'(t^*) = 0 \Leftrightarrow (t^*)^2 = \frac{2c_0}{b} \Leftrightarrow t^* = \sqrt{\frac{2c_0}{b}}$.

Die zweite Ableitungsfunktion $k'' : \mathbb{R}^+ \longrightarrow \mathbb{R}$ von k ist dann definiert durch die Zuordnungsvorschrift $k''(t) = \frac{2}{t^3} \cdot c_0$. Damit ist dann $k''(t^*) = \frac{2}{(t^*)^3} \cdot c_0 > 0$, folglich ist $\sqrt{\frac{2c_0}{b}}$ die Minimalstelle der Funktion k.

4. Die minimalen mittleren Kosten je Nutzungsjahr betragen
$k(t^*) = \frac{1}{t^*}c_0 + \frac{1}{2}bt^* + (a + \frac{1}{2}b) = \frac{t^*}{(t^*)^2}c_0 + \frac{1}{2}bt^* + (a + \frac{1}{2}b) = \frac{bc_0}{2c_0}t^* + \frac{1}{2}bt^* + (a + \frac{1}{2}b) = a + \frac{1}{2}b + \sqrt{2bc_0}$.

5. Die Laufzeit der Maschine beträgt $t^* = \sqrt{\frac{2c_0}{b}} = \sqrt{\frac{2 \cdot 81920}{1000}} = \sqrt{2 \cdot 81,92} = \sqrt{163,84} = 12,8\,J$, das heißt, daß die Maschine im dritten Quartal des 13. Einsatzjahres ausgetauscht werden sollte.
Die minimalen mittleren Kosten je Nutzungsjahr sind $k(t^*) = a + \frac{1}{2}b + \sqrt{2bc_0} = 700 + 500 + \sqrt{163840} = 1200 + \sqrt{163,84} \cdot \sqrt{1000} \cdot \sqrt{1000} = 1200 + 12800 = 14000\,WE$. Die gesamten Kosten während der Laufzeit betragen $12,8 \cdot 14000 = 179200\,WE$, worin $179200 - 81920 = 97280\,WE$ Zusatzkosten enthalten sind.

Anmerkung: Bei doppelter Nutzungsdauer $2t^* = 25,6\,J$ liegen mittlere Kosten von $k(2t^*) = 17200\,WE$ je Nutzungsjahr und damit Gesamtkosten von $25,6 \cdot 17200 = 440320\,WE$ vor. Kauft man jedoch nach $t^* = 12,8\,J$ eine neue Maschine, dann liegen für $2t^* = 25,6\,J$ Gesamtkosten von $2 \cdot k(t^*) = 2 \cdot 179200 = 358400\,WE$ vor.

2.940 Untersuchung trigonometrischer Funktionen (Teil 1)

A2.940.01 (D) : Betrachten Sie die Funktion $f = sin + cos : \mathbb{R} \longrightarrow \mathbb{R}$.

1. Berechnen Sie die Menge $N(f)$ der Nullstellen und die Menge der Extrema von f.
2. Berechnen Sie die Mengen der Wendepunkte und Wendetangenten von f.
3. Zeichnen Sie f in einem geeigneten Darstellungsbereich, etwa im Bereich $[-2\pi, 2\pi]$.
4. Geben Sie alle n-ten Ableitungsfunktionen $f^{(n)}$ an. Untersuchen Sie dann, ob f eine Lösung der linearen homogenen Differentialgleichung $f^{(n)} + f = 0$ oder $f^{(n)} - f = 0$ ist.
5. Zeigen Sie: Für $g = sin - cos$ gilt $g(x + \frac{\pi}{2}) = f(x)$, für alle $x \in \mathbb{R}$. Was bedeutet dieser Zusammenhang für eine entsprechende Untersuchung von g (sofern die einzelnen Ergebnisse für f schon vorliegen)?

B2.940.01: Zur Bearbeitung der Aufgabe im einzelnen:

1a) Es gelten die Äquivalenzen $x \in N(f) \Leftrightarrow f(x) = 0 \Leftrightarrow sin(x) + cos(x) = 0 \Leftrightarrow sin(x) = -cos(x) \Leftrightarrow x \in \{(\frac{3}{4} + n)\pi \mid n \in \mathbb{Z}\}$, also ist $N(f) = \{(\frac{3}{4} + n)\pi \mid n \in \mathbb{Z}\}$.

1b) Mit der 1. Ableitungsfunktion $f' = (sin + cos)' = sin' + cos' = cos - sin$ von f gilt: $x \in N(f') \Leftrightarrow f'(x) = 0 \Leftrightarrow sin(x) = cos(x) \Leftrightarrow x \in \{(\frac{1}{4} + n)\pi \mid n \in \mathbb{Z}\}$, also ist $N(f') = \{(\frac{1}{4} + n)\pi \mid n \in \mathbb{Z}\}$.

1c) Die 2. Ableitungsfunktion $f'' = (cos - sin)' = cos' - sin' = -sin - cos$ liefert die Funktionswerte
$f''(\frac{1}{4}\pi + n\pi) = -sin(\frac{1}{4}\pi + n\pi) - cos(\frac{1}{4}\pi + n\pi)$
$= -sin(\frac{1}{4}\pi)cos(n\pi) - cos(\frac{1}{4}\pi)sin(n\pi) - cos(\frac{1}{4}\pi)cos(n\pi) + sin(\frac{1}{4}\pi)sin(n\pi)$
$= -sin(\frac{1}{4}\pi)cos(n\pi) - cos(\frac{1}{4}\pi)cos(n\pi) = (-sin(\frac{1}{4}\pi) - cos(\frac{1}{4}\pi))cos(n\pi) = (-\frac{1}{2}\sqrt{2} - \frac{1}{2}\sqrt{2})cos(n\pi)$
$= -\sqrt{2} \cdot cos(n\pi) = \begin{cases} -\sqrt{2} < 0, & \text{falls } n \text{ gerade,} \\ \sqrt{2} > 0, & \text{falls } n \text{ ungerade.} \end{cases}$
Damit ist $Max(f) = \{(\frac{1}{4} + n)\pi \mid n \in 2\mathbb{Z}\}$ und $Min(f) = \{(\frac{1}{4} + n)\pi \mid n \in 2\mathbb{Z} + 1\}$.

1d) Zur Berechnung der Funktionswerte der Minimal- und Maximalstellen von f beachte man jedoch $-f = -(sin + cos) = f''$, also $f = -f''$. Damit und nach 2b) ist also $-\sqrt{2}$ der Funktionswert aller Minimalstellen und $\sqrt{2}$ der Funktionswert aller Maximalstellen von f. Die Minima von f sind also die Punkte $((\frac{1}{4} + n)\pi, -\sqrt{2})$, für alle $n \in 2\mathbb{Z}$, die Maxima von f sind die Punkte $((\frac{1}{4} + n)\pi, \sqrt{2})$, für alle $n \in 2\mathbb{Z} + 1$.

2a) Wegen $-f = f''$ ist $N(f'') = N(f)$ die Menge der Nullstellen von f''.

2b) Die 3. Ableitungsfunktion $f''' = (-f)' = sin - cos$ liefert nun die Funktionswerte
$f'''(\frac{3}{4}\pi + n\pi) = sin(\frac{3}{4}\pi + n\pi) - cos(\frac{3}{4}\pi + n\pi)$
$= sin(\frac{3}{4}\pi)cos(n\pi) + sin(n\pi)cos(\frac{3}{4}\pi) - cos(\frac{3}{4}\pi)cos(n\pi) + sin(\frac{3}{4}\pi)sin(n\pi)$
$= sin(\frac{3}{4}\pi)cos(n\pi) - cos(\frac{3}{4}\pi)cos(n\pi) = (sin(\frac{3}{4}\pi) - cos(\frac{3}{4}\pi))cos(n\pi) = (\frac{1}{2}\sqrt{2} - (-\frac{1}{2}\sqrt{2}))cos(n\pi)$
$= \sqrt{2} \cdot cos(n\pi) = \begin{cases} \sqrt{2} < 0, & \text{falls } n \text{ gerade,} \\ -\sqrt{2} > 0, & \text{falls } n \text{ ungerade.} \end{cases}$ Damit ist $Wen(f) = N(f) = \{(\frac{3}{4} + n)\pi \mid n \in \mathbb{Z}\}$.

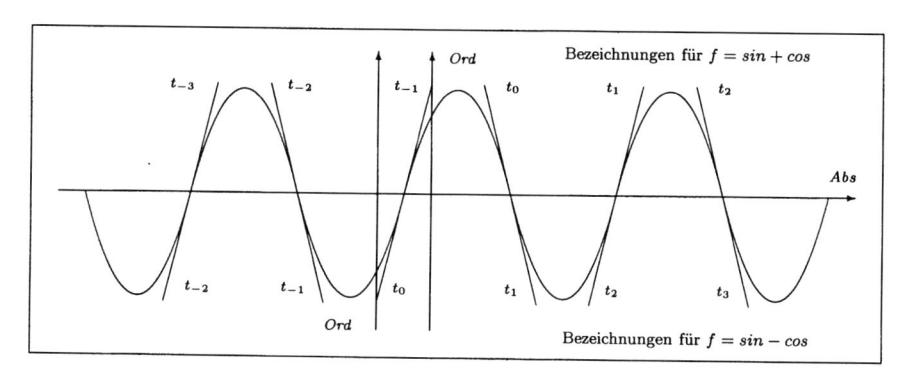

2c) Zur Bestimmung der Wendetangenten $t_n : \mathbb{R} \longrightarrow \mathbb{R}$ an f bei $x_n = (\frac{3}{4} + n)\pi$ mit $n \in \mathbb{Z}$ mit der Zuordnungsvorschrift $t_n(x) = f'(x_n)x - f'(x_n)x_n + f(x_n)$ wird die Berechnung $f'(x_n) = (cos - sin)(x_n) = cos(x_n) - sin(x_n) = cos(\frac{3}{4}\pi) - sin(\frac{3}{4}\pi) = -\sqrt{2} \cdot cos(n\pi)$ benötigt und liefert dann die Zuordnungsvorschrift
$t_n(x) = f'(x_n)x - f'(x_n)x_n + f(x_n) = -\sqrt{2} \cdot cos(n\pi)x - (-\sqrt{2} \cdot cos(n\pi)) \cdot (\frac{3}{4} + n)\pi$
$= \begin{cases} -\sqrt{2} \cdot x - (\frac{3}{4} + n)\pi \cdot \sqrt{2}, & \text{falls } n \text{ gerade,} \\ \sqrt{2} \cdot x + (\frac{3}{4} + n)\pi \cdot \sqrt{2}, & \text{falls } n \text{ ungerade.} \end{cases}$

4a) Die n-ten Ableitungsfunktionen $f^{(n)}$ von f lassen sich folgendermaßen klassifizieren:
$$f^{(n)} = \begin{cases} f', & \text{für } n = 1, 5, 9, ..., \text{ also } n \in 4\mathbb{N} - 3 \\ -f, & \text{für } n = 2, 6, 10, ..., \text{ also } n \in 4\mathbb{N} - 2 \\ -f', & \text{für } n = 3, 7, 11..., \text{ also } n \in 4\mathbb{N} - 1 \\ f, & \text{für } n = 4, 8, 12, ..., \text{ also } n \in 4\mathbb{N} \end{cases}$$

4b) Nach der vorstehenden Klassifikation gilt:
Für alle $n \in 4\mathbb{N} - 2$ ist f eine Lösung der Differentialgleichung $f^{(n)} + f = 0$.
Für alle $n \in 4\mathbb{N}$ ist f eine Lösung der Differentialgleichung $f^{(n)} - f = 0$.

5a) Für alle $x \in \mathbb{R}$ gilt $g(x + \frac{\pi}{2}) = (sin - cos)(x + \frac{\pi}{2}) = sin(x + \frac{\pi}{2}) - cos(x + \frac{\pi}{2}) = cos(x) - (-sin(x)) = (sin + cos)(x) = f(x)$.

5b) Der in 5a) nachgewiesene Zusammenhang besagt, daß g die um $\frac{\pi}{2}$ nach links verschobene Funktion f ist und somit zur Untersuchung von g die in den obigen Aufgabenteilen erzielten Einzeldaten entsprechend um $\frac{\pi}{2}$ zu verschieben sind. Beispielsweise bedeutet das für die beiden Mengen der Nullstellen von f und g: Mit $N(f) = \{(\frac{3}{4} + n)\pi \mid n \in \mathbb{Z}\}$ ist $N(g) = \{(\frac{1}{4} + n)\pi \mid n \in \mathbb{Z}\}$.

A2.940.02 (D, A) : Betrachten Sie die durch die Zuordnungsvorschrift $f(x) = sin(x) + \frac{1}{2}sin(2x)$ definierte Funktion $f : D(f) \longrightarrow \mathbb{R}$, die in den folgenden Aufgabenteilen mit unterschiedlichen Definitionsbereichen verwendet wird.

1. Stellen Sie f als Produkt $f = u \cdot v$ zweier Funktionen dar, wobei eine geeignete Formel zur Berechnung von $sin(x + z)$ verwendet werden kann (und hantieren Sie bei den folgenden Einzelaufgaben mit der jeweils günstigen Variante).

2. Untersuchen Sie die zunächst die Funktion $f : [0, 2\pi] \longrightarrow \mathbb{R}$ hinsichtlich Symmetrie-Eigenschaften, Nullstellen, Extrema, Wendepunkte und gegebenenfalls Wendetangenten. Skizzieren Sie diese Funktion dann anhand der ermittelten Daten sowie der ersten Variante von $f(x) = sin(x) + h(x)$ (wie oben angegeben).

3. Erweitern Sie die Ergebnisse von Aufgabenteil 2 auf die Funktion $f : \mathbb{R} \longrightarrow \mathbb{R}$ (ohne Skizze).

4. Bestimmen Sie zu allen Nullstellen von $f : \mathbb{R} \longrightarrow \mathbb{R}$ die Tangenten an f.

5. Bilden Sie das Integral $\int f$ der Funktion $f : [0, 2\pi] \longrightarrow \mathbb{R}$ und überprüfen Sie das Ergebnis durch Differentiation.

6. Berechnen Sie den Inhalt $A(f)$ der Fläche, die von $f : [0, 2\pi] \longrightarrow \mathbb{R}$ und der Abszisse eingeschlossen wird. Welcher Zusammenhang besteht zwischen den Flächeninhalten $A(f)$ und $A(sin)$ (wobei hier natürlich $sin : [0, 2\pi] \longrightarrow \mathbb{R}$ gemeint ist).

B2.940.02: Zur Bearbeitung der Aufgabe im einzelnen:

1. Beachtet man $sin(x + z) = sin(x)cos(z) + cos(x)sin(z)$, für alle $x, z \in \mathbb{R}$, dann gilt $sin(2x) = 2sin(x)cos(x)$ und folglich $f(x) = sin(x) + \frac{1}{2}sin(2x) = sin(x) + sin(x)cos(x) = sin(x)(1 + cos(x))$, für alle $x \in \mathbb{R}$. Damit hat f die Darstellung $f = sin \cdot v = sin \cdot (1 + cos)$ mit dem Faktor $v = 1 + cos$.

2a) Die Funktion $f : [0, 2\pi] \longrightarrow \mathbb{R}$ ist drehsymmetrisch bezüglich $(\pi, 0)$, denn die Verschiebung von f um $-\pi$ liefert dann die bezüglich $(0,0)$ drehsymmetrische Funktion $g : [-\pi, \pi] \longrightarrow \mathbb{R}$ mit $g(x) = f(x + \pi) = sin(x + \pi) + \frac{1}{2}sin(2(x + \pi)) = -sin(x) + \frac{1}{2}sin(2x + 2\pi) = -sin(x) + \frac{1}{2}sin(2x)$.

2b) Mit der Darstellung $f = sin \cdot v = sin \cdot (1 + cos)$ sowie $N(sin) = \{0, \pi, 2\pi\}$ und $N(1 + cos) = \{\pi\}$ ist $N(f) = N(sin) \cup N(1 + cos) = \{0, \pi, 2\pi\} \cup \{\pi\} = \{0, \pi, 2\pi\} = N(sin)$.

2c) Die 1. Ableitungsfunktion $f' : (0, 2\pi) \longrightarrow \mathbb{R}$ von $f : (0, 2\pi) \longrightarrow \mathbb{R}$ hat die Form $f' = (sin \cdot (1+cos))' = sin' \cdot (1+cos) + sin \cdot cos' = cos \cdot (1+cos) - sin^2 = cos + cos^2 - sin^2$. Zur Berechnung der Nullstellenmenge von f' wird vermöge der Beziehung $sin^2 + cos^2 = 1$ die Funktion f' durch $f' = cos + cos^2 - 1 + cos^2 = $

$2cos^2 + cos - 1$ dargestellt.

Die Äquivalenzen $x \in N(f') \Leftrightarrow f'(x) = 0 \Leftrightarrow 2cos^2(x) + cos(x) - 1 = 0 \Leftrightarrow cos^2(x) + \frac{1}{2}cos(x) - \frac{1}{2} = 0$
$\Leftrightarrow cos(x) = -\frac{1}{4} - \sqrt{\frac{1}{16} + \frac{1}{2}} = -\frac{1}{4} - \sqrt{\frac{9}{16}} = -\frac{1}{4} - \frac{3}{4} = -1$ oder $cos(x) = -\frac{1}{4} + \sqrt{\frac{1}{16} + \frac{1}{2}} = -\frac{1}{4} + \frac{3}{4} = \frac{1}{2}$
$\Leftrightarrow x = \pi$ oder $x \in \{\frac{1}{3}\pi, \frac{5}{3}\pi\}$ zeigen dann $N(f') = \{\frac{1}{3}\pi, \pi, \frac{5}{3}\pi\}$.

2d) Die 2. Ableitungsfunktion f'' von f hat die Form $f'' = (2cos^2 + cos - 1)' = (2cos^2)' + cos' - 1' = 2(cos^2)' + cos' = 2 \cdot 2cos(-sin) - sin = 4cos(-sin) - sin = (4cos + 1)(-sin)$ liefert für die Nullstellen von f' die Funktionswerte $f''(\frac{1}{3}\pi) = (4cos(\frac{1}{3}\pi) + 1)(-sin(\frac{1}{3}\pi)) = (4 \cdot \frac{1}{2} + 1)(-\frac{1}{2}\sqrt{3}) = -\frac{3}{2}\sqrt{3} < 0$, ferner $f''(\pi) = (4cos(\pi) + 1)(-sin(\pi)) = (4(-1) + 1) \cdot 0 = 0$ und $f''(\frac{5}{3}\pi) = (4cos(\frac{5}{3}\pi) + 1)(-sin(\frac{5}{3}\pi)) = (4 \cdot \frac{1}{2} + 1)\frac{1}{2}\sqrt{3} = \frac{3}{2}\sqrt{3} > 0$.

Mit den Funktionswerten der Extremalstellen unter f hat f das Maximum $(\frac{1}{3}\pi, f(\frac{1}{3}\pi)) = (\frac{1}{3}\pi, \frac{3}{4}\sqrt{3}) = (\approx 1/ \approx 1, 3)$ und das Minimum $(\frac{5}{3}\pi, f(\frac{5}{3}\pi)) = (\frac{5}{3}\pi, -\frac{3}{4}\sqrt{3}) = (\approx 5, 2/ \approx -1, 3)$.

2e) Beachtet man $f'' = (4cos + 1)(-sin)$, dann hat die 3. Ableitungsfunktion f''' von f die Darstellung $f''' = (4cos + 1)'(-sin) + (4cos + 1)(-sin)' = 4(-sin)(-sin) + (4cos + 1)(-cos) = 4sin^2 - 4cos^2 - cos$ mit der Nullstellenmenge $N(f''') = N(4cos + 1) \cup N(-sin) = \{x \in [0, 2\pi] \mid cos(x) = -\frac{1}{4}\} \cup \{\pi\}$
$= \{\approx 1, 8/ \approx 4, 5/\pi\}$.

Die drei Prüf-Berechnungen $f'''(1, 8) = 4(sin^2(1, 8) - cos^2(1, 8)) - cos(1, 8) \approx 4, 5 \neq 0$ sowie $f'''(4, 5) = 4(sin^2(4, 5) - cos^2(4, 5)) - cos(4, 5) \approx 4, 5 \neq 0$ und $f'''(\pi) = 4(sin^2(\pi) - cos^2(\pi)) - cos(\pi) = -3 \neq 0$ zeigen, daß die drei Nullstellen von f'' auch tatsächlich die Wendestellen von f sind. Zusammen mit ihren Funktionswerten $f(1, 8) = sin(1, 8)(1 + cos(1, 8)) \approx 0, 7$ sowie $f(4, 5) = sin(4, 5)(1 + cos(4, 5)) \approx -0, 7$ und $f(\pi) = sin(\pi)(1 + cos(\pi)) = 0$ hat dann f die Wendepunkte $(\approx 1, 8/ \approx 0, 7), (\pi, 0)$ und $(\approx 4, 5/ \approx -0, 7)$. Dabei ist wegen $f'(\pi) = f''(\pi) = 0$ der Punkt $(\pi, 0)$ ein Sattelpunkt.

2f) Die drei zugehörigen Wendetangenten $t_{1,8}, t_\pi, t_{4,5}, : \mathbb{R} \longrightarrow \mathbb{R}$ sind definiert durch die Vorschriften $t_{1,8}(x) = -\frac{9}{8} + 2, 7$ sowie $t_\pi(x) = 0$ und $t_{4,5}(x) = -\frac{9}{8} + 4, 6$.

2g) Skizze der Funktion $f = sin + h$ mit $h(x) = \frac{1}{2}sin(2x)$:

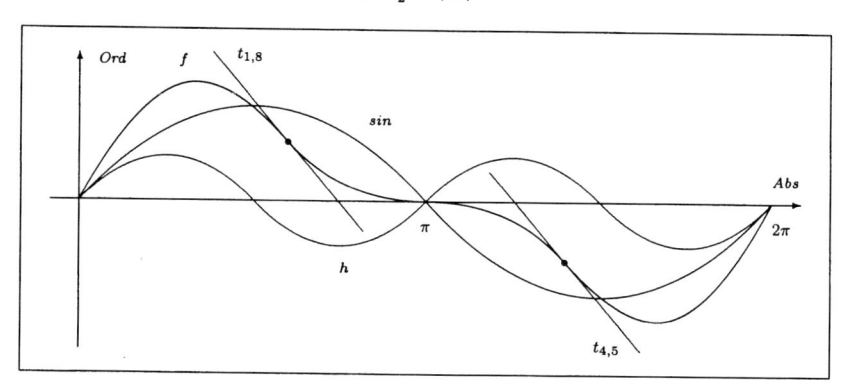

3a) Die Funktion $f : \mathbb{R} \longrightarrow \mathbb{R}$ ist drehsymmetrisch bezüglich $(0, 0)$, also punktsymmetrisch, denn für alle $x \in \mathbb{R}$ ist $-f(-x) = -sin(-x) - \frac{1}{2}sin(-2x) = -(-sin(x)) - \frac{1}{2}(-sin(2x)) = sin(x) + \frac{1}{2}sin(2x) = f(x)$.

3b) Für die weiteren Betrachtungen zur Teilaufgabe 3 beachte man: Die Funktion f hat die Periode 2π, denn für alle $x \in \mathbb{R}$ gilt $f(x + 2\pi) = sin(x + 2\pi) + \frac{1}{2}sin(2x + 4\pi) = sin(x) + \frac{1}{2}sin(2x) = f(x)$, da die Funktion sin die Periode 2π hat. Damit gilt insbesondere $N(f) = N(sin) = \mathbb{Z}\pi$.

3c) Die Funktion f hat für alle $n \in \mathbb{Z}$ die Maxima $((2n + \frac{1}{3})\pi, \frac{3}{4}\sqrt{3})$ und die Minima $((2n + \frac{5}{3})\pi, -\frac{3}{4}\sqrt{3})$.

3d) Die Funktion f hat für alle $n \in \mathbb{Z}$ (als Näherungen) die Wendepunkte $(\approx 1, 8 + 2n\pi/ \approx 0, 7)$ sowie $(n\pi, 0)$ und $(\approx 4, 5 + 2n\pi/ \approx -0, 7)$.

4a) Nach 3b) besitzt f zwei Familien $(s_z)_{z \in 2\mathbb{Z}}$ und $(t_z)_{z \in 2\mathbb{Z}+1}$ von Tangenten $s_z, t_z : \mathbb{R} \longrightarrow \mathbb{R}$, wobei die Elemente jeweils einer Familie parallel sind. Dazu folgende Beispiele als Vorbetrachtungen, wobei die in 2b) ermittelte 1. Ableitungsfunktion $f' : \mathbb{R} \longrightarrow \mathbb{R}$ mit $f'(x) = cos(x) + cos(2x)$ verwendet wird:

Die Tangente s_0 an f bei 0 ist definiert durch $s_0(x) = f'(0)x - f'(0)0 + f(0) = 2x - 0 + 0 = 2x$,
die Tangente s_2 an f bei 2π ist definiert durch $s_2(x) = f'(2\pi)x - f'(2\pi)2\pi + f(2\pi) = 2x - 4\pi$.
Die Tangente t_{-1} an f bei $-\pi$ ist definiert durch $t_{-1}(x) = f'(-\pi)x - f'(-\pi)(-\pi) + f(-\pi) = 0x - 0 + 0 = 0$,
die Tangente t_1 an f bei π ist definiert durch $t_1(x) = f'(\pi)x - f'(\pi)\pi + f(\pi) = 0x - 0 + 0 = 0$.
Nun die allgemeine Bestimmung der Familien $(s_z)_{z\in 2\mathbb{Z}}$ und $(t_z)_{z\in 2\mathbb{Z}+1}$ der Tangenten: Es gilt

$$f'(z\pi)x - f'(z\pi)z\pi + f(z\pi) = \begin{cases} 2x - 2z\pi + 0 = 2x - 2z\pi, & \text{falls } z \in 2\mathbb{Z}, \\ 0x - 0 + 0 = 0, & \text{falls } z \in 2\mathbb{Z} + 1. \end{cases}$$

Damit ist $s_z(x) = 2x - 2z\pi$ für $z \in 2\mathbb{Z}$ sowie $t_z(x) = 0$ (Null-Funktion) für $z \in 2\mathbb{Z} + 1$.

5. Das Integral von f ist $\int f = \int (\sin + \frac{1}{2}h) = \int \sin + \int \frac{1}{2}h = \sin + \frac{1}{2}\int h = \int \sin + \frac{1}{2}\int (\sin \circ g) = -\cos + \frac{1}{2} \cdot \frac{1}{2}(-\cos \circ g) + \mathbb{R} = -(\cos + \frac{1}{4}(\cos \circ g)) + \mathbb{R}$. Differentiation zeigt umgekehrt $(\int f)' = (-(\cos + \frac{1}{4}(\cos \circ g)) + c)' = -(\cos + \frac{1}{4}(\cos \circ g))' + c' = -(\cos' + \frac{1}{4}(\cos \circ g)') = -(-\sin + \frac{1}{4}(-\sin \circ g)2) = \sin + \frac{1}{2}(\sin \circ g) = \sin + \frac{1}{2}h$.

6a) Mit den Nullstellen 0, π und 2π von f ist $A(f) = |\int_0^\pi f| + |\int_\pi^{2\pi} f|$, wegen der Drehsymmetrie von f bezüglich $(\pi, 0)$ also $A(f) = 2|\int_0^\pi f|$. Das darin enthaltene Riemann-Integral ist $\int_0^\pi f = (\int f)(\pi) - (\int f)(0) = -(\cos(\pi) + \frac{1}{4}\cos(2\pi)) + (\cos(0) + \frac{1}{4}\cos(0)) = 2$, folglich ist $A(f) = 4$ (FE).

6b) Für die Funktion $\sin : [0, 2\pi] \longrightarrow \mathbb{R}$ gilt ebenfalls $A(\sin) = 4$ (FE), wie die folgende Berechnung zeigt: Mit $\int \sin = -\cos + \mathbb{R}$ ist $A(\sin) = 2 \cdot \int_0^\pi \sin = 2((\int \sin)(\pi) - (\int \sin)(0)) = 2(-\cos(\pi) + \cos(0)) = 2(1+1) = 4$ (FE).

A2.940.03 (D): Betrachten Sie die durch die Zuordnungsvorschrift $f(x) = \sin(2x) + 2 \cdot \sin(x)$ definierte Funktion $f : [0, 2\pi] \longrightarrow \mathbb{R}$.

1. Untersuchen Sie f hinsichtlich Nullstellen, ferner die auf das offene Intervall $(0, 2\pi)$ eingeschränkte Funktion f hinsichtlich Extrema, Wendepunkte und Sattelpunkte.

2. Entwickeln und beweisen Sie eine Formel, die die Drehsymmetrie einer Funktion $h : [0, 2c] \longrightarrow \mathbb{R}$ bezüglich des Punktes $(c, 0)$ beschreibt. Rechnen sie dann nach, daß f drehsymmetrisch bezüglich des Punktes $(\pi, 0)$ ist.

B2.940.03: Zur Bearbeitung der Aufgabe im einzelnen:
1. Zunächst zu $N(f)$: Es gilt $x \in N(f) \Leftrightarrow f(x) = 0 \Leftrightarrow \sin(2x) + 2\sin(x) = 0$
$\Leftrightarrow 2\sin(x)\cos(x) + 2\sin(x) = 0 \Leftrightarrow 2\sin(x)(\cos(x) + 1) = 0 \Leftrightarrow \sin(x) = 0$ oder $\cos(x) = -1$
$\Leftrightarrow x = 0$ oder $x = \pi$ oder $x = 2\pi$ oder $x = \pi \Leftrightarrow x \in \{0, \pi, 2\pi\}$. Somit ist $N(f) = \{0, \pi, 2\pi\}$.

Die 1. Ableitungsfunktion $f' : (0, 2\pi) \longrightarrow \mathbb{R}$ von $f : (0, 2\pi) \longrightarrow \mathbb{R}$ ist definiert durch die Zuordnungsvorschrift $f'(x) = 2\cos(2x) + 2\cos(x) = 2(\cos(2x) + \cos(x)) = 2(2(\cos^2(x) - 1) + \cos(x)) = 2(2\cos^2(x) + \cos(x) - 2) = 4(\cos^2(x) + \frac{1}{2}\cos(x) - \frac{1}{2})$.

Zur Berechnung von $N(f')$: Es gelten die Äquivalenzen
$x \in N(f') \Leftrightarrow f'(x) = 0 \Leftrightarrow \cos^2(x) + \frac{1}{2}\cos(x) - \frac{1}{2} = 0 \Leftrightarrow \cos(x) = -\frac{1}{4} - \sqrt{(\frac{1}{4})^2 + \frac{1}{2}} = -\frac{1}{4} - \frac{3}{4} = -1$
oder $\cos(x) = -\frac{1}{4} + \frac{3}{4} = \frac{1}{2} \Leftrightarrow x = \pi$ oder $x = \frac{1}{3}\pi$ oder $x = \frac{5}{3}\pi$. Somit ist $N(f') = \{\frac{1}{3}\pi, \pi, \frac{5}{3}\pi\}$.

Die 2. Ableitungsfunktion $f'' : (0, 2\pi) \longrightarrow \mathbb{R}$ von $f : (0, 2\pi) \longrightarrow \mathbb{R}$ ist definiert durch die Zuordnungsvorschrift $f''(x) = 4(-2\sin(x)\cos(x) - \frac{1}{2}\sin(x)) = -8(\sin(x)(\cos(x) + \frac{1}{4}))$.
Bezüglich der Elemente von $N(f')$ gilt dann $f''(\frac{1}{3}\pi) = -3\sqrt{3} < 0$ sowie $f''(\pi) = 0$ und $f''(\frac{5}{3}\pi) = 3\sqrt{3} > 0$.
Ferner gilt $f(\frac{1}{3}\pi) = \frac{3}{2}\sqrt{3}$ sowie $f(\frac{5}{3}\pi) = -\frac{3}{2}\sqrt{3}$. Somit hat f das Maximum $(\frac{1}{3}\pi, \frac{3}{2}\sqrt{3})$ und das Minimum $(\frac{5}{3}\pi, -\frac{3}{2}\sqrt{3})$.

Nun zur Berechnung von $N(f'')$: Es gelten die Äquivalenzen
$x \in N(f'') \Leftrightarrow f''(x) = 0 \Leftrightarrow \sin(x)(\cos(x) + \frac{1}{4}) = 0 \Leftrightarrow \sin(x) = 0$ oder $\cos(x) = -\frac{1}{4} \Leftrightarrow x = \pi$ oder $x \approx 1{,}82$ oder $x \approx 4{,}46$. Somit ist $N(f'') = \{\approx 1{,}82, \pi, \approx 4{,}46\}$.

Die 3. Ableitungsfunktion $f''' : (0, 2\pi) \longrightarrow \mathbb{R}$ von $f : (0, 2\pi) \longrightarrow \mathbb{R}$ ist definiert durch die Zuord-

nungsvorschrift $f'''(x) = -8(cos(x)(cos(x) + \frac{1}{4}) + sin(x)(-sin(x))) = -8(cos^2(x) + \frac{1}{4}cos(x) - sin^2(x))$.
Bezüglich der Elemente von $N(f'')$ gilt dann $f'''(1,82) \approx 7,52$ sowie $f'''(\pi) = -6 < 0$ und $f'''(4,46) \approx 7,50$. Ferner gilt $f(1,82) \approx 1,46$ sowie $f(4,46) \approx -1,45$. Somit hat die Funktion f den Wendepunkt ($\approx 1,82/ \approx 1,46$) mit Rechts-Links-Krümmung, den Sattelpunkt $(\pi, 0)$ mit Links-Rechts-Krümmung sowie den Wendepunkt ($\approx 4,46/ \approx -1,45$) mit Rechts-Links-Krümmung.

2. Eine Funktion $h : [0, 2c] \longrightarrow \mathbb{R}$ ist genau dann drehsymmetrisch bezüglich $(c, 0)$, wenn die verschobene Funktion $g : [-c, c] \longrightarrow \mathbb{R}$ mit $g(x) = h(x + c)$ drehsymmetrisch bezüglich $(0, 0)$ ist, das heißt, falls $h(x + c) = g(x) = -g(-x) = -h(c - x)$, für alle $x \in [-c, c]$ gilt.

Die Funktion $f : [0, 2\pi] \longrightarrow \mathbb{R}$ ist bezüglich $(\pi, 0)$ drehsymmetrisch, denn für alle $x \in [-\pi, \pi]$ gilt sowohl
$f(x+\pi) = sin(2x+2\pi)+2sin(x+\pi) = sin(2x)cos(2\pi)+cos(2x)sin(2\pi)+2sin(x)cos(\pi)+2cos(x)sin(\pi) = sin(2x) \cdot 1 + 0 - 2sin(x) + 0 = sin(2x) - 2sin(x)$ als auch entsprechend $-f(\pi - x) = sin(2x) - 2sin(x)$.

A2.940.04 (D, A): Betrachten Sie die Funktion $f : [0, 2\pi] \longrightarrow \mathbb{R}$ mit $f(x) = sin(x) + sin(2x)$.
1. Berechnen Sie die Menge $N(f)$ der *Nullstellen* von f.
2. Zeigen Sie, daß f punktsymmetrisch zum Punkt $(\pi, 0)$ ist.
3. Bilden Sie das Integral $\int f$ und überprüfen Sie Ihr Ergebnis durch Differentiation.
4. Berechnen Sie den Flächeninhalt $A(f)$ der Fläche, die f mit der Abszisse einschließt.

B2.940.04: Zur Bearbeitung der Aufgabe im einzelnen:

1. Unter Verwendung der Formel $sin(2x) = 2sin(x)cos(x)$ gelten folgende Äquivalenzen:
$x \in N(f) \Leftrightarrow f(x) = 0 \Leftrightarrow sin(x) + sin(2x) = 0 \Leftrightarrow sin(x) + 2sin(x)cos(x) = 0$
$\Leftrightarrow sin(x)(1 + 2cos(x)) = 0 \Leftrightarrow sin(x) = 0$ oder $1 + 2cos(x) = 0 \Leftrightarrow sin(x) = 0$ oder $cos(x) = -\frac{1}{2}$.
Mit $D(f) = [0, 2\pi]$ gilt $N(f) = [0, \frac{2}{3}\pi, \pi, \frac{3}{4}\pi, 2\pi]$, wobei die drei Nullstellen 0 sowie π und 2π aus der Bedingung $sin(x) = 0$ und die beiden Nullstellen $\frac{2}{3}\pi$ und $\frac{4}{3}\pi$ aus der Bedingung $cos(x) = -\frac{1}{2}$ folgen.

2. Verschiebt man f um π in negativer Abszissenrichtung, so entsteht eine Funktion u mit $u(x) = f(x+\pi)$, von der gezeigt wird, daß sie punktsymmetrisch zu $(0, 0)$ ist, woraus dann die Behauptung folgt. Es gilt:
$-u(-x) = -f(-(x+\pi)) = -sin(-(x+\pi)) - sin(-(2(x+\pi))) = sin(x+\pi) + sin(2(x+\pi)) = f(x+\pi) = u(x)$, für alle $x \in [-\pi, \pi]$.

3. Beachtet man die Darstellung $f = sin + g$ mit $g = sin \circ h$, wobei h durch $h(x) = 2x$ definiert ist, so gilt zunächst $\int f = \int (sin + g) = \int sin + \int g$, weiterhin $\int g = \int (sin \circ h) = \frac{1}{2}(-cos \circ h) + \mathbb{R} = -\frac{1}{2}(cos \circ h) + \mathbb{R}$, insgesamt dann $\int f = \int sin + \int g = -cos - \frac{1}{2}(cos \circ h) + \mathbb{R}$ mit $(\int f)(x) = -cos(x) - \frac{1}{2}cos(2x) + c$.
Differentiation liefert: $(\int f)' = (-cos - \frac{1}{2}(cos \circ h))' = (-cos)' - \frac{1}{2}(cos \circ h)' = sin - \frac{1}{2}(cos' \circ h)h' = sin - (cos' \circ h) = sin + (sin \circ h) = sin + g = f$.

4. Wegen der Punktsymmetrie von f zu $(\pi, 0)$ genügt es, nur den Inhalt der Fläche, die f mit der Abszisse von 0 bis π einschließt, zu berechnen und dann zu verdoppeln. Allerdings hat f innerhalb des Intervalls die Nullstelle $\frac{2}{3}\pi$, das heißt, daß die Fläche von 0 bis π sich wiederum aus der Teilfläche von 0 bis $\frac{2}{3}\pi$ und der von $\frac{2}{3}\pi$ bis π zusammensetzt. Der so beschriebene Flächeninhalt ist dann $A(f) = 2 \cdot (\int_0^{\frac{2}{3}\pi} f + |\int_{\frac{2}{3}\pi}^{\pi} f|)$.

Dazu die folgenden Funktionswerte von $\int f$: Es ist $(\int f)(\frac{2}{3}\pi) = -cos(\frac{2}{3}\pi) - \frac{1}{2}cos(\frac{4}{3}\pi) = -(-\frac{1}{2}) - \frac{1}{2}(-\frac{1}{2}) = \frac{1}{2} + \frac{1}{4} = \frac{3}{4}$, ferner $(\int f)(0) = -cos(0) - \frac{1}{2}cos(0) = -1 - \frac{1}{2}(1) = -1 - \frac{1}{2} = -\frac{3}{2}$ und somit $(\int f)(\pi) = -cos(\pi) - \frac{1}{2}cos(2\pi) = -(-1) - \frac{1}{2}(1) = 1 - \frac{1}{2} = \frac{1}{2}$. Schließlich ist dann $A(f) = 2 \cdot (\int_0^{\frac{2}{3}\pi} f + |\int_{\frac{2}{3}\pi}^{\pi} f|) = 2((\int f)(\frac{2}{3}\pi) - (\int f)(0)) + 2|(\int f)(\pi) - (\int f)(\frac{2}{3}\pi)| = 2(\frac{3}{4} + \frac{3}{2}) + 2|\frac{1}{2} - \frac{3}{4}| = \frac{9}{2} + \frac{1}{2} = 5$ (FE).

A2.940.05 (D, A): Betrachten Sie die Familie $(f_a)_{a \in \mathbb{R}^+}$ von Funktionen $f_a : \mathbb{R} \longrightarrow \mathbb{R}$, definiert durch die Vorschriften $f_a(x) = x + \frac{1}{a} \cdot sin(ax)$.
1. Untersuchen Sie f_a hinsichtlich Symmetrie-Eigenschaften.
2. Weisen Sie nach: Jede Funktion f_a hat genau eine Nullstelle.
3. Weisen Sie nach: Keine der Funktionen f_a hat ein Extremum.

4. Berechnen Sie den Inhalt $A(f_1, f_2)$ der von den Einschränkungen $f_1, f_2 : [0, \pi] \longrightarrow \mathbb{R}$ begrenzten Fläche. (*Hinweis:* Verwenden Sie an geeigneter Stelle die Beziehung $sin(2x) = 2 \cdot sin(x) \cdot cos(x)$.)

5. Die beiden Tangenten an f_1 in den Punkten $A = (0,0)$ und $B = (\pi, \pi)$ haben den mit P bezeichneten Schnittpunkt. Berechnen Sie den Abstand $d(P, id)$ von P zu der positiven Winkelhalbierenden im Koordinaten-System.

B2.940.05: Zur Bearbeitung der Aufgabe im einzelnen:

1. Wegen $f_a(-x) = -x + \frac{1}{a} \cdot sin(-ax) = -x - \frac{1}{a} \cdot sin(ax) = -(x + \frac{1}{a} \cdot sin(ax)) = x + \frac{1}{a} \cdot sin(ax) = f_a(x)$, für alle $x \in \mathbb{R} = D(f_a)$, ist f_a punktsymmetrisch bezüglich $(0,0)$. Wegen $f_a \neq 0$ ist f_a nicht zugleich ordinatensymmetrisch.

2. Die Äquivalenzen $x \in N(f_a) \Leftrightarrow f_a(x) = 0 \Leftrightarrow x + \frac{1}{a} \cdot sin(ax) \Leftrightarrow sin(ax) = -ax$ führen zu einer Schnittstellenuntersuchung der beiden Funktionen $s_a, -v_a : \mathbb{R} \longrightarrow \mathbb{R}$ mit $s_a(x) = sin(ax)$ und $v_a(x) = ax$. Dazu wird zunächst gezeigt, daß v_a die Tangente an s_a im Punkt $(0,0)$ ist: Für diese Tangente t_a gilt $t_a(x) = s'_a(0)x - s'_a(0) \cdot 0 + s_a(0) = a \cdot cos(0) \cdot x + 0 + sin(0) = ax = v_a(x)$, für alle $x \in \mathbb{R}$, also gilt $t_a = v_a$. Da $(0,0)$ ein Wendepunkt von s_a ist, ist v_a zugleich Wendetangente an s_a, also haben s_a und v_a nur die eine Schnittstelle 0.

Verschiebt man nun s_a in positiver Abszissenrichtung um $\frac{\pi}{a}$ (kleinste positive Nullstelle von s_a), so entsteht gerade die Funktion $-s_a$. Im Bereich $\mathbb{R}^+$ gilt dann wegen $v_a > s_a$ auch $v_a > -s_a$, woraus durch Spiegelung an der Abszisse $-v_a < s_a$ folgt. Das heißt, $-v_a$ und s_a haben in $\mathbb{R}^+$ keine Schnittstelle, folglich hat f_a im Bereich $\mathbb{R}^+$ keine Nullstelle. Da ein analoger Sachverhalt im Bereich $\mathbb{R}^-$ gilt, hat f_a lediglich die Nullstelle 0.

3. Die erste Ableitungsfunktion $f'_a : \mathbb{R} \longrightarrow \mathbb{R}$ von f_a ist definiert durch $f'_a(x) = 1 + cos(ax)$. Wegen der Äquivalenzen $x \in N(f'_a) \Leftrightarrow f'_a(x) = 0 \Leftrightarrow cos(ax) = -1 \Leftrightarrow x \in \{(\frac{1}{a} + 2n)\pi \mid n \in \mathbb{Z}\}$ hat f'_a die Nullstellenmenge $N(f'_a) = \{(\frac{1}{a} + 2n)\pi \mid n \in \mathbb{Z}\}$.

Mit der zweiten Ableitungsfunktion $f''_a : \mathbb{R} \longrightarrow \mathbb{R}$ von f_a, definiert durch $f''_a(x) = -a \cdot sin(ax)$, gilt dann weiter $f''_a((\frac{1}{a} + 2n)\pi) = -a \cdot sin(a(\frac{1}{a} + 2n)\pi) = -a \cdot sin((1 + 2an)\pi) = -a \cdot 0 = 0$, für alle $n \in \mathbb{Z}$.

Mit der dritten Ableitungsfunktion $f'''_a : \mathbb{R} \longrightarrow \mathbb{R}$ von f_a, definiert durch $f'''_a(x) = -a^2 \cdot cos(ax)$, gilt dann weiter $f'''_a((\frac{1}{a} + 2n)\pi) = -a^2 \cdot cos(a(\frac{1}{a} + 2n)\pi) = -a^2 \cdot cos((1 + 2an)\pi) \neq 0$, für alle $n \in \mathbb{Z}$. Damit ist $Wen(f_a) = N(f'_a) = \{(\frac{1}{a} + 2n)\pi \mid n \in \mathbb{Z}\}$ die Menge der Wendestellen von f_a mit waagerechter Wendetangente (also die Menge der Sattelstellen von f_a), folglich hat f_a keine Extrema.

4a) Die Funktionen $f_1, f_2 : [0, \pi] \longrightarrow \mathbb{R}$ haben außer 0 und π keine weiteren Schnittstellen, wie die folgenden Äquivalenzen zeigen: $x \in S(f_1, f_2) \Leftrightarrow f_1(x) = f_2(x) \Leftrightarrow x + sin(x) = x + \frac{1}{2} \cdot sin(2x) \Leftrightarrow sin(x) = \frac{1}{2} \cdot sin(2x) \Leftrightarrow sin(x) = \frac{1}{2} \cdot 2 \cdot sin(x) \cdot cos(x) \Leftrightarrow sin(x)(1 - cos(x)) = 0 \Leftrightarrow sin(x) = 0$ oder $cos(x) = 1 \Leftrightarrow x \in \{0, \pi\} \cup \{0\} = \{0, \pi\}$.

4b) Eine Stammfunktion $F_a : [0, \pi] \longrightarrow \mathbb{R}$ der Einschränkung $f_a : [0, \pi] \longrightarrow \mathbb{R}$ ist definiert durch die Vorschrift $F_a(x) = \frac{1}{2}x^2 - \frac{1}{a^2} \cdot cos(ax)$. Damit ist dann $A(f_1, f_2) = |(F_2 - F_1)(\pi) - (F_2 - F_1)(0)|$
$= |F_2(\pi) - F_1(\pi) - F_2(0) + F_1(0)| = |\frac{1}{2}\pi^2 - \frac{1}{2^2} \cdot cos(2\pi) - \frac{1}{2}\pi^2 + cos(\pi) - \frac{1}{2}0^2 + \frac{1}{2^2} \cdot cos(0) + \frac{1}{2}0^2 - cos(0)|$
$= |-\frac{1}{4} \cdot cos(2\pi) + cos(\pi) + \frac{1}{4} \cdot cos(0) - cos(0)| = |-\frac{1}{4} - 1 + \frac{1}{4} - 1| = |-2| = 2$ (FE).

Anmerkung: Der in f_a enthaltene zweite Summand wird für Geraden $g = u + v \cdot id$ mit Anstieg $v \neq 0$ und integrierbaren Funktionen f mit Stammfunktionen F nach der Regel $\int(f \circ g) = \frac{1}{v}(F \circ g) + \mathbb{R}$ gebildet. Diese Regel kann durch Differentiation bewiesen werden: Es gilt $(\frac{1}{v}(F \circ g))' = \frac{1}{v}(F \circ g)' = \frac{1}{v}(F' \circ g)g' = \frac{1}{v}(f \circ g)v = f \circ g$.

5a) Mit den Anstiegen $f'_1(0) = 1 + cos(0) = 1 + 1 = 2$ und $f'_1(\pi) = 1 + cos(\pi) = 1 - 1 = 0$ haben die beiden Tangenten $t_A, t_B : \mathbb{R} \longrightarrow \mathbb{R}$ an f_1 die Zuordnungsvorschriften $t_A(x) = 2x - 2 \cdot 0 + f_1(0) = 2x + sin(0) = 2x$ und $t_B(x) = 0 \cdot x - 0\pi + f_1(\pi) = f_1(\pi) = \pi + sin(\pi) = \pi$. Die Schnittstelle vo t_A und t_B ist folglich $\frac{\pi}{2}$, ihr Schnittpunkt P dann $P = (\frac{\pi}{2}, \pi)$.

5b) Eine zur identischen Funktion id orthogonale Gerade $g : \mathbb{R} \longrightarrow \mathbb{R}$ hat zunächst den Anstieg -1. Mit dem Punkt P ist dann $-1 = \frac{g(x) - \pi}{x - \frac{\pi}{2}}$, also $g(x) = -(x - \frac{\pi}{2}) + \pi = -x + \frac{3}{2}\pi$. Die Schnittstelle von g und id ist wegen $id(x) = g(x) \Leftrightarrow x = -x + \frac{3}{2}\pi \Leftrightarrow 2x = \frac{3}{2}\pi \Leftrightarrow x = \frac{3}{4}\pi$ die Zahl $\frac{3}{4}\pi$, der Schnittpunkt von g und id ist folglich $Q = (\frac{3}{4}\pi, \frac{3}{4}\pi)$. Nach dem *Satz des Pythagoras* gilt für den Abstand $d(P, Q)$ dann $d^2(P, Q) = (\frac{3}{4}\pi - \frac{1}{4}\pi)^2 + (\frac{3}{4}\pi - \pi)^2 = \frac{1}{16}\pi^2 + \frac{1}{16}\pi^2 = \frac{1}{8}\pi^2$, somit ist $d(P, Q) = \frac{1}{4}\pi\sqrt{2}$ (LE).

2.941 Untersuchung trigonometrischer Funktionen (Teil 2)

A2.941.01 (D): Betrachten Sie die folgende Skizze zum einen bezüglich Ord_1 mit $f_1 = f$, $g_1 = g$ und $h_1 = h$, zum anderen bezüglich Ord_2 mit $f_2 = f$, $g_2 = g$ und $h_2 = h$. Ferner gelte $d(Ors_1, Ord_2) = \frac{\pi}{2}$.

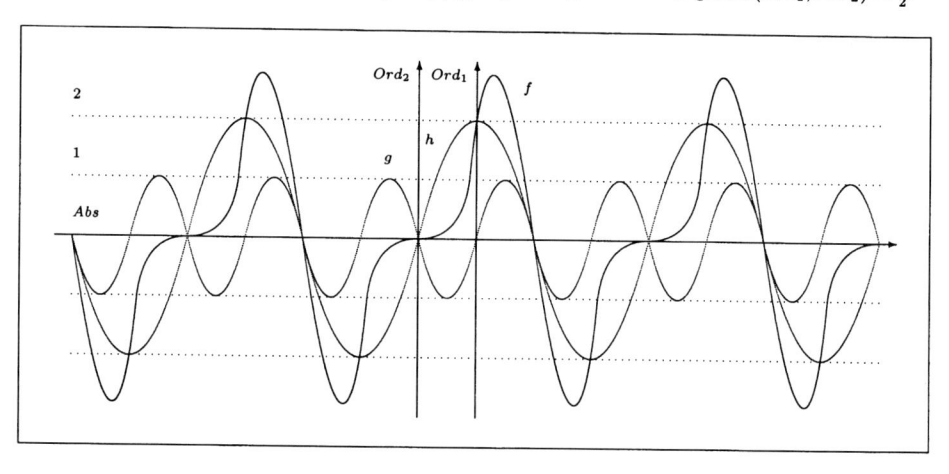

1. Ermitteln Sie bezüglich Ord_k die Funktionen g_k und h_k sowie $f_k = g_k + h_k$ (einfache Bausteine).
2. Berechnen Sie die Mengen $N(f_k)$ der Nullstellen von $f_1, f_2 : \mathbb{R} \longrightarrow \mathbb{R}$.
3. Berechnen Sie die Mengen $N(f'_k)$ der Nullstellen von $f'_1, f'_2 : \mathbb{R} \longrightarrow \mathbb{R}$. Beschreiben Sie dann unter Verwendung der obigen Skizze die besonderen Eigenschaften von f_k bei diesen Nullstellen.
4. Welcher Zusammenhang besteht bezüglich Ord_1 zwischen f_1 und f_2?

B2.941.01: Zur Bearbeitung der Aufgabe im einzelnen:

1a) Bestimmung der drei Funktionen bezüglich des Koordinatensystems (Abs, Ord_1): Gemäß Skizze und der Angabe $d(Ors_1, Ord_2) = \frac{\pi}{2}$ sind die Funktionen $g_1, h_1 : \mathbb{R} \longrightarrow \mathbb{R}$ definiert durch $g_1(x) = sin(2x)$ und $h_1(x) = 2 \cdot cos(x)$. Damit ist dann f_1 definiert durch $f_1(x) = sin(2x) + 2 \cdot cos(x)$.

1b) Bestimmung der drei Funktionen bezüglich des Koordinatensystems (Abs, Ord_2): Gemäß Skizze und der Angabe $d(Ors_1, Ord_2) = \frac{\pi}{2}$ sind die Funktionen $g_2, h_2 : \mathbb{R} \longrightarrow \mathbb{R}$ definiert durch $g_2(x) = -sin(2x)$ und $h_2(x) = 2 \cdot sin(x)$. Damit ist dann f_2 definiert durch $f_2(x) = 2 \cdot sin(x) - sin(2x)$.

2a) Die Äquivalenzen $x \in N(f_1) \Leftrightarrow f_1(x) = 0 \Leftrightarrow g_1(x) + h_1(x) = 0 \Leftrightarrow sin(2x) + 2 \cdot cos(x) = 0$
$\Leftrightarrow 2sin(x)cos(x) + 2 \cdot cos(x) = 0 \Leftrightarrow 2 \cdot cos(x) \cdot (sin(x) + 1) = 0 \Leftrightarrow cos(x) = 0$ oder $sin(x) = -1$
$\Leftrightarrow x \in (\frac{1}{2} + \mathbb{Z})\pi \cup (\frac{3}{2} + 2\mathbb{Z})\pi \Leftrightarrow x \in (\frac{1}{2} + \mathbb{Z})\pi \cup (\frac{1}{2} + (2\mathbb{Z}+1))\pi \Leftrightarrow x \in (\frac{1}{2} + \mathbb{Z})\pi \Leftrightarrow x \in N(cos)$ zeigen $N(f_1) = N(cos)$.

2b) Die Äquivalenzen $x \in N(f_2) \Leftrightarrow f_2(x) = 0 \Leftrightarrow g_2(x) + h_2(x) = 0 \Leftrightarrow 2 \cdot sin(x) - sin(2x) = 0$
$\Leftrightarrow 2 \cdot sin(x) - 2 \cdot sin(c) \cdot cos(x) = 0 \Leftrightarrow 2 \cdot sin(x) \cdot (1 - cos(x)) = 0 \Leftrightarrow sin(x) = 0$ oder $cos(x) = 1$
$\Leftrightarrow x \in \mathbb{Z}\pi \cup 2\mathbb{Z}\pi \Leftrightarrow x \in \mathbb{Z}\pi \Leftrightarrow x \in N(sin)$ zeigen $N(f_2) = N(sin)$.

3a) Die 1. Ableitungsfunktion $f'_1 : \mathbb{R} \longrightarrow \mathbb{R}$ von f_1 ist dann definiert durch die Zuordnungsvorschrift $f'_1(x) = g'_1(x) + h'_1(x) = 2(cos(2x) - sin(x))$. Die Äquivalenzen $x \in N(f'_1) \Leftrightarrow f'_1(x) = 0$
$\Leftrightarrow 2(cos(2x) - sin(x)) = 0 \Leftrightarrow cos(2x) - sin(x) = 0 \Leftrightarrow 1 - 2sin^2(x) - sin(x) = 0$
$\Leftrightarrow sin^2(x) + \frac{1}{2}sin(x) - \frac{1}{2} = 0 \Leftrightarrow sin(x) = -\frac{1}{4} - \sqrt{(\frac{1}{4})^2 + \frac{1}{2}} = -\frac{1}{4} - \frac{3}{4} = -1$ oder $sin(x) = -\frac{1}{4} + \frac{3}{4} = \frac{1}{2}$
$\Leftrightarrow x \in (\frac{1}{6} + 2\mathbb{Z})\pi \cup (\frac{5}{6} + 2\mathbb{Z})\pi \cup (\frac{3}{2} + 2\mathbb{Z})\pi$ liefern dann $N(f'_1) = (\frac{1}{6} + 2\mathbb{Z})\pi \cup (\frac{5}{6} + 2\mathbb{Z})\pi \cup (\frac{3}{2} + 2\mathbb{Z})\pi$.

Unter Verwendung der Skizze ist $Max(f) = (\frac{1}{6} + 2\mathbb{Z})\pi = \{\frac{1}{6} + 2n)\pi \,|\, n \in \mathbb{Z}\}$ die Menge der Maximalstellen, $Min(f) = (\frac{5}{6} + 2\mathbb{Z})\pi = \{\frac{5}{6} + 2n)\pi \,|\, n \in \mathbb{Z}\}$ die Menge der Minimalstellen und schließlich dann noch

$Sat(f) = (\frac{3}{2} + 2\mathbb{Z})\pi = \{\frac{3}{2} + 2n)\pi \mid n \in \mathbb{Z}\}$ die Menge der Wendestellen mit waagerechter Wendetangente.

3b) Die 1. Ableitungsfunktion $f_2' : \mathbb{R} \longrightarrow \mathbb{R}$ von f_2 ist dann definiert durch die Zuordnungsvorschrift
$f_2'(x) = g_2'(x) + h_2'(x) = 2 \cdot cos(x) - 2 \cdot cos(2x) = 2 \cdot cos(x) - 2(2 \cdot cos^2(x) - 1) = -4 \cdot cos^2(x) + 2 \cdot cos^2(x) + 2$.
Die Äquivalenzen $x \in N(f_2') \Leftrightarrow f_2'(x) = 0 \Leftrightarrow -4 \cdot cos^2(x) + 2 \cdot cos^2(x) + 2 = 0$
$\Leftrightarrow cos^2(x) - \frac{1}{2}cos(x) - \frac{1}{2} = 0 \Leftrightarrow cos(x) = \frac{1}{4} - \sqrt{(\frac{1}{4})^2 + \frac{1}{2}} = \frac{1}{4} - \frac{3}{4} = -\frac{1}{2}$ oder $cos(x) = \frac{1}{4} + \frac{3}{4} = 1$
$\Leftrightarrow x \in (\frac{5}{6} + 2\mathbb{Z})\pi \cup (\frac{7}{6} + 2\mathbb{Z})\pi \cup 2\mathbb{Z}\pi$ liefern dann $N(f_2') = (\frac{5}{6} + 2\mathbb{Z})\pi \cup (\frac{7}{6} + 2\mathbb{Z})\pi \cup 2\mathbb{Z}\pi$.

Unter Verwendung der Skizze ist $Max(f) = (\frac{5}{6} + 2\mathbb{Z})\pi = \{\frac{5}{6} + 2n)\pi \mid n \in \mathbb{Z}\}$ die Menge der Maximalstellen, $Min(f) = (\frac{7}{6} + 2\mathbb{Z})\pi = \{\frac{7}{6} + 2n)\pi \mid n \in \mathbb{Z}\}$ die Menge der Minimalstellen und schließlich dann noch $Sat(f) = 2\mathbb{Z}\pi = \{2n\pi \mid n \in \mathbb{Z}\}$ die Menge der Wendestellen mit waagerechter Wendetangente.

4. Bezüglich Ord_1 gilt: Verschiebt man f_2 um $\frac{\pi}{2}$ nach links, so entsteht f_1, denn für alle $x \in \mathbb{R}$ gilt $f_2(x + \frac{\pi}{2}) = 2 \cdot sin(x + \frac{\pi}{2}) - sin(2x + \pi) = 2 \cdot cos(x) + sin(2x) = f_1(x)$.

A2.941.02 (D, A) : Betrachten Sie die Funktionen $sin, cos + c : [0, z] \longrightarrow \mathbb{R}$, wobei z die kleinste positive Zahl sei, für die (z, c) ein Berührpunkt der Sinus-Funktion mit der um c in positiver Ordinaten-Richtung verschobenen Cosinus-Funktion sei.

1. Ermitteln Sie zunächst (z, c) und berechnen Sie dann den Flächeninhalt $A(sin, cos + c)$.
2. Beschreiben Sie ferner den Einfluß eines Frequenzfaktors a auf die oben beschriebene Situation.

B2.941.02: Zur Bearbeitung der Aufgabe im einzelnen:

1. Um Berührpunkte für die zu betrachtenden Funktionen zu erhalten, muß die Stelle mit maximalem Abstand zwischen den Funktionen sin und cos ermittelt werden. Eine solche Stelle (siehe Skizze) ist die Zahl $z = \frac{3}{4}\pi$. Dieser Abstand ist dann $c = 2 \cdot sin(\frac{3}{4}\pi) = 2 \cdot \frac{1}{2}\sqrt{2} = \sqrt{2}$.

Für die Funktionen $sin, cos + \sqrt{2} : [0, \frac{3}{4}\pi] \longrightarrow \mathbb{R}$ gilt dann $A(sin, cos + \sqrt{2}) = |\int_0^z (sin - cos - \sqrt{2})| = |(sin - cos - \sqrt{2} \cdot id)(z) - (sin - cos - \sqrt{2} \cdot id)(0)| = |sin(\frac{3}{4}\pi) - cos(\frac{3}{4}\pi) - \sqrt{2} \cdot \frac{3}{4}\pi - sin(0) - cos(0) - \sqrt{2} \cdot 0| = |\frac{1}{2}\sqrt{2} - \frac{1}{2}\sqrt{2} + \sqrt{2} \cdot \frac{3}{4}\pi - 0 - 1 - 0| = \frac{3}{4}\sqrt{2} \cdot \pi - 1 \approx 2,33$ (FE).

2. Betrachtet man Funktionen $sin \circ (a \cdot id)$ und $cos \circ (a \cdot id) + c$ mit einem Frequenzfaktor $a \neq 0$, dann hat die Berührstelle die Darstellung $z = \frac{1}{a} \cdot \frac{3}{4}\pi$, der Berührpunkt ist also $(\frac{3}{4a}\pi, \frac{1}{2}\sqrt{2})$. Mit dem Integral
$\int (sin \circ (a \cdot id) - cos \circ (a \cdot id) - \sqrt{2})$
$= \int (sin \circ (a \cdot id)) - \int (cos \circ (a \cdot id)) - \int \sqrt{2} = -\frac{1}{a} \cdot cos \circ (a \cdot id) - \frac{1}{a} \cdot sin \circ (a \cdot id) - \sqrt{2} \cdot id + \mathbb{R}$ ist dann
$A(sin \circ (a \cdot id), cos \circ (a \cdot id) + \sqrt{2}) = |-\frac{1}{a} \cdot cos(a \cdot \frac{1}{a} \cdot \frac{3}{4}\pi) - \frac{1}{a} \cdot sin(a \cdot \frac{1}{a} \cdot \frac{3}{4}\pi) - \sqrt{2} \cdot \frac{1}{a} \cdot \frac{3}{4}\pi - (-\frac{1}{a} \cdot 1 - 0 - \sqrt{2} \cdot 0|$
$= |-\frac{1}{a} \cdot (-\frac{1}{2}\sqrt{2}) - \frac{1}{a} \cdot \frac{1}{2}\sqrt{2} - \frac{1}{a}\sqrt{2} \cdot \frac{3}{4}\pi + \frac{1}{a}| = \frac{1}{a} \cdot (\frac{3}{4}\sqrt{2} \cdot \pi - 1)$ (FE).

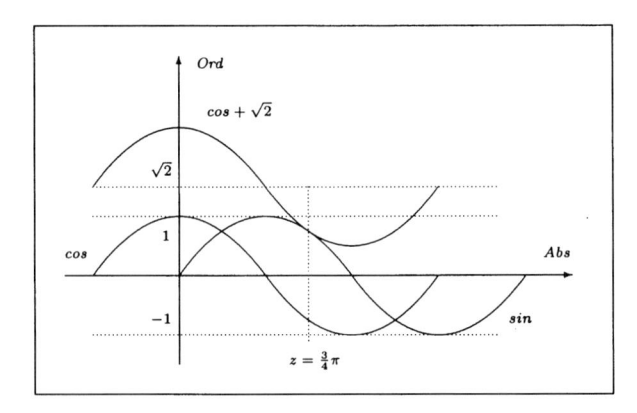

2.942 Untersuchungen trigonometrischer Funktionen (Teil 3)

A2.942.01 (D, A): Betrachten Sie die durch die Zuordnungsvorschrift $f(x) = \pi - \frac{1}{2}x - sin(x)$ definierte Funktion $f : (0, 2\pi) \longrightarrow \mathbb{R}$.

1. Berechnen Sie die Menge $N(f)$ der Nullstellen von f.
2. Zeichnen Sie den Graphen von f durch Addition der Graphen der Summanden von f.
3. Untersuchen Sie f hinsichtlich Extrema.
4. Berechnen Sie den Wendepunkt von f und die zugehörige Wendetangente und Wendenormale.
5. Diese Wendenormale bildet mit den Koordinaten ein Dreieck D, dessen Fläche durch f zweigeteilt wird. Berechnen Sie die Inhalte der beiden Einzelflächen und ihr Verhältnis zueinander.

B2.942.01: Zur Bearbeitung der Aufgabe im einzelnen:

1. Bei der Berechnung der Nullstellen von f wird zunächst das übliche Verfahren mit folgenden Äquivalenzen angewendet: $x \in N(f) \Leftrightarrow f(x) = 0 \Leftrightarrow \pi - \frac{1}{2}x - sin(x) = 0 \Leftrightarrow \pi = \frac{1}{2}x + sin(x)$. Zur Berechnung möglicher Zahlen mit der zuletzt genannten Eigenschaft wird die durch $u(x) = \frac{1}{2}x + sin(x)$ definierte Funktion $u : (0, 2\pi) \longrightarrow \mathbb{R}$ betrachtet und das Verhältnis von u zu der konstanten Funktion π untersucht, denn die Schnittstellen von (u, π) sind zugleich die Nullstellen von f:
Die 1. Ableitungsfunktion $u' : (0, 2\pi) \longrightarrow \mathbb{R}$ mit $u'(x) = \frac{1}{2} + cos(x)$ hat wegen der Äquivalenzen $x \in N(u') \Leftrightarrow u'(x) = 0 \Leftrightarrow \frac{1}{2} + cos(x) = 0 \Leftrightarrow cos(x) = -\frac{1}{2} \Leftrightarrow x \in \{\frac{2}{3}\pi, \frac{4}{3}\pi\}$ die Nullstellenmenge $N(u') = \{\frac{2}{3}\pi, \frac{4}{3}\pi\}$. Dabei ist $u''(\frac{2}{3}\pi) = -sin(\frac{2}{3}\pi) = -\frac{1}{2}\sqrt{3} < 0$, und $u''(\frac{4}{3}\pi) = -sin(\frac{4}{3}\pi) = \frac{1}{2}\sqrt{3} > 0$, das heißt also, daß $\frac{2}{3}\pi$ die Maximalstelle von u und $(\frac{2}{3}\pi, u(\frac{2}{3}\pi)) = (\frac{2}{3}\pi, \frac{1}{3}\pi + \frac{1}{2}\sqrt{3})$ dann schließlich das Maximum von u ist.
Vergleicht man nun u mit π, dann gilt offenbar $u < \pi$, denn es ist $max(Bild(u)) = \frac{1}{3}\pi + \frac{1}{2}\sqrt{3} < \frac{1}{3}\pi + 1 < \pi$. Somit gibt es keine Schnittstellen von (u, π) und folglich auch keine Nullstellen von f, es gilt also $N(f) = \emptyset$.
Anmerkung: Man kann vermöge der Funktion $v : (0, 2\pi) \longrightarrow \mathbb{R}$ mit $v(x) = \pi - \frac{1}{2}x$ auch so argumentieren: Mit der Maximalstelle $\frac{\pi}{2}$ von sin ist $v(\frac{\pi}{2}) = \pi - \frac{1}{2} \cdot \frac{\pi}{2} = \frac{3}{4}\pi > 1$, also ist $f = v - sin > 0$.

2. Zur Skizze: f ist die Summe $f = \pi - g - sin$, wobei g durch $g(x) = \frac{1}{2}x$ definiert ist. Dabei wird zunächst die Summe $-g - sin$ gezeichnet und anschließend um π in positiver Ordinaten-Richtung verschoben.

3. Untersuchung von f hinsichtlich möglicher Extrema: Beachtet man für die in Teil 1 entwickelte Funktion u die Beziehungen $f = \pi - u$ sowie $f' = -u' = -\frac{1}{2} - cos$ und $f'' = -u'' = sin$, dann ist $\frac{2}{3}\pi$ die Minimalstelle und $\frac{4}{3}\pi$ die Maximalstelle von u. Mit $f(\frac{2}{3}\pi) = \pi - \frac{1}{3}\pi - sin(\frac{2}{3}\pi) = \frac{2}{3}\pi - \frac{1}{2}\sqrt{3}$ und $f(\frac{4}{3}\pi) = \pi - \frac{2}{3}\pi - sin(\frac{4}{3}\pi) = \frac{1}{3}\pi + \frac{1}{2}\sqrt{3}$ ist $(\frac{2}{3}\pi, \frac{1}{3}\pi - \frac{1}{2}\sqrt{3})$ das Minimum und $(\frac{4}{3}\pi, \frac{1}{3}\pi + \frac{1}{2}\sqrt{3})$ das Maximum von f.

4a) Zum Wendepunkt von f: Mit der Nullstelle π von $f'' = sin$ und $f'''(\pi) = cos(\pi) = -1 \neq 0$ ist π die Wendestelle von f. Mit $f(\pi) = \pi - \frac{1}{2}\pi - sin(\pi) = \frac{1}{2}\pi$ ist $(\pi, \frac{1}{2}\pi)$ der Wendepunkt von f.

4b) Die Wendetangente $t : \mathbb{R} \longrightarrow \mathbb{R}$ an f ist mit $f'(\pi) = -\frac{1}{2} - cos(\pi) = -\frac{1}{2} + 1 = \frac{1}{2}$ definiert durch $t(x) = \frac{1}{2}x + \pi$.

4c) Berechnung der Zuordnungsvorschrift der Wendenormale $n : \mathbb{R} \longrightarrow \mathbb{R}$ zu f: Mit dem Tangenten-Anstieg $f'(\pi) = \frac{1}{2}$ an f bei π ist zunächst $-\frac{1}{f'(\pi)} = -2$ der Anstieg von n. Als Gerade hat n die Form $n(x) = ux + v$, damit ist $n(\pi) = -2\pi + v$, woraus mit $n(\pi) = f(\pi) = \frac{1}{2}\pi$ dann $v = n(\pi) + 2\pi = \frac{5}{2}\pi$ folgt. Insgesamt ist die Wendenormale n also durch $n(x) = -2x + \frac{5}{2}\pi$ definiert.

5a) Zunächst liefern die Äquivalenzen $x \in N(n) \Leftrightarrow n(x) = 0 \Leftrightarrow -2x + \frac{5}{2}\pi = 0 \Leftrightarrow 2x = \frac{5}{2}\pi \Leftrightarrow x = \frac{5}{4}\pi$ die Nullstelle $\frac{5}{4}\pi$ von n. Das Dreieck D, das die Wendenormale mit den Koordinaten bildet, hat damit den Flächeninhalt $A(D) = \frac{1}{2} \cdot n(0) \cdot \frac{5}{4}\pi = \frac{1}{2} \cdot \frac{5}{2}\pi \cdot \frac{5}{4}\pi = \frac{25}{16}\pi^2$ (FE).

5b) Die Fläche D wird durch f zweigeteilt in eine Teilfläche U, die f mit n einschließt, und die restliche Fläche V, wofür $A(D) = A(U) + A(V)$ gilt. Das Ziel der folgenden Berechnung ist nun $A(U) = \int\limits_0^\pi (n-f)$, denn π ist die Schnittstelle von f und n. Betrachtet man dazu die Differenz $n - f$ mit $(n - f)(x) = -2x + \frac{5}{2}\pi - \pi + \frac{1}{2}x + sin(x) = -\frac{3}{2}x + \frac{3}{2}\pi + sin(x)$ und eine zugehörige Stammfunktion G mit $G(x) =$

$-\frac{3}{4}x^2 + \frac{3}{2}\pi x - cos(x)$, dann ist $A(U) = \int_0^\pi (n-f) = |G(\pi) - G(0)| = |-\frac{3}{4}\pi^2 + \frac{3}{2}\pi^2 - cos(\pi) + cos(0)| = |\frac{3}{4}\pi^2 + 2| = \frac{3}{4}\pi^2 + 2 \approx 9,40$ (FE).

5c) Damit ist $A(V) = A(D) - A(U) = \frac{25}{16}\pi^2 - \frac{3}{4}\pi^2 - 2 = \frac{13}{16}\pi^2 - 2 \approx 6,02$ (FE). Das Verhältnis der Inhalte der beiden Teilflächen ist dann $A(U) : A(V) = (\frac{3}{4}\pi^2 + 2) : (\frac{13}{16}\pi^2 - 2) \approx 9,40 : 6,02 \approx 1,56$.

A2.942.02 (D) : Einem Halbkreis mit Radius r soll ein Rechteck mit maximalem Flächeninhalt einbeschrieben werden. (Dabei soll eine Rechteckseite Teil der Durchmessers des Halbkreises, als Strecke betrachtet, sein.)

B2.942.02: Es bezeichne x die Länge der senkrechten und $2y$ die Länge der waagerechten Seite des Rechtecks, so daß der Flächeninhalt des Rechtecks dann $A = 2xy$ ist. Ferner bezeichne $\alpha \neq 0$ den Winkel, den die Strecke vom Mittelpunkt des Durchmessers zu einem Eckpunkt mit dem Durchmesser bildet. Damit ist dann $x = r \cdot sin(\alpha)$ und $y = r \cdot cos(\alpha)$ sowie $A : (0, \pi) \longrightarrow \mathbb{R}$ mit $A(\alpha) = 2r^2 \cdot sin(\alpha) \cdot cos(\alpha)$ die zu betrachtende Flächeninhalts-Funktion.

Die beiden Ableitungsfunktionen $A', A'' : (0, \pi) \longrightarrow \mathbb{R}$ sind dann definiert durch die beiden Vorschriften $A'(\alpha) = 2r^2(cos^2(\alpha) - sin^2(\alpha))$ und $A''(\alpha) = -8r^2 \cdot sin(\alpha) \cdot cos(\alpha)$. Nun liefern die Äquivalenzen $\alpha \in N(A') \Leftrightarrow A'(\alpha) = 0 \Leftrightarrow cos^2(\alpha) = sin^2(\alpha) \Leftrightarrow cos(\alpha) = sin(\alpha) \Leftrightarrow \alpha = \frac{\pi}{2}$ die Nullstelle $\frac{\pi}{2}$ von A', für die dann $A''(\frac{\pi}{2}) < 0$ gilt, das heißt, daß $\frac{\pi}{2}$ die Maximalstelle von A ist.

Damit hat das Rechteck mit maximalem Flächeninhalt die Seitenlängen $x = r \cdot sin(\frac{\pi}{2}) = \frac{r}{2}\sqrt{2}$ und $2y = 2r \cdot cos(\frac{\pi}{2}) = r\sqrt{2}$ sowie den Flächeninhalt $A_{max} = A(\frac{\pi}{2}) = r^2$ (FE).

A2.942.03 (D, A) : Betrachten Sie die Funktion $f : [-\frac{1}{2}\pi, \frac{3}{2}\pi] \longrightarrow \mathbb{R}$ mit $f(x) = -\frac{1}{2}x + cos(x)$.
1. Berechnen Sie den Ordinatenschnittpunkt von f und die Funktionswerte von $-\frac{1}{2}\pi$ und $\frac{3}{2}\pi$.
2. Berechnen Sie eine Näherung z für die Nullstelle x_0 von f mit $|f(z)| < 0,003$.
3. Untersuchen Sie f hinsichtlich Extrema und Wendepunkte.
4. Berechnen Sie den Inhalt $A(f, g)$ der von f und $-\frac{1}{2} \cdot id$ vollständig begrenzten Fläche.

B2.942.03: Zur Bearbeitung der Aufgabe im einzelnen:
1. Es gilt $f(0) = 0 + cos(0) = 1$, der Ordinatenschnittpunkt von f ist also $(0, 1)$. Ferner sind die gesuchten Funktionswerte dann $f(-\frac{1}{2}\pi) = \frac{1}{4}\pi + cos(-\frac{1}{2}\pi) = \frac{1}{4}\pi$ und $f(\frac{3}{2}\pi) = -\frac{3}{4}\pi + cos(\frac{3}{2}\pi) = -\frac{3}{4}\pi$.

2. Eine Näherung z zu x_0 liefert $z = x_0 - \frac{f(x_0)}{f'(x_0)}$ (siehe Abschnitt 2.432). Mit $x_0 = \frac{\pi}{2}$ ist dann $z = \frac{\pi}{2} - \frac{f(\frac{\pi}{2})}{f'(\frac{\pi}{2})} = \frac{\pi}{3}$. Damit ist dann $f(\frac{\pi}{3}) = -\frac{\pi}{6} + cos(\frac{\pi}{3}) \approx -0,52 + 0,50 = -0,02$ und $|-0,02| < 0.03$.

3a) Die 1. Ableitungsfunktion $f' : (-\frac{1}{2}\pi, \frac{3}{2}\pi) \longrightarrow \mathbb{R}$ der Einschränkung $f : (-\frac{1}{2}\pi, \frac{3}{2}\pi) \longrightarrow \mathbb{R}$ ist definiert durch $f'(x) = -\frac{1}{2} - sin(x)$ und besitzt die beiden Nullstellen $-\frac{1}{6}\pi$ und $\frac{7}{6}\pi$. Die 2. Ableitungsfunktion $f'' : (-\frac{1}{2}\pi, \frac{3}{2}\pi) \longrightarrow \mathbb{R}$ mit $f''(x) = -cos(x)$ liefert dann die Funktionswerte $f''(-\frac{1}{6}\pi) = -cos(-\frac{1}{6}\pi) = -\frac{1}{2}\sqrt{3} < 0$ und $f''(\frac{7}{6}\pi) = -cos(\frac{7}{6}\pi) = \frac{1}{2}\sqrt{3} > 0$. Damit ist $-\frac{1}{6}\pi$ die Maximalstelle mit zugehörigem Maximum $(-\frac{1}{6}\pi, \frac{1}{12}\pi + \frac{1}{2}\sqrt{3}) = (\approx -0,5/ \approx 1,1)$ und $\frac{7}{6}\pi$ die Minimalstelle mit zugehörigem Minimum $(\frac{7}{6}\pi, -\frac{7}{12}\pi - \frac{1}{2}\sqrt{3}) = (\approx 3,7/ \approx -2,7)$ von f.

Diese Extrema sind zunächst lokale Extrema, aber tatsächlich auch globale Extrema, denn für die Funktionswerte der Intervallgrenzen von $D(f)$ gilt $f(-\frac{1}{2}\pi) = \frac{1}{4}\pi < \frac{1}{12}\pi + \frac{1}{2}\sqrt{3} = f(-\frac{1}{6}\pi)$ und entsprechend $f(\frac{3}{2}\pi) = -\frac{3}{4}\pi > -\frac{7}{12}\pi - \frac{1}{2}\sqrt{3} = f(\frac{7}{6}\pi)$.

3b) Die Nullstelle $\frac{1}{2}\pi$ der 2. Ableitungsfunktion ist wegen $f'''(\frac{1}{2}\pi) = sin(\frac{1}{2}\pi) = 1 \neq 0$ auch die Wendestelle von f. Der Wendepunkt von f ist damit $(\frac{1}{2}\pi, f(\frac{1}{2}\pi)) = (\frac{1}{2}\pi, -\frac{1}{4}\pi)$.

4. Eine Stammfunktion H von $f - g = cos$ ist $H = sin$. Beachtet man, daß f und g neben den Intervallgrenzen von $D(f)$ noch die Schnittstelle $\frac{1}{2}\pi$ (zugleich Wendestelle von f) haben, dann ist

$A(f,g) = |\int_{-\frac{1}{2}\pi}^{\frac{1}{2}\pi}(f-g)| + |\int_{\frac{1}{2}\pi}^{\frac{3}{2}\pi}(f-g)| = |H(\frac{1}{2}\pi) - H(-\frac{1}{2}\pi)| + |H(\frac{3}{2}\pi) - H(\frac{1}{2}\pi)| = |sin(\frac{1}{2}\pi) - sin(-\frac{1}{2}\pi)| +$
$|sin(\frac{3}{2}\pi) - sin(\frac{1}{2}\pi)| = |1 - (-1)| + |-1 - 1| = 4$ (FE) der gesuchte Flächeninhalt.

A2.942.04 (D): Berechnen Sie zu der Funktion $f = \frac{sin}{\sqrt{cos}} : D_{max}(f) \longrightarrow \mathbb{R}$ den maximalen Definitionsbereich sowie die Mengen der Nullstellen, Extrema, Wendepunkte und Wendetangenten.

B2.942.04: Zur Bearbeitung der Aufgabe im einzelnen:

1. Der maximale Definitionsbereich von f ist $D_{max}(f) = \bigcup_{n \in 4\mathbb{Z}-1} (\frac{n}{2}\pi, \frac{n+2}{2}\pi)$.

2. Die Menge $N(f)$ der Nullstellen von f ist die Menge $N(f) = 2\mathbb{Z}\pi$.

3. Die 1. Ableitungsfunktion von f ist $f' = (\frac{sin}{\sqrt{cos}})' = \frac{sin' \cdot \sqrt{cos} - sin \cdot (\sqrt{cos})'}{cos} = \frac{2 \cdot cos^2 + sin^2}{2 \cdot cos \cdot \sqrt{cos}} = \frac{cos^2 + 1}{2 \cdot cos \cdot \sqrt{cos}}$. Da nun die Funktion $cos^2 + 1$ keine (reellen) Nullstellen besitzt, hat f folglich keine Extrema.

4. Die 2. Ableitungsfunktion von f ist $f'' = (\frac{cos^2+1}{2 \cdot cos \cdot \sqrt{cos}})' = \frac{sin \cdot (3 - cos^2)}{4 \cdot cos^2}$ mit der Nullstellenmenge $N(f'') = N(f) = 2\mathbb{Z}\pi$ (denn $3 - cos^2$ liefert keine Nullstellen). Beachtet man $f'(2n\pi) = 1$, dann haben die Wendetangenten $t_n : \mathbb{R} \longrightarrow \mathbb{R}$ die Zuordnungsvorschriften $t_n(x) = x - 2n\pi$, für alle $n \in \mathbb{Z}$.

A2.942.05 (D): Berechnen Sie zu der Funktion $f = sin^3 \cdot cos^2 : \mathbb{R} \longrightarrow \mathbb{R}$ die Mengen der Nullstellen und Extrema. Zu welchen besonderen Punkten führen die Elemente von $\mathbb{Z}\pi$?

B2.942.05: Zur Bearbeitung der Aufgabe im einzelnen:

1. Es gilt $N(f) = N(sin^3 \cdot cos^2) = N(sin) \cup N(cos) = \frac{1}{2}\mathbb{Z}\pi$.

2. Die 1. Ableitungsfunktion von f ist $f' = (sin^3 \cdot cos^2)' = cos \cdot (-5 \cdot cos^4 + 7 \cdot cos^2 - 2)$.

3. Wie f' zeigt, ist $N(cos) \subset N(f')$, also $N_1 = (\mathbb{Z} + \frac{1}{2})\pi \subset N(f')$. Darüber hinaus liefert die Beziehung $(-5 \cdot cos^4 + 7 \cdot cos^2 - 2)(x) = 0$ die dazu äquivalente Disjunktion $cos^2(x) = 1$ oder $cos^2(x) = \frac{2}{5}$. Die erste dieser beiden Bedingungen ist äquivalent zu $sin(x) = 0$ und liefert $N_2 = N(sin) = \mathbb{Z}\pi \subset N(f')$. Schließlich liefern die Bedingung $cos^2(x) = \frac{2}{5}$ und die dazu äquivalente Bedingung $sin^2(x) = \frac{3}{5}$ (denn es gilt $sin^2 + cos^2 = 1$) die folgenden vier weiteren in $N(f')$ enthaltenen Mengen, wobei zur Abkürzung $a = arcsin(\sqrt{\frac{3}{5}}) = arccos(\sqrt{\frac{2}{5}}) \approx 0,89$ bezeichnet sei:

$N_3 = \{x \in \mathbb{R} \mid sin(x) = \sqrt{\frac{3}{5}}$ und $cos(x) = \sqrt{\frac{2}{5}}\} = a + 2\mathbb{Z}\pi \subset N(f')$,

$N_4 = \{x \in \mathbb{R} \mid sin(x) = \sqrt{\frac{3}{5}}$ und $cos(x) = -\sqrt{\frac{2}{5}}\} = a + (2\mathbb{Z}+1)\pi \subset N(f')$,

$N_5 = \{x \in \mathbb{R} \mid sin(x) = -\sqrt{\frac{3}{5}}$ und $cos(x) = \sqrt{\frac{2}{5}}\} = -a + 2\mathbb{Z}\pi \subset N(f')$,

$N_6 = \{x \in \mathbb{R} \mid sin(x) = -\sqrt{\frac{3}{5}}$ und $cos(x) = -\sqrt{\frac{2}{5}}\} = -a + (2\mathbb{Z}+1)\pi \subset N(f')$,

Insgesamt ist damit $N(f') = N_1 \cup N_2 \cup N_3 \cup N_4 \cup N_5 \cup N_6$ oder in der Darstellung $N(f') = T_1 \cup T_2 \cup T_3$ mit $T_1 = N_1 \cup N_2 = N(f) = \frac{1}{2}\mathbb{Z}\pi$ sowie $T_2 = N_3 \cup N_4 = a + \mathbb{Z}\pi$ und $T_3 = N_5 \cup N_6 = -a + \mathbb{Z}\pi$ die Nullstellenmenge von f'.

4. Die 2. Ableitungsfunktion von f ist $f'' = sin \cdot (25 \cdot cos^4 - 21 \cdot cos^2 + 2)$, bezüglich der nun die einzelnen Typen von Nullstellen von f' zu prüfen sind:

a) Für die Elemente $(n + \frac{1}{2})\pi \in N_1 = (\mathbb{Z} + \frac{1}{2})\pi$ gilt: $f''((n + \frac{1}{2})\pi) = sin((n + \frac{1}{2})\pi) \cdot (+2) = 2 \cdot sin((n + \frac{1}{2})\pi)$
$= \begin{cases} 2, & \text{falls } n \in 2\mathbb{Z}, \\ -2, & \text{falls } n \in 2\mathbb{Z}+1, \end{cases}$ also gilt $U_1 = (2\mathbb{Z} + \frac{1}{2})\pi \subset Min(f)$ und $U_2 = (2\mathbb{Z} - \frac{1}{2})\pi \subset Max(f)$.

a) Für die Elemente $n\pi \in N_2 = \mathbb{Z}\pi$ gilt: $f''(n\pi) = 0$, denn es gilt $sin(n\pi) = 0$.

Bei den weiteren Berechnungen tritt die folgende Zahl $c_1 = c_2$ als Faktor auf: Sie ist
$c_1 = 25 \cdot cos^4(a + 2n\pi) - 21 \cdot cos^2(a + 2n\pi) + 2 = 25 \cdot cos^4(a) - 21 \cdot cos^2(a) + 2 = 25 \cdot \frac{4}{25} - 21 \cdot \frac{2}{5} + 2 = -\frac{12}{5}$
und $c_2 = 25 \cdot cos^4(a + (2n+1)\pi) - 21 \cdot cos^2(a + (2n+1)\pi) + 2 = 25 \cdot cos^4(a + \pi) - 21 \cdot cos^2(a + \pi) + 2 = 25 \cdot cos^4(a) - 21 \cdot cos^2(a) + 2 = -\frac{12}{5} = c_1$.

c) Für die Elemente $a + 2n\pi \in N_3 = a + 2\mathbb{Z}\pi$ gilt: $f''(a + 2n\pi) = sin(a + 2n\pi) \cdot c_1 = sin(a) \cdot c_1 < 0$, damit ist $N_3 \subset Max(f)$.

d) Für die Elemente $a + (2n+1)\pi \in N_4 = a + (2\mathbb{Z}+1)\pi$ gilt: $f''(a + (2n+1)\pi) = sin(a + (2n+1)\pi) \cdot c_1 = sin((a + \pi) + 2n\pi) \cdot c_1 = sin(a + \pi) \cdot c_1 = -sin(a) \cdot c_1 > 0$, damit ist $N_4 \subset Min(f)$.

e) Für die Elemente $-a+2n\pi \in N_5 = -a+2\mathbb{Z}\pi$ gilt: $f''(-a+2n\pi) = sin(-a+2n\pi) \cdot c_1 = sin(-a) \cdot c_1 = -sin(a) \cdot c_1 > 0$, damit ist $N_5 \subset Min(f)$.

f) Für die Elemente $-a+(2n+1)\pi \in N_6 = -a+(2\mathbb{Z}+1)\pi$ gilt: $f''(-a+(2n+1)\pi) = sin(-a+(2n+1)\pi) \cdot c_1 = sin((-a+\pi)+2n\pi) \cdot c_1 = sin(-a+\pi) \cdot c_1 = -sin(-a) \cdot c_1 = sin(a) \cdot c_1 < 0$, damit ist $N_6 \subset Max(f)$.

Zusammengefaßt gilt damit $U_2 \cup N_3 \cup N_6 \subset Max(f)$ und $U_1 \cup N_4 \cup N_5 \subset Min(f)$ (wobei die Elemente der Menge N_2 noch nicht näher bestimmt sind). Im folgenden werden nun die Funktionswerte der Elemente dieser Mengen berechnet:

a_1) Für die Elemente $(2n+\frac{1}{2})\pi \in U_1 = (2\mathbb{Z}+\frac{1}{2})\pi$ gilt $f((2n+\frac{1}{2})\pi) = sin^3((2n+\frac{1}{2})\pi) \cdot cos^2((2n+\frac{1}{2})\pi) = sin^3(2n\pi + \frac{1}{2}\pi) \cdot cos^2(2n\pi + \frac{1}{2}\pi) = sin^3(\frac{1}{2}\pi) \cdot cos^2(\frac{1}{2}\pi) = 1 \cdot 0 = 0$.

a_2) Für die Elemente $(2n-\frac{1}{2})\pi \in U_2 = (2\mathbb{Z}-\frac{1}{2})\pi$ gilt $f((2n-\frac{1}{2})\pi) = sin^3((2n-\frac{1}{2})\pi) \cdot cos^2((2n-\frac{1}{2})\pi) = sin^3(2n\pi - \frac{1}{2}\pi) \cdot cos^2(2n\pi - \frac{1}{2}\pi) = sin^3(-\frac{1}{2}\pi) \cdot cos^2(-\frac{1}{2}\pi) = -1 \cdot 0 = 0$.

c) Für die Elemente $a+2n\pi \in N_3 = a+2\mathbb{Z}\pi$ gilt: $f(a+2n\pi) = sin^3(a+2n\pi) \cdot cos^2(a+2n\pi) = sin^3(a) \cdot cos^2(a) = f(a)$.

d) Für die Elemente $a+(2n+1)\pi \in N_4 = a+(2\mathbb{Z}+1)\pi$ gilt:
$f(a+(2n+1)\pi) = sin^3(a+(2n+1)\pi) \cdot cos^2(a+(2n+1\pi) = sin^3((a+\pi)+2n\pi) \cdot cos^2((a+\pi)+2n\pi) = sin^3(a+\pi) \cdot cos^2(a+\pi) = -sin^3(a) \cdot cos^2(a) = -f(a)$.

e) Für die Elemente $-a+2n\pi \in N_5 = -a+2\mathbb{Z}\pi$ gilt: $f(-a+2n\pi) = sin^3(-a+2n\pi) \cdot cos^2(-a+2n\pi) = sin^3(-a) \cdot cos^2(-a) = -sin^3(a) \cdot cos^2(a) = -f(a)$.

d) Für die Elemente $-a+(2n+1)\pi \in N_6 = -a+(2\mathbb{Z}+1)\pi$ gilt:
$f(-a+(2n+1)\pi) = sin^3(-a+(2n+1)\pi) \cdot cos^2(-a+(2n+1\pi) = sin^3((-a+\pi)+2n\pi) \cdot cos^2((-a+\pi)+2n\pi) = sin^3(-a+\pi) \cdot cos^2(-a+\pi) = sin^3(a) \cdot cos^2(a) = f(a)$.

Der in den vorstehenden Berechnungen auftretende Funktionswert $f(a)$ ist $f(a) = sin^3(a) \cdot cos^2(a) = \frac{3}{5}\sqrt{\frac{3}{5}} \cdot \frac{2}{5} = \frac{6}{125}\sqrt{15} \approx 0,19$.

Es bleiben nun noch die Elemente von $N_2 = N(sin) = \mathbb{Z}\pi$ zu untersuchen: Die obigen Betrachtungen haben zunächst die Beziehungen $N_2 \subset N(f')$ und $N_2 \subset N(f'')$ gezeigt. Hinsichtlich der 3. Ableitungsfunktion $f''' = cos \cdot (125 \cdot cos^4 - 163 \cdot cos^2 + 44)$ von f gilt für die Elemente $n\pi$ von N_2 jedoch
$$f'''(n\pi) = \begin{cases} 1 \cdot 6 > 0, & \text{falls } n \in 2\mathbb{Z}, \\ (-1) \cdot 6 < 0, & \text{falls } n \in 2\mathbb{Z}+1. \end{cases}$$

Damit ist $\{2n\pi \mid n \in \mathbb{Z}\} \subset Sat_{LR}(f)$ und $\{(2n+1)\pi \mid n \in \mathbb{Z}\} \subset Sat_{RL}(f)$. Da die Elemente dieser Mengen zugleich Nullstellen von f sind, sind die zugehörigen Sattelpunkte Teil der Abszisse.

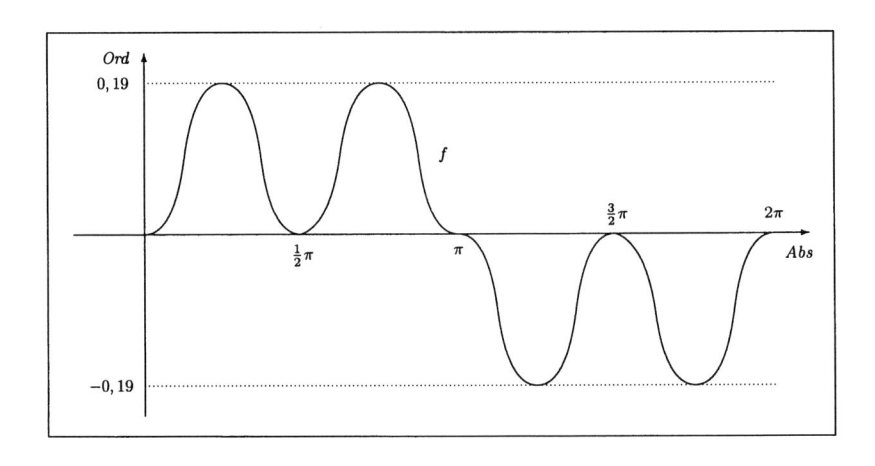

2.944 Untersuchungen trigonometrischer Funktionen (Teil 5)

A2.944.01 (D): Betrachten Sie die Familie $(f_a)_{a\in\mathbb{R}^+}$ von Funktionen $f_a : [-a\pi, a\pi] \longrightarrow \mathbb{R}$, definiert durch die Zuordnungsvorschrift $f_a(x) = (a + \frac{1}{a^2}) \cdot cos(\frac{1}{a}x)$.

a) Beschreiben Sie die beiden wesentlichen Merkmale, in denen die Funktionen f_a von der Funktion $cos : [-\pi, \pi] \longrightarrow \mathbb{R}$ abweichen, nennen Sie ferner eine f_a und cos gemeinsame Eigenschaft.

b) Bestimmen (nicht rechnen) Sie unter Verwendung von Aufgabenteil a) die beiden Nullstellen, die drei Extrema (auch im Hinblick auf die Intervallgrenzen) sowie die beiden Wendepunkte von f_a.

c) Skizzieren Sie f_1 und f_2 in einem gemeinsamen Koordinaten-System. (Nennen Sie zuvor jeweils die Konkretionen der nach Aufgabenteil b) zu verwendenden sieben Punkte.)

d) Ermitteln Sie die Zuordnungsvorschriften der beiden Wendetangenten $s_a, t_a : \mathbb{R} \longrightarrow \mathbb{R}$ zu f_a sowie die Zuordnungsvorschrift der Tangente $w_a : \mathbb{R} \longrightarrow \mathbb{R}$ an f_a im Punkt $P = (0, f_a(0))$.

e) Berechnen Sie die Eckpunkte des Trapezes T_a, das durch die drei Tangenten s_a, t_a und w_a (aus Aufgabenteil d)) und die Abszisse gebildet wird.

f) Geben Sie die durch die Zuordnung $a \longmapsto A(T_a)$ bestimmte Funktion A an, die jedem Element $a \in \mathbb{R}^+$ den Flächeninhalt $A(T_a)$ zuordnet. Für welche dieser Zahlen a ist $A(T_a)$ minimal?

B2.944.01: Zur Bearbeitung der Aufgabe im einzelnen:

a_1) Unterscheidungsmerkmal 1: Die Funktionen f_a sind gegenüber der genannten Cosinus-Funktion um den Amplitudenfaktor $a + \frac{1}{a^2}$ in Ordinatenrichtung gestreckt, denn für alle $a \in \mathbb{R}^+$ gilt $a + \frac{1}{a^2} > 1$ (klar im Fall $a \geq 1$, im Fall $0 < a < 1$ ist $\frac{1}{a^2} > 1$). Die Funktionen f_a haben also die Amplitude $a + \frac{1}{a^2}$. Für den Fall $a = 1$ ist $f_1 = 2\cos : [-\pi, \pi] \longrightarrow \mathbb{R}$.

a_2) Unterscheidungsmerkmal 2: Ferner ist f_a gegenüber cos in Abszissenrichtung entweder gestreckt (sofern $a > 1$ ist) oder gestaucht (sofern $a < 1$ gilt). Für den Fall $a = 1$ ist wieder $f_1 = 2\cos$.

a_3) Gemeinsames Merkmal: Die Funktionen f_a sind ebenso wie cos ordinatensymmetrisch.

b) Mit den in a) genannten Eigenschaften haben die Funktionen f_a die beiden Nullstellen $-\frac{a}{2} \cdot \pi$ und $\frac{a}{2} \cdot \pi$, das lokale Maximum $(0, f_a(0)) = (0, a + \frac{1}{a^2})$ sowie die globalen Minima $(-a\pi, -a - \frac{1}{a^2})$ und $(a\pi, -a - \frac{1}{a^2})$, ferner die beiden Wendepunkte $(-\frac{a}{2}\pi, 0)$ und $(\frac{a}{2}\pi, 0)$.

c) Zur Skizze von $f_1 = 2\cos : [-\pi, \pi] \longrightarrow \mathbb{R}$ und $f_2 : [-2\pi, 2\pi] \longrightarrow \mathbb{R}$ mit $f_2(x) = \frac{9}{4} \cdot cos(\frac{1}{2}x)$ werden die folgenden Daten verwendet (Die Abkürzungen Ns und Ws bedeuten Null- und Wendestelle):

	Ns1 = Ws1	Ns2 = Ws2	Maximum	Minimum 1	Minimum 2
f_a	$-\frac{a}{2}\pi$	$\frac{a}{2}\pi$	$(0, a+\frac{1}{a^2})$	$(-a\pi, -a-\frac{1}{a^2})$	$(a\pi, -a-\frac{1}{a^2})$
f_1	$-\frac{1}{2}\pi$	$\frac{1}{2}\pi$	$(0, 2)$	$(-\pi, -2)$	$(\pi, -2)$
f_2	$-\pi$	π	$(0, \frac{9}{4})$	$(-2\pi, -\frac{9}{4})$	$(\pi, -\frac{9}{4})$

d) Gemäß der allgemeinen Vorschrift $u(x) = g'(x_0)x - g'(x_0)x_0 + g(x_0)$ einer Tangente u an eine (differenzierbare) Funktion g bei $x_0 \in D(g)$ sind die beiden Wendetangenten $s_a, t_a : \mathbb{R} \longrightarrow \mathbb{R}$ zu f_a definiert durch $s_a(x) = (1 + \frac{1}{a^3})x + (a + \frac{1}{a^2})\frac{\pi}{2}$ und $t_a(x) = -(1 + \frac{1}{a^3})x + (a + \frac{1}{a^2})\frac{\pi}{2}$.
Dabei wurden die Ableitungsfunktionen $f'_a : (-a\pi, a\pi) \longrightarrow \mathbb{R}$, definiert durch die Zuordnungsvorschriften $f'_a(x) = -(1 + \frac{1}{a^3}) \cdot sin(\frac{1}{a}x)$, sowie die Zahlen $f'_a(-\frac{a}{2}\pi) = 1 + \frac{1}{a^3}$ und $f'_a(\frac{a}{2}\pi) = -(1 + \frac{1}{a^3})$ sowie für die Nullstellen $f_a(-\frac{a}{2}\pi) =$ und $f_a(\frac{a}{2}\pi) =$ verwendet.
Da $(0, f_a(0)) = (0, a + \frac{1}{a^2})$ das Maximum von f_a ist, ist die Tangente $w_a : \mathbb{R} \longrightarrow \mathbb{R}$ an f_a bei 0 die durch $w_a(x) = a + \frac{1}{a^2}$ definierte konstante Funktion.

e) Die beiden Eckpunkte des Trapezes T_a, die auf der Abszisse liegen, sind gerade die Wendepunkte von f_a, also $(-\frac{a}{2}\pi, 0)$ und $(\frac{a}{2}\pi, 0)$. Die beiden anderen Eckpunkte sind einerseits der Schnittpunkt von t_a mit w_a und andererseits der Schnittpunkt von s_a mit w_a. Wegen der Ordinatensymmetrie von f_a genügt es, einen dieser beiden Schnittpunkte zu berechnen:

Die Äquivalenzen $x \in S(t_a, w_a) \Leftrightarrow t_a(x) = w_a(x) \Leftrightarrow -(1+\frac{1}{a^3})x + (a+\frac{1}{a^2})\frac{\pi}{2} = a + \frac{1}{a^2} \Leftrightarrow x = -a + a\frac{\pi}{2}$

liefern die Schnittstelle $-a + a\frac{\pi}{2}$ von t_a und w_a, folglich sind $(-a + a\frac{\pi}{2}, a + \frac{1}{a^2})$ und $(a - a\frac{\pi}{2}, a + \frac{1}{a^2})$ die beiden anderen Eckpunkte des Trapezes T_a.

f) Zunächst wird der Flächeninhalt $A(T_a)$ des Trapezes T_a berechnet: Die Seite des Trapezes auf der Abszisse hat die Länge $2a\frac{\pi}{2} = a\pi$. Die dazu parallele Seite hat die Länge $2(-a + a\frac{\pi}{2}) = -2a + a\pi$. Da das Trapez nun die Höhe $a + \frac{1}{a^2}$ hat, gilt also $A(T_a) = \frac{1}{2}(a\pi - 2a + a\pi)(a + \frac{1}{a^2}) = (\pi - 1)(a^2 + \frac{1}{a})$ und ist zugleich die Zuordnungsvorschrift der gesuchten Funktion $A : \mathbb{R}^+ \longrightarrow \mathbb{R}$.

Wegen $Ex(A) \subset N(A')$ ist die Nullstellenmenge von $A' : \mathbb{R}^+ \longrightarrow \mathbb{R}$ zu bestimmen. Aus der Zuordnungsvorschrift $A'(a) = (\pi - 1)(2a - \frac{1}{a^2})$ ist aber die Nullstelle $\sqrt[3]{\frac{1}{2}}$ sofort zu erkennen. Mit der durch $A''(a) = (\pi - 1)(2 - \frac{2}{a^3})$ definierten zweiten Ableitungsfunktion $A'' : \mathbb{R}^+ \longrightarrow \mathbb{R}$ ist dann $A''(\sqrt[3]{\frac{1}{2}}) = (\pi - 1) \cdot 6 > 0$, folglich ist $a = \sqrt[3]{\frac{1}{2}}$ die Minimalstelle von A, das heißt, für diese Zahl a hat T_a den kleinsten Flächeninhalt.

A2.944.02 (D, A) : Betrachten Sie die beiden Familien $(f_a)_{a \in \mathbb{R}^+}$ und $(g_a)_{a \in \mathbb{R}^+}$ von Funktionen $f_a : (-\frac{\pi}{a}, \frac{\pi}{a}) \longrightarrow \mathbb{R}$ und $g_a : (-\frac{\pi}{2a}, \frac{3\pi}{2a}) \longrightarrow \mathbb{R}$, definiert durch die Vorschriften $f_a(x) = a \cdot sin(ax)$ und $g_a(x) = a \cdot cos(ax)$. Bearbeiten Sie bei den folgenden Aufgabenteilen die Funktionen f_a und g_a *parallel* mit gegenseitiger Bezugnahme. Verwenden Sie ferner $h_a = a \cdot id$.

1. Berechnen Sie die Mengen $N(f_a)$ und $N(g_a)$ der Nullstellen von f_a und g_a.
2. Berechnen Sie die Extrema von f_a und g_a und ermitteln Sie die Funktionen f_{max} und f_{min}, die jeweils die Maxima bzw. die Minima von $(f_a)_{a \in \mathbb{R}^+}$ enthalten. Führen Sie die analogen Untersuchungen für die Familie $(g_a)_{a \in \mathbb{R}^+}$ durch.
3. Berechnen Sie die Wendepunkte von f_a und g_a und ermitteln Sie die zugehörigen Wendetangenten.
4. Haben die Familien $(h_a)_{a \in \mathbb{R}^+}$, $(f_a)_{a \in \mathbb{R}^+}$ und $(g_a)_{a \in \mathbb{R}^+}$ jeweils einen gemeinsamen Punkt?
5. Berechnen Sie mit $D(f_a) = [0, \frac{\pi}{a}]$ den Inhalt $A(f_a)$ der Fläche, die f_a mit der Abszisse einschließt, und geben Sie die durch die Zuordnung $a \longmapsto A(f_a)$ definierte Funktion A_f an. Führen Sie die analogen Untersuchungen für die Familie $(g_a)_{a \in \mathbb{R}^+}$ mit $D(g_a) = [-\frac{\pi}{2a}, \frac{\pi}{2a}]$ durch.
6. Skizzieren Sie die Funktionen f_a und g_a für $a \in \{\frac{1}{2}, 1, 2\}$ und klären Sie in diesem Zusammenhang die Geometrie dieser Funktionen und das Verhältnis von f_a und g_a. Ergänzen Sie die Skizze(n) um die in Aufgabenteil 2 zu ermittelnden zusätzlichen Funktionen.

B2.944.02: Man beachte: Mit $h_a = a \cdot id$ ist $f_a = a \cdot (sin \circ h_a)$ und $g_a = a \cdot (cos \circ h_a)$.

1a) Die Äquivalenzen $x \in N(f_a) \Leftrightarrow f_a(x) = 0 \Leftrightarrow a \cdot sin(ax) = 0 \Leftrightarrow sin(ax) = 0$
$\Leftrightarrow ax \in \pi\mathbb{Z} \cap D(f_a) \Leftrightarrow x \in \frac{\pi}{a}\mathbb{Z} \cap (-\frac{\pi}{a}, \frac{\pi}{a}) \Leftrightarrow x \in \{0\}$ liefern $N(f_a) = \{0\}$.

1b) Die Äquivalenzen $x \in N(g_a) \Leftrightarrow g_a(x) = 0 \Leftrightarrow a \cdot cos(ax) = 0 \Leftrightarrow cos(ax) = 0$
$\Leftrightarrow ax \in (\frac{1}{2} + \mathbb{Z})\pi \cap D(g_a) \Leftrightarrow x \in \frac{1}{a}(\frac{1}{2} + \mathbb{Z})\pi \cap (-\frac{\pi}{a}, \frac{\pi}{a}) \Leftrightarrow x \in \frac{\pi}{2a} + \mathbb{Z}\pi \cap (-\frac{\pi}{a}, \frac{\pi}{a})$
$\Leftrightarrow x \in \{\frac{\pi}{2a}\}$ liefern $N(g_a) = \{\frac{\pi}{2a}\}$.

2a$_1$) Die 1. Ableitungsfunktion $f_a' : (-\frac{\pi}{a}, \frac{\pi}{a}) \longrightarrow \mathbb{R}$ von f_a ist $f_a' = (a(sin \circ h_a))' = a(sin \circ h_a)' = a(sin' \circ h_a)h_a' = a^2(cos \circ h_a)$.

2a$_2$) Die Äquivalenzen $x \in N(f_a') \Leftrightarrow f_a'(x) = 0 \Leftrightarrow a^2 \cdot cos(ax) = 0 \Leftrightarrow cos(ax) = 0$
$\Leftrightarrow ax \in (\frac{1}{2} + \mathbb{Z})\pi \cap D(f_a) \Leftrightarrow x \in \frac{1}{a}(\frac{1}{2} + \mathbb{Z})\pi \cap (-\frac{\pi}{a}, \frac{\pi}{a}) \Leftrightarrow x \in \frac{\pi}{2a} + \mathbb{Z}\pi \cap (-\frac{\pi}{a}, \frac{\pi}{a})$
$\Leftrightarrow x \in \{-\frac{\pi}{2a}, \frac{\pi}{2a}\}$ liefern $N(f_a') = \{-\frac{\pi}{2a}, \frac{\pi}{2a}\}$.

2a$_3$) Die 2. Ableitungsfunktion $f_a'' : (-\frac{\pi}{a}, \frac{\pi}{a}) \longrightarrow \mathbb{R}$ von f_a ist $f_a'' = (a^2(cos \circ h_a))' = a^2(cos \circ h_a)' = a^2(cos' \circ h_a)h_a' = a^3(-sin \circ h_a) = -a^3(sin \circ h_a) = -a^3 \cdot f_a$. Mit $f_a''(-\frac{\pi}{2a}) = -a^3 \cdot sin(\frac{\pi}{2}) = (-a^3) \cdot (-1) = a^3 > 0$ ist $-\frac{\pi}{2a}$ Minimalstelle von f_a, der Punkt $(-\frac{\pi}{2a}, f_a(-\frac{\pi}{2a})) = (-\frac{\pi}{2a}, -a)$ ist also das Minimum von f_a. Mit $f_a''(\frac{\pi}{2a}) = -a^3 < 0$ ist $\frac{\pi}{2a}$ die Maximalstelle von f_a, der Punkt $(\frac{\pi}{2a}, f_a(\pi 2a)) = (\frac{\pi}{2a}, a)$ also das Maximum von f_a.

2a$_4$) Beachtet man $f_{max}(\frac{\pi}{2a}) = a$ und verwendet $z = \frac{\pi}{2a}$, so ist die Funktion $f_{max} : \mathbb{R}^+ \longrightarrow \mathbb{R}$ durch die Vorschrift $f_{max}(z) = \frac{\pi}{2} \cdot \frac{1}{z}$ definiert, denn es gilt $f_{max}(\frac{\pi}{2a}) = \frac{\pi}{2} \cdot \frac{2a}{\pi} = a$, für alle $a \in \mathbb{R}^+$. Entsprechend (aus Symmetrie-Gründen) ist die Funktion $f_{min} : \mathbb{R}^- \longrightarrow \mathbb{R}$ durch die Vorschrift $f_{min}(z) = -\frac{\pi}{2} \cdot \frac{1}{z}$ definiert, denn es gilt $f_{min}(-\frac{\pi}{2a}) = -\frac{\pi}{2} \cdot \frac{2a}{\pi} = -a$, für alle $a \in \mathbb{R}^+$.

2b₁) Die 1. Ableitungsfunktion $g'_a : (-\frac{\pi}{2a}, \frac{3\pi}{2a}) \longrightarrow \mathbb{R}$ von g_a ist $g'_a = (a(cos \circ h_a))' = a(cos \circ h_a)' = a(cos' \circ h_a)h'_a = a^2(-sin \circ h_a) = -a^2(sin \circ h_a)$.

2b₂) Die Äquivalenzen $x \in N(g'_a) \Leftrightarrow g'_a(x) = 0 \Leftrightarrow -a^2 \cdot sin(ax) = 0 \Leftrightarrow sin(ax) = 0$
$\Leftrightarrow ax \in \mathbb{Z}\pi \cap D(g_a) \Leftrightarrow x \in \frac{1}{a}\mathbb{Z}\pi \cap (-\frac{\pi}{2a}, \frac{3\pi}{2a}) \Leftrightarrow x \in \{0, \frac{\pi}{a}\}$ liefern $N(g'_a) = \{0, \frac{\pi}{a}\}$.

2b₃) Die 2. Ableitungsfunktion $g''_a : (-\frac{\pi}{2a}, \frac{3\pi}{2a}) \longrightarrow \mathbb{R}$ von g_a ist $g''_a = (-a^2(sin \circ h_a))' = -a^2(sin \circ h_a)' = -a^2(sin' \circ h_a)h'_a = -a^3(cos \circ h_a) = -a^3 \cdot g_a$. Mit $g''_a(0) = -a^3 \cdot cos(0) = (-a^3) \cdot 1 = -a^3 < 0$ ist 0 Maximalstelle von g_a, der Punkt $(0, g_a(0)) = (0, a)$ ist also das Maximum von g_a. Mit $g''_a(\frac{\pi}{a}) = a^3 > 0$ ist $\frac{\pi}{a}$ die Minimalstelle von g_a, der Punkt $(\frac{\pi}{a}, g_a(\pi a)) = (\frac{\pi}{a}, -a)$ also das Minimum von g_a.

2b₄) Da alle Maxima von $(g_a)_{a \in \mathbb{R}^+}$ Punkte der Ordinate sind, gibt es keine Funktion, die alle Maxima enthält. Beachtet man nun $g_{min}(\frac{\pi}{a}) = -a$ und verwendet $z = \frac{\pi}{a}$, so ist die Funktion $g_{min} : \mathbb{R}^+ \longrightarrow \mathbb{R}$ durch die Vorschrift $g_{min}(z) = -\frac{\pi}{z}$ definiert, denn es gilt $g_{min}(\frac{\pi}{a}) = -\pi \cdot \frac{a}{\pi} = -a$, für alle $a \in \mathbb{R}^+$.

3a) Beachtet man $f''_a = -a^3 \cdot f_a$ (mit $a \neq 0$), dann gilt $N(f''_a) = \{0\}$. Die 3. Ableitungsfunktion $f'''_a : (-\frac{\pi}{a}, \frac{\pi}{a}) \longrightarrow \mathbb{R}$ von f_a ist $f'''_a = (-a^3 \cdot f_a)' = -a^3 \cdot f'_a = -a^4(cos \circ h_a)$. Für 0 gilt damit dann $f'''_a(0) = -a^4 cos(0) = -a^4 \neq 0$, folglich ist $(0, f_a(0)) = (0, 0)$ der Wendepunkt von f_a. Die Wendetangente $t_a : \mathbb{R} \longrightarrow \mathbb{R}$ zu f_a schießlich ist definiert durch $t_a(x) = f'_a(0)x - f'_a(0)0 + f_a(0) = f'_a(0)x = a^2 cos(0)x = a^2 x$.

3b) Beachtet man $g''_a = -a^3 \cdot g_a$ (mit $a \neq 0$), dann gilt $N(g''_a) = \{\frac{\pi}{2a}\}$. Die 3. Ableitungsfunktion $g'''_a : (-\frac{\pi}{2a}, \frac{3\pi}{2a}) \longrightarrow \mathbb{R}$ von g_a ist $g'''_a = (-a^3 \cdot g_a)' = -a^3 \cdot g'_a = a^4(sin \circ h_a)$. Für $\frac{\pi}{2a}$ gilt damit dann $g'''_a(\frac{\pi}{2a}) = a^4 sin(a\frac{\pi}{2}) = a^4 \neq 0$, folglich ist $(\frac{\pi}{2a}, g_a(\frac{\pi}{a})) = (\frac{\pi}{2a}, 0)$ der Wendepunkt von g_a. Die Wendetangente $t_a : \mathbb{R} \longrightarrow \mathbb{R}$ zu g_a ist dann definiert durch $t_a(x) = g'_a(\frac{\pi}{2a})x - g'_a(\frac{\pi}{2a})\frac{\pi}{2a} + g_a(\frac{\pi}{2a}) = -a^2 x + \frac{a\pi}{2}$.

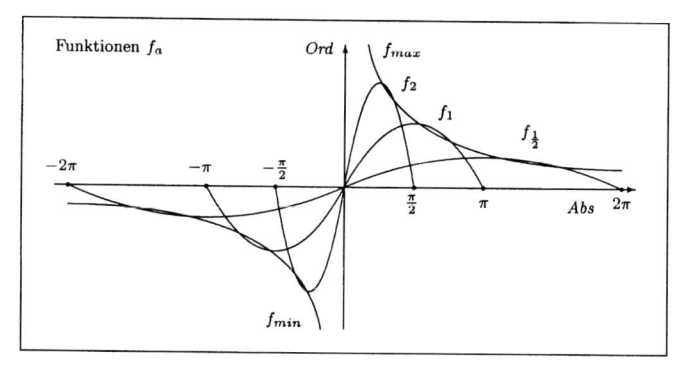

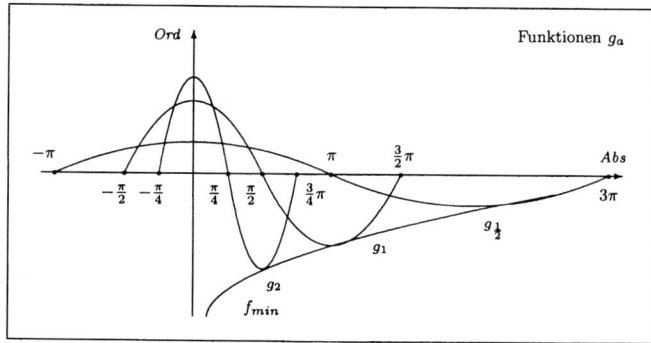

5a) Die Funktion f_a hat das Integral $\int f_a = \int(a(sin \circ h_a)) = a \cdot \int(sin \circ h_a) = a\frac{1}{a}(-cos \circ h_a) + \mathbb{R} = -(cos \circ h_a) + \mathbb{R}$ und damit eine Stammfunktion $F_a : [-\frac{\pi}{a}, \frac{\pi}{a}] \longrightarrow \mathbb{R}$ definiert durch $F_a(x) = -cos(ax)$. Der zu berechnende Flächeninhalt ist folglich $A(f_a) = |\int_0^{\frac{\pi}{a}} f_a| = |F_a(\frac{\pi}{a}) - F_a(0)| = |-cos(\pi) - (-cos(0))| =$

$|1+1| = 2$ (FE) und ist damit unabhängig von dem Index a. Das bedeutet: Die durch die Zuordnung $a \longmapsto A(f_a)$ definierte Funktion $A_f : \mathbb{R} \longrightarrow \mathbb{R}$ ist die konstante Funktion 2.

5b) Die Funktion g_a hat das Integral $\int g_a = \int (a(cos \circ h_a)) = a \cdot \int (cos \circ h_a) = a \frac{1}{a}(sin \circ h_a) + \mathbb{R} = (sin \circ h_a) + \mathbb{R}$ und damit eine Stammfunktion $G_a : [-\frac{\pi}{2a}, \frac{\pi}{2a}] \longrightarrow \mathbb{R}$ definiert durch $F_a(x) = sin(ax)$. Der zu berechnende Flächeninhalt ist folglich $A(g_a) = 2 \cdot |\int_0^{\frac{\pi}{2a}} g_a| = 2 \cdot |G_a(\frac{\pi}{2a}) - G_a(0)| = 2 \cdot |sin(\frac{\pi}{2}) - sin(0)| = 2 \cdot |1 - 0| = 2$
(FE) und ist damit unabhängig von dem Index a. Das bedeutet: Die durch die Zuordnung $a \longmapsto A(g_a)$ definierte Funktion $A_g : \mathbb{R} \longrightarrow \mathbb{R}$ ist die konstante Funktion 2.

A2.944.03 (D, A) : Betrachten Sie die beiden Familien $(f_a)_{a \in \mathbb{R}^+}$ und $(g_a)_{a \in \mathbb{R}^+}$ von Funktionen $f_a, g_a : \mathbb{R} \longrightarrow \mathbb{R}$, definiert durch die Vorschriften $f_a(x) = sin(ax+a)$ und $g_a(x) = cos(ax+a)$. Bearbeiten Sie bei den folgenden Aufgabenteilen die Funktionen f_a und g_a *parallel mit gegenseitiger Bezugnahme*. Verwenden Sie ferner $h_a = a \cdot id + a$.

1. Berechnen Sie die Mengen $N(f_a)$ und $N(g_a)$ der Nullstellen von f_a und g_a.
2. Untersuchen Sie f_a und g_a hinsichtlich Extrema.
3. Berechnen Sie die Wendepunkte von f_a und g_a.
4. Haben die Familien $(h_a)_{a \in \mathbb{R}^+}$, $(f_a)_{a \in \mathbb{R}^+}$ und $(g_a)_{a \in \mathbb{R}^+}$ jeweils einen gemeinsamen Punkt?
5. Die von $n \in \mathbb{Z}$ abhängigen Nullstellen von f_a und g_a seien mit x_n bzw. z_n bezeichnet. Berechnen Sie die Inhalte $A(f_a)$ und $A(g_a)$ der Flächen, die die eingeschränkten Funktionen $f_a : [x_0, x_1] \longrightarrow \mathbb{R}$ und $g_a : [z_0, z_1] \longrightarrow \mathbb{R}$ jeweils mit der Abszisse einschließen.
6. Skizzieren Sie Ausschnitte der Funktionen f_a und g_a für $a \in \{\frac{1}{2}, 1, 2\}$ und klären Sie in diesem Zusammenhang die Geometrie dieser Funktionen und das Verhältnis von f_a und g_a.

B2.944.03: Man beachte: Mit $h_a = a \cdot id + a$ ist $f_a = sin \circ h_a$ und $g_a = cos \circ h_a$.

1a) Die Äquivalenzen $x \in N(f_a) \Leftrightarrow f_a(x) = 0 \Leftrightarrow sin(ax+a) = 0 \Leftrightarrow ax + a = a(x+1) \in \mathbb{Z}\pi$
$\Leftrightarrow x \in \frac{1}{a}\mathbb{Z}\pi - 1$ zeigen $N(f_a) = \frac{1}{a}\mathbb{Z}\pi - 1 = \{\frac{n}{a}\pi - 1 \mid n \in \mathbb{Z}\}$.

1b) Die Äquivalenzen $x \in N(g_a) \Leftrightarrow g_a(x) = 0 \Leftrightarrow cos(ax+a) = 0 \Leftrightarrow ax + a = a(x+1) \in (\frac{1}{2} + \mathbb{Z})\pi$
$\Leftrightarrow x = \frac{1}{a}(\frac{1}{2} + \mathbb{Z})\pi - 1$ zeigen $N(g_a) = \frac{1}{a}(\frac{1}{2} + \mathbb{Z})\pi - 1 = \{\frac{1}{a}(\frac{1}{2} + n)\pi - 1 \mid n \in \mathbb{Z}\}$.

2a$_1$) Die 1. Ableitungsfunktion $f_a' : \mathbb{R} \longrightarrow \mathbb{R}$ von f_a ist $f_a' = (sin \circ h_a)' = (sin' \circ h_a)h_a' = a(cos \circ h_a) = ag_a$. Nach Teil 1b) ist $N(f_a') = N(g_a) = \frac{1}{a}(\frac{1}{2} + \mathbb{Z})\pi - 1$.

2b$_1$) Die 1. Ableitungsfunktion $g_a' : \mathbb{R} \longrightarrow \mathbb{R}$ von g_a ist $g_a' = (cos \circ h_a)' = (cos' \circ h_a)h_a' = a(-sin \circ h_a) = -a(sin \circ h_a) = -af_a$. Nach Teil 1a) ist $N(g_a') = N(f_a) = \frac{1}{a}\mathbb{Z}\pi - 1$.

2a$_2$) Die 2. Ableitungsfunktion $f_a'' : \mathbb{R} \longrightarrow \mathbb{R}$ von f_a ist $f_a'' = ag_a' = -a^2 f_a$. Die Funktionswerte der Nullstellen $\frac{1}{a}(\frac{1}{2} + n)\pi - 1$ von f_a' unter f_a'' sind dann $f_a''(\frac{1}{a}(\frac{1}{2} + n)\pi - 1) = -a^2 f_a(\frac{1}{a}(\frac{1}{2} + n)\pi - 1) = -a^2 \cdot sin(a(\frac{1}{a}(\frac{1}{2} + n)\pi - 1) + a) = -a^2 \cdot sin((\frac{1}{2} + n)\pi) = \begin{cases} -a^2 \cdot 1 = -a^2 < 0, & \text{falls } n \in 2\mathbb{Z}, \\ -a^2 \cdot (-1) = a^2 > 0, & \text{falls } n \in 2\mathbb{Z} + 1. \end{cases}$

Damit ist $Max(f_a) = \frac{1}{a}(\frac{1}{2} + 2\mathbb{Z})\pi - 1$ und $Min(f_a) = \frac{1}{a}(-\frac{1}{2} + 2\mathbb{Z})\pi - 1$. Wie der Zusammenhang $f_a = -\frac{1}{a^2} \cdot f_a''$ zeigt, haben alle Maximalstellen von f_a den Funktionswert 1 und alle Minimalstellen von f_a den Funktionswert -1.

2b$_2$) Die 2. Ableitungsfunktion $g_a'' : \mathbb{R} \longrightarrow \mathbb{R}$ von g_a ist $g_a'' = -af_a' = -a^2 g_a$. Die Funktionswerte der Nullstellen $\frac{n}{a}\pi - 1$ von g_a' unter g_a'' sind dann $g_a''(\frac{n}{a}\pi - 1) = -a^2 g_a(\frac{n}{a}\pi - 1) = -a^2 \cdot cos(a(\frac{n}{a}\pi - 1) + a) = -a^2 \cdot cos(n\pi - a + a) = -a^2 \cdot cos(n\pi) = \begin{cases} -a^2 \cdot 1 = -a^2 < 0, & \text{falls } n \in 2\mathbb{Z}, \\ -a^2 \cdot (-1) = a^2 > 0, & \text{falls } n \in 2\mathbb{Z} + 1. \end{cases}$

Damit ist $Max(g_a) = \frac{1}{a}2\mathbb{Z}\pi - 1$ und $Min(g_a) = \frac{1}{a}(2\mathbb{Z} + 1)\pi - 1$. Wie nun aber der Zusammenhang $g_a = -\frac{1}{a^2} \cdot g_a''$ zeigt, haben alle Maximalstellen von g_a den Funktionswert 1 und alle Minimalstellen von g_a den Funktionswert -1.

3a) Die 3. Ableitungsfunktion $f_a''' : \mathbb{R} \longrightarrow \mathbb{R}$ von f_a ist $f_a''' = -a^2 f_a' = -a^3 g_a$. Die Funktionswerte der Nullstellen $\frac{n}{a}\pi - 1$ von f_a'' unter f_a''' sind dann $f_a'''(\frac{n}{a}\pi - 1) = -a^3 g_a(\frac{n}{a}\pi - 1) = -a^3 \cdot cos(a(\frac{n}{a}\pi - 1) + a) =$

$-a^3 \cdot cos(n\pi - a + a) = -a^3 \cdot cos(n\pi) = \begin{cases} -a^3 \cdot 1 = -a^3 < 0, & \text{falls } n \in 2\mathbb{Z}, \\ -a^3 \cdot (-1) = a^3 > 0, & \text{falls } n \in 2\mathbb{Z}+1. \end{cases}$

Somit gilt $Wen(f_a) = N(f_a)$, womit zugleich die Funktionswerte 0 aller Wendestellen von f_a vorliegen.

3b) Die 3. Ableitungsfunktion $g_a''' : \mathbb{R} \longrightarrow \mathbb{R}$ von g_a ist $g_a''' = -a^2 g_a' = a^3 f_a$. Die Funktionswerte der Nullstellen $\frac{1}{a}(\frac{1}{2}+n)\pi - 1$ von g_a'' unter g_a''' sind dann $g_a'''(\frac{1}{a}(\frac{1}{2}+n)\pi - 1) = a^3 f_a(\frac{1}{a}(\frac{1}{2}+n)\pi - 1) = a^3 \cdot sin(a(\frac{1}{a}(\frac{1}{2}+n)\pi - 1) + a) = a^3 \cdot sin((\frac{1}{2}+n)\pi) = \begin{cases} a^3 \cdot 1 = a^3 > 0, & \text{falls } n \in 2\mathbb{Z}, \\ a^3 \cdot (-1) = -a^3 < 0, & \text{falls } n \in 2\mathbb{Z}+1. \end{cases}$

Somit gilt $Wen(g_a) = N(g_a)$, womit zugleich die Funktionswerte 0 aller Wendestellen von g_a vorliegen.

4. Die Familie $(h_a)_{a \in \mathbb{R}^+}$ besitzt genau einen gemeinsamen Punkt, nämlich den Punkt $(-1, 0)$ mit der allen Funktionen h_a gemeinsamen Nullstelle -1. Dieser Sachverhalt hat zur Folge, daß die Familien $(f_a)_{a \in \mathbb{R}^+}$ und $(g_a)_{a \in \mathbb{R}^+}$ ebenfalls jeweils genau einen gemeinsamen Punkt besitzen, das ist bei $(f_a)_{a \in \mathbb{R}^+}$ der allen Funktionen f_a gemeinsame Wendepunkt $(-1, 0)$ und bei $(g_a)_{a \in \mathbb{R}^+}$ das allen Funktionen f_a gemeinsame Maximum $(-1, 1)$.

5a) Das Integral der Funktion $f_a = sin \circ h_a$ ist $\int f_a = \frac{1}{a}(-cos \circ h_a) + \mathbb{R} = -\frac{1}{a}g_a + \mathbb{R}$ und somit ist $-\frac{1}{a}g_a$ eine Stammfunktion von f_a. Die im Aufgabentext beschriebenen Nullstellen x_0 und x_1 sind $x_0 = -1$ und $x_1 = \frac{\pi}{a} - 1$, folglich ist der gesuchte Flächeninhalt $A(f_a) = |\int_{x_0}^{x_1} f_a| = |(-\frac{1}{a}g_a)(x_1) - (-\frac{1}{a}g_a)(x_0)| = |(-\frac{1}{a} \cdot cos)(a(\frac{\pi}{a}-1)+a) - (-\frac{1}{a} \cdot cos)(a(-1)+a| = |-\frac{1}{a}(cos(\pi)+1)| = |-\frac{1}{a}| \cdot |1+1| = \frac{2}{a}$ (FE).

5b) Das Integral der Funktion $g_a = cos \circ h_a$ ist $\int g_a = \frac{1}{a}(sin \circ h_a) + \mathbb{R} = \frac{1}{a}f_a + \mathbb{R}$ und somit ist $\frac{1}{a}f_a$ eine Stammfunktion von g_a. Die im Aufgabentext beschriebenen Nullstellen z_0 und z_1 sind $z_0 = \frac{1}{2a}\pi - 1$ und $z_1 = \frac{3}{2a}\pi - 1$, folglich ist der zuberechnende Flächeninhalt dann $A(g_a) = |\int_{z_0}^{z_1} g_a| = |\frac{1}{a}f_a(z_1) - \frac{1}{a}f_a(z_0)| = |\frac{1}{a} \cdot sin(a(\frac{3}{2a}\pi - 1) + a) - \frac{1}{a} \cdot sin(a(\frac{1}{2a}\pi - 1) + a| = |\frac{1}{a}(sin(\frac{3}{2}\pi) - sin(\frac{1}{2}\pi))| = \frac{1}{a} \cdot |-1-1| = \frac{2}{a}$ (FE).

6a) Die Darstellungen $f_a(x) = sin(a(x+1))$ und $g_a(x) = cos(a(x+1))$ zeigen, daß f_a und g_a gegenüber den durch $f_a^*(x) = sin(ax))$ und $g_a^*(x) = cos(ax)$ definierten Funktionen um 1 in negativer Abszissenrichtung verschoben sind (Phasenverschiebung). Weiter gilt $f_a(x + \frac{\pi}{2a}) = sin(ax + a\frac{\pi}{2a}) + a) = sin((ax+a)+\frac{\pi}{2})) = sin(ax + a)cos(\frac{\pi}{2})) + cos(ax + a)sin(\frac{\pi}{2})) = cos(ax + a) = g_a(x)$, das bedeutet, daß f_a und g_a um $\frac{\pi}{2a}$ gegeneinander phasenverschoben sind, es gilt also $f_a(x + \frac{\pi}{2a}) = g_a(x)$, für alle $x \in \mathbb{R}$.

6b) Skizzen der Funktionen f_a und g_a für $a \in \{\frac{1}{2}, 1, 2\}$:

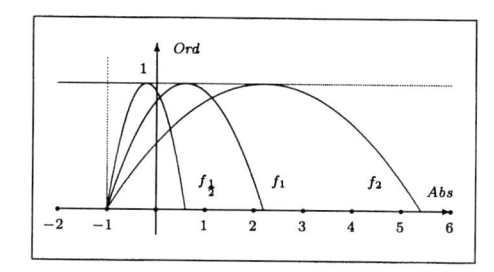

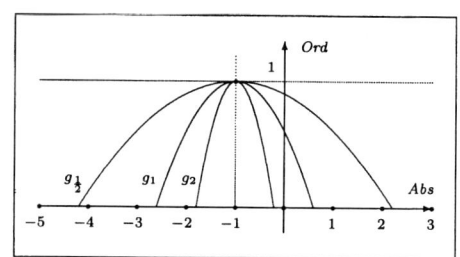

A2.944.04 (A): Bearbeiten Sie folgende Teilaufgaben:

1. Betrachten Sie zu einer Funktion $p : T \longrightarrow \mathbb{R}$ mit $T \subset \mathbb{R}$ die Familie $(ap)_{a \in \mathbb{R}^+}$ aller $\mathbb{R}^+$-Produkte von p. Beschreiben Sie den Effekt dieser $\mathbb{R}^+$-Multiplikation und ihren Einfluß auf die Nullstellenmengen $N(ap)$.

2. Konstruieren Sie die Familie $(p_a)_{a \in \mathbb{R}^+}$ von Parabeln $p_a : [0, \pi] \longrightarrow \mathbb{R}$, die nach unten geöffnet sind und genau die Nullstellen 0 und π besitzen. Für welchen Index a ist p_a die dem Halbkreis H mit Durchmesser π einbeschriebene Parabel?

3. Vergleichen Sie für den in Teilaufgabe 2 ermittelten Index a die Flächeninhalte $A(p_a)$ und $A(H)$, wobei $A(p_a)$ den Inhalt derjenigen Fläche bezeichne, die von p_a und der Abszisse eingeschlossen ist. Berechnen Sie dann denjenigen Index b mit $A(p_b) = A(H)$.

4. Bearbeiten Sie die Teilaufgaben 2 und 3 sinngemäß für die die Familie $(s_a)_{a\in\mathbb{R}^+}$ der Funktionen $s_a = a \cdot sin : [0, \pi] \longrightarrow \mathbb{R}$.

5. Betrachten Sie die Familie $(f_a)_{a\in\mathbb{R}^+}$ von Funktionen $f_a = a \cdot (sin - cos) : [u, v] \longrightarrow \mathbb{R}$, wobei u und v die beiden kleinsten positiven und benachbarten Nullstellen der Funktion $a \cdot (sin - cos) : \mathbb{R} \longrightarrow \mathbb{R}$ seien. Ermitteln Sie zunächst diese Nullstellen und bearbeiten Sie dann sinngemäß die Teilaufgaben 2 und 3 für diese Familie von Funktionen.

B2.944.04: Bearbeitung der Teilaufgaben im einzelnen:

1a) Ein $\mathbb{R}$-Produkt $ap : T \longrightarrow \mathbb{R}$ einer Funktion $p : T \longrightarrow \mathbb{R}$ mit $T \subset \mathbb{R}$ unterscheidet sich von p (nur) durch eine abszissensymmetrische Verschiebung (Streckung für $a > 1$ oder Stauchung für $0 < a1$), gegebenfalls (das sind die Fälle mit $a < 0$) gekoppelt mit einer Spiegelung an der Abszisse.

1b) Für die in 1a) beschriebenen $\mathbb{R}$-Produkte ap gilt für $a \neq 0$ stets $N(ap) = N(p)$, wie die Berechnung $x \in N(ap) \Leftrightarrow (ap)(x) = 0 \Leftrightarrow ap(x) = 0 \Leftrightarrow p(x) = 0 \Leftrightarrow x \in N(p)$ zeigt. (Im Fall $a = 0$ ist $N(ap) = T$, denn in diesem Fall ist $ap = 0$ die Null-Funktion.)

2a) Die zu konstruierende Familie $(p_a)_{a\in\mathbb{R}^+}$ von Parabeln mit den genannten Eigenschaften besteht aus den durch $p_a(x) = -ax(x - \pi)$ definierten Funktionen $p_a : [0, \pi] \longrightarrow \mathbb{R}$. Der zu ermittelnde Index a folgt dann aus der Bedingung $f_a(\frac{\pi}{2}) = \frac{\pi}{2}$, also aus $a\frac{\pi^2}{4} = \frac{\pi}{2}$ und ist somit $a = \frac{2}{\pi}$.

2b) Mit dem Integral $\int p_a = \frac{1}{6}a \cdot id^2(-2 \cdot id + 3\pi) + \mathbb{R}$ und der Stammfunktion $P_a : [0, \pi] \longrightarrow \mathbb{R}$ von p_a, definiert durch $P_a(x) = \frac{1}{6}ax^2(-2x + 3\pi)$, ist dann $A(p_{\frac{2}{\pi}}) = \int_0^\pi p_{\frac{2}{\pi}} = |P_{\frac{2}{\pi}}(\pi) - P_{\frac{2}{\pi}}(0)| = P_{\frac{2}{\pi}}(\pi) = \frac{1}{3}\pi^2$.

3. Zunächst gilt $A(p_{\frac{\pi}{2}}) = \frac{1}{3}\pi^2 = \frac{1}{3\pi}\pi^3 < \frac{1}{8}\pi^3 = A(H)$, anders gesagt, es gilt das Flächeninhalts-Verhältnis $A(p_{\frac{\pi}{2}}) : A(H) = \frac{1}{3}\pi^2 : \frac{1}{8}\pi^3 = \frac{1}{3} : \frac{1}{8}\pi$. Der zu ermittelnde Index b mit $A(p_b) = A(H)$ folgt dann aus der Bedingung $P_b(\pi) = \frac{1}{8}\pi^3$, also aus $\frac{1}{6}b\pi^2(-2\pi + 3\pi) = \frac{1}{8}\pi^3$ und ist folglich $b = \frac{3}{4}$. Es gilt also, wie man umgekehrt leicht nachprüft, $P_{\frac{3}{4}}(\pi) = \frac{1}{8}\pi^3$.

4. Ohne weitere Berechnungen sei mit der Kenntnis $A(s_a) = a \cdot A(sin) = 2a$ (FE) festgestellt: Es gilt das Flächeninhalts-Verhältnis $A(s_{\frac{\pi}{2}}) : A(H) = \pi : \frac{1}{8}\pi^3 = 8 : \pi^2$. Der zu ermittelnde Index b mit $A(s_b) = A(H)$ folgt dann aus der Bedingung $2b = \frac{1}{8}\pi^3$ und ist folglich $b = \frac{1}{16}\pi^3$.

5a) Die gesuchten beiden Nullstellen u und v von f_a liefern die Äquivalenzen $x \in N(f_a) \Leftrightarrow f_a(x) = 0 \Leftrightarrow a \cdot sin(x) = a \cdot cos(x) \Leftrightarrow sin^2(x) = cos^2(x) \Leftrightarrow sin^2(x) = 1 - sin^2(x) \Leftrightarrow 2 \cdot sin^2(x) = 1 \Leftrightarrow sin^2(x) = \frac{1}{2} \Leftrightarrow sin(x) = -\frac{1}{2}\sqrt{2}$ oder $sin(x) = \frac{1}{2}\sqrt{2} \Leftrightarrow x \in \{\frac{1}{4}\pi, \frac{5}{4}\pi\}$. Für die weitere Bearbeitung beachte man die Differenz $\frac{5}{4}\pi - \frac{1}{4}\pi = \pi$, womit im folgenden der Vergleich mit dem Halbkreis H um $\frac{1}{4}\pi$ in positiver Abszissenrichtung phasenverschoben vorgenommen werden kann.

5b) Das Integral von $f_a : [\frac{1}{4}\pi, \frac{5}{4}\pi] \longrightarrow \mathbb{R}$ ist $\int f_a = \int (a \cdot (sin - cos)) = a \cdot \int (sin - cos) = a \cdot (\int sin - \int cos) = -a \cdot (cos + sin) + \mathbb{R}$, folglich ist $F_a = -a \cdot (cos + sin) : [\frac{1}{4}\pi, \frac{5}{4}\pi] \longrightarrow \mathbb{R}$ eine Stammfunktion von f_a und $A(f_a) = |\int_u^v f_a| = |-a(sin(\frac{5}{4}\pi) + cos(\frac{5}{4}\pi) - sin(\frac{1}{4}\pi) - cos(\frac{1}{4}\pi))| = |-a(-\frac{1}{2}\sqrt{2} - \frac{1}{2}\sqrt{2} - \frac{1}{2}\sqrt{2} - \frac{1}{2}\sqrt{2})| = |-a| \cdot |-2 - a\sqrt{2}| = 2a\sqrt{2}$ (FE) der zu ermittelnde Flächeninhalt.

5c) Mit der Differenz $v - u = \pi$ ist $\frac{3}{4}\pi$ die Maximalstelle und $(\frac{3}{4}\pi, f_a(\frac{3}{4}\pi)) = (\frac{3}{4}\pi, a\sqrt{2})$ das Maximum der Funktion f_a. Der zu ermittelnde Index a folgt dann aus der Bedingung $a\sqrt{2} = \frac{\pi}{2}$ und ist somit $a = \frac{1}{4}\sqrt{2}\pi$. Für diesen Index $a = \frac{1}{4}\sqrt{2}\pi$ ist $A(f_a) = 2a\sqrt{2} = 2\sqrt{2} \cdot \frac{\pi}{4}\sqrt{2} = \pi$ (FE). Das Flächeninhalts-Verhältnis ist dann $A(f_a) : A(H) = \pi : \frac{1}{8}\pi^3 = 8 : \pi^2$.

Schließlich: Der gesuchte Index b mit $A(f_b) = A(H)$ folgt aus $2b\sqrt{2} = \frac{1}{8}\pi^3$ und ist damit $b = \frac{1}{32}\sqrt{2} \cdot \pi^3$.

A2.944.05 (D, A) : Betrachten Sie die Familie $(f_a)_{a\in\mathbb{R}^+}$ von Funktionen $f_a : [z_1, z_2] \longrightarrow \mathbb{R}$ zwischen denjenigen ihrer Nullstellen z_1 und z_2, die der Ordinate am nächsten liegen, definiert durch die Zuordnungsvorschriften $f_a(x) = \frac{1}{a} \cdot cos(ax)$. Betrachten Sie ferner der Funktion f_a einbeschriebene Rechtecke R_a (eine Seite sei Teil der Abszisse, zwei Eckpunkte berühren f_a).

1. Ermitteln Sie dasjenige Rechteck R_a zu f_a, das maximalen Umfang besitzt.

2. Berechnen Sie zu dem Rechteck in Teil 1 das Flächeninhalts-Verhältnis $A(R_a) : A(f_a)$.

B2.944.05: Zur Bearbeitung der Aufgabe im einzelnen:

1. Gemäß nebenstehender Skizze für $a = \frac{1}{2}$ sei der Umfang der Rechtecke R_a durch die Funktion $U_a : (0, \frac{1}{2a}\pi) \longrightarrow \mathbb{R}$, definiert durch $U_a(x) = 4x + 2f_a(x) = 4x + \frac{2}{a} \cdot cos(ax)$, beschrieben. Die dabei verwendete rechte Intervallgrenze $\frac{1}{2a}\pi$ folgt aus den Äquivalenzen $f_a(x) = 0 \Leftrightarrow cos(ax) = 0 \Leftrightarrow ax \in \{-\frac{1}{2}\pi, \frac{1}{2}\pi\} \Leftrightarrow x \in \{-\frac{1}{2a}\pi, \frac{1}{2a}\pi\}$.

Für die durch $U'_a(x) = 4 - 2 \cdot sin(ax)$ definierte 1. Ableitungsfunktion $U'_a : (0, \frac{1}{2a}\pi) \longrightarrow \mathbb{R}$ von U_a liefern die Äquivalenzen $x \in N(U'_a) \Leftrightarrow U'_a(x) = 0 \Leftrightarrow sin(ax) = \frac{1}{2} \Leftrightarrow ax = \frac{1}{6}\pi \Leftrightarrow x = \frac{1}{6a}\pi$ die Nullstelle $\frac{1}{6a}\pi \in D(U'_a) = (0, \frac{1}{2a}\pi)$ von U'_a.

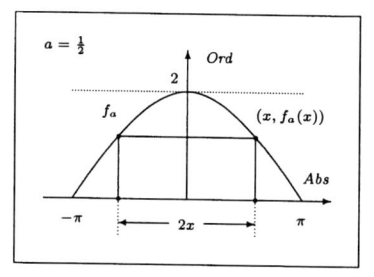

Mit der durch $U''_a(x) = -2a \cdot cos(ax)$ definierten 2. Ableitungsfunktion $U''_a : (0, \frac{1}{2a}\pi) \longrightarrow \mathbb{R}$ von U_a ist $U''_a(\frac{1}{6a}\pi) = -2a \cdot cos(a\frac{1}{6a}\pi) = -2a \cdot cos(\frac{1}{6}\pi) = -2a \cdot \frac{1}{2}\sqrt{3} = -a\sqrt{3} < 0$, somit ist $\frac{1}{6a}\pi$ die Maximalstelle von U_a. Mit $f_a(\frac{1}{6a}\pi) = \frac{1}{a} \cdot cos(a\frac{1}{6a}\pi) = \frac{1}{2a}\sqrt{3}$ ist dann schließlich $U(R_a) = U_a(\frac{1}{6a}\pi) = 4 \cdot \frac{1}{6a}\pi + \frac{2}{a} \cdot cos(a\frac{1}{6a}\pi) = \frac{1}{a}(\frac{2}{3}\pi + \sqrt{3})$ der Umfang desjenigen Rechtecks mit maximalem Umfang.

2. Zunächst hat das Rechteck R_a den Flächeninhalt $A(R_a) = 2 \cdot \frac{1}{6a}\pi \cdot \frac{1}{2a}\sqrt{3} = \frac{1}{6a^2}\pi \cdot \sqrt{3}$ (FE). Mit dem Integral $\int f_a = \frac{1}{a^2} \cdot sin(a \cdot id) + \mathbb{R}$ ist dann der Inhalt der Fläche, die durch f_a und die Abszisse begrenzt ist, $A(f_a) = \int_{z_1}^{z_2} = (\int f_a)(z_2) - (\int f_a)(z_1) = \frac{1}{a^2} \cdot sin(\frac{\pi}{2}) - \frac{1}{a^2} \cdot sin(-\frac{\pi}{2}) = \frac{1}{a^2}(1+1) = \frac{2}{a^2}$ (FE).

Schließlich ist das gesuchte Flächeninhalts-Verhältnis $A(R_a) : A(f_a) = \frac{1}{6a^2}\pi \cdot \sqrt{3} : \frac{2}{a^2} = \frac{\pi}{12}\sqrt{3} : 1$, also etwa $0,45 : 1$, und damit unabhängig von a.

A2.944.06 (D, A) : Betrachten Sie die Familie $(f_a)_{a \in \mathbb{R}^+}$ von Funktionen $f_a : [-\frac{\pi}{2a}, \frac{\pi}{2a}] \longrightarrow \mathbb{R}$, definiert durch die Zuordnungsvorschriften $f_a(x) = \frac{1}{a} \cdot cos(ax)$.

1. Berechnen Sie den Flächeninhalt $A(f_a)$ der Fläche, die f_a mit der Abszisse einschließt.
2. Stellen Sie $A(f_a)$ in Abhängigkeit von a als Funktion dar.
3. Für welche Zahl $a \in \mathbb{R}^+$ gilt $A(f_a) = 9$ (FE) ?
4. Bestimmen Sie jeweils die Tangente t_a an $f_a : \mathbb{R} \longrightarrow \mathbb{R}$ bei $\frac{\pi}{2a}$.
5. Betrachten Sie wieder $f_a : \mathbb{R} \longrightarrow \mathbb{R}$. Sind die vier Folgen $(f_n(\frac{1}{n}))_{n \in \mathbb{N}}$, $(f_{\frac{1}{n}}(\frac{1}{n}))_{n \in \mathbb{N}}$, $(A(f_n))_{n \in \mathbb{N}}$ und $(A(f_{\frac{1}{n}}))_{n \in \mathbb{N}}$ konvergent oder divergent?

B2.944.06: Zur Bearbeitung der Aufgabe im einzelnen:

1. Zunächst ist festzustellen, daß f_a neben den Intervallgrenzen keine weiteren Nullstellen besitzt, denn die Bedigung $cos(ax) = 0$ ist wegen des vorgegebenen Definitionsbereichs äquivalent zu $x \in \{-\frac{\pi}{2a}, \frac{\pi}{2a}\}$. Mit der durch $F_a(x) = \frac{1}{a^2} \cdot sin(ax)$ definierten Stammfunktion $F_a : [-\frac{\pi}{2a}, \frac{\pi}{2a}] \longrightarrow \mathbb{R}$ zu f_a ist dann $A(f_a) = |F_a(\frac{\pi}{2a}) - F_a(-\frac{\pi}{2a})| = |\frac{1}{a^2} \cdot sin(\frac{\pi}{2}) - \frac{1}{a^2} \cdot sin(-\frac{\pi}{2})| = \frac{1}{a^2}(1-(-1)) = \frac{2}{a^2}$ (FE).

2. Die durch die Zuordnung $a \longmapsto A(f_a) = \frac{2}{a^2}$ gelieferte Funktion ist $A : \mathbb{R}^+ \longrightarrow \mathbb{R}$ mit $A(x) = \frac{2}{x^2}$.

3. Die Äquivalenzen $A(f_a) = 9 \Leftrightarrow \frac{2}{a^2} = 9 \Leftrightarrow a = \frac{1}{3}\sqrt{2}$ liefern den gesuchten Index $a = \frac{1}{3}\sqrt{2}$.

4. Mit der 1. Ableitungsfunktion $f'_a : \mathbb{R} \longrightarrow \mathbb{R}$, definiert durch die Zuordnungsvorschrift $f'_a(x) = -sin(ax)$, ist $f'_a(\frac{\pi}{2a}) = -sin(\frac{\pi}{2}) = -1$. Damit hat die Tangente $t_a : \mathbb{R} \longrightarrow \mathbb{R}$ an f_a bei $\frac{\pi}{2a}$ die Zuordnungsvorschrift $t_a(x) = -x - (-1)\frac{\pi}{2a} + f_a(\frac{\pi}{2a}) = -x + \frac{\pi}{2a}$.

5a) Die Folge $(f_n(\frac{1}{n}))_{n \in \mathbb{N}} = (\frac{1}{n} \cdot cos(\frac{1}{n}))_{n \in \mathbb{N}}$ konvergiert gegen $0 \cdot 1 = 0$.
5b) Die Folge $(f_{\frac{1}{n}}(\frac{1}{n}))_{n \in \mathbb{N}} = (n \cdot cos(\frac{1}{n}))_{n \in \mathbb{N}}$ ist divergent.
5c) Die Folge $(A(f_n))_{n \in \mathbb{N}} = (\frac{2}{n^2})_{n \in \mathbb{N}}$ konvergiert gegen 0.
5d) Die Folge $(A(f_{\frac{1}{n}}))_{n \in \mathbb{N}} = (2n^2)_{n \in \mathbb{N}}$ ist divergent.

2.950 Untersuchungen von Exponential-Funktionen (Teil 1)

A2.950.01 (D) : Betrachten Sie die durch $f(x) = (2x^2 + x + 1) \cdot e^x$ definierte Funktion $f : \mathbb{R} \longrightarrow \mathbb{R}$.
Untersuchen Sie f hinsichtlich Nullstellen, Extrema, Wendepunkte und möglicher Wendetangenten.

B2.950.01: Die Zuordnungsvorschrift zeigt: Die Funktion f ist ein Produkt $f = u \cdot exp_e$, wobei u die durch $u(x) = 2x^2 + x + 1$ definierte (quadratische) Polynom-Funktion $u : \mathbb{R} \longrightarrow \mathbb{R}$ ist.

a) Es gilt $N(f) = N(u \cdot exp_e) = N(u) \cup N(exp_e) = N(u) \cup \emptyset = N(u) = \emptyset$.

b) Die 1. Ableitungsfunktion $f' : \mathbb{R} \longrightarrow \mathbb{R}$ von f ist definiert durch $f'(x) = (2x^2 + 5x + 2)e^x$. Betrachtet man $v(x) = 2x^2 + 5x + 2$, so ist $N(f') = N(v \cdot exp_e) = N(v) \cup N(exp_e) = N(v) \cup \emptyset = N(v) = \{-2, -\frac{1}{2}\}$.

c) Die 2. Ableitungsfunktion $f'' : \mathbb{R} \longrightarrow \mathbb{R}$ von f ist definiert durch $f''(x) = (2x^2 + 9x + 7)e^x$. Mit ihrer Hilfe wird gezeigt, daß die beiden Nullstellen von f' tatsächlich Extremstellen von f sind, denn es gilt $f''(-2) = 3e^{-2} < 0$ und $f''(-\frac{1}{2}) = 3e^{-\frac{1}{2}} > 0$. Das bedeutet also: -2 ist die Maximalstelle von f, $-\frac{1}{2}$ ist die Minimalstelle von f. Die Funktion f hat damit das Maximum $(-2, f(-2)) = (-2/ \approx 0,9)$ und das Minimum $(-\frac{1}{2}, f(-\frac{1}{2})) = (-\frac{1}{2}/ \approx 0,6)$.

d) Betrachtet man $s(x) = 2x^2 + 9x + 7$, dann ist $N(f'') = N(s \cdot exp_e) = N(s) \cup N(exp_e) = N(s) \cup \emptyset = N(s) = \{-1, -\frac{7}{2}\}$. Mit der 3. Ableitungsfunktion $f''' : \mathbb{R} \longrightarrow \mathbb{R}$, definiert durch die Vorschrift $f'''(x) = (2x^2 + 13x + 16)e^x$, ist dann $f'''(-1) = (2 - 13 + 16)e^{-1} = \frac{5}{e} > 0$ und $f'''(-\frac{7}{2}) = (\frac{49}{2} - \frac{91}{2} + \frac{32}{2})e^{-\frac{7}{2}} = -5e^{-\frac{7}{2}} < 0$, also sind -1 und $-\frac{7}{2}$ die Wendestellen von f und damit $(-1, f(-1)) = (-1/ \approx 0,7)$ und $(-\frac{7}{2}, f(-\frac{7}{2})) = (-\frac{7}{2}/ \approx 0,7)$ die Wendepunkte von f.

e) Die beiden Wendetangenten $t_1, t_2 : \mathbb{R} \longrightarrow \mathbb{R}$ an f sind gemäß der generellen Zuordnungsvorschrift $t(x) = f'(x_0)x - f'(x_0)x_0 + f(x_0)$ definiert durch $t_1(x) = f'(-1)x - f'(-1)(-1) + f(-1) \approx 0,3x + 1,75$ und $t_2(x) = f'(-\frac{7}{2})x - f'(-\frac{7}{2})(-\frac{7}{2}) + f(-\frac{7}{2}) \approx -0,4x + 0,3$.

A2.950.02 (D) : Betrachten Sie die durch $f(x) = \frac{1}{4}x \cdot e^{-\frac{1}{4}x^2}$ definierte Funktion $f : \mathbb{R} \longrightarrow \mathbb{R}$.

1. Klären Sie den Bau von f durch „Zerlegung in geeignete und möglichst kleine Bausteine".

Hinweis: Die weiteren Aufgabenteile sollen unter Verwendung von Teil 1 weitgehend in Funktionsschreibweise (also nicht in der Form von Funktionswerten) bearbeitet werden.

2. Untersuchen Sie f hinsichtlich Nullstellen.
3. Untersuchen Sie f hinsichtlich möglicher Symmetrie-Eigenschaften.
4. Untersuchen Sie f hinsichtlich möglicher Extrema.
5. Untersuchen Sie f hinsichtlich möglicher Wendepunkte und Wendetangenten.
6. Skizzieren Sie f – gegebenenfalls auch die Wendetangenten – in einem geeigneten Darstellungsbereich.

B2.950.02: Zur Bearbeitung der Aufgabe im einzelnen:

1. Die Funktion f hat die Darstellung $f = \frac{1}{4} \cdot id \cdot h$ mit $h = exp_e \circ v$ mit $v = -\frac{1}{4} \cdot id^2$.

2. Es gilt $N(f) = N(id \cdot h) = N(id) \cup N(h) = N(id) \cup \emptyset = N(id) = \{0\}$, denn für Funktionen der Form $h = exp_e \circ v$ gilt wegen $Bild(h) = Bild(exp_e \circ v) = Bild(exp_e) = \mathbb{R}^+$ stets $N(h) = \emptyset$.

3. Die Funktion f ist punktsymmetrisch zu $(0,0)$ (und somit wegen $f \neq 0$ nicht ordinatensymmetrisch), denn für alle $x \in \mathbb{R}$ ist $-f(-x) = -(\frac{1}{4}(-x) \cdot exp_e(-\frac{1}{4}(-x)^2) = \frac{1}{4}x \cdot exp_e(-\frac{1}{4}x^2) = f(x)$.
Anmerkung: Allgemeiner argumentiert kann man sagen, daß das Produkt einer ordinatensymmetrischen Funktion (hier h) mit id stets punktsymmetrisch ist.

4a) Die 1. Ableitungsfunktion $f' : \mathbb{R} \longrightarrow \mathbb{R}$ von f ist $f' = \frac{1}{4} \cdot (id \cdot h)' = \frac{1}{4} \cdot (id' \cdot h + id \cdot h')$. Beachtet man $h' = (exp'_e \circ v)v' = hv'$, dann ist weiter $f' = \frac{1}{4} \cdot (h + id \cdot h \cdot v') = \frac{1}{4} \cdot h \cdot (1 + id \cdot v')$.

4b) Beachtet man $v' = -\frac{1}{2} \cdot id$ und damit $N(1 + id \cdot v') = N(1 - \frac{1}{2} \cdot id^2) = \{-\sqrt{2}, \sqrt{2}\}$, dann gilt mit dieser Vorüberlegung $N(f') = N(h \cdot (1 + id \cdot v')) = N(h) \cup N(1 + id \cdot v') = \emptyset \cup \{-\sqrt{2}, \sqrt{2}\} = \{-\sqrt{2}, \sqrt{2}\}$.

4c) Die 2. Ableitungsfunktion $f'' : \mathbb{R} \longrightarrow \mathbb{R}$ von f ist $f'' = \frac{1}{4} \cdot (h'(1 + id \cdot v') + h((id \cdot v')')) = \frac{1}{4} \cdot (hv'(1 + id \cdot v') + h(v' + id \cdot v'')) = \frac{1}{4} \cdot h \cdot (2 \cdot v' + id \cdot v' \cdot v' + id \cdot v'') = \frac{1}{4} \cdot h \cdot (\frac{1}{4} \cdot id^3 - \frac{3}{2} \cdot id) = \frac{1}{8} \cdot h \cdot id(\frac{1}{2} \cdot id^2 - 3)$.

4d) Die Berechnung $f''(\sqrt{2}) = \frac{1}{8} \cdot h(\sqrt{2}) \cdot \sqrt{2}(2-3) < 0$, denn nach Aufgabenteil 2 ist $h > 0$, zeigt, daß $\sqrt{2}$ die Maximalstelle von f ist. Aus Gründen der Punktsymmetrie (siehe Aufgabenteil 3) ist dann $-\sqrt{2}$ die Minimalstelle von f.

4e) Die Berechnung $f(\sqrt{2}) = \frac{1}{4} \cdot \sqrt{2} \cdot e^{-\frac{1}{2}}$ liefert den Funktionswert von $\sqrt{2}$, also ist $(\sqrt{2}, \frac{1}{4} \cdot \sqrt{2} \cdot e^{-\frac{1}{2}})$ das Maximum und entsprechend $(-\sqrt{2}, -\frac{1}{4} \cdot \sqrt{2} \cdot e^{-\frac{1}{2}})$ das Minimum von f.

5a) Zunächst gilt $N(f'') = N(h) \cup N(id) \cup N(\frac{1}{2}id^2 - 3) = \emptyset \cup \{0\} \cup \{-\sqrt{6}, \sqrt{6}\} = \{-\sqrt{6}, 0, \sqrt{6}\}$.

5b) Mit $f'' = \frac{1}{4} \cdot h \cdot (\frac{1}{2} \cdot id^3 - 3 \cdot id)$ ist die 3. Ableitungsfunktion $f''' : \mathbb{R} \longrightarrow \mathbb{R}$ von f dann $f''' = \frac{1}{8} \cdot (h'(\frac{1}{2} \cdot id^3 - 3 \cdot id) + h \cdot (\frac{3}{2} \cdot id^2 - 3)) = \frac{1}{8} \cdot (h \cdot v'(\frac{1}{2} \cdot id^3 - 3 \cdot id) + h \cdot (\frac{3}{2} \cdot id^2 - 3)) = \frac{1}{8} \cdot h \cdot (v' \cdot \frac{1}{2} \cdot id^3 - 3 \cdot v' \cdot id + \frac{3}{2} \cdot id^2 - 3) = \frac{1}{8} \cdot h \cdot (-\frac{1}{4} \cdot id^4 + 3 \cdot id^2 - 3)$.

5c) Zur Untersuchung der drei Nullstellen von f'' hinsichtlich f''' beachte man zunächst $h(0) = e^0 = 1$, womit dann $f'''(0) = \frac{1}{8} \cdot h(0) \cdot (-3) = -\frac{3}{8} \neq 0$ gilt. Ferner ist $f'''(\sqrt{6}) = \frac{1}{8} \cdot h(\sqrt{6}) \cdot (-\frac{1}{4} \cdot 36 + 3 \cdot 6 - 3) = \frac{1}{8} \cdot h(\sqrt{6}) \cdot 6 \neq 0$, entsprechend gilt $f'''(-\sqrt{6}) = \frac{1}{8} \cdot h(\sqrt{6}) \cdot (-6) \neq 0$. Damit sind die drei Nullstellen von f'' auch Wendestellen von f.

5d) Die Berechnung $f(\sqrt{6}) = \frac{1}{4} \cdot \sqrt{6} \cdot e^{-\frac{3}{2}}$ liefert den Funktionswert von $\sqrt{6}$, also sind $(0, 0)$ sowie $(\sqrt{6}, \frac{1}{4} \cdot \sqrt{6} \cdot e^{-\frac{3}{2}})$ und $(-\sqrt{6}, -\frac{1}{4} \cdot \sqrt{6} \cdot e^{-\frac{3}{2}})$ die Wendepunkte von f.

5e) Unter Verwendung von $f'(0) = \frac{1}{4}$ und $f(0) = 0$ sowie $f'(\sqrt{6}) = -\frac{1}{2} \cdot e^{-\frac{3}{2}}$ und $f(\sqrt{6}) = \frac{1}{4} \cdot \sqrt{6} \cdot e^{-\frac{3}{2}}$ haben die drei Wendetangenten $t_0, t_{\sqrt{6}}, t_{-\sqrt{6}} : \mathbb{R} \longrightarrow \mathbb{R}$ die Zuordnungen
$t_0(x) = f'(0)x - f'(0)0 + f(0) = \frac{1}{4}x$ sowie
$t_{\sqrt{6}}(x) = f'(\sqrt{6})x - f'(\sqrt{6})\sqrt{6} + f(\sqrt{6}) = -\frac{1}{2} \cdot e^{-\frac{3}{2}} \cdot x + \frac{1}{4}\sqrt{6} \cdot e^{-\frac{3}{2}}$ und
$t_{-\sqrt{6}}(x) = f'(-\sqrt{6})x - f'(-\sqrt{6})(-\sqrt{6}) + f(-\sqrt{6}) = -\frac{1}{2} \cdot e^{-\frac{3}{2}} \cdot x - \frac{1}{4}\sqrt{6} \cdot e^{-\frac{3}{2}}$.

6. Für die Zeichnung werden die Näherungen $t_{\sqrt{6}}(x) = -0,1x + 0,4$ und $t_{\sqrt{6}}(x) = -0,1x - 0,4$ verwendet:

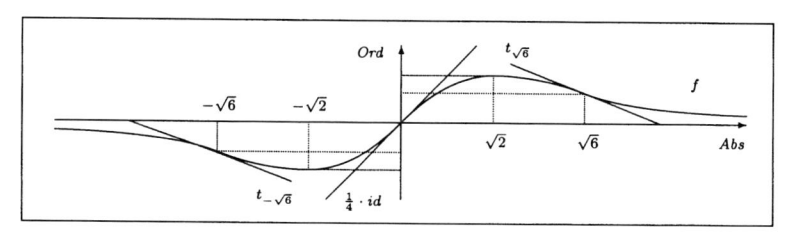

A2.950.03 (D) : Betrachten Sie die durch $f(x) = e^{-2x^2}$ definierte Funktion $f : \mathbb{R} \longrightarrow \mathbb{R}$.

1. Untersuchen Sie f hinsichtlich Nullstellen, Symmetrieverhalten, Extrema, Wendepunkte und möglicher Wendetangenten.

2. Betrachten Sie zu jeder Zahl $t \in \mathbb{R}^+$ das durch die drei Punkte $(-t, f(t))$, $(0, 0)$ und $(t, f(t))$ jeweils gebildete Dreieck und seinen Flächeninhalt $A(t)$. Welches dieser Dreiecke hat maximalen Flächeninhalt?

B2.950.03: Für alle Untersuchungen wird f als Komposition $f = exp_e \circ p$ der Exponential-Funktion exp_e zur Basis e und der durch $p(x) = -2x^2$ definierten Funktion p betrachtet.

1a) Zur Untersuchung der möglichen Nullstellen von f die generelle Aussage: Für Funktionen der Form $exp_e \circ u$ gilt stets $N(exp_e \circ u) = \emptyset$ (das liegt an $Bild(exp_e \circ u) = Bild(exp_e) = \mathbb{R}^+$). Mit der genannten Form von f gilt $N(f) = N(exp_e \circ p) = \emptyset$, f hat also keine Nullstellen.

1b) Zum Symmetrieverhalten von f, wobei Ordinatensymmetrie oder Punktsymmetrie zum Koordinatenursprung in Frage kommen. Bei der vorliegenden Funktion f kann man an der Zuordnungsvorschrift erkennen, daß f ordinatensymmetrisch ist, denn der Einfluß verschiedener Vorzeichen von x auf $f(x)$ macht sich bei dem Exponent $-2x^2$ nicht bemerkbar: f ist ordinatensymmetrisch (und somit wegen

$f \neq 0$ nicht punktsymmetrisch), denn für alle $x \in \mathbb{R}$ ist $f(-x) = exp_e(-2(-x)^2) = exp_e(-2x^2) = f(x)$.

1c) Wegen $Ex(f) \subset N(f')$ ist zunächst die 1. Ableitungsfunktion f' von f zu bilden und auf Nullstellen zu untersuchen. Ist $N(f') \neq \emptyset$, dann sind diese Nullstellen x einem Test bezüglich f'' zu unterwerfen (f'' also nicht schon früher berechnen).

Zunächst ist $f' : \mathbb{R} \longrightarrow \mathbb{R}$ definiert durch $f'(x) = (-4x) \cdot f(x)$, und es gilt $N(f') = \{0\}$. Weiterhin ist $f'' : \mathbb{R} \longrightarrow \mathbb{R}$ definiert durch $f''(x) = (-4) \cdot f(x) + (-4x)(-4x) \cdot f(x) = 4(4x^2 - 1) \cdot f(x)$. Wegen $f''(0) = -4e < 0$ ist 0 die Maximalstelle und $(0, f(0)) = (0, e)$ das Maximum von f.

1d) Wegen $Wen(f) \subset N(f'')$ ist zunächst $N(f'')$ zu berechnen. Ist $N(f'') \neq \emptyset$, dann sind diese Nullstellen einem Test bezüglich f''' zu unterwerfen:

Wie man sofort sieht, ist $N(f'') = \{-\frac{1}{2}, \frac{1}{2}\}$. Weiterhin ist $f''' : \mathbb{R} \longrightarrow \mathbb{R}$ definiert durch $f'''(x) = 4 \cdot (8x \cdot f(x) + (4x^2 - 1)(-4x) \cdot f(x)) = 16x(3 - 4x^2) \cdot f(x)$. Damit ist dann $f'''(-\frac{1}{2}) = -16 \cdot f(-\frac{1}{2}) < 0$, also $-\frac{1}{2}$ Wendestelle und $(-\frac{1}{2}, f(-\frac{1}{2})) = (-\frac{1}{2}, e^{-\frac{1}{2}})$ Wendepunkt von f mit L-R-Krümmung. Wegen der Ordinatensymmetrie von f besitzt f den weiteren Wendepunkt $(\frac{1}{2}, e^{-\frac{1}{2}})$ mit R-L-Krümmung.

1e) Die beiden Wendetangenten zu $-\frac{1}{2}$ und $\frac{1}{2}$ haben wegen der Ordinatensymmetrie von f zueinander inverse Steigungen (bezüglich Addition) und denselben Ordinatenabschnitt, folglich genügt es, eine dieser Wendetangenten zu berechnen: Die gesuchten Wendetangenten $t_{-\frac{1}{2}}, t_{\frac{1}{2}} : \mathbb{R} \longrightarrow \mathbb{R}$ haben die Zuordnungsvorschriften $t_{-\frac{1}{2}}(x) = f'(-\frac{1}{2})x - f'(-\frac{1}{2})(-\frac{1}{2}) + f(-\frac{1}{2}) = 2 \cdot e^{-\frac{1}{2}} \cdot x - 2 \cdot e^{-\frac{1}{2}} \cdot (-\frac{1}{2}) + e^{-\frac{1}{2}} = 2 \cdot e^{-\frac{1}{2}} \cdot x + 2e^{-\frac{1}{2}}$ und $t_{\frac{1}{2}}(x) = -2 \cdot e^{-\frac{1}{2}} \cdot x + 2e^{-\frac{1}{2}}$.

2. Die zu untersuchenden Dreiecks-Flächeninhalte werden durch die Funktion $A : \mathbb{R}^+ \longrightarrow \mathbb{R}$ mit der Zuordnungsvorschrift $A(t) = \frac{1}{2} \cdot 2t \cdot f(t) = t \cdot e^{-2t^2} = t \cdot f(t)$ beschrieben. Die 1. Ableitungsfunktion $A' : \mathbb{R}^+ \longrightarrow \mathbb{R}$ von A ist definiert durch $A'(t) = (1 - 4t^2) \cdot f(t)$ und besitzt $\frac{1}{2}$ als einzige Nullstelle. Unter Verwendung der 2. Ableitungsfunktion $A'' : \mathbb{R}^+ \longrightarrow \mathbb{R}$ von A, definiert durch $A''(t) = 4t(4t^2 - 3) \cdot f(t)$, ist $A''(\frac{1}{2}) = -4 \cdot f(t) < 0$, also ist die positive Wendestelle von f, $\frac{1}{2}$, zugleich die Maximalstelle von A. Der maximale Flächeninhalt ist dann schließlich $A(\frac{1}{2}) = \frac{1}{2} \cdot f(\frac{1}{2}) = \frac{1}{2} \cdot e^{-\frac{1}{2}}$ (FE).

A2.950.04 (D, A) : Betrachten Sie die durch $f(x) = x \cdot e^{-\frac{1}{2}x^2}$ definierte Funktion $f : \mathbb{R} \longrightarrow \mathbb{R}$.

1. Untersuchen Sie f hinsichtlich Nullstellen und Symmetrie-Eigenschaften.
2. Untersuchen Sie f hinsichtlich Extrema. Zeigen Sie zunächst, daß $f''(x) = x \cdot e^{-\frac{1}{2}x^2}(x^2 - 3)$ gilt.
3. Untersuchen Sie f hinsichtlich Wendepunkte. Verwenden Sie dabei $Wen(f) = N(f'')$.
4. Ermitteln Sie – gegebenenfalls – die Wendetangenten zu f.
5. Skizzieren Sie f anhand der ermittelten Daten im Bereich $(-3, 3)$.
6. Es bezeichne $A(f)$ den Inhalt der Fläche, die von f, der Abszisse und der Ordinatenparallelen vollständig begrenzt wird. Geben Sie zunächst (auch unter Verwendung der Skizze) ein Rechteck R und ein Dreieck D an, so daß deren Flächeninhalte möglichst gute Schranken zu $A(f)$ im Sinne von $A(D) < A(f) < A(R)$ darstellen. Verwenden Sie dabei Näherungen für $A(D)$ und $A(R)$.
Berechnen Sie dann $A(f)$ anhand einer leicht zu erratenden Stammfunktion F von f (Hinweis: Experimentieren mit dem zweiten Faktor von f), wobei aber $F' = f$ nachzuweisen ist.
7. Berechnen Sie das Uneigentliche Integral $\int_{-\star}^{\star} f$ und kommentieren Sie das Resultat hinsichtlich f.

B2.950.04: Zur Bearbeitung der Aufgabe im einzelnen:

1a) Wegen der Äquivalenzen $x \in N(f) \Leftrightarrow f(x) = 0 \Leftrightarrow x \cdot e^{-\frac{1}{2}x^2} = 0 \Leftrightarrow x \in \{0\}$ gilt $N(f) = \{0\}$.

1b) Die Funktion f ist punktsymmetrisch, da $-f(-x) = -((-x)x \cdot e^{-\frac{1}{2}(-x)^2}) = x \cdot e^{-\frac{1}{2}x^2} = f(x)$ für alle $x \in \mathbb{R}$ gilt. Man beachte: Da $f \neq 0$ gilt, kann f nicht zugleich ordinatensymmetrisch sein.

2a) Die 1. Ableitungsfunktion $f' : \mathbb{R} \longrightarrow \mathbb{R}$ von f ist definiert durch $f'(x) = e^{-\frac{1}{2}x^2} + x(-x)e^{-\frac{1}{2}x^2} = e^{-\frac{1}{2}x^2}(1 - x^2)$ und besitzt die Nullstellenmenge $N(f') = \{-1, 1\}$.

2b) Die 2. Ableitungsfunktion $f'' : \mathbb{R} \longrightarrow \mathbb{R}$ von f ist definiert durch die Zuordnungsvorschrift $f''(x) = (-2x)e^{-\frac{1}{2}x^2} + (1 - x^2)(-x)e^{-\frac{1}{2}x^2} = e^{-\frac{1}{2}x^2}(-3x + x^3) = x \cdot e^{-\frac{1}{2}x^2}(x^2 - 3)$. Mit $f''(-1) = 2e^{-\frac{1}{2}} > 0$ und $f''(1) = -2e^{-\frac{1}{2}} < 0$ ist -1 die Minimalstelle und 1 die Maximalstelle von f. Damit ist schließlich

$(-1, f(-1)) = (-1, -e^{-\frac{1}{2}})$ das Minimum und $(1, f(1)) = (1, e^{-\frac{1}{2}})$ das Maximum von f.

3. f'' besitzt die Nullstellenmenge $N(f'') = \{-\sqrt{3}, 0, \sqrt{3}\}$, womit nach Vorgabe dann $Wen(f) = N(f'') = \{-\sqrt{3}, 0, \sqrt{3}\}$ gilt. Mit $f(-\sqrt{3}) = -\sqrt{3} \cdot e^{-\frac{3}{2}}$ sowie $f(0) = 0$ und $f(\sqrt{3}) = \sqrt{3} \cdot e^{-\frac{3}{2}}$ hat die Funktion f dann die drei Wendepunkte $(-\sqrt{3}, -\sqrt{3} \cdot e^{-\frac{3}{2}})$ sowie $(0, 0)$ und $(\sqrt{3}, \sqrt{3} \cdot e^{-\frac{3}{2}})$.

4. Unter Verwendung von $f'(0) = e^0 = 1$ und $f(0) = 0$ sowie $f'(\sqrt{3}) = -2 \cdot e^{-\frac{3}{2}}$ und $f(\sqrt{3}) = \sqrt{3} \cdot e^{-\frac{3}{2}}$ haben die drei Wendetangenten $t_0, t_{\sqrt{3}}, t_{-\sqrt{3}} : \mathbb{R} \longrightarrow \mathbb{R}$ die Zuordnungen
$t_0(x) = f'(0)x - f'(0)0 + f(0) = x$ (also ist $t_0 = id$) sowie
$t_{\sqrt{3}}(x) = f'(\sqrt{3})x - f'(\sqrt{3})\sqrt{3} + f(\sqrt{3}) = -2 \cdot e^{-\frac{3}{2}} \cdot x + 3\sqrt{3} \cdot e^{-\frac{3}{2}}$ und
$t_{-\sqrt{3}}(x) = f'(-\sqrt{3})x - f'(-\sqrt{3})(-\sqrt{3}) + f(-\sqrt{3}) = -2 \cdot e^{-\frac{3}{2}} \cdot x - 3\sqrt{3} \cdot e^{-\frac{3}{2}}$.

5. Für die folgende Skizze von f werden als Näherungen verwendet:

   Minimum: $(-1/-0,6)$ Wendepunkt 1: $(-1,7/-0,4)$
   Maximum: $(1/0,6)$ Wendepunkt 3: $(1,7/0,4)$

Ferner werden die Näherungen $t_{\sqrt{3}}(x) = -0,5x + 1,2$ und $t_{\sqrt{3}}(x) = -0,5x - 1,2$ verwendet.

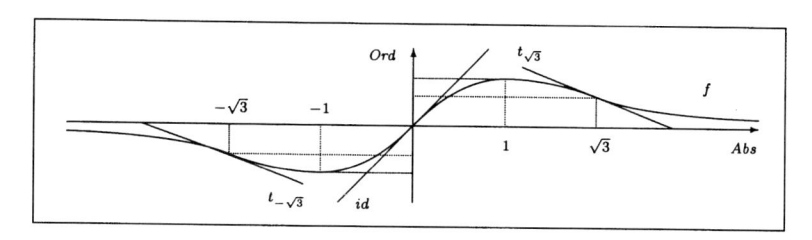

6. Betrachtet man das Dreieck D, dessen Eckpunkte das Maximum $(1, e^{-\frac{1}{2}}) \approx (1/0,6)$ von f sowie die Punkte $(0,0)$ und $(1,0)$ sind, so gilt als Näherung $A(D) \approx 0,3$ (FE). Mit dem weiteren Punkt $(0/0,6)$ liegt dann ein Rechteck R mit $A(R) \approx 0,6$ vor. Somit muß $0,3 \approx \frac{1}{2} e^{-\frac{1}{2}} < A(f) < e^{-\frac{1}{2}} \approx 0,6$ gelten.
Die Funktion $F : \mathbb{R} \longrightarrow \mathbb{R}$ mit $F(x) = -e^{-\frac{1}{2}x^2}$ ist eine Stammfunktion zu f, denn es gilt $F'(x) = -(-x \cdot e^{-\frac{1}{2}x^2}) = x \cdot e^{-\frac{1}{2}x^2} = f(x)$. Damit ist dann $A(f) = |F(1) - F(0)| = |-e^{-\frac{1}{2}} - (-e^0)| = 1 - e^{-\frac{1}{2}} \approx 0,393$.

7. Mit dem Riemann-Integral $\int_0^n f = |F(n) - F(0)| = 1 - e^{-\frac{1}{2}n^2}$ gilt (siehe Teil 6)
$$\int_0^{\star} f = lim(1 - e^{-\frac{1}{2}n^2})_{n \in \mathbb{N}} = lim(1)_{n \in \mathbb{N}} - lim(e^{-\frac{1}{2}n^2})_{n \in \mathbb{N}} = 1 - 0 = 1,$$
folglich ist das Uneigentliche Integral $\int_{-\star}^{\star} f = 2$. Kommentar: Die nicht begrenzte Fläche zwischen f und der gesamten Abszisse besitzt den endlichen Flächeninhalt 2 (FE).

A2.950.05 (D, L): Betrachten Sie die durch $f(x) = \frac{1}{2}(e^x + e^{-x})$ definierte Funktion $f : \mathbb{R} \longrightarrow \mathbb{R}$.

1. Untersuchen Sie f hinsichtlich Extrema und Wendepunkte.
2. Rechnen Sie elementweise nach, daß $1 + (f')^2 = f^2$ gilt.
3. Berechnen Sie das Integral $\int \sqrt{1 + (f')^2}$ und damit dann das Riemann-Integral $s(f) = \int_{-2}^{2} \sqrt{1 + (f')^2}$.
Dieses Riemann-Integral gibt die Funktionslänge (Bogenlänge) $s(f)$ der auf das Intervall $[-2, 2]$ eingeschränkten Funktion $f : [-2, 2] \longrightarrow \mathbb{R}$ an.
4. Skizzieren Sie $f : [-2, 2] \longrightarrow \mathbb{R}$ und ergänzen Sie die Skizze um geeignete Strecken, deren Längen zu einer Näherung von $s(f)$ verwendet werden können. Geben Sie diese Näherung an und berechnen Sie die prozentuale Abweichung zu $s(f)$.
5. Betrachten Sie die durch $f(x) = \frac{a}{2}(e^{\frac{x}{a}} + e^{-\frac{x}{a}})$ mit $a > 0$ definierte Funktion $f : \mathbb{R} \longrightarrow \mathbb{R}$ und untersuchen Sie sie zunächst wieder hinsichtlich Extrema und Wendepunkte. Rechnen Sie dann die Beziehung $1 + (f')^2 = \frac{1}{a^2} f^2$ nach und berechnen Sie damit das Integral $\int \sqrt{1 + (f')^2}$ sowie das Riemann-

Integral $s(f) = \int_{-u}^{u} \sqrt{1+(f')^2}$ der auf das Intervall $[-u, u]$ eingeschränkten Funktion $f : [-u, u] \longrightarrow \mathbb{R}$.

Anmerkung: Man nennt die Funktion f auch *Kettenlinie*. Dieser Name bedeutet – illustriert an dem konkreten Intervall $[-2, 2]$ – daß eine mit ihren beiden Enden in den Punkten $(-2, f(-2))$ und $(2, f(2))$ aufgehängte Kette der Länge $s(f)$ gerade die Form der Kurve von f annimmt.

B2.950.05: Die Bearbeitung von Aufgabenteil 5 wird zuerst vorgenommen. Im einzelnen:

1a) Die Ableitungsfunktion $f' : \mathbb{R} \longrightarrow \mathbb{R}$ ist definiert durch $f'(x) = \frac{a}{2}(\frac{1}{a}e^{\frac{x}{a}} + (-\frac{1}{a})e^{-\frac{x}{a}}) = \frac{1}{2}(e^{\frac{x}{a}} - e^{-\frac{x}{a}})$.

1b) Die Äquivalenzen $x \in N(f') \Leftrightarrow f'(x) = 0 \Leftrightarrow e^{\frac{x}{a}} = e^{-\frac{x}{a}} \Leftrightarrow \frac{x}{a} = -\frac{x}{a} \Leftrightarrow x \in \{0\}$ liefern $N(f') = \{0\}$.

1c) Die zweite Ableitungsfunktion $f'' : \mathbb{R} \longrightarrow \mathbb{R}$ von f ist definiert durch die Zuordnungsvorschrift $f''(x) = \frac{1}{2}(\frac{1}{a}e^{\frac{x}{a}} - (-\frac{1}{a})e^{-\frac{x}{a}}) = \frac{1}{2a}(e^{\frac{x}{a}} + e^{-\frac{x}{a}}) = \frac{1}{a^2}f(x)$, für die Funktion f'' gilt also $f'' = \frac{1}{a^2}f$.

1d) Wegen $f''(0) = \frac{1}{2a}(e^0 + e^0) = \frac{1}{a} > 0$ ist 0 Minimalstelle und $(0, f(0)) = (0, a)$ das Minimum von f.

1e) Die Äquivalenzen $x \in N(f'') \Leftrightarrow f''(x) = 0 \Leftrightarrow e^{\frac{x}{a}} = -e^{-\frac{x}{a}} \Leftrightarrow \frac{e^{\frac{x}{a}}}{e^{-\frac{x}{a}}} = -1 \Leftrightarrow e^{\frac{2x}{a}} = -1 \Leftrightarrow x \in \emptyset$ liefern $N(f'') = \emptyset$. Das bedeutet insbesondere, daß die Funktion f keine Wendepunkte hat.

2. Es gilt: $1+(f')^2(x) = 1 + \frac{1}{4}(e^{\frac{x}{a}} - e^{-\frac{x}{a}})^2 = 1 + \frac{1}{4}(e^{\frac{2x}{a}} - 2e^{\frac{x}{a}-\frac{x}{a}} + e^{-\frac{2x}{a}}) = 1 + \frac{1}{4}(e^{\frac{2x}{a}} - 2 + e^{-\frac{2x}{a}}) = \frac{1}{4}(4 + e^{\frac{2x}{a}} - 2 + e^{-\frac{2x}{a}}) = \frac{1}{4}(e^{\frac{2x}{a}} + 2 + e^{-\frac{2x}{a}}) = \frac{1}{4}(e^{\frac{x}{a}} + e^{-\frac{x}{a}})^2 = \frac{1}{4} \cdot \frac{a^2}{a^2}(e^{\frac{x}{a}} + e^{-\frac{x}{a}})^2 = \frac{1}{a^2}f^2(x)$.

3. Mit $1+(f')^2 = \frac{1}{a^2}f^2$ gilt $\sqrt{1+(f')^2} = \frac{1}{a}f = \frac{1}{a} \cdot \frac{a}{2}(exp_e \circ (\frac{1}{a} \cdot id) + exp_e \circ (-\frac{1}{a} \cdot id))$. Folglich ist $\int \sqrt{1+(f')^2} = \frac{1}{2}(a \cdot exp_e \circ (\frac{1}{a} \cdot id) - a \cdot exp_e \circ (-\frac{1}{a} \cdot id)) + \mathbb{R} = \frac{a}{2}(exp_e \circ (\frac{1}{a} \cdot id) - exp_e \circ (-\frac{1}{a} \cdot id)) + \mathbb{R} = af' + \mathbb{R}$.

Damit ist schließlich das gesuchte Riemann-Integral und zugleich die Bogenlänge (Kettenlänge) in LE:
$s(f) = \int_{-2}^{2} \sqrt{1+(f')^2} = a|f'(2) - f'(-2)| = a|\frac{1}{2}(e^{\frac{2}{a}} - e^{-\frac{2}{a}}) - \frac{1}{2}(e^{-\frac{2}{a}} - e^{\frac{2}{a}})| = \frac{a}{2}|2e^{\frac{2}{a}} - 2e^{-\frac{2}{a}}| = a(e^{\frac{2}{a}} - e^{-\frac{2}{a}})$.

4. Für den Fall $a = 1$ (das sind die Aufgabenteile 1 bis 3) liegen folgende Einzelsachverhalte vor:

a) Die beiden Ableitungsfunktionen $f', f'' : \mathbb{R} \longrightarrow \mathbb{R}$ von f sind definiert durch die Zuordnungen $f'(x) = \frac{1}{2}(e^x - e^{-x})$ und $f''(x) = \frac{1}{2}(e^x + e^{-x}) = f(x)$, es gilt also $f'' = f$.

b) Das Minimum der Funktion f ist $(0, 1)$.

c) Die Bogenlänge der Einschränkung $f : [-2, 2] \longrightarrow \mathbb{R}$ ist $s(f) = \int_{-2}^{2} \sqrt{1+(f')^2} = |f'(2) - f'(-2)| = e^2 - e^{-2} \approx 7,39 - 0,14 = 7,25$ (LE).

d) Die beiden eingezeichneten Strecken haben zusammen die Länge $s \approx 2\sqrt{2,72^2 + 2^2} \approx 2\sqrt{11,4} \approx 6,75$ (LE), es gilt also $s < s(f)$ mit geometrisch plausiblen Längen.

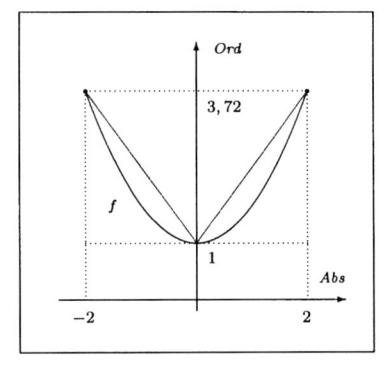

Mit den berechneten Daten liegen eine absolute Abweichung $aa(s(f), s) = s(f) - s = 7,25 - 6,75 = 0,5$ und eine relative Abweichung $ra(s(f), s) = \frac{aa(s(f), s)}{s(f)} = \frac{0,5}{7,25} \approx 0,069$, also eine prozentuale Abweichung von $6,9\%$ vor.

A2.950.06 (D, A): Betrachten Sie die durch $f(x) = (2x - x^2) \cdot e^x$ definierte Funktion $f : \mathbb{R} \longrightarrow \mathbb{R}$.

1. Untersuchen Sie f hinsichtlich Nullstellen und Symmetrie-Eigenschaften.

2. Zeigen Sie, daß der negative Teil der Abszisse asymptotische Funktion zu f ist.

3. Untersuchen Sie f hinsichtlich Extrema und Wendepunkte.

4. Zeigen Sie auf zweierlei Weise (Differentiation/Integration), daß die Funktion $F : \mathbb{R} \longrightarrow \mathbb{R}$ mit der Zuordnungsvorschrift $F(x) = (-x^2 + 4x - 4) \cdot e^x$ eine Stammfunktion zu f ist.

5. Berechnen Sie den Inhalt $A(f)$ der Fläche, die f mit der Abszisse vollständig einschließt.

6. Berechnen Sie das Uneigentliche Integral $\int_{0}^{-*} f$.

A2.950.06: Zur Bearbeitung der Aufgabe im einzelnen, wobei im folgenden die Darstellung $f = u \cdot exp_e$ von f mit der quadratischen Funktion $u : \mathbb{R} \longrightarrow \mathbb{R}$ mit $u(x) = (2x - x^2)$ betrachtet wird:

1a) Zu f liefert (als Faktor) nur die Funktion u Nullstellen. Wie man anhand der Darstellung $u(x) = x(2-x)$ sofort sieht, gilt $N(f) = N(u) = \{0, 2\}$.

1b) Die Berechnung von $N(f)$ zeigt, daß f weder ordinaten- noch punktsymmetrisch ist. (Der Nachweis für diese Aussage kann auch anhand von Berechnungen einfacher Funktionswerte geführt werden: So ist etwa $f(1) \neq f(-1)$ und $f(1) \neq -f(-1)$.)

2. Zum Nachweis dafür, daß der negative Teil der Abszisse asymptotische Funktion zu f ist, wird zu der Folge $x = (-n)_{n \in \mathbb{N}}$ die Bildfolge $f \circ x = (f(-n))_{n \in \mathbb{N}} = ((-2n + n^2)e^{-n})_{n \in \mathbb{N}}$ betrachtet. Diese Folge ist offenbar nullkonvergent, wobei verwendet wird, daß der Faktor e^{-n} stärkeren Einfluß auf das Konvergenz-Verhalten der Folge hat als der Faktor $-2n + n^2$ (wie das für jede Polynom-Funktion gilt), im einzelnen also: $lim((-2n + n^2)e^{-n})_{n \in \mathbb{N}} = (-2) \cdot lim(ne^{-n})_{n \in \mathbb{N}} + lim(n^2 e^{-n})_{n \in \mathbb{N}} = (-2) \cdot 0 + 0 = 0$.

3a) Zunächst ist die 1. Ableitungsfunktion $f' : \mathbb{R} \longrightarrow \mathbb{R}$ von f definiert durch die Zuordnungsvorschrift $f'(x) = (2 - 2x)e^x + (2x - x^2)e^x = (2 - x^2)e^x$, sie besitzt die Nullstellenmenge $N(f') = \{-\sqrt{2}, \sqrt{2}\}$.

3b) Wegen $Ex(f) \subset N(f') \neq \emptyset$ ist die 2. Ableitungsfunktion $f'' : \mathbb{R} \longrightarrow \mathbb{R}$ von f zu bilden: Sie ist definiert durch die Zuordnung $f''(x) = -2xe^x + (2 - x^2)e^x = (-x^2 - 2x + 2)e^x$ und liefert die beiden Funktionswerte $f''(-\sqrt{2}) = (-2 + 2\sqrt{2} + 2)e^{-\sqrt{2}} = 2\sqrt{2} \cdot e^{-\sqrt{2}} > 0$ und $f''(\sqrt{2}) = (-2 - 2\sqrt{2} + 2)e^{\sqrt{2}} = -2\sqrt{2} \cdot e^{-\sqrt{2}} < 0$. Folglich ist $-\sqrt{2}$ die Minimalstelle und $(-\sqrt{2}, f(-\sqrt{2})) = (-\sqrt{2}, -2(\sqrt{2} - 2)e^{-\sqrt{2}}) \approx (-1, 4/-1, 1)$ das Minimum von f, entsprechend ist $\sqrt{2}$ die Maximalstelle und $(\sqrt{2}, f(\sqrt{2})) = (\sqrt{2}, 2(\sqrt{2} - 2)e^{\sqrt{2}}) \approx (1, 4/3, 4)$ das Maximum von f.

3c) Die 2. Ableitungsfunktion $f'' : \mathbb{R} \longrightarrow \mathbb{R}$ besitzt die Nullstellenmenge $N(f'') = \{-1 - \sqrt{3}, -1 + \sqrt{3}\}$, wie man sofort durch Berechnung der beiden Lösungen der Gleichung $-x^2 - 2x + 2 = 0$ feststellt. Wegen $Wen(f) \subset N(f'') \neq \emptyset$ könnten die 3. Ableitungsfunktion $f''' : \mathbb{R} \longrightarrow \mathbb{R}$ von f gebildet werden (sie ist definiert durch die Zuordnung $f'''(x) = (-2x - 2)e^x + (-x^2 - 2x + 2)e^x = (-3x^2 - 2x)e^x)$ und die beiden Funktionswerte $f'''(-1 - \sqrt{3})$ sowie $f'''(-1 + \sqrt{3})$ berechnet werden. Man kann einfacher aber auch so argumentieren:

Da f stetig ist, zwei Extrema sowie den negativen Teil der Abszisse als asymptotische Funktion besitzt, muß f zwischen den beiden Extremstellen eine Wendestelle, nämlich $-1 + \sqrt{3}$, sowie eine Wendestelle, die kleiner als die Minimalstelle ist, nämlich $-1 - \sqrt{3}$, besitzen.

Die beiden Wendepunkte von f sind dann $(-1 - \sqrt{3}, f(-1 - \sqrt{3})) = (-1 - \sqrt{3}, (-6 - 4\sqrt{3}e^{-1-\sqrt{3}}) \approx (-2, 7/-0, 8)$ und $(-1 + \sqrt{3}, f(-1 + \sqrt{3})) = (-1 + \sqrt{3}, (-6 + 4\sqrt{3}e^{-1+\sqrt{3}}) \approx (0, 7/1, 9)$.

4a) Differentiation von $F : \mathbb{R} \longrightarrow \mathbb{R}$ mit $F(x) = (-x^2 + 4x - 4) \cdot e^x$ liefert die Funktion $F' : \mathbb{R} \longrightarrow \mathbb{R}$ mit $F'(x) = (-2x + 4)e^x + (-x^2 + 4x - 4)e^x = (2x - x^2)e^x = f(x)$, folglich ist F eine Stammfunktion zu f.

4b) Zur Berechnung des Integrals von f wird die Darstellung $f = (2 \cdot id - id^2) \cdot exp_e = 2 \cdot id \cdot exp_e - id^2 \cdot exp_e$ verwendet. Damit ist dann zunächst $\int f = 2 \cdot \int (id \cdot exp_e) - \int (id^2 \cdot exp_e)$. Corollar 2.506.2 liefert dann

b_1) $\int (id \cdot exp_e) = id \cdot exp_e - \int expe = id \cdot exp_e - expe = (id - 1)exp_e$,

b_2) $\int (id^2 \cdot exp_e) = \int (id(id \cdot expe) = id(id - 1)exp_e - \int ((id - 1) \cdot expe)$
$= id(id - 1)exp_e - (\int (id \cdot expe) - \int expe_e) = id(id - 1)exp_e - (id - 1)expe + exp_e = (id^2 - 2 \cdot id + 2)exp_e$,

Anmerkung: Dasselbe Resultat wie in b_2) liefert ebenfalls $\int (id^2 \cdot exp_e) = id^2 \cdot exp_e - \int (2 \cdot id \cdot exp_e)$
$= id^2 \cdot exp_e - 2(id - 1)exp_e = (id^2 - 2 \cdot id + 2)exp_2$ wieder mit Corollar 2.506.2 berechnet.

Damit ist $\int f = \int (2 \cdot id \cdot exp_e - id^2 \cdot exp_e) = 2(id - 1)exp_e - (id^2 - 2 \cdot id + 2)exp_e = (-id^2 + 4 \cdot id - 4)exp_e$.

5. Mit der vorgegebenen Stammfunktion F von f hat die in der Aufgabe beschriebene Fläche dann den Inhalt $A(f) = |F(2) - F(0)| = |(-4 + 8 - 4)e^2 - (-4)e^0| = |0 + 4| = 4$ (FE).

6. Beachtet man $\int_{-n}^{0} f = |F(0) - F(-n)| = |-4 + n^2 e^{-n} + 4ne^{-n} - 4e^{-n}|$, dann ist das zu berechnende Uneigentliche Integral $\int_{0}^{-*} f = \int_{-*}^{0} f = lim(\int_{-n}^{0} f)_{n \in \mathbb{N}} = lim(|-4 + n^2 e^{-n} + 4ne^{-n} - 4e^{-n}|)_{n \in \mathbb{N}}$
$= lim(4)_{n \in \mathbb{N}} + lim(n^2 e^{-n})_{n \in \mathbb{N}} + lim(4ne^{-n})_{n \in \mathbb{N}} - lim(4e^{-n})_{n \in \mathbb{N}} = 4 + 0 + 0 - 0 = 4$.

2.951 Untersuchungen von Exponential-Funktionen (Teil 2)

A2.951.01 (D) : Betrachten Sie die beiden durch die Zuordnungsvorschriften $f(x) = 2 \cdot e^{-x}$ und $g(x) = -2x \cdot e^{-x}$ definierten Funktionen $f, g : \mathbb{R} \longrightarrow \mathbb{R}$.

1. Bestimmen Sie jeweils die Nullstellenmengen sowie die Ordinatenabschnitte von f und g. Untersuchen Sie ferner f und g hinsichtlich möglicher Schnittpunkte.
2. Untersuchen Sie f und g jeweils hinsichtlich lokaler Extrema und Wendepunkte.
3. Besitzt der Betrag der argumentweise definierten Differenz von f und g ein lokales Maximum?

B2.951.01: Bei den folgenden Betrachtungen wird auch die Darstellung $g(x) = -(x \cdot f(x))$ verwendet.

1a) Da Kehrwerte reeller Zahlen $a \neq 0$ ebenfalls ungleich Null sind, hat die Funktion f keine Nullstellen. Betrachtet man die Darstellung $g = -2 \cdot id \cdot \frac{1}{exp_e}$, dann gilt $N(g) = N(id) \cup N(\frac{1}{exp_e}) = \{0\} \cup \emptyset = \{0\}$. Die Ordinatenabschnitte von f und g sind $f(0) = 2 \cdot e^0 = 2$ und $g(0) = -2 \cdot 0 \cdot e^0 = 0$.

1b) Für die Menge $S(f,g)$ der Schnittstellen von f und g gelten die Äquivalenzen $x \in S(f,g) \Leftrightarrow f(x) = g(x) \Leftrightarrow f(x) = -(x \cdot f(x)) \Leftrightarrow (1+x)f(x) = 0 \Leftrightarrow 1+x = 0 \Leftrightarrow x \in \{-1\}$. Somit ist -1 die Schnittstelle von f und g und $(-1, f(-1)) = (-1, 2e^1) = (-1, 2e)$ der Schnittpunkt von f und g.

2a) Die beiden 1. Ableitungsfunktionen $f', g' : \mathbb{R} \longrightarrow \mathbb{R}$ von f und g sind definiert durch $f'(x) = -f(x)$ und $g'(x) = -(1 \cdot f(x) + x \cdot f'(x)) = -(f(x) + x \cdot -f(x)) = -(1-x)f(x)$. Damit ist $N(f') = \emptyset$ und $N(g) = \{1\}$, das heißt, die Funktion f hat wegen $Ex(f) \subset N(f')$ keine Extrema, die Funktion g möglicherweise die Extremalstelle 1. Um diese Möglichkeit weiter zu untersuchen, wird die 2. Ableitungsfunktion $g'' : \mathbb{R} \longrightarrow \mathbb{R}$ mit $g''(x) = -(-1 \cdot f(x) + (1-x)f'(x)) = -(-f(x) - (1-x)f(x)) = (2-x)f(x)$ auf die Zahl 1 angewendet und liefert den Funktionswert $g''(x) = (2-1) \cdot 2 \cdot e^{-1} = 2 \cdot e^{-1} > 0$. Somit ist 1 die Minimalstelle von g mit dem Funktionswert $g(1) = -2 \cdot e^{-1}$. Die Funktion g hat also das (lokale) Minimum $(1, -2e^{-1})$.

2b) Zur Untersuchung der Funktionen f und g hinsichtlich Wendepunkte werden zunächst die beiden 2. Ableitungsfunktionen $f'', g'' : \mathbb{R} \longrightarrow \mathbb{R}$ von f und g mit $f''(x) = (-f)'(x) = -f'(x) = f(x)$ und $g''(x) = (2-x)f(x)$ (siehe Teil 2a)) betrachtet. Wegen $Wen(f) \subset N(f'') = N(f) = \emptyset$ besitzt f keine Wendepunkte. Wegen $N(g'') = \{2\}$ ist jedoch noch die 3. Ableitungsfunktion $g''' : \mathbb{R} \longrightarrow \mathbb{R}$ von g mit $g'''(x) = -(-f(x) + (2-x)f'(x)) = -(-f(x) - (2-x)f(x)) = (3-x)f(x)$ auf die Zahl 2 anzuwenden und liefert den Funktionswert $g'''(2) = (3-2)f(2) = f(2) = 2e^{-2} \neq 0$. Somit ist 2 die Wendestelle von g und $(2, g(2)) = (2, -4e^{-2})$ der Wendepunkt von g.

3a) Die argumentweise definierte Differenz zwischen beliebigen Funktionen $s, t : T \longrightarrow \mathbb{R}$ mit gemeinsamem Definitionsbereich $T \subset \mathbb{R}$ ist die durch $d(x) = u(x) - v(x)$ definierte Funktion $d = u - v : T \longrightarrow \mathbb{R}$. Im vorliegenden Fall wird die Differenz $d = f - g : \mathbb{R} \longrightarrow \mathbb{R}$ mit $d(x) = f(x) - g(x) = f(x) + x \cdot f(x) = (1+x)f(x)$ betrachtet.

3b) Die 1. Ableitungsfunktion $d' = f' - g' : \mathbb{R} \longrightarrow \mathbb{R}$ zu d ist definiert durch $d'(x) = f'(x) - g'(x) = -f(x) - (1-x)f(x) = -(x \cdot f(x)) = g(x)$, somit gilt $N(d') = N(g) = \{0\}$. Ferner gilt $d''(0) = g'(0) = -(1-0)f(0) = -f(0) = -2 < 0$, folglich ist 0 die lokale Maximalstelle von d und $d(0) = (1+0)f(0) = f(0) = 2$ der maximale argumentweise definierte Abstand zwischen f und g.

Anmerkung: Die argumentweise definierte Differenz wurde willkürlich in der Form $d = f - g$ verwendet. Hätte man dagegen $d^* = g - f$ betrachtet, so hätte eine analoge Berechnung wegen der durch die Beziehung $d^* = g - f = -(f-g) = -d$ ausgedrückten Spiegelsymmetrie zur Abszisse das lokale Minimum $(0, -2)$ von d^* sowie $|d^*(0)| = |-2| = 2$ als maximalen argumentweise definierten Abstand zwischen f und g ergeben.

A2.951.02 (D, A) : Betrachten Sie die durch $f_a(x) = x \cdot e^{1-x}$ definierte Funktion $f_a : [0, a] \longrightarrow \mathbb{R}$

1. Untersuchen Sie f_a hinsichtlich Nullstellen, Extrema, Wendepunkte und möglicher Wendetangenten.
2. Betrachten Sie $f_a|(0, a)$ als Produkt $f_a = id \cdot (exp_e \circ v)$ und geben Sie in dieser Form die Ableitungsfunktionen f'_a, f''_a, f'''_a an. Läßt sich daraus eine Darstellung von $f_a^{(n)}$ mit $n \in \mathbb{N}$ erkennen?
3. Betrachten Sie zu jeder Zahl $t \in \mathbb{R}^+$ das durch die drei Punkte $(0, 0)$, $(t, f_a(t))$ und $(2t, 0)$ jeweils

gebildete Dreieck und seinen Flächeninhalt $A(t)$. Welches dieser Dreiecke hat maximalen Flächeninhalt?

4. Berechnen Sie den Flächeninhalt $A(f_a)$ derjenigen Fläche, die f_a mit der Abszisse und der Ordinatenparallele durch a einschließt. Untersuchen Sie dann die Existenz der Zahl $A(f) = lim(A(f_n))_{n \in \mathbb{N}}$.

B2.951.02: Für weitere Untersuchungen zu der gegebenen Funktion f_a wird verwendet: f_a ist ein Produkt $f_a = id \cdot g$, wobei $id : [0,a] \longrightarrow \mathbb{R}$ die identische Funktion und g ihrerseits die Komposition $g = exp_e \circ v : [0,a] \longrightarrow \mathbb{R}$ der Exponential-Funktion exp_e zur Basis e und der durch $v(x) = 1 - x$ definierten Funktion v ist. Insgesamt ist also $f_a = id(exp_e \circ v) = id(exp_e \circ (1 - id) : [0,a] \longrightarrow \mathbb{R}$.

1a) Zur Untersuchung der möglichen Nullstellen von f_a: Für Produkte $u \cdot w$ von Funktionen u und w gilt generell $N(u \cdot w) = N(u) \cup N(w)$. Ferner ist hier der zweite Faktor die Komposition $exp_e \circ v$, im allgemeinen Fall: Für Funktionen der Form $exp_e \circ u$ gilt stets $N(exp_e \circ u) = \emptyset$ (das liegt an $Bild(exp_e \circ u) = Bild(exp_e) = \mathbb{R}^+$). Für f_a gilt dann $N(f_a) = N(id(exp_e \circ v)) = N(id) \cup N(exp_e \circ p) = N(g) \cup \emptyset = N(id) = \{0\}$, denn wegen $Bild(exp_e \circ v) = Bild(exp_e) = \mathbb{R}^+$ hat $exp_e \circ v$ keine Nullstellen.

Hinweis: Bei den Aufgabenteilen 1b) bis 1e) wird anstelle der Funktion $f_a : [0,a] \longrightarrow \mathbb{R}$ die Einschränkung $f_a = f_a|(0,a) : (0,a) \longrightarrow \mathbb{R}$ (mit derselben Bezeichnung f_a) betrachtet.

1b) Da für die Menge $Ex(f_a)$ der Extremstellen von f_a generell $Ex(f_a) \subset N(f_a')$ gilt, ist zunächst die 1. Ableitungsfunktion f_a' von f_a zu bilden und auf Nullstellen zu untersuchen. Ist $N(f_a') \neq \emptyset$, dann sind diese Nullstellen x einem Test bezüglich f_a'' zu unterwerfen.

Zunächst ist $f_a' = (id(exp_e \circ v))' = id'(exp_e \circ v) + id(exp_e \circ v)' = (exp_e \circ v) + id(exp_e \circ v)v' = (1 + v'id)(exp_e \circ v)$, also hat f_a die Zuordnungsvorschrift $f_a'(x) = (1-x) \cdot e^{1-x}$. Betrachtet man dabei die durch $v(x) = 1 - x$ definierte Funktion v, dann ist analog zu den Überlegungen in 1a) im
- Fall $a \leq 1$ dann $N(f_a') = N(v) = \emptyset$, also hat f_a keine lokalen Extrema (allerdings hat in diesem Fall die Funktion $f_a : [0,a] \longrightarrow \mathbb{R}$ die globalen Extrema 0 und $f_a(a)$),
- Fall $a > 1$ dann $N(f_a') = N(v) = \{1\}$, wobei die folgenden Überlegungen nur diesen Fall betreffen:

Dieses Ergebnis zeigt, daß im Fall $a > 1$ zur weiteren Untersuchung auch die 2. Ableitungsfunktion $f_a'' : \mathbb{R} \longrightarrow \mathbb{R}$ benötigt wird. Sie ist definiert durch $f_a''(x) = (-1) \cdot e^{1-x} + (-1)(1-x) \cdot e^{1-x} = (-2 + x) \cdot e^{1-x}$. Für die einzige Nullstelle 1 von f_a' gilt dann $f_a''(1) = (-2 + 1) \cdot e^0 = -1 < 0$, somit ist 1 die Maximalstelle von f_a mit dem Funktionswert $f_a(1) = 1$. Folglich hat f_a das Maximum $(1,1)$.

1c) Wegen $Wen(f_a) \subset N(f_a'')$ ist zunächst $N(f_a'')$ zu berechnen. Ist $N(f_a'') \neq \emptyset$, dann sind diese Nullstellen einem Test bezüglich f_a''' zu unterwerfen: Es bezeichne s die durch $s(x) = -2 + x$ definierte Funktion, dann ist analog zu der in 1a) genannten Methode im
- Fall $a \leq 2$ dann $N(f_a'') = N(s) = \emptyset$, also hat f_a keine Wendepunkte,
- Fall $a > 2$ dann $N(f_a'') = N(s) = \{2\}$, wobei die folgenden Überlegungen nur diesen Fall betreffen:

Nach dem in 1b) geschilderten Verfahren hat f_a''' die Zuordnungsvorschrift $f_a'''(x) = (3 - x) \cdot e^{1-x}$. Für die Nullstelle 2 von f_a'' gilt dann $f_a'''(2) = \frac{1}{e} > 0$, also ist 2 die Wendestelle von f_a mit Funktionswert $f_a(2) = \frac{2}{e}$, das heißt, f_a besitzt den Wendepunkt $(2, \frac{2}{e})$ mit R-L-Krümmung.

1d) Weiterhin ist für den Fall $a > 2$ die Wendetangente $t_2 : \mathbb{R} \longrightarrow \mathbb{R}$ anzugeben: Sie hat die Zuordnungsvorschrift $t_2(x) = f_a'(2)x - f_a'(2)2 + f_a(2) = -\frac{1}{e}x + \frac{2}{e} + \frac{2}{e} = -\frac{1}{e}x + \frac{4}{e}$ mit $f_a'(2) = -e^{-1} = -\frac{1}{e}$.

2. Betrachtet man f_a in der Form $f_a = id(exp_e \circ v)$ mit $v = 1 - id$, dann lassen die Ableitungsfunktionen $f_a' = (1 - id)(exp_e \circ v)$ sowie $f_a'' = (-1)(2 - id)(exp_e \circ v)$ und $f_a''' = (3 - id)(exp_e \circ v)$ die Darstellung $f_a^{(n)} = (-1)^{n+1}(n - id)(exp_e \circ v)$ für alle $n \in \mathbb{N}$ vermuten. Diese Beziehung gilt sogar für $n = 0$, denn es ist $f_a = f_a^{(0)} = (-1)^1(0 - id)(exp_e \circ v) = id(exp_e \circ v)$.

Ein Beweis dieser Vermutung ist unter Verwendung des Verfahrens der Vollständigen Induktion (siehe Abschnitt 1.802) zu führen: Der Induktionsanfang (IA) ist mit vorstehenden Beispielen (entweder $n = 1$ oder $n = 0$) schon erbracht. Der Induktionsschritt (IS) hat dann folgende Form: Gilt die Beziehung für ein beliebig, aber fest gewähltes $n \in \mathbb{N}$, dann gilt sie auch für $n + 1$, denn es ist
$f_a^{(n+1)} = ((-1)^{n+1}(n - id)(exp_e \circ v))' = (-1)^{n+1}((n - id)(exp_e \circ v))'$
$= (-1)^{n+1}((-1)(exp_e \circ v) + (n - id)(exp_e \circ v)v' = (-1)^{n+1}(-1 + (n - id)v')(exp_e \circ v)$
$= (-1)^{n+1}((-1)(1 + n - id))(exp_e \circ v) = (-1)^{n+2}((n+1) - id)(exp_e \circ v)$.

Die eben bewiesene Darstellung der n-ten Ableitungsfunktion von f_a hat mit Funktionswerten geschrieben die Form $f_a^{(n)}(x) = (-1)^{(n)} \cdot (n - x) \cdot e^{1-x}$.

3. Die zu untersuchenden Dreiecks-Flächeninhalte werden durch die Funktion $A : \mathbb{R}^+ \longrightarrow \mathbb{R}$ mit der Zuordnungsvorschrift $A(t) = \frac{1}{2} \cdot 2t \cdot f_a(t) = t \cdot f_a(t) = t^2 \cdot e^{1-t}$ beschrieben. Die 1. Ableitungsfunktion $A' : \mathbb{R}^+ \longrightarrow \mathbb{R}$ von A ist definiert durch $A'(t) = (2-t) \cdot f_a(t) = (2t - t^2) \cdot e^{1-t}$ und besitzt im Fall $a > 2$ die Zahl 2 als einzige Nullstelle. Unter Verwendung der 2. Ableitungsfunktion $A'' : \mathbb{R}^+ \longrightarrow \mathbb{R}$ von A, definiert durch $A''(t) = (2 - 4t + t^2) \cdot e^{1-t}$, ist $A''(2) = -2e^{-1} < 0$, also ist die Wendestelle von f_a, 2, zugleich die Maximalstelle von A. Der maximale Flächeninhalt ist dann $A(2) = 2^2 \cdot e^{-1} = \frac{4}{e}$ (FE).

4. Zunächst ist das Integral $\int f_a$ der Funktion f_a zu bestimmen: Mit den Darstellungen $g = exp_e \circ p = exp_e \circ (1 - id)$ und $f_a = id \cdot g$ sowie einer Stammfunktion $G = -(exp_e \circ (1 - id)) = -g$ von g, also $\int g = G + c = -g + c$, gilt dann $\int f_a = \int (id \cdot g) = id \cdot G - \int (id' \cdot G) = id \cdot G - \int G = id \cdot G + \int g = -id \cdot g - g + c = -(id + 1)g + c$.

Der Flächeninhalt $A(f_a)$ zu f_a ist wegen $N(f_a) = \{0\}$ sowie $f_a \geq 0$ dann $A(f_a) = (\int f_a)(a) - (\int f_a)(0) = -(a+1)g(a) + (0+1)g(0) = -(a+1)e^{1-a} + (0+1)e^{1-0} = e - (a+1)e^{1-a}$ (FE).

Die von $f = f_\star : [0, \star) \longrightarrow \mathbb{R}$ und der Abszisse *nicht vollständig begrenzte* Fäche hat den endlichen Flächeninhalt $A(f) = lim(A(f_n))_{n \in \mathbb{N}} = lim(e - \frac{(a+1)e}{e^n})_{n \in \mathbb{N}} = lim(e)_{n \in \mathbb{N}} - (a+1)e \cdot lim(\frac{1}{e^n})_{n \in \mathbb{N}} = e - (a+1)e \cdot 0 = e$.

A2.951.03 (D): Betrachten Sie die durch $f(x) = xe^{-x}$ definierte Funktion $f : \mathbb{R} \longrightarrow \mathbb{R}$.
1. Untersuchen Sie f hinsichtlich Nullstellen und Symmetrie-Eigenschaften.
2. Weisen Sie nach, daß die n-te Ableitungsfunktion von f durch $f^{(n)}(x) = (-1)^n(x-n)e^{-x}$ definiert ist.
3. Untersuchen Sie f hinsichtlich Extrema, Wendepunkte und Wendetangenten.

B2.951.03: Zur Bearbeitung der Aufgabe im einzelnen:
1. Die Funktion f besitzt die einzige Nullstelle 0 und ist im übrigen weder ordinaten- noch punktsymmetrisch, denn es gilt beispielsweise $f(-1) = -e^{-1} \neq e^1 = f(1)$ und $-f(-1) = e^{-1} \neq e^1 = f(1)$.

2. Nach dem Prinzip der Vollständigen Induktion gilt zunächst als Induktionsanfang (IA) $f'(x) = e^{-x} + (-1)xe^{-x} = e^{-x} - xe^{-x} = -(x-1)e^{-x}$. Hinsichtlich des Induktionsschlusses (IS) gelte die Behauptung für n, dann gilt sie auch für $n+1$, denn es ist $f^{(n+1)}(x) = (f^{(n)})'(x) = (-1)^n(e^{-x} + (x-n)(-1)e^{-x}) = (-1)^n e^{-x}(1 - (x-n)) = (-1)^n e^{-x}(-1)(x - (n+1)) = (-1)^{n+1}(x - (n+1))e^{-x}$.

3. Die erste Ableitungsfunktion f' von f hat die Nullstelle 1. Wegen $f''(1) = (-1)^2(1-2)e^{-1} = -e^{-1} < 0$ ist 1 die Maximalstelle und $(1, f(1)) = (1, e^{-1})$ das Maximum von f.

Die zweite Ableitungsfunktion f'' von f hat die Nullstelle 2. Wegen $f'''(2) = (-1)^3(2-3)e^{-2} = e^{-2} \neq 0$ ist 2 die Wendestelle und $(2, f(2)) = (2, 2e^{-2})$ der Wendepunkt von f. Die zugehörige Wendetangente $t : \mathbb{R} \longrightarrow \mathbb{R}$ ist dann definiert durch $t(x) = f'(2)x - f'(2)2 + f(2) = -(2-1)e^{-2}x + 2(2-1)e^{-2} + 2e^{-2} = -e^{-2}x + 4e^{-2}$.

A2.951.04 (D, A) : Betrachten Sie die durch $f(x) = -2xe^{-x^2}$ definierte Funktion $f : \mathbb{R} \longrightarrow \mathbb{R}$.
1. Untersuchen Sie f hinsichtlich Nullstellen und Symmetrie-Eigenschaften.
2. Untersuchen Sie f hinsichtlich Extrema.
3. Untersuchen Sie f hinsichtlich Wendepunkte.
4. Zeigen Sie, daß $F : \mathbb{R} \longrightarrow \mathbb{R}$ mit $F(x) = e^{-x^2}$ eine Stammfunktion von f ist.
5. Bestimmen Sie den Inhalt A_n der Fläche, die f mit der Abszisse und den Ordinatenparallelen durch 0 und n (mit $n \in \mathbb{N}$) einschließt.
6. Untersuchen Sie die Folge $(A_n)_{n \in \mathbb{N}}$ hinsichtlich Konvergenz. Besitzt f Uneigentliche Integrale?

B2.951.04: Zur Bearbeitung der Aufgabe im einzelnen:
1. Die Funktion f besitzt die einzige Nullstelle 0 und ist im übrigen punktsymmetrisch, denn es gilt $-f(-x) = -(-2(-x)e^{-x^2}) = -2xe^{-x^2} = f(x)$, für alle $x \in \mathbb{R}$.
Bei den weiteren Betrachtungen wird abkürzend $u = exp_e \circ (-id^2)$ mit $u' = f = -2 \cdot id \cdot u$ betrachtet.

2. Die erste Ableitungsfunktion $f' = -2(id' \cdot u + id \cdot u') = -2u(1 - 2 \cdot id^2)$ von f hat die Nullstellenmenge $N(f') = \{-\frac{1}{2}\sqrt{2}, \frac{1}{2}\sqrt{2}\}$. Mit $f'' = -2(u'(1 - 2 \cdot id^2) + u(1 - 2 \cdot id^2)') = 4u(3 \cdot id - 2 \cdot id^3)$ ist dann $f''(\frac{1}{2}\sqrt{2}) = 4\sqrt{2} \cdot e^{-\frac{1}{2}} > 0$ und $f''(-\frac{1}{2}\sqrt{2}) = -4\sqrt{2} \cdot e^{-\frac{1}{2}} < 0$, somit ist $(\frac{1}{2}\sqrt{2}, f(\frac{1}{2}\sqrt{2})) = (\frac{1}{2}\sqrt{2}, -\sqrt{2} \cdot e^{-\frac{1}{2}})$ das Minimum und $(-\frac{1}{2}\sqrt{2}, \sqrt{2} \cdot e^{-\frac{1}{2}})$ das Maximum von f.

3. Die zweite Ableitungsfunktion $f'' = 4u(3 \cdot id - 2 \cdot id^3)$ von f hat die Nullstellenmenge $N(f'') = \{-\frac{1}{2}\sqrt{6}, 0, \frac{1}{2}\sqrt{6}\}$. Mit $f''' = 4(u'(3 \cdot id - 2 \cdot id^3) + u(3 \cdot id - 2 \cdot id^3)') = 4u(3 - 12 \cdot id^2 + 4 \cdot id^4)$ ist dann $f'''(0) = 4 \cdot e^0 \cdot 3 = 12 > 0$, $f'''(\frac{1}{2}\sqrt{6}) = -24 \cdot e^{-\frac{3}{2}} < 0$ und $f'''(-\frac{1}{2}\sqrt{6}) = 24 \cdot e^{-\frac{3}{2}} > 0$, somit liegen folgende Wendepunkte von f vor: Der Punkt $(0,0)$ mit Rechts-Links-Krümmung, der Punkt $(\frac{1}{2}\sqrt{6}, f(\frac{1}{2}\sqrt{6})) = (\frac{1}{2}\sqrt{6}, -\sqrt{6} \cdot e^{-\frac{3}{2}})$ mit Links-Rechts-Krümmung sowie der Punkt $(-\frac{1}{2}\sqrt{6}, f(-\frac{1}{2}\sqrt{6})) = (-\frac{1}{2}\sqrt{6}, \sqrt{6} \cdot e^{-\frac{3}{2}})$ mit Rechts-Links-Krümmung.

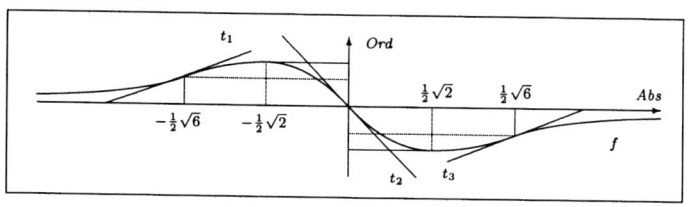

4. $F : \mathbb{R} \longrightarrow \mathbb{R}$ mit $F(x) = e^{-x^2}$ ist eine Stammfunktion von f, denn es ist $F'(x) = -2xe^{-x^2}$.

5. Es gilt $A_n = |\int_0^n f| = |F(n) - F(0)| = |e^{-n^2} - e^0| = |e^{-n^2} - 1|$ (FE).

6. Es gilt $lim(A_n)_{n \in \mathbb{N}} = lim(|e^{-n^2} - 1|)_{n \in \mathbb{N}} = |lim(e^{-n^2} - 1)_{n \in \mathbb{N}}| = |0 - 1| = 1$. Somit existieren auch die Riemann-Integrale $\int_0^* f = -1$ sowie $\int_{-*}^0 f = 1$ und $\int_{-*}^* f = 0$.

A2.951.05 (D) : Betrachten Sie die durch $f(x) = x^3 \cdot e^{-x}$ definierte Funktion $f : \mathbb{R} \longrightarrow \mathbb{R}$.

a) Berechnen Sie die Nullstellenmengen $N(f)$, $N(f')$ und $N(f'')$.

b) Weisen Sie nach, daß $(3, (\frac{3}{e})^3)$ das Maximum von f ist.

c) Betrachten Sie die Zuordnungsvorschrift von f'' und nennen Sie ohne weitere Berechnung denjenigen Summanden in $f'''(x)$, der zeigt, daß $f'''(0) \neq 0$ ist. Was folgt dann aus den bisherigen Betrachtungen für die Zahl 0 in bezug auf die Funktion f ?

Betrachten Sie im folgenden die auf $\mathbb{R}^+$ eingeschränkte Funktion f.

d) Geben Sie die Bildmenge von f an und begründen Sie, daß sie in dem Intervall $[0,2]$ enthalten ist.

e) Betrachten Sie neben $f : \mathbb{R}^+ \longrightarrow \mathbb{R}$ mit $f(x) = \frac{x^3}{e^x}$ noch die beiden Funktionen $g, h : \mathbb{R}^+ \longrightarrow \mathbb{R}$ mit $g(x) = \frac{x^2}{e^x}$ und $h(x) = \frac{2}{x}$. Beweisen Sie den folgenden Sachverhalt: Für alle $x \in \mathbb{R}^+$ gilt $0 < g(x) < h(x)$.

f) Welches asymptotische Verhalten der Funktion h wird nach dem in Aufgabenteil e) zu beweisenden Sachverhalt auf die Funktion g übertragen? Was bedeutet das für das Verhältnis zwischen Zähler- und Nennerfunktion von g ?

g) Unterstützen Sie den in Aufgabenteil e) genannten Sachverhalt durch Betrachtung zugehöriger Folgen: Untersuchen Sie erst die Folge $(\frac{2}{n})_{n \in \mathbb{N}}$ und dann (durch geeignete Abschätzung) die Folge $(\frac{n^2}{e^n})_{n \in \mathbb{N}}$ hinsichtlich Konvergenz.

B2.951.05: Für die durch $f(x) = x^3 \cdot e^{-x}$ definierte Funktion $f : \mathbb{R} \longrightarrow \mathbb{R}$ gilt im einzelnen:

a_1) Beachtet man $Bild(exp_e) = \mathbb{R}^+$ und damit auch $Bild(\frac{1}{exp_e}) = \mathbb{R}^+$, dann liefern die Äquivalenzen $x \in N(f) \Leftrightarrow f(x) = 0 \Leftrightarrow x^3 \cdot e^{-x} = 0 \Leftrightarrow x^3 = 0 \Leftrightarrow x = 0$ die Nullstellenmenge $N(f) = \{0\}$ von f.

a_2) Die Ableitungsfunktionen $f', f'' : \mathbb{R} \longrightarrow \mathbb{R}$ sind definiert durch die beiden Zuordnungsvorschriften $f'(x) = 3x^2 e^{-x} + x^3 e^{-x}(-1) = (3x^2 - x^3)e^{-x}$ und $f''(x) = (6x - 3x^2)e^{-x} + (3x^2 - x^3)e^{-x}(-1) = (6x - 6x^2 + x^3)e^{-x}$.

a_3) Beachtet man wieder $Bild(exp_e) = \mathbb{R}^+$, dann liefern die Äquivalenzen $x \in N(f') \Leftrightarrow f'(x) = 0 \Leftrightarrow (3x^2 - x^3)e^{-x} = 0 \Leftrightarrow 3x^2 - x^3 = 0 \Leftrightarrow x^2(3 - x) = 0$ die Nullstellenmenge $N(f) = \{0, 3\}$ von f'.

Entsprechend liefern die Äquivalenzen $x \in N(f'') \Leftrightarrow f''(x) = 0 \Leftrightarrow (6x - 6x^2 + x^3)e^{-x} = 0 \Leftrightarrow 6x - 6x^2 + x^3 = 0 \Leftrightarrow x(6 - 6x + x^2) = 0 \Leftrightarrow x = 0$ oder $x = 3 - \sqrt{3}$ oder $x = 3 + \sqrt{3}$ die Nullstellenmenge $N(f'') = \{0, 3 - \sqrt{3}, 3 + \sqrt{3}\}$ von f''.

b) Hinsichtlich der Feststellung möglicher Maxima von f sind für die beiden Nullstellen von f' die Funktionswerte unter f'' zu berechnen: Es gilt $f''(0) = 0$ und $f''(3) = (18 - 54 + 27)e^{-3} = -9e^{-3} < 0$, folglich ist 3 eine Maximalstelle von f. Mit dem Funktionswert $f(3) = 27e^{-3} = (\frac{3}{e})^3$ ist dann $(3, (\frac{3}{e})^3)$ ein und nach c) auch das Maximum von f.

c) In der Zuordnungsvorschrift von f'' ist der Summand $6xe^{-x}$ enthalten, folglich muß in $f'''(x)$ der Summand $6e^{-x}$ auftreten, womit $f'''(0) = 6 \neq 0$ ist. Wegen $f'(0) = 0$ und $f''(0) = 0$ ist damit 0 die Wendestelle und $(0, f(0)) = (0,0)$ der Wendepunkt von f.

d) Da $f : \mathbb{R}^+ \longrightarrow \mathbb{R}$ einerseits keine Nullstellen, andererseits das Maximum $(3, (\frac{3}{e})^3)$ besitzt, ist das Intervall $(0, (\frac{3}{e})^3]$ die Bildmenge von f. Berechnet man die Näherung $(\frac{3}{e})^3 \approx 1,34$, so ist $Bild(f) \subset [0, 2]$.

e) Nach Aufgabenteil d) gilt $0 < f(x) = \frac{x^3}{e^x} < 2$, für alle $x \in \mathbb{R}^+$. Somit gilt $0 < g(x) = \frac{x^2}{e^x} < \frac{2}{x} = h(x)$, für alle $x \in \mathbb{R}^+$.

f) Die Funktion h ist bekanntlich asymptotisch zur Nullfunktion (Abszisse). Nach dem in Aufgabenteil e) genannten Sachverhalt ist auch die Funktion g asymptotisch zur Nullfunktion. Diese Eigenschaft von g bedeutet, daß die Nennerfunktion $exp_e : \mathbb{R}^+ \longrightarrow \mathbb{R}$ schneller zunimmt als die Zählerfunktion $u : \mathbb{R}^+ \longrightarrow \mathbb{R}$ mit $u(x) = x^2$.

g) Zunächst ist die Folge $(\frac{2}{n})_{n \in \mathbb{N}} = 2(\frac{1}{n})_{n \in \mathbb{N}}$ offensichtlich nullkonvergent. Sie ist aber zugleich eine obere Schranke für die Folge $(\frac{n^2}{e^n})_{n \in \mathbb{N}}$, denn es gilt $0 < g(n) = \frac{n^2}{e^n} < \frac{2}{n}$, für alle $n \in \mathbb{N}$, nach Aufgabenteil e). Wegen der zusätzlichen Beschränkung nach unten durch die ebenfalls nullkonvergente Nullfolge $(0)_{n \in \mathbb{N}}$ ist dann auch die Folge $(\frac{n^2}{e^n})_{n \in \mathbb{N}}$ nullkonvergent. In Zeichen gilt also $lim(\frac{n^2}{e^n})_{n \in \mathbb{N}} = lim(\frac{2}{n})_{n \in \mathbb{N}} = 0$.

A2.951.06 (D) : Betrachten Sie die Familie $(f_n)_{n \in \mathbb{N}}$ von Funktionen $f_n = \frac{id^n}{exp_e} : \mathbb{R}^+ \longrightarrow \mathbb{R}$.

a) Weisen Sie nach, daß $(n, (\frac{n}{e})^n)$ das Maximum von f_n ist.

b) Es bezeichne zu $x \in \mathbb{R}$ allgemein $[x] = min\{z \in \mathbb{Z} \mid x \leq z\}$ und $n^* = [(\frac{n}{e})^n]$. Zeigen Sie zunächst $Bild(f_n) \subset [0, n^*]$ und dann $f_{n-1} = \frac{id^{n-1}}{exp_e} < \frac{n^*}{id} = h_n$, für alle $n \in \mathbb{N}$.

c) Was bedeutet die in Aufgabenteil b) zu beweisende Abschätzung, wenn man die Funktionen id^n und exp_e als Wachstums-Funktionen betrachtet?

d) Berechnen Sie die ersten fünf Folgenglieder der Folge $(n^*)_{n \in \mathbb{N}}$ und untersuchen Sie diese Folge dann hinsichtlich Konvergenz/Divergenz. Gibt es einen bestimmten (globalen) Index $k \in \mathbb{N}$ mit $f_{n-1} < h_k$, für alle $n \in \mathbb{N}$?

B2.951.06: Zur Bearbeitung der Aufgabe im einzelnen:

a_1) Die 1. Ableitungsfunktion $f'_n : \mathbb{R}^+ \longrightarrow \mathbb{R}$ von f_n ist definiert durch die Zuordnungsvorschrift $f'_n(x) = nx^{n-1}e^{-x} + x^n e^{-x}(-1) = (nx^{n-1} - x^n)e^{-x}$. Die Darstellung $f'_n(x) = x^{n-1}(n-x)e^{-x}$ zeigt, daß f'_n die einzige Nullstelle n besitzt.

a_2) Die 2. Ableitungsfunktion $f''_n : \mathbb{R}^+ \longrightarrow \mathbb{R}$ von f_n ist definiert durch die Zuordnungsvorschrift $f''_n(x) = (n(n-1)x^{n-2} - nx^{n-1})e^{-x} + (nx^{n-1} - x^n)e^{-x}(-1) = x^{n-2}(n(n-1) - 2nx + x^2)e^{-x}$. Wegen $f''_n(n) = n^{n-2}(n(n-1) - 2nn + n^2)e^{-n} = -n^{n-1}e^{-x} < 0$ ist n die Maximalstelle von f_n. Schließlich gilt $f_n(n) = \frac{n^n}{e^n} = (\frac{n}{e})^n$, somit ist $(n, (\frac{n}{e})^n)$ das Maximum von f_n.

b_1) Es gilt $0 < f_n(x) \leq (\frac{n}{e})^n$, für alle $x \in \mathbb{R}^+$, folglich ist $Bild(f_n) = (0, (\frac{n}{e})^n] \subset [0, n^*]$.

b_2) Multipliziert man $f_n = \frac{id^n}{exp_e} < n^*$ mit $\frac{1}{id}$, so entsteht $f_{n-1} = f_n \cdot \frac{1}{id} = \frac{id^n}{exp_e} \cdot \frac{1}{id} = \frac{id^{n-1}}{exp_e} < \frac{n^* \cdot 1}{id} = h_n$, für alle $n \in \mathbb{N}$.

c) Da die Hyperbel $h_n = \frac{n^*}{id}$ asymptotisch zur Nullfunktion (Abszisse) ist, ist auch die Funktion $f_{n-1} = \frac{id^{n-1}}{exp_e}$ zur Nullfunktion asymptotisch. Das bedeutet, daß die Nennerfunktion exp_e eine größere Zunahme als die Zählerfunktion id^{n-1} besitzt. Da dieser Sachverhalt nun für alle $n \in \mathbb{N}$ gilt, kann man sagen: Die Exponential-Funktion exp_e „wächst schneller" als jede Potenzfunktion id^n, für alle $n \in \mathbb{N}$.

d) Die ersten fünf Folgenglieder der Folge $(n^*)_{n \in \mathbb{N}}$ zeigt die Tabelle (mit Näherungen):

n	1	2	3	4	5
$(\frac{n}{e})^n$	0,37	0,54	1,34	4,69	21,06
n^*	1	1	2	5	22

Die Folgen $(\frac{n}{e})_{n\in\mathbb{N}}$ und damit $((\frac{n}{e})^n)_{n\in\mathbb{N}}$ sind naheliegenderweise nach oben nicht beschränkt. Da damit auch die Folge $(n^*)_{n\in\mathbb{N}}$ nach oben nicht beschränkt und insofern nicht konvergent ist, kann es keinen globalen Index $k \in \mathbb{N}$ mit $f_{n-1} < h_k$, für alle $n \in \mathbb{N}$, geben. (Jede der Funktionen f_n wird also durch ihre eigene Hyperbel h_n nach oben beschränkt.)

A2.951.07 (D, A) : Betrachten Sie die durch $f(x) = x^2 \cdot e^{\frac{1}{2}x}$ definierte Funktion $f : \mathbb{R} \longrightarrow \mathbb{R}$.

1. Rechnen Sie anhand der Ableitungsfunktionen $f', f'' : \mathbb{R} \longrightarrow \mathbb{R}$ mit $f'(x) = (2x + \frac{1}{2}x^2)e^{\frac{1}{2}x}$ und $f''(x) = (2 + 2x + \frac{1}{4}x^2)e^{\frac{1}{2}x}$ nach, daß f das Minimum $(0,0)$ und das Maximum $(-4, 16e^{-2})$ besitzt.

2. Rechnen Sie mit Hilfe der Ableitungsfunktion $f''' : \mathbb{R} \longrightarrow \mathbb{R}$ mit $f'''(x) = (3 + \frac{3}{2}x + \frac{1}{8}x^2)e^{\frac{1}{2}x}$ nach, daß f die beiden Wendepunkte $(-4 - 2\sqrt{2}, 8(3 + 2\sqrt{2})e^{-(2+\sqrt{2})}) \approx (-6, 8/1, 5)$ (mit L-R-Krümmung) und $(-4 + 2\sqrt{2}, 8(3 - 2\sqrt{2})e^{-2+\sqrt{2}}) \approx (-1, 2/0, 7)$ (mit R-L-Krümmung) besitzt.

3. In allgemeinerer Darstellung sei $f = u \cdot h$ mit Faktoren $u, h : \mathbb{R} \longrightarrow \mathbb{R}$, wobei u eine quadratische Funktion sei und h die Form $h = exp_e \circ (c \cdot id)$ mit $c \in \mathbb{R}_*$ habe. Bilden Sie die erten vier Ableitungsfunktionen von f und formulieren Sie damit eine Vermutung für eine einfach überblickbare Form von $f^{(n)}$ mit $n \in \mathbb{N}$.

4. Betrachten Sie zu der anfangs angegebenen Funktion f die Bildfolge $x = f \circ (-id) : \mathbb{N} \longrightarrow \mathbb{R}$, in Indexschreibweise also $x = (f(-n))_{n\in\mathbb{N}}$. Diese Folge ist ab einem bestimmten Index n antiton. Ermitteln Sie diesen Index und weisen Sie dann die Antitonie nach.

5. Wegen $x > 0$ läßt sich aus Aufgabenteil 4 schließen, daß die negative Abszisse (Null-Funktion 0) asymptotische Funktion zu f ist. Zeigen Sie nun, daß die (unbegrenzte) Fläche zwischen den Funktionen $f, 0 : \mathbb{R}_0^- \longrightarrow \mathbb{R}$ den endlichen Flächeninhalt $A(f, 0) = 16$ (FE) besitzt.

Hinweis: Verwenden Sie dabei die Vorschrift $F(x) = (16 - 8x + 2x^2)e^{\frac{1}{2}x}$ einer Stammfunktion F von f.

B2.951.07: Zur Bearbeitung der Aufgabenteile 3 bis 5 im einzelnen:

3. Ableitungsfunktionen $f', f'', f''', f^{(4)}, f^{(n)} : \mathbb{R} \longrightarrow \mathbb{R}$ mit $n \in \mathbb{N}$:
$f' = (u \cdot h)' = u'h + uh' = u'h + uch = (u' + cu)h,$
$f'' = ((u' + cu)h)' = (u' + cu)'h + (u' + cu)ch = (u'' + 2cu' + c^2u)h,$
$f''' = ((u'' + 2cu' + c^2u)h)' = (u'' + 2cu' + c^2u)'h + (u'' + 2cu' + c^2u)ch = (u''' + 3cu'' + 3c^2u' + c^3u)h,$
$f^{(4)} = (u''' + 3cu'' + 3c^2u' + c^3u)'h + (u''' + 3cu'' + 3c^2u' + c^3u)ch$
$= (u^{(4)} + 4cu''' + 6c^2u'' + 4c^3u' + c^4u)h$
und allgemein $f^{(n)} = \left(\sum_{0\leq k\leq n}\binom{n}{k} \cdot c^k \cdot u^{(n-k)}\right) \cdot h.$

4. Die Berechnungen $f(-3) = 9 \cdot e^{-\frac{3}{2}} \approx 2, 01$ sowie $f(-4) = 16 \cdot e^{-2} \approx 2, 17$ und $f(-5) = 25 \cdot e^{-\frac{5}{2}} \approx 2, 05$ legen die Vermutung $f(-(n + 1)) < f(-n)$, für alle $n \geq 4$, nahe. Daß das in der Tat gilt, zeigen die Äquivalenzen $f(-(n+1)) < f(-n) \Leftrightarrow (n+1)^2 \cdot e^{-\frac{1}{2}(n+1)} < n^2 \cdot e^{-\frac{1}{2}n}$
$\Leftrightarrow (n+1)^2 \cdot e^{-\frac{1}{2}n} \cdot e^{-\frac{1}{2}} < n^2 \cdot e^{-\frac{1}{2}n} \Leftrightarrow (n+1)^2 \cdot e^{-\frac{1}{2}} < n^2 \Leftrightarrow (1 + \frac{2}{n} + \frac{1}{n^2}) \cdot e^{-\frac{1}{2}} < 1 \Leftrightarrow (1 + \frac{2}{n} + \frac{1}{n^2}) < e^{\frac{1}{2}}$
zusammen mit der Abschätzung $1 + \frac{2}{n} + \frac{1}{n^2} < 1 + \frac{2}{4} + \frac{1}{16} = \frac{25}{16} = 1,5625 < 1,6487 \approx e^{\frac{1}{2}}$, für alle $n > 4$.

5. Mit der vorgegebenen Stammfunktion F von f ist die Folge $(\int_{-n}^{0} f)_{n\in\mathbb{N}} = (|F(0) - F(-n)|)_{n\in\mathbb{N}}$ hinsichtlich Konvergenz zu untersuchen: Zunächst hat jedes Folgenglied die Form
$$|F(0) - F(-n)| = |16 \cdot e^0 - (16 + 8n + 2n^2)e^{-\frac{1}{2}n}| = \left|16 - \frac{16 + 8n + 2n^2}{e^{\frac{1}{2}n}}\right| = |16 - y_n|.$$
Dabei konvergiert die Folge y gegen Null, ferner gilt $y_n < 16$, also $16 - y_n > 0$, für alle $n \in \mathbb{N}$, folglich ist
$A(f, 0) = \int_{-*}^{0} f = lim(\int_{-n}^{0} f)_{n\in\mathbb{N}} = lim(|16 - y_n|)_{n\in\mathbb{N}} = lim(16)_{n\in\mathbb{N}} = 16$ (FE).

A2.951.08 (D, A) : Betrachten Sie die Funktion $f : \mathbb{R} \longrightarrow \mathbb{R}$, definiert durch $f(x) = (x-2)e^{1-x}$.
1. Berechnen Sie die Schnittstellen von f mit den Koordinaten.
2. Ermitteln Sie die ersten vier Ableitungsfunktionen von f.
3. Die Berechnungen der ersten drei Ableitungsfunktionen von f legen eine Vermutung für das Aussehen der n-ten Ableitungsfunktion $f^{(n)}$ von f nahe. Nennen und beweisen Sie eine solche Beziehung.
4. Untersuchen Sie f hinsichtlich Extrema und Wendepunkte.
5. Ermitteln Sie die Tangente $t : \mathbb{R} \longrightarrow \mathbb{R}$ an f bei der Nullstelle von f sowie ihr Anstiegswinkel-Maß.
6. Zeigen Sie, daß der positive Teil der Abszisse asymptotische Funktion zu f ist.
7. Berechnen Sie das Integral $\int f$ von f.
8. Berechnen Sie den Inhalt $A(f, b)$ der Fläche, die von f, der Abszisse und der Ordinatenparallelen durch $b > 2$ begrenzt wird. Geben Sie diesen Inhalt für $b = 3$ an und zeigen Sie die Plausibilität dieser Berechnung durch eine möglichst gute Abschätzung $A(D) < A(f, 3) < A(R)$ mit einem Dreieck D und einem Rechteck R. (Verwenden Sie dabei auch Näherungen.)
9. Berechnen Sie das Uneigentliche Integral $\int_2^* f$ und kommentieren Sie das Ergebnis.

B2.951.08: Zur Bearbeitung der Aufgabe im einzelnen:
1. Die Nullstelle von f ist 2, der Ordinatenabschnitt von f ist $f(0) = -2e$.
2. Die Zuordnungsvorschriften der ersten vier Ableitungsfunktionen von f zeigt die Tabelle:

$$f'(x) = (-x+3)e^{1-x} \qquad f''(x) = (x-4)e^{1-x}$$
$$f'''(x) = (-x+5)e^{1-x} \qquad f^{(4)}(x) = (x-6)e^{1-x}$$

3. Für die n-te Ableitungsfunktion $f^{(n)}$ von f gilt $f^{(n)}(x) = ((-1)^n(x-2) + (-1)^{n+1}n)e^{1-x}$, für alle $n \in \mathbb{N}$. Der Beweis wird nach dem Prinzip der Vollständigen Induktion (siehe Abschnitt 1.811) geführt, wobei der Induktionsanfang schon mit Teil 2 erbracht ist, es bleibt also der Induktionsschritt von n nach $n+1$ zu zeigen: Es gilt $f^{(n+1)}(x) = (f^{(n)})'(x) = ((-1)^n + (-1)^{n+1}(x-2) + (-1)^{n+2}n)e^{1-x} = ((-1)^{n+2} + (-1)^{n+1}(x-2) + (-1)^{n+2}n)e^{1-x} = ((-1)^{n+1}(x-2) + (-1)^{n+2}(n+1))e^{1-x}$ unter Verwendung von $(-1)^n = (-1)^{n+2}$.

4a) Die Nullstelle der ersten Ableitungsfunktion $f' : \mathbb{R} \longrightarrow \mathbb{R}$ ist 3. Mit $f''(3) = -e^{-2} < 0$ ist 3 die Maximalstelle und $(3, f(3)) = (3, \frac{1}{e^2}) \approx (3/0,135)$ das Maximum von f.

4b) Die Nullstelle der zweiten Ableitungsfunktion $f'' : \mathbb{R} \longrightarrow \mathbb{R}$ ist 4. Mit $f'''(4) = e^{-2} > 0$ ist 4 die Wendestelle und $(4, \frac{2}{e^3}) \approx (4/0,100)$ der Wendepunkt von f mit Rechts-Links-Krümmung.

5a) Die Tangente $t : \mathbb{R} \longrightarrow \mathbb{R}$ an f bei der Nullstelle 2 von f ist definiert durch die Vorschrift $t(x) = f'(2)x - f'(2)2 + f(2) = \frac{1}{e}x - \frac{2}{e}$.

5b) Der Anstiegswinkel von t das Maß $\alpha = \arctan(\frac{1}{e}) \approx 20,2°$.

6. Zu der Folge $x = (n)_{n \in \mathbb{N}}$ wird die Bildfolge $f \circ x = ((n-2)e^{1-n})_{n \in \mathbb{N}} = (ne^{1-n})_{n \in \mathbb{N}} - (2e^{1-n})_{n \in \mathbb{N}} = (\frac{ne}{e^n})_{n \in \mathbb{N}} - (\frac{2e}{e^n})_{n \in \mathbb{N}}$ betrachtet: Beide Summanden sind nullkonvergent, folglich konvergiert $f \circ x$ ebenfalls gegen Null. Das heißt aber, daß der positive Teil der Abszisse asymptotische Funktion zu f ist.

7. Betrachtet man f als Produkt $f = u \cdot g$ mit $u(x) = x - 2$ und $g(x) = e^{1-x}$, so besitzt g die durch $G(x) = -e^{1-x}$ definierte Stammfunktion G (nach Corollar 2.507.3). Corollar 2.506.2 liefert dann $\int f = \int (ug) = uG - \int (u'G) = uG - \int G = uG + G + \mathbb{R}$. Damit ist F mit $F(x) = (1-x)e^{1-x}$ eine Stammfunktion zu f (wie man auch mit $F' = f$ bestätigt).

8a) Der gesuchte allgemeine Flächeninhalt ist $A(f, b) = |F(b) - F(2)| = |(1-b)e^{1-b} - (1-2)e^{1-2}| = \frac{1}{e} - (1-b)e^{1-b}$ (FE), insbesondere ist dann $A(f, 3) = \frac{1}{e} - \frac{2}{e^2} \approx 0,0972$ (FE).

8b) Betrachtet man das Dreieck D mit den Eckpunkten $(2, 0)$ sowie $(3, 0)$ und $(3, \frac{1}{e^2}) \approx (3/0, 135)$, ferner das um den Punkt $(2, \frac{1}{e^2})$ ergänzte Rechteck, so gilt $A(D) = \frac{1}{2e^2} < A(f, 3) = \frac{1}{e} - \frac{2}{e^2} < \frac{1}{e^2} = A(R)$, mit Näherungen dann $0,068 \approx A(D) < A(f, 3) < A(R) \approx 0,135$.

9. Das Uneigentliche Integral $\int_2^* f = lim(\int_2^n f)_{n \in \mathbb{N}} = lim(|F(n) - F(2)|)_{n \in \mathbb{N}} = e^{-1}$ (FE) zeigt, daß die nicht begrenzte Fläche zwischen f mit $n > 2$ und der Abszisse einen endlichen Flächeninhalt besitzt.

2.952 Untersuchungen von Exponential-Funktionen (Teil 3)

A2.952.01 (D) : Betrachten Sie die Funktionen $f, g : \mathbb{R} \longrightarrow \mathbb{R}$ mit $f(x) = sin(e^x)$ und $g(x) = cos(e^x)$.
1. Geben Sie f und g als Kompositionen mit den zugehörigen Bildbereichen an.
2. Berechnen Sie die ersten drei Ableitungsfunktionen von f und g.
3. Berechnen Sie die Nullstellenmengen $N(f)$ und $N(f')$ sowie $N(g)$ und $N(g')$.
4. Nennen und kommentieren Sie Beziehungen zwischen diesen Nullstellenmengen.
5. Verwenden Sie $N(f') = Ex(f)$ sowie $N(g') = Ex(g)$ und geben Sie alle Extrema von f und g an.
6. Untersuchen Sie anhand der Folge $(-n)_{n \in \mathbb{N}}$ das asymptotische Verhalten von f und g.

B2.952.01: Zur Bearbeitung der Aufgabe im einzelnen:

1a) Die Funktion f ist die Komposition $sin \circ exp_e : \mathbb{R} \longrightarrow \mathbb{R}^+ \longrightarrow [-1, 1]$.

1b) Die Funktion g ist die Komposition $cos \circ exp_e : \mathbb{R} \longrightarrow \mathbb{R}^+ \longrightarrow [-1, 1]$.

2a) Die ersten drei Ableitungsfunktionen $f', f'', f''' : \mathbb{R} \longrightarrow \mathbb{R}$ von f sind definiert durch
$f'(x) = e^x \cdot cos(e^x)$ sowie $f''(x) = e^x \cdot cos(e^x) - e^x \cdot e^x \cdot sin(e^x) = e^x(cos(e^x) - e^x \cdot sin(e^x))$ und
$f'''(x) = e^x \cdot cos(e^x) \cdot (1 - e^{2x}) - 3 \cdot e^{2x} \cdot sin(e^x)$.

3a$_1$) Die Äquivalenzen $x \in N(f) \Leftrightarrow f(x) = 0 \Leftrightarrow sin(e^x) = 0$ und $e^x > 0 \Leftrightarrow e^x \in \{n\pi \mid n \in \mathbb{N}\}$
$\Leftrightarrow x \in \{log_e(n\pi) \mid n \in \mathbb{N}\}$ liefern die Nullstellenmenge $N(f) = \{log_e(n\pi) \mid n \in \mathbb{N}\}$.
Dabei ist $log_e(\pi) \approx 1,15$ die kleinste Nullstelle der Funktion f.

3a$_2$) Die Äquivalenzen $x \in N(f') \Leftrightarrow f'(x) = 0 \Leftrightarrow cos(e^x) = 0 \Leftrightarrow e^x \in \{(n + \tfrac{1}{2})\pi \mid n \in \mathbb{Z}_0^+\}$
$\Leftrightarrow x \in \{log_e((n + \tfrac{1}{2})\pi) \mid n \in \mathbb{Z}_0^+\}$ liefern die Nullstellenmenge $N(f') = \{log_e((n + \tfrac{1}{2})\pi) \mid n \in \mathbb{Z}_0^+\}$.

2b) Die ersten drei Ableitungsfunktionen $g', g'', g''' : \mathbb{R} \longrightarrow \mathbb{R}$ von g sind definiert durch
$g'(x) = -e^x \cdot sin(e^x)$ sowie $g''(x) = -e^x \cdot sin(e^x) - e^x \cdot e^x \cdot cos(e^x) = -e^x(sin(e^x) - e^x \cdot cos(e^x))$ und
$g'''(x) = e^x \cdot sin(e^x) \cdot (-1 + e^{2x}) - 3 \cdot e^{2x} \cdot cos(e^x)$.

3b$_1$) Die Äquivalenzen $x \in N(g) \Leftrightarrow g(x) = 0 \Leftrightarrow cos(e^x) = 0$ und $e^x > 0 \Leftrightarrow e^x \in \{(n + \tfrac{1}{2})\pi \mid n \in \mathbb{Z}_0^+\}$
$\Leftrightarrow x \in \{log_e((n + \tfrac{1}{2})\pi) \mid n \in \mathbb{Z}_0^+\}$ liefern die Nullstellenmenge $N(g) = \{log_e((n + \tfrac{1}{2})\pi) \mid n \in \mathbb{Z}_0^+\}$.
Dabei ist $log_e(\tfrac{1}{2}\pi) \approx 0,45$ die kleinste Nullstelle der Funktion g.

3b$_2$) Die Äquivalenzen $x \in N(g') \Leftrightarrow g'(x) = 0 \Leftrightarrow sin(e^x) = 0 \Leftrightarrow e^x \in \{n\pi \mid n \in \mathbb{N}\}$
$\Leftrightarrow x \in \{log_e(n\pi) \mid n \in \mathbb{N}\}$ liefern die Nullstellenmenge $N(g') = \{log_e(n\pi) \mid n \in \mathbb{N}\}$.

4. Offensichtlich gilt $N(f) = N(g')$ sowie $N(g) = N(f')$. Der Grund für die erste Beziehung ist der Zusammenhang $g' = -exp_e \cdot (sin \circ exp_e) = -exp_e \cdot f$, der dann $N(g') = N(-exp_e) \cup N(f) = \emptyset \cup N(f) = N(f)$ liefert. Der Grund für die zweite Beziehung ist der Zusammenhang $f' = exp_e \cdot (cos \circ exp_e) = exp_e \cdot g$, der dann $N(f') = N(exp_e) \cup N(g) = \emptyset \cup N(g) = N(g)$ liefert.

5a) Unter Verwendung von $N(f') = Ex(f)$ sowie der Funktionswerte
$$f(log_e((n + \tfrac{1}{2})\pi)) = sin(e^{log_e((n + \tfrac{1}{2})\pi)}) = sin((n + \tfrac{1}{2})\pi) = \begin{cases} 1, & \text{falls } n \in 2\mathbb{Z}_0^+ \\ -1, & \text{falls } n \in 2\mathbb{Z}_0^+ + 1 \end{cases}$$
ist dann $(log_e((n + \tfrac{1}{2})\pi), 1)_{n \in 2\mathbb{Z}_0^+}$ die Familie der Maxima von f und $(log_e((n + \tfrac{1}{2})\pi), -1)_{n \in 2\mathbb{Z}_0^+ + 1}$ die Familie der Minima von f.

5b) Unter Verwendung von $N(g') = Ex(g)$ sowie der Funktionswerte
$$g(log_e(n\pi)) = cos(e^{log_e(n\pi)}) = cos(n\pi) = \begin{cases} 1, & \text{falls } n \in 2\mathbb{N} \\ -1, & \text{falls } n \in 2\mathbb{N} + 1 \end{cases}$$
ist $(log_e(n\pi), 1)_{n \in 2\mathbb{N}}$ die Familie der Maxima und $(log_e(n\pi), -1)_{n \in 2\mathbb{N}+1}$ die Familie der Minima von g.

6. Die Funktion f ist im Intervall $(-\star, 0)$ asymptotisch zur Abszisse, denn wegen $lim(\tfrac{1}{e^n})_{n \in \mathbb{N}} = 0$ ist dann $lim(sin(e^{-n}))_{n \in \mathbb{N}} = lim(sin(\tfrac{1}{e^n}))_{n \in \mathbb{N}} = 0$. Entsprechend ist die Funktion g ist im Intervall $(-\star, 0)$ asymptotisch zur konstanten Funktion 1, denn es gilt $lim(cos(e^{-n}))_{n \in \mathbb{N}} = lim(cos(\tfrac{1}{e^n}))_{n \in \mathbb{N}} = 1$.

A2.952.02 (D) : Betrachten Sie die Funktionen $f, g : \mathbb{R} \longrightarrow \mathbb{R}$ mit $f(x) = e^{sin(x)}$ und $g(x) = e^{cos(x)}$.
1. Geben Sie f und g als Kompositionen mit den zugehörigen Bildbereichen an.
2. Berechnen Sie die ersten drei Ableitungsfunktionen von f und g.
3. Berechnen Sie die Nullstellenmengen $N(f)$, $N(f')$, $N(f'')$ und $N(g)$, $N(g')$, $N(g'')$.
4. Nennen und kommentieren Sie Beziehungen zwischen diesen Nullstellenmengen.

B2.952.02: Zur Bearbeitung der Aufgabe im einzelnen:

1a) Die Funktion f ist die Komposition $exp_e \circ sin : \mathbb{R} \longrightarrow [-1, 1] \longrightarrow [e^{-1}, e]$.

2a) Die Ableitungsfunktionen $f', f'', f''' : \mathbb{R} \longrightarrow \mathbb{R}$ von f sind definiert durch $f'(x) = cos(x) \cdot e^{sin(x)}$,
$f''(x) = -sin(x) \cdot e^{sin(x)} + cos^2(x) \cdot e^{sin(x)} = e^{sin(x)}(cos^2(x) - sin(x)) = e^{sin(x)}(-sin^2(x) - sin(x) + 1)$,
$f'''(x) = cos(x) \cdot e^{sin(x)}(-sin^2(x) - sin(x) + 1) + e^{sin(x)}(-2 \cdot sin(x) \cdot cos(x) - cos(x))$
$= cos(x) \cdot e^{sin(x)}(-sin^2(x) - sin(x) + 1 - 2 \cdot sin(x) - 1) = -sin(x) \cdot cos(x) \cdot e^{sin(x)}(sin(x) + 3)$.

3a$_1$) Zunächst gilt $N(f) = \emptyset$. Die Äquivalenzen $x \in N(f') \Leftrightarrow f'(x) = 0 \Leftrightarrow cos(x) = 0$
$\Leftrightarrow x \in \{(n + \frac{1}{2})\pi \mid n \in \mathbb{Z}\}$ liefern die Nullstellenmenge $N(f') = \{(n + \frac{1}{2})\pi \mid n \in \mathbb{Z}\} = (\mathbb{Z} + \frac{1}{2})\pi$.

3a$_2$) Die drei Äquivalenzen $x \in N(f'') \Leftrightarrow f''(x) = 0 \Leftrightarrow sin^2(x) + sin(x) - 1 = 0$
$\Leftrightarrow sin(x) = -\frac{1}{2} + \sqrt{\frac{1}{4} + 1} = -\frac{1}{2} + \frac{1}{2}\sqrt{5} = \frac{1}{2}(-1 + \sqrt{5}) \approx 0{,}62$ liefern mit

$$arcsin(\tfrac{1}{2}(-1 + \sqrt{5})) \approx arcsin(0{,}62) \approx \begin{cases} 0{,}67, \text{ für } sin : [-\frac{1}{2}\pi, \frac{1}{2}\pi] \longrightarrow [-1, 1] \\ 2{,}47, \text{ für } sin : [\frac{1}{2}\pi, \frac{3}{2}\pi] \longrightarrow [-1, 1] \end{cases}$$

die Nullstellenmenge $N(f'') = \{\approx 0{,}67 + 2n\pi \mid n \in \mathbb{Z}\} \cup \{\approx 2{,}47 + 2n\pi \mid n \in \mathbb{Z}\}$.
Anmerkung: Die Zahl $-\frac{1}{2} - \frac{1}{2}\sqrt{5} = -\frac{1}{2}(-1 + \sqrt{5}) \approx -1{,}62 < -1$ ist wegen $-1{,}62 \notin [-1, 1] = Bild(sin)$ keine Lösung der betrachteten Gleichung $sin^2(x) + sin(x) - 1 = 0$.

1b) Die Funktion g ist die Komposition $exp_e \circ cos : \mathbb{R} \longrightarrow [-1, 1] \longrightarrow [e^{-1}, e]$.

2b) Die Ableitungsfunktionen $g', g'', g''' : \mathbb{R} \longrightarrow \mathbb{R}$ von g sind definiert durch $g'(x) = -sin(x) \cdot e^{cos(x)}$,
$g''(x) = -cos(x) \cdot e^{cos(x)} + sin^2(x) \cdot e^{cos(x)} = e^{cos(x)}(sin^2(x) - cos(x)) = e^{cos(x)}(1 - cos^2(x) - cos(x))$,
$g'''(x) = -sin(x) \cdot e^{sin(x)}(1 - cos^2(x) - cos(x)) + e^{sin(x)}(2 \cdot sin(x) \cdot cos(x) + sin(x))$
$= sin(x) \cdot e^{sin(x)}(-1 + cos^2(x) + cos(x) + 2 \cdot cos(x) + 1) = sin(x) \cdot cos(x) \cdot e^{sin(x)}(cos(x) + 3)$.

3b$_1$) Zunächst gilt $N(g) = \emptyset$. Die Äquivalenzen $x \in N(f') \Leftrightarrow f'(x) = 0 \Leftrightarrow sin(x) = 0$
$\Leftrightarrow x \in \{n\pi \mid n \in \mathbb{Z}\}$ liefern die Nullstellenmenge $N(f') = \{n\pi \mid n \in \mathbb{Z}\} = \mathbb{Z}\pi$.

3b$_2$) Die drei Äquivalenzen $x \in N(g'') \Leftrightarrow g''(x) = 0 \Leftrightarrow cos^2(x) + cos(x) - 1 = 0$
$\Leftrightarrow cos(x) = -\frac{1}{2} + \sqrt{\frac{1}{4} + 1} = -\frac{1}{2} + \frac{1}{2}\sqrt{5} = \frac{1}{2}(-1 + \sqrt{5}) \approx 0{,}62$ liefern mit

$$arccos(\tfrac{1}{2}(-1 + \sqrt{5})) \approx arccos(0{,}62) \approx \begin{cases} 0{,}90, \text{ für } cos : [0, \pi] \longrightarrow [-1, 1] \\ 5{,}38, \text{ für } cos : [\pi, 2\pi] \longrightarrow [-1, 1] \end{cases}$$

die Nullstellenmenge $N(f'') = \{\approx 0{,}90 + 2n\pi \mid n \in \mathbb{Z}\} \cup \{\approx 5{,}38 + 2n\pi \mid n \in \mathbb{Z}\}$.
Anmerkung: Die Zahl $-\frac{1}{2} - \frac{1}{2}\sqrt{5} = -\frac{1}{2}(-1 + \sqrt{5}) \approx -1{,}62 < -1$ ist wegen $-1{,}62 \notin [-1, 1] = Bild(cos)$ keine Lösung der betrachteten Gleichung $cos^2(x) + cos(x) - 1 = 0$.

A2.952.03 (D, A) : Betrachten Sie die Funktion $f : (0, 2\pi) \longrightarrow \mathbb{R}$ mit $f(x) = cos(x) \cdot e^{sin(x)}$.
1. Berechnen Sie die Nullstellenmenge $N(f)$ von f.
2. Berechnen Sie die ersten beiden Ableitungsfunktionen von f.
3. Berechnen Sie Näherungen für die beiden Nullstellen von f'. (Verwenden Sie dabei die Beziehung $sin^2 + cos^2 = 1$.) Verwenden Sie diese Näherungen ohne weiteren Nachweis als Extremalstellen von f und berechnen Sie die Näherungen für die zugehörigen Extrema von f.
4. Berechnen Sie die drei Nullstellen von f''. (Verwenden Sie dabei die Beziehung $sin^2 + cos^2 = 1$.) Verwenden Sie diese Nullstellen ohne weiteren Nachweis als Wendestellen von f und berechnen Sie die zugehörigen Wendepunkte von f.
5. Skizzieren Sie f anhand der in den Aufgabenteilen 1, 3 und 4 gewonnenen Daten (mit $\pi \approx 3$).
6. Zeigen Sie, daß $F : (0, 2\pi) \longrightarrow \mathbb{R}$ mit $F(x) = e^{sin(x)}$ eine Stammfunktion von f ist.
7. Die Funktion f begrenzt mit der Abszisse eine Fläche. Berechnen Sie deren Inhalt.

B2.952.03: Zur Bearbeitung der Aufgabe im einzelnen:

1. Die Äquivalenzen $x \in N(f) \Leftrightarrow f(x) = 0 \Leftrightarrow cos(x) \cdot e^{sin(x)} = 0 \Leftrightarrow cos(x) = 0 \Leftrightarrow x \in \{\frac{1}{2}\pi, \frac{3}{2}\pi\}$ liefern die Nullstellenmenge $N(f) = \{\frac{1}{2}\pi, \frac{3}{2}\pi\}$ von f.

2a) Die 1. Ableitungsfunktion $f' : (0, 2\pi) \longrightarrow \mathbb{R}$ von f ist definiert durch $f' = (cos \cdot (exp_e \circ sin))' = -sin \cdot (exp_e \circ sin) + cos^2 \cdot (exp_e \circ sin) = (exp_e \circ sin)(cos^2 - sin)$.

2b) Die 2. Ableitungsfunktion $f'' : (0, 2\pi) \longrightarrow \mathbb{R}$ von f ist definiert durch $f'' = ((exp_e \circ sin)(cos^2 - sin))' = (exp_e \circ sin)'(cos^2 - sin) + (exp_e \circ sin)(cos^2 - sin)' = cos \cdot (exp_e \circ sin) \cdot (cos^2 - 3 \cdot sin - 1)$.

3. Die Äquivalenzen $x \in N(f') \Leftrightarrow f'(x) = 0 \Leftrightarrow cos^2(x) - sin(x) = 0 \Leftrightarrow sin^2(x) + sin(x) - 1 = 0 \Leftrightarrow sin(x) \in \{\frac{1}{2}(-1-\sqrt{5}), \frac{1}{2}(-1+\sqrt{5})\}$ liefern aus $sin(x) = \frac{1}{2}(-1+\sqrt{5}) \approx 0,6$ die beiden Näherungen $x \approx 0,7$ und $x \approx 2,5$. Mit diesen beiden Zahlen werden nun Näherungen ihrer Funktionswerte berechnet: Es ist $f(0,7) = cos(0,7) \cdot e^{sin(0,7)} \approx 0,76 \cdot 1,9 \approx 1,5$ und $f(2,5) = cos(2,5) \cdot e^{sin(2,5)} \approx (-0,8) \cdot 1,82 \approx -1,5$, somit hat f näherungsweise das Maximum $(0,7/1,5)$ und das Minimum $(2,5/-1,5)$.

4. Die Äquivalenzen $x \in N(f'') \Leftrightarrow f''(x) = 0 \Leftrightarrow cos(x)(cos^2(x) - 3 \cdot sin(x) - 1) = 0 \Leftrightarrow cos(x)(1 - sin^2(x) - 3 \cdot sin(x) - 1) = 0 \Leftrightarrow cos(x)(sin^2(x) + 3 \cdot sin(x)) = 0 \Leftrightarrow cos(x)sin(x)(sin(x) + 3) = 0 \Leftrightarrow cos(x) = 0$ oder $sin(x) = 0$ oder $sin(x) = -3 \Leftrightarrow cos(x) = 0$ oder $sin(x) = 0 \Leftrightarrow x \in \{\frac{1}{2}\pi, \pi, \frac{3}{2}\pi\}$ liefern $N(f'') = \{\frac{1}{2}\pi, \pi, \frac{3}{2}\pi\}$.

Wegen $f(\frac{1}{2}\pi) = cos(\frac{1}{2}\pi) \cdot e^{sin(\frac{1}{2}\pi)} = 0 \cdot e^1 = 0$ sowie $f(\pi) = cos(\pi) \cdot e^{sin(\pi)} = (-1) \cdot e^0 = -1$ und $f(\frac{3}{2}\pi) = cos(\frac{3}{2}\pi) \cdot e^{sin(\frac{3}{2}\pi)} = 0 \cdot e^{-1} = 0$ hat f die drei Wendepunkte $(\frac{1}{2}\pi, 0)$ sowie $(\pi, -1)$ und $(\frac{3}{2}\pi, 0)$.

5. Skizze der Funktion $f = cos \cdot (exp_e \circ sin)$:

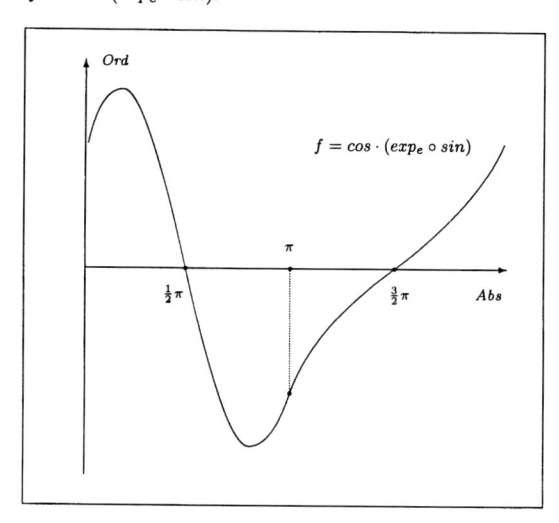

6. Die durch $F = exp_e \circ sin$ definierte Funktion $F : (0, 2\pi) \longrightarrow \mathbb{R}$ ist eine Stammfunktion von f, denn es ist $F' = (exp_e \circ sin)' = cos(exp_e \circ sin) = f$.

7. Mit den beiden Nullstellen $\frac{1}{2}\pi$ und $\frac{3}{2}\pi$ ist $A = |\int_{\frac{1}{2}\pi}^{\frac{3}{2}\pi} f| = |F(\frac{3}{2}\pi) - F(\frac{1}{2}\pi)| = |e^{sin(\frac{3}{2}\pi)} - e^{sin(\frac{1}{2}\pi)}| = |e^{-1} - e^1| = e - \frac{1}{e} \approx 2,35$ (FE) der gesuchte Flächeninhalt.

2.953 UNTERSUCHUNGEN VON EXPONENTIAL-FUNKTIONEN (TEIL 4)

A2.953.01 (D, A, V) : Betrachten Sie die Funktion $f : \mathbb{R} \longrightarrow \mathbb{R}$ mit $f(x) = ax \cdot e^{bx}$ mit $a, b \in \mathbb{R}_*$.
1. Berechnen Sie die ersten drei Ableitungsfunktionen von f, entwickeln und beweisen Sie daraus dann eine Formel zur Berechnung der n-ten Ableitungsfunktion $f^{(n)}$.
2. Untersuchen Sie f hinsichtlich Nullstellen und Extrema.
3. Berechnen Sie den Wendepunkt von f und ermitteln Sie die zugehörige Wendetangente.
4. Berechnen Sie zu $f : [0, c] \longrightarrow \mathbb{R}$ den Inhalt $A_c(f)$ der sinngemäß begrenzten Fläche $F_c(f)$.
5. Berechnen Sie das von der Fläche $F_c(f)$ erzeugte Rotationsvolumen $V_c(f)$ bezüglich Abszisse.

B2.953.01: Zur Bearbeitung der Aufgabe im einzelnen:
1. Die ersten drei Ableitungsfunktionen $f', f'', f''' : \mathbb{R} \longrightarrow \mathbb{R}$ von f sind definiert durch
$f'(x) = ae^{bx} + ax \cdot be^{bx} = a(1 + bx) \cdot e^{bx}$,
$f''(x) = a(be^{bx} + (1 + bx) \cdot be^{bx}) = ab(1 + (1 + bx)) \cdot e^{bx} = ab(2 + bx) \cdot e^{bx}$,
$f'''(x) = a(be^{bx} + (1+bx) \cdot be^{bx}) = ab(be^{bx} + (2+bx)b \cdot be^{bx}) = ab^2(e^{bx} + (1+(2+bx)) \cdot be^{bx}) = ab^2(3+bx) \cdot e^{bx}$.
Allgemein ist $f^{(n)} = ab^{n-1}(n + b \cdot id) \cdot (exp_e \circ (b \cdot id))$ die n-te Ableitungsfunktion von f und elementweise definiert durch $f^{(n)}(x) = ab^{n-1}(n + bx) \cdot e^{bx}$, wie durch den folgenden Induktionsschritt von n nach $n + 1$ gezeigt wird (wobei der Induktionsanfang schon durch die obige Berechnung erbracht ist): Es gilt
$(f^{(n)})' = ab^{n-1}((n + b \cdot id) \cdot (exp_e \circ (b \cdot id)))' = ab^{n-1}(b \cdot exp_e \circ (b \cdot id) + (n + b \cdot id) \cdot b \cdot (exp_e \circ (b \cdot id))) = ab^{n-1}b((1 + (n + b \cdot id)) \cdot (exp_e \circ (b \cdot id))) = ab^n((n+1) + b \cdot id)) \cdot (exp_e \circ (b \cdot id))) = f^{(n+1)}$.

2a) Wie man sofort sieht, hat f wegen $a \neq 0$ die Nullstelle 0.

2b) Wie man ebenfalls sofort sieht, hat f' wegen $a, b \neq 0$ die Nullstelle $-\frac{1}{b}$. Ferner gilt $f''(-\frac{1}{b}) = abe^{-1}$, wobei diese Zahl im Fall $sign(a) = sign(b)$ positiv, im anderen Fall negativ, also stets ungleich 0 ist. Somit ist $-\frac{1}{b}$ die Extremstelle von f. Mit $f(-\frac{1}{b}) = -\frac{a}{b}e^{-1}$ hat f im Fall $sign(a) = sign(b)$ das Minimum $(-\frac{1}{b}, -\frac{a}{b}e^{-1})$, im anderen Fall ist dieser Punkt das Maximum von f.

3a) Die 2. Ableitungsfunktion f'' von f hat die Nullstelle $-\frac{2}{b}$. Ferner gilt $f'''(-\frac{2}{b}) = ab^2e^{-2}$, wobei diese Zahl stets ungleich Null ist. Damit ist $-\frac{2}{b}$ die Wendestelle und der Punkt $(-\frac{2}{b}, f(-\frac{2}{b})) = (-\frac{2}{b}, -\frac{a}{b}e^{-2})$ der Wendepunkt von f.

3b) Die Wendetangente $t : \mathbb{R} \longrightarrow \mathbb{R}$ an f ist mit den einzeln berechneten Bausteinen definiert durch die Zuordnungsvorschrift $t(x) = f'(-\frac{2}{b})x + f'(-\frac{2}{b})\frac{2}{b} + f(-\frac{2}{b}) = -\frac{a}{e^2}x - \frac{4a}{be^2}$.

4a) Beachtet man $f = uv$ mit den Faktoren $u = a \cdot id$ und $v = exp_e \circ (b \cdot id)$, dann liefert das Verfahren $\int (uv) = uV - \int (u'V)$ (mit Stammfunktion V von v) zur Integration von Produkten im vorliegenden Fall zunächst $V = \frac{1}{b}v$ und damit $\int f = \int (uv) = a \cdot id \cdot \frac{1}{b}v - \int (a\frac{1}{b}v) = \frac{a}{b} \cdot v \cdot id - \frac{a}{b}\int v = \frac{a}{b} \cdot (v \cdot id - \frac{1}{b} \cdot v) + \mathbb{R} = \frac{a}{b} \cdot (id - \frac{1}{b}) \cdot (exp_e \circ (b \cdot id)) + \mathbb{R}$, also ist eine Stammfunktion $F : \mathbb{R} \longrightarrow \mathbb{R}$ von f durch $F(x) = \frac{a}{b} \cdot (x - \frac{1}{b}) \cdot e^{bx}$ definiert.

4b) Es ist $A_c(f) = |\int_0^c f| = |F(c) - F(0)| = |\frac{a}{b} \cdot (c - \frac{1}{b}) \cdot e^{bc} - \frac{a}{b} \cdot (0 - \frac{1}{b}) \cdot e^0| = \frac{a}{b} \cdot ((c - \frac{1}{b}) \cdot e^{bx} + \frac{1}{b})$ (FE).

5a) Auf analoge Weise wie in 4a) wird das Integral von $f^2 = (a^2 \cdot id^2) \cdot (exp_e \circ (2b \cdot id))$ berechnet: Verwendet man $u = a^2 \cdot id^2$ und $v = exp_e \circ (2b \cdot id)$ sowie $V = \frac{1}{2b}(exp_e \circ (2b \cdot id))$, so folgt $\int f = \int (uv) = \frac{a^2}{2b}(id^2 - \frac{1}{b}id + \frac{1}{2b^2}) \cdot (exp_e \circ (2b \cdot id)) + \mathbb{R}$, also ist eine Stammfunktion $G : \mathbb{R} \longrightarrow \mathbb{R}$ von f^2 durch $G(x) = \frac{a^2}{2b}(x^2 - \frac{1}{b}x + \frac{1}{2b^2}) \cdot e^{2bx}$ definiert.

5b) Es ist $V_c(f) = \pi |\int_0^c f^2| = \pi|G(c) - G(0)| = \pi |\frac{a^2}{2b}(c^2 - \frac{1}{b}c + \frac{1}{2b^2}) \cdot e^{2bc} - \frac{a^2}{2b}(\frac{1}{2b^2}) \cdot e^0|$
$= \pi \frac{a^2}{2b}(c^2 - \frac{1}{b}c + \frac{1}{2b^2})e^{2bc} - \frac{1}{2b^2})$ (VE).

Anmerkung: Mit den Daten $a = 5$ sowie $b = -\frac{1}{2}$ und $c = 2$ hat f das Maximum $(2, \frac{10}{e}) = (2/ \approx 3, 6)$ und den Wendepunkt $(4, \frac{20}{e^2}) = (4/ \approx 2, 7)$. Der zugehörige Flächeninhalt ist $A_2(f) = -10(\frac{4}{e} - 2) = 20(1 - \frac{2}{e}) \approx 5, 3$ (FE), das zugehörige Rotationsvolumen ist $V_2(f) = 50\pi(1 - \frac{5}{e^2}) \approx 15\pi \approx 47$ (VE).

A2.953.02 (D) : Untersuchen Sie die Funktion $f : \mathbb{R} \longrightarrow \mathbb{R}$ mit $f(x) = e^x(x^2 - 2x)$ hinsichtlich Nullstellen, Extrema und Wendepunkte.

B2.953.02: Zur Bearbeitung der Aufgabe im einzelnen:

1. Wie man anhand des Faktors $x^2 - 2x = x(x-2)$ sofort sieht, gilt $N(f) = \{0, 2\}$.
2. Die 1. Ableitungsfunktion $f' : \mathbb{R} \longrightarrow \mathbb{R}$ von f ist definiert durch $f'(x) = e^x(x^2 - 2)$ und besitzt folglich die Nullstellenmenge $N(f') = \{-\sqrt{2}, \sqrt{2}\}$. Mit der 2. Ableitungsfunktion $f'' : \mathbb{R} \longrightarrow \mathbb{R}$ von f, definiert durch $f''(x) = e^x(x^2 + 2x - 2)$, gilt $f''(-\sqrt{2}) = e^{-\sqrt{2}}(2 - 2\sqrt{2} - 2) = -e^{-\sqrt{2}} \cdot 2\sqrt{2} < 0$ sowie $f''(\sqrt{2}) = e^{\sqrt{2}}(2 + 2\sqrt{2} - 2) = e^{\sqrt{2}} \cdot 2\sqrt{2} > 0$, somit ist $-\sqrt{2}$ die Maximalstelle und $(-\sqrt{2}/ \approx 1, 2)$ das Maximum, ferner $\sqrt{2}$ die Minimalstelle und $(\sqrt{2}/ \approx -3, 4)$ das Minimum von f.
3. Zunächst liefert der quadratische Faktor von f'' die Nullstellenmenge $N(f'') = \{-1 - \sqrt{3}, -1 + \sqrt{3}\}$. Mit der 3. Ableitungsfunktion $f''' : \mathbb{R} \longrightarrow \mathbb{R}$ von f, definiert durch $f'''(x) = e^x(x^2 + 4x)$, gilt dann $f'''(-1 - \sqrt{3}) = e^{-1-\sqrt{3}}(4 + 2\sqrt{3} - 4 - 4\sqrt{3}) = e^{-1-\sqrt{3}} \cdot (-2\sqrt{3}) < 0$ sowie in analoger Weise $f'''(-1 + \sqrt{3}) = e^{-1+\sqrt{3}}(1 - 2\sqrt{3} - 1 + 4\sqrt{3}) = e^{-1+\sqrt{3}} \cdot 2\sqrt{3} > 0$, folglich besitzt die Funktion f den Wendepunkt ($\approx -2, 73/ \approx 0, 84$) mit Links-Rechts-Krümmung sowie den Wendepunkt ($\approx 0, 73/ \approx -1, 93$) mit Rechts-Links-Krümmung.

Anmerkung: Wie man weiter überlegen kann, ist der negative Teil der Abszisse asymptotische Funktion zu f (wobei dort $f > 0$ gilt).

A2.953.03 (D, A) : Betrachten Sie die Funktion $f : \mathbb{R}_0^+ \longrightarrow \mathbb{R}$ mit $f(x) = e^{-x} \cdot sin(x)$.

1. Berechnen Sie die Nullstellen und Extrema von f.
2. Berechnen Sie unter Verwendung der Vorgabe $Wen(f) = Ex(f'')$ die Wendepunkte von f. Welche beiden Funktionen enthalten zusammen alle diese Wendepunkte?
3. Die in Aufgabenteil 1 zu ermittelnde Nullstellenmenge $N(f)$ von f sei nun als (streng) monotone Folge $x : \mathbb{N}_0 \longrightarrow \mathbb{R}$ betrachtet. Berechnen Sie zunächst den Inhalt $A(f_1)$ der Fläche, die von der Einschränkung $f_n : [x_0, x_1] \longrightarrow \mathbb{R}$, der Abszisse und den Ordinatenparallelen durch x_0 und x_1 begrenzt wird, anschließend dann in entsprechender Notation den Flächeninhalt $A(f_n)$, für alle $n \in \mathbb{N}$.
4. Betrachten Sie die durch die Zuordnung $n \longmapsto A_n = A(f_n)$ definierte Folge $A : \mathbb{N} \longrightarrow \mathbb{R}$. Berechnen Sie den Grenzwert $lim(sA)$ der zugehörigen Reihe $sA : \mathbb{N}_0 \longrightarrow \mathbb{R}$.
5. Berechnen Sie das uneigentliche Riemann-Integral $\int\limits_0^{*} f = lim(\int\limits_0^n f_n)_{n \in \mathbb{N}}$.

B2.953.03: Zur Bearbeitung der Aufgabe im einzelnen:

1a) Wegen $N(exp_e) = \emptyset$ hat f die Nullstellenmenge $N(f) = N(sin) = \mathbb{N}_0 \pi$.

1b) Die 1. Ableitungsfunktion $f' : \mathbb{R}^+ \longrightarrow \mathbb{R}$ der auf $\mathbb{R}^+$ einzuschränkenden Funktion f ist definiert durch $f'(x) = -e^{-x} \cdot sin(x) + e^{-x} \cdot cos(x) e^{-x} \cdot (cos(x) - sin(x))$. Wie nun die Äquivalenzen $x \in N(f') \Leftrightarrow f'(x) = 0 \Leftrightarrow sin(x) = cos(x) \Leftrightarrow tan(x) = 1 \Leftrightarrow x \in (\frac{1}{4} + \mathbb{N}_0)\pi$ zeigen, hat f' die Nullstellenmenge $N(f') = (\frac{1}{4} + \mathbb{N}_0)\pi$.

1c) Für die Nullstellen von f' liefert die 2. Ableitungsfunktion $f'' : \mathbb{R}^+ \longrightarrow \mathbb{R}$ von f, definiert durch $f''(x) = -e^{-x} \cdot (cos(x) - sin(x)) + e^{-x} \cdot (-sin(x) - cos(x)) = -2e^{-x} \cdot cos(x)$, die Funktionswerte $f''((\frac{1}{4} + k)\pi) =$

$$= -2e^{-(\frac{1}{4}+k)\pi} \cdot cos((\frac{1}{4}+k)\pi) = \begin{cases} -2e^{-(\frac{1}{4}+k)\pi} \cdot \frac{1}{2}\sqrt{2} = -\sqrt{2} \cdot 2e^{-(\frac{1}{4}+k)\pi} < 0, \text{ falls } k \in 2\mathbb{N}_0, \\ -2e^{-(\frac{1}{4}+k)\pi} \cdot (-\frac{1}{2}\sqrt{2}) = \sqrt{2} \cdot 2e^{-(\frac{1}{4}+k)\pi} > 0, \text{ falls } k \in 2\mathbb{N}_0 + 1. \end{cases}$$

Wie nun die jeweiligen Maxima und Minima aussehen, zeigen die zugehörigen Funktionswerte: $f((\frac{1}{4} + k)\pi) =$

$$= e^{-(\frac{1}{4}+k)\pi} \cdot sin((\frac{1}{4}+k)\pi) = \begin{cases} e^{-(\frac{1}{4}+k)\pi} \cdot \frac{1}{2}\sqrt{2} = \frac{1}{2}\sqrt{2} \cdot e^{-(\frac{1}{4}+k)\pi}, \text{ falls } k \in 2\mathbb{N}_0, \\ e^{-(\frac{1}{4}+k)\pi} \cdot (-\frac{1}{2}\sqrt{2}) = -\frac{1}{2}\sqrt{2} \cdot e^{-(\frac{1}{4}+k)\pi}, \text{ falls } k \in 2\mathbb{N}_0 + 1. \end{cases}$$

2a) Wegen $N(exp_e) = \emptyset$ hat f'' die Nullstellenmenge $N(f'') = N(cos) = (\frac{1}{2} + \mathbb{N}_0)\pi$. Nach Vorgabe kann dann im folgenden die Beziehung $Wen(f) = N(f'')$ verwendet werden.

Wie dabei die jeweiligen Wendepunkte von f aussehen, zeigen die zugehörigen Funktionswerte:
$$f((\tfrac{1}{2}+k)\pi) = e^{-(\tfrac{1}{2}+k)\pi} \cdot sin((\tfrac{1}{2}+k)\pi) = \begin{cases} e^{-(\tfrac{1}{2}+k)\pi} \cdot 1 = e^{-(\tfrac{1}{2}+k)\pi}, & \text{falls } k \in 2\mathbb{N}_0, \\ e^{-(\tfrac{1}{2}+k)\pi} \cdot (-1) = -e^{-(\tfrac{1}{4}+k)\pi}, & \text{falls } k \in 2\mathbb{N}_0 + 1. \end{cases}$$

2b) Wie man an der Darstellung der Funktionswerte der Wendestellen sofort erkennt, gilt: Die Funktion $w_1 : \mathbb{R} \longrightarrow \mathbb{R}$ mit $w_1 = -e^{-x}$ enthält alle Wendepunkte von f mit negativer zweiter Komponente, die dazu abszissensymmetrische Funktion $w_2 : \mathbb{R} \longrightarrow \mathbb{R}$ mit $w_2 = e^{-x}$ enthält alle Wendepunkte von f mit positiver zweiter Komponente.

3a) Zunächst ist das Integral von f zu ermitteln. Dazu wird die in der Formel $\int f = \int(uv) = uV - \int(u'V)$ ausgedrückte Integrationsmethode (mit Stammfunktion V zu v) für Produkte von Funktionen verwendet: Diese Methode liefert zunächst mit $u = exp_e \circ (-id)$ und $v = sin$ die Beziehung
$$\int f = \int(uv) = uV - \int(u'V) = -((exp_e \circ (-id)) \cdot cos - \int((exp_e \circ (-id)) \cdot cos),$$
weiterhin liefert sie mit $u = exp_e \circ (-id)$ und $v^* = cos$ die Beziehung
$$\int(uv^*) = uV^* - \int(u'V^*) = ((exp_e \circ (-id)) \cdot sin - \int((exp_e \circ (-id)) \cdot sin) = ((exp_e \circ (-id)) \cdot sin - \int f.$$
Beide Einzelberechnungen liefern zusammen $\int f = -((exp_e \circ (-id)) \cdot cos + ((exp_e \circ (-id)) \cdot sin - \int f$, woraus $2 \cdot \int f = -((exp_e \circ (-id)) \cdot (sin + cos) + \mathbb{R}$ und schließlich $\int f = -\tfrac{1}{2}((exp_e \circ (-id)) \cdot (sin + cos) + \mathbb{R}$ folgt. Damit liegt eine Stammfunktion $F : \mathbb{R}_0^+ \longrightarrow \mathbb{R}$ von f mit $F(x) = -\tfrac{1}{2}e^{-x}(sin(x) + cos(x))$ vor.

3b) Es gilt $A(f_1) = |\int_0^\pi f| = |F(\pi) - F(0)| = |-\tfrac{1}{2}e^{-\pi}(sin(\pi) + cos(\pi)) + \tfrac{1}{2}e^0(sin(0) + cos(0))| = |-\tfrac{1}{2}e^{-\pi}(0-1) + \tfrac{1}{2}e^0(0+1)| = \tfrac{1}{2}|e^{-\pi} + 1| = \tfrac{1}{2}(1 + e^{-\pi}) \approx 0{,}522$ (FE).

3c) Für alle $n \in \mathbb{N}$ gilt dann: $A(f_n) = |\int_{x_{n-1}}^{x_n} f| = |F(x_n) - F(x_{n-1})| = |F(n\pi) - F((n-1)\pi)| = \tfrac{1}{2}|e^{-n\pi} \cdot (\pm 1) - e^{-(n-1)\pi} \cdot (\mp 1)| = \tfrac{1}{2}|e^{-n\pi} + e^{-(n-1)\pi}| = \tfrac{1}{2}e^{-n\pi}(1 + e^\pi)$ (FE).

4. Die durch $A : \mathbb{N} \longrightarrow \mathbb{R}$ mit $A_n = A(f_n)$ erzeugte zugehörige Reihe $sA : \mathbb{N}_0 \longrightarrow \mathbb{R}$ hat die Reihenglieder
$$sA_m = \sum_{0 \leq k \leq m} A_k = \sum_{0 \leq k \leq m} (\tfrac{1}{2}e^{-k\pi}(1 + e^\pi)) = \tfrac{1}{2}(1 + e^\pi) \sum_{0 \leq k \leq m} e^{-k\pi} = \tfrac{1}{2}(1 + e^\pi) \sum_{0 \leq k \leq m} (e^{-\pi})^k.$$ Diese Darstellung zeigt, daß die Reihe sA eine geometrische und wegen $|e^{-\pi}| < 1$ eine konvergente Reihe ist. Es gilt also $lim(sA) = lim(\tfrac{1}{2}(1 + e^\pi) \cdot \sum_{0 \leq k \leq m}(e^{-\pi})^k)_{m \in \mathbb{N}} = \tfrac{1}{2}(1 + e^\pi) \cdot \tfrac{e^{-\pi}}{1-e^{-\pi}} = \tfrac{1}{2} \cdot \tfrac{1+e^{-\pi}}{1-e^{-\pi}} \approx 0{,}545$.

5. Die Folge $(\int_0^n f_n)_{n \in \mathbb{N}}$ hat die Darstellung $(\int_0^n f_n)_{n \in \mathbb{N}} = (F(n) - F(0))_{n \in \mathbb{N}} = (F(n))_{n \in \mathbb{N}} - (F(0))_{n \in \mathbb{N}}$.
Dabei hat die erste Folge ihrerseits die Darstellung
$$(F(n))_{n \in \mathbb{N}} = (-\tfrac{1}{2}e^{-n}(sin(n) + cos(n)))_{n \in \mathbb{N}} = (-\tfrac{1}{2}e^{-n})_{n \in \mathbb{N}} \cdot (sin(n) + cos(n))_{n \in \mathbb{N}}.$$
Bei diesem Produkt ist der erste Faktor eine nullkonvergente Folge, der zweite Faktor eine beschränkte Folge im Bereich $[-2, 2]$, somit ist dieses Produkt eine nullkonvergente Folge. Da nun aber die konstante Folge $(F(0))_{n \in \mathbb{N}} = (-\tfrac{1}{2}e^0(sin(0) + cos(0)))_{n \in \mathbb{N}} = (-\tfrac{1}{2})_{n \in \mathbb{N}}$ gegen $-\tfrac{1}{2}$ konvergiert, konvergiert schließlich die Folge $(\int_0^n f_n)_{n \in \mathbb{N}} = (F(n) - F(0))_{n \in \mathbb{N}}$ gegen $\tfrac{1}{2}$, es gilt also $\int_0^* f = lim(\int_0^n f_n)_{n \in \mathbb{N}} = \tfrac{1}{2}$.

A2.953.04 (D, A) : Betrachten Sie die Funktion $f : \mathbb{R} \longrightarrow \mathbb{R}$ mit $f(x) = c^2 x \cdot e^{cx}$ mit $c \in \mathbb{R}^+$.

1. Nennen und beweisen Sie eine Formel für die n-te Ableitungsfunktion $f^{(n)}$ von f und geben Sie die Nullstellenmenge $N(f^{(n)})$ an. Berechnen Sie ferner $f^{(n)}(z)$ sowie $f(z)$ für $z \in N(f^{(n)})$.

2. Berechnen Sie anhand der Ergebnisse von Aufgabenteil 1 das Extremum und den Wendepunkt von f und bestimmen Sie die zugehörige Wendetangente. Geben Sie ferner die Funktionen E und W an, die die Extrema bzw. Wendepunkte in Abhängigkeit von $c \in \mathbb{R}^+$ enthalten.

3. Berechnen Sie das Integral von f und überprüfen Sie Ihr Ergebnis durch Differentiation.

4. Berechnen Sie den Flächeninhalt $A(f)$ der Fläche, die Abszisse, Ordinate und Ordinatenparallele durch den Wendepukt von f begrenzen. Vergleichen Sie $A(f)$ mit dem Flächeninhalt $A(D)$ des Dreiecks, das Abszisse, Ordinate und Wendetangente begrenzen.

5. Weisen Sie nach, daß die Null-Funktion asymptotische Funktion zu f ist.

6. Hat die Fläche zwischen Abszisse, Ordinate und f einen endlichen Flächeninhalt?

B2.953.04 : Zur Bearbeitung der Aufgabe im einzelnen:

1. Anhand von Beispielen kann man $f^{(n)}(x) = c^{n+1}(n+cx)e^{cx}$, für alle $n \in \mathbb{N}_0$, vermuten. Das gilt in der Tat, wie nach dem Prinzip der Vollständigen Induktion der folgende Nachweis zeigt: Der Induktionsanfang ist bereits mit $f = f^{(0)}$ gezeigt; den Induktionsschritt von n nach $n+1$ liefert die Berechnung $(f^{(n)})'(x) = c^{n+1}(ce^{cx} + (n+cx)ce^{cx}) = c^{n+2}(e^{cx} + (n+cx)e^{cx}) = c^{n+2}((n+1)+cx)e^{cx}) = f^{(n+1)}(x)$.
Wie man sofort sieht, ist $N(f^{(n)}) = \{-\frac{n}{c}\}$, und es gilt $f^{(n+1)}(-\frac{n}{c}) = c^{n+2}e^{-n} = \frac{c^{n+2}}{e^n}$ sowie $f(-\frac{n}{c}) = -nc \cdot e^{-n} = -\frac{nc}{e^n}$.

2a) Mit $N(f') = N(f^{(1)}) = \{-\frac{1}{c}\}$ und $f''(-\frac{1}{c}) = f^{(2)}(-\frac{1}{c}) = \frac{c^3}{e} > 0$ ist $-\frac{1}{c}$ die Minimalstelle und der zugehörige Punkt $(-\frac{1}{c}, f(-\frac{1}{c})) = (-\frac{1}{c}, -\frac{c}{e})$ das Minimum von f.

2b) Mit $N(f'') = N(f^{(2)}) = \{-\frac{2}{c}\}$ und $f'''(-\frac{2}{c}) = f^{(3)}(-\frac{2}{c}) = \frac{c^4}{e^2} > 0$ ist $-\frac{2}{c}$ die Wendestelle und der zugehörige Punkt $(-\frac{2}{c}, f(-\frac{2}{c})) = (-\frac{2}{c}, -\frac{2c}{e^2})$ der Wendepunkt von f.

2c) Die Wendetangente $t : \mathbb{R} \longrightarrow \mathbb{R}$ ist vermöge $f(-\frac{2}{c}) = -\frac{2c}{e^2}$ sowie $f'(-\frac{2}{c}) = -\frac{c^2}{e^2}$ nun definiert durch $t(x) = f'(-\frac{2}{c})x - f'(-\frac{2}{c})(-\frac{2}{c}) + f(-\frac{2}{c}) = -\frac{c^2}{e^2}x - (-\frac{c^2}{e^2})(-\frac{2}{c}) + (-\frac{2c}{e^2}) = -\frac{c^2}{e^2}x - \frac{2c}{e^2} - \frac{2c}{e^2} = -\frac{c^2}{e^2}x - \frac{4c}{e^2}$.

2d) Die durch die Zuordnungen $-\frac{1}{c} \longmapsto -\frac{c}{e}$ für die Extrema und $-\frac{2}{c} \longmapsto -\frac{2c}{e^2}$ für die Wendepunkte jeweils erzeugten Funktionen $E, W : \mathbb{R}^+ \longrightarrow \mathbb{R}$ sind definiert durch die Zuordnungsvorschriften $E(x) = \frac{1}{ex}$ und $W(x) = \frac{4}{e^2 x}$. (Man ermittelt beispielsweise die Zuordnungsvorschrift von W durch die Äquivalenzen $-\frac{2}{c} = x \Leftrightarrow c = -\frac{2}{x} \Leftrightarrow W(x) = -\frac{2(-\frac{2}{x})}{e^2} = \frac{4}{e^2 x}$.)

3a) Das Integral von f wird nach dem Verfahren $\int f = \int (uv) = uV - \int (u'V)$ mit Stammfunktion V von v für die Integration von Produkten uv berechnet: Mit $u = id$ und $v = exp_e \circ (c \cdot id)$ sowie der Stammfunktion $V = \frac{1}{c}(exp_e \circ (c \cdot id))$ von v sowie dem Integral $\int (u'V) = \int V = \frac{1}{c^2}(exp_e \circ (c \cdot id)) + \mathbb{R}$ ist $\int f = \int (uv) = uV - \int (u'V) = \frac{1}{c}id(exp_e \circ (c \cdot id)) - \frac{1}{c^2}(exp_e \circ (c \cdot id)) + \mathbb{R} = (c \cdot id - 1)(exp_e \circ (c \cdot id)) + \mathbb{R}$.

3b) Damit ist dann eine Stammfunktion $F : \mathbb{R} \longrightarrow \mathbb{R}$ von f durch $F(x) = (cx - 1)e^{cx}$ definiert. Eine Kontrolle dieser Vorschrift liefert $F'(x) = cxe^{cx} + (cx - 1)ce^{cx} = ce^{cx}(1 + cx - 1) = c^2x \cdot e^{cx} = f(x)$.

4a) Der gesuchte Flächeninhalt ist $A(f) = |\int_0^{-\frac{2}{c}} f| = |F(-\frac{2}{c}) - F(0)| = |(c(-\frac{2}{c}) - 1)e^{-\frac{2}{c}c} - (c \cdot 0 - 1)e^{c \cdot 0}| = |-3 \cdot e^{-2} - (-e^0)| = |-3 \cdot e^{-2} + 1| = |1 - 3 \cdot e^{-2}| = 1 - 3 \cdot e^{-2} \approx 1 - 0{,}41 = 0{,}59$ (FE), unabhängig von c.

4b) Die in 2c) ermittelte Wendetangente t hat den Ordinatenabschnitt $t(0) = -\frac{4c}{e^2}$ sowie die Nullstelle $\frac{4}{c}$. Damit hat das beschriebene (rechtwinklige) Dreieck D den Flächeninhalt $A(D) = \frac{1}{2} \cdot \frac{4c}{e^2} \cdot \frac{4}{c} = \frac{8}{e^2}$ (FE), ebenfalls unabhängig von c. Schließlich gilt $A(f) : A(D) = (1 - 3 \cdot e^{-2}) : \frac{8}{e^2} \approx 0{,}59 : 1{,}08 \approx 1 : 2$.

5. Die Null-Funktion ist asymptotische Funktion zu f, denn die von der Folge $x = (-n)_{n \in \mathbb{N}}$ erzeugte Bildfolge $f \circ x = (c^2(-n) \cdot e^{-nc})_{n \in \mathbb{N}} = ((-c^2)\frac{n}{e^{nc}})_{n \in \mathbb{N}} = (-c^2) \cdot (\frac{n}{e^{nc}})_{n \in \mathbb{N}}$ konvergiert gegen Null.

6. Die Folge $(|\int_{-n}^0 f|)_{n \in \mathbb{N}}$ hat vermöge der oben ermittelten Stammfunktion F von f die Darstellung $(|\int_{-n}^0 f|)_{n \in \mathbb{N}} = (|F(0) - F(-n)|)_{n \in \mathbb{N}} = (|-1 - (-nc-1)e^{-nc}|)_{n \in \mathbb{N}} = (|-1 + (nc+1)e^{-nc}|)_{n \in \mathbb{N}} = (|-1 + \frac{nc+1}{e^{nc}}|)_{n \in \mathbb{N}}$. Dabei konvergiert die Folge $(\frac{nc+1}{e^{nc}})_{n \in \mathbb{N}}$ gegen $lim(\frac{nc+1}{e^{nc}})_{n \in \mathbb{N}} = lim(\frac{c}{ce^{nc}})_{n \in \mathbb{N}} = 0$, somit konvergiert $(|\int_{-n}^0 f|)_{n \in \mathbb{N}}$ gegen $\int_{-\star}^0 f = lim(|\int_{-n}^0 f|)_{n \in \mathbb{N}} = |-1| = 1$.

2.954 Untersuchungen von Exponential-Funktionen (Teil 5)

A2.954.01 (D, A): Betrachten Sie die Funktion $f : \mathbb{R} \longrightarrow \mathbb{R}$ mit $f(x) = \frac{5}{2} \cdot e^{-\frac{1}{2}x}$.
1. Weisen Sie durch geeignete Berechnungen nach, daß f weder Extrema noch Wendepunkte hat.
2. Ermitteln Sie Faktoren $a_n \in \mathbb{R}$, die zu jedem $n \in \mathbb{N}$ eine Darstellung $f^{(n)}(x) = a_n \cdot f(x)$ gestatten. Beweisen Sie dann mit dem ermittelten Faktor a_n diese Beziehung.
3. Berechnen Sie den Inhalt $A_c(f)$ der Fläche, die von f, der Abszisse, der Ordinate und der Ordinatenparallelen durch $c \in \mathbb{R}_*$ begrenzt wird.
4. Hat die Fläche zwischen f, Abszisse und Ordinate einen endlichen Flächeninhalt?

B2.954.01: Zur Bearbeitung der Aufgabe im einzelnen:
1. Für die beiden Ableitungsfunktionen $f', f'' : \mathbb{R} \longrightarrow \mathbb{R}$ von f mit den Zuordnungsvorschriften $f'(x) = -\frac{5}{4} \cdot e^{-\frac{1}{2}x}$ und $f''(x) = \frac{5}{8} \cdot e^{-\frac{1}{2}x}$ gilt $Ex(f) \subset N(f') = \emptyset$ und $Wen(f) \subset N(f'') = \emptyset$, folglich hat f weder Extrema noch Wendepunkte.
2. Die Darstellungen $f'(x) = -\frac{5}{4} \cdot e^{-\frac{1}{2}x} = -\frac{1}{2}f(x)$ sowie $f''(x) = \frac{5}{8} \cdot e^{-\frac{1}{2}x} = \frac{1}{4}f(x)$ und $f'''(x) = -\frac{5}{16} \cdot e^{-\frac{1}{2}x} = -\frac{1}{8}f(x)$ lassen die generelle Beziehung $f^{(n)}(x) = (-1)^n \cdot (\frac{1}{2})^n \cdot f(x)$, für alle $n \in \mathbb{N}$, vermuten, die in der Tat richtig ist, wie nach dem Prinzip der Vollständigen Induktion (siehe etwa Abschnitt 1.811) gezeigt wird. Mit dem schon genannten Induktionsanfang liegt folgender Induktionsschritt von n nach $n+1$ vor: $f^{(n+1)}(x) = (-1)^n \cdot (\frac{1}{2})^n \cdot f'(x) = (-1)^n \cdot (\frac{1}{2})^n \cdot (-\frac{1}{2}f(x)) = (-1)^{n+1} \cdot (\frac{1}{2})^{n+1} f(x)$.
3. Mit der durch $F(x) = -5 \cdot e^{-\frac{1}{2}x}$ definierten Stammfunktion $F : \mathbb{R} \longrightarrow \mathbb{R}$ von f ist $A(f) = |\int_0^c f| = |F(c) - F(0)| = |-5 \cdot e^{-\frac{c}{2}} - (-5 \cdot e^0)| = |-5 \cdot e^{-\frac{c}{2}} + 5| = 5 \cdot |1 - e^{-\frac{c}{2}}|$ der zu berechnende Flächeninhalt.
4. Zur Frage nach der Endlichkeit des Inhalts der im Aufgabentext beschriebenen Fläche wird zu der Folge $id : \mathbb{N} \longrightarrow \mathbb{R}$ die Folge $(\int_0^n f)_{n \in \mathbb{N}}$ von Riemann-Integralen untersucht. Man beachte dabei, daß wegen $n > 0$ dann $|\int_0^n f| = 5(1 - e^{-\frac{n}{2}})$ gilt. Damit konvergiert diese Folge gegen $A^*(f) = lim(\int_0^n f)_{n \in \mathbb{N}} = 5 \cdot lim(1 - e^{-\frac{n}{2}})_{n \in \mathbb{N}} = 5 \cdot (lim(1)_{n \in \mathbb{N}} - lim(e^{-\frac{n}{2}})_{n \in \mathbb{N}}) = 5 \cdot (1 - 0) = 5$ (FE).

A2.954.02 (D, A): Betrachten Sie die Funktion $f : \mathbb{R} \longrightarrow \mathbb{R}$ mit $f = \frac{3}{2} \cdot (exp_e \cdot (-\frac{2}{5}id))$.
Anmerkung: Im Gegensatz zu Aufgabe A2.954.01 sollten hier alle Darstellungen von Funktionen wie in der Aufgabe, also elementfrei formuliert werden.
1. Weisen Sie durch geeignete Berechnungen nach, daß f weder Extrema noch Wendepunkte hat.
2. Ermitteln Sie Faktoren $a_n \in \mathbb{R}$, die zu jedem $n \in \mathbb{N}$ eine Darstellung $f^{(n)} = a_n \cdot f$ gestatten. Beweisen Sie dann mit dem ermittelten Faktor a_n diese Beziehung.
3. Berechnen Sie den Inhalt $A_c(f)$ der Fläche, die von f, der Abszisse, der Ordinate und der Ordinatenparallelen durch $c \in \mathbb{R}_*$ begrenzt wird.
4. Hat die Fläche zwischen f, Abszisse und Ordinate einen endlichen Flächeninhalt?

B2.954.02: Zur Bearbeitung der Aufgabe im einzelnen:
1. Für die beiden Ableitungsfunktionen $f', f'' : \mathbb{R} \longrightarrow \mathbb{R}$ von f mit $f' = -\frac{3}{5} \cdot (exp_e \cdot (-\frac{1}{2}id))$ und $f'' = \frac{6}{25} \cdot (exp_e \cdot (-\frac{1}{2}id))$ gilt mit $N(f) = \emptyset$ dann $Ex(f) \subset N(f') = \emptyset$ und $Wen(f) \subset N(f'') = \emptyset$, folglich hat f weder Extrema noch Wendepunkte.
2. Die Darstellungen $f' = -\frac{3}{5} \cdot (exp_e \cdot (-\frac{1}{2}id)) = -\frac{2}{5} \cdot f$ sowie $f'' = \frac{6}{25} \cdot (exp_e \cdot (-\frac{1}{2}id)) = \frac{4}{25} \cdot f$ und $f''' = -\frac{12}{125} \cdot (exp_e \cdot (-\frac{1}{2}id)) = -\frac{8}{125} \cdot f$ lassen die generelle Beziehung $f^{(n)} = (-1)^n \cdot (\frac{2}{5})^n \cdot f$, für alle $n \in \mathbb{N}$, vermuten, die in der Tat richtig ist, wie nach dem Prinzip der Vollständigen Induktion (siehe etwa Abschnitt 1.811) gezeigt wird. Mit dem schon genannten Induktionsanfang liegt folgender Induktionsschritt von n nach $n+1$ vor: $f^{(n+1)} = (-1)^n \cdot (\frac{2}{5})^n \cdot f' = (-1)^n \cdot (\frac{2}{5})^n \cdot (-\frac{2}{5}f) = (-1)^{n+1} \cdot (\frac{2}{5})^{n+1} f$.

3. Das Integral $\int f = (-\frac{5}{2}) \cdot f + \mathbb{R}$ liefert $F = (-\frac{5}{2}) \cdot f$ als eine Stammfunktion $F : \mathbb{R} \longrightarrow \mathbb{R}$ von f. Damit ist dann $A(f) = |\int_0^c f| = |F(c) - F(0)| = |-\frac{5}{2}(f(c) - f(0))| = |-\frac{15}{4} \cdot (e^{-\frac{2}{5}c} - e^0)| = |-\frac{15}{4} \cdot (e^{-\frac{2}{5}c} - 1)|$ (FE) der zu berechnende Flächeninhalt.

4. Zur Frage nach der Endlichkeit des Inhalts der im Aufgabentext beschriebenen Fläche wird zu der Folge $id : \mathbb{N} \longrightarrow \mathbb{R}$ die Folge $(\int_0^n f)_{n \in \mathbb{N}}$ von Riemann-Integralen untersucht. Man beachte dabei, daß wegen $n > 0$ dann $|\int_0^n f| = -\frac{15}{4} \cdot (e^{-\frac{2}{5}c} - 1)$ gilt. Damit konvergiert dann diese Folge gegen $A^*(f) = lim(\int_0^n f)_{n \in \mathbb{N}} = -\frac{15}{4} \cdot (lim(e^{-\frac{2}{5}c})_{n \in \mathbb{N}} - 1) = -\frac{15}{4} \cdot (0 - 1) = \frac{15}{4}$ (FE).

2.955 Untersuchungen von Exponential-Funktionen (Teil 6)

A2.955.01 (D, A): Betrachten Sie die Familie $(f_a)_{a \in \mathbb{R}^+}$ von Funktionen $f_a : \mathbb{R} \longrightarrow \mathbb{R}$, definiert durch die Zuordnungsvorschriften $f_a(x) = a \cdot e^{-2ax^2}$.
Untersuchen Sie die Funktionen hinsichtlich Nullstellen, Symmetrieverhalten, Extrema, Wendepunkte und möglicher Wendetangenten.
Zeichnen Sie die auf $[-4, 4]$ eingeschränkten Funktionen f_1 und f_2 anhand der gewonnenen Daten – gegebenenfalls auch die Wendetangenten – und verwenden Sie dabei $2cm$ für $1LE$ für Abszisse und Ordinate.
Betrachten Sie zu jeder Zahl $t \in \mathbb{R}^+$ das durch die drei Punkte $(-t, f_a(t))$, $(0,0)$ und $(t, f_a(t))$ jeweils gebildete Dreieck und seinen Flächeninhalt $A(t)$. Welches dieser Dreiecke hat bei konstant gewähltem a maximalen Flächeninhalt?

B2.955.01: Zum Bau von f_a: f_a ist, von der Konstanten a abgesehen, die Komposition $f_a = a(exp_e \circ p_a)$ der Exponential-Funktion exp_e zur Basis e und der durch $p_a(x) = -2ax^2$ definierten Funktion p.

a) Zur Untersuchung der möglichen Nullstellen von f_a: Es gilt $N(f_a) = N(a(exp_e \circ p)) = N(exp_e \circ p) = \emptyset$, f_a hat also keine Nullstellen.

b) Der zweite Untersuchungspunkt ist das mögliche Symmetrieverhalten von f: Bei der vorliegenden Funktion f_a kann man an der Zuordnungsvorschrift erkennen, daß f_a ordinatensymmetrisch ist, denn der Einfluß verschiedener Vorzeichen von x auf $f_a(x)$ macht sich bei dem Exponent $-2ax^2$ nicht bemerkbar: Die Funktion f_a ist ordinatensymmetrisch (und somit wegen $f_a \neq 0$ nicht punktsymmetrisch), denn für alle $x \in \mathbb{R}$ ist $f_a(-x) = a \cdot exp_e(-2a(-x)^2) = a \cdot exp_e(-2ax^2) = f_a(x)$.

c) Zur Berechnung möglicher Extrema von f_a: Da für die Menge $Ex(f_a)$ der Extremstellen von f_a generell $Ex(f_a) \subset N(f'_a)$ gilt, ist zunächst die 1. Ableitungsfunktion f'_a von f_a zu bilden und auf Nullstellen zu untersuchen. Ist $N(f'_a) \neq \emptyset$, dann sind diese Nullstellen x einem Test bezüglich f''_a zu unterwerfen.
Unter Verwendung der Sätze über die Differentiation von Kompositionen ist $f'_a : \mathbb{R} \longrightarrow \mathbb{R}$ definiert durch $f'_a(x) = (-4ax) \cdot f_a(x)$, und es gilt $N(f'_a) = \{0\}$. Weiterhin ist $f''_a : \mathbb{R} \longrightarrow \mathbb{R}$ definiert durch $f''_a(x) = 4a(4ax^2 - 1) \cdot f_a(x)$. Wegen $f''_a(0) = -4ae < 0$ ist 0 die Maximalstelle und $(0, f_a(0)) = (0, e)$ das von a unabhängige Maximum von f_a.

d) Zur Berechnung möglicher Wendepunkte von f_a: Hierzu ist wegen $Wen(f_a) \subset N(f''_a)$, wobei $Wen(f_a)$ die Menge der Wendestellen von f_a bezeichne, zunächst $N(f''_a)$ zu berechnen. Ist $N(f''_a) \neq \emptyset$, dann sind diese Nullstellen schließlich einem Test bezüglich f'''_a zu unterwerfen:
Wie man sofort sieht, ist $N(f''_a) = \{-\frac{1}{2\sqrt{a}}, \frac{1}{2\sqrt{a}}\}$. Weiterhin ist $f'''_a : \mathbb{R} \longrightarrow \mathbb{R}$ definiert durch $f'''(x) = 16a^2 x(3 - 4ax^2) \cdot f_a(x)$. Damit ist dann $f'''(-\frac{1}{2\sqrt{a}}) = -16a^{\frac{3}{2}} \cdot f_a(-\frac{1}{2\sqrt{a}}) < 0$, also $-\frac{1}{2\sqrt{a}}$ Wendestelle und $(-\frac{1}{2\sqrt{a}}, f(-\frac{1}{2\sqrt{a}})) = (-\frac{1}{2\sqrt{a}}, ae^{-\frac{1}{2}})$ Wendepunkt von f_a mit L-R-Krümmung. Wegen der Ordinatensymmetrie von f_a besitzt f_a den weiteren Wendepunkt $(\frac{1}{2\sqrt{a}}, ae^{-\frac{1}{2}})$ mit R-L-Krümmung.

e) Die Wendetangenten zu $-\frac{1}{2\sqrt{a}}$ und $\frac{1}{2\sqrt{a}}$ sind (unter Verwendung der Ordinatensymmetrie von f_a) die Funktionen $t_{-\frac{1}{2\sqrt{a}}}, t_{\frac{1}{2\sqrt{a}}} : \mathbb{R} \longrightarrow \mathbb{R}$ mit $t_{-\frac{1}{2\sqrt{a}}}(x) = f'(-\frac{1}{2\sqrt{a}})x - f'(-\frac{1}{2\sqrt{a}})(-\frac{1}{2\sqrt{a}}) + f(-\frac{1}{2\sqrt{a}}) = 2 \cdot a^{\frac{3}{2}} e^{-\frac{1}{2}} \cdot x + 2 \cdot ae^{-\frac{1}{2}}$ und $t_{\frac{1}{2\sqrt{a}}}(x) = -2 \cdot a^{\frac{3}{2}} e^{-\frac{1}{2}} \cdot x + 2 \cdot ae^{-\frac{1}{2}}$.

f) Die zu untersuchenden Dreiecks-Flächeninhalte werden durch die Funktion $A : \mathbb{R}^+ \longrightarrow \mathbb{R}$ mit der Zuordnungsvorschrift $A(t) = \frac{1}{2} \cdot 2t \cdot f_a(t) = t \cdot ae^{-2at^2} = t \cdot f_a(t)$ beschrieben. Die 1. Ableitungsfunktion $A' : \mathbb{R}^+ \longrightarrow \mathbb{R}$ von A ist definiert durch $A'(t) = (1 - 4at^2) \cdot f_a(t)$ und besitzt $\frac{1}{2\sqrt{a}}$ als einzige Nullstelle. Unter Verwendung der 2. Ableitungsfunktion $A'' : \mathbb{R}^+ \longrightarrow \mathbb{R}$ von A, definiert durch $A''(t) = 4at(4at^2 - 3) \cdot f_a(t)$, ist $A''(\frac{1}{2\sqrt{a}}) = -4a^{\frac{3}{2}} \cdot f_a(\frac{1}{2\sqrt{a}}) < 0$, also ist die positive Wendestelle von f_a, $\frac{1}{2\sqrt{a}}$, zugleich die Maximalstelle von A. Der maximale Flächeninhalt ist dann schließlich $A(\frac{1}{2\sqrt{a}}) = \frac{1}{2\sqrt{a}} \cdot f_a(\frac{1}{2\sqrt{a}}) = \frac{a}{2\sqrt{a}} \cdot e^{-\frac{1}{2}}$ (FE).

A2.955.02 (D, A) : Betrachten Sie die Familie $(f_a)_{a \in [1,\star)}$ von Funktionen $f_a : \mathbb{R} \longrightarrow \mathbb{R}$ mit den Zuordnungsvorschriften $f_a(x) = xe^{-ax}$.

1. Untersuchen Sie f_a hinsichtlich Extrema und Wendepunkte.
2. Bestimmen Sie die Funktion E (bzw. W), deren Graph durch die Extrema (bzw. Wendepunkte) aller Funktionen f_a, $a \in [1,\star)$, gebildet werden. Wie verhalten sich E und W zueinander?
3. Begründen Sie erst für die Funktion f_1, dann für alle Funktionen f_a mit $a \geq 1$, daß die Abszisse asymptotische Funktion zu f_a ist. (Hinweis: Verwenden Sie die Folge $(n)_{n \in \mathbb{N}}$.)
4. Bestimmen Sie eine Stammfunktion $F_1 : \mathbb{R} \longrightarrow \mathbb{R}$ von f_1. (Hinweis: Verwenden Sie eine aus f_1 und den ersten drei Ableitungsfunktionen von f_1 ermittelte Vermutung für F_1.)
5. Bestimmen Sie das uneigentliche Integral $\int_0^\star f_1$.

B2.955.02: Zum Bau der Funktionen f_a: Jede Funktion f_a hat die Form $f_a = id \cdot (exp_e \circ h)$ mit der durch $h(x) = -ax$ definierten Geraden $h : \mathbb{R} \longrightarrow \mathbb{R}$.

1. Wegen der Inklusionen $Ex(f_a) \subset N(f_a')$ und $Wen(f_a) \subset N(f_a'')$ sind zunächst die beiden Ableitungsfunktionen $f_a', f_a'' : \mathbb{R} \longrightarrow \mathbb{R}$ zu betrachten. Sie haben die Zuordnungsvorschriften
$f_a'(x) = e^{-ax} + x(-a)e^{-ax} = e^{-ax}(1 - ax)$ und
$f_a''(x) = (-a)e^{-ax}(1 - ax) + (-a)e^{-ax} = e^{-ax}(-a + a^2x - a) = ae^{-ax}(ax - 2)$.
Wie man sofort sieht, hat f_a' die Nullstelle $\frac{1}{a}$. Mit $f_a''(\frac{1}{a}) = e^{-1}(1 - 2a) < 0$ ist $\frac{1}{a}$ die Maximalstelle von f_a und $(\frac{1}{a}, \frac{1}{ae})$ das Maximum von f_a.
Wegen $N(f_a'') = \{\frac{2}{a}\}$ ist die 3. Ableitungsfunktion $f_a''' : \mathbb{R} \longrightarrow \mathbb{R}$ zu betrachten. Sie hat die Zuordnungsvorschrift $f_a'''(x) = a^2 e^{-ax}(3 - ax)$. Wegen $f_a'''(\frac{2}{a}) = a^2 e^{-2} > 0$ ist $\frac{2}{a}$ die Wendestelle von f_a und $(\frac{2}{a}, \frac{2}{ae^2})$ der Wendepunkt von f_a.

2. Die Zuordnungen $\frac{1}{a} \longmapsto \frac{1}{ae}$ für die Extrema und $\frac{2}{a} \longmapsto \frac{2}{ae^2}$ für die Wendepunkte liefern die Funktionen $E, W : [1, \star) \longrightarrow \mathbb{R}$ mit $E(a) = ae^{-1}$ und $W(a) = ae^{-2}$. Wie man leicht sieht, ist $W = e^{-1} \cdot E$.

3. Da f_a nur ein Extremum hat, ist die Behauptung mit der Konvergenz $lim(f_a(n))_{n \in \mathbb{N}} = 0$ erbracht. Diese Konvergenz gilt in der Tat, denn es ist $f_a(n) = \frac{n}{e^n}$, für genügend große Zahlen $n \in \mathbb{N}$.

4. Die Funktion $F_a : \mathbb{R} \longrightarrow \mathbb{R}$ mit $F_a(x) = \frac{1}{a^2}e^{-ax}(-1 - ax)$ ist eine Stammfunktion von F_a, denn es gilt $F_a'(x) = \frac{1}{a^2}((-a)e^{-ax}(-1 - ax) + (-a)e^{-ax}) = \frac{1}{a^2}(e^{-ax}(a + a^2x - a)) = \frac{1}{a^2}e^{-ax}a^2x = xe^{-ax} = f_a(x)$.
Insbesondere ist $F_1(x) = e^{-x}(-1 - x)$.

5. Mit Teil 3 gilt $\int_0^\star f_1 = lim(\int_0^n f_1)_{n \in \mathbb{N}} = lim(F_1(n) - F_1(0))_{n \in \mathbb{N}} = lim(F_1(n))_{n \in \mathbb{N}} - lim(F_1(0))_{n \in \mathbb{N}}$
$= lim(e^{-n}(-1 - n))_{n \in \mathbb{N}} - lim(e^{-0}(-1 - 0))_{n \in \mathbb{N}} = 0 - (-1) = 1$.

A2.955.03 (D, A): Betrachten Sie die Familie $(f_a)_{a \in \mathbb{R}^+}$ von Funktionen $f_a : \mathbb{R} \longrightarrow \mathbb{R}$, definiert durch die Zuordnungsvorschriften $f_a(x) = a^2(x + \frac{1}{a}) \cdot e^{-ax}$.

1. Untersuchen Sie f_a hinsichtlich Nullstellen und Extrema.
2. Berechnen Sie den Wendepunkt von f_a und geben Sie die Funktion W an, deren Graph durch die Wendepunkte aller Funktionen f_a mit $a \in \mathbb{R}^+$ gebildet wird.
3. Zeichnen Sie anhand der in den Teilen 1 und 2 gewonnenen Daten sowie zusätzlicher Funktionswerte die Funktion f_1 im Bereich $[-2, 4]$.
4. Betrachten Sie eine fest gewählte Zahl $c > -1$ und berechnen Sie für den Inhalt der Fläche, die von f_1, der Abszisse und den Ordinatenparallelen durch die Nullstelle von f_1 und c gebildet wird.
5. Bestimmen Sie den Grenzwert der Folge $(f_a(n))_{n \in \mathbb{N}}$.
6. Bestimmen Sie das uneigentliche Integral $\int_{-1}^\star f_1$. Welche geometrische Bedeutung hat $\int_{-1}^\star f_1$?

B2.955.03: Zur Bearbeitung der Aufgabe im einzelnen:
1. Die Äquivalenzen $x \in N(f_a) \Leftrightarrow f_a(x) = 0 \Leftrightarrow x + \frac{1}{a} = 0 \Leftrightarrow x = -\frac{1}{a}$ liefern $N(f_a) = \{-\frac{1}{a}\}$.

Mit den Ableitungsfunktionen $f_a', f_a'' : \mathbb{R} \longrightarrow \mathbb{R}$, definiert durch die beiden Zuordnungsvorschriften

$f'_a(x) = -a^3 x \cdot e^{-ax}$ und $f''_a(x) = a^3 \cdot e^{-ax}(ax-1)$, sowie $N(f'_a) = \{0\}$ und $f''_a(0) = -a^3 < 0$ hat f_a die Maximalstelle 0 und das Maximum $(0, f_a(0)) = (0, a)$.

2. Wie man leicht sieht, ist $N(f''_a) = \{\frac{1}{a}\}$. Diese Zahl ist in der Tat auch die Wendestelle von f_a, denn wie man ebenfalls sofort sieht, gilt $ax - 1 < 0$, für alle $x < \frac{1}{a}$, und entsprechend $ax - 1 > 0$, für alle $x > \frac{1}{a}$ (Vorzeichenwechsel). Damit hat f_a den Wendepunkt $(\frac{1}{a}, f_a(\frac{1}{a})) = (\frac{1}{a}, \frac{2a}{e})$.

Die Funktion, die durch die Wendepunkte aller Funktionen f_a gebildet wird, ist $W : \mathbb{R}^+ \longrightarrow \mathbb{R}$, definiert durch die Vorschrift $W(a) = \frac{2}{e} \cdot \frac{1}{a}$, denn damit ist $W(\frac{1}{a}) = \frac{2a}{e}$.

4. Zunächst ist eine Stammfunktion F_1 von f_1 zu berechnen: Betrachtet man die Darstellung $f_1) = (x+1)e^{-x} = xe^{-x} + e^{-x} = u(x) + v(x)$ mit den durch $u(x) = xe^{-x}$ und $v(x) = e^{-x}$ definierten Funktionen $u, v : \mathbb{R} \longrightarrow \mathbb{R}$.

Die Produktregel der Integration liefert $\int u = -(u + v) + \mathbb{R}$ und $\int v = -v + \mathbb{R}$, wie man im übrigen auch leicht durch Differentiation zeigen kann: Es gilt $(-(u+v))'(x) = -u'(x) - v'(x) = -(e^{-x} - xe^{-x}) + e^{-x} = xe^{-x} = u(x)$. Damit ist eine Stammfunktion $F_1 : \mathbb{R} \longrightarrow \mathbb{R}$ durch $F_1 = -(u+v) - v = -(u+2v)$, also $F_1(x) = -(u + 2v)(x) = -(xe^{-x} + 2e^{-x})$ definiert.

Mit der Nullstelle -1 von f_1 ist dann die Einschränkung $f_1 : [-1, c] \longrightarrow \mathbb{R}$ zu betrachten. Sie liefert den gesuchten Flächeninhalt $A(f_1) = |\int_{-1}^{c} f_1| = |F_1(c) - F_1(-1)| = |-(u+2v)(c) + (u+2v)(-1)|$
$= |-(ce^{-c} + 2e^{-c}) + (-1)e + 2e| = |-ce^{-c} - 2e^{-c} + e|$ (FE).

5. Wie die Darstellung $f_a(n) = a^2(n + \frac{1}{a}) \cdot e^{-an} = a^2 \cdot \frac{n + \frac{1}{a}}{e^{an}} = a \cdot \frac{an+1}{e^{an}}$ der einzelnen Folgenglieder zeigt, hat die Folge $(f_a(n))_{n \in \mathbb{N}}$ den Grenzwert 0. Das bedeutet im übrigen, daß jede der Funktionen f_a die Abszisse als asymptotische Funktion besitzt.

6. Mit Teil 4 gilt $\int_{-1}^{\star} f_1 = lim(\int_{-1}^{n} f_1)_{n \in \mathbb{N}} = lim(-ne^{-n} - 2e^{-n} + e)_{n \in \mathbb{N}} = lim(-\frac{n}{e^n} - \frac{2}{e^n} + e)_{n \in \mathbb{N}} = e$.

Das bedeutet, daß die nicht vollständig begrenzte Fläche zwischen der Funktion f_1 und der Abszisse den endlichen Flächeninhalt e besitzt.

A2.955.04 (D, A) : Betrachten Sie die Familie $(f_a)_{a \in \mathbb{R}_*}$ von Funktionen $f_a : \mathbb{R} \longrightarrow \mathbb{R}$, definiert durch die Zuordnungsvorschriften $f_a(x) = e^{ax}$. (Man beachte dabei $\mathbb{R}_* = \mathbb{R} \setminus \{0\}$.)

1. Weisen Sie nach, daß alle Funktionen von $(f_a)_{a \in \mathbb{R}_*}$ einen gemeinsamen Schnittpunkt S haben. Welcher Punkt ist das?

2. Ermitteln Sie eine Bedingung für Paare (a, b) von Indices, für die die Funktion f_a die Funktion f_b orthogonal schneidet. Geben Sie zu dieser Situation die Tangenten und die Normalen zu f_a und f_b an.

3. Berechnen Sie zu $a > 0$ den Flächeninhalt $A(a)$ des von der Tangente t_a an f_a bei 0, der zugehörigen Normalen n_a und der Abszisse gebildeten Dreiecks D_a. Untersuchen Sie die Funktion $A : \mathbb{R}^+ \longrightarrow \mathbb{R}$ hinsichtlich Extrema. Welche Funktion f_a liefert gegebenenfalls den maximalen Flächeninhalt $A(a)$?

4. Entwickeln Sie Formeln für $f^{(n)}$ und $A^{(n)}$ bezüglich Aufgabenteil 3, gegebenenfalls für fast alle Zahlen $n \in \mathbb{N}$, und beweisen Sie solche Formeln.

5. Berechnen Sie den Inhalt $A(k)$ der Fläche, die von der Ordinatenparallelen durch $-k$ mit $-k < -\frac{1}{a} < 0$, ferner der Funktion f_a, der Abszisse und der Tangente t_a an f_a im Punkt $(0, 1)$ begrenzt wird. Untersuchen Sie dann noch die Folge $(A(-n))_{n \in \mathbb{N}}$ hinsichtlich Konvergenz und beschreiben Sie das ermittelte Ergebnis.
Hinweis: Zur Aufgabenbearbeitung soll eine Skizze von f_2 gehören, die alle wesentlichen Berechnungsergebnisse (Tangente, Normale und Flächeninhalt) genügend deutlich darstellt.

B2.955.04: Zur Bearbeitung der Aufgabe im einzelnen:

1. Für $a \neq b$ liefern die Äquivalenzen $f_a(x) = f_b(x) \Leftrightarrow e^{ax} = e^{bx} \Leftrightarrow ax = bx \Leftrightarrow (a-b)x = 0 \Leftrightarrow x = 0$ die allen Funktionen der Familie $(f_a)_{a \in \mathbb{R}_*}$ gemeinsame Schnittstelle 0 mit zugehörigem Schnittpunkt $S = (0, f_a(0)) = (0, 1)$, der offenbar unabhängig von (a, b) ist.

2a) Im Punkt $(0, 1)$ schneiden sich zwei Funktionen f_a und f_b genau dann orthogonal, wenn $ab = -1$ gilt. Das zeigen die Äquivalenzen $f'_a(0) = -\frac{1}{f'_b(0)} \Leftrightarrow f'_a(0)f'_b(0) = -1 \Leftrightarrow ab = -1$ mit der durch $f'_a(x) = a \cdot e^{ax}$ definierten Ableitungsfunktion $f'_a : \mathbb{R} \longrightarrow \mathbb{R}$ von f_a.

2b) Die Tangente t_a an f_a bei 0 ist definiert durch $t_a(x) = f'_a(0)x - f'_a(0)0 + f_a(0) = ax+1$, die zugehörige Normale n_a ist dann definiert durch die Vorschrift $n_a(x) = -\frac{1}{a}x + 1$. Man beachte: Ist f_b orthogonal zu f_a, dann gilt $t_b = n_a$ und $n_b = t_a$.

3a) Zunächst hat die Tangente t_a an f_a bei 0 die Nullstelle $-\frac{1}{a}$, ferner hat die zugehörige Normale n_a die Nullstelle a, Folglich hat das in der Aufgabe beschriebene Dreieck D_a den Flächeninhalt $A(a) = \frac{1}{2}(a + \frac{1}{a})$.

3b) Die entsprechende Funktion $A : \mathbb{R}^+ \longrightarrow \mathbb{R}$ besitzt dann die Ableitungsfunktionen $A', A'' : \mathbb{R}^+ \longrightarrow \mathbb{R}$, definiert durch die Vorschriften $A'(a) = \frac{1}{2}(1 - \frac{1}{a^2})$ und $A''(a) = \frac{1}{a^3}$. Für die einzige Nullstelle 1 von A' (wegen $a > 0$) gilt dann $A''(1) = 1 > 0$, folglich ist 1 die Maximalstelle von A und f_1 diejenige Funktion, die den maximalen Flächeninhalt $A(1) = 1$ (FE) erzeugt.

4a) Für alle $n \in \mathbb{N}$ gilt $f_a^{(n)} = a^n \cdot f_a$. Zum Beweis nach dem Prinzip der Vollständigen Induktion ist neben dem schon in Teil 2a) gezeigten Induktionsanfang noch der Induktionsschritt von n nach $n+1$ zu zeigen: Es gilt $f_a^{(n+1)} = (f_a^{(n)})' = (a^n \cdot f_a)' = a^n \cdot f'_a = a^n \cdot a \cdot f_a = a^{n+1} \cdot f_a$.

4b) Für alle $n \in \mathbb{N} \setminus \{1\}$ gilt $A^{(n)}(a) = (-1)^n \cdot \frac{n!}{2} \cdot a^{-(n+1)}$. Zum Beweis, wieder nach dem Prinzip der Vollständigen Induktion, ist neben dem schon in Teil 3b) gezeigten Induktionsanfang noch der Induktionsschritt von n nach $n+1$ zu zeigen:
Es gilt $A^{(n+1)}(a) = (A^{(n)})'(a) = (-1)^n \cdot \frac{n!}{2} \cdot (-1) \cdot (n+1) \cdot a^{-(n+2)} = (-1)^{n+1} \cdot \frac{(n+1)!}{2} \cdot a^{-(n+2)}$.

5a) Zunächst ist durch $F_a(x) = \frac{1}{a} \cdot e^{ax}$ eine Stammfunktion $F_a : \mathbb{R} \longrightarrow \mathbb{R}$ zu f_a definiert, womit dann $|F_a(-k) - F_a(0)| = |\frac{1}{a}e^{-ka} - \frac{1}{a}e^0| = \frac{1}{a}|e^{-ka} - 1| = \frac{1}{a}(1 - e^{-ka})$ gilt, denn es ist $-ka < -1$, also $e^{-ka} < e^{-1} < 1$.

5b) Beachtet man, daß das von t_a mit der Nullstelle $-\frac{1}{a}$ und den Koordinaten gebildete Dreieck den Flächeninhalt $\frac{1}{2a}$ hat, so gilt mit vorstehender Berechnung dann $A(-k) = |F_a(-k) - F_a(0)| - \frac{1}{2a}$ $= \frac{1}{a}(1 - e^{-ka}) - \frac{1}{2a} = \frac{1}{a}(\frac{1}{2} - e^{-ka})$ (FE) für den gesuchten Flächeninhalt.

5c) Es gilt $A^* = lim(A(-n))_{n \in \mathbb{N}} = lim(\frac{1}{a}(\frac{1}{2} - e^{-na}))_{n \in \mathbb{N}} = lim(\frac{1}{a})_{n \in \mathbb{N}} \cdot (lim(\frac{1}{2})_{n \in \mathbb{N}} - lim(e^{-na})_{n \in \mathbb{N}}) = \frac{1}{a}(\frac{1}{2} - 0) = \frac{1}{2a}$, das heißt, daß die im Aufgabentext beschriebene nicht-begrenzte Fäche einen endlichen Flächeninhalt besitzt.

6. Skizze von f_2, der Tangente t_2 an f_2 bei 0 mit der Nullstelle $-\frac{1}{2}$ sowie der zugehörigen Normalen n_2, ferner bezeichnet $F(-k)$ die im Aufgabenteil 5 beschriebene Fläche:

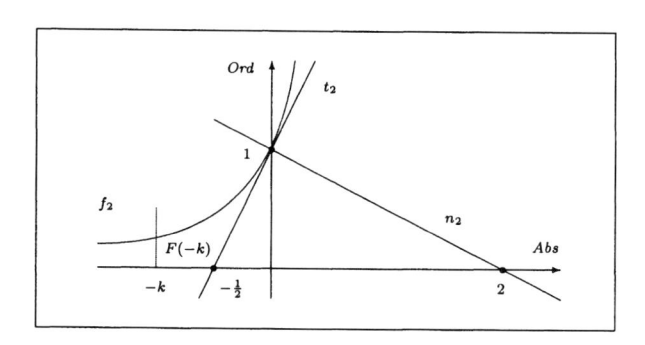

A2.955.05 (D, A) : Betrachten Sie die Familie $(f_a)_{a \in \mathbb{R}^+}$ von Funktionen $f_a : \mathbb{R} \longrightarrow \mathbb{R}$, definiert durch die Vorschriften $f_a(x) = e^{2x} - ae^x$.

1. Untersuchen Sie f_a hinsichtlich Nullstellen, Extrema und Wendepunkte.

2. Untersuchen Sie zu beliebig, aber fest gewähltem $a \in \mathbb{R}^+$ die beiden Folgen $(f_a(-n))_{n \in \mathbb{N}}$ und $(f_a(n))_{n \in \mathbb{N}}$ hinsichtlich Konvergenz/Divergenz (gegebenenfalls auch Art der Divergenz). Welche Auskunft geben diese Eigenschaften beider Folgen über die Funktion f_a ?

3. Skizzieren Sie f_2 und f_4 anhand der in den Aufgabenteilen 1 und 2 ermittelten Daten.

4. Ermitteln Sie die Funktion M, die die Minima aller Funktionen f_a der Familie $(f_a)_{a \in \mathbb{R}^+}$ enthält.

5. Ermitteln Sie eine Stammfunktion F_a von f_a. Beweisen Sie allgemein diejenige Regel, nach der der

erste Summand von f_a zu integrieren ist.

6. Berechnen Sie für $a > 1$ den Inhalt $A(f_a)$ der Fläche $F(f_a)$, die von f_a sowie den Koordinaten des vierten Quadranten (dem positiven Teil der Abszisse und dem negativen Teil der Ordinate) begrenzt wird. Erläutern Sie die Beschränkung auf $a > 1$ dabei.

7. Ermitteln und beweisen Sie eine Formel für die n-te Ableitungsfunktion $f_a^{(n)}$ von f_a.

B2.955.05: Zur Bearbeitung der Aufgabe im einzelnen:

1a) Die äquivalenten Aussagen $x \in N(f_a) \Leftrightarrow f_a(x) = 0 \Leftrightarrow e^{2x} - ae^x = 0 \Leftrightarrow e^x(e^x - a) = 0 \Leftrightarrow e^x = a$
$\Leftrightarrow x \in \{log_e(a)\}$ zeigen, daß f_a genau die eine Nullstelle $log_e(a)$ besitzt.

1b) Die erste Ableitungsfunktion $f'_a : \mathbb{R} \longrightarrow \mathbb{R}$ von f_a, definiert durch $f'_a(x) = 2e^{2x} - ae^x$, hat wegen der äquivalenten Aussagen $x \in N(f'_a) \Leftrightarrow f'_a(x) = 0 \Leftrightarrow 2e^{2x} - ae^x = 0 \Leftrightarrow e^x(2e^x - a) = 0 \Leftrightarrow e^x = \frac{a}{2} \Leftrightarrow x \in \{log_e(\frac{a}{2})\}$ genau die eine Nullstelle $log_e(\frac{a}{2})$.

Mit der zweiten Ableitungsfunktion $f''_a : \mathbb{R} \longrightarrow \mathbb{R}$ von f_a, definiert durch $f''_a(x) = 4e^{2x} - ae^x$, gilt
$f''_a(log_e(\frac{a}{2})) = 4 \cdot e^{2 \cdot log_e(\frac{a}{2})} - a \cdot e^{log_e(\frac{a}{2})} = 4 \cdot e^{log_e((\frac{a}{2})^2)} - a \cdot e^{log_e(\frac{a}{2})} = 4 \cdot (\frac{a}{2})^2 - a \cdot \frac{a}{2} = a^2 - \frac{a^2}{2} = \frac{a^2}{2} > 0$,
folglich ist $log_e(\frac{a}{2})$ die Minimalstelle von f_a. Mit dem Funktionswert $f_a(log_e(\frac{a}{2})) = e^{2 \cdot log_e(\frac{a}{2})} - a \cdot e^{log_e(\frac{a}{2})}$
$= (\frac{a}{2})^2 - a \cdot \frac{a}{2} = \frac{a^2}{4} - \frac{a^2}{2} = -\frac{a^2}{4}$ hat f_a das Minimum $(log_e(\frac{a}{2}), -\frac{a^2}{4})$.

1c) Die Darstellung $f''_a(x) = 4e^{2x} - ae^x = e^x(4e^x - a)$ liefert zunächst die Nullstelle $log_e(\frac{a}{4})$. Wendet man die dritte Ableitungsfunktion $f'''_a : \mathbb{R} \longrightarrow \mathbb{R}$ von f_a, definiert durch $f'''_a(x) = 8e^{2x} - ae^x$, auf diese Zahl an, so ist $f'''_a(log_e(\frac{a}{4})) = \frac{a^2}{4} > 0$. Folglich ist $(log_e(\frac{a}{4}), f_a(log_e(\frac{a}{4}))) = (log_e(\frac{a}{4}), -\frac{3}{16}a^2)$ der Wendepunkt von f_a.

2a) Die Folge $(f_a(-n))_{n \in \mathbb{N}} = (e^{-2n} - ae^{-n})_{n \in \mathbb{N}} = (e^{-2n})_{n \in \mathbb{N}} - a \cdot (e^{-n})_{n \in \mathbb{N}} = (\frac{1}{e^{2n}})_{n \in \mathbb{N}} - a \cdot (\frac{1}{e^n})_{n \in \mathbb{N}}$ ist als Differenz zweier nullkonvergenter Folgen ebenfalls nullkonvergent. Das bedeutet: Die negative Abszisse (Null-Funktion $\mathbb{R}^- \longrightarrow \mathbb{R}$) ist asymptotische Funktion zu f_a.

2b) Die Folge $(f_a(n))_{n \in \mathbb{N}} = (e^{2n} - ae^n)_{n \in \mathbb{N}} = (e^{2n})_{n \in \mathbb{N}} - a \cdot (e^n)_{n \in \mathbb{N}}$ ist die Differenz zweier Folgen, die für alle $n \geq [log_e(\frac{a}{2})]$ (nächst größere ganze Zahl) streng monoton und nach oben unbeschränkt, also divergent sind. Folglich hat auch die Folge $(f_a(n))_{n \in \mathbb{N}}$ für alle $n \geq [log_e(\frac{a}{2})]$ diese Eigenschaften. Das bedeutet: Auch f_a ist im Bereich $[log_e(\frac{a}{2}), \star)$ ebenfalls streng monoton und nach oben unbeschränkt und in diesem Sinne divergent.

3a) Für die Funktion f_2 liegen folgende konkrete Daten vor: f_2 hat die Nullstelle $log_e(2) \approx 0,7$, das Minimum $(log_e(1), -1) = (0, -1)$ sowie den Wendepunkt $(log_e(\frac{1}{2}), -\frac{3}{16} \cdot 4) \approx (-0, 7/0, 75)$.

3b) Für die Funktion f_4 liegen folgende konkrete Daten vor: f_4 hat die Nullstelle $log_e(4) \approx 1,4$, das Minimum $(log_e(2), -4) \approx (0,7/-4)$ sowie den Wendepunkt $(log_e(1), -\frac{3}{16} \cdot 16) = (0, -3)$.

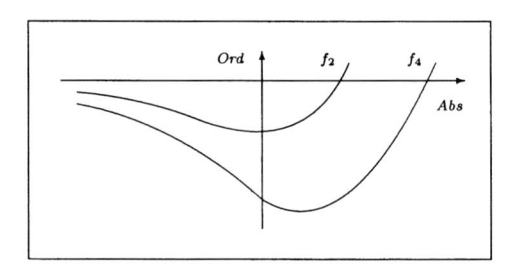

4. Die Zuordnungsvorschrift der Funktion $M : \mathbb{R} \longrightarrow \mathbb{R}$ wird durch die Äquivalenzen $x = log_e(\frac{a}{2}) \Leftrightarrow 2 \cdot e^x = a \Leftrightarrow 4 \cdot e^{2x} = a^2$ und $M(x) = -\frac{a^2}{4} = -\frac{1}{4} \cdot 4 \cdot e^{2x} = -e^{2x}$ geliefert.

5. Eine Stammfunktion $F_a : [0, log_e(a)] \longrightarrow \mathbb{R}$ der Einschränkung $f_a : [0, log_e(a)] \longrightarrow \mathbb{R}$ ist definiert durch die Vorschrift $F_a(x) = \frac{1}{2} \cdot e^{2 \cdot x} - a \cdot e^x$. Der darin enthaltene erste Summand wird für Geraden $g = u + v \cdot id$ mit Anstieg $v \neq 0$ und integrierbaren Funktionen f mit Stammfunktionen F nach der Regel $\int (f \circ g) = \frac{1}{v}(F \circ g) + \mathbb{R}$ gebildet. Diese Regel kann durch Differentiation bewiesen werden: Es gilt $(\frac{1}{v}(F \circ g))' = \frac{1}{v}(F \circ g)' = \frac{1}{v}(F' \circ g)g' = \frac{1}{v}(f \circ g)v = f \circ g$.

6. Zu berechnen ist für Zahlen $a > 1$ der Inhalt $A(f_a)$ der Fläche $F(f_a)$ bezüglich der Einschränkung $f_a : [0, log_e(a)] \longrightarrow \mathbb{R}$. Mit der in Aufgabenteil 5 ermittelten Stammfunktion F_a von f_a gilt dann $A(f_a) = |F_a(log_e(a) - F_a(0)| = |\frac{1}{2} \cdot e^{2 \cdot log_e(a)} - a \cdot e^{log_e(a)} - \frac{1}{2} \cdot e^0 + a \cdot e^0| = |\frac{1}{2} \cdot a^2 - a^2 - \frac{1}{2} + a| = |-\frac{1}{2} \cdot a^2 - \frac{1}{2} + a| = |-\frac{1}{2}(a^2 - 2a + 1)| = \frac{1}{2}(a-1)^2$ (FE). Die Beschränkung auf $a > 1$ folgt aus der Beschreibung der zu untersuchenden Fläche $F(f_a)$, denn für $a \leq 1$ ist f_a nicht im vierten Quadranten des Koordinaten-Systems enthalten (wegen der Nullstelle $log_e(a) \leq 0$ im Fall $a \leq 1$).

7. Für alle $n \in \mathbb{N}$ gilt $f_a^{(n)}(x) = e^x(2^n \cdot e^x - a)$. Der Beweis dieser Formel wird nach dem Prinzip der Vollständigen Induktion geführt (siehe Abschnitt 1.811), wobei der Induktionsanfang schon in Teil 1 gezeigt ist, es bleibt also der Induktionsschritt von n nach $n+1$ zu zeigen: Es gilt $f_a^{(n+1)}(x) = (f_a^{(n)})'(x) = 2^n \cdot 2 \cdot e^{2x} - ae^x = 2^{n+1} \cdot e^{2x} - ae^x = e^x(2^{n+1} \cdot e^x - a)$.

A2.955.06 (D) : In den Aufgaben A2.950.02 und A2.950.04 sind Funktionen $f : \mathbb{R} \longrightarrow \mathbb{R}$ der Form $f(x) = cx \cdot e^{-dx^2}$ zu untersuchen. Ausgehend von deren graphischer Darstellung ist nun eine Funktion $f : \mathbb{R}_0^+ \longrightarrow \mathbb{R}$ der Form $f(x) = cx \cdot e^{-dx^2}$ zu konstruieren, die gemäß folgender Skizze das *vorgegebene* Maximum (a, b) mit beliebig, aber fest gewählten Zahlen $a, b \in \mathbb{R}^+$ besitzt.

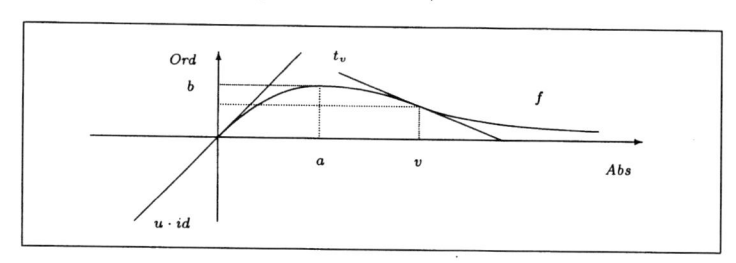

Anmerkung: Funktionen dieser Art – wobei die Abszisse etwa mit der Zeit belegt sei – enthalten mit x einen Wachstumsfaktor und mit e^{-dx^2} einen sogenannten Bremsfaktor. Das heißt: Dieser Funktionstyp repräsentiert zunächst ein Wachstum bis zu einem (etwa betriebswirtschaftlich) vorgegebenen Maximum, zeigt dann aber ein (zur Abszisse asymptotisches) Abflachen, das bei der Unterschreitung einer (betriebswirtschaftlich) vorgegebenen unteren Schranke abgebrochen werden kann.

B2.955.06: Zur Bearbeitung der Aufgabe im einzelnen:
Ausgehend von der allgemeinen Darstellung $f(x) = cx \cdot e^{-dx^2}$ von f hat die erste Ableitungsfunktion f' die Zuordnungsvorschrift $f'(x) = c \cdot e^{-dx^2}(1 - 2dx^2)$.

a) Die Äquivalenzen $x \in N(f') \Leftrightarrow f'(x) = 0 \Leftrightarrow 1 - 2dx^2 = 0 \Leftrightarrow x^2 = \frac{1}{2d}$ legen nun die Festlegung $d = \frac{1}{2a^2}$ nahe, womit dann $x^2 = a^2$ und somit $x = a$ die Nullstelle von f' ist, die, wie man mit f'' leicht nachrechnet, die Maximalstelle von f ist.

b) Betrachtet man nun $f(a) = ca \cdot e^{-\frac{1}{2a^2}a^2} = ca \cdot e^{-\frac{1}{2}}$, so liefert die Festlegung $c = \frac{b}{a} \cdot e^{\frac{1}{2}}$ dann den Funktionswert $f(a) = \frac{b}{a} \cdot a \cdot e^{\frac{1}{2}} \cdot e^{-\frac{1}{2}} = b$.

Diese Konstruktionsschritte liefern also die Funktionsvorschrift $f(x) = \frac{b}{a} \cdot e^{\frac{1}{2}} \cdot x \cdot e^{-\frac{1}{2a^2}a^2}$, die insgesamt die gewünschte Eigenschaft $f(a) = b$ mit dem Maximum (a, b) erzeugt.

Weiterhin von Interesse ist der Anstieg der Tangente bei 0 als Anstieg der Wendetangente der auf $\mathbb{R}$ punktsymmetrisch erweiterten Funktion f: Dieser Anstieg ist somit $f'(0) = c \cdot e^0(1-0) = c \cdot 1 = c = \frac{b}{a} \cdot e^{\frac{1}{2}}$.

2.956 Untersuchungen von Exponential-Funktionen (Teil 7)

A2.956.01 (D, A): Betrachten Sie die Familie $(f_a)_{a \in \mathbb{R}^+}$ von Funktionen $f_a : \mathbb{R} \longrightarrow \mathbb{R}$, definiert durch die Zuordnungsvorschriften $f_a(x) = e^{-ax^2}$.

1. Untersuchen Sie f_a hinsichtlich Symmetrie-Eigenschaften und Nullstellen.
2. Untersuchen Sie f_a hinsichtlich Extrema.
3. Berechnen Sie die Wendepunkte von f_a und geben Sie die Funktion W an, die alle Wendepunkte der Familie $(f_a)_{a \in \mathbb{R}^+}$ enthält.
4. Untersuchen Sie f_a hinsichtlich asymptotischer Funktionen.
5. Im Rahmen dieses Aufgabenteils sei mit derselben Bezeichnung die Einschränkung $f_1 : [-10, 10] \longrightarrow \mathbb{R}$ betrachtet. Da eine Stammfunktion zu f_1 nicht zur Verfügung steht, soll der Inhalt $A(f_1)$ der Fläche, die f_1 mit der Abszisse und den Ordinatenparallelen durch -10 und 10 bildet, durch eine obere Schranke möglichst gut abgeschätzt werden. Eine solche obere Schranke soll vermöge einer einfach zu integrierenden Funktion $h = exp_e \circ g$ mit Nullpunktsgerade g sowie eines geeigneten Rechtecks konstruiert werden.
   Hinweis: Betrachten Sie allgemein $g_u = u \cdot id$ mit $u > 0$ und $h_u = exp_e \circ g_u$, insbesondere h_1 und h_2.
6. Bearbeiten Sie die analoge Aufgabenstellung wie in Aufgabenteil 5, jedoch für die vollständige Funktion $f_1 : \mathbb{R} \longrightarrow \mathbb{R}$ und vergleichen Sie entsprechende Abschätzungen mit $2 \cdot \int_0^* f_1 = \sqrt{\pi} \approx 1,772$ (FE).

B2.956.01: Zur Bearbeitung der Aufgabe im einzelnen:

1. Die Funktionen f_a sind ordinatensymmetrisch und haben keine Nullstellen.

2. Wegen $Ex(f_a) \subset N(f'_a)$ ist die 1. Ableitungsfunktion $f'_a : \mathbb{R} \longrightarrow \mathbb{R}$ von f_a zu untersuchen. Sie hat die Zuordnungsvorschrift $f'_a(x) = -2ax \cdot e^{-ax^2}$ und offensichtlich die Nullstelle 0. Die 2. Ableitungsfunktion $f''_a : \mathbb{R} \longrightarrow \mathbb{R}$ von f_a ist definiert durch $f''_a(x) = 2a(2ax^2 - 1)e^{-ax^2}$. Damit ist dann $f''_a(0) = -2a \cdot e^0 = -2a < 0$, also 0 die Maximalstelle und $(0, f_a(0)) = (0, e^0) = (0, 1)$ das gemeinsame Maximum aller Funktionen f_a der Familie $(f_a)_{a \in \mathbb{R}^+}$.

3a) Wegen $Wen(f_a) \subset N(f''_a)$ sind die Nullstellen von f''_a anzugeben: Wie man sofort sieht, sind $-\frac{1}{\sqrt{2a}}$ und $\frac{1}{\sqrt{2a}}$ die beiden Nullstellen von f''_a. Die 3. Ableitungsfunktion $f'''_a : \mathbb{R} \longrightarrow \mathbb{R}$ von f_a ist definiert durch $f'''_a(x) = 4a^2(3x - 2ax^3)e^{-ax^2}$. Damit ist dann $f'''_a(-\frac{1}{\sqrt{2a}}) = 4a^2(-\frac{3}{\sqrt{2a}} + 2a\frac{1}{2a\sqrt{2a}})e^{\frac{a}{2a}} = -4a\sqrt{2a}e^{\frac{1}{2}} \neq 0$, also ist $-\frac{1}{\sqrt{2a}}$ eine Wendestelle von f_a. Ferner ist $f_a(-\frac{1}{\sqrt{2a}}) = e^{-\frac{1}{2}}$, also ist $(-\frac{1}{\sqrt{2a}}, e^{-\frac{1}{2}})$ ein Wendepunkt von f_a. Aus Symmetriegründen ist dann $(\frac{1}{\sqrt{2a}}, e^{-\frac{1}{2}})$ der zweite Wendepunkt von f_a.

3b) Die Funktion, die alle Wendepunkte der Familie $(f_a)_{a \in \mathbb{R}^+}$ enthält, ist nun offenbar die konstante Funktion $W : \mathbb{R} \longrightarrow \mathbb{R}$ mit der Zuordnungsvorschrift $W(x) = e^{-\frac{1}{2}}$, für alle $x \in \mathbb{R}$.

4. Die Folgen $(f_a(n))_{n \in \mathbb{N}}$ und $(f_a(-n))_{n \in \mathbb{N}}$ mit $f_a(-n) = f_a(n) = \frac{1}{e^{an^2}} = \frac{1}{(e^a)^{n^2}}$ konvergieren wegen $e^a > 1$ beide gegen Null, folglich ist die Abszisse asymptotische Funktion zu jeder Funktion f_a.

5. Die Idee des Verfahrens für die durch $f_1(x) = e^{-x^2}$ definierte ordinatensymmetrische und zur Abszisse asymptotische Funktion f_1 mit dem Maximum $(0,1)$ sei wie folgt beschrieben: Zu dem Flächeninhalt $A(R) = 2u$ des Rechtecks R mit den Eckpunkten $(-u, 0)$, $(-u, 1)$, $(u, 1)$, $(u, 0)$ wird zweimal der Flächeninhalt $A(h_u)$ addiert, den eine geeignete Funktion $h_u = exp_e \circ (u \cdot id) : [-10, -u] \longrightarrow \mathbb{R}$ mit $h_u > f_1|[-10, -u]$ bildet.

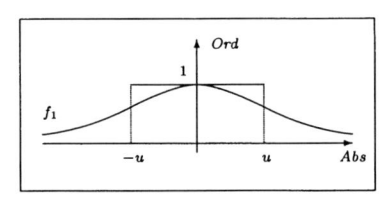

Es wird zu dem gesuchten Flächeninhalt $A(f_1)$ also eine Näherung aus drei einzelnen Flächeninhalten berechnet. Der Vorteil bei diesem Verfahren besteht in der leichten Integrierbarkeit der Exponentialfunktion, denn exp_e ist eine Stammfunktion zu sich selbst. Nun zu den Einzelheiten: Zu f_1 wird eine

Hilfsfunktion $h : [-10, 0] \longrightarrow \mathbb{R}$ konstruiert, die mit f_1 eine Schnittstelle $-u$ mit $-10 < -u < 0$ besitzt, so daß $f_1(x) < h(x)$ für alle $x < -u$ gilt. Damit ist zunächst $A_{[-10,-u]}(f_1) < A_{[-10,-u]}(h)$ im Bereich $[-10, -u]$ gewährleistet. Da andererseits $f_1(x) \leq 1$ für alle $x \in \mathbb{R}$, insbesondere also im Bereich $[-u, 0]$ gilt, ist dann

$$A_{[-10,0]}(f_1) = A_{[-10,-u]}(f_1) + A_{[-u,0]}(f_1) < A_{[-10,-u]}(h) + A(R)$$

mit dem Inhalt $A(R)$ des durch die Eckpunkte $(-u, 0), (-u, 1), (0, 0), (0, 1)$ gebildeten Rechtecks R. Eine Verdoppelung dieser Flächeninhalte liefert dann eine Abschätzung für $f_1 : [-10, 10] \longrightarrow \mathbb{R}$.

a) Zur Konstruktion solchermaßen geeigneter Funktionen h seien die einfach zu integrierenden Funktionen $h_u = exp_e \circ (u \cdot id) : [-10, 0] \longrightarrow \mathbb{R}$ mit $10 > u > 0$, also mit $h_u(x) = e^{ux}$, betrachtet. Sie haben die gewünschte Eigenschaft, denn es gilt im einzelnen:

a_1) Die Äquivalenzen $x \in S(f_1, h_u) \Leftrightarrow f_1(x) = h_u(x) \Leftrightarrow e^{-x^2} = e^{ux} \Leftrightarrow -x^2 = ux \Leftrightarrow x \in \{0, -u\}$ liefern die gewünschte Schnittstelle $-u < 0$ von f_1 und h_u.

a_2) Die Äquivalenzen $f_1(x) < h_u(x) \Leftrightarrow e^{-x^2} < e^{ux} \Leftrightarrow -x^2 < ux \Leftrightarrow x^2 > -ux \Leftrightarrow x < -u$ (nach Multiplikation mit $\frac{1}{x} < 0$) zeigen $f_1(x) < h_u(x)$, für alle x mit $x < -u$.

a_3) Zur Illustration dieser Sachverhalte folgende kleine Wertetabelle für f_1, h_1 und h_2:

x	-5	-4	-3	-2	-1	$-\frac{1}{2}$	$-\frac{1}{4}$	0
$f_1(x) = e^{-x^2}$	$\frac{1}{e^{16}}$	$\frac{1}{e^{16}}$	$\frac{1}{e^9}$	$\frac{1}{e^4}$	$\frac{1}{e}$	$\frac{1}{e^{\frac{1}{4}}}$	$\frac{1}{e^{\frac{1}{16}}}$	1
$h_2(x) = e^{2x}$	$\frac{1}{e^{10}}$	$\frac{1}{e^8}$	$\frac{1}{e^6}$	$\frac{1}{e^4}$	$\frac{1}{e^2}$	$\frac{1}{e}$	$\frac{1}{e^{\frac{1}{2}}}$	1
$h_1(x) = e^x$	$\frac{1}{e^5}$	$\frac{1}{e^4}$	$\frac{1}{e^3}$	$\frac{1}{e^2}$	$\frac{1}{e}$	$\frac{1}{e^{\frac{1}{2}}}$	$\frac{1}{e^{\frac{1}{4}}}$	1
$h_{\frac{1}{2}}(x) = e^{\frac{1}{2}x}$	$\frac{1}{e^{\frac{5}{2}}}$	$\frac{1}{e^2}$	$\frac{1}{e^{\frac{3}{2}}}$	$\frac{1}{e}$	$\frac{1}{e^{\frac{1}{2}}}$	$\frac{1}{e^{\frac{1}{4}}}$	$\frac{1}{e^{\frac{1}{8}}}$	1

Anmerkungen zu den verschiedenen Funktionen h_u:
1. Die gemeinsame Schnittstelle aller Funktionen h_u ist 0 (mit Funktionswert 1), wie die Äquivalenzen für $u \neq u'$ zeigen: $x \in S(h_u, h_{u'}) \Leftrightarrow h_u(x) = h_{u'}(x) \Leftrightarrow e^{ux} = e^{u'x} \Leftrightarrow e^{(u-u')x} = 1 \Leftrightarrow x = 0$.
2. Es gilt $h_u > h_{u'} \Leftrightarrow u' > u$, wie die Äquivalenzen für $u \neq u'$ zeigen: $h_u(x) > h_{u'}(x) \Leftrightarrow e^{ux} > e^{u'x} \Leftrightarrow e^{(u-u')x} > 1 \Leftrightarrow u - u' < 0 \Leftrightarrow u' > u$.

b) Nun zur Berechnung der oben angegebenen Flächeninhalte, wobei in getrennten Betrachtungen zunächst die Funktionen h_2, h_1 und $h_{\frac{1}{2}}$, dann allgemein h_u untersucht werden:

b_1) Untersuchung für h_2: Zu $h_2 : [-10, -2] \longrightarrow \mathbb{R}$ mit $h_2(x) = e^{2x}$ ist die Funktion $H_2 : [-10, -2] \longrightarrow \mathbb{R}$ mit $H_2(x) = \frac{1}{2} \cdot e^{2x}$ eine Stammfunktion. Damit gilt dann $A_{[-10,-2]}(h_2) = |H_2(-2) - H_2(-10)| = \frac{1}{2} \cdot |e^{-4} - e^{-20}| < \frac{1}{2} \cdot e^{-4}$, folglich ist $A_{[-10,-2]}(h_2) + A(R) < \frac{1}{2e^4} + 2 \approx 2{,}009$ (FE). Verdoppelung im Sinne der Funktion $f_1 : [-10, 10] \longrightarrow \mathbb{R}$ liefert dann die obere Schranke $A(f_1) < 4{,}018$ (FE).

b_2) Untersuchung für h_1: Zu $h_1 : [-10, -1] \longrightarrow \mathbb{R}$ mit $h_1(x) = e^x$ ist die Funktion $H_1 : [-10, -1] \longrightarrow \mathbb{R}$ mit $H_1(x) = e^x$ eine Stammfunktion. Damit gilt dann aber $A_{[-10,-1]}(h_1) = |H_1(-1) - H_1(-10)| = |e^{-1} - e^{-10}| < e^{-1}$, folglich ist $A_{[-10,-1]}(h_1) + A(R) < \frac{1}{e} + 1 \approx 1{,}368$ (FE). Verdoppelung im Sinne der Funktion $f_1 : [-10, 10] \longrightarrow \mathbb{R}$ liefert dann die obere Schranke $A(f_1) < 2{,}736$ (FE).

b_3) Untersuchung für $h_{\frac{1}{2}}$: Zu der Funktion $h_{\frac{1}{2}} : [-10, -\frac{1}{2}] \longrightarrow \mathbb{R}$ mit $h_{\frac{1}{2}}(x) = e^{\frac{1}{2}x}$ ist die Funktion $H_{\frac{1}{2}} : [-10, -\frac{1}{2}] \longrightarrow \mathbb{R}$ mit $H_{\frac{1}{2}}(x) = 2e^{\frac{1}{2}x}$ eine Stammfunktion. Damit gilt dann aber $A_{[-10,-\frac{1}{2}]}(h_{\frac{1}{2}}) = |H_{\frac{1}{2}}(-\frac{1}{2}) - H_{\frac{1}{2}}(-10)| = 2 \cdot |e^{-\frac{1}{4}} - e^{-5}| < 2e^{-\frac{1}{4}}$, folglich $A_{[-10,-\frac{1}{2}]}(h_{\frac{1}{2}}) + A(R) < 2e^{-\frac{1}{4}} + \frac{1}{2} \approx 2{,}058$ (FE). Verdoppelung im Sinne der Funktion $f_1 : [-10, 10] \longrightarrow \mathbb{R}$ liefert die obere Schranke $A(f_1) < 4{,}116$ (FE).

b_4) Untersuchung für h_u: Zu $h_u : [-10, -u] \longrightarrow \mathbb{R}$ mit $h_u(x) = e^{ux}$ ist die Funktion $H_u : [-10, -u] \longrightarrow \mathbb{R}$ mit $H_u(x) = \frac{1}{u} \cdot e^{ux}$ eine Stammfunktion. Damit gilt dann $A_{[-10,-u]}(h_u) = |H_u(-u) - H_u(-10)| = \frac{1}{u} \cdot |e^{-u^2} - e^{-10u}| < \frac{1}{u} \cdot e^{-u^2}$, folglich ist $A_{[-10,-u]}(h_u) + A(R) < \frac{1}{u} \cdot e^{-u^2} + u$ (FE). Verdoppelung im Sinne der Funktion $f_1 : [-10, 10] \longrightarrow \mathbb{R}$ liefert dann die obere Schranke $A(f_1) < 2(\frac{1}{u} \cdot e^{-u^2} + u)$ (FE).

Hinweis: Die Abschätzung $|e^{-u^2} - e^{-10u}| < e^{-u^2}$ ist nur für kleine Zahlen u sinnvoll, ferner beachte man, daß $u = 10$ den Betrag $|e^{-u^2} - e^{-10u}| = 0$ liefert.

6. In diesem Aufgabenteil wird lediglich die Funktion $h = h_1$, die sich in Teil b2) als die günstigste erwiesen hat, verwendet, jetzt allerdings mit erweitertem Definitionsbereich, also $h = exp_e : (-\star, -1] \longrightarrow \mathbb{R}$. Zu jedem $n \in \mathbb{N}$ ist der Flächeninhalt $A(h_n)$ der Einschränkung $h_n = exp_e : [-n, -1] \longrightarrow \mathbb{R}$ gerade $A(h_n) = |e^{-1} - e^{-n}| = e^{-1} - e^{-n}$, wie die Berechnungen in b2) zeigen. Damit ist $A(h) = lim(A(h_n))_{n \in \mathbb{N}} = (e^{-1} - e^{-n})_{n \in \mathbb{N}} = e^{-1}$, denn es ist $lim(e^{-n})_{n \in \mathbb{N}} = 0$. Folglich ist $A(h) + A(R) = \frac{1}{e} + 1 \approx 1,368$ (FE). Verdoppelung im Sinne der Funktion $f_1 : \mathbb{R} \longrightarrow \mathbb{R}$ liefert dann die obere Schranke $A(f_1) < 2,736$ (FE).

Zusätzliche Bemerkungen:
1. Der Vergleich mit b2) zeigt keine Verbesserung der Abschätzung.
2. Diese beiden Abschätzungen, die hier als beste Schranken ermittelt wurden, sind gegenüber $A(f_1) = 2 \cdot \int_0^{\star} f_1 = \sqrt{\pi} \approx 1,772$ (FE) insgesamt schlecht. Man kann nun versuchen, mit Hilfe eines anders konstruierten Rechtecks oder einer anderen geometrischen Figur (mit Tangenten an f_1 hergestellt) bessere Näherungen zu erzielen.

A2.956.02 (D, A): Betrachten Sie die Familie $(f_a)_{a \in \mathbb{R}^+}$ von Funktionen $f_a : \mathbb{R} \longrightarrow \mathbb{R}$, definiert durch die Zuordnungsvorschriften $f_a(x) = ax \cdot e^{-a^2 x^2}$.

1. Untersuchen Sie f_a hinsichtlich Symmetrie-Eigenschaften und Nullstellen.
2. Untersuchen Sie f_a hinsichtlich Extrema.
3. Weisen Sie nach, daß die Nullfunktion (Abszisse) die asymptotische Funktion zu f_a ist.
4. Beschreiben Sie aufgrund der bisherigen Untersuchungen Anzahl und Lage der Wendestellen von f_a.
5. Geben Sie diejenige Funktion $E : \mathbb{R} \longrightarrow \mathbb{R}$ an, die alle Extrema von $(f_a)_{a \in \mathbb{R}^+}$ enthält.
6. Berechnen Sie eine Stammfunktion F_a von f_a und prüfen Sie dann $(F_a)' = f_a$ nach.
7. Berechnen Sie den Inhalt $A(f_a, n)$ der Fläche, die von der auf das Intervall $[0, n]$ mit $n \in \mathbb{N}$ eingeschränkten Funktion $f_a : [0, n] \longrightarrow \mathbb{R}$, der Abszisse und der Ordinatenparallelen durch n begrenzt wird, sowie das uneigentliche Riemann-Integral von $f_a : \mathbb{R} \longrightarrow \mathbb{R}$.

B2.956.02: Zur Bearbeitung der Aufgabe im einzelnen:

Vorbemerkung: Die Funktionen f_a sind Produkte der Form $f_a = u_a h_a$ mit $u_a(x) = ax$, wobei h_a eine Komposition der Form $exp_e \circ g_a$ mit der durch $g_a(x) = -a^2 x^2$ definierten quadratischen Funktion g_a ist. Betrachten Sie die Familie $(f_a)_{a \in \mathbb{R}^+}$ von Funktionen $f_a : \mathbb{R} \longrightarrow \mathbb{R}$ mit $f_a(x) = ax \cdot e^{-a^2 x^2}$.

1. Die Funktionen f_a sind punktsymmetrisch, denn für alle $x \in \mathbb{R}$ gilt $-f_a(-x) = -(a(-x) \cdot e^{-a^2(-x)^2}) = ax \cdot e^{-a^2 x^2} = f_a(x)$. Ferner gilt $N(f_a) = N(u_a) \cup N(g_a) = \{0\} \cup \emptyset = \{0\}$.

2. Die 1. Ableitungsfunktion $f_a' : \mathbb{R} \longrightarrow \mathbb{R}$ von f_a ist definiert durch $f_a'(x) = ae^{-a^2 x^2}(1 - 2a^2 x^2)$ und besitzt die Nullstellenmenge $N(f_a') = \{-\frac{1}{2a}\sqrt{2}, \frac{1}{2a}\sqrt{2}\}$. Mit der 2. Ableitungsfunktion $f_a'' : \mathbb{R} \longrightarrow \mathbb{R}$ von f_a, definiert durch die Vorschrift $f_a''(x) = 2a^3 x \cdot e^{-a^2 x^2}(2a^2 x^2 - 3)$, ist dann $f_a''(-\frac{1}{2a}\sqrt{2}) = 2\sqrt{2}a^2 \cdot e^{-\frac{1}{2}} > 0$, folglich ist $-\frac{1}{2a}\sqrt{2}$ eine Minimalstelle und $(-\frac{1}{2a}\sqrt{2}, f_a(-\frac{1}{2a}\sqrt{2})) = (-\frac{1}{2a}\sqrt{2}, -\frac{1}{2}\sqrt{2} \cdot e^{-\frac{1}{2}a^2})$ ein Minimum von f_a. Wegen der zu Aufgabenteil 1 nachgewiesenen Punktsymmetrie von f_a ist dann $(\frac{1}{2a}\sqrt{2}, \frac{1}{2}\sqrt{2} \cdot e^{-\frac{1}{2}a^2})$ das Maximum von f_a.

3. Betrachtet man $m = a^2 n^2$, für alle $n \in \mathbb{N}$, dann folgt die Behauptung aus $lim(\frac{\sqrt{m}}{e^m})_{m \in \mathbb{N}}$.

4. Wie f_a'' zeigt, besitzt f_a'' höchstens drei Nullstellen, die Funktion f_a wegen $Wen(f_a) \subset N(f_a'')$ also höchstens drei Wendestellen. Wegen der punktsymmetrischen Lage der beiden Extrema sowie des asymptotischen Verhaltens von f_a zur Abszisse muß f_a aber auch mindestens drei Wendestellen besitzen. Somit kann man für die Wendestellen $w_1, w_2 = 0$ und w_2 die Lagebeziehung $w_1 < -\frac{1}{2a}\sqrt{2} < 0 < \frac{1}{2a}\sqrt{2} < w_3$ schließen.

5. Diejenige Funktion $E : \mathbb{R} \longrightarrow \mathbb{R}$, die dann alle Extrema von $(f_a)_{a \in \mathbb{R}^+}$ enthält, ist definiert durch $E(x) = \frac{1}{2}\sqrt{2} \cdot e^{-\frac{1}{2}\sqrt{2}\frac{1}{x^2}}$, wie man sich leicht anhand der Zuordnung $\frac{1}{2a}\sqrt{2} = \frac{1}{2}\sqrt{2}\frac{1}{a} \longmapsto \frac{1}{2}\sqrt{2} \cdot e^{-\frac{1}{2}a^2}$ klarmachen kann.

6. Nach der Vorbemerkung ist $f_a = u_a(exp_e \circ g_a)$, folglich ist $\int f_a = \int (u_a(exp_e \circ g_a))$. Beachtet man, daß für die Integration von Kompositionen $s \circ t$ geeigneter Funktionen s und t generell $\int ((s \circ t) \cdot t') = (S_0 \circ t) + \mathbb{R}$

404

gilt, so ist im vorliegenden Fall $s \circ t = f_a = (exp_e \circ g_a)u_a$ unter Verwendung von $u_a = -\frac{1}{2a}g'_a$ dann $\int f_a = \int ((exp_e \circ g_a)u_a) = \int ((exp_e \circ g_a)(-\frac{1}{2a}g'_a)) = -\frac{1}{2a} \cdot \int ((exp_e \circ g_a)g'_a) = -\frac{1}{2a}(exp_e \circ g_a) + \mathbb{R}$. Somit ist die Funktion $F_a : \mathbb{R} \longrightarrow \mathbb{R}$ mit $F_a = -\frac{1}{2a}(exp_e \circ g_a)$, also mit $F_a(x) = -\frac{1}{2a} \cdot e^{-a^2x^2}$, eine Stammfunktion von f_a, wie auch die Differentiation $(F_a)'(x) = (-\frac{1}{2a})(-2a^2x)e^{-a^2x^2} = ax \cdot e^{-a^2x^2}$ zeigt.

7a) Der im Aufgabenteil 6 genauer beschriebene Flächeninhalt ist dann $A(f_a, n) = |F_a(n) - F_a(0)| = |-\frac{1}{2a} \cdot e^{-a^2n^2}) + \frac{1}{2a} \cdot 1| = |\frac{1}{2a}(1 - e^{-a^2n^2})| = \frac{1}{2a}(1 - e^{-a^2n^2})$ (FE), wobei für alle $n \in \mathbb{N}$ stets $e^{-a^2n^2} < 1$ gilt.

7b) Das uneigentliche Riemann-Integral ist dann die Zahl $A(f_a) = lim(\int_0^n f_a)_{n \in \mathbb{N}} = lim(A(f_a, n))_{n \in \mathbb{N}} = lim(\frac{1}{2a}(1 - e^{-a^2n^2}))_{n \in \mathbb{N}} = \frac{1}{2a} \cdot lim(1 - e^{-a^2n^2}))_{n \in \mathbb{N}} = \frac{1}{2a}(lim(1)_{n \in \mathbb{N}} - lim(e^{-a^2n^2})_{n \in \mathbb{N}}) = \frac{1}{2a}(1 - 0) = \frac{1}{2a}$.

A2.956.03 (D) : Betrachten Sie die Familie $(f_a)_{a \in \mathbb{R}_0^+}$ von Funktionen $f_a : \mathbb{R} \longrightarrow \mathbb{R}$, definiert durch die Zuordnungsvorschriften $f_a(x) = (e^x - a)^2$.

1. Berechnen Sie den Ordinatenabschnitt von f_a.

2. Untersuchen Sie f_a hinsichtlich Nullstellen und beschreiben Sie – gegebenenfalls – die Lage (auf der Abszisse) solcher Nullstellen in Abhängigkeit der Zahl a.

3. Untersuchen Sie f_a hinsichtlich lokaler Extrema. (Verwenden Sie dabei $f_a''(x) = 2e^x(2e^x - a)$.)

4. Begründen Sie anhand der Folge $(f_a(-n))_{n \in \mathbb{N}}$, daß die konstante Funktion $k_a : \mathbb{R}^- \longrightarrow \mathbb{R}$ mit der Zuordnungsvorschrift $k_a(x) = a^2$ asymptotische Funktion zu $f_a : \mathbb{R}^- \longrightarrow \mathbb{R}$ ist.

5a) Berechnen Sie den Schnittpunkt S_1 von f_1 und f_2.

5b) Stellen Sie sich vor, jemand käme auf die Idee zu behaupten:

Für alle Indices $n, m \in \mathbb{N}$ haben die Schnittpunkte von f_n und f_m dieselbe zweite Komponente.

Tatsächlich ist das aber nicht der Fall. Erläutern Sie, mit welcher Beweismethode bewiesen werden kann, daß die genannte Aussage falsch ist, und führen Sie dann diesen Beweis für den denkbar einfachsten Fall.

B2.956.03: Zur Bearbeitung der Aufgabe im einzelnen:

1. Der Ordinatenabschnitt der Funktion f_a ist $f_a(0) = (e^0 - a)^2 = (1 - a)^2$.

2a) Im Fall $a = 0$ besitzt die durch $f_0(x) = e^{2x}$ definierte Funktion f_0 keine Nullstellen.

2b) Für den Fall $a \neq 0$ liefern die Äquivalenzen $x \in N(f_a) \Leftrightarrow f_a(x) = 0 \Leftrightarrow (e^x - a)^2 = 0$
$\Leftrightarrow e^x - a = 0 \Leftrightarrow e^x = a \Leftrightarrow e^x = e^{log_e(a)} \Leftrightarrow x = log_e(a)$ die Nullstellenmenge $N(f_a) = \{log_e(a)\}$.
Zur Lage der Nullstelle in Abhängigkeit von a: Im Fall $0 < a < 1$ ist $log_e(a) < 0$, im Fall $a = 1$ ist $log_e(a) = 0$ und im Fall $a > 1$ ist $log_e(a) > 0$.

3a) Die 1. Ableitungsfunktion $f_a' : \mathbb{R} \longrightarrow \mathbb{R}$ von f_a ist definiert durch die Vorschrift $f_a'(x) = 2e^x(e^x - a)$, insbesondere ist $f_0'(x)$ definiert durch $f_0(x) = 2e^{2x}$. Demnach ist folgende Fallunterscheidung zu treffen:

Im Fall $a = 0$ besitzt f_0' keine Nullstellen und wegen $Ex(f_0) \subset N(f_0')$ auch keine Extrema.

Im Fall $a \neq 0$ liefern die Äquivalenzen $x \in N(f_a') \Leftrightarrow f_a'(x) = 0 \Leftrightarrow 2e^x(e^x - a) = 0$
$\Leftrightarrow e^x - a = 0 \Leftrightarrow e^x = a \Leftrightarrow e^x = e^{log_e(a)} \Leftrightarrow x = log_e(a)$ die Nullstellenmenge $N(f_a') = \{log_e(a)\}$.

3b) Wegen $N(f_a') \neq \emptyset$ im Fall $a \neq 0$ ist die 2. Ableitungsfunktion $f_a'' : \mathbb{R} \longrightarrow \mathbb{R}$ von f_a zu bilden: f_a'' ist definiert durch die Vorschrift $f_a''(x) = 2(e^x(e^x - a) + e^xe^x) = 2e^x(2e^x - a)$. Damit ist $f_a''(log_e(a)) = 2e^{log_e(a)}(2e^{log_e(a)} - a) = 2a(2a - a) = 2a^2 > 0$, folglich ist $log_e(a)$ die Minimalstelle und der Punkt $(log_e(a), f_a(log_e(a))) = (log_e(a), 0)$, wobei Aufgabenteil 1 verwendet wurde, das Minimum von f_a.

4. Mit $f_a(-n) = (e^{-n} - a)^2 = (\frac{1}{e^n} - a)(\frac{1}{e^n} - a)$ sowie $lim(\frac{1}{e^n} - a)_{n \in \mathbb{N}} = lim(\frac{1}{e^n})_{n \in \mathbb{N}} - lim(a)_{n \in \mathbb{N}} = 0 - a = -a$ gilt $lim(f_a(-n))_{n \in \mathbb{N}} = (-a)^2 = a^2$. Folglich ist die konstante Funktion $k_a : \mathbb{R}^- \longrightarrow \mathbb{R}$ mit $k_a(x) = a^2$ asymptotische Funktion zu $f_a : \mathbb{R}^- \longrightarrow \mathbb{R}$.

5a$_1$) Berechnung der Schnittstelle von f_1 und f_2: Die Äquivalenzen $x \in S(f_1, f_2) \Leftrightarrow f_1(x) = f_2(x) \Leftrightarrow (e^x - 1)^2 = (e^x - 2)^2 \Leftrightarrow e^{2x} - 2e^x + 1 = e^{2x} - 4e^x + 4 \Leftrightarrow 2e^x = 3 \Leftrightarrow e^x = \frac{3}{2} \Leftrightarrow x = log_e(\frac{3}{2})$ liefern die Schnittstellenmenge $S(f_1, f_2) = \{log_e(\frac{3}{2})\}$.

405

5a$_2$) Mit $f_1(log_e(\frac{3}{2})) = (\frac{3}{2} - 1)^2 = \frac{1}{4}$ haben f_1 und f_2 den Schnittpunkt $(log_e(\frac{3}{2}), \frac{1}{4})$.

5b$_1$) Berechnung der Schnittstelle von f_n und f_{n+1}: Die Äquivalenzen $x \in S(f_n, f_{n+1})$
$\Leftrightarrow f_n(x) = f_{n+1}(x) \Leftrightarrow (e^x - n)^2 = (e^x - (n+1))^2 \Leftrightarrow e^{2x} - 2ne^x + n^2 = e^{2x} - 2(n+1)e^x + (n+1)^2 \Leftrightarrow$
$-2ne^x + n^2 = -2ne^x - 2e^x + n^2 + 2n + 1 \Leftrightarrow 2e^x = 2n + 1 \Leftrightarrow e^x = n + \frac{1}{2} \Leftrightarrow x = log_e(n + \frac{1}{2})$ liefern die Schnittstellenmenge $S(f_n, f_{n+1}) = \{log_e(n + \frac{1}{2})\}$.

5b$_2$) Mit $f_n(log_e(n + \frac{1}{2})) = (n + \frac{1}{2} - n)^2 = \frac{1}{4}$ haben f_n und f_{n+1} den Schnittpunkt $(log_e(n + \frac{1}{2}), \frac{1}{4})$.

5c$_1$) Um zu zeigen, daß die genannte Aussage falsch ist, genügt es, ein Gegenbeispiel anzugeben.

5c$_2$) Berechnung der Schnittstelle von f_1 und f_3: Die Äquivalenzen $x \in S(f_1, f_3) \Leftrightarrow f_1(x) = f_3(x) \Leftrightarrow$
$(e^x - 1)^2 = (e^x - 3)^2 \Leftrightarrow e^{2x} - 2e^x + 1 = e^{2x} - 6e^x + 9 \Leftrightarrow 4e^x = 8 \Leftrightarrow e^x = 2 \Leftrightarrow x = log_e(2)$ liefern die Schnittstellenmenge $S(f_1, f_2) = \{log_e(2)\}$. Die zweite Komponente des Schnittpunktes von f_1 und f_3 ist dann $f_1(log_e(2)) = (2 - 1)^2 = 1$, also nicht auch $\frac{1}{4}$.

A2.956.04 (D, A) : Betrachten Sie die Familie $(f_a)_{a \in \mathbb{R}^+}$ von Funktionen $f_a : \mathbb{R} \longrightarrow \mathbb{R}$, definiert durch die Zuordnungsvorschriften $f_a(x) = (e^x - a)^2$.

1. Untersuchen Sie f_a hinsichtlich Ordinaten- und Punkt-Symmetrie.
2. Untersuchen Sie f_a hinsichtlich Nullstellen und Schnittstellen mit der Ordinate.
3. Untersuchen Sie f_a hinsichtlich Extrema.
4. Untersuchen Sie f_a hinsichtlich Wendepunkte.
5. Zeigen Sie, daß für jedes $a \in \mathbb{R}^+$ die Folge $(f_a(-n))_{n \in \mathbb{N}}$ konvergiert und beschreiben Sie den Zusammenhang zwischen diesem Grenzwert und der jeweiligen Funktion f_a.
6. Nennen Sie die in den Aufgabenteilen 1 bis 5 errechneten Daten tabellarisch (auch mit Näherungen) für die drei Funktionen $f_{\frac{1}{2}}$, f_1 und f_2. Skizzieren Sie dann f_1 und f_2 im etwa Bereich $[-4, \frac{3}{2}]$.
7. Berechnen Sie den Inhalt $A(f_2)$ der Fläche, die von f_2 und den beiden Koordinaten vollständig begrenzt wird.
8. Untersuchen Sie allgemein je zwei Elemente der Familie $(f_a)_{a \in \mathbb{R}^+}$ hinsichtlich Schnittpunkte. Geben Sie diese Schnittpunkte – sofern existent – für die Paare $(f_{\frac{1}{2}}, f_2)$ und (f_1, f_2) an.
9. Berechnen Sie den Inhalt $A(f_a)$ der Fläche, die von f_a und den beiden Koordinaten vollständig begrenzt wird (als allgemeinen Fall zu Aufgabenteil 7). Berechnen Sie ferner zwei Zahlen $a \in \mathbb{R}^+$, für die $A(f_a) = a^2 log_e(a)$ gilt.

B2.956.04: Zur Bearbeitung der Aufgabe im eizelnen:

1a) Die Funktionen f_a sind für alle $a \in \mathbb{R}^+$ nicht ordinatensymmetrisch, denn es gilt beispielsweise $f_a(1) \neq f_a(-1)$, denn: Wegen $e \neq \frac{1}{e}$ ist auch $e - a \neq \frac{1}{e} - a$ und $|e - a| \neq |\frac{1}{e} - a|$, somit ist $f_a(1) = (e - a)^2 \neq (\frac{1}{e} - a)^2 = f_a(-1)$.

1b) Die Funktionen f_a sind für alle $a \in \mathbb{R}^+$ nicht punktsymmetrisch, denn es gilt sowohl $f_a(1) \geq 0$ als auch $-f_a(-1) \leq 0$. (Dabei ist $f_a(1) = 0$ für $a = e$ und $-f_a(-1) = 0$ für $a = \frac{1}{e}$.)

2a) Nullstellenberechnung: Die Äquivalenzen $x \in N(f_a) \Leftrightarrow f_a(x) = 0 \Leftrightarrow e^x = a \Leftrightarrow x = log_e(a)$ zeigen, daß $log_e(a)$ die Nullstelle von f_a ist.

2b) Die Funktionen f_a haben jeweils den Ordinatenabschnitt $f_a(0) = (e^0 - a)^2 = (1 - a)^2 \geq 0$.

3. Die 1. Ableitungsfunktion $f'_a : \mathbb{R} \longrightarrow \mathbb{R}$ von f_a mit $f'_a(x) = 2e^x(e^x - a)$ besitzt die Nullstellenmenge $N(f'_a) = \{log_e(a)\}$. Mit der 2. Ableitungsfunktion $f''_a : \mathbb{R} \longrightarrow \mathbb{R}$ von f_a, definiert durch die Vorschrift $f''_a(x) = 2(e^x e^x + e^x(e^x - a)) = 2e^x(2e^x - a)$, ist dann $f''_a(log_e(a)) = 2a(2a - a) = 2a^2 > 0$, folglich ist $log_e(a)$ die Minimalstelle und $(log_e(a), f_a(log_e(a))) = (log_e(a), 0)$ das Minimum von f_a.

4. Mit $N(f''_a) = \{log_e(\frac{a}{2})\}$ sowie der 3. Ableitungsfunktion $f'''_a : \mathbb{R} \longrightarrow \mathbb{R}$ von f_a, definiert durch die Vorschrift $f'''_a(x) = 2(e^x(2e^x - a) + 2e^x e^x) = 2e^x(4e^x - a)$ ist dann $f'''_a(log_e(\frac{a}{2})) = 2\frac{a}{2}(4\frac{a}{2} - a) = a^2 > 0$, folglich ist $log_e(\frac{a}{2})$ die Wendestelle und $(log_e(\frac{a}{2}), f_a(log_e(\frac{a}{2}))) = (log_e(\frac{a}{2}), \frac{a^2}{4})$ der Wendepunkt von f_a.

5. Die Darstellung $f_a(-n) = (e^{-n} - a)^2 = \frac{1}{e^n} - \frac{2a}{e^n} + a^2$ zeigt $lim(f_a(-n))_{n \in \mathbb{N}} = a^2$. Dieser Grenzwert liefert die konstante asymptotische Funktion a^2 zu der Einschränkung $f_a | \mathbb{R}^-$.

6. Tabellarische Übersicht zu den drei Funktionen $f_{\frac{1}{2}}$, f_1 und f_2:

	Nullstelle	$f_a(0)$	Minimum	Wendepunkt	asympt.F.
f_a	$\log_e(a)$	$(1-a)^2$	$(\log_e(a), 0)$	$(\log_e(\frac{a}{2}), \frac{a^2}{4})$	a^2
$f_{\frac{1}{2}}$	$-\log_e(2) \approx -0,69$	$(1-\frac{1}{2})^2 = \frac{1}{4}$	$(-0,69/0)$	$(-\log_e(4), \frac{1}{16}) \approx (-1,39/0,06)$	$\frac{1}{4}$
f_1	$\log_e(1) = 0$	$(1-1)^2 = 0$	$(0,0)$	$(\log_e(\frac{1}{2}), \frac{1}{4}) \approx (-0,69/0,25)$	1
f_2	$\log_e(2) \approx 0,69$	$(1-2)^2 = 1$	$(0,69/0)$	$(\log_e(1), 1) = (0,1)$	4

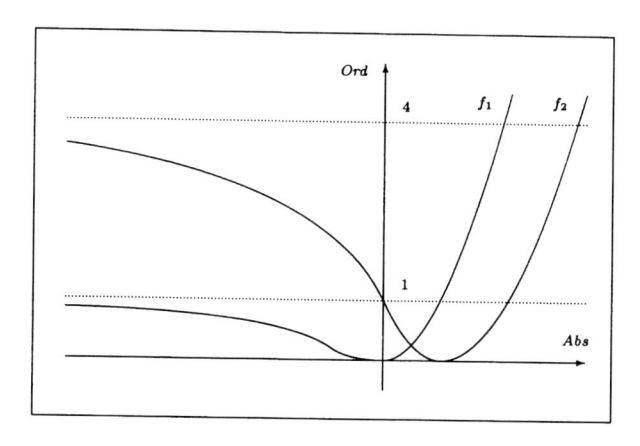

7. Für f_2 mit $f_2(x) = (e^x - 2)^2 = e^{2x} - 4e^x + 4$ ist zunächst $F_2 : \mathbb{R} \longrightarrow \mathbb{R}$ mit $F_2(x) = \frac{1}{2}e^{2x} - 4e^x + 4x$ eine Stammfunktion zu f_2. Der gesuchte Flächeninhalt ist dann $A(f_2) = |\int_0^{\log_e(2)} f_2| = |F_2(\log_e(2)) - F_2(0)| = |\frac{1}{2} \cdot 2 \cdot 2 - 4 \cdot 2 + 4 \cdot \log_e(2) - (\frac{1}{2} \cdot 1 - 4)| = |4 \cdot \log_e(2) - \frac{5}{2}| \approx 0,27$ (FE).

8. Es bezeichne $S(f_a, f_b)$ die Menge der Schnittstellen zweier Funktionen der Familie $(f_a)_{a\in\mathbb{R}^+}$. Damit gelten folgende Äquivalenzen: $x \in S(f_a, f_b) \Leftrightarrow f_a(x) = f_b(x) \Leftrightarrow (e^x - a)^2 = (e^x - b)^2 \Leftrightarrow e^x - a = e^x - b$ oder $e^x - a = -(e^x - b) \Leftrightarrow a = b$ oder $2e^x = a + b \Leftrightarrow a = b$ oder $e^x = \frac{a+b}{2} \Leftrightarrow a = b$ oder $x = \log_e(\frac{a+b}{2})$. Für den Fall $a \neq b$ ist dann $f_a(\log_e(\frac{a+b}{2})) = (\frac{a+b}{2} - a)^2 = (\frac{a+b-2a}{2})^2 = \frac{1}{4}(b-a)^2$, also ist in diesem Fall $(\log_e(\frac{a+b}{2}), \frac{1}{4}(b-a)^2)$ der Schnittpunkt von (f_a, f_b).

Insbesondere hat das Paar $(f_{\frac{1}{2}}, f_2)$ den Schnittpunkt $(\log_e(\frac{5}{4}), \frac{9}{16}) \approx (0,22/0,56)$ und das Paar (f_1, f_2) den Schnittpunkt $(\log_e(\frac{3}{2}), \frac{1}{4}) \approx (0,41/0,25)$.

9. Für f_a mit $f_a(x) = (e^x - a)^2 = e^{2x} - 2ae^x + a^2$ ist zunächst $F_a : \mathbb{R} \longrightarrow \mathbb{R}$ mit $F_a(x) = \frac{1}{2}e^{2x} - 2ae^x + a^2 x$ eine Stammfunktion zu f_a. Der gesuchte Flächeninhalt ist dann
$A(f_a) = |\int_0^{\log_e(a)} f_a| = |F_a(\log_e(a)) - F_a(0)| = |\frac{1}{2} \cdot e^{2 \cdot \log_e(a)} - 2a \cdot e^{\log_e(a)} + a^2 \log_e(a) - (\frac{1}{2}e^0 - 2ae^0 + 0)|$
$= |\frac{1}{2} \cdot a^2 - 2a^2 + a^2 \cdot \log_e(a) - (\frac{1}{2} - 2a)| = |a^2 \cdot \log_e(a) - \frac{3}{2} \cdot a^2 + 2a - \frac{1}{2}| = |a^2(\log_e(a) - \frac{3}{2}) + 2a - \frac{1}{2}|$.
Für $a = \frac{1}{2}$ ist $A(f_{\frac{1}{2}}) = |\frac{1}{4}(\log_e(\frac{1}{2}) - \frac{3}{2}) + \frac{1}{2}| = |-\frac{1}{4} \cdot \log_e(2) + \frac{1}{8}| \approx |-0,05| = 0,05$ (FE).
Für $a = 1$ ist $A(f_1) = |1 \cdot (-\frac{3}{2}) + 2 - \frac{1}{2}| = |-\frac{3}{2} + \frac{4}{2} - \frac{1}{2}| = 0$ (FE).
Für $a = 2$ ist $A(f_2) = |4 \cdot \log_e(2) - 6 + 4 - \frac{1}{2}| = |4 \cdot \log_e(2) - \frac{5}{2}| \approx 0,27$ (FE) (siehe Teil 7).

Nun zu dem vorgegebenen Flächeninhalt: Die beiden Zahlen $a \in \mathbb{R}^+$, für die $A(f_a) = a^2 \log_e(a)$ gilt, sind die Lösungen der Gleichung $a^2 \cdot \log_e(a) - \frac{3}{2} \cdot a^2 + 2a - \frac{1}{2} = a^2 \cdot \log_e(a)$ und damit die Lösungen der Gleichung $-\frac{3}{2} \cdot a^2 + 2a - \frac{1}{2} = 0$. Wie man leicht nachrechnet, sind das die beiden Zahlen $a_1 = \frac{1}{3}$ und $a_2 = 1$.

A2.956.05 (D) : Betrachten Sie für $\mathbb{R}_* = \mathbb{R} \setminus \{0\}$ die Familie $(f_a)_{a\in\mathbb{R}_*}$ von Funktionen $f_a : \mathbb{R} \longrightarrow \mathbb{R}$, definiert durch die Zuordnungsvorschriften $f_a(x) = \frac{1}{a}e^{-\frac{1}{2}x^2+ax}$.

1. Bestimmen Sie $Bild(f_a)$ sowie die Menge $N(f_a)$ der Nullstellen von f_a.
2. Bestimmen Sie die Funktion $E: D(E) \longrightarrow \mathbb{R}$, die alle Extrema der Familie $(f_a)_{a\in\mathbb{R}_*}$ enthält.
3. Bestimmen Sie Funktionen $W: D(W) \longrightarrow \mathbb{R}$, die alle Wendepunkte der Familie $(f_a)_{a\in\mathbb{R}_*}$ enthalten.
4. Untersuchen Sie f_a und geeignete Paare (f_a, f_b) hinsichtlich Symmetrie-Eigenschaften.
5. Untersuchen Sie je zwei Funktionen der Familie $(f_a)_{a\in\mathbb{R}_*}$ hinsichtlich Schnittpunkte.

B2.956.05: Betrachtet man die Funktion $u_a : \mathbb{R} \longrightarrow \mathbb{R}$ mit $u_a(x) = -\frac{1}{2}x^2 + ax$, dann hat f_a die Darstellung $f_a(x) = \frac{1}{a}(exp_e \circ u_a)$.

1. Wegen $Bild(exp_e \circ u_a) = Bild(exp_e) = \mathbb{R}^+$ ist $Bild(f_a) = \mathbb{R}^+$, falls $a > 0$ gilt, im anderen Fall ist $Bild(f_a) = \mathbb{R}^-$. Das bedeutet insbesondere $N(f_a) = \emptyset$, für alle $a \in \mathbb{R}_*$.

2. Anhand der beiden Ableitungsfunktionen $f'_a, f''_a : \mathbb{R} \longrightarrow \mathbb{R}$ mit den Vorschriften $f'_a(x) = (a-x)f_a(x)$ und $f''_a(x) = (-1)f_a(x) + (a-x)f'_a(x) = -f_a(x) + (a-x)^2 f_a(x) = ((a-x)^2 - 1)f_a(x)$ kann man zeigen, daß im Fall $a > 0$ der Punkt $(a, \frac{1}{a}e^{\frac{1}{2}a^2})$ das Maximum und im Fall $a < 0$ das Minimum von f_a ist.

Damit ist $E : \mathbb{R}_* \longrightarrow \mathbb{R}$, definiert durch $E(x) = \frac{1}{x}e^{\frac{1}{2}x^2}$, die Funktion, die alle Extrema der Familie $(f_a)_{a\in\mathbb{R}_*}$ enthält.

3. Anhand der Ableitungsfunktionen $f''_a, f'''_a : \mathbb{R} \longrightarrow \mathbb{R}$ mit $f''_a(x) = ((a-x)^2 - 1)f_a(x)$ und $f'''_a(x) = (x-a)(2 + (a-x)^2)f_a(x)$ kann man zeigen, daß die Punkte $(a+1, \frac{1}{a}e^{\frac{1}{2}(a^2-1)})$ und $(a-1, \frac{1}{a}e^{\frac{1}{2}(a^2-1)})$ die beiden Wendepunkte von f_a sind.

Damit sind $W_1, W_2 : \mathbb{R}_* \longrightarrow \mathbb{R}$, definiert durch $W_1(x) = \frac{1}{x-1}e^{\frac{1}{2}x(x-2)}$ und $W_2(x) = \frac{1}{x+1}e^{\frac{1}{2}x(x-2)}$, die Funktionen, die alle Wendepunkte der Familie $(f_a)_{a\in\mathbb{R}_*}$ enthalten.

4a) Die Funktionen f_a sind spiegelsymmetrisch zu der Ordinaten-Paralle durch a, denn für alle $x \in \mathbb{R}$ gilt $u_a(x-a) = \frac{1}{2}(a^2-x^2) = u_a(a+x)$, folglich $f_a(x-a) = \frac{1}{a}(exp_e \circ u_a)(-x) = \frac{1}{a}(exp_e \circ u_a)(+x) = f_a(x+a)$.

4b) Das Paar (f_{-a}, f_a) ist punktsymmetrisch (drehsymmetrisch um $(0,0)$ um $180°$), denn für alle $x \in \mathbb{R}$ gilt $-f_{-a}(-x) = -(\frac{1}{-a})e^{-\frac{1}{2}(-x)^2+(-a)(-x)} = \frac{1}{a}e^{-\frac{1}{2}x^2+ax} = f_a(x)$.

5. Die Äquivalenzen $x \in S(f_a, f_b) \Leftrightarrow f_a(x) = f_b(x) \Leftrightarrow \frac{1}{a}e^{-\frac{1}{2}x^2+ax} = \frac{1}{b}e^{-\frac{1}{2}x^2+bx}$
$\Leftrightarrow log_e(\frac{1}{a}) - \frac{1}{2}x^2 - ax = log_e(\frac{1}{b}) - \frac{1}{2}x^2 - bx \Leftrightarrow -log_e(a) + log_e(b) = ax - bx \Leftrightarrow x = \frac{log_e(b)-log_e(a)}{a-b}$
zeigen, daß je zwei Funktionen f_a und f_b mit $a \neq b$ der Familie $(f_a)_{a\in\mathbb{R}_*}$ die Schnittstelle $\frac{log_e(b)-log_e(a)}{a-b}$ besitzen.

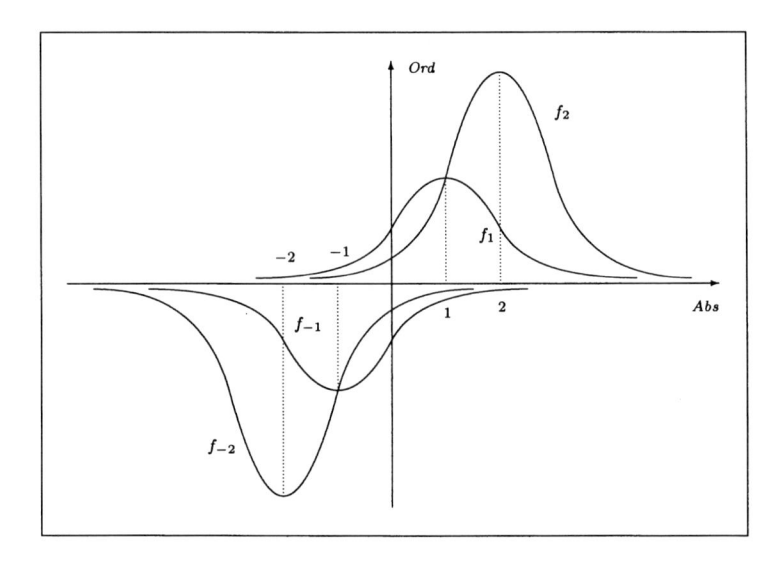

A2.956.06 (D, A) : Betrachten Sie die Familie $(f_a)_{a \in \mathbb{R}^+}$ von Funktionen $f_a : \mathbb{R} \longrightarrow \mathbb{R}$, definiert durch die Zuordnungsvorschriften $f_a(x) = (x^2 - \frac{2}{a}x)e^{ax}$.

1. Untersuchen Sie f_a hinsichtlich Nullstellen.
2. Untersuchen Sie f_a hinsichtlich Extrema.
3. Berechnen Sie die Nullstellen von f_a'' sowie ihre Funktionswerte. (Die so berechneten beiden Punkte sind die beiden Wendepunkte von f_a.)
4. Zeigen Sie anhand einer geeigneten Folge, daß der negative Teil der Abszisse asymptotische Funktion zu f_a ist.
5. Zeigen Sie auf zwei Arten (Differentiation und Integration), daß die Funktion $F_a : \mathbb{R} \longrightarrow \mathbb{R}$, definiert durch $F_a(x) = \frac{1}{a}(x^2 - \frac{4}{a}x + \frac{4}{a^2})e^{ax}$, eine Stammfunktion von f_a ist.
6. Betrachten Sie die Einschränkung $f_a : [m,n] \longrightarrow \mathbb{R}$ mit den beiden Nullstellen m und n von f_a und berechnen Sie den Inhalt $A(f_a)$ der Fläche, die von dieser Einschränkung und der Abszisse begrenzt wird.

B2.956.06: Zur Bearbeitung der Aufgabe im einzelnen: Wie die Zuordnungsvorschriften von f_a zeigen, ist f_a das Produkt $f_a = u_a v_a$ der beiden durch $u_a(x) = x^2 - \frac{2}{a}x$ und $v_a(x) = e^{ax}$ definierten und beliebig oft differenzierbaren Funktionen $u_a, v_a : \mathbb{R} \longrightarrow \mathbb{R}$.

1. Bestimmung der Nullstellenmenge $N(f_a)$: Der Faktor u_a von f_a hat wegen der Äquivalenzen $x \in N(u_a) \Leftrightarrow u_a(x) = 0 \Leftrightarrow x(x - \frac{2}{a}) = 0 \Leftrightarrow x = 0$ oder $x = \frac{2}{a} \Leftrightarrow x \in \{0, \frac{2}{a}\}$ die Nullstellenmenge $N(u_a) = \{0, \frac{2}{a}\}$. Da andererseits der Faktor v_a von f_a (als Komposition $v_a = \exp_e \circ (a \cdot id)$) mit einer Exponential-Funktion keine Nullstellen besitzt, gilt $N(f_a) = N(u_a) \cup N(v_a) = \{0, \frac{2}{a}\} \cup \emptyset = \{0, \frac{2}{a}\}$.

2a) Bestimmung der 1. Ableitungsfunktion $f_a' : \mathbb{R} \longrightarrow \mathbb{R}$ von f_a: Die Funktion $f_a' = (u_a v_a)'$ besitzt die Zuordnungsvorschrift $f_a'(x) = u_a'(x)v_a(x) + u_a(x)v_a'(x) = (2x - \frac{2}{a})e^{ax} + a(x^2 - \frac{2}{a}x)e^{ax} = (ax^2 - \frac{2}{a})e^{ax}$. Mit $s_a(x) = ax^2 - \frac{2}{a}$ hat f_a' dann die Darstellung $f_a' = s_a v_a$.

2b) Bestimmung der Nullstellenmenge $N(f_a')$: Der Faktor s_a von f_a' hat wegen der Äquivalenzen $x \in N(s_a) \Leftrightarrow s_a(x) = 0 \Leftrightarrow ax^2 - \frac{2}{a} = 0 \Leftrightarrow x = -\frac{1}{a}\sqrt{2}$ oder $x = \frac{1}{a}\sqrt{2} \Leftrightarrow x \in \{-\frac{1}{a}\sqrt{2}, \frac{1}{a}\sqrt{2}\}$ die Nullstellenmenge $N(s_a) = \{-\frac{1}{a}\sqrt{2}, \frac{1}{a}\sqrt{2}\}$. Da der Faktor v_a von f_a' keine Nullstellen besitzt (siehe 1.), gilt $N(f_a') = N(s_a) \cup N(v_a) = N(s_a) \cup \emptyset = \{-\frac{1}{a}\sqrt{2}, \frac{1}{a}\sqrt{2}\}$.

2c) Bestimmung der 2. Ableitungsfunktion $f_a'' : \mathbb{R} \longrightarrow \mathbb{R}$ von f_a: Die Funktion $f_a'' = (s_a v_a)'$ besitzt die Zuordnungsvorschrift $f_a''(x) = s_a'(x)v_a(x) + s_a(x)v_a'(x) = 2axe^{ax} + a(ax^2 - \frac{2}{a})e^{ax} = (a^2x^2 + 2ax - 2)e^{ax}$. Mit $t_a(x) = a^2x^2 + 2ax - 2$ hat f_a'' dann die Darstellung $f_a'' = t_a v_a$.

2d) Untersuchung der Nullstellen von f_a' bezüglich f_a'': Die Berechnungen $f_a''(-\frac{1}{a}\sqrt{2}) = -2\sqrt{2}e^{-\sqrt{2}} < 0$ und $f_a''(\frac{1}{a}\sqrt{2}) = 2\sqrt{2}e^{\sqrt{2}} > 0$ zeigen, daß $-\frac{1}{a}\sqrt{2}$ die Maximalstelle und $\frac{1}{a}\sqrt{2}$ die Minimalstelle von f_a ist.

2e) Bestimmung der Extrema von f_a: Die beiden Berechnungen $f_a(-\frac{1}{a}\sqrt{2}) = \frac{2}{a^2}(1 + \sqrt{2})e^{-\sqrt{2}}$ und $f_a(\frac{1}{a}\sqrt{2}) = \frac{2}{a^2}(1 - \sqrt{2})e^{\sqrt{2}}$ der Funktionswerte von Maximal- und Minimalstelle liefern das Maximum $(-\frac{1}{a}\sqrt{2}, \frac{2}{a^2}(1 + \sqrt{2})e^{-\sqrt{2}})$ sowie das Minimum $(\frac{1}{a}\sqrt{2}, \frac{2}{a^2}(1 - \sqrt{2})e^{\sqrt{2}})$ von f_a.

3a) Bestimmung der Nullstellenmenge $N(f_a'')$: Der Faktor t_a von f_a'' hat wegen der Äquivalenzen $x \in N(t_a) \Leftrightarrow t_a(x) = 0 \Leftrightarrow a^2x^2 + 2ax - 2 = 0 \Leftrightarrow x = -\frac{1}{a}(1 + \sqrt{3})$ oder $x = -\frac{1}{a}(1 - \sqrt{3})$ $\Leftrightarrow x \in \{-\frac{1}{a}(1 + \sqrt{3}), -\frac{1}{a}(1 - \sqrt{3})\}$ die Nullstellenmenge $N(t_a) = \{-\frac{1}{a}(1 + \sqrt{3}), -\frac{1}{a}(1 - \sqrt{3})\}$. Da der Faktor v_a von f_a' keine Nullstellen besitzt (siehe 1.), gilt $N(f_a') = N(t_a) \cup N(v_a) = N(s_a) \cup \emptyset = \{-\frac{1}{a}(1 + \sqrt{3}), -\frac{1}{a}(1 - \sqrt{3})\}$.

3b) Die Berechnungen $f_a(-\frac{1}{a}(1 - \sqrt{3})) = \frac{2}{a^2}(2 + \sqrt{3})e^{-1+\sqrt{3}}$ und $f_a(-\frac{1}{a}(1 + \sqrt{3})) = \frac{2}{a^2}(2 + \sqrt{3})e^{-1-\sqrt{3}}$ der Funktionswerte der Nullstellen von f_a'' liefern nach Vorgabe die Wendepunkte von f_a.

4. Betrachtet man zu $f_a(x) = \frac{1}{a}(ax^2 - 2)e^{ax}$ und der Folge $(-n)_{n \in \mathbb{N}}$ die von beiden Daten erzeugte Folge $(f_a(-n))_{n \in \mathbb{N}} = (\frac{1}{a}(an^2 - 2)e^{-an})_{n \in \mathbb{N}} = \frac{1}{a}(\frac{an^2}{e^{an}})_{n \in \mathbb{N}} - \frac{1}{a}(\frac{2}{e^{an}})_{n \in \mathbb{N}}$, so konvergieren beide Summanden antiton gegen Null, also konvergiert auch die zu untersuchende Summe gegen Null, folglich ist die Nullfunktion asymptotische Funktion zu f_a.

5a) Die angegebene Funktion F_a ist tatsächlich eine Stammfunktion von f_a, wie die folgende Berechnung (Differentiation) zeigt. Es gilt $F_a'(x) = \frac{1}{a}((2x - \frac{4}{a})e^{ax} + (x^2 - \frac{4}{a}x + \frac{4}{a^2})ae^{ax}) = \frac{1}{a}(2x - \frac{4}{a} + ax^2 - 4x + \frac{4}{a})e^{ax} =$

$\frac{1}{a}(ax^2 - 2x)e^{ax} = (x^2 - \frac{2}{a})e^{ax} = f_a(x)$.

5b) Mit der Darstellung $f_a = u_a v_a$ ist $\int f_a = \int (u_a v_a) = u_a V_a - \int (u'_a V_a)$ mit einer Stammfunktion V_a von v_a, etwa $V_a = \frac{1}{a} v_a$. Dabei ist dann

b_1) $u_a V_a = \frac{1}{a} u_a v_a (= \frac{1}{a} f_a)$,
b_2) $u'_a V_a = \frac{1}{a} \cdot u'_a \cdot v_a = \frac{1}{a}(2 \cdot id - \frac{2}{a}) v_a = \frac{2}{a}(id - \frac{1}{a}) v_a$,
b_3) $\int (u'_a V_a) = \frac{2}{a} \int ((id - \frac{1}{a}) v_a)$,
b_4) $\int ((id - \frac{1}{a}) v_a) = (id - \frac{1}{a}) V_a - \int V_a = (id - \frac{1}{a}) V_a - \frac{1}{a} V_a + \mathbb{R} = (id - \frac{2}{a}) V_a + \mathbb{R}$.

Damit ist dann insgesamt $\int f_a = \frac{1}{a} u_a v_a - \frac{2}{a^2}(id - \frac{2}{a}) V_a + \mathbb{R} = \frac{1}{a}(u_a v_a - \frac{2}{a}(id - \frac{2}{a}) v_a) + \mathbb{R}$
$= \frac{1}{a}(u_a - \frac{2}{a} id + \frac{4}{a^2}) v_a + \mathbb{R} = \frac{1}{a}(id^2 - \frac{2}{a} id - \frac{2}{a} id + \frac{4}{a^2}) v_a + \mathbb{R} = \frac{1}{a}(id^2 - \frac{4}{a} id + \frac{4}{a^2}) v_a + \mathbb{R}$.

6. Mit den Nullstellen 0 und $\frac{2}{a} > 0$ ist dann $A(f_a) = |F_a(\frac{2}{a}) - F_a(0)| = |\frac{1}{a}(\frac{4}{a^2} - \frac{8}{a^2} + \frac{4}{a^2}) e^{a\frac{2}{a}} - \frac{1}{a} \cdot \frac{4}{a^2} \cdot e^0| = |\frac{1}{a} \cdot 0 \cdot e^2 - \frac{4}{a^3}| = \frac{4}{a^3}$ (FE) der gesuchte Flächeninhalt.

A2.956.07 (D): Betrachten Sie die Familie $(f_a)_{a \in \mathbb{R}_0^+}$ von Funktionen $f_a : \mathbb{R} \longrightarrow \mathbb{R}$, definiert durch die Zuordnungsvorschriften $f_a(x) = (x^2 - a) e^{x+1}$.

1. Bilden Sie die ersten vier Ableitungsfunktionen von f_a, entwickeln und beweisen Sie daraus eine Formel für die n-te Ableitungsfunktion $f^{(n)}$.
2. Untersuchen Sie f_a hinsichtlich Nullstellen.
3. Berechnen Sie die beiden Extrema von f_a, insbesondere die von f_0 und die von f_2.
4. Berechnen Sie die beiden Wendepunkte von f_2. Geben Sie dann beide Wendetangenten an.
5. Haben die Funktionen von $(f_a)_{a \in \mathbb{R}_0^+}$ gemeinsame Punkte?

B2.956.07: Zur Bearbeitung der Aufgabe im einzelnen:

1. Die vier Ableitungsfunktionen $f'_a, f''_a, f'''_a, f_a^{(4)} : \mathbb{R} \longrightarrow \mathbb{R}$ sind definiert durch die Vorschriften
$f'_a(x) = (x^2 + 2x - a)e^{x+1}$, $\quad f''_a(x) = (x^2 + 4x + 2 - a)e^{x+1}$,
$f'''_a(x) = (x^2 + 6x + 6 - a)e^{x+1}$, $\quad f_a^{(4)}(x) = (x^2 + 8x + 12 - a)e^{x+1}$.

Dem kann man die für alle $n \in \mathbb{N}_0$ geltende Formel $f_a^{(n)}(x) = (x^2 + 2nx + n(n-1) - a)e^{x+1}$ entnehmen, deren Gültigkeit der folgende Induktionsschritt von n nach $n+1$ zeigt (wobei der Induktionsanfang schon mit $f_a = f_a^{(0)}$ oder mit den vorstehenden Ableitungsfunktionen vorliegt): Es gilt
$(f_a^{(n)})'(x) = (x^2 + 2x + 2n + 2nx + n(n-1) - a)e^{x+1} = (x^2 + (2+2n)x + 2n + n(n-1) - a)e^{x+1} = (x^2 + 2(n+1)x + (n+1)n - a)e^{x+1} = f_a^{(n+1)}(x)$.

2. Für $a \neq 0$ hat f_a die beiden Nullstellen $-\sqrt{a}$ und $\sqrt{a}$, f_0 hat die Nullstelle 0.

3. Wie man sofort berechnet, gilt $N(f'_a) = \{-1 - \sqrt{1+a}, -1 + \sqrt{1+a}\}$, ferner ist $N(f'_0) = \{-2, 0\}$. Für diese Nullstellen gilt dann $f''_a(-1 - \sqrt{1+a}) = -2\sqrt{1+a}\, e^{-\sqrt{1+a}} < 0$ und $f''_a(-1 + \sqrt{1+a}) = 2\sqrt{1+a}\, e^{\sqrt{1+a}} > 0$, die erste Nullstelle ist also die Maximalstelle, die zweite die Minimalstelle von f_a. Mit den Funktionswerten dieser Zahlen ist dann $(-1 - \sqrt{1+a}, (2 + 2\sqrt{1+a})e^{-\sqrt{1+a}})$ das Maximum und entsprechend $(-1 + \sqrt{1+a}, (2 - 2\sqrt{1+a})e^{\sqrt{1+a}})$ das Minimum von f_a im Fall $a \neq 0$. Die Funktion f_0 hat wegen $f''_0(-2) = -2e < 0$ das Maximum $(-2, f_0(-2)) = (-2, \frac{4}{e})$ und wegen $f''_0(0) = 2e > 0$ das Minimum $(0, f_0(0)) = (0, 0)$. Die Funktion f_2 hat das Maximum $(-1 - \sqrt{3}, (2 + 2\sqrt{3})e^{-\sqrt{3}})$ und das Minimum $(-1 + \sqrt{3}, (2 - 2\sqrt{3})e^{\sqrt{3}})$.

4a) Die Funktion f''_2 hat die beiden Nullstellen 0 und -4. Für die gilt $f'''_2(0) = 4e \neq 0$ und $f'''_2(-4) = -4e^{-3}$, somit sind diese beiden Zahlen die Wendestellen von f_2. Mit den Funktionswerten $f_2(0) = -2e$ und $f_2(-4) = 14e^{-3}$ hat f_2 dann die beiden Wendepunkte $(0, -2e)$ und $(-4, 14e^{-3})$.

4b) Mit den Funktionswerten $f'_2(0) = -2e$ und $f_2(0) = -2e$ hat die Wendetangente $t_0 : \mathbb{R} \longrightarrow \mathbb{R}$ die Zuordnungsvorschrift $t_0(x) = f'_2(0)x - f'_2(0)0 + f_2(0) = -2ex - 2e$. Mit den Funktionswerten $f'_2(-4) = 6e^{-3}$ und $f_2(-4) = 14e^{-3}$ hat die Wendetangente $t_{-4} : \mathbb{R} \longrightarrow \mathbb{R}$ die Zuordnungsvorschrift $t_{-4}(x) = f'_2(-4)x - f'_2(-4)(-4) + f_2(-4) = 6e^{-3}x - 6e^{-3}(-4) + 14e^{-3} = 6e^{-3}x + 38e^{-3}$.

5. Wie man sofort sieht, gilt $f_a(x) = f_b(x)$ genau dann, wenn $a = b$ gilt. Das heißt, daß je zwei Funktionen von $(f_a)_{a \in \mathbb{R}_0^+}$ keinen gemeinsamen Punkt besitzen.

A2.956.08 (D, A): Betrachten Sie die Familie $(f_a)_{a \in \mathbb{R}^+}$ von Funktionen $f_a : \mathbb{R} \longrightarrow \mathbb{R}$ mit $f_a(x) = ae^{ax}$.

1. Untersuchen Sie f_a hinsichtlich Nullstellen, Extrema und Wendepunkte, berechnen Sie ferner zu je zwei verschiedene Indices a_1 und a_2 den Schnittpunkt $S(f_{a_1}, f_{a_2})$. Geben Sie dann noch die Schnittpunkte für die drei Indexpaare $(1,2), (1,3)$ und $(2,3)$ an.

2. Berechnen Sie den Flächeninhalt $A(f_a)$ der Fläche, die von f_a, der Abszisse, der Ordinate und der Ordinatenparallelen durch -1 eingeschlossen wird. Geben Sie $A(f_a)$ dann noch für $a = 1, 2, 3$ an.

3. Betrachten Sie die durch die Zuordnung $a \longmapsto A(f_a)$ definierte Funktion $A : \mathbb{R}^+ \longrightarrow \mathbb{R}$. Zeigen Sie, daß A keine lokalen Extrema besitzt, anschließend dann, daß A streng monoton ist.

4. Bestimmen Sie die Lösung der Gleichung $(A, \frac{1}{2})$, also diejenige Zahl $a \in \mathbb{R}^+$ mit $A(a) = \frac{1}{2}$. Berechnen Sie dann allgemein die Antwort auf die Frage: Für welche Zahlen $z \in \mathbb{R}$ haben die Gleichungen (A, z) Lösungen? Nennen Sie die dabei existierende Lösung sowie schließlich die Bildmenge von A.

5. Berechnen und kommentieren Sie die Grenzwerte der Folgen $(A(n))_{n \in \mathbb{N}}$ und $(A(\frac{1}{n}))_{n \in \mathbb{N}}$.

6. Berechnen Sie das Volumen $V(f_a)$ des Körpers, der durch Rotation der in 2. beschriebenen Fläche um die Abszisse entsteht. Geben Sie $V(f_a)$ für $a = 1, 2, 3$ an.

B2.956.08: Man beachte zunächst: Die Funktionen f_a haben die Form $f_a = a(exp_e \circ g_a)$ mit der durch $g_a(x) = ax$ definierten Funktion $g_a : \mathbb{R} \longrightarrow \mathbb{R}$. Mit dieser Darstellung von f_a dann im einzelnen:

1a) Wegen $N(exp_e) = \emptyset$ ist auch $N(f_a) = \emptyset$, das heißt also, f_a besitzt keine Nullstellen.

1b) Die 1. Ableitungsfunktion von f_a ist $f_a' = a(exp_e \circ g_a)' = a(exp_e \circ g_a)g_a' = a^2(exp_e \circ g_a) = af_a$. Mit $N(f_a) = \emptyset$ ist damit $N(f_a') = \emptyset$, folglich besitzt f_a wegen $Ex(f_a) \subset N(f_a') = \emptyset$ keine Extrema.

1c) Die 2. Ableitungsfunktion f_a'' von f_a ist $f_a'' = (af_a)' = af_a' = a^2 f_a$. Mit $N(f_a) = \emptyset$ ist damit $N(f_a'') = \emptyset$, folglich besitzt f_a wegen $Wen(f_a) \subset N(f_a'') = \emptyset$ keine Wendepunkte.

1d) Für $a, b \in \mathbb{R}^+$ mit $a \neq b$ liefern die Äquivalenzen $f_a(x) = f_b(x) \Leftrightarrow ae^{ax} = be^{bx} \Leftrightarrow \frac{a}{b} = \frac{e^{bx}}{e^{ax}} = e^{bx-ax} = e^{(b-a)x} \Leftrightarrow \log_e(\frac{a}{b}) = (b-a)x \Leftrightarrow x = \frac{\log_e(\frac{a}{b})}{b-a}$ die Schnittstelle $\frac{\log_e(\frac{a}{b})}{b-a}$ von f_a und f_b. Ihr Funktionswert unter f_a ist dann $f_a(\frac{\log_e(\frac{a}{b})}{b-a}) = ae^{\log_e(\frac{a}{b}) \cdot \frac{a}{b-a}} = a(\frac{a}{b})^{\frac{a}{b-a}}$. Damit liegen folgende konkreten Schnittpunkte vor:

$S(f_1, f_2)$: Für $x = \log_e(\frac{1}{2}) \approx -0,7$ ist $f_1(x) = 1(\frac{1}{2})^1 = \frac{1}{2}$, also ist $S(f_1, f_2) \approx (-0,7/0,5)$,

$S(f_1, f_3)$: Für $x = \log_e(\frac{1}{3}) \approx -0,5$ ist $f_1(x) = 1(\frac{1}{3})^{\frac{1}{2}} = \frac{1}{3}\sqrt{3} \approx 0,6$, also ist $S(f_1, f_3) \approx (-0,5/0,6)$,

$S(f_2, f_3)$: Für $x = \log_e(\frac{2}{3}) \approx -0,4$ ist $f_2(x) = 2(\frac{2}{3})^2 = \frac{8}{9}$, also ist $S(f_2, f_3) \approx (-0,4/0,9)$.

2. Das Integral von f_a ist $\int f_a = a \cdot \int (exp_e \circ g_a) = a\frac{1}{a}(exp_e \circ g_a) + \mathbb{R} = (exp_e \circ g_a) + \mathbb{R} = \frac{1}{a}f_a + \mathbb{R}$. Damit ist $A(f_a) = \int_{-1}^{0} f_a = (\int f_a)(0) - (\int f_a)(-1) = \frac{1}{a}f_a(0) - \frac{1}{a}f_a(-1) = \frac{1}{a}a \cdot e^0 - \frac{1}{a}a \cdot e^{-a} = 1 - e^{-a} = 1 - \frac{1}{e^a}$.

Es ist $A(f_1) = 1 - \frac{1}{e} \approx 0,63$ (FE), $A(f_2) = 1 - \frac{1}{e^2} \approx 0,86$ (FE) und $A(f_3) = 1 - \frac{1}{e^3} \approx 0,95$ (FE).

3. Die 1. Ableitungsfunktion $A' : \mathbb{R}^+ \longrightarrow \mathbb{R}$ von A ist definiert durch $A'(a) = (-1)(-e^{-a}) = e^{-a}$ und besitzt wegen $N(exp_e) = \emptyset$ keine Nullstellen; folglich besitzt A wegen $Ex(u) \subset N(u') = \emptyset$ keine lokalen Extrema. Weiterhin: Die Funktion u ist streng monoton, denn für $a, b \in \mathbb{R}^+$ gilt: $a < b \Rightarrow e^a < e^b \Rightarrow e^{-a} > e^{-b} \Rightarrow -e^{-a} < -e^{-b} \Rightarrow 1 - e^{-a} < 1 - e^{-b} \Rightarrow u(a) < u(b)$.

4. Wegen der Äquivalenzen $A(a) = \frac{1}{2} \Leftrightarrow 1 - e^{-a} = \frac{1}{2} \Leftrightarrow e^{-a} = \frac{1}{2} \Leftrightarrow e^a = 2 \Leftrightarrow a = \log_e(2)$ hat die Gleichung $(A, \frac{1}{2})$ die Lösung $\log_e(2)$.

Wegen der Äquivalenzen $A(a) = z \Leftrightarrow 1 - e^{-a} = z \Leftrightarrow e^{-a} = 1 - z \Leftrightarrow e^a = \frac{1}{1-z} \Leftrightarrow a = \log_e(\frac{1}{1-z}) = \log_e(1) - \log_e(1-z) = -\log_e(1-z) \Leftrightarrow \log_e(1-z) < 0$ (denn es gilt $a \in \mathbb{R}^+$) $\Leftrightarrow 0 < 1 - z < 1 \Leftrightarrow 1 > z > 0 \Leftrightarrow z \in (0,1)$ haben nur die Gleichungen (A, z) mit $z \in (0,1)$ eine Lösung. Die Lösung ist in diesem Fall $a = -\log_e(1-z)$.

Wegen der Äquivalenzen $z \in Bild(A) \Leftrightarrow (A, z)$ ist lösbar $\Leftrightarrow z \in (0,1)$ ist $Bild(A) = (0,1)$.

5. Es gilt $lim(A(n))_{n \in \mathbb{N}} = lim(1 - e^{-n})_{n \in \mathbb{N}} = lim(1)_{n \in \mathbb{N}} - lim(e^{-n})_{n \in \mathbb{N}} = 1 - 0 = 1$ und $lim(A(\frac{1}{n}))_{n \in \mathbb{N}} = lim(1 - e^{-\frac{1}{n}})_{n \in \mathbb{N}} = lim(1)_{n \in \mathbb{N}} - lim(e^{-\frac{1}{n}})_{n \in \mathbb{N}} = 1 - 1 = 0$.

6. Es ist zunächst $f_a^2(x) = (ae^{ax})^2 = a^2 e^{2ax}$, somit ist $(\int f_a^2)(x) = a^2 \frac{1}{2a} e^{2ax} = \frac{1}{2} ae^{2ax}$. Damit ist $V(f_a) = \pi \cdot \int_{-1}^{0} f_a^2 = \pi((\int f_a^2)(0) - (\int f_a^2)(-1)) = \pi(\frac{1}{2}ae^0 - \frac{1}{2}ae^{-2a}) = \frac{1}{2}a\pi(1 - e^{-2a})$ (VE), insbesondere $V(f_1) = \frac{1}{2}\pi(1 - \frac{1}{e^2}) \approx 1,35$, $V(f_2) = \frac{1}{2}\pi(1 - \frac{1}{e^4}) \approx 3,08$ und $V(f_3) = \frac{1}{2}\pi(1 - \frac{1}{e^6}) \approx 4,70$ (VE).

2.957 Untersuchungen von Exponential-Funktionen (Teil 8)

A2.957.01 (D, A) : Betrachten Sie die Familie $(f_a)_{a\in\mathbb{R}}$ von Funktionen $f_a : \mathbb{R} \longrightarrow \mathbb{R}$, definiert durch die Zuordnungsvorschriften $f_a(x) = (x + a)e^{x-a}$. Verwenden Sie im folgenden auch die Darstellung $f_a = u_a v_a$ mit den durch $u_a(x) = x + a$ und $v_a(x) = e^{x-a}$ definierten Funktionen $u_a, v_a : \mathbb{R} \longrightarrow \mathbb{R}$.
1. Untersuchen Sie f_a hinsichtlich Nullstellen.
2. Untersuchen Sie f_a hinsichtlich lokaler Extrema.
3. Untersuchen Sie f_a hinsichtlich Wendepunkte.
4. Ermitteln Sie diejenige Funktion $W : \mathbb{R} \longrightarrow \mathbb{R}$, die zu jedem $a \in \mathbb{R}$ die Wendepunkte von f_a enthält.
5. Nennen Sie – nötigenfalls auch mit Näherungen – die in den Aufgabenteilen 1 bis 3 ermittelten Daten für $a = -1$ und skizzieren Sie die Funktion f_{-1} im Bereich $[-3, \frac{3}{2}]$. Beschreiben Sie das Verhalten von f_{-1} in den Bereichen $(-\star, -1]$ und $[1, \star)$.
6. Die Berechnungen der ersten drei Ableitungsfunktionen von f_a legen eine Vermutung für das Aussehen der n-ten Ableitungsfunktion $f_a^{(n)}$ von f_a nahe (mit $n \in \mathbb{N}_0$). Nennen und beweisen Sie eine solche Beziehung.
7. Bestimmen Sie zu der Familie $(f_a)_{a\in\mathbb{R}}$ die Einhüllende Funktion $E : \mathbb{R} \longrightarrow \mathbb{R}$.
8. Berechnen Sie das Integral $\int f_a$ von f_a.
9. Betrachten Sie gemäß der in Aufgabenteil 4 zu erstellenden Skizze die beiden Flächen, die f_{-1} mit der Abszisse bildet. Zeigen Sie, daß man einer dieser Flächen einen endlichen Flächeninhalt $A(-1)$ zuordnen kann und berechnen Sie diesen Flächeninhalt. Läßt sich ein solcher Flächeninhalt $A(a)$ auch für die Funktionen f_a mit beliebigem Index $a \in \mathbb{R}$ berechnen? Wenn ja, geben Sie die durch die Zuordnung $a \longmapsto A(a)$ definierte Funktion A an und nennen Sie eine mögliche Monotonie-Eigenschaft von A.

B2.957.01: Zur Bearbeitung der Aufgabe im einzelnen:

Vorbemerkung: Die Funktion f_a ist das Produkt $f_a = u_a \cdot v_a$ der Funktionen $u_a, v_a : \mathbb{R} \longrightarrow \mathbb{R}$, definiert durch die Vorschriften $u_a(x) = x + a$ und $v_a(x) = e^{x-a}$.

1. Bestimmung der Menge der Nullstellen von f_a: Es gilt $N(f_a) = N(u_a) \cup N(v_a) = \{-a\} \cup \emptyset = \{-a\}$.

2a) Die erste Ableitungsfunktion $f_a' : \mathbb{R} \longrightarrow \mathbb{R}$ von f_a ist definiert durch die Zuordnungsvorschrift $f_a'(x) = u_a'(x)v_a(x) + u_a(x)v_a'(x) = 1 \cdot e^{x-a} + (x+a)e^{x-a} \cdot 1 = (x+a+1)e^{x-a}$.

2b) Mit $w_a(x) = x + a + 1$ gilt $N(f_a') = N(w_a) \cup N(v_a) = \{-(a+1)\} \cup \emptyset = \{-(a+1)\}$.

2c) Die zweite Ableitungsfunktion $f_a'' : \mathbb{R} \longrightarrow \mathbb{R}$ von f_a ist definiert durch die Zuordnungsvorschrift $f_a''(x) = w_a'(x)v_a(x) + w_a(x)v_a'(x) = 1 \cdot e^{x-a} + (x+a+1)e^{x-a} \cdot 1 = (x+a+2)e^{x-a}$.

2d) Wegen $f_a''(-(a+1)) = (-a-1+a+2)e^{-a-1-a} = e^{-(2a+1)} > 0$ ist $-(a+1)$ die Minimalstelle und $(-(a+1), f_a(-(a+1))) = (-(a+1), -e^{-(2a+1)})$ das Minimum von f_a.

3a) Mit $s_a(x) = x + a + 2$ gilt $N(f_a'') = N(s_a) \cup N(v_a) = \{-(a+2)\} \cup \emptyset = \{-(a+2)\}$.

3b) Die dritte Ableitungsfunktion $f_a''' : \mathbb{R} \longrightarrow \mathbb{R}$ von f_a ist definiert durch die Zuordnungsvorschrift $f_a'''(x) = s_a'(x)v_a(x) + s_a(x)v_a'(x) = 1 \cdot e^{x-a} + (x+a+2)e^{x-a} \cdot 1 = (x+a+3)e^{x-a}$.

3c) Wegen $f_a'''(-(a+2)) = (-a-2+a+3)e^{-a-2-a} = e^{-2(a+1)} > 0$ ist $-(a+2)$ die Wendestelle und $(-(a+2), f_a(-(a+2))) = (-(a+2), -2e^{-2(a+1)})$ der Wendepunkt von f_a mit RL-Krümmung.

4. Bestimmung derjenigen Funktion $W : \mathbb{R} \longrightarrow \mathbb{R}$, die zu jedem $a \in \mathbb{R}$ die Wendepunkte von f_a enthält: Die Festsetzung $z = -a - 2$ liefert $a = -z - 2$ und damit $e^{-2a-2} = e^{-2(-z-2)-2} = e^{2z+4-2} = e^{2z+2}$. Damit ist W, definiert durch $W(z) = -2e^{2z+2}$, die gewünschte Funktion.

5. Skizze der Funktion $f_{-1} : \mathbb{R} \longrightarrow \mathbb{R}$ mit $f_{-1}(x) = (x-1)e^{x+1}$ mit der Nullstelle 1, dem Minimum $(0, -e) \approx (0/-2, 7)$ und dem Wendepunkt $(-1, -2)$:

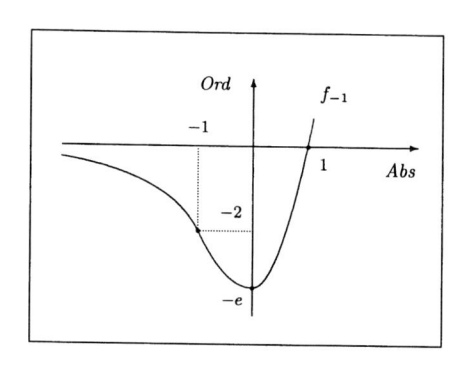

a) Beschreibung der Funktion f_{-1} im Bereich $(-\star, -1]$: Da f_{-1} dort weder eine Nullstelle noch ein Maximum besitzt, muß die Null-Funktion die asymptotische Funktion zu f_{-1} sein.

b) Beschreibung der Funktion f_{-1} im Bereich $[1, \star)$: Da f_{-1} dort weder eine Nullstelle noch eine Wendestelle besitzt, muß f_{-1} in diesem Bereich nach oben unbeschränkt sein.

6. Offenbar gilt $f_a^{(n)}(x) = (x + a + n)e^{x-a}$, für alle $n \in \mathbb{N}_0$ (mit $f_a^{(0)} = f_a$). Der Beweis wird nach dem Prinzip der Vollständigen Induktion (siehe Abschnitt 1.802) geführt: Der Induktionsanfang ist mit $f_a^{(0)} = f_a$ erbracht. Zum Induktionsschritt: Gilt $f_a^{(n)}(x) = (x + a + n)e^{x-a}$, so folgt $f_a^{(n+1)}(x) = (f_a^{(n)})'(x) = 1 \cdot e^{x-a} + (x + a + n)e^{x-a} = (x + a + (n+1))e^{x-a}$.

7. Vertauschen von Argument x und Parameter a liefert dann eine Familie $(g_x)_{x \in \mathbb{R}}$ von Funktionen $g_x : \mathbb{R} \longrightarrow \mathbb{R}$, definiert durch die Zuordnungsvorschriften $g_x(a) = (x + a)e^{x-a}$. Die erste Ableitungsfunktion $g_x' : \mathbb{R} \longrightarrow \mathbb{R}$ von g_x ist definiert durch die Zuordnungsvorschrift $g_x'(a) = (1 - x - a)e^{x-a}$ und besitzt die Nullstellenmenge $N(g_x') = \{1 - x\}$. Mit der zweiten Ableitungsfunktion $g_x'' : \mathbb{R} \longrightarrow \mathbb{R}$ von g_x, definiert durch $g_x''(a) = (-2 + x + a)e^{x-a}$, gilt $g_x''(1-x) = e^{2x-1} < 0$, folglich ist $1 - x$ das Maximum von g_x. Damit ist $x \longmapsto g_{1-x}(a) = e^{2x-1}$ die Zuordnungsvorschrift der Einhüllenden Funktion zu $(f_a)_{a \in \mathbb{R}}$.

8. Berechnung des Integrals $\int f_a$ der Funktion f_a: Mit einer Stammfunktion V_a von v_a gilt zunächst $\int f_a = \int (u_a v_a) = u_a V_a - \int (u_a' V_a)$ als Integral eines Produkts integrierbarer Funktionen. Verwendet man dabei $u_a' = 1$ sowie $V_a = v_a$ (denn die Integration der Komposition $v_a = \exp_e \circ (id - a)$ liefert $V_a \in \int v_a = \int (\exp_e \circ (id - a)) = 1 \cdot v_a + \mathbb{R} = v_a + \mathbb{R}$), dann ist $\int f_a = \int (u_a v_a) = u_a v_a - \int v_a = u_a v_a - v_a + \mathbb{R} = (u_a - 1)v_a + \mathbb{R}$. Damit gilt also $(\int f_a)(x) = (x + a - 1)e^{x-a} + c$ mit $c \in \mathbb{R}$.

9a) Im folgenden wird gezeigt, daß die Funktion $f_{-1} : (-\star, 1] \longrightarrow \mathbb{R}$ mit $f_{-1}(x) = (x - 1)e^{x+1}$ mit der Abszisse eine Fläche mit endlichem Flächeninhalt $A(-1)$ beschreibt: Nach Aufgabenteil 8 ist die Funktion $F_{-1} : (-\star, 1] \longrightarrow \mathbb{R}$ mit $F_{-1}(x) = (x - 2)e^{x+1}$ eine Stammfunktion von f_{-1}. Damit liegt für alle $n \in \mathbb{N}$ das Riemann-Integral $\int_{-n}^{1} f_{-1} = F_{-1}(1) - F_{-1}(-n) = -e^2 - (-n - 2)e^{-n+1} = -e^2 + (n+2)e^{1-n}$. Folglich existiert das Uneigentliche Riemann-Integral von f_{-1} mit der Berechnung $lim(-e^2)_{n \in \mathbb{N}} + lim(\frac{n+2}{e^{n-1}})_{n \in \mathbb{N}} = lim(\int_{-n}^{1} f_{-1})_{n \in \mathbb{N}} = \int_{-\star}^{1} f_{-1}$, woraus $\int_{-\star}^{1} f_{-1} = lim(-e^2)_{n \in \mathbb{N}} = -e^2$ folgt, da die Folge $lim(\frac{n+2}{e^{n-1}})_{n \in \mathbb{N}}$ nullkonvergent ist. Somit ist dann schließlich $A(-1) = |\int_{-\star}^{1} f_{-1}| = |-e^2| = e^2$ (FE).

9b) Eine analoge Berechnung liefert mit der durch $F_a(x) = (x + a - 1)e^{x-a}$ definierten Stammfunktion $F_a : (-\star, -a] \longrightarrow \mathbb{R}$ von $f_a : (-\star, -a] \longrightarrow \mathbb{R}$ zu jedem $n \in \mathbb{N}$ das Riemann-Integral $\int_{-n}^{-a} f_a = F_a(-a) - F_a(-n) = -e^{-2a} - (-n + a - 1)e^{-(n+a)}$ und in entsprechender Weise das Uneigentliche Riemann-Integral $\int_{-\star}^{-a} f_a = lim(-e^{-2a})_{n \in \mathbb{N}} = -e^{-2a}$, woraus der Flächeninhalt $A(a) = |\int_{-\star}^{-a} f_a| = e^{-2a}$ (FE) folgt.

9c) Die Funktion $A : \mathbb{R} \longrightarrow \mathbb{R}$, die die Flächeninhalte $A(a)$ beschreibt, ist somit definiert durch die Vorschrift $A(a) = e^{-2a}$, die zeigt, daß A eine antitone Funktion ist.

A2.957.02 (D) : Betrachten Sie die Familie $(f_a)_{a \in \mathbb{R}^+ \setminus \{1\}}$ von Funktionen $f_a : \mathbb{R} \setminus \{0\} \longrightarrow \mathbb{R}$, definiert durch die Zuordnungsvorschriften $f_a(x) = (e^{\frac{1}{x}} - a)^2$.

1. Untersuchen Sie f_a hinsichtlich Nullstellen und beschreiben Sie gegebenenfalls deren Lage. Geben Sie ferner $Bild(f_a)$ an.

2. Klären Sie durch durch geeignete Berechnungen das Verhalten der Funktionen f_a in der näheren Umgebung von Null. (Man beachte $0 \notin D(f_a)$.)

3. Zeigen Sie durch geeignete Berechnung, daß f_a eine asymptotische Funktion besitzt.

4. Zeigen Sie anhand von f'_a und f''_a, daß $\frac{1}{log_e(a)}$ für alle $a \in \mathbb{R}^+ \setminus \{1\}$ die Minimalstelle von f_a ist. (Weitere Extremstellen existieren nicht.)

5. Geben Sie unter Verwendung von f''_a zwei Funktionen u und v_a an, deren Schnittstellen jeweils die Nullstellen von f''_a sind.

Hinweis: Die eine der beiden Funktionen soll $u = exp_e \circ h$ mit der Normalhyperbel $h = \frac{1}{id}$, die andere Funktion, v_a, eine rationale Funktion sein.

6. Skizzieren Sie anhand geeigneter Wertetabellen die in Aufgabenteil 5 zu ermittelnden Funktionen u und v_a für den Fall $a = \frac{1}{2}$. Wieviele Schnittstellen haben beide Funktionen und welche Näherungen lassen sich gegebenenfalls für diese Schnittstellen der Skizze entnehmen?

7. Betrachten Sie die Näherungen in Aufgabenteil 6 als Näherungen für Wendestellen von $f_{\frac{1}{2}}$ und berechnen Sie Näherungen für deren Funktionswerte.

8. Skizzieren Sie $f_{\frac{1}{2}}$ anhand der in den bisherigen Aufgabenteilen gewonnenen Daten.

9./10./11. Wie Aufgabenteile 6 bis 8 für den Fall $a = 2$.

B2.957.02: Zur Bearbeitung der Aufgabe im einzelnen:

1. Bestimmung der möglichen Nullstellen von f_a: Die Äquivalenzen $x \in N(f_a) \Leftrightarrow f_a(x) = 0 \Leftrightarrow (e^{\frac{1}{x}} - a)^2 = 0 \Leftrightarrow e^{\frac{1}{x}} - a = 0 \Leftrightarrow e^{\frac{1}{x}} = a \Leftrightarrow \frac{1}{x} \cdot log_e(e) = log_e(a) \Leftrightarrow x = \frac{1}{log_e(a)}$ zeigen, daß jede Funktion f_a die einzige Nullstelle $n_a = \frac{1}{log_e(a)}$ besitzt. Im Fall $a > 1$ gilt $n_a > 0$, im Fall $0 < a < 1$ gilt dann $n_a < 0$. Schließlich gilt damit $Bild(f_a) = \mathbb{R}_0^+$, für alle Elemente $a \in \mathbb{R}^+ \setminus \{1\}$.

2. Zur Bearbeitung dieses Aufgabenteils werden die beiden nullkonvergenten Folgen $x = (-\frac{1}{n})_{n \in \mathbb{N}}$ und $y = (\frac{1}{n})_{n \in \mathbb{N}}$ herangezogen. Damit gilt im einzelnen:

2a) Die Bildfolge $f_a \circ x$ hat die Darstellung $(f_a \circ x)(n) = f_a(-\frac{1}{n}) = (e^{-n} - a)^2 = (\frac{1}{e^n} - a)^2$ und konvergiert wegen $lim(\frac{1}{e^n})_{n \in \mathbb{N}} = 0$ gegen $lim(f_a \circ x) = (0 - a)^2 = a^2$.

2b) Die Bildfolge $f_a \circ y$ hat die Darstellung $(f_a \circ y)(n) = f_a(\frac{1}{n}) = (e^n - a)^2$. Da die Folge $(e^n)_{n \in \mathbb{N}}$ monoton und nach oben unbeschränkt ist, hat auch die Folge $f_a \circ y$ diese Eigenschaften, folglich ist $f_a \circ y$ divergent, aber in $\mathbb{R}^*$ konvergent gegen $lim(f_a \circ y) = \star$. (Das bedeutet insbesondere, daß die Ordinate senkrechte Asymptote zu f_a ist.)

3. Zur Bearbeitung dieses Aufgabenteils werden die beiden Folgen $x = (n)_{n \in \mathbb{N}}$ und $y = (-n)_{n \in \mathbb{N}}$ herangezogen. Damit gilt im einzelnen:

3a) Die Bildfolge $f_a \circ x$ hat die Darstellung $(f_a \circ x)(n) = f_a(n) = (e^{\frac{1}{n}} - a)^2$. Da nun aber die Folge $(e^{\frac{1}{n}})_{n \in \mathbb{N}}$ gegen 1 konvergiert, konvergiert die Folge $f_a \circ x$ gegen $lim(f_a \circ x) = (1 - a)^2$.

3b) Die Bildfolge $f_a \circ y$ hat die Darstellung $(f_a \circ x)(n) = f_a(-n) = (e^{-\frac{1}{n}} - a)^2$. Da nun aber die Folge $(e^{-\frac{1}{n}})_{n \in \mathbb{N}}$ gegen 1 konvergiert, konvergiert die Folge $f_a \circ y$ ebenfalls gegen $lim(f_a \circ y) = (1 - a)^2$.

3c) Damit ist die konstante Fuktion $c_a : \mathbb{R} \longrightarrow \mathbb{R}$ mit $c_a(x) = (1 - a)^2$ die asymptotische Funktion zu f_a.

4a) Die 1. Ableitungsfunktion $f'_a : \mathbb{R} \setminus \{0\} \longrightarrow \mathbb{R}$ ist definiert durch $f'_a(x) = -\frac{2}{x^2}(e^{\frac{1}{x}} - a)e^{\frac{1}{x}}$. Da die beiden Faktoren $-\frac{2}{x^2}$ und $e^{\frac{1}{x}}$ keine Nullstellen von f'_a liefern, ist $n_a = \frac{1}{log_e(a)}$ die Nullstelle von f'_a (nach Aufgabenteil 1, womit dann auch $N(f_a) = N(f'_a)$ gilt).

4b) Unter Verwendung von $f'_a(x) = -\frac{2}{x^2}(e^{\frac{2}{x}} - ae^{\frac{1}{x}})$ hat die 2. Ableitungsfunktion $f''_a : \mathbb{R} \setminus \{0\} \longrightarrow \mathbb{R}$ die Zuordnungsvorschrift $f''_a(x) = \frac{2}{x^3} \cdot e^{\frac{1}{x}} \cdot (2(1 + \frac{1}{x})e^{\frac{1}{x}} - a(2 + \frac{1}{x}))$.

4c) Die Berechnung $f''_a(\frac{1}{log_e(a)}) = 2(\frac{a}{log_e(a)})^2 > 0$, für alle $a \in \mathbb{R}^+ \setminus \{1\}$, zeigt, daß $\frac{1}{log_e(a)}$ die Minimalstelle von f_a ist. Damit ist $(\frac{1}{\log_e(a)}, 0)$ das Minimum von f_a, für alle $a \in \mathbb{R}^+ \setminus \{1\}$.

5a) Hinsichtlich der möglichen Nullstellen von f_a'' liefern die beiden Faktoren $\frac{2}{x^3}$ und $e^{\frac{1}{x}}$ keine Nullstellen, es bleibt also der Faktor $(2(1+\frac{1}{x})e^{\frac{1}{x}} - a(2+\frac{1}{x}))$ zu untersuchen: Dabei gelten zunächst die Äquivalenzen $x \in N(f_a'') \Leftrightarrow f_a''(x) = 0 \Leftrightarrow (2(1+\frac{1}{x})e^{\frac{1}{x}} - a(2+\frac{1}{x})) = 0 \Leftrightarrow e^{\frac{1}{x}} = \frac{a(2+\frac{1}{x})}{2(1+\frac{1}{x})} \Leftrightarrow e^{\frac{1}{x}} = \frac{a}{2} \cdot \frac{2x+1}{x+1}$.

5b) Nach den vorstehenden Berechnungen sind die möglichen Nullstellen von f_a'' gerade die möglichen Schnittstellen der beiden Funktionen $u : \mathbb{R} \setminus \{0\} \longrightarrow \mathbb{R}$ mit $u(x) = e^{\frac{1}{x}}$ und $v_a : \mathbb{R} \setminus \{-1\} \longrightarrow \mathbb{R}$ mit $v_a(x) = \frac{a}{2} \cdot \frac{2x+1}{x+1}$.

6./7. Zur Frage möglicher Wendestellen der Funktion $f_{\frac{1}{2}}$ wird die Funktion $(f_{\frac{1}{2}})'' = u - v_{\frac{1}{2}}$ mit der Vorschrift $(f_{\frac{1}{2}})''(x) = e^{\frac{1}{x}} - \frac{2x+1}{4(x+1)}$ hinsichtlich Nullstellen untersucht: Dazu liefert ein kleines Computer-Programm die beiden Näherungen $x \approx -2{,}48340713$ und $z \approx -0{,}40103253$. Anhand entsprechender Skizzen kann man feststellen, daß diese Zahlen tatsächlich Wendestellen von $f_{\frac{1}{2}}$ sind.

9./10. Zur Frage möglicher Wendestellen der zweiten Funktion, f_2, wird nun die entsprechende Funktion $(f_2)'' = u - v_2$ mit $(f_2)''(x) = e^{\frac{1}{x}} - \frac{2x+1}{x+1}$ hinsichtlich Nullstellen untersucht: Dazu liefert wieder ein kleines Computer-Programm die beiden Näherungen $x \approx -0{,}46855525$ und $z \approx 1{,}96635672$. Anhand entsprechender Skizzen kann man feststellen, daß diese Zahlen tatsächlich Wendestellen von $f_{\frac{1}{2}}$ sind.

8./11. Skizzen der beiden Fuktionen $f_{\frac{1}{2}}$ (Beispiel für die Situation $0 < a < 1$) und f_2 (Beispiel für die Situation $a > 1$) anhand folgender konkreter Daten:

Funktion	Nullstelle	asympt. Funktion	$\lim(f_a \circ x) = a^2$	1.Wendest.	2.Wendest.
$f_{\frac{1}{2}}$	$\frac{1}{\log_e(\frac{1}{2})} \approx -1{,}44$	$g_{\frac{1}{2}}(x) = \frac{1}{4}$	$\frac{1}{4}$	$\approx -2{,}48$	$\approx -0{,}40$
f_2	$\frac{1}{\log_e(2)} \approx 1{,}44$	$g_2(x) = 1$	4	$\approx -0{,}47$	$\approx 1{,}97$

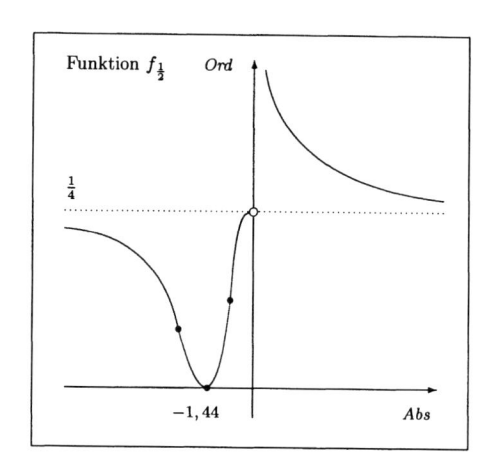

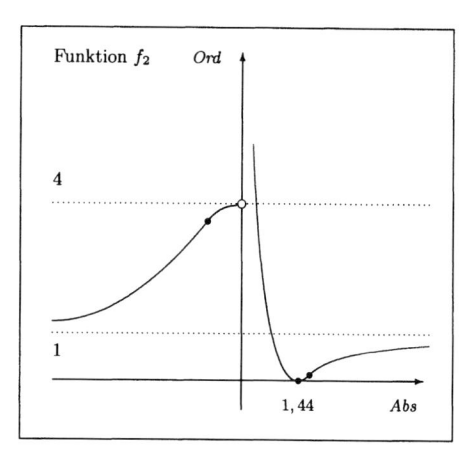

A2.957.03 (D) : Betrachten Sie die Familie $(f_a)_{a \in \mathbb{R} \setminus \{0\}}$ von Funktionen $f_a : \mathbb{R} \longrightarrow \mathbb{R}$, definiert durch die Zuordnungsvorschriften $f_a(x) = (x-a)e^{2-\frac{1}{a}x}$.

1. Berechnen Sie die Schnittstellen von f_a mit den Koordinaten.
2. Untersuchen Sie die Funktionen f_a hinsichtlich Extrema und Wendepunkte.
3. Weisen Sie nach: Alle Funktionen f_a erzeugen mit der Abszisse einen Winkel mit demselben Winkelmaß. Berechnen Sie dann dieses Winkelmaß.
4. Berechnen Sie – sofern existent – das Uneigentliche Integral $\int_a^* f_a$.

Hinweis: Verwenden Sie dabei die Konvergenz der Folge $(ne^{2-\frac{1}{a}n})_{n \in \mathbb{N}}$ mit $\lim(ne^{2-\frac{1}{a}n})_{n \in \mathbb{N}} = 0$.

5. Bei den Berechnungen in Aufgabenteil 2 sind die Ableitungsfunktionen f'_a sowie f''_a und f'''_a zu bilden. Kann man daran eine allgemeine Beziehung für die n-te Ableitungsfunktion $f_a^{(n)}$ erkennen? Wenn ja, nennen und beweisen Sie eine solche Beziehung.

B2.957.03: Zur Bearbeitung der Aufgabe im einzelnen, wobei die Darstellung $f_a = u_a \cdot (exp_e \circ v_a)$ mit den beiden Geraden $u_a, v_a : \mathbb{R} \longrightarrow \mathbb{R},\ u_a = id - a$ und $v_a = 2 - \frac{1}{a}id$, verwendet wird.

1. Da nur der Faktor u_a von f_a eine Nullstelle liefert, gilt $N(f_a) = N(u_a) = \{a\}$. Weiterhin ist $f_a(0) = (-a)e^2 = -ae^2$ der Ordinatenabschnitt von f_a.

2a) Die 1. Ableitungsfunktion $f'_a : \mathbb{R} \longrightarrow \mathbb{R}$ ist definiert durch $f'_a(x) = e^{2-\frac{1}{a}x} + (x-a)e^{2-\frac{1}{a}x}(-\frac{1}{a}) = (2-\frac{1}{a}x)e^{2-\frac{1}{a}x}$ und besitzt die einzige Nullstelle $2a$. Mit der 2. Ableitungsfunktion $f''_a : \mathbb{R} \longrightarrow \mathbb{R}$, definiert durch die Vorschrift $f''_a(x) = (-\frac{1}{a})e^{2-\frac{1}{a}x} + (2-\frac{1}{a}x)e^{2-\frac{1}{a}x}(-\frac{1}{a}) = \frac{1}{a}(\frac{1}{a}x - 3)e^{2-\frac{1}{a}x}$, gilt dann

$f''_a(2a) = \frac{1}{a}(-1)e^0 = -\frac{1}{a} \begin{cases} < 0, \text{ falls } a > 0, \text{ also ist dann } (2a, f_a(2a)) = (2a, a) \text{ das Maximum von } f_a. \\ > 0, \text{ falls } a < 0, \text{ also ist dann } (2a, f_a(2a)) = (2a, a) \text{ das Minimum von } f_a. \end{cases}$

Anmerkung: Die Funktion, die die Extrema aller Funktionen der Familie $(f_a)_{a \in \mathbb{R} \setminus \{0\}}$ enthält, ist $\frac{1}{2} \cdot id$.

2b) Mit der Nullstelle $3a$ der 2. Ableitungsfunktion f''_a ist noch die 3. Ableitungsfunktion $f'''_a : \mathbb{R} \longrightarrow \mathbb{R}$ von f_a zu bilden: Sie ist definiert durch $f'''_a(x) = \frac{1}{a^2}(4 - \frac{1}{a}x)e^{2-\frac{1}{a}x}$ und liefert $f'''_a(3a) = \frac{1}{a^2} \cdot e \neq 0$. Folglich ist $3a$ die Wendestelle und $(3a, f_a(3a)) = (3a, \frac{2a}{e})$ der Wendepunkt von f_a.

3. Mit der Nullstelle a von f_a gilt $f'_a(a) = tan(\alpha)$ für das Maß α des Anstiegswinkels der Tangente an f_a bei der Nullstelle a. Die Berechnung $f'_a(a) = (2 - \frac{1}{a}a)e^{2-\frac{1}{a}a} = e$ zeigt, daß $f'_a(a) = e$, für alle $a \in \mathbb{R} \setminus \{0\}$ gilt. Dabei hat dieser Anstiegswinkel das Maß $\alpha = arctan(e) \approx 70°$.

4. Mit der Abkürzung $g_a(x) = e^{2-\frac{1}{a}x}$, also $g_a = exp_e \circ v_a$, ist $f_a = (id - a)g_a = id \cdot g_a - a \cdot g_a$ die zu integrierende Funktion, wofür zunächst $\int f_a = \int (id \cdot g_a - a \cdot g_a) = \int (id \cdot g_a) - a \cdot \int g_a$ gilt. Dazu betrachte man die folgenden Einzelberechnungen:

a) Nach Corollar 2.507.3 (Integration von Kompositionen mit Geraden, hier mit v_a) gilt $\int g_a = -a \cdot g_a$.

b) Mit der Stammfunktion $G_a = -a \cdot g_a$ von g_a (nach Teil a)) liefert Corollar 2.506.2 die Beziehung $\int (id \cdot g_a) = id \cdot G_a - \int G_a$, woraus mit $\int G_a = (-a)(-a)g_a = a^2 g_a + \mathbb{R}$ dann schließlich folgt:

$$\int (id \cdot g_a) = id \cdot (-a \cdot g_a) - a^2 g_a + \mathbb{R} = (-a \cdot id - a^2)g_a + \mathbb{R},$$

also: $\int f_a = \int (id \cdot g_a) - a \cdot \int g_a = (-a \cdot id - a^2)g_a - a(-a)g_a + \mathbb{R} = (-a \cdot id - a^2 + a^2)g_a + \mathbb{R} = -a \cdot id \cdot g_a + \mathbb{R}$, folglich ist $F_a : \mathbb{R} \longrightarrow \mathbb{R}$ mit $F_a(x) = -ax \cdot e^{2-\frac{1}{a}x}$ eine Stammfunktion zu f_a.

Für alle $n \in \mathbb{N}$ mit $n \geq a$ liegen dann folgende Riemann-Integrale vor: $\int_a^n f_a = F_a(n) - F_a(a) = -an \cdot e^{2-\frac{1}{a}n} - (-a^2 \cdot e^{2-1}) = -ax \cdot e^{2-\frac{1}{a}x} + a^2 e = a(ae - n \cdot e^{2-\frac{1}{a}n})$. Beachtet man nun (Vorgabe), daß $(ne^{2-\frac{1}{a}n})_{n \in \mathbb{N}}$ eine nullkonvergente Folge ist, so konvergiert die Folge $(\int_a^n f_a)_{n \in \mathbb{N}}$ gegen $a^2 e$, es gilt für das Uneigentliche Integral also $\int_a^* f_a = lim(\int_a^n f_a)_{n \in \mathbb{N}} = a^2 e$.

5. Mit den drei Darstellungen $f'_a(x) = \frac{1}{a}(-x + 2a) \cdot e^{2-\frac{1}{a}x}$ sowie dann $f''_a(x) = \frac{1}{a^2}(x - 3a) \cdot e^{2-\frac{1}{a}x}$ und $f'''_a(x) = \frac{1}{a^3}(-x + 4a) \cdot e^{2-\frac{1}{a}x}$ hat die n-te Ableitungsfunktion $f_a^{(n)}$ von f_a die Form

$$f_a^{(n)}(x) = \frac{1}{a^n}[(-1)^n x + (-1)^{n+1}(n+1)a] \cdot e^{2-\frac{1}{a}x}, \text{ für alle } n \in \mathbb{N}_0.$$

Der Beweis wird nach dem Prinzip der Vollständigen Induktion (siehe etwa Abschnitt 1.811) geführt, wobei die obigen Darstellungen inclusive $f_a^{(0)}(x) = f_a(x) = (x-a) \cdot e^{2-\frac{1}{a}x}$ schon einen Induktionsanfang liefern. Es bleibt also noch der Induktionsschritt von n nach $n+1$ zu zeigen, wofür gilt:

$(f_a^{(n)})'(x) = \frac{1}{a^n}[(-1)^n \cdot e^{2-\frac{1}{a}x} + ((-1)^n x + (-1)^{n+1}(n+1)a) \cdot (-\frac{1}{a}) \cdot e^{2-\frac{1}{a}x}]$

$= \frac{1}{a^n}[(-1)^n + ((-1)^n x + (-1)^{n+1}(n+1)a) \cdot (-\frac{1}{a})] \cdot e^{2-\frac{1}{a}x}$

$= \frac{1}{a^{n+1}}[(-1)^n a + ((-1)^n x(-1) + (-1)^{n+1}(-1)(n+1)a)] \cdot e^{2-\frac{1}{a}x}$

$= \frac{1}{a^{n+1}}[(-1)^{n+1}x + (-1)^n a + (-1)^{n+2}(n+1)a] \cdot e^{2-\frac{1}{a}x} = \frac{1}{a^{n+1}}[(-1)^{n+1}x + (-1)^n a(1 + n + 1)] \cdot e^{2-\frac{1}{a}x}$

$= \frac{1}{a^{n+1}}[(-1)^{n+1}x + (-1)^n a(n+2)] \cdot e^{2-\frac{1}{a}x} = \frac{1}{a^{n+1}}[(-1)^{n+1}x + (-1)^{n+2}a(n+2)] \cdot e^{2-\frac{1}{a}x} = f_a^{n+1}(x).$

A2.957.04 (D, A) : Betrachten Sie die Familie $(f_a)_{a\in\mathbb{R}^+}$ von Funktionen $f_a : \mathbb{R} \longrightarrow \mathbb{R}$, definiert durch die Zuordnungsvorschriften $f_a(x) = \frac{e^x}{(a+e^x)^2}$.

1. Begründen Sie anhand ausführlich dargestellter Einzelberechnungen, daß die Abszisse (negativer und positiver Teil) asymptotische Funktion zu f_a ist. (Verwenden Sie dabei die Folgen $y = (-n)_{n\in\mathbb{N}}$ und $z = (n)_{n\in\mathbb{N}}$.) Geben Sie schließlich noch $Bild(f_a)$ an.

2. Beweisen Sie die Gültigkeit der Beziehung $f_a(log_e(a) + x) = f_a(log_e(x) - x)$, für alle $x \in \mathbb{R}$. Welche Bedeutung hat diese Beziehung für (die graphische Darstellung von) f_a ?

3. Bilden Sie die beiden Ableitungsfunktionen $f'_a, f''_a : \mathbb{R} \longrightarrow \mathbb{R}$ und geben Sie sie in den Darstellungen $f'_a = g_a \cdot f_a$ und $f''_a = (g'_a + g_a^2)f_a$ an.

4. Untersuchen Sie f_a hinsichtlich Extrema und ermitteln Sie die Funktion $E : \mathbb{R} \longrightarrow \mathbb{R}$, die alle Maxima der Funktionen der Familie $(f_a)_{a\in\mathbb{R}^+}$ enthält.

5. Berechnen Sie die beiden Nullstellen von f''_a und verwenden Sie sie in Teil 6 als Wendestellen von f_a.

6. Skizzieren Sie mit den oben ermittelten Daten die Funktion f_a für $a = e^{-3}$ im Bereich $[-6, 0]$.

7. Zeigen Sie auf zweierlei Weise (Differentiation/Integration), daß die Funktion $F_a : \mathbb{R} \longrightarrow \mathbb{R}$, definiert durch die Vorschrift $F_a(x) = -\frac{1}{a+e^x}$, eine Stammfunktion von f_a ist.

8. Berechnen Sie den Inhalt $A(f_a)$ der von f_a, der Abszisse, der Ordinate und der Ordinatenparallelen durch die Zahl $2 \cdot log_e(a)$ begrenzten Fläche. Geben Sie insbesondere (näherungsweise) $A(f_{e^{-3}})$ an.

9. Zeigen Sie, daß für jedes Element $a \in \mathbb{R}^+$ die unbeschränkte Fläche zwischen f_a und der Abszisse einen endlichen Flächeninhalt besitzt.

B2.957.04: Zur Bearbeitung der Aufgabe im einzelnen:

1. Im folgenden werden zu den Folgen $y = (-n)_{n\in\mathbb{N}}$ und $z = (n)_{n\in\mathbb{N}}$ jeweils die Bildfolgen $f_a \circ y$ und $f_a \circ z$ untersucht. Dazu folgende Berechnungen:

a) Die Bildfolge $f_a \circ y$ ist definiert durch $(f_a \circ y)(n) = \frac{e^{-n}}{(a+e^{-n})^2}$. Dabei ist die Zählerfolge $(e^{-n})_{n\in\mathbb{N}} = (\frac{1}{e^n})_{n\in\mathbb{N}}$ konvergent gegen 0, ferner ist die Nennerfolge $((a+e^{-n})^2)_{n\in\mathbb{N}} = (a+e^{-n})_{n\in\mathbb{N}} \cdot (a+e^{-n})_{n\in\mathbb{N}}$ konvergent gegen $lim((a+e^{-n})^2)_{n\in\mathbb{N}} = lim(a+e^{-n})_{n\in\mathbb{N}} \cdot lim(a+e^{-n})_{n\in\mathbb{N}} = a \cdot a = a^2$. Insgesamt ist also die Bildfolge $f_a \circ y$ konvergent gegen $lim(f_a \circ y) = lim(\frac{e^{-n}}{(a+e^{-n})^2})_{n\in\mathbb{N}} = \frac{0}{a^2} = 0$.

b) Zur Untersuchung der Bildfolge $f_a \circ z$ betrachte man zunächst die Darstellung $f_a(x) = \frac{e^x}{(a+e^x)^2} = \frac{e^x}{a^2+2ae^x+e^{2x}} = \frac{e^x}{e^{2x}(\frac{a^2}{e^{2x}}+\frac{2a}{e^x}+1)} = \frac{1}{e^x(\frac{a}{e^x}+1)^2} = \frac{1}{e^x} \cdot \frac{1}{(\frac{a}{e^x}+1)^2}$. Damit hat die Bildfolge $f_a \circ z$ die Darstellung $(f_a \circ z)(n) = (\frac{1}{e^n})_{n\in\mathbb{N}} \cdot (\frac{1}{(\frac{a}{e^n}+1)^2})_{n\in\mathbb{N}}$. Der erste Faktor konvergiert gegen 0, der zweite Faktor konvergent gegen $lim(\frac{1}{(\frac{a}{e^n}+1)^2})_{n\in\mathbb{N}} = \frac{1}{lim((\frac{a}{e^n}+1)_{n\in\mathbb{N}})^2} = \frac{1}{1 \cdot 0} = 1$. Somit konvergiert die Folge $f_a \circ z$ gegen $lim(f_a \circ z) = lim(\frac{1}{e^n})_{n\in\mathbb{N}} \cdot lim(\frac{1}{(\frac{a}{e^n}+1)^2})_{n\in\mathbb{N}} = 0 \cdot 1 = 0$.

c) Es gilt $Bild(f_a) = \mathbb{R}^+$, denn für alle a und für alle a sind die Zahlen e^x und $(a+e^x)^2$ positiv.

2. Einerseits gilt $f_a(log_e(a) + x) = \frac{e^{log_e(a)+x}}{(a+e^{log_e(a)+x})^2} = \frac{e^{log_e(a)}e^x}{(a+e^{log_e(a)}e^x)^2} = \frac{ae^x}{(a+ae^x)^2} = \frac{ae^x}{a^2(1+e^x)^2} = \frac{e^x}{a(1+e^x)^2}$, andererseits gilt entsprechend berechnet ebenfalls $f_a(log_e(a) - x) = \frac{e^x}{a(1+e^x)^2}$, folglich gilt die behauptete Beziehung $f_a(log_e(a)+x) = f_a(log_e(x)-x)$, für alle $x \in \mathbb{R}$. Diese Beziehung zeigt, daß die Gerade durch $log_e(a)$ jeweils Symmetriegerade zu f_a ist.

3a) Es gilt $f'_a(x) = \frac{e^x(a+e^x)^2 - e^x \cdot 2e^x(a+e^x)}{(a+e^x)^4} = \frac{e^x(a+e^x) - 2e^{2x}}{(a+e^x)^3} = \frac{e^{2x}+ae^x - 2e^{2x}}{(a+e^x)^3} = \frac{ae^x - e^{2x}}{(a+e^x)^3} = \frac{a-e^x}{a+e^x} \cdot \frac{e^x}{(a+e^x)^2}$. Mit $g_a(x) = \frac{a-e^x}{a+e^x}$ hat f'_a also die Darstellung $f'_a = g_a \cdot f_a$.

3b) Mit $g'_a(x) = \frac{-e^x(a+e^x)-(a-e^x)e^x}{(a+e^x)^2} = \frac{-2ae^x}{(a+e^x)^2}$ gilt dann $f''_a = (g_a \cdot f_a)' = g'_a f_a + g_a f'_a = g'_a f_a + g_a g_a f_a = (g'_a + g_a^2)f_a$, wobei der Faktor $v_a = g'_a + g_a^2$ die Vorschrift $v_a(x) = g'_a(x) + g_a^2(x) = \frac{a^2 - 4ae^x + e^{2x}}{(a+e^x)^2}$ besitzt.

4a) Da f_a wegen $Bild(f_a) = \mathbb{R}^+$ keine Nullstellen besitzt, gilt $N(f'_a) = N(g_a) \cup N(f_a) = N(g_a)$. Dazu zeigen die Äquivalenzen $x \in N(g_a) \Leftrightarrow a - e^x = 0 \Leftrightarrow e^x = a \Leftrightarrow x \in \{log_e(a)\}$, daß g_a und somit f'_a genau die Nullstelle $log_e(a)$ bsitzt. Weiterhin gilt $f''_a(log_e(a)) = \frac{a^2 - 4a^2 + a^2}{4a^2} \cdot \frac{a}{4a^2} = \frac{-2a^3}{16a^4} = -\frac{1}{8a} < 0$, folglich ist $log_e(a)$ die Maximalstelle und $(log_e(a), f_a(log_e(a))) = (log_e(a), \frac{1}{4a})$ das Maximum von f_a.

Anmerkung: Anstelle der oben verwendeten Bedingung $f''_a(x) \neq 0$ kann auch die dazu äquivalente Bedingung $sign(f'_a(x-\epsilon)) \neq sign(f'_a(x+\epsilon))$ (sogenannter Vorzeichenwechsel bei $f'_a(x)$) nachgewiesen werden: Dazu werden die Testzahlen $log_e(a) - 1 < log_e(a) < log_e(a) + 1$ betrachtet, wofür dann tatsächlich $sign(f'_a(log_e(a) - 1)) = sign(\frac{1-e^{-1}}{1+e^{-1}}) = 1$ sowie $sign(f'_a(log_e(a) + 1)) = sign(\frac{1+e}{1-e}) = -1$ gilt.

4b) Die Zuordnung $log_e(a) \longmapsto \frac{1}{4a}$ liefert mit der Festlegung $x = log_e(a)$ dann $a = e^x$, folglich ist $x \longmapsto \frac{1}{4e^x}$ die Zuordnungsvorschrift der Funktion $E : \mathbb{R} \longrightarrow \mathbb{R}$, die alle Maxima der Funktionen der Familie $(f_a)_{a \in \mathbb{R}^+}$ enthält.

5. Da f_a wegen $Bild(f_a) = \mathbb{R}^+$ keine Nullstellen besitzt, gilt $N(f''_a) = N(v_a) \cup N(f_a) = N(v_a)$. Dazu zeigen die Äquivalenzen $x \in N(v_a) \Leftrightarrow a^2 - 4ae^x + e^{2x} = 0 \Leftrightarrow e^x = 2a - \sqrt{4a^2 - a^2} = a(2 - \sqrt{3})$ oder $e^x = 2a + \sqrt{4a^2 - a^2} = a(2 + \sqrt{3}) \Leftrightarrow x \in \{log_e(a(2-\sqrt{3})), log_e(a(2+\sqrt{3}))\}$, daß v_a und somit f''_a die beiden Nullstellen $log_e(a) + log_e(2 - \sqrt{3})$ und $log_e(a) + log_e(2 + \sqrt{3})$ besitzt.

6. Die durch $f_{e^{-3}}(x) = \frac{e^x}{(e^{-3}+e^x)^2}$ definierte Funktion $f_{e^{-3}} : \mathbb{R} \longrightarrow \mathbb{R}$ besitzt
 - die Gerade durch -3 als Symmetriegerade
 - das Maximum $(log_e(e^{-3}), \frac{1}{4 \cdot e^{-3}}) = (-3, \frac{e^3}{4}) \approx (-3, 5)$
 - die beiden Wendestellen $log_e(e^{-3}) + log_e(2 - \sqrt{3}) \approx -4,3$ und $log_e(e^{-3}) + log_e(2 + \sqrt{3}) \approx -1,7$
 - die beiden zugehörigen Wendepunkte (in Näherungen) $(-4, 3/3, 3)$ und $(-1, 7/3, 3)$
 - die beiden besonderen Funktionswerte $f_{e^{-3}}(-6) = f_{e^{-3}}(0) \approx 0, 9$.

Mit diesen Daten liegt dann folgende Skizze der Funktion $f_{e^{-3}}$ vor:

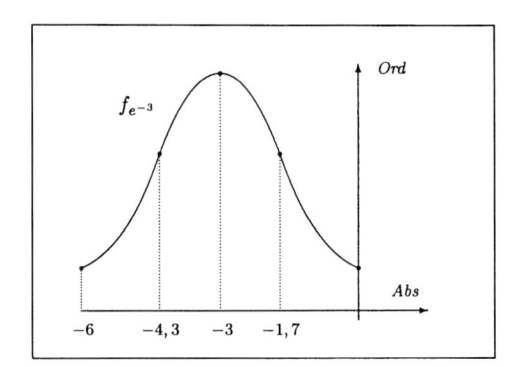

7a) Differentiation von F_a liefert die Beziehung $F'_a(x) = -(\frac{-e^x}{(a+e^x)^2}) = \frac{e^x}{(a+e^x)^2} = f_a(x)$.

7b) Beachtet man für differenzierbare Funktionen $u : I \longrightarrow \mathbb{R} \setminus \{0\}$ mit $I \subset \mathbb{R}$ die Beziehung $(\frac{1}{u})' = -\frac{u'}{u^2}$, so liefert sie unmittelbar die Beziehung $\int \frac{u'}{u^2} = -\frac{1}{u} + \mathbb{R}$. Betrachtet man nun insbesondere die Funktion $u : \mathbb{R} \longrightarrow \mathbb{R}^+$ mit $u(x) = a + e^x$, so liegt damit dann das Integral $\int f_a = -\frac{exp_e}{a+exp_e} + \mathbb{R}$ vor.

8. Der gesuchte Flächeninhalt ist $A(f_a) = |F_a(2 \cdot log_e(a)) - F_a(0)| = |-\frac{1}{a+e^{2 \cdot log_e(a)}} - (-\frac{1}{a+e^0})| = |-\frac{1}{a+(e^{log_e(a)})^2} + \frac{1}{a+1}| = |-\frac{1}{a+a^2} + \frac{1}{a+1}| = |-\frac{1}{a(a+1)} + \frac{1}{a+1}| = |-\frac{1}{a(a+1)} + \frac{a}{a(a+1)}| = |\frac{a-1}{a(a+1)}|$ (FE).
Insbesondere ist $A(f_{e^{-3}}) = |\frac{e^{-3}-1}{e^{-3}(e^{-3}+1)}| \approx 18$ (FE).

9. Die folgende Berechnung liefert das Uneigentliche Integral $\int\limits_{-*}^{*} f_a = lim(\int\limits_{-n}^{n} f_a)_{n \in \mathbb{N}} = lim(|F_a(n) - F_a(n)|)_{n \in \mathbb{N}} = lim(-\frac{1}{a+e^n} + \frac{1}{a+e^{-n}})_{n \in \mathbb{N}} = lim(-\frac{1}{a+e^n})_{n \in \mathbb{N}} + lim(\frac{1}{a+e^{-n}})_{n \in \mathbb{N}} = 0 + \frac{1}{0+a} = \frac{1}{a}$.

A2.957.05 (D, A) : Betrachten Sie die Familie $(f_a)_{a \in \mathbb{R}^+}$ von Funktionen $f_a : \mathbb{R} \longrightarrow \mathbb{R}$, definiert durch die Zuordnungsvorschriften $f_a(x) = (x-a)e^{1-x}$. (Siehe dazu auch Aufgabe A2.951.08.)

1. Berechnen Sie die Schnittstellen von f_a mit den Koordinaten.

2. Ermitteln Sie die ersten vier Ableitungsfunktionen von f_a.

3. Die Berechnungen der ersten drei Ableitungsfunktionen von f_a legen eine Vermutung für das Aussehen

der n-ten Ableitungsfunktion $f_a^{(n)}$ von f_a nahe. Nennen und beweisen Sie eine solche Beziehung.

4. Untersuchen Sie f_a hinsichtlich Extrema und Wendepunkte.
5. Ermitteln Sie diejenige Funktion $E : \mathbb{R} \longrightarrow \mathbb{R}$, die zu jedem $a \in \mathbb{R}^+$ das Maximum von f_a enthält.
6. Ermitteln Sie diejenige Funktion $W : \mathbb{R} \longrightarrow \mathbb{R}$, die zu jedem $a \in \mathbb{R}^+$ den Wendepunkt von f_a enthält.
7. Ermitteln Sie die Tangente $t_a : \mathbb{R} \longrightarrow \mathbb{R}$ an f_a bei der Nullstelle von f_a sowie ihr Anstiegswinkel-Maß.
8. Ermitteln Sie die Funktion $T : \mathbb{R}^+ \longrightarrow \mathbb{R}$, die jedem $a \in \mathbb{R}^+$ den Tangentenanstieg von t_a zuordnet.
9. Zeigen Sie, daß der positive Teil der Abszisse asymptotische Funktion zu f_a ist.
10. Berechnen Sie das Integral $\int f_a$ von f_a.
11. Berechnen Sie das Uneigentliche Integral $\int_a^{\star} f_a$ und kommentieren Sie das Ergebnis.

B2.957.05: Zur Bearbeitung der Aufgabe im einzelnen:

1. Die Nullstelle von f_a ist a, der Ordinatenabschnitt von f_a ist $f_a(0) = -ae$ (etwa $f_2(0) = -2e$).
2. Die Zuordnungsvorschriften der ersten vier Ableitungsfunktionen von f_a zeigt die Tabelle:

$$f_a'(x) = (-x + a + 1)e^{1-x} \qquad f_a''(x) = (x - a - 2)e^{1-x}$$
$$f_a'''(x) = (-x + a + 3)e^{1-x} \qquad f_a^{(4)}(x) = (x - a - 4)e^{1-x}$$

3. Für die n-te Ableitungsfunktion $f_a^{(n)}$ von f_a gilt $f_a^{(n)}(x) = ((-1)^n(x-a) + (-1)^{n+1}n)e^{1-x}$, für alle $n \in \mathbb{N}$. Der Beweis wird nach dem Prinzip der Vollständigen Induktion (siehe Abschnitt 1.811) geführt, wobei der Induktionsanfang schon mit Teil 2 erbracht ist, es bleibt also der Induktionsschritt von n nach $n+1$ zu zeigen: Es gilt $f_a^{(n+1)}(x) = (f_a^{(n)})'(x) = ((-1)^n + (-1)^{n+1}(x-a) + (-1)^{n+2}n)e^{1-x} = ((-1)^{n+2} + (-1)^{n+1}(x-a) + (-1)^{n+2}n)e^{1-x} = ((-1)^{n+1}(x-a) + (-1)^{n+2}(n+1))e^{1-x}$ unter Verwendung von $(-1)^n = (-1)^{n+2}$.

4a) Die Nullstelle der ersten Ableitungsfunktion $f_a' : \mathbb{R} \longrightarrow \mathbb{R}$ ist die Zahl $a + 1$. Mit der Berechnung $f_a''(a+1) = (a+1-a-2)e^{1-a-1} = -e^{-a} < 0$ ist $a+1$ die Maximalstelle und $(a+1, f_a(a+1)) = (a+1, \frac{1}{e^a})$ das Maximum von f_a. (Das Maximum von f_2 ist $(3, \frac{1}{e^2}) \approx (3/0,135)$.)

4b) Die Nullstelle der zweiten Ableitungsfunktion $f_a'' : \mathbb{R} \longrightarrow \mathbb{R}$ ist die Zahl $a + 2$. Mit der Berechnung $f_a'''(a+2) = (-a-2+a+3)e^{1-a-2} = e^{-a} > 0$ ist $a+2$ die Wendestelle und $(a+2, f_a(a+2)) = (a+2, \frac{2}{e^{a+1}})$ der Wendepunkt von f_a mit Rechts-Links-Krümmung. (Der Wendepunkt von f_2 ist $(4, \frac{2}{e^3}) \approx (4/0,100)$.)

5. Die Funktion $E : \mathbb{R} \longrightarrow \mathbb{R}$, die zu jedem $a \in \mathbb{R}^+$ das Maximum von f_a enthält, ist definiert durch die Zuordnungsvorschrift $E(x) = \frac{1}{e^{x-1}} = \frac{e}{e^x}$ (wegen $a + 1 = x \Leftrightarrow a = x - 1$).

6. Die Funktion $W : \mathbb{R} \longrightarrow \mathbb{R}$, die zu jedem $a \in \mathbb{R}^+$ den Wendepunkt von f_a enthält, ist definiert durch die Zuordnungsvorschrift $W(a) = \frac{2}{e^{x-1}} = \frac{2e}{e^x}$ (wegen $a + 2 = x \Leftrightarrow a = x - 2$).

7a) Die Tangente $t_a : \mathbb{R} \longrightarrow \mathbb{R}$ an f_a bei der Nullstelle a von f_a ist definiert durch die Vorschrift $t_a(x) = f_a'(a)x - f_a'(a)a + f_a(a) = \frac{1}{e}x - \frac{a}{e}$. (Insbesondere ist $t_2(x) = \frac{1}{e}x - \frac{2}{e}$.)

7b) Für alle $a \in \mathbb{R}^+$ hat der Anstiegswinkel von t_a das Maß $\alpha = \arctan(\frac{1}{e}) \approx 20,2°$.

8. Wie die Zuordnungsvorschriften der Tangenten t_a in Teil 7 zeigen, haben alle Tangenten t_a unabhängig von a denselben Anstieg $\frac{1}{e}$. Das heißt, die Funktion $T : \mathbb{R}^+ \longrightarrow \mathbb{R}$, die jedem $a \in \mathbb{R}^+$ den Tangentenanstieg von t_a zuordnet, ist die konstante Funktion $T = \frac{1}{e}$ (was auch für die Tangenanstiegs-Winkelmaße gilt).

9. Zu der Folge $x = (n)_{n \in \mathbb{N}}$ wird die Bildfolge $f_a \circ x = ((n-a)e^{1-n})_{n \in \mathbb{N}} = (ne^{1-n})_{n \in \mathbb{N}} - (ae^{1-n})_{n \in \mathbb{N}} = (\frac{ne}{e^n})_{n \in \mathbb{N}} - (\frac{ae}{e^n})_{n \in \mathbb{N}}$ betrachtet: Beide Summanden sind nullkonvergent, folglich konvergiert $f_a \circ x$ ebenfalls gegen Null. Das heißt aber, daß der positive Teil der Abszisse asymptotische Funktion zu f_a ist.

10. Betrachtet man f_a als Produkt $f_a = u_a \cdot g$ mit $(u_a)(x) = x - a$ und $g(x) = e^{1-x}$, so besitzt g die durch $G(x) = -e^{1-x}$ definierte Stammfunktion G (nach Corollar 2.507.3). Corollar 2.506.2 liefert dann $\int f_a = \int (u_a g) = u_a G - \int (u_a' G) = u_a G - \int G = u_a G + G + \mathbb{R}$. Damit ist F_a mit $F_a(x) = (-x + a - 1)e^{1-x}$ eine Stammfunktion zu f_a.

11. Das Uneigentliche Integral $\int_a^{\star} f_a = \lim(\int_a^n f_a)_{n \in \mathbb{N}} = \lim(|F_a(n) - F_a(a)|)_{n \in \mathbb{N}} = e^{1-a}$ (FE) zeigt, daß die nicht begrenzte Fläche zwischen f_a mit $n > a$ und der Abszisse einen endlichen Flächeninhalt besitzt.

2.960 Untersuchung von Logarithmus-Funktionen (Teil 1)

A2.960.01 (D, A) : Betrachten Sie die durch $f(x) = x \cdot (log_e(x))^2$ definierte Funktion $f : D(f) \longrightarrow \mathbb{R}$ mit maximalem Definitionsbereich $D(f) \subset \mathbb{R}$.

1. Geben Sie $D(f)$ sowie die Menge $N(f)$ der Nullstellen von f an (jeweils mit Begründung).
2. Berechnen Sie das lokale Minimum, das lokale Maximum und den Wendepunkt von f unter Angabe des jeweils verwendeten Verfahrens.
3. Betrachten Sie die Folge $x : \mathbb{N} \longrightarrow \mathbb{R}$ mit $x_n = \frac{1}{n}$ und berechnen Sie Näherungen (Taschenrechner) für $f(x_{10})$, $f(x_{100})$ und $f(x_{1000})$. Geben Sie daraus eine Vermutung für den Grenzwert $lim(f \circ x)$ an. Warum kann beispielsweise nicht $lim(f \circ x) = \frac{1}{10}$ gelten?
Nennen Sie den sogenannten Grenzwertsatz, der für Produkte zuständig ist (für Folgen oder für Funktionen formuliert), und erläutern Sie, warum er im vorliegenden Fall nicht angewendet werden kann.
4. Skizzieren Sie f in einem Ausschnitt des Koordinaten-Systems, der die Ergebnisse aus den Aufgabenteilen 1 bis 3 widerspiegelt. Nennen Sie in sinnvollen Näherungen die Punkte, die Sie für die Skizze benötigen.
5. Wie kann man durch einfache Abänderung der Zuordnungsvorschrift von f eine gleichartig gebaute Funktion h erzeugen, deren lokale Maximalstelle die von f ist, aber den Funktionswert 16 hat ? Ermitteln Sie dann das lokale Minimum und den Wendepunkt dieser Funktion h.
6. Zeigen Sie, daß $F : \mathbb{R}^+ \longrightarrow \mathbb{R}$ mit $F(x) = \frac{1}{2}x^2((log_e(x))^2 - log_e(x) + \frac{1}{2})$ eine Stammfunktion von f ist.
7. Nehmen Sie an, daß sich die beiden Funktionen $f, F : \mathbb{R}^+ \longrightarrow \mathbb{R}$ durch $f^*(0) = 0$ und $F^*(0) = 0$ zu Funktionen $f^*, F^* : \mathbb{R}_0^+ \longrightarrow \mathbb{R}$ stetig fortsetzen lassen. Berechnen Sie zu den Einschränkungen $f_k^* = f^* \,|\, [0, s_k]$ zu den beiden Schnittstellen s_k mit $k \in \{1, 2\}$ von id und f die Flächeninhalte $A(f_k^*)$ und vergleichen Sie sie mit den Flächeninhalten $A(D_k)$ der durch die Punkte $(0,0)$, $(0, s_k)$, (s_k, s_k) gebildeten Dreiecke D_k.

B2.960.01: Im folgenden wird die Darstellung $f = id \cdot log_e^2$ verwendet, wobei id die Einschränkung der identischen Funktion $id_\mathbb{R}$ auf $\mathbb{R}^+$ bezeichne.

1. Die Funktion f hat wegen $D(log_e) = \mathbb{R}^+$ den maximalen Definitionsbereich $D(f) = \mathbb{R}^+$.
Die Menge $N(f)$ der Nullstellen von f ist $N(f) = N(id) \cup N(log_e) = \emptyset \cup \{1\} = \{1\}$.

2a) Wegen $Ex(f) \subset N(f')$ wird die erste Ableitungsfunktion $f' : D(f) \longrightarrow \mathbb{R}$ von f benötigt. Sie ist
$f' = id' \cdot log_e^2 + id \cdot (log_e^2)' = 1 \cdot log_e^2 + id \cdot \frac{2}{id} \cdot log_e = log_e^2 + 2 \cdot log_e = log_e(log_e + 2)$.

2b) Weiterhin gilt $N(f') = N(log_e) \cup N(log_e + 2) = \{1\} \cup \{\frac{1}{e^2}\} = \{\frac{1}{e^2}, 1\}$, denn es gelten die Äquivalenzen
$x \in N(log_e + 2) \Leftrightarrow log_e(x) = -2 \Leftrightarrow x = exp_e(log_e(x)) = exp_e(-2) \Leftrightarrow x = \frac{1}{e^2} \Leftrightarrow x \in \{\frac{1}{e^2}\}$.

2c) Wegen $N(f') \neq \emptyset$ wird die zweite Ableitungsfunktion $f'' : D(f) \longrightarrow \mathbb{R}$ von f benötigt. Sie ist
$f'' = (log_e^2 + 2 \cdot log_e)' = \frac{2}{id} \cdot log_e + \frac{2}{id} = \frac{2}{id} \cdot (log_e + 1)$.

2d) Der Test der beiden Nullstellen von f', $\frac{1}{e^2}$ und 1, unter f'' liefert dann $f''(\frac{1}{e^2}) = 2 \cdot e^2(log_e(\frac{1}{e^2}) + 1) = 2 \cdot e^2(0 - log_e(e^2) + 1) = 2 \cdot e^2(1 - log_e(e^2)) = 2 \cdot e^2(1 - 2 \cdot log_e(e)) = 2 \cdot e^2(1 - 2) = -2 \cdot e^2 < 0$ und $f''(1) = 2 \cdot (log_e(1) + 1) = 2 \cdot (0 + 1) = 2 > 0$. Somit ist $\frac{1}{e^2}$ die lokale Maximalstelle und 1 die lokale Minimalstelle von f.

2e) Die beiden lokalen Extremstellen haben die Funktionswerte $f(\frac{1}{e^2}) = \frac{1}{e^2} log_e(\frac{1}{e^2})^2 = \frac{1}{e^2}(-log_e(e^2))^2 = \frac{1}{e^2}(2 \cdot log_e(e))^2 \frac{1}{e^2}(2 \cdot 1)^2 = \frac{4}{e^2}$ und $f(1) = 0$, denn 1 ist Nullstelle von f. Damit ist $(\frac{1}{e^2}, \frac{4}{e^2})$ das lokale Maximum und $(1, 0)$ das lokale Minimum von f.

2f) Zur Berechnung der Wendestelle von f wird wegen $Wen(f) \subset N(f'')$ die Menge $N(f'')$ der Nullstellen von f'' benötigt. Es gilt $N(f'') = N(\frac{2}{id} \cdot (log_e + 1)) = N(\frac{2}{id}) \cup N(log_e + 1) = \emptyset \cup N(log_e + 1) = \{\frac{1}{e}\}$, denn es gelten die Äquivalenzen $x \in N(log_e + 1) \Leftrightarrow log_e(x) = -1 \Leftrightarrow x = exp_e(log_e(x)) = exp_e(-1) \Leftrightarrow x = \frac{1}{e} \Leftrightarrow x \in \{\frac{1}{e}\}$.

2g) Wegen $N(f'') \neq \emptyset$ wird die dritte Ableitungsfunktion $f''' : D(f) \longrightarrow \mathbb{R}$ von f benötigt. Sie ist
$f''' = (\frac{2}{id} \cdot (log_e+1))' = (\frac{2}{id})' \cdot (log_e+1) + \frac{2}{id} \cdot (log_e+1)' = (-\frac{2}{id^2})(log_e+1) + \frac{2}{id} \cdot \frac{1}{id} = (-\frac{2}{id^2})(log_e+1) + \frac{2}{id^2} =$

$(-\frac{2}{id^2})log_e - \frac{2}{id^2} + \frac{2}{id^2} = (-\frac{2}{id^2})log_e$.

2h) Der Test der Nullstelle $\frac{1}{e}$ von f'' unter f''' liefert dann $f'''(\frac{1}{e}) = (-2e^2) \cdot log_e(\frac{1}{e})) = (-2e^2) \cdot (-1) = 2e^2 > 0$, somit ist $\frac{1}{e}$ die Wendestelle von f mit Rechts-Links-Krümmung.

2i) Die Wendestelle hat den Funktionswert $f(\frac{1}{e}) = \frac{1}{e}log_e(\frac{1}{e})^2 = \frac{1}{e}(-log_e(e))^2 = \frac{1}{e} \cdot 1 = \frac{1}{e}$. Damit ist $(\frac{1}{e}, \frac{1}{e})$ der Wendepunkt von f (mit Rechts-Links-Krümmung).

3. Auf zwei Nachkommastellen gerundet ist $f(x_{10}) \approx 0,53$, $f(x_{100}) \approx 0,21$ und $f(x_{1000}) \approx 0,04$. Für die Bildfolge $f \circ x$ der antiton gegen 0 konvergierenden Folge x kann vermutet werden, daß sie ebenfalls antiton gegen 0 konvergiert, also $lim(f \circ x) = 0$.
Angenommen, es würde $lim(f \circ x) = \frac{1}{10}$ gelten, dann müßte die Funktion f wegen der Beziehung $f(x_{1000}) \approx 0,04 < \frac{1}{10}$ zwischen $(0, \frac{1}{10})$ und dem lokalen Maximum ein weiteres lokales Minimum haben, was aber nach Aufgabenteil 2 nicht der Fall sein kann.
Der hier zuständige Grenzwertsatz hat für Folgen $u, v : \mathbb{N} \longrightarrow \mathbb{R}$ die Form (als Konditionalsatz!): Wenn u und v $\mathbb{R}$-konvergent sind, dann ist auch uv $\mathbb{R}$-konvergent und es gilt $lim(uv) = lim(u) \cdot lim(v)$.
Dieser Satz kann hier nicht angewendet werden, da für die Bildfolge $f \circ x = (id \cdot log_e^2) \circ x = (id \circ x) \cdot (log_e^2 \circ x)$ der genannten Folge x zwar der Faktor $id \circ x = x$ $\mathbb{R}$-konvergent ist (gegen 0), aber der Faktor $log_e^2 \circ x$ nicht $\mathbb{R}$-konvergent ist (gegen $-\infty$), die Voraussetzung des Satzes also nicht erfüllt ist.

4. Die Skizze zu der Funktion f wird im Intervall $(0, 2]$ angefertigt. Dazu werden die folgenden Punkte in Form von Näherungen (sinnvoll mit einer Nachkommastelle) verwendet:
lokales Maximum: $(0, 1/0, 5)$, Wendepunkt: $(0, 4/0, 4)$, lokales Minimum: $(1, 0/0, 0)$, $(2, f(2))$: $(2, 0/1, 0)$.

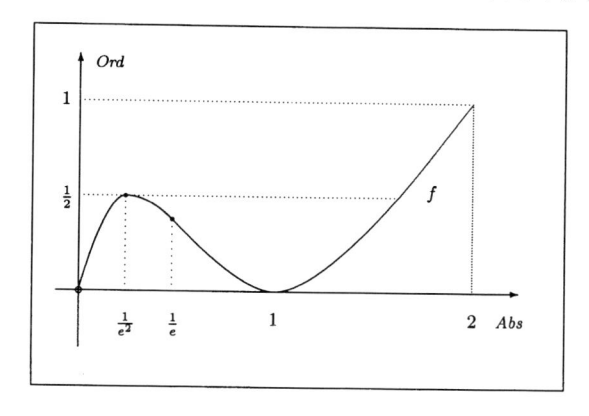

5. Die Funktion f soll so zu einer Funktion h verändert werden, daß das lokale Maximum $(\frac{1}{e^2}, \frac{4}{e^2})$ von f dann als lokales Maximum von h die Form $(\frac{1}{e^2}, 16)$ hat. Dieser Funktionswert 16 kann vermöge eines Faktors a mit $h(x) = a \cdot f(x)$ aus $a \cdot f(\frac{1}{e^2}) = a \cdot \frac{4}{e^2} = 16$ ermittelt werden: Diese Gleichung liefert $a = 16 \cdot \frac{e^2}{4} = 4 \cdot e^2$.
Die Funktion $h = af$ hat wegen $(1, h(1)) = (1, af(1)) = (1, a \cdot 0) = (1, 0)$ dasselbe lokale Minimum wie f. Der Wendepunkt von h ist $(\frac{1}{e}, h(\frac{1}{e})) = (\frac{1}{e}, af(\frac{1}{e})) = (\frac{1}{e}, a\frac{1}{e}) = (\frac{1}{e}, 4 \cdot e^2 \cdot \frac{1}{e}) = (\frac{1}{e}, 4e)$.

6. Differentiation von F liefert die Vorschrift $F'(x) = x((log_e(x))^2 - log_e(x) + \frac{1}{2}) + \frac{1}{2}x^2(\frac{2}{x}log_e(x) - \frac{1}{x})$
$= x(log_e(x))^2 - x \cdot log_e(x) + x \cdot log_e(x) + \frac{1}{2}x - \frac{1}{2}x = x(log_e(x))^2 = f(x)$.

7a) Die Äquivalenzen $x \in S(id, f) \Leftrightarrow x = x(log_e(x))^2 \Leftrightarrow (log_e(x))^2 = 1 \Leftrightarrow x \in \{\frac{1}{e}, e\}$ zeigen $S(id, f) = \{\frac{1}{e}, e\}$ und liefern damit die beiden Schnittpunkte $(\frac{1}{e}, \frac{1}{e})$ und (e, e) von id und f.

7b) Für $f_1^* = f^* | [0, \frac{1}{e}]$ gilt $A(f_1^*) = F(\frac{1}{e}) - F(0) = F(\frac{1}{e}) = \frac{1}{2}(\frac{1}{e})^2((log_e(\frac{1}{e}))^2 - log_e(\frac{1}{e}) + \frac{1}{2})$
$= \frac{1}{2e^2}((-1)^2 - 1 + \frac{1}{2}) = \frac{5}{4e^2}$. Mit $A(D_1) = \frac{1}{2} \cdot \frac{1}{e} \cdot \frac{1}{e} = \frac{1}{2e^2}$ ist dann das Verhältnis $A(f_1^*) : A(D_1) = 5 : 2$.

7c) Für $f_2^* = f^* | [0, e]$ gilt $A(f_2^*) = F(e) - F(0) = F(e) = \frac{1}{2}e^2((log_e(e))^2 - log_e(e) + \frac{1}{2}) = \frac{1}{2}e^2(1^2 - 1 + \frac{1}{2})$
$= \frac{1}{4}e^2$. Mit $A(D_2) = \frac{1}{2} \cdot e \cdot e = \frac{1}{2}e^2$ liegt dann das Verhältnis $A(f_2^*) : A(D_2) = 1 : 2$ vor.

A2.960.02 (D, A) : Betrachten Sie die durch $f(x) = x^2 \cdot \log_e(x)$ definierte Funktion $f : \mathbb{R}^+ \longrightarrow \mathbb{R}$.
1. Bestimmen Sie die Nullstellenmenge von f.
2. Untersuchen Sie f hinsichtlich Extrema und Wendepunkte.
3. Beweisen Sie, daß $F : \mathbb{R}^+ \longrightarrow \mathbb{R}$ mit $F(x) = \frac{1}{3}x^3(\log_e(x) - \frac{1}{3})$ eine Stammfunktion von f ist.
4. Berechnen Sie den Flächeninhalt $A(f)$ der Fläche, die von f, der Abszisse und den Ordinatenparallelen durch 1 und e begrenzt wird.

B2.960.02 : Wie man leicht sieht, ist f das Produkt der Normalparabel id^2, eingeschränkt auf $\mathbb{R}^+$, mit der Logarithmus-Funktion $\log_e$, die von Natur aus auf $\mathbb{R}^+$ definiert ist.
1. Wegen $N(f) = N(id^2) \cup N(\log_e) = \emptyset \cup \{1\} = \{1\}$ ist 1 die Nullstelle von f.
2. Wegen der Inklusionen $Ex(f) \subset N(f')$ und $Wen(f) \subset N(f'')$ sind zunächst die beiden Ableitungsfunktionen $f', f'' : \mathbb{R}^+ \longrightarrow \mathbb{R}$ zu betrachten. Sie haben die Zuordnungsvorschriften $f'(x) = x(1 + 2 \cdot \log_e(x))$ und $f''(x) = (1 + 2 \cdot \log_e(x)) + x \cdot \frac{2}{x} = 3 + 2 \cdot \log_e(x)$.
Die Äquivalenzen $x \in N(f') \Leftrightarrow f'(x) = 0 \Leftrightarrow x(1 + 2 \cdot \log_e(x)) = 0 \Leftrightarrow \log_e(x) = -\frac{1}{2} \Leftrightarrow x = \exp_e(-\frac{1}{2}) = e^{-\frac{1}{2}}$ liefern die Nullstelle $e^{-\frac{1}{2}}$ von f'. Für diese Nullstelle gilt $f''(e^{-\frac{1}{2}}) = 3 + 2(-\frac{1}{2})2 > 0$, folglich ist $e^{-\frac{1}{2}}$ die Minimalstelle von f und $(e^{-\frac{1}{2}}, -\frac{1}{2}e^{\frac{1}{4}})$ das Minimum von f.
Wegen $N(f'') = \{e^{-\frac{3}{2}}\} \neq \emptyset$ ist die 3. Ableitungsfunktionen $f''' : \mathbb{R}^+ \longrightarrow \mathbb{R}$ zu betrachten. Sie hat die Zuordnungsvorschrift $f'''(x) = \frac{2}{x}$. Damit gilt $f'''(e^{-\frac{3}{2}}) = 2 \cdot e^{\frac{3}{2}} > 0$, also ist $e^{-\frac{3}{2}}$ die Wendestelle von f und $(e^{-\frac{3}{2}}, -\frac{3}{2}e^{\frac{9}{4}})$ der Wendepunkt von f.
3. Die Funktion $F : \mathbb{R}^+ \longrightarrow \mathbb{R}$ mit $F(x) = \frac{1}{3}x^3(\log_e(x) - \frac{1}{3})$ ist eine Stammfunktion von f, denn es gilt $F'(x) = \frac{1}{3}(3x^2(\log_e(x) - \frac{1}{3}) + x^2) = \frac{1}{3}(3x^2\log_e(x) - x^2 + x^2) = x^2\log_e(x) = f(x)$.
4. Der Flächeninhalt $A(f)$ der Fläche, die von der eingeschränkten Funktion $f : [1, e] \longrightarrow \mathbb{R}$ erzeugt wird, ist $A(f) = |\int_1^e f| = |F(e) - F(1)| = |\frac{1}{3}e^3(1 - \frac{1}{3}) - \frac{1}{3}(0 - \frac{1}{3})| = \frac{1}{9}(2e^3 + 1)$.

A2.960.03 (D) : Betrachten Sie die durch $f(x) = (\log_e(x))^2$ definierte Funktion $f : \mathbb{R}^+ \longrightarrow \mathbb{R}$.
1. Untersuchen Sie f hinsichtlich Nullstellen.
2. Untersuchen Sie f hinsichtlich Extrema.
3. Untersuchen Sie f hinsichtlich Wendepunkte.
4. Geben Sie die beiden Ursprungsgeraden s und t an, die Tangenten an f sind.
5. Berechnen Sie die beiden Schnittpunkte von f und $\log_e$.
6. Welche Ordinatenparallele enthält innerhalb der von den beiden Funktionen f und $\log_e$ begrenzten Fläche eine Strecke maximaler Länge? Wie lang ist diese Strecke?

B2.960.03: Zur Bearbeitung der Aufgabe im einzelnen:
1. Es gilt $N(f) = N(\log_e^2) = N(\log_e) \cup N(\log_e) = \{1\} \cup \{1\} = \{1\}$.
2. Die 1. Ableitungsfunktion $f' : \mathbb{R}^+ \longrightarrow \mathbb{R}$ mit $f'(x) = \frac{2}{x} \cdot \log_e(x)$ hat die Nullstellenmenge $N(f') = N(\log_e) = \{1\}$. Mit der 2. Ableitungsfunktion $f'' : \mathbb{R}^+ \longrightarrow \mathbb{R}$ mit $f''(x) = 2x^{-2}(1 - \log_e(x))$ ist $f''(1) = 2(1 - 0) = 2 > 0$, folglich ist 1 die Minimalstelle und $(1, f(1)) = (1, 0)$ das Minimum von f.
3. Mit $N(f'') = N(1 - \log_e) = \{e\}$ (denn $\log_e(e) = 1$) und der 3. Ableitungsfunktion $f''' : \mathbb{R}^+ \longrightarrow \mathbb{R}$, definiert durch $f'''(x) = 2x^{-3}(2 \cdot \log_e(x) - 3)$ ist $f'''(e) = 2e^{-3}(2 \cdot \log_e(e) - 3) = 2e^{-3}(2 - 3) = -2ex^{-3} \neq 0$. Folglich hat f die Wendestelle e und den Wendepunkt $(e, f(e)) = (e, 1)$ mit LR-Krümmung.

4a) Da $(1, 0)$ das Minimum von f ist, ist die Null-Funktion (Abszisse) eine Tangente an f und zugleich Ursprungsgerade. Der Berührpunkt ist $(1, 0)$.

4b) Es sei $(x_0, f(x_0))$ der Berührpunkt von f mit einer weiteren Tangente $t \neq 0$, die als Ursprungsgerade die Form $t(x) = f'(x_0)x$ hat. Für x_0 gilt damit $t(x_0) = f(x_0)$, woraus dann die Äquivalenzen $t(x_0) = f(x_0) \Leftrightarrow f'(x_0)x_0 = (\log_e(x_0))^2 \Leftrightarrow \frac{2}{x_0}\log_e(x_0)x_0 = (\log_e(x_0))^2 \Leftrightarrow 2 = \log_e(x_0)$ (wegen $x_0 \neq 1$ ist $\log_e(x_0) \neq 0$) $\Leftrightarrow x_0 = e^2$ den Berührpunkt $(e^2, f(e^2)) = (e^2, (\log_e(e^2))^2) = (e^2, (\log_e(e) + \log_e(e))^2) = (e^2, 2^2) = (e^2, 4)$ liefern. Die Tangente t selbst ist dann durch $t(x) = f'(e^2)x = \frac{2}{e^2}\log_e(e^2)x = \frac{2}{e^2} \cdot 2x =$

$\frac{4}{e^2} \cdot x$ definiert.

5. Schnittstellenberechnung: Die Äquivalenzen $x \in S(f, log_e) \Leftrightarrow f(x) = log_e(x) \Leftrightarrow (log_e(x))^2 = log_e(x) \Leftrightarrow log_e(x)(log_e(x) - 1) = 0 \Leftrightarrow log_e(x) = 0$ oder $log_e(x) - 1 = 0 \Leftrightarrow x \in \{0, e\}$ liefern die beiden Schnittstellen 0 und e. Die zugehörigen Schnittpunkte sind dann $(0, log_e(0)) = (0, 1)$ und $(e, log_e(e)) = (e, 1)$.

6. Zu untersuchen ist die durch $d(x) = log_e(x) - f(x)$ definierte Funktion $d : (0, e) \longrightarrow \mathbb{R}$ hinsichtlich Maxima: Für $d' : (0, e) \longrightarrow \mathbb{R}$ mit $d'(x) = \frac{1}{x} - \frac{2}{x} log_e(x) = \frac{1}{x}(1 - 2 \cdot log_e(x))$ gelten die Äquivalenzen $x \in N(d') \Leftrightarrow 1 - 2 \cdot log_e(x) = 0 \Leftrightarrow log_e(x) = \frac{1}{2} \Leftrightarrow x = e^{\frac{1}{2}} = \sqrt{e} \in (0, e)$, also hat d' genau die Nullstelle $\sqrt{e}$. Mit $d'' : (0, e) \longrightarrow \mathbb{R}$, definiert durch $d''(x) = x^{-2}(2 \cdot log_e(x) - 3)$, ist $d''(\sqrt{e}) = e^{-1}(2 log_e(\sqrt{e}) - 3) = e^{-1}(2 \cdot \frac{1}{2} \cdot log_e(e) - 3) = e^{-1}(1 - 3) = -\frac{2}{e} < 0$, folglich ist $\sqrt{e}$ die Maximalstelle von d.
Die gesuchte Streckenlänge ist dann $d_{max} = d(\sqrt{e}) = log_e(\sqrt{e}) - log_e(\sqrt{e})^2 = \frac{1}{2} \cdot 1 - (\frac{1}{2} \cdot 1)^2 = \frac{1}{4}$ (LE).

A2.960.04 (D, A): Betrachten Sie die durch $f(x) = log_e(\frac{1+x}{1-x})$ definierte Funktion $f : D(f) \longrightarrow \mathbb{R}$ mit maximalem Definitionsbereich $D(f) \subset \mathbb{R}$.

1. Geben Sie den Bau von f an und verwenden Sie die dabei definierten Einzelfunktionen und ihre Bezeichnungen auch bei der Bearbeitung der weiteren Teilaufgaben.
2. Bestimmen Sie $D(f)$ sowie die Menge $N(f)$ der Nullstellen von f (jeweils mit Begründung).
3. Untersuchen Sie f hinsichtlich Symmetrieeigenschaften.
4. Betrachten Sie die durch $g(x) = \frac{1}{1-x^2}$ definierte Funktion $g : D(g) \longrightarrow \mathbb{R}$ sowie ihre Integral-Funktion $G : D(G) \longrightarrow \mathbb{R}$. Zeigen Sie dann, daß die Funktionswerte $f(x)$ die Darstellung $f(x) = 2 \cdot G(x)$, für alle Elemente $x \in D(f)$, haben.

B2.960.04: Zur Bearbeitung der Aufgabe im einzelnen:

1. Betrachtet man die Geraden $u, v : D(g) \longrightarrow \mathbb{R}$ mit den Zuordnungsvorschriften $u(x) = 1 + x$ und $v(x) = 1 - x$, dann hat f die Form $f = log_e \circ \frac{u}{v}$ als Komposition der Logarithmus-Funktion $log_e : \mathbb{R}^+ \longrightarrow \mathbb{R}$ mit dem Quotienten $\frac{u}{v} : D(\frac{u}{v}) \longrightarrow \mathbb{R}^+$.

2. Die Frage nach dem maximalen Definitionsbereich $D(f)$ von f ist damit identisch nach der Frage nach dem Definitionsbereich $D(\frac{u}{v})$ des Quotienten $\frac{u}{v}$, der so eingerichtet werden muß, daß $Bild(\frac{u}{v}) = \mathbb{R}^+$ gilt. Die Antwort dazu liefern die folgenden Äquivalenzen:
$(\frac{u}{v})(x) > 0 \Leftrightarrow \frac{1+x}{1-x} > 0 \Leftrightarrow (1 + x > 0$ und $1 - x > 0)$ oder $(1 + x < 0$ und $1 - x < 0)$
$\Leftrightarrow (x > -1$ und $1 > x)$ oder $(x < -1$ und $1 < x) \Leftrightarrow x \in (-1, 1)$ oder $x \in \emptyset \Leftrightarrow x \in (-1, 1)$
Diese Äquivalenzen zeigen, daß $D(f) = D(\frac{u}{v}) = (-1, 1)$ der gesuchte Definitionsbereich ist.
Wgen der Äquivalenzen $x \in N(f) \Leftrightarrow f(x) = 0 \Leftrightarrow log_e(\frac{1+x}{1-x}) = 0 \Leftrightarrow \frac{1+x}{1-x} = 1 \Leftrightarrow x = 0$ ist 0 die einzige Nullstelle von f.

3. Die Funktion f ist punktsymmetrisch (zum Ursprung), denn für alle $x \in D(f) = (-1, 1)$ gilt
$-f(-x) = -log_e(\frac{1-x}{1+x}) = -(log_e(1 - x) - log_e(1 + x)) = log_e(1 + x) - log_e(1 - x) = log_e(\frac{1+x}{1-x}) = f(x)$.

4. Die behauptete Darstellung $f(x) = 2 \cdot G(x)$ mit $x \in (-1, 1)$ folgt aus den Einzelbetrachtungen:

a) Die Definition der Integral-Funktion liefert die Darstellung $2 \cdot G(x) = 2 \cdot \int_0^x g = \int_0^x 2g$ von $2G$.

b) Die Funktion $2g$ hat die Darstellung $2g = \frac{1}{u} + \frac{1}{v}$, denn für alle Elemente $x \in D(g)$ gilt
$(\frac{1}{u} + \frac{1}{v})(x) = (\frac{1}{u})(x) + (\frac{1}{v})(x) = \frac{1}{1+x} + \frac{1}{1-x} = \frac{1-x+1+x}{1-x^2} = \frac{2}{1-x^2} = 2 \cdot g(x)$.

c) Mit der Darstellung in a) ist dann $2 \cdot G(x) = \int_0^x 2g = \int_0^x (\frac{1}{u} + \frac{1}{v}) = \int_0^x \frac{1}{u} + \int_0^x \frac{1}{v}$.

d) Beachtet man die Integrale $\int \frac{1}{u} = log_e \circ u$ und $\int \frac{1}{v} = -(log_e \circ v)$, so gilt für die Riemann-Integrale dann
$\int_0^x \frac{1}{u} = (log_e \circ u)(x) - (log_e \circ u)(0)$ sowie $\int_0^x \frac{1}{v} = -((log_e \circ v)(x) - (log_e \circ v)(0)) = (log_e \circ v)(0) - (log_e \circ u)(x)$.

e) Mit den vorstehenden Darstellungen ist dann schließlich zusammengefaßt $2 \cdot G(x) = \int_0^x \frac{1}{u} + \int_0^x \frac{1}{v}$
$= log_e(u(x)) - log_e(u(0)) + log_e(v(0)) - log_e(v(x)) = log_e(u(x)) - log_e(1) + log_e(1) - log_e(v(x))$
$= log_e(u(x)) - log_e(v(x)) = log_e(\frac{u(x)}{v(x)}) = f(x)$.

2.961 Untersuchung von Logarithmus-Funktionen (Teil 2)

A2.961.01 (D) : Betrachten Sie die durch die Zuordnungsvorschrift $f(x) = x \cdot log_a(x)$ (mit zulässiger Zahl a) definierte Funktion $f : \mathbb{R}^+ \longrightarrow \mathbb{R}$.
1. Untersuchen Sie f hinsichtlich Nullstellen, Extrema und Wendepunkte.
2. Bestimmen Sie die Tangente t an f bei 1. Skizzieren Sie f und t für $a = 2$ und $a = \frac{1}{2}$.
3. Läßt sich f auf $\mathbb{R}_0^+$ stetig fortsetzen?

B2.961.01: Zur Bearbeitung der Aufgabe im einzelnen:
Im folgenden wird die abkürzende Schreibweise $\tilde{a} = \frac{1}{log_e(a)}$ verwendet.

1a) Die Äquivalenzen $x \in N(f) \Leftrightarrow f(x) = 0 \Leftrightarrow x \cdot log_a(x) = 0 \Leftrightarrow log_a(x) = 0 \Leftrightarrow x = 1$ zeigen, daß 1 die einzige Nullstelle von f ist.

1b) Mit $f'(x) = log_a(x) + x \cdot log'_a(x) = log_a(x) + x \cdot \tilde{a} \cdot \frac{1}{x} = log_a(x) + \tilde{a} = \tilde{a} \cdot log_e(x) + \tilde{a} = \tilde{a}(log_e(x) + 1)$ gelten dann die Äquivalenzen $x \in N(f') \Leftrightarrow f'(x) = 0 \Leftrightarrow x \in N(log_e + 1) \Leftrightarrow log_e(x) = -1 \Leftrightarrow x = e^{-1} = \frac{1}{e}$, die zeigen, daß $\frac{1}{e}$ die einzige und im übrigen von a unabhängige Nullstelle von f' ist.

Betrachtet man f'', definiert durch $f''(x) = \tilde{a} \cdot log'_e(x) = \tilde{a} \cdot \frac{1}{x}$,
dann gilt $f''(\frac{1}{e}) = \tilde{a}e \begin{cases} > 0, \text{ falls } a > 1 \\ < 0, \text{ falls } a < 1. \end{cases}$

Schließlich ist $f(\frac{1}{e}) = \frac{1}{e} \cdot log_a(\frac{1}{e}) = \frac{1}{e} \cdot \tilde{a} \cdot log_e(\frac{1}{e}) = \frac{1}{e} \cdot \tilde{a} \cdot (-1) = -\frac{1}{e} \cdot \tilde{a}$. Damit ist dann $(\frac{1}{e}, -\frac{1}{e} \cdot \tilde{a})$ das Extremum von f und zwar im Fall $a > 1$ das Minimum und im Fall $a < 1$ das Maximum von f.

1c) Wie die 2. Ableitungsfunktion f'' zeigt, gilt $N(f'') = \emptyset$, also hat f keine Wendepunkte.

2. Die Tangente $t : \mathbb{R} \longrightarrow \mathbb{R}$ an f bei 1 ist definiert durch $t(x) = f'(1)x - f'(1) + f(1)$. Mit $f'(1) = \tilde{a}(log_e(1) + 1) = \tilde{a}(0 + 1) = \tilde{a}$ und $f(1) = 0$ ist dann $t(x) = \tilde{a}x - \tilde{a}$.

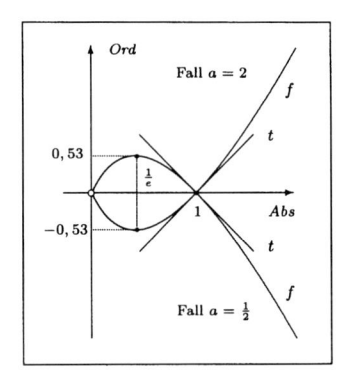

3. Die stetige Fortsetzung $f^* : \mathbb{R}_0^+ + \longrightarrow \mathbb{R}$ von f ist definiert durch $f^*(z) = \begin{cases} f(z), & \text{für } z \in \mathbb{R}^+ \\ 0, & \text{für } z = 0. \end{cases}$

Im folgenden bezeichne f die Einschränkung $f : (0, \frac{1}{e}) \longrightarrow \mathbb{R}$, ferner wird nur der Fall $a > 1$ behandelt (für den Fall $a < 1$ wird analog argumentiert). Ist $z : \mathbb{N} \longrightarrow (0, \frac{1}{e})$ eine beliebige antitone Folge mit $lim(z) = 0$, dann ist, da f ebenfalls antiton ist, die Bildfolge $f \circ z : \mathbb{N} \longrightarrow (0, \frac{1}{e})$ monoton. Ferner ist $sup(f) = 0$, denn
a) 0 ist obere Schranke von $Bild(f)$, denn für alle $x \in (0, \frac{1}{e})$ ist wegen $log_a(x) < 0$ dann auch $f(x) < 0$,
b) 0 ist darüber hinaus kleinste obere Schranke von $Bild(f)$, denn: Angenommen s mit $\frac{1}{e}\tilde{a} < s < 0$ ist obere Schranke von $Bild(f)$, dann hat s ein eindeutig bestimmtes Urbild $u = f^{-1}(s)$. Wegen der Antitonie von f ist jedoch $f(\frac{1}{e}) > f(u) = s$, also s nicht obere Schranke von $Bild(f)$.

A2.961.02 (D) : Betrachten Sie die durch die Vorschrift $f(x) = -x \cdot log_2(x) - (1 - x) \cdot log_2(1 - x)$ definierte Funktion $f : D_{max}(f) \longrightarrow \mathbb{R}$.
1. Bestimmen Sie $D_{max}(f)$.
2. Hat f Symmetrie-Eigenschaften?
3. Untersuchen Sie f hinsichtlich Extrema.
4. Läßt sich f auf dem Intervall $[0, 1]$ stetig fortsetzen?
5. Vergleichen Sie anhand einer Skizze die Funktion f mit der quadratischen Parabel p, die die Nullstellen 0 und 1 sowie das Maximum $(\frac{1}{2}, 1)$ besitzt.

424

B2.961.02: Zur Bearbeitung der Aufgabe im einzelnen:

1. Wegen des Faktors $log_2(x)$ ist f nur für $x \in \mathbb{R}^+$, wegen des Faktors $log_2(1-x)$ darüber hinaus nur für das $\mathbb{R}$-Intervall $(0,1)$ definiert. Folglich ist $D_{max}(f) = (0,1)$.

2. Die Funktion f ist offenbar spiegelsymmetrisch zu der Ordinatenparallelen durch $\frac{1}{2}$, denn die zu $\frac{1}{2}$ symmetrischen Zahlen x und $1-x$ aus dem Intervall $(0,1)$ haben dieselben Funktionswerte, denn es gilt $f(1-x) = -(1-x) \cdot log_2(1-x) - (1-(1-x)) \cdot log_2(1-(1-x)) = -(1-x) \cdot log_2(1-x) - x \cdot log_2(x) = f(x)$, für alle $x \in (0,1)$.

3. Die 1. Ableitungsfunktion $f': (0,1) \longrightarrow \mathbb{R}$ ist unter Verwendung der Abkürzung $\tilde{2} = \frac{1}{log_e(2)}$ definiert durch die Zuordnungsvorschrift $f'(x) = -log_2(x) - x \cdot log_2'(x) + log_2(1-x) + log_2(1-x) - x \cdot log_2'(1-x) = -log_2(x) - x \cdot \tilde{2} \cdot \frac{1}{x} + (1-x) \cdot \tilde{2} \cdot \frac{1}{1-x} + log_2(1-x) = -log_2(x) + log_2(1-x)$.

Die Äquivalenzen $x \in N(f') \Leftrightarrow f'(x) = 0 \Leftrightarrow -log_2(x) + log_2(1-x) = 0 \Leftrightarrow log_2(\frac{1-x}{x}) = 0 \Leftrightarrow \frac{1-x}{x} = 1 \Leftrightarrow \frac{1}{x} - 1 = 1 \Leftrightarrow x = \frac{1}{2}$ zeigen, daß $\frac{1}{2}$ die einzige Nullstelle von f' ist.

Mit der 2. Ableitungsfunktion $f'': (0,1) \longrightarrow \mathbb{R}$ mit $f''(x) = -log_2'(x) + (-1) \cdot log_2(1-x) = -\tilde{2} \cdot \frac{1}{x} - \tilde{2} \cdot \frac{1}{1-x} = -\tilde{2} \cdot \frac{1-x+x}{x(1-x)} = -\tilde{2} \cdot \frac{1}{x(1-x)}$ ist dann $f''(\frac{1}{2}) = -\tilde{2} \cdot (\frac{1}{2} \cdot \frac{1}{2}) = -\frac{1}{4} \cdot \tilde{2} < 0$, also ist $\frac{1}{2}$ die Maximalstelle von f.

Schließlich ist $f(\frac{1}{2}) = -\frac{1}{2} \cdot log_2(\frac{1}{2}) - (1-\frac{1}{2}) \cdot log_2(1-\frac{1}{2}) = -log_2(\frac{1}{2}) = -(-1) = 1$, also ist der Punkt $(\frac{1}{2}, 1)$ das Maximum von f.

5. Die im Aufgabentext beschriebene Parabel $p: [0,1] \longrightarrow \mathbb{R}$ ist definiert durch $p(x) = -4x(x-1)$.

Für eine vergleichende Skizze wird eine kleine Wertetabelle erstellt (zum Teil gerundete Zahlen):

x	0	$\frac{1}{4}$	$\frac{1}{2}$	$\frac{3}{4}$	1
$f(x)$	$-$	$0,81$	1	$0,81$	$-$
$p(x)$	0	$\frac{3}{4}$	1	$\frac{3}{4}$	0

Kommentar: Die Parabel p stellt eine gute Näherung für die Funktion f dar, wobei der von p und der Abszisse gebildete Flächeninhalt etwas größer als der entsprechend von f ist.

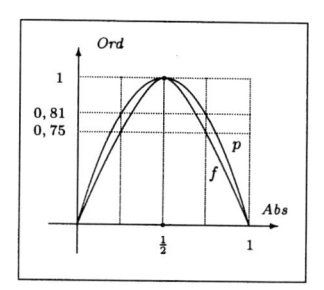

A2.961.03 (A, V): Betrachten Sie die Funktion $h: [1,2] \longrightarrow \mathbb{R}$, definiert durch $h(x) = \frac{1}{x}$.

1. Berechnen Sie den Inhalt $A(h)$ der von h (das ist ein Teil der sogenannten *Normalhyperbel*), der Abszisse und den Ordinatenparallelen durch 1 und 2 begrenzten Fläche.
2. Berechnen Sie die relative Abweichung von $A(h)$ von $A(s)$ für die zugehörige Sehne s.
3. Berechnen Sie $A(h, g)$, wobei g die Strecke von $(1,0)$ nach $(2, h(2))$ sei.
4. Bearbeiten Sie entsprechend die von h, s und g erzeugten Rotations-Volumina $V(h)$, $V(s)$ und $V(g)$.

B2.961.03: Zur Bearbeitung der Aufgabe:

1. Mit $\int h = log_e + \mathbb{R}$ ist der zu berechnende Flächeninhalt
$A(h) = \int_1^2 h = (\int h)(2) - (\int h)(1) = log_e(2) - log_e(1) \approx 0,69$.

2. Die Sehne s erzeugt ein Trapez T mit dem Flächeninhalt $A(s) = A(T) = 1 \cdot \frac{1}{2}(h(1) + h(2)) = \frac{1}{2}(1 + \frac{1}{2}) = \frac{3}{4}$. Somit ist die absolute Abweichung $aa(h,s) \approx 0,06$ und die relative Abweichung $ra(h,s) \approx 8,6\%$.

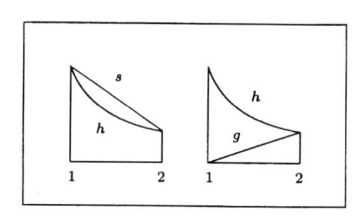

3. Analog zu Aufgabenteil 2 erzeugt die Strecke g ein rechtwinkliges Dreieck D mit dem Flächeninhalt $A(D) = \frac{1}{2}(1 \cdot h(2)) = \frac{1}{4}$, folglich ist die absolute Abweichung $aa(h,g) = A(h) - A(g) \approx 0,44$.

4a) Mit $h^2 = id^{-2}$ ist $\int h^2 = -id^{-1} + \mathbb{R} = -h + \mathbb{R}$, folglich ist dann das gesuchte Rotations-Volumen
$V(h) = \pi \int_1^2 h^2 = \pi((-h)(2) - (-h)(1)) = \pi(-\frac{1}{2} + 1) = \frac{1}{2}\pi$.

425

4b) Das Rotations-Volumen des von s erzeugten Kegelstumpfs ist $V(KS) = \frac{1}{3}\pi(h^2(1)+h(1)h(2)+h^2(2)) = \frac{1}{3}\pi(1+\frac{1}{2}+\frac{1}{4}) = \frac{7}{12}\pi$. Somit ist die absolute Abweichung $aa(h,s) = \frac{7}{12}\pi - \frac{1}{2}\pi = \frac{1}{12}\pi$ und die relative Abweichung $ra(h,s) \approx 16,7\,\%$.

4c) Analog zu Aufgabenteil 4b) erzeugt die Strecke g einen senkrechten Kreiskegel K mit dem Rotations-Volumen $V(D) = \frac{1}{3}\pi \cdot h^2(2) = \frac{1}{12}\pi$, folglich ist die absolute Abweichung $aa(h,g) = V(h) - V(g) = \frac{5}{12}\pi$.

A2.961.04 (D): Betrachten Sie die beiden Funktionen $log_e, id^{\frac{1}{2}} : \mathbb{R}^+ \longrightarrow \mathbb{R}$.

1. Skizzieren Sie beide Funktionen im Bereich $(0, 10]$ anhand einer kleinen Wertetabelle mit den vier Zahlen 2, 4, 6 und 8 in einem Koordinaten-System.
2. Berechnen Sie das Minimum der Funktion $d = id^{\frac{1}{2}} - log_e : \mathbb{R}^+ \longrightarrow \mathbb{R}$.
3. Begründen Sie ohne Verwendung von Aufgabenteil 2, daß die Funktion d ein Minimum besitzt.

B2.961.04: Zur Bearbeitung der Aufgabe im einzelnen:

1. Wertetabelle (auch für $d = id^{\frac{1}{2}} - log_e$) und Skizze für die beiden Funktionen $id^{\frac{1}{2}}$ und log_e:

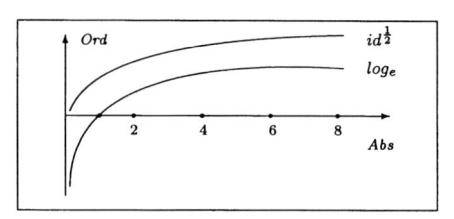

x	2	4	6	8
$id^{\frac{1}{2}}(x)$	1,4	2,0	2,5	2,8
$log_e(x)$	0,7	1,4	1,8	2,0
$d(x) = id^{\frac{1}{2}}(x) - log_e(x)$	0,7	0,6	0,7	0,8

2. Die Funktion $d = id^{\frac{1}{2}} - log_e : \mathbb{R}^+ \longrightarrow \mathbb{R}$ besitzt die beiden Ableitungsfunktionen $d', d'' : \mathbb{R}^+ \longrightarrow \mathbb{R}$ mit $d' = \frac{1}{2} \cdot id^{-\frac{1}{2}} - id^{-1} = \frac{1}{2}id^{-1}(id^{\frac{1}{2}} - 2)$ und $d'' = \frac{1}{2}(id^{-1}(id^{\frac{1}{2}} - 2))' = \frac{1}{2}((-1)id^{-2}(id^{\frac{1}{2}} - 2) + id^{-1}(\frac{1}{2} \cdot id^{-\frac{1}{2}})) = \frac{1}{2}(id^{-\frac{3}{2}} + 2 \cdot id^{-2} + \frac{1}{2} \cdot id^{-\frac{3}{2}}) = \frac{1}{2} \cdot id^{-2}(-\frac{1}{2} \cdot id^{\frac{1}{2}} + 2) = \frac{1}{4} \cdot id^{-2}(-id^{\frac{1}{2}} + 4)$.

Die Äquivalenzen $x \in N(d') \Leftrightarrow d'(x) = 0 \Leftrightarrow \sqrt{x} - 2 = 0 \Leftrightarrow \sqrt{x} = 2 \Leftrightarrow x = 4$ liefern die Nullstelle 4 von d'. Wegen $d''(4) = \frac{1}{4 \cdot 4^2}(-\sqrt{4} + 4) = \frac{1}{64}(-\sqrt{4} + 4) = \frac{2}{64} = \frac{1}{32} > 0$ ist 4 die Minimalstelle von d. Folglich besitzt die Funktion d das Minimum $(4, d(4)) = (4, 2 - log_e(4)) \approx (4/2 - 1,39) = (4/0,61)$.

3. Die beiden Folgen $(d(\frac{1}{n}))_{n \in \mathbb{N}}$ und $(d(n))_{n \in \mathbb{N}}$ sind monoton (steigend) und unbeschränkt, folglich muß die differenzierbare und somit insbesondere stetige Funktion $d = id^{\frac{1}{2}} - log_e : \mathbb{R}^+ \longrightarrow \mathbb{R}$ mindestens ein Minimum haben.

A2.961.05 (D): Untersuchen Sie die Funktion $f : (1, \star) \longrightarrow \mathbb{R}$ mit $f(x) = x^{\frac{1}{x}}$ hinsichtlich Extrema anhand der Ableitungsfunktionen f' und f'' von f. (Hinweis: Ermitteln und verwenden Sie eine Darstellung der Form $f = exp_e \circ h$ mit einer Funktion $h : (1, \star) \longrightarrow \mathbb{R}$.)

B2.961.05: Zur Bearbeitung der Aufgabe im einzelnen:

1. Wegen $x^{\frac{1}{x}} = e^{log_e(x^{\frac{1}{x}})} = e^{\frac{1}{x}log_e(x)}$ hat $f(x)$ mit $h(x) = \frac{1}{x}log_e(x)$ die Darstellung $f(x) = e^{h(x)} = (exp_e \circ h)(x)$, für alle $x \in (1, \star)$, also besitzt f die Darstellung $f = exp_e \circ h$ als Komposition.

2a) Zunächst ist $f' = (exp_e \circ h)' = (exp_e \circ h)h' = fh'$.

2b) Die dabei benötigte Ableitungsfunktion $h' : (1, \star) \longrightarrow \mathbb{R}$ von h hat mit $u(x) = \frac{1}{x}$ und $u'(x) = -\frac{1}{x^2}$ sowie $log'_e(x) = \frac{1}{x}$ die Zuordnungsvorschrift $h'(x) = u'(x)log_e(x) + u(x)log'_e(x) = -\frac{1}{x^2}log_e(x) + \frac{1}{x^2} = \frac{1}{x^2}(1 - log_e(x))$.

3. Es gilt $N(f') = N(fh') = N(f) \cup N(h') = \emptyset \cup \{e\} = \{e\}$, denn es gelten die Äquivalenzen $x \in N(h') \Leftrightarrow h'(x) = 0 \Leftrightarrow 1 - log_e(x) = 0 \Leftrightarrow log_e(x) = 1 \Leftrightarrow x \in \{e\}$.

4a) Zunächst ist $f'' = (fh')' = f'h' + fh'' = fh'h' + fh'' = f(h'h' + h'')$.

4b) Die dabei benötigte 2. Ableitungsfunktion $h'' : (1, \star) \longrightarrow \mathbb{R}$ von h hat die Zuordnungsvorschrift $h''(x) = -\frac{2}{x^3}(1 - log_e(x)) + \frac{1}{x^2}(-\frac{1}{x}) = \frac{1}{x^3}(-2 + 2 \cdot log_e(x) - 1) = \frac{1}{x^3}(2 \cdot log_e(x) - 3)$.

5. Mit $f(e) = e^{\frac{1}{e}}$ sowie $h'(e) = \frac{1}{e^2}(1 - log_e(e)) = 0$ und $h''(e) = \frac{1}{e^3}(2 \cdot log_e(e) - 3) = \frac{1}{e^3}(2-3) = -\frac{1}{e^3}$ ist dann $f''(e) = f(e)(h'(e)h'(e) + h''(e)) = e^{\frac{1}{e}}(-\frac{1}{e^3}) = -e^{\frac{1}{e}-3} < 0$, also ist e die Maximalstelle und $(e, e^{\frac{1}{e}})$ das Maximum von f.

A2.961.06 (D) :   Betrachten Sie die Funktion $f : D_{max}(f) \longrightarrow \mathbb{R}$, definiert durch $f(x) = log_e(4 - x^2)$.
1. Bestimmen Sie $D_{max}(f)$ und untersuchen Sie f hinsichtlich Nullstellen, Extrema und Wendepunkte.
2. f soll durch eine Polynom-Funktion $g : \mathbb{R} \longrightarrow \mathbb{R}$ mit $grad(f) = 4$ approximiert werden, wobei die Bedingungen $N(f) = N(g)$ sowie $f(0) = g(0)$, $f'(0) = g'(0)$ und $f''(0) = g''(0)$ gelten sollen.
3. Betrachten Sie konvergente Folgen $x, z : \mathbb{N} \longrightarrow \mathbb{R}$ mit $lim(x) = -2$ und $lim(z) = 2$ und untersuchen Sie die Bildfolgen $f \circ x, f \circ z : \mathbb{N} \longrightarrow \mathbb{R}$.

B2.961.06:   Zur Bearbeitung der Aufgabe im einzelnen, wobei im folgenden auch die Darstellung $f = log_e \circ h$ mit der durch $h(x) = 4 - x^2$ definierten Funktion $h : (-2, 2) \longrightarrow \mathbb{R}^+$ betrachtet wird:
1a) Wegen $4 - x^2 > 0$ gilt $4 > x^2$, also ist $D_{max}(f) = (-2, 2)$. Mit den Äquivalenzen $x \in N(f) \Leftrightarrow log_e(4 - x^2) = 0 \Leftrightarrow 4 - x^2 = 1 \Leftrightarrow x^2 = 3 \Leftrightarrow x \in \{-\sqrt{3}, \sqrt{3}\}$ ist $N(f) = \{-\sqrt{3}, \sqrt{3}\}$ die Nullstellenmenge von f.

1b) Die 1. Ableitungsfunktion $f' : (-2, 2) \longrightarrow \mathbb{R}$ von f ist definiert durch die Zuordnungsvorschrift $f'(x) = (-2x)log'_e(4 - x^2) = -\frac{2x}{4-x^2}$ und besitzt die einzige Nullstelle 0. Die 2. Ableitungsfunktion $f'' : (-2, 2) \longrightarrow \mathbb{R}$ von f ist definiert durch $f''(x) = (-2)\frac{4+x^2}{(4-x^2)^2}$ und liefert den Funktionswert $f''(0) = -\frac{1}{2} < 0$, folglich ist 0 die Maximalstelle und $(0, f(0)) = (0, log_e(4))$ das Maximum von f.

1c) Wegen $Wen(f) \subset N(f'') = \emptyset$ besitzt f keine Wendepunkte.

2. Mit den Darstellungen $g(x) = ax^4 + bx^3 + cx^2 + dx + e$ sowie $g'(x) = 4ax^3 + 3bx^2 + 2cx + d$ und $g''(x) = 12ax^2 + 6bx + 2c$ gilt im einzelnen:
a) Die Bedingung $N(f) \subset N(g)$ liefert I: $9a - 3\sqrt{3}b + 3c - \sqrt{3}d + e = 0$ und II: $9a + 3\sqrt{3}b + 3c + \sqrt{3}d + e = 0$.
b) Die Bedingung $f(0) = g(0)$ liefert III: $log_e(4) = e$.
c) Die Bedingung $f'(0) = g'(0)$ liefert IV: $0 = d$.
d) Die Bedingung $f''(0) = g''(0)$ liefert V: $-\frac{1}{2} = 2c$.

Die Gleichung V liefert zunächst $c = -\frac{1}{4}$, damit und mit III und IV gilt I': $9a - 3\sqrt{3}b - \frac{3}{4} + log_e(4) = 0$ sowie II': $9a + 3\sqrt{3}b - \frac{3}{4} + log_e(4) = 0$. Die Differenz dieser beiden Gleichungen liefert dann $-6\sqrt{3}b = 0$, also $b = 0$, und somit $9a - \frac{3}{4} + log_e(4) = 0$. Das wiederum liefert $9a = \frac{3}{4} - log_e(4)$ und somit $a = \frac{1}{12} - \frac{1}{9} \cdot log_e(4)$.
Insgesamt ist dann $g(x) = (\frac{1}{12} - \frac{1}{9} \cdot log_e(4))x^4 - \frac{1}{4}x^2 + log_e(4) \approx 0,07x^4 - 0,25x^2 + 1,39$.

3a) Die Bildfolge $f \circ x : \mathbb{N} \longrightarrow \mathbb{R}$ ist definiert durch $(f \circ x)(n) = f(x_n) = log_e(4 - x_n^2)$. Wegen $lim(x) = -2$ gilt dann $lim(f \circ x) = 0$, die Folge $f \circ x$ ist somit antiton und nach unten nicht beschränkt.

3b) Die Bildfolge $f \circ z : \mathbb{N} \longrightarrow \mathbb{R}$ ist definiert durch $(f \circ z)(n) = f(z_n) = log_e(4 - z_n^2)$. Wegen $lim(x) = 2$ gilt dann $lim(f \circ z) = 0$, die Folge $f \circ z$ ist also ebenfalls antiton und nach unten nicht beschränkt.

A2.961.07 (D) :   Betrachten Sie die durch die Vorschrift $f(x) = log_e(10 - x^2)$ definierte Funktion $f : D_{max}(f) \longrightarrow \mathbb{R}$. Verwenden Sie im folgenden die durch $u(x) = 10 - x^2$ definierte Funktion u.
1. Beschreiben Sie den Bau der Funktion f. (Wem wird was wie zugeordnet?) Wie muß dabei der Wertebereich $W(u)$ gewählt werden?
2. Bestimmen Sie (mit Begründung) $D_{max}(f)$.
3. Rechnen Sie nach, daß die Funktion f eine einfache Symmetrie-Eigenschaft besitzt, und beschreiben Sie anhand des Baus von f, worauf diese Eigenschaft beruht.
4. Untersuchen Sie die Funktion f hinsichtlich Nullstellen.
5. Bestimmen Sie die Nullstelle von f' und verwenden Sie sie ohne weitere Berechnung als Maximalstelle von f. Welches Maximum hat dann die Funktion f (mit Näherung)?
6. Betrachten Sie eine streng monotone (monoton steigende) gegen $\sqrt{10}$ konvergente Folge $(x_n)_{n \in \mathbb{N}}$. Welche Aussage über das Konvergenz/Divergenz-Verhalten kann man über ihre Bildfolgen $(u(x_n))_{n \in \mathbb{N}}$ und $(f(x_n))_{n \in \mathbb{N}}$ treffen (mit Begründung)? Was bedeutet das für die graphische Darstellung von f?

7. In diesem Aufgabenteil sollen einige der obigen Fragen noch einmal in etwas allgemeinerer Weise untersucht werden, wobei eine Funktion $g : D_{max}(g) \longrightarrow \mathbb{R}$, definiert durch $g(x) = log_e(v(x))$, mit zunächst beliebiger Funktion v betrachtet sei:

a) Wie müssen Polynom-Funktionen v hinsichtlich ihrer Summanden beschaffen sein, so daß v ordinatensymmetrisch ist?

b) Begründen Sie: Wenn v ordinatensymmetrisch ist, dann ist auch g ordinatensymmetrisch.

c) Gilt auch die Umkehrung des in b) genannten Sachverhalts (Antwort mit Begründung)?

d) Wie kann man zu einer differenzierbaren Funktion $v \neq 0$ die Ableitungsfunktion f' in einfacher Weise als Quotient darstellen?

e) Welche Eigenschaft muß eine Folge $(v(x_n))_{n\in\mathbb{N}}$ haben, so daß $(f(x_n))_{n\in\mathbb{N}}$ nach unten unbeschränkt ist (mit Begründung)? Ist $(f(x_n))_{n\in\mathbb{N}}$ dann schon divergent?

8. Bestimmen Sie eine quadratische Funktion $h : \mathbb{R} \longrightarrow \mathbb{R}$, die dieselben Nullstellen, dasselbe Maximum und dieselbe Symmetrie-Eigenschaft wie die Funktion f besitzt.

B2.961.07: Zur Bearbeitung der Aufgabe im einzelnen:

1. Die Funktion f ist die Komposition $f = log_e \circ u$ mit der Zuordnung $x \longmapsto u(x) \longmapsto log_e(u(x)) = f(x)$. Damit diese Komposition tatsächlich existiert, muß der Wertebereich $W(u)$ von u so gewählt werden, daß $W(u) \subset D_{max}(log_e) = \mathbb{R}^+$ gilt.

2. Der maximale Definitionsbereich $D_{max}(f)$ ist $D_{max}(f) = D_{max}(u) = (-\sqrt{10}, \sqrt{10})$, wie die Äquivalenzen $10 - x^2 > 9 \Leftrightarrow 10 > x^2 \Leftrightarrow -\sqrt{10} < x < \sqrt{10}$ zeigen.

3. Die Funktion f ist Ordinaten-symmetrisch, denn für alle Elemente $x \in D_{max}(f)$ gilt $log_e(10-(-x)^2) = log_e(10 - x^2) = f(x)$. (Anders begründet: x tritt in $f(x)$ nur quadratisch auf.) Der Grund für die Ordinaten-Symmetrie von f ist die Ordinaten-Symmetrie von u.

4. Wie die folgenden Äquivalenzen zeigen, hat f die Nullstellenmenge $N(f) = \{-3, 3\}$. Es gilt: $x \in N(f) \Leftrightarrow log_e(10 - x^2) = 0 \Leftrightarrow 10 - x^2 = 1 \Leftrightarrow x^2 = 9 \Leftrightarrow x \in \{-3, 3\}$.

5. Die 1. Ableitungsfunktion $f' : D_{max}(f) \longrightarrow \mathbb{R}$ von f ist definiert durch $f'(x) = log'_e(u(x)) \cdot u'(x) = -\frac{2x}{10-x^2}$ und besitzt die Nullstelle 0 (da 0 nicht Nullstelle der hier als Nennerfunktion auftretenden Funktion u ist). Damit hat nach Voraussetzung f das Maximum $(0, f(0)) = (0, log_e(10)) \approx (0/2, 3)$.

Nebenbei: Die 2. Ableitungsfunktion $f'' : D_{max}(f) \longrightarrow \mathbb{R}$ von f ist definiert durch $f''(x) = -2 \cdot \frac{10+x^2}{(10-x^2)^2}$. Da f'' offenbar keine Nullstellen besitzt, besitzt f keine Wendepunkte.

6. Ist $(x_n)_{n\in\mathbb{N}}$ eine monotone und gegen $\sqrt{10}$ konvergente Folge, so konvergiert die Folge $(x_n^2)_{n\in\mathbb{N}}$ monoton gegen 10, folglich konvergiert die Folge $(u(x_n))_{n\in\mathbb{N}} = (10-x_n^2)_{n\in\mathbb{N}} = (10)_{n\in\mathbb{N}} - (x_n^2)_{n\in\mathbb{N}}$ gegen $10 - 10 = 0$. Da die Folge $(f(x_n))_{n\in\mathbb{N}}$ aber nach unten nicht beschränkt ist, ist sie folglich nicht konvergent. Mit Hinblick auf den Definitionsbereich $D(f) = (-\sqrt{10}, \sqrt{10})$ bedeutet das: f ist asymptotisch zu den Ordinaten-Parallelen durch $-\sqrt{10}$ und $\sqrt{10}$.

7. Im folgenden wird eine Funktion $g : D_{max}(g) \longrightarrow \mathbb{R}$, definiert durch $g(x) = log_e(v(x))$, mit zunächst beliebiger Funktion v betrachtet:

7a) Polynom-Funktionen v sind genau dann Ordinaten-symmetrisch, wenn ihre Zuordnungsvorschriften $v(x)$ nur Summanden der Form $a_i x^i$ mit $i \in 2\mathbb{N}_0$ enthalten.

7b) Ist v Ordinaten-symmetrisch, dann ist auch g Ordinaten-symmetrisch, denn für alle Elemnte $x \in D(g)$ gilt $g(-x) = log_e(v(-x)) = log_e(v(x)) = g(x)$.

7c) In der Tat gilt auch die Umkehrung des in Teil 7b) genannten Sachverhalts, denn: Ist g Ordinatensymmetrisch, dann ist auch v Ordinaten-symmetrisch, da für alle Elemnte $x \in D(g)$ die Beziehung $v(-x) = exp_e(log_e(v(-x))) = exp_e(g(-x)) = exp_e(g(x)) = exp_e(log_e(v(x))) = v(x)$ gilt.

7d) Die Ableitngsfunktion g' hat die Darstellung $g' = (log_e \circ v)' = (log'_e \circ v) \cdot v' = (\frac{1}{id} \circ v) \cdot v' = \frac{1}{v} \cdot v' = \frac{v'}{v}$ (wobei $N(v) = \emptyset$ gelte), die auf der Ableitungsfunktion $log'_e = \frac{1}{id}$ beruht.

7e) Ist eine Folge $(v(x_n))_{n\in\mathbb{N}}$ Null-konvergent, dann ist $(g(x_n))_{n\in\mathbb{N}} = (log_e(v(x_n)))_{n\in\mathbb{N}}$ nach unten unbeschränkt und antiton. Solche Folgen sind divergent.

8. Eine quadratische Funktion $h : \mathbb{R} \longrightarrow \mathbb{R}$, die zunächst dieselben Nullstellen -3 und 3 wie f besitzt, muß die Form $h(x) = c(x+3)(x-3) = c(x^2 - 9)$ haben. Damit ist h ebenfalls Ordinaten-symmetrisch mit Maximalstelle 0. Da weiterhin h dasselbe Maximum wie f haben soll, muß $h(0) = f(0) = log_e(10)$ gelten, woraus $h(0) = -9c = log_e(10)$ und damit dann $c = -\frac{1}{9} \cdot log_e(10)$ folgt.

A2.961.08 (D, A): Betrachten Sie die durch $f(x) = log_e(x) + \frac{1}{x} - 2$ definierte Funktion $f : \mathbb{R}^+ \longrightarrow \mathbb{R}$.
1. Zeigen Sie (mit Taschenrechner), daß f eine Nullstelle im Bereich $(0,1)$ und eine Nullstelle im Bereich $(6,7)$ besitzt. Beide Nullstellen sind auf zwei Nachkommastellen genau zu ermitteln. (Weitere Nullstellen besitzt f nicht.)
2. Untersuchen Sie f hinsichtlich Extrema und Wendepunkte.
3. Untersuchen und kommentieren Sie das Verhalten der Bildfolge $f \circ x$ zu der Folge $x = (n)_{n \in \mathbb{N}}$.
4. Berechnen Sie das Integral der Funktion f.
5. Berechnen Sie den Inhalt $A(f)$ der Fläche, die von f der Abszisse und den beiden Ordinatenparallelen durch die Stellen 1 und e eingeschlossen wird.

B2.961.08: Zur Bearbeitung der Aufgabe im einzelnen:
1. Näherungen zu den beiden Nullstellen von f sind die Zahlen $0,32$ und $6,30$.

2a) Die 1. Ableitungsfunktion $f' : \mathbb{R}^+ \longrightarrow \mathbb{R}$ von f ist definiert durch die Zuordnungsvorschrift $f'(x) = \frac{1}{x} - \frac{1}{x^2} = \frac{1}{x}(1 - \frac{1}{x})$ und besitzt die einzige Nullstelle 1. Die 2. Ableitungsfunktion $f'' : \mathbb{R}^+ \longrightarrow \mathbb{R}$ von f ist definiert durch $f''(x) = -\frac{1}{x^2} + \frac{2}{x^3} = \frac{1}{x^2}(-1 + \frac{2}{x})$ und liefert den Funktionswert $f''(1) = 1 > 0$, folglich ist 1 die Minimalstelle und $(1, f(1)) = (1, -1)$ das Minimum von f.

2b) Die 2. Ableitugsfunktion f'' besitzt die Nullstelle 2. Mit der durch $f'''(x) = \frac{2}{x^3} - \frac{6}{x^4} = \frac{1}{x^3}(2 - \frac{6}{x})$ definierten 3. Ableitungsfuktion $f''' : \mathbb{R}^+ \longrightarrow \mathbb{R}$ gilt $f'''(2) = \frac{2}{8} - \frac{6}{16} = -\frac{1}{8} < 0$, folglich ist 2 die Wendestelle und $(2, f(2)) = (2, log_e(2) - \frac{3}{2}) \approx (2/-0,31)$ der Wendepunkt von f.

3. Bei der Untersuchung der Bildfolge $f \circ x$ wird zunächst die Bildfolge $g \circ x$ mit $g(x) = log_e(x) + \frac{1}{x}$, also die Folge $g \circ x = (log_e(n) + \frac{1}{n})_{n \in \mathbb{N}} = (log_e(n))_{n \in \mathbb{N}} + (\frac{1}{n})_{n \in \mathbb{N}}$ betrachtet. Da die zweite Folge nullkonvergent ist, ist g asymptotische Funktion zu log_e, folglich ist f asymptotische Funktion zu der monotonen und nach oben unbeschränkten Funktion $log_e - 2$.

4. Das Integral der Funktion f ist $\int f = \int (log_e + \frac{1}{id_{\mathbb{R}^+}} - 2) = \int log_e + \int \frac{1}{id_{\mathbb{R}^+}} - \int 2$
$= id_{\mathbb{R}^+}(log_e - 1) + log_e - 2 \cdot id_{\mathbb{R}^+} + \mathbb{R} = (id_{\mathbb{R}^+} + 1)log_e - 3 \cdot id_{\mathbb{R}^+} + \mathbb{R}$.

5. Unter Verwendung der mit Teil 4 ermittelten Stammfunktion $F : \mathbb{R}^+ \longrightarrow \mathbb{R}$ mit der Zuordnungsvorschrift $F(x) = (x+1)log_e(x) - 3x$ hat die in der Aufgabe beschriebene Fläche dann schließlich den Inhalt
$A(f) = |\int_1^e f| = |F(e) - F(1)| = |(e+1) - 3e - (2 \cdot log_e(1) - 3)| = |e + 1 - 3e + 3| = 4 - 2e$ (FE).

2.962   UNTERSUCHUNG VON LOGARITHMUS-FUNKTIONEN (TEIL 3)

A2.962.01 (D, A) : Betrachten Sie die durch $f(x) = \log_e(\frac{1+x}{1-x})$ definierte Funktion $f : D(f) \longrightarrow \mathbb{R}$ mit maximalem Definitionsbereich $D(f) \subset \mathbb{R}$.
1. Geben Sie den Bau von f an und verwenden Sie die dabei definierten Einzelfunktionen und ihre Bezeichnungen auch bei der Bearbeitung der weiteren Teilaufgaben.
2. Bestimmen Sie $D(f)$ sowie die Menge $N(f)$ der Nullstellen von f (jeweils mit Begründung).
3. Untersuchen Sie f hinsichtlich Symmetrieeigenschaften.
4. Betrachten Sie die durch $g(x) = \frac{1}{1-x^2}$ definierte Funktion $g : D(g) \longrightarrow \mathbb{R}$ sowie ihre Integral-Funktion $G : D(G) \longrightarrow \mathbb{R}$. Zeigen Sie dann, daß die Funktionswerte $f(x)$ die Darstellung $f(x) = 2 \cdot G(x)$, für alle Elemente $x \in D(f)$, haben.

B2.962.01: Zur Bearbeitung der Aufgabe im einzelnen:
1. Betrachtet man die Geraden $u, v : D(g) \longrightarrow \mathbb{R}$ mit den Zuordnungsvorschriften $u(x) = 1 + x$ und $v(x) = 1 - x$, dann hat f die Form $f = \log_e \circ \frac{u}{v}$ als Komposition der Logarithmus-Funktion $\log_e : \mathbb{R}^+ \longrightarrow \mathbb{R}$ mit dem Quotienten $\frac{u}{v} : D(\frac{u}{v}) \longrightarrow \mathbb{R}^+$.

2. Die Frage nach dem maximalen Definitionsbereich $D(f)$ von f ist damit identisch nach der Frage nach dem Definitionsbereich $D(\frac{u}{v})$ des Quotienten $\frac{u}{v}$, der so eingerichtet werden muß, daß $Bild(\frac{u}{v}) = \mathbb{R}^+$ gilt.
Die Antwort dazu liefern die folgenden Äquivalenzen:
$(\frac{u}{v})(x) > 0 \Leftrightarrow \frac{1+x}{1-x} > 0 \Leftrightarrow (1 + x > 0$ und $1 - x > 0)$ oder $(1 + x < 0$ und $1 - x < 0)$
$\Leftrightarrow (x > -1$ und $1 > x)$ oder $(x < -1$ und $1 < x) \Leftrightarrow x \in (-1, 1)$ oder $x \in \emptyset \Leftrightarrow x \in (-1, 1)$
Diese Äquivalenzen zeigen, daß $D(f) = D(\frac{u}{v}) = (-1, 1)$ der gesuchte Definitionsbereich ist.
Wgen der Äquivalenzen $x \in N(f) \Leftrightarrow f(x) = 0 \Leftrightarrow \log_e(\frac{1+x}{1-x}) = 0 \Leftrightarrow \frac{1+x}{1-x} = 1 \Leftrightarrow x = 0$ ist 0 die einzige Nullstelle von f.

3. Die Funktion f ist punktsymmetrisch (zum Ursprung), denn für alle $x \in D(f) = (-1, 1)$ gilt
$-f(-x) = -\log_e(\frac{1-x}{1+x}) = -(\log_e(1-x) - \log_e(1+x)) = \log_e(1+x) - \log_e(1-x) = \log_e(\frac{1+x}{1-x}) = f(x)$.

4. Die behauptete Darstellung $f(x) = 2 \cdot G(x)$ mit $x \in (-1, 1)$ folgt aus den Einzelbetrachtungen:
a) Die Definition der Integral-Funktion liefert die Darstellung $2 \cdot G(x) = 2 \cdot \int_0^x g = \int_0^x 2g$ von $2G$.

b) Die Funktion $2g$ hat die Darstellung $2g = \frac{1}{u} + \frac{1}{v}$, denn für alle Elemente $x \in D(g)$ gilt
$(\frac{1}{u} + \frac{1}{v})(x) = (\frac{1}{u})(x) + (\frac{1}{v})(x) = \frac{1}{1+x} + \frac{1}{1-x} = \frac{1-x+1+x}{1-x^2} = \frac{2}{1-x^2} = 2 \cdot g(x)$.

c) Mit der Darstellung in a) ist dann $2 \cdot G(x) = \int_0^x 2g = \int_0^x (\frac{1}{u} + \frac{1}{v}) = \int_0^x \frac{1}{u} + \int_0^x \frac{1}{v}$.

d) Beachtet man die Integrale $\int \frac{1}{u} = \log_e \circ u$ und $\int \frac{1}{v} = -(\log_e \circ v)$, so gilt für die Riemann-Integrale dann
$\int_0^x \frac{1}{u} = (\log_e \circ u)(x) - (\log_e \circ u)(0)$ sowie $\int_0^x \frac{1}{v} = -((\log_e \circ v)(x) - (\log_e \circ v)(0)) = (\log_e \circ v)(0) - (\log_e \circ v)(x)$.

e) Mit den vorstehenden Darstellungen ist dann schließlich zusammengefaßt $2 \cdot G(x) = \int_0^x \frac{1}{u} + \int_0^x \frac{1}{v}$
$= \log_e(u(x)) - \log_e(u(0)) + \log_e(v(0)) - \log_e(v(x)) = \log_e(u(x)) - \log_e(1) + \log_e(1) - \log_e(v(x))$
$= \log_e(u(x)) - \log_e(v(x)) = \log_e(\frac{u(x)}{v(x)}) = f(x)$.

A2.962.02 (D) : Betrachten Sie die durch $f(x) = x(\log_e(x) - 1)$ definierte Funktion $f : \mathbb{R}^+ \longrightarrow \mathbb{R}$.
1. Untersuchen Sie f hinsichtlich Nullstellen.
2. Untersuchen Sie f hinsichtlich Extrema.
3. Skizzieren Sie f (und verwenden Sie dabei, daß f keinen Wendepunkt besitzt).
4. Bestimmen Sie die Tangente $t_a : \mathbb{R} \longrightarrow \mathbb{R}$ an f bei einer beliebigen Stelle $a \in \mathbb{R}^+$.

5. Betrachten Sie zu einer Zahl $a > 1$ das Dreieck D_a, das die Tangente t_a mit den beiden Koordinaten bildet. Betrachten Sie ferner die Funktion A, die jedem solchen Dreieck D_a seinen Flächeninhalt $A(a)$ zuordnet. Welches dieser Dreiecke D_a hat einen maximalen Flächeninhalt und welchen?

Hinweis: Verwenden Sie ohne weitere Berechnung die Nullstelle von A' als Minimalstelle von A.

6. Zeigen Sie nun auf zweierlei Weise, daß die Funktion $F : \mathbb{R}^+ \longrightarrow \mathbb{R}$ mit der Zuordnungsvorschrift $F(x) = \frac{1}{2}x^2(log_e(x) - \frac{3}{2})$ eine Stammfunktion von f ist.

7. Berechnen Sie diejenige Zahl $z > e$, für die $\int_0^z f = 0$ gilt.

B2.962.02: Zur Bearbeitung der Aufgabe im einzelnen:

1. Nullstellenberechnung: Die Äquivalenzen $x \in N(f) \Leftrightarrow f(x) = 0 \Leftrightarrow x(log_e(x) - 1) = 0 \Leftrightarrow log_e(x) - 1 = 0 \Leftrightarrow log_e(x) = 1 \Leftrightarrow x \in \{e\}$ zeigen, daß f genau die Nullstelle e besitzt.

2. Die erste Ableitungsfunktion $f' : \mathbb{R}^+ \longrightarrow \mathbb{R}$ von f ist definiert durch die Zuordnungsvorschrift $f'(x) = log_e(x) - 1 + x \cdot log'_e(x) = log_e(x) - 1 + \frac{x}{x} = log_e(x)$. Somit hat f' genau die Nullstelle 1. Wegen $Ex(f) \subset N(f') \neq \emptyset$ ist die zweite Ableitungsfunktion $f'' : \mathbb{R}^+ \longrightarrow \mathbb{R}$ von f zu bilden: Sie hat die Zuordnungsvorschrift $f''(x) = \frac{1}{x}$. Mit $f''(1) = 1 > 0$ hat f dann das Maximum $(1, f(1)) = (1, -1)$.

3. Skizze von f:

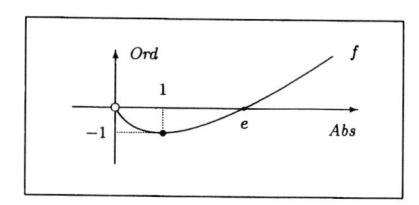

4. Die Tangente $t_a : \mathbb{R} \longrightarrow \mathbb{R}$ an f bei $a \in \mathbb{R}^+$ ist definiert durch $t_a(x) = f'(a)x - f'(a)a + f(a) = log_e(a)x - log_e(a)a + a \cdot log_e(a) - a = log_e(a)x - a$.

5. Das zu untersuchende Dreieck D_a hat mit der Nullstelle $\frac{a}{log_e(a)}$ von t_a und dem Ordinatenabschnitt $t_a(0) = -a$ von t_a die drei Eckpunkte $(0, 0)$ sowie $(\frac{a}{log_e(a)}, 0)$ und $(0, -a)$. Der Flächeninhalt $A(a)$ von D_a ist somit $A(a) = \frac{1}{2} \cdot \frac{a}{log_e(a)} \cdot a = \frac{1}{2} \cdot \frac{a^2}{log_e(a)}$.

Zu untersuchen ist nun die Funktion $A : (1, \star) \longrightarrow \mathbb{R}$ hinsichtlich einer Minimalstelle: Die 1. Ableitungsfunktion $A' : (1, \star) \longrightarrow \mathbb{R}$ von A ist definiert durch $A'(x) = \frac{1}{2} \cdot \frac{2a \cdot log_e(a) - a^2 \cdot \frac{1}{a}}{log_e^2(a)} = \frac{1}{2}a \cdot (\frac{2 \cdot log_e(a) - 1}{log_e^2(a)})$ und besitzt wegen der Äquivalenzen $a \in N(A') \Leftrightarrow A'(a) = 0 \Leftrightarrow 2 \cdot log_e(a) - 1 = 0 \Leftrightarrow log_e(a) = \frac{1}{2} \Leftrightarrow a = e^{\frac{1}{2}} = \sqrt{e}$ die Nullstelle $\sqrt{e}$, die nach Vorgabe als Minimalstelle von f betrachtet werden kann. Das Dreieck D_a mit minimalem Flächeninhalt hat den Inhalt $A(\sqrt{e}) = \frac{1}{2} \cdot \frac{e}{log_e(\sqrt{e})} = \frac{1}{2} \cdot \frac{e}{\frac{1}{2} \cdot 1} = e$ (FE).

6a) Es gilt $F'(x) = x(log_e(x) - \frac{3}{2}) + \frac{1}{2}x^2 \cdot \frac{1}{x} = x(log_e(x) - \frac{3}{2}) + \frac{1}{2}x = x(log_e(x) - 1) = f(x)$.

6b) Betrachtet man $f = id \cdot log_e - id$, so hat f das Integral $\int f = \int (id \cdot log_e - id) = \int (id \cdot log_e) - \int id$
$= \frac{1}{2} \cdot id^2 \cdot log_e - \int (\frac{1}{2} \cdot id^2 \cdot \frac{1}{id}) - \frac{1}{2} \cdot id^2 = \frac{1}{2} \cdot id^2 \cdot log_e - \frac{1}{2} \cdot \int id - \frac{1}{2} \cdot id^2 = \frac{1}{2} \cdot id^2 \cdot log_e - \frac{1}{4} \cdot id^2 - \frac{1}{2} \cdot id^2 + \mathbb{R}$
$= \frac{1}{2} \cdot id^2 (log_e - \frac{3}{2}) + \mathbb{R}$.

7. Für die zu ermittelnde Zahl $z > e$ soll $\int_0^z f = 0$, also $\int_0^e f + \int_e^z f = 0$ gelten. Mit der in Aufgabenteil 6 vorgegebenen Stammfunktion F von f gilt dann zunächst $\int_0^e f = F(e) - F(0) = \frac{1}{2}e^2(log_e(e) - \frac{3}{2}) = \frac{1}{2}e^2(-\frac{1}{2}) = -\frac{1}{4}e^2$, es ist also die Integralgleichung $\int_e^z f = -\frac{1}{4}e^2$ zu betrachten: Mit $\int_e^z f = F(z) - F(e) = \frac{1}{2}z^2(log_e(z) - \frac{3}{2}) - \frac{1}{2}e^2(log_e(e) - \frac{3}{2}) = \frac{1}{2}z^2(log_e(z) - \frac{3}{2}) + \frac{1}{4}e^2$ gilt somit $\int_0^e f + \int_e^z f = 0$ genau dann, wenn $\frac{1}{2}z^2(log_e(z) - \frac{3}{2}) = 0$ gilt. Wegen $\frac{1}{2}z^2 \neq 0$ liefert $log_e(z) = \frac{3}{2}$ dann $z = e^{\frac{3}{2}} = e\sqrt{e}$.

A2.962.03 (D): Betrachten Sie die Funktion $f : D_{max}(f) \longrightarrow \mathbb{R}$ mit $f(x) = x(log_e(x^2) - 1)$.

1. Bestimmen Sie $D_{max}(f)$ und untersuchen Sie f hinsichtlich Symmetrie-Eigenschaften und Nullstellen.
2. Untersuchen Sie f hinsichtlich Extrema und Wendepunkte.
3. Bestimmen Sie die Tangenten an f bei den Nullstellen sowie deren Anstiegswinkel-Maße.
4. Wodurch läßt sich f bei 0 stetig fortsetzen? Untersuchen Sie ferner das Verhalten von f (relativ zur Ordinate) in der Nähe von 0.
5. Skizzieren Sie f sowie die in Teil 3 genannten Tangenten.

B2.962.03: Zur Bearbeitung der Aufgabe im einzelnen:

1. Wegen $0 \notin D(log_e)$ gilt $D_{max}(f) = \mathbb{R} \setminus \{0\}$. Weiterhin ist f wegen des Faktors x in $f(x)$ nicht ordinatensymmetrisch, jedoch punktsymmetrisch, wie für alle $x \in \mathbb{R} \setminus \{0\}$ die folgende Berechnung zeigt: $f(-x) = (-x)(log_e((-x)^2) - 1) = -x \cdot log_e(x^2) + x = -(x(log_e(x^2) - 1)) = -f(x)$. Schließlich liefern die Äquivalenzen $x \in N(f) \Leftrightarrow f(x) = 0 \Leftrightarrow x(log_e(x^2) - 1) = 0 \Leftrightarrow log_e(x^2) - 1 = 0 \Leftrightarrow log_e(x^2) = 1 \Leftrightarrow x^2 = e^1 = e \Leftrightarrow x \in \{-\sqrt{e}, \sqrt{e}\}$ die Nullstellenmenge $N(f) = \{-\sqrt{e}, \sqrt{e}\}$ von f.

2. Die erste Ableitungsfunktion $f' : \mathbb{R} \setminus \{0\} \longrightarrow \mathbb{R}$ von f ist definiert durch die Zuordnungsvorschrift $f'(x) = log_e(x^2) - 1 + x(\frac{1}{x^2} \cdot 2x) = log_e(x^2) - 1 + 2 = log_e(x^2) + 1$ und hat die Nullstellenmenge $N(f') = \{-\frac{1}{\sqrt{e}}, \frac{1}{\sqrt{e}}\}$. Wegen $Ex(f) \subset N(f') \neq \emptyset$ ist die zweite Ableitungsfunktion $f'' : \mathbb{R} \setminus \{0\} \longrightarrow \mathbb{R}$ von f zu bilden: Sie hat die Zuordnungsvorschrift $f''(x) = \frac{1}{x^2} \cdot 2x = \frac{2}{x}$. Mit $f''(-\frac{1}{\sqrt{e}}) = -2\sqrt{e} < 0$ und $f''(\frac{1}{\sqrt{e}}) = 2\sqrt{e} > 0$ hat f dann das Maximum $(-\frac{1}{\sqrt{e}}, f(-\frac{1}{\sqrt{e}})) = (-\frac{1}{\sqrt{e}}, \frac{2}{\sqrt{e}}) \approx (-0, 6/1, 2)$ und aus Gründen der Punktsymmetrie das Minimum $(\frac{1}{\sqrt{e}}, -\frac{2}{\sqrt{e}}) \approx (0, 6/-1, 2)$.

Schließlich gilt: Wegen $N(f'') = \emptyset$ besitzt f keine Wendepunkte.

3. Die Tangente $t_1 : \mathbb{R} \longrightarrow \mathbb{R}$ an f bei $-\sqrt{e}$ ist definiert durch $t_1(x) = f'(-\sqrt{e})x - f'(-\sqrt{e})(-\sqrt{e}) = 2x - 2\sqrt{e}$. Entsprechend ist die Tangente $t_2 : \mathbb{R} \longrightarrow \mathbb{R}$ an f bei $\sqrt{e}$ definiert durch $t_2(x) = 2x + 2\sqrt{e}$.

4. Die Funktion f läßt sich stetig fortsetzen zu der Funktion $f^* : \mathbb{R} \longrightarrow \mathbb{R}$ durch die Festlegung $f^*(0) = 0$. Das zeigen die folgenden Betrachtungen zu dem Verhalten von f in der Nähe von 0: Betrachtet man die beiden nullkonvergenten Folgen $x = (-\frac{1}{n})_{n \in \mathbb{N}}$ und $y = (-\frac{1}{n})_{n \in \mathbb{N}}$, so sind auch ihre Bildfolgen $f \circ x$ und $f \circ y$ jeweils nullkonvergent, denn es gilt $lim(f \circ x) = lim(f(-\frac{1}{n}))_{n \in \mathbb{N}} = lim(-\frac{1}{n}(log_e(-\frac{1}{n}) - 1))_{n \in \mathbb{N}} = lim(2\frac{log_e(n)}{n} - \frac{1}{n}))_{n \in \mathbb{N}} = 2 \cdot lim(\frac{log_e(n)}{n})_{n \in \mathbb{N}} - lim(\frac{1}{n})_{n \in \mathbb{N}} = 2 \cdot 0 - 0 = 0$ und mit entsprechender Berechnung $lim(f \circ y) = lim(f(\frac{1}{n}))_{n \in \mathbb{N}} = lim(\frac{1}{n}(log_e(\frac{1}{n}) - 1))_{n \in \mathbb{N}} = lim(-2\frac{log_e(n)}{n} + \frac{1}{n}))_{n \in \mathbb{N}} = -2 \cdot 0 + 0 = 0$.

5. Skizze von f mit den beiden Tangenten t_1 und t_2 bei den Nullstellen von f:

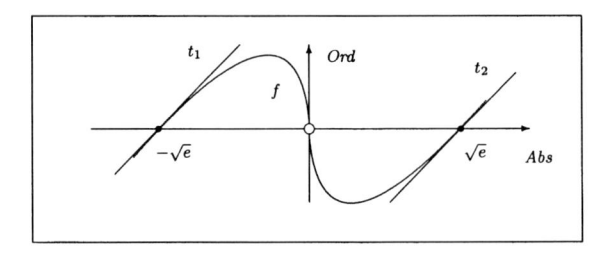

A2.962.04 (D, A): Betrachten Sie die Funktion $f : \mathbb{R}^+ \longrightarrow \mathbb{R}$, definiert durch $f(x) = \frac{2}{x} \cdot log_e(2x)$.

1. Berechnen Sie die Nullstelle, das Extremum und den Wendepunkt von f.
2. Zeigen Sie, daß der positive Teil der Abszisse asymptotische Funktion zu f ist.
3. Bestimmen Sie die Tangente $t : \mathbb{R} \longrightarrow \mathbb{R}$ an f bei einer beliebigen Stelle $x_0 \in \mathbb{R}^+$. Berechnen Sie dann den Berührpunkt derjenigen Tangente t mit f, die den Koordinatenursprung enthält.
4. Zeigen Sie, daß $F : \mathbb{R}^+ \longrightarrow \mathbb{R}$ mit $F(x) = log_e^2(2x)$ eine Stammfunktion zu f ist.
5. Berechnen Sie die Lösung x_0 der Integralgleichung $\int_{\frac{1}{2}}^{x_0} f = 1$ und nennen Sie den dabei auftre-

tenden Zusammenhang zwischen F und diesen Riemann-Integralen. Formulieren Sie dann mit denselben konkreten Daten eine Aufgabe, die einen Flächeninhalt erfragt.

6. Berechnen Sie das Uneigentliche Integral $\int_{\frac{1}{2}}^{*} f$.

B2.962.04: Zur Bearbeitung der Aufgabe im einzelnen:

1a) Die Äquivalenzen $x \in N(f) \Leftrightarrow f(x) = 0 \Leftrightarrow log_e(2x) = 0 \Leftrightarrow 2x = e^0 = 1 \Leftrightarrow x \in \{\frac{1}{2}\}$ zeigen, daß die Funktion f genau die Nullstelle $\frac{1}{2}$ hat.

1b) Die 1. Ableitungsfunktion $f' : \mathbb{R}^+ \longrightarrow \mathbb{R}$ von f ist definiert durch die Zuordnungsvorschrift $f'(x) = 2((-\frac{1}{x^2} \cdot log_e(2x) + \frac{1}{x} \cdot \frac{2}{2x}) = \frac{2}{x^2}(1 - log_e(2x))$ und besitzt wegen der Äquivalenzen $x \in N(f') \Leftrightarrow f'(x) = 0 \Leftrightarrow 1 - log_e(2x) = 0 \Leftrightarrow log_e(2x) = 1 \Leftrightarrow 2x = e^1 = e \Leftrightarrow x \in \{\frac{e}{2}\}$ genau die Nullstelle $\frac{e}{2}$.
Die 2. Ableitungsfunktion $f'' : \mathbb{R}^+ \longrightarrow \mathbb{R}$ mit $f''(x) = \frac{2}{x^3}(2 \cdot log_e(2x) - 3)$ liefert den Funktionswert $f''(\frac{e}{2}) = \frac{2}{(\frac{e}{2})^3}(2 \cdot log_e(2 \cdot \frac{e}{2}) - 3) = \frac{16}{e^3}(2 - 3) = -\frac{16}{e^3} < 0$, der zeigt, daß f die Maximalstelle $\frac{e}{2}$ und damit das Maximum $(\frac{e}{2}, f(\frac{e}{2})) = (\frac{e}{2}, \frac{4}{e})$ besitzt.

1c) Die 2. Ableitungsfunktion $f'' : \mathbb{R}^+ \longrightarrow \mathbb{R}$ von f besitzt wegen der Äquivalenzen $x \in N(f'') \Leftrightarrow f''(x) = 0 \Leftrightarrow 2 \cdot log_e(2x) - 3 = 0 \Leftrightarrow log_e(2x) = \frac{3}{2} \Leftrightarrow 2x = e^{\frac{3}{2}} \Leftrightarrow x \in \{\frac{1}{2} \cdot e^{\frac{3}{2}}\}$ die Nullstelle $\frac{1}{2} \cdot e^{\frac{3}{2}}$.
Die 3. Ableitungsfunktion $f''' : \mathbb{R}^+ \longrightarrow \mathbb{R}$ mit $f'''(x) = \frac{2}{x^4}(11 - 6 \cdot log_e(2x))$ liefert den Funktionswert $f'''(\frac{1}{2} \cdot e^{\frac{3}{2}}) = \frac{64}{e^6} > 0$. Damit hat f die Wendestelle $\frac{1}{2} \cdot e^{\frac{3}{2}}$ und den Wendepunkt $(\frac{1}{2} \cdot e^{\frac{3}{2}}, f(\frac{1}{2} \cdot e^{\frac{3}{2}})) = (\frac{1}{2} \cdot e^{\frac{3}{2}}, \frac{6}{e^{\frac{3}{2}}})$ mit Rechts-Links-Krümmung.

2. Die Bildfolge $f \circ x$ zu der Folge $x = (n)_{n \in \mathbb{N}}$ ist nullkonvergent, denn es gilt $lim(f \circ x) = lim(f(n))_{n \in \mathbb{N}}$
$= lim(\frac{2}{n} \cdot log_e(2n))_{n \in \mathbb{N}} = lim(\frac{2}{n}(log_e(2) + log_e(n))_{n \in \mathbb{N}} = lim(2 \cdot log_e(2) \cdot \frac{1}{n})_{n \in \mathbb{N}} + lim(\frac{log_e(n)}{n})_{n \in \mathbb{N}}$
$= 2 \cdot log_e(2) \cdot 0 + 0 = 0$, also ist der positive Teil der Abszisse asymptotische Funktion zu f.

3. Die Zuordnungsvorschrift der Tangente $t : \mathbb{R} \longrightarrow \mathbb{R}$ an f bei einer beliebigen Stelle $x_0 \in \mathbb{R}^+$ ist $t(x) = f'(x_0)x - f'(x_0)x_0 + f(x_0) = \frac{2}{x_0^2}(1 - log_e(2x_0))x - \frac{2}{x_0^2}(1 - log_e(2x_0))x_0 + \frac{2}{x_0} \cdot log_e(2x_0) = \frac{2}{x_0^2}(1 - log_e(2x_0))x + \frac{2}{x_0^2}(2 \cdot log_e(2x_0) - 1)$.
Die Bedingung, daß 0 der Ordinatenabschnitt von t ist, ist äquivalent zu den folgenden Bedingungen: $\frac{2}{x_0}(2 \cdot log_e(2x_0) - 1) = 0 \Leftrightarrow 2 \cdot log_e(2x_0) - 1 = 0 \Leftrightarrow log_e(2x_0) = \frac{1}{2} \Leftrightarrow x_0 = \frac{1}{2} \cdot e^{\frac{1}{2}}$. Somit hat diese Tangente mit f den Berührpunkt $(\frac{1}{2} \cdot e^{\frac{1}{2}}, f(\frac{1}{2} \cdot e^{\frac{1}{2}})) = (\frac{1}{2} \cdot e^{\frac{1}{2}}, 2 \cdot e^{-\frac{1}{2}})$.

4. Daß die Funktion $F : \mathbb{R}^+ \longrightarrow \mathbb{R}$ mit $F(x) = log_e^2(2x)$ eine Stammfunktion zu f ist, zeigt die einfache Berechnung $F'(x) = 2 \cdot \frac{1}{x} \cdot log_e(2x) = \frac{2}{x} \cdot log_e(2x) = f(x)$.

5. Zunächst gilt $\int_{\frac{1}{2}}^{x} f = F(x) - F(\frac{1}{2}) = log_e^2(2x) - log_e^2(2 \cdot \frac{1}{2}) = log_e^2(2x) - 0 = log_e^2(2x)$, für alle $x \geq \frac{1}{2}$.

Die zu ermittelnde Lösung $x_0 \geq \frac{1}{2}$ der vorgegebenen Integralgleichung folgt dann aus den Äquivalenzen $log_e^2(2x_0) = 1 \Leftrightarrow log_e(2x_0) = 1 \Leftrightarrow x_0 = \frac{e}{2}$.

Wie die vorstehende Berechnung zeigt, gilt $F(x) = \int_{\frac{1}{2}}^{x} f$, für alle $x \geq \frac{1}{2}$, aber auch für alle $x \in \mathbb{R}^+$.

Man kann die konkreten Daten auch zu folgender Frage verwenden: Welchen Flächeninhalt $A(f)$ hat die von f, der Abszisse und der Ordinatenparallelen durch $\frac{e}{2}$ begrenzten Fläche? Die obige Berechnung liefert dann natürlich $A(f) = 1$ (FE).

6. Es gilt $\int_{\frac{1}{2}}^{*} f = lim(\int_{\frac{1}{2}}^{n} f)_{n \in \mathbb{N}} = lim(log_e(2n))_{n \in \mathbb{N}} = \star$, denn die Folge $(log_e(2n))_{n \in \mathbb{N}}$ ist (streng) monoton und nach oben unbeschränkt. Dieses Uneigentliche Integral ist also nicht endlich.

2.963 Untersuchung von Logarithmus-Funktionen (Teil 4)

A2.963.01 (D, A): Betrachten Sie die durch die Zuordnungsvorschrift $f(x) = (3-x) \cdot \log_e(3-x)$ definierte Funktion $f : D_{max}(f) \longrightarrow \mathbb{R}$.

1. Ermitteln Sie den maximalen Definitionsbereich $D_{max}(f)$ von f sowie die Schnittstellen von f mit den beiden Koordinaten.
2. Rechnen Sie anhand von $f', f'' : D_{max}(f) \longrightarrow \mathbb{R}$ nach, daß f das Minimum $(3-e^{-1}, -e^{-1})$ besitzt.
3. Skizzieren Sie f für alle Zahlen $x \geq -1$ mit der Näherung $(3-e^{-1}, -e^{-1}) \approx (2,6/-0,4)$.
4. Untersuchen Sie die Folge $(f(-n))_{n \in \mathbb{N}}$ hinsichtlich Konvergenz/Divergenz.
5. Rechnen Sie nach, daß $F(x) = \frac{1}{4}(3-x)^2(1-2 \cdot \log_e(3-x))$ die Zuordnungsvorschrift einer Stammfunktion F von f ist.
6. Berechnen Sie den Inhalt $A(f)$ der Fläche, die durch f, die Ordinate und die Abszisse begrenzt wird.
7. Ermitteln Sie die Tangente t an f bei 1 und berechnen Sie die Schnittstellen von t mit den beiden Koordinaten.

B2.963.01: Zur Bearbeitung einiger Aufgabenteile im einzelnen, wobei an geeigneten Stellen die Darstellung $f = u \cdot v$ mit Faktoren $u, v : D_{max}(f) \longrightarrow \mathbb{R}$ mit $u(x) = 3 - x$ und $v = \log_e \circ u$, also mit $v(x) = \log_e(3-x)$, verwendet wird:

1. Wegen $3 - x > 0 \Leftrightarrow 3 > x$ ist $D_{max}(v) = (-\star, 3)$ und folglich ebenfalls $D_{max}(u) = (-\star, 3)$, insgesamt also $D_{max}(f) = (-\star, 3)$ zu wählen.

Zunächst ist $N(u) = \emptyset$ sowie $N(v) = \{2\}$ wegen $v(2) = \log_e(3-2) = \log_e(1) = 0$, also ist $N(f) = N(u) \cup N(v) = \emptyset \cup \{2\} = \{2\}$. Ferner ist $f(0) = u(0) \cdot v(0) = 3 \cdot \log_e(3)$ der Ordinatenabschnitt von f.

2. $f : (-\star, 3) \longrightarrow \mathbb{R}$ hat die 1. Ableitungsfunktion $f' : (-\star, 3) \longrightarrow \mathbb{R}$ mit der Zuordnungsvorschrift $f'(x) = u'(x)v(x) + u(x)v'(x) = (-1) \cdot \log_e(3-x) + (3-x) \cdot \frac{1}{3-x} \cdot (-1) = -\log_e(3-x) - 1$. Da f' die Nullstelle $3 - e^{-1}$ besitzt, ist noch die 2. Ableitungsfunktion $f'' : (-\star, 3) \longrightarrow \mathbb{R}$ von f zu ermitteln: Sie hat die Zuordnungsvorschrift $f''(x) = \frac{1}{3-x}$. Wegen $f''(3-e^{-1}) = e > 0$ ist $3 - e^{-1}$ die Minimalstelle und $(3-e^{-1}, f(3-e^{-1})) = (3-e^{-1}, -e^{-1})$ das Minimum von f.

3. Skizze von f (wobei die Näherungen $3 \cdot \log_e(3) \approx 3,3$ sowie $(3-e^{-1}, -e^{-1}) \approx (2,6/-0,4)$ für das Minimum von f verwendet werden):

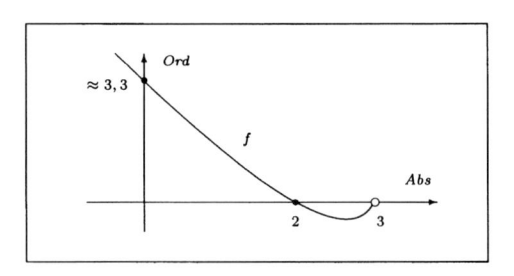

4. Die Folge $(f(-n))_{n \in \mathbb{N}} = ((3+n)\log_e(3+n))_{n \in \mathbb{N}}$ ist als Produkt zweier monotoner und nach oben unbeschränkter Folgen ebenfalls monoton und nach oben unbeschränkt. Das bedeutet: In $\mathbb{R}^\star$ gilt $\lim(f(-n))_{n \in \mathbb{N}} = \star$.

5. Die durch $F(x) = \frac{1}{4}(3-x)^2(1-2 \cdot \log_e(3-x))$ definierte Funktion $F : (-\star, 3) \longrightarrow \mathbb{R}$ ist tatsächlich eine Stammfunktion von f, denn es gilt: $F'(x) = \frac{1}{4}(2(3-x)(-1)(1-2 \cdot \log_e(3-x)) + (3-x)^2(-2)\frac{1}{3-x}(-1)) = \frac{1}{4}(-2(3-x)(1-2 \cdot \log_e(3-x)) + 2(3-x)) = \frac{1}{4}(2(3-x)(-1+2 \cdot \log_e(3-x) + 1)) = (3-x)\log_e(3-x)$.

6. Zu berechnen ist der Flächeninhalt $A(f) = \int_0^2 f = F(2) - F(0)$
$= \frac{1}{4}(3-2)^2(1 - 2 \cdot log_e(3-2)) - \frac{1}{4}(3-0)^2(1 - 2 \cdot log_e(3-0)) = \frac{1}{4}(1 - 2 \cdot log_e(1)) - \frac{1}{4} \cdot 9(1 - 2 \cdot log_e(3))$
$= \frac{1}{4} - \frac{9}{4}(1 - 2 \cdot log_e(3)) = \frac{1}{4} - \frac{9}{4} + \frac{9}{2} \cdot log_e(3) = \frac{9}{2} \cdot log_e(3) - 2 \approx 2,94$ (FE).

7. Die Tangente $t : \mathbb{R} \longrightarrow \mathbb{R}$ an f bei 1 ist definiert durch $t(x) = f'(1)x - f'(1) \cdot 1 + f(1)$. Mit $f'(1) = -log_e(3-1) - 1 = -log_e(2) - 1$ und $f(1) = (3-1)log_e(3-1) = 2 \cdot log_e(2)$ ist dann $t(x) = -(log_e(2) + 1)x + 3 \cdot log_e(2) + 1$. Die Tangente t hat die Nullstelle $x = \frac{3 \cdot log_e(2)+1}{log_e(2)+1}$. Ferner ist $t(0) = log_e(2) + 1 + 2 \cdot log_e(2) = 3 \cdot log_e(2) + 1$ der Ordinatenabschnitt von t.

A2.963.02 (D, A): Betrachten Sie die durch die Zuordnungsvorschrift $f(x) = log_e^3(x) - 3 \cdot log_e(x)$ definierte Funktion $f : \mathbb{R}^+ \longrightarrow \mathbb{R}$.

1. Ermitteln Sie die Nullstellenmenge $N(f)$ von f.

2. Rechnen Sie nach, daß f das Maximum $(\frac{1}{e}, 2)$ und das Minimum $(e, -2)$ besitzt.

3. Zeigen Sie, daß die durch $F(x) = x \cdot log_e^3(x) - 3x \cdot log_e^2(x) + 3x \cdot log_e(x) - 3x$ definierte Funktion eine Stammfunktion von f ist.

4. Berechnen Sie den Inhalt $A(f)$ derjenigen Fläche, die f mit der Abszisse einschließt.

B2.963.02: Zur Bearbeitung einiger Aufgabenteile im einzelnen:

1. Die Äquivalenzen $x \in N(f) \Leftrightarrow f(x) = 0 \Leftrightarrow log_e(x)(log_e^2(x) - 3) = 0$
$\Leftrightarrow log_e(x) = 0$ oder $log_e^2(x) = 3 \Leftrightarrow x = 1$ oder $log_e(x) = -\sqrt{3}$ oder $log_e(x) = \sqrt{3}$
$\Leftrightarrow x = 1$ oder $x = e^{-\sqrt{3}}$ oder $x = e^{\sqrt{3}} \Leftrightarrow x \in \{1, e^{-\sqrt{3}}, e^{\sqrt{3}}\}$
liefern die Nullstellenmenge $N(f) = \{1, e^{-\sqrt{3}}, e^{\sqrt{3}}\}$ von f.

2. Die 1. Ableitungsfunktion $f' : \mathbb{R}^+ \longrightarrow \mathbb{R}$ von f ist definiert durch die Zuordnungsvorschrift $f'(x) = 3 \cdot log_e^2(x) \cdot log_e'(x) - 3 \cdot log_e'(x) = \frac{3}{x}(log_e^2(x) - 1)$. Sie hat wegen der folgenden Äquivalenzen $x \in N(f') \Leftrightarrow f'(x) = 0 \Leftrightarrow (log_e(x) - 1)(log_e(x) + 1) = 0 \Leftrightarrow log_e(x) = 1$ oder $log_e(x) = -1$
$\Leftrightarrow x = e$ oder $x = \frac{1}{e} \Leftrightarrow x \in \{e, \frac{1}{e}\}$ die Nullstellenmenge $N(f') = \{e, \frac{1}{e}\}$.
Die 2. Ableitungsfunktion $f'' : \mathbb{R}^+ \longrightarrow \mathbb{R}$ von f ist definiert durch die Zuordnungsvorschrift $f''(x) = 3 \cdot ((-\frac{1}{x^2})(log_e^2(x) - 1) + \frac{2}{x} \cdot log_e(x) \cdot \frac{1}{x}) = \frac{3}{x^2}(2 \cdot log_e(x) - log_e^2(x) + 1)$. Wegen $f''(e) = \frac{6}{e^2} > 0$ und $f''(\frac{1}{e}) = -6e^2 < 0$ ist $(e, f(e)) = (e, -2)$ das Minimum und $(\frac{1}{e}, f(\frac{1}{e})) = (\frac{1}{e}, 2)$ das Maximum von f.

Anmerkung: Zur Herstellung einer Skizze von f kann man die Näherungen $e^{-\sqrt{3}} \approx 0,2$, $e^{\sqrt{3}} \approx 5,7$ sowie $\frac{1}{e} \approx 0,4$ und $e \approx 2,7$ verwenden.

3. Die angegebene Funktion F ist tatsächlich eine Stammfunktion von f, denn es gilt
$F'(x) = log_e^3(x) + 3x \cdot log_e^2(x) \cdot \frac{1}{x} - 3(log_e^2(x) + 2x \cdot log_e(x) \cdot \frac{1}{x}) + 3(log_e(x) + x \cdot \frac{1}{x}) - 3$
$= log_e^3(x) + 3 \cdot log_e^2(x) - 3 \cdot log_e^2(x) - 6 \cdot log_e(x) + 3 \cdot log_e(x) + 3 - 3 = log_e^3(x) - 3 \cdot log_e(x) = f(x)$.

4. Für die Einschränkung $f : [\frac{1}{e}, e] \longrightarrow \mathbb{R}$ und unter Beachtung der Nullstelle $1 \in (\frac{1}{e}, e)$ gilt $A(f) = |\int_{e^{-1}}^1 f| + |\int_1^e f| = |F(1) - F(\frac{1}{e})| + |F(e) - F(1)|$. Zur Berechnung dieser Summe werden die Funktionswerte $F(1) = -3$ sowie $F(\frac{1}{e}) = -\frac{10}{e}$ und $F(e) = -2e$ benötigt. Sie liefern dann $A(f) = |-3 + \frac{10}{e}| + |3 - 2e| = (\frac{10}{e} - 3) + (2e - 3) = \frac{10}{e} + 2e - 6 \approx 3,12$ (FE).

A2.963.03 (D, A): Betrachten Sie die Funktion $f : \mathbb{R}^+ \longrightarrow \mathbb{R}$, definiert durch $f(x) = 3c \cdot \frac{1}{x} \cdot log_e^2(x)$ mit konstantem Faktor $c \in \mathbb{R}^+$.

1. Ermitteln Sie die Nullstellenmenge $N(f)$ von f.

2. Berechnen Sie die Nullstellen von f und verwenden Sie sie ohne weitere Begründung als Extremstellen von f. Geben Sie dann die beiden Extrema von f an und entscheiden Sie, ob Minima und/oder Maxima vorliegen.

3. Zeigen Sie, daß die Funktion $F : \mathbb{R}^+ \longrightarrow \mathbb{R}$ mit $F(x) = c \cdot log_e^3(x)$ eine Stammfunktion von f ist.

4. Berechnen Sie den Inhalt $A(f)$ der Fläche, die von f, der Abszisse und den beiden Ordinatenparallelen durch 1 und e^2 begrenzt wird.

5. An welcher Stelle der Berechnungen macht sich der Faktor 3 von f positiv bemerkbar?

B2.963.03 (D, A): Zur Bearbeitung der Aufgabe im einzelnen:

1. Die Nullstellenmenge $N(f)$ von f ist $N(f) = N(log_e) = \{1\}$.

2. Die 1. Ableitungsfunktion $f' : \mathbb{R}^+ \longrightarrow \mathbb{R}$ von f ist definiert durch $f'(x) =$
$3c((-\frac{1}{x^2}) \cdot log_e^2(x) + \frac{1}{x} \cdot 2 \cdot log_e^2(x) \cdot \frac{1}{x}) = 3c \cdot \frac{1}{x^2} \cdot (2 \cdot log_e(x) - log_e^2(x)) = 3c \cdot \frac{1}{x^2} \cdot log_e(x)(2 - log_e(x))$.
Die Äquivalenzen $x \in N(f') \Leftrightarrow f'(x) = 0 \Leftrightarrow log_e(x) = 0$ oder $2 - log_e(x) = 0 \Leftrightarrow x = 1$ oder $x = e^2 \Leftrightarrow x \in \{1, e^2\}$ liefern $N(f') = \{1, e^2\}$. Die zugehörigen Extrema sind dann $(1, f(1)) = (1, 0)$ und $(e^2, f(e^2)) = (e^2, 12c \cdot \frac{1}{e^2})$. Wegen $f(1) = 0 < f(e^2)$ ist $(1, 0)$ das Minimum und $(e^2, 12c \cdot \frac{1}{e^2})$ das Maximum von f.

3. Die Funktion $F : \mathbb{R}^+ \longrightarrow \mathbb{R}$, definiert durch die Vorschrift $F(x) = c \cdot log_e^3(x)$, ist eine Stammfunktion von f, denn es gilt $F'(x) = 3c \cdot \frac{1}{x} \cdot log_e^2(x) = f(x)$, für alle $x \in \mathbb{R}^+$.

4. Der gesuchte Flächeninhalt ist $A(f) = |F(e^2) - F(1)| = c \cdot |log_e^3(e^2) - log_e^3(1)| = c \cdot |8 - 0| = 8c$ (FE).

5. Die Stelle, an der sich der Faktor 3 von f positiv bemerkbar macht, ist die Bildung der Stammfunktion F von f in Teil 3 (wie man sich leicht anhand eines anderen Faktors klarmachen kann).

A2.963.04 (D, A): Betrachten Sie die Funktion $f : \mathbb{R}^+ \longrightarrow \mathbb{R}$ mit $f(x) = x(2 - log_e(x))$.

1. Untersuchen Sie f hinsichtlich Nullstellen, Extrema und Wendepunkte.
2. Ermitteln Sie die stetige Ergänzung $f^* : \mathbb{R}_0^+ \longrightarrow \mathbb{R}$ zu f und skizzieren Sie dann die Funktion f anhand der bislang ermittelten Daten im Bereich $(0, 8]$.
3. Berechnen Sie den Flächeninhalt $A(f^*)$ der Fläche, die f^* mit der Abszisse einschließt.

B2.963.04: Zur Bearbeitung der Aufgabe im einzelnen:

1a) Wegen $D(f) = \mathbb{R}^+$ besitzt f die Nullstellenmenge $N(f) = N(2 - log_e) = \{e^2\}$.

1b) Die 1. Ableitungsfunktion $f' : \mathbb{R}^+ \longrightarrow \mathbb{R}$ zu f ist definiert durch die Zuordnungsvorschrift $f'(x) = (2 - log_e(x)) + x \cdot (-\frac{1}{x}) = 2 - log_e(x) - 1 = 1 - log_e(x)$ und besitzt genau die Nullstelle e. Mit der 2. Ableitungsfunktion $f'' : \mathbb{R}^+ \longrightarrow \mathbb{R}$, definiert durch $f''(x) = -\frac{1}{x}$, gilt dann $f''(e) = -\frac{1}{e} < 0$, also ist e die Maximalstelle und $(e, f(e)) = (e, e(2 - log_e(e))) = (e, e)$ das Maximum von f.

1c) Wegen $Wen(f) \subset N(f'') = \emptyset$ besitzt f keine Wendepunkte.

2a) Die Bildfolge $f \circ x$ zu der nullkonvergenten Folge $x = (\frac{1}{n})_{n\in\mathbb{N}}$ liefert die stetige Ergänzung $f^*(0) = lim(f(\frac{1}{n}))_{n\in\mathbb{N}} = 0$, wie die folgende Berechnung zeigt: Es gilt $lim(f(\frac{1}{n}))_{n\in\mathbb{N}} = lim(\frac{1}{n}(2 - log_e(\frac{1}{n}))_{n\in\mathbb{N}} = lim(\frac{2}{n})_{n\in\mathbb{N}} - lim(\frac{1}{n} \cdot log_e(\frac{1}{n}))_{n\in\mathbb{N}} = lim(\frac{2}{n})_{n\in\mathbb{N}} + lim(\frac{1}{n} \cdot log_e(n))_{n\in\mathbb{N}} = lim(\frac{2}{n})_{n\in\mathbb{N}} + lim(\frac{log_e(n)}{n})_{n\in\mathbb{N}} = 0 + 0 = 0$.

2b) Skizze von f:

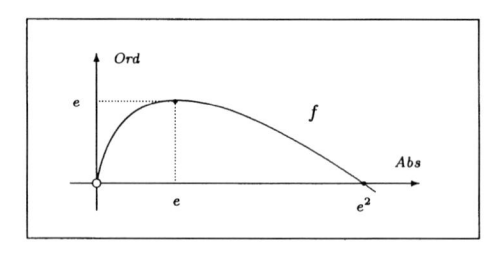

3a) Mit der Darstellung $f = id(2 - log_e) = 2 \cdot id - id \cdot log_e$ besitzt f das Integral $\int f = \int(2 \cdot id) - \int(id \cdot log_e)$. Für den ersten Summanden gilt $\int(2 \cdot id) = id^2 + \mathbb{R}$, Corollar 2.506.2 liefert für den zweiten Summanden $\int(log_e \cdot id) = log_e \cdot \frac{1}{2}id^2 - \int(log'_e \cdot \frac{1}{2}id^2) = log_e \cdot \frac{1}{2}id^2 - \int(\frac{1}{id} \cdot \frac{1}{2}id^2) = log_e \cdot \frac{1}{2}id^2 - \frac{1}{2}\int id = log_e \cdot \frac{1}{2}id^2 - \frac{1}{4}id^2 + \mathbb{R}$. Zusammen gilt dann $\int f = \frac{1}{4}id^2(5 - 2 \cdot log_e) + \mathbb{R}$, folglich ist $F : \mathbb{R}^+ \longrightarrow \mathbb{R}$, definiert durch die Vorschrift $F(x) = \frac{1}{4}x^2(5 - 2 \cdot log_e(x))$, eine Stammfunktion zu f.

3b) Der gesuchte Flächeninhalt ist $A(f^*) = lim(\int_{\frac{1}{n}}^{e^2} f)_{n\in\mathbb{N}} = lim(|F(e^2) - F(\frac{1}{n})|)_{n\in\mathbb{N}}$

$= lim(\frac{1}{4}e^4(5 - log_e(e^2)) - \frac{1}{4n^2}(5 - 2 \cdot log_e(\frac{1}{n})))_{n\in\mathbb{N}} = lim(\frac{1}{4}e^4 - \frac{5}{4n^2} - \frac{1}{2} \cdot log_e(\frac{log_e(n)}{n^2}))_{n\in\mathbb{N}} = \frac{1}{4}e^4$ (FE).

2.964 Untersuchung von Logarithmus-Funktionen (Teil 5)

A2.964.01 (D, A) : Betrachten Sie die Familie $(f_a)_{a\in\mathbb{R}^+}$ von Funktionen $f_a : \mathbb{R}^+ \longrightarrow \mathbb{R}$, definiert durch die Zuordnungsvorschriften $f_a(x) = x^2 - a \cdot log_e(x)$.

1. Untersuchen Sie $(f_a)_{a\in\mathbb{R}^+}$ hinsichtlich Schnittpunkte.
2. Weisen sie nach, daß jede der Funktionen genau ein Extremum, jedoch keinen Wendepunkt besitzt.
3. Geben Sie die Funktion E an, die alle Extrema der Familie $(f_a)_{a\in\mathbb{R}^+}$ enthält.
4. Berechnen Sie zu den Einschränkungen $f_{\frac{1}{2}}, f_2 : [1,2] \longrightarrow \mathbb{R}$ den Flächeninhalt $A_2(f_{\frac{1}{2}}, f_2)$.
5. Liefern die Einschränkungen $f_{\frac{1}{2}}, f_2 : (0,1] \longrightarrow \mathbb{R}$ einen endlichen Flächeninhalt $A_1(f_{\frac{1}{2}}, f_2)$?

B2.964.01: Zur Bearbeitung der Aufgabe im einzelnen:

Vorbemerkung: Jede der Funktionen f_a ist eine Differenz $f_a = u - v_a$ der Funktionen $u, v_a : \mathbb{R}^+ \longrightarrow \mathbb{R}$ mit $u(x) = x^2$ und $v_a(x) = a \cdot log_e(x)$. Dieser Sachverhalt ist sowohl bei der Differentiation als auch bei der Integration von Bedeutung.

1. Es gelte $a \neq b$. Für die Menge $S(f_a, f_b)$ der Schnittstellen von f_a und f_b gilt dann: $x \in S(f_a, f_b) \Leftrightarrow f_a(x) = f_b(x) \Leftrightarrow x^2 - a \cdot log_e(x) = x^2 - b \cdot log_e(x) \Leftrightarrow a \cdot log_e(x) = b \cdot log_e(x) \Leftrightarrow (a-b)log_e(x) = 0 \Leftrightarrow log_e(x) = 0 \Leftrightarrow x = 1$. Damit haben alle Funktionen von $(f_a)_{a\in\mathbb{R}^+}$ genau einen und zwar denselben Schnittpunkt $(1, f_1(1)) = (1, 1)$.

2a) Wegen $Ex(f_a) \subset N(f'_a)$ ist die 1. Ableitungsfunktion $f'_a : \mathbb{R}^+ \longrightarrow \mathbb{R}$ zu untersuchen. Sie hat die Zuordnungsvorschrift $f'_a(x) = 2x - \frac{a}{x}$ sowie die Nullstellenmenge $N(f'_a) = \{\frac{1}{2}\sqrt{2a}\}$. Zur Prüfung von $f''_a(\frac{1}{2}\sqrt{2a})$ ist die 2. Ableitungsfunktion $f''_a : \mathbb{R}^+ \longrightarrow \mathbb{R}$ zu berechnen: Sie hat die Zuordnungsvorschrift $f''_a(x) = 2 + \frac{a}{x^2}$. Nun gilt $f''_a(\frac{1}{2}\sqrt{2a}) = 2 + 2 = 4 > 0$, folglich ist $\frac{1}{2}\sqrt{2a}$ die Minimalstelle von f_a.

2b) Wegen $Wen(f_a) \subset N(f''_a) = \emptyset$ besitzt f_a keine Wendepunkte.

3a) Mit $f_a(\frac{1}{2}\sqrt{2a}) = \frac{1}{2}a - a \cdot log_e(\frac{1}{2}\sqrt{2a})$ hat f_a das Minimum $(\frac{1}{2}\sqrt{2a}, \frac{1}{2}a - a \cdot log_e(\frac{1}{2}\sqrt{2a}))$.

Will man eine Skizze solcher Funktionen anfertigen, kann folgende kleine Wertetabelle hilfreich sein (dabei beachte man, daß $f_{\frac{1}{2}}(x)$ das Minimum $(\frac{1}{2}, \approx 0,6)$ und f_2 das Minimum $(1,1)$ besitzt):

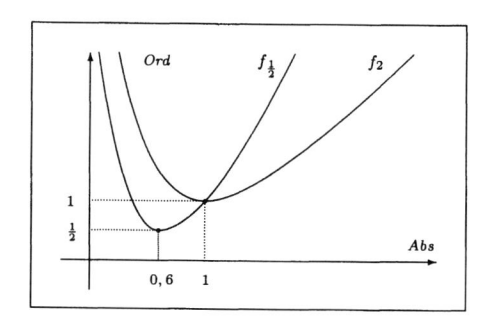

x	$\frac{1}{10}$	$\frac{1}{4}$	$\frac{1}{2}$	1	2	3
$f_{\frac{1}{2}}(x)$	1,2	0,75	0,6	1,0	3,6	8,5
$f_2(x)$	4,6	2,8	1,7	1,0	2,6	6,8

3b) Gesucht ist zu der Funktion $E : \mathbb{R}^+ \longrightarrow \mathbb{R}$ die Zuordnungsvorschrift $E(x)$, die zunächst durch die Zuordnung $\frac{1}{2}\sqrt{2a} \longmapsto E(\frac{1}{2}\sqrt{2a}) = \frac{1}{2}a - a \cdot log_e(\frac{1}{2}\sqrt{2a})$ vorgegeben ist. Zur Bestimmung von $E(x)$ kann man nun auf zweierlei Weise verfahren:

b_1) Stellt man $\frac{1}{2}a$ und a durch $\frac{1}{2}a = \frac{1}{2}\sqrt{2a} \cdot \frac{1}{2}\sqrt{2a}$ und $a = 2 \cdot \frac{1}{2}\sqrt{2a} \cdot \frac{1}{2}\sqrt{2a}$ dar, dann liefert die Zuordnung $\frac{1}{2}\sqrt{2a} \longmapsto E(\frac{1}{2}\sqrt{2a}) = \frac{1}{2}\sqrt{2a} \cdot \frac{1}{2}\sqrt{2a} - 2 \cdot \frac{1}{2}\sqrt{2a} \cdot \frac{1}{2}\sqrt{2a} \cdot log_e(\frac{1}{2}\sqrt{2a})$ durch Ersetzen von $\frac{1}{2}\sqrt{2a} = x$ schließlich die gesuchte Zuordnung $x \longmapsto E(x) = x^2 - 2x^2 \cdot log_e(x) = x^2(1 - 2 \cdot log_e(x))$.

b$_2$) Betrachtet man zu der gesuchten Zuordnung zunächst die Komposition $\mathbb{R}^+ \xrightarrow{u} \mathbb{R}^+ \xrightarrow{E} \mathbb{R}$ mit den Zuordnungen $a \xmapsto{u} \frac{1}{2}\sqrt{2a} \xmapsto{E} \frac{1}{2}a - a \cdot log_e(\frac{1}{2}\sqrt{2a})$, dann liefert die inverse Funktion $v = u^{-1} : \mathbb{R}^+ \longrightarrow \mathbb{R}^+$ mit $v(x) = 2x^2$ die Zuordnung $E = (E \circ u) \circ u^{-1} : x \longmapsto 2x^2 \longmapsto \frac{1}{2} \cdot 2x^2 - 2x^2 \cdot log_e(\frac{1}{2}\sqrt{2 \cdot 2x^2}) = 2x^2 - 2x^2 \cdot log_e(x) = x^2(1 - 2 \cdot log_e(x))$.

4a) Da die Funktionen f_a neben 1 keine weiteren Schnittstellen besitzen, ist $A_2(f_a, f_b) = |\int_1^2 (f_a - f_b)|$, wobei $f_a - f_b : \mathbb{R}^+ \longrightarrow \mathbb{R}$, durch $h(x) = f_a(x) - f_b(x) = x^2 - a \cdot log_e(x) - (x^2 - b \cdot log_e(x)) = (b - a) \cdot log_e(x)$ definiert ist. Diese Funktion $f_a - f_b$ besitzt als eine Stammfunktion die Funktion $H : \mathbb{R}^+ \longrightarrow \mathbb{R}$ mit $H(x) = (b - a)(x \cdot log_e(x) - x)$. Damit ist der gesuchte Flächeninhalt in allgemeinen Daten $A_2(f_a, f_b)$
$= |\int_1^2 (f_a - f_b)| = |H(2) - H(1)| = |b - a| \cdot |2 \cdot log_e(2) - 2 - (1 \cdot log_e(1) - 1)| = |b - a| \cdot (2 \cdot log_e(2) - 1)$.

4b) Für $b = 2$ und $a = \frac{1}{2}$ ist dann $A_2(f_{\frac{1}{2}}, f_2) = \frac{3}{2} \cdot (2 \cdot log_e(2) - 1) = 3(log_e(2) - \frac{1}{2}) \approx 0,58$ (FE).

5. Beachtet man, daß die Ordinate Asymptote zu allen Funktionen f_a und damit auch zu $f_a - f_b$ ist, die zu betrachtende Fläche also nicht vollständig begrenzt ist, dann ist zur Berechnung des gesuchten Flächeninhalts $A_1(f_a, f_b)$ zu der Folge $(\frac{1}{n})_{n \in \mathbb{N}}$ die Existenz des uneigentlichen Integrals $\int_0^1 (f_a - f_b) = lim(\int_{\frac{1}{n}}^1 (f_a - f_b))_{n \in \mathbb{N}}$ zu prüfen und gegebenenfalls zu ermitteln. Liegt ein positives Ergebnis vor, dann ist $A_1(f_a, f_b) = |\int_0^1 (f_a - f_b)|$ der gesuchte Flächeninhalt.

5a) Betrachtet man nun zu jedem Folgenglied der Folge $(\frac{1}{n})_{n \in \mathbb{N}}$ den zugehörigen Flächeninhalt $A(H, n) = |H(1) - H(\frac{1}{n})| = |b - a| \cdot |1 \cdot log_e(1) - 1 - \frac{1}{n} \cdot log_e(\frac{1}{n}) + \frac{1}{n}| = |b - a| \cdot |-1 - \frac{1}{n} \cdot log_e(\frac{1}{n}) + \frac{1}{n}|$, dann ist $lim(A(H, n))_{n \in \mathbb{N}} = |b - a|$, denn dabei ist $lim(-\frac{1}{n} \cdot log_e(\frac{1}{n}) + \frac{1}{n})_{n \in \mathbb{N}} = lim(\frac{log(n)}{n} + \frac{1}{n})_{n \in \mathbb{N}} = 0$, da die Folge $(\frac{log(n)}{n})_{n \in \mathbb{N} \setminus \{1\}}$ antiton und durch 0 nach unten beschränkt ist.

5b) Der gesuchte Flächeninhalt ist $A_1(f_a, f_b) = |\int_0^1 (f_a - f_b)| = |b - a|$ (FE).

5c) Für $b = 2$ und $a = \frac{1}{2}$ ist dann $A_1(f_{\frac{1}{2}}, f_2) = \frac{3}{2}$ (FE) und $A_1(f_{\frac{1}{2}}, f_2) + A_2(f_{\frac{1}{2}}, f_2) = 3 \cdot log_e(2)$ (FE).

A2.964.02 (D) : Betrachten Sie die Familie $(f_n)_{n \in \mathbb{N}}$ von Funktionen $f_n : \mathbb{R}^+ \longrightarrow \mathbb{R}$, definiert durch die Zuordnungsvorschriften $f_n(x) = log_e(nx^n)$.
1. Untersuchen Sie f_n hinsichtlich Nullstellen.
2. Begründen Sie auf zweierlei Weise, daß f_n weder Extrema noch Wendepunkte besitzt.
3. Ermitteln Sie die die Tangente t_n an f_n bei e.
4. Untersuchen Sie $(t_n)_{n \in \mathbb{N}}$ hinsichtlich Schnittpunkte.

B2.964.02: Zur Bearbeitung der Aufgabe im einzelnen:
1. Die Äquivalenzen $x \in N(f_n) \Leftrightarrow f_n(x) = 0 \Leftrightarrow log_e(nx^n) = 0 \Leftrightarrow nx^n = 1 \Leftrightarrow x^n = \frac{1}{n} \Leftrightarrow x = \frac{1}{\sqrt[n]{n}}$ zeigen, daß jede der Funktionen aus $(f_n)_{n \in \mathbb{N}}$ genau die Nullstelle $\frac{1}{\sqrt[n]{n}}$ besitzt.

2. Mit der Darstellung $f_n(x) = n \cdot log_e(x) + log_e(n)$ von $f_n(x)$ wird deutlich: Da log_e weder Extrema noch Wendepunkte besitzt, ändern daran auch der konstante Faktor n und der konstante Summand $log_e(n)$ nichts. Diesen Sachverhalt zeigen andererseits auch die Ableitungsfunktionen $f_n', f_n'' : \mathbb{R}^+ \longrightarrow \mathbb{R}$ mit $f_n'(x) = \frac{n}{x}$ und $f_n''(x) = -\frac{n}{x^2}$, deren Nullstellenmengen leer sind.

3. Die Tangente $t_n : \mathbb{R} \longrightarrow \mathbb{R}$ an f_n bei e ist definiert durch $t_n(x) = f_n'(e)x - f_n'(e)e + f_n(e) = \frac{n}{e}x - n + log_e(n) + log_e(e^n) = \frac{n}{e}x - n + log_e(n) + n = \frac{n}{e}x + log_e(n)$.

4. Es gelte $n \neq m$. Die Äquivalenzen $x \in S(t_n, t_m) \Leftrightarrow t_n(x) = t_m(x) \Leftrightarrow \frac{n}{e}x + log_e(n) =$

$\frac{m}{e}x + log_e(m) \Leftrightarrow (\frac{n}{e} - \frac{m}{e})x = log_e(m) - log_e(n) \Leftrightarrow x = \frac{e}{n-m} \cdot log_e(\frac{m}{n})$ liefern die Schnittstelle $\frac{e}{n-m} \cdot log_e(\frac{m}{n})$ von t_n und t_m. Es bleibt noch, ihren Funktionswert zu berechnen: Mit $t_n(\frac{e}{n-m} \cdot log_e(\frac{m}{n})) = \frac{n}{e} \cdot \frac{e}{n-m} \cdot log_e(\frac{m}{n}) + log_e(n) = \frac{n}{n-m} \cdot (log_e(m) - log_e(n)) + log_e(n) = \frac{n}{n-m} \cdot log_e(m) - \frac{m}{n-m} \cdot log_e(n) = \frac{1}{n-m} \cdot log_e(\frac{m^n}{n^m})$ haben t_n und t_m dann den Schnittpunkt $(\frac{e}{n-m} \cdot log_e(\frac{m}{n}), \frac{1}{n-m} \cdot log_e(\frac{m^n}{n^m}))$.

A2.964.03 (D, A) : Betrachten Sie die Familie $(f_a)_{a \in \mathbb{R}^+}$ von Funktionen $f_a : \mathbb{R}^+ \longrightarrow \mathbb{R}$, definiert durch die Zuordnungsvorschriften $f_a = log_e^2 - a \cdot log_e$.

1. Untersuchen Sie $(f_a)_{a \in \mathbb{R}^+}$ hinsichtlich Schnittpunkte.
2. Untersuchen Sie f_a hinsichtlich Nullstellen, Extrema und Wendepunkte.
3. Untersuchen Sie (mit Hilfe geeigneter Folgen) das Verhalten von f_a in der Nähe von Null.
4. Berechnen Sie zu der Einschränkung $f_a : [1, e^a] \longrightarrow \mathbb{R}$ den Inhalt $A(f_a)$ der Fläche, die f_a mit der Abszisse einschließt. Geben Sie insbesondere $A(f_1)$ und $A(f_2)$ an.
5. Skizzieren Sie f_1 und f_2 in einem geeigneten Darstellungsbereich.
6. Beweisen Sie, daß die Folge $(f_{\frac{1}{n}})_{n \in \mathbb{N}}$ punktweise gegen log_e^2 konvergiert.

B2.964.03: Zur Bearbeitung der Aufgabe im einzelnen:

1. Es gelte $a \neq b$. Die Äquivalenzen $x \in S(f_a, f_b) \Leftrightarrow f_a(x) = f_b(x) \Leftrightarrow a \cdot log_e(x) = b \cdot log_e(x) \Leftrightarrow (a-b) \cdot log_e(x) = 0 \Leftrightarrow log_e(x) = 0 \Leftrightarrow x = 1$ zeigen, daß je zwei verschiedene Elemente der Familie $(f_a)_{a \in \mathbb{R}^+}$ die von a unabhängige Schnittstelle 1 mit zugehörigem Schnittpunkt $(1, f_a(1)) = (1, 0)$ haben.

2a) Wegen $x \in N(f_a) \Leftrightarrow f_a(x) = 0 \Leftrightarrow log_e(x)(log_e(x) - a) = 0 \Leftrightarrow log_e(x) = 0$ oder $log_e(x) = a \Leftrightarrow x = 1$ oder $x = e^a \Leftrightarrow x \in \{1, e^a\}$ ist $N(f_a) = \{1, e^a\}$.

2b) Mit der 1. Ableitungsfunktion $f'_a = (log_e^2)' - a \cdot log'_e = log'_e \cdot log_e + log_e \cdot log'_e - a \cdot log'_e = 2 \cdot \frac{1}{id} \cdot log_e - a \cdot \frac{1}{id} = \frac{1}{id} \cdot (2 \cdot log_e - a)$ liefern die Äquivalenzen $x \in N(f'_a) \Leftrightarrow f'_a(x) = 0 \Leftrightarrow 2 \cdot log_e(x) - a = 0 \Leftrightarrow log_e(x) = \frac{a}{2} \Leftrightarrow x = e^{\frac{a}{2}}$ die Nullstelle $e^{\frac{a}{2}}$ von f'_a.

Mit der 2. Ableitungsfunktion $f''_a = (\frac{1}{id})' \cdot (2 \cdot log_e - a) + \frac{1}{id} \cdot (2 \cdot log_e - a)' = \frac{1}{id^2} \cdot (2 - 2 \cdot log_e + a)$ ist dann $f''_a(e^{\frac{a}{2}}) = \frac{2}{e^a} > 0$, also ist $e^{\frac{a}{2}}$ die Minimalstelle und $(e^{\frac{a}{2}}, f_a(e^{\frac{a}{2}})) = (e^{\frac{a}{2}}, -\frac{a^2}{4})$ das Minimum von f_a.

2c) Die vier Äquivalenzen $x \in N(f''_a) \Leftrightarrow f''_a(x) = 0 \Leftrightarrow 2 - 2 \cdot log_e(x) + a = 0 \Leftrightarrow log_e(x) = \frac{a}{2} + 1 \Leftrightarrow x = e^{\frac{a}{2}+1}$ liefern die Nullstelle $e^{\frac{a}{2}+1}$ von f''_a, somit ist auch die 3. Ableitungsfunktion f'''_a zu berechnen: Es gilt $f'''_a = (\frac{1}{id^2})' \cdot (2 - 2 \cdot log_e + a) + \frac{1}{id^2} \cdot (2 - 2 \cdot log_e + a)' = \frac{1}{id^3} \cdot (2 \cdot log_e - 3 - a)$. Damit ist dann $f'''_a(e^{\frac{a}{2}+1}) = (-2)e^{-3(\frac{a}{2}+1)} < 0$, ferner liefert $f_a(e^{\frac{a}{2}+1}) = 1 - \frac{a^2}{4}$ schließlich den Wendepunkt $(e^{\frac{a}{2}+1}, 1 - \frac{a^2}{4})$ von f_a.

3. Die antitone Folge $x : \mathbb{N} \longrightarrow \mathbb{R}^+$ mit der Zuordnung $n \longmapsto \frac{1}{n}$ liefert die Bildfolge $f_a \circ x : \mathbb{N} \longrightarrow \mathbb{R}^+$ mit $(f_a \circ x)(n) = log_e^2(\frac{1}{n}) - a \cdot log_e(\frac{1}{n}) = (log_e(1) - log_e(n))^2 - a(log_e(1) - log_e(n)) = log_e^2(n) + a \cdot log_e(n)$. Da $f_a \circ x$ eine monotone und nach oben unbeschränkte Folge ist, ist die Ordinate senkrechte Asymptote zu f_a (das heißt, 0 ist ein linksseitiger (+)-Pol zu f_a).

4a) Mit den drei Integralen $\int log_e = id(log_e - 1) + \mathbb{R}$ sowie $\int log_e^2 = \int (log_e \cdot log_e)$
$= log_e \cdot id(log_e - 1) - \int (log'_e \cdot id(log_e - 1)) = log_e \cdot id(log_e - 1) - \int (log_e - 1)$
$= log_e \cdot id(log_e - 1) - id(log_e - 1) + id + \mathbb{R} = id \cdot log_e^2 - id \cdot log_e - id \cdot log_e + id + id + \mathbb{R}$
$= id \cdot log_e^2 - 2 \cdot id \cdot log_e + 2 \cdot id + \mathbb{R}$ und $\int (a \cdot log_e) = a \cdot id(log_e - 1) + \mathbb{R}$
ist dann $\int f_a = id \cdot log_e^2 - 2 \cdot id \cdot log_e + 2 \cdot id - a \cdot id \cdot log_e + a \cdot id + \mathbb{R}$.

Das so ermittelte Integral liefert durch Differentiation von $\int f_a$ wieder f_a, denn es ist
$(\int f_a)' = log_e^2 + 2 \cdot id \cdot \frac{1}{id} \cdot log_e - 2(log_e + id \cdot \frac{1}{id}) + 2 - a(log_e + id \cdot \frac{1}{id}) + a$
$= log_e^2 + 2 \cdot log_e - 2 \cdot log_e - 2 + 2 - a \cdot log_e - a + a = log_e^2 - a \cdot log_e = f_a$.

4b) Die von f_a und der Abszisse begrenzte Fläche hat den Flächeninhalt $A(f_a) = |\int_1^{e^a} f_a|$
$= |(\int f_a)(e^a) - (\int f_a)(1)| = |e^a \cdot log_e^2(e^a) - 2e^a \cdot log_e(e^a) + 2e^a + ae^a \cdot log_e^2(e^a) + ae^a - (0 - 0 - 2 - 0 + a)|$
$= |e^a a^2 - 2e^a a + 2e^a - ae^a a + ae^a - (0 - 0 - 2 - 0 + a)| = |e^a(a^2 - 2a + 2 - a^2 + a) - a - 2| = |e^a(2 - a) - a - 2|$.

Insbesondere ist $A(f_1) = |e(2-1) - 1 - 2| = |e - 3| = 3 - e$ und $A(f_2) = |e^2(2-2) - 2 - 2| = |-4| = 4$.

5. Wertetabelle für f_1 und f_2 (die Funktionswerte sind auf Zeichengenauigkeit gerundet):

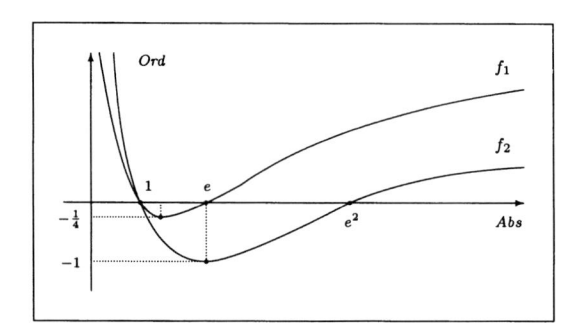

x	0,2	0,4	0,6	0,8	1	2	e	3	5	7	e^2	8	9	10
$f_1(x)$	4,2	1,8	0,8	0,3	0,0	$-0,2$	0,0	0,1	1,0	1,8	2,0	2,2	2,6	3,0
$f_2(x)$	5,8	2,7	1,3	0,5	0,0	$-0,9$	$-1,0$	$-1,0$	$-0,6$	$-0,1$	0,0	0,2	0,4	0,7

6. Für $x_0 \in \mathbb{R}^+$ ist $(f_{\frac{1}{n}}(x_0))_{n\in\mathbb{N}} = (\log_e^2(x_0) - \frac{1}{n} \cdot \log_e(x_0))_{n\in\mathbb{N}} = (\log_e^2(x_0))_{n\in\mathbb{N}} - (\frac{1}{n} \cdot \log_e(x_0))_{n\in\mathbb{N}} = (\log_e^2(x_0))_{n\in\mathbb{N}} - \log_e(x_0) \cdot (\frac{1}{n})_{n\in\mathbb{N}}$ als Summe einer konstanten Folge und einer nullkonvergenten Folge konvergent gegen $\log_e^2(x_0)$. Somit ist $(f_{\frac{1}{n}})_{n\in\mathbb{N}}$ punktweise konvergent gegen $\log_e^2$.

A2.964.04 (D) : Betrachten Sie die Familie $(f_a)_{a\in\mathbb{R}^+}$ von Funktionen $f_a : D_{max}(f_a) \longrightarrow \mathbb{R}$, definiert durch die Zuordnungsvorschriften $f_a(x) = -x \cdot \log_a(x) - (1-x) \cdot \log_a(1-x)$.

1. Bestimmen Sie $D_{max}(f_a)$.
2. Hat f_a Symmetrie-Eigenschaften?
3. Untersuchen Sie f_a hinsichtlich Extrema.
4. Läßt sich f_a auf dem Intervall $[0,1]$ stetig fortsetzen?

B2.964.04: Zur Bearbeitung der Aufgabe im einzelnen:

1. Wegen des Faktors $\log_a(x)$ ist f_a nur für $x \in \mathbb{R}^+$, wegen des Faktors $\log_a(1-x)$ darüber hinaus nur für das $\mathbb{R}$-Intervall $(0,1)$ definiert. Folglich ist $D_{max}(f_a) = (0,1)$.

2. Die Funktion f_a ist offenbar spiegelsymmetrisch zu der Ordinatenparallelen durch $\frac{1}{2}$, denn die zu $\frac{1}{2}$ symmetrischen Zahlen x und $1-x$ aus dem Intervall $(0,1)$ haben dieselben Funktionswerte, denn es gilt $f_a(1-x) = -(1-x) \cdot \log_a(1-x) - (1-(1-x)) \cdot \log_a(1-(1-x)) = -(1-x) \cdot \log_a(1-x) - x \cdot \log_a(x) = f_a(x)$, für alle $x \in (0,1)$.

3. Die 1. Ableitungsfunktion $f'_a : (0,1) \longrightarrow \mathbb{R}$ ist unter Verwendung der Abkürzung $\tilde{a} = \frac{1}{\log_e(a)}$ definiert durch die Zuordnungsvorschrift $f'_a(x) = -\log_a(x) - x \cdot \log'_a(x) + \log_a(1-x) - x \cdot \log'_a(1-x) = -\log_a(x) - x \cdot \tilde{a} \cdot \frac{1}{x} + (1-x) \cdot \tilde{a} \cdot \frac{1}{1-x} + \log_a(1-x) = -\log_a(x) + \log_a(1-x)$.

Die Äquivalenzen $x \in N(f'_a) \Leftrightarrow f'_a(x) = 0 \Leftrightarrow -\log_a(x) + \log_a(1-x) = 0 \Leftrightarrow \log_a(\frac{1-x}{x}) = 0 \Leftrightarrow \frac{1-x}{x} = 1 \Leftrightarrow \frac{1}{x} - 1 = 1 \Leftrightarrow x = \frac{1}{2}$ zeigen, daß $\frac{1}{2}$ die einzige und im übrigen von a unabhängige Nullstelle von f'_a ist.

Mit der 2. Ableitungsfunktion $f''_a : (0,1) \longrightarrow \mathbb{R}$ mit $f''_a(x) = -\log'_a(x) + (-1) \cdot \log'_a(1-x) = -\tilde{a} \cdot \frac{1}{x} - \tilde{a} \cdot \frac{1}{1-x} = -\tilde{a} \cdot \frac{1-x+x}{x(1-x)} = -\tilde{a} \cdot \frac{1}{x(1-x)}$ ist dann $f''_a(\frac{1}{2}) = -\tilde{a} \cdot (\frac{1}{2} \cdot \frac{1}{2}) = -\frac{1}{4} \cdot \tilde{a} < 0$, also ist $\frac{1}{2}$ die Maximalstelle von f_a.

Schließlich ist $f_a(\frac{1}{2}) = -\frac{1}{2} \cdot \log_a(\frac{1}{2}) - (1-\frac{1}{2}) \cdot \log_a(1-\frac{1}{2}) = -\log_a(\frac{1}{2})$, also ist der Punkt $(\frac{1}{2}, -\log_a(\frac{1}{2}))$ das Maximum von f_a. (Die Funktion f_2 hat das Maximum $(\frac{1}{2}, 1)$.)

2.965 Untersuchung von Logarithmus-Funktionen (Teil 6)

A2.965.01 (D): Betrachten Sie die Familie $(f_a)_{a \in \mathbb{R}^+}$ von Funktionen $f_a : D_{max}(f_a) \longrightarrow \mathbb{R}$, definiert durch die Zuordnungsvorschriften $f_a(x) = \log_e(\frac{x}{4-ax})$. Beachten Sie den Bau von f_a.

1. Berechnen Sie $D_{max}(f_a)$, $N(f_a)$ und weisen Sie $Bild(f_a) = \mathbb{R}$ nach.
2. Zeigen Sie, daß $f_a : D_{max}(f_a) \longrightarrow \mathbb{R}$ bijektiv ist und geben Sie die inverse Funktion g_a zu f_a an.
3. Welche Ordnungs-Eigenschaften haben die Funktionen f_a und g_a?
4. Untersuchen Sie f_a hinsichtlich Extrema und berechnen Sie die Nullstelle von f_a'', die ohne weiteren Nachweis als Wendestelle von f_a verwendet werden soll.
5. Geben Sie die Funktion W an, die alle Wendepunkte der Familie $(f_a)_{a \in \mathbb{R}^+}$ enthält.
6. Beschreiben Sie zwei Wege zur Berechnung der 1. Ableitungsfunktion von g_a an (ohne Ausführung).

B2.965.01: Jede der Funktionen f_a ist eine Komposition der Form $\log_e \circ u_a$ mit den beiden Funktionen $u_a : D_{max}(u_a) \longrightarrow \mathbb{R}$ und $\log_e : \mathbb{R}^+ \longrightarrow \mathbb{R}$, wobei $D_{max}(u_a) = D_{max}(f_a)$ gilt.

1. Der maximale Definitionsbereich $D_{max}(u_a)$ von u_a muß so gewählt werden, daß $Bild(u_a) \subset \mathbb{R}^+$, also $u_a(x) = \frac{x}{4-ax} > 0$ gilt. Dazu sind zwei Fälle zu untersuchen:

a) Die Implikationen $x > 0$ und $4 - ax > 0 \Rightarrow x > 0$ und $4 > ax \Rightarrow x > 0$ und $\frac{4}{a} > x$ zeigen zunächst, daß das offene Intervall $(0, \frac{4}{a})$ eine Teilmenge von $D_{max}(u_a)$ ist.

b) Die Implikationen $x < 0$ und $4 - ax < 0 \Rightarrow x < 0$ und $4 < ax \Rightarrow x < 0$ und $\frac{4}{a} < x$ liefern wegen $a > 0$ und damit wegen $\frac{4}{a} > 0$ keine weiteren Elemente des Definitionsbereichs von u_a.

Nach den vorstehenden Betrachtungen ist also das offene Intervall $D_{max}(f_a) = D_{max}(u_a) = (0, \frac{4}{a})$.

Die fünf Äquivalenzen $x \in N(f_a) \Leftrightarrow \log_e(\frac{x}{4-ax}) = 0 \Leftrightarrow \frac{x}{4-ax} = 1 \Leftrightarrow x = 4 - ax \Leftrightarrow x + ax = 4 \Leftrightarrow x = \frac{4}{1+a}$ zeigen, daß jede der Funktionen f_a die einzige Nullstelle $\frac{4}{1+a}$ besitzt.

2. Da die Komposition injektiver Funktionen injektiv und die Komposition surjektiver Funktionen surjektiv ist und die Logarithmus-Funktion $\log_e$ beide Eigenschaften besitzt, bleibt zu zeigen, daß die Funktionen u_a injektiv und surjektiv sind:

a) u_a ist injektiv, denn für alle $x, z \in \mathbb{R}^+$ gelten die Implikationen: $u_a(x) = u_a(z) \Rightarrow \frac{x}{4-ax} = \frac{z}{4-az} \Rightarrow x(4-az) = z(4-ax) \Rightarrow 4x - axz = 4z - axz \Rightarrow 4x = 4z \Rightarrow x = z$.

b) u_a ist surjektiv, denn zu jedem Element $z \in \mathbb{R}$ gibt es ein Element $x \in \mathbb{R}^+$ mit $u_a(x) = z$, wie die folgenden Äquivalenzen zeigen: $u_a(x) = z \Leftrightarrow \frac{x}{4-ax} = z \Leftrightarrow x = 4z - axz \Leftrightarrow x + axz = 4z \Leftrightarrow x(1+az) = 4z \Leftrightarrow x = \frac{4z}{1+az}$.

c) Die inverse Funktion $g_a : \mathbb{R} \longrightarrow (0, \frac{4}{a})$ ist ebenfalls definiert als Komposition, nämlich als $g_a = (f_a)^{-1} = (\log_e \circ u_a)^{-1} = (u_a)^{-1} \circ (\log_e)^{-1} = (u_a)^{-1} \circ \exp_e$. Da nun die inverse Funktion zu u_a durch die Vorschrift $(u_a)^{-1}(z) = \frac{4z}{1+az}$ definiert ist, denn es gelten die Äquivalenzen $(u_a)^{-1}(z) = x \Leftrightarrow u_a(x) = z \Leftrightarrow z = \frac{x}{4-ax} \Leftrightarrow 4z - axz = x \Leftrightarrow 4z = x(1+az) \Leftrightarrow x = \frac{4z}{1+az}$, hat g_a die Zuordnungsvorschrift $g_a(z) = ((u_a)^{-1} \circ \exp_e)(z) = (u_a)^{-1}(e^z) = \frac{4e^z}{1+ae^z}$.

3a) Die Funktion f_a ist streng monoton, denn für alle $x, z \in (0, \frac{4}{a})$ gelten die Implikationen: $x < z \Rightarrow ax < az \Rightarrow -ax > -az \Rightarrow 4-ax > 4-az \Rightarrow \frac{1}{4-ax} < \frac{1}{4-az} \Rightarrow \frac{x}{4-ax} < \frac{z}{4-az} \Rightarrow u_a(x) < u_a(z)$.

3b) Die Funktion g_a ist streng monoton, denn für alle $x, z \in \mathbb{R}$ ist $g_a(z) - g_a(x) = \frac{4e^z}{1+ae^z} - \frac{4e^x}{1+ae^x} = \frac{4z+4ae^xe^z - 4e^x - 4ae^xe^z}{(1+ae^x)(1+ae^z)} = \frac{4(z-x)}{(1+ae^x)(1+ae^z)} > 0$, sofern $x < z$ gilt. Aus $x < z$ folgt also $g_a(x) < g_a(z)$.

4a) Zur Untersuchung von f_a hinsichtlich Extrema ist zunächst die erste Ableitungsfunktion mit der Vorschrift $f_a' = (\log_e \circ u_a)' = (\log_e' \circ u_a) u_a'$ von f_a bezüglich Nullstellen zu untersuchen. Mit $u_a'(x) = \frac{(4-ax)-x(-a)}{(4-ax)^2} = \frac{4}{(4-ax)^2}$ ist dann $f_a'(x) = \frac{(4-ax)}{x} \cdot \frac{4}{(4-ax)^2} = \frac{4}{x(4-ax)}$. Diese Berechnung liefert dann die Inklusion $Ex(f_a) \subset N(f_a') = \emptyset$, also besitzt f_a keine Extrema.

4b) Die zweite Ableitungsfunktion f_a'' von f_a hat die Zuordnungsvorschrift $f_a''(x) = \frac{-8(2-ax)}{x^2(4-ax)^2}$, womit dann $N(f_a'') = \{\frac{2}{a}\}$ ist. Da diese Zahl als Wendestelle von f_a angenommen werden kann, hat f_a den Wendepunkt $(\frac{2}{a}, f_a(\frac{2}{a})) = (\frac{2}{a}, log_e(\frac{1}{a})) = (\frac{2}{a}, -log_e(a))$.

5. Die Zuordnung $\frac{2}{a} \longmapsto -log_e(a)$ liefert für die Funktion $W : \mathbb{R}^+ \longrightarrow \mathbb{R}$ die Vorschrift $W(x) = -log_e(\frac{2}{x})$, womit beispielsweise $W(\frac{2}{a}) = -log_e(a)$ gilt.

6. Die beiden Wege zur Berechnung der 1. Ableitungsfunktion g_a' von g_a ergeben sich aus den beiden möglichen Darstellungen von g_a: Zum einen hat g_a die Form $g_a = (u_a)^{-1} \circ exp_e$ und kann nach dem Verfahren für Kompositionen differenzierbarer Funktionen differenziert werden, zum anderen hat g_a die Form $g_a(z) = \frac{4e^z}{1+ae^z}$ als Quotient differenzierbarer Funktionen und kann nach dem hierfür vorliegenden Verfahren differenziert werden.

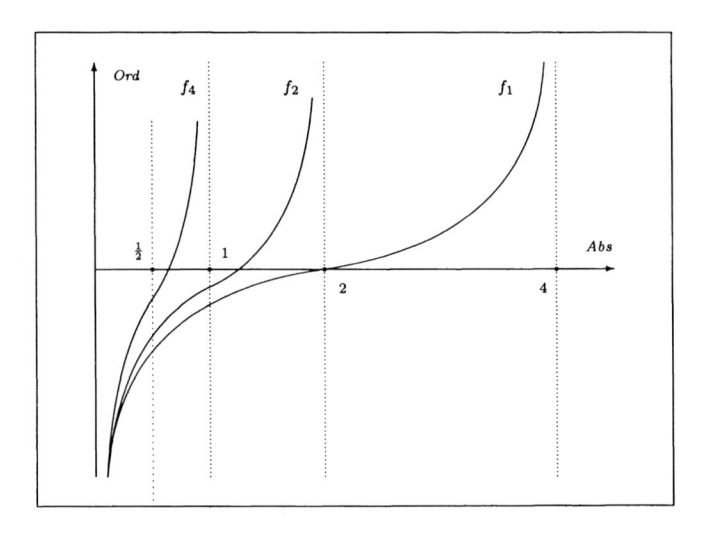

A2.965.02 (D) : Betrachten Sie die Familie $(f_k)_{k \in \mathbb{Z}_*}$ von Funktionen $f_k : D_{max}(f_k) \longrightarrow \mathbb{R}$ mit $\mathbb{Z}_* = \mathbb{Z} \setminus \{0\}$, definiert durch die Zuordnungsvorschriften $f_k(x) = \frac{1}{k}x^{-k} + log_e(x^2)$.

Hinweise:
a) Klären Sie zunächst den Bau von f_k und dabei die Verwendbarkeit der Beziehung $log_e(x^2) = 2 \cdot log_e(x)$.
b) Führen Sie die Untersuchungen zunächst für $k \in \{-1, -2, 1, 2\}$ durch.
c) Klassifizieren Sie die Zahlen in $\mathbb{Z}_*$ bezüglich der Eigenschaften gerade/ungerade und positiv/negativ.

1. Berechnen Sie $D_{max}(f_k)$ von f_k.
2. Untersuchen Sie f_k hinsichtlich Symmetrie-Eigenschaften.
3. Untersuchen Sie f_k hinsichtlich Extrema.
4. Untersuchen Sie f_k hinsichtlich Wendepukte.
5. Untersuchen Sie die Funktionen k_k für $k \in \{-1, -2, 1, 2\}$ hinsichtlich Nullstellen.
6a) Untersuchen Sie zu einer fest gewählten Zahl $z \in \mathbb{R}^+$ die Folge $(f_k(z))_{k \in \mathbb{N}}$ hinsichtlich Konvergenz.
6b) Untersuchen Sie die Folge $(f_k)_{k \in \mathbb{N}}$ hinsichtlich Konvergenz.

B2.965.02 (D) : Man beachte zunächst den Bau der Funktionen f_k: Mit $u_k : D_{max}(u_k) \longrightarrow \mathbb{R}$ mit $u_k = \frac{1}{k}id^{-k}$ und $v_k : D_{max}(v_k) \longrightarrow \mathbb{R}$ mit $v(x) = log_e(x^2)$, wobei noch ein gemeinsamer maximaler Definitionsbereich ermittelt werden muß, hat f_k die Darstellung als Summe $f_k = u_k + v$. Darüber hinaus ist v die Komposition $\mathbb{R}_* \longrightarrow \mathbb{R}^+ \longrightarrow \mathbb{R}$ mit $v = log_e \circ (-)^2$. Das bedeutet insbesondere, daß für Elemente $x \in \mathbb{R}^-$ die Beziehung $log_e(x^2) = 2 \cdot log_e(x)$ nicht verwendet werden darf, denn diese Gleichheit gilt nur, wenn beide Seiten existieren, für $x \in \mathbb{R}^-$ existiert die rechte Seite aber nicht. (Man beachte nebenbei, daß die durch $log_e(|x|)$ definierte Funktion nicht mit der durch $log_e(x^2)$ definierten übereinstimmt.)

1a) Mit der Abkürzung $\mathbb{R}_* = \mathbb{R} \setminus \{0\}$ ist $D_{max}(u_k) = \mathbb{R}_*$ und $D_{max}(v) = \mathbb{R}_*$, folglich ist $D_{max}(f_k) = \mathbb{R}_*$.

Für die Funktionen $f_k : \mathbb{R}_* \longrightarrow \mathbb{R}$ mit $k \in \{-1, -2, 1, 2\}$, definiert durch
$f_1(x) = x^{-1} + log(x^2)$, $f_{-1}(x) = -x + log_e(x^2)$, $f_2(x) = \frac{1}{2}x^{-2} + log(x^2)$, $f_{-2}(x) = -\frac{1}{2}x^2 + log_e(x^2)$,
liegen folgende Ableitungsfunktionen vor:

$k = 1:$ $\quad f_1'(x) = x^{-1}(2 - x^{-1}) \quad f_1''(x) = 2x^{-2}(x^{-1} - 1) \quad f_1'''(x) = 2x^{-3}(2 - 3x^{-1})$
$k = -1:$ $\quad f_{-1}'(x) = -1 + 2x^{-1} \quad f_{-1}''(x) = -2x^{-2} \quad f_{-1}'''(x) = 4x^{-3}$
$k = 2:$ $\quad f_2'(x) = x^{-1}(2 - x^{-2}) \quad f_2''(x) = x^{-2}(3x^{-2} - 2) \quad f_2'''(x) = 4x^{-3}(1 - 3x^{-2})$
$k = -2:$ $\quad f_{-2}'(x) = -x + 2x^{-1} \quad f_{-2}''(x) = -1 - 2x^{-2} \quad f_{-2}'''(x) = 4x^{-3}$

2. Für $k \in 2\mathbb{Z}_*$ sind die Funktionen u_k und v Ordinaten-symmetrisch. folglich ist in diesen Fällen auch f_k als Summe $f_k = u_k + v$ Ordinaten-symmetrisch. Andere Symmetrie-Eigenschaften liegen nicht vor.

Im Hinblick auf die Klassifizierung allgemeiner Indices $k \in \mathbb{Z}_*$ liegen für die Prototypen $k \in \{-1, -2, 1, 2\}$ folgende Sachverhalte vor:

$k = 1:$ $\quad N(f_1') = \{\frac{1}{2}\}$ $\quad$ Minimum $(\frac{1}{2}, 2(1 - log_e(2)) \approx (0, 50/0, 61)$
$k = -1:$ $\quad Nf_{-1}') = \{2\}$ $\quad$ Maximum $(2, -2(1 - log_e(2)) \approx (2, 00/-0, 61)$
$k = 2:$ $\quad N(f_2') = \{-\frac{1}{2}\sqrt{2}, \frac{1}{2}\sqrt{2}\}$ $\quad$ Minima $(\pm\frac{1}{2}\sqrt{2}, 1 - log_e(2)) \approx (\pm 0, 71/0, 31)$
$k = -2:$ $\quad N(f_{-2}') = \{-\sqrt{2}, \sqrt{2}\}$ $\quad$ Maxima $(\pm\sqrt{2}, -1 + log_e(2)) \approx (\pm 1, 41/-0, 31)$
$k = 1:$ $\quad N(f_1'') = \{1\}$ $\quad$ Wendepunkt $(1, 1)$
$k = -1:$ $\quad N(f_{-1}'') = \emptyset$ $\quad$ keine Wendepunkte vorhanden
$k = 2:$ $\quad N(f_2'') = \{-\frac{1}{2}\sqrt{6}, \frac{1}{2}\sqrt{6}\}$ $\quad$ Wendepunkte $(\pm\frac{1}{2}\sqrt{6}, \frac{1}{3} + log_e(\frac{3}{2})) \approx (\pm 1, 22/0, 74)$
$k = -2:$ $\quad N(f_{-2}'') = \emptyset$ $\quad$ keine Wendepunkte vorhanden

3a) Die erste Ableitungsfunktion $f_k' : \mathbb{R}_* \longrightarrow \mathbb{R}$ von f_k ist definiert durch $f_k'(x) = u_k'(x) + v'(x) = \frac{1}{k}(-k)x^{-k-1} + \frac{2}{x} = -x^{-k-1} + 2x^{-1} = x^{-1}(2 - x^{-k})$.

3b) Die fünf Äquivalenzen $x \in N(f_k') \Leftrightarrow x^{-1}(2 - x^{-k}) = 0 \Leftrightarrow 2 - x^{-k} = 0 \Leftrightarrow x^{-k} = 2 \Leftrightarrow x^k = \frac{1}{2} \Leftrightarrow x = (\frac{1}{2})^{\frac{1}{k}}$ zeigen, daß jede der Funktionen f_k' im Fall

a) $k \in 2\mathbb{Z}_* + 1$ die einzige Nullstelle $(\frac{1}{2})^{\frac{1}{k}}$ besitzt,

a) $k \in 2\mathbb{Z}_*$ die beiden Nullstellen $-(\frac{1}{2})^{\frac{1}{k}}$ und $(\frac{1}{2})^{\frac{1}{k}}$ besitzt.

3c) Die zweite Ableitungsfunktion $f_k'' : \mathbb{R}_* \longrightarrow \mathbb{R}$ von f_k ist definiert durch $f_k''(x) = u_k''(x) + v''(x) = (-1)(-k-1)x^{-k-2} + (-1)2x^{-2} = (k+1)x^{-k-2} - 2x^{-2} = x^{-2}((k+1)x^{-k} - 2)$.

Die Berechnung des Funktionswertes $f_k''((\frac{1}{2})^{\frac{1}{k}}) = (\frac{1}{2})^{-2\frac{1}{k}}((k+1)(\frac{1}{2})^{-k\frac{1}{k}} - 2) = (\frac{1}{2})^{-\frac{2}{k}}((k+1)(\frac{1}{2})^{-1} - 2) = (\frac{1}{2})^{-\frac{2}{k}}((k+1)2 - 2) = 2(\frac{1}{2})^{-\frac{2}{k}}((k+1) - 1) = 2k(\frac{1}{2})^{-\frac{2}{k}} = 2k(2)^{\frac{2}{k}}$ zeigt, daß im Fall

a_1) $k \in 2\mathbb{Z}_* + 1$ und $k > 0$ dann $(\frac{1}{2})^{\frac{1}{k}}$ die Minimalstelle von f_k ist,

a_2) $k \in 2\mathbb{Z}_* + 1$ und $k < 0$ dann $(\frac{1}{2})^{\frac{1}{k}}$ die Maximalstelle von f_k ist,

b_1) $k \in 2\mathbb{Z}_*$ und $k > 0$ dann $-(\frac{1}{2})^{\frac{1}{k}}$ und $(\frac{1}{2})^{\frac{1}{k}}$ die Minimalstellen von f_k sind,

b_2) $k \in 2\mathbb{Z}_*$ und $k < 0$ dann $-(\frac{1}{2})^{\frac{1}{k}}$ und $(\frac{1}{2})^{\frac{1}{k}}$ die Maximalstellen von f_k sind.

Beachtet man $f_k((\frac{1}{2})^{\frac{1}{k}}) = \frac{1}{k}(\frac{1}{2})^{\frac{1}{k}(-k))} + log_e((\frac{1}{2})^{2\frac{1}{k}}) = \frac{1}{k}(\frac{1}{2})^{-1} + \frac{2}{k} \cdot log_e(\frac{1}{2}) = \frac{2}{k} + \frac{2}{k}(-log_e(2)) = \frac{2}{k}(1 - log_e(2))$, dann ist (sind) im Fall

a) $k \in 2\mathbb{Z}_* + 1$ der Punkt $((\frac{1}{2})^{\frac{1}{k}}, \frac{2}{k}(1 - log_e(2)))$ das Extremum von f_k, im Fall $k > 0$ also das Minimum und im Fall $k < 0$ das Maximum von f_k,

b) $k \in 2\mathbb{Z}_*$ die Punkte $(-(\frac{1}{2})^{\frac{1}{k}}, \frac{2}{k}(1 - log_e(2)))$ und $((\frac{1}{2})^{\frac{1}{k}}, \frac{2}{k}(1 - log_e(2)))$ die Extrema von f_k, im Fall $k > 0$ also die Minima und im Fall $k < 0$ die Maxima von f_k.

4a) Die Äquivalenzen $x \in N(f_k'') \Leftrightarrow x^{-2}((k+1)x^{-k} - 2) = 0 \Leftrightarrow (k+1)x^{-k} - 2 = 0 \Leftrightarrow x^{-k} = \frac{2}{k+1} \Leftrightarrow x^k = \frac{k+1}{2} \Leftrightarrow x = (\frac{k+1}{2})^{\frac{1}{k}}$ zeigen, daß jede der Funktionen f_k'' im Fall

a) $k \in 2\mathbb{Z}_* + 1$ und $k > 0$ die einzige Nullstelle $(\frac{k+1}{2})^{\frac{1}{k}}$ besitzt,

b) $k \in 2\mathbb{Z}_*$ und $k > 0$ die beiden Nullstellen $-(\frac{k+1}{2})^{\frac{1}{k}}$ und $(\frac{k+1}{2})^{\frac{1}{k}}$ besitzt.

4b) Die dritte Ableitungsfunktion $f_k''' : \mathbb{R}_* \longrightarrow \mathbb{R}$ von f_k ist definiert durch $f_k'''(x) = u_k'''(x) + v''(x) = (k+1)(-k-2)x^{-k-3} - 2(-2)x^{-3} = -(k+1)(k+2)x^{-k-3} + 4x^{-3} = x^{-3}(4 - (k+1)(k+2)x^{-k})$.

Die Berechnung des Funktionswertes $f_k'''((\frac{k+1}{2})^{\frac{1}{k}}) = (\frac{k+1}{2})^{-3\frac{1}{k}}((k+1)(4-(k+1)(k+2)(\frac{k+1}{2})^{-k\frac{1}{k}}) =$
$(\frac{k+1}{2})^{-\frac{3}{k}}(4-(k+1)(k+2)(\frac{k+1}{2})^{-1}) = -2k \cdot 8^{\frac{1}{k}}((k+1)^{-\frac{3}{k}}) \neq 0$ zeigt, daß die Funktion f_k im Fall

a) $k \in 2\mathbb{Z}_* + 1$ und $k > 0$ die einzige Wendestelle $(\frac{k+1}{2})^{\frac{1}{k}}$ besitzt,

b) $k \in 2\mathbb{Z}_*$ und $k > 0$ die beiden Wendestellen $-(\frac{k+1}{2})^{\frac{1}{k}}$ und $(\frac{k+1}{2})^{\frac{1}{k}}$ besitzt.

Beachtet man $f_k((\frac{k+1}{2})^{\frac{1}{k}}) = \frac{1}{k}(\frac{k+1}{2})^{\frac{1}{k}(-k)} + log_e((\frac{k+1}{2})^{2\frac{1}{k}}) = \frac{1}{k}(\frac{k+1}{2})^{-1} + \frac{2}{k} \cdot log_e(\frac{k+1}{2})$
$= \frac{2}{k(k+1)} + \frac{2}{k}(log_e(\frac{k+1}{2})) = \frac{2}{k}(\frac{1}{k+1} + log_e(\frac{k+1}{2}))$, dann ist (sind) im Fall

a) $k \in 2\mathbb{Z}_* + 1$ und $k > 0$ der Punkt $((\frac{k+1}{2})^{\frac{1}{k}}, \frac{2}{k}(\frac{1}{k+1} + log_e(\frac{k+1}{2})))$ der Wendepunkt von f_k,

b) $k \in 2\mathbb{Z}_*$ und $k > 0$ die Punkte $(\pm(\frac{k+1}{2})^{\frac{1}{k}}, \frac{2}{k}(\frac{1}{k+1} + log_e(\frac{k+1}{2})))$ die beiden Wendepunkte von f_k.

Für alle Indices $k < 0$ besitzen die Funktionen f_k keine Wendepunkte.

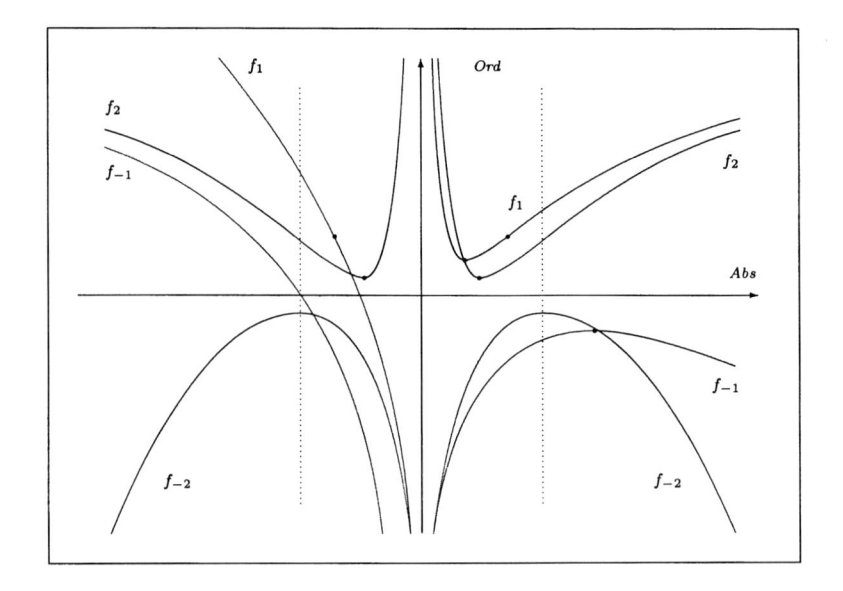

5. Wie die bisherigen Betrachtungen implizit gezeigt haben, besitzen die Funktionen f_1 und f_{-1} jeweils genau eine Nullstelle, die Funktionen f_2 und f_{-2} haben keine Nullstellen.

6a) Die Folge $(f_k(z))_{k \in \mathbb{N}}$ ist die Summe $(f_k(z))_{k \in \mathbb{N}} = (u_k(z))_{k \in \mathbb{N}} + (v(z))_{k \in \mathbb{N}} = (\frac{1}{kz^k})_{k \in \mathbb{N}} + (log_e(z^2))_{k \in \mathbb{N}}$ mit einer konstanten Folge, das bedeutet, daß lediglich der Summand $(u_k(z))_{k \in \mathbb{N}}$ über Konvergenz oder Divergenz entscheidet, wobei die Wahl von z ausschlaggebend ist: Ist $z \in (0,1)$, dann ist die Folge $(f_k(z))_{k \in \mathbb{N}}$ divergent, ist $z \in [1, \star)$, dann ist sie konvergent gegen $lim(f_k(z))_{k \in \mathbb{N}} = log_e(z^2)$.

Man kann den zuletzt genannten Sachverhalt entweder durch die Konvergenz $lim(u_k(z))_{k \in \mathbb{N}} = 0$ oder die Antotonie von $(u_k(z))_{k \in \mathbb{N}}$ und die Beschränktheit nach unten mit größter unterer Schranke $log_e(z^2)$ begründen.

6b) Die Folge $(f_k)_{k \in \mathbb{N}}$ der Einschränkungen $f_k : [1, \star) \longrightarrow \mathbb{R}$ ist gleichmäßig konvergent und damit – wie auch Aufgabenteil 6a) gezeigt hat – argumentweise konvergent.

A2.965.03 (D, A, V): Betrachten Sie die beiden Familien $(f_a)_{a\in\mathbb{R}^+}$ und $(g_b)_{b\in\mathbb{R}^+}$ der Funktionen $f_a = a \cdot \log_e : \mathbb{R}^+ \longrightarrow \mathbb{R}$ und $g_b = -b \cdot \log_e : \mathbb{R}^+ \longrightarrow \mathbb{R}$.

1. Berechnen Sie den Schnittpunkt und den Schnittwinkel für (f_a, g_b). Wann liegt Orthogonalität vor?

2. Berechnen Sie den Inhalt $A_z(f_a, g_b)$ der von f_a, g_b und der Ordinatenparallelen durch $z \in \mathbb{R}^+$ eingeschlossenen Fläche.

3. Beweisen Sie, daß die Fläche $F_0(f_a, g_b)$ zwischen f_a, g_b und der Ordinate einen endlichen Flächeninhalt $A_0(f_a, g_b)$ besitzt.

4. Berechnen Sie Indices $a, b \in \mathbb{R}^+$ mit der Eigenschaft: f_a und g_b schneiden sich orthogonal und der Flächeninhalt $A_0(f_a, g_b)$ ist minimal.

5. Es gelte $a = b = 1$. Hat der von der Fläche $F_0(f_1, g_1)$ (wie in Aufgabenteil 3 beschrieben) durch Drehung um die *Ordinate* erzeugte Rotationskörper ein endliches Volumen?

B2.965.03: Zur Bearbeitung der Aufgabe im einzelnen:

1a) Für die Menge $S(f_a, g_b)$ der Schnittstellen von f_a und g_b gelten die Äquivalenzen: $x \in S(f_a, g_b) \Leftrightarrow f_a(x) = g_b(x) \Leftrightarrow a \cdot \log_e(x) = -b \cdot \log_e(x) \Leftrightarrow (a+b) \cdot \log_e(x) = 0 \Leftrightarrow \log_e(x) = 0 \Leftrightarrow x = 1$. Mit $f_a(1) = a \cdot \log_e(1) = 0$ haben f_a und g_b unabhängig von den Indices stets den Schnittpunkt $(1,0)$.

1b) Zur Berechnung des zugehörigen Schnittwinkel-Maßes $\alpha = w(f_a, g_b)$ gilt zunächst die Beziehung $\tan(\alpha) = \frac{f'_a(1) - g'_b(1)}{1 + f'_a(1)g'_b(1)} = \frac{a+b}{1-ab}$. Im Fall $ab \neq 1$ ist dann $\alpha = \arctan(\frac{a+b}{1-ab})$. Im Fall $ab = \pm 1$ gilt $f'_a(1)g'_b(1) = \pm 1$ und das bedeutet $\alpha = 90°$.

2a) Es wird der Fall $z > 1$ untersucht, wofür gilt: $A(f_a, g_b) = \int_1^z (f_a - g_b) = \int_1^z ((a+b) \cdot \log_e) = (a+b) \cdot \int_1^z \log_e = (a+b) \cdot ((\int \log_e)(z) - (\int \log_e)(1)) = (a+b) \cdot (z \cdot (\log_e(z) - 1) - (\log_e(1) - 1)) = (a+b) \cdot (z \cdot (\log_e(z) - 1) + 1) = (a+b) \cdot (z \cdot \log_e(z) - z + 1)$ (FE).

2b) Für den Fall $0 < z < 1$ gilt unter Verwendung des vorstehenden Ergebnisses: $A(f_a, g_b) = \int_z^1 (g_b - f_a) = -\int_1^z (g_b - f_a) = \int_1^z (f_a - g_b) = (a+b) \cdot (z \cdot \log_e(z) - z + 1)$ (FE).

3. Jede antitone und gegen 0 konvergente Folge $x : \mathbb{N} \longrightarrow \mathbb{R}^+$ erzeugt eine zugehörige Folge $A : \mathbb{N} \longrightarrow \mathbb{R}^+$ von Flächeninhalten $A(n) = (a+b) \cdot (x_n \cdot \log_e(x_n) - x_n + 1)$. Diese Folgen A konvergieren gegen $\lim(A) = \lim((a+b) \cdot (x_n \cdot \log_e(x_n) - x_n + 1))_{n\in\mathbb{N}} = (a+b) \cdot \lim(x_n \cdot \log_e(x_n) - x_n + 1)_{n\in\mathbb{N}} = (a+b) \cdot (\lim(x_n \cdot \log_e(x_n))_{n\in\mathbb{N}} - 0 + 1) = (a+b) \cdot (\lim(-x_n)_{n\in\mathbb{N}} - 0 + 1) = (a+b) \cdot (0 - 0 + 1) = a+b$, die Fläche $F_0(f_a, g_b)$ hat also den endlichen Flächeninhalt $A_0(f_a, g_b) = a + b$ (FE).

4. Die vorgegebene Orthogonalität von f_a und g_b bedeutet o.B.d.A. $ab = 1$ (siehe Aufgabenteil 1). Zur weiteren Untersuchung wird die Funktion $A : \mathbb{R}^+ \longrightarrow \mathbb{R}$ mit $A(a) = a + b = a + \frac{1}{a}$ betrachtet, die nach Aufgabenteil 3 den Flächeninhalt $A_0(f_a, g_b)$ bschreibt, und hinsichtlich der Existenz eines Minimums untersucht: Mit den durch $A'(a) = 1 - \frac{1}{a^2}$ und $A''(a) = \frac{2}{a^3}$ definierten beiden Ableitungsfunktionen $A', A'' : \mathbb{R}^+ \longrightarrow \mathbb{R}$ ist 1 die Nullstelle von A' und wegen $A''(1) = 2 > 0$ die Minimalstelle von A, für die dann $A(1) = 2$ (FE) gilt. Das bedeutet insgesamt, daß Minimalität für $A(f_1, g_1)$ vorliegt.

5. Die Idee bei folgendem Verfahren ist, anstelle der Funktion $f_1 = \log_e$ und Rotation um die Ordinate die Funktion $\exp_e$ und Rotation um die Abszisse zu untersuchen. Dazu sei nun aber die antitone Folge $-id : \mathbb{N} \longrightarrow \mathbb{R}^-$ und zu jedem Folgenglied $-k$ das Rotationsvolumen $V_k = 2\pi \cdot \int_{-k}^{0} \exp_e^2$ betrachtet. Wie im folgenden gezeigt wird, ist die so konstruierte Folge $V : \mathbb{N} \longrightarrow \mathbb{R}$ mit $k \longmapsto V_k$ konvergent: Beachtet man $V_k = 2\pi \cdot \int_{-k}^{0} \exp_e^2 = \pi(1 - e^{-2k})$, dann gilt $\lim(V) = \lim(2\pi \cdot \int_{-k}^{0} \exp_e^2)_{k\in\mathbb{N}} \lim(\pi(1 - e^{-2k}))_{k\in\mathbb{N}} = \pi \cdot (\lim(1 - e^{-2k})_{k\in\mathbb{N}} = \pi \cdot (\lim(1)_{k\in\mathbb{N}} - \lim(e^{-2k})_{k\in\mathbb{N}}) = \pi(1 - 0) = \pi$. Das heißt also, der von der Fläche $F_0(f_1, g_1)$ erzeugte Rotationskörper (bezüglich Ordinate) hat ein endliches Volumen.

A2.965.04 (D, A): Betrachten Sie die Familie $(f_a)_{a\in\mathbb{R}^+}$ von Funktionen $f_a = \log_e \circ u_a$ mit Funktionen $u_a = a + id^2 : \mathbb{R} \longrightarrow \mathbb{R}$, definiert also durch die Zuordnungsvorschriften $f_a(x) = \log_e(x^2 + a)$. Beachten Sie den Bau von f_a.

1. Bestimmen Sie die Nullstellenmenge $N(f_a)$ von f_a.

2. Untersuchen Sie f_a hinsichtlich (lokaler) Extrema.

3. Berechnen Sie unter Verwendung von $Wen(f_a) = N(f_a'')$ die beiden Wendepunkte von f_a und geben Sie die Funktion W an, die alle Wendepunkte der Familie $(f_a)_{a\in\mathbb{R}^+}$ enthält.

4. Nennen Sie – nötigenfalls auch mit Näherungen – die in den Aufgabenteilen 1 bis 3 ermittelten Daten für $a = \frac{1}{2}$ und skizzieren Sie die Funktion $f_{\frac{1}{2}}$ im Bereich $[-2, 2]$. Beschreiben Sie das Verhalten von $f_{\frac{1}{2}}$ in den Bereichen $(-\star, w_1]$ und $[w_2, \star)$, wobei w_1 und w_2 die beiden Wendestellen von $f_{\frac{1}{2}}$ mit $w_1 < w_2$ bezeichnen.

5. Zeigen Sie, daß f_a Ordinaten-symmetrisch ist. Begründen Sie dann, daß die Einschränkung $f_a : \mathbb{R}^+ \longrightarrow Bild(f_a)$ eine umkehrbare Funktion ist. Ermitteln Sie die dazu inverse Funktion.

6. Mit Ausnahme von $a = \frac{1}{2}$ bilden die beiden Wendepunkte von f_a mit dem Punkt $(0,0)$ ein Dreieck. Berechnen Sie den Flächeninhalt $A(a)$ dieses Dreiecks und untersuchen Sie dann die Folgen $(A(n))_{n\in\mathbb{N}}$ und $(A(\frac{1}{n}))_{n\in\mathbb{N}}$ hinsichtlich Konvergenz.

7. Besitzt die bezüglich Aufgabenteil 6 durch die Zuordnung $a \longmapsto A(a)$ definierte Funktion $A : \mathbb{R}^+ \longrightarrow \mathbb{R}$ ein Maximum?

B2.965.04: Zur Bearbeitung der Aufgabe im einzelnen:

1. Die Äquivalenzen $x \in N(f_a) \Leftrightarrow f_a(x) = 0 \Leftrightarrow \log_e(a + x^2) = 0 \Leftrightarrow a + x^2 = 1 \Leftrightarrow x^2 = 1 - a$ zeigen, daß die Funktionen f_a für $a \in (0, 1]$ die Nullstellenmenge $N(f_a) = \{-\sqrt{1-a}, \sqrt{1-a}\}$ besitzt. Für Zahlen $a \in (1, \star)$ ist dagegen $N(f_a) = \emptyset$.

2. Die 1. Ableitungsfunktion $f_a' : \mathbb{R} \longrightarrow \mathbb{R}$ von f_a ist $f_a' = (\log_e \circ u_a)' = (\log_e' \circ u_a)u_a' = \frac{u_a'}{u_a} = \frac{2 \cdot id}{u_a^2}$ und hat – offensichtlich und unabhängig von a – die Nullstelle 0. Die 2. Ableitungsfunktion $f_a'' : \mathbb{R} \longrightarrow \mathbb{R}$ von f_a ist $f_a'' = (\frac{2 \cdot id}{u_a^2})' = \frac{2(a - id^2)}{u_a^3}$ und liefert $f_a''(0) = \frac{2}{a} > 0$, somit ist 0 die allen Funktionen f_a gemeinsame Minimalstelle und $(0, f_a(0)) = (0, \log_e(a))$ das jeweilige Minimum.

3. Wegen $N(f_a'') = N(a - id^2) = \{-\sqrt{a}, \sqrt{a}\}$ und der Vorgabe $N(f_a'') = Wen(f_a)$ hat f_a die beiden Wendepunkte $(-\sqrt{a}, f_a(-\sqrt{a})) = (-\sqrt{a}, \log_e(2a))$ und $(\sqrt{a}, f_a(-\sqrt{a})) = (\sqrt{a}, \log_e(2a))$. Die Funktion, die alle Wendepunkte der Familie $(f_a)_{a\in\mathbb{R}^+}$ enthält, ist $W : \mathbb{R} \longrightarrow \mathbb{R}$ mit $W(z) = \log_e(2z^2)$, denn: Mit der Festsetzung $z = -\sqrt{a}$ ist $a = (-z)^2$ und somit $\log_e(2a) = \log_e(2z^2)$. Entsprechend liefert $z = \sqrt{a}$ ebenfalls $\log_e(2a) = \log_e(2z^2)$.

4. Die Funktion $f_{\frac{1}{2}}$ hat die Nullstellen $-\frac{1}{2}\sqrt{2} \approx -0{,}7$ und $\frac{1}{2}\sqrt{2} \approx 0{,}7$ sowie das Minimum $(0, \log_e(\frac{1}{2})) = (0, -\log_e(2)) \approx (0/0{,}7)$ und als Wendestellen w_1 und w_2 die beiden Nullstellen:

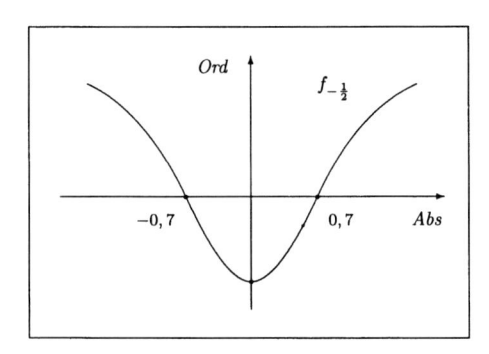

Da die Funktion $f_{\frac{1}{2}}$ in den Bereichen $(-\star, w_1]$ und $[w_2, \star)$ keine weiteren Extrema besitzt, ist sie in diesen Bereichen (nach oben) unbeschränkt.

5. Da u_a Ordinaten-symmetrisch ist, ist auch $f_a = log_e \circ u_a$ Ordinaten-symmetrisch, wie man im übrigen elementweise nachrechnet: Es gilt $f_a(-x) = log_e((-x)^2 + a) = log_e(x^2 + a) = f_a(x)$, für alle $x \in \mathbb{R}$. Da f_a im Bereich $\mathbb{R}^+$ keine Extrema besitzt, ist die Einschränkung $f_a : \mathbb{R}^+ \longrightarrow Bild(f_a)$ eine umkehrbare Funktion. Beachtet man dabei die Beziehung $Bild(f_a) = (log_e(a), \star)$, dann ist die zu f_a inverse Funktion $g_a = f_a^{-1} : (log_e(a), \star) \longrightarrow \mathbb{R}^+$ definiert durch $g_a(z) = \sqrt{e^z - a}$, wie die folgenden Äquivalenzen zeigen: Die Bedingung $f_a(x) = z \Leftrightarrow g_a(z) = x$ liefert mit $x > 0$ dann $f_a(x) = z \Leftrightarrow log_e(x^2 + a) = z \Leftrightarrow x^2 + a = e^z \Leftrightarrow x^2 = e^z - a \Leftrightarrow x = \sqrt{e^z - a} = g_a(z)$.

6. Mit den beiden in Aufgabenteil 3 berechneten Wendepunkten $(-\sqrt{a}, log_e(2a))$ und $(\sqrt{a}, log_e(2a))$ hat das zugehörige (ordinatensymmetrische) Dreieck D_a den Flächeninhalt $A(D_a) = |\sqrt{a} \cdot log_e(2a)|$. Weiterhin: Die Folge $(A(n))_{n \in \mathbb{N}} = (\sqrt{n} \cdot log_e(2n))_{n \in \mathbb{N}}$ ist nach oben unbeschränkt und folglich divergent. Hingegen konvergiert die Folge $A = (A(\frac{1}{n}))_{n \in \mathbb{N}} = (|\sqrt{\frac{1}{n}} \cdot log_e(\frac{2}{n})|)_{n \in \mathbb{N}} = (|\frac{1}{\sqrt{n}}(log_e(2) - log_e(n))|)_{n \in \mathbb{N}} = (|\frac{log_e(2)}{\sqrt{n}} - \frac{log_e(n)}{\sqrt{n}}|)_{n \in \mathbb{N}} = (\frac{log_e(n)}{\sqrt{n}} - \frac{log_e(2)}{\sqrt{n}})_{n \in \mathbb{N}} = (\frac{log_e(n)}{\sqrt{n}})_{n \in \mathbb{N}} - (\frac{log_e(2)}{\sqrt{n}})_{n \in \mathbb{N}}$ (mit $n > 2$) gegen Null, wie im folgenden gezeigt wird: Die zweite dieser beiden Folgen konvergiert offensichtlich gegen Null. Zur ersten Folge betrachte man die Einzelfolgen u und v mit $u(n) = log_e(n)$ und $v(n) = \sqrt{n}$, die beide unbeschränkt sind und folglich divergieren. Verwendet man nun den Satz von De l'Hospital, dann gilt $lim(\frac{u(n)}{v(n)})_{n \in \mathbb{N}} = lim(\frac{u'(n)}{v'(n)})_{n \in \mathbb{N}}$ und somit $lim(\frac{log_e(n)}{\sqrt{n}})_{n \in \mathbb{N}} = lim(\frac{\frac{1}{n}}{\frac{1}{2\sqrt{n}}})_{n \in \mathbb{N}} = lim(\frac{2\sqrt{n}}{n})_{n \in \mathbb{N}} = lim(\frac{2n}{n\sqrt{n}})_{n \in \mathbb{N}} = lim(\frac{2}{\sqrt{n}})_{n \in \mathbb{N}} = 0$. Damit konvergiert die Folge A gegen 0.

7. Die bezüglich Aufgabenteil 6 durch die Zuordnung $a \longmapsto A(a)$ definierte Funktion $A : \mathbb{R}^+ \longrightarrow \mathbb{R}$ kann – wie das Konvergenz-Verhalten der beiden Folgen in Aufgabenteil 6 zeigt – kein Maximum besitzen.

A2.965.05 (D, A) : Betrachten Sie die Familie $(f_a)_{a \in \mathbb{R} \setminus \{0\}}$ von Funktionen $f_a : D_{max}(f_a) \longrightarrow \mathbb{R}$, definiert durch die Zuordnungsvorschriften $f_a(x) = a + log_e(\frac{1}{a}x)$.

1. Bestimmen Sie $D_{max}(f_a)$ sowie die einelementige Nullstellenmenge $N(f_a) = \{n_a\}$ von f_a.
2. Skizzieren Sie anhand kleiner Wertetabellen die beiden Funktionen f_{-1} und f_1 im Bereich $[-4, 4]$.
3. Begründen Sie, daß nur für Indices $a, b \in \mathbb{R}^+$ zwei verschiedene Funktionen f_a und f_b (also $a \neq b$) der Familie $(f_a)_{a \in \mathbb{R} \setminus \{0\}}$ eine gemeinsame Nullstelle haben können.
4. Bestimmen Sie die kleinste Zahl z mit $\{n_a \in \mathbb{R}^+ \mid f_a(n_a) = 0\} \subset (0, z]$.
5. Bestimmen Sie die Nullstellenmengen der Funktionen $g_a = |f_a|$. Geben Sie diese Funktionen g_a für Indices $a \in \mathbb{R}^-$ ohne Betragszeichen an.
6. Berechnen Sie für Indices $a \in \mathbb{R}^-$ den Inhalt $A(g_a)$ der Fläche, die von g_a, der Abszisse und der Ordinatenparallelen durch a eingeschlossen ist. Geben Sie insbesondere $A(g_{-1})$ und $A(g_{-3})$ an.

B2.965.05: Zur Bearbeitung der Aufgabe im einzelnen, wobei im folgenden auch auf die Darstellung $f_a = a + log_e \circ v_a$ mit dem Geradenteil $v_a : \mathbb{R} \longrightarrow \mathbb{R}^+$ mit $v_a = \frac{1}{a} \cdot id$ Bezug genommen wird:

1a) Beachtet man $D_{max}(log_e) = \mathbb{R}^+$, so muß $Bild(v_a) \subset \mathbb{R}^+$ gelten. Somit gilt dann $D_{max}(f_a) = \mathbb{R}^+$ für den Fall $a > 0$ und $D_{max}(f_a) = \mathbb{R}^-$ für den Fall $a < 0$.

1b) Die Äquivalenzen $x \in N(f_a) \Leftrightarrow f_a(x) = 0 \Leftrightarrow a + log_e(\frac{1}{a}x) = 0 \Leftrightarrow log_e(\frac{1}{a}x) = -a \Leftrightarrow \frac{1}{a}x = e^{-a} \Leftrightarrow x \in \{ae^{-a}\}$ zeigen, daß jede der Funktionen die einzige Nullstelle $n_a = ae^{-a}$ besitzt.

2. Skizzen der beiden Funktionen f_{-1} und f_1 (ohne explizite Nennung von Wertetabellen):

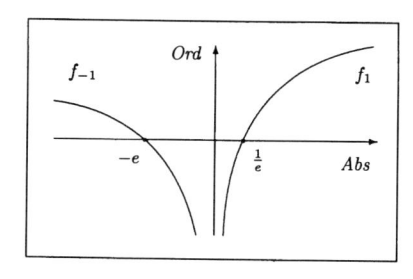

3. Zunächst gilt folgender Sachverhalt: Für Indices $a, b \in \mathbb{R} \setminus \{0\}$ haben zwei Funktionen f_a und f_b der Familie $(f_a)_{a \in \mathbb{R} \setminus \{0\}}$ dann keine gemeinsame Nullstelle, wenn $ab < 0$ gilt, denn in diesem Fall gilt $D_{max}(f_a) \cap D_{max}(f_a) = \mathbb{R}^+ \cap \mathbb{R}^- = \emptyset$ nach Teil 1a). Es bleibt also der Fall $ab > 0$ zu untersuchen:
Zwei solche Funktionen f_a und f_b haben genau dann eine gemeinsame Nullstelle, wenn $ae^{-a} = be^{-b}$, also genau dann, wenn $\frac{a}{b} = e^{a-b}$ oder, noch anders formuliert, wenn $log_e(a) - log_e(b) = log_e(\frac{a}{b}) = a - b$ gilt.
Es bleibt nun zu untersuchen, für welche Paare (a, b) die eben ermittelte Bedingung gelten kann:

a) Fall $(a, b) \in \mathbb{R}^- \times \mathbb{R}^-$: Gilt o.B.d.A. $a < b$, so gilt einerseits $a - b < 0$, andererseits jedoch $log_e(\frac{a}{b}) > 0$ wegen $\frac{a}{b} > 1$. Das bedeutet, daß dieser Fall nicht eintreten kann.

b) Fall $(a, b) \in \mathbb{R}^+ \times \mathbb{R}^+$: Gilt o.B.d.A. $a < b$, so gilt einerseits wieder $a - b < 0$, andererseits aber auch $log_e(\frac{a}{b}) < 0$ wegen $\frac{a}{b} < 1$. Das bedeutet, daß nur dieser Fall eintreten kann.

4. Zunächst ist klar, daß 0 die unrere Grenze des links-offenen Intervalls $(0, z]$ ist, denn für alle $a \in \mathbb{R}^+$ gilt $n_a = ae^{-a} > 0$. Zur weiteren Untersuchung der Menge $\{n_a \in \mathbb{R}^+ \mid f_a(n_a) = 0\}$ wird nun die Nullstellen-Funktion $N : \mathbb{R}^+ \longrightarrow \mathbb{R}$ mit $N(a) = ae^{-a}$ hinsichtlich Extremstellen untersucht: Dabei hat die 1. Ableitungsfunktion $N' : \mathbb{R}^+ \longrightarrow \mathbb{R}$ mit $N'(a) = 1 \cdot e^{-a} + ae^{-a} \cdot (-1) = (1-a)e^{-a}$ genau die Nullstelle 1, ferner liefert die 2. Ableitungsfunktion $N'' : \mathbb{R}^+ \longrightarrow \mathbb{R}$ mit $N''(a) = -(2-a)e^{-a}$ den Funktionswert $N''(1) = -\frac{1}{e} < 0$. Damit ist 1 die Maximalstelle der Funktion N.
Beachtet man nun $N(1) = \frac{1}{e}$, so kann man feststellen: Der Bereich $B \subset \mathbb{R}^+$, in dem alle Nullstellen n_a der Funktionen f_a der Teilfamilie $(f_a)_{a \in \mathbb{R}^+}$ enthalten sind, ist das Intervall $B = (0, \frac{1}{e}]$.

5. Beachtet man $g_a = b \circ f_a : \mathbb{R}^- \longrightarrow \mathbb{R} \longrightarrow \mathbb{R}_0^+$ mit der Betrags-Funktion $b : \mathbb{R} \longrightarrow \mathbb{R}_0^+$, so gilt

$$g_a(x) = (b \circ f_a)(x) = \begin{cases} f_a(x), & \text{falls } f_a(x) \geq 0, \\ -f_a(x), & \text{falls } f_a(x) < 0 \end{cases} = \begin{cases} a + log_e(\frac{1}{a}x), & \text{falls } x \leq ae^{-a}, \\ -a - log_e(\frac{1}{a}x), & \text{falls } x > ae^{-a}. \end{cases}$$

6. Daß durch die angegebenen Daten tatsächlich eine vollständig begrenzte Fläche vorliegt, zeigt die Beziehung $n_a < a < 0$ mit der Nullstelle $n_a = ae^{-a}$ von g_a (die zugleich die Nullstelle von f_a ist), die durch die folgenden Äquivalenzen geliefert wird: $a < 0 \Leftrightarrow -a > 0 \Leftrightarrow e^{-a} > e^0 = 1 \Leftrightarrow n_a = ae^{-a} > a$.
Zu berechnen ist nun das Riemann-Integral $A(g_a) = \int\limits_{n_a}^{a} g_a$. Betrachtet man dazu zunächst die Darstellung
$g_a(x) = -a - log_e\frac{x}{a} = -a - log_e(x) + log_e(a) = log_e(a) - a - log_e(x)$ und damit dann zu g_a die Darstellung $g_a = (log_e(a) - a) - log_e$, dann besitzt g_a das Integral $\int ((log_e(a) - a) - log_e) = (log_e(a) - a) \cdot id - \int log_e = (log_e(a) - a) \cdot id - (log_e - 1) \cdot id + \mathbb{R} = (log_e(a) - a - log_e + 1) \cdot id + \mathbb{R}$, folglich ist G_a mit $G_a(x) = (log_e(a) - a + 1 - log_e(x))x$ eine Stammfunktion von g_a.

Damit gilt $A(g_a) = \int\limits_{n_a}^{a} g_a = |G_a(a) - G_a(ae^{-a})|$
$= |(log_e(a) - a + 1 - log_e(a))a - ((log_e(a) - a + 1 - log_e(ae^{-a}))ae^{-a})|$
$= |-a^2 + a - (ae^{-a} \cdot log_e(a) - a^2 e^{-a} + ae^{-a} - ae^{-a}) \cdot log_e(ae^{-a})|$
$= |-a^2 + a - ae^{-a} \cdot log_e(a) + a^2 e^{-a} - ae^{-a} + ae^{-a} \cdot log_e(a) + ae^{-a} \cdot log_e(e^{-a})|$
$= |-a^2 + a + a^2 e^{-a} - ae^{-a} - a^2 e^{-a}| = |-a^2 + a - ae^{-a}| = a(1 - a - e^{-a})$ (FE).
Insbesondere ist $A(g_{-1}) = e - 2$ (FE) und $A(g_{-3}) = 3e^3 - 12$ (FE).

A2.965.06 (D, A): Betrachten Sie die Familie $(f_a)_{a \in \mathbb{R}}$ von Funktionen $f_a : \mathbb{R}^+ \longrightarrow \mathbb{R}$, definiert durch die Zuordnungsvorschriften $f_a(x) = \frac{1}{x}(a + log_e(x))$.

1. Bestimmen Sie die einelementige Nullstellenmenge $N(f_a) = \{n_a\}$ von f_a.

2. Untersuchen Sie f_a hinsichtlich Extrema. Geben Sie dann noch diejenige Funktion E an, die alle Extrema der Funktionen der Familie $(f_a)_{a \in \mathbb{R}}$ enthält.

3. Untersuchen Sie f_a hinsichtlich Wendepunkte. Geben Sie dann noch diejenige Funktion W an, die alle Wendepunkte der Funktionen der Familie $(f_a)_{a \in \mathbb{R}}$ enthält.

4. Zeigen Sie, daß die positive Abszisse asymptotische Funktion zu f_a ist.

5. Untersuchen Sie anhand einer geeigneten Folge das Verhalten von f_a in der Nähe von Null.

6. Zu jedem Element $a \in \mathbb{R}$ bezeichne t_a diejenige Tangente an f_a, die f_a bei der Stelle 1 berührt. Zeigen Sie, daß je zwei verschiedene solche Tangenten t_a und t_b (also $a \neq b$) denselben Schnittpunkt $S = (2, 1)$ haben, das heißt, daß S der Schnittpunkt aller Funktionen der Familie $(t_a)_{a \in \mathbb{R}}$ ist.

7. Berechnen Sie auf zweierlei Weise das Integral $\int f_a$ und geben Sie damit eine Stammfunktion F_a zu f_a an. Prüfen Sie dabei $F'_a = f_a$.

8. Berechnen Sie den Inhalt $A(f_a)$ der Fläche, die von f_a, der Abszisse und der Ordinatenparallelen durch das Maximum von f_a vollständig eingeschlossen ist, und kommentieren Sie das Ergebnis.

B2.965.06: Zur Bearbeitung der Aufgabe im einzelnen,

1. Die Äquivalenzen $x \in N(f_a) \Leftrightarrow f_a(x) = 0 \Leftrightarrow a + \log_e(x) = 0 \Leftrightarrow \log_e(a) = -a \Leftrightarrow x \in \{e^{-a}\}$ zeigen, daß $n_a = e^{-a}$ die einzige Nullstelle von f_a ist.

2a) Die 1. Ableitungsfunktion $f'_a : \mathbb{R}^+ \longrightarrow \mathbb{R}$ mit $f'_a(x) = -\frac{1}{x^2}(a + \log_e(x)) + \frac{1}{x} \cdot \frac{1}{x} = \frac{1}{x^2}(1 - a - \log_e(x))$ besitzt genau die Nullstelle e^{1-a}, ferner liefert die 2. Ableitungsfunktion $f''_a : \mathbb{R}^+ \longrightarrow \mathbb{R}$ mit $f''_a(x) = -\frac{2}{x^3}(1 - a - \log_e(x)) + \frac{1}{x^2} \cdot (-\frac{1}{x}) = \frac{1}{x^3}(-3 + 2a + 2 \cdot \log_e(x))$ den Funktionswert $f''_a(e^{1-a}) = -\frac{1}{(e^{1-a})^3} < 0$. Damit ist e^{1-a} die Maximalstelle und $(e^{1-a}, f_a(e^{1-a})) = (e^{1-a}, \frac{1}{e^{1-a}})$ das Maximum der Funktion f_a.

2b) Die Funktion, die alle Extrema zu der Familie $(f_a)_{a \in \mathbb{R}}$ enthält, ist $E : \mathbb{R}^+ \longrightarrow \mathbb{R}$ mit $E(x) = \frac{1}{x}$.

3a) Die 2. Ableitungsfunktion $f''_a : \mathbb{R}^+ \longrightarrow \mathbb{R}$ besitzt genau die Nullstelle $e^{\frac{1}{2}(3-2a)}$, weiterhin liefert dann die 3. Ableitungsfunktion $f'''_a : \mathbb{R}^+ \longrightarrow \mathbb{R}$ mit $f'''_a(x) = -\frac{3}{x^4}(-3 + 2a + 2 \cdot \log_e(x)) + \frac{1}{x^3} \cdot \frac{2}{x} = \frac{1}{x^4}(11 - 6a - 6 \cdot \log_e(x))$ den Funktionswert $f'''_a(e^{\frac{1}{2}(3-2a)}) = \frac{2}{(e^{\frac{1}{2}(3-2a)})^4} > 0$. Damit ist $e^{\frac{1}{2}(3-2a)}$ die Wendestelle und $(e^{\frac{1}{2}(3-2a)}, f_a(e^{\frac{1}{2}(3-2a)})) = (e^{\frac{1}{2}(3-2a)}, \frac{3}{2e^{\frac{1}{2}(3-2a)}})$ der Wendepunkt der Funktion f_a mit Rechts-Links-Krümmung.

3b) Die Funktion, die alle Wendepunkte zu der Familie $(f_a)_{a \in \mathbb{R}}$ enthält, ist $W : \mathbb{R}^+ \longrightarrow \mathbb{R}$ mit $W(x) = \frac{3}{2x}$.

4. Zu der Folge $x = (n)_{n \in \mathbb{N}}$ (als Testfolge) ist die zugehörige Bildfolge $f_a \circ x$ nullkonvergent, denn es gilt $lim(f_a \circ x) = lim(\frac{a}{n} + \frac{\log_e(n)}{n})_{n \in \mathbb{N}} = lim(\frac{a}{n})_{n \in \mathbb{N}} + lim(\frac{\log_e(n)}{n})_{n \in \mathbb{N}} = 0 + 0 = 0$. Somit ist der positive Teil der Abszisse asymptotische Funktion zu f_a.

5. Zu der nullkonvergenten Folge $x = (\frac{1}{n})_{n \in \mathbb{N}}$ (als Testfolge) ist die zugehörige Bildfolge $f_a \circ x$ für fast alle Folgenglieder antiton und nach unten unbeschränkt, wie die Darstellung $f_a \circ x = (na + n \cdot \log_e(\frac{1}{n}))_{n \in \mathbb{N}} = (na - n \cdot \log_e(n))_{n \in \mathbb{N}}$ zeigt, denn zu jedem jeweils konstanten $a \in \mathbb{R}$ gibt es einen Grenzindex $n_0 \in \mathbb{N}$ mit $an < n \cdot \log_e(n)$, für alle $n \geq n_0$. Damit gilt also $lim(f_a \circ x) = -\star$ in $\mathbb{R}^\star$.

6. Die Tantente $t_a : \mathbb{R} \longrightarrow \mathbb{R}$ ist definiert durch $t_a(x) = f'_a(1)x - f'_a(1) + f_a(1) = (1-a)x + 2a - 1$. Damit gelten dann für $a \neq b$ die Äquivalenzen $x \in S(t_a, t_b) \Leftrightarrow t_a(x) = t_b(x) \Leftrightarrow (1-a)x + 2a - 1 = (1-b)x + 2b - 1 \Leftrightarrow x = \frac{2(b-a)}{b-a} \Leftrightarrow x \in \{2\}$. Mit $t_a(2) = (1-a)2 + 2a - 1 = 1$ ist dann $S = (2, 1)$ der gemeinsame Schnittpunkt aller Tangenten t_a.

7a) Betrachtet man nach Corollar 2.506.2 zunächst $\int \frac{\log_e}{id} = \int (\log_e \cdot \frac{1}{id}) = \log_e \cdot \log_e - \int (\frac{1}{id} \cdot \log_e)$, so folgt $2 \cdot \int \frac{\log_e}{id} = \log_e^2 + \mathbb{R}$ und damit $\int \frac{\log_e}{id} = \frac{1}{2} \cdot \log_e^2 + \mathbb{R}$. Mit dieser Vorbetrachtung ist das Integral von f_a dann $\int f_a = \int (\frac{a}{id} + \frac{\log_e}{id}) = \int \frac{a}{id} + int \frac{\log_e}{id} = a \cdot \log_e + \frac{1}{2} \cdot \log_e^2 + \mathbb{R}$.

7b) Eine zweite Variante zur Berechnung basiert auf der Formel $(u^2)' = 2u'u$ für differenzierbare Funktionen u, die auch in der Form $\frac{1}{2}(u^2)' = u'u$ geschrieben werden kann. Wendet man diese Formel auf $u = \log_e$ an, so gilt $\frac{1}{2}(\log_e^2)' = \frac{1}{id} \cdot \log_e = \frac{\log_e}{id}$. Diese Beziehung liefert dann unmittelbar $\int \frac{\log_e}{id} = \frac{1}{2} \cdot \log_e^2 + \mathbb{R}$. Das Integral $\int f_a$ selbst wird dann wieder wie in Teil 7a) berechnet.

7c) Eine Stammfunktion F_a zu f_a ist dann $F_a = a \cdot \log_e + \frac{1}{2} \cdot \log_e^2$. Differentiation liefert dazu dann $F'_a = (a \cdot \log_e + \frac{1}{2} \cdot \log_e^2)' = a \cdot \log'_e + \frac{1}{2} \cdot (\log_e^2)' = \frac{a}{id} + \frac{1}{2} \cdot 2 \cdot \log_e \cdot \frac{1}{id} = \frac{1}{id}(a + \log_e) = f_a$.

8. Es ist $A(f_a) = |F_a(e^{1-a}) - F_a(e^{-a})| = |a(1-a) + \frac{1}{2}(1-a)^2 - (a(-a) + \frac{1}{2}(-a)^2)| = \frac{1}{2}$ (FE) der gesuchte – und wie man sieht, der von a unabhängige – Flächeninhalt.

Zusatzfrage 1: Wie kann zu dem bijektiven Teil $(0, e^{1-a}) \xrightarrow{f_a} (-\star, \frac{1}{e^{1-a}})$ die inverse Funktion bestimmen?

Zusatzfrage 2: Kann man eine explizite Darstellung von $f_a^{(n)}$ finden?

Symbol-Verzeichnis Buch^{MAT}X

Buch^{MAT}1	Mengen, Funktionen, Grund-/Algebraische Strukturen, Zahlen	
$W(p)$	Wahrheitswert einer Aussage p mit $W(p) \in \{w, f\}$	1.001
$p \wedge q$	Konjunktion der Aussagen p und q (p und q)	1.002
$p \vee q$	Disjunktion der Aussagen p und q (p oder q)	1.002
$p \Rightarrow q$	Implikation der Aussagen p und q (wenn p, dann q)	1.002
$p \Leftrightarrow q$	Äquivalenz der Aussagen p und q (p genau dann, wenn q)	1.002
$\neg p$	Negation der Aussage p (nicht p, non p)	1.002
$Th(M)$	Theorie einer Menge M	1.004
$\exists$	Existenzquantor (es gibt ...)	1.004
$\forall$	Allquantor (für alle ...)	1.004
$w(s)$	Leitwert eines Schalterzustandes s	1.080
$s_1 \wedge s_2$	Reihenschaltung (Schaltalgebra)	1.080
$s_1 \vee s_2$	Parallelschaltung (Schaltalgebra)	1.080
$x_1 \wedge x_2$	UND-Gatter (Signal-Verarbeitung)	1.081
$x_1 \vee x_2$	ODER-Gatter (Signal-Verarbeitung)	1.081
$\underline{n}$	Menge der ersten n natürlichen Zahlen $\underline{n} = \{1, ..., n\}$	1.101
$\mathbb{N}, \mathbb{N}_0$	Menge (Halbgruppe) der natürlichen Zahlen ohne/mit Null ($\mathbb{N}_0 = \mathbb{N} \cup \{0\}$)	1.101
$\mathbb{Z}$	Menge (Ring) der ganzen Zahlen	1.830
$\mathbb{Z}_*$	Menge der ganzen Zahlen ohne Null ($\mathbb{Z}_* = \mathbb{Z} \setminus \{0\}$)	1.830
$\mathbb{Z}^+, \mathbb{Z}^-$	Menge der positiven ganzen Zahlen / negativen ganzen Zahlen	1.830
$\mathbb{Z}_0^+, \mathbb{Z}_0^-$	Menge der nicht-negativen ganzen Zahlen / nicht-positiven ganzen Zahlen	1.830
$\mathbb{Q}$	Menge (Körper) der rationalen Zahlen (analog: $\mathbb{Q}_*, \mathbb{Q}^+, \mathbb{Q}^-, \mathbb{Q}_0^+, \mathbb{Q}_0^-$)	1.850
$\mathbb{R}$	Menge (Körper) der reellen Zahlen (analog: $\mathbb{R}_*, \mathbb{R}^+, \mathbb{R}^-, \mathbb{R}_0^+, \mathbb{R}_0^-$)	1.860
$\mathbb{R}^\star$	Erweiterung der Menge der reellen Zahlen zu $\mathbb{R}^\star = \mathbb{R} \cup \{-\star, +\star\}$	1.869
$\mathbb{R}^n$	Menge der n-Tupel $(x_1, ..., x_n)$ reeller Zahlen (analog: $\mathbb{N}^n, \mathbb{Z}^n, \mathbb{Q}^n, \mathbb{C}^n$)	1.501
$\mathbb{R}^\mathbb{N}$	Menge der Funktionen (Folgen) $\mathbb{N} \longrightarrow \mathbb{R}$	2.001
$\mathbb{R}^{(\mathbb{N})}$	Menge der endlichen Folgen $\mathbb{N} \longrightarrow \mathbb{R}$	1.780
$\mathbb{C}$	Menge (Körper) der komplexen Zahlen (analog: $\mathbb{C}_*$)	1.880
$\mathbb{H}$	Menge der Hamiltonschen Quaternionen	1.715
$\mathbb{O}$	Menge der Cayleyschen Oktaven	1.715
$M = N$	Gleichheit zweier Mengen M und N	1.101
$\emptyset$	die Leere Menge (enthält kein Element)	1.001
$\{x\}, \{x, z\}$	einelementige, zweielementige Menge	1.001
$x \in M$	x ist Element der Menge M	1.101
$x \notin M$	x ist kein Element der Menge M	1.101
$T \subset M$	T ist Teilmenge der Menge M	1.101
$T \not\subset M$	T ist keine Teilmenge der Menge M	1.101
$M \supset T$	M ist Obermenge der Menge T (also $T \subset M$)	1.101
$M \not\supset T$	M ist keine Obermenge der Menge T (also $T \not\subset M$)	1.101
$M \cap N$	Durchschnitt (Schnittmenge) der Mengen M und N	1.102
$\bigcap_{i \in I} M_i$	Durchschnitt der Familie $(M_i)_{i \in I}$ von Mengen M_i	1.150
$M \cup N$	Vereinigung der Mengen M und N	1.102
$\bigcup_{i \in I} M_i$	Vereinigung der Familie $(M_i)_{i \in I}$ von Mengen M_i	1.150
$M \setminus N$	mengentheoretische Differenz der Mengen M und N	1.102
$C_A(M)$	Komplement der Menge M bezüglich der Menge A	1.102
$M \times N$	Cartesisches Produkt der Mengen M und N mit Paaren $(x, z) \in M \times N$	1.110

$\prod_{i\in I} M_i$	Cartesisches Produkt der Familie $(M_i)_{i\in I}$ von Mengen M_i	1.160
M^n	n-faches Cartesisches Produkt der Menge M	1.160
$card(M)$	Kardinalzahl der Menge M	1.101
$\underline{M}$	Mengensystem	1.150
$x\,R\,z$	Element x steht mit Element z in Relation R (auch $(x,z) \in R \subset M \times N$)	1.120
$diag(M)$	Diagonale einer Menge M	1.120
$[x]_R, [x]$	Äquivalenzklasse mit Repräsentant x bezüglich Äquivalenz-Relation R	1.140
M/R	Quotientenmenge von M nach Relation $R \subset M \times M$	1.140
nat	natürliche Funktion $nat: M \longrightarrow M/R,\ x \longmapsto [x]$	1.140
$f: M \longrightarrow N$	Funktion f mit Definitionsbereich M und Wertebereich N (auch $M \xrightarrow{f} N$)	1.130
$x \longmapsto f(x)$	Zuordnung von x zu Funktionswert $f(x)$	1.130
$D(f)$	Definitionsbereich (-menge) einer Funktion f	1.130
$W(f)$	Wertebereich (-menge) einer Funktion f	1.130
$Bild(f)$	Bildbereich (-menge) einer Funktion f	1.130
id_M	die identische Funktion $M \longrightarrow M$ auf einer Menge M (mit $id_M(x) = x$)	1.130
in_A	die Inklusion(s-Funktion) $A \longrightarrow M$ zu $A \subset M$ (mit $in_A(x) = x$)	1.130
pr_k	k-te Projektion $M_1 \times M_2 \longrightarrow M_k$ (mit $k \in \{1,2\}$)	1.130
in_k	k-te Injektion $M_k \longrightarrow M_1 \times M_2$ (mit $k \in \{1,2\}$)	1.130
$f_1 \times f_2$	Cartesisches Produkt $M_1 \times M_2 \longrightarrow M_1 \times M_2$ zu $f_k: M_k \longrightarrow M_k$	1.130
$f\vert T$	Einschränkung einer Funktion f auf $T \subset D(f)$	1.130
ind_T	Indikator-Funktion zu $T \subset M$	1.130
$g \circ f$	Komposition $M \xrightarrow{f} N \xrightarrow{g} P$	1.131
f^{-1}	inverse Funktion (Umkehrfunktion) einer bijektiven Funktion f	1.133
f^o	induzierte Funktion $Pot(M) \longrightarrow Pot(N)$ zu $M \xrightarrow{f} N$	1.151
f^u	induzierte Funktion $Pot(N) \longrightarrow Pot(M)$ zu $M \xrightarrow{f} N$	1.151
$f^o(S)$	Bildmenge von $S \subset M$ bezüglich $M \xrightarrow{f} N$ (auch $f[S]$)	1.130
$f^u(T)$	Urbildmenge von $T \subset N$ bezüglich $M \xrightarrow{f} N$ (auch $f^{-1}[T]$)	1.130
(f,b)	Gleichung über Funktion $f: M \longrightarrow N$ und Element $b \in N$	1.136
$L(f,b)$	Lösungsmenge der Gleichung (f,b)	1.136
(Abs, Ord)	Cartesisches Koordinaten-System zur Darstellung von Funktionen $T \longrightarrow \mathbb{R}$	1.130
(K_1, K_2)	Cartesisches Koordinaten-System zur Darstellung geometrischer Objekte	1.130
$graph(f)$	Menge der Punkte $(x, f(x))$ einer Funktion $f: T \longrightarrow \mathbb{R}$	1.130
exp_a	Exponential-Funktion $\mathbb{R} \longrightarrow \mathbb{R}^+$ zur Basis a	1.250
log_a	Logarithmus-Funktion $\mathbb{R}^+ \longrightarrow \mathbb{R}$ zur Basis a	1.250
$os(T)$	Menge der oberen Schranken einer Teilmenge T einer geordneten Menge	1.320
$us(T)$	Menge der unteren Schranken einer Teilmenge T einer geordneten Menge	1.320
$gr(T)$	größtes Element in einer Teilmenge T einer geordneten Menge	1.320
$kl(T)$	kleinstes Element in einer Teilmenge T einer geordneten Menge	1.320
$max(T)$	maximales Element in einer Teilmenge T einer geordneten Menge	1.320
$min(T)$	minimales Element in einer Teilmenge T einer geordneten Menge	1.320
$sup(T)$	Supremum (kleinste obere Schranke) zu einer Teilmenge T einer geord. Menge	1.320
$inf(T)$	Infimum (größte untere Schranke) zu einer Teilmenge T einer geord. Menge	1.320
$sup(f)$	Supremum $sup(Bild(f))$ für Funktion $M \longrightarrow N$ mit geordneter Menge N	1.323
$inf(f)$	Infimum $inf(Bild(f))$ für Funktion $M \longrightarrow N$ mit geordneter Menge N	1.323
(x,z)	offenes M-Intervall mit Grenzen $x \prec z$ in linear geordneter Menge $(M, \prec)$	1.310
$[x,z)$	links-abgeschlossenes rechts-offenes M-Intervall mit Grenzen $x \prec z$	1.310
$(x,z]$	links-offenes rechts-abgeschlossenes M-Intervall mit Grenzen $x \prec z$	1.310
$[x,z]$	abgeschlossenes M-Intervall mit Grenzen $x \prec z$	1.310

$otyp(M)$	Ordnungstyp einer geordneten Menge $(M, \preceq)$	1.350
$ord(M)$	Ordinalzahl einer wohlgeordneten Menge $(M, \preceq)$	1.350
ω	Ordinalzahl von $(\mathbb{N}, \leq)$ mit natürlicher Ordnung	1.350
$Abb(M, N)$	Menge der Funktionen $M \longrightarrow N$ (auch N^M)	1.130
$Inj(M, N)$	Menge der injektiven Funktionen $M \longrightarrow N$	1.132
$Sur(M, N)$	Menge der surjektiven Funktionen $M \longrightarrow N$	1.132
$Bij(M, N)$	Menge der bijektiven Funktionen $M \longrightarrow N$	1.132
$S(M, M) = S_M$	Symmetrische Gruppe der bij. Funktionen $M \longrightarrow M$ bezüglich Komposition	1.501
$BF(M, N)$	Menge der beschränkten Funktionen $M \longrightarrow N$ mit geordneter Menge N	1.323
$Hom(G, H)$	Menge der Gruppen-Homomorphismen $G \longrightarrow H$	1.502
$Hom_A(E, F)$	Menge (A-Modul) der A-Homomorphismen $E \longrightarrow F$	1.402
L_a, R_a	Links-/Rechtstranslation zu einem Element a einer Gruppe G	1.501
$Hom(G, H)$	Menge der Gruppen-Homomorphismen $G \longrightarrow H$ zu Gruppen G und H	1.502
$End(G)$	Menge $Hom(G, G)$ der Endomorphismen $G \longrightarrow G$ einer Gruppe G	1.502
$Aut(G)$	Menge der Automorphismen $G \longrightarrow G$ einer Gruppe G	1.502
$Aut_i(G)$	Menge der inneren Automorphismen $G \longrightarrow G$ einer Gruppe G	1.502
(S)	von einer Teilmenge $S \subset G$ einer Gruppe G erzeugte Untergruppe	1.503
G^X	Menge $Abb(X, G)$ der Funktionen $X \longrightarrow G$ zu Menge X und Gruppe G	1.503
$G^{(X)}$	Direkte Summe als Teilmenge von $Abb(X, G)$ zu Gruppe G	1.503
$N, G/N$	Normalteiler in einer Gruppe G, Quotientengruppe	1.505
$Frat(G)$	Frattini-Gruppe einer Gruppe G	1.505
$\prod_{i \in I} G_i$	Direktes Produkt einer Familie $(G_i)_{i \in I}$ von Gruppen G_i	1.510
$\bigoplus_{i \in I} G_i$	Direkte Summe einer Familie $(G_i)_{i \in I}$ von Gruppen G_i	1.512
$\mathbb{Z}^{(I)}$	Abkürzung für die Direkte Summe $\bigoplus_{i \in I} \mathbb{Z}$	1.514
$G : U$	Kardinalzahl der Linksnebenklassen von Gruppe G nach Untergruppe U	1.520
$ord(G)$	Ordnung (Elementeanzahl) einer endlichen Gruppe G	1.520
$[G : U]$	Abkürzung für $ord(G) : ord(U)$ für endliche Gruppen G	1.520
(a)	von einem Gruppenelement $a \in G$ erzeugte zyklische Gruppe	1.522
$ord(a)$	Abkürzung für die Ordnung von (a) mit $a \in G$	1.522
$Ugrup(G)$	Menge aller Untergruppen einer Gruppe G	1.522
$\varphi : \mathbb{N} \longrightarrow \mathbb{N}$	Euler-Funktion	1.523
S_n	Symmetrische Gruppe der Permutationen zu n Elementen	1.524
A_n	Alternierende Gruppe als Normalteiler in S_n	1.526
$cen(G)$	Zentrum einer Gruppe G	1.540
$cen(a)$	Zentralisator zu einem Gruppenelement a einer Gruppe G	1.540
$kom(G)$	Kommutator-Gruppe einer Gruppe G	1.540
$cen_T(G)$	Zentralisator einer Teilmenge T einer Gruppe G	1.542
$nor_T(G)$	Normalisator einer Teilmenge T einer Gruppe G	1.542
$inv_G(M)$	G-invarianter Teil einer G-Menge M	1.550
$\prod_{i \in I} A_i$	Direktes Produkt einer Familie $(A_i)_{i \in I}$ von Ringen A_i	1.610
$End(G)$	Endomorphismenring einer Gruppe G (eines Ringes G)	1.601, 1.603
AG	Gruppenring über endlicher Gruppe G und Ring A	1.601
(S)	von einer Teilmenge $S \subset A$ eines Ringes A erzeugter Unterring	1.620
$\mathbb{Z}[c]$	Zwischenring über A	1.603
$\underline{a}, A/\underline{a}$	Ideal in A, Quotientenring	1.605
$ann_A(T)$	Annihilator zu Teilmenge $T \subset A$ eines Ringes A	1.605
$ggT(\underline{x}, \underline{z})$	größter gemeinsamer Teiler von Idealen $\underline{x}$ und $\underline{z}$	1.620
$kgV(\underline{x}, \underline{z})$	kleinstes gemeinsames Vielfaches von Idealen $\underline{x}$ und $\underline{z}$	1.620
$un(A)$	Menge der Einheiten eines Ringes A	1.622
$Pr(A)$	Primring eines Ringes A	1.630
$Pk(K)$	Primkörper eines Körpers K	1.630
$char(A)$	Charakteristik eines Ringes/Körpers A	1.630

Symbol	Beschreibung	Seite
$Q(A)$	von einem Ring A erzeugter Quotientenkörper	1.632
$A[X]$, $K[X]$	Polynom-Ring über einem Ring A / über einem Körper K	1.640, 1.641
$A[X_1, ..., X_n]$	allgemeiner Polynom-Ring über A	1.642
$grad(u)$	Grad eines Polynoms u	1.644
$N(u)$	Menge der Nullstellen eines Polynoms u	1.646
$E : K$	Körper-Erweiterung mit Erweiterungs-Körper E eines Körpers K	1.662
$[E : K]$	K-Dimension $dim_K(E)$ zu einer Körper-Erweiterung $E : K$	1.662
u', $u^{(n)}$	Ableitungsfunktion, n-te Ableitungsfunktion eines Polynoms u	1.666
$Gal(E : K)$	Galois-Gruppe zu einer Körper-Erweiterung $E : K$	1.670
$Gal(u : K)$	Galois-Gruppe eines Polynoms u über einm Körper K	1.674
$C(M)$	Menge der aus M konstruierbaren Punkte	1.680
$Ckom(K)$	*Cantor*-Komplettierung eines angeordneten Körpers K	2.063, 2.065
$Dkom(K)$	*Dedekind*-Komplettierung eines angeordneten Körpers K	1.735
$Dkom(M)$	*Dedekind*-Komplettierung einer linear geordneten Menge M	1.325
$Wkom(K)$	*Weierstraß*-Komplettierung eines angeordneten Körpers K	2.066
$Mat(m, n, M)$	Menge der Matrizen vom Typ (m, n) mit Koeffizienten aus M	1.780
$Mat(n, M)$	Menge der quadratischen Matrizen vom Typ (n, n) mit Koeffizienten aus M	1.780
$Mat(I, K, M)$	Menge der Matrizen vom Typ (I, K) mit Koeffizienten aus M	4.041
$det(M)$	Determinante einer Matrix M	1.782
$t \mid a$	$t \in \mathbb{Z}_*$ ist Teiler von $a \in \mathbb{Z}$	1.838
$Teil(a)$	Menge der Teiler einer ganzen Zahl a	1.838
$Teil^+(a)$	Menge der positiven Teiler einer ganzen Zahl a	1.838
$ggT(a, b)$	größter gemeinsamer Teiler von $a, b \in \mathbb{Z}$	1.838
$kgV(a, b)$	kleinstes gemeinsames Vielfaches von $a, b \in \mathbb{Z}$	1.838
$div(a, b)$	Funktionswert der Euklidischen Funktion $div : \mathbb{Z} \times \mathbb{Z}_* \longrightarrow \mathbb{Z}$	1.837
$mod(a, b)$	Funktionswert der Euklidischen Funktion $mod : \mathbb{Z} \times \mathbb{Z}_* \longrightarrow \mathbb{Z}$	1.837
$grad(f)$	Grad eines Polynoms / einer Polynom-Funktionen $\mathbb{R} \xrightarrow{f} \mathbb{R}$	1.786, 2.432
$Pol(T, \mathbb{R})$	Menge aller Polynom-Funktionen $T \longrightarrow \mathbb{R}$ mit $T \subset \mathbb{R}$	1.786, 2.438
$Pol_n(T, \mathbb{R})$	Menge aller Polynom-Funktionen $T \xrightarrow{f} \mathbb{R}$ mit $grad(f) = n$	1.786
$Pol_{(n)}(T, \mathbb{R})$	Menge aller Polynom-Funktionen $T \xrightarrow{f} \mathbb{R}$ mit $grad(f) \leq n$	1.786
$Pot(\mathbb{R}^+, \mathbb{R}^+)$	Menge aller Potenz-Funktionen $\mathbb{R}^+ \longrightarrow \mathbb{R}^+$	1.220
$K(\mathbb{R}, \mathbb{R})$	Menge aller konstanten Funktionen $\mathbb{R} \longrightarrow \mathbb{R}$	1.711

BUCH^{MAT}2   ANALYSIS (FOLGEN, STETIGE FUNKTIONEN, DIFFERENTIATION, INTEGRATION)

Symbol	Beschreibung	Seite
$x : \mathbb{N} \longrightarrow M$	Folge in Funktionsschreibweise	2.001
$x = (x_n)_{n \in \mathbb{N}}$	Folge in Indexschreibweise	2.001
$lim(x)$	Grenzwert einer Folge in Funktionsschreibweise $x : \mathbb{N} \longrightarrow M$	2.040, 2.403
$lim(x_n)_{n \in \mathbb{N}}$	Grenzwert einer Folge in Indexschreibweise	2.040, 2.403
$lim(f, x_0)$	Grenzwert einer Funktion f bezüglich x_0	2.090
$Abb(\mathbb{N}, M)$	Menge der Folgen $\mathbb{N} \longrightarrow M$ mit beliebiger Menge $M \neq \emptyset$	2.001
$BF(\mathbb{N}, M)$	Menge der beschränkten Folgen $\mathbb{N} \longrightarrow M$ mit geordneter Menge M	2.006
$Kon(\mathbb{R})$	Menge der konvergenten Folgen $T \longrightarrow \mathbb{R}$	2.045, 2.403
$Kon(\mathbb{R}, a)$	Menge der konvergenten Folgen $T \longrightarrow \mathbb{R}$ mit Grenzwert a	2.045
$Kon(T, L)$	Menge der konvergenten Folgen $T \longrightarrow \mathbb{R}$ mit Grenzwert in L	2.045
$CF(\mathbb{R})$	Menge der Cauchy-konvergenten Folgen $T \longrightarrow \mathbb{R}$	2.050, 2.403
$Ari(\mathbb{R})$	Menge der arithmetischen Folgen $\mathbb{R} \longrightarrow \mathbb{R}$	2.011
$Geo(\mathbb{R})$	Menge der geometrischen Folgen $\mathbb{R} \longrightarrow \mathbb{R}$	2.011
$sx : \mathbb{N}_0 \longrightarrow T$	Reihe, definiert über T-Folge $x : \mathbb{N}_0 \longrightarrow T$	2.101
$SF(T)$	Menge der summierbaren T-Folgen $\mathbb{N}_0 \longrightarrow T$	2.110, 2.135
$ASF(T)$	Menge der absolut-summierbaren T-Folgen $\mathbb{N}_0 \longrightarrow T$	2.110, 2.135

$C(I, \mathbb{R})$	Menge der stetigen Funktionen $I \longrightarrow \mathbb{R}$	2.203, 2.215, 2.406, 2.430
f', f'', f'''	Erste, zweite, dritte Ableitungsfunktion einer differenzierbaren Funktion f	2.303
$f^{(n)}$	n-te Ableitungsfunktion einer n-mal differenzierbaren Funktion f	2.303
$D(I, \mathbb{R})$	Menge der differenzierbaren Funktionen $I \longrightarrow \mathbb{R}$	2.303
$D(f) = f'$	bezüglich der Differentiation $D(I, \mathbb{R}) \longrightarrow Abb(I, \mathbb{R})$	2.303
$D^n(I, \mathbb{R})$	Menge der n-mal differenzierbaren Funktionen $I \longrightarrow \mathbb{R}$	2.303
$C^n(I, \mathbb{R})$	Menge der n-mal stetig differenzierbaren Funktionen $I \longrightarrow \mathbb{R}$	2.303
$C_d(I, \mathbb{R})$	Menge der stetigen Funktionen $f : I = [a,b] \longrightarrow \mathbb{R}$ mit $f\,|\,(a,b)$ diff.bar	2.654
$Min(f)$	Menge der lokalen Minimalstellen einer (differenzierbaren) Funktion f	2.333
$Max(f)$	Menge der lokalen Maximalstellen einer (differenzierbaren) Funktion f	2.333
$Ex(f)$	Menge der lokalen Extremstellen einer (differenzierbaren) Funktion f	2.333
$Wen(f)$	Menge der Wendestellen einer (differenzierbaren) Funktion f	2.333
$Wen_{RL}(f)$	Menge der Wendestellen mit Rechts-Links-Krümmung einer Funktion f	2.333
$Sat(f)$	Menge der Sattelstellen einer (differenzierbaren) Funktion f	2.333
$Sat_{RL}(f)$	Menge der Sattelstellen mit Rechts-Links-Krümmung einer Funktion f	2.333
(M, d)	Metrischer Raum mit Metrik $d : M \times M \longrightarrow \mathbb{R}$	2.401
$d_E(x, z)$	(euklidischer) metrischer Abstand	2.402
d_e, d_E	Euklidische Metrik auf $\mathbb{R}, \mathbb{R}^n$	2.402
$U(x_0, \epsilon)$	ϵ-Intervall $(x_0 - \epsilon, x_0 + \epsilon)$, ϵ-Umgebung um x_0	2.403, 2.404
$U_*(x_0)$	System der ϵ-Umgebungen von x_0	2.416
$U^o(x_0)$	System der offenen Umgebungen von x_0	2.410
$(M, \underline{U})$	Menge mit Umgebungs-Topologie $\underline{U}$	2.407
$(\mathbb{R}, \underline{R})$	topologischer Raum über $\mathbb{R}$ mit natürlicher Topologie $\underline{R}$	2.411
$rand(T)$	Menge der Randpunkte, auch ∂T	2.407
T^o	Offener Kern $T^o = T \setminus rand(T)$	2.407, 2.410
T^-	Abgeschlossene Hülle $T^- = T \cup rand(T)$	2.407, 2.410
$diam(T)$	Durchmesser einer Menge T	2.408
$(X, \underline{X})$	Topologischer Raum mit Topologie $\underline{X}$	2.410
$(X, \underline{K})$	Topologischer Raum mit Indiskreter Topologie $\underline{X}$	2.410
$(U, \underline{U})$	Unterraum mit Spurtopologie $\underline{U} = U \cap \underline{X}$	2.410
$HP(T)$	Menge der Häufungspunkte einer Menge T	2.412
$ca(x)$	Cofinale Abschnitte $ca(x, k)$ einer Folge x	2.413
$top(\underline{E})$	von Basis $\underline{E}$ erzeugte Topologie	2.415
$Fib(X)$	Menge der Filterbasen auf topologischem Raum X	2.413
$KonFib(X)$	Menge der konvergenten Filterbasen auf topologischem Raum X	2.417
$lim(\underline{B})$	Grenzwert einer konvergenten Filterbasis $\underline{B}$ in T_2-Raum	2.417
(E, s)	$\mathbb{R}$-Vektorraum E mit Skalarem Produkt s	2.420
$(E, \|-\|)$	$\mathbb{R}$-Vektorraum E mit Norm $\|-\|$	2.420
$gapp(F)$	Menge der durch F gleichmäßig approximierbaren Funktionen	2.438
$grad(f)$	Gradient von f	2.452
$\frac{\partial f}{\partial x_p} = D_p f$	p-partielle Ableitungsfunktion von f	2.452
$D_q D_p f$	Ableitungsfunktion 2. Ordnung von f	2.452
Met	Kategorie der Metrischen Räume	2.408
$IsoMet$	Kategorie der Isometrischen Räume	2.401
Top	Kategorie der Topologischen Räume	2.410
$\int f$	Integral einer integrierbaren Funktion f	2.502
$Int(I, \mathbb{R})$	Menge der integrierbaren Funktionen $I \longrightarrow \mathbb{R}$	2.503
$\int_a^b f$	Riemann-Integral einer Funktion $f : [a, b] \longrightarrow \mathbb{R}$	2.603
$\int_a^b f$	Uneigentliches Riemann-Integral einer Funktion $f : [a, b) \longrightarrow \mathbb{R}$	2.620
$Rin(I, \mathbb{R})$	Menge der Rimann-integrierbaren Funktionen $I \longrightarrow \mathbb{R}$	2.603

$\int_a^\star f$	Uneigentliches Riemann-Integral einer Funktion $f:[a,\star)\longrightarrow \mathbb{R}$ $(\int_{-\star}^b f, \int_{-\star}^\star f)$	2.620
$A(f)$	Flächeninhalt zu einer Funktion f, ferner $A(f,g)$	2.650
$V(f)$	Rotationsvolumen zu einer Funktion f, ferner $V(f,g)$	2.652
$s(f)$	Länge zu einer Funktion f	2.654
$M(f)$	Mantelflächen-Inhalt zu einer Funktion f, ferner $M(f,g)$	2.656
$m_E(Q)$	Euklidisches Quader-Maß eines Quaders $Q \subset \mathbb{R}^n$	2.702
C_Q	Zerlegung $C_Q = (Q_1,...,Q_m)$ eines Quaders $Q \subset \mathbb{R}^n$	2.702
$Q(\mathbb{R}^n)$	Menge aller Quader in $\mathbb{R}^n$	2.702
$sum^\star(C_Q,f)$	Riemannsche Obersumme zu C_Q und $f:Q\longrightarrow\mathbb{R}$ mit Quader $Q\subset\mathbb{R}^n$	2.704
$sum_\star(C_Q,f)$	Riemannsche Untersumme zu C_Q und $f:Q\longrightarrow\mathbb{R}$ mit Quader $Q\subset\mathbb{R}^n$	2.704
$I^\star(f)$	Riemannsches Oberintegral zu $f:Q\longrightarrow\mathbb{R}$ mit Quader $Q\subset\mathbb{R}^n$	2.704
$I_\star(f)$	Riemannsches Unterintegral zu $f:Q\longrightarrow\mathbb{R}$ mit Quader $Q\subset\mathbb{R}^n$	2.704
$\int_Q f$	Riemann-Integral zu $f:Q\longrightarrow\mathbb{R}$ mit Quader $Q\subset\mathbb{R}^n$	2.704
$Rin(Q,\mathbb{R})$	Menge der Riemann-integrierbaren Funktionen $Q\longrightarrow\mathbb{R}$ ($Q\subset\mathbb{R}^n$ Quader)	2.704
$I_J(B)$	Jordan-Inhalt einer Jordan-meßbaren Menge $B\subset\mathbb{R}^n$	2.710
$\int_B f$	Riemann-Integral zu $f:B\longrightarrow\mathbb{R}$ mit beschränkter Menge $B\subset\mathbb{R}^n$	2.708
$Rin(B,\mathbb{R})$	Menge der Riemann-integrierbaren Funktionen $B\longrightarrow\mathbb{R}$ ($B\subset\mathbb{R}^n$ beschränkt)	2.708
$A_J^\star(B)$	Äußeres Jordan-Maß einer beschränkten Menge $B\subset\mathbb{R}^n$	2.712
$A_{J\star}(B)$	Inneres Jordan-Maß einer beschränkten Menge $B\subset\mathbb{R}^n$	2.712
$m_J(B)$	Jordan-Maß einer beschränkten Menge $B\subset\mathbb{R}^n$	2.712
$Jm(\mathbb{R}^n)$	Menge aller Jordan-meßbaren Mengen in $\mathbb{R}^n$	2.712
C_B	Jordan-meßbare Zerlegung $C_B = (B_1,...,B_m)$ zu $B\subset\mathbb{R}^n$	2.714
$JmC(B)$	Menge aller Jordan-meßbaren Zerlegungen ($B\subset\mathbb{R}^n$ Jordan-meßbar)	2.714
$aU(T)$	Menge der abzählbaren Überdeckungen einer Menge $T\subset\mathbb{R}^n$	2.722
$m_L^\star(T)$	Äußeres Lebesgue-Maß zu einer Menge $T\subset\mathbb{R}^n$	2.722
$Lm(\mathbb{R}^n)$	Menge aller Lebesgue-meßbaren Mengen in $\mathbb{R}^n$	2.726
$m_L(T)$	Lebesgue-Maß zu einer Lebesgue-meßbaren Menge $T\subset\mathbb{R}^n$	2.726
$TF(I,\mathbb{R})$	Menge aller Treppen-Funktionen $I\longrightarrow\mathbb{R}$ ($I\subset\mathbb{R}^n$ Intervall)	2.728
$L_{TF}(I,\mathbb{R})$	Menge aller TF-approximierbaren Funktionen $I\longrightarrow\mathbb{R}$ ($I\subset\mathbb{R}^n$ Intervall)	2.730
$Lin(I,\mathbb{R})$	Menge der Riemann-integrierbaren Funktionen $I\longrightarrow\mathbb{R}$ ($I\subset\mathbb{R}^n$ Intervall)	2.730
$Lin(M,\mathbb{R}^\star)$	Menge der Riemann-integrierbaren Funktionen $M\longrightarrow\mathbb{R}^\star$ mit $M\subset\mathbb{R}^n$	2.732
$LmC(M)$	Menge aller Lebesgue-meßbaren Zerlegungen ($M\subset\mathbb{R}^n$ Lebesgue-meßbar)	2.734

BUCH^{MAT}4	LINEARE ALGEBRA (MODULN, RINGE, VEKTORRÄUME)	
A, A^{op}	Ring mit Einselement, Gegenring zu einem Ring A	4.000
$Abb(X,E)$	A-Modul aller Funktionen $X\longrightarrow E$ einer Menge X in einen A-Modul E	4.000
E^X	als Abkürzung $E^X = Abb(X,E)$ verwendet	4.000
$cen(A)$	Zentrum eines Ringes A	4.000
$E\cong_A F$	A-Isomorphie zweier A-Moduln E und F (auch kurz $E\cong F$)	4.002
A-mod	Klasse/Kategorie der A-Linksmoduln	4.002
mod-A	Klasse/Kategorie der A-Rechtsmoduln	4.002
$Kern(f)$	Kern eines A-Homomorphismus' $f:E\longrightarrow F$ (ist Untermodul von E)	4.002
$Bild(f)$	Bild eines A-Homomorphismus' $f:E\longrightarrow F$ (ist Untermodul von F)	4.002
$Hom_A(E,F)$	abelsche Gruppe der A-Homomorphismen $E\longrightarrow F$	4.002
$End_A(E)$	Ring der A-Endomorphismen $E\longrightarrow E$	4.002
$Aut_A(E)$	Ring der A-Automorphismen $E\longrightarrow E$	4.002
E/U	A-Quotientenmodul eines A-Moduls E nach einem A-Untermodul $U\subset E$	4.006
$Umo_A(E)$	Menge der A-Untermoduln eines A-Moduls E	4.006

$Qmo_A(E)$	Menge der A-Quotientenmoduln eines A-Moduls E	4.006
$ann_A(T)$	A-Annihilator einer Teilmenge T eines A-Moduls E	4.006
$Cokern(f)$	Quotientenmodul $F/Bild(f)$ eines A-Homomorphismus' $f: E \longrightarrow F$	4.006
$Cobild(f)$	Quotientenmodul $E/Kern(f)$ eines A-Homomorphismus' $f: E \longrightarrow F$	4.006
$exSeq(A\text{-}mod)$	Klasse/Kategorie der kurzen exakten A-mod-Sequenzen	4.010
E^*	zu einem A-Modul E dualer Modul	4.025
E^{**}	zu einem A-Modul E bidualer Modul	4.026
$\bigoplus_{i \in I} E_i$	Direkte Summe (Coprodukt) einer Familie $(E_i)_{i \in I}$ von A-Moduln E_i	4.030
$\prod_{i \in I} E_i$	Direktes Produkt einer Familie $(E_i)_{i \in I}$ von A-Moduln E_i	4.030
$E \oplus F$	direkte Summe (gleich dem direkten Produkt) zweier A-Moduln E und F	4.030
in_k	k-te Injektion zu einer direkten Summe	4.030
pr_k	k-te Projektion zu einem direkten Produkt	4.030
$\sum_{i \in I} U_i$	Summe einer Familie $(U_i)_{i \in I}$ von A-Untermoduln U_i eines A-Moduls	4.032
$L_A(T)$	Lineare Hülle einer Teilmenge T eines A-Moduls E	4.040
A^T	direktes Produkt von A mit Indexmenge $T \subset E$ eines A-Moduls E	4.040
$A^{(T)}$	Menge aller Elemente $(a_t)_{t \in T} \in A^T$ mit $a_t = 0$ für fast alle $t \in T$	4.040
$F_A(X)$	der von einer Menge X erzeugte freie A-Modul	4.048
$tor_A(E)$	Torsionsteil eines A-Moduls E	4.052
$div_A(E)$	divisibler Teil eines A-Moduls E	4.052
$Mat(I, K, X)$	Menge aller (I, K)-Matrizen über einer Menge X	4.060
$Mat(m, n, X)$	Menge aller (I, K)-Matrizen über X für $card(I) = m$ und $card(K) = n$	4.060
$M_{DB}(u)$	Abbildungsmatrix zu $u \in Hom_A(E, F)$	4.062
$Bil_A(E \times F, H)$	abelsche Gruppe der A-bilinearen Funktionen $E \times F \longrightarrow H$	4.070
$Bal_A(E \times F, H)$	abelsche Gruppe der A-balancierten Funktionen $E \times F \longrightarrow H$	4.070
$E \otimes_A F$	Tensorprodukt eines A-Rechtsmoduls E mit einem A-Linksmodul F	4.076
$x \otimes y$	Element eines Tensorprodukts $E \otimes_A F$	4.076
$u \otimes_A v$	Tensorprodukt zweier A-Homomorphismen u und v	4.077
$(E_i, f_{ij})_{i \in I}$	I-System mit $f_{ij}: E_j \longrightarrow E_i$ für $i \leq j$ zu einer A-mod-Familie $(E_i)_{i \in I}$	4.090
$(E_i, f_{ji})_{i \in I}$	Co-I-System mit $f_{ji}: E_i \longrightarrow E_j$ für $i \leq j$ zu einer A-mod-Familie $(E_i)_{i \in I}$	4.090
$lim(E_i)_{i \in I}$	Limes zu $(E_i, f_{ij})_{i \in I}$ (auch: projektiver Limes)	4.090
$colim(E_i)_{i \in I}$	Colimes zu $(E_i, f_{ji})_{i \in I}$ (auch: induktiver Limes)	4.090
$D(E_i)_{i \in I}$	Filterprodukt zu $(E_i)_{i \in I}$ mit Filter D über I	4.098
DE	Filterpotenz eines A-Moduls E über Filter D	4.098
d_E	Diagonal-Einbettung $d_E: E \longrightarrow DE$	4.098
AH, AG	Halbgruppenring mit Halbgruppe H, Gruppenring mit endlicher Gruppe G	4.100
$lann_A(a)$	Links-Annihilator eines Ringelementes $a \in A$	1.605
$rann_A(a)$	Rechts-Annihilator eines Ringelementes $a \in A$	1.605
$rad(A)$	*Jacobson*-Radikal eines Ringes A	4.102, 4.106
$rad_A(E)$	*Jacobson*-Radikal eines A-Moduls E	4.106
$nilrad(A)$	Nilradikal eines Ringes A	4.102
$warad(A)$	*Wedderburn-Artin*-Radikal eines Ringes A	4.106
$soc_A(E)$	Sockel eines A-Moduls E	4.108
$hk(E)$	homogene Komponente zu einem einfachen A-Modul E	4.116
E^c (E^{cc})	Charakter-Modul zu einem A-Modul E (E^c)	4.146
$injh(E)$	injektive Hülle eines A-Moduls E	4.150
$projh(E)$	projektive Hülle eines A-Moduls E	4.152
$E \times_N F$	Pullback-/Pushout-Konstruktion zu A-Moduln E und F	4.158
${}_s A, A_d$	A als A-Linksmodul, A als A-Rechtsmodul	4.172
$linc_A(\underline{a}, C)$	Linksideal zu Linksideal $\underline{a} \subset A$ und Teilmenge $C \subset A$ eines Ringes A	4.177
$rinc_A(C, \underline{b})$	Rechtsideal zu Rechtsideal $\underline{b} \subset A$ und Teilmenge $C \subset A$ eines Ringes A	4.177

$rinjh(E)$	rein-injektive Hülle eines A-Moduls E	4.192
$rprojh(E)$	rein-projektive Hülle eines A-Moduls E	4.192
$X_\bullet, X^\bullet$	A-Komplex, A-Cokomplex	4.302
$f_\bullet, f^\bullet$	A-Translationen zu A-Komplexen / A-Cokomplexen	4.302
$Trans(X_\bullet, Y_\bullet)$	Menge der A-Translationen $X_\bullet \longrightarrow Y_\bullet$ (analog $Trans(X^\bullet, Y^\bullet)$)	4.302
$A\text{-kom}$	Kategorie der A-Komplexe	4.302
$A\text{-cokom}$	Kategorie der A-Cokomplexe	4.302
$H_n X_\bullet$	n-ter Homologie-Modul zu A-Komplex $X_\bullet$	4.304
$H^n X^\bullet$	n-ter Cohomologie-Modul zu A-Cokomplex $X^\bullet$	4.304
$f_\bullet \sim g_\bullet$	Homotopie von A-Translationen (analog $f^\bullet \sim g^\bullet$)	4.306
$Ext^n_A(E,-)$	n-te Coableitung (Rechts-Ableitung) zu Funktor $Hom_A(E,-)$	4.320
$Tor^A_n(E,-)$	n-te Ableitung (Links-Ableitung) zu Funktor $E \otimes_A (-)$	4.324
$T_\bullet \, dim_A(E)$	$T_\bullet$-Dimension zu T-Auflösung eines A-Moduls E	4.330
$T^\bullet \, dim_A(E)$	$T^\bullet$-Dimension zu T-Coauflösung eines A-Moduls E	4.330
$proj \, dim_A(E)$	projekive Dimension eines A-Moduls E	4.330
$inj \, dim_A(E)$	injekive Dimension eines A-Moduls E	4.330
$flach \, dim_A(E)$	flache Dimension eines A-Moduls E	4.330
$hinj \, dim_A(E)$	halb-injektive Dimension eines A-Moduls E	4.330
$T_\bullet \, gl \, dim(A)$	$T_\bullet$-globale Dimension eines Ringes A	4.332
$T^\bullet \, gl \, dim(A)$	$T^\bullet$-globale Dimension eines Ringes A	4.332
$gl \, dim(A)$	globale Dimension eines Ringes A	4.332
$flach \, gl \, dim(A)$	flache-globale Dimension eines Ringes A	4.332
$hinj \, gl \, dim(A)$	halb-injektive-globale Dimension eines Ringes A	4.332
$L(A\text{-}mod)$	Elementare Sprache der A-Linksmoduln	4.380
$X \models S$	A-Modul X ist Modell der Satzmenge S	4.380
$Th_A(X)$	Elementare Theorie eines A-Moduls X	4.380
$X \equiv Y$	Elementare Äquivalenz zweier A-Moduln X und Y	4.380
Da	a-regulärer Ultrafilter mit $a = max(card(A), card(\mathbb{N}))$	4.381
$Da(X)$	Ultrapotenz von X mit Ultrafilter Da	4.381
$L^X(A\text{-}mod)$	erweiterte Elementare Sprache zu einem A-Linksmodul X	4.382
$ea_A(T)$	Elementarer Abschluß einer Klasse $T \subset A\text{-}mod$	4.386
$ob(C)$	Klasse der Objekte einer Kategorie C	4.402
$mor(C)$	Klasse der Morphismen einer Kategorie C	4.402
$mor_C(X,Y)$	Menge der C-Morphismen $X \longrightarrow Y$	4.402
Ens	Kategorie der Mengen und Funktionen	4.402
$ordEns$	Kategorie der geordneten Mengen und monotonen Funktionen	4.402
Top	Kategorie der topologischen Räume und stetigen Funktionen	4.402
Sem	Kategorie der Halbgruppen und Halbgruppen-Homomorphismen	4.402
$abSem$	Kategorie der abelschen Halbgruppen und Halbgruppen-Homomorphismen	4.402
$ordSem$	Kategorie der geord. Halbgruppen und monot. Halbgruppen-Homomorphismen	4.402
$Grup$	Kategorie der Gruppen und Gruppen-Homomorphismen	4.402
$abGrup$	Kategorie der abelschen Gruppen und Gruppen-Homomorphismen	4.402
$ordGrup$	Kategorie der geordneten Gruppen und monotonen Gruppen-Homomorphismen	4.402
Ann	Kategorie der Ringe und Ring-Homomorphismen	4.402
$ordAnn$	Kategorie der angeordneten Ringe und monotonen Ring-Homomorphismen	4.402
$Corp$	Kategorie der Körper und Körper-Homomorphismen	4.402
$ordCorp$	Kategorie der angeordneten Körper und monotonen Körper-Homomorphismen	4.402
$A\text{-}mod$	Kategorie der A-Linksmoduln und A-Homomorphismen	4.402
$mod\text{-}A$	Kategorie der A-Rechtsmoduln und A-Homomorphismen	4.402
$K\text{-}mod$	Kategorie der K-Vektorräume und K-Homomorphismen	4.402
C^I	Kategorie der durch I indizierten C-Systeme	4.402

C^{op}	die zu einer Kategorie duale Kategorie	4.402
f^{op}	der zu $f \in mor_C(X,Y)$ duale Morphismus	4.402
(X, R_I)	I-indizierte Relations-Struktur auf Objekt X	4.402
$Morph(C)$	Morphismen-Kategorie zu einer Kategorie C	4.404
$exSeq(E)$	Kategorie der exakten A-mod-Sequenzen $0 \longrightarrow X' \longrightarrow E \longrightarrow X'' \longrightarrow 0$	4.404, 4.443
$Graph$	Kategorie der (Gerichteten) Graphen	4.404
Aut	Kategorie der Automaten	4.404
$eAut$	Kategorie der endlichen Automaten	4.404
K-Aut	Kategorie der K-linearen Automaten	4.404
$mono(Z)$	Klasse aller C-Monomorphismen $X \longrightarrow Z$	4.407
$sub(Z)$	Potenzklasse zu einem C-Objekt Z	4.407
$(sub(Z), \leq)$	Potenzklasse zu einem C-Objekt Z mit Ordnung	4.407
$bild(f)$	C-Morphismus $Bild(f) \longrightarrow Z$ zu einem C-Morphismus f	4.407
$cobild(f)$	C-Morphismus $Z \longrightarrow Cobild(f)$ zu einem C-Morphismus f	4.407
$\prod_{i \in I} E_i$	Produkt einer Familie $(E_i)_{i \in I}$ von C-Objekten E_i	4.410
$\coprod_{i \in I} E_i$	Coprodukt einer Familie $(E_i)_{i \in I}$ von C-Objekten E_i (auch: $\bigoplus_{i \in I} E_i$ geschrieben)	4.410
Δ_E, ∇_E	Diagonal-Morphismus, Codiagonal-Morphismus	4.410
$kern(f)$	C-Morphismus $Kern(f) \longrightarrow X$ zu einem C-Morphismus f	4.414
$cokern(f)$	C-Morphismus $Y \longrightarrow Cokern(f)$ zu einem C-Morphismus f	4.414
$dkern(f,g)$	Differenzkern $dKern(f,g) \longrightarrow X$ zu zwei C-Morphismen f und g	4.414
$dcokern(f,g)$	Differenzcokern $Y \longrightarrow dCokern(f,g)$ zu zwei C-Morphismen f und g	4.414
$T \odot H$	Kranzprodukt von Halbgruppen T und H	4.420
$T \times^* H$	Halbdirektes Produkt von Halbgruppen T und H	4.420
$C \times D$	Produkt-Kategorie zu Kategorien C und D	4.428
$nattrans(F, H)$	Klasse aller Natürlichen Transformationen zu Funktoren F und H	4.430
$F \cong H$	Natürliche Äquivalenz (Isomorphie) zu Funktoren F und H	4.430
$Fun(C, D)$	Kategorie der Funktoren $C \longrightarrow D$ und Natürlichen Transformationen	4.432
$Add(\tilde{A}, abGrup)$	Kategorie der Additiven Funktoren $\tilde{A} \longrightarrow abGrup$	4.435
$\tilde{S}$-mod	Kategorie der $\tilde{S}$-Linksmoduln	4.436
mod-$\tilde{S}$	Kategorie der $\tilde{S}$-Rechtsmoduln	4.436
$epi(Y)$	Klasse aller Epimorphismen $X \longrightarrow Y$	4.441
$E_X \ supp \ E_Y$	E_X Supplement von E_Y	4.443
$K(S)$	Grothendieck-Gruppe zu kleiner Kategorie S	4.447
$K(S)^+$	Grothendieck-Gruppe zu spezieller Kategorie S	4.447
$red(X)$	Reduktion zu BG-Modul X	4.449
$colim(T)$	Colimes zu einem Funktor $T : C \longrightarrow D$	4.450
$Hom_K(E, F)$	abelsche Gruppe der K-Homomorphismen $E \longrightarrow F$	4.504
$End_K(E)$	Ring der K-Endomorphismen $E \longrightarrow E$	4.504
$Aut_K(E)$	Ring der K-Automorphismen $E \longrightarrow E$	4.504
$Fix(f)$	Menge/Unterraum der Fixelemente zu Funktion/K-Homomorphismus f	4.504
$rang(f)$	Rang zu einem K-Homomorphismus f	4.536
$Ari(\mathbb{R})$	Menge der arithmetischen Folgen $\mathbb{N} \longrightarrow \mathbb{R}$	4.552
$Geo(\mathbb{R})$	Menge der geometrischen Folgen $\mathbb{N} \longrightarrow \mathbb{R}$	4.552
$ann(U)$	Annulator eines Unterraums U von E	4.605
$gns(S)$	Kerndurchschnitt eines Unterraums S von E^*	4.605
$rang(A)$	Rang einer Matrix A	4.607
$srang(A)$	Spaltenrang einer Matrix A	4.607
$zrang(A)$	Zeilenrang einer Matrix A	4.607
(A^*, b^*)	Gauß-Jordan-Matrix zu einer erweiterte Matrix (A, b)	4.616

$ew(A)$	Menge der Eigenwerte zu $\mathbb{R}$-Homomorphismus f_A	4.640
$er(c, f_A)$	Eigenraum zu Eigenwert c und $\mathbb{R}$-Homomorphismus f_A	4.640

BUCH^{MAT}5   GEOMETRIE (METRISCHE, VEKTORIELLE UND ANALYTISCHE GEOMETRIE)

PE	Menge der Punkte einer Ebene	5.001
GE	Menge der Geraden der Ebene PE	5.001
$GE(S)$	Geradenbüschel mit gemeinsamem Punkt S	5.001
HE	Menge der Halbgeraden der Ebene PE	5.001
$HE(S)$	Halbgeradenbüschel mit Anfangspunkt S	5.001
$A, B, C, ...$	Punkte der Ebene PE	5.001
$g = g(A, B)$	Gerade zu Punkten $A, B \in PE, A \neq B$	5.001
$h = h(A, B)$	Halbgerade mit Anfangspunkt $A \in PE$	5.001
$d(A, B)$	Abstand der Punkte $A, B \in PE$	5.001
$s = s(A, B)$	Strecke mit den Endpunkten $A, B \in PE$	5.003
$M(s)$	Mittelpunkt der Strecke $s = s(A, B)$	5.003
$ms(s)$	Mittelsenkrechte zu der Strecke s	5.004
d_s	Länge einer Strecke s (insbesondere d_a, d_b, d_c im Dreieck)	5.003
(h, h')	Winkel zu Halbgeraden h, h' mit demselben Anfangspunkt	5.001, 5.002
(s, s')	Winkel zu Strecken s, s' mit demselben Anfangspunkt	5.002
(X, S, Y)	Winkel mit Scheitelpunkt S und Punkten $X \neq S, Y \neq S$	5.002
$wi(h, h')$	Winkel-Innenmaß (in Grad) zu dem Winkel (h, h')	5.001, 5.002
$wa(h, h')$	Winkel-Außenmaß (in Grad) zu dem Winkel (h, h')	5.002
$wh(h, h')$	Winkelhalbierende zu dem Winkel (h, h')	5.004
$wh(X, S, Y)$	Winkelhalbierende zu dem Winkel (X, S, Y)	5.004
$lot(A, g)$	Lotgerade zu g durch $A \notin g$	5.004
$g \perp g'$	Orthogonalität(srelation) für Geraden g, g'	5.004
$g \parallel g'$	Parallelität(srelation) für Geraden g, g'	5.004
$Par(g)$	Geradenbündel aller Geraden g' mit $g' \parallel g$	5.004
$e(A_1, ..., A_n)$	ebenes n-Eck mit den Eckpunkten $A_1, ..., A_n \in PE$	5.005
$v(A, B, C, D)$	Viereck mit den Eckpunkten $A, B, C, D \in PE$	5.018
$Fe(A_1, ..., A_n)$	Fläche des ebenen n-Ecks $e(A_1, ..., A_n)$	5.005
$Ae(A_1, ..., A_n)$	Flächeninhalt des ebenen n-Ecks $e(A_1, ..., A_n)$	5.005
$ink(A_1, ..., A_n)$	Inkreis des ebenen n-Ecks $e(A_1, ..., A_n)$	5.016
$umk(A_1, ..., A_n)$	Umkreis des ebenen n-Ecks $e(A_1, ..., A_n)$	5.014
$d(A, B, C)$	Dreieck mit den Eckpunkten $A, B, C \in PE$	5.013
$ms(a)$	Mittelsenkrechte zur Dreiecksseite a	5.014
$h(a)$	Höhe zur Dreiecksseite a durch A	5.015
$wh(a, b)$	Winkelhalbierende zu den Dreiecksseiten a, b	5.016
$wh(A)$	Winkelhalbierende zu dem Dreiecks-Eckpunkt A	5.016
$sh(a)$	Seitenhalbierende zur Dreiecksseite a durch A	5.017
$k = k(M, r)$	Kreislinie (Kreissphäre) mit Mittelpunkt M und Radius r	5.022
$M(k)$	Mittelpunkt des Kreises k	5.022
$r(k) \in \mathbb{R}_0^+$	Radius des Kreises k	5.022
$Fk = Fk(M, r)$	Kreisfläche des Kreises $k = k(M, r)$	5.022
$Ak = Ak(M, r)$	Flächeninhalt des Kreises $k = k(M, r)$	5.022
$e(F_1, F_2, a)$	Ellipse mit Brennpunkten F_1, F_2 und großer Halbachse a	5.023
$h(F_1, F_2, a)$	Hyperbel mit Brennpunkten F_1, F_2 und Scheitelpunktabstand a	5.024
$p(F, L)$	Parabel mit Brennpunkt F und Leitlinie L	5.025
$pol^*(g, x)$	Pol zu Kegelschnitt-Figur x und Sekante g	5.023, 5.024, 5.025
$pol(P, x)$	Polare zu Kegelschnitt-Figur x und Punkt P	5.023, 5.024, 5.025

$G(a,b,c)$	Gerade als Relation mit Parametern a,b,c	5.042
$K(M,r)$	Kreis als Relation mit Mittelpunkt M und Radius r	5.050
$E(M,a,b)$	Ellipse als Relation mit Mittelpunkt M und Halbachsen(längen) a und b	5.052
$H(M,a,b)$	Hyperbel als Relation mit Mittelpunkt M und Halbachsen(längen) a und b	5.054
$P(S,p)$	Parabel als Relation mit Scheitelpunkt S und Parameter p	5.056
$T(C,a,b)$	Tangente an Ellipse/Hyperbel im Punkt C	5.052, 5.054
$N(C,a,b)$	Normale an Ellipse/Hyperbel im Punkt C	5.052, 5.054
$T(C,X)$	Tangente an Kreis/Parabel X im Punkt C	5.050, 5.056
$N(C,X)$	Normale an Kreis/Parabel X im Punkt C	5.050, 5.056
$pol(P,X)$	Polare zu Kegelschnitt-Figur X zu einem Punkt P	5.052, 5.054, 5.056
$\mathbb{V}$	$\mathbb{R}$-Vektorraum der Vektoren im dreidimensionalen Raum	5.102
$\mathbb{R}^3$	$\mathbb{R}$-Vektorraum der Vektoren in einem dreidimensionalen Koordinaten-System	5.106
(K_1, K_2, K_3)	Cartesisches Koordinaten-System mit Koooordinaten K_1, K_2, K_3	5.106
C_3, C_n	kanonische Basis $\{e_1, e_2, e_3\}$ von $\mathbb{R}^3$ bzw. $\{e_1, ..., e_n\}$ von $\mathbb{R}^n$	5.106
$\lvert x \rvert$	Länge eines Vektors x	5.108
$x \perp y$	Orthogonalität zweier Vektoren $x \neq 0$ und $y \neq 0$	5.108
xy	Skalares Produkt zweier Vektoren x und y	5.108
x^0	normierter Vektor zu einem Vektor x ($\lvert x^0 \rvert = 1$)	5.108
$wi(x,z)$	Winkel-Innenmaß zweier Vektoren $x \neq 0$ und $y \neq 0$	5.108
$x \times y$	Vektorielles Produkt zweier Vektoren x und y	5.110
$(x\ y\ z)$	Spatprodukt dreier Vektoren x, y und z	5.112
$\mathbb{R}x$	Menge aller $\mathbb{R}$-Produkte mit Vektor x	5.120
$d(p,G)$	Abstand eines Punktes p zu einer Geraden G	5.122
$G \parallel G'$	Parallelität zweier Geraden (Ebenen) G und G'	5.126
$G\ ws\ G'$	Windschiefheit zweier Geraden G und G'	5.126
$AF(\mathbb{V})$	Halbgruppe der affinen Funktionen	5.200
$AG(\mathbb{R}^3)$	Gruppe der regulär-affinen Funktionen	5.200, 5.202
$E(\mathbb{R}^3)$	Gruppe der äquiformen Funktionen	5.210, 5.212
$E^+(\mathbb{R}^3)$	Gruppe der gleichsinnig-äquiformen Funktionen	5.210, 5.212
$B(\mathbb{R}^3)$	Gruppe der Bewegungen (mit $M^tM = E$)	5.212, 5.220
$B^+(\mathbb{R}^3)$	Gruppe der eigentlichen Bewegungen (insbesondere $det(M) = 1$)	5.212, 5.220
$GL_1(3, \mathbb{R})$	Untergruppe der 1-regulären Matrizen in $Mat(3, \mathbb{R})$	5.208
$O_k(3, \mathbb{R})$	Untergruppe der k-orthogonalen Matrizen in $GL(3, \mathbb{R})$	5.210
$SL(3, \mathbb{R})$	Spezielle Lineare Gruppe in $GL(3, \mathbb{R})$	5.208
$SA(\mathbb{R}^3)$	Gruppe der Scherungs-affinen Funktionen	5.208
$T(\mathbb{R}^3)$	Gruppe der Translationen	5.202, 5.212
$DS_0(\mathbb{R}^3)$	Gruppe der Drehstreckungen (mit Zentrum 0)	5.212
$D_0(\mathbb{R}^3)$	Gruppe der Drehungen um einen Drehwinkel α mit Drehzentrum 0	5.212
$S_0(\mathbb{R}^3)$	Gruppe der Streckungen mit Streckfaktor $k > 0$ und Streckzentrum 0	5.212

BUCH^{MAT}6	STOCHASTIK (WAHRSCHEINLICHKEITS-THEORIE UND STATISTIK)	
E^c	Gegenereignis zu E (mit $E^c = M \setminus E$ im Ergebnisraum M)	6.006
$\{E, E^c\}$	Minimalzerlegung zu $M = E \cup E^c$	6.006
1_E	Indikator-Funktion (Reduktion) zu Ereignis E	6.006
$E \Delta F$	Symmetrische Differenz (von Ereignissen E und F)	1.601, 6.006
$\sigma(T)$	von Teilmenge $T \subset M$ erzeugte Menge	6.008
$b = \{0, 1\}$	zweielementiger (binärer) Ergebnisraum	6.012
$ah(e,t)$	absolute Häufigkeit von e in $t = (t_1, ... t_n)$	6.014, 6.224
$rh(e,t)$	relative Häufigkeit von e in $t = (t_1, ... t_n)$	6.014, 6.224
pr_M, pr_B	Wahrscheinlichkeits-Maß, Wahrscheinlichkeits-Funktion	6.020, 6.040
(M, pr_M)	Wahrscheinlichkeits-Raum mit Wahrscheinlichkeit pr_M auf M	6.020
BX	Abkürzung für $Bild(X)$ einer Zufallsfunktion X	6.060
pX	Wahrscheinlichkeits-Verteilung zu einer Zufallsfunktion X	6.062

EX	Erwartungswert zu einer Zufallsfunktion X	6.064
VX	Varianz zu einer Zufallsfunktion X	6.066
$coV(X,Y)$	Covarianz zu Zufallsfunktionen X und Y	6.066
SX	Standardabweichung zu einer Zufallsfunktion X	6.066
dX	Dichte-Funktion zu einer Zufallsfunktion X	6.070
fX	(cumulative) Verteilungs-Funktion zu einer Zufallsfunktion X	6.072
(X,Y)	Gemeinsame Zufallsfunktion zu Zufallsfunktionen X und Y	6.074
$p(X \times Y)$	Produkt-Verteilung zu Zufallsfunktionen X und Y	6.080
$p(X+Y)$	Verteilung der Komplex-Summe zu Zufallsfunktionen X und Y	6.082
$sp(X,Y)$	Spurfunktion zu Zufallsfunktionen X und Y	6.080
$aa(A(f), A^*(f))$	absolute Abweichung bei Flächeninhalten	6.112
$ra(A(f), A^*(f))$	relative Abweichung bei Flächeninhalten	6.112
(B, pr_B)	Bernoulli-Raum über Binär-Raum ($b=\{0,1\}, pr_b$)	6.120
T_k, A_k	bestimmte Ereignismengen bei Bernoulli-Räumen	6.122, 6.124
$pr(R_c)$	Risikomaß zu Abweichungstoleranz c	6.126
$pr(S_c)$	Sicherheitsmaß zu Abweichungstoleranz c	6.126
r_T, s_T	Tschebyschew-Risiko und Tschebyschew-Sicherheit	6.128
$(n)_k$	Teilfakultät zu $\binom{n}{k} = \frac{(n)_k}{(k)_k}$	6.142
$n!$	Fakultät zu $n \in \mathbb{N}_0$	1.806, 6.142
$\binom{n}{k}$	Binomialkoeffizient zu $n, k \in \mathbb{N}_0$	1.820, 6.142
$T(k,n)$	Menge der k-Tupel über $\underline{n} = \{1, ..., n\}$	6.142
$P(k,n)$	Menge der k-Permutationen über $\underline{n} = \{1, ..., n\}$	6.142
$K(k,n)$	Menge der k-Kombinationen über $\underline{n} = \{1, ..., n\}$	6.142
$M(k,n)$	Menge der k-Mengen über $\underline{n} = \{1, ..., n\}$	6.142
$B(n,p)$	Binomial-Verteilung mit Funktionswerten $B(n,p,k) = B(n,p)(k)$	6.160
$f(n,p)$	Cumulative Verteilungs-Funktion der Binomial-Verteilung	6.160
$H(N,K,n)$	Hypergeometrische Verteilung mit Funktionswerten $H(N,K,n,k)$	6.166
$f(N,K,n)$	Cumulative Verteilungs-Funktion der Hypergeometrischen Verteilung	6.166
U_{pre}, U_{post}	Prä-Ausführungs-Unsicherheit / Post-Ausführungs-Unsicherheit	6.206
$U(b, pr)$	Entropie des Wahrscheinlichkeits-Raums (b, pr)	6.206
$med(t)$	Median einer (geordneten) Urliste t	6.320
$am(t)$	Arithmetisches Mittel einer Urliste t	6.320
$gm(t)$	Geometrisches Mittel einer Urliste t	6.320
$hm(t)$	Harmonisches Mittel einer Urliste t	6.320
$mab(t)$	Mittlere Abweichung bei einer Urliste t	6.322
$sab(t)$	Standardabweichung bei einer Urliste t	6.322
$var(t)$	Varianz bei einer Urliste t	6.322
$pr_{card(E)}$	Wahrscheinlichkeits-Verteilung zu $X = ah(E, -)$	6.344
$f_{card(E)}$	Cumulative Verteilungs-Funktion zu $X = ah(E, -)$	6.344
B_n	Menge $\{0, ..., n = sl(t)\}$ der absoluten Häufigkeiten bei Stichproben t	6.344
α, β	Irrtumswahrscheinlichkeiten (1. Art, 2. Art)	6.346
H_0, H_1	Hypothese H_0 mit Gegenhypothese H_1	6.350
c	kritische Grenze bei Alternativ-Hypothesen	6.352

Die angegebenen Nummern gelten für die jeweils jüngste Version der bisher erschienenen Bände.

Etymologisches Verzeichnis   Buch^{MAT}X

Absolutbetrag	*absolutus* : losgelöst (vom Vorzeichen)
Abszisse	*abscindere* : abschneiden
Addition/addieren	*addere* : hinzufügen
Äquivalenz	*aequus* : gleich, *valentia* : Stärke, Vermögen, Wertigkeit
Äquivokation	*aequivocatio* : Doppelsinn
antiton	$αντι$: gegen, $τεινω$: sich ausdehnen, sich erstrecken
Algebra	*al jabre* (arabisch) : umformen, reparieren
Arithmetik	$αριθμος$: Zahl (Lehre von den Zahlen)
Asymptote/asymptotisch	$ασιμπτοτος$: nicht schneidend, nicht zusammenfallend
Assoziativität	*associare* : verbinden
Basis	$βασις$: Grundlage
bijektiv	*bis* : zweifach, *iacere* : werfen
cartesisch	nach *Rene Descartes* (latinisierter Name: Cartesius)
Cohärenz	*cohaerentia* : Zusammenhang
cumulativ	*cumulatus* : aufgehäuft, aufgeschichtet, aufgetürmt
Differenz	*differentia* : Unterschied
Disjunktion	*discuntio* : Trennung, Abweichung
Diskriminante	*discriminare* : bestimmen, entscheiden
Distributivität	*distribuere* : verteilen
dividieren	*dividere* : teilen, *dividendus* : der zu Teilende, *divisor* : der Teiler
eliminieren	*eliminare* : entfernen, aus dem Haus stoßen
Elongation	*e* : aus ... heraus, *longare* : lang machen
Empirie/empirisch	$εμπειρια$: Erfahrung/erfahren
Entropie	$εντρεπω$: in sich hinein wenden ($εν$: in, $τρεπω$: wenden)
Ergodentheorie	$εργωδικος$: zum Mühsamen gehörig
ergodisch	$εργωδης$: mühsam, schwierig ($εργου$: Arbeit, $ειδοσ$: Gestalt, Form)
Exponent	*exponere* : heraussetzen, herausheben
Faktor	*facere* : machen, herstellen; dazu: *multiplicator* : der Vervielfacher
Funktion	*functio* : Verrichtung, Ausführung
Graphik/graphisch	$γραφω$: ich zeichne, schreibe
Homomorphismus	$ομοιος$: gleich, ähnlich, $μορφη$: Gestalt, Form, Bild, Gebilde
-ik (Suffix)	$-ικος$: zu etwas gehörig (Lehre von ...)
imaginäre Zahl	*imago* : Bild (in der Einbildung vorhanden)
Implikation	*implicatio* : Verflechtung, Verwicklung
Interpolation	*interpolare* : einschalten, dazwischenfügen, von *polare* : glätten
Isomorphismus	$ισος$: gleich, $μορφη$: Gestalt, Form, Bild, Gebilde
Koeffizient	*coefficere* : mitwirken
Kommutativität	*commutare* : vertauschen
Komposition	*componere* : zusammensetzen, zusammenstellen
Konjunktion	*coniunctio* : Verbindung, Zusammenhang

Konstante/konstant	*constans* : feststehend, nicht veränderbar
Konvergenz	*convergere* : sich hinneigen
Koordinate	*coordinare* : zusammenstellen
Kubus/kubisch	*cubus* : Würfel
Limes (Grenzwert)	*limes* : Grenzlinie, Unterschied
Logarithmus	$\alpha\rho\iota\vartheta\mu o\varsigma$: Zahl, $\lambda o\gamma o\varsigma$: Vernunft, Rechnung; Rechnungszahl
Logik	$\lambda o\gamma o\varsigma$: Vernunft, Rechnung; $\iota\kappa o\varsigma$: zu etwas gehörig (Lehre von ...)
Mathematik	$\mu\alpha\vartheta\eta\mu\alpha$: Kenntnis, Wissenschaft
Matrix	*matrix (matrices)* : Tafel von Ausgangsdaten (Urdaten)
Minuend	*minuere* : vermindern (Zahl, von der subtrahiert wird)
monoton	$\mu o\nu o\tau o\nu o\varsigma$: mit immer gleicher Spannung, eintönig
Morphismus	$\mu o\rho\varphi\eta$: Gestalt, Form, Bild, Gebilde
multiplizieren	*multiplicare* : vervielfachen, *multiplicandus* : der zu Vervielfachende
Negation	*negatio* : Verneinung(swort), Ablehnung, Leugnung
Ordinate	*ordinare* : zuordnen
Permanenzprinzip	*permanere* : verbleiben
plus/minus	*plus* : mehr, *minus* : weniger
Polynom	$\pi o\lambda\upsilon\varsigma$: viel, mehrfach; $\nu o\mu o\varsigma$: verwaltend, Verwalter
Potenz/potenzieren	*potentia* : Macht, Fähigkeit
Produkt	*producere* : erzeugen, hervorbringen, schaffen
Quotient	*quotiens* : wie oft?
radizieren	*radix (radices)* : Wurzel, (Radikand: zu radizierende Zahl)
rationale Zahl	*ratio* : u.a. Verhältnis (Verhältniszahlen)
reelle Zahl	*realis* : wirklich
Rekursion	*recurrere* : zurückgehen, sich beziehen auf
Relation	*relatio* : Beziehung, Verhältnis
reziproke Zahl	*reciprocus* : wechselseitig
Stochastik	$\sigma\tau o\chi\alpha\sigma\tau\iota\kappa o\varsigma$: im Vermuten geschickt, das Richtige treffend
Subtrahend/subtrahieren	*subtrahere* : abziehen (die abzuziehende Zahl)
Summe/summieren	*summa* : oberste Reihe (Summe wurde früher oben geschrieben)
Technik	$\tau\epsilon\chi\nu\eta$: Kunst, Wissenschaft, Kunstfertigkeit
Topologie	$\tau o\pi o\varsigma$ $(\tau o\pi o\iota)$: der Ort, $\lambda o\gamma o\varsigma$: Wort, Rede, Begriff, Lehre
Vektor	*vector* : Träger, Fahrer, Passagier

NAMENS-VERZEICHNIS BUCH^{MAT}X

Abel, Niels Henrik	1802 - 1829
Ackermann, Wilhelm	1896 - 1926
d'Alembert, Jean Baptiste le Rond	1717 - 1783
al-Hwârâzmî (auch: al-Khwarizmi)	780? - 850
Aleksandrov, Pavel Sergejevich	1896 - 1982
Apollonius von Perge	262? - 190?
Archimedes von Syrakus	287 - 212
Archytas von Tarent	428 - 365
Argand, Robert	1768 - 1822
Aristoteles von Stagira	384 - 322
Artin, Emil	1898 - 1962
Babbage, Charles	1792 - 1871
Banach, Stefan	1892 - 1945
Bayes, Thomas	1702 - 1763
Benford, Frank	1883 - 1948
Bernays, Paul	1888 - 1962
Bernoulli, Daniel	1700 - 1782
Bernoulli, Jakob I	1654 - 1705
Bernoulli, Johann I	1667 - 1748
Bernoulli, Johann II	1710 - 1790
Bernoulli, Nikolaus I	1687 - 1759
Bernoulli, Nikolaus II	1695 - 1726
Bernstein, Sergej Natanovich	1880 - 1968
Bessel, Friedrich Wilhelm	1784 - 1846
Bienaimé, Irénée-Jules	1796 - 1878
Binet, Jaques	1786 - 1856
Bohr, Harald	1887 - 1951
Bolzano, Bernhard	1781 - 1848
Bonferroni, Carlo Emilio	1892 - 1960
Boole, George	1815 - 1864
Borel, Émile	1871 - 1956
Bourbaki, Nicolas	(Pseudonym)
Brahe, Tycho	1546 - 1601
Brouwer, Luitzen Egbertus Jan	1881 - 1966
Bruno, Giordano	1548 - 1600
Bürgi, Jost	1552 - 1632
Buffon, George-Louis Leclerc	1707 - 1788
Burali-Forti, Cesare	1861 - 1931
Cantor, Georg	1845 - 1918
Cardano, Geronimo	1501 - 1576
Carroll, Lewis	1832 - 1898
Cauchy, Augustin Louis	1789 - 1857
Cavalieri, Francesco Bonaventura	1598 - 1647
Cayley, Arthur	1821 - 1895
Courant, Richard	1888 - 1972
Cramer, Gabriel	1704 - 1752
Crelle, August Leopold	1780 - 1855
Cues, Nicolaus von	1401 - 1464
Dandelin, Pierre Germinal	1794 - 1847
Darbout, Gaston	1842 - 1917
Dedekind, Richard	1831 - 1916
Desargues, Girard	1593 - 1662
Descartes, René	1596 - 1650
Dini, Ulisse	1845 - 1918
Diophantus von Alexandria	280? - 230?
Dirac, Paul Andrien Maurice	1902 - 1985
Dirichlet, Peter Gustav Lejeune	1805 - 1859
Doppler, Christian	1803 - 1853
Ehrenfest, Paul	1880 - 1933
Einstein, Albert	1879 - 1955
Epimenides	620? - 540?
Erastosthenes von Kyrene	276? - 194?
Erdös, Paul	1913 - 1996
Ettingshausen, Andreas Frh. von	1796 - 1878
Eudoxos von Knidos	408? - 355?
Eukleidis (Euklid) von Alexandria	365? - 300?
Euler, Leonhard	1707 - 1783
Fatou, Pierre	1878 - 1928
Fermat, Pierre de	1601 - 1665
Feuerbach, Karl Wilhelm	1800 - 1834
Ferrari, Ludovico	1522 - 1565
Fibonacci (Leonardo von Pisa)	1180? - 1250
Fitting, Hans	1896 - 1938
Fourier, Jean Baptiste Joseph de	1768 - 1830
Fraenkel, Adolf Abraham	1891 - 1965
Frattini, Giovanni	1852 - 1925
Frege, Gottlob	1846 - 1925
Fresnel, Augustin Jean	1788 - 1827
Frobenius, Ferdinand Georg	1849 - 1917
Frunalli, Giuliano	1795 - 1834
Fubini, Guido	1879 - 1943
Galilei, Galileo	1564 - 1642
Galois, Evariste	1811 - 1832
Galton, Francis (Sir)	1822 - 1911
Gauß, Carl Friedrich	1777 - 1855
Gödel, Kurt	1906 - 1978
Goldbach, Christian	1690 - 1764
Gompertz, Benjamin	1779 - 1865
Gram, Jørgen Pedersen	1850 - 1916
Graßmann, Hermann Günther	1809 - 1877
Graunt, John	1620 - 1674
Gregory, James	1638 - 1675
Grelling, Kurt	1886 - 1942
Guldin, Paul	1577 - 1643
Haar, Alfred	1885 - 1933
Hadamard, Jacques	1865 - 1963
Halley, Edmund	1656 - 1743
Halmos, Paul Richard	1911 - 1977
Hamilton, William Rowan	1805 - 1865
Hankel, Hermann	1839 - 1873
Hasse, Helmut	1898 - 1979
Hausdorff, Felix	1868 - 1942

Heine, Eduard	1821 - 1881
Hermite, Charles	1822 - 1901
Heron von Alexandria	um 75?
Hertz, Heinrich	1857 - 1894
Hesse, Otto	1811 - 1874
Hilbert, David	1862 - 1943
Hippokrates von Chios	um - 440
Hölder, Otto	1859 - 1937
Hooke, Robert	1635 - 1703
Levi, Beppo	1875 - 1961
L'Hospital, Guillaume-François de	1661 - 1704
Horner, William George	1768 - 1837
Huygens, Christiaan	1629 - 1695
Jacobi, Carl Gustav Jakob	1804 - 1851
Jacobson, Nathan	1910 - 1999
Jordan, Camille	1838 - 1922
Joule, James Prescott	1818 - 1889
Kepler, Johannes	1571 - 1630
Klein, Felix	1849 - 1925
Koch, Helge von	1870 - 1924
Kolmogoroff, Andrej Nikolajewitsch	1903 - 1987
Kronecker, Leopold	1823 - 1891
Krull, Wolfgang	1899 - 1971
Kummer, Ernst Eduard	1810 - 1893
Kuratowski, Kazimierz	1896 - 1980
Lagrange, Joseph Louis	1736 - 1813
Landau, Edmund	1877 - 1938
Laplace, Piere Simon de	1749 - 1827
Lebesgue, Henri Léon	1875 - 1941
Legendre, Adrien-Marie	1752 - 1833
Leibniz, Gottfried Wilhelm	1646 - 1716
Leonardo Fibonacci von Pisa	1180? - 1250
Leontief, Wassily	1906 - 1999
Levi, Beppo	1875 - 1961
Lindemann, Carl Louis Ferdinand von	1852 - 1939
Liouville, Joseph	1809 - 1882
Lipschitz, Rudolf	1832 - 1903
Lorentz, Hendrik Antoon	1853 - 1929
Mach, Ernst	1838 - 1916
MacLaurin, Colin	1698 - 1746
Malthus, Thomas	1766 - 1834
Markow, Andrej Andrejevich	1856 - 1922
Méré, Antoine Chevalier de	1610 - 1685
Mersenne, Marin	1588 - 1648
Minkowski, Hermann	1864 - 1909
Mises, Richard von	1883 - 1953
Möbius, August Ferdinand	1790 - 1868
Moivre, Abraham de	1667 - 1754
Morgan, Augustus de	1806 - 1871
Neil, William	1637 - 1670
Neper (Napier), John	1550 - 1617
Neumann, John von	1903 - 1957
Newton, Isaac	1643 - 1727
Noether, Emmy	1882 - 1935
Olivier, Auguste	1829 - 1876
Ore, Oystein	1899 - 1968
Pacioli, Luca	1445? - 1517
Pascal, Blaise	1623 - 1662
Peano, Guiseppe	1858 - 1932
Pfaff, Johann Friedrich	1765 - 1825
Picard, Emile	1856 - 1941
Pólya, Georg	1887 - 1985
Poincaré, Jules Henri	1854 - 1912
Poisson, Siméon Denis	1781 - 1840
Proklos Diadochus	410 - 485
Protagoras	480? - 421
Ptolemaios von Alexandria	85? - 165?
Pythagoras von Samos	580? - 500
Raphson, Joseph	1652 - 1715
Riemann, Georg Friedrich Bernhard	1826 - 1866
Ries, Adam	1492 - 1559
Riesz, Frigyes	1880 - 1956
Riesz, Marcel	1886 - 1969
Rolle, Michel	1652 - 1719
Ruffini, Paolo	1765 - 1822
Russell, Bertrand	1872 - 1969
Schlömilch, Oskar	1823 - 1901
Schmidt, Erhard	1876 - 1956
Schreier, Otto	1901 - 1929
Schröder, Ernst	1841 - 1902
Schwarz, Hermann Amandus	1843 - 1921
Sierpinski, Waclaw	1882 - 1969
Simpson, Thomas	1710 - 1761
Skolem, Thoralf	1887 - 1963
Snellius (Willebrord Snel van Royen)	1580 - 1626
Steiner, Jakob	1796 - 1863
Steinitz, Ernst	1871 - 1928
Stifel, Michael	1487 - 1567
Stirling, James	1692 - 1770
Stokes, George Gabriel	1819 - 1903
Stone, Charles Arthur	1893 - 1940
Sylow, Ludwig	1832 - 1918
Sylvester, James Joseph	1814 - 1897
Tartaglia, Niccolò	1499 - 1557
Taylor, Brooke	1685 - 1731
Thales von Milet	624? - 548?
Tschebyschew, Pafnuti Lwovich	1821 - 1894
Urysohn, Pavel Samuilovich	1898 - 1924
Vallée-Poussin, Charles Jean de la	1866 - 1962
Vandermonde, Alexandre Théophile	1735 - 1796
Verhulst, Pierre-François	1804 - 1849
Viète, François (Viëta)	1540 - 1603
Waerden, Bartel Leendert van der	1903 - 1996
Wallis, John	1616 - 1703
Watt, James	1736 - 1819
Wedderburn, Joseph Henry	1882 - 1948
Weierstraß, Karl Theodor Wilhelm	1815 - 1897
Weyl, Hermann	1885 - 1955
Wronski, Josef Maria	1775 - 1853
Zassenhaus, Hans	1912 - 1991
Zenon von Elea	490? - 430?
Zermelo, Ernst	1871 - 1953
Zorn, Max	1906 - 1993

Stichwort-Verzeichnis buch^{MAT}X

$\forall_2$-elementare Äquivalenz	4.382
$\forall_2$-Sätze	4.382
$\underline{a}$-adische Toplogie	4.448
$\underline{a}$-Komplettierung	4.448
$\underline{a}$-Toplogie	4.448
A-Automorphismus	4.002
A-Endomorphismus	4.002
A-balancierte Funktion	4.076
A-bilineare Fortsetzung	4.072
A-bilineare Funktion	4.070
A-Cokomplex / A-Komplex	4.302
– exakter A-Cokomplex / A-Komplex	4.310
A-homogene Funktion	4.002
A-Homomorphismus 1.402,	4.002
– assoziierter A-Homomorphismus	4.048
– rein-homomorpher A-Homomorphismus	4.362
– rein-injektiver A-Homomorphismus	4.166
– rein-w-injektiver A-Homomorphismus	4.192
– c-rein-injektiver A-Homomorphismus	4.192
– rein-surjektiver A-Homomorphismus	4.166
– split-homomorpher A-Homomorphismus	4.342
– split-injektiver A-Homomorphismus	4.034
– split-surjektiver A-Homomorphismus	4.034
– w-injektiver A-Homomorphismus	4.150
– w-surjektiver A-Homomorphismus	4.150
A-Homomorphismen und Matrizen 4.041,	4.042
A-Isomorphismus	1.402
A-Komplex / A-Cokomplex	4.302
– exakter A-Komplex / A-Cokomplex	4.310
A-Moduln $Abb(X, E)$	4.002
A-Moduln $Hom_A(E, F)$ 4.020,	4.022
A-Moduln $Hom_A(A, E)$	4.023
A-Modul	4.000
– algebraisch kompakter A-Modul	4.192
– c-kompakter A-Modul	4.192
– artinscher A-Modul 4.121,	4.126
– balancierter A-Modul	4.112
– bidualer A-Modul E^{**} 4.026,	4.424
– cohärenter A-Modul	4.177
– divisibler A-Modul	4.052
– dualer A-Modul E^* 4.025,	4.424
– einfacher A-Modul	4.038
– endlich-erzeugbarer A-Modul 4.042,	4.050
– endlich-präsentierbarer A-Modul	4.162
– c-erzeugbarer A-Modul	4.050
– endlich-präsentierbarer A-Modul	4.162
– flacher A-Modul 4.160,	4.170
– freier A-Modul 4.042, 4.046, 4.048,	4.408
– halb-einfacher A-Modul 4.038,	4.116
– halb-injektiver A-Modul 4.160,	4.180
– injektiver A-Modul 4.130,	4.140
– monogener A-Modul	4.046
– noetherscher A-Modul 4.050, 4.121,	4.126
– projektiver A-Modul 4.130,	4.132
– Radikal-freier A-Modul	4.106
– rein-injektiver A-Modul	4.192
– c-rein-injektiver A-Modul	4.192
– rein-projektiver A-Modul	4.190
– torsionsfreier A-Modul	4.052
– treuer A-Modul 4.004,	4.112
– uniform-cohärenter A-Modul	4.394
– unzerlegbarer A-Modul	4.121
– ultraprojektiver A-Modul	4.198
– zyklischer A-Modul	4.050
– 1-injektiver A-Modul	4.194
– e-injektiver A-Modul	4.194
– c-injektiver A-Modul	4.194
– c-halb-injektiver A-Modul	4.194
– T-injektiver A-Modul	4.194
– T-ultraprojektiver A-Modul	4.198
A-Multiplikation/-produkt	4.000
A-Quotientenmodul	4.006
– reiner A-Quotientenmodul	4.166
A-Translation	4.302
– Homotopie von A-Translationen	4.306
A-Untermodul	4.004
– elementarer A-Untermodul	4.380
– großer A-Untermodul 4.116,	4.150
– kleiner A-Untermodul	4.150
– maximaler A-Untermodul	4.050
– reiner A-Untermodul	4.166
– Erzeugung von A-Untermoduln	4.040
– Folgen von A-Untermoduln	4.120
(A, B)-Bimodul	4.000
(A, k)-Sesquilineare Funktionen	4.074
(A, k)-Sesquilinearform	4.074
Abbildungen (siehe: Funktionen)	1.130
Abbildungskegel (einer Translation)	4.308
Abbildungsmatrix 4.062,	4.560
Abbildungssätze	1.142
Abel, Satz von	2.621
Abel-Ruffini, Satz von	1.678
Abelsche und nicht-abelsche Gruppen 1.501,	1.508
Abgeleitete Funktoren 4.314, 4.316,	4.320
Abgeschlossene Funktion	2.418
Abgeschlossene Hülle	2.407
Abgeschlossene Systeme	1.801
Abhängigkeit (Binär-Merkmale)	6.230
Ablehnungsbereich (bei Hypothesen)	6.346
Ableitung (bei Differentiation)	2.303
Ableitung (bei Funktoren)	4.314
Ableitungspolynom	1.666
Ableitungsfunktion (bei Differentiation)	2.303
Abschreibung	1.258
– degressive Abschreibung	1.258
– Ertrags-bedingte Abschreibung	1.258
– konstante Abschreibung	1.258
– progressive Abschreibung	1.258

Abschreibungsplan 1.258
Absolut stetige Funktion 2.260
Absolute Häufigkeit 6.014
Abstand (bei metrischen Räumen) 2.401
Abstand (bei Punkten) 5.001, 5.042
Abstands-Funktion 5.001, 5.108
Abzinsung(sfaktor) 1.256
Ackermann-Funktion 1.808, 2.014
Addition von Morphismen (bei Kategorien) 4.412
Addition von Reihen 2.130
Additive Funktion (bei exakten Sequenzen) 4.447
Additivität (Wahrscheinlichkeits-Maße) 6.020
Adische Darstellung (Zahlen) 2.160
Adjungierte Matrix 1.781
Adjungiertes Paar additiver Funktoren 4.078
Adjunktion bei Ringen 1.641
Ähnliche Figuren 5.007
Ähnliche Funktion 5.210
Ähnliche Matrizen 4.643
Ähnlichkeits-Abbildung 5.007
Ähnlichkeits-Funktion (Geometrie) 5.094
Ähnlichkeits-Funktion (geordnete Mengen) 1.312
Ähnlichkeits-Sätze 5.007
Äquidistante Zerlegung von Intervallen 2.602
Äquiforme Funktion 5.210
Äquivalente Matrizen 4.643
Äquivalenz von Aussagen 1.012
Äquivalenz (bei Funktoren) 4.420
Äquivalenz-Relationen (-klassen) 1.140
Äußere Komposition 1.401, 4.000
Alexander, Satz von 2.434
Affine Funktion (Affinität) 5.200, 5.202
Affine Gruppe 5.200
Algebra / σ-Algebra 2.712
Algebra der Mengen (Mengenalgebra) 1.102
Algebra der Schaltnetze (Schaltalgebra) 1.080
Algebra der Signal-Verarbeitung 1.081
Algebraische Abgeschlossenheit von $\mathbb{C}$ 1.889
Algebraische Strukturen 1.401, 1.403, 1.405
Algebraische Strukturen auf Teilmengen 1.404
Algebraische Zahlen 1.865
Algebren 1.715
Allgemeine Kegelschnitt-Relationen 5.058
Allgemeine Urnen-Modelle 6.176
Allquantor $\forall$ 1.016
Alphabet (Quell-, Ziel-Alphabet) 1.180
Alternierende Gruppe 1.526
Amoroso-Robinson, Relation von 2.364
Amplitude/Amplitudenfaktor 1.240, 1.280
Annahmebereich (bei Hypothesen) 6.346
Angeordnete Körper 1.730
Angeordnete Ringe 1.614
Angeordnete algebraische Strukturen 1.430
Anlagegeschäft/-vertrag 1.255
Annihilator 1.605, 4.004, 4.046
Annuität/Annuitätenschuld 1.258
Annulator eines Unterraums 4.605
Antinomien der Mengen-Theorie 1.108, 1.352, 1.828
Antitone Funktionen 1.311
Antivalenz 1.012, 1.014
Antizipative Verzinsung 1.256
Anzahlorientierte *Bernoulli*-Experimente 6.122

Apollonius-Kreise 5.008
Approximationssatz von *Stone-Weierstraß* 2.438
Approximationssatz von *Weierstraß* 2.438
Approximierbare Funktionen 2.301, 2.438
Arbeit/Leistung (Physik) 1.277, 5.140
Archimedes, Satz von 1.321
Archimedische Streifen-Methode 2.603
Archimedizität von $\mathbb{Q}$ und $\mathbb{R}$ 1.321
Archimedes-Körper 1.732, 2.060
Archimedes-Menge 1.321
Arcus-Funktionen 2.184
Area-Funktionen 2.174
Argumentweise konverg. Folge $\mathbb{N} \longrightarrow Abb(T,\mathbb{R})$ 2.082
Arithmetik der Dualzahlen 1.812
Arithmetische und Geometrische Folgen 2.011
Arithmetisches Mittel 6.064, 6.232
Aspekte der Informationstheorie 6.200
Astroide 2.329, 2.454, 2.654
Asymptotische Funktionen 2.905
Attraktor / Repellor 2.370
– Einzugsbereich eines Attraktors 2.370
– Stabilitätsbereich 2.370
Attribute, Attributmengen 1.190, 1.191
Aufzinsung(sfaktor) 1.256
Auflösbare Gruppe 1.546
Auflösung eines A-Moduls 4.310
– freie, projektive, flache Auflösung 4.310
– injektive, halb-injektive Auflösung 4.310
– homologische/cohomologische Auflösung 4.310
– rein-injektive Auflösung 4.330
– rein-projektive Auflösung 4.330
– Länge einer Auflösung 4.330
Aussagen / Logik 1.010, 1.012, 1.014
Austauschsatz von *Steinitz-Graßmann* 4.512
Auswahl-Axiom 1.331, 1.828
Auswertungs-Funktion (Polynom-Ringe) 1.641
Auswertungs-Funktion (Stochastik) 6.100
Automaten (bei Kategorien) 4.404
Automorphismus 1.451, 1.502, 1.670
– innerer Automorphismus 1.502
– K-relativer Automorphismus 1.670
Axiomatische Methode 1.300

B

b-adische Darstellung (Zahlen) 2.160
Baer, Satz von (Test-Theorem) 4.140
Bahn einer G-Menge 1.552
Bahngeschwindigkeit (Physik) 1.274
Banach-Raum 2.428
Barwert (Kapitalwirtschaft) 1.256
Basis (bei A-Moduln) 4.042
Basis (bei K-Vektorräumen) 4.510
Basis (Existenz) bei A-Moduln 4.044, 4.046
Basis (Kennzeichnung) bei A-Moduln 4.044, 4.046
Basis (einer Topologie) 2.415
Basis (Vektorraum/Geometrie) 5.104
Basisergänzungssatz 4.512
Basis-Transformation 4.570
Bass, Satz von 4.173
Bayes, Satz von 6.040, 6.042
Bedingte Wahrscheinlichkeit 6.040

467

Benfordsches Gesetz 6.022
Bernoulli, Satz von 6.130
Bernoulli-Experimente 6.120
- Anzahl-orientierte *Bernoulli*-Experimente 6.122
- Komponenten-orientierte *Bernoulli*-Experimente ... 6.124
Bernoulli-Präsentation 6.120
Bernoulli-Raum 6.120
Bernoulli-Verteilung 6.160
Bernoulli-Zahlen (-Folge) 2.154
Bernoullische Ungleichung 1.803
Beschleunigung (Physik) 1.272
Beschränkte Folgen $\mathbb{N} \longrightarrow \mathbb{R}$ 2.044
Beschränkte Funktion 1.323
- $N_E N_F$-beschränkte Funktion 2.426
Beschränkte Mengen 1.320
Beschränkte Mengen von Zahlen 1.321
Beschränkte Mengen von Funktionen 1.322
Beschreibende Statistik 6.300
Beta-Funktion 2.624
Betrags-Funktion $T \longrightarrow \mathbb{R}$ 1.207
Betrags-Funktion auf Ringen 1.616
Beugung von Wellen 1.287
Bewegung (Funktion) 5.006, 5.220, 5.230
- gerade/eigentliche Bewegung 5.006, 5.224
- ungerade/uneigentliche Bewegung 5.006, 5.226
Bewegung (in der Physik) 1.272
- gleichförmige Bewegung 1.272
- periodische Bewegung 1.280
- Kreis-Bewegungen 1.274, 1.278
- Wurf-Bewegungen 1.273, 1.278
Bewegungs-Invarianz 2.744
Beweise mit dem Induktionsprinzip 1.802
Beweisen / Beweismethoden 1.018
Bewertungsring 4.448
Bezier-Bänder 2.331
Bezier-Funktionen $T \longrightarrow \mathbb{R}^2$ 5.087
Bezier-Kreise und -Ellipsen 5.088
Bezier-Kurven in LaTeX 5.089
Bezugsplan/Sparplan 1.257, 1.258
Bezugsrente 1.258
Bezugssystem (Physik) 1.272
Bidualer A-Modul 4.026
Bifunktor 4.428
Bienaimé-Tschebyschew, Satz von 6.066
Bijektive Funktionen 1.132
Bild/Cobild (bei Kategorien) 4.407
Bildfolgen 2.002
Bildkategorie 4.420
Bildmengen 1.130, 2.041
Bilineare Fortsetzung 4.072
Binär-Codierung 1.181, 6.143
Binär-Merkmal 6.230
Binär-Verteilung 6.062
Binet-Darstellung 2.017
Binomialkoeffizient 1.820, 2.352, 6.142
Binomial-Verteilung 6.160, 6.344
Binomische Formeln 1.820, 6.142
Binomische Reihe 2.352
Blocklängen linearer Kongruenz-Generatoren 2.033
Blocklängen multiplik. Kongruenz-Generatoren ... 2.032
Blocklängen von Kongruenz-Generatoren 2.031
Bogenlänge (einer Kurve) 5.083

Bohr, Satz von 2.623
Boltzmann-Konstante 2.644
Bolzano-Weierstraß, Satz von 2.048, 2.412
Bonferroni, Ungleichung von 6.022
Boolesche Algebra 1.460
- geordnete Boolesche Algebra 1.466
Boolesche Situationen 1.084, 1.464
Borelsche Meßräume 6.033
Brechung von Wellen 1.287
Bremsfaktor/Impulsfaktor (Verhulst-Parabel) 2.012
Brennpunkt (Kegelschnitt-Figuren) 5.023, 5.024, 5.024
Buchwert (Abschreibung) 1.258
Burali-Forti, Antinomie von 1.340

C

Cartesische Produkte Algebraischer Strukturen 1.410
Cartesische Produkte von Funktionen 1.130
Cartesische Produkte von Mengen 1.110, 1.160
Cartesisches Koordinaten-System 1.130, 5.040
Cantor, Satz von 1.340
Cantor-Körper 2.063
Cantor-Komplettierungen 2.063
Cantor-komplette metrische Räume 2.403
Cantor-Menge / *Cantor*-Staub 2.374, 2.378
Cantor, Satz von 1.340
Cantor-Drittel-Menge 2.382, 2.706
Cantorsche Ordinalzahlreihe 1.352
Cantorsches Diagonalverfahren 1.343
Cantorsches Paradoxon 1.340
Cartesisches Koordinaten-System 5.106
Cauchy, Satz von 2.112, 2.621
Cauchy-Folgen $\mathbb{N} \longrightarrow K$ 2.064
Cauchy-Kriterium für Integrierbarkeit .. 2.604, 2.704, 2.714
Cauchy-Kriterium für Summierbarkeit 2.112
Cauchy-Multiplikation/-Produkt 2.103, 2.112, 2.154
Cauchy-konvergente Folgen $\mathbb{N} \longrightarrow \mathbb{Q}$ 2.051
Cauchy-konvergente Folgen $\mathbb{N} \longrightarrow \mathbb{R}$ 2.050
Cauchy-konvergente Folgen in metrischen Räumen ... 2.403
Cauchy-Hadamardsche Testfolge 2.160
Cauchy-Schwarzsche Ungleichung 2.112, 2.420, 4.660, 4.662
Cavalieri, Satz von 2.750
Cayley, Satz von 1.503, 1.524
Chaos / Chaos-Theorie 2.373
Charakter-Modul 4.146
Charakteristik Ringe/Körper 1.630
Charakteristische Funktion 2.604, 2.710
Charakteristisches Polynom (Funktion) 4.640
Cobild/Cokern (bei A-Moduln) 4.006
Codes und Codierungen 1.180, 1.184, 1.185, 6.202
Codes und Codierungen (Berechnungen) 1.823
Codiagonal-Morphismus 4.410
Cofinale Abschnitte 2.413
Cofunktor (contravariant) / Funktor 4.420
Cohomologie-/Homologie-Funktor 4.304
Cohomologie-/Homologie-Modul 4.304
Cokern/Cobild (bei A-Moduln) 4.006
Cokern/Kern (bei Kategorien) 4.414
Colimes (induktiver Limes) bei A-Moduln 4.090
Colimes (bei Kategorien) 4.450
- filtrierender Colimes 4.454

– Colimes als Funktor 4.456
Coprodukt (bei A-Moduln) 4.030
Coprodukt (bei Kategorien) 4.410
Coretraktion (Coretrakt) 4.414, 4.440
Cosecans/Secans 2.326
Cournotscher Punkt 2.362
Covarianz 6.066

D

D-Menge 2.454
Dandelin-Kugeln 5.021
Darstellungs-Funktoren 4.420
Darstellungssysteme für $\mathbb{N}_0$ 1.808, 1.822, 1.823
Datenbanken 1.190
Daten-Konzeption, -Erfassung 6.300
De Morgansche Regeln 1.102
Dedekind-Axiome für $\mathbb{N}$ 1.811
Dedekind-Körper $\mathbb{R}$ 1.864
Dedekind-Körper und -Komplettierungen 1.735
Dedekind-Komplettierungen von $\mathbb{Q}$ 1.861
Dedekind-Komplettierungen (Körper) 1.735
Dedekind-Komplettierungen (Mengen) 1.325
Dedekind-Mengen 1.325
Dedekind-Schnitte 1.325, 1.860
Delisches Problem 1.684
Descartessches Blatt 5.085
Determinanten über $Mat(n, \mathbb{R})$ 1.781
Determinanten-Entwicklungs-Satz 1.781
Determinanten-Funktion 1.783
Determinanten-Produkt-Satz 1.783
Dezimaldarstellung reeller Zahlen 2.170
Diagonalmatrix 4.510, 4.641
Diagonal-Einbettung 4.098
Diagonal-Morphismus 4.410
Diagonalisierbare Matrix 4.644
Diagramme (kommutative Diagramme) 1.131
Dichte Einbettung 1.864
Dichte Teilmenge 1.321, 1.732, 1.864, 2.431
Dichte-Funktion 6.070
Dieder-Gruppe 1.526
Differentialgeometrie 5.080
Differentialgleichungen 2.800
– lineare Differentialgleichungen 2.801
– homogene/inhomogene Differentialgleichungen ... 2.801
– mit Zusatzbedingungen 2.801
– nicht-lineare Differentialgleichungen .. 2.804
– Differentialgleichungen der Ordnung 1 .. 2.802
– Differentialgleichungen der Ordnung 2 .. 2.806
Differentialoperator 2.801
Differentialquotient 2.303
Differentiation als Funktion 2.303
Differentiation und Integration 2.303
Differenz (mengentheoretische Differenz) .. 1.102
Differenzkern/Differenzcokern 4.414
Differenzenquotient 2.303
Differenzierbare Funktionen 2.300
Differenzierbare Funktionen $I \longrightarrow \mathbb{R}$ ... 2.303, 2.304, 2.305
Differenzierbare Funktionen $I \longrightarrow \mathbb{R}^m$ 2.450
Differenzierbare Funktionen $\mathbb{R}^n \longrightarrow \mathbb{R}$ 2.452
Differenzierbare Funktionen $\mathbb{R}^n \longrightarrow \mathbb{R}^m$ 2.454
Differenzierbarkeit elementarer Funktionen ... 2.311

Differenzierbarkeit inverser Funktionen 2.307
Differenzierbarkeit trigonometrischer Funktionen 2.314
Dimension von Moduln 4.330
– projektive, flache Dimension 4.330
– injektive, halb-injektive Dimension 4.330
– $T_\bullet$-Dimension / $T^\bullet$-Dimension 4.330
Dimension von Ringen 4.332
– c-globale / c-schwach-globale Dimension .. 4.332
– globale / schwach-globale Dimension 4.332
– $T_\bullet$-globale Dimension / $T^\bullet$-globale Dimension 4.332
Dimensionssätze (bei Vektorräumen) 4.534
Dini, Satz von 2.436
Dirac-Funktion 1.206, 2.203
Direkte Familie (bei A-Moduln) 4.030
Direkte Familie (bei Gruppen) 1.512
Direkte Summe von A-Moduln .. 4.030, 4.031, 4.032, 4.408
Direkte Summe von Gruppen 1.512
Direkte Summe von Mengen 6.006
Direkte Zerlegung von A-, K-Moduln 4.034, 4.514
Direkter Summand (bei A-, K-Moduln) 4.034, 4.514
Direktes Komplement (bei A-, K-Moduln) 4.034, 4.514
Direktes Produkt Geordneter Gruppen 1.585
Direktes Produkt von A-Moduln . 4.030, 4.031, 4.032, 4.408
Direktes Produkt von Gruppen 1.510
Direktes Produkt von Ringen 1.610
Direktes Produkt von Zufallsfunktionen 6.213
Dirichlet, Satz von 2.621
Dirichlet-Funktion 1.206, 2.203
Disjunktion von Aussagen 1.012
Diskontsatz 1.255
Diskrete Bewertung 4.448
Diskursive Verzinsung 1.256
div/mod (Funktionen) 1.837
Divergenz von Folgen 2.049
Divisionsalgebren 1.717, 1.891
Divisionsring (Schiefkörper) 4.054
Doppelpunkt (einer Kurve) 5.082
Doppler-Prinzip, -Effekt 1.288
Drehsinn/Drehrichtung 5.006
Drehspiegelung 5.226
Drehstreckung 5.007, 5.210
Drehung (Funktion/Ebene) 5.006
Drehungen von Funktionen 1.888
Dreieck 5.007, 5.013, 5.045
– ähnliche Dreiecke 5.007
– perspektiv-ähnliche Dreiecke 5.007
– spezielle Dreiecke 5.013
– Flächeninhalt 5.045
– als Relation 5.045
Dreiecksungleichung 2.401, 2.420, 5.001
Dreiteilung eines Winkels 1.684
Dualdarstellung natürlicher Zahlen 1.808
Duale A-Moduln 4.025
Dualzahlen (Arithmetik) 1.823
Durchmesser (bei metrischen Räumen) 2.408
Durchschnitt (bei Kategorien) 4.407
Durchschnitt (bei Mengen) 1.102
Durchschnitts-Fuktion (Ökonomie) 2.360, 2.676

E

EAN-Codierungen 1.184

Ebene (Metrische Geometrie)	5.001
Ebene (Relationale Analytische Geometrie)	5.042
Ebene (Vektorielle Analytische Geometrie)	5.140
Ebene und räumliche Figuren	5.005
Ebene in (Hessescher) Normalform	5.140, 5.142
Ebene in Koordinatenform	5.140, 5.142
Ebene in Parameterform	5.140, 5.142
Ebenenbündel/-büschel	5.154
Effektive Zinssätze	1.256
Ehrenfest, Modell von	6.150
Eigenraum	4.640
Eigentliche Bewegung	5.224, 5.230
Eigenfrequenz/Erregerfrequenz	1.283
Eigenvektor	4.640
Eigenwert	4.640
Einbettung (bei Funktoren)	4.420
Einbettung $\mathbb{N} \longrightarrow \mathbb{Z}$	1.833
Einbettungen $\mathbb{Q} \longrightarrow K$ in Körper K	1.731
Einfache Gruppe	1.503, 1.528
Einfacher A-Modul	4.038
Einheit (bei Ringen)	1.622, 4.102
Einheitswurzeln	1.520, 1.668, 1.885
– primitive Einheitswurzeln	1.522, 1.668
Einzahlungsrente	1.257
Elastische/Unelastische Funktion	2.364
Elastizitäts-Funktion	2.364
Element (von Mengen)	1.101
– algebraisches Element	1.646
– G-invariantes Element	1.670
– größtes, kleinstes Element	1.320, 1.321
– idempotentes Element	4.110
– inverses, links-, rechtsinverses Element	1.501
– konjugierte Elemente	1.540
– maximales, minimales Element	1.320, 1.321
– neutrales, links-, rechtsneutrales Element	1.501
– nilpotentes Element	4.102
– streng nilpotentes Element	4.102
– orthogonales Element	4.607, 4.664
– primitives Element	1.662
– reduzibles/irreduzibles Element	1.648
– reguläres Element	4.110
– separables/inseparables Element	1.666
– transzendentes Element	1.646
– von-Neumann-reguläres Element	4.110
– Primelement (bei Ringen)	1.648
– als obere/untere Schranke	1.320, 1.321
– als Supremum, Infimum	1.320, 1.321
Elementare Abgeschlossenheit	4.380
Elementare Äquivalenz	4.380
Elementare Definierbarkeit	4.380
Elementare Einbettung	4.380
Elementare Sätze	1.030, 4.380
Elementare Sprache	4.380
Elementare Theorie	4.380
Elementare (Äquivalenz-)Umformungen	4.616
Elementare Urnen-Auswahl-Modelle	6.170
Elementare Urnen-Verteilungs-Modelle	6.173
Elementare Zahlentheorie	1.836
Elementare Zerlegung	4.381
Elementarer Abschluß	4.386
Elementarer Untermodul	4.380
Elementarereignis	6.006
Ellipse (und Kreis)	5.023
– als Relation	5.050, 5.052
– als Kurven-Funktion	5.084
Endlich-dimensionaler K-Vektorraum	4.530
Endlich-erzeugbarer A-Modul	4.042, 4.050, 4.530
Endliche Gruppen	1.520
Endliche Mengen	1.101, 1.801
Endomorphismus	1.451, 1.502, 4.002
Endomorphismenring	4.000
– primitiver Endomorphismenring	4.112
Energie (Physik)	1.278
Energieerhaltungs-Satz	1.278
Entropie (Wahrscheinlichkeits-Raum)	6.202
Entscheidungsregel (bei Hypothesen)	6.346
Entwicklungspunkt (*Taylor*-Reihe)	2.351
Entwicklungssatz von *Graßmann*	5.112
Epimorphes Bild (bei Kategorien)	4.407
Epimorphismus (in Kategorien)	4.406, 4.441
– wesentlicher Epimorphismus	4.441
Ereignis	6.006
– sicheres Ereignis	6.006
– unmögliches Ereignis	6.006
– Elementarereignis	6.006
– Gegenereignis	6.006
Ereignisraum	6.006
Ergebnisraum	6.004
– Produkte von Ergebnisräumen	6.008
Erhebung von Daten (Statistik)	6.300, 6.302
Erlanger Programm	5.238
Erwartungswert von Zufallsfunktionen	6.064
Erweiterung $\mathbb{R}^*$ von $\mathbb{R}$	1.869
Erweiterungs-Körper	1.662
Erzeugendensystem (bei A-, K-Modulen)	4.042, 4.510
Erzeugendensystem (bei Ereignisräumen)	6.008
Erzeugendensystem (bei Gruppen)	1.514
Erzeugung injektiver Funktionen (Abbildungssätze)	1.142
Euklid, Satz des (Geometrie)	5.108
Euklidische Darstellung / Division	1.644, 1.837
Euklidischer Divisionsalgorithmus	1.838
Euklidische Funktionen *div* und *mod*	1.837
Euklidische (Natürliche) Metrik	2.402, 5.108
Euklidische Norm	2.420, 4.644
Euklidischer Raum	2.402, 2.420, 4.660, 5.108
Euklidische Räume $\mathbb{V}$ und $\mathbb{R}^3$	5.104
Euler, Satz von	2.461
Euler-Darstellung von $\mathbb{C}$	1.884
Euler-Gerade	5.017, 5.045
Euler-Lagrange, Satz von	1.520
Euler-Funktion	1.523, 1.684
Eulersche Beta-Funktion	2.624
Eulersche Polyeder-Formel	5.005
Eulersche Reihe	2.172
Eulersche Zahl e	2.044, 2.160, 2.182
Exakte A-*mod*-Sequenz	4.010
Exakte K-*mod*-Sequenz	4.515
Exakte Sequenz (in abelschen Kategorien)	4.418
Existenzquantor $\exists$	1.016
Explosives Wachstum	2.818
Exponentielles Wachstum	2.812
Exponenten-Folge (Potenz-Reihen)	2.160
Exponential-Funktionen	1.250, 2.182, 2.233, 2.633
Extensionsabbildung/-produkt	4.320

Extrema und Wendepunkte	2.333, 2.336, 2.456
Exzentrizitäten (Kegelschnitt-Figuren)	5.023, 5.024, 5.025

F

F_δ-Menge	2.722
Fadenpendel/Federpendel	1.282
Fakultät	1.808, 6.142
Faltung von Funktionen	2.746
Fatou, Lemma von	2.736
Federkonstante	1.282
Fehler (1. Art, 2. Art)	6.346
Feigenbaum-Konstante	2.373
Feigenbaum-Relation	2.373
Feinheit einer Zerlegung	2.746
Fermat, Kleiner Satz von	1.522
Fermatsche Primzahlen	1.684, 1.840
Feuerbach-Kreis	(S) 5.017
Fibonacci-Folgen $\mathbb{N} \longrightarrow \mathbb{C}$	2.017
– spezielle *Fibonacci*-Folge $\mathbb{N} \longrightarrow \mathbb{R}$	1.808, 2.016
Figur (Geometrie)	5.005
– ähnliche Figuren	5.007
– perspektiv-ähnliche Figuren	5.007
Filter/Filterbasis	2.413, 4.098
Filterprodukt/-potenz	4.098, 4.166
finale Abschnitte	1.332
Finales Objekt (bei Kategorien)	4.408
Fitting, Lemma von	4.121
Fittingsche Zahl/Zerlegung	4.121
Fixgerade	5.006, 5.222
Fixpunkt (Funktionen)	2.370
– abweisender Fixpunkt	2.370
– n-Fixpunkt	2.370
– Fast-n-Fixpunkt	2.370
– 2-Fixpunkt	2.372
Fixpunkt/Fixelement	5.006, 5.222
Fixpunktgerade	5.006, 5.222
Fixpunkte von Bewegungen	5.222, 5.230
Fixpunkt-Sätze	2.217, 2.263
Flächen-Inhalte (Berechnung mit Integralen)	2.620
Flächeninhalts-Problem	2.601
Folgen $\mathbb{N} \longrightarrow M$	2.001, 4.552
– als Bildfolgen	2.002, 2.041
– als Mischfolgen	2.002, 2.041, 2.051
– als Teilfolgen	2.002, 2.041, 2.051
– als Umordnungen	2.002, 2.051
– als k-Zerlegung	2.002, 2.041
– in expliziter Darstellung	2.010
– in rekursiver Darstellung	2.010
– von Untermoduln	4.120
– stationäre Folge von Untermoduln	4.121
Folgen $\mathbb{N} \longrightarrow M$ mit Ordnungs-Eigenschaften	2.003
Folgen $\mathbb{N} \longrightarrow \mathbb{C}$	2.070, 2.071
Folgen $\mathbb{N} \longrightarrow \mathbb{R}$	2.001
– absolut-summierbare Folgen	2.110
– alternierende Folgen	2.003
– arithmetische Folgen	2.011
– beschränkte Folgen	2.006, 2.044
– *Cauchy*-konvergente Folgen	2.050
– geometrische Folgen	2.011
– konvergente Folgen	2.040
– konvergente Folgen von Funktionen	2.080
– monotone und antitone Folgen	2.003
– summierbare Folgen	2.110
– mit Häufungspunkten	2.048
– finale und cofinale Abschnitte von Folgen	2.003
– Strukturen für Folgen	2.006
– Strukturen für beschränkte Folgen	2.006
– Strukturen für konvergente Folgen	2.045
Folgen und Filter(basen)	2.413
Folgen und Reihen	2.000
Form-Änderungen von Funktionen	1.260, 1.264
Form-/Lage-Änderungen als Funktionen	1.266
Formeln / Sätze	1.016
Fortsetzung einer Funktion	1.130, 1.322
– bilineare Fortsetzung	4.072
– lineare Fortsetzung	4.044
Fortsetzungsproblem	4.130
Fraktale Dimension von Kurven	5.094
Fraktale Dimension physikalischer Objekte	5.095
Frattini-Filter	1.505
Fréchet-Filter	4.098
Fréchet-Filterbasis	2.413
Freier A-Modul	4.042, 4.046, 4.048, 4.408
Freier Fall	1.278
Frequenzfaktor / Frequenz (Physik)	1.240, 1.274
Fresnel-Integral	2.621
Frobenius, Satz von	1.717
Frobenius-Funktion	1.668
Frobenius-Matrix	4.640, 4.641
Frunalli-Integral	2.621
Fubini, Satz von	2.740, 2.746
Fundamentalsatz der Algebra	1.886
– der Elementaren Zahlentheorie	1.840
Funktion (Abbildung)	1.130
– A-balancierte Funktion	2.916
– N-balancierte Funktion	2.916
– A-balancierte Funktion	4.076
– A-bilineare Funktion	4.070
– A-homogene Funktion	1.402, 4.002
– A-homomorphe Funktion	1.402, 4.002
– A-isomorphe Funktion	1.403, 4.002
– (A, k)-sesquilineare Funktion	4.074
– (A, k)-semihomomorphe Funktion	4.074
– abgeschlossene Funktion	2.418
– absolut stetige Funktion	2.260
– ähnliche Funktion	5.210
– äquiforme Funktion	5.210
– affine Funktion	5.200, 5.202
– antitone Funktion	1.311, 1.324
– beschränkte Funktion	1.323
– $N_E N_F$-beschränkte Funktion	2.426
– bijektive Funktion	1.132
– charakteristische Funktion	2.604, 2.710
– differenzierbare Funktion	2.300, 2.303
– elastische/unelastische Funktion	2.364
– gerade/ungerade Funktion	1.202
– homogene Funktion	2.470
– identische Funktion	1.130
– induzierte Funktionen auf Quotientenmengen	1.142
– induzierte Funktionen auf Potenzmengen	1.151, 5.006
– injektive Funktion	1.132, 1.142
– inverse und invertierbare Funktion	1.133
– integrierbare Funktion	2.503

- isometrische Funktion 2.401
- konstante Funktion 1.130
- konstant asmptotische Funktion 2.347
- konvexe Funktion 2.340
- Lebesgue-integrierbare Funktion 2.730, 2.734
- Lebesgue-meßbare Funktion 2.732
- linear-rationale Funktion 2.320
- logarithmisch-konvexe Funktion 2.623
- natürliche Funktion (Quotientenmengen) 1.140
- ökonomische Funktion 2.360
- offene Funktion 2.408, 2.418
- periodische Funktion 1.240
- rationale Funktion 1.236, 1.237, 2.320, 2.930
- regulär-affine Funktion 5.200, 5.202
- $Riemann$-integrierbare Funktion 2.600, 2.603
- Scherungs-affine Funktion 5.208
- semihomomorphe Funktion 4.074
- singulär-affine Funktion 5.200, 5.206
- stetig differenzierbare Funktion 2.303
- surjektive Funktion 1.132
- symmetrische Funktion 4.072
- TF-approximierbare Funktion 2.730
- topologische Funktion 2.418
- trigonometrische Funktion 1.240, 2.184
- ungerade/gerade Funktion 1.202
- Beta-Funktion 2.624
- Cartesisches Produkt von Funktionen 1.130
- Einschränkungen / Fortsetzungen 1.130
- Faltung von Funktionen 2.746
- Gamma-Funktion 2.623
- Injektion/Projektion 1.130
- Indikator-Funktion 2.710
- Komposition von Funktionen 1.131
- Polynom-Funktion 1.200
- Reihen-basierte Funktion 2.110
- $Riemann$-integrierbare Funktion 2.603, 2.708
- Symmetrien als Funktionen 1.130
- Symmetrien von Funktionen 1.202, 1.268
Funktional-Matrix 2.454
Funktionen $N \times N \longrightarrow \mathbb{R}$ 2.008
- in rekursiver Darstellung 2.014
Funktionen $T \longrightarrow \mathbb{R}$ 1.200
Funktionen und Gleichungen 1.136
Funktionen und Ungleichungen 1.220
Funktionen-Folgen 2.080
- argumentweise konvergent 2.082, 2.086
- gleichmäßig konvergent 2.084, 2.086
Funktionen-Reihen 2.178
Funktions-Länge (Berechnung mit Integralen) 2.622
Funktions-Untersuchungen 2.900
- Exponential-Funktionen 2.641, 2.642, 2.906, 2.95x
- Logarithmus-Funktionen 2.644, 2.906, 2.96x
- Polynom-Funktionen 2.902, 2.91x
- Potenz-Funktionen 2.903, 2.92x
- Rationale Funktionen 2.904, 2.93x
- Trigonometrische Funktionen 2.905, 2.94x
Funktor (covariant) / Cofunktor 4.420
- abgeleiteter Funktor 4.314, 4.316, 4.320
- additiver Funktor 4.422
- exakter/halb-exakter Funktor 4.422
- idempotenter Funktor 4.426
- identischer Funktor 4.420

- repräsentativer Funktor 4.420
- treuer Funktor 4.420
- voller Funktor 4.420
- Äquivalenz als Funktor 4.420
- Darstellungsfunktoren 4.420
- Einbettung als Funktor 4.420
- Homologie-/Cohomologie-Funktor 4.304
- Inklusion als Funktor 4.420
- Isomorphismus als Funktor 4.420
- Ultrafunktor 4.390
- Vergiß-Funktor 4.420
Funktor-Kategorie 4.432
Funktor-Morphismus 4.430

G

G-Menge 1.550
- transitive G-Menge 1.552
G-Fixelement 1.550
G-Fixgruppe 1.550
G-Homomorphismus 1.552
G-invarianter Teil 1.550
G-Multiplikation 1.550
G_δ-Menge 2.722
Gärtner-Konstruktionen (Geometrie) ... 5.023, 5.024, 5.025
$Galois$, Satz von 1.676
Galois-Erweiterung 1.672
Galois-Gruppe 1.670
- Galois-Gruppe eines Polynoms 1.674
Galois-Korrespondenzen 1.672
Galois-Theorie 1.660
- Hauptsatz der Galois-Theorie 1.672
Gamma-Funktion 2.623
Ganze Zahlen 1.830
Gatter (UND-, ODER-, NON-Gatter) 1.081
$Gauß$, Satz von 1.684
$Gauß$-Darstellung von $\mathbb{C}$ 1.882
$Gauß$-$Jordan$-Matrix 4.616
Gebiet (top. Raum) 2.442
Gebremstes Wachstum 2.814
Geburtstagsproblem 6.145
Gedämpfte harmonische Schwingungen 2.832
Gegenhypothese 6.350
Gegensinnige/gleichsinnige Ähnlichkeits-Abbildung .. 5.007
Gekoppelte Schwingungs-Systeme 1.283
Gemeinsame Zufallsfunktionen 6.074
Generator (bei Kategorien) 4.437
Generator-System (bei Katgorien) 4.437
Geometrie 5.000, 5.100
- Metrische Geometrie 5.001
- Relationale Analytische Geometrie 5.040
- Geometrien 5.238
Geometrische Gruppen 1.30, 1.532
Geometrisches Mittel 6.232
Geordnete Boolesche Algebra 1.466
Geordnete Gruppe 1.580
Geordnete Menge 1.310
Gerade 5.001, 5.042, 5.110, 5.120
- in Hessescher Normalen-Form 5.042
- windschiefe Geraden 5.126
Geraden-Spiegelung 5.122
Geradenbündel 5.004

Geradenbüschel	5.001
Geschwindigkeit (Physik)	1.272, 2.644
– als Vektor	1.274
ggT/kgV von Idealen	1.620
– von Zahlen	1.808, 1.838
Gesetz (Schwaches) der großen Zahlen	6.130
Gewinn-Mengen-Funktion	2.360
Gleichmäßig konvergente Folgen $\mathbb{N} \longrightarrow Abb(T, \mathbb{R})$	2.084
Gleichmäßig konvergente Folgen $\mathbb{N} \longrightarrow C(X, \mathbb{R})$	2.436
Gleichmäßig stetige Funktionen $I \longrightarrow \mathbb{R}$	2.260
Gleichmäßig stetige Funktionen $[a,b] \longrightarrow \mathbb{R}$	2.260
Gleichmäßige Approximierbarkeit	2.438
Gleichsinnige/gegensinnige Ähnlichkeits-Abbildung	5.007
Gleichungen (Lösungen, Lösbarkeit)	1.136
Gleichungen über linearen Funktionen	1.211
Gleichungen über quadratischen Funktionen	1.214, 1.215
Gleichungen über kubischen Funktionen	1.218
Gleichungen über Potenz-Funktionen	1.232
Gleichungen über exp_a und log_a	1.252
Gleichungsprobleme in $\mathbb{C}$	1.885, 1.887
Gleichungsprobleme in $\mathbb{R}$	1.863
Gleitspiegelung	5.226
Goldbachsche Vermutung	1.840
Goldener Schnitt	2.017
GPS (NAVSTAR)	5.106
Grad einer Körper-Erweiterung	1.662
Grad eines Polynoms	1.640
Grad einer Polynom-Funktion	2.432
Gradient	2.452
Grammatik	1.002
Graphen (bei Kategorien)	4.404
Gregory/Newton (Interpolation)	1.788
Grenzfunktion (Ökonomie)	2.362, 2.676
Grenzindex (bei konvergenten Folgen)	2.040
Grenzmatrix	4.632
Grenzproduktivität (Ökonomie)	2.362
– partielle Grenzproduktivität	2.362
Grenzwert von Folgen	2.040
Grenzwert von Funktionen	2.090
Größter gemeinsamer Teiler (ggT)	1.808, 1.838
– von Idealen	1.620
Grothendieck-Gruppe	4.447
Gruppe	1.501
– p-Gruppe	1.540, 1.542
– abelsche Gruppe	1.501
– abelsche und nicht-abelsche Gruppen	1.516
– auflösbare Gruppe	1.546
– einfache Gruppe	1.503, 1.528
– endliche Gruppe	1.520
– endlich-erzeugbare Gruppe	1.514
– freie abelsche Gruppe	1.514
– geordnete Gruppe	1.580
– spezielle lineare Gruppe	1.507
– zyklische Gruppe	1.522
– Alternierende Gruppe	1.526
– Dieder-Gruppe	1.530
– Kleinsche Vierer-Gruppe	1.520, 1.524
– Kommutatorgruppe	1.507, 1.540
– Symmetrische Gruppe	1.501, 1.520, 1.524
– Zentrum einer Gruppe	1.507, 1.540
– der Permutationen	1.524
Gruppen-Homomorphismus	1.502
– induzierter Gruppen-Homomorphismus (G-Mengen)	1.554
Gruppen-Auto-/Endo-/Isomorphismus	1.502
Gruppen-Ring	1.601, 4.100, 4.448
Gruppen-Theorie	1.500
– Hauptsatz der Gruppen-Theorie	1.514
Güte von Schätzungen	6.342

H

Haarsches Maß	2.744
Häufigkeit	6.014, 6.304
– absolute Häufigkeit	6.014, 6.304
– relative Häufigkeit	6.014, 6.304
– Additivität der relativen Häufigkeit	6.014
Häufigkeits-Funktion	6.304
Häufigkeits-Verteilung	6.304, 6.306
Häufungspunkt von Folgen	2.048
Häufungspunkt von Mengen	2.048, 2.412
Halbachsen (Kegelschnitt-Figuren)	5.023, 5.024
Halbdirektes Produkt von Halbgruppen	4.420
Halbgerade	5.001, 5.042
Halbgeradenbüschel	5.001
Halbgruppe	1.450
Halbgruppe mit Kürzungsregel	1.450
Halbgruppen-Gruppen-Erweiterungen	1.509
Halbgruppen-Homomorphismen	1.451
Halbgruppen-Ring	4.100
Halbnorm	2.424
Halbring / Schwacher Halbring	1.450
Ham'n-Sandwich-Problem	2.440
Hamilton-Darstellung von $\mathbb{C}$	1.881
Hanoi-Funktion	1.808
Harmonische Schwingungen	2.830
Harmonisches Mittel	6.232
Hauptachsen-Transformation	5.058
Hauptfilter	4.098
Hauptideal/Hauptidealring	1.626
Hauptsatz der Galois-Theorie	1.672
Hauptsatz der Gruppen-Theorie	1.514
Hausdorff-Axiom / *Hausdorff*-Raum	2.412, 2.434
Heine-Borel, Satz von	2.435
Heine-Borelsche Überdeckungs-Eigenschaft	2.434
Hessesche Normalen-Form	5.042, 5.140
Hilbert-Raum	2.428
Hippokrates, Monde des	2.603
Hochrechnung	6.340
Höhen zum Dreieck	5.015, 5.045
Höhen-Strecken	5.015, 5.045
Höhensatz	5.013
Hölder-Stetigkeit	2.262
Höldersche Ungleichung	2.420, 2.737
Homöomorphismus	2.220, 2.418
Homogene Funktion $\mathbb{R}^n \longrightarrow \mathbb{R}$	2.470
Homogene Komponenten (bei A-Moduln)	4.116
Homogenitätsgrad	2.470
Homologie-/Cohomologie-Funktor	4.304
Homologie-/Cohomologie-Modul	4.304
Homologische Algebra	4.300
Homologische Dimension von Moduln	4.330
Homologische Dimension von Ringen	4.332
Homomorphe Funktion	1.402
Homomorphe Fortsetzung (bei Gruppen)	1.514

Homomorphie- und Isomorphiesätze für Gruppen 1.507
Homomorphie- und Isomorphiesätze für Ringe 1.607
Homomorphie- und Isomorphiesätze für A-Modul .. 4.017
Homomorphismus Boolescher Algebren 1.462
Homomorphismus bei Gruppen 1.502
Homothetie 2.750, 4.000, 4.002
Homotopie von A-Translationen 4.306
homotop-äquivalent 4.310
Homotopie-Lemma 4.168
Hopf, Satz von 1.717
De L'Hospital, Sätze von 2.344, 2.345
Hülle 4.150
– injektive/projektive Hülle 4.150
– rein-injektive Hülle 4.192
– normale Hülle 1.674
Hüllenoperator 1.311, 1.333, 4.040
Huygenssches Wellenprinzip 1.287
Hyperbel 5.024
– als Relation 5.054
– als Kurven-Funktion 5.084
Hyperbolische Sinus-/Cosinus-Funktion 2.184, 2.188
Hyperebene 2.750
Hypergeometrische Verteilung 6.166, 6.344
Hyperkomplexe Zahlsysteme 1.890
Hypothese (Test/Test-Verfahren) 6.346
– Gegenhypothese 6.350
– Nullhypothese 6.354

I

Ideal in Ringen 1.605
– maximales Ideal 1.624
– nilpotentes Ideal 4.102
– primitives Ideal 4.112
– Einsideal 1.620
– Hauptideal 1.620
– Nullideal 1.620
– Primideal 1.624
– T-nilpotentes Ideal 4.173
– Teiler bei Idealen 1.620
Identität von *Lagrange* 5.112
Identische Transformation 4.432
Identischer Funktor 4.420
Implikation von Aussagen 1.012
Implizite Differentiation 2.329, 2.454
Impulsfaktor/Bremsfaktor (Verhulst-Parabeln) 2.012
Indikator-Funktion 1.130, 6.006
Indikator-Verteilung 6.062
Indirektes Beweisen 1.018
Indiziertes Mengensystem 1.160
Induktionsprinzip (Beweise mit dem I.) 1.815, 1.816, 1.817
Induktionsprinzip für Endliche Mengen 1.801
Induktionsprinzip für Natürliche Zahlen 1.802, 1.811
Induktiv geordnete Menge 1.333
Induktiver Limes (bei A-Modul) 4.090
Induzierte Funktion auf Potenzmengen 1.151
Induzierte Funktion auf Quotientenmengen 1.142
Induzierter A-Homomorphismus 4.012
Induzierter Gruppen-Homomorphismus 1.507
Induzierte Metrik 2.401
Induzierte Strukturen (Übersicht) 1.790
Infimum 1.320, 1.321

Information, Informationsgehalt 6.200, 6.208
– durchschnittlicher Informationsgehalt 6.208
– relativer Informationsgehalt 6.208
Initiale Struktur (bei A-Modul) 4.030
Initiales Objekt (bei Kategorien) 4.408
Injektionen (bei A-Modul) 4.030
Injektive Funktionen 1.132
Injektive Hülle 4.150
Inklusion (bei Kategorien) 4.420
Inklusion (bei Mengen) 1.101
Inkreis (Dreieck) 5.016
Inkreis (Viereck) 5.018
Innere Komposition 1.401
Innerer Automorphismus 1.502
Innerer Punkt 2.407, 2.410
Input-Output-Analyse 4.634
Integral (unbestimmtes Integral) 2.502
Integral-Funktion 2.614
Integral-Gleichung 2.614
Integration ökonomischer Funktionen 2.676
Integration physikalischer Funktionen 2.672
Integration rationaler Funktionen 2.514
Integration trigonometrischer Funktionen 2.513
Integration von Kompositionen 2.507
Integration von Polynom-Funktionen 2.511
Integration von Potenz-Funktionen 2.512
Integration von Produkten 2.506
Integrierbare Funktionen 2.500, 2.503, 2.504
Integrierbarkeit stetiger Funktionen 2.612
Integritätsring 1.626
Interferenz von Wellen 1.286
Interferenz-Hyperbeln 1.286
Interpolation von Polynom-Funktionen 1.788
Intervalle in $\mathbb{R}$ 1.310
Intervalle in $\mathbb{R}^n$ 2.702
Intervalle (Zahlenmengen) 1.101
Intervallschachtelung 2.066
Invarianz-Eigenschaften (Geometrie) ... 5.006, 5.220, 5.238
Inverse und invertierbare Funktionen 1.133
Inverses, links-, rechtsinverses Element 1.501
Inversionspaare 1.524
Irrtumswahrscheinlichkeiten α, β 6.346
ISBN-Codierungen 1.184
Isohysen/Isoquanten 2.366
Isometrische Funktion 2.401
Isomorphe Algebraische Strukturen 1.403
Isomorphe Ordnungs-Strukturen 1.312
Isomorphe Strukturen (Isomorhismen) 1.302
Isomorphismus (bei Funktoren) 4.430
Isomorphismus (bei Gruppen) 1.502
Isomorphismus (in Kategorien) 4.406
Isoquanten/Isohypsen 2.366

J

Jacobi-Matrix 2.454
Jacobson-Radikal 4.102, 4.106
Jordan-Inhalt/-Maß 2.710, 2.712
Jordan-meßbare Menge 2.710
Jordan-meßbare Zerlegung 2.714
Jordan-Nullmenge 2.706
Jordan-Kurve (-Funktion) 2.434, 5.082

Jordan-Hölder, Satz von 4.120
Jordan-Hölder-Reihe 4.447

K

k-Kombination 6.142
k-Menge 6.142
k-Permutation 6.142
k-Tupel 6.142
k-Zykel / Zykel-Darstellung 1.524
K-Algebra-Homomorphismus 1.716
K-Algebren 1.715
K-Automorphismus 4.504
K-Divisionsalgebren 1.717
K-Endomorphismus 4.504
K-Homomorphismus 1.712, 4.504
K-lineare Gleichung 4.610
K-lineares Gleichungssystem 4.612
K-Multiplikation 4.500
K-Unteralgebren 1.716
K-Unterraum 1.711, 4.502
K-Vektorraum 1.710, 4.500
 – bidualer K-Vektorraum 4.602
 – dualer K-Vektorraum 4.600
 – endlich-dimensionaler K-Vektorraum 4.530
 – unitärer K-Vektorraum 4.660
Kapital 1.255
 – Kapitalanlage 1.255
 – Kapitalanleihe 1.257
 – Kapitaletrags-Fuktion 1.256
 – Kapitalrente 1.257
 – Kapitaltilgung 1.258
 – Kapitalwirtschaft 1.255
 – Kapital-Wachstum 1.256
Kardinalzahlen 1.101, 1.340
Kardinalzahlen von Zahlenmengen 1.342
Kartesische Produkte (siehe: Cartesische Produkte) 1.110
Kategorie 4.402
 – abelsche Kategorie 4.416
 – additive Kategorie 4.412
 – äquivalente Kategorien 4.430
 – Artinsche Kategorie 4.444
 – Co-Daigneault-Kategorie 4.442
 – coperfekte Kategorie 4.442
 – duale Kategorie 4.402
 – filtrierende Kategorie 4.451
 – kleine Kategorie 4.402
 – konkrete Kategorie 4.402
 – *Krull-Schmidt*-Kategorie 4.447
 – Noethersche Kategorie 4.444
 – perfekte Kategorie 4.442
 – proartinsche Kategorie 4.445
 – Kategorie von Morphismen 4.402
 – *IsoMet* der isometrischen Räume 2.401
 – *Met* der metrischen Räume 2.408
 – *Top* der topologischen Räume 2.418
Kategorien und Funktoren 4.400
Kategorien von Morphismen 4.404
Kathetensatz 5.013
Kegel / Zylinder (Volumen) 2.750
Kegelschnitt-Figuren 5.020, 5.027
Kegelschnitt-Funktionen 1.234

Kegelschnitt-Relationen 1.120, 5.050
 – Kegelschnitte in allgemeiner Form 5.058
 – Kegelschnitte als Kurven-Funktionen 5.084
Kepler-Näherung/-Regel 2.662
Kern/Bild eines Homomorphismus' (Gruppen) 1.502
Kern/Cokern (bei Kategorien) 4.414
Kerndurchschnitt 4.605
Kernoperator 1.311, 1.333
Kern-Cokern-Lemma 4.013
kgV/ggT von Idealen 1.620
Kinematik (Physik) 1.272
Klasse (bei Kategorien) 4.402
Klasse/Klassen-Bildung (bei Mengen) 1.828
Klassenbildung bei Merkmalen 6.308
Klassengleichung (Gruppen) 1.542
Klassifizierung von Funktionen $T \longrightarrow \mathbb{R}$. 1.200, 1.250
Kleinsche Vierergruppe 1.520, 1.524
Kleinscher Raum 5.238
Kleinstes gemeinsames Vielfaches (kgV) 1.838
Koch-Kurven, -sterne 2.450, 5.092, 5.095
Koeffizienten-Folgen (Potenz-Reihen) 2.160
Körper und Ringe 1.601, 1.628
 – adjungierte Körper 1.674
 – perfekter (vollkommener) Körper 1.666
 – regelmäßige Körper 6.032
Körper-Erweiterung 1.662
 – algebraische Körper-Erweiterung 1.672
 – einfache Körper-Erweiterung 1.662
 – endliche Körper-Erweiterung 1.672
 – normale Körper-Erweiterung 1.672
 – separable Körper-Erweiterung 1.672
Kombinatorische Berechnungen 6.142
Kombinierte Zufallsexperimente 6.040
Kommutatives Diagramm 1.131, 4.012
 – Kern-Cokern-Lemma 4.013
 – 5-Lemma 4.013
 – 9-Lemma 4.014
 – X-Lemma 4.014, 4.443
Kommutator/Kommutatorgruppe 1.507, 1.540
Kompakter topologischer Raum 2.434
Komponenten-Folge 2.403
Komponenten-Funktion 2.430, 2.450
Komplement (von Mengen) 1.102
Komplement (bei exakten Sequenzen) 4.443
Komplementierbare exakte Sequenzen 4.443
Komplettierung 4.448
Komplex-Produkt / Komplex-Summe 1.404
Komplex-Produkt von Zufallsfunktionen 6.215
Komplex-Summe von Zufallsfunktionen 6.082
Komplexe Zahlen 1.680, 1.880
Komponenten-orientierte *Bernoulli*-Experimente 6.124
Komposition von Elementen 1.401
Komposition von Funktionen 1.131
Komposition differenzierbarer Funktionen 2.305
Komposition stetiger Funktionen 2.205
Kompositions-Reihe (Gruppen) 1.546
Kompositions-Reihe (bei A-Moduln) 4.120
Konfidenzintervall 6.128
Konforme Zinssätze 1.256
Kongruenz-Abbildung (-Funktion) 5.006, 5.220
Kongruenz-Generatoren 2.030
Kongruenz-Relation 1.406, 1.505, 4.006

475

Kongruenz-Relationen auf $\mathbb{Z}$ 1.843
Kongruenz-Sätze (Dreieck) 5.006
Konjugierte Elemente 1.540
Konjugiert komplexe Matrix 1.785
Konjugiert komplexe Zahl 1.881
Konjunktion von Aussagen 1.012
Konkatenationsfunktion 6.016
konsistente Satzmenge 4.382
Konstruierbarkeit von Punkten 1.680, 1.681
Konstruktion mit Zirkel und Lineal 1.680, 1.684
Konstruktion regulärer n-Ecke 1.684
Konstruktion freier A-Modul 4.048
Konstruktion von A-Homomorphismen 4.012
Kontinuumshypothese 1.340
Kontradiktion/Widerspruch 1.014
Kontraktion 2.263
Konvergente Filterbasen 2.414
Konvergente Folgen $\mathbb{N} \longrightarrow \mathbb{R}$ 2.040, 2.041
Konvergente Folgen $\mathbb{N} \longrightarrow Abb(T, \mathbb{R})$ 2.080
Konvergente Folgen $\mathbb{N} \longrightarrow \mathbb{C}$ 2.070
Konvergente Folgen $\mathbb{N} \longrightarrow \mathbb{R}^n$ 2.405
Konvergente Folgen $\mathbb{N} \longrightarrow C(X, \mathbb{R})$ 2.436
Konvergenz in metrischen Räumen 2.403, 2.405
Konvergenz in topologischen Räumen 2.412
Konvergenz und $Cauchy$-Konvergenz 2.052
Konvergenz und Divergenz von Folgen $\mathbb{N} \longrightarrow \mathbb{R}$ 2.049
Konvergenz-Struktur in topologischen Räumen 2.412, 2.414
Konvergenzbereich/-radius (Potenz-Reihen) 2.150
Konvergenz-Kriterium (Potenz-Reihen) 2.162
Konvexe Funktion 2.340
Konvexe Menge 2.442
Konvolutions-Multiplikation/-Produkt 1.640
Kontradiktion/Widerspruch (Aussagen) 1.014
Kontraktionen 2.262
Koordinaten-Funktion 4.048
Koordinaten-System 1.130, 5.040, 5.106
Koordinatenabschnitts-Form (Ebene) 5.140
Koordinatenabschnitts-Form (Gerade) 5.042
Kosten-Mengen-Funktion 2.360, 2.676
Kraft (Physik) 1.276
Kranzprodukt von Halbgruppen 4.420
Kreditgeschäft/-vertrag 1.255
Kreis 5.022, 5.050, 5.081, 5.160
– konzentrische/exzentrische Kreise 5.022
– Kreislinie/Kreissphäre/Kreisfläche 5.022, 5.160
– als Relation 5.050
– als Kurven-Funktion 5.081, 5.084
– in vektorieller Darstellung 5.160
Kreisfrequenz (Physik) 1.274
Kreisteilungs-Körper 1.668, 1.885
Kreis-Funktionen 2.184
Kreiskegel 5.156
Krümmung einer Kurve 5.083
$Krull$, Satz von 1.624
$Krull$-Schmidt-Kategorie 4.447
$Krull$-Remak-Schmidt-Wedderburn, Satz von .. 4.121
Kubische Funktionen $T \longrightarrow \mathbb{R}$ 1.217
Kürzungsregel 1.450
Kugel 5.023, 5.160
Kugelsphäre 5.160
Kurven 5.090
– $Koch$-Kurven 5.092, 5.095
– $Peano$-Kurven 5.090
– $Sierpinski$-Kurven 5.096, 5.097
– Fraktale Dimension von Kurven 5.094
Kurven-Funktion $\mathbb{R} \longrightarrow \mathbb{R}^2$ 2.450, 5.083, 5.084
Kurven-Funktion $\mathbb{R} \longrightarrow \mathbb{R}^n$ 2.450, 5.082
– doppelpunktfreie Kurven-Funktion 5.082
– geschlossene Kurven-Funktion 5.082
– Orientierung einer Kurven-Funktion 5.082

L

Längen-Funktion 5.108
Lage-Änderungen von Funktionen 1.260, 1.264
Lage-/Form-Änderungen als Funktionen 1.266
Lageverhältnis Ebene/Ebene 5.154, 5.190
Lageverhältnis Ebene/Kugel 5.170, 5.190
Lageverhältnis Gerade/Ebene 5.146, 5.190
Lageverhältnis Gerade/Gerade 5.126, 5.190
Lageverhältnis Gerade/Kugel 5.162, 5.190
Lageverhältnis Kugel/Kugel 5.180, 5.190
Lageverhältnis Punkt/Ebene 5.144, 5.190
Lageverhältnis Punkt/Gerade 5.122, 5.190
Lageverhältnis Punkt/Kugel 5.160, 5.190
$Lagrange$ Identität von 5.112
$Lagrange$ (Interpolation) 1.788
$Lagrange$-Funktion 2.458
$Lanford$-Konstante 2.373
$Laplace$-Raum 6.024
$Laplace$-Wahrscheinlichkeit 6.024
$Laplace$-Würfel 6.024
$Lebesgue$, Satz von 2.736
$Lebesgue$-Integration 2.720
$Lebesgue$-Kriterium für Integrierbarkeit 2.604, 2.734
$Lebesgue$-integrierbare Funktion 2.730, 2.734
$Lebesgue$-Maß (äußeres) 2.722, 2.726
$Lebesgue$-meßbare Funktion 2.732
$Lebesgue$-meßbare Menge 2.726
$Lebesgue$-meßbare Zerlegung 2.734
$Lebesgue$-Nullmenge 2.604, 2.706, 2.724
Lebesguesche Obersumme / Untersumme / Summe .. 2.734
Lebesguesches Oberintegral /Unterintegral / Integral 2.734
Lebesgue-Borelsche Maßräume 6.133
$Leibniz$-Kriterium für Summierbarkeit 2.126
Leitlinie (Parabel) 5.025
Lemma von $Fatou$ 2.736
– von $Fitting$ 4.121
– von $Nakayama$ 4.154, 4.449
– von $Schur$ 4.038
– von $Yoneda$ 4.437
$Levi$, Satz von 2.736
Liftungsproblem 4.130, 4.440
Limes (bei Folgen) 2.040
Limes (projektiver Limes) bei A-Moduln 4.090
Limes inferior / Limes superior 2.049
Limeszahl (bei Ordinalzahlen) 1.352
Linearkombination (bei A-Moduln) 4.040
Linear geordnete Menge 1.310
Linear geordnete Gruppe 1.580
Linear-rationale Funktion 2.320
Lineare Abhängigkeit/Unabhängigkeit .. 4.041, 4.508, 5.104
Lineare Algebra 4.000
Lineare Differentialgleichung der Ordnung 1 .... 2.802

Lineare Differentialgleichung der Ordnung 2	2.803
Lineare Fortsetzung	4.044, 4.518
Lineare Funktion $T \longrightarrow \mathbb{R}$	1.210
Lineare Hülle und Erzeugendensystem	4.040, 4.506
Lineare Unabhängigkeit/Abhängigkeit	4.021, 5.104
Linearfaktor	1.646
Linearform	4.026
Linearisierungsprobleme	4.300
Linearkombination	4.506
Links-/Rechtsnebenklasse	1.505
Links-/Rechtsvertretersystem	1.505
Linkstranslation	1.450, 1.501, 1.502, 1.601
Lipschitz-Stetigkeit	2.262
Linse (konvex) / Linsenformel	5.008
Lösbarkeit linearer Gleichungssysteme	4.614
Lösungen (Lösungsmengen, Lösbarkeit)	1.136
Löwenheim-Skolem-Tarski, Satz von	4.381
Logarithmus-Funktionen	1.250, 2.182, 2.632
Logik der Aussagen	1.010
Logistik	2.012
Logistisches Wachstum	2.010, 2.048, 2.371, 2.816
Lokal-kompakter topologischer Raum	2.434
Lokal-wegzusammenhängender topologischer Raum	2.442
Lombardsatz	1.255
Longitudinalwellen	1.288
Lorentz-Kraft	5.110
Lotgerade	5.004, 5.042
Lücken/Polstellen	2.250

M

M-Abstraktion, M-Konkretion	6.304
MacLaurin-Reihe	2.351
Magisches Quadrat	4.634
Majorante/Minorante (Reihen)	2.120
Mandelbrot-Mengen	2.388
Mantelflächen-Inhalte (Berechnung mit Integralen)	2.623
Marginalverteilung	6.074
Masse (Phsik)	1.272
Mathematische Logik	1.010
Mathematische Strukturen	1.300
Matrix	1.780, 4.060
– ähnliche Matrizen	4.643
– äquivalente Matrizen	4.643
– diagonalisierbare Matrix	4.644
– idempotente Matrix	4.641
– inverse Matrix	1.780, 1.782
– orthogonale Matrix	4.641
– 1-orthogonale Matrix	5.208
– k-orthogonale Matrix	5.210
– orthogonale Matrix	5.210, 5.220, 5.236
– reguläre Matrix	4.641, 5.208, 5.236
– schief-symmetrische Matrix	4.641
– selbstinverse Matrix	4.641
– singuläre Matrix	4.641, 5.236
– stochastische Matrix	4.632
– symmetrische Matrix	4.641
– transponierte Matrix	1.784, 4.060
– Einheitsmatrix	4.060
– *Frobenius*-Matrix	4.640
– *Gauß-Jordan*-Matrix	4.616
– Gegenmatrix	4.060
– Grenzmatrix	4.632
– Nullmatrix	4.060
– Multiplikation/Produkt von Matrizen	4.060
– Rang einer Matrix	4.607
– Spur einer Matrix	4.641
– Transformations-Matrix	4.570
– Übergangs-Matrix	4.630
– Verflechtungs-Matrix	4.630
– Spalten-/Zeilen-Darstellung	4.060
Matrizen über $\mathbb{R}$	1.780
Matrizen $N \times N \longrightarrow M$	2.008
Matrizen über Ringen	4.060
Maximale Ideale in Ringen	1.624
Maxwell, Satz von	2.644
Median (Mittelwert)	6.232
Menge	1.101
– abgeschlossene Menge	2.407
– abzählbare/überabzählbare Menge	1.342
– beschränkte Menge	1.320
– cogefilterte Menge	4.090
– disjunkte Mengen	1.102
– endliche Menge	1.101
– gefilterte Menge	4.090
– geordnete Menge	1.310
– induktiv geordnete Menge	1.333
– konvexe Menge	2.442
– linear geordnete Menge	1.310
– offene Menge	2.407
– Ordnungs-isomorphe Mengen	1.312
– prägeordnete Menge	4.090
– separierte Menge	2.440
– wohlgeordnete Menge	1.331
– F_δ-/G_δ-Menge	2.722
– Antinomien der Mengentheorie	1.108
– Durchschnitt, Vereinigung, Differenz	1.102
– Element-Menge-Relation	1.101
– Gleichheit von Mengen	1.101
– Mengen und Mengenbildung	1.101
– Operationen für Mengen	1.102
– Teilmengen von Mengen	1.101
Mengensysteme	1.150
Merkmal	6.040, 6.302
– Binär-Merkmal	6.310
– Klassifizierung von Merkmalen	6.308
Merkmalsausprägung (Modalität)	6.302
Mersennesche Zahlen	1.840
Methoden des Beweisens	1.018
Metrik	2.401, 2.422
– Betragssummen-Metrik	2.402
– Diskrete Metrik	2.402
– Euklidische/Natürliche Metrik	2.402, 2.422
– induzierte Metrik	2.401
– Maximum-Betrags-Metrik	2.402
– Norm-erzeugte Metrik	2.422
– p-Metrik	2.402
– Supremums-Metrik	2.402
Metrische Geometrie	5.000
Metrische Geometrie der Ebene	5.001
Metrische (ϵ-) Umgebung	2.404
Metrisches Umgebungssystem	2.404
Metrischer Raum	2.401, 2.403
– vollständiger metrischer Raum	2.403

Metrischer Unterraum 2.401
Mikro-/Makroökonomie 2.360
Mindest-Risiko/-sicherheit 6.128
Minimalzerlegung einer Menge 6.006
Minkowskische Ungleichung 2.420, 2.737
Minorante/Majorante (Reihen) 2.120
Mischfolgen 2.002, 2.041, 2.051
Mittelsenkrechte 5.004
Mittelsenkrechte zum Dreieck 5.014, 5.045
Mittelsenkrechten-Strecken 5.014, 5.045
Mittelwert-Bildungen 6.232
Mittelwertsätze der Differentiation 2.335
Mittelwertsätze der Riemann-Integration 2.612, 2.714
Mittlere Abweichung 6.234
mod/div (Funktionen) 1.837
Modalität 6.040, 6.302
Modell / Modell-Theorie 4.380
Modul (siehe: *A*-Modul) 4.000
Modularität 4.120
Modus ponens / modus tollens 1.014
Monom-Funktion 2.432
Monomorphismus (in Kategorien) 4.406
– Monomorphismus als Unterobjekt 4.407
Monotone Funktionen 1.311
Monotonie-Kriterium (Riemann-Integration) 2.621
Monte-Carlo-Ergebnisraum 6.100
Monte-Carlo-Funktion 6.100
Monte-Carlo-Matrix 6.100
Monte-Carlo-Simulationen 6.100
– Angler-Simulation 6.106
– Flächeninhalts-Simulation 6.112
– Jäger-Enten-Simulation 6.102
– π-Simulation 6.110
– Sammelbilder-Simulation 6.108
– Straßennetz-Simulation 6.102
Monte-Carlo-Stichprobe 6.100
Morita-äquivalente Ringe 4.430
Morphismus (bei Kategorien) 4.402

N

n-Eck (konvexes, reguläres) 1.684, 5.005
n-Netze 1.084, 1.464
Näherungs-Verfahren für Nullstellen 2.342
Natürliche Äquivalenz (bei Funktoren) 4.430
Natürliche Parametrisierung 5.083
Natürliche Topologien auf $\mathbb{R}$ und $\mathbb{R}^n$ 2.411
Natürliche Transformation (bei Funktoren) 4.430
Natürliche Zahlen (Teil 1: konstruktiv) 1.802
Natürliche Zahlen (Teil 2: axiomatisch) 1.811
NAVSTAR (GPS) 5.106
NBG-Mengen-Theorie 1.828
Neilsche Parabel 2.654, 2.922, 5.085
Negation von Aussagen 1.012
Netz/n-Netz 1.084, 1.464
Neun-Punkt-Kreis .... (S) 5.017
Neutrales, links-, rechtsneutrales Element 1.501
Newton/Gregory (Interpolation) 1.788
Newton/Raphson (Nullstellen) 2.342
Nilradikal (bei Ringen) 4.102
Noetherscher Isomorphiesatz (*A*-Moduln) 4.017
Noetherscher Isomorphiesatz (Gruppen) 1.507

Norm 2.420
– Euklidische Norm 2.420
– Maximum-Norm 2.420
– Supremums-Norm 2.420
– C^1-Norm 2.420
– p-Norm 2.420
Norm-Homomorphismus 2.420, 2.426
Normaldarstellung komplexer Zahlen 1.884
Normale (Metrische Geometrie) 5.023, 5.024, 5.025
Normale (Analytische Geometrie) 5.052, 5.054, 5.056
Normale und Tangente 2.330
Normale Hülle 1.674
Normalenabschnitt 5.052, 5.054, 5.056
Normalisator 1.542
Normalreihe (Gruppen) 1.546
Normalteiler 1.505
Normierte Darstellung komplexer Zahlen 1.882
Normierte Vektorräume 2.420
Null-Funktion 4.000
Null-Morphismus (bei Kategorien) 4.412
Null-Objekt (bei Kategorien) 4.412
Nullhypothese 6.348, 6.354
Nullmenge 2.604
– *Jordan*-Nullmenge 2.706
– *Lebesque*-Nullmenge 2.604, 2.706
Nullstelle (Funktion) 1.136
Nullstelle (Polynom) 1.646
– einfache Nullstlle 1.666
– mehrfache Nullstelle 1.666
– Vielfachheit einer Nullstelle 1.666
Nullstellen von Ableitungsfunktionen 2.334
Nullstellen-Satz von *Bolzano-Cauchy* 2.217
Nullteiler 1.717
Numerische Exzentrizität 5.018
Numerische Integration 2.630

O

Objekt (bei Kategorien) 4.402
– cofinales Objekt (Gruppen) 1.518
– einfaches Objekt 4.447
– finales Objekt (Gruppen) 1.518
– injektives Objekt 4.440
– kleines Objekt 4.437
– projektives Objekt 4.437, 4.440
– unzerlegbares Objekt 4.447
– Generator 4.437
– Objekt von endlicher Länge 4.447
Ökonomische Funktion 2.360
Offene Funktion 2.408, 2.418
Offene Kugel (Hyperkugel) 2.404
Offene Menge 2.407, 2.410
Offene Umgebung 2.410
Offener Kern 2.407, 2.410
Ohm, Satz von 2.047
Olivier, Satz von 2.112
Operationen der Aussagenlogik 1.012
Operatorenbereich 4.000
Orbit / Orbit-Folgen 2.010, 2.012
Ordinalzahl 1.350
Ordnung einer endlichen Gruppe 1.520
Ordnung eines Elements 1.668

Ordnungstyp 1.350
Ordnungs-Isomorphie 1.312
Ordnungs-Strukturen (-Relationen) 1.310
Orthogonale Matrix 5.210
Orthogonale Transformation 5.058
Orthogonales Element 4.607, 4.664
Orthogonalität und Parallelität 5.004
Orthogonalbasis 5.104
Orthonormalbasis 5.104
Orthonormiertes Dreibein 5.104

P

p-Gruppe 1.540, 1.542, 1.556
p-Sylow-Gruppe 1.556
Parabel 5.025
– als Relation 5.056
Parallelenbündel 5.004
Parallelität und Orthogonalität 5.004
Parallelotop (Volumen) 2.750
Parallel-Verschiebung 5.006
Parameter-Funktionen 5.082
Parameter-Transformation 5.081, 5.082
Partialprodukte 2.101, 2.180
Partialsummen 2.101
Partial-Zerlegung 2.742, 2.744
Partiell differenzierbare Funktionen $\mathbb{R}^n \longrightarrow \mathbb{R}$ 2.452
Partielle Ableitung 2.452
Partielle Integration 2.506
Pascal-Stifelsches Dreieck 1.820, 2.017
Passante (Metrische Geom.) 5.022, 5.023, 5.024, 5.025
Passante (Analytische Geom.) ... 5.050, 5.052, 5.054, 5.162
Peano-Axiome für $\mathbb{N}$ 1.811
Peano-Kurven 2.434, 5.090
Periodische Funktion 1.240
Permutation 1.524, 1.782
– gerade/ungerade Permutation 1.524
Perspektiv-ähnliche Figuren 5.007
Phase/Phasenverschiebung 1.281
Physikalische Größe/Funktion 1.270, 2.670, 4.088
Poincaré-Sylvester, Satz von 6.022
Pol/Polare (Metrische Geometrie) 5.023, 5.024, 5.025
Pol/Polare (Analytische Geometrie) 5.052, 5.054, 5.056
Polstelle/Lücke 2.250
Pólya, Modell von 6.150
Polyeder/Polytop 5.005
Polygon/Polygonzug 5.005
Polynom 1.640
– normiertes Polynom 1.646
– reduzibles/irreduzibles Polynom 1.646
– separables/inseparables Polynom 1.666
– Grad eines Polynoms 1.644
– Minimal-Polynom 1.646
Polynom-Division (Funktionen) 1.214, 1.218, 1.236
Polynom-Division (Ringe) 1.644
Polynom-Funktion (Ringe) 1.641
Polynom-Funktion über $\mathbb{C}$ 1.886
Polynom-Funktion über $\mathbb{R}$ 1.786, 1.864, 4.550
Polynom-Funktion über $\mathbb{R}^n$ 2.430, 2.432
Polynom-Gleichung 1.676
Polynom-Ringe 1.640, 1.641, 1.642
Positivitätsbereich 1.580, 1.614

postnumerando (diskursive Verzinsung) 1.256
Postulat von *Zermelo* 1.331
Potenz (Punkt/Kreis) 5.011
Potenzlinie (Kreise) 5.011
Potenz-Funktion 1.230
Potenzmenge und Mengensystem 1.150
Potenz-Reihen 2.160
Potenzreihen-Funktionen 2.520
Potenzsatz (Geometrie) 5.011
praenumerando (antizipative Verzinsung) 1.256
Präordnung 1.333, 4.090
Preis-Mengen-Funktion 2.360
Prime Restklassengruppe 1.522
Primfaktor-Zerlegung (Polynom-Ringe) 1.648
Primfaktor-Zerlegung (Zahlen) 1.840
Primideal in Ringen 1.624
Primitives Element 1.662
Primring/Primkörper 1.630
Primzahl 1.840
Primzahlzwillinge 1.840
Prinzip der Rekursion 1.804
Produkt (bei Kategorien) 4.410
Produkt geordneter Mengen 1.315
Produkt meßbarer Räume 6.032
Produkt von Ergebnisräumen 6.008
Produkt von Maß-Räumen 6.132
Produkt von Wahrscheinlichkeits-Räumen 6.026
Produkt von *Wallis* 2.626
Produkt von Zufallsfunktionen 6.080
Produktions-Funktion (Ökonomie) 2.360, 2.366
– partielle Produktions-Funktion 2.366
Produktstruktur Algebraischer Strukturen 1.410
Produkttopologie 2.416
Produkt-Folgen (Partialprodukte) 2.101, 2.180
Produkt-Kategorie 4.428
Produkt-Verteilung 6.080
Projektionen (bei A-Moduln) 4.030
Projektions-Funktoren 4.428
Projektive Hülle 4.150, 4.152, 4.442
Projektiver Limes (bei A-Moduln) 4.090
Ptolemaios, Satz des 5.018
Pseudonorm 2.737
Pullback-/Pushout-Konstruktionen 4.158
Punkt (in der Geometrie) 5.001, 5.042
Punkt in Polar-Darstellung 1.133
Punkt in trigonometrischer Darstellung 1.133
Punktspiegelung 5.122, 5.226
Pushout-/Pullback-Konstruktionen 4.158
Pyramide 5.157
Pythagoras, Satz des 5.013
Pythagoreisches Tripel 1.820

Q

Quader in $\mathbb{R}^n$ / Quader-Maß 2.702
Quadratische Funktionen $T \longrightarrow \mathbb{R}$ 1.213
Quadratur des Kreises 1.684
Quadrat-Zerfällungsreihe 1.681
Qualität 6.148
Quantifizierte Aussagen (Quantoren) 1.016
Quantitative Aspekte der Medizin. Diagnostik 6.256
Quantitative Aspekte der Software-Ergonomie 6.255

Quasikompakter topologischer Raum 2.434
Quaternionen 1.891
Quersummen 1.808, 1.845
Quotienten-Kriterium für Summierbarkeit 2.124
Quotientengruppen Geordneter Gruppen 1.582
Quotientengruppen und Normalteiler 1.505
Quotientenkörper 1.632
Quotientenmenge 1.140
Quotientenmodul (siehe A-Quotientenmodul) 4.006
Quotientenringe und Ideale 1.605
Quotientenstruktur Algebraischer Strukturen 1.406

R

r-Funktor 4.426
$\mathbb{R}$-Algebra 1.715
$\mathbb{R}$-Vektorraum 1.710, 5.102
 – euklidischer $\mathbb{R}$-Vektorraum 2.420
 – normierter $\mathbb{R}$-Vektorraum 2.420
 – unitärer $\mathbb{R}$-Vektorraum 2.420, 4.342
$\mathbb{R}$-Vektorräume V und $\mathbb{R}^3$ 5.106
Raabe-Kriterium (Reihen) 2.124
Radiant (Physik) 1.274
Radikal (Wurzel) 1.676, 1.678
Radikal von A-Modulen und Ringen 4.106
 – Jacobson-Radikal 4.106
 – Wedderburn-Artin-Radikal 4.106
Radikal als Funktor 4.426
Radius (Geometrie) 5.022
Randpunkt 2.407
Rang eines K-Homomorphismus' 4.536
Rang einer Matrix 4.607
Ratenbarbetrag 1.257
Ratenendbetrag 1.257
Ratenfeld 1.257
Ratenperiode 1.257
Ratenschuld 1.258
Ratentermine 1.257
Rationale Funktionen $T \longrightarrow \mathbb{R}$ 1.236, 1.237
Rationale Zahlen 1.850
Rechtstranslation 1.450, 1.502, 1.601
Rechtssystem (Vektoren) 5.106
Reduktion (Indikator-Funktion) 6.006
Reduktion (bei Moduln) 4.449
Reduktions-Homomorphismus 4.449
Redundanz 6.202
Reelle Zahlen (*Dedekind*-Linie) 1.860
Reelle Zahlen (*Cantor*-Linie) 2.065
Reelle Zahlen (*Weierstraß*-Linie) 2.066
Reflexion von Wellen 1.287
Regelmäßige Körper 6.032
Regula Falsi (Nullstellen) 2.010, 2.044, 2.342
Reguläre Matrix 5.208
Regulär-affine Funktion 5.200, 5.202
Reihen 2.100
 – absolut-konvergente Reihen 2.110
 – alternierende harmonische Reihe 2.126
 – arithmetische Reihe 2.114, 2.116
 – geometrische Reihe 2.114, 2.116
 – harmonische Reihe 2.114, 2.116
 – konvergente Reihen 2.110
 – *Cantor*-Reihe 2.124
 – *Euler*-Reihe 2.162
 – *Leibniz*-Reihe 2.353
 – *MacLaurin*-Reihe 2.351
 – *Taylor*-Reihe 2.351
Reihen-basierte Funktionen 2.110
Reihen-Erzeugungs-Funktion 2.101, 2.103
Rein-injektive Hülle 4.192
Rekonstruktion von Funktionen 2.338
Rekursion (Prinzip für $\mathbb{N}$) 1.806, 1.811
Rekursion (bei Prozeduren) 1.808
Rekursionssatz für Folgen 2.010
Rekursionstheorie 2.014
Rekursiv definierte Folgen 2.010
Rekursiv definierte Matrizen $\mathbb{N} \times \mathbb{N} \longrightarrow M$ 2.014
Relationale Analytische Geometrie 5.040
Relationale Datenstrukturen 1.190, 1.191
Relationen 1.120, 1.180
 – antisymmetrische Relationen 1.310
 – reflexive Relationen 1.140, 1.310
 – symmetrische Relationen 1.140
 – transitive Relationen 1.140, 1.310
 – bei Kategorien 4.402
Relationsschema, Relationstyp 1.190, 1.191
Relative Häufigkeit 6.014
Relativitäts-Theorie (Anwendungen) 2.047
Repellor/Attraktor) 2.370
Resonanz-Funktion 1.283
Resonanz-Katastrophe 1.283
Retraktion (Retrakt) 4.414, 4.440
Riemann-Doppel-Integral 2.680
Riemann-Integrierbarkeit stetiger Funktionen 2.610
Riemann-integrierbare Funktionen in $\mathbb{R}$ 2.600, 2.603, 2.604
Riemann-integrierbare Funktionen in $\mathbb{R}^n$ 2.700, 2.704, 2.708
Riemann-Integration von Kompositionen 2.617
Riemann-Integration von Produkten 2.616
Riemann-Kriterium für Integrierbarkeit 2.604, 2.704
Riemannsche Summe/Unter-/Obersumme 2.604, 2.704, 2.714
Riemannscher Umordnungssatz 2.128
Riemannsches Unter-/Oberintegral 2.604, 2.704, 2.714
Rieszsche Gruppe 1.586, 2.430
Rieszsche $\mathbb{R}$-Algebra 2.215
Ring-Homomorphismen 1.602
Ring (und Körper) 1.601, 4.100
 – artinscher Ring 4.102, 4.125, 4.126
 – c-cohärenter Ring 4.394
 – c-noetherscher Ring 4.394
 – cohärenter Ring 4.177
 – einfacher Ring 4.038, 4.102
 – erblicher Ring 4.104, 4.134, 4.142
 – faktorieller Ring 1.648
 – halb-einfacher Ring 4.104, 4.117, 4.142
 – halb-erblicher Ring 4.104
 – halb-primer Ring 4.102
 – halb-primitiver Ring 4.102
 – kommutativer Ring 1.601
 – lokaler Ring 4.102
 – noetherscher Ring 4.102, 4.162
 – nullteilerfreier Ring 4.102
 – perfekter Ring 4.150
 – primärer Ring 4.102
 – primitiver Ring 4.112

- uniform-cohärenter Ring 4.394
- von-Neumann-regulärer Ring 4.102, 4.110, 4.176
- Dedekind-Ring 4.102
- Divisionsring (Schiefkörper) 1.626, 4.102
- Euklidischer Ring 1.644, 4.102
- Hauptidealring 1.626, 4.102
- Integritätsring 1.626, 4.102
- Körper 4.102
- Morita-äquivalente Ringe 4.430
- Prüfer-Ring 4.104, 4.134
- Primring/Primkörper 1.630, 4.102
- Radikal-freier Ring 4.106
- ZPE-Ring 1.648, 4.102
- ZPI-Ring 4.102
- der Gaußschen Zahlen 1.648
Risiko- und Sicherheitsmaß 6.126
Rolle, Satz von 2.334
Rotations-Körper (Geometrie) 5.023, 5.024, 5.025
Russellsche Antinomie 1.108, 1.828

S

$\hat{S}$-Homomorphismus 4.436
$\hat{S}$-Linksmodul 4.436
- endlich-erzeugbarer $\hat{S}$-Linksmodul 4.438
- freier $\hat{S}$-Linksmodul 4.438
σ-Additivität 6.020
σ-Algebra 2.712, 6.020
Sarrussche Regel 1.784
Sattelpunkt 2.333
Satz des *Euklid* (Geometrie) 5.108
- des *Ptolemaios* 5.018
- des *Pythagoras* 5.013
- des *Thales* 5.010, 5.013, 5.014, 5.018
Satz von *Abel* (Riemann-Integration) 2.621
- von *Abel-Ruffini* 1.678
- von *Alexander* 2.434
- von *Archimedes* 1.321
- von *Baer* (Test-Theorem) 4.140
- von *Bass* 4.173
- von *Bayes* 6.040, 6.042
- von *Bernoulli* 6.130
- von *Bienaimé-Tschebyschew* 6.066
- von *Bohr* 2.623
- von *Bolzano-Weierstraß* (Folgen) 2.048
- von *Bolzano-Weierstraß* (Mengen) 2.048, 2.412
- von *Cantor* 1.340
- von *Cauchy* (Reihen) 2.112
- von *Cauchy* (Riemann-Integration) 2.621
- von *Cavalieri* 2.750
- von *Cayley* 1.503, 1.524
- von *Dini* 2.436
- von *Dirichlet* (Riemann-Integration) 2.621
- von *Euler* 2.461
- von *Euler-Lagrange* 1.520
- von *Fermat* 1.522
- von *Frobenius* 1.717
- von *Fubini* 2.740, 2.746
- von *Galois* 1.676
- von *Gauß* 1.684
- von *Graßmann* (Entwicklungssatz) 5.112
- von *Heine-Borel* 2.435
- von *Hooke* 1.275, 1.280, 1.282
- von *Hopf* 1.717
- von *Jordan-Hölder* 4.120
- von *Krull* 1.624
- von *Krull-Remak-Schmidt-Wedderburn* 4.121
- von *Lagrange* (Identität) 5.112
- von *Lebesgue* 2.736
- von *Levi* 2.736
- von *Löwenheim-Skolem-Tarski* 4.381
- von *Maxwell* 2.644
- von *Ohm* 2.047
- von *Olivier* (Reihen) 2.112
- von *Poincaré-Sylvester* 6.022
- von *Rolle* 2.334
- von *Schreier-Zassenhaus* 4.120
- von *Schröder-Bernstein* 1.341
- von *Steinitz-Graßmann* (Austauschsatz) 4.512
- von *Taylor* 2.350
- von *Tychonoff* 2.434
- von *Weierstraß* 2.217
- von *Zorn* 1.717
Sätze von *De L'Hospital* 2.344, 2.345
- von *Wedderburn-Artin* 4.118
Schätzungen 6.340
Schallgeschwindigkeit 1.272, 1.288
Schallwellen (Physik) 1.272, 1.288
Schaltalgebra 1.080, 1.081
Schalter in Schaltnetzen 1.080
- gegensinnig gekoppelte Schalter 1.080
- gekoppelte Schalter 1.080
Schalterzustand 1.080
- Leitwert eines Schalterzustands 1.080
Scheitelgleichung (Kegelschnitte) 5.058
Scherungs-affine Funktion 5.208
Schneeflocken-Kurve 5.092
Schiefer Wurf 1.278
Schiefkörper 1.891
Schiefkörper $\mathbb{H}$ der Quaternionen 1.891
Schnittwinkel (bei Funktionen) 2.330
Schranke (obere/untere Schranke) 1.320, 1.321
Schranken unter monotonen Funktionen 1.324
Schraubenlinie (als Kurven-Funktion) 5.084
Schraubung 5.224
Schreier-Zassenhaus, Satz von 4.120
Schröder-Bernstein, Satz von 1.341
Schur, Lemma von 4.038
Schwacher Halbring / Halbring 1.450
Schwaches Gesetz der großen Zahlen 6.130
Schwarzsche Ungleichung 2.614
Schwingung (mechanische) 1.280, 1.283
- gedämpfte/ungedämpfte Schwingung 1.280, 1.283
- Funktionen zu Schwingungen 1.281
- Schwingungsdauer 1.280
- Schwingungsfrequenz 1.280
Secans/Cosecans 2.326
Sehnen- und Tangentensätze 5.011
Sehnen-Viereck 5.018
Seitenhalbierende zum Dreieck 5.017, 5.045
Seitenhalbierenden-Strecken 5.017, 5.045
Sekante (Metrische Geom.) 5.022, 5.023, 5.024, 5.025
Sekante (Analytische Geom.) 5.050, 5.052, 5.054, 5.162

Selektionen (Projektionen)	1.191
Semantik/Syntax	1.002
Sequenz von A-Modulen	4.010
– exakte Sequenz	4.010
– rein-exakte Sequenz	4.166, 4.168
– split-exakte Sequenz	4.036
Separierte Menge	2.440
Sicherheits- und Risikomaß	6.126
Sierpinski-Kurven, -Figuren	5.096, 5.097
Sierpinski-Raum	2.440, 2.442
Signale/Signalwerte	1.081
Signifikanzniveau, -Test	6.348
Signum-Funktion	1.207, 1.782
– für Permutationen	1.526
Simplex	2.750, 5.005
Singulär-affine Funktion	5.200, 5.202
Simpson- und *Kepler*-Näherung	2.662
Simulationen (s. Monte-Carlo-Simulationen)	6.100
Skala	6.302
– metrische Skala	6.302
– Nominalskala	6.302
– Rangskala	6.302
Skalierung	6.302
Skalares Produkt	2.420, 4.660, 5.108
– Euklidisches Skalares Produkt	2.420
Skelett (bei Kategorien)	4.406
Snelliusscher Brechungsindex	1.287
Sockel (bei A-Moduln und Ringen)	4.108
Software-Ergonomie	6.206
Sparplan/Bezugsplan	1.258
Spatprodukt auf $\mathbb{V}$ und $\mathbb{R}^3$	5.112
Spiegelung (Funktion/Geometrie)	5.006
– Geraden-Spiegelung	5.006
– Gleitspiegelung	5.006
– Punkt-Spiegelung	5.006
Spiegelstreckung	5.007
Split-exakte Sequenz	4.036, 4.515
Split-injektiver A-Homomorphismus	4.034
Split-surjektiver A-Homomorphismus	4.034
Sprache (Grammatik)	1.002
Sprache der Mengen	1.100
Sprachen und Kommunikation	6.250
Spurfunktion	6.080
Spurtopologie	2.410, 2.432
Stabile Teilmenge	1.404
Stammfunktion und Integral	2.502
Standardabweichung	6.066, 6.234
Standardisierte Zufallsfunktionen	6.068
Statistik	6.001, 6.300, 6.340
Stetig partiell differenzierbare Funktion	2.452
Stetige Fortsetzung	2.250, 2.251, 2.338
Stetige Funktion	2.200, 2.417, 2.430
Stetige Funktionen $I \longrightarrow \mathbb{R}$	2.203, 2.204
Stetige Funktionen $\mathbb{R}^n \longrightarrow \mathbb{R}^m$	2.417, 2.418
Stetige Funktionen $[a,b] \longrightarrow \mathbb{R}$	2.217
Stetige Funktionen für metrische Räume	2.406, 2.408
Stetige Funktionen für topologische Räume	2.417, 2.418
Stetige Gruppenhomomorphismen	2.234
Stetige und nicht-stetige Prozesse	2.201
Stetigkeit elementarer Funktionen	2.221
Stetigkeit inverser Funktionen	2.212
Stetigkeit trigonometrischer Funktionen	2.243
Stetigkeit von Potenzreihen-Funktionen	2.240
Stichprobe	6.012
– bei Qualitätskontrollen	6.148
– mit/ohne Zurücklegen	6.340, 6.344
Stichproben-basierte Schätzungen	6.340
Stichproben-Raum	6.012
Stirlingsche Formeln	6.142
Stochastische Integration	2.632
Stochastische Matrix	4.632
Stochastische Unabhängigkeit	6.008, 6.046, 6.074
– von Zufallsfunktionen	6.076
Strahlensätze	5.008
Strecken	5.003
– Länge einer Strecke	5.003
– Mittelpunkt einer Strecke	5.003
Streckspiegelung	5.210
Streuungsmaße	6.234
Strukturen auf $ASF(\mathbb{R})$ und $SF(\mathbb{R})$	2.120
Strukturen auf $Abb(T, \mathbb{R})$	1.770
Strukturen auf $Abb(\mathbb{N}, \mathbb{R})$ und $BF(\mathbb{N}, \mathbb{R})$	2.006
Strukturen auf $BF(T, \mathbb{R})$	1.782
Strukturen auf $C(I, \mathbb{R})$	2.206
Strukturen auf $CF(\mathbb{R})$ und $CF(\mathbb{Q})$	2.055
Strukturen auf $D(I, \mathbb{R})$	2.306
Strukturen auf $Int(I, \mathbb{R})$	2.505
Strukturen auf $Kon(\mathbb{R})$	2.046
Strukturen auf $Mat(m, n, \mathbb{R})$	1.780
Strukturen auf $Mat(2, \mathbb{R})$ und $Mat(3, \mathbb{R})$	1.781
Strukturen auf $Mat(n, \mathbb{R})$	1.783
Strukturen auf $Rin(I, \mathbb{R})$	2.605
Strukturen auf $\mathbb{C}$	1.881, 1.882, 1.883, 1.884
Strukturen auf $\mathbb{N}$	1.802, 1.812
Strukturen auf $\mathbb{Q}$	1.851
Strukturen auf $\mathbb{R}$ (*Dedekind*-Linie)	1.861, 1.862
Strukturen auf $\mathbb{R}$ (*Cantor*-Linie)	2.065
Strukturen auf $\mathbb{R}$ (*Weierstraß*-Linie)	2.066
Strukturen auf $\mathbb{R}^n$	1.783
Strukturen auf $\mathbb{Z}$	1.831, 1.832
Subbasis einer Topologie	2.416
Subnormalenabschnitt	5.052, 5.054, 5.056
Substitution bei Integration	2.507
Subtangentenabschnitt	5.052, 5.054, 5.056
Summensatz für Determinanten	1.781
Summierbare Folgen	2.111
Summierbare Folgen $\mathbb{N} \longrightarrow Abb(T, \mathbb{R})$	2.150
Supremum	1.320, 1.321
Supplement	4.443
Surjektive Funktionen	1.132
Sylvester, Satz von *Poincaré-Sylvester*	6.022
Symmetrie (Figuren)	5.006
Symmetrien (bei n-Ecken)	1.532
Symmetrische Differenz	1.102, 1.501, 6.006
Symmetrische Funktion	1.524
Symmetrische Gruppe	1.501, 1.520, 1.524
Symmetrien für Funktionen $T \longrightarrow \mathbb{R}$	1.202, 1.268
Syntax/Semantik	1.002
Systeme linearer Ungleichungen	1.242

T

T_1-Axiom / T_1-Raum	2.412
T_2-Axiom / T_2-Raum	2.412, 2.434

Tabelle: Ableitungsfunktionen	2.908
Tabelle: Integrale	2.540
Tabelle: Trigonometrische Funktionen	2.906
Tangente (Metrische Geom.)	5.022, 5.023, 5.024, 5.025
Tangente (Analytische Geom.)	5.050, 5.052, 5.054, 5.162
Tangente (geometrische Konstruktionen)	5.027
Tangente und Normale	2.330
Tangentenabschnitt	5.052, 5.054, 5.056
Tangentenproblem	2.302
Tangenten- und Sehnensätze	5.011
Tangenten-Viereck	5.018
Tangentiale Abweichung	2.331
Tangentialebene	5.170
Tangentialvektor	2.450
Tautologien	1.014
Taylor-Funktionen	2.350
Taylor-Polynome	2.350
Taylor-Reihe	2.351
Taylor, Satz von	2.350
Teilbarkeit in Ringen	1.620
Teilbarkeit von Idealen	1.620
Teilbarkeitsregeln	1.845
Teilbarkeits-Relation auf $\mathbb{Z}$	1.838
Teilfakultät	6.142
Teilfolgen	2.002, 2.041, 2.051
Teilkörper	1.603
– der G-invarianten Elemente	1.670
Teilmenge	1.101
– stabile Teilmenge	1.404
Teilung	5.008
– harmonische Teilung	5.008
– stetige Teilung	5.008
Teilungspunkt	5.008
– innerer/äußerer Teilungspunkt	5.008
Teilverhältnisse von Streckenlängen	5.008, 5.124
Teleskop-Reihen	2.114
Tensorprodukt von A-Moduln	4.076, 4.408
– von A-Homomorphismen	4.077
– mit Ringen	4.080
– von Matrizen	4.084
Ternär-Darstellung	2.379
Test-Theorem (bei A-Modul)	4.140
Testen von Hypothesen	6.346
Tetraeder-Gruppe	1.530
Thales, Satz des	5.010, 5.013, 5.014, 5.018
TF-approximierbare Funktion	2.730
Theorie der Kardinalzahlen	1.340
Theorie der Ordinalzahlen	1.344
Theorie der algebraischen Strukturen	1.400
Thermodynamik, zweiter Hauptsatz der	6.202
Tilgung (Kapital)	1.258
Tilgungsplan	1.258
Tilgungsquote	1.258
Tilgungsrate	1.258
Tilgungssatz	1.258
Töne und Klänge	1.288
– harmonische Obertöne	1.288
Tondauer, -farbe, -höhe, -stärke	1.288
Topologie	2.410
– $\underline{a}$-adische Topologie	4.448
– auf normierten Vektorräumen	2.426
– diskrete/indiskrete Topologie	2.410
– erzeugte Topologie	2.415
– natürliche Topologien auf $\mathbb{R}$ und $\mathbb{R}^n$	2.411
– Spurtopologie	2.410
Topologische Funktion	2.220, 2.418
Topologischer Raum	2.407, 2.410
– lokal-wegzusammenhängender topologischer Raum	2.442
– wegzusammenhängender topologischer Raum	2.442
– zusammenhängender topologischer Raum	2.442
Topologischer Vektorraum	2.426
Topologisches Umgebungssystem	2.407, 2.410
Torsionsabbildung/-produkt	4.320
Torsionsmodul (-element)	4.052
Torsions-Funktor	4.424
Totale Differenzierbarkeit	2.454, 2.455
Totale Wahrscheinlichkeit	6.042
Träger einer Funktion	2.744
Trägheit/Trägheits-Satz (Physik)	1.272
Transfinite Induktion	1.332
Transfinite Ordinalzahl	1.350
Transformationen der Ebenenformen	5.123
Transformations-Matrix	4.570
Transitivitätsgebiet (G-Mengen)	1.552
Translation (Links-, Rechts-Translationen)	1.501
Translation (Geometrie)	5.006, 5.202, 5.212
Translations-Invarianz	2.744
Transportierte Algebraische Struktur	1.403
Transportierte Ordnungs-Struktur	1.312
Transposition (2-Zykel)	1.524
Transversalwellen	1.285
Transzendente Zahlen	1.866
Travelling Salesman Problem	1.091
Trefferhäufigkeit	6.122
Treppen-Funktionen	1.206, 2.203, 2.728
Treppen-Funktionen und Summationen	2.602
Trigonometrische Darstellung komplexer Zahlen	1.883
Trigonometrische Funktionen	2.184, 2.236
Trigonometrische Funktionen/Gleichungen	1.232
Trigonometrische Reihen	2.173
Türme von Hanoi (Hanoi-Funktion)	1.808
Tschebyschew-Risiko und -Sicherheit	6.128
Tychonoff, Satz von	2.434

U

Überdeckung	2.434
Übergangs-Matrix	4.630
Ultrafilter	4.098
Ultrafunktor	4.390
Ultraprodukt/-potenz	4.098
Umgebungsfilter	2.413
Umgebungsfilterbasis	2.417, 2.432
Umgebungssystem (metrischer Raum)	2.403, 2.405
Umgebungs-Topologie	2.405
Umkehrfunktionen	1.133
Umkehrproblem	2.501
Umkreis (Dreieck)	5.010, 5.014
Umkreis (Viereck)	5.018
Umordnungen von Folgen	2.002, 2.051
Umordnungen summierbarer Folgen	2.128
Umordnungssätze (Erster/Großer)	2.128
Umsatz-Mengen-Funktion (Ökonomie)	2.360, 2.676
Unabhängigkeit mehrerer Zufallsfunktionen	6.078

Unabhängigkeit zweier Merkmale	6.046, 6.230
Unabhängigkeit zweier Zufallsfunktionen	6.076
Unabhängigkeits-Prinzip für Bewegungen	1.273
Uneigentliche Bewegung	5.226, 5.230
Uneigentliche *Riemann*-Integration	2.620, 2.621
Ungebremstes (exponentielles) Wachstum	2.812
Ungedämpfte harmonische Schwingungen	2.831
Ungleichung von *Bienaimé-Tschebyschew*	6.066
Ungleichung von *Bonferroni*	6.022
Ungleichung von *Cauchy-Schwarz*	2.112, 2.420
Ungleichung von *Hölder*	2.420, 2.737
Ungleichung von *Minkowski*	2.420, 2.737
Ungleichung von *Schwarz*	2.614
Ungleichungen über linearen Funktionen	1.222
Ungleichungen über quadratischen Funktionen	1.226, 1.227
Uniform-Cohärenz	4.394
Unitärer K-Vektorraum	4.660
Unitärer $\mathbb{C}$-Vektorraum	4.662
Unitärer $\mathbb{R}$-Vektorraum	2.420, 4.664
Universelle Konstruktionen bei Gruppen	1.518
Universelle Morphismen (Universelle Funktionen)	4.408
Unsicherheits-Maß	6.202, 6.208
Untergruppe	1.503
– erzeugte Untergruppe	1.503
– maximale Untergruppe	1.505
Unterkategorie	4.402
– volle Unterkategorie	4.402
Untermodul (siehe A-Untermodul)	4.004
Untermoduln und Quotientenmodul	4.006
Unterobjekt (in Kategorien)	4.407
Unterraum (metrischer Raum)	2.408
Unterraum (topologischer Raum)	2.410
Unterring	1.603
Unterstrukturen Algebraischer Strukturen	1.405
Untersuchung rationaler Funktionen	2.930
Untersuchung trigonometrischer Funktionen	2.940
Untersuchung von Exponential-Funktionen	2.950
Untersuchung von Logarithmus-Funktionen	2.960
Untersuchung von Polynom-Funktionen	2.910
Untersuchung von Potenz-Funktionen	2.920
Urbild (bei Kategorien)	4.407
– epimorphes Urbild	4.407
Urliste	6.302
Urnen-Auswahl-Modell von *Ehrenfest*	6.150
Urnen-Auswahl-Modell von *Pólya*	6.150
Urnen-Auswahl-Modelle	6.146, 6.150
Urnen-Auswahl-Probleme	6.144
Urnen-Verteilungs-Modelle	6.146
Ursache und Wirkung	1.282

V

Vandermondesche Determinante	1.674, 1.781
Varianz und Standardabweichung	6.066, 6.234
Vektor	5.102, 5.104, 5.106
– kollineare Vektoren	5.104
– komplanare Vektoren	5.104
Vektorielle Geometrie	5.100
Vektorielles Produkt auf V und $\mathbb{R}^3$	5.110
Vektorräume und Algebren	1.710
Vektorräume (siehe K-Vektorräume)	1.710, 4.500
Vektorräume V und $\mathbb{R}^3$	5.100, 5.106

Verbindungs-Homomorphismus	4.013, 4.304
Verdichtungs-Folgen	2.116
Verdichtungs-Satz von *Cauchy*	2.116
Vereinigung (bei Mengen)	1.102
Vereinigung (bei Kategorien)	4.407
Verfeinerung von Zerlegungen	2.602, 2.702
Verflechtungs-Matrix	4.630
Vergiß-Funktor	4.420
Vergleichs-Kriterium für Summierbarkeit	2.120
Verhulst-Parabel	2.012, 2.371
Verklebungs-Lemma	4.010
Verschiebung (Funktion/Geometrie)	5.006
– zentrische Verschiebung	5.007
Verschiebungsfaktor/-zentrum	5.007
Verschiebungssatz	6.066
Vertauschungssatz (Spatpodukt)	5.112
Verteilungen	6.202
Verteilungs-Funktion (cumulativ)	6.072, 6.306
Verzinsung	1.255, 1.256
– antizipative Verzinsung (prænumerando)	1.255, 1.256
– diskontinuierliche Verzinsung	1.256
– diskursive Verzinsung (postnumerando)	1.255, 1.256
– kontinuierliche Verzinsung	1.256
Verzinsungsfeld	1.256
Vielfachheit einer Nullstelle	1.666
Vierecke	5.018
– spezielle Vierecke (Kennzeichnungen)	5.018
Vier-Felder-Tafel	6.040
Vollständigkeits-Axiom	1.325
Volumen (Berechnung mit Integralen)	2.621, 2.750

W

Wachstums-Modelle und -Funktionen	1.256, 2.810
Wachstum und Wachstumsänderung	1.256, 2.234, 2.810
Wachstum	1.256, 2.810
– explosives Wachstum	2.818
– gebremstes Wachstum	2.814
– logistisches Wachstum	2.816
– ungebremstes (exponentielles) Wachstum	2.812
Wachstumsänderung	2.012
– absolute Wachstumsänderung	2.012
– relative Wachstumsänderung	2.012
Wachstumsrate	2.012
Wachstums-Folge	2.012
Wachstums-Funktion	1.256, 2.012, 2.810
Wahrheitswert einer Aussage	1.012
Wahrheitswertetabellen (Aussagen)	1.012
Wahrheitswertetabellen (Mengen)	1.102
Wahrscheinlichkeit	6.020
– bedingte Wahrscheinlichkeit	6.040
– totale Wahrscheinlichkeit	6.042
Wahrscheinlichkeits-Dichte	6.070
Wahrscheinlichkeits-Funktion	6.020
Wahrscheinlichkeits-Maß	6.020
Wahrscheinlichkeits-Morphismen	6.141
Wahrscheinlichkeits-Raum	6.020
– binärer Wahrscheinlichkeits-Raum	6.120
Wahrscheinlichkeits-Verteilung	6.062
Wahrscheinlichkeits-Theorie und Statistik	6.000
Wallis, Produkt von	2.626
Wegzusammenhang (Mengen/top.Räume)	2.442

Weg-Komponente	2.442
Weierstraß, Satz von	2.217
Weierstraß-Komplettierung	2.066
Welle (mechanische)	1.285
– Wellenfrequenz, -geschwindigkeit, -länge	1.285
Wendepunkte	2.333, 2.336
Widerspruch/Kontradiktion (Aussagen)	1.014
Winkel und Winkelmaß	5.001, 5.108
– Ergänzungswinkel (Gegenwinkel)	5.002
– Mittelpunktswinkel	5.010
– Rechter Winkel	5.002
– Sehnentangentenwinkel	5.010
– Stufenwinkel	5.004
– Umfangswinkel	5.010
– Winkelmessung/Gradmaß	5.002
– Winkel am Kreis	5.010
– Winkel-Innenmaß/-Außenmaß	5.001, 5.002
Winkelmaß-Funktion	5.001
Winkelhalbierende	5.004
Winkelhalbierende zum Dreieck	5.016, 5.045
Winkelhalbierenden-Strecken	5.016, 5.045
Wohlgeordnete Mengen	1.332
Wohlordnungs-Axiom	1.332
Wohlordnungs-Satz	1.334
Wurf-Bewegungen (Physik)	1.273
– horizontaler Wurf	1.273
– waagerechter Wurf	1.273
– schiefer Wurf	1.273, 1.278
– senkrechter Wurf	1.272
Wurzel-Kriterium für Summierbarkeit	2.122

X

X-Lemma	4.014, 4.443

Y

Yoneda-Lemma	4.437

Z

$\mathbb{Z}$-adische Komplettierung	4.090, 4.192
ZF-/ZFC-Axiome für Mengen	1.128
ZPE-Ring	1.648
Zahlen	1.800
Zahlbereichserweiterungen	4.408
Zelt-Funktion	2.377
Zentralbank	1.255
Zentrale (Geometrie)	5.022, 5.023, 5.024, 5.025
Zentralisator	1.505, 1.542
Zentralisator (Element)	1.540
Zentrifugal-/Zentripetalkraft (Physik)	1.274
Zentrische Verschiebung (Funktion/Geometrie)	5.007
Zentrum einer Gruppe	1.507, 1.540
Zentrum eines Ringes	4.000
Zerfällungs-Körper	1.664
Zerfällungsreihe	1.676
Zerlegung von Intervallen	2.602, 2.604
– äqidistante Zerlegung	2.602
– Verfeinerung von Zerlegungen	2.602, 2.702
Zerlegung von Mengen	1.140, 1.150, 6.006
Zerlegung von Quadern in $\mathbb{R}^n$	2.702
Zermelo, Postulat von	1.331
Zinsen (s.a. Verzinsung)	1.255
– Abzinsung(sfaktor)	1.256
– Aufzinsung(sfaktor)	1.256
– Anlagezinsen (Habenzinsen)	1.255
– Kreditzinsen (Soll-Zinsen)	1.255
– EZ-Modell (einfacher Zins)	1.255, 1.256, 2.820
– ZZ-Modell (Zinseszins)	1.255, 1.256, 2.820
Zinsarbitrage	1.255
Zinselastizität	1.255
Zinsintensität	1.256
Zinsperiode	1.255, 1.256
Zinsrecht	1.255
Zinssätze	1.256
– effektiver Jahreszinssatz	1.256
– effektiver Zinssatz pro Zinsperiode	1.256
– konforme Zinssätze	1.256
– nomineller Jahreszinssatz	1.256
Zinstermine	1.255, 1.256
Zorn, Lemma von	1.333
Zorn, Satz von	1.717
Zufall/Zufälligkeit, zum Begriff	6.001
Zufallsexperimente	6.002
– kombinierte Zufallsexperimente	6.040
Zufallsfunktion (-variable, -größe)	6.060
– gemeinsame Zufallsfunktion	6.074
– standardisierte Zufallsfunktion	6.068
– unkorrelierte Zufallsfunktion	6.066
Zufallsvektor	6.074
Zufallszahlen	6.016, 6.354
Zufallszahlen-Generator	2.030
Zusammenhang (Mengen/top.Räume)	2.440, 2.442
Zusammenhangs-Axiom	1.325
Zusammenhangs-Komponente	2.440
Zweiwertigkeit der Logik	1.010, 1.080
Zwischenpunkt/-zahl	2.702
Zwischenring	1.603
Zwischenwert-Satz	2.217, 2.440
Zykel/Zykel-Darstellung	1.524
– disjunkte Zykel	1.524
Zyklische Gruppen	1.522
Zylinder	2.750, 5.155

Die angegebenen Abschnitts-Nummern gelten (Irrtümer vorbehalten) für die jeweils jüngste Version der bisher erschienenen Bände oder – in Ausnahmen – für geplante Erweiterungen in künftig erscheinenden Neubearbeitungen.